生态环境监测技术人员持证上岗考核理论试题集

上 册

生态环境部生态环境监测司
中 国 环 境 监 测 总 站 ◎ 主编

中国环境出版集团

图书在版编目（CIP）数据

生态环境监测技术人员持证上岗考核理论试题集 / 生态环境部生态环境监测司，中国环境监测总站主编. --北京：中国环境出版集团，2023.12

ISBN 978-7-5111-5774-4

Ⅰ. ①生… Ⅱ. ①生… ②中… Ⅲ. ①生态环境－环境监测－资格考试－习题集 Ⅳ. ①X835-44

中国国家版本馆 CIP 数据核字(2023)第 255123 号

出 版 人　武德凯
责任编辑　曲　婷
封面设计　宋　瑞

出版发行　中国环境出版集团
（100062　北京市东城区广渠门内大街 16 号）
网　　址：http://www.cesp.com.cn
电子邮箱：bjgl@cesp.com.cn
联系电话：010-67112765（编辑管理部）
发行热线：010-67125803，010-67113405（传真）

印　　刷　北京中科印刷有限公司
经　　销　各地新华书店
版　　次　2023 年 12 月第 1 版
印　　次　2023 年 12 月第 1 次印刷
开　　本　880×1230　1/16
印　　张　100
字　　数　2530 千字
定　　价　428.00 元（全 2 册）

《生态环境监测技术人员持证上岗考核理论试题集》

编写指导委员会

主　任　蒋火华

副主任　海　颖　邢　核

委　员　楚宝临　滕　曼　陈　岩　黄柳韬　陈春榕　何　洋
　　　　杜祯宇　秦　宇　张　娟

《生态环境监测技术人员持证上岗考核理论试题集》

编写委员会

主　任　张大伟

副主任　肖建军　王锷一　毛玉如　郭从容

主　编　吕怡兵　米方卓　冯　丹

副主编　关玉春　邹本东　吴晓凤

编　委（按姓氏笔画排序）

丁桂英　丁萌萌　于海影　于海燕　马　宁　马　威　王　琳
方　杰　邓雪娇　厉　青　石利利　石艳菊　叶伟红　史　箴
白　昕　白　莉　包吉明　师耀龙　朱　明　刘维明　刘　蕊
李怡君　李恒庆　李　娟　李焕峰　杨　炯　杨　婧　杨懂艳
杨霓云　张玉惠　张付海　张存良　张荣锁　张　俊　张　烃
张素坤　张　敏　陈表娟　陈素兰　武桂桃　卓海华　周守毅
周艳丽　周　谐　郑　瑜　孟庆庆　赵长民　赵彦龙　姜　辉
洪正昉　姚子伟　贺小敏　钱　宁　高裕雯　龚　玲　彭　跃
董　亮　游狄杰　谢　争　谢海涛　樊庆云

参加编写人员（按姓氏笔画排序）

丁　华　丁　虹　于　川　马　双　马玉坤　马　倩　王小菊
王子博　王中挺　王文博　王　迪　王美荣　王效国　王海宁
王海妹　王　翀　王婕妤　王智慧　王　强　王　瑜　王　静
王　蕾　王　璐　车　轩　石　野　田志仁　田秀华　史健康

付博亚　白　莉　毕丽玫　吕天峰　吕保玉　朱红霞　朱艳华
朱超飞　朱瑞瑞　庄彤辉　刘卫红　刘兆莹　刘　佳　刘金芝
刘振声　刘　彬　刘　敏　刘彩霞　刘殿甲　齐炜红　闫启仑
闫爱博　孙俊玲　严　龑　李世龙　李冬梅　李红莉　李　兵
李宏俊　李启武　李和通　李　欣　李建钊　李　洋　李宪同
李　娜　李　莉　李　琳　李　媛　李婷婷　杨文龙　杨　帆
杨　丽　杨　航　杨　超　杨　斌　肖　婷　吴仲夏　吴丽云
吴　彤　吴思怡　何　平　佟霁坤　佘运勇　余　恒　余晶京
邹志芬　汪小艳　汪素芳　汪凌佳　宋晓娟　张子嘉　张吉喆
张先波　张秀蓝　张　兵　张　妍　张　迪　张建萍　张树杰
张　恒　张桂伟　张晓红　张晓妍　张　静　张　静　张漫雯
张肇元　陆易宣　陈　巧　陈　军　陈　芬　陈海婴　陈常东
陈鸿展　陈　程　陈福慧　陈　燕　陈　曦　范莉茹　范晓周
林君铿　欧阳珺　明红霞　罗思苑　罗韩燕　金　媛　周　飞
周文娴　周　冰　周　显　周笑白　周菁清　周　密　郑秋花
郑晓燕　郑　楠　单丹滢　赵少华　赵丽娟　赵雨峰　胡亚琴
胡序朋　皇甫鑫　宫福强　骆　虹　莫　虹　贾海波　贾　静
贾　璇　顾　平　党永锋　徐小静　徐义邦　徐　驰　殷海龙
凌彦群　高　飞　高飞鹏　高逸飞　郭文建　郭　正　郭　婧
郭　越　唐剑锋　黄　云　黄少峰　黄河仙　黄登强　曹林泉
曹　岏　龚　娴　符保珍　梁永津　梁舒汀　彭　玉　董立鹏
韩　旭　鲁华英　鲁　雪　曾剑强　谢　沙　雷　宇　路佳良
简朝星　谭　丽　颜　涛　薛荔栋　穆　肃　魏　娜　瞿　淼

序　言

生态环境监测是生态环境保护的重要基础，是生态文明建设的重要支撑。党的二十大以来，在以习近平同志为核心的党中央高度重视和领导下，全面推动了生态环境监测事业的高质量发展，加快了现代化生态环境监测体系的构建，保障了国家生态环境监测网络稳定运行。生态环境监测在二十大的新征程上持续发挥着“顶梁柱”“生命线”“利器”的作用。

生态环境监测技术人员持证上岗考核工作是保证生态环境监测数据质量的重要抓手，为进一步提升生态环境监测技术人员持证上岗考核工作的科学性和规范性，生态环境部于2021年修订并发布了《生态环境监测技术人员持证上岗考核规定》（环监测〔2021〕80号）（以下简称《考核规定》），中国环境监测总站依据《考核规定》于2022年修订并发布《生态环境监测技术人员持证上岗考核实施细则》（总站质管字〔2022〕43号）（以下简称《细则》）。修订后的《考核规定》和《细则》对基本理论考核内容有较大的调整，更关注于对基础知识、基本原理、基本技能的掌握，使之更适应新形势下生态环境监测工作对专业技术人员理论知识的需求，更有利于提升各级各类生态环境监测机构的专业技术水平。

为此，中国环境监测总站组织国家、省、市三级47家生态环境监测单位的业务骨干和资深专家，编写、收集、梳理生态环境监测领域相关专业理论试题，经过多轮次命题、审题工作，编辑完成了这一内容丰富、专业性强、贴近业务需求的试题集。

本试题集对标《考核规定》和《细则》要求，将众多标准方法和规范中通用知识点整合到相应的理论科目中，覆盖了主要的监测方法类别和仪器设备类型，强化了基础知识和方法原理，聚焦了生态环境监测核心理论知识，并注重专业知识的全面性、通用性和适用性，可引领生态环境监测人员对监测知识的综合应用。

本试题集共两册十二章，包含监测技术人员应知应会的通用类基础知识，以及按照岗位职责划分的专业知识，涉及监测分析类、质量管理类和综合技术类。

这一试题集的出版，为广大生态环境监测人员提供了专业技术学习书籍，将进一步提高生态环境监测专业技术人员的理论水平，有助于在生态环境监测新要求下环境监测人员培训、考核工作的顺利开展，对促进生态环境监测人员持证上岗考核标准化、提高生态环境监测数据质量、规范生态环境监测工作具有重要的指导意义。

因时间仓促，书中如有疏漏、不当之处，敬请广大读者批评指正。

目 录

上 册

下 册

第一章

基础知识

第一节 形势政策与法律法规

一、填空题

1. 依据《中共中央 国务院关于全面推进美丽中国建设的意见》，新征程上，必须把__________建设摆在强国建设、民族复兴的突出位置，保持加强生态文明建设的战略定力，坚定不移走__________、__________、__________的文明发展道路，建设天蓝、地绿、水清的美好家园。

答案：美丽中国，生产发展，生活富裕，生态良好

2. 依据《中共中央 国务院关于全面推进美丽中国建设的意见》，到__________年，美丽中国建设成效显著；到__________年，美丽中国目标基本实现。

答案：2027，2035

3. 依据《中共中央 国务院关于全面推进美丽中国建设的意见》，完善国家环境应急体制机制，健全__________、__________、__________的环境应急责任体系，完善上下游、跨区域的应急联动机制。

答案：分级负责，属地为主，部门协同

4. 依据《中共中央 国务院关于全面推进美丽中国建设的意见》，"十四五"深入攻坚，实现生态环境__________；"十五五"巩固拓展，实现生态环境__________；"十六五"整体提升，实现生态环境__________。

答案：持续改善，全面改善，根本好转

5. 依据《中共中央 国务院关于全面推进美丽中国建设的意见》，开展美丽中国建设全民行动，持续开展"__________，__________"系列活动。

答案：美丽中国，我是行动者

6. 依据《中共中央 国务院关于深入打好污染防治攻坚战的意见》，构建__________、__________、__________、社会参与、公众监督的生态环境监测格局，建立健全基于现代感知技术和大数据技术的生态环境监测网络，优化监测站网布局，实现环境质量、__________、污染源监测全覆盖。

答案：政府主导，部门协同，企业履责，生态质量

7. 依据《中共中央 国务院关于深入打好污染防治攻坚战的意见》，到2025年，单位国内生产总值二氧化碳排放比2020年下降18%，地级及以上城市细颗粒物（$PM_{2.5}$）浓度下降__________%，空气质量优良天数比率达到__________%，地表水Ⅰ～Ⅲ类水体比例达到__________%，近岸海域水质优良（一、二类）比例达到79%左右。

答案：10，87.5，85

8. 依据《中共中央 国务院关于深入打好污染防治攻坚战的意见》，到2025年，__________基本消除黑臭水体，京津冀、长三角、珠三角等区域力争提前__________年完成。

答案：县级城市建成区，1

9．依据《中共中央　国务院关于深入打好污染防治攻坚战的意见》，到2025年，全国重点行业重点重金属污染物排放量比2020年下降＿＿＿＿＿%。

答案：5

10．依据《中共中央　国务院关于深入打好污染防治攻坚战的意见》，要建立完善现代化生态环境监测体系，提升国家、区域流域海域和地方生态环境监测基础能力，补齐细颗粒物和臭氧协同控制、＿＿＿＿＿、＿＿＿＿＿等监测短板。加强监测质量监督检查，确保数据真实、准确、全面。

答案：水生态环境，温室气体排放

11．按照《中共中央　国务院关于完整准确全面贯彻新发展理念做好碳达峰碳中和工作的意见》要求，实现碳达峰、碳中和目标，要坚持“＿＿＿＿＿、＿＿＿＿＿、＿＿＿＿＿、＿＿＿＿＿、＿＿＿＿＿”原则。

答案：全国统筹，节约优先，双轮驱动，内外畅通，防范风险

12．按照《中共中央　国务院关于完整准确全面贯彻新发展理念做好碳达峰碳中和工作的意见》要求，到2025年，单位国内生产总值能耗比2020年下降＿＿＿＿＿%；单位国内生产总值二氧化碳排放比2020年下降＿＿＿＿＿%；非化石能源消费比重达到＿＿＿＿＿%左右。

答案：13.5，18，20

13．按照《中共中央　国务院关于完整准确全面贯彻新发展理念做好碳达峰碳中和工作的意见》要求，积极参与应对气候变化国际谈判，坚持我国发展中国家定位，坚持＿＿＿＿＿原则、公平原则和＿＿＿＿＿原则，维护我国发展权益。

答案：共同但有区别的责任，各自能力

14．按照《中共中央　国务院关于完整准确全面贯彻新发展理念做好碳达峰碳中和工作的意见》要求，未纳入国家有关领域产业规划的，一律不得新建改扩建炼油和新建＿＿＿＿＿、＿＿＿＿＿、＿＿＿＿＿项目。

答案：乙烯，对二甲苯，煤制烯烃

15．按照《中共中央　国务院关于完整准确全面贯彻新发展理念做好碳达峰碳中和工作的意见》要求，加强＿＿＿＿＿排放统计核算能力建设，提升信息化实测水平。依托和拓展自然资源调查监测体系，建立＿＿＿＿＿核算体系。

答案：二氧化碳，生态系统碳汇监测

16．按照国务院印发的《空气质量持续改善行动计划》要求，大气污染防治重点区域有所调整，京津冀及周边地区从“＿＿＿＿＿”城市扩为“＿＿＿＿＿”城市。

答案：2+26，2+36

17．按照国务院印发的《空气质量持续改善行动计划》要求，国家加强对＿＿＿＿＿、长江中游城市群、东北地区、天山北坡城市群等区域大气污染防治协作的指导，将＿＿＿＿＿作为空气质量改善先行示范区。

答案：成渝地区，粤港澳大湾区

18．按照国务院印发的《空气质量持续改善行动计划》要求，开展京津冀及周边地区大气＿＿＿＿＿排放控制试点。

答案：氨

19．按照国务院印发的《空气质量持续改善行动计划》要求，__________、化工行业集中的城市和__________，2024 年年底前建立统一的泄漏检测与修复信息管理平台。

答案：重点区域石化，重点工业园区

20．按照国务院印发的《空气质量持续改善行动计划》要求，将__________完成情况作为深入打好污染防治攻坚战成效考核的重要内容。

答案：空气质量改善目标

21．依据《全国生态质量监督监测工作方案（2023—2025 年）》，要组建生态质量地面监测网络，建立以__________为区域中心，以__________为主要监测对象，以__________为补充的生态质量地面监测网络，实现与遥感监测的协同、验证与补充。

答案：综合监测站，监测样地，地面移动巡视

22．依据《全国生态质量监督监测工作方案（2023—2025 年）》，布设生态质量监测样地，主要开展__________监测及__________，监测样地按照__________为主，__________为辅的原则布设，在生态问题突出区域和生态保护监管重点区域加密布设。

答案：生物多样性，遥感监测地面验证，突出问题导向，网格化布设

23．依据《全国生态质量监督监测工作方案（2023—2025 年）》，开展重点区域生态变化遥感监测时，重大问题区域（领导批示）的监测频次为__________，突出问题区域（风险高问题突出）的监测频次为__________，其他重点区域__________。

答案：每月一次，每季一次，每年一次

24．依据《全国生态质量监督监测工作方案（2023—2025 年）》，对全国范围典型生态系统开展样地监测时，国家利用航空有人和无人机、移动巡护车等开展__________；省级生态环境主管部门承担__________、__________、__________。

答案：重点变化图斑技术校核，一般变化图斑核查，遥感地面验证，样地监测

25．依据《全国生态质量监督监测工作方案（2023—2025 年）》，生态质量监督监测数据质控要建立“__________、__________”的质量控制制度，质控单位和数据生产单位在监测数据生产和评价的主要环节均要制定质控方案并严格执行。

答案：三级检查，两级验收

26．依据《关于推进生态环境监测体系与监测能力现代化的若干意见》，各级生态环境部门按照统一__________、统一__________、统一__________、统一__________、统一信息发布的要求，加强对本行政区域内生态环境监测的统一监督管理。

答案：组织领导，标准规范，网络布局，数据管理

27．《关于推进生态环境监测体系与监测能力现代化的若干意见》中按照“__________、__________”的原则，纳入排污许可管理的排污单位应遵守排污许可证规定和有关标准规范，严格执行污染源自行监测和信息公开制度。

答案：谁排污，谁监测

28．依据《关于推进生态环境监测体系与监测能力现代化的若干意见》，生态环境监测机构及其负责人对其监测数据的__________和__________负责。排污单位及其负责人对其__________负责。

答案：真实性，准确性，自行监测数据质量

29. 依据《关于推进生态环境监测体系与监测能力现代化的若干意见》，要推动建立＿＿＿＿＿、＿＿＿＿＿的实验室信息管理系统，实现监测活动全流程可追溯。

答案：分级管理，全国联网

30. 依据《关于推进生态环境监测体系与监测能力现代化的若干意见》，按照“＿＿＿＿＿、＿＿＿＿＿”的原则，国家生态环境质量评价与考核监测等工作为国家事权，其他服务于地方环境管理和污染治理的监测事项为地方事权。

答案：谁考核，谁监测

31. 依据《生态环境监测规划纲要（2020—2035 年）》，生态环境监测包括＿＿＿＿＿、＿＿＿＿＿和＿＿＿＿＿监测。

答案：环境质量，污染源，生态状况

32. 依据《生态环境监测规划纲要（2020—2035 年）》，基本原则包括长远设计，分步实施；政府主导，社会参与；＿＿＿＿＿、＿＿＿＿＿；＿＿＿＿＿、＿＿＿＿＿；立足国情，放眼世界。

答案：明晰事权，落实责任，科技引领，创新驱动

33. 依据《生态环境监测规划纲要（2020—2035 年）》，根据复合型大气污染治理需求，构建以＿＿＿＿＿为主的大气环境立体综合监测体系，推动大气环境监测从＿＿＿＿＿监测向＿＿＿＿＿监测深化，实现重点区域、重点行业、重点因子、重点时段监测全覆盖。

答案：自动监测，质量浓度，机理成因

34. 依据《生态环境监测规划纲要（2020—2035 年）》，按照“＿＿＿＿＿、＿＿＿＿＿、＿＿＿＿＿”的总体原则，统筹优化地表水国控断面，实现十大流域干流及重要支流、地级及以上城市、重要水体省市界、重要水功能区全覆盖。

答案：科学评价，厘清责任，三水统筹

35. 依据《生态环境监测规划纲要（2020—2035 年）》，国家层面逐步建立国控断面＿＿＿＿＿自动监测能力；地方层面，逐步实现＿＿＿＿＿水质自动监测能力全覆盖，新三湖、老三湖和三峡水库实现＿＿＿＿＿自动监测与预警。

答案：9+N，城市集中式饮用水水源地，水华

36. 根据《中共中央　国务院关于加快推进生态文明建设的意见》，生态文明建设是中国特色社会主义事业的重要内容，关系人民福祉，关乎民族未来，事关＿＿＿＿＿奋斗目标和中华民族伟大复兴中国梦的实现。

答案：“两个一百年”

37. 根据《中共中央　国务院关于加快推进生态文明建设的意见》，总体上看我国生态文明建设水平仍＿＿＿＿＿于经济社会发展，资源约束趋紧，环境污染严重，生态系统退化，发展与人口资源环境之间的矛盾日益突出，已成为经济社会可持续发展的重大瓶颈制约。

答案：滞后

38. 2018 年 5 月，习近平总书记在全国生态环境保护大会上进一步指出，＿＿＿＿＿是生命共同体，要统筹兼顾、整体施策、多措并举，全方位、全地域、全过程开展生态文明建设。

答案：山水林田湖草

39. 根据《中共中央　国务院关于加快推进生态文明建设的意见》，在资源开发与节约中，把

__________放在优先位置，以最少的资源消耗支撑经济社会持续发展；在环境保护与发展中，把__________放在优先位置，在发展中保护、在保护中发展；在生态建设与修复中，以__________为主，与人工修复相结合。

答案：节约，保护，自然恢复

40．党的十八大以来，党中央、国务院把生态文明建设摆在更加重要的战略位置，纳入“__________”总体布局，作出一系列重大决策部署。

答案：五位一体

41．党的十八大通过的《中国共产党章程（修正案）》，把“中国共产党领导人民建设社会主义__________”写入党章。

答案：生态文明

42．2018 年 3 月 11 日，第十三届全国人民代表大会第一次会议表决通过了《中华人民共和国宪法修正案》，__________历史性地被写入宪法。

答案：生态文明

43．《中华人民共和国环境保护税法》是落实党的十八届三中全会提出的“__________”任务，“落实税收法定原则”制定的第一部推进生态文明建设的单行税法。

答案：推动环境保护费改税

44．党政领导干部指使__________、__________监测数据的，按照《党政领导干部生态环境损害责任追究办法（试行）》等有关规定予以处理。

答案：篡改，伪造

45．中国将提高国家自主贡献力度，采取更加有力的政策和措施，二氧化碳排放力争于__________年前达到峰值，努力争取__________年前实现碳中和。

答案：2030，2060

46．根据《关于构建现代环境治理体系的指导意见》，制定实施生态环境领域中央与地方财政事权和支出责任划分改革方案，除全国性、重点区域流域、跨区域、国际合作等环境治理重大事务外，主要由__________承担环境治理支出责任。

答案：地方财政

47．根据《关于构建现代环境治理体系的指导意见》，进一步完善排查、交办、核查、约谈、__________“五步法”工作模式，强化监督帮扶，压实生态环境保护责任。

答案：专项督察

48．根据《关于构建现代环境治理体系的指导意见》，完善__________和__________机制，充分发挥“12369”环保举报热线作用，畅通环保监督渠道。

答案：公众监督，举报反馈

49．根据《中共中央　国务院关于深入打好污染防治攻坚战的意见》，在国家统一规划的前提下，支持有条件的地方和重点行业、重点企业率先达峰。统筹建立__________排放总量控制制度。

答案：二氧化碳

50．根据《中共中央　国务院关于深入打好污染防治攻坚战的意见》，强化京津冀协同发展生态环境联建联防联治，打造雄安新区绿色高质量发展“__________”。

答案：样板之城

51. 根据《中共中央　国务院关于深入打好污染防治攻坚战的意见》，把生态文明教育纳入国民教育体系，增强全民节约意识、环保意识、生态意识。因地制宜推行垃圾分类制度，加快快递包装绿色转型，加强__________全链条防治。

答案：塑料污染

52. 根据《中华人民共和国环境保护法》，国务院环境保护主管部门根据__________、__________和__________，制定国家污染物排放标准。

答案：国家环境质量标准，国家经济，技术条件

53.《关于深化环境监测改革　提高环境监测数据质量的意见》规定，排污单位通过篡改、伪造监测数据等逃避监管方式违法排放污染物的，环境保护部门依法实施__________连续处罚。

答案：按日

54. 根据《关于深化环境监测改革　提高环境监测数据质量的意见》，环境保护部依法制定全国统一的环境监测规范，加快完善大气、水、土壤等要素的环境质量监测和排污单位自行监测标准规范，健全__________体系。

答案：国家环境监测量值溯源

55. __________于2021年4月15日起施行，这是生物安全领域一部基础性、综合性、系统性、统领性法律，标志着我国生物安全进入依法治理的新阶段。

答案：《中华人民共和国生物安全法》

56. 2022年6月5日起，__________施行。《中华人民共和国环境噪声污染防治法》同时废止。

答案：《中华人民共和国噪声污染防治法》

57. 根据《中华人民共和国长江保护法》，国务院生态环境主管部门会同国务院有关部门和长江流域省级人民政府建立健全__________工作机制，与国家突发事件应急体系相衔接，加强对长江流域船舶、港口、矿山、化工厂、尾矿库等发生的突发生态环境事件的应急管理。

答案：长江流域突发生态环境事件应急联动

58. 根据《中华人民共和国长江保护法》，国家实行长江流域生态环境保护责任制和考核评价制度。上级人民政府应当对下级人民政府__________完成情况等进行考核。

答案：生态环境保护和修复目标

59. 根据《中华人民共和国长江保护法》，国家对长江流域生态系统实行自然恢复为主、自然恢复与__________相结合的系统治理。

答案：人工修复

60. 根据《中共中央　国务院关于深入打好污染防治攻坚战的意见》，巩固深化渤海综合治理成果，实施__________、__________邻近海域污染防治行动，“一湾一策”实施重点海湾综合治理。

答案：长江口-杭州湾，珠江口

61. 根据《关于进一步加强生态环境“双随机、一公开”监管工作的指导意见》，自2022年起，计划性检查应全部纳入“双随机、一公开”监管范围，不断强化抽查情况和查处结果信息公开，实现年度抽查结果__________公开。

答案：100%

62. 根据《排污许可管理条例》，污染物产生量、排放量或者对环境的影响程度较大的排污单位，实行排污许可＿＿＿＿＿管理。

答案：重点

63. 根据《中共中央　国务院关于完整准确全面贯彻新发展理念做好碳达峰碳中和工作的意见》，实现＿＿＿＿＿、＿＿＿＿＿，是以习近平同志为核心的党中央统筹国内国际两个大局作出的重大战略决策，是着力解决资源环境约束突出问题、实现中华民族永续发展的必然选择，是构建人类命运共同体的庄严承诺。

答案：碳达峰，碳中和

64.《2030 年前碳达峰行动方案》的总方针是“＿＿＿＿＿、＿＿＿＿＿、双轮驱动、内外畅通、防范风险”。

答案：全国统筹，节约优先

65. 根据《中华人民共和国大气污染防治法》，制定燃油质量标准，应当符合国家大气污染物控制要求，并与＿＿＿＿＿、＿＿＿＿＿大气污染物排放标准相互衔接，同步实施。

答案：国家机动车船，非道路移动机械

66. 根据《中华人民共和国大气污染防治法》，国家鼓励、支持消耗臭氧层物质替代品的生产和使用，逐步减少直至停止消耗臭氧层物质的生产和使用。国家对消耗臭氧层物质的生产、使用、进出口实行＿＿＿＿＿和＿＿＿＿＿。具体办法由国务院规定。

答案：总量控制，配额管理

67. 根据《中华人民共和国土壤污染防治法》，国务院生态环境主管部门制定土壤环境监测规范，会同国务院农业农村、自然资源、住房城乡建设、水利、卫生健康、林业草原等主管部门组织＿＿＿＿＿，统一规划国家土壤环境监测站（点）的设置。

答案：监测网络

68. 根据《中华人民共和国噪声污染防治法》，噪声污染是指＿＿＿＿＿或者＿＿＿＿＿，并干扰他人正常生活、工作和学习的现象。

答案：超过噪声排放标准，未依法采取防控措施产生噪声

69. 生物多样性是生物（动物、植物、微生物）与环境形成的生态复合体以及与此相关的各种生态过程的总和，包括＿＿＿＿＿、＿＿＿＿＿和＿＿＿＿＿三个层次。

答案：生态系统，物种，基因

70. 根据《关于实施“三线一单”生态环境分区管控的指导意见（试行）》（环环评〔2021〕108 号），“三线一单”是指＿＿＿＿＿、＿＿＿＿＿、＿＿＿＿＿和＿＿＿＿＿。

答案：生态保护红线，环境质量底线，资源利用上线，生态环境准入清单

71. 根据《地下水管理条例》（国务院令　第 748 号），地下水超采区是指地下水实际开采量超过可开采量，引起地下水水位持续下降、引发＿＿＿＿＿和＿＿＿＿＿的区域。

答案：生态损害，地质灾害

72. 根据《中华人民共和国自然保护区条例》，自然保护区是指对有代表性的＿＿＿＿＿、珍稀濒危野生动植物物种的＿＿＿＿＿、有特殊意义的自然遗迹等保护对象所在的陆地、陆地水体或者海域，依法划出一定面积予以特殊保护和管理的区域。

答案：自然生态系统，天然集中分布区

73. 根据《中华人民共和国自然保护区条例》，在国内外有典型意义、在科学上有重大国际影响或者有特殊科学研究价值的自然保护区，列为__________。

答案：国家级自然保护区

74.《中华人民共和国野生动物保护法》规定保护的野生动物，是指珍贵、濒危的__________、__________和有重要生态、科学、社会价值的陆生野生动物。

答案：陆生，水生野生动物

75.《中华人民共和国野生动物保护法》规定的野生动物栖息地，是指野生动物野外种群__________的重要区域。

答案：生息繁衍

76.《中华人民共和国湿地保护法》规定的湿地，是指具有显著生态功能的自然或者人工的、常年或者季节性积水地带、水域，包括低潮时水深不超过六米的海域，但是__________以及用于养殖的人工的水域和滩涂除外。

答案：水田

77. 生态环境监测分析方法标准应按照__________的规定开展制修订工作。

答案：《环境监测分析方法标准制订技术导则》

78.《中华人民共和国固体废物污染环境防治法》规定的工业固体废物，是指在__________中产生的固体废物。

答案：工业生产活动

79.《声环境质量标准》（GB 3096—2008）中规定，等效连续 A 声级的符号是__________。

答案：$L_{\mathrm{Aeq},T}$ 或 L_{eq}

80.《加油站大气污染物排放标准》（GB 20952—2020）中规定，含醇汽油是指含有 10%及以下__________燃料的汽油（E10）或含有 30%及以下__________燃料的汽油（M30、M15 等）。

答案：乙醇，甲醇

81.《加油站大气污染物排放标准》（GB 20952—2020）中规定，油气排放浓度是指标准状态下（温度 273.15 K，压力 101.325 kPa），排放每立方米干气中所含__________的质量，单位为 g/m^3。

答案：非甲烷总烃

82.《加油站大气污染物排放标准》（GB 20952—2020）中规定，油气泄漏检测值是指采用规定的监测方法、检测仪器探测到油气回收系统泄漏点的油气浓度扣除环境本底值后的净值，以碳的__________表示。

答案：摩尔分数

83.《优先评估化学物质筛选技术导则》（HJ 1229—2021）中规定，优先评估化学物质是指具有__________、需要通过优先开展__________以判定是否需要进行优先控制的化学物质。

答案：潜在环境风险，环境风险评估

84.《医疗废物处理处置污染控制标准》（GB 39707—2020）中规定，消毒处理是指杀灭或消除医疗废物中的__________，使其消除潜在的感染性危害的过程。

答案：病原微生物

85．实行排污许可管理的单位应当按照规定，对工业噪声开展自行监测，保存原始监测记录，向社会公开监测结果，对监测数据的__________和__________负责。

答案：真实性，准确性

86．__________以上人民政府应将噪声污染防治工作纳入国民经济和社会发展规划、生态环境保护规划，将噪声污染防治工作经费纳入__________预算。

答案：县级，本级政府

87．国家对严重污染环境的工艺、设备和产品实行__________制度。任何单位和个人不得__________、销售或者__________、使用严重污染环境的工艺、设备和产品。

答案：淘汰，生产，转移

88．省、自治区、直辖市人民政府对国家环境质量标准中已作规定的项目，可以制定__________国家环境质量标准的地方环境质量标准。

答案：严于

89．__________地方人民政府生态环境主管部门负责组织建设与管理本行政区域大气环境质量和大气污染源监测网，开展大气环境质量和大气污染源监测，统一发布本行政区域大气环境质量状况信息。

答案：县级以上

90．《中华人民共和国大气污染防治法》规定，禁止侵占、__________或者擅自移动、__________大气环境质量监测设施和大气污染物排放自动监测设备。

答案：损毁，改变

91．__________对本行政区域的水环境质量负责，应当及时采取措施防治水污染。

答案：地方各级人民政府

92．《中华人民共和国水污染防治法》规定，禁止在江河、湖泊、运河、渠道、水库__________的滩地和岸坡堆放、存贮固体废弃物和其他污染物。

答案：最高水位线以下

93．噪声污染防治应当坚持__________、__________、__________、社会共治、损害担责的原则。

答案：统筹规划，源头防控，分类管理

94．固体废物污染环境防治坚持__________、__________和__________的原则。

答案：减量化，资源化，无害化

95．重大传染病疫情等突发事件发生时，__________应当统筹协调医疗废物等危险废物收集、贮存、运输、处置等工作，保障所需的车辆、场地、处置设施和防护物资。

答案：县级以上人民政府

96．《中华人民共和国土壤污染防治法》规定，禁止向农用地排放__________或者__________的污水、污泥，以及可能造成土壤污染的清淤底泥、尾矿、矿渣等。

答案：重金属，其他有毒有害物质含量超标

97．列入建设用地土壤污染风险管控和修复名录的地块，不得作为__________、__________与公共服务用地。

答案：住宅，公共管理

98. 海洋工程建设项目，不得使用含＿＿＿＿＿或者＿＿＿＿＿的材料。

答案：超标准放射性物质，易溶出有毒有害物质

99. 低、中水平放射性固体废物在符合国家规定的区域实行＿＿＿＿＿处置。高水平放射性固体废物实行集中的＿＿＿＿＿处置。

答案：近地表，深地质

100. 对水土流失严重、有沙化趋势、需要改善生态环境的已垦草原，应当有计划、有步骤地退耕还草；已造成＿＿＿＿＿、＿＿＿＿＿、＿＿＿＿＿的，应当限期治理。

答案：沙化，盐碱化，石漠化

101. 在鱼、虾、蟹洄游通道建闸、筑坝，对渔业资源有严重影响的，建设单位应当建造＿＿＿＿＿或者采取＿＿＿＿＿。

答案：过鱼设施，其他补救措施

102. 湿地保护应当坚持保护优先、＿＿＿＿＿、＿＿＿＿＿、科学修复、合理利用的原则，发挥湿地涵养水源、＿＿＿＿＿、＿＿＿＿＿、维护生物多样性等多种生态功能。

答案：严格管理，系统治理，调节气候，改善环境

103. 长江流域经济社会发展，应当坚持＿＿＿＿＿、＿＿＿＿＿，共抓大保护、不搞大开发；长江保护应当坚持统筹协调、科学规划、＿＿＿＿＿、＿＿＿＿＿。

答案：生态优先，绿色发展，创新驱动，系统治理

104.《中华人民共和国自然保护区条例》规定，自然保护区的内部未分区的，依照本条例有关＿＿＿＿＿和＿＿＿＿＿的规定管理。

答案：核心区，缓冲区

105. 建设生态文明是关系＿＿＿＿＿的根本大计。

答案：中华民族永续发展

106. 环境监测质量管理工作，是指在环境监测的全过程中为保证监测数据和信息的代表性、准确性、精密性、＿＿＿＿＿和完整性所实施的全部活动和＿＿＿＿＿，包括＿＿＿＿＿、质量保证、质量控制、＿＿＿＿＿和质量监督等内容。

答案：可比性，措施，质量策划，质量改进

107. 环境保护系统从事监测、数据评价、质量管理以及与监测活动相关的人员必须经国家、省级环境保护行政主管部门或其授权部门考核认证，取得＿＿＿＿＿。

答案：上岗合格证（或环境监测人员技术考核合格证）

108. 现行《中华人民共和国环境保护法》自＿＿＿＿＿年1月1日起施行。

答案：2015

109. 根据《生态环境监测技术人员持证上岗考核规定》（环监测〔2021〕80号），被考核单位应对被考核人员申请的＿＿＿＿＿进行自认定，自认定合格人员方可申请参加持证上岗考核。

答案：全部项目（方法）

110. 根据《关于深化环境监测改革　提高环境监测数据质量的意见》的规定，从事环境监测设施维护、运营的人员有实施或参与＿＿＿＿＿、＿＿＿＿＿自动监测数据、干扰自动监测设施、破

坏环境质量监测系统等行为的，依法从重处罚。

答案：篡改，伪造

111．环境监测质量管理是环境监测工作的__________，应贯穿监测工作的全过程。

答案：重要组成部分

112．环境保护坚持__________、预防为主、综合治理、__________、__________的原则。

答案：保护优先，公众参与，损害担责

113．《生态环境监测网络建设方案》（国办发〔2015〕56 号）提出要“依法追责，建立生态环境监测与监管联动机制”，为考核和问责提供__________，实现生态环境监测与__________同步，加强生态环境监测机构__________。

答案：技术支撑，执法，监管

114．《关于深化环境监测改革　提高环境监测数据质量的意见》规定，各级环境保护部门应当将依法处罚的环境监测数据弄虚作假企业、机构和个人信息__________，并依法纳入__________平台。

答案：向社会公开，全国信用信息共享

115．《环境监测数据弄虚作假行为判定及处理办法》（环发〔2015〕175 号）规定的环境监测数据是指按照相关技术规范和规定，通过手工或者自动监测方式取得的环境监测__________、__________、__________等信息。

答案：原始记录，分析数据，监测报告

116．《地表水环境质量标准》（GB 3838—2002）规定：同一水域兼有多类使用功能的，执行__________功能类别对应的标准值。

答案：最高

117．《海水水质标准》（GB 3097—1997）规定，对于一类、二类海域，人为造成的海水升温，秋季不超过当时当地__________℃。

答案：2

118．《环境空气质量标准》（GB 3095—2012）及修改单对环境空气中二氧化硫的“24 h 平均”（又称为“日平均”）的数据有效性规定：每日至少有__________个小时平均浓度值或采样时间。

答案：20

119．根据《中华人民共和国噪声污染防治法》规定，新建、改建、扩建经过噪声敏感建筑物集中区域的高速公路、城市高架、铁路和城市轨道交通线路等的建设单位应当在可能造成噪声污染的重点路段设置__________或者采取其他减少振动、降低噪声的措施，符合有关交通基础设施工程技术规范及标准要求。

答案：声屏障

120．根据《中华人民共和国噪声污染防治法》规定，省（自治区、直辖市）人民政府对尚未制定国家噪声排放标准的，可以制定地方噪声排放标准；对已经制定国家噪声排放标准的，可以制定严于国家噪声排放标准的地方噪声排放标准。地方噪声排放标准应当报__________备案。

答案：国务院生态环境主管部门

121．根据《中华人民共和国噪声污染防治法》规定，禁止在噪声敏感建筑物集中区域使用高音

广播喇叭，但紧急情况以及__________规定的特殊情形除外。

答案：地方人民政府

122．1995 年 1 月 23 日，联合国大会作出决定，把每年的__________作为国际保护臭氧层日。

答案：9 月 16 日

123.《基加利修正案》于__________年 10 月 15 日在卢旺达基加利通过，将氢氟碳化物（HFCs）纳入《关于消耗臭氧层物质的蒙特利尔议定书》管控范围。

答案：2016

二、单选题

1．依据《中共中央　国务院关于全面推进美丽中国建设的意见》，坚守生态保护红线，强化执法监管和保护修复，使全国生态保护红线面积保持在__________万平方公里以上，到 2035 年，大陆自然岸线保有率不低于__________，生态保护红线生态功能不降低、性质不改变。（　　）

A．305　35%　　B．315　35%

C．325　40%　　D．335　40%

答案：B

2．依据《中共中央　国务院关于全面推进美丽中国建设的意见》，有计划分步骤实施碳达峰行动，力争__________年前实现碳达峰，为努力争取__________年前实现碳中和奠定基础。（　　）

A．2030　2060　　B．2035　2060

C．2030　2065　　D．2035　2065

答案：A

3．依据《中共中央　国务院关于全面推进美丽中国建设的意见》，到 2027 年，全国细颗粒物平均浓度下降到__________微克/立方米以下，各地级及以上城市力争达标；到 2035 年，全国细颗粒物浓度下降到__________微克/立方米以下，实现空气常新、蓝天常在。（　　）

A．27　25　　B．28　25

C．29　26　　D．30　26

答案：B

4．依据《中共中央　国务院关于全面推进美丽中国建设的意见》，到 2027 年，全国地表水水质、近岸海域水质优良比例分别达到__________%、83%左右，美丽河湖、美丽海湾建成率达到__________%左右；到 2035 年，“人水和谐”美丽河湖、美丽海湾基本建成。（　　）

A．90　40　　B．92　40

C．90　50　　D．92　50

答案：A

5．依据《中共中央　国务院关于全面推进美丽中国建设的意见》，到 2027 年，受污染耕地安全利用率达到__________%以上，建设用地安全利用得到有效保障；到 2035 年，地下水国控点位Ⅰ～Ⅳ类水比例达到__________%以上，土壤环境风险得到全面管控。（　　）

A．94　80　　B．94　85

C．95　80　　D．95　85

答案：A

6．依据《中共中央　国务院关于深入打好污染防治攻坚战的意见》，到2025年，全国重度及以上污染天数比率控制在__________%以内。（　　）

A．0.5　　B．1　　C．1.5　　D．2

答案：B

7．依据《中共中央　国务院关于深入打好污染防治攻坚战的意见》，到2025年，地级及以上城市全面实现功能区声环境质量自动监测，全国声环境功能区夜间达标率达到__________%。（　　）

A．75　　B．80　　C．85　　D．90

答案：C

8．依据《中共中央　国务院关于深入打好污染防治攻坚战的意见》，到2025年，全国县级及以上城市集中式饮用水水源水质达到或优于Ⅲ类比例总体高于__________%。（　　）

A．90　　B．91　　C．92　　D．93

答案：D

9．依据《中共中央　国务院关于深入打好污染防治攻坚战的意见》，到2025年，受污染耕地安全利用率达到__________%左右。（　　）

A．90　　B．91　　C．92　　D．93

答案：D

10．依据《中共中央　国务院关于深入打好污染防治攻坚战的意见》，到2025年，重点海域水质优良比例比2020年提升__________个百分点左右，省控及以上河流入海断面基本消除劣Ⅴ类，滨海湿地和岸线得到有效保护。（　　）

A．1　　B．2　　C．3　　D．4

答案：B

11．按照《中共中央　国务院关于完整准确全面贯彻新发展理念做好碳达峰碳中和工作的意见》要求，到2025年，森林覆盖率达到__________%，森林蓄积量达到180亿立方米。（　　）

A．27.1　　B．26.1　　C．25.1　　D．24.1

答案：D

12．按照《中共中央　国务院关于完整准确全面贯彻新发展理念做好碳达峰碳中和工作的意见》要求，到2030年，单位国内生产总值二氧化碳排放比2005年下降__________%以上；森林覆盖率达到__________%左右，森林蓄积量达到190亿立方米。（　　）

A．45　15　　B．55　20　　C．65　25　　D．75　35

答案：C

13．按照《中共中央　国务院关于完整准确全面贯彻新发展理念做好碳达峰碳中和工作的意见》要求，到__________年，绿色低碳循环发展的经济体系和清洁低碳安全高效的能源体系全面建立，能源利用效率达到国际先进水平，非化石能源消费比重达到__________%以上，碳中和目标顺利实现。（　　）

A．2060　80　　B．2060　85　　C．2050　80　　D．2050　85

答案：A

14. 按照《中共中央 国务院关于完整准确全面贯彻新发展理念做好碳达峰碳中和工作的意见》要求，坚持__________的能源发展战略，合理控制能源消费总量，统筹建立__________排放总量控制制度。（ ）

A. 节能优先 碳　　B. 节能优先 二氧化碳

C. 绿色低碳 碳　　D. 绿色低碳 二氧化碳

答案：B

15. 按照《中共中央 国务院关于完整准确全面贯彻新发展理念做好碳达峰碳中和工作的意见》要求，石油消费"__________"时期进入峰值平台期。（ ）

A. 十四五　　B. 十五五　　C. 十六五　　D. 十七五

答案：B

16. 按照国务院印发的《空气质量持续改善行动计划》要求，到 2025 年，全国地级及以上城市 $PM_{2.5}$ 浓度比 2020 年下降__________%，重度及以上污染天数比率控制在 1%以内。（ ）

A. 5　　B. 8　　C. 10　　D. 15

答案：C

17. 按照国务院印发的《空气质量持续改善行动计划》要求，对省界两侧__________公里内的涉气重点行业新建项目，以及对下风向空气质量影响大的新建高架源项目，有关省份要开展环评一致性会商。（ ）

A. 10　　B. 15　　C. 20　　D. 30

答案：C

18. 按照国务院印发的《空气质量持续改善行动计划》要求，到 2025 年，全国__________%以上的钢铁产能完成超低排放改造任务；重点区域全部实现钢铁行业超低排放，基本完成燃煤锅炉超低排放改造。（ ）

A. 75　　B. 80　　C. 85　　D. 90

答案：B

19. 按照国务院印发的《空气质量持续改善行动计划》要求，鼓励经济发达地区__________平方米及以上建筑工地安装视频监控并接入当地监管平台。（ ）

A. 5 000　　B. 6 000　　C. 7 000　　D. 8 000

答案：A

20. 按照国务院印发的《空气质量持续改善行动计划》要求，充分发挥 30 万千瓦及以上热电联产电厂的供热能力，对其供热半径__________公里范围内的燃煤锅炉和落后燃煤小热电机组（含自备电厂）进行关停或整合。（ ）

A. 10　　B. 20　　C. 30　　D. 35

答案：C

21. 依据《全国生态质量监督监测工作方案（2023—2025 年）》，到__________年，基本建成全国生态质量监测网络，生态质量监督监测业务体系不断完善，生态质量监督监测水平不断提高，主动发现生态破坏问题的能力大幅提升，精准高效支撑生态保护监管。（ ）

A. 2025　　B. 2030　　C. 2035　　D. 2040

答案：A

22．依据《全国生态质量监督监测工作方案（2023—2025 年）》，全国__________米级卫星季度有效覆盖一次，重点区域亚米级卫星一年有效覆盖一次。定期生产遥感数据产品。（　　）

A．1　　B．2　　C．3　　D．5

答案：B

23．依据《全国生态质量监督监测工作方案（2023—2025 年）》，全国陆域范围、海岸线及向海一侧__________公里。（　　）

A．5　　B．3　　C．2　　D．1

答案：C

24．依据《全国生态质量监督监测工作方案（2023—2025 年）》，对全国范围典型生态系统开展样地监测时，根据生态系统变化周期，对草地、湿地、荒漠等每年监测__________次，森林、农田、城乡等每__________年监测一次。（　　）

A．一　三　　B．一　五　　C．二　三　　D．二　五

答案：B

25．依据《全国生态质量监督监测工作方案（2023—2025 年）》，遴选国家生态质量综合监测站，是以__________个生态保护监管重点区域为重点，综合考虑已有站点，原则上每个站监测范围在__________公里左右。（　　）

A．70　90　　B．70　100　　C．80　90　　D．80　100

答案：D

26．依据《关于推进生态环境监测体系与监测能力现代化的若干意见》，__________年底前，联合建立天地一体的国家生态质量监测网络，基本覆盖全国典型生态系统、自然保护地、重点生态功能区和生态保护红线重点区域，突出生态功能和生物多样性等指标。（　　）

A．2025　　B．2030　　C．2035　　D．2040

答案：A

27．依据《关于推进生态环境监测体系与监测能力现代化的若干意见》，鼓励省级生态环境部门结合实际制定出台基层监测机构能力现代化评估标准，__________年前，区县监测机构应具备有效开展行政区域内执法监测和应急监测的能力。（　　）

A．2025　　B．2030　　C．2035　　D．2040

答案：A

28．依据《生态环境监测规划纲要（2020—2035 年）》，到__________年，科学、独立、权威、高效的生态环境监测体系全面建成，传统环境监测向现代生态环境监测的转变全面完成。（　　）

A．2025　　B．2030　　C．2035　　D．2040

答案：C

29．依据《生态环境监测规划纲要（2020—2035 年）》，按照统一网络、分级监测的模式，指导地方组织开展流域面积__________km^2 以上的河流、市界和县界、中小型湖库、重点乡镇下游和大型工业园区下游，以及未纳入国家网的水功能区水质监测，结合各地污染特征，开展优先控制污染物监测。（　　）

A．50　　B．100　　C．150　　D．200

答案：B

30．依据《生态环境监测规划纲要（2020—2035年）》，注重例行监测与普查详查的有效衔接，形成污染状况普查__________年一次、背景点和基础点监测5～10年一轮、风险监控重点监测1～2年一次（普查周期除外）的动态监测体系，“十四五”期间，国家土壤监测点位数量保持在__________万个左右。（　　）

A．5　8　　B．5　10　　C．10　8　　D．10　10

答案：C

31．依据《生态环境监测规划纲要（2020—2035年）》，按照全国农村环境监测总体部署，结合各地工作基础，进一步增加农村环境质量监测点位，其中，监测基础较好的省份应覆盖到全部县域，其他省份覆盖到全部地级城市，每个地级城市至少选择__________个县域，已列入国家重点生态功能区的县域全部进行监测。（　　）

A．2　　B．3　　C．4　　D．5

答案：B

32．依据《生态环境监测规划纲要（2020—2035年）》，规范污染源自动在线监测，推动__________和总磷、总氮重点排污单位安装在线监控。（　　）

A．重金属　　B．石油烃　　C．挥发性有机物　　D．总有机碳

答案：C

33．以下__________不是《中共中央　国务院关于深入打好污染防治攻坚战的意见》中2025年的主要目标。（　　）

A．重污染天气、城市黑臭水体基本消除

B．土壤污染风险得到有效管控

C．固体废物和新污染物治理能力明显增强

D．生态环境根本好转，美丽中国建设目标基本实现

答案：D

34．根据《中共中央　国务院关于深入打好污染防治攻坚战的意见》，加强大气面源和噪声污染治理。到2025年，京津冀及周边地区大型规模化养殖场氨排放总量比2020年下降__________%。（　　）

A．5　　B．10　　C．15　　D．20

答案：A

35．根据《中共中央　国务院关于深入打好污染防治攻坚战的意见》，持续打好长江保护修复攻坚战。推进长江岸线生态修复，巩固小水电清理整改成果。实施好长江流域重点水域__________年禁渔，有效恢复长江水生生物多样性。（　　）

A．半　　B．一　　C．十　　D．五

答案：C

36．根据《中共中央　国务院关于深入打好污染防治攻坚战的意见》，着力打好黄河生态保护治理攻坚战。实施黄河三角洲湿地保护修复，强化黄河河口综合治理。加强沿黄河城镇污水处理设施

及配套管网建设，开展黄河流域“__________”，基本完成尾矿库污染治理。（　　）

A．塑料整治　　B．清污行动　　C．新型污染物调查　　D．清废行动

答案：D

37．根据《中共中央　国务院关于深入打好污染防治攻坚战的意见》，稳步推进“无废城市”建设。“十四五”时期，推进__________个左右地级及以上城市开展“无废城市”建设，鼓励有条件的省份全域推进“无废城市”建设。（　　）

A．10　　B．100　　C．200　　D．300

答案：B

38．根据《碳排放权交易管理办法（试行）》，__________按照国家有关规定，组织建立全国碳排放权注册登记机构和全国碳排放权交易机构，组织建设全国碳排放权注册登记系统和全国碳排放权交易系统。（　　）

A．自然资源部　　B．农业农村部　　C．财政部　　D．生态环境部

答案：D

39．根据《关于加强入河入海排污口监督管理工作的实施意见》，统筹岸上和水里、陆地和海洋，根据受纳水体生态环境功能，确定排污口设置和管理要求，倒逼岸上污染治理，实现__________全过程监督管理。（　　）

A．“受纳水体—排污口—排污通道—排污单位”

B．“受纳水体—排污通道—排污口—排污单位”

C．“受纳水体—排污口—排污单位—排污通道”

D．“受纳水体—排污通道—排污口—排污通道”

答案：A

40．习近平总书记2021年7月9日下午主持召开中央全面深化改革委员会第二十次会议，审议通过了《关于加快构建新发展格局的指导意见》《种业振兴行动方案》__________《关于推进自由贸易试验区贸易投资便利化改革创新的若干措施》。（　　）

A．《青藏高原生态环境保护和可持续发展方案》

B．《中共中央　国务院关于加快推进生态文明建设的意见》

C．《生态文明体制改革总体方案》

D．《推动我国生态文明建设迈上新台阶》

答案：A

41．习近平主席2021年4月22日在“领导人气候峰会”上的讲话：我们要像保护__________一样保护自然和生态环境，推动形成人与自然和谐共生新格局。（　　）

A．自己　　B．健康　　C．眼睛　　D．清洁

答案：C

42．习近平主席2021年4月22日在“领导人气候峰会”上的讲话：我们要摒弃损害甚至破坏生态环境的发展模式，摒弃以__________换取一时发展的短视做法。（　　）

A．浪费能源　　B．人力　　C．土地和资源　　D．牺牲环境

答案：D

43．习近平主席 2021 年 4 月 22 日在“领导人气候峰会”上的讲话：我们要按照生态系统的内在规律，统筹考虑自然生态各要素，从而达到增强生态系统__________、维护生态平衡的目标。（　　）

A．容纳能力　　B．回复能力　　C．体量　　D．循环能力

答案：D

44．习近平主席 2021 年 4 月 22 日在“领导人气候峰会”上的讲话：我们要坚持以国际法为基础、以公平正义为要旨、以有效行动为导向，维护以联合国为核心的国际体系，遵循《联合国气候变化框架公约》及其__________的目标和原则，努力落实 2030 年可持续发展议程。（　　）

A．《中华人民共和国环境保护法》　　B．《斯德哥尔摩公约》

C．《生态文明体制改革总体方案》　　D．《巴黎协定》

答案：D

45．习近平总书记 2021 年 4 月 30 日在十九届中共中央政治局第二十九次集体学习时的讲话：生态环境保护和经济发展是__________，建设生态文明、推动绿色低碳循环发展，不仅可以满足人民日益增长的优美生态环境需要，而且可以推动实现更高质量、更有效率、更加公平、更可持续、更为安全的发展，走出一条生产发展、生活富裕、生态良好的文明发展道路。（　　）

A．辩证统一、相辅相成的　　B．矛盾的

C．相互对立的　　D．互为补充的

答案：A

46．习近平总书记 2021 年 4 月 30 日在十九届中共中央政治局第二十九次集体学习时的讲话：要加强“南南合作”以及同周边国家的合作，为发展中国家提供力所能及的资金、技术支持，帮助提高环境治理能力，共同打造绿色__________。（　　）

A．发展理念　　B．生活方式　　C．产业蓝图　　D．“一带一路”

答案：D

47．习近平总书记 2021 年 4 月 30 日在十九届中共中央政治局第二十九次集体学习时的讲话：我国建设社会主义现代化具有许多重要特征，其中之一就是我国现代化是__________的现代化，注重同步推进物质文明建设和生态文明建设。（　　）

A．人与自然和谐共生　　B．经济与环境协同发展

C．物质和生态共生　　D．污染与治理协同

答案：A

48．根据《关于推进生态环境损害赔偿制度改革若干具体问题的意见》，需要启动生态环境修复或损害赔偿的，赔偿权利人指定的部门或机构根据生态环境损害鉴定评估报告或参考专家意见，按照“__________”的原则，就修复启动时间和期限、赔偿的责任承担方式和期限等具体问题与赔偿义务人进行磋商。（　　）

A．就高不就低　　B．谁损害、谁承担修复责任

C．终身追责　　D．原位修复

答案：B

49．根据《排污许可管理条例》，排污许可证有效期为__________年。（　　）

A．3　　B．5　　C．10　　D．12

答案：B

50．根据《排污许可管理条例》，对实行排污许可简化管理的排污单位，审批部门应当自受理申请之日起__________日内作出审批决定；对符合条件的颁发排污许可证，对不符合条件的不予许可并书面说明理由。（　　）

A．5　　B．10　　C．20　　D．30

答案：C

51．以下__________不是固体废物污染环境防治坚持的原则。（　　）

A．减量化　　B．资源化　　C．无害化　　D．市场化

答案：D

52．根据《中华人民共和国土壤污染防治法》，国务院生态环境主管部门根据土壤污染状况、公众健康风险、生态风险和科学技术水平，并按照土地用途，制定国家__________，加强土壤污染防治标准体系建设。（　　）

A．土壤污染风险管控标准　　B．土壤背景基准

C．土壤污染状况分布图　　D．土壤监测规范

答案：A

53．为了加强对消耗臭氧层物质的管理，履行__________和《关于消耗臭氧层物质的蒙特利尔议定书》规定的义务，保护臭氧层和生态环境，保障人体健康，根据《中华人民共和国大气污染防治法》制定《消耗臭氧层物质管理条例》。（　　）

A．《中华人民共和国环境保护法》　　B．《推进生态文明建设的意见》

C．《碳排放权交易管理办法》　　D．《保护臭氧层维也纳公约》

答案：D

54．根据《中华人民共和国固体废物污染环境防治法》，国务院生态环境主管部门应当会同国务院有关部门制定__________，规定统一的危险废物鉴别标准、鉴别方法、识别标志和鉴别单位管理要求。（　　）

A．固废清单　　B．禁用清单

C．化合物毒性数据库　　D．国家危险废物名录

答案：D

55．根据《地下水管理条例》（国务院令　第 748 号），国务院水行政、自然资源、生态环境等主管部门建立统一的国家地下水监测站网和地下水监测信息共享机制，对地下水进行__________监测。（　　）

A．实时　　B．在线　　C．毒性　　D．动态

答案：D

56．根据《地下水管理条例》（国务院令　第 748 号），利用岩层孔隙、裂隙、溶洞、废弃矿坑等贮存石化原料及产品、农药、危险废物或者其他有毒有害物质的，由地方人民政府生态环境主管部门责令限期改正，处__________罚款。（　　）

A．10 万元以上 50 万元以下　　B．10 万元以上 100 万元以下

C．5 万元以上 10 万元以下　　D．50 万元以上 100 万元以下

答案：B

57．__________不是生物多样性保护战略的基本原则。（　　）

A．保护优先　　B．持续利用

C．公众参与　　D．兼顾经济

答案：D

58．根据《生态环境标准管理办法》，__________不是国家生态环境标准。（　　）

A．《标准化工作导则》　　B．《国家生态环境监测标准》

C．《国家生态环境管理技术规范》　　D．《国家生态环境基础标准》

答案：A

59．关于污染物排放标准，__________是错误的。（　　）

A．地方污染物排放标准优先于国家污染物排放标准

B．地方污染物排放标准未规定的项目，应当执行国家污染物排放标准的相关规定

C．同属国家污染物排放标准的，通用性污染物排放标准优先于综合性和行业性污染物排放标准

D．污染物排放标准规定的污染物排放方式、排放限值等是判定污染物排放是否超标的技术依据

答案：C

60．根据《中华人民共和国土壤污染防治法》，地方人民政府生态环境主管部门不用会同自然资源主管部门对__________建设用地地块进行重点监测。（　　）

A．曾用于生产、使用、贮存、回收、处置有毒有害物质的

B．曾用于固体废物堆放、填埋的

C．曾发生过重大、特大污染事故的

D．交通干线附近的土壤

答案：D

61．根据《中华人民共和国土壤污染防治法》，国务院生态环境主管部门应当会同国务院卫生健康等主管部门，根据对公众健康、生态环境的危害和影响程度，对土壤中有毒有害物质进行筛查评估，公布重点控制的土壤__________，并适时更新。（　　）

A．有毒有害物质名录　　B．使用权人信息

C．农药使用情况　　D．农作物情况

答案：A

62．根据《中华人民共和国土壤污染防治法》，__________不是土壤污染重点监管单位应当履行的义务。（　　）

A．严格控制有毒有害物质排放，并按年度向生态环境主管部门报告排放情况

B．建立土壤污染隐患排查制度，保证持续有效防止有毒有害物质渗漏、流失、扬散

C．制定、实施自行监测方案，并将监测数据报生态环境主管部门

D．种植绿化，美化环境

答案：D

63．根据《中华人民共和国土壤污染防治法》，修复施工单位转运污染土壤的，应当制定转运计划，将运输时间、方式、线路和污染土壤数量、去向、最终处置措施等，提前报所在地和接收地

__________。（　　）

A．生态环境主管部门　　B．县级人民政府

C．农业农村主管部门　　D．自然资源主管部门

答案：A

64．根据《中华人民共和国土壤污染防治法》，土壤污染责任人负有实施土壤污染风险管控和修复的义务。土壤污染责任人无法认定的，__________应当实施土壤污染风险管控和修复。（　　）

A．土地使用权人　　B．生态环境部门　　C．农业农村部门　　D．县级人民政府

答案：A

65．根据《中华人民共和国土壤污染防治法》，土壤污染责任人不明确或者存在争议的，农用地由地方人民政府农业农村、林业草原主管部门会同生态环境、自然资源主管部门认定，建设用地由地方人民政府__________主管部门会同自然资源主管部门认定。认定办法由国务院生态环境主管部门会同有关部门制定。（　　）

A．农业农村　　B．自然资源　　C．林业草原　　D．生态环境

答案：D

66．根据《中华人民共和国大气污染防治法》，国务院生态环境主管部门负责制定大气环境质量和大气污染源的监测和评价规范，组织建设与管理全国大气环境质量和大气污染源监测网，组织开展大气环境质量和大气污染源监测，统一发布全国__________状况信息。（　　）

A．污染源　　B．工业园区空气质量

C．重污染企业分布　　D．大气环境质量

答案：D

67．根据《中华人民共和国大气污染防治法》，燃煤电厂和其他燃煤单位应当采用清洁生产工艺，配套建设除尘、脱硫、__________等装置，或者采取技术改造等其他控制大气污染物排放的措施。（　　）

A．脱硝　　B．脱碳　　C．除水　　D．除甲烷

答案：A

68．根据《中华人民共和国大气污染防治法》，产生含挥发性有机物废气的生产和服务活动，应当在__________空间或者设备中进行，并按照规定安装、使用污染防治设施。（　　）

A．敞开　　B．密闭　　C．避光　　D．潮湿

答案：B

69．根据《中华人民共和国大气污染防治法》，工业涂装企业应当使用低挥发性有机物含量的涂料，并建立台账，记录生产原料、辅料的使用量、废弃量、去向以及挥发性有机物含量。台账保存期限不得少于__________年。（　　）

A．一　　B．二　　C．三　　D．四

答案：C

70．以下__________不符合《中华人民共和国固体废物污染环境防治法》的规定。（　　）

A．产生、收集、贮存、运输、利用、处置危险废物的单位，应当依法制定意外事故的防范措施和应急预案，并向所在地生态环境主管部门和其他负有固体废物污染环境防治监督管理职责的部

门备案

B．将危险废物与旅客在同一运输工具上载运

C．因发生事故或者其他突发性事件，造成危险废物严重污染环境的单位，应当立即采取有效措施消除或者减轻对环境的污染危害，及时通报可能受到污染危害的单位和居民，并向所在地生态环境主管部门和有关部门报告，接受调查处理

D．禁止经中华人民共和国过境转移危险废物

答案：B

71．根据《中华人民共和国固体废物污染环境防治法》，国家鼓励和引导减少使用、积极回收塑料袋等一次性塑料制品，__________不是推广应用的替代产品必须具备的条件。（　　）

A．可循环　　B．易回收　　C．可降解的　　D．美观的皮革制品

答案：D

72．根据《检验检测机构资质认定生态环境监测机构评审补充要求》（国市监检测〔2018〕245号）规定，符合“中级及以上专业技术职称或同等能力”中的同等能力的情况是__________。（　　）

A．博士研究生毕业，从事生态环境监测活动1个月

B．硕士研究生毕业，从事生态环境监测活动3年

C．大学本科毕业，从事生态环境监测活动3年

D．大学专科毕业，从事生态环境监测活动5年

答案：B

73．__________不属于消耗臭氧层物质。（　　）

A．哈龙　　B．四氯化碳　　C．甲基氯仿　　D．二氯甲烷

答案：D

74．__________负责军事船舶污染海洋环境的监督管理及污染事故的调查处理。（　　）

A．军队生态环境保护部门　　B．国家海洋行政主管部门

C．国家海事行政主管部门　　D．国务院环境保护行政主管部门

答案：A

75．《中华人民共和国噪声污染防治法》自__________起施行。（　　）

A．2018年1月1日　　B．2022年6月5日

C．2018年10月1日　　D．2019年1月1日

答案：B

76．《中华人民共和国长江保护法》自__________起施行。（　　）

A．2018年1月1日　　B．2022年6月5日

C．2021年3月1日　　D．2019年1月1日

答案：C

77．《中华人民共和国生物安全法》自__________起施行。（　　）

A．2021年4月15日　　B．2022年6月5日

C．2021年3月1日　　D．2019年1月1日

答案：A

78．根据《检验检测机构资质认定生态环境监测机构评审补充要求》（国市监检测〔2018〕245号），技术负责人要具有生态环境监测领域相关专业背景或教育培训经历，__________专业背景不符合技术负责人的相关要求。（　　）

A．环境　　B．化学　　C．生物　　D．企业管理

答案：D

79．根据《持久性、生物累积性和毒性物质及高持久性和高生物累积性物质的判定方法》（GB/T 24782—2009），持久性、生物累积性和毒性物质及高持久性和高生物累积性物质是指含有具持久性、生物累积性和毒性特征或高持久性和高生物累积性特征的成分，且该成分的含量达到__________%或以上的物质。（　　）

A．20　　B．40　　C．60　　D．80

答案：D

80．根据《关于限制生产销售使用塑料购物袋的通知》，从2008年6月1日起，在全国范围内禁止生产、销售、使用厚度小于__________毫米的塑料购物袋。（　　）

A．0.020　　B．0.025　　C．0.050　　D．0.100

答案：B

81．以下__________不是河流水质样品采集、保存和运输应依据的标准。（　　）

A．《水质　样品的保存和管理技术规定》（HJ 493—2009）

B．《地表水环境质量监测技术规范》（HJ 91.2—2022）

C．《水质　河流采样技术指导》（HJ/T 52—1999）

D．《污水监测技术规范》（HJ 91.1—2019）

答案：D

82．根据《生态环境标准管理办法》，制定生态环境质量标准，应当反映生态环境质量特征，以__________为依据，与经济社会发展和公众生态环境质量需求相适应，科学合理确定生态环境保护目标。（　　）

A．生态环境基准研究成果　　B．法律法规

C．公众意见　　D．国际惯例

答案：A

83．根据《生态环境标准管理办法》，__________不是生态环境监测分析方法标准应当包括的内容。（　　）

A．试剂材料　　B．仪器与设备　　C．测定操作步骤　　D．排放限值

答案：D

84．《生态环境标准管理办法》自__________起施行。《环境标准管理办法》和《地方环境质量标准和污染物排放标准备案管理办法》同时废止。（　　）

A．2021年2月1日　　B．2022年6月5日

C．2021年3月1日　　D．2019年1月1日

答案：A

85．根据《国家生态环境标准制修订工作规则》，标准制修订工作的基本原则不包括__________。

（　　）

A．合法合规　　B．体系协调　　C．质量优先　　D．国际领先

答案：D

86．根据《国家生态环境标准制修订工作规则》，标准制修订项目实行法人责任制。__________是项目申请和实施的责任主体。（　　）

A．技术负责人　　B．项目负责人　　C．项目承担单位　　D．行政领导

答案：C

87．根据《国家生态环境标准制修订工作规则》，项目负责人应为项目承担单位的在职工作人员，过去__________年没有标准工作不良记录。（　　）

A．一　　B．二　　C．三　　D．十

答案：C

88．重污染天气是指环境空气质量指数（AQI）大于__________的气象天气。（　　）

A．100　　B．150　　C．200　　D．250

答案：C

89．根据《中华人民共和国大气污染防治法》，__________不属于非道路移动机械。（　　）

A．工业钻探设备　　B．工程机械　　C．空气压缩机　　D．客车

答案：D

90．根据《生态环境标准管理办法》，__________不是生态环境风险管控标准应当包含的内容。（　　）

A．适用的排放控制对象　　B．排放控制项目及限值要求

C．达标判定要求　　D．风险管控值使用规则

答案：D

91．__________根据国家声环境质量标准和国家经济、技术条件，制定国家噪声排放标准以及相关的环境振动控制标准。（　　）

A．国务院　　B．国务院生态环境主管部门

C．省级生态环境主管部门　　D．县级生态环境主管部门

答案：B

92．制定化肥、农药等产品的__________和__________，应当适应水环境保护要求。（　　）

A．质量标准，排放标准　　B．质量标准，使用标准

C．产品标准，排放标准　　D．产品标准，使用标准

答案：B

93．根据《中华人民共和国噪声污染防治法》，居民住宅区安装电梯、水泵、变压器等共用设施设备的，建设单位应当合理设置，采取减少振动、降低噪声的措施，符合__________相关标准要求。（　　）

A．环境质量　　B．民用建筑隔声设计

C．排放　　D．产品

答案：B

94.《中华人民共和国噪声污染防治法》规定的夜间时段长度为__________小时。（　　）

A. 六　　B. 八　　C. 十　　D. 十二

答案：B

95. 根据《中华人民共和国环境保护法》，下列__________不属于国家划定生态保护红线，实行严格保护区域。（　　）

A. 重点生态功能区　B. 生态环境敏感区　C. 主体功能区　D. 生态环境脆弱区

答案：C

96. 根据《生态环境标准管理办法》，生态环境质量标准应当包括__________内容：①功能分类；②控制项目及限值规定；③监测要求；④生态环境质量评价方法；⑤标准实施与监督等。（　　）

A. ①②④⑤　B. ①②③⑤　C. ①②③④⑤　D. ①②③④

答案：C

97. 根据《生态环境标准管理办法》，有下列__________情形的，应当制定比国家污染物排放标准更严格的地方污染物排放标准：①产业密集、环境问题突出的；②现有污染物排放标准不能满足行政区域内环境质量要求的；③行政区域环境形势复杂，无法适用统一的污染物排放标准的。（　　）

A. ①②③　B. ①②　C. ②③　D. ①③

答案：A

98. 根据《生态环境标准管理办法》，生态环境质量标准包括：__________。

①大气环境质量标准；②水环境质量标准；③海洋环境质量标准；④土壤环境质量标准；⑤声环境质量标准；⑥核与辐射安全基本标准。（　　）

A. ①②③④⑤　B. ①②④⑤⑥　C. ①②③⑤⑥　D. ①②③④⑤⑥

答案：C

99.《中华人民共和国环境保护法》中所指的环境为__________。（　　）

A. 影响人类生存和发展的自然因素的总体

B. 影响人类生存和发展的各种天然的和经过人工改造的自然因素的总体

C. 影响人类生存和发展的经过人工改造的自然因素的总体

D. 各种天然的和经过人工改造的自然因素的总体

答案：B

100. 根据《中华人民共和国环境保护法》，下列说法错误的是__________。（　　）

A. 县级以上人民政府应当建立环境污染公共监测预警机制，组织制定预警方案

B. 环境受到污染，可能影响公众健康和环境安全时，县级以上人民政府应当依法及时公布预警信息，启动应急措施

C. 企业事业单位应当按照国家有关规定制定突发环境事件应急预案，报环境保护主管部门和有关部门审核

D. 突发环境事件应急处置工作结束后，有关人民政府应当立即组织评估事件造成的环境影响和损失，并及时将评估结果向社会公布

答案：C

101. 根据《中华人民共和国大气污染防治法》燃煤和其他能源污染防治规定，在集中供热管网

覆盖地区，下列行为合法的是__________。（　　）

A．拆除现有达标排放的燃煤供热锅炉

B．新建天然气锅炉

C．对不达标的燃煤供热锅炉进行改造

D．扩建达标分散排放的燃煤供热锅炉

答案：B

102．下列不属于《中华人民共和国水污染防治法》适用范围的是__________。（　　）

A．湖泊　　B．海洋　　C．渠道　　D．运河

答案：B

103．根据《中华人民共和国水污染防治法》，水污染防治优选保护__________。（　　）

A．饮用水水源　　B．生态用水　　C．农业用水　　D．工业用水

答案：A

104．根据《城镇污水处理厂污染物排放标准》（GB 18918—2002），城镇污水处理出水排入GB 3838 地表水Ⅲ类功能水域（划定的饮用水源保护区和游泳区除外）执行__________。（　　）

A．一级标准的 A 标准　　B．一级标准的 B 标准

C．二级标准　　D．三级标准

答案：B

105．根据《中华人民共和国土壤污染防治法》，不属于国家鼓励和支持农业生产者采取的措施为__________。（　　）

A．使用低毒、低残留农药以及先进喷施技术

B．使用生物可降解农用薄膜

C．综合利用秸秆、移出高富集污染物秸秆

D．大量使用有利于植物生长的化学肥料

答案：D

106．根据《中华人民共和国海洋环境保护法》，下列不属于滨海湿地的是__________。（　　）

A．水深不超过六米的水域　　B．潮间带

C．洪泛地带　　D．沿海低地

答案：A

107．根据《中华人民共和国草原法》，不属于基本草原的是__________。（　　）

A．割草地

B．草原科研、教学试验基地

C．所有放牧场

D．用于畜牧业生产的人工草地、退耕还草地以及改良草地、草种基地

答案：C

108．根据《中华人民共和国自然保护区条例》，关于自然保护区的功能区划分，说法错误的是__________。（　　）

A．自然保护区可以分为核心区、缓冲区、实验区和一般保护地带

B．自然保护区内保存完好的天然状态的生态系统以及珍稀、濒危动植物的集中分布地，应当划为核心区

C．核心区外围可以划定一定面积的缓冲区，只准进入从事科学研究观测活动

D．缓冲区外围划为实验区，可以进入从事科学试验、教学实习、参观考察、旅游以及驯化、繁殖珍稀、濒危野生动植物等活动

答案：A

109．根据《消耗臭氧层物质管理条例》，消耗臭氧层物质是指__________。（　　）

A．对臭氧层有破坏作用的物质

B．列入《中国受控消耗臭氧层物质清单》的化学品

C．对臭氧层有破坏作用并列入《中国受控消耗臭氧层物质清单》的物质

D．对臭氧层有破坏作用并列入《中国受控消耗臭氧层物质清单》的化学品

答案：D

110．《生态文明体制改革总体方案》中，关于健全环境信息公开制度有关规定，说法错误的是__________。（　　）

A．全面推进大气和水等环境信息公开、排污单位环境信息公开、监管部门环境信息公开，健全建设项目环境影响评价信息公开机制

B．健全环境新闻发言人制度

C．引导人民群众树立环保意识，完善公众参与制度，保障人民群众依法有序行使环境监督权

D．建立污染防治区域联动机制

答案：D

111．《污染地块土壤环境管理办法（试行）》中，关于承担治理与修复的主体责任，说法错误的是__________。（　　）

A．按照“谁污染，谁治理”原则，造成土壤污染的单位或者个人应当承担治理与修复的主体责任

B．责任主体发生变更的，由变更后继承其债权、债务的单位或者个人承担相关责任

C．土地使用权终止的，由原土地使用权人对其使用该地块期间所造成的土壤污染承担相关责任

D．责任主体灭失或者责任主体不明确的，由所在地县级人民政府生态环境行政主管部门依法承担相关责任

答案：D

112．《农用地土壤环境管理办法（试行）》中，关于农用地土壤污染预防的有关规定，下列说法错误的是__________。（　　）

A．禁止在农用地排放、倾倒、使用污泥、清淤底泥、尾矿（渣）等可能对土壤造成污染的固体废物

B．农田灌溉用水应当符合相应的水质标准，防止污染土壤、地下水和农产品

C．禁止向农田灌溉渠道排放工业废水或者医疗污水

D．禁止向农田灌溉渠道排放城镇污水以及未综合利用的畜禽养殖废水、农产品加工废水

答案：D

113.《最高人民法院关于审理生态环境损害赔偿案件的若干规定（试行）》（法释〔2019〕8号）第十四条规定，原告请求被告承担费用的，人民法院根据具体案情予以判决，这些费用不包括__________。（　　）

A. 误工费

B. 实施应急方案、清除污染以及为防止损害的发生和扩大所支出的合理费用

C. 为生态环境损害赔偿磋商和诉讼支出的调查、检验、鉴定、评估等费用

D. 合理的律师费以及其他为诉讼支出的合理费用

答案：A

114.《最高人民法院　最高人民检察院关于办理环境污染刑事案件适用法律若干问题的解释》（法释〔2023〕7号）中，非法排放、倾倒、处置危险废物__________吨以上的应当认定为“严重污染环境”。（　　）

A. 1　　B. 2　　C. 3　　D. 5

答案：C

115.《最高人民法院　最高人民检察院关于办理环境污染刑事案件适用法律若干问题的解释》（法释〔2023〕7号）中，应当依照刑法第二百八十六条的规定，以破坏计算机信息系统罪论处的行为，不包括__________。（　　）

A. 修改系统参数或者系统中存储、处理、传输的监测数据的

B. 干扰系统采样，致使监测数据因系统不能正常运行而严重失真的

C. 擅自更换自动监测设备的

D. 其他破坏环境质量监测系统的行为

答案：C

116.《生态环境监测技术人员持证上岗考核规定》（环监测〔2021〕80号）规定，下列__________不是各省级生态环境主管部门负责的技术人员持证上岗考核的管理工作。（　　）

A. 省级生态环境主管部门所属驻市生态环境监测机构中从事生态环境监测工作的技术人员

B. 省级生态环境主管部门所属机构（不含生态环境监测机构）中从事生态环境监测工作的技术人员

C. 省级生态环境监测机构中从事生态环境监测工作的技术人员

D. 市级及以下生态环境主管部门所属机构中从事生态环境监测工作的技术人员

答案：D

117.《生态环境监测技术人员持证上岗考核规定》（环监测〔2021〕80号）规定，下列关于持证上岗合格证管理描述错误的是__________。（　　）

A. 违反相关规定，造成重大安全和质量事故的，由合格证核发部门（单位）撤销合格证

B. 存在监测数据弄虚作假行为的，由合格证核发部门（单位）撤销合格证

C. 调离生态环境系统或不再从事生态环境监测工作的，由其所在单位收回合格证

D. 被撤销合格证人员2年内不得申请持证上岗考核

答案：D

118. 下列不符合资质认定对记录管理要求的是__________。（　　）

A．记录可存储于不同媒体上，包括书面、电子和电磁等

B．记录应在产生当时予以记录，不允许补记、追记、重抄

C．记录的信息量应足以再现监测全过程和结果

D．记录审核人员若审核发现记录有错误应及时修改

答案：D

119．根据《环境监测数据弄虚作假行为判定及处理办法》（环发〔2015〕175 号）对篡改监测数据行为的规定，__________行为不属于篡改监测数据行为。（　　）

A．故意更换监测样品的

B．通过稀释改变监测样品性质的

C．未开展采样、分析，直接出具监测数据的

D．销毁原始记录的

答案：C

120．以下__________不是《地下水质量标准》（GB/T 14848—2017）规定的地下水质量常规指标。（　　）

A．化学指标　　B．微生物指标

C．较少见的有机毒理学指标　　D．放射性指标

答案：C

121．《城镇污水处理厂污染物排放标准》（GB 18918—2002）中一级 A 标准最高允许排放浓度__________。（　　）

A．COD 50 mg/L、BOD_5 10 mg/L

B．COD 60 mg/L、BOD_5 10 mg/L

C．COD 50 mg/L、BOD_5 20 mg/L

D．COD 60 mg/L、BOD_5 20 mg/L

答案：A

122．下列城市建设用地不属于《土壤环境质量　建设用地土壤污染风险管控标准（试行）》（GB 36600—2018）中第一类用地的是__________。（　　）

A．医疗卫生用地　　B．社会福利设施用地

C．公共设施用地　　D．中小学用地

答案：C

三、多选题

1．依据《中共中央　国务院关于全面推进美丽中国建设的意见》，坚持要素统筹和城乡融合，一体开展“美丽系列”建设工作，重点推进__________建设。（　　）

A．美丽蓝天　　B．美丽河湖

C．美丽海湾　　D．美丽山川

答案：ABCD

2．依据《中共中央　国务院关于全面推进美丽中国建设的意见》，坚持人民城市人民建、人民

城市为人民，推进以__________为导向的美丽城市建设。（　　）

A．绿色低碳　　B．环境优美

C．生态宜居　　D．安全健康

E．智慧高效

答案：ABCDE

3．依据《中共中央　国务院关于全面推进美丽中国建设的意见》，贯彻总体国家安全观，完善国家生态安全工作协调机制，加强与经济安全、资源安全等领域协作，健全国家__________，提升国家生态安全风险研判评估、监测预警、应急应对和处置能力，形成全域联动、立体高效的国家生态安全防护体系。（　　）

A．生态安全法治体系　　B．战略体系

C．政策体系　　D．能源体系

E．应对管理体系

答案：ABCE

4．依据《中共中央　国务院关于深入打好污染防治攻坚战的意见》，构建__________的生态环境监测格局，建立健全基于现代感知技术和大数据技术的生态环境监测网络，优化监测站网布局，实现环境质量、生态质量、污染源监测全覆盖。（　　）

A．政府主导　　B．部门协同

C．企业履责　　D．社会参与

E．公众监督

答案：ABCDE

5．依据《中共中央　国务院关于深入打好污染防治攻坚战的意见》，全面落实__________要求，实施深度节水控水行动，严控高耗水行业发展。（　　）

A．以水定城　　B．以水定地

C．以水定厂　　D．以水定人

E．以水定产

答案：ABDE

6．依据《中共中央　国务院关于深入打好污染防治攻坚战的意见》要求，持续打好城市黑臭水体治理攻坚战，要统筹好__________，系统推进城市黑臭水体治理。（　　）

A．上下游　　B．左右岸

C．干支流　　D．废水产生和治理

E．城市和乡村

答案：ABCE

7．按照《中共中央　国务院关于完整准确全面贯彻新发展理念做好碳达峰碳中和工作的意见》要求，加快形成节约资源和保护环境的产业结构、__________，坚定不移走生态优先、绿色低碳的高质量发展道路，确保如期实现碳达峰、碳中和。（　　）

A．能源结构　　B．生产方式

C．生活方式　　D．合作机制

E．空间格局

答案：BCE

8．按照《中共中央　国务院关于完整准确全面贯彻新发展理念做好碳达峰碳中和工作的意见》要求，在__________、黄河流域生态保护和高质量发展等区域重大战略实施中，强化绿色低碳发展导向和任务要求。（　　）

A．京津冀协同发展　　　　B．长江经济带发展

C．粤港澳大湾区建设　　　　D．长三角一体化发展

E．成渝经济高质量

答案：ABCD

9．按照《中共中央　国务院关于完整准确全面贯彻新发展理念做好碳达峰碳中和工作的意见》要求，推进__________等低碳前沿技术攻关。（　　）

A．高效率太阳能电池　　　　B．可再生能源制氢

C．可控核聚变　　　　D．零碳工业流程再造

E．低碳零碳负碳

答案：ABCD

10．按照国务院印发的《空气质量持续改善行动计划》要求，重点区域、__________开展光化学监测。（　　）

A．京津冀地区　　　　B．成渝地区

C．长三角地区　　　　D．长江中游城市群

E．其他 VOCs 排放量较高的城市

答案：BDE

11．按照国务院印发的《空气质量持续改善行动计划》要求，研究__________VOCs 排放污染治理技术，提升 VOCs 关键功能性吸附催化材料的效果和稳定性。（　　）

A．高浓度　　　　B．低浓度

C．大风量　　　　D．小风量

E．中小型

答案：BCE

12．按照国务院印发的《空气质量持续改善行动计划》要求，重点区域不再新增燃料类煤气发生炉，新改扩建__________原则上采用清洁低碳能源。（　　）

A．焚烧炉　　　　B．加热炉

C．热处理炉　　　　D．干燥炉

E．熔化炉

答案：BCDE

13．依据《全国生态质量监督监测工作方案（2023—2025 年）》，要提升卫星遥感监测效能，建立__________的卫星遥感监测网络，及时、主动发现生态破坏问题。（　　）

A．高精度　　　　B．全方位

C．全覆盖　　　　D．长周期

E．短周期

答案：ABE

14．《全国生态质量监督监测工作方案（2023—2025 年）》的组织实施将遵循“__________”的原则，实现央地协同联动、部门通力合作。（　　）

A．统一组织　　B．部门协作

C．资源共享　　D．合作共赢

答案：ABC

15．依据《关于推进生态环境监测体系与监测能力现代化的若干意见》，要深入推进生态环境监测服务社会化，研究制定生态环境监测备案管理、信用评价等措施，加强市场培育、推动行业自律，促进形成一批专业化、优质化的社会监测机构，树立和弘扬“__________”的行业文化。（　　）

A．依法监测　　B．精准监测

C．科学监测　　D．诚信监测

E．公正监测

答案：ACD

16．依据《关于推进生态环境监测体系与监测能力现代化的若干意见》，建立健全生态环境监测标准规范并严格执行，立足国情实际和生态环境状况，重点填平补齐__________等领域标准规范，建立标准验证与后评估机制，推动标准优化更新。（　　）

A．现场快速监测　　B．自动在线监测

C．应急监测　　D．遥感监测

E．质量控制

答案：ABCDE

17．依据《生态环境监测规划纲要（2020—2035 年）》，光化学评估监测覆盖全部地级及以上城市，统一开展非甲烷总烃监测，__________按要求开展 VOCs 组分监测。（　　）

A．重点区域　　B．重点城市

C．重点行业　　D．重点园区

E．臭氧超标城市

答案：ADE

18．依据《生态环境监测规划纲要（2020—2035 年）》，以保护土壤环境、支撑风险管控为核心，健全__________的土壤环境监测体系。（　　）

A．分类监测　　B．动态调整

C．重点突出　　D．轮次开展

E．部门协同

答案：ABDE

19．依据《生态环境监测规划纲要（2020—2035 年）》，基础点采用《农用地土壤污染风险管控标准（试行）》全指标以及__________指标，侧重对土壤环境质量的监测。（　　）

A．pH　　B．电导率

C．阳离子交换量　　D．有机质

E．粒度

答案：ACD

20．根据《企业环境信息依法披露格式准则》，__________是正确的。（　　）

A．企业应当披露安装和运行的全部污染防治设施信息

B．企业应当披露主要水污染物、大气污染物排放相关信息（只要有组织排放信息）

C．企业应当披露工业固体废物的产生、贮存、流向和利用处置信息

D．企业应当披露噪声排放监测点位名称、位置、执行标准、排放限值、实际排放值等信息

答案：ACD

21.《中共中央　国务院关于深入打好污染防治攻坚战的意见》的主要目标是__________。（　　）

A．到 2025 年，单位国内生产总值二氧化碳排放比 2020 年下降 18%

B．到 2025 年，地级及以上城市细颗粒物（$PM_{2.5}$）浓度下降 10%

C．到 2025 年，空气质量优良天数比率达到 87.5%

D．到 2025 年，地表水Ⅰ～Ⅲ类水体比例达到 85%

答案：ABCD

22.《关于加强入河入海排污口监督管理工作的实施意见》规定，根据排污口责任主体所属行业及排放特征，将排污口分为__________。（　　）

A．工业排污口　　B．城镇污水处理厂排污口

C．农业排口　　D．其他排口

答案：ABCD

23．根据《关于加强入河入海排污口监督管理工作的实施意见》，__________是其工作原则。（　　）

A．水陆统筹，以水定岸　　B．明晰责任，严格监督

C．统一要求，差别管理　　D．突出重点，分步实施

答案：ABCD

24．根据《生态环境档案管理规范　生态环境监测》（HJ 8.2—2020）规定，__________文件材料保管期限为 30 年。（　　）

A．生态环境监测工作方案

B．生态环境监测人员上岗证考核及管理材料

C．试剂耗材的验收记录

D．供应商调查表

答案：BC

25．2018 年 5 月，习近平在全国生态环境保护大会上的讲话：良好生态环境是最普惠的民生福祉，坚持__________，重点解决损害群众健康的突出环境问题，不断满足人民日益增长的优美生态环境需要。（　　）

A．生态惠民　　B．生态利民　　C．生态为民　　D．发展经济

答案：ABC

26．根据《关于完整准确全面贯彻新发展理念做好碳达峰碳中和工作的意见》，__________是到

2030年的主要目标。（　　）

A．绿色低碳循环发展的经济体系初步形成

B．经济社会发展全面绿色转型取得显著成效

C．重点耗能行业能源利用效率达到国际先进水平

D．单位国内生产总值能耗大幅下降

答案：BCD

27．根据《关于完整准确全面贯彻新发展理念做好碳达峰碳中和工作的意见》，积极发展非化石能源。实施可再生能源替代行动，大力发展__________、地热能等，不断提高非化石能源消费比重。（　　）

A．风能　　B．太阳能　　C．生物质能　　D．海洋能

答案：ABCD

28．根据《关于完整准确全面贯彻新发展理念做好碳达峰碳中和工作的意见》，强化国土空间规划和用途管控，严守生态保护红线，严控生态空间占用，稳定现有森林、草原、湿地、__________等固碳作用。（　　）

A．海洋　　B．土壤　　C．冻土　　D．岩溶

答案：ABCD

29．根据《碳排放权交易管理办法（试行）》，温室气体排放单位符合__________条件的，应当列入温室气体重点排放单位名录。（　　）

A．属于全国碳排放权交易市场覆盖行业

B．年度温室气体排放量达到2.6万吨二氧化碳当量（综合能源消费量约1万吨标准煤）及以上

C．省级重点监管企业

D．易产生重大安全事故的

答案：AB

30．《“十四五”生态环境监测规划》中，下列属于支持低碳发展、加快开展碳监测评估的是__________。（　　）

A．推进碳监测评估试点

B．补齐碳监测技术短板

C．积极开展消耗臭氧层物质等其他履约监测

D．加强$PM_{2.5}$和O_3协同控制监测

答案：ABC

31．根据《关于推进生态环境损害赔偿制度改革若干具体问题的意见》，有以下__________情形的，可以视为磋商不成。（　　）

A．赔偿义务人明确表示拒绝磋商或未在磋商函件规定时间内提交答复意见的

B．赔偿义务人无故不参与磋商会议或退出磋商会议的

C．已召开磋商会议3次，赔偿权利人及其指定的部门或机构认为磋商难以达成一致的

D．超过磋商期限，仍未达成赔偿协议的

E．赔偿权利人及其指定的部门或机构认为磋商不成的其他情形

答案：ABCDE

32．根据《环境影响评价公众参与办法》，国家鼓励公众参与环境影响评价，环境影响评价公众参与遵循__________的原则。（　　）

A．依法　　B．有序　　C．公开　　D．便利

答案：ABCD

33．以下__________是《关于进一步加强生态环境“双随机、一公开”监管工作的指导意见》中的保障措施内容。（　　）

A．强化组织领导，严格责任落实　　B．强化制度执行，加大技术支持

C．强化执法责任，完善考核机制　　D．强化宣传引导，营造良好氛围

答案：ABCD

34．根据《中华人民共和国固体废物污染环境防治法》，国家倡导__________的生活方式，引导公众积极参与固体废物污染环境防治。（　　）

A．简约适度　　B．绿色低碳　　C．以人为本　　D．健康快乐

答案：AB

35．__________是《2030 年前碳达峰行动方案》主要目标。（　　）

A．到 2025 年，非化石能源消费比重达到 20%左右，单位国内生产总值能源消耗比 2020 年下降 13.5%

B．到 2030 年，非化石能源消费比重达到 25%左右，单位国内生产总值二氧化碳排放比 2005 年下降 65%以上

C．“十四五”期间，产业结构和能源结构调整优化取得明显进展，重点行业能源利用效率大幅提升

D．“十五五”期间，产业结构调整取得重大进展，清洁低碳安全高效的能源体系初步建立

答案：ABCD

36．根据《环境信息依法披露制度改革方案》，__________企业应当开展环境信息强制性披露。（　　）

A．重点排污单位

B．实施强制性清洁生产审核的企业

C．因生态环境违法行为被追究刑事责任或者受到重大行政处罚的上市公司、发债企业

D．法律法规等规定应当开展环境信息强制性披露的其他企业事业单位

答案：ABCD

37．根据《中华人民共和国大气污染防治法》，生态环境主管部门及其环境执法机构和其他负有大气环境保护监督管理职责的部门，有权通过以下__________方式，对排放大气污染物的企业事业单位和其他生产经营者进行监督检查。（　　）

A．现场检查监测　　B．自动监测　　C．遥感监测　　D．远红外摄像

答案：ABCD

38．自然保护区可以分为__________区。（　　）

A．重点保护区　　B．核心区　　C．缓冲区　　D．实验区

答案：BCD

39．地方人民政府生态环境主管部门应当会同自然资源主管部门对__________建设用地地块进行重点监测。（　　）

A．曾用于生产、使用、贮存、回收、处置有毒有害物质的

B．曾用于固体废物堆放、填埋的

C．曾发生过重大、特大污染事故的

D．国务院生态环境、自然资源主管部门规定的其他情形

答案：ABCD

40．《2030年前碳达峰行动方案》的工作原则为__________。（　　）

A．总体部署、分类施策　　B．系统推进、重点突破

C．双轮驱动、两手发力　　D．稳妥有序、安全降碳

答案：ABCD

41．根据《关于实施"三线一单"生态环境分区管控的指导意见（试行）》属于"三线一单"的是__________。（　　）

A．生态保护红线、环境质量底线、资源利用上线

B．生态保护底线、环境质量红线、资源利用上线

C．生态环境准入清单

D．生态环境负面清单

答案：AC

42．下列__________固体废物的防治不适用《中华人民共和国固体废物污染环境防治法》。（　　）

A．农业固体废物污染环境的防治　　B．固体废物污染海洋环境的防治

C．放射性固体废物污染环境的防治　　D．生活垃圾污染环境的防治

答案：BC

43．《关于深化环境监测改革　提高环境监测数据质量的意见》中关于切实提高环境监测数据质量的基本原则是__________。（　　）

A．创新机制，健全法规　　B．多措并举，综合防范

C．明确责任，强化监管　　D．造假追责，严肃打击

答案：ABC

44．根据《中华人民共和国环境保护法》，关于农业和农村环境污染防治的规定，正确的有__________。（　　）

A．畜禽养殖场、养殖小区、定点屠宰企业等的选址、建设和管理应当符合县级人民政府的各类规划

B．各级人民政府应当在财政预算中安排资金，支持农村饮用水水源地保护、生活污水和其他废弃物处理、畜禽养殖和屠宰污染防治、土壤污染防治和农村工矿污染治理等环境保护工作

C．县级人民政府负责组织农村生活废弃物的处置工作

D．禁止将不符合农用标准和环境保护标准的固体废物、废水施入农田

答案：BCD

45．根据《中华人民共和国大气污染防治法》，关于重点排污单位，说法正确的是__________。

（ ）

A．重点排污单位应当安装、使用大气污染物排放自动监测设备，与生态环境主管部门的监控设备联网，保证监测设备正常运行并依法公开排放信息

B．重点排污单位应当对自动监测数据的真实性和准确性负责

C．重点排污单位名录由县级以上地方人民政府生态环境主管部门按照国务院生态环境主管部门的规定确定

D．重点排污单位应当委托有资质的第三方公司维护自动监测设备的正常运行

答案：AB

46．根据《中华人民共和国大气污染防治法》，__________属于国务院生态环境主管部门划定国家大气污染防治重点区域的依据。（ ）

A．环境功能区划

B．主体功能区划

C．区域大气环境质量状况

D．大气污染传输扩散规律

答案：BCD

47．根据《中华人民共和国水污染防治法》，下列关于饮用水水源保护区说法正确的是__________。（ ）

A．饮用水水源保护区的划定，由有关市、县人民政府提出划定方案，报省、自治区、直辖市人民政府批准

B．在饮用水水源保护区内，禁止设置排污口

C．禁止在饮用水水源一级保护区内新建、改建、扩建与供水设施和保护水源无关的建设项目

D．在饮用水水源二级保护区内从事网箱养殖、旅游等活动的，应当按照规定采取措施，防止污染饮用水水体

答案：ABCD

48．根据《中华人民共和国固体废物污染环境防治法》，下列关于固体废物污染防治原则的说法中，正确的是__________。（ ）

A．固体废物污染环境防治坚持减量化、资源化和无害化的原则

B．生活垃圾分类坚持政府推动、全民参与、城乡统筹、因地制宜、简便易行的原则

C．任何单位和个人都有权对造成固体废物污染环境的单位和个人进行举报

D．禁止中华人民共和国境外的固体废物进境倾倒、堆放、处置

答案：ABCD

49．根据《中华人民共和国土壤污染防治法》，关于农用地保护的有关规定说法正确的是__________。（ ）

A．国家建立农用地分类管理制度。按照土壤污染程度和相关标准，将农用地划分为优先保护类、安全利用类和严格管控类

B．在永久基本农田集中区域，不得新建可能造成土壤污染的建设项目；已经建成的，应当限期关闭拆除

C．对产出的农产品污染物含量超标，需要实施修复的农用地地块，土壤污染责任人应当编制修复方案，报地方人民政府农业农村、林业草原主管部门备案并实施

D．未利用地、复垦土地等拟开垦为耕地的，地方人民政府农业农村主管部门应当会同生态环境、自然资源主管部门进行土壤污染状况调查，依法进行分类管理

答案：ABCD

50．根据《中华人民共和国海洋环境保护法》的规定，下列海洋生态保护说法正确的是__________。（　　）

A．国务院和沿海省、自治区、直辖市人民政府及其有关部门根据保护海洋的需要，依法将重要的海洋生态系统、珍稀濒危海洋生物的天然集中分布区、海洋自然遗迹和自然景观集中分布区等区域纳入国家公园、自然保护区或者自然公园等自然保护地

B．国家建立健全海洋生态保护补偿制度。开发利用海洋和海岸带资源，应当对重要海洋生态系统、生物物种、生物遗传资源实施有效保护，维护海洋生物多样性

C．沿海地方各级人民政府应当结合当地自然环境的特点，建设海岸防护设施、沿海防护林、沿海城镇园林和绿地，对海岸侵蚀和海水入侵地区进行综合治理。禁止毁坏海岸防护设施、沿海防护林、沿海城镇园林和绿地

D．国家鼓励发展生态渔业，推广多种生态渔业生产方式，改善海洋生态状况，保护海洋环境

答案：ABCD

51．生态环境监测机构应建立健全质量管理体系，使质量管理工作__________，并保证其有效运行。（　　）

A．程序化　　B．文件化　　C．制度化　　D．规范化

答案：ABCD

52．生态环境监测机构应积极开展和参加__________等质量管理活动，并采取密码样、明码样、空白样、加标回收和平行样等方式进行内部质量控制。（　　）

A．质量控制考核　　B．能力验证　　C．比对　　D．方法验证

答案：ABCD

53．根据《地表水环境质量标准》（GB 3838—2002）的规定，地表水Ⅱ类功能区适用于下列__________水域环境。（　　）

A．集中式生活饮用水地表水源地一级保护区

B．集中式生活饮用水地表水源地二级保护区

C．仔稚幼鱼的索饵场

D．一般工业用水区

答案：AC

54．下列关于《城镇污水处理厂污染物排放标准》（GB 18918—2002）描述正确的是__________。（　　）

A．城镇污水处理厂污染物排放标准中总氮的浓度以 N 计

B．城镇污水处理厂污染物排放标准中一级排放标准中 A 标准的总氮排放浓度瞬时最高值不能超过 15 mg/L

C．某污水处理厂冬季水温为 10℃，其排放的水中氨氮浓度为 9.3 mg/L，不满足一级排放标准中 B 标准相关要求

D．城镇污水处理厂污染物排放标准中氨氮的排放标准值和温度有关，而总氮的排放标准值和温度无关

答案：AD

55．海水水质富营养化状况评价指标包括__________项目。（　　）

A．硝酸盐氮、氨氮　　B．化学需氧量、无机氮

C．活性磷酸盐、亚硝酸盐氮　　D．总磷、总氮

答案：ABC

四、判断题

1．根据《关于进一步加强塑料污染治理的意见》，禁止生产和销售厚度小于 0.025 毫米的超薄塑料购物袋、厚度小于 0.01 毫米的聚乙烯农用地膜。（　　）

答案：正确

2．根据《“十四五”国家应急体系规划》，我国目前灾害事故发生的隐蔽性、复杂性、耦合性进一步增加，重特大灾害事故往往引发一系列次生、衍生灾害事故和生态环境破坏，形成复杂多样的灾害链、事故链，进一步增加风险防控和应急处置的复杂性及难度。（　　）

答案：正确

3．根据《中国应对气候变化的政策与行动》白皮书，截至 2020 年年底，中国建立了国家级自然保护区 474 处，面积超过国土面积的十分之一，累计建成高标准农田 8 亿亩*，整治修复岸线 1 200 公里，滨海湿地 2.3 万公顷，生态系统碳汇功能得到有效保护。（　　）

答案：正确

4．生态文明理念是对传统生态环境保护理论的扬弃和升华。（　　）

答案：正确

5．根据《中共中央　国务院关于深入打好污染防治攻坚战的意见》，京津冀及周边地区、长三角地区煤炭消费量分别下降 10%、5%左右，汾渭平原煤炭消费量实现负增长。（　　）

答案：正确

6．根据《中共中央　国务院关于深入打好污染防治攻坚战的意见》，着力打好重污染天气消除攻坚战，聚焦秋冬季细颗粒物污染，加大重点区域、重点行业结构调整和污染治理力度。到 2025 年，全国重度及以上污染天数比率控制在 5%以内。（　　）

答案：错误

正确答案：到 2025 年，全国重度及以上污染天数比率控制在 1%以内。

7．根据《中共中央　国务院关于深入打好污染防治攻坚战的意见》，着力打好臭氧污染防治攻坚战，聚焦夏秋季臭氧污染，大力推进挥发性有机物和氮氧化物协同减排。到 2025 年，挥发性有机物、氮氧化物排放总量比 2020 年分别下降 10%以上，臭氧浓度增长趋势得到有效遏制，实现细颗粒物和臭氧协同控制。（　　）

答案：正确

8．根据《中共中央　国务院关于深入打好污染防治攻坚战的意见》，持续打好柴油货车污染治

---

* 1 亩=1/15 公顷。

理攻坚战，加快大宗货物和中长途货物运输“公转铁”“公转水”，大力发展公铁、铁水等多式联运。“十四五”时期，铁路货运量占比提高 0.5 个百分点，水路货运量年均增速超过 2%。（　　）

答案：正确

9. 根据《中共中央　国务院关于深入打好污染防治攻坚战的意见》，针对持久性有机污染物、内分泌干扰物等新污染物，实施调查监测和环境风险评估，建立健全有毒有害化学物质环境风险管理制度，强化源头准入，动态发布重点管控新污染物清单及其禁止、限制、限排等环境风险管控措施。（　　）

答案：正确

10. 根据《中共中央　国务院关于深入打好污染防治攻坚战的意见》，持续开展地下水环境状况调查评估，划定地下水型饮用水水源补给区并强化保护措施，开展地下水污染防治重点区划定及污染风险管控。（　　）

答案：正确

11. 根据《中共中央　国务院关于深入打好污染防治攻坚战的意见》，依法推行农用地分类管理制度，强化受污染耕地安全利用和风险管控，受污染耕地集中的县级行政区开展污染溯源，因地制宜制定实施安全利用方案。（　　）

答案：正确

12. 根据《中共中央　国务院关于深入打好污染防治攻坚战的意见》，实施化肥农药减量增效行动和农膜回收行动。加强种养结合，整县推进畜禽粪污资源化利用。（　　）

答案：正确

13. 根据《中共中央　国务院关于深入打好污染防治攻坚战的意见》，持续打好农业农村污染治理攻坚战。规范工厂化水产养殖尾水排污口设置，在水产养殖主产区推进养殖尾水治理。（　　）

答案：正确

14. 根据《“十四五”生态环境监测规划》，国家构建陆海统筹、河海联动的海洋生态环境监测体系，以近岸海域为重点，覆盖管辖海域，逐步向极地大洋拓展。（　　）

答案：正确

15. 根据《关于进一步加强塑料污染治理的意见》，在商场、超市、药店、书店等场所，推广使用环保布袋、纸袋等非塑制品和可降解购物袋，鼓励设置自助式、智慧化投放装置，方便群众生活。（　　）

答案：正确

16. 根据《关于进一步加强塑料污染治理的意见》，加快生活垃圾非正规堆放点、倾倒点排查整治工作，重点解决城乡结合部、环境敏感区、道路和江河沿线、坑塘沟渠等处生活垃圾随意倾倒堆放导致的塑料污染问题。开展江河湖泊、港湾塑料垃圾清理和清洁海滩行动。（　　）

答案：正确

17. 根据《关于统筹和加强应对气候变化与生态环境保护相关工作的指导意见》，突出协同增效，把降碳作为源头治理的“牛鼻子”，协同控制挥发性有机物与污染物排放，协同推进适应气候变化与生态保护修复等工作，支撑深入打好污染防治攻坚战和二氧化碳排放达峰行动。（　　）

答案：错误

正确答案： 把降碳作为源头治理的“牛鼻子”，协同控制温室气体与污染物排放。

18．根据《“十四五”噪声污染防治行动计划》，推动功能区声环境质量自动监测，2025 年 1 月 1 日起，县级以上城市全面实现功能区声环境质量自动监测，统一采用自动监测数据评价。（　　）

答案： 错误

正确答案： 2025 年 1 月 1 日起，设区的市级以上城市全面实现功能区声环境质量自动监测，统一采用自动监测数据评价。

19．根据《关于统筹和加强应对气候变化与生态环境保护相关工作的指导意见》，加快全国碳排放权交易市场制度建设、系统建设和基础能力建设，以发电行业为突破口率先在全国上线交易，逐步扩大市场覆盖范围，推动区域碳排放权交易试点向全国碳市场过渡，充分利用市场机制控制和减少温室气体排放。（　　）

答案： 正确

20．根据《关于完整准确全面贯彻新发展理念做好碳达峰碳中和工作的意见》，实现碳达峰、碳中和目标，要坚持“全国统筹、节约优先、双轮驱动、内外畅通、防范风险”原则。（　　）

答案： 正确

21．根据《碳排放权交易管理办法（试行）》，纳入全国碳排放权交易市场的重点排放单位，必须参与地方碳排放权交易试点市场。（　　）

答案： 错误

正确答案： 纳入全国碳排放权交易市场的重点排放单位，不再参与地方碳排放权交易试点市场。

22．根据《中华人民共和国生物安全法》，国务院卫生健康、农业农村、林业草原、海关、生态环境主管部门应当建立新发突发传染病、动植物疫情、进出境检疫、生物技术环境安全监测网络，组织监测站点布局、建设，完善监测信息报告系统，开展主动监测和病原检测，并纳入国家生物安全风险监测预警体系。（　　）

答案： 正确

23．根据《中华人民共和国噪声污染防治法》，噪声污染防治应当坚持统筹规划、源头防控、分类管理、社会共治、损害担责的原则。（　　）

答案： 正确

24．根据《中华人民共和国噪声污染防治法》，排放噪声造成严重污染，被责令改正拒不改正的，生态环境主管部门或者其他负有噪声污染防治监督管理职责的部门，可以查封、扣押排放噪声的场所、设施、设备、工具和物品。（　　）

答案： 正确

25．1993 年，《生物多样性公约》正式生效，公约确立了保护生物多样性、可持续利用其组成部分以及公平合理分享由利用遗传资源而产生的惠益三大目标，全球生物多样性保护开启了新纪元。（　　）

答案： 正确

26．中共中央办公厅、国务院办公厅印发了《关于进一步加强生物多样性保护的意见》提出了总体目标。其中包括，到 2025 年，以国家公园为主体的自然保护地占陆域国土面积的 18%左右，森林覆盖率提高到 24.1%，草原综合植被盖度达到 57%左右，湿地保护率达到 55%，自然海岸线保有率不低于 35%，国家重点保护野生动植物物种数保护率达到 77%，92%的陆地生态系统类型得到有

效保护。(　　)

答案：正确

27. 根据《中华人民共和国长江保护法》，国务院有关部门和长江流域地方各级人民政府及其有关部门对长江流域跨行政区域、生态敏感区域和生态环境违法案件高发区域以及重大违法案件，依法开展联合执法。(　　)

答案：正确

28. 根据《中华人民共和国长江保护法》，国务院有关部门和长江流域省级人民政府负责落实国家长江流域协调机制的决策，按照职责分工负责长江保护相关工作。(　　)

答案：正确

29. 根据《中华人民共和国长江保护法》，在长江流域开展生态环境保护和修复以及长江流域各类生产生活、开发建设活动，应当遵守《中华人民共和国长江保护法》。(　　)

答案：正确

30. 根据《关于推进生态环境损害赔偿制度改革若干具体问题的意见》，生态环境损害赔偿案件涉及多个部门或机构的，必须由生态环境部门负责具体工作。(　　)

答案：错误

正确答案：可以指定由生态环境损害赔偿制度改革工作牵头部门负责具体工作。

31. 根据《地下水管理条例》，国务院生态环境主管部门负责全国地下水污染防治监督，做好地下水调查、监测等相关工作。(　　)

答案：错误

正确答案：国务院生态环境主管部门负责全国地下水污染防治监督管理工作。国务院自然资源等主管部门按照职责分工做好地下水调查、监测等相关工作。

32.《关于实施“三线一单”生态环境分区管控的指导意见（试行）》的总体目标，到2025年，“三线一单”生态环境分区管控技术体系、政策管理体系较为完善，数据共享与应用系统服务效能显著提升，应用领域不断拓展，应用机制更加有效，促进生态环境持续改善。(　　)

答案：正确

33. 根据《地下水管理条例》，地下水超采区是指地下水实际开采量超过可开采量，引起地下水水位持续下降、引发生态损害和地质灾害的区域。(　　)

答案：正确

34. 根据《生态环境部深化“证照分离”改革进一步激发市场主体发展活力实施方案》，在全国范围内对“放射性污染监测机构资质认定(省级权限)”等1 项涉企经营许可直接取消审批。(　　)

答案：正确

35. 根据《排污许可管理条例》，不论污染物产生量、排放量或者对环境的影响程度，对排污单位均实行排污许可简化管理，简化流程。(　　)

答案：错误

正确答案：污染物产生量、排放量或者对环境的影响程度较大的排污单位，实行排污许可重点管理；污染物产生量、排放量和对环境的影响程度都较小的排污单位，实行排污许可简化管理。

36.《中华人民共和国水污染防治法》适用于地下水体和海洋的污染防治。(　　)

答案：错误

正确答案：《中华人民共和国水污染防治法》不适用于海洋污染的防治，适用于地下水体的污染防治。

37. 根据《中华人民共和国固体废物污染环境防治法》，固体废物污染环境、破坏生态，损害国家利益、社会公共利益的，有关机关和组织可以依照《中华人民共和国环境保护法》《中华人民共和国民事诉讼法》《中华人民共和国行政诉讼法》等法律的规定向人民法院提起诉讼。（ ）

答案：正确

38. 根据《排污许可管理条例》，生态环境主管部门依法通过现场监测、排污单位污染物排放自动监测设备、全国排污许可证管理信息平台获得的排污单位污染物排放数据，可以作为判定污染物排放浓度是否超过许可排放浓度的证据。（ ）

答案：正确

39. 根据《环境信息依法披露制度改革方案》，其主要目标是：到 2035 年，环境信息强制性披露制度基本形成，企业依法按时、如实披露环境信息，多方协作共管机制有效运行，监督处罚措施严格执行，法治建设不断完善，技术规范体系支撑有力，社会公众参与度明显上升。（ ）

答案：错误

正确答案：到 2025 年，环境信息强制性披露制度基本形成，企业依法按时、如实披露环境信息，多方协作共管机制有效运行，监督处罚措施严格执行，法治建设不断完善，技术规范体系支撑有力，社会公众参与度明显上升。

40.《中华人民共和国海洋环境保护法》适用于中华人民共和国管辖海域。在中华人民共和国管辖海域外，造成中华人民共和国管辖海域环境污染、生态破坏的，适用本法相关规定。（ ）

答案：正确

41. 根据《中华人民共和国土壤污染防治法》，国务院统一领导全国土壤污染状况普查。国务院生态环境主管部门会同国务院农业农村、自然资源、住房城乡建设、林业草原等主管部门，每五年至少组织开展一次全国土壤污染状况普查。（ ）

答案：错误

正确答案：每十年至少组织开展一次全国土壤污染状况普查。

42. 根据《中华人民共和国大气污染防治法》，制定大气环境质量标准、大气污染物排放标准，应当组织专家进行审查和论证，并征求有关部门、行业协会、企业事业单位等方面的意见，不用征求公众意见。（ ）

答案：错误

正确答案：制定大气环境质量标准、大气污染物排放标准，应当组织专家进行审查和论证，并征求有关部门、行业协会、企业事业单位和公众等方面的意见。

43. 根据《中华人民共和国土壤污染防治法》，土壤污染风险管控标准是强制性标准。（ ）

答案：正确

44. 根据《中华人民共和国环境保护法》，国务院环境保护主管部门制定监测规范，会同有关部门组织监测网络，统一规划国家环境质量监测站（点）的设置，建立监测数据共享机制，加强对环境监测的管理。（ ）

答案：正确

45．根据《中华人民共和国环境保护法》，省、自治区、直辖市人民政府对国家污染物排放标准中已作规定的项目，可以制定松于国家污染物排放标准的地方污染物排放标准。（　　）

答案：错误

正确答案：省、自治区、直辖市人民政府对国家污染物排放标准中已作规定的项目，可以制定严于国家污染物排放标准的地方污染物排放标准。

46．根据《中华人民共和国噪声污染防治法》，使用家用电器、乐器或者进行其他家庭场所活动时，应当控制音量或者采取其他有效措施，防止噪声污染。（　　）

答案：正确

47．根据《中华人民共和国噪声污染防治法》，社会生活噪声是指人为活动产生的除工业噪声、建筑施工噪声和交通运输噪声之外的干扰周围生活环境的声音。（　　）

答案：正确

48．根据《生态环境标准管理办法》，国家污染物排放标准是对全国范围内污染物排放控制的基本要求。地方污染物排放标准是地方为进一步改善生态环境质量和优化经济社会发展，对本行政区域提出的国家污染物排放标准补充规定或者更加严格的规定。（　　）

答案：正确

49．《中华人民共和国长江保护法》中的长江流域，是指由长江干流、支流和湖泊形成的集水区域所涉及的青海省、四川省、西藏自治区、云南省、重庆市、湖北省、湖南省、江西省、安徽省、江苏省、上海市，以及甘肃省、陕西省、河南省、贵州省、广西壮族自治区、广东省、浙江省、福建省的相关县级行政区域。（　　）

答案：正确

50．根据《中华人民共和国自然保护区条例》，自然保护区不得跨行政区域建立。（　　）

答案：错误

正确答案：跨两个以上行政区域的自然保护区的建立，由有关行政区域的人民政府协商一致后提出申请，并按照相关规定的程序审批。

51．根据《中华人民共和国自然保护区条例》，自然保护区的实验区，可以进入从事科学试验、教学实习、参观考察、旅游以及驯化、繁殖珍稀、濒危野生动植物等活动。（　　）

答案：正确

52．根据《中华人民共和国自然保护区条例》，经批准可在自然保护区的缓冲区开展旅游和生产经营活动。（　　）

答案：错误

正确答案：禁止在自然保护区的缓冲区开展旅游和生产经营活动。

53．根据《中华人民共和国野生动物保护法》，野生动物资源属于所在区政府及居民共有。（　　）

答案：错误

正确答案：野生动物资源属于国家所有。

54．根据《中华人民共和国野生动物保护法》，国家对珍贵、濒危的野生动物实行重点保护。国家重点保护的野生动物分为一级保护野生动物和二级保护野生动物。（　　）

答案： 正确

55. 根据《中华人民共和国湿地保护法》，国家对湿地实行分级管理，按照生态区位、面积以及维护生态功能、生物多样性的重要程度，将湿地分为重要湿地和一般湿地。（ ）

答案： 正确

56. 根据《中华人民共和国海洋环境保护法》，国家在重点海洋生态功能区、生态环境敏感区和脆弱区等海域划定生态保护红线，实行严格保护。（ ）

答案： 正确

57. 根据《中华人民共和国海洋环境保护法》，国家加强海洋环境质量管控，推进海域综合治理，严格海域排污许可管理，提升重点海域海洋环境质量。（ ）

答案： 正确

58. 生态文明建设是新时代中国特色社会主义的一个重要特征。加强生态文明建设，是贯彻新发展理念、推动经济社会高质量发展的必然要求，也是人民群众追求高品质生活的共识和呼声。（ ）

答案： 正确

59. 坚持人与自然和谐共生。“万物各得其和以生，各得其养以成。”大自然是包括人在内一切生物的摇篮，是人类赖以生存发展的基本条件。（ ）

答案： 正确

60. 坚持系统治理。山水林田湖草沙是不可分割的生态系统。保护生态环境，不能头痛医头、脚痛医脚。我们要按照生态系统的内在规律，统筹考虑自然生态各要素，从而达到增强生态系统循环能力、维护生态平衡的目标。（ ）

答案： 正确

61. 根据《生态环境标准管理办法》，国家生态环境质量标准不包括核与辐射安全基本标准。（ ）

答案： 错误

正确答案： 国家生态环境质量标准包括国家大气环境质量标准、水环境质量标准、海洋环境质量标准、声环境质量标准、核与辐射安全基本标准。

62. 根据《生态环境标准管理办法》，国家污染物排放标准包括国家大气污染物排放标准、水污染物排放标准、固体废物污染控制标准、环境噪声排放控制标准、放射性污染防治标准等。（ ）

答案： 正确

63. 固定污染源大气、水污染物排放标准应分别按照《国家大气污染物排放标准制订技术导则》（HJ 945.1—2018）和《国家水污染物排放标准制订技术导则》（HJ 945.2—2018）的规定开展制修订工作。（ ）

答案： 正确

64. 根据《中华人民共和国固体废物污染环境防治法》，各级各类实验室及其设立单位应当加强对实验室产生的固体废物的管理，依法收集、贮存、运输、利用、处置实验室固体废物。实验室固体废物属于危险废物的，应当按照危险废物管理。（ ）

答案： 正确

65.《中华人民共和国固体废物污染环境防治法》规定的生活垃圾，是指在日常生活中或者为日常生活提供服务的活动中产生的固体废物，以及法律、行政法规规定视为生活垃圾的固体废物。(　　)

答案：正确

66. 根据《中华人民共和国固体废物污染环境防治法》，只要源头保证厨余垃圾的卫生安全，可以无须处理直接给畜禽养殖场、养殖小区利用饲喂畜禽。(　　)

答案：错误

正确答案：产生、收集厨余垃圾的单位和其他生产经营者，应当将厨余垃圾交由具备相应资质条件的单位进行无害化处理。禁止畜禽养殖场、养殖小区利用未经无害化处理的厨余垃圾饲喂畜禽。

67. 放射性固体废物污染环境的防治不适用《中华人民共和国固体废物污染环境防治法》。(　　)

答案：正确

68.《生物多样性公约》缔约方大会第十五次会议（COP15）的主要成果为《北京宣言》。(　　)

答案：错误

正确答案：《生物多样性公约》缔约方大会第十五次会议（COP15）的主要成果为《昆明宣言》。

69. 排污者在按日计罚周期内存在停产停业或者达标排放的日数，均不计入计罚日数。(　　)

答案：错误

正确答案：排污者在按日计罚周期内存在停产停业或者达标排放的日数，均不能从计罚日数中扣除。

70. 根据《中华人民共和国水污染防治法》，多层地下水的含水层水质差异大的，应当分层开采；对已受污染的潜水和承压水，可以混合开采。(　　)

答案：错误

正确答案：多层地下水的含水层水质差异大的，应当分层开采；对已受污染的潜水和承压水，不得混合开采。

71. 根据《中华人民共和国噪声污染防治法》，基层群众性自治组织指导业主委员会、物业服务人、业主通过制定管理规约或者其他形式，约定本物业管理区域噪声污染防治要求，由业主共同遵守。(　　)

答案：正确

72. 根据《生态环境标准管理办法》，推荐性生态环境标准被强制性生态环境标准或者规章、行政规范性文件引用并赋予其强制执行效力的，被引用的内容必须执行，推荐性生态环境标准的法律效力随之发生变化。(　　)

答案：错误

正确答案：推荐性生态环境标准被强制性生态环境标准或者规章、行政规范性文件引用并赋予其强制执行效力的，被引用的内容必须执行，推荐性生态环境标准本身的法律效力不变。

73. 根据《生态环境标准管理办法》，生态环境标准由其制定机关负责解释，标准解释与标准正文具有同等效力。相关技术单位可以受标准制定机关委托，对标准内容提供技术咨询。(　　)

答案：正确

74. 生态环境主管部门在对排污单位进行监督检查时，可以现场即时采样，监测结果可以作为

判定污染物排放是否超标的证据。（　　）

答案：正确

75. 社会环境监测机构受生态环境主管部门的委托开展环境监测活动，不能作为环境保护行政管理的依据。（　　）

答案：错误

正确答案：社会环境监测机构受生态环境主管部门的委托开展环境监测活动，在满足有关环境保护法律法规规章或相关技术规范要求的情况下，出具的环境监测数据可以作为环境保护行政管理的依据。

76. 根据《生态环境标准管理办法》，制定生态环境质量标准、生态环境风险管控标准和污染物排放标准时，应当采用国务院生态环境主管部门制定的生态环境监测分析方法标准；国务院生态环境主管部门尚未制定适用的生态环境监测分析方法标准的，可以采用其他部门制定的监测分析方法标准。（　　）

答案：正确

77. 根据《排污许可管理条例》，污染物产生量、排放量或者对环境的影响程度较大的排污单位，实行排污许可证日常管理。（　　）

答案：错误

正确答案：污染物产生量、排放量或者对环境的影响程度较大的排污单位，实行排污许可重点管理。

78. 除干旱地区外，新区建设应当实行雨水、污水分流。（　　）

答案：正确

79. 饮用水地表水源保护包括一定的水域和陆域。（　　）

答案：正确

80. 根据《有毒有害水污染物名录（第一批）》（生态环境部　国家卫生健康委员会公告　2019 年第 28 号）规定，甲醛属于有毒有害水污染物。（　　）

答案：正确

81. 根据《中华人民共和国大气污染防治法》，市级以上人民政府生态环境主管部门应当在其网站上公布大气环境质量标准、大气污染物排放标准，供公众免费查阅、下载。（　　）

答案：错误

正确答案：省级以上人民政府生态环境主管部门应当在其网站上公布大气环境质量标准、大气污染物排放标准，供公众免费查阅、下载。

82. 根据《中华人民共和国水污染防治法》，禁止向水体排放含病原体的污水。（　　）

答案：错误

正确答案：含病原体的污水应当经过消毒处理；符合国家有关标准后，方可排放。

83. 根据《中华人民共和国水污染防治法》，禁止在饮用水水源准保护区内新建、扩建对水体产生污染的建设项目；改建建设项目，不得增加排污量。（　　）

答案：错误

正确答案：禁止在饮用水水源准保护区内新建、扩建对水体污染严重的建设项目；改建建设项目，不得增加排污量。

84.《中华人民共和国噪声污染防治法》所称的噪声污染是指所产生的环境噪声超过国家规定的环境噪声排放标准，并干扰他人正常生活、工作和学习的现象。（　　）

答案：错误

正确答案：《中华人民共和国噪声污染防治法》所称的噪声污染是指超过噪声排放标准或者未依法采取防控措施产生噪声，并干扰他人正常生活、工作和学习的现象。

85. 根据《中华人民共和国固体废物污染环境防治法》，任何单位和个人都应当采取措施，减少固体废物的产生量，促进固体废物的综合利用，降低固体废物的危害性。（　　）

答案：正确

86. 根据《中华人民共和国固体废物污染环境防治法》，禁止在人口集中地区、机场周围、交通干线附近以及当地人民政府划定的其他区域露天焚烧秸秆。（　　）

答案：正确

87. 根据《中华人民共和国土壤污染防治法》，国务院生态环境行政主管部门应当加强农药、肥料登记，组织开展农药、肥料对土壤环境影响的安全性评价。（　　）

答案：错误

正确答案：国务院农业农村主管部门应当加强农药、肥料登记，组织开展农药、肥料对土壤环境影响的安全性评价。

88. 根据《中华人民共和国土壤污染防治法》，列入建设用地土壤污染风险管控和修复名录的地块，经修复后，可以作为住宅、公共管理与公共服务用地。（　　）

答案：错误

正确答案：列入建设用地土壤污染风险管控和修复名录的地块，不得作为住宅、公共管理与公共服务用地。

89. 根据《中华人民共和国土壤污染防治法》，对建设用地土壤污染风险管控和修复名录中的地块，土壤污染责任人应当按照国家有关规定以及土壤污染风险评估报告的要求，采取相应的风险管控措施，并定期向地方人民政府生态环境主管部门报告。风险管控措施可以不包括地下水污染防治的内容。（　　）

答案：错误

正确答案：对建设用地土壤污染风险管控和修复名录中的地块，土壤污染责任人应当按照国家有关规定以及土壤污染风险评估报告的要求，采取相应的风险管控措施，并定期向地方人民政府生态环境主管部门报告。风险管控措施应当包括地下水污染防治的内容。

90. 根据《中华人民共和国海洋环境保护法》，在中华人民共和国管辖海域内从事航行、勘探、开发、生产、旅游、科学研究及其他活动，或者在沿海陆域内从事影响海洋环境活动的任何单位和个人，应当遵守本法。（　　）

答案：正确

91. 根据《检验检测机构资质认定管理办法》，技术负责人发生变更的，可以不向资质认定部门申请办理变更手续。（　　）

答案：错误

正确答案：法定代表人、最高管理者、技术负责人、检验检测报告授权签字人发生变更的；应当向资质认定部门申请办理变更手续。

92. 根据《中华人民共和国放射性污染防治法》，放射性固体废物处置费用收取和使用管理办法，由国务院财政部门、价格主管部门会同国务院核设施主管部门规定。（　　）

答案：错误

正确答案：放射性固体废物处置费用收取和使用管理办法，由国务院财政部门、价格主管部门会同国务院生态环境行政主管部门规定。

93. 根据《中华人民共和国渔业法》，在鱼、虾、蟹洄游通道建闸、筑坝，对渔业资源有严重影响的，建设单位应当建造过鱼设施或者采取其他补救措施。（　　）

答案：正确

94. 根据《中华人民共和国野生动物保护法》，珍贵、濒危的水生野生动物以外的其他水生野生动物的保护，适用野生动物保护法的规定。（　　）

答案：错误

正确答案：珍贵、濒危的水生野生动物以外的其他水生野生动物的保护，适用渔业法的规定。

95. 根据《环境监测数据弄虚作假行为判定及处理办法》（环发〔2015〕175 号），未经批准部门同意，擅自停运、变更、增减环境监测点位或者故意改变环境监测点位属性的属于篡改监测数据。（　　）

答案：正确

96. 根据《中华人民共和国湿地保护法》，在水生生物产卵场、索饵场、越冬场和洄游通道等重要栖息地应当实施保护措施。经依法批准在洄游通道建闸、筑坝，可能对水生生物洄游产生影响的，建设单位应当建造过鱼设施或者采取其他补救措施。（　　）

答案：错误

正确答案：在重要水生生物产卵场、索饵场、越冬场和洄游通道等重要栖息地应当实施保护措施。经依法批准在洄游通道建闸、筑坝，可能对水生生物洄游产生影响的，建设单位应当建造过鱼设施或者采取其他补救措施。

97. 根据《中华人民共和国长江保护法》，禁止在长江干流岸线一公里范围内和重要支流岸线三公里范围内新建、改建、扩建尾矿库；但是以提升安全、生态环境保护水平为目的的改建除外。（　　）

答案：错误

正确答案：禁止在长江干流岸线三公里范围内和重要支流岸线一公里范围内新建、改建、扩建尾矿库；但是以提升安全、生态环境保护水平为目的的改建除外。

98. 根据《关于深化环境监测改革　提高环境监测数据质量的意见》，环境监测机构及其负责人对其监测数据的准确性负责。采样与分析人员、审核与授权签字人分别对原始监测数据、监测报告的准确性终身负责。（　　）

答案：错误

正确答案：环境监测机构及其负责人对其监测数据的真实性和准确性负责。采样与分析人员、审核与授权签字人分别对原始监测数据、监测报告的真实性终身负责。

99. 根据《关于深化环境监测改革　提高环境监测数据质量的意见》，对违法违规操作或直接篡

改、伪造监测数据的，依纪依法追究相关人员责任。（　　）

答案：正确

100．根据《关于深化环境监测改革　提高环境监测数据质量的意见》，环境监测机构在提供环境服务中弄虚作假，对造成的环境污染和生态破坏负有责任的，依法处罚。（　　）

答案：错误

正确答案：环境监测机构在提供环境服务中弄虚作假，对造成的环境污染和生态破坏负有责任的，除依法处罚外，检察机关、社会组织和其他法律规定的机关提起民事公益诉讼或者省级政府授权的行政机关依法提起生态环境损害赔偿诉讼时，可以要求环境监测机构与造成环境污染和生态破坏的其他责任者承担连带责任。

101．生态环境监测机构及其监测人员应当遵守《中华人民共和国环境保护法》和《中华人民共和国计量法》等相关法律法规。（　　）

答案：正确

102．环境监测质量管理是环境监测工作的重要组成部分，应贯穿于监测工作的全过程。（　　）

答案：正确

103．根据《中华人民共和国水污染防治法》的规定，含病原体的污水经过消毒处理，符合国家有关标准后可以向水体排放。（　　）

答案：正确

104．检验检测机构的质量方针和质量目标由质量负责人制定。（　　）

答案：错误

正确答案：检验检测机构的质量方针和质量目标由管理层制定。

105．《污水综合排放标准》（GB 8979—1996）中规定的排水量是指在生产过程中直接用于工艺生产的水的排放量，包括间接冷却水、厂区锅炉及电站排水。（　　）

答案：错误

正确答案：不包括间接冷却水、厂区锅炉及电站排水。

106．在排污单位水污染物中，总镍、总铍、总铅、总锰、总砷、总铬、总汞、烷基汞属于第一类污染物。（　　）

答案：错误

正确答案：总锰是第二类污染物。

107．单指标评价地下水质量时，锰的Ⅰ类、Ⅱ类限值均为 0.05 mg/L，若水质分析结果为 0.05 mg/L，则地下水质量定为Ⅱ类。（　　）

答案：错误

正确答案：Ⅰ类。因为单指标评价地下水质量时，按指标值所在的限值范围确定地下水质量类别，指标限值相同时，从优不从劣。

108．建设项目竣工环境保护验收期间的环境质量评价执行现行有效的环境质量标准。（　　）

答案：正确

109．生态环境主管部门及其所属监测机构在行政执法过程中收集的监测数据，在刑事诉讼中可以作为证据使用。（　　）

答案： 正确

110.《关于推进环境监测服务社会化的指导意见》（环发〔2015〕20 号）指出，要有序放开服务性监测市场。（　　）

答案： 错误

正确答案： 该文件指出，要全面放开服务性监测市场，有序放开公益性、监督性监测领域。

111.《环境监测数据弄虚作假行为判定及处理办法》（环发〔2015〕175 号）不适用于排污单位委托社会化检测机构开展的自行监测。（　　）

答案： 错误

正确答案： 该办法适用于排污单位委托社会化检测机构开展的自行监测。

112.《中华人民共和国环境保护税法》中规定环保税的认定顺序变为：①产排污系数或者物料衡算法；②自动在线监测数据；③企业自行监测数据。（　　）

答案： 错误

正确答案： 环保税的认定顺序变为：①自动在线监测数据；②企业自行监测数据；③产排污系数或者物料衡算法。

113.《环境监测数据弄虚作假行为判定及处理办法》（环发〔2015〕175 号）规定：纸质原始记录与电子存储记录不一致，或者谱图与分析结果不对应，或者用其他样品的分析结果和图谱替代的，属于篡改数据行为。（　　）

答案： 错误

正确答案： 属于伪造监测数据行为。

114. 世界卫生组织的环境标准值对各国具有强制作用。（　　）

答案： 错误

正确答案： 世界卫生组织的环境标准值对各国不具有强制作用。

115. 依据中共中央办公厅、国务院办公厅《关于深化环境监测改革　提高环境监测数据质量的意见》，对不如实记录或隐瞒不报不当干预行为并造成严重后果的相关人员应予以警告和记过。（　　）

答案： 错误

正确答案： 对不如实记录或隐瞒不报不当干预行为并造成严重后果的相关人员，应予以通报批评和警告。

五、简答题

1.《中共中央　国务院关于全面推进美丽中国建设的意见》提出的美丽中国建设目标是什么？

答案： 在主要目标方面，锚定三个时间节点目标要求：

（1）到 2027 年，美丽中国建设成效显著。绿色低碳发展深入推进，主要污染物排放总量持续减少，生态环境质量持续提升，国土空间开发保护格局得到优化，生态系统服务功能不断增强，城乡人居环境明显改善，国家生态安全有效保障，生态环境治理体系更加健全，形成一批实践样板。

（2）到 2035 年，美丽中国目标基本实现。广泛形成绿色生产生活方式，碳排放达峰后稳中有降，生态环境根本好转，国土空间开发保护新格局全面形成，生态系统多样性稳定性持续性显著提升，国家生态安全更加稳固，生态环境治理体系和治理能力现代化基本实现。

（3）展望本世纪中叶，美丽中国全面建成。生态文明全面提升，绿色发展方式和生活方式全面形成，重点领域实现深度脱碳，生态环境健康优美，生态环境治理体系和治理能力现代化全面实现。

2.《中共中央　国务院关于全面推进美丽中国建设的意见》中提到要持续深入推进污染防治攻坚战，具体包括哪几个方面？

答案：

（1）持续深入打好蓝天保卫战。以京津冀及周边、长三角、汾渭平原等重点区域为主战场，以细颗粒物控制为主线，大力推进多污染物协同减排。加强区域联防联控。持续实施噪声污染防治行动。着力解决恶臭、餐饮油烟等污染问题。

（2）持续深入打好碧水保卫战。统筹水资源、水环境、水生态治理，深入推进长江、黄河等大江大河和重要湖泊保护治理，基本消除城乡黑臭水体并形成长效机制。以海湾为基本单元，“一湾一策”协同推进近岸海域污染防治、生态保护修复和岸滩环境整治，建设美丽河湖、美丽海湾。

（3）持续深入打好净土保卫战。开展土壤污染源头防控行动。强化优先保护类耕地保护。强化地下水型饮用水水源地环境保护。深入打好农业农村污染治理攻坚战。

（4）强化固体废物和新污染物治理。加快“无废城市”建设。限制商品过度包装。全链条治理塑料污染。持续推进新污染物治理行动。

3. 依据《中共中央　国务院关于深入打好污染防治攻坚战的意见》要求，提出的主要目标是什么？

答案：

到 2025 年，生态环境持续改善，主要污染物排放总量持续下降，单位国内生产总值二氧化碳排放比 2020 年下降 18%，地级及以上城市细颗粒物（$PM_{2.5}$）浓度下降 10%，空气质量优良天数比率达到 87.5%，地表水Ⅰ－Ⅲ类水体比例达到 85%，近岸海域水质优良（一、二类）比例达到 79%左右，重污染天气、城市黑臭水体基本消除，土壤污染风险得到有效管控，固体废物和新污染物治理能力明显增强，生态系统质量和稳定性持续提升，生态环境治理体系更加完善，生态文明建设实现新进步。

到 2035 年，广泛形成绿色生产生活方式，碳排放达峰后稳中有降，生态环境根本好转，美丽中国建设目标基本实现。

4. 依据《中共中央　国务院关于深入打好污染防治攻坚战的意见》要求，对提高生态环境治理现代化水平提出了哪些要求？

答案：

一是全面强化生态环境法治保障，在法治轨道上推进生态环境治理。二是健全生态环境经济政策，实施有利于绿色发展的政策措施。三是完善生态环境资金投入机制，把生态环境资金投入作为基础性、战略性投入予以重点保障。四是实施环境基础设施补短板行动，构建一体化的环境基础设施体系。五是提升生态环境监管执法效能，加强全过程监管。六是建立完善现代化生态环境监测体系，实现环境质量、生态质量、污染源监测全覆盖。七是构建服务型科技创新体系，加强生态环境科技成果转化服务。

5. 按照《中共中央　国务院关于完整准确全面贯彻新发展理念做好碳达峰碳中和工作的意见》

要求，提出的主要目标是什么？

答案：到2025年，绿色低碳循环发展的经济体系初步形成，重点行业能源利用效率大幅提升。单位国内生产总值能耗比2020年下降13.5%；单位国内生产总值二氧化碳排放比2020年下降18%；非化石能源消费比重达到20%左右；森林覆盖率达到24.1%，森林蓄积量达到180亿立方米，为实现碳达峰、碳中和奠定坚实基础。

到2030年，经济社会发展全面绿色转型取得显著成效，重点耗能行业能源利用效率达到国际先进水平。单位国内生产总值能耗大幅下降；单位国内生产总值二氧化碳排放比2005年下降65%以上；非化石能源消费比重达到25%左右，风电、太阳能发电总装机容量达到12亿千瓦以上；森林覆盖率达到25%左右，森林蓄积量达到190亿立方米，二氧化碳排放量达到峰值并实现稳中有降。

到2060年，绿色低碳循环发展的经济体系和清洁低碳安全高效的能源体系全面建立，能源利用效率达到国际先进水平，非化石能源消费比重达到80%以上，碳中和目标顺利实现，生态文明建设取得丰硕成果，开创人与自然和谐共生新境界。

6. 按照《中共中央 国务院关于完整准确全面贯彻新发展理念做好碳达峰碳中和工作的意见》要求，提出的工作原则是什么？

答案：实现碳达峰、碳中和目标，要坚持“全国统筹、节约优先、双轮驱动、内外畅通、防范风险”原则。

（1）全国统筹。全国一盘棋，强化顶层设计，发挥制度优势，实行党政同责，压实各方责任。根据各地实际分类施策，鼓励主动作为、率先达峰。

（2）节约优先。把节约能源资源放在首位，实行全面节约战略，持续降低单位产出能源资源消耗和碳排放，提高投入产出效率，倡导简约适度、绿色低碳生活方式，从源头和入口形成有效的碳排放控制阀门。

（3）双轮驱动。政府和市场两手发力，构建新型举国体制，强化科技和制度创新，加快绿色低碳科技革命。深化能源和相关领域改革，发挥市场机制作用，形成有效激励约束机制。

（4）内外畅通。立足国情实际，统筹国内国际能源资源，推广先进绿色低碳技术和经验。统筹做好应对气候变化对外斗争与合作，不断增强国际影响力和话语权，坚决维护我国发展权益。

（5）防范风险。处理好减污降碳和能源安全、产业链供应链安全、粮食安全、群众正常生活的关系，有效应对绿色低碳转型可能伴随的经济、金融、社会风险，防止过度反应，确保安全降碳。

7. 按照国务院印发的《空气质量持续改善行动计划》要求，该《行动计划》的工作目标是什么？

答案：到2025年，全国地级及以上城市$PM_{2.5}$浓度比2020年下降10%，重度及以上污染天数比率控制在1%以内；氮氧化物和VOCs排放总量比2020年分别下降10%以上。京津冀及周边地区、汾渭平原$PM_{2.5}$浓度分别下降20%、15%，长三角地区$PM_{2.5}$浓度总体达标，北京市控制在32微克/立方米以内。

8. 按照国务院印发的《空气质量持续改善行动计划》要求，该《行动计划》的总体思路是什么？

答案：以习近平新时代中国特色社会主义思想为指导，全面贯彻党的二十大精神，深入贯彻习近平生态文明思想，落实全国生态环境保护大会部署，坚持稳中求进工作总基调，协同推进降碳、减污、扩绿、增长，以改善空气质量为核心，以减少重污染天气和解决人民群众身边的突出大气环境问题为重点，以降低细颗粒物（$PM_{2.5}$）浓度为主线，大力推动氮氧化物和挥发性有机物（VOCs）减排；开展区域协同治理，突出精准、科学、依法治污，完善大气环境管理体系，提升污染防治能力；远近结合研究谋划大气污染防治路径，扎实推进产业、能源、交通绿色低碳转型，强化面源污染治理，加强源头防控，加快形成绿色低碳生产生活方式，实现环境效益、经济效益和社会效益多赢。

9．依据《全国生态质量监督监测工作方案（2023—2025 年）》，生态质量地面样地如何布设？

答案：生态质量样地布设以森林、草原、湿地、荒漠等自然生态系统为主，农田、城市等生态系统为辅；空间上重点关注国家重点生态功能区、自然保护地、生态保护红线等重要区域。采用自上而下与自下而上相结合的方法布设，首先根据我国不同生态系统分布，采用网格法确定样地初步位置，在此基础上根据生态问题突出区域和生态保护监管重点区域进行加密布设与调整，形成样地布设初步方案；其次按照代表性、可达性、便于监测等原则，由各省开展样地现场核实，形成各省样地布设方案；最后由生态环境部审核认定。

10．依据《全国生态质量监督监测工作方案（2023—2025 年）》，国家生态质量综合监测站如何布局？

答案：国家生态质量综合监测站布设以《“十四五”生态保护监管规划》明确的 80 个生态保护监管重点区域为重点，按照每个综合站覆盖范围 100 公里左右布设。

国家生态质量综合监测站按照“自愿申报、择优认定、统一标识、自主运维”的原则进行遴选。由省级生态环境主管部门组织本区域的申报工作，鼓励生态环境部直属单位、中国科学院相关科研单位、地方生态环境监测中心（站）、高校或其他科研院所联合申报。生态环境部根据申报站点区位重要性及基础条件情况，开展技术评审与遴选，经批准同意后纳入全国生态质量监测网络。

11．依据《关于推进生态环境监测体系与监测能力现代化的若干意见》要求，如何构建生态环境监测“大格局”？

答案：

（一）强化生态环境监测统一监督管理。各级生态环境部门按照统一组织领导、统一标准规范、统一网络布局、统一数据管理、统一信息发布的要求，加强对本行政区域内生态环境监测的统一监督管理。推动建立部门合作、资源共享工作机制，加大监测工作统筹与协同力度，监督指导有关行业部门按照统一的生态环境监测站（点）规划设置要求和生态环境监测标准规范组织实施各自职责范围内的监测工作。合理划分中央和地方生态环境监测事权。按照“谁考核、谁监测”的原则，国家生态环境质量评价与考核监测等工作为国家事权，其他服务于地方环境管理和污染治理的监测事项为地方事权。

（二）落实排污单位自行监测主体责任。按照“谁排污、谁监测”的原则，纳入排污许可管理的排污单位应遵守排污许可证规定和有关标准规范，严格执行污染源自行监测和信息公开制度。土壤污染重点监管单位按要求开展土壤和地下水自行监测。建立入河（海）排污口自行监测制度，排污单位或责任单位负责对排污口开展自行监测。自行监测单位要向社会主动公开自行监测数据，各地生态环境部门要加强对自行监测行为的监督检查。

（三）发挥市场机制和公众监督作用。深入推进生态环境监测服务社会化，研究制定生态环境监测备案管理、信用评价等措施，加强市场培育、推动行业自律，促进形成一批专业化、优质化的社会监测机构，树立和弘扬“依法监测、科学监测、诚信监测”的行业文化。坚持服务群众和依靠群众，加强新闻宣传、畅通投诉举报渠道，为公众监督创造便利条件。

12. 依据《关于推进生态环境监测体系与监测能力现代化的若干意见》要求，如何严守生态环境监测质量“生命线”？

答案：

（一）明确数据质量责任。生态环境监测机构及其负责人对其监测数据的真实性和准确性负责。排污单位及其负责人对其自行监测数据质量负责。各级生态环境部门对用于环境管理和监督执法的监测数据质量负监管责任。地方生态环境部门应积极推动地方政府建立防范和惩治生态环境监测数据弄虚作假的工作机制，建立并实行干预留痕和记录制度。

（二）加强数据质量监督管理。强化对生态环境监测机构监管，建立健全内部质量控制为主、外部质量监督为辅的质量管理制度。完善生态环境监测机构和自动监测运维机构通用要求，指导监测机构规范内部质量体系建设与运行。推动建立分级管理、全国联网的实验室信息管理系统，实现监测活动全流程可追溯。制定生态环境监测机构监督管理办法，健全生态环境监测量值溯源体系，强化质量监管能力。

（三）严厉打击监测数据弄虚作假。组织开展监测质量监督检查专项行动，依法依规查处监测数据弄虚作假行为。加强生态环境监测机构和人员信用管理，探索建立监测数据弄虚作假市场和行业禁入措施。积极推动部门协同和信息互认，形成守信联合激励、失信联合惩戒的长效机制。发挥群众监督作用，形成“不敢假、不能假、不想假”的良好局面。

13. 依据《生态环境监测规划纲要（2020—2035年）》，生态环境监测发展的总体方向是什么？

答案：2020—2035年，生态环境监测将在全面深化环境质量和污染源监测的基础上，逐步向生态状况监测和环境风险预警拓展，构建生态环境状况综合评估体系。监测指标从常规理化指标向有毒有害物质和生物、生态指标拓展，从浓度监测、通量监测向成因机理解析拓展；监测点位从均质化、规模化扩张向差异化、综合化布局转变；监测领域从陆地向海洋、从地上向地下、从水里向岸上、从城镇向农村、从全国向全球拓展；监测手段从传统手工监测向天地一体、自动智能、科学精细、集成联动的方向发展；监测业务从现状监测向预测预报和风险评估拓展、从环境质量评价向生态健康评价拓展。

14. 依据《生态环境监测规划纲要（2020—2035年）》，生态环境监测的含义是什么？

答案：生态环境监测，是指按照山水林田湖草系统观的要求，以准确、及时、全面反映生态环境状况及其变化趋势为目的而开展的监测活动，包括环境质量、污染源和生态状况监测。其中，环境质量监测以掌握环境质量状况及其变化趋势为目的，涵盖大气、地表水、地下水、海洋、土壤、辐射、噪声、温室气体等全部环境要素；污染源监测以掌握污染排放状况及其变化趋势为目的，涵盖固定源、移动源、面源等全部排放源；生态状况监测以掌握生态系统数量、质量、结构和服务功能的时空格局及其变化趋势为目的，涵盖森林、草原、湿地、荒漠、水体、农田、城乡、海洋等全部典型生态系统。环境质量监测、污染源监测和生态状况监测三者之间相互关联、相互影响、相互作用。

15. 2015年，党中央、国务院出台生态文明体制“1+6”改革方案，“1+6”具体是指什么？

答案："1"就是《生态文明体制改革总体方案》，"6"包括《环境保护督察方案（试行）》《生态环境监测网络建设方案》《开展领导干部自然资源资产离任审计试点方案》《党政领导干部生态环境损害责任追究办法（试行）》《编制自然资源资产负债表试点方案》《生态环境损害赔偿制度改革试点方案》。

16. 根据《企业环境信息依法披露格式准则》，纳入碳排放权交易市场配额管理的温室气体重点排放单位应当披露碳排放相关信息，这些信息主要包括哪些内容？

答案：

（1）年度碳实际排放量及上一年度实际排放量；

（2）配额清缴情况；

（3）依据温室气体排放核算与报告标准或技术规范，披露排放设施、核算方法等信息。

17.《关于进一步深化生态环境监管服务推动经济高质量发展的意见》的主要措施是哪些？

答案：

一是加大"放"的力度，激发市场主体活力；

二是优化"管"的方式，营造公平市场环境；

三是提升"服"的实效，增强企业绿色发展能力；

四是精准"治"的举措，提升生态环境管理水平；

五是强化责任担当，健全保障机制。

18.《国家突发环境事件应急预案》（国办函〔2014〕119 号）规定，突发环境事件发生后，应急监测的主要响应措施有哪些。

答案：根据《国家突发环境事件应急预案》（国办函〔2014〕119号）规定，应急监测主要响应措施为加强大气、水体、土壤等应急监测工作，根据突发环境事件的污染物种类、性质以及当地自然、社会环境状况等，明确相应的应急监测方案和监测方法、确定检测的布点和频次，调配应急监测设备、车辆，及时准确监测，为突发环境事件应急决策提供依据。

19.《2030年前碳达峰行动方案》中"碳达峰十大行动"指什么？

答案：能源绿色低碳转型行动、节能降碳增效行动、工业领域碳达峰行动、城乡建设碳达峰行动、交通运输绿色低碳行动、循环经济助力降碳行动、绿色低碳科技创新行动、碳汇能力巩固提升行动、绿色低碳全民行动、各地区梯次有序碳达峰行动。

20. 根据《中华人民共和国土壤污染防治法》，土壤污染风险评估报告应当包括哪些内容？

答案：

（1）主要污染物状况；

（2）土壤及地下水污染范围；

（3）农产品质量安全风险、公众健康风险或者生态风险；

（4）风险管控、修复的目标和基本要求等。

21. 根据《最高人民法院　最高人民检察院关于办理环境污染刑事案件适用法律若干问题的解释》（法释〔2023〕7 号）第一条规定，排放、倾倒、处置含哪几种金属污染物超过国家或者地方污染物排放标准三倍以上的，排放、倾倒、处置含哪几种金属污染物超过国家或者地方污染物排放标准十倍以上的，应当认定为"严重污染环境"？

答案：超过国家或者地方污染物排放标准三倍以上的为：含铅、汞、镉、铬、砷、铊、锑的污染物；超过国家或者地方污染物排放标准十倍以上的为：含镍、铜、锌、银、钒、锰、钴的污染物。

22. 根据《检验检测机构监督管理办法》（国家市场监督管理总局令　第39号）规定，检验检测机构出具的检验检测报告存在哪些情形之一，属于虚假检验检测报告？

答案：

（一）未经检验检测的；

（二）伪造、变造原始数据、记录，或者未按照标准等规定采用原始数据、记录的；

（三）减少、遗漏或者变更标准等规定的应当检验检测的项目，或者改变关键检验检测条件的；

（四）调换检验检测样品或者改变其原有状态进行检验检测的；

（五）伪造检验检测机构公章或者检验检测专用章，或者伪造授权签字人签名或者签发时间的。

23. 根据《检验检测机构监督管理办法》（国家市场监督管理总局令　第39号）规定，检验检测机构出具的检验检测报告存在哪些情形之一，属于不实检验检测报告？

答案：

（一）样品的采集、标识、分发、流转、制备、保存、处置不符合标准等规定，存在样品污染、混淆、损毁、性状异常改变等情形的；

（二）使用未经检定或者校准的仪器、设备、设施的；

（三）违反国家有关强制性规定的检验检测规程或者方法的；

（四）未按照标准等规定传输、保存原始数据和报告的。

24. 根据《生态环境标准管理办法》，污染物排放标准执行顺序是什么？

答案：

（一）地方污染物排放标准优先于国家污染物排放标准；地方污染物排放标准未规定的项目，应当执行国家污染物排放标准的相关规定。

（二）同属国家污染物排放标准的，行业型污染物排放标准优先于综合型和通用型污染物排放标准；行业型或者综合型污染物排放标准未规定的项目，应当执行通用型污染物排放标准的相关规定。

（三）同属地方污染物排放标准的，流域（海域）或者区域型污染物排放标准优先于行业型污染物排放标准，行业型污染物排放标准优先于综合型和通用型污染物排放标准。流域（海域）或者区域型污染物排放标准未规定的项目，应当执行行业型或者综合型污染物排放标准的相关规定；流域（海域）或者区域型、行业型或者综合型污染物排放标准均未规定的项目，应当执行通用型污染物排放标准的相关规定。

25.《关于深化环境监测改革　提高环境监测数据质量的意见》对严厉打击排污单位弄虚作假行为是如何规定的？

答案：

（1）排污单位存在监测数据弄虚作假行为的，生态环境部门、公安机关依法予以处罚；

（2）涉嫌犯罪的，移交司法机关依法追究直接负责的主管人员和其他责任人的刑事责任，并对单位判处罚金；

（3）排污单位法定代表人强令、指使、授意、默许监测数据弄虚作假的，依纪依法追究其责任。

26.《检验检测机构资质认定生态环境监测机构评审补充要求》（国市监检测〔2018〕245号）

规定生态环境监测人员应符合哪些要求？

答案：《检验检测机构资质认定生态环境监测机构评审补充要求》（国市监检测〔2018〕245 号）第十条规定，生态环境监测人员应符合下列要求：

（一）掌握与所处岗位相适应的环境保护基础知识、法律法规、评价标准、监测标准或技术规范、质量控制要求，以及有关化学、生物、辐射等安全防护知识；

（二）承担生态环境监测工作前应经过必要的培训和能力确认，能力确认方式应包括基础理论、基本技能、样品分析的培训与考核等。

27. 根据《生态环境监测技术人员持证上岗考核规定》（环监测〔2021〕80 号）规定，持证上岗考核基本理论考核内容主要包括哪些？

答案：基本理论考核内容主要包括生态环境保护基本知识、生态环境监测法律法规、生态环境监测基础理论知识、标准规范、质量保证与质量控制知识、常用数理统计知识、布点和采样方法、样品保存和样品预处理方法、分析测试方法、自动监测系统运行维护、生态环境遥感监测与评价、数据处理、数据审核和结果评价等。

28. 根据《生态环境监测技术人员持证上岗考核规定》（环监测〔2021〕80 号），持证上岗考核基本技能考核内容主要包括哪些？

答案：基本技能考核分为手工监测和自动监测。手工监测考核内容主要包括布点和采样、样品保存和样品预处理、试剂配制、仪器操作、仪器校准、校准曲线制作、记录和结果计算等；自动监测考核内容主要包括自动监测系统的运行维护、仪器设备校准、数据传输和数据审核等。

29. 检验检测机构租用仪器设备开展检验检测时有哪些要求？

答案：

（1）租用仪器设备的管理应纳入本检验检测机构的管理体系；

（2）本检验检测机构可全权支配使用，即租用的仪器设备由本检验检测机构的人员操作、维护、检定或校准，并对使用环境和储存条件进行控制；

（3）在租赁合同中明确规定租用设备的使用权；

（4）同一台设备不允许在同一时期被不同的检验检测机构共同租赁和资质认定。

30. 简述检验检测机构应具有哪些与检测活动相适应的人员。

答案：检验检测机构应拥有为保证管理体系的有效运行、出具正确检验检测数据和结果所需的技术人员（检验检测的操作人员、结果验证或核查人员）和管理人员（对质量、技术负有管理职责的人员，包括管理层、技术负责人、质量负责人等）。技术人员和管理人员的结构和数量、受教育程度、理论基础、技术背景和经历、实际操作能力、职业素养等应满足工作类型、工作范围和工作量的需要。检验检测机构中所有可能影响检验检测活动的人员，无论是内部还是外部人员，均应行为公正，受到监督，胜任工作，并按照管理体系要求履行职责。

31.《建设项目竣工环境保护验收技术指南　污染影响类》对验收监测报告编制提出了哪些基本要求？

答案：建设项目竣工环境保护验收监测报告的编制应规范、全面，必须如实、客观、准确地反映建设项目对环境影响报告书（表）及审批部门审批决定要求的落实情况。

32.《检验检测机构资质认定生态环境监测机构评审补充要求》（国市监检测〔2018〕245 号）

对仪器设备有哪些补充规定？

答案：

（1）生态环境监测机构应配齐包括现场测试和采样、样品保存运输和制备、实验室分析及数据处理等监测工作各环节所需的仪器设备；

（2）现场测试和采样仪器设备在数量配备方面需满足相关监测标准或技术规范对现场布点和同步测试采样要求；

（3）应明确现场测试和采样设备使用和管理要求，以确保其正常规范使用与维护保养，防止其污染和功能退化；

（4）现场测试设备在使用前后，应按相关监测标准或技术规范的要求，对关键性能指标进行核查并记录，以确认设备状态能够满足监测工作要求。

33.《地表水环境质量标准》（GB 3838—2002）依据地表水水域环境功能和保护目标，按功能高低将地表水水域划分为五类，其中Ⅲ类适用的水域包括哪些？

答案：Ⅲ类水域主要适用于集中式生活饮用水地表水源地二级保护区、鱼虾类越冬场、洄游通道、水产养殖区等渔业水域及游泳区。

六、论述题

1.《中共中央　国务院关于全面推进美丽中国建设的意见》于2024年1月11日发布，里面对建设美丽中国提出了要完成的重点任务，请论述相关重点任务是什么，如何抓好意见的组织实施？

答案：

（1）意见提出了以下方面的重点任务：

一是加快发展方式绿色转型。优化国土空间开发保护格局，完善全域覆盖的生态环境分区管控体系。有计划分步骤实施碳达峰行动，开展减污降碳协同创新试点，积极稳妥推进碳达峰碳中和。统筹推进重点领域绿色低碳发展。推动各类资源节约集约利用。

二是持续深入推进污染防治攻坚。持续深入打好蓝天保卫战，以细颗粒物控制为主线，大力推进多污染物协同减排。持续深入打好碧水保卫战，统筹水资源、水环境、水生态治理，持续推进重点海域综合治理，建设美丽河湖、美丽海湾。持续深入打好净土保卫战，深入打好农业农村污染治理攻坚战。强化固体废物和新污染物治理。

三是提升生态系统多样性稳定性持续性。筑牢自然生态屏障，全面推进以国家公园为主体的自然保护地体系建设，加强生态保护修复监管制度建设。实施山水林田湖草沙一体化保护和系统治理，推行草原森林河流湖泊湿地休养生息。加强生物多样性保护，实施生物多样性保护重大工程。

四是守牢美丽中国建设安全底线。健全国家生态安全法治体系、战略体系、政策体系、应对管理体系。确保核与辐射安全，加强生物安全管理，大力提升适应气候变化能力，有效应对气候变化不利影响和风险。严密防控环境风险。

五是打造美丽中国建设示范样板。建设美丽中国先行区。推进以绿色低碳、环境优美、生态宜居、安全健康、智慧高效为导向的美丽城市建设。统筹推动乡村生态振兴和农村人居环境整治，建设美丽乡村。开展创新示范，推动将美丽中国建设融入基层治理创新。

六是开展美丽中国建设全民行动。培育弘扬生态文化，健全以生态价值观念为准则的生态文化体系，培育生态文明主流价值观，加快形成全民生态自觉。倡导简约适度、绿色低碳、文明健康的生活方式和消费模式。建立多元参与行动体系，持续开展“美丽中国，我是行动者”系列活动。

七是健全美丽中国建设保障体系。改革完善体制机制，深化生态文明体制改革，一体推进制度集成、机制创新。强化激励政策，加强财税、金融、价格等支持。加强科技支撑，实施生态环境科技创新重大行动。加快数字赋能。深化人工智能等数字技术应用，构建美丽中国数字化治理体系，建设绿色智慧的数字生态文明。加快实施减污降碳协同、生态保护修复等重大工程。共谋全球生态文明建设，坚持人类命运共同体理念，共建清洁美丽世界。

（2）要抓好意见的组织实施，主要有以下方面要求：

一是加强组织领导。坚持和加强党对美丽中国建设的全面领导，完善中央统筹、省负总责、市县抓落实的工作机制。制定地方党政领导干部生态环境保护责任制规定，建立覆盖全面、权责一致、奖惩分明、环环相扣的责任体系。

二是压实工作责任。制定分领域行动方案，建立工作协调机制，加快形成美丽中国建设实施体系和推进落实机制，推动任务项目化、清单化、责任化，加强统筹协调、调度评估和监督管理。

三是强化宣传推广。推进生态文明教育纳入干部教育、党员教育、国民教育体系。通过多种形式加强生态文明宣传，发布美丽中国建设白皮书。

四是开展成效考核。适时将污染防治攻坚战成效考核过渡到美丽中国建设成效考核。

2.《中共中央　国务院关于完整准确全面贯彻新发展理念做好碳达峰碳中和工作的意见》提出了哪些主要任务和重大举措？意见在碳达峰碳中和“1+N”政策体系中的定位和作用是什么？

答案：

（1）实现碳达峰、碳中和是一项多维、立体、系统的工程，涉及经济社会发展方方面面。意见坚持系统观念，提出 10 方面 31 项重点任务，明确了碳达峰碳中和工作的路线图、施工图。

一是推进经济社会发展全面绿色转型，强化绿色低碳发展规划引领，优化绿色低碳发展区域布局，加快形成绿色生产生活方式。

二是深度调整产业结构，加快推进农业、工业、服务业绿色低碳转型，坚决遏制高耗能高排放项目盲目发展，大力发展绿色低碳产业。

三是加快构建清洁低碳安全高效能源体系，强化能源消费强度和总量双控，大幅提升能源利用效率，严格控制化石能源消费，积极发展非化石能源，深化能源体制机制改革。

四是加快推进低碳交通运输体系建设，优化交通运输结构，推广节能低碳型交通工具，积极引导低碳出行。

五是提升城乡建设绿色低碳发展质量，推进城乡建设和管理模式低碳转型，大力发展节能低碳建筑，加快优化建筑用能结构。

六是加强绿色低碳重大科技攻关和推广应用，强化基础研究和前沿技术布局，加快先进适用技术研发和推广。

七是持续巩固提升碳汇能力，巩固生态系统碳汇能力，提升生态系统碳汇增量。

八是提高对外开放绿色低碳发展水平，加快建立绿色贸易体系，推进绿色“一带一路”建设，加强国际交流与合作。

九是健全法律法规标准和统计监测体系，完善标准计量体系，提升统计监测能力。

十是完善投资、金融、财税、价格等政策体系，推进碳排放权交易、用能权交易等市场化机制建设。

（2）党中央、国务院印发的意见，作为“1”，是管总管长远的，在碳达峰碳中和“1+N”政策体系中发挥统领作用；意见将与2030年前碳达峰行动方案共同构成贯穿碳达峰、碳中和两个阶段的顶层设计。“N”则包括能源、工业、交通运输、城乡建设等分领域分行业碳达峰实施方案，以及科技支撑、能源保障、碳汇能力、财政金融价格政策、标准计量体系、督察考核等保障方案。一系列文件将构建起目标明确、分工合理、措施有力、衔接有序的碳达峰碳中和政策体系。

3．2023年11月30日，国务院印发了《空气质量持续改善行动计划》，请论述《行动计划》的重大任务措施有哪些？如何抓好《行动计划》责任落实？

答案：

（1）《行动计划》提出了九项重点工作任务。

一是优化产业结构，促进产业产品绿色升级。包括坚决遏制高耗能、高排放、低水平项目盲目上马，加快退出重点行业落后产能，全面开展传统产业集群升级改造，优化含VOCs原辅材料和产品结构，推动绿色环保产业健康发展。

二是优化能源结构，加速能源清洁低碳高效发展。包括大力发展新能源和清洁能源，严格合理控制煤炭消费总量，积极开展燃煤锅炉关停整合，实施工业炉窑清洁能源替代，持续推进北方地区清洁取暖。

三是优化交通结构，大力发展绿色运输体系。包括持续优化调整货物运输结构，加快提升机动车清洁化水平，强化非道路移动源综合治理，全面保障成品油质量。

四是强化面源污染治理，提升精细化管理水平。包括深化扬尘污染综合治理，推进矿山生态环境综合整治，加强秸秆综合利用和禁烧。

五是强化多污染物减排，切实降低排放强度。包括强化VOCs全流程、全环节综合治理，推进重点行业污染深度治理，开展餐饮油烟、恶臭异味专项治理，稳步推进大气氨污染防控。

六是加强机制建设，完善大气环境管理体系。包括实施城市空气质量达标管理，完善区域大气污染防治协作机制，完善重污染天气应对机制。

七是加强能力建设，严格执法监督。包括提升大气环境监测监控能力，强化大气环境监管执法，加强决策科技支撑。

八是健全法律法规标准体系，完善环境经济政策。包括推动法律法规制修订，完善环境标准和技术规范体系，完善价格税费激励约束机制，积极发挥财政金融引导作用。

九是落实各方责任，开展全民行动。包括加强组织领导，严格监督考核，推进信息公开，加强宣传引导和国际合作，实施全民行动。

（2）从以下方面抓好《行动计划》责任落实：

一是加强组织领导。坚持和加强党对大气污染防治工作的全面领导。地方各级政府对本行政区域内空气质量负总责，组织制定本地实施方案。生态环境部要加强统筹协调，做好调度评估。国务院各有关部门要协同配合落实任务分工，出台政策时统筹考虑空气质量持续改善需求。

二是严格监督考核。将空气质量改善目标完成情况作为深入打好污染防治攻坚战成效考核的重要内容。对超额完成目标的地区给予激励；对未完成目标的地区，从资金分配、项目审批、荣誉表彰、责任追究等方面实施惩戒；对问题突出的地区，视情组织开展专项督察。

三是推进信息公开。加强环境空气质量信息公开力度。将排污单位和第三方治理、运维、检测机构弄虚作假行为纳入信用记录，定期依法向社会公布。重点排污单位及时公布自行监测和污染排放数据、污染治理措施、环保违法处罚及整改等信息。机动车和非道路移动机械生产、进口企业依法公开排放检验、污染控制技术等环保信息。

四是加强宣传引导和国际合作。广泛宣传解读相关政策举措，大力普及大气环境与健康基本理念和知识，提升公民大气环境保护意识与健康素养。加强大气环境管理和防沙治沙国际合作。推广中国大气污染治理技术和经验、防沙治沙实用技术和模式，讲好中国生态环保故事。

五是实施全民行动。动员社会各界广泛参与大气环境保护。政府带头开展绿色采购，全面使用低（无）VOCs 含量产品。完善举报奖励机制，鼓励公众积极提供环境违法行为线索。中央企业带头引导绿色生产，推进治污减排。强化公民环境意识，推动形成简约适度、绿色低碳、文明健康的生活方式，共同改善空气质量。

4.《全国生态质量监督监测工作方案（2023—2025 年）》包括哪些具体任务？卫星、无人机、地面等监测手段如何协同，在生态问题监管中各自发挥哪些作用？

答案：

（1）《工作方案》主要包括组建全国生态质量监测网络、开展生态质量监督监测、全面加强数据管理和质控、完善工作机制等 4 个方面。

在网络建设方面，积极推进卫星遥感、航空遥感、地面监测的协同，在全国范围实现卫星遥感 2 米级季度监测，重点区域实现亚米级监测；航空遥感作为卫星监测的补充，开展现场核实和参数验证；地面监测以开展遥感验证、生物多样性和生态功能监测为主，从而实现生态质量“天空地一体化”监测。

在生态质量监督监测方面，建立以全国尺度常规监测和重要区域、重点生态问题专项监测相结合的工作模式，根据工作需求设置不同监测手段和监测频次。对全国生态系统现状及变化开展跟踪监测，对重要区域和生态问题区域开展专项监测与分析。

在全面加强数据管理和质控方面，建立统一的全国生态质量监督监测数据管理系统，定期向各地推送生态变化图斑，实时传输地面核实、问题上报等相关数据。逐步建立跨部门、跨区域数据共享与业务协同机制。实施“三级检查、两级验收”的质控制度，确保数据质量。

在工作机制方面，生态环境部会同省级生态环境主管部门，联合中国科学院共同组建全国生态质量监测网络，完善业务支撑体系。

（2）卫星、航空无人机和地面等监测手段具有各自特点和技术优势，共同构建形成“天空地一体化”的生态监督监测能力。

卫星遥感监测主要优势是大范围、全覆盖，可以及时监测地表变化，发现生态破坏问题，是生态问题监管的主要手段；无人机具有机动灵活、快速响应的优势，可以搭载可见红外、高光谱、激光雷达等载荷，对重点区域生态破坏问题线索和生态类型变化开展实地核查和技术校核，为生态破坏问题核实、遥感参数验证等提供数据支持；地面监测主要通过视频监控、走航巡视监测、样地监测等手段，对重点敏感区域进行实时监控，及时发现人为干扰活动，以及生态退化等生态问题。

第二节　监测基础知识

一、填空题

1．选择盛装水样的容器材质必须注意：容器器壁不应吸收或吸附待测组分、_________、_________和选用深色玻璃降低光敏作用。

答案：容器不能引起新的沾污，容器不得与待测组分发生反应

2．水体中磷含量过高（>0.2 mg/L）可造成_________的过度繁殖，直至数量上达到有害的程度，称为_________。

答案：藻类，富营养化

3．二噁英类同类物毒性当量因子（Toxicity Equivalency Factor，TEF）是指各二噁英类同类物与_________对_________的亲和性能之比。

答案：2,3,7,8-四氯代二苯并-对-二噁英（或 2,3,7,8-T_4CDD），Ah 受体

4．根据《环境监测质量管理技术导则》，加标回收率测定时应注意，加标量一般为样品浓度的_________倍，且加标后的总浓度不应超过分析方法的_________。

答案：0.5～3，测定上限

5．降水 pH 低于_________为酸雨，低于_________为较重酸雨，低于_________为重酸雨。

答案：5.6，5.0，4.5

6．挥发性有机物指常温常压下能够挥发或呈气态的有机物，世界卫生组织（WHO，1989 年）定义熔点低于室温、沸点在_________℃的有机物为挥发性有机物，英文 Volatile Organic Compounds，简写为 VOCs。

答案：50～260

7．环境监测的基本环节是：_________、采样、分析测试、_________。

答案：布点，数据处理及综合评价

8．习惯上，把海面铅直方向涨落称为_________，而海水在水平方向的流动称为_________。

答案：潮汐，潮流

9．实验室用水的纯度一般用_________或_________的大小来表示。

答案：电导率，电阻率

10．为发现和查明环境污染事故的情况和污染范围而开展的环境监测，包括_________监测和_________监测。

答案：定点，动态

11．二噁英类同类物毒性当量（Toxic Equivalent Quantity，TEQ）浓度为其实测浓度与该异构体的_________的乘积。

答案：毒性当量因子

12．测定地表水中金属及类金属元素时，元素总量是指未经_________的样品，经_________后测得的元素含量。

答案：过滤，消解

13. 根据污染物质及其形成污染的性质，可将水体污染分为__________、__________、__________3 种主要类型。

答案：化学性污染，物理性污染，生物性污染

14. 监测仪器设备日常维护中若更换监测仪器中的__________、光学部件、检测部件和信号处理部件等关键零部件，更换后应对仪器重新进行__________，并进行仪器性能测试，测试合格后，方可投入使用。

答案：机械部件，检定/校准

15. 开展现场测试或采样时，应根据任务要求制订监测方案或采样计划，明确__________、__________、__________、__________等内容。

答案：监测点位，监测项目，监测方法，监测频次

16. 排污单位要按照法律法规和相关监测标准规范开展自行监测，制定__________，保存完整的__________、__________，对数据的真实性负责，并按规定公开相关监测信息。

答案：监测方案，原始记录，监测报告

17. 一般来说，水中溶解氧浓度随着大气压的增加而增加，随着水温的升高而__________。

答案：降低

18. 重金属具有细胞毒性，能破坏微生物细胞内的__________，导致细胞死亡，可在样品采集时加入__________消除干扰。

答案：酶活性，乙二胺四乙酸二钠溶液

19.《有毒有害大气污染物名录（2018 年）》中公布的 5 种重金属及其化合物有镉、铬、汞、砷、__________。

答案：铅

20. 人类活动排放的温室气体，并在政府间气候变化专门委员会（IPCC）有削减指标的主要有 6 种温室气体：甲烷（CH_4）、二氧化碳（CO_2）、氢氟碳化物（HFCs）、__________、__________和六氟化硫（SF_6）。

答案：全氟化碳（或全氟碳化合物）（PFCs），氧化亚氮（N_2O）

21. 按照《生态环境标准管理办法》确立的排放标准体系，国家污染物排放标准包括__________、__________、__________、__________、放射性和电磁辐射污染防治标准。

答案：水污染物排放标准，大气污染物排放标准，噪声排放标准，固体废物污染控制标准

22. 湖泊、水库营养状态评价指标为：叶绿素 a（Chla）、总磷（TP）、总氮（TN）、__________和__________共 5 项。

答案：透明度（SD），高锰酸盐指数（COD_{Mn}）

23. 生活垃圾的主要处理方法是：__________、__________、__________、__________。

答案：卫生填埋，堆肥，焚烧，分拣资源化

24. 在生态环境监测报告中给出符合（或不符合）要求或规范的声明时，报告审核人员和授权签字人应充分了解相关环境质量标准和__________标准的适用范围，并具备对监测结果进行__________判定的能力。

答案：污染排放/控制，符合性

25. ＿＿＿＿＿的分布和污染物在地下水中的＿＿＿＿＿是布设污染控制监测井的首要考虑因素。

答案：污染源，扩散形式

26. 对于大气自动监测站点不能在现场完成故障检修的仪器，应送至＿＿＿＿＿进行检查和维修，并及时采用备用仪器开展监测。

答案：系统支持实验室

27. 环境监测机构应及时记录样品采集、＿＿＿＿＿、样品运输和保存、＿＿＿＿＿、分析测试等监测全过程的技术活动，保证记录信息的原始性、完整性和充分性，能够＿＿＿＿＿监测全过程。

答案：现场监测，样品制备，再现

28. 环境监测仪器根据监测特点，可以分为现场监测仪器和实验室分析仪器，前者包括＿＿＿＿＿设备和＿＿＿＿＿设备，后者主要是在实验室内使用的＿＿＿＿＿设备和＿＿＿＿＿设备。

答案：现场监测，采样，前处理，分析

29. 水体的真色是指除去＿＿＿＿＿后水的颜色。

答案：悬浮物

30. 光化学烟雾是大气中氮氧化物、有机化合物和氧化剂在日光作用下产生的一组具有＿＿＿＿＿的化合物。

答案：氧化性

31. 城市空气质量预报从时间尺度上一般可分为＿＿＿＿＿预报、短期预报及＿＿＿＿＿预报。

答案：中期，分时段

32. 亚硝酸盐是氮循环的中间产物，很不稳定，在有氧或微生物等作用下可被氧化为＿＿＿＿＿，缺氧或无氧条件下可被还原为＿＿＿＿＿。

答案：硝酸盐，氨

33. 废水监测时对某污染物监测结果小于＿＿＿＿＿时，此污染物不参与总量核定。

答案：规定监测方法检出下限

34. 常压蒸馏主要用于沸点在＿＿＿＿＿的化合物的分离。当物质受热不致分解或被蒸馏液体的沸点不是很高时，也可采用常压蒸馏。

答案：40～150℃

35. 一般微波消解器都配备专用消解罐（杯），采用微波消解时，要首先检查其＿＿＿＿＿，防止样品损失。

答案：密闭性

36. 酸式滴定管用于盛装酸性、＿＿＿＿＿、＿＿＿＿＿。

答案：氧化性溶液，稀的盐溶液

37. 过滤通常是将悬浮在液体（或气体）中的＿＿＿＿＿分离出来的操作。

答案：固体颗粒

38. 分光光度计中的玻璃比色皿主要用于＿＿＿＿＿光区，其中＿＿＿＿＿光区和＿＿＿＿＿

光区必须选用石英比色皿。

答案：可见，紫外，红外

39. 地下水可分为__________、__________、__________。

答案：上层滞水，潜水，承压水

40. 土壤布点方法有__________随机、__________随机、__________随机。

答案：简单，分块，系统

41. 地表水的采样频次应依据不同的__________、__________和污染源、污染物排放等实际情况，力求以最低的采样频次，取得最有时间代表性的样品，既能反映水质状况的要求，又切实可行。

答案：水体功能，水文要素

42. 根据地表水和污水监测相关技术规定，当测定结果低于分析方法__________时，报所使用方法的检出限值，并在其后加标志为__________。

答案：检出限，L

43. 平行双样测定结果在允许偏差范围之内时，则用其__________表示测定结果。

答案：平均值

44. 精密微量注射进样器属精密器械，总容积误差小于__________%，气密性能承受力约为__________兆帕。

答案：5，0.2

二、单选题

1. 在大气污染物中，对植物危害较大的是__________。（　　）

A. CO 和 SO_2　　B. SO_2 和氟化物　　C. CO 和氟化物　　D. CO_2 和 NO_x

答案：B

2. 以下不是大气污染物浓度的常用表示单位的是__________。（　　）

A. mg/m^3　　B. $\mu g/m^3$　　C. ppm　　D. g/L

答案：D

3. 臭氧存在于大气圈的__________。（　　）

A. 对流层　　B. 平流层　　C. 中间层　　D. 电离层

答案：B

4. 污染物在水环境中存在形态不同，毒性也不相同，下列描述错误的是__________。（　　）

A. Cr^{6+}比 Cr^{3+} 毒性大　　B. As^{5+}比 As^{3+}毒性大

C. $HgCl_2$ 比 HgS 毒性大　　D. CH_3Hg 比 $HgCl_2$ 毒性大

答案：B

5.《京都议定书》规定限排的 6 种主要温室气体为__________。（　　）

A. CO_2、CH_4、N_2O、HFCs、PFCs 和 SF_6

B. CO_2、SO_2、N_2O、HFCs、PFCs 和 SF_6

C. CO_2、CH_4、N_2O、HFCs、PFCs 和 O_3

D. CO_2、CH_4、NO_x、HFCs、PFCs 和 SF_6

答案：A

6．手工监测项目样品固定后，统一存放于温度在__________℃范围的便携式冷藏箱，同时保证送到检测机构也要维持这个温度。（　　）

A．0～10　　B．0～5　　C．0～1　　D．0～15

答案：B

7．近年来的研究和试验结果表明，下列采样容器材质中最稳定的为__________。（　　）

A．硼硅玻璃　　B．透明石英　　C．聚乙烯　　D．聚四氟乙烯

答案：D

8．我国标准分为__________。（　　）

A．国家标准、专业标准、地方标准和企业标准

B．国家标准、行业标准、地方标准和企业标准

C．国际标准、国家标准、部门标准和内部标准

答案：B

9．检测报告应经__________审查批准后方可发出。（　　）

A．实验最高管理者　　B．法定代表人　　C．授权签字人　　D．技术负责人

答案：C

10．我们通常所说的氨氮是指__________。（　　）

A．游离态的氨及有机氨化合物　　B．游离态的氨和铵离子

C．有机氨化合物、铵离子和游离态的氨　　D．仅以游离态的氨形式存在的氨

答案：B

11．不属于《大气污染物综合排放标准》（GB 16297—1996）设置的指标体系的是__________。（　　）

A．最高允许排放浓度　　B．最高允许排放速率

C．最高允许排气量　　D．无组织排放监控浓度限值

答案：C

12．__________属于第一类污染物。（　　）

A．总氰化物　　B．挥发酚　　C．六价铬　　D．硝基苯类

答案：C

13．一般玻璃容器吸附__________，聚乙烯等塑料吸附__________、磷酸盐和油类。（　　）

A．有机物质，金属　　B．金属，有机物质

C．酸性物质，悬浮物　　D．酸性物质，碱性物质

答案：B

14．分析有机成分的滤膜采集后应立即放入__________，保存至样品处理前。（　　）

A．干燥器内　　B．采样盒　　C．–20℃冷冻箱内　　D．冷藏室中

答案：C

15．下列物质中__________不属于《斯德哥尔摩公约》禁用的 12 种有机污染物之一。（　　）

A．滴滴涕　　B．氯苯　　C．多氯联苯　　D．六氯苯

答案：B

16．实验室用水分为三个等级，各级别的电导率（25℃）为__________。（　　）

A．一级水≤0.10 mS/m，二级水≤0.50 mS/m，三级水≤1.0 mS/m

B．一级水≤0.01 mS/m，二级水≤0.10 mS/m，三级水≤0.50 mS/m

C．一级水≤0.10 mS/m，二级水≤0.20 mS/m，三级水≤0.50 mS/m

D．一级水≤0.01 mS/m，二级水≤0.05 mS/m，三级水≤0.10 mS/m

答案：B

17．为了提高分析结果的准确度，必须__________。（　　）

A．消除系统误差　　B．增加样品量　　C．多人重复操作　　D．增加平行测定次数

答案：A

18．在确定方法检出限时，如果空白试验中未检出目标物质，则应按照样品分析的全部步骤，对浓度或含量为估计方法检测出限__________倍的样品进行（n≥7）次平行测定。（　　）

A．2～5　　B．2～7　　C．3～5　　D．3～7

答案：C

19．我国化学试剂等级中，优级纯的表示符号为__________。（　　）

A．AR　　B．GR　　C．CR　　D．LR

答案：B

20．以下行为符合采样监测技术规范的是__________。（　　）

A．在水泥磨关停时监测厂界环境噪声排放和对应敏感建筑物处噪声

B．焚烧炉启炉后，在运行达到稳定工况后，再进行废气监测

C．进行无组织排放监测时，监控点紧靠实心围墙，并把采气口置于围墙下

D．在进行废水中一类污染物的监测时，在企业废水总排口进行布点

答案：B

21．我国生产的仪器上赋予__________标志，其含义是制造计量器具许可证。（　　）

A．CMA　　B．OME　　C．CMC　　D．CNAS

答案：C

22．以下图示是__________危险品的警示标识。（　　）

A．爆炸品　　B．腐蚀品　　C．有毒物品　　D．易燃固体

答案：B

23．固定的仪器设备的接地电阻值应__________。（　　）

A．每一年必须测定一次　　B．每二年必须测定一次

C．每五年必须测定一次　　　　　　D．每十年必须测定一次

答案：C

24．对于废水、废气和噪声排放口（源）有提示和警告两种图形标志，其中，提示标志的形状和颜色为＿＿＿＿＿＿。（　　）

A．方框，绿底，白色图形　　　　　B．三角形，黄底，黑色图形

C．三角形，绿底，白色图形　　　　D．方框，黄底，黑色图形

答案：A

25．内部质量控制的方式包括＿＿＿＿＿＿。（　　）

A．密码样、有证标准物质、空白样、加标样、平行样

B．空白样、加标回收、平行样、实验室间比对

C．密码样、明码样、空白样、实验室间比对

D．密码样、空白样、加标回收、平行样、实验室间比对

答案：A

26．在生态环境监测中，监测点位的布设应遵循尺度范围原则、信息量原则、经济性、代表性、＿＿＿＿＿＿及不断优化的原则。（　　）

A．随机性　　B．全面性　　C．可控性　　D．稳定性

答案：C

27．建设项目竣工环境保护验收监测时，一般企业的生产工况，应达到设计规模的＿＿＿＿＿＿%。（　　）

A．90　　B．85　　C．75　　D．70

答案：C

28．进行固定污染源废气监测时，其采样时间和频次内所测的结果应能代表＿＿＿＿＿＿均值。（　　）

A．1 h　　B．2 h　　C．3 h　　D．4 h

答案：A

29．污染源废气有组织排放有害物质的测定，采样位置应优先选择＿＿＿＿＿＿管段。（　　）

A．平直　　B．垂直　　C．弯曲　　D．变径

答案：B

30．使用吸收瓶或吸收管采样系统进行烟气采样，进行漏气试验时，如压力计压力在 1 min 内下降不超过＿＿＿＿＿＿kPa，则视为系统不漏气。（　　）

A．0.10　　B．0.15　　C．0.20　　D．0.25

答案：B

31．含酚废水的保存用磷酸酸化，加硫酸铜的作用是＿＿＿＿＿＿。（　　）

A．抑制微生物　　B．去除杂质的干扰　　C．抑制化学作用　　D．防止氧化

答案：A

32．若水样中的有机物含量较多，BOD 的质量浓度大于＿＿＿＿＿＿，样品需适当稀释后测定。（　　）

A．2 mg/L　　B．6 mg/L　　C．8 mg/L　　D．10 mg/L

答案：B

33．采集降水的采样器放楼顶时，周围 2 m 内不得有障碍物，相对高度应在__________以上。（　　）

A．1 m　　B．1.2 m　　C．1.5 m　　D．1.8 m

答案：B

34．测定六价铬的水样需要用氢氧化钠溶液将水样 pH 调节至__________。（　　）

A．1～2　　B．4～5　　C．6～8　　D．8～9

答案：D

35．蒸馏法测定水中氰化物时，电炉应由低档慢慢升高，馏出液以__________速度进行加热蒸馏。（　　）

A．1～2 mL/min　　B．2～4 mL/min　　C．4～6 mL/min　　D．6～8 mL/min

答案：B

36．光是一种电磁波，波长在 200～380 nm 的称__________光。（　　）

A．红外　　B．紫外　　C．可见　　D．近红外

答案：B

37．选择最适宜的测定浓度可减少测定误差。一般来说，吸光度值在__________时，测定误差相对较小。（　　）

A．0.1～0.7　　B．0.1～1.0　　C．0.2～0.7　　D．0.2～1.0

答案：C

38．热的浓的__________是强氧化剂，它将和有机化合物发生强烈反应。（　　）

A．HCl　　B．H_2SO_4　　C．H_3PO_4　　D．$HClO_4$

答案：D

39．液-液萃取适用于从水性样品中萃取__________的有机物。（　　）

A．化合物不稳定　　B．化合物易挥发

C．溶于水　　D．不溶于水或溶解度很小

答案：D

40．土壤样品全分解时，若采用酸分解，则必须使用__________。（　　）

A．硝酸　　B．盐酸　　C．高氯酸　　D．氢氟酸

答案：D

41．经 160℃干热灭菌 2 h 的微生物、生物采样容器，必须在__________内使用，否则应重新灭菌。（　　）

A．一周　　B．二周　　C．三周　　D．一个月

答案：B

42．用于农药或土壤有机质、土壤全氮量等项目分析的样品应过孔径__________的筛。（　　）

A．60 目　　B．100 目　　C．150 目　　D．200 目

答案：A

43．一般采集测定半挥发或难挥发有机物的土壤样品需__________。（　　）

A．0.5 kg　　B．1 kg　　C．2 kg　　D．2 kg 以上

答案：B

44．土壤背景采样点离铁路、公路至少__________m。（　　）

A．50　　B．100　　C．200　　D．300

答案：D

45．通常微波消解称取风干、过筛的土壤样品__________置于消解罐中，用少量试验用水湿润。（　　）

A．0.1～0.2 g　　B．0.2～0.5 g　　C．0.3～0.6 g　　D．0.4～0.7 g

答案：B

46．测定水中金属的样品时实验所用的器皿需先用洗涤剂洗净，再用__________浸泡 24 h，使用前再依次用自来水、实验用水洗净，自然干燥。（　　）

A．盐酸溶液　　B．硫酸溶液　　C．硝酸溶液　　D．磷酸溶液

答案：C

47．下列不是纯碱洗液的是__________。（　　）

A．氢氧化钠　　B．氢氧化钾　　C．碳酸钠　　D．碳酸氢钠

答案：D

三、多选题

1．根据《固定污染源监测质量保证与质量控制技术规范》（HJ/T 373—2007），监测固定污染源运行状况时，应记录企业的__________情况。（　　）

A．人员情况　　B．生产情况

C．污染物治理设施运行　　D．企业自行监测情况

答案：BC

2．__________属于《地表水环境质量标准》（GB 3838—2002）中集中式生活饮用水地表水水源地补充项目。（　　）

A．铁、锰　　B．铅、镉

C．硫酸盐、硝酸盐、氯化物　　D．氰化物、亚硝酸盐、硫化物

答案：AC

3．引起水样水质变化的原因有__________。（　　）

A．生物作用　　B．化学作用　　C．物理作用　　D．毒性作用

答案：ABC

4．加强__________等高新技术在环境监测和质量管理中的应用，通过对环境监测活动全程监控，实现对异常数据的智能识别、自动报警。（　　）

A．无人机　　B．大数据　　C．人工智能　　D．卫星遥感

答案：BCD

5．水质样品保存时，添加保存剂的方式有__________。（　　）

A．调节水样 pH　B．加入抑制剂　C．加入氧化剂　D．加入还原剂

答案：ABCD

6．环境监测报告分为__________。（　）

A．数据型　B．报表型　C．综合型　D．文字型

答案：AD

7．对含采样结果在内的监测报告，应包括__________信息。（　）

A．采样日期　B．采集样品的名称和类别

C．采样地点　D．采样方案或程序

答案：ABCD

8．环境空气采样装置的制作材料，应选用不与被监测污染物发生化学反应和不释放有干扰物质的材料，一般以__________等作为制作材料；对于只用于监测 SO_2 和 NO_2 的采样总管，也可选用不锈钢材料。（　）

A．聚四氟乙烯　B．硼硅酸盐玻璃　C．塑料　D．铜管

答案：AB

9．下列描述正确的是__________。（　）

A．测定水中六价铬时，采集水样的容器应使用具磨口塞的玻璃瓶，以保证其密封性

B．沉积物样品的存放，一般使用广口容器，且要注意容器的密封

C．测定氟化物的水样应置于玻璃瓶或塑料瓶中

D．地下水监测时，水温为每次监测的现场必测项目

E．用滤纸过滤时，将滤液转移至滤纸上时，滤液的高度一般不要超过滤纸圆锥高度的 1/3，最多不超过 1/2 处

答案：BDE

10．水中溶解氧的含量与__________因素有关。（　）

A．空气中氧的分压　B．大气压力　C．水温　D．水质污染状况

答案：ABCD

11．二噁英类物质在环境中的可能来源有__________。（　）

A．金属冶炼　B．纸浆加氯漂白　C．森林失火　D．机动车排放气

E．香烟烟雾

答案：ABCDE

12．氨氮常用的测定方法有__________。（　）

A．盐酸萘乙二胺分光光度法　B．滴定法

C．水杨酸-次氯酸盐法　D．纳氏试剂比色法

答案：BCD

13．在天然水和废水中，磷几乎以各种磷酸盐的形式存在，它们分别为__________。（　）

A．正磷酸盐　B．缩合磷酸盐　C．有机结合的磷酸盐

答案：ABC

14．固体废物污染控制的主要原则是__________。（　）

A．减量化　　B．资源化　　C．无害化　　D．安全处置

答案：ABCD

15．测定水中总磷时操作所用的玻璃器皿，均应用__________浸泡。（　　）

A．稀盐酸　　B．稀硝酸　　C．稀磷酸　　D．浓硫酸

答案：AB

16．地下水采样洗井应满足 HJ 25.2、HJ 1019 的相关要求。在现场使用__________便携式水质测定仪对出水进行测定，并满足相关要求，可结束洗井。（　　）

A．浊度仪　　B．pH　　C．电导率　　D．色度

答案：ABC

17．确定地表水采样频次的原则：依据__________等实际情况，力求以最低的采样频次取得最具代表性的样品。（　　）

A．水体功能　　B．水文要素　　C．污染源　　D．污染物排放

答案：ABCD

18．测定__________的土壤样品可以用聚乙烯瓶保存。（　　）

A．六价铬　　B．挥发性有机物　　C．砷　　D．氰化物

答案：ACD

19．环境空气质量手工监测中__________适合吸附管采样。（　　）

A．汞　　B．二氧化硫　　C．二氧化氮　　D．挥发性有机物

答案：AD

20．甲醛吸收-副玫瑰苯胺分光光度法测定二氧化硫主要的干扰物有__________。（　　）

A．一氧化碳　　B．氮氧化物　　C．臭氧　　D．某些重金属

答案：BCD

21．在对实验室用水进行质量检查时，应用具有温度补偿功能的电导率仪测定电导率。如电导率仪不具备温度补偿功能，可根据公式把结果换算成__________时的电导率。（　　）

A．15℃　　B．20℃　　C．22℃　　D．25℃

答案：D

22．__________物质被列入“POPs 公约”被禁用。（　　）

A．萘　　B．十氯酮　　C．五氯苯　　D．PFOS

答案：BCD

四、判断题

1．火焰原子吸收分光光度法测定大气固定污染源中的镉，是指经滤筒或滤膜采集的颗粒物中能被硝酸-高氯酸体系浸出的镉及其化合物。（　　）

答案：正确

2．《排污单位自行监测技术指南　总则》（HJ 819—2017）规定，当排污单位的排放口位置、监测点位、监测指标、监测频次、监测技术中任一项内容发生变化时，均应变更监测方案。（　　）

答案：正确

3．采样原始记录中要记录采样方法依据、采样位置、样品保存方式等信息。（　　）

答案：正确

4．采用铬酸钡分光光度法和离子色谱法测定废气中硫酸雾，测定的是硫酸雾及颗粒物中的可溶性硫酸盐。（　　）

答案：错误

正确答案：铬酸钡分光光度法和离子色谱法测定的都是硫酸根离子，不能分别测定硫酸雾及颗粒物中的可溶性硫酸盐。

5．测定透明度时，将塞氏盘在船的背光处平放水中，逐渐下沉，至恰恰不能看见盘面的白色时，记录其尺度，重复测量 2 次，取平均值。（　　）

答案：正确

6．大气污染物的浓度与气象条件有密切关系，在监测大气污染的同时需测定风向、风速、气温、气压等气象参数。（　　）

答案：正确

7．当介质 pH 降低时，土壤胶体微粒表面所负电荷也减少，其阳离子交换量也降低；反之就增大。（　　）

答案：正确

8．废物焚烧中二噁英类物质的产生主要发生在焚烧炉尾部烟道气体冷却过程中，烟道灰表面发生合成反应，生成二噁英类物质的活性温度区间是 500～800℃。（　　）

答案：错误

正确答案：活性温度区间是 250～450℃。

9．挥发酚是指沸点在 230℃以上的酚类物质。（　　）

答案：错误

正确答案：挥发酚是指沸点在 230℃以下的酚类物质。

10．监测点位的设置应根据监测对象的具体情况，依据相关标准或技术规范进行，以保证监测信息的代表性和完整性。（　　）

答案：正确

11．将组成和性质与待测样品相似，且含量已知的物质作为分析测定的标准，以避免基体效应所产生的误差，这种物质就是环境标准物质。（　　）

答案：正确

12．开展现场测试或采样时，至少有 2 名监测人员在场。（　　）

答案：正确

13．凯氏氮是指以凯氏法测得的含氮量，它包括氨氮和在此条件下能被转变为铵盐而测定的硝酸盐氮、亚硝酸盐氮和有机氮化合物。（　　）

答案：错误

正确答案：凯氏氮是指以凯氏法测得的含氮量，它包括氨氮和在此条件下能被转变为铵盐而测定的有机氮化合物。

14．硫酸盐化速率与酸雨分布相关分析认为，硫酸盐化速率监测值越高，二氧化硫转化为硫酸

盐并形成湿沉降的可能性越大。(　　)

答案：正确

15．某项目检测方法的检出限是 0.05 mg/L，即可以视为在 0.05 mg/L 浓度水平以上，是可以被准确定量的。(　　)

答案：错误

正确答案：是可以被准确定性的。

16．汽车排气中的氮氧化物（NO_x）和碳氢化合物（HC）是形成光化学烟雾的主要前体污染物。(　　)

答案：正确

17．水泥厂竣工环保验收监测，应在设备正常生产和工况达到设计规模 75% 以上时进行。(　　)

答案：错误

正确答案：水泥厂竣工验收监测，应在设备正常生产和工况达到设计规模 80% 以上时进行。

18．酸性重铬酸钾可氧化大部分有机物，在硫酸银的催化作用下，直链脂肪族化合物可完全被氧化，而具有特殊结构的化合物如吡啶、芳烃等难以被氧化，其氧化率较低。(　　)

答案：正确

19．酞酸酯类化合物毒性随着分子中醇基碳原子数的增加而增强。(　　)

答案：错误

正确答案：酞酸酯类化合物毒性随着分子中醇基碳原子数的增加而减弱。

20．推荐性环境标准被强制性环境标准引用，即为强制执行标准。(　　)

答案：正确

21．稀释样品或标准溶液时，稀释倍数大于 100 倍时，应逐级稀释。(　　)

答案：正确

22．系统误差是恒定的，具有明显的方向性（或正或负），在实验中不易被发现，增加重复测量次数可以减小。(　　)

答案：错误

正确答案：增加重复测量次数不会减小。

23．一般情况下，环境空气中臭氧浓度在中午至下午 3 点左右达到最高，夜里最低。(　　)

答案：正确

24．一个分析方法的空白实验值之大小和它的分散程度，都直接影响着这个方法的检出限和实验的精密度。(　　)

答案：正确

25．由于 pH 受水温影响而变化，测定时应在现场快速测定。(　　)

答案：错误

正确答案：由于 pH 受水温影响而变化，测定时应启用温度补偿装置，校正温度对电极信号的影响。

26．由于土壤组成的复杂性和理化性状的差异，重金属在土壤环境中的形态多样，其中以有效

态和结合态的毒性最大。（ ）

答案：错误

正确答案：由于土壤组成的复杂性和理化性状的差异，重金属在土壤环境中的形态多样，其中以有效态和交换态的毒性最大。

27. 总氮测定通常采用过硫酸钾氧化，使水中有机氮和无机氮（化合物）转变为硝酸盐，然后再以紫外分光光度法、偶氮比色法、离子色谱法或气相分子吸收法进行测定。（ ）

答案：正确

28. 总汞、总镉、六价铬、氰化物和苯胺都是有毒污染物，属于《污水综合排放标准》（GB 8978—1996）中的第一类污染物。（ ）

答案：错误

正确答案：总汞、总镉、六价铬属于《污水综合排放标准》（GB 8978—1996）中的第一类污染物。

29. 总悬浮颗粒物是指环境空气中空气动力学当量直径小于等于 100 μm 的颗粒物。（ ）

答案：正确

30. 环境质量报告书中应反映各环境要素原始监测数据。（ ）

答案：错误

正确答案：环境质量报告书中不应反映各环境要素原始监测数据。

31. 环境质量报告书按内容和管理的需要，分为年度环境质量报告书和五年环境质量报告书两种。（ ）

答案：正确

32. 样品在采集、运输、保存、交接、制备和分析测试过程中，应严格遵守操作规程，确保样品质量。（ ）

答案：正确

33. 同位素稀释法校准是一种特定条件下的内标校正方法。（ ）

答案：正确

34. 萃取剂选择时，首先要满足所选的萃取剂对于被萃取物必须有尽可能大的溶解度，而对于干扰物的溶解度尽可能地小，且分配比要大于 1。（ ）

答案：正确

35. 样品的消解前处理是监测分析的关键步骤，也是主要的误差来源。（ ）

答案：正确

36. 滤纸，由纯植物纤维组成，市售分定性和定量两类，其最大的差别为灰分的含量。（ ）

答案：正确

37. 筛子使用前，应检查筛孔中是否有前一次筛过的粉末。必要时，用吹风的方法吹去粉尘，或用乙醇浸洗后用冷风吹干。（ ）

答案：正确

38. 显色剂分无机显色剂和有机显色剂两类，其中，有机显色剂本身一般为有色化合物，与金属离子反应生成的化合物一般是稳定的螯合物。（ ）

答案：正确

39．HF 酸是唯一能分解以硅为基质的样品的无机酸。（ ）

答案：正确

40．无机金属元素的分离富集方法大致可分为四类：生成易挥发的化合物予以分离富集；溶液萃取法；离子交换色谱法；共萃取法。（ ）

答案：正确

41．替代物是一类在化学组成上和分析过程中的行为与目标分析物相似而又在环境中不存在的有机化合物。（ ）

答案：正确

42．在每一个分析方法中都会给出推荐的仪器条件。实验室必须按此条件进行样品分析。（ ）

答案：错误

正确答案：由于仪器设备性能有一定的差异，因此，实验室必须证明所使用的仪器性能满足具体应用要求。

43．在某一波长 λ 下，如果各种对光有吸收的物质之间没有相互作用，则体系在该波长的总吸光度等于各组分吸光度之和，即吸光度有加和性。（ ）

答案：正确

44．区域环境背景土壤一般监测表层土，采样深度 0～20 cm，特殊要求的监测（土壤背景、环评、污染事故等）必要时选择部分采样点采集剖面样品。（ ）

答案：正确

45．土壤制样的风干室应朝南（严防阳光直射土壤），通风良好，整洁，无尘，无易挥发性化学物质。（ ）

答案：正确

46．对某排污单位进行水污染物排放总量进行核算时，发现总氮监测结果小于检出限，那么以总氮 1/2 检出限参与总量核算。（ ）

答案：错误

正确答案：污染物排放总量核算中，某污染物监测结果小于规定监测方法检出限时，此污染物不参与总量核定。

五、简答题

1．简述环境监测的目的。

答案：准确、及时、全面地反映环境质量现状及发展趋势，为环境管理、污染源控制、环境规划等提供科学依据。

2．简述化学需氧量的概念及其在水环境监测中的作用。

答案：化学需氧量是指水样在一定的条件下，氧化 1 L 水样中还原性物质所消耗的氧化剂的量，以 mg/L 为单位的氧的消耗量表示。COD 反映了水中受还原性物质污染的程度，也作为有机物相对含量的综合指标之一。

3．什么是环境优先控制污染物？

答案：对进入环境的众多污染物进行分级排队，从中选出潜在危害性大（难以降解、有一定的残留水平，具有生物累积性，“三致”物质，毒性大），在环境中出现频率高以及现代已有检出方法的污染物作为监测和控制对象，经过这一筛选过程优先选择的污染物称为环境优先控制污染物，简称优控污染物。

4．简述臭氧层的作用与环境空气中臭氧的危害。

答案：臭氧层的三大作用，分别是保护作用、加热作用和温室气体作用。

保护作用：臭氧层能够吸收太阳光中波长 300 nm 以下的紫外线，保护地球上的人类和动植物免遭短波紫外线的伤害。

加热作用：臭氧层能够吸收太阳光中的紫外线并将其转换为热能加热大气，大气的温度结构对于大气的循环具有重要的影响，这一现象的起因也来自臭氧的高度分布。

温室气体作用：在对流层上部和平流层底部，即在气温很低的这一高度，臭氧的作用同样非常重要。如果这一高度的臭氧减少，则会产生使地面气温下降的动力。

臭氧还是光化学烟雾的主要成分，占比高达 90%，光化学烟雾能严重破坏空气质量，使大气能见度急剧下降。当臭氧浓度超标 1.5 倍时（相对我国臭氧小时浓度二级标准），人的眼、鼻、喉有刺激的感觉；当臭氧浓度超标 2 倍时，出现头疼及呼吸器官局部麻痹等症状；若长时间接触高浓度臭氧，还会引起永久性心脏障碍。

5．简述什么是生态环境监测。

答案：生态环境监测，是指运用化学、物理、生物等技术手段，针对水和废水、环境空气和废气、海水、土壤、沉积物、固体废物、生物、噪声、振动、辐射等要素开展环境质量和污染排放的监测（检测）活动。

6．简述生态监测的概念。

答案：生态监测是采用生态学的各种方法和手段，在时间和空间上对特定区域范围内生态系统或生态系统组合体的类型、结构和功能及其组合要素等进行系统的测定和观察的过程。

7．说明监测哪些项目需单独采样？哪些项目需单独定容采样？（至少各列出 3 种）

答案：单独采样：油类、生化需氧量、DO、硫化物、余氯、粪大肠菌群、SS、放射性；定容采样：油类、生化需氧量、DO、硫化物、余氯。

8．简要叙述开展固定污染源监测时，对企业生产工况的要求。

答案：

（1）在现场监测期间，应有专人负责对被测污染源工况进行监督，保证生产设备和治理设施正常运行，工况条件符合监测要求。

（2）通过对监测期间主要产品产量、主要原材料或燃料消耗量的计量和调查统计，以及与相应设计指标的比对，核算生产设备的实际运行负荷和负荷率。

（3）相关标准中对监测时工况有规定的，按相关标准的规定执行。

（4）除相关标准另有规定的，对污染源的日常监督性监测，采样期间的工况应与平时的正常运行工况相同。

（5）建设项目竣工环境保护验收监测应在工况稳定、生产负荷达到设计生产能力的 75%以上情况下进行。

9．根据污染物的化学性质可将大气污染分为哪些类型？

答案：根据污染物的化学性质，可将大气污染分为还原型大气污染和氧化型大气污染。

（1）还原型大气污染：多发生在以煤炭为主要燃料且兼用石油的地区，故又叫煤烟型大气污染。主要污染物是二氧化硫、一氧化碳和颗粒物。在低温、高湿、弱风的阴天，特别是伴有逆温存在时，这些一次污染物易在低空聚集，形成还原性烟雾。

（2）氧化型大气污染：多发生在以石油为主要燃料的地区，污染物主要来自汽车尾气，所以又叫汽车尾气型大气污染。其主要一次污染物是一氧化碳、氮氧化物和碳氢化合物等，这些污染物具有极强的氧化性，对眼睛黏膜组织有强刺激性，使人流泪。

10．根据燃料性质和污染物的组成，可将大气污染分为哪些类型？

答案：根据燃料性质和污染物的组成，可将大气污染分为煤炭型、石油型、混合型和特殊型四类。

（1）煤炭型大气污染：主要污染物是由煤炭燃烧时放出的烟气、粉尘、SO_2 等构成的一次污染物，以及由这些污染物发生化学反应而生成的硫酸、硫酸盐类气溶胶等二次污染物。造成这类污染的污染源主要是工业企业烟气排放物，其次是家庭炉灶等取暖设备的烟气排放。

（2）石油型大气污染：主要污染物来自汽车尾气、石油冶炼及石油化工厂的废气排放，主要污染物是二氧化氮、烯烃、链状烷烃、醇、羰基化合物等，以及它们在大气中形成的臭氧、大气自由基及生成的一系列中间产物与最终产物。

（3）混合型大气污染：主要污染物来自以煤炭为燃料的污染源排放，以石油为燃料的污染源排放，以及从工业企业排出的各种化学物质等。

（4）特殊型大气污染：是指有关工厂企业排放的特殊气体所造成的大气污染。这类污染常限于局部范围之内。

11．简述生态系统的概念、组成要素及基本功能。

答案：在一定空间内生物成分和非生物成分通过物质循环和能量流动相互作用、互相依存而构成的一个生态学功能单位。生态系统的组成要素为生产者、消费者、分解者及非生物环境，生态系统的基本功能有能量流动、物质循环和信息传递。

12．简述水体富营养化的定义、成因和危害。

答案：

（1）定义：由于氮、磷等植物营养物质含量过多而引起的水质污染现象称为水体富营养化，一般发生在湖泊、河口和海湾等缓流水体中。

（2）成因：①天然来源：天然湖泊的形成过程是由贫营养型逐渐演变为富营养型的。营养物质的来源有降雨中带来、土壤淋溶和流失、水体中动植物死亡后的释放。②人为来源：由于工农业生产的迅速发展，使营养物质大量进入湖泊水体，加速了湖泊演化的过程，其来源有城市生活污水带来大量氮、磷以及农村施用的化肥、牲畜粪便，经面源污染而进入湖泊。

（3）危害：使水味变得腥臭难闻；降低水体的透明度；影响水体的溶解氧；向水体释放有毒物质；影响供水水质并增加制水成本；对水生生态系统造成危害。

13．环境监测全过程的一般程序有哪些？

答案：现场调查、监测计划设计、优化布点、样品采集、运送保存、分析测试、数据处理、综合评价。

14．监测数据“五性”是什么？简述其含义。

答案：监测数据“五性”包括代表性、准确性、精密性、可比性和完整性。

（1）代表性：指在具有代表性的时间、地点，并按规定的采样要求采集有效样品，使监测数据能真实代表污染物存在的状态和污染现状。

（2）准确性：指测定值与真实值的符合程度，一般以监测数据的准确度来表征。

（3）精密性：指测定值有无良好的重复性和再现性，一般以监测数据的精密度表征。

（4）可比性：指用不同的测定方法测量同一样品时，所得出结果的一致程度。

（5）完整性：强调工作总体规划得到切实完成，即保证按预期计划取得系统性和连续性的有效样品，而且无缺漏地获得监测结果及有关信息。

15．编写水质核查报告主要内容有哪些？

答案：

（1）任务的来由；

（2）核查的内容及核查的方式；

（3）水质评价标准；

（4）现场调查情况；

（5）现场采样监测结果情况及评价；

（6）监测结果的分析；

（7）问题与建议。

16．简述影响溶剂萃取的因素。

答案：影响溶剂萃取的因素有：萃取溶剂的选择、用量；萃取的次数：被萃取液的酸度；掩蔽剂的使用；萃取温度；振摇的力度、频率和时间；盐析剂的使用。

17．简述影响分光光度法准确度的主要因素。

答案：影响分光光度法准确度的因素有：辐射与物质的非吸收作用；仪器的非理想性；由于化学反应引起的对比尔定律的偏离；不适当的实验技术。

18．简述水质挥发性有机物的保存方法。

答案：采集水质挥发性有机物的样品，应使用带聚四乙烯内衬的硅橡胶隔垫的标准 40 mL 玻璃螺口盖的样品瓶，样品瓶和隔垫应当用肥皂和水洗涤后用蒸馏去离子水冲洗，样品瓶和隔垫完全干净后，应当放置烘箱中在 100℃干燥约 1 h。当采集样品时，液体应当缓缓地注入样品瓶中，减少搅动造成的挥发性化合物的损失。采样时应预先在样品中加入盐酸和抗坏血酸，使采集的样品 pH≤2 将样品瓶完全充满，在盖好瓶盖并密封后，将样品瓶倒置时看不到瓶中的空隙。在每个采样点至少应采集 2 个样品，并且立即贴好标签，样品均应单独密封在自封袋中，避免交叉污染。样品应全程 4℃冷藏保存。

19．请简述环境优先控制污染物的特点。

答案：

（1）难以降解；

（2）在环境中有一定残留水平；

（3）出现频率高；

（4）具有生物累积性；

（5）“三致”物质；

（6）毒性较大。

20．简述河流消减断面如何确定？

答案：一条河段只需设置一个消减断面。

消减断面的位置可按扩散模式计算结果确定。由于河水与废水（或污水）充分混合常常延伸到几十公里处，而水流速度大的河段还将更远，因而，对于有边界、有属辖的河段仅按计算结果设置消减断面往往不具备实际意义。为此，确定消减断面的位置还应考虑具体情况。一般可设在本辖区河段的废水和污水最大限度混合和稀释处。对于一个区域，可延伸至边界水域处，当然以充分混合处为最好。对于水量小的河流，可根据具体情况确定。通常设在城市或工业区最后一个排污口下游1 500 m以外的河段上。

21．简述地表水可溶性金属元素采样后的现场处理。

答案：样品采集后立即通过0.45 μm水系微孔滤膜过滤，弃去初始的50～100 mL滤液，收集所需体积的滤液，加入适量硝酸，使硝酸含量达到1%。

六、计算题

1．已知一氧化碳体积分数为24 ppm（10^{-6}），换算成标准状态下浓度 mg/m^3 是多少？（结果保留3位有效数字）

答案：C_{CO}=（28×24）/22.4=30.0（mg/m^3）

2．请将下列计算结果按计算规则修约。

（1）24×1.008 1×3.52=85.164 3

（2）15.1+37.82–12.135=40.785

（3）1.21^2=1.464 1

（4）lg25=1.397 9

答案：

（1）85；（2）40.8；（3）1.46；（4）1.40

3．用火焰原子吸收法测定土壤中铜，取风干过筛后试样1.000 1 g（水分为2.3%），经消解后定容至50 mL，测得溶液中的铜含量为1.03 mg/L，求土壤中铜的含量（mg/kg）。

答案：土壤中铜的含量=（1.03×50）/［1.000 1×（1–0.023）］=52.7（mg/kg）

4．测定某水样中亚硝酸盐含量，取4.00 mL水样于50 mL的比色管中，测得的NO_2-N含量为0.016 mg，求原水样中NO_2-N和NO_2的含量（结果保留3位有效数字）。

解：$\rho_{NO_2\text{-}N}=\dfrac{0.016}{4}\times 1\,000=4.00\text{(mg/L)}$；$\rho_{NO_2}=4\times\dfrac{46}{14}=13.1\text{(mg/L)}$

原水样中NO_2-N的浓度为4.00 mg/L；NO_2的浓度为13.1 mg/L。

5．已知采样时转子流量计前气体温度t_r=40℃，转子流量计前气体压力P_r=–7 998 Pa，采气流量Q_r=25 L/min，采样时间t=20 min，大气压力B_a=98.6 kPa，滤筒收尘量0.900 1 g，排气量Q_{sn}=6 000 m^3/h，试求排放浓度和排放量。

答案：标态采气量：$V_{nd}=0.05\times Q_r[(Ba+P_r)/(273+t_r)]^{1/2}\times t$

$=0.05\times25\times[(98\,600-7\,998)/(273+40)]^{1/2}\times20$

$=425$（L）

排放浓度为：$c=m\times10^6/V_{nd}=0.900\,1\times10^6/425=2\,118$（mg/m^3）

排放量：$G=C\times Q_{sn}=2\,118\times6\,000\times10^{-6}=12.7$（kg/h）

排放浓度为 2 118 mg/m^3；排放量 12.7 kg/h

第三节　实验室基础知识

一、填空题

1．玻璃仪器分为两大类：一类为容器，用以贮存和运送物料，容纳物质在其中进行化学反应；另一类为__________，计量量入、量出溶液体积。

答案：量器

2．表征合理地赋予被测量之值的分散性，与测量结果相联系的参数，称为__________。

答案：不确定度

3．在配制标准溶液时，所选用的基准试剂中目标元素的质量比应较小，使称样量较大，这样可__________。

答案：减少称量误差

4．用原料气配制低浓度标准气的方法有__________配气法、__________配气法。

答案：静态，动态

5．样品保存剂如酸、碱或其他试剂在采样前应进行空白试验，其__________和__________必须达到标准分析方法的要求。

答案：纯度，等级

6．实验室用水分为三个级别，其主要水质要求指标为 pH、__________、可氧化物质含量、吸光度、__________、__________等。

答案：电导率，蒸发残渣，可溶性硅

7．冷凝管所用冷却水的走向应自__________端走至__________端。

答案：低，高（下，上）

8．量器的标准容量通常是指在__________℃时的容量。

答案：20

9．实验室接收样品时，应对样品的__________、__________和保存条件进行检查和记录，对不符合要求的样品可以拒收，或明确告知客户有关样品偏离情况，并在报告中注明。

答案：时效性，完整性

10．滴定分析方法的滴定方式按反应的性质，可分为__________法、沉淀滴定法、酸碱滴定法和络合滴定法。

答案：氧化还原滴定

11．无酚蒸馏水制备可采用的方法为__________和__________。

答案：加碱蒸馏法，活性炭吸附法

12．用天平（最小分度值为 0.1 mg）进行称量时，有效数字记录到小数点后第__________位。

答案：4

13．用精密称量法直接配制标准溶液，应使用《分析实验室用水规格和试验方法》（GB/T 6682—2008）规定的__________级以上纯水或__________溶剂。

答案：二，优级纯

14．酸碱指示剂滴定法测定水中酸度时，总酸度是指采用__________作指示剂，用氢氧化钠标准溶液滴定至 pH 为__________时的酸度。

答案：酚酞，8.3

15．用来指导测量不确定度评定的计量技术规范是__________。

答案：《测量不确定度评定与表示》（JJF 1059.1—2012）

16．酸式滴定管主要用于盛装__________、氧化还原性溶液和盐类稀溶液。

答案：酸性溶液（或稀酸溶液）

17．直接称量法包括常规称量、__________称量和__________称量。

答案：固定量，减量

18．化学分析中使用的滴定管，按盛装溶液性质不同分为酸式滴定管和碱式滴定管。碱式滴定管适合盛装碱性和 __________溶液。

答案：非氧化性

19．所有缓冲溶液都应避开__________或__________物质的蒸汽，保存期不得超过__________，出现浑浊、沉淀或发霉等现象时，应立即废弃。

答案：酸性，碱性，3 个月

20．一般常将__________nm 波长的光称为紫外光，用紫外分光光度法测定样品时，应选择__________材质的比色皿。

答案：200～400，石英

21．X 射线荧光光谱按照分光方式分类，可分为__________型和__________型两种。

答案：波长色散（WD-XRF），能量色散（ED-XRF）

22．用容积为 25 L 的配气瓶进行常压配气，如果 SO_2 原料气的纯度为 50%（*v*/*v*），欲配制 50 μmol/mol SO_2 的标准气，需要加入__________原料气。

答案：2.5 mL

23．根据《环境监测质量管理技术导则》（HJ 630—2011），校准曲线相关系数__________，保留到小数点后第一个非 9 数字。如果小数点后多于 4 个 9，最多保留 4 位。

答案：只舍不入（或只舍不进）

24．监测分析中，影响空白值的因素有__________、__________、__________、计量仪器的性能及环境条件等。

答案：实验用水的质量，试剂的纯度，器皿的洁净程度

25．一般将移液管分为__________和__________两种。

答案：分度移液管，无分度移液管

26．我国化学试剂分为四级，优级纯试剂用 G.R 表示，标签颜色为__________色，分析纯试剂用 A.R 表示，标签颜色为__________色，化学纯试剂用 C.P 表示，标签颜色为__________色。

答案：绿，红，蓝

27．环境监测机构应对所有质量活动和监测过程的技术活动及时记录，保证记录信息的__________性、__________性和__________性。

答案：充分，原始，规范

28．实验用水一级水不可贮存，应在__________制备，二级水可适量制备，分别贮存在预先用同级水清洗的密闭的__________瓶中。实验用水在运输和贮存过程中应避免沾污。

答案：临用前，聚乙烯

29．分析实验室用水规格二级水的检测项目有__________、可氧化物质含量、__________、蒸发残渣、可溶性硅。

答案：电导率，吸光度

30．朗伯-比尔定律 $A=kcL$ 中各符号的含义，A—吸光度；k—__________；c—__________；L—__________。

答案：吸光系数，待测物浓度，液层厚度

31．某溶液的 pH 为 10.25，该 pH 的有效数字为__________位，其氢离子活度为__________mol/L，氢氧根离子活度为__________mol/L。

答案：2，5.6×10^{-11}，1.8×10^{-4}

32．酸碱指示剂甲基橙的变色范围为__________，酚酞的变色范围为__________。

答案：3.1～4.4，8.0～9.6

33．实验室使用的气体钢瓶用不同颜色加以区分，其中乙炔气钢瓶颜色为__________色，氧气钢瓶颜色为__________色，氮气钢瓶颜色为__________色。

答案：白，淡蓝，黑

34．化学试剂取用时，应遵循“__________”原则，取用后及时密塞，分类保存，严格防止试剂被沾污。

答案：量用为出、只出不进

35．玻璃量器的容量允差是指量器的__________与__________在__________范围内的误差值。

答案：实际容量，标称容量，限定

36．我国的有证标准物质一般以__________、__________等编号。

答案：GSB，GBW

37．实验室纯水分为三个等级，其中一级水质量指标电导率（25℃，μS/cm）须小于等于__________μS/cm，二级水质量指标吸光度（254 nm，1 cm 光程）须小于等于__________。

答案：0.1，0.01

38．记录应清晰明了，不得__________，必须修改时应采用__________方法，电子存储记录应保留修改痕迹。

答案：随意涂改，杠改

39．实验室区域间应采取__________，防止__________。

答案：有效隔离措施，交叉污染

40．标准溶液浓度通常指__________时的浓度，否则应予__________。

答案：20℃，校正

41．任何玻璃量器均不得用__________法干燥。

答案：烘干

42．洗涤晶形沉淀时，用冷的__________稀溶液洗涤可减少其溶解量。

答案：沉淀剂

43．分光光度计的校正应包括__________、__________、__________、__________。

答案：波长校正，吸光度校正，杂散光校正，比色皿的校正

44．安放天平时应注意天平的__________、__________、__________、__________。

答案：水平放置，防震，防潮，避免阳光直射

45．分析天平检定周期一般不超过__________。

答案：一年

46．天平的精度级别是由天平的__________和__________之比确定的。

答案：名义分度，最大载荷

47．所有缓冲溶液都应避开__________或__________物质的蒸汽。

答案：酸性，碱性

48．蒸馏法制备纯水的优点是__________，可以去除__________。缺点是设备__________，产量很低因而__________。

答案：操作简单，非离子杂质和离子杂质，要求严密，成本高

49．一般蒸馏水或去离子水多能达到基本无砷的要求。应注意避免使用软质玻璃制成的__________、__________和__________。

答案：蒸馏器，树脂管，贮水容器

50．质量摩尔浓度是指__________中含有溶质的__________，其单位为__________。

答案：每千克质量溶液，物质的量，mol/kg

51．强酸性氧化洗涤剂是由__________与__________配制而成的。

答案：重铬酸钾，浓硫酸

52．称量工作基准试剂的质量小于等于 0.5 g 时，按精度至__________mg 称量；大于 0.5 g 时，按精度至__________ mg 称量。

答案：0.01，0.1

53．当标准滴定溶液出现__________、__________、__________等现象时，应重新制备。

答案：浑浊，沉淀，颜色变化

54．贮存标准滴定溶液的容器，其材质不应与__________起理化作用，壁厚最薄处不小于__________。

答案：溶液，0.5 mm

55．分析实验用水__________应为无色透明液体。

答案：目视观察

56．分析实验室用水规格和试验方法标准要求分析实验用水的原水应为__________或__________。

答案：饮用水，适当纯度的水

57．各级用水在贮存期间，其沾污的主要来源是容器__________、空气中的__________和__________。

答案：可溶性成分的溶解，二氧化碳，其他杂质

58．用纯水洗涤玻璃器皿时，使其既洁净又节约用水的原则是__________。

答案：少量多次

59．容量仪器的校准方法有__________法和__________法。

答案：称量，相对校准

60．采样误差常常大于__________，样品采集后应及时分析，保存时间__________，分析结果越准确。

答案：分析误差，越短

61．冷藏法的作用是能抑制微生物的活动，减缓__________和__________的速度。

答案：物理作用，化学作用

62．测定酸度、碱度的水样应采集于__________或__________（材质）的容器中贮存。

答案：聚乙烯，硅硼玻璃

63．玻璃仪器用完后应立即洗净并干燥。干燥玻璃仪器的方法有__________、__________、__________和烤干。

答案：控干，烘干，吹干

64．在化学反应中消耗的各反应物以及生成的各产物的物质的量相等，这就是__________规则，是容量分析重要的计算方法。

答案：等物质的量

65．导致试剂变质的因素有__________、__________、__________、__________、__________。

答案：空气，温度，光，杂质，保存期

66．指示剂应使用系统的化学名称或染料索引号（CI），不应使用__________名称。

答案：商品

67．配制指示液的实验用水须符合 GB/T 6682—2008“实验室用水规格”中__________水的要求。

答案：三级

68．减量称量法多用于称量__________、__________或能与__________的物质，并可连续称取试料。

答案：易吸水，易氧化，二氧化碳发生反应

69．引起称量误差的因素有__________、__________、__________、空气浮力的影响、__________。

答案：被称物性状变化，环境因素变动，天平和砝码的影响，操作误差

70．显色液的吸收波长在 370 nm 以上时，可用__________或__________比色皿，在 370 nm 以下时则需采用__________比色皿。

答案：石英，玻璃，石英

71．比色分析的误差来源有__________、__________和 __________。

答案：方法误差，仪器误差，辨色误差

72．误差产生的原因有__________、__________、__________、__________ 和__________。

答案：方法误差，仪器误差，试剂误差，操作误差，环境误差

二、单选题

1．蒸馏水中含有待测物质，造成的监测结果误差是__________。(　　)

A．系统误差　　B．过失误差　　C．随机误差　　D．偶然误差

答案：A

2．做完实验以后，采用以下方法分别清洗所用仪器：

(1) 用 HNO_3 清洗做过银镜反应的试管。

(2) 用酒精清洗做过碘升华的烧杯。

(3) 用浓 HCl 清洗做过 $KMnO_4$ 分解实验的试管。

(4) 用 HCl 清洗长期存放过 $FeCl_3$ 溶液的试剂瓶。

(5) 用 NaOH 溶液清洗盛过苯酚的试管。

你认为以上操作__________。(　　)

A．(2) 不对　　B．(3) (4) 不对　　C．(4) (5) 不对　　D．全部正确

答案：D

3．用氢氧化钠熔融法分解某矿石时最合适用__________。(　　)

A．铂坩埚　　B．石英坩埚　　C．镍坩埚　　D．瓷坩埚

答案：C

4．配制 250 mL 0.100 0 mol/L 氯化钠溶液，下列操作中错误的是__________。(　　)

A．选用 250 mL 容量瓶，瓶塞用橡皮筋固定在瓶颈上，检查容量瓶是否漏水，洗净，待用

B．用电子天平准确称量氯化钠 1.462 5 g，用少量水溶于 100 mL 小烧杯中，搅拌使其溶解

C. 沿玻棒转移至250 mL容量瓶中，烧杯中溶液倒尽后在烧杯扶正的同时使杯嘴沿玻棒上提1 cm左右，再离开玻棒，用少量的水涮洗杯壁 4 次，涮洗液按同样的操作均转移至容量瓶中

D．当溶液达到容量瓶的 2/3 容量时，应将容量瓶中溶液初步混匀，一只手食指压紧瓶塞，另一只手握住容量瓶底部，倒转容量瓶，边倒转边摇动，使瓶内溶液混合均匀

答案：D

5．下列有关过滤的操作，说法正确的是__________。(　　)

A．$BaSO_4$ 是细晶形沉淀，应选用“快速”滤纸，$Fe_2O_3 \cdot nH_2O$ 为胶状沉淀，应选用“慢速”滤纸

B．漏斗分长颈漏斗和短颈漏斗，在热过滤和重量分析时必须使用短颈漏斗

C．过滤强酸性溶液，应用玻璃砂芯漏斗

D．减压过滤时，若沉淀颗粒太小，应用两张滤纸

答案：C

6．标准加入法可以消除__________干扰。(　　)

A．物理　B．化学　C．电离　D．光谱

答案：A

7．为减少随机误差，除必须严格控制实验条件、正确执行操作规程外，还可增加＿＿＿＿＿＿。（　　）

A．样品用量　B．样品数量　C．测定次数　D．标准溶液浓度

答案：C

8．下列试剂中，＿＿＿＿＿＿只能用间接法配制标准溶液。（　　）

A．NaCl　B．EDTA　C．$K_2Cr_2O_7$　D．$CaCO_3$

答案：B

9．提高萃取效率的首选途径是＿＿＿＿＿＿。（　　）

A．提高被萃取物的浓度　B．增加萃取次数

C．增加萃取剂的体积　D．控制溶液温度

答案：B

10．实验室制取不含酚的水采用＿＿＿＿＿＿。（　　）

A．加入亚硫酸钠　B．加碱性高锰酸钾蒸馏

C．加碱蒸馏　D．煮沸

答案：C

11．实验室纯水分三个等级，其中三级水的电导率应≤＿＿＿＿＿＿μS/cm（25℃）。（　　）

A．1.0　B．2.0　C．3.0　D．5.0

答案：D

12．在进行有机污染物分析时，常使用有机溶剂进行萃取，但＿＿＿＿＿＿溶剂具有致癌性，为限制使用的有机溶剂。（　　）

A．正己烷和苯　B．苯和二氯甲烷　C．苯和乙酸乙酯　D．二氯甲烷和正己烷

答案：B

13．一般情况下，分析方法以＿＿＿＿＿＿倍检出限作为测定下限。（　　）

A．2　B．4　C．5　D．10

答案：B

14．酸消解固体样品时，对有机物浓度高的样品最好先单独用＿＿＿＿＿＿处理，然后再加入其他更强的氧化剂，否则容易引发爆炸。（　　）

A．浓硫酸　B．浓硝酸　C．氢氧化钠　D．浓盐酸

答案：B

15．某一校准曲线的相关系数计算结果为 r=0.999 89，其最终结果表示正确的是＿＿＿＿＿＿。（　　）

A．r=1.0　B．r=0.999　C．r=0.999 8　D．r=0.999 9

答案：C

16．标准曲线的浓度值应较均匀分布在测量范围内，系列点≥＿＿＿＿＿＿个（包括零浓度）。（　　）

A．4　　B．5　　C．6　　D．7

答案：C

17．用玻璃量器量取体积的有效数字位数是根据量器的容量允许差和读数误差来确定的。如单标线 A 级 50 mL 容量瓶，准确容积为__________，有效位数__________。（　　）

A．50.00 mL，4 位　　B．50.00 mL，2 位　　C．50.0 mL，3 位　　D．50.0 mL，2 位

答案：A

18．内标法的优点是__________。（　　）

A．不需校正因子　　B．对进样量要求不严

C．样品配制简单　　D．适于微量组分的定量

答案：B

19．测量不确定度主要表征测量值之间的__________。（　　）

A．分散性　　B．波动性　　C．差异性　　D．随机性

答案：A

20．测量不确定度的值是__________。（　　）

A．可取正值也可取负值　　B．恒为正值

C．恒为负值　　D．0

答案：B

21．碳酸钠熔融法适合测定__________。（　　）

A．氮、磷、钾　　B．氟、钼、钨　　C．钙、镁、硫　　D．汞、砷、硒

答案：B

22．我国的一级标准物质以__________进行编号。（　　）

A．GBW　　B．GBW（E）　　C．ERM　　D．SRM

答案：A

23．倾斜法转移溶液时沿玻璃棒进行，每次转移的溶液量不得超过滤器体积的__________。（　　）

A．1/4　　B．1/3　　C．1/2　　D．2/3

答案：D

24．下列关于天平使用的说法中不正确的是__________。（　　）

A．实验室分析天平应设置专门实验室，做到避光、防尘、防震、防腐蚀气体和防止空气对流

B．挥发性、腐蚀性、吸潮性的物质必须放在密封加盖的容器中称量

C．刚烘干的物质应及时称量

D．天平载重不得超过其最大负荷

答案：C

25．用滤纸过滤时，将滤液移至滤纸上时，滤液的高度最多不得超过滤纸圆锥高度的__________处。（　　）

A．1/2　　B．1/3　　C．3/4　　D．2/3

答案：A

26．进行加标回收率测定时，下列注意事项中错误的是__________。（　　）

A．加标物的形态应该和待测物的形态相同

B．在任何情况下加标量均不得小于待测物含量的 3 倍

C．加标量应尽量与样品中待测物含量相等或相近

D．加标后的测定值不应超出方法测定上限的 90%

答案：B

27．__________是一种能对溶液酸碱度起稳定作用的试液，它能耐受进入其中的少量强酸或强碱性物质以及用水稀释的影响而保持溶液 pH 基本不变。（　　）

A．酸碱溶液　　B．标准溶液

C．缓冲溶液　　D. 加标后的测定值不应超出方法测定上限的 90%

答案：C

28．留样复测指对于稳定的，测定过的样品保存一定时间后，若仍在测定有效期内，可进行重新测定。留样复测结果应__________。（　　）

A．以两次测定数据的平均值上报该样品测定结果

B．以复测数据上报该样品测定结果

C．将两次测定结果进行比较，以评价该样品测定结果的可靠性

D．加标后的测定值不应超出方法测定上限的 90%

答案：C

29．__________反映实验室的基本情况和分析人员的经验与技术水平。（　　）

A．加标回收率试验　　B．空白试验　　C．平行试验　　D．重复试验

答案：B

30．在污染物水样的分析中，可以采用预蒸馏的方法将被测组分与干扰物质分离，__________物质不能用此方法消除干扰。（　　）

A．挥发酚　　B．氨氮　　C．硝酸盐氮　　D．氰化物

答案：C

31．在色谱法分析中，选择内标物的原则是__________。（　　）

A．内标物与样品不互溶

B．加入内标物的量应接近于被测组分

C．内标物可以是样品中存在的物质

D．内标物色谱峰位置应尽量远离被测组分色谱峰位置

答案：B

32．当采用平行样测定结果判定分析的精密度时，如果废水样品中氨氮含量在 0.1～1.0 mg/L，则允许相对偏差为≤__________%。（　　）

A．5　　B．10　　C．15　　D．20

答案：C

33. 为了判断某分析方法的准确度和分析过程中是否存在系统误差，应采取__________。（　　）

A．空白试验　　B．回收试验　　C．对照试验　　D．平行测定

答案：B

34．标准溶液浓度通常指__________℃时的溶液浓度，否则应予以校正。（　　）

A．20　　B．15　　C．25　　D．4

答案：A

35．总氰化物指在 pH__________介质中，磷酸和 EDTA 存在下，加热蒸馏形成氰化氢的氰化物。（　　）

A．=4　　B．<4　　C．<2　　D．=2

答案：C

36．实验用水质量检验根据不同实验用水要求选择不同的指标，用于高效液相色谱分析的用水质量检验指标，下列选项正确的是__________。（　　）

A．pH+电导率+可溶性硅　　B．电导率+吸光度+可溶性硅

C．电导率+蒸发残渣+吸光度　　D．电导率+吸光度+可氧化物质含量

答案：B

37．空白实验值的大小和它的分散程度直接影响这个方法的__________。（　　）

A．检出限　　B．实验的精密度　　C．实验的准确度　　D．以上全都是

答案：D

38．在进行检测方法精密度检验时，通常要分析__________，其偏差值须满足方法规定的要求。（　　）

A．标准溶液或质控样品　　B．实际样品

C．实际样品加标　　D．以上全都是

答案：D

39．下列物质中，可用称量法直接配制标准滴定溶液的是__________。（　　）

A．固体 NaOH（G.R）　　B．浓盐酸（G.R）

C．固体 $K_2Cr_2O_7$（基准）　　D．固体 $Na_2S_2O_3$（A.R）

答案：C

40．下列__________不是测量水样中挥发性有机物的常用方法。（　　）

A．吹扫捕集法　　B．顶空法

C．液-液萃取法　　D．离子交换法

答案：D

41．从环境水样中富集半挥发性物质的方法主要有__________。（　　）

A．吹扫捕集法　　B．顶空法　　C．离子交换法　　D．固相萃取

答案：D

42．高效液相色谱、原子吸收分析用标准溶液的配制一般使用__________。（　　）

A．国标规定的一级、二级去离子水　　B．国标规定的三级水

C．不含有机物的蒸馏水　　D．无铅（无重金属）水

答案：A

43．审核监测仪器得出的校准曲线中的截距反映了被审仪器的__________。（　　）

A．跨度漂移　　B．零点漂移
C．响应值的准确程度　　D．灵敏度

答案：B

44．称量工作基准试剂时，试剂质量的数值小于等于 0.5 g 时，按精确至__________mg 称量；数值大于等于 0.5 g 时，按精确至__________mg 称量。（　　）

A．0.1，0.1　　B．0.01，0.05　　C．0.01，0.01　　D．0.01，0.1

答案：D

45．校准曲线相关系数只舍不入，保留到小数点后第一个非__________数字。如果小数点后多于__________个 9，最多保留__________位。（　　）

A．0，4，4　　B．0，4，5　　C．9，4，5　　D．9，4，4

答案：D

46．在测定误差能满足预订要求的前提下，用特定方法能准确地定量测定待测物质的最小浓度或量，称为该方法的__________。（　　）

A．测定上限　　B．测定下限　　C．检出限　　D．灵敏度

答案：B

47．列入强检目录的环境监测仪器，应按计量法的规定定期进行检定，贴上三色标签，其中__________标签代表准用。（　　）

A．绿色　　B．黄色　　C．蓝色　　D．红色

答案：B

48．要求准确称取指定重量的试样时应使用__________。（　　）

A．常规称量法　　B．固定量称量法　　C．减量称量法　　D．都可以

答案：B

49．基准试剂的纯度高，含量一般要求在__________%以上。（　　）

A．99.0　　B．99.5　　C．99.9　　D．99.99

答案：D

50．滤纸过滤时，液面应低于滤纸边缘__________cm 左右。（　　）

A．1　　B．2　　C．3　　D．4

答案：A

51．无氨水可以通过实验用水中加入硫酸至 pH__________，蒸馏后收集流出液制备。（　　）

A．<1　　B．<2　　C．<3　　D．<4

答案：B

52．蒸馏时蒸馏瓶内加注的液体量不得超过其容积的__________，蒸馏时加入清洁的沸石，以防液体爆沸和飞溅。（　　）

A．1/2　　B．1/3　　C．2/3　　D．3/4

答案：C

53．微量天平的称量一般在__________g，其分度最小值小于（最大）称量的 10^{-5}。（　　）

A．3～20　　B．3～30　　C．3～40　　D．3～50

答案：D

54．常量电子天平最大称量一般在__________g，其分度值小于（最大）称量的 10^{-5}。（ ）

A．100～200　B．100～300　C．100～400　D．100～500

答案：A

55．常量滴定管中最常用的是容积为 25 mL 和 50 mL，最小分度值为__________。（ ）

A．0.05 mL　B．0.1 mL　C．0.15 mL　D．0.2 mL

答案：B

56．滴定管检漏时，往滴定管装入蒸馏水至一定刻度，直立放置约__________min。仔细观察刻度线上的液面是否下降，滴定管下端有无水滴滴下。（ ）

A．1　B．2　C．3　D．4

答案：B

57．往滴定管注入或放出溶液后，需等待__________s 后再读数。（ ）

A．10～20　B．20～30　C．30～50　D．30～60

答案：C

58．库仑分析法应用广泛，被测物质的最低量可以达到__________mol/L 数量级。（ ）

A．10^{-10}　B．10^{-11}　C．10^{-12}　D．10^{-13}

答案：C

59．我国国家标准规定，优级纯的标签颜色为__________。（ ）

A．中蓝色　B．深绿色　C．玫红色　D．金光红色

答案：B

60．标定和使用标准滴定溶液时，滴定速度一般应保持着__________mL/min。（ ）

A．2～3　B．3～5　C．6～8　D．8～10

答案：C

61．聚四氟乙烯器皿的使用温度在__________℃，在此温度下不会被任何溶剂溶胀。（ ）

A．−180～120　B．−190～150　C．−195～180　D．−185～180

答案：C

62．不得将钢瓶内的气体全部用完，一定要保留__________MPa 以上的残余压力。（ ）

A．0.05　B．0.1　C．0.15　D．0.2

答案：A

63．可燃性气体（乙炔）应剩余__________MPa，以防重新充气时发生危险。（ ）

A．0.1～0.2　B．0.1～0.3　C．0.2～0.3　D．0.3～0.4

答案：C

64．氢气和空气混合物的爆炸范围很宽，当含氢气__________（体积比）时，遇火即会爆炸。（ ）

A．4.0%～75.0%　B．4.0%～75.2%　C．4.0%～75.3%　D．4.0%～75.6%

答案：D

65．当样品浓度超过检测上限并需要稀释时，宜取__________mL 或以上样品进行稀释，并尽可

能 1 次完成。（ ）

A. 1.00　　B. 2.00　　C. 5.00　　D. 10.0

答案：D

66. 贮存标准滴定溶液的容器，其材质不应与溶液起理化作用，壁厚最薄处不小于________mm。（ ）

A. 0.1　　B. 0.2　　C. 0.4　　D. 0.5

答案：D

67. 分析实验用水可分________个等级。（ ）

A. 1　　B. 2　　C. 3　　D. 4

答案：C

68. 一级水可用二级水经过石英设备蒸馏或离子交换混合床处理后，再经________μm 微孔滤膜过滤来制取。（ ）

A. 0.2　　B. 0.25　　C. 0.4　　D. 0.45

答案：A

69. 三级水的 pH 范围（25℃）为________。（ ）

A. 4.0～5.0　　B. 5.0～7.0　　C. 5.0～7.5　　D. 7.5～9.0

答案：C

70. 在实验用水试验方法中，各项试验必须在洁净环境中进行，并采取适当措施，以避免试样的沾污。水样均按精确至________mL 量取。（ ）

A. 0.05　　B. 0.1　　C. 0.2　　D. 0.3

答案：B

71. 分析实验用水吸光度时，应将水样注入 1 cm 及 2 cm 吸收池中，于________nm 处，以 1 cm 吸收池中的水样为参比，测定 2 cm 吸收池水样的吸光度。（ ）

A. 254　　B. 280　　C. 350　　D. 460

答案：A

72. 下列物质暴露在空气中，质量不会增加的是________。（ ）

A. 浓硫酸　　B. 无水氯化钙　　C. 生石灰　　D. 草酸

答案：D

73. 在我国化学试剂等级中，优级纯（保证试剂）表示符号为________。（ ）

A. AR　　B. GR　　C. SR　　D. LR

答案：B

74. 下列________物质不可用作基准物质。（ ）

A. 重铬酸钾　　B. 氢氧化钠　　C. 氯化钠　　D. 草酸钠

答案：B

75. 在我国化学试剂等级中，优级纯（保证试剂）为一级品，可用于配制________。（ ）

A. 实验试剂　　B. 清洁剂　　C. 普通试液　　D. 标准溶液

答案：D

76．在实验室新制备好的去离子水中加入1～2滴酚酞指示剂，水应该呈现__________。（　　）

A．红色　　B．无色　　C．黄色　　D．粉色

答案：B

77．在进行溶液移取操作时，不要让溶液升得__________，使非计量部分的内壁沾附液体__________。（　　）

A．太快，过多　　B．太高，过多　　C．太慢，过少　　D．太高，过少

答案：B

78．吸量移取时，应使管尖插入液面下适当深度，并随液面下降而下降。过深则易造成管壁外附着液体__________，需停留__________时间方可除去，过浅则会发生空吸而使液体进入洗耳球。（　　）

A．过少，较长　　B．过多，较长　　C．过少，较短　　D．过多，较短

答案：B

79．移取溶液时，移液管__________，管壁刻度线位置应与视线呈水平位，食指轻轻摁住管口，靠拇指和中指将吸管微微转动，使液面缓缓__________至标线上。（　　）

A．垂直，下降　　B．水平，上升　　C．水平，下降　　D．垂直，上升

答案：A

80．吸量转移时，吸管应垂直，受器倾斜角度约为__________，吸管下端紧靠受器内壁使所移取液体自然排出。使用分度吸管时，使视线与标线呈水平。（　　）

A．45°　　B．60°　　C．15°　　D．30°

答案：D

81．吸量转移时，单标线吸管的管口端残留液体应__________。分度吸管如为吹出式，当液体流至管口端不流时，随即将管口端残留液吹出；完全流出式分度吸管的管口端残留液，应使它保留在吸管内而不予__________。（　　）

A．保留，排出　　B．排出，排出　　C．保留，保留　　D．排出，保留

答案：A

82．市售浓硫酸的浓度在96%左右，该硫酸的浓度是指__________。（　　）

A．物质的量浓度　　B．质量浓度　　C．质量分数　　D．体积分数

答案：C

83．过滤油后的玻璃砂芯滤器可以用__________洗涤干净。（　　）

A．浓硫酸　　B．稀硫酸　　C．铬酸洗液　　D．ABC都不可以

答案：C

84．下列__________不是准确度的评价方法。

A．标准物质分析　　B．回收率测定　　C．不同方法的比较　　D．精密度测定

答案：D

三、多选题

1．以下不可以用烘箱干燥的有__________。（　　）

A．容量瓶　　B．烧杯　　C．移液管　　D．称量瓶
E．蒸发皿　　F．量筒

答案：ACF

2．产生系统误差的原因包括__________。（　　）

A．方法误差　　B．仪器误差　　C．试剂误差　　D．操作误差

答案：ABCD

3．下列操作正确的是__________。（　　）

A．固体颗粒太大不易溶解时，应先在研钵中将其研细，研钵中盛放固体的量不能超过其容量的 2/3

B．当物质的溶解度随温度变化较小时，应蒸发浓缩至溶液快干时，停止加热得到晶体

C．液-液萃取是用分液漏斗来进行的，加入的液体不超过漏斗总体积 2/3，漏斗越细长，分离得越彻底

D．锆和铪可用离子交换法分离

答案：ABC

4．分析方法的选择通常应考虑__________。（　　）

A．测定的具体要求，待测组分及其含量范围，待测组分的性质

B．共存组分的性质及对测定的影响

C．测定准确度的要求

D．测定灵敏度的要求

E．现有条件，测定成本及完成测定的时间要求

答案：ABCDE

5．下列可以改善检出限的方法有__________。（　　）

A．增加校准次数　　B．降低空白实验值

C．降低仪器基线噪声值　　D．提高测量的灵敏度

答案：BCD

6．随机误差一般遵循的规律有__________。（　　）

A．单峰性　　B．有界性　　C．对称性　　D．抵偿性

答案：ABCD

7．监测分析中，影响空白值的因素有__________及环境条件。（　　）

A．试验用水的质量　　B．试剂的纯度　　C．器皿的洁净程度　　D．计量仪器的性能

答案：ABCD

8．关于内标法的优点，以下描述错误的是__________。（　　）

A．对进样量要求不严

B．不需校正因子

C．样品配制简单

D．只适于微量组分的定量

答案：BCD

9．校准曲线的斜率通常随＿＿＿＿＿等实验条件的改变而变动。（　　）

A．环境温度　　B．试剂批号　　C．试剂的储存时间　　D．标准溶液浓度

答案：ABC

10．配制氢氧化钠标准溶液时应注意＿＿＿＿＿。（　　）

A．选用无二氧化碳水配制，溶解后立即转入聚乙烯瓶中

B．冷却后须用装有碱石灰管的橡皮塞子塞紧

C．静置 24 h 后，吸取一定量上清液用无二氧化碳水稀释定容

D．必须移入聚乙烯瓶内保存

答案：ABCD

11．滤纸可分为快速、中速、慢速三种，其划分标准为＿＿＿＿＿。（　　）

A．滤纸厚度　　B．疏密程度　　C．孔径大小　　D．滤纸大小

答案：BC

12．常用的氧化还原指示剂有＿＿＿＿＿。（　　）

A．亚甲基蓝　　B．淀粉溶液　　C．二甲基酚橙　　D．百里酚蓝

答案：AB

13．实验室常用的量器类玻璃仪器有＿＿＿＿＿。（　　）

A．试剂瓶　　B．滴定管　　C．量筒　　D．分度吸管

答案：BCD

14．实验室常用的容器类玻璃仪器有＿＿＿＿＿。（　　）

A．试剂瓶　　B．滴定管　　C．烧杯　　D．分度吸管

答案：AC

15．干燥是指除去样品、沉淀或试剂中所含水分或保护某些物质免除吸收空气中水分的过程。常用＿＿＿＿＿和吸附等方法进行。（　　）

A．烘烤　　B．沉淀　　C．冷冻　　D．化学

答案：ACD

16．实验室常用的电热设备：电炉、电热套、＿＿＿＿＿。（　　）

A．电热板　　B．高温炉　　C．烘箱　　D．恒温水浴

答案：ABCD

17．标准溶液的配制方法有＿＿＿＿＿。（　　）

A．直接法　　B．稀释法　　C．间接法（标定法）　D．溶解法

答案：AC

18．分析方法中的理化检验法可分为＿＿＿＿＿。（　　）

A．物理法　　B．化学法　　C．微量法　　D．生物法

答案：ABD

19．化学试剂储藏室必须＿＿＿＿＿和通风。（　　）

A．防火防爆　　B．防潮防毒　　C．防噪声　　D．避光

答案：ABD

20．能引起称量误差的因素有__________。（　　）

A．环境因素变动　　B．被称物性状变化　　C．空气浮力的影响　　D．天平和砝码的影响

答案：ABCD

21．以下属于量出式的玻璃量器有__________。（　　）

A．滴定管　　B．吸管　　C．量杯　　D．容量瓶

答案：ABC

22．为了保证定量分析的精度，通常在进行__________操作的移液时，应选用 A 级移液管。（　　）

A．配制标准溶液　　B．配制基准试液

C．定量稀释　　D．进行高精度和仲裁分析

答案：ABCD

23．可在沸水浴中加热的器皿有__________。（　　）

A．容量瓶　　B．量筒　　C．三角烧瓶　　D．蒸馏瓶

答案：CD

24．通常情况下，方法确认的技术参数包括方法__________检出限、线性范围、精密度等。（　　）

A．选择性　　B．定量限　　C．正确度　　D．稳健度

答案：ABCD

25．方法验证中定性方法一般应选择__________等验证参数。（　　）

A．灵敏度　　B．选择性

C．基质效应　　D．精密度（重现性和再现性）

答案：ABCD

四、判断题

1．20℃时，100 mLA 级滴定管的总容量允差为±0.10 mL。（　　）

答案：正确

2．pH 标准溶液在室温下一般以保存 3 个月为宜，当发现有浑浊、发霉或沉淀现象时，不能继续使用。（　　）

答案：错误

正确答案：在室温条件下标准溶液一般以保存 1～2 个月为宜，当发现有浑浊、发霉或沉淀现象时，不能继续使用。

3．制备化学试剂标准滴定溶液时，一般标定标准滴定溶液的浓度需两人进行实验，分别做四份平行，两人共做八份平行，八份平行标定结果的相对极差不得大于相对重复性临界极差[$CR_{0.95}$（8）$_r$=0.18%]。（　　）

答案：正确

4．玻璃电极法测定 pH 使用的标准溶液应在 4℃冰箱内存放，用过的标准溶液可以倒回原储液瓶，这样可以减少浪费。（　　）

答案：错误

正确答案：使用过的标准溶液不可以再倒回去反复使用。

5．玻璃仪器常用的干燥方法是烘干，可以用烘箱烘干的玻璃仪器包括量筒、烧杯等。（　　）

答案：错误

正确答案：玻璃量器不能烘干。

6．测定六价铬所用的玻璃仪器可以用重铬酸钾溶液浸泡洗涤，以去除污染。（　　）

答案：错误

正确答案：不得用重铬酸钾溶液洗涤。

7．滴定管读数时，对于无色溶液或浅色溶液，应读弯月面下缘实线的最低点，即视线与弯月面下缘实线的最低点在同一水平面上，对于有色溶液来说也是如此，初读和终读应用同一标准。（　　）

答案：错误

正确答案：对于有色溶液，如 $KMnO_4$、I_2 溶液等，视线应与液面两侧与管内壁相交的最高点相切。

8．滴定完毕后，将滴定管内剩余溶液倒回原瓶，再用自来水、蒸馏水冲洗滴定管。（　　）

答案：错误

正确答案：不能将剩余标液倒回原瓶。

9．滴定终点控制标准溶液体积半滴是为了减少偶然误差。（　　）

答案：错误

正确答案：为了减少滴定终点误差。

10．滴定终点与滴定反应的理论终点不一定完全相符。（　　）

答案：正确

11．测定水中碘化物时，对碘含量极微的水样，一般采用无色结晶紫光度法；对稍高浓度的水样可采用催化还原法。（　　）

答案：错误

正确答案：对碘含量极微的水样，一般采用催化还原法；对稍高浓度的水可采用无色结晶紫光度法。

12．分析混合烷烃试样时，可选择极性固定相，按沸点大小顺序出峰。（　　）

答案：错误

正确答案：可选择非极性固定相。

13．干扰可能导致正或负的系统误差，其作用与待测物浓度和共存物浓度大小有关。（　　）

答案：正确

14．高压钢瓶中，氦气为灰色，氧气为天蓝色，氮气为黑色，氩气为灰色，氢气为深绿色。（　　）

答案：正确

15．国家实验室分析用水二级水是用于无机痕量分析，如原子吸收光谱、等离子发射光谱、原子荧光等的分析用水。（　　）

答案：正确

16．105℃烘干的Na_2CO_3可以作为基准物质。（　　）

答案：错误

正确答案：Na_2CO_3应270～300℃干燥。

17．红外吸收光谱就是物质分子被红外光激发，由振动激发态跃迁至振动基态所产生的光谱。（　　）

答案：错误

正确答案：红外吸收光谱就是物质的分子吸收红外辐射后，引起分子的振动—转动能级跃迁而形成的光谱。

18．化学试剂取用时，应遵循“量用为出，循环节约”的原则，取用后若未使用完，应及时倒入瓶中密闭，尽量避免沾污。（　　）

答案：错误

正确答案：化学试剂取用时，应遵循“量用为出，只出不进”的原则，取用后及时密塞，分类保存，严格防止试剂被沾污。

19．碱式滴定管用来装碱性及氧化性溶液，如高锰酸钾、碘和硝酸银溶液等。（　　）

答案：错误

正确答案：碱式滴定管只能装碱性及无氧化性溶液。如高锰酸钾、碘和硝酸银溶液是氧化性溶液，能与滴定管的橡皮发生反应，所以不能装在碱式滴定管中。

20．金属元素分析所用的新器皿，需用洗涤剂洗净，再用（1+4）硝酸溶液浸泡24 h，然后依次用自来水、去离子水洗净后，方可使用。（　　）

答案：错误

正确答案：微波消解法测定土壤和沉积物中的金属元素总量，新器皿先用洗涤剂洗净，再用（1+1）硝酸溶液浸泡24 h，使用前再依次用自来水、实验用水洗净，自然干燥。

21．进行酞酸酯测定时，可以使用塑料器皿。（　　）

答案：错误

正确答案：进行酞酸酯测定时，不可以使用塑料器皿。

22．空白试验结果不仅反映了实验室环境条件、试剂、用水纯度的控制水平，同时能反映分析人员的经验和技术水平。（　　）

答案：正确

23．空白试验值的大小仅反映实验用水质量的优劣。（　　）

答案：错误

正确答案：其作用是排除实验的环境（空气、湿度等）、实验所用的药品（指示剂等）、实验操作（误差、滴定终点判断等）、对实验结果的影响。

24．朗伯-比尔定律$A=kcL$中，摩尔吸光系数k值与入射光的波长、显色溶液温度、有色溶液的性质、测定时的取样体积均有关。（　　）

答案：错误

正确答案：与测定时的取样体积无关。

25．六六六、滴滴涕在酸性介质中可被分解。（　　）

答案：错误

正确答案：六六六、滴滴涕可被碱分解。

26．配制好的标准溶液应使用能密封的硬质玻璃或塑料瓶贮存，可以长期保存在容量瓶中。（ ）

答案：错误

正确答案：不能长期保存在容量瓶中。

27．氰化钾溶液剧毒，可在酸性条件下，加入高锰酸钾或次氯酸钠使氰化钾氧化分解后排放。（ ）

答案：错误

正确答案：可在碱性条件下，加入高锰酸钾或次氯酸钠使氰化物氧化分解。

28．氰化物指在 pH=4 介质中，硝酸锌存在下，加热蒸馏，能形成氰化氢的氰化物，包括全部简单氰化物（多为碱金属和碱土金属的氰化物）和锌氰络合物，也包括铁氰化物、亚铁氰化物、铜氰络合物、镍氰络合物和钴氰络合物。（ ）

答案：错误

正确答案：不包括铁氰化物、亚铁氰化物、铜氰络合物、镍氰络合物和钴氰络合物。

29．实验室废气处理中酸雾气体宜用碱性水溶液吸收处理，有机废气宜用高效吸收装置进行处理。（ ）

答案：正确

30．实验室内的所有玻璃器皿、有机溶剂、注射器都有被邻苯二甲酸酯类污染的可能。（ ）

答案：正确

31．实验室内使用的化学试剂应有专人保管，定期检查使用及保管情况，即使少量酸碱试剂也应分开存放。（ ）

答案：正确

32．使用天平称量物质前，应开启侧门平衡天平内和室内的温度和湿度。（ ）

答案：正确

33．使用移液管时的操作程序一般为洗涤、吸液、调零、放液。（ ）

答案：正确

34．替代物指样品中不含有，但其物理化学性质与待测物相似的物质。一般在样品上机前加入，通过回收率可以评价样品前处理或采样过程对分析结果的影响。（ ）

答案：错误

正确答案：替代物指样品中不含有，但其物理化学性质与待测目标化合物相似的物质。一般在样品提取或采样前加入，通过回收率可以评价样品前处理或采样过程对分析结果的影响。

35．替代物一般是在样品提取或者其他前处理之前加入的，通过回收率可以评价样品基体、样品处理过程对分析结果的影响。（ ）

答案：正确

36．铁是原子光谱线最复杂的元素之一，为了避免邻近谱线的干扰，在用原子吸收分光光度法测定废水中铁时应选择较小的光谱通带。（ ）

答案：正确

37．微波酸消解是结合高压消解和微波快速加热的一项预处理技术。水样和酸的混合物吸收微波能量后，酸的氧化反应活性增加，将样品中的金属元素释放到溶液中。（　　）

答案：正确

38．用于分析微量有机污染物样品的容器，一般情况下使用的是玻璃瓶。若用塑料容器会干扰高灵敏度的分析，对这类分析应采用玻璃或聚四氟乙烯瓶。（　　）

答案：正确

39．为提高工作效率，玻璃器皿和量器可以在110～120℃的烘箱中烘干。（　　）

答案：错误

正确答案：玻璃量器不能烘干。

40．我国化学试剂中优级纯用G.R表示，分析纯用A.R表示，化学纯用C.P表示，标签颜色分别为绿、蓝、红。（　　）

答案：错误

正确答案：标签颜色分别为绿、红、蓝。

41．线性范围是方法检出限到校准曲线最高点之间的浓度范围。（　　）

答案：错误

正确答案：线性范围是指某一方法的校准曲线的直线部分所对应的待测物质的浓度（或量）的变化范围。

42．液-液萃取过程中出现乳化现象，可采用机械手段两相分离，包括搅动、离心、超声、冷冻等方法破乳。（　　）

答案：正确

43．仪器校准、空白试验、标准物质测定和回收率测定，都是减少系统误差的方法。（　　）

答案：正确

44．用煮沸法制备不含二氧化碳的水，将蒸馏水或去离子水煮沸至少 5 min（水多时）；或使水量蒸发 5%以上（水少时），加盖放冷即可。（　　）

答案：错误

正确答案：用煮沸法制备不含二氧化碳的水，将蒸馏水或去离子水煮沸至 10 min（水多时），或使水量蒸发 10%以上（水少时），加盖放冷即可。

45．原子荧光法、原子吸收法等测定重金属用到的新器皿，在使用前均应做相应的空白检查。（　　）

答案：正确

46．在滴定管装入标准溶液之前，应该先用该溶液润洗滴定管 1 次。（　　）

答案：错误

正确答案：应该先用该溶液润洗滴定管 2～3 次。

47．直接称量法包括常规称量、固定量称量和减量称量。（　　）

答案：正确

48．制备无氨水时，通常在水中加入硫酸至 pH＜5，使水中的氨或胺转化成不挥发的盐类，收

集流出液即是。（　　）

答案： 错误

正确答案： 通常在水中加入硫酸至 pH<2。

49．容量瓶不仅能作为稀释定容之用，也能作为配制溶液使用。（　　）

答案： 错误

正确答案： 容量瓶通常仅作为稀释定容之用。

50．在分析过程中常有干扰物质的存在，利用隐蔽剂可将干扰离子浓度减小。（　　）

答案： 正确

51．冷凝管所用冷却水的走向应自高端走向低端。（　　）

答案： 错误

正确答案： 冷凝管所用冷却水的走向应自低端走向高端。

52．电化学电池中，进行氧化反应的电极称为阴极，进行还原反应的电极称为阳极。（　　）

答案： 错误

正确答案： 进行氧化反应的电极称阳极，进行还原反应的电极称为阴极。

53．用有机溶剂配制的贮备标准溶液不宜长期大量存放在冰箱中，以免相互污染或发生危险。（　　）

答案： 正确

54．表面皿主要用于盖烧杯及漏斗等，不可直接在火上加热。直径要略大于所盖容器。（　　）

答案： 正确

55．实验室配制的碱性试液必须用玻璃瓶贮存。（　　）

答案： 错误

正确答案： 必须用聚乙烯瓶贮存。

56．实验室环境条件直接影响分析结果的质量、分析人员的身体健康，以及工作效率和仪器设备的使用寿命。（　　）

答案： 正确

57．对剧毒或致癌类化学品，如汞、砷、氰化物等，应进行针对性的无害化专项处理或收集后委托有资质的单位处理。（　　）

答案： 正确

58．化学试剂是监测分析中不可或缺的要素，其纯度对分析结果影响很大，使用不当造成浪费，应正确合理地选择和使用，并妥善保管。（　　）

答案： 正确

59．基准试剂主要指用于滴定分析中的基准物质，可直接用来配制标准溶液，其含量在 99.0%～100.1%。（　　）

答案： 错误

正确答案： 99.95%～100.05%。

60．pH 基准试剂用于配制 pH 缓冲溶液。（　　）

答案： 正确

61．配制试液时如有刺激性气体产生，则必须在通风橱内进行操作。（　　）

答案： 正确

62．对待特定的专用试剂，如纳氏试剂，应注意规范操作，否则会影响反应灵敏度和试液的稳定性。（　　）

答案： 正确

63．当试剂溶解时，如发生放热或吸热反应，则前者可用水冷却，后者以温水浴加热，然后室温平衡后，再定容装瓶。（　　）

答案： 正确

64．钢瓶必须定期送有关部门检验，检验合格的才能充气。（　　）

答案： 正确

65．气体钢瓶是贮存压缩气体的高压容器，为确保安全，避免各种钢瓶相互混淆，钢瓶外涂上特定的颜色，如氮气钢瓶涂黑色、氧气钢瓶涂绿色。（　　）

答案： 错误

正确答案： 氧气钢瓶涂天蓝色。

66．除二氧化碳、氨气钢瓶外，钢瓶一般要用减压阀。氮气和氧气的减压阀可互通，其他的只能用于规定的气体，以防爆炸。（　　）

答案： 正确

67．玻璃器皿按材质和用途不同，通常分为硬质玻璃、软质玻璃、中性玻璃和其他专用玻璃。（　　）

答案： 正确

68．玻璃器皿存在吸附和溶出的性能。（　　）

答案： 正确

69．玻璃器皿不能用于贮放氢氟酸，亦不能作为碱的熔融之用。（　　）

答案： 正确

70．带有油污的器皿，在使用一般洗涤法不能清除时，可待其晾干后，用乙醇、乙醚、丙酮、氯仿或甲苯等溶剂进行擦洗或浸泡。（　　）

答案： 正确

71．蒸发皿和坩埚内的污染，可用浓硝酸或王水洗涤。（　　）

答案： 正确

72．保证称量分析准确度的关键是选择合适的天平称样量，以及使用正确的称量方法。（　　）

答案： 正确

73．快速吸管不得用于准确计量。对必须保留管尖自然残留液量的吸管，可用吹、挤排空使用。（　　）

答案： 错误

正确答案： 快速吸管不得用于准确计量。对必须保留管尖自然残留液量的吸管，不得以任何方式（吹、挤）排空使用。

74．分析方法中，没有注明特殊要求时，均使用优级纯试剂和相应纯度的水。（　　）

答案：错误

正确答案：分析纯试剂和相应纯度的水。

75. 用于一级、二级水测定的电导仪应配备电极常数为 0.01～0.1 cm^{-1} 的“在线”电导池，并具有温度自动补差功能。（　　）

答案：正确

76. 系统误差存在以下几个方面：方法误差、仪器和试剂误差、主观误差。（　　）

答案：正确

77. $PM_{2.5}$ 指环境空气中空气动力学当量直径小于等于 2.5 μm 的颗粒物，也称可吸入颗粒物。（　　）

答案：错误

正确答案：$PM_{2.5}$ 指环境空气中空气动力学当量直径小于等于 2.5 μm 的颗粒物，也称细颗粒物。

78. 颗粒物一般指存在于环境空气中的一些粒径范围较宽、物理和化学性质不同的液体或固体颗粒物。（　　）

答案：正确

79. 玻璃量器的检定周期一般为 2 年。（　　）

答案：错误

正确答案：玻璃量器的检定周期一般不超过 3 年。

80. 夏季打开挥发溶剂瓶塞前，应先用冷水冷却。（　　）

答案：正确

81. 由于在一级水的纯度下，难以测定可氧化物质和蒸发残渣，对其限量不作规定。可用其他条件和制备方法来保证一级水的质量，但要测定其 pH。（　　）

答案：错误

正确答案：一级水和二级水的 pH 范围不作要求。

82. 选择不同光程的比色皿，是根据呈色溶液的吸光度而定，以使所测溶液的吸光度值处于 0.1～0.7 为宜。（　　）

答案：正确

83. 操作误差主要由测量者感觉器官的差异，反应的灵敏程度或固有习惯所致。（　　）

答案：正确

84. 随机误差是由分析者在测量过程中发生不应有的错误造成的。（　　）

答案：错误

正确答案：是由能够影响测量结果的许多不可控制或未加控制的因素之微小波动引起的。

85. 不同容器之间的溶液转移均会增大吸附/解吸的可能性。（　　）

答案：正确

五、简答题

1. 简述氰化物测定中常用的蒸馏方法。

答案：常用的蒸馏方法有两种：

（1）向水样中加入酒石酸和硝酸锌，调节 pH 为 4，加热蒸馏，利用金属离子与 EDTA 络合能力比氰离子络合能力强的特点，使简单氰化物和部分络合氰化物离解出氰离子，以 HCN 的形式被蒸馏出来，用 NaOH 溶液吸收，取此蒸馏液测得的氰化物为易释放氰化物。

（2）向水样中加入磷酸和 EDTA，至 pH＜2 的条件下蒸馏，此时全部简单氰化合物和除钴氰络合物外的绝大部分络合氰化物，以 HCN 的形式蒸馏出来，用 NaON 液吸收，取该馏出液测得的结果为总氰化物。

2. 在去除水样中余氯的干扰时，我们常选用亚硫酸钠和硫代硫酸钠两种试剂，请分析在酸碱度、氰化物、BOD_5、氨氮、细菌总数和汞水样中余氯干扰时分别选取哪种试剂，请说明理由。

答案：酸碱度——选用硫代硫酸钠，因为亚硫酸钠溶液是弱碱性的；氰化物——选用亚硫酸钠，因为硫代硫酸钠和氰化物会发生反应；BOD_5——选用亚硫酸钠，因为测溶解氧是用硫代硫酸钠标准溶液滴定的；氨氮——选用硫代硫酸钠，因为亚硫酸钠溶液是弱碱性，而氨氮是要用酸固定的；细菌总数——选用硫代硫酸钠，因为亚硫酸钠溶液是弱碱性的；汞——选用亚硫酸钠，因为硫代硫酸钠和汞反应，是解毒剂。

3. 使用标准气体钢瓶气时的注意事项有哪些？

答案：

（1）钢瓶气在有效期内使用；

（2）钢瓶标准气的剩余压力应符合要求（≥0.2 MPa）；

（3）气路检查，严防漏气；

（4）对排气口排出的气体，应通过管线连接到室外。

4. 消除液-液萃取出现的乳化现象常用的技术有哪些？

答案：搅动、加无机盐、增加有机溶剂比例、通过玻璃棉塞过滤乳化液样品或通过无水硫酸钠柱过滤、冷藏、通过离心作用、加入少量的不同有机溶剂等方法。

5. 简述在实验室中分析多环芳烃的注意事项。

答案：

（1）部分多环芳烃属于强致癌物质，操作时应按规定要求佩戴防护器具，避免接触皮肤和衣服；

（2）标准溶液的配制应在通风橱内进行；

（3）检测后的残渣残液应作妥善的安全处理；

（4）在没有合适的安全设备及尚未正确掌握使用技术之前不能用固体化合物配多环芳烃标准品。

（5）多环芳烃可随溶剂一起挥发而沾附于具塞瓶的外部，因此处理含多环芳烃的容器及实验操作时必须使用抗溶剂的手套；

（6）被多环芳烃污染的容器可用紫外灯在 360 nm 紫外线下检查，并置于重铬酸钾-浓硫酸洗液中浸泡 4 h。

6. 可以直接配制标准溶液的基准物质，应满足什么要求？

答案：

（1）纯度高，杂质含量可忽略；

（2）组成（包括结晶水）与化学式相符；

（3）性质稳定，反应时不发生副反应；

（4）使用时易溶解；

（5）所选用的基准试剂中，目标元素的质量比应较小，使称样量大，可以减少称量误差。

7. 采用内标法定量对内标物有哪些要求？

答案：

（1）内标物纯度高、稳定、易得；

（2）若内标物纯度不高，应确知其浓度，而且其中杂质不干扰样品中待测组分峰；

（3）内标物与样品互溶性好；

（4）内标物峰与待测组分峰要靠近；

（5）内标物加入量要接近待测组分量；

（6）每个样品都要加入内标物方能进行测量，而且要求内标物加入量准确、可靠。

8. 稀释浓硫酸溶液时应注意什么？

答案：稀释浓硫酸时，应将稀释容器（烧杯）放在塑料盆中，只能将浓硫酸慢慢沿器壁倒入水中，并不断搅拌，不能相反，必要时用水冷却。

9. 简述滴定管的选择方法。

答案：选择滴定管应：

（1）根据滴定量的大小选择相应容积的滴定管以控制滴定误差。不得使用大容量滴定管连续滴定多份试样，也不得使用容积小于滴定量的滴定管做多次充液滴定同一试样；

（2）根据所用滴定试剂的性质选择滴定管；

（3）使用光敏感和化学性质不稳定的滴定试剂时，应选用棕色滴定管。

10. 简述使用索氏提取器的注意事项。

答案：使用索氏提取器时应：

（1）注意仪器要垂直安装；

（2）正确输送冷却水；

（3）样品量及溶剂量与仪器规格相匹配；

（4）装入提取器中的样品不宜太紧，便于溶剂流动；

（5）样品不得高于虹吸细管顶部转弯处。

11. 简述实验用水的贮存要求。

答案：实验用水一级水不可贮存，应在临用前制备；二级水和三级水可适量制备，分别贮存在预先用同级水清洗的密闭的聚乙烯瓶中；三级水可贮存在玻璃容器中。实验用水在运输和贮存过程中应避免沾污。

12. 简述天平室有哪些要求。

答案：天平室应：

（1）避免附近有振动源及阳光直射；

（2）制冷、取暖装置应与天平保持适当距离；

（3）防止强的空气对流影响称量；

（4）天平台应稳固防震。

13. 实验室常用的量器类玻璃仪器有哪些？

答案：滴定管、量筒、量杯、容量瓶、移液管。

六、计算题

1．有 0.103 5 mol/L NaOH 标准溶液 500 mL，欲使其浓度恰好为 0.100 0 mol/L，问需加纯水多少毫升？

答案：

$V_{水}$=0.103 5×0.5/0.1−0.5=0.017 5（L）=17.5（mL）

2．水站氨氮过低，监测站为了判断该仪器的准确度，要求对水样进行加标回收测试，已知信息如下：

实际水样测试结果为 *A* mg/L；

标准溶液浓度为 *B* mg/L；

加标体积为 *C* mL；

然后定容到 1 L，测试结果为 *D* mg/L。

请根据以上信息，列出考虑体积和不考虑体积的加标回收率计算公式。

答案：

第一种（不考虑体积）：公式=［（*D*–*A*）/（*BC*/1 000）］×100%

第二种（考虑体积）：公式=［1 000×*D*–（1 000–*C*）×*A*］/（*BC*）×100%

3．配置浓度为 50 mg/L 的 Cr^{6+}的标准溶液 500 mL，应称取多少 $K_2Cr_2O_7$（已知 $K_2Cr_2O_7$ 分子量为 294.2、Cr 分子量为 52）？

答案：

50×0.5=25（mg）

$W_{K_2Cr_2O_7}$=25×294.2/104=70.72（mg）=0.070 72（g）=0.070 7（g）

答：应称取 $K_2Cr_2O_7$ 0.070 7 g。

4．用原子荧光法测定清洁地表水中的砷，取水样 20.0 mL，加入浓盐酸 3.0 mL，10%硫脲溶液 2.0 mL，混匀放置 20 min 后进行测定，从校准曲线上查得测定溶液中砷的浓度为 10.0 μg/L，求该地表水中砷的浓度。

答案：C_{As} = 25.0/20.0×10.0 = 12.5（μg/L）

5．若有组织废气中总烃的浓度为 10 μmol/mol（已扣除氧峰），甲烷的浓度为 2 μmol/mol，则非甲烷总烃的浓度为多少（以碳计，单位为 mg/m^3）？

答案：*p*=（10−2）×12/22.4=4.29（mg/m^3）（以碳计）

6．已知浓硫酸的相对密度为 1.84 g/mL，其中 H_2SO_4 含量约为 96%，如欲配制 1 L 0.20 mol/L H_2SO_4 溶液，应取这样的浓硫酸多少毫升？

答案：

设浓硫酸体积为 *V* mL

1.84×*V*×96%=1×0.20×98.08

V=11.1（mL）

7．有含 Ca 量为 10 mg 的 HCl 水溶剂 10 mL，经适当处理后，用乙醚萃取，若用 10 mL 乙醚分别按下述情况萃取，萃取率各为多少？（1）全量一次萃取；（2）每次 5 mL，分二次萃取（D=18）。

答案：

（1）全量一次萃取，V_0=10 mL，n=1

$m_1=m_0[V_w/(DV_0+V_w)]=10\times[10/(18\times10+10)]=0.53$（mg）

$E=(m_0-m_1)/m_0\times100\%=(10-0.53)/10\times100\%=95\%$

（2）每次 5 mL，分两次萃取，V_0=5 mL，n=2

$m_2=m_0[V_w/(DV_0+V_w)]^2=10\times[10/(18\times5+10)]^2=0.10$（mg）

$E=(10-0.10)/10\times100\%=99\%$

8．测定水中高锰酸盐指数时，欲配制 0.100 0 mol/L 草酸钠标准溶液 100 mL，应称取优级纯草酸钠多少克？（草酸钠分子量：134.10）

答案：X=0.100 0×（134.10×1/2）×100/1 000=0.670 5（g）

9．已知分析天平能准确称量至±0.2 mg，要使试样的称量误差不大于 0.1%，则至少称取试样多少克？

答案：设至少称取 m g，

由称量引起的最大误差为±0.2 mg，则

$(0.2\times10^{-3})/m\times100\%\leqslant0.1\%$

$m\geqslant0.2$（g）

第四节　常用数理统计

一、填空题

1．__________是绝对偏差与均值的比值。

答案：相对偏差

2．记录测量数据，要采用法定计量单位，只保留__________可疑数字。

答案：1 位

3．表示精密度一般只取__________位有效数字。

答案：1～2

4．平行双样测定结果分别为 8.3 mg/L 和 8.7 mg/L，则该平行样的相对偏差为__________。

答案：±2.4%

5．为减少随机误差，除必须严格控制实验条件、正确执行操作规程外，还可增加__________。

答案：测定次数

6．当分析天平的称量误差为±0.000 2 g 时，若要求容量分析的相对误差控制在 0.1%以下，则基准物质的质量必须大于__________ g。

答案：0.2

7．pH=9.86 的有效数字为__________位。

答案：两

8．实验室间质量控制的目的是检查各实验室是否存在__________，找出误差来源，提高实验室监测分析的准确度。

答案：系统误差

9．Dixon 检验法用于一组测定值的一致性检验和剔除一组测定值中的异常值，可用于检出__________。

答案：一个或多个异常值

10．根据《数字修约规则与极限数值的表示和判定》（GB 8170—2008）的规定，测定值与极限数值的比较通常有__________比较法和__________比较法两种。

答案：全数值，修约

11．误差按其产生的原因和性质可分为__________、__________和__________。

答案：系统误差，随机误差，过失误差

12．精密度通常用极差、平均偏差、__________、__________、__________表示。

答案：相对平均偏差，标准偏差，相对标准偏差

13．近似数运算中，18.3+1.454 6+0.877=__________。

答案：20.6

14．检验两组结果是否存在显著性差异采用__________检验法。

答案：t

15．不同条件下测量的两组是否具有相同的精密度采用__________检验法。

答案：F

16．校准曲线的使用效果依赖于各种因素，如__________、__________、__________的变化等。

答案：环境温度，试剂批号，贮存时间

17．用于检验多组测定均值的一致性和剔除多组测量值均值中的异常值使用__________检验。

答案：Grubbs

18．多个总体方差相等的统计检验应用__________检验法。

答案：Cochran（最大方差）

19．计量基准管理办法所称计量基准是指经国家市场监督管理总局批准，在中华人民共和国境内为了定义、实现、保存、复现量的单位或者一个或多个量值，用作有关量的测量标准定值依据的实物量具、__________、__________或者测量系统。

答案：测量仪器，标准物质

20．灵敏度是指__________待测物质变化所致的__________变化程度。

答案：单位浓度或单位量，响应量

21．__________是众多随机误差的统计平均值，是随机误差的最佳__________。

答案：标准偏差，表征统计量

22．回归直线统计中的__________是由系统误差所致或实验中各种随机误差造成的。

答案：截距

23．通常当需要推断总体均值和真值是否相等而无须评估二者究竟谁大（谁小）的情况下，应使用__________。

答案：双侧检验

24. ________是比较多组测定数据精密度的检验法，可用于评价分析方法和测定结果的优劣。

答案：方差检验

25. 再现性限是指一个数值，在再现性条件下，两次测试结果的________不超过此数的概率为________。

答案：绝对差值，95%

26. 方法检出限是用特定分析方法在________内可从样品中________检出待测组分的最小量或最低浓度。

答案：置信度，定性

27. 在同一实验室，使用同一方法由同一操作者对同一被测对象使用相同仪器和设备，在相同的测试条件下，相互独立的测试结果之间的一致程度称________。

答案：重复性

28. 下列各数的有效位数分别为：50.004________、0.005________、5.0×10^2________、4.060________。

答案：5 位，1 位，2 位，4 位

29. 经数值修约后的数值称为________。

答案：修约值

30. 将 12.149 8 修约到个位数________，12.149 8 修约到 1 位小数________。

答案：12，12.1

31. 数值修约规则规定，对于待修约的数值应先确定________的表达式，再按________进行修约。

答案：修约位数，进舍规则

32. 修哈特（Shewart）质量控制图是以统计检验的________为理论基础的图上作业法。

答案：3σ 原理

33. ________是测量值与真值之差的绝对值。

答案：绝对误差

34. 当测定结果高于分析方法检出限时，报________；当测定结果低于分析方法检出限时，报________，并加________表示。

答案：实际测定结果值，使用的“方法检出限”，“L”

35. 如原始记录上数据有误需要改正时，应在错误的数据上画以横线，再将正确数字补写，并________。

答案：签名（或盖章）

36. 当测试或计算精度允许时，应先将获得的数值按指定的修约数位________报出，然后按照进舍规则程序________至规定的位数。

答案：多一位或几位，修约

37. 分析结果的有效数字所能达到的位数，不能超过________的最小位数。

答案：方法检出限

38．以一元线性回归方程计算时，校准曲线斜率的有效位数，应与__________的有效数字位数相等，或__________。截距的最后一位数，则和__________数值的最后一位取齐，或__________。

答案： 自变量 x_i，最多比其多保留一位，因变量 y_i，最多比其多保留一位数

39．近似值相加减时，其和或差的有效数字位数，与各近似值中小数点后位数最少者相同。__________可以多保留一位小数，__________按数值修约规则处理。

答案： 运算过程中，计算结果

40．实验室内的正确度通过对有证标准物质/标准样品进行测定的__________和实际样品__________来表示。

答案： 相对误差，加标回收率

41．如果某一类物质的定量值由多个组分的测定结果加和得到（如二甲苯总量、有机氯农药总量、二噁英类、多溴联苯醚等），应先__________，不得进行__________。

答案： 计算后修约，二次修约

42．近似数运算中，12.5+7.6×3+lg108−35.667=__________。

答案： 1.7

43．绝对偏差与__________的比值，叫作相对偏差，绝对偏差的__________的平均值为平均偏差。

答案： 均值，绝对值之和

44．实验室间比对指在__________条件下，对两个或两个以上实验室就__________进行检测或测量的组织、实施和评价。

答案： 预定，同一或相似的检测对象

45．统计离群值指在剔除水平下统计检验为__________的离群值。歧离值指在检出水平下__________，但在剔除水平下__________的离群值。

答案： 显著，显著，不显著

46．能力验证指利用实验室间比对，对照__________评价参与者的能力。

答案： 预先设定的准则

二、单选题

1．在利用质量控制图时，如果质量控制样品的测定结果出现连续 7 点递升，说明所测数据__________。（　　）

A．存在系统误差　　B．失控　　C．可疑　　D．有失控趋势

答案： D

2．正态分布的总体偏差σ越大，数据__________，正态分布曲线越平宽。（　　）

A．越分散　　B．越集中　　C．越高　　D．不变

答案： A

3．一个分析方法或分析系统的__________反映该方法或该测量系统存在的系统误差和随机误差的综合指标，它决定着这个分析结果的可靠性。（　　）

A．精密度　　B．准确度　　C．灵敏度　　D．检出限

答案： B

4．__________称为极差。（　　）

A．绝对偏差的绝对值之和的平均值　　B．平均偏差与测量均值的比值

C．一组测量值内最大值与最小值之差　　D．测量值与真值之差

答案：C

5．确定数据 0.342 75 的有效数字为 4 位应写成__________。（　　）

A．0.342 7　　B．0.342 8　　C．0.342 9　　D．0.342 75

答案：B

6．同一方法的检出限、测定下限、测定上限、检测上限，其数值大小的排列顺序是__________。（　　）

A．测定上限＞检测上限＞检出限＞测定下限

B．检测上限＞检出限＞测定上限＞测定下限

C．检测上限＞测定上限＞测定下限＞检出限

D．检出限＞检测上限＞测定上限＞测定下限

答案：C

7．能消除测定方法中的系统误差的措施是__________。（　　）

A．增加平行测定次数　　B．称样量在 0.2 g 以上

C．用标准样品进行对照试验　　D．认真细心地做实验

答案：C

8．当重复测量的结果是受大量、微小、独立的因素影响的连续型随机变量时，其概率分布可近似为__________。（　　）

A．正态分布　　B．均匀分布　　C．梯形分布　　D．矩形分布

答案：A

9．在分析数据处理中，Cochran 检验法是__________。（　　）

A．一组分析数据的精密度检验　　B．多组分析数据的均值中异常值的检验

C．一组分析数据中异常值的检验　　D．多组分析数据的方差一致性检验

答案：D

10．__________检验法用于一组测量值的一致性检验和剔除一组测量值中的异常值，适用于检出一个或多个异常值。（　　）

A．Grubbs　　B．Dixon　　C．Cochran　　D．t

答案：B

11．0.060 70 的有效数字位数是__________。（　　）

A．4 位　　B．5 位　　C．6 位　　D．3 位

答案：A

12．准确度常用绝对误差或__________表示。（　　）

A．相对误差　　B．平均偏差　　C．标准偏差　　D．相对标准偏差

答案：A

13．《环境监测分析方法标准制修订技术导则》（HJ 168—2020）中规定，验证精密度时，对有

证标准物质/标准样品的测定：各验证实验室采用高、中、低3种不同含量水平（应包括一个在测定下限附近的浓度或含量）的统一样品，按全程序每个样品平行测定__________次，分别计算不同浓度或含量样品的平均值、标准偏差、相对标准偏差等各项参数。（　　）

A．3　　B．4　　C．5　　D．6

答案：D

14．将33 051修约为3位有效数字的正确写法是__________。（　　）

A．3.30×10^4　　B．3.305×10^4　　C．3.31×10^4　　D．331×10^2

答案：C

15．近似数运算中，0.568 2×27.413÷0.329=__________。（　　）

A．47.3　　B．47.34　　C．47.344　　D．47.343 7

答案：A

16．平行样分析反映分析结果的__________，加标回收率分析反映分析结果的__________。（　　）

A．正确度，精密度　　B．正确度，灵敏度

C．精密度，正确度　　D．精密度，灵敏度

答案：C

17．检测两组数据的精密度之间是否存在显著性差异，用公式__________。（　　）

A．$t=(x_1-x_2)/S\times\sqrt{n}$　　B．$F=S_{小}^2/S_{大}^2$

C．$F=S_{小}/S_{大}$　　D．$F=S_{大}^2/S_{小}^2$

答案：D

18．在相同条件下，原子吸收分光光度法测定的两条校准曲线的斜率，相对标准差值应在__________%以内。（　　）

A．5　　B．10　　C．15　　D．20

答案：B

19．在实验室分析时，至少积累__________个回收率数据才可以绘制回收率控制图。（　　）

A．10　　B．15　　C．20　　D．25

答案：C

20．回收率控制图中，$\bar{P}+2S_P$为__________。（　　）

A．上控制线　　B．下控制线　　C．上警告线　　D．下警告线

答案：C

21．回收率控制图中，$\bar{P}-3S_P$为__________。（　　）

A．上控制线　　B．下控制线　　C．上警告线　　D．下警告线

答案：B

22．对于多数几十家或更多的实验室开展比对方法，一般常用于政府相关部门对于检测/校准实验室自行开展的能力验证行为，常用Z比分数进行评价。Z__________，表示结果不满意。（　　）

A．≤1　　B．≤2　　C．2≤Z≤3　　D．≥3

答案：D

23．一元线性回归方程中的__________是回归直线精密度指标。反映各实验点围绕回归直线的离散程度。（　　）

A．截距　　B．斜率　　C．相关系数　　D．剩余标准差

答案：D

24．环境监测的过程是对具体量的测定，通常水样的质量浓度用__________表示。（　　）

A．mg/L　　B．ppm　　C．ppb　　D．%

答案：A

25．__________用于两条回归直线的剩余标准差的检验。（　　）

A．t 检验　　B．F 检验　　C．Grubbs 检验法　　D．Dixon 检验法

答案：B

26．__________用于两条回归直线的斜率的检验。（　　）

A．t 检验　　B．F 检验　　C．Grubbs 检验法　　D．Dixon 检验法

答案：A

27．__________用于两条回归直线的截距的检验。（　　）

A．t 检验　　B．F 检验　　C．Grubbs 检验法　　D．Dixon 检验法

答案：A

28．用于总体方差与一已知值是否相等的检验是__________。（　　）

A．χ^2 检验　　B．F 检验　　C．Cochran　　D．Dixon

答案：A

29．用于多个总体方差一致性（相等）的检验是__________。（　　）

A．χ^2 检验　　B．F 检验　　C．Cochran　　D．Dixon

答案：C

30．用于两个总体方差是否相等的检验是__________。（　　）

A．χ^2 检验　　B．F 检验　　C．Cochran　　D．Dixon

答案：B

31．近似值乘方或开方时，计算结果的有效数字与原近似有效位数__________。（　　）

A．多 1 位　　B．相同　　C．多 2 位　　D．少 1 位

答案：B

32．测定方法检出限 $MDL=t(n-1,\ 0.99)\times S$，其中 t 的自由度为 $n-1$，置信区间为__________%时的 t 分布值（单侧）。（　　）

A．95　　B．97　　C．98　　D．99

答案：D

33．通常方法检出限的 4 倍为方法的__________。（　　）

A．测定下限　　B．报告限　　C．测定上限　　D．估算浓度

答案：A

34．加标回收率保留__________位有效数字。（　　）

A．1　　B．2　　C．3　　D．没有规定

答案：C

35．确定方法检出限时应按照样品分析的全部步骤进行重复 *n* 次空白或空白加标的测定。其中 *n* 不少于__________。（　　）

A．6　　B．7　　C．8　　D．9

答案：B

36．对于针对多组分的分析方法，测定检出限的初次加标样品，一般要求被分析的样品浓度至少 50%在__________计算出的方法检出限内。（　　）

A．2～5 倍　　B．3～5 倍　　C．3～8 倍　　D．2～8 倍

答案：B

37．下列有效位数 3 位的是__________。（　　）

A．0.120　　B．0.012　　C．0.012　　D．1.2×10^3

答案：A

38．下列数据修约间隔为 0.1 的是__________。（　　）

A．1.050→1.0　　B．1.050→1.05　　C．1.050→1　　D．1.050→1.1

答案：A

39．用 Cochran 检验时，如果检验统计量小于等于__________%临界值，则接受被检验项目为正确值。（　　）

A．2　　B．5　　C．10　　D．15

答案：B

40．已知标准差时，使用奈尔（Nair）检验法，奈尔检验法的样本量__________。（　　）

A．$20\leqslant n\leqslant50$　　B．$20\leqslant n\leqslant100$　　C．$3\leqslant n\leqslant50$　　D．$3\leqslant n\leqslant100$

答案：D

41．限定检出的离群值的个数不超过 1 时，当 *n* 较大时，同时在正态概率纸上，若样本主体是基本在一条线的近旁；建议使用__________。（　　）

A．Grubbs 检验法　　B．Dixon 检验法

C．偏度-峰度检验法　　D．t 检验法

答案：C

42．分析结果有效数字所能达到的小数点后位数，应与分析方法的检出限保持一致；分析结果的有效数字一般不超过__________位。（　　）

A．1　　B．2　　C．3　　D．4

答案：C

43．关于正态样本检测结果离群值检验规则说法不正确的是__________。（　　）

A．已知标准差情形离群值的判断规则

B．未知标准差情形离群值的判断规则（限定检出离群值的个数不超过 1 个时）

C．未知标准差情形离群值的判断规则（限定检出离群值的个数超过 1 个时）

D．判断多个离群值的检验规则

答案：D

44．关于离群值判断规则适用范围说法不正确的是__________。（　　）

A．当已知标准差时，使用奈尔（Nair）检验法

B．在未知标准差情形，限定检出离群值个数不超过 1 个时，可使用格拉布斯（Grubbs）检验法和狄克逊（Dixon）检验法

C．在未知标准差情形，限定检出离群值的个数大于 1 个时，可使用偏度-峰度检验法或狄克逊（Dixon）检验法的重复使用方法

D．在未知标准差情形，当限定检出离群值的个数大于 1 个时，可使用格拉布斯（Grubbs）检验法或狄克逊（Dixon）检验法的重复使用方法

答案：D

45．根据《环境监测分析方法标准制订技术导则》（HJ 168—2020）检出限验证时，关于各验证实验室确定的方法检出限说法正确的是__________。（　　）

A．各实验室计算得到的方法检出限数值，应进行合理性判定

B．原则上各实验室计算得到的方法检出限数值一定大于仪器检出限

C．原则上各实验室计算得到的方法检出限数值一定小于仪器检出限

D．各实验室计算得到的方法检出限数值应当与仪器测定下限进行合理性比较

答案：A

46．根据《环境监测分析方法标准制订技术导则》（HJ 168—2020）检出限验证时，各验证实验室最终的方法检出限为__________。（　　）

A．各验证实验室确定的方法检出限的最高值

B．各验证实验室确定的方法检出限的最小值

C．各验证实验室确定的方法检出限的均值

D．各验证实验室确定的方法检出限的标准偏差

答案：A

47．生态环境监测方法检出限一般是在自由度为 $n-1$，置信度为__________%的条件下计算得到的。（　　）

A．90　　B．95　　C．99　　D．99.5

答案：C

48．制定方法时，当方法空白目标物有明显检出（高于仪器检出限）时，计算获得的方法检出限与空白检测结果的关系，以下描述正确的是__________。（　　）

A．当空白检测结果通过合理性检验后，方法检出限≤空白均值

B．当空白检测结果未通过合理性检验时，方法检出限＜空白均值

C．方法检出限＜空白均值

D．方法检出限＞空白均值

答案：A

49．制定新方法时，当方法空白目标物有明显检出（高于仪器检出限）时，空白的限值标准可为__________。（　　）

A．空白≤方法检出限　　B．空白≤方法测定下限

C．空白≤仪器测定下限　　D．空白＜标准曲线系列低端第一个的浓度值

答案：B

50．关于线性范围的说法以下说法不正确的是__________。（　　）

A．线性范围通常可参照相关国家标准或国际标准获得

B．采用校准曲线法定量，并至少具有6个校准点（包括空白），浓度范围绝对不能超过2个数量级

C．对于筛选方法，线性回归方程的相关系数不低于0.98；对于准确定量的方法，线性回归方程的相关系数不低于0.99

D．浓度范围一般应覆盖关注浓度的50%～150%，如需做空白时，则应覆盖关注浓度的0～150%

答案：B

51．生态环境监测领域方法检出限的获得方法不包括__________。（　　）

A．信噪比法评估　　B．空白标准偏差法评估

C．校准方程的适用范围评估　　D．标准物质添加法估算

答案：A

52．生态环境监测领域方法检出限（MDL）的计算公式__________。（　　）

A．当空白有检出且结果通过合理性检验后，MDL=3.141×$S_{7次空白}$

B．样品空白独立测试10次，MDL=样品空白平均值+3$S_{10次空白}$（只适用于标准偏差值非零时）

C．加入最低可接受浓度的样品空白独立测试10次，0+3 s

D．样品空白值+4.65 s（此模型来自假设检验）

答案：A

53．定性方法检出限的获得方法说法正确的是__________。（　　）

A．在空白样品中添加若干个不同浓度水平的标液，每个浓度水平检测10次，记录检出结果（阳性或阴性），绘制样品检出的阳性率（%）或阴性率（%）对添加浓度的曲线，临界浓度即为方法检出限

B．校准方程的适用范围评估

C．空白标准偏差法评估

D．信噪比评估

答案：A

54．以下关于方法检测限说法不正确的是__________。（　　）

A．物理、感官分析方法，生物毒性测试方法等，方法检出限的确定根据具体情况确定

B．微生物计数法的检出限基于泊松概率分布，指在单次计数过程中，发现的概率不低于99%时最低的微生物密度

C．化学分析法在没有前处理的情况下，当校准曲线直线部分外延的延长线与通过空白电位且平行于浓度轴的直线相交时，其交点所对应的浓度值即为该方法的检出限

D．在没有前处理的情况下，滴定法可根据所用滴定管产生的最小液滴体积来计算滴定法方法

检出限

答案：C

55．生态环境监测领域方法测定下限获得方法错误的为__________。（ ）

A．一般情况下以 4 倍方法检出限作为测定下限

B．微生物计数法测定下限与检出限一致

C．其他物理、感官分析方法，生物毒性测试方法等测定下限的确定根据具体情况确定

D．一般情况下以 4.6×方法检出限作为测定下限

答案：D

56．以下关于方法测定上限说法正确的是__________。（ ）

A．有条件时，结合方法校准曲线的上限、适宜的稀释倍数以及一定条件下的吸附富集容量等因素，提出方法测定上限

B．方法测定上限等于方法校准曲线的上限

C．方法测定上限一定大于方法校准曲线的上限

D．方法测定上限为方法校准曲线的上限的 1.3 倍

答案：A

57．关于定性分析的精密度说法错误的是__________。（ ）

A．定性分析的精密度通常表示为假阳性率或假阴性率

B．定性分析的精密度可以用不同的浓度水平来确定

C．假阳性或假阴性率应与方法确认的数据相当，才能证明实验室有能力使用该方法

D．通常情况下，定性分析方法验证的参数选择灵敏度、选择性、线性范围、基质效应、精密度（重现性和再现性）

答案：D

58．以下关于方法制定时实验重复次数 n 量确定说法错误的是__________。（ ）

A．确定每个处理中所需样本份数。确定方法可用公式 $n=f/k+1$ 获得，式中：n 为每个处理的重复检测次数；f 为要求的最小自由度；k 为处理个数

B．一般情况下自由度应不小于 15

C．假定参加验证实验的个数为 6（k=6）个，那么每个实验室每个处理的重复测定次数不少于 4 个，试样的总份数不低于 24 份

D．生态环境监测领域要求方法检测限、精密度和准确度测定样品重复次数均为 6 次

答案：D

59．关于测量范围，以下说法错误的是__________。（ ）

A．方法的测量范围应覆盖方法的最低浓度水平（定量限）和关注浓度水平

B．至少需要确认方法测量范围的最低浓度水平（定量限）

C．需关注浓度水平和最高浓度水平的正确度和精密度，必要时可增加确认浓度水平

D．所有方法的测量范围均呈线性

答案：D

60．以下关于方法选择性说法错误的是__________。（ ）

A．一般情况下，分析方法在没有重大干扰的情况下应具有一定的选择性

B．对于化学分析方法，在有干扰的情况下，如基质成分，保证检测结果的准确性至关重要

C．实验室可联合使用但不限于下述两种方法检查干扰：①分析一定数量的代表性空白样品，检查在目标分析物出现的区域是否有干扰（信号、峰等）；②在代表性空白样品中添加一定浓度的有可能干扰分析物定性和/或定量的物质

D．所有的检测方法都应具有强选择性以便适用于分析所有介质

答案：D

61．以下关于方法验证及方法使用过程中遇到的干扰情况的说法，错误的是__________。（　　）

A．如果方法已提供干扰情况的所有信息，则实验室无须对干扰情况采取进一步的研究

B．如果方法未提供干扰情况的信息或信息不完整，亦无须对可能存在的干扰情况进行研究

C．实验室应根据方法特点（如常规化学分析、光谱分析、色谱分析），在检测的所有阶段（如提取、蒸馏、检测等），考察可能的干扰情况

D．如果证明了方法受到干扰物的于扰，则应进一步研究消除干扰的方法；如果判断该干扰的影响较小，且不会影响结果的正确度，则不用采取措施消除干扰

答案：B

62．以下关于判定和处理离群值的目的说法错误的是__________。（　　）

A．识别与诊断，主要目的是找出离群值，从而进行质量控制、新规律探索、技术考察等项工作

B．估计参数，主要目的在于估计总体的某个参数，寻找离群值的目的在于确定这些值是否计入样本，以便准确估计其参数

C．检验假设，主要目的在于判定总体是否符合所考察的要求，寻找离群值的目的主要在于确定这些值是否计入样本，以使判定结果计量准确

D．选择判断离群值的主要标准在于判定准确性，要根据所判定错误带来的风险不同，选择适宜的规则

答案：D

63．实验室应重视离群值给出的信息，以下说法错误的是__________。（　　）

A．在一段时间后，考察检出离群值的全体，往往能明显地发现其物理原因和系统倾向，如离群值出自某个测试者为多，说明此人的操作有系统偏离

B．若各个样本中出现离群值较为经常，又常不能明确其物理原因，则应怀疑分布的正态性假设。此时可更细微地确定统计分布及选择适宜的统计量形式

C．实验室应完善判定和处理离群值的记录，并作定期分析

D．判断出离群值后，实验室可通过增加测定次数以减少离群值的发生

答案：D

64．下列__________可用于监控分析系统的再现性误差。（　　）

A．X 控制图　　B．I 控制图　　C．R 控制图　　D．MR 控制图

答案：D

65．两个测量平均值的比较前提是两个样本的__________相同。（　　）

A．标准偏差　B．方差　C．变异系数　D．期望

答案：B

66．以下表达正确的是__________。（　　）

A．检出限 0.81 ng/m^3　B．标准偏差 2.4 pg/L

C．相对标准偏差 24.7%　D．加标回收率 99.56%

答案：B

67．以下关于统计学公式写法错误的是__________。（　　）

A．样本平均值 $\bar{X}=\frac{1}{n}\sum_{i=1}^{n}X_i$　B．总体样本方差 $S_n^2=\frac{1}{n}\sum_{i=1}^{n}(X_i-\bar{X})^2$

C．样本方差 $S_n^2=\frac{1}{n}\sum_{i=1}^{n}X_i^2-\bar{X}^2$　D．样本标准差 $S_n=\sqrt{\frac{1}{n-1}\sum_{i=1}^{n}(X_i-\bar{X})^2}$

答案：C

68．下列指标中反映数据精密度的指标是__________。

A．平均差　B．标准偏差　C．中位数　D．都不是

答案：B

三、多选题

1．以下指标统计时修约小数位数正确的是__________。（　　）

A．水温，1 位小数　B．pH，2 位小数

C．氨氮，2 位小数　D．相关系数，3 位小数

E．相关系数，2 位小数　F．总磷，3 位小数

答案：ACDF

2．随机误差又称__________。（　　）

A．绝对误差　B．偶然误差　C．不可测误差　D．偏倚

答案：BC

3．系统误差又称__________。（　　）

A．偏倚　B．可测误差　C．恒定误差　D．相对误差

答案：ABC

4．评价分析方法的主要质量指标有__________。（　　）

A．检出限　B．精密度　C．准确度　D．不确定度

答案：ABC

5．准确度指标通常用__________表示。（　　）

A．精密度　B．正确度　C．加标回收率　D．相对误差

答案：AB

6．精密度通常用__________表示。（　　）

A．室内相对标准偏差　B．室外相对标准偏差

C．重复性限　D．再现性限

答案：ABCD

7. 正确度通常用__________表示。（　　）

A. 相对误差　　B. 加标回收　　C. 绝对误差　　D. 极差

答案：AB

8. 下列__________属数值修约规则。（　　）

A. 确定修约规则　　B. 进舍规则　　C. 不允许连续修约　　D. 可连续修约

答案：ABC

9. 下列数据按 0.5 单位修约正确的是__________。（　　）

A. 60.25→60.0　　B. 60.38→60.5　　C. 60.28→60.5　　D. −60.75→−61

答案：ABCD

10. 测定值或其计算值与标准规定的极限数值作比较的方法有__________。（　　）

A. 全数比较法　　B. 没有规定

C. 修约比较法　　D. 全数比较与修约比较相结合

答案：AC

11. 对未知标准差情形离群值的判断规则（限定检出离群的个数不超过 1 时）可使用__________检验法。（　　）

A. Dixon　　B. Grubbs　　C. 偏度-峰度　　D. *t*

答案：AB

12. 以下关于数据修约说法正确的是__________。（　　）

A. 有限次测量的算术平均值的实验标准偏差与测量次数 *n* 成正比

B. 在数值计算中，当有效数字位数确定之后，其余数字应按修约规则一律舍去；某些倍数、分数、不连续物理量的数值，以及不经测量而完全根据理论计算或定义得到的数值，其有效数字的位数可视为无限，在计算中按需要确定有效数字的位数

C. 校准曲线相关系数 *r* 按照分析方法中的要求确定。如分析方法中未规定，应检查测量信号与测定浓度的线性关系，当 $r \geq 0.999$ 时，可用回归方程处理数据；若 $r < 0.999$，而测量信号与浓度确实存在一定的线性关系，可用比例法计算结果

D. 校准曲线相关系数只舍不入，保留到小数点后最后一个 9 数字。如果小数点后多于 4 个 9，最多保留 4 位

E. 在近似值的对数计算中，结果的小数点后的位数（不包括首数）应与原数的有效数字位数相同

答案：BCE

13. 关于检测结果方差齐性检验说法正确的是__________。（　　）

A. Cochran 检验法适用于检验多组方差的一致性

B. F 检验法适用于检验 2 组数据方差的一致性

C. χ 检验法适用于单正态总体方差或标准与已知方差的检验一致性

D. 格拉布斯（Grubbs）检验法或狄克逊（Dixon）检验法适用于方差的一致性

答案：ABC

14. 样本统计量有__________。（　　）

A．样本均值　　B．方差　　C．标准偏差　　D．极差

答案：ABCD

15．对于一组检测结果处理情形正确的是__________。（　　）

A．当异常值判断以识别为目的时，主要找出异常值，判断异常值的主要标准在于判断准确性。要据所判断错误带来的风险，选择适宜的规则

B．在分析处理和运用数据之前，往往要进行数据检验，以判断和剔除离群值

C．根据工作经验，分析测试人员往往不经任何数据处理或检验，便将原始数据用于各种计算。或某些监测站的质控人员完全按照数据处理的有关规定和计算公式，对原始数据进行机械的处理和检验，剔除提示的一切“异常值”

D．检测人员不会根据异常值检验方法的结果，直接将参加检验的数据进行简单的剔除处理。而是与分析测试人员和其他相关的研究人员进行认真的分析研究，查找原因，并结合分析化学的基本常识，再决定取舍

答案：ABD

16．检测结果不确定度的评定有__________估算方法。（　　）

A．精密度法　　B．线性拟合法　　C．控制图法　　D．GUM 法

答案：ABCD

17．校准曲线线性评价内容包括__________。（　　）

A．线性范围的确定　　B．工作范围的确定

C．校准函数的线性检验　　D．校准直线统计检验

答案：ABCD

18．实验室间比对时，使用参加者测量结果获得能力评定标准差时，以下说法正确的是__________。（　　）

A．使用参加者测量结果可能会导致不适当的能力评定准则。能力验证提供者应确保所使用的能力评定标准差与目标匹配

B．若稳健标准差很小，能力验证提供者应规定能力评定标准差最小值的临界值。该临界值的选择应保证，在最极端情形下时，能力评定评分 $Z<3.0$

C．若稳健标准差非常大，能力验证提供者应规定能力评定标准差的最大值，或测量结果可评定为“可接受”（无警戒或行动信号）的临界值。该临界值的选择应保证与不符合目标要求的结果将会收到行动信号

D．在某些情况下，当对称区间包括不满足目标要求的结果时，能力验证提供者可规定能够评定为“可接受”（无警戒或行动信号）结果的区间上限或下限

答案：ABCD

19．下面数值中有效数字是 3 位的有__________。（　　）

A．1.940　　B．510　　C．5.10×10^2　　D．78.9

答案：CD

四、判断题

1．当统计量的计算值 ＞ 临界值时，说明样本与总体或两个样本之间无显著性差异。（　　）

答案：错误

正确答案：当统计量的计算值＞临界值时，说明样本与总体或两个样本之间有显著性差异。

2．Dixon 检验法用于一组测定值的一致性检验和剔除一组测定值中的异常值，只可用于检出一个异常值。（　　）

答案：错误

正确答案：Dixon 检验法用于一组测定值的一致性检验和剔除一组测定值中的异常值，可用于检出一个或多个异常值。

3．Grubbs 检验法可用于一组测量值的一致性检验和剔除一组测量值中的异常值，一次检验可以检出一个或多个异常值。（　　）

答案：错误

正确答案：Grubbs 检验法可用于一组测量值的一致性检验和剔除一组测量值中的异常值，一次只能检出一个异常值。

4．t 检验是检验两均数间差异显著性的基本方法。（　　）

答案：正确

5．按加法计算规则计算 1.81、3.219、0.361 7 三数之和为 5.39。（　　）

答案：正确

6．测量值运算结果：12.5+2.74+87.3=102.54。（　　）

答案：错误

正确答案：102.5。

7．衡量环境污染变化趋势在统计上有无显著性，常采用 Daniel 的趋势检验，它使用了 Spearman 的秩相关系数。当秩相关系数 r_s 是负值时，则表明在评价时段内有关统计量指标变化呈上升趋势或加重趋势。（　　）

答案：错误

正确答案：当秩相关系数 r_s 是负值时，则表明在评价时段内有关统计量指标变化呈下降趋势或好转趋势。

8．几个数据相乘除时，它们的积或商的有效数字的保留应以有效数字位数最多的数据为依据。（　　）

答案：错误

正确答案：几个数据相乘除时，它们的积或商的有效数字的保留应以有效数字位数最少的数据为依据。

9．在能力验证活动中，通常使用 Z 比分数作为结果评价方法，当$|Z|\leq 3$ 时，即为满意结果。（　　）

答案：错误

正确答案：当$|Z|\leq 2$ 时为满意结果，$2<|Z|\leq 3$ 时为可疑结果。

10．在实验室分析中，使用多种计量仪器时，有效数字以最多的计量仪器的位数表示。（　　）

答案：错误

正确答案：使用多种计量仪器时，有效数字以最少的一种计量仪器的位数表示。

11．正态分布的总体偏差越大，数据越分散，正态分布曲线越平宽。（　　）

答案：正确

12．秩相关系数法要求具备足够的数据，一般至少应采用 5 个期间的数据，即 5 个时间序列的数据。（　　）

答案：错误

正确答案：一般至少应采用 4 个期间的数据，即 5 个时间序列的数据。

13．置信区间的大小与所取置信水平及显著性水平有关，置信水平取得大，置信区间也大，因此置信水平取得越大越好。（　　）

答案：错误

正确答案：置信区间过大，估计的精度就差，所以不是置信水平越大越好。

14．两个平行样品的结果一般用相对偏差表示。（　　）

答案：错误

正确答案：一般用算术平均值表示。

15．比较两条回归直线有无差异，可通过检验其相关系数。（　　）

答案：错误

正确答案：可通过检验剩余标准差回归系数及截距有无显著差异。

16．当校准曲线中的截距 a 和 0 有显著差异时，表示校准曲线的回归方程计算结果准确度不高。（　　）

答案：正确

17．一元线性回归中的直线斜率，表征方法的灵敏度。（　　）

答案：正确

18．测定某标样中铁含量（标准值为 1.06%），10 次测定的均值为 1.054%，标准差为 0.009，检测值与标准值之间是否存在显著性差异时，选用单侧 t 检验。（　　）

答案：错误

正确答案：使用双侧 t 检验，因总体方差未知，需检验均值与标准值是否相等，而不是推断均值是否大于（小于）或等于标准值。

19．检验总体均值是否大于（小于）或等于期望值（或真值）时，应该进行双侧检验。（　　）

答案：错误

正确答案：应进行单侧检验。

20．分光光度法的方法检出限确定：当在没有前处理的情况下，也可以扣除空白值后与 0.01 吸光度相对应的浓度值作为检出限。（　　）

答案：正确

21．对不含待测物的样品，用与实验室样品同样的操作步骤进行的试验。对应的样品称空白样品。（　　）

答案： 正确

22．正确度是指多次重复测量所测得的量值的平均值与一个参考量值的一致程度。（　　）

答案： 正确

23．被测量的测得的量值与其真值间的一致程度称为准确度。（　　）

答案： 正确

24．A 类评定是以估计的标准差表征。（　　）

答案： 错误

正确答案： A 类评定是用对观测列进行统计分析的方法，以实验标准差表征。

25．不确定度用于表征合理地赋予被测量的分散性，与测量结果相联系的参数。（　　）

答案： 正确

26．室内精密度是分析结果的平行性与重复性度量的总和，室间精密度反映的是分析结果的再现性。（　　）

答案： 正确

27．如果某一类物质的定量值由多个组分的测定结果加和得到（如二甲苯总量、有机氯农药总量等），应先计算后修约，不得进行二次修约。（　　）

答案： 正确

28．近似值相加减时，所得和或差的有效位数，与各近似值中小数点后位数最小者相同。运算过程中，可多保留一位小数，计算结果再根据修约规则进行修约。（　　）

答案： 正确

29．检出限一般只保留 1 位有效数字，且只入不舍。必要时采用科学计数法进行表达。（　　）

答案： 正确

30．方法比对中采用 t 检验来判定两种方法的测定结果是否有显著差异。（　　）

答案： 正确

31．在判定测定值或其计算值是否符合标准要求时，应将测试所得的测定值或计算值与标准规范的极限数值比较。（　　）

答案： 正确

32．当标准或有关文件中对极限数值没有特殊规定时，均应使用修约比较法。（　　）

答案： 错误

正确答案： 均应使用全数比较。

33．离群值是指样本中一个或几个观察值，它们离开其他观测值较远，暗示它们可能来自不同的总体。（　　）

答案： 正确

34．在未知标准差的情形下可使用 Grubbs 和 Dixon 检验法。可根据实际要求选定其中一种检验方法。（　　）

答案： 正确

35．对检出的离群值，应尽可能寻找其技术上或物理上的原因，作为处理离群值的依据。（　　）

答案： 正确

36．被剔除或修正的观测及其理由予以记录，以备查询。(　　)

答案：正确

37．未知标准情形离群值的判断规则（限定检出离群值的个数大于 1 时），可使用偏度-峰度或 Dixon 检验方法的重复使用。(　　)

答案：正确

38．在休哈特（Shewhart）质量控制图中如连续 7 点排列在中心线的一侧，表示实验室已出现系统误差。(　　)

答案：正确

39．在休哈特（Shewhart）质量控制图中如连续 7 点的分布呈递升或递降时，表示实验室已出现失控趋势。(　　)

答案：正确

40．在休哈特（Shewhart）质量控制图中如连续 3 点中有两个屡屡接近控制线，表示失控。(　　)

答案：正确

41．在休哈特（Shewhart）质量控制图中凡数据落在上、下控制线上或线外都是质量不符合要求的数据。(　　)

答案：正确

42．置信水平（$1-\alpha$）是指被估参数的置信区间包含参数直值的概率。(　　)

答案：正确

43．方差是实际值与期望值之差平方的平均值，而标准差是方差的算术平方根。(　　)

答案：正确

44．测量不确定度评定中，不确定度的 A 类评定是指用不同于观测列进行统计分析的方法的评定的不确定度，不确定度的 B 类评定是指用对观测列进行统计分析的方法评定的不确定度。(　　)

答案：错误

正确答案：测量不确定度评定中，不确定度的 A 类评定是指用对观测列进行统计分析的方法评定的不确定度，不确定度的 B 类评定是指用不同于观测列进行统计分析的方法的评定的不确定度。

45．水中 COD 测定结果为（105±5）mg/L，包含因子为 2。表明一个样品测定结果在 95%置信水平下落在 100～110 mg/L 区间。(　　)

答案：正确

46．测定下限是指在限定误差能满足预定要求的前提下，用特定分析方法能够准确定量测定待测物质的最低浓度或最小量。(　　)

答案：正确

47．测定范围为测定下限和测定上限之间的范围。(　　)

答案：正确

48．精密度是指在规定条件下，独立测试结果间的一致程度。(　　)

答案：正确

49．正确度为多次重复测量所测得的量值的平均值与一个参考量值的一致程度。(　　)

答案：正确

50．根据《环境监测分析方法标准制订技术导则》（HJ 168—2020），正确度为被测量的测得的量值与其真值间的一致程度，测量结果的正确度由回收率和相对标准偏差两个指标进行表征。（ ）

答案：错误

正确答案：根据《环境监测分析方法标准制订技术导则》（HJ 168—2020），准确度为被测量的测得的量值与其真值间的一致程度，测量结果的准确度由正确度和精密度两个指标进行表征。

51．重复性，又称复现性。（ ）

答案：错误

正确答案：重复性和再现性（又称复现性）是两个不同的概念。

52．重复性是指在同一实验室，使用同一方法由同一操作者对同一被测对象使用相同的仪器和设备，在相同的测试条件下，相互独立的测试结果之间的一致程度。（ ）

答案：正确

53．重复性对应的评价指标为重复性限，指在重复性条件下，两次测试结果的绝对差值不超过此数的概率为 90%。（ ）

答案：错误

正确答案：重复性对应的评价指标为重复性限，指在重复性条件下，两次测试结果的绝对差值不超过此数的概率为 95%。

54．不确定度可以是标准差或其倍数，或是说明了置信区间的半宽度。（ ）

答案：正确

55．“独立测试结果”指的是对相同或相似的测试对象所得的结果不受以前任何结果的影响。（ ）

答案：正确

56．定性方法指根据物质的生物或物理性质对其进行鉴定的分析方法。（ ）

答案：错误

正确答案：定性方法指根据物质的化学、生物或物理性质对其进行鉴定的分析方法。

57．误差=随机误差+系统误差。（ ）

答案：正确

58．采用标准样品/有证标准物质作为控制手段，每批样品带一个已知浓度的质控样品，与样品同步测定，且标准样品/有证标准物质不应与配置加标回收的标准溶液来源相同。（ ）

答案：错误

正确答案：采用标准样品/有证标准物质作为控制手段，每批样品带一个已知浓度的质控样品，与样品同步测定，且标准样品/有证标准物质不应与绘制标准曲线的标准溶液来源相同。

59．单次测量的实验标准偏差 s 并非只测量一次就能得到。对于一定的测量方法或仪器设备，必须通过多次测试才能获得。（ ）

答案：正确

60．生态环境监测要求实验室内 95%置信区间通过计算测定结果对数值的 95%置信区间，再取反对数得到测定结果的 95% 置信区间。（ ）

答案： 正确

61．实验室可结合方法校准曲线的上限、适宜的稀释倍数以及一定条件下的吸附富集容量等因素，提出方法测定上限。（　　）

答案： 正确

62．离群值判断时应规定在样本中检出离群值个数的上限（与样本量相比应较小），当检出离群值个数超过了对比样本，应作慎重研究和处理。（　　）

答案： 正确

63．关于一系列检测结果，有时也可以不经过判断异常值的步骤，而采用稳健估计和稳健检验的办法（如舍去最高值和最低值，将余下的观测值作算术平均估计），并不需要追查舍去的是否为异常值，而这种估计也很好地预防了异常值的影响。（　　）

答案： 正确

64．离群值或异常值指样本中的一个或几个观测值，它们离其他观测值较远，暗示它们可能来自不同的总体。离群值按显著性的程度分为歧离值和统计离群值。（　　）

答案： 正确

65．*Z* 值（*Z* Score）有时也称 z 比分数，指由能力验证的指定值和相对标准偏差计算的实验室偏倚的标准化度量。（　　）

答案： 错误

正确答案： *Z* 值（*Z* Score）有时也称 z 比分数，指由能力验证的指定值和标准差计算的实验室偏倚的标准化度量。

66．在处理多个实验室间比对结果时，通常情况下没有必要确认测量结果是正态分布的，但有必要确认其近似对称分布。至少在视觉上呈现为对称的。如果不能确认测量结果对称，能力验证提供者宜使用适用于不对称结果的稳健技术。（　　）

答案： 正确

67．如果能力验证计划结果的预期分布不够对称（存在离群值的影响），能力验证提供者宜选择考虑数据分布不对称性和对离群值不敏感的数据分析方法；而且，所选择的能力评定方法也应考虑合格参加者测量结果的预期分布。这可能包括：①适当变换以实现近似对称；②采用抵消不对称的评估方法；③采用包含适当分布假设的评估方法（例如，尽可能符合适当的分布假设，并在必要时舍弃离群值）。（　　）

答案： 正确

68．能力验证时，若要求所有参加者就同一被测量报告测量值，通常情况下，所有参加者应使用相同的指定值。然而，如果允许参加者自己选择测量方法，那么，每一被测量或特性的单一指定值可能无法适合所有的参加者。比如，当不同测量方法提供的结果不具有可比性时，即可能发生这种情况。在这种情况下，能力验证提供者可以针对每一种测量方法使用不同的指定值。（　　）

答案： 正确

69．精密度的度量通常以不精密度表达，其量值用测试结果的标准差来表示时，精密度越高，标准差越大。（　　）

答案： 错误

正确答案：精密度的度量通常以不精密度表达，其量值用测试结果的标准差来表示时，精密度越低，标准差越大。

70．正确度指大量测试结果得到的平均数与接受参照值间的一致程度，偏倚（bias）指测试结果的期望与接受参照值之差。正确度的度量通常用术语偏倚表示。（　　）

答案：正确

71．偏倚（bias）指测试结果的期望与接受参照值之差。与随机误差相反，偏倚是系统误差的总和。偏倚可能由一个或多个系统误差引起。系统误差与接受参照值之差越大，偏倚就越大。（　　）

答案：正确

72．实验室偏倚指一个特定的实验室的测试结果的期望与接受参照值之差。测量方法偏倚指所有采用该方法的实验室所得测试结果的期望与接受参照值之差。例如，测量某化合物中硫的含量，由于测量方法不可能提尽所有的硫，因此该测量方法将有一个负的偏倚。对很多使用相同的方法的不同的实验室得到的测试结果求平均值，就可用来测定该测量方法的偏倚。测量方法的偏倚在不同水平下可以是不同的。（　　）

答案：正确

73．生物检测中，筛选方法用于筛选大量样品可能的阳性结果，并用来避免假阴性结果。此类方法所获得的检测结果通常为定性结果。（　　）

答案：错误

正确答案：筛选方法用于筛选大量样品可能的阳性结果，并用来避免假阴性结果。此类方法所获得的检测结果通常为定性结果或半定量结果。

74．$\sqrt{1.3^2+2.56^2}+\sqrt[3]{9.6}$ 结果的有效数字为 3 位。（　　）

答案：错误

正确答案：2 位有效数字。

75．用统计检验法检验出的异常值或高度异常值，与样本中其余测定值不属于同一总体，应作剔除处理。（　　）

答案：错误

正确答案：对高度异常数据如有充分理由也可不剔除。

五、简答题

1．何为偶然误差、系统误差？

答案：偶然误差指由于测定过程中某些随机的偶然因素所造成的误差；系统误差指由于测定过程中某些经常性的固定的原因所造成的误差，其特征是具有“单向性”。

2．小王测得水样中锌的含量为 0.45 mg/L，而测得的空白值为 0.40 mg/L，试评述小王的分析结果。

答案：小王的分析结果没有实际意义，样品的分析结果不可靠。空白值太高，扣除空白值（系统误差）会引起较大的误差。小王分析测试中空白值和样品测定值接近，在同一数量级，只有空白值至少比测定值低一个数量级时，分析结果才有意义。

3．简述环境监测结果表示的注意事项。

答案：环境监测过程中往往需要对测定的定量结果进行运算和处理，要注意测定对象的物理量描述、采用的单位、过程的数值和修约、极限数值的判断等。

4．简述判定和处理离群值的不同的目的。

答案：判定和处理离群值有3种不同的目的：

1）找出离群值，从而进行质量控制、新规律探究、技术考察等工作；

2）估算总体的某个参数，确定这些值是否计入样本，以便准确估计其参数；

3）判定总体是否符合所考察的要求，确定这些参数是否记入样本，以判定结果计量的准确。

5．回归直线的统计检验意义是什么？

答案：对回归直线进行统计检验可以了解下列各方面问题：

1）回归直线是否通过原点（截距 a 与某一定值相等），空白实验值是否存在（截距 a 是由系统误差所致或仅系试验中各种随机误差造成）；

2）回归系数是否与某一定值相等，多水平下测定的两组数据是否存在系统误差；

3）两条回归直线之间是否存在系统误差。

6．相对误差与相对偏差区别在哪里？

答案：相对误差是测定值和真值之差与真值的比值；相对偏差是测定值和测定值的平均值之差与测定值平均值的比值。

7．简述判断单个异常值的检验规则。

答案：

1）根据实际情况，选定适宜的异常值检验规则；

2）选择适当的显著水平α；

3）根据显著水平α及样本量，确定检验的临界值；

4）由观测值计算相应统计量的值，根据所得值与临界值的比较作出判断。

六、计算题

1．某一样品测定结果为6.21、6.47、6.56、6.38、6.42、6.29、6.64和6.53，推算在0.95置信水平下，总体值的置信区间。$t_{0.05(7)}=2.365$。

答案：样品平均值：$\bar{X}=6.438$

$$S=\sqrt{\frac{1}{n-1}\sum_{i=1}^{n}(X_i-\bar{X})^2}=0.142\,8,\ f=n-1=7$$

$$\delta=\frac{t_{0.05(7)}\times S}{\sqrt{n}}=2.365\times 0.142\,8/\sqrt{8}=0.120$$

在0.95置信水平下，总体均值的区间为$[\bar{X}-\delta,\bar{X}+\delta]=[6.318,\ 6.558]$。

2．已知某标准样品中某离子浓度μ=9.67 mg/L，用某方法重复测定n=9次，平均值 =9.97 mg/L，标准偏差s=0.140 mg/L，若置信度水平取P=0.95，试判断该方法中是否存在系统误差。［$t_{0.95}$= 2.31］

答案：

$t_{计}=[(\bar{X}-\mu)/s]\times\sqrt{n}=[(9.97-9.67)/0.140]\times 3=6.43>2.31$

由于$t_{计}=6.43>t_{0.95}=2.31$，可得结论：在置信度P=0.95时，该方法存在严重的系统误差。

3．对同一样品做10次平行测定，获得的数据分别为4.41、4.49、4.50、4.51、4.64、4.75、4.81、

4.95、5.01 和 5.39，检验最大值是否为异常值。取检验水平为 5%。[$G_{0.95(10)}$=2.176]

答案：用 Grubbs 检验法，为单侧检验：

$\bar{X}=4.746$

$$S=\sqrt{\frac{1}{n-1}\left(\sum_{i=1}^{n}X_i^2-n\overline{X^2}\right)}=0.305$$

$n=10\quad X_{10}=5.39$

$G_{10}=(X_{10}-\bar{X})/S=(5.39-4.746)/0.305=2.111$

当 n=10 时，查表得 $G_{0.95(10)}$=2.176，因 $G_{10}<G_{0.95(10)}$，所以 5.39 为正常值。

4．在某标准物质协作定值时，有 6 个实验室各进行了 8 次测定，6 个实验室的标准偏差分别为 0.056、0.048、0.053、0.037、0.049、0.088，试分别用 Cochran 准则和 Hartley 准则（F 检验法）判别该 6 个实验室的方差之间是否有差异？［$a=0.05$，m=6，f=n−1=7，$C_{0.05(6,7)}$=0.398，$F_{0.05(6,7)}$= 10.8］

答案：

（1）Cochran 准则：

$$C_j=\frac{S_j^2}{\sum_{i=1}^{n}S_i^2}$$，S_j 为最大样本方差。

$C_{max}=0.088^2/（0.056^2+0.048^2+0.053^2+0.037^2+0.049^2+0.088^2）=0.391$

因 $C_{max}<C_{0.05}$（6，7），故可以判定 6 个实验室的方差之间没有差异。

（2）Hartley 准则（F 检验法）：$F_{max}=0.088^2/0.037^2=5.7$

因 $F_{max}<F_{0.05}$（6，7），故可以判定 6 个实验室的方差之间没有差异。两种检验法所得的结论是一致的。

5．已知某标样保证值（μ）为 110 mg/L，某人对该标样测定 5 次，其结果为 111 mg/L、112 mg/L、110 mg/L、113 mg/L、111 mg/L，求其均值与保证值的绝对误差、相对误差、5 次测定值的标准偏差、相对标准偏差（变异系数），检验测定结果与保证值有无显著差异［$t_{0.95(5)}$=2.571］。

答案：均值=111.4 mg/L

绝对误差：111.4−110=1.4（mg/L）

相对误差：1.4/110×100%=1.27%

标准偏差=1.14 mg/L

相对标准偏差=1.02%

t=2.45 小于［$t_{0.95(5)}$=2.571］，测定结果与保证值无显著差异。

6．对同一样品做 8 次平行测定，获得数据分别为 4.95、5.59、5.60、5.61、5.74、5.85、5.91、5.92，检验最小值是否为离群值，是否需要剔除？［当 n=8 时，$G_{0.95(8)}$=2.032，$G_{0.99(8)}$=2.221，剔除水平 á 取 0.01］。

答案：$\because\bar{X}=5.646$

$S=0.3131$

$$G_1=\frac{(\bar{X}-X_1)}{S}=2.223$$

$\therefore G_1>G_{0.95}>G_{0.99}$

$X_{\min}$4.95 为离群值，应剔除。

7．已知某标样保证值（μ）为 210 mg/L。某测试人员对该样测定 5 次，其结果为 209 mg/L、218 mg/L、203 mg/L、206 mg/L、210 mg/L，请分别计算平均值、绝对误差、相对误差、5 次测定值的标准偏差（S）及相对标准偏差（RSD）。

答案：均值：$\bar{x}=(209+218+203+206+210)/5=209.2$（mg/L）

绝对误差：$|209.2-210|=0.8$（mg/L）

相对误差：$0.8/210\times100\%=0.38\%$

标准偏差：$S=\sqrt{\frac{1}{N-1}\sum_{i=1}^{N}(x_i-\bar{x})^2}=5.62$（mg/L）

相对标准偏差：$\text{RSD}=\frac{s}{\bar{x}}\times100\%=2.68\%$

8．测定某土壤样品中钴的含量，4 次测定结果为 1.25 μg/g、1.27 μg/g、1.31 μg/g、1.40 μg/g。分别用 Grubbs 检验法（置信度为 95%，$T_{0.05,4}$=1.46）和 Q 检验法（置信度为 90%，$Q_{0.09}$=0.76）判定 1.40 μg/g 是否为离群值。

答案：Grubbs 检验法：

平均值 $x=1.31\,\mu g/g$，$s=0.066\,\mu g/g$

$$T=\frac{x_m-\bar{x}}{s}=\frac{1.40-1.31}{0.066}=1.36$$

查表 $T_{0.05,4}=1.46$，$T<T_{0.05,4}$，故 1.40 这个数据应该保留。

Q 检验法：

$$Q=\frac{1.40-1.31}{1.40-1.25}=0.60$$

$Q_{0.09}$=0.76，$Q<Q_{0.90}$，故 1.40 这个数据应予保留。

9．氟化物标样的保证值为 1.05 mg/L，6 次测定结果为 1.05 mg/L、1.07 mg/L、1.06 mg/L、1.06 mg/L、1.05 mg/L 和 1.05 mg/L，检验测定结果与保证值有无显著差异。[提示：显著性检验 t 检验法，$t_{0.05(5)}$=2.571]

答案：双侧检验：$\bar{x}=(1.05+1.07+1.06+1.06+1.05+1.05)\div6=1.057$（mg/L）

$$S=\sqrt{\frac{1}{n-1}\sum_{i=1}^{n}(x_i-\bar{x})^2}=\sqrt{\frac{1}{6-1}\sum_{i=1}^{6}(x_i-1.057)^2}=0.00817$$

$$\mu_0=1.05$$

$$t=\frac{\bar{x}-\mu_0}{\frac{S}{\sqrt{n}}}=\frac{1.057-1.05}{\frac{0.00817}{\sqrt{n}}}=2.100$$

因为 t=2.100＜$t_{0.05(5)}$=2.571，所以测定值与保证值无显著差异。

10．某方法标准中某物质的检出限为 0.03 mg/L，现对其开展新方法验证，由于空白中无该物质检出，故采用加入 0.10 mg/L 的标液进行分析，测得 7 次的数据分别为 0.09 mg/L、0.08 mg/L、0.07 mg/L、0.06 mg/L、0.08 mg/L、0.07 mg/L、0.09 mg/L。计算其检出限，并判断是否满足方法标

准要求。[$t_{(n-1,0.99)}$=3.143]

答案：平均值：$\bar{x}=(0.09+0.08+0.07+0.06+0.08+0.07+0.09)/7=0.077$（mg/L）

标准偏差：$S=\sqrt{\dfrac{\sum_{i=1}^{n}(x_i-\bar{x})^2}{n-1}}=0.011\,1$（mg/L）

检出限：$\text{MDL}=t_{(n-1,0.99)}\times S=3.143\times0.011\,1=0.035\approx0.04$（mg/L）（只进不舍）

0.04＞0.03，分析得出的检出限不满足方法标准的要求，需要查找原因，并重新验证。

11．采用配对样品进行方法比对测试，每个浓度平行测定两次后取平均值，测定结果如下，问两种方法是否存有差异？已知 $t_{(5,0.95)}$ ＝2.015。

A 法：2.01　2.10　1.86　1.92　1.94　1.99

B 法：1.88　1.92　1.90　1.97　1.94　1.95

答案：解：1）采用配对 t 检验法，两方法的配对的差为 A−B:

0.13　0.18　−0.04　−0.05　0　0.04

2）配对差值的算数平均值为 $\bar{d}=0.043$，s_d=0.085

3）$t=\dfrac{\bar{d}}{s_d/\sqrt{6}}=\dfrac{0.043}{0.085/\sqrt{6}}=1.24$

4）已知 $t_{(5,0.95)}$=2.015，得 $t<t_{(5,0.95)}$

答：两种方法不存在差异。

12．同一样品做 10 次平行测定，分别为 4.41、4.49、4.50、4.51、4.64、4.75、4.81、4.95、5.01、5.39，服从正态分布，检验最大值是否存在上侧离群，取检出水平为 a＝0.05，$G_{0.95(10)}$＝2.176。

答案：解：$\bar{x}=4.746$，s=0.305，n=10

$G_{10}=(x_{10}-\bar{x})/S=(5.39-4.746)/0.305=2.111$

当 n=10 时，$G_{0.95(10)}$=2.176。

答：$G_{10}<G_{0.95(10)}$，故 x_{10}=5.39 不存在上侧离群。

13．某标准水样中氯化物含量为 1.03 mg/L，对其进行 5 次的测定结果为：0.97 mg/L、1.05 mg/L、1.02 mg/L、0.99 mg/L、1.04 mg/L。试求测定平均值、绝对误差、相对误差、相对标准偏差各为多少？

答案：解：$\bar{x}=(0.97+1.05+1.02+0.99+1.04)/5=1.01$（mg/L）

绝对误差=$|1.01-1.03|=0.02$（mg/L）

相对误差=$\dfrac{0.02}{1.03}\times100\%=1.94\%$

标准偏差=0.034 mg/L

相对标准偏差=$\dfrac{0.034}{1.01}\times100\%=3.4\%$

答：平均值为 1.01 mg/L、绝对误差为 0.02 mg/L、相对误差为 1.94%、相对标准偏差为 3.4%。

14．测定某水样的总铬含量时，其校准曲线的数据如下。水样中的总铬的吸光度为 0.095，对等量的同一水样进行加标，测得加标样的吸光度为 0.267（加标量为 4.0 μg），计算该样品的加标回收率。

g	0	0.2	0.5	1.0	4.0	10.0
A	0.007	0.017	0.027	0.050	0.190	0.448

答案：

y=0.044x+0.007

加标：$\dfrac{0.267-0.007}{0.044}=5.909\approx5.9$

空白：$\dfrac{0.095-0.007}{0.044}=2$

5.91−2=3.91

$\dfrac{3.91}{4}\times100\%=97.8\%$

15．水中某化合物实验室空白 7 次平行测定的结果为 4.3 ng/L、2.9 ng/L、3.7 ng/L、2.1 ng/L、1.8 ng/L、1.2 ng/L、1.6 ng/L、2.2 ng/L，请计算上述结果的相对标准偏差，相对偏差的范围（以绝对值表示），并比较二者的关系。

答案：将空白平行测定结果按由小到大排序：1.2、1.6、1.8、2.1、2.2、2.9、3.7、4.3

测定结果的标准偏差为 $S=\sqrt{\dfrac{\sum\limits_{i=1}^{7}(x_i-\overline{x})^2}{n-1}}=1.07$

平均值=2.48

测定结果相对标准偏差=1.07/2.48×100%=43%

（1）这组结果的最小相对偏差为=（x_2−x_1）/（x_2+x_1）=（1.6−1.2）/（1.6+1.2）×100%=14%

这组结果的最大相对偏差为=（x_7−x_1）/（x_7+x_1）=（4.3−1.2）/（4.3+1.2）×100%=56%

（2）相对偏差（绝对值）与相对标准偏差的计算公式不同，相对标准偏差不一定与相对偏差（绝对值）数值相等。

16．环境空气实验室空白样品中某化合物测定结果均值为 9.53 ng/m^3，标准偏差为 2.56 ng/m^3，实际样品批次分析过程中 2 次样品平行测试结果分别为 15.7 ng/m^3 和 12.3 ng/m^3，在 0.05 的显著水平下请判断实际样品检测结果均值与空白样是否存在明显差异？已知双侧 $u_{0.975}/\sqrt{2}$ =1.385 9。（GB/T 4889—2008 方差已知 u 检验）

答案：U 检验（方差已知）

（1）实际样品测定结果均值为 $\overline{x}$ =（15.7+12.3）/2=14.0（ng/m^3）

（2）由 $u_{0.975}/\sqrt{2}$ =1.385 9，得出（$u_{0.975}/\sqrt{2}$）×δ=1.385 9×2.56=3.55

（3）14.0−9.53=4.47，4.47＞3.55

在 0.05 的显著水平下实际样品检测结果均值与空白样存在明显差异。

17．环境空气实验室空白样品中某化合物测定结果均值为 9.53 ng/m^3，标准偏差为 1.84 ng/m^3，实际样品批次分析过程中 2 次样品平行测试结果分别为 9.7 ng/m^3 和 12.3 ng/m^3，在 0.05 的显著水平下请判断实际样品检测结果均值与空白样是否存在明显差异？已知双侧 $t_{0.975,\ 1}$= 12.706 2。

答案：t 检验（方差未知）

（1）实际样品测定结果均值为 11.0 ng/m^3；标准偏差为 1.84 ng/m^3

（2）由 $t_{0.975}$=12.706 2，得出（$t_{0.975}/\sqrt{2-1}$）×δ=12.706 2×1.84=23.38

（3）11.0−9.53=1.47，1.47＜23.38

在 0.05 的显著水平下实际样品检测结果均值与空白样不存在明显差异。

18．对同一被测量 A、B 两人进行了两组测量（如有两人），其数据是：

A 组：1.2，1.1，1.2，0.6，0.7，0.6；B 组 1.1，1.0，1.2，0.6，0.7，0.8，请问测试者谁的水平更高？二者精密度（方差）是否存在显著性差异？$F_{0.975(5,5)}$=7.15　$F_{0.025(5,5)}$=0.14

答案：A 组均值为 0.9，s_A=0.30；B 组均值为 0.9，s_B=0.24，

因 $s_B < s_A$，所以 B 分析人员水平更高。

F 检验 s_A^2=0.09，s_B^2=0.0576，s_A^2/s_B^2=1.56，0.14＜1.56＜7.15

二者精密度不存在显著性差异。

19．在一次实验中得到的测定值：0.010 5 mg/L、0.010 3 mg/L 和 0.010 5 mg/L，请计算相对平均偏差。

答案：平均值 $\bar{x}$ =（0.010 5+0.010 3+0.010 5）/3=0.010 4

绝对偏差的绝对值的平均值，用平均偏差表示；

实验中得到的三个数值的平均偏差 $d=\dfrac{\sum_{i=1}^{n}|x_i-\bar{x}|}{n}$=0.000 1

相对平均偏差与均值的比值为相对平均偏差。

相对平均偏差=$\dfrac{\bar{d}}{\bar{x}}$×100%＝（0.000 1/0.010 4）×100%=0.96%

第五节　质量标准及排放控制标准

一、填空题

1．《环境空气质量标准》（GB 3095—2012）中的环境空气功能区一类区为__________、风景名胜区和其他需要特殊保护的区域。

答案：自然保护区

2．根据《地表水环境质量标准》（GB 3838—2002），依据地表水水域环境功能和保护目标，按功能高低依次划分为五类，其中 I 类主要适用于__________、国家自然保护区。

答案：源头水

3．《环境空气质量标准》（GB 3095—2012）中对污染物浓度数据有效性的最低要求中规定，SO_2、NO_2、NO_x、CO、PM_{10}、$PM_{2.5}$ 的 1 h 平均值，须符合每小时至少有__________分钟平均浓度值。

答案：45

4．《环境空气质量标准》（GB 3095—2012）中的氟化物（以 F 计）是指以__________态及

__________态形式存在的无机氟化物；铅（Pb）是指存在于__________中的铅及其化合物；苯并[a]芘是指存在于__________中的苯并[a]芘。

答案： 气，颗粒，总悬浮颗粒物，可吸入颗粒物（PM_{10}）

5.《声环境质量标准》（GB 3096—2008）规定，测量环境噪声的仪器精度为__________型及以上的积分平均声级计，在测量前后应进行校准，测量仪器示值偏差不得大于__________dB，否则测量无效。

答案： 2，0.5

6.《声环境质量标准》（GB 3096—2008）规定，噪声敏感建筑物外测点选择在距墙壁或窗户__________m 处，距地面高度__________m 以上。

答案： 1，1.2

7.《环境空气质量标准》（GB 3095—2012）及修改单中，__________监测采用参比状态，__________监测采用实况状态。

答案： 气态污染物，颗粒物及其组分

8.《土壤环境质量　农用地土壤污染风险管控标准（试行）》（GB 15618—2018）中，对于可能存在食用农产品不符合质量安全标准等土壤污染风险的，原则上应当采取__________、__________等安全利用措施。

答案： 农艺调控，替代种植

9. 农用地土壤污染风险筛选值和管制值评判的基础指标为__________。

答案： pH

10.《海水水质标准》（GB 3097—1997）规定污水集中排放形成的混合区，不得影响邻近功能区的__________和__________。

答案： 水质，鱼类洄游通道

11. 依据《土壤环境质量　农用地土壤污染风险管控标准（试行）》（GB 15168—2018），农用地土壤污染风险筛选值的必测项目包括镉、汞、砷、铅、铬、铜、__________和__________。

答案： 镍，锌

12.《声环境质量标准》（GB 3096—2008）规定，夜间突发噪声的最大声级不准超过标准值__________。

答案： 15 dB（A）

13.《地表水环境质量标准》（GB 3838—2002）依据地面水域的不同分为五类标准，下面各水体各适用哪一类标准：神农架自然保护区__________类；长江洄游鱼类产卵区__________类；麦田灌溉用水区__________类；淡水浴场__________类。

答案： Ⅰ，Ⅱ，Ⅴ，Ⅲ

14.《环境空气质量标准》（GB 3095—2012）规定，SO_2、NO_2 等项目的 1 h 浓度采样不得少于__________分钟；其日平均浓度采样，每天不得少于__________h。

答案： 45，20

15. 依据《环境空气质量标准》（GB 3095—2012）及修改单，环境空气中二氧化硫、氮氧化物日平均浓度要求每日至少有__________h 的采样时间。环境空气中总悬浮颗粒物的日平均浓度要求

每日应有__________h 的采样时间。

答案：20，24

16.《环境空气质量标准》（GB 3095—2012）修改单将“标准状态”修改为“参比状态”。“参比状态”指大气温度为__________K，大气压力为__________hPa 时的状态。

答案：298.15，1 013.25

17.《地表水环境质量标准》（GB 3838—2002）要求水样采集后__________，取上层非沉降部分按规定方法进行分析。

答案：自然沉降 30 min

18.《农田灌溉水质标准》（GB 5084—2021）按作物种类分为__________类，其中总镉的标准限值为__________mg/L。

答案：三，0.01

19. 根据《地下水质量标准》（GB/T 14848—2017），地下水质量应定期监测，潜水监测频率应不少于每年__________次，承压水监测频率可根据质量变化情况确定，宜每年__________次。

答案：2，1

20. 环境空气质量基本评价项目包括二氧化硫（SO_2）、__________、一氧化碳（CO）、__________、可吸入颗粒物（PM_{10}）、细颗粒物（$PM_{2.5}$）共 6 项。

答案：二氧化氮（NO_2），臭氧（O_3）

21. 根据《声环境质量标准》（GB 3096—2008），普通居民区一般为 1 类噪声功能区，其夜间噪声最高限值为__________dB（A）。

答案：45

22.《地下水质量标准》（GB/T 14848—2017）中的挥发性酚类 I 类、II 类限值均为 0.001 mg/L，若质量分析结果为 0.001 mg/L 时，应定为__________类标准。

答案：I

23.《地表水环境质量标准》（GB 3838—2002）中按照地表水__________和__________规定了水环境质量应控制的项目及限值，以及水质评价，水质项目的分析方法和标准的实施与监督。

答案：环境功能分类，保护目标

24.《地表水环境质量标准》（GB 3838—2002）适用于中华人民共和国领域内__________、__________、__________、__________、__________等具有使用功能的地表水水域。

答案：江河，湖泊，运河，渠道，水库

25. 依据地表水水域环境功能和保护目标，按功能高低依次划分为__________类。

答案：五

26.《地表水环境质量标准》（GB 3838—2002）中分基本项目、特定项目、补充项目共有__________项。

答案：109

27.《地表水环境质量标准》（GB 3838—2002）中，__________、__________、__________水期特征明显的水域，应分水期进行水质评价。

答案：丰，平，枯

28.《地表水环境质量标准》(GB 3838—2002)中，地表水环境质量标准基本项目共________项。

答案： 24

29.《地表水环境质量标准》(GB 3838—2002)中，地表水环境质量评价应根据应实现的水域功能类别，选取相应类别标准，进行单因子评价，评价结果应说明__________，超标的应说明__________和__________。

答案： 水质达标情况，超标项目，超标倍数

30.《地表水环境质量标准》(GB 3838—2002)规定的项目标准值，要求水样采集后自然沉降__________min，取__________层非沉降部分按规定方法分析。

答案： 30，上

31.《地下水环境监测技术规范》(HJ 164—2020)规定采样人员必须通过__________，__________后上岗，切实掌握地下水__________，熟知__________的使用和样品固定、保存和运输条件等。

答案： 岗前培训，考核合格，采样技术，采样器具

32.《地下水环境监测技术规范》(HJ 164—2020)监测点布设要求，可以选用已有的__________井和__________井或泉点作为地下水监测点，但须满足地下水监测设计的要求。

答案： 民，生产

33.《地下水环境监测技术规范》(HJ 164—2020)中环境监测井建设要求，环境监测井建设应遵循__________，__________，所有监测井统一编码的原则。

答案： 一井一设计，一井一编码

34.《地下水环境监测技术规范》(HJ 164—2020)中，监测井建设包括监测井__________、__________、__________、__________等内容。

答案： 设计，施工，成井，抽水试验

35.《环境空气质量标准》(GB 3095—2012)及修改单中总悬浮颗粒物(TSP)指环境空气中空气动力学当量直径__________100 μm 的颗粒物。

答案： 小于等于(或≤)

36. 根据《环境空气质量标准》(GB 3095—2012)及修改单规定，环境空气污染物基本项目是__________、__________、CO、__________、PM_{10}、__________。

答案： SO_2，NO_2，O_3，$PM_{2.5}$

37. 根据《环境空气质量标准》(GB 3095—2012)及修改单的规定，一类区适用__________浓度限值，二类区适用__________浓度限值。

答案： 一级，二级

38. 根据《环境空气质量标准》(GB 3095—2012)及修改单中污染物浓度数据有效性的最低要求的规定，计算二氧化氮 1 h 平均浓度值时，每小时至少有__________min 的采样时间。

答案： 45

39.《环境空气质量标准》(GB 3095—2012)及修改单规定，氟化物是指以__________和__________形式存在的无机氟化物。

答案： 气态，颗粒态

40.《声环境质量标准》(GB 3096—2008)规定，A 声级是指用__________网络测得的声压级，

用 L_A 表示。

答案：A 计权

41.《声环境质量标准》(GB 3096—2008) 规定，A 声级的单位用__________表示。

答案：dB (A)

42.《声环境质量标准》(GB 3096—2008) 规定，昼间等效声级是指在昼间时段内测得的等效连续 A 声级，昼间时段是指__________的时段。

答案：6:00—22:00

43.《声环境质量标准》(GB 3096—2008) 规定，夜间等效声级是指在夜间时段内测得的等效连续 A 声级，用__________表示，单位 dB (A)。

答案：L_n

44. L_{max} 表示在规定的测量时间段内或对某一独立噪声事件，测得的 A 声级的__________。

答案：最大值

45.《声环境质量标准》(GB 3096—2008) 规定，集镇执行__________类声环境功能区要求。

答案：2

46.《声环境质量标准》(GB 3096—2008) 规定，声环境功能区根据区域的__________和__________进行划分。

答案：使用功能特点，环境质量要求

47.《土壤环境质量 农用地土壤污染风险管控标准（试行）》(GB 15618—2018) 标准适用于耕地土壤污染__________和__________。

答案：风险筛查，分类

48.《土壤环境质量 农用地土壤污染风险管控标准（试行）》(GB 15618—2018) 规定，农用地土壤污染风险是指因土壤污染导致食用__________质量安全、__________生长或土壤__________受到不利影响。

答案：农产品，农作物，生态环境

49.《土壤环境质量 农用地土壤污染风险管控标准（试行）》(GB 15618—2018) 规定，农用地土壤污染风险管制值是指农用地土壤污染物含量__________该值的，食用农产品不符合质量安全标准等农用地土壤污染风险__________，原则上应当采取严格__________措施。

答案：超过，高，管控

50.《污水综合排放标准》(GB 8978—1996) 的制定是为了控制水污染，保护江河、__________、运河、渠道、__________和__________等地面水以及地下水水质的良好状态。

答案：湖泊，水库，海洋

51.《污水综合排放标准》(GB 8978—1996) 中计算排水量不包括__________、厂区锅炉排水、__________。

答案：间接冷却水，电站排水

52.《污水综合排放标准》(GB 8978—1996) 中污水综合排放标准中第一类污染物有_______种。

答案：13

53.《污水综合排放标准》(GB 8978—1996) 中污水综合排放标准中第二类污染物有

__________种。

答案：56

54.《污水综合排放标准》（GB 8978—1996）中污水综合排放标准中污染物按其__________及__________方式分为两类。

答案：性质，控制

55.《工业炉窑大气污染物排放标准》（GB 9078—1996）中，标准状态的定义为烟气在温度为__________K，压力为__________Pa 时的状态，简称“标态”。

答案：273，101 325

56.《工业炉窑大气污染物排放标准》（GB 9078—1996）中冲天炉掺风系数是指从加料口等处进入炉体的__________与冲天炉工艺理论空气需要量之比值。

答案：空气量

57.《工业炉窑大气污染物排放标准》（GB 9078—1996）中凡不通过__________或排气系统而泄漏的烟尘、生产性粉尘和有害污染物，均称无组织排放。

答案：烟囱

58.《工业炉窑大气污染物排放标准》（GB 9078—1996）中各种工业炉窑烟囱高度不符合标准规定时，其烟尘或有害污染物最高允许排放浓度，应按相应区域排放标准值的__________执行。

答案：50%

59.《工业炉窑大气污染物排放标准》（GB 9078—1996）中各种工业炉窑烟囱最低允许高度为__________m。

答案：15

60.《工业炉窑大气污染物排放标准》（GB 9078—1996）中冲天炉（冷风炉，鼓风温度≤400℃）掺风系数规定为__________。

答案：4.0

61.《工业炉窑大气污染物排放标准》（GB 9078—1996）中冲天炉（热风炉，鼓风温度>400℃）掺风系数规定为__________。

答案：2.5

62.《工业炉窑大气污染物排放标准》（GB 9078—1996）中其他工业炉窑过量空气系数规定为__________。

答案：1.7

63.《锅炉大气污染物排放标准》（GB 13271—2014）规定了锅炉烟气中颗粒物、__________、氮氧化物、__________的最高允许排放浓度限值和烟气黑度限值。

答案：二氧化硫，汞及其化合物

64.《锅炉大气污染物排放标准》（GB 13271—2014）适用于以燃煤、燃油和燃气为燃料的单台出力为 65 t/h 及以下__________锅炉、各种容量的__________锅炉及有机__________锅炉；各种容量的层燃炉、抛煤机炉。

答案：蒸汽，热水，热载体

65.《锅炉大气污染物排放标准》（GB 13271—2014）中有机热载体锅炉是指以有机质液体作为

__________工质的锅炉。

答案：热载体

66.《锅炉大气污染物排放标准》（GB 13271—2014）中氧含量是指燃粒燃烧后，烟气中含有的__________的自由氧，通常以干基容积百分数来表示。

答案：多余

67.《锅炉大气污染物排放标准》（GB 13271—2014）规定每个新建燃煤锅炉房只能设一根烟囱，烟囱高度应根据锅炉房装机总容量，按标准规定执行，燃油、燃气锅炉烟囱不低于__________m。

答案：8

68.《锅炉大气污染物排放标准》（GB 13271—2014）规定，锅炉使用企业应按照环境监测__________和__________的要求，设计、建设、维护永久性采样口、采样测试平台和排污口标志。

答案：管理规定，技术规范

69.《环境空气质量标准》（GB 3095—2012）及修改单规定，总悬浮颗粒物日均值，每日应有__________h 的采样时间。

答案：24

70.《土壤环境质量　农用地土壤污染风险管控标准（试行）》（GB 15618—2018）规定的基本项目为铜、__________、锌、镉、镍、__________、铬、__________。

答案：铅，汞，砷

71.《土壤环境质量　农用地土壤污染风险管控标准（试行）》（GB 15618—2018）规定，本标准由各级__________主管部门会同__________等相关主管部门监督实施。

答案：生态环境，农业农村

二、单选题

1.《环境空气质量标准》（GB 3095—2012）及修改单中臭氧浓度限值是指在__________状态下的浓度。（　　）

A．大气温度为 273 K，大气压力为 101.325 kPa

B．大气温度为 293.15 K，大气压力为 1 013.25 hPa

C．大气温度为 298 K，大气压力为 101.325 kPa

D．大气温度为 298.15 K，大气压力为 1 013.25 hPa

答案：D

2.《地表水环境质量标准》（GB 3838—2002）不适用于__________水域。（　　）

A．江河　　B．湖泊　　C．海洋　　D．水库

答案：C

3.《地表水环境质量标准》（GB 3838—2002），依据地表水水域环境功能和保护目标，按功能高低将地表水水域划分为五类，其中 I 类适用的水域是__________。（　　）

A．农业用水

B．集中式生活饮用水地表水源地一级保护区

C．珍稀水生生物栖息地

D．国家自然保护区

答案：D

4．满足《地下水质量标准》（GB/T 14848—2017）规定的Ⅰ类水质要求，__________指标可以检出。（　　）

A．嗅和味　　B．肉眼可见物

C．挥发性酚类　　D．阴离子表面活性剂

答案：C

5．《污水综合排放标准》（GB 8978—1996）中，不属于第一类污染物的是__________。（　　）

A．总镍　　B．六价铬　　C．苯并[*a*]芘　　D．总氰化物

答案：D

6．根据《环境空气质量标准》（GB 3095—2012），SO_2、NO_2 等自动监测，每月有效数据获取率不应低于__________天。（　　）

A．21　　B．25　　C．27　　D．28

答案：C

7．《土壤环境质量　建设用地土壤污染风险管控标准（试行）》（GB 36600—2018）规定，物流仓储用地、绿地及广场用地属于__________用地。（　　）

A．第一类　　B．第二类　　C．第三类　　D．第四类

答案：B

8．《地表水环境质量标准》（GB 3838—2002）中砷的Ⅲ类标准值为≤__________mg/L；《污水综合排放标准》（GB 8978—1996）第一类污染物中总砷的最高允许排放浓度为__________mg/L。（　　）

A．0.05，0.5　　B．0.1，1.0　　C．0.05，1.0　　D．0.1，0.5

答案：A

9．__________是《地表水环境质量标准》（GB 3838—2002）表2集中式生活饮用水地表水源地补充项目。（　　）

A．镍　　B．氟化物　　C．锰　　D．溶解氧

答案：C

10．依据《地下水质量标准》（GB/T 14848—2017）进行单指标评价，按指标值所在的限值范围确定地下水质量类别，当指标限值相同时，__________。（　　）

A．从劣不从优　　B．从优不从劣　　C．任选一项类别　　D．重新监测

答案：B

11．不是《地下水质量标准》（GB/T 14848—2017）常规指标的是__________。（　　）

A．氨氮　　B．溶解氧　　C．甲苯　　D．阴离子表面活性剂

答案：B

12．《环境空气质量标准》（GB 3095—2012）中，$PM_{2.5}$ 年平均的一级和二级浓度限值分别是__________。（　　）

A．35 $\mu g/m^3$、70 $\mu g/m^3$　　B．35 $\mu g/m^3$、75 $\mu g/m^3$

C．15 μg/m^3、75 μg/m^3　　D．15 μg/m^3、35 μg/m^3

答案：D

13．农用地土壤中污染物含量等于或低于__________时，农产品质量安全、农作物生长或土壤生态环境风险低，一般情况下可以忽略。（　　）

A．污染风险筛选值　　B．污染风险排查值

C．污染风险管控值　　D．污染风险控制值

答案：A

14．根据《地下水质量标准》（GB/T 14848—2017），潜水监测频率为__________。（　　）

A．每年仅枯水期一次　　B．每年仅丰水期一次

C．每年枯水期、平水期各一次　　D．每年丰水期、枯水期各一次

答案：D

15．《环境空气质量标准》（GB 3095—2012）中，对各项污染物的分析方法有明确的要求，其中二氧化硫（SO_2）的自动分析方法为__________。（　　）

A．紫外荧光法和差分吸收光谱分析法　　B．化学发光法和差分吸收光谱分析法

C．紫外荧光法和非分散红外吸收法　　D．化学发光法和非分散红外吸收法

答案：A

16．在《土壤环境质量　农用地土壤污染风险管控标准（试行）》（GB 15618—2018）中，下列__________不属于农用地土壤污染风险筛选值的必测重金属元素。（　　）

A．铜　　B．砷　　C．铅　　D．锰

答案：D

17．同一水域兼有多类使用功能的，__________对应的标准值。（　　）

A．执行最低功能类别　　B．执行多类功能类别

C．执行最高功能类别　　D．执行中间功能类别

答案：C

18．《环境空气质量标准》（GB 3095—2012）规定了 CO__________和 24 h 平均浓度限值。（　　）

A．日最大 8 h 平均浓度限值　　B．1 h 平均浓度限值

C．12 h 平均浓度限值　　D．年平均浓度限值

答案：B

19．空气质量分指数的上限值是__________。（　　）

A．300　　B．500　　C．600　　D．800

答案：B

20．颗粒物 $PM_{2.5}$ 24 h 浓度值为 100 μg/m^3 时，其空气质量分指数级别为__________。（　　）

A．二级　　B．三级　　C．四级　　D．五级

答案：B

21．根据《海水水质标准》（GB 3097—1997），适用于一般工业用水，滨海风景区的海水属于__________类。（　　）

A．第二　　B．第三　　C．第四　　D．第五

答案：B

22.《环境空气质量标准》（GB 3095—2012）中除明确规定了“新六项”污染物外，还给出了__________、汞、砷、六价铬及氟化物的参考浓度限值。（　　）

A．镉　　　　B．铅　　　　C．铜　　　　D．硒

答案：A

23．__________不属于《地表水环境质量标准》（GB 3838—2002）表 3 集中式生活饮用水地表水源地特定项目。（　　）

A．甲醛　　　　B．黄磷　　　　C．硅酸盐　　　　D．氯仿

答案：C

24．下列检测指标都属于《土壤环境质量　建设用地土壤污染风险管控标准（试行）》（GB 36600—2018）中重金属和无机物基本项目的是__________。（　　）

A．镉、汞、砷、铅、氰化物　　　　B．镉、汞、砷、铜、钒

C．镉、汞、砷、铜、镍　　　　D．镉、汞、砷、铜、氰化物

答案：C

25．下列不属于《土壤环境质量　建设用地土壤污染风险管控标准（试行）》（GB 36600—2018）基本项目的是__________。（　　）

A．甲基汞　　　　B．砷　　　　C．六价铬　　　　D．二氯甲烷

答案：A

26．下列不属于《土壤环境质量　农用地土壤污染风险管控标准（试行）》（GB 15618—2018）中管制项目的是__________。（　　）

A．镉　　　　B．汞　　　　C．镍　　　　D．铬

答案：C

27．依据《地表水环境质量标准》（GB 3838—2002），__________不属于Ⅲ类水质功能。（　　）

A．饮用水水源地二级保护区　　　　B．游泳区

C．鱼虾类产卵场　　　　D．水产养殖区

答案：C

28．以下适用于地表水Ⅲ类水域功能的有__________。

①集中式生活饮用水地表水源地一级保护区；②鱼虾类越冬场；③集中式生活饮用水地表水源地二级保护区；④鱼虾类产卵场；⑤水产养殖区。（　　）

A．②③⑤　　　　B．①②④　　　　C．①②⑤　　　　D．①④

答案：A

29.《环境空气质量标准》（GB 3095—2012）规定，在任何情况下，有效的污染物浓度数据应符合表 4 污染物浓度数据有效性的最低要求，下面描述错误的是__________。（　　）

A．二氧化硫年平均：每年至少有 324 个日平均浓度值

B．二氧化硫 24 h 平均：每日至少有 20 h 平均浓度值或采样时间

C．$PM_{2.5}$ 24 h 平均：至少每日有 24 h 平均浓度值或采样时间

D．总悬浮颗粒物 24 h 平均：每日应有 24 h 的采样时间

答案：C

30.《地表水环境质量标准》（GB 3838—2002）规定了水环境质量应控制的项目及限值、水质评价和__________的实施和监督。（　　）

A. 水质分类　　B. 金属项目　　C. 项目的分析方法　　D. 方法检出限

答案：C

31. 丰、平、枯水期特征明显的水域，应分__________进行水质评价。（　　）

A. 月　　B. 季度　　C. 年　　D. 水期

答案：D

32. 具有特定功能的水域，执行相应的__________水质标准。（　　）

A. 地下水环境　　B. 专业用水　　C. 地表水环境　　D. 海水

答案：B

33.《地表水环境质量标准》（GB 3838—2002）由__________人民政府环境保护行政主管部门和相关部门按职责分工监督实施。（　　）

A. 省级　　B. 市级　　C. 县级以上　　D. 州级

答案：C

34.《地表水环境质量标准》（GB 3838—2002）规定的项目标准值，要求水样采集后自然沉降__________，取__________非沉降部分按规定方法分析。（　　）

A. 1 h，中层　　B. 10 min，上层　　C. 30 min，下层　　D. 30 min，上层

答案：D

35.《地下水环境监测技术规范》（HJ 164—2020）规定静水位是指__________。（　　）

A. 自由水面相对于某一基面的高程　　B. 抽水前井孔中稳定的地下水水位

C. 从地表至地下承压水面的垂直深度　　D. 抽水试验过程中某一时刻的水位

答案：B

36.《环境空气质量标准》（GB 3095—2012）中将环境空气功能区分为__________类。（　　）

A. 二　　B. 三　　C. 四　　D. 五

答案：A

37.《环境空气质量标准》（GB 3095—2012）规定，氟化物是指以气态和颗粒态形式存在的__________氟化物。（　　）

A. 无机　　B. 有机　　C. 金属　　D. 颗粒

答案：A

38.《环境空气质量标准》（GB 3095—2012）规定，将污染物浓度限值分为__________级别标准。（　　）

A. 一个　　B. 二个　　C. 三个　　D. 四个

答案：B

39.《环境空气质量标准》（GB 3095—2012）规定，环境空气质量常规项目中总悬浮颗粒物和可吸入颗粒物的分析都可使用__________。（　　）

A. 重量法　　B. 化学发光法　　C. 紫外荧光法　　D. 非分散红外法

答案：A

40. 根据《环境空气质量标准》(GB 3095—2012)，臭氧8 h平均浓度要求每8 h至少有__________h的平均浓度值。(　　)

A. 6　　B. 8　　C. 12　　D. 24

答案：A

41.《环境空气质量标准》(GB 3095—2012)规定，污染物浓度数据有效性的最低要求的规定，计算二氧化硫年平均浓度值时，每年至少有__________个日平均浓度值。(　　)

A. 366　　B. 365　　C. 324　　D. 144

答案：C

42.《声环境质量标准》(GB 3096—2008)规定，“昼间”有__________个小时。(　　)

A. 8　　B. 10　　C. 12　　D. 16

答案：D

43.《声环境质量标准》(GB 3096—2008)规定，各类声环境功能区夜间突发噪声最大声级超过环境噪声限值的幅度不得高于__________dB(A)。(　　)

A. 5　　B. 10　　C. 15　　D. 20

答案：C

44.《声环境质量标准》(GB 3096—2008)规定，__________区域属于4b类声环境功能区。(　　)

A. 铁路干线两侧　　B. 内河航道两侧　　C. 高速公路　　D. 二级公路

答案：A

45.《声环境质量标准》(GB 3096—2008)规定，集镇执行__________类声环境功能区要求。(　　)

A. 0　　B. 1　　C. 2　　D. 3

答案：C

46.《声环境质量标准》(GB 3096—2008)规定，不得不在噪声敏感建筑物室内监测时，应在门窗全打开状况下进行室内噪声监测，并采用较该噪声敏感建筑物所在声环境功能区对应环境噪声限值低__________dB(A)的值作为评价依据。(　　)

A. 5　　B. 10　　C. 15　　D. 20

答案：B

47.《声环境质量标准》(GB 3096—2008)规定，声环境功能区监测每次至少进行__________的连续监测。(　　)

A. 10 min　　B. 20 min　　C. 12 h　　D. 24 h

答案：D

48.《声环境质量标准》(GB 3096—2008)规定，声级计测得的分贝值，是表征声源的__________。(　　)

A. 声压大小　　B. 声压级大小　　C. 声强大小　　D. 声场大小

答案：B

49.《声环境质量标准》(GB 3096—2008)中环境噪声标准值的评价量是__________。(　　)

A．最大声级　　B．声压级　　C．A 声级　　D．等效连续 A 声级

答案：D

50．《声环境质量标准》（GB 3096—2008）规定，噪声监测中的 L_{50}，是表征在监测时间内噪声的__________。（　　）

A．平均峰值　　B．平均中值　　C．平均本底值　　D．等效平均值

答案：B

51．《土壤环境质量　农用地土壤污染风险管控标准（试行）》（GB 15618—2018）适用范围__________。（　　）

A．污水厂污泥　　B．建设用地　　C．企业用地　　D．耕地土壤

答案：D

52．《土壤环境质量　农用地土壤污染风险管控标准（试行）》（GB 15618—2018）规定，农用地土壤污染风险筛选值的基本项目为必测项目，包括__________。（　　）

A．镉等 6 项　　B．镉等 7 项　　C．镉等 8 项　　D．镉等 10 项

答案：C

53．《土壤环境质量　农用地土壤污染风险管控标准（试行）》（GB 15618—2018）规定，选测项目共__________项。（　　）

A．3　　B．6　　C．8　　D．10

答案：A

54．《土壤环境质量　农用地土壤污染风险管控标准（试行）》（GB 15618—2018）规定，农用地土壤污染风险管制值中污染物项目共__________项。（　　）

A．3　　B．5　　C．8　　D．10

答案：B

55．《土壤环境质量　农用地土壤污染风险管控标准（试行）》（GB 15618—2018）规定，六六六总量为六六六的__________种异构体的含量总和。（　　）

A．2　　B．3　　C．4　　D．5

答案：C

56．《土壤环境质量　农用地土壤污染风险管控标准（试行）》（GB 15618—2018）规定，农用地土壤污染风险筛选值的其他项目为__________。（　　）

A．六六六总量，滴滴涕总量，多环芳烃　　B．六六六总量，多环芳烃总量，苯并[*a*]芘

C．六六六总量，多环芳烃，苯并[*a*]芘　　D．六六六总量，滴滴涕总量，苯并[*a*]芘

答案：D

57．根据《土壤环境监测技术规范》（HJ/T 166—2004）用于土壤农药、有机质、全氮含量等项目测试的样品，需过__________的孔径筛。（　　）

A．0.25 mm　　B．0.20 mm　　C．0.15 mm　　D．0.10 mm

答案：A

58．《污水综合排放标准》（GB 8978—1996）规定排入 GB 3838 中Ⅲ类水域（划定的保护区和游泳区除外）和排入 GB 3097 中第二类海域的污水，执行__________标准。（　　）

A．一级　　B．二级　　C．三级　　D．二级或三级

答案：A

59．《污水综合排放标准》（GB 8978—1996）规定排入 GB 3838 中Ⅳ、Ⅴ类水域和排入 GB 3097—1997 中三类海域的污水，执行__________标准。（　　）

A．一级　　B．二级　　C．三级　　D．二级或三级

答案：B

60．《污水综合排放标准》（GB 8978—1996）中规定排入城镇二级污水处理厂化学需氧量二级标准的限值是__________mg/L。（　　）

A．60　　B．100　　C．120　　D．200

答案：C

61．《污水综合排放标准》（GB 8978—1996）规定最高允许排放浓度按__________进行计算。（　　）

A．月均值　　B．1 h 值　　C．日均值　　D．12 h 值

答案：C

62．《污水综合排放标准》（GB 8978—1996）规定排水量以__________计。（　　）

A．月均值　　B．1 h 值　　C．日均值　　D．12 h 值

答案：A

63．《工业炉窑大气污染物排放标准》（GB 9078—1996）中各种工业炉窑烟囱（或排气筒）最低允许高度为__________m。（　　）

A．15　　B．20　　C．25　　D．30

答案：A

64．《工业炉窑大气污染物排放标准》（GB 9078—1996）中各种工业炉窑烟囱高度达不到标准规定时，其烟尘或有害污染物最高允许排放浓度，应按相应区域排放标准值的__________%执行。（　　）

A．20　　B．30　　C．40　　D．50

答案：D

65．《工业炉窑大气污染物排放标准》（GB 9078—1996）中冲天炉（冷风炉，鼓风温度≤400℃）掺风系数规定为__________。（　　）

A．2.0　　B．3.0　　C．4.0　　D．5.0

答案：C

66．《工业炉窑大气污染物排放标准》（GB 9078—1996）中冲天炉（热风炉，鼓风温度＞400℃）掺风系数规定为__________。（　　）

A．1.5　　B．2.5　　C．3.5　　D．4.5

答案：B

67．《工业炉窑大气污染物排放标准》（GB 9078—1996）建设项目竣工环境保护验收监测应在工况稳定，生产负荷达到设计生产能力的__________%以上情况下进行。（　　）

A．70　　B．75　　C．80　　D．85

答案：B

68．测定锅炉烟尘时，测点位置应尽量选择在垂直管段，并不宜靠近管道弯头及断面形状急剧变化的部位。测点位置应在距弯头、接头、阀门和其分变径管段的下游方向大于__________倍直径处。（　　）

A．3　　B．6　　C．8　　D．10

答案：B

69.《工业炉窑大气污染物排放标准》（GB 9078—1996）中烟囱周围半径 200 m 距离有建筑物时，其烟囱高度应高出最高建筑物__________m 以上。（　　）

A．3　　B．5　　C．9　　D．12

答案：A

70．《锅炉大气污染物排放标准》（GB 13271—2014）规定，燃油、燃气锅炉烟囱最低允许高度为__________m。（　　）

A．8　　B．15　　C．25　　D．30

答案：A

71．《锅炉大气污染物排放标准》（GB 13271—2014）规定，新建锅炉的烟囱周围半径 200 m 距离内有建筑物时，其烟囱应高出最高建筑物__________m 以上。（　　）

A．2　　B．3　　C．4　　D．5

答案：B

72．《锅炉大气污染物排放标准》（GB 13271—2014）规定，新建燃气锅炉颗粒物的排放限值为__________mg/m^3。（　　）

A．10　　B．20　　C．30　　D．40

答案：B

三、多选题

1.《地表水环境质量标准》（GB 3838—2002）将标准项目分为__________。（　　）

A．地表水环境质量标准基本项目　　B．地表水环境质量标准补充项目

C．集中式生活饮用水地表水源地补充项目　　D．集中式生活饮用水地表水源地特定项目

答案：ACD

2.《地表水环境质量标准》（GB 3838—2002）规定，以下__________属于集中式生活饮用水地表水源地补充项目。（　　）

A．铁、锰　　B．铅、镉

C．硫酸盐、硝酸盐、氯化物　　D．氰化物、亚硝酸盐、硫化物

答案：AC

3.《地表水环境质量标准》（GB 3838—2002）规定，下列属氨氮分析方法的有__________。（　　）

A．亚甲兰分光光度法　　B．纳氏试剂比色法

C．水杨酸分光光度法　　D．碘量法

答案：BC

4.《地表水环境质量标准》(GB 3838—2002) 基本项适用于全国江河、湖泊和__________等具有使用功能的地表水水域。(　　)

A. 水库　　B. 渠道　　C. 运河　　D. 海湾

答案：ABC

5.《地表水环境质量标准》(GB 3838—2002)规定，I 类水环境功能主要适用于__________。(　　)

A. 源头水　　B. 景观用水　　C. 农业用水　　D. 国家自然保护区

答案：AD

6. 根据《环境空气质量标准》(GB 3095—2012) 的相关规定，下列__________属一类区。(　　)

A. 自然保护区　　B. 风景名胜区

C. 农村地区　　D. 其他需要特殊保护的区域

答案：ABD

7. 根据《环境空气质量标准》(GB 3095—2012) 的相关规定，下列__________属二类区。(　　)

A. 工业区　　B. 商业交通居民混合区

C. 文化区　　D. 农村地区

答案：ABCD

8.《环境空气质量标准》(GB 3095—2012) 规定，关于环境空气功能区质量要求，以下说法正确的有__________。(　　)

A. 一类区适用一级浓度限值　　B. 二类区适用二级浓度限值

C. 三类区适用三级浓度限值　　D. 三类区适用二级浓度限值

答案：AB

9.《环境空气质量标准》(GB 3095—2012) 规定，下列属于环境空气污染物基本项目的是__________。(　　)

A. 二氧化硫　　B. 二氧化氮　　C. 氮氧化物　　D. 臭氧

答案：ABD

10.《环境空气质量标准》(GB 3095—2012)，对二氧化硫的自动分析方法是__________。(　　)

A. 紫外荧光法　　B. 甲醛吸收副玫瑰苯胺分光光度法

C. 四氯汞盐副玫瑰苯胺分光光度法　　D. 差分吸收光谱分析法

答案：AD

11.《环境空气质量标准》(GB 3095—2012) 规定，自动监测测定环境空气中颗粒物 (粒径小于等于 10 μm) 可选用的方法有__________。(　　)

A. 重量法　　B. 微量振荡天平法　　C. β 射线法　　D. 化学发光法

答案：BC

12.《环境空气质量标准》(GB 3095—2012) 规定，每小时至少有 45 min 采样时间的有__________。(　　)

A. 二氧化硫　　B. 二氧化氮　　C. 一氧化碳　　D. 臭氧

答案：ABCD

13.《声环境质量标准》(GB 3096—2008)规定，__________型声级计可用于环境噪声监测。(　　)

A. Ⅰ型　　B. Ⅱ型　　C. Ⅲ型　　D. Ⅳ型

答案：AB

14.《声环境质量标准》(GB 3096—2008）规定，4a 类声环境功能区包括__________。(　　)

A. 高速公路两侧区域　　B. 二级公路两侧区域

C. 城市轨道交通两侧区域　　D. 铁路干线两侧区域

答案：ABC

15.《声环境质量标准》(GB 3096—2008）较修订前的标准而言，修订了__________。(　　)

A. 扩大了标准适用区域

B. 将环境质量标准与测量方法标准合并为一项标准

C. 对交通干线两侧 5 类区环境噪声限值作了调整

D. 提出了声环境功能区监测和噪声敏感建筑物监测的要求

答案：ABD

16.《声环境质量标准》(GB 3096—2008）规定，下列__________区域属于 2 类声环境功能区。(　　)

A. 以行政办公室为主的区域　　B. 居住、商业、工业混合区域

C. 以工业生产为主的区域　　D. 以集市贸易为主的区域

答案：BD

17.《声环境质量标准》(GB 3096—2008）规定，下列关于环境噪声限值的说法，错误的是__________。(　　)

A. 0 类声环境功能区昼间噪声限值为 40 dB（A）

B. 1 类声环境功能区昼间噪声限值为 50 dB（A）

C. 2 类声环境功能区昼间噪声限值为 45 dB（A）

D. 3 类声环境功能区昼间噪声限值为 55 dB（A）

答案：ABCD

18.《声环境质量标准》(GB 3096—2008)规定，进行环境噪声测量时，应记录__________。(　　)

A. 使用仪器的型号及编号　　B. 测量时的气象条件

C. 测量的结果　　D. 测量依据的标准

答案：ABCD

19.《声环境质量标准》(GB 3096—2008）规定，最常用的累积百分声级是__________。(　　)

A. L_{10}　　B. L_{50}　　C. L_{90}　　D. L_{95}

答案：ABC

20.《土壤环境质量　农用地土壤污染风险管控标准（试行)》(GB 15618—2018）适用于耕地土壤污染风险筛查和分类，__________和__________可参照执行。(　　)

A. 耕地　　B. 园地　　C. 牧草地　　D. 建设用地

答案：BC

21.《土壤环境质量　农用地土壤污染风险管控标准（试行)》(GB 15618—2018）规定，基本项

目是__________。（　　）

A．镉和汞　　B．砷和铅　　C．铬和铜　　D．镍和锌

答案：ABCD

22.《土壤环境质量　农用地土壤污染风险管控标准（试行）》（GB 15618—2018）规定，其他项目由地方生态环境主管部门根据本地区土壤__________需求进行选择。（　　）

A．污染特点　　B．分析方法　　C．质地颜色　　D．环境管理

答案：AD

23.《污水综合排放标准》（GB 8978—1996）规定不执行污水综合排放标准的行业有__________。（　　）

A．磷肥工业　　B．工业污水处理厂　　C．合成氨工业　　D．钢铁行业

答案：ACD

24．根据《污水综合排放标准》（GB 8978—1996），__________属于一类污染物。（　　）

A．总汞　　B．氰化物　　C．挥发酚　　D．总砷

答案：AD

25.《污水综合排放标准》（GB 8978—1996）中，__________对水重复利用率作了规定。（　　）

A．石油沥青工业　　B．制糖工业

C．有色金属冶炼及金属加工业　　D．矿山工业

答案：ACD

26.《污水综合排放标准》（GB 8978—1996）中一类污染物中对__________放射性元素作了最高排放浓度限值。（　　）

A．α　　B．β　　C．γ　　D．δ

答案：AB

27.《污水综合排放标准》（GB 8978—1996）中排水量不应包括__________。（　　）

A．间接冷却水　　B．厂区锅炉排水　　C．电站排水　　D．生产工艺排水

答案：ABC

28.《工业炉窑大气污染物排放标准》（GB 9078—1996）不适用于__________的工业炉窑的管理。（　　）

A．炼焦炉　　B．焚烧炉　　C．加热炉　　D．水泥厂

答案：ABD

29.《工业炉窑大气污染物排放标准》（GB 9078—1996）规定了__________有害物质污染物的最高允许排放浓度。（　　）

A．二氧化硫　　B．氮氧化物

C．氟及其化合物　　D．铅、汞、铍及其化合物或沥青油烟

答案：ACD

30.《工业炉窑大气污染物排放标准》（GB 9078—1996）中熔化炉包含__________。（　　）

A．炼钢炉　　B．冲天炉　　C．冶炼炉　　D．金属熔化炉

答案：BCD

31.《工业炉窑大气污染物排放标准》（GB 9078—1996）中熔炼炉包含__________。（　　）

A．化铁炉　　B．有色金属冶炼炉　　C．铁合金熔炼炉　　D．混铁炉

答案：BCD

32.《锅炉大气污染物排放标准》（GB 13271—2014）中__________锅炉烟囱高度不得低于 8 m。（　　）

A．燃煤　　B．燃气　　C．燃油　　D．燃轻柴油

答案：BCD

33.《锅炉大气污染物排放标准》（GB 13271—2014）规定，使用型煤、__________燃料等的锅炉，参照本标准中燃煤锅炉排放控制要求执行。（　　）

A．水煤浆　　B．石油焦　　C．生物质成型　　D．油页岩

答案：ABCD

34. 对某城镇污水处理厂进行厂界废气排放评价，监测项目可选择__________。（　　）

A．氨　　B．硫化氢　　C．臭气浓度　　D．甲烷

答案：ABCD

四、判断题

1.《土壤环境质量　农用地土壤污染风险管控标准（试行）》（GB 15618—2018）中农用地土壤污染风险筛选值的基本项目均为必测项目。（　　）

答案：正确

2.《建设用地土壤污染风险管控和修复监测技术导则》（HJ 25.2—2019）也适用于场地的放射性及致病性生物污染监测。（　　）

答案：错误

正确答案：该标准不适用于场地的放射性及致病性生物污染监测。

3.《大气污染物综合排放标准》（GB 16297—1996）中规定，最高允许排放速率是指一定高度的排气筒在任何 1 h 排放污染物的质量不得超过的限值。（　　）

答案：正确

4.《大气污染物综合排放标准》（GB 16297—1996）中规定，固定污染源排放的污染物，其最高允许排放浓度和最高允许排放速率均要达标，一项超标即为超标。（　　）

答案：正确

5.《地表水环境质量标准》（GB 3838—2002）表 1 中，河流与湖库的总磷Ⅲ类标准限值均为 0.05 mg/L。（　　）

答案：错误

正确答案：河流为 0.2 mg/L，湖库为 0.05 mg/L。

6.《地表水环境质量标准》（GB 3838—2002）规定的项目标准值，要求水样采集后自然沉降 60 min，取上层非沉降部分按规定方法进行分析。（　　）

答案：错误

正确答案：水样采集后自然沉降 30 min，取上层非沉降部分按规定方法进行分析。

7.《地表水环境质量标准》(GB 3838—2002)适用于中华人民共和国领域内江河、湖泊、运河、渠道、水库、海水等具有使用功能的地表水水域。具有特定功能的水域，参照执行本标准。( )

答案：错误

正确答案：适用于中华人民共和国领域内江河、湖泊、运河、渠道、水库等具有使用功能的地表水水域。

8.《锅炉大气污染物排放标准》(GB 13271—2014)规定，新建锅炉房的烟囱周围半径 200 m 距离内有建筑物时，其烟囱应高出最高建筑物 3 m 以上。( )

答案：正确

9.《环境空气质量标准》(GB 3095—2012)中的铅和苯并[*a*]芘的浓度限值，是指存在于总悬浮颗粒物中相应的污染物。( )

答案：错误

正确答案：铅是指存在于总悬浮颗粒物中的铅及其化合物；苯并[*a*]芘是指存在于颗粒物(粒径小于等于 10 μm)中的苯并[*a*]芘。

10.《环境空气质量标准》(GB 3095—2012)规定，总悬浮颗粒物(TSP)24 h 平均值应满足每日有 20 h 的采样时间。( )

答案：错误

正确答案：总悬浮颗粒物(TSP)24 h 平均值应满足每日有 24 h 的采样时间。

11.《环境空气质量标准》(GB 3095—2012)中，$PM_{2.5}$ 的年平均数据有效性规定是每年至少有 326 个日平均浓度值，每月至少有 27 个日平均浓度值(2 月至少有 25 个日平均浓度值)。( )

答案：错误

正确答案：$PM_{2.5}$ 的年平均数据有效性规定是每年至少有 324 个日平均浓度值。

12.《环境空气质量标准》(GB 3095—2012)中，TSP、B*a*P、Pb 的 24 h 平均的数据有效性规定是每日 24 h 的采样时间。( )

答案：正确

13.《环境空气质量标准》(GB 3095—2012)中臭氧(O_3)日最大 8 h 平均浓度，其有效的污染物浓度数据规定是指每 8 h 至少有 5 h 平均浓度值。( )

答案：错误

正确答案：《环境空气质量标准》(GB 3095—2012)中臭氧(O_3)日最大 8 h 平均浓度，其有效的污染物浓度数据规定是指每 8 h 至少有 6 h 平均浓度值。

14.《环境空气质量标准》(GB 3095—2012)中的污染物浓度均为质量浓度。( )

答案：正确

15.《环境空气质量标准》(GB 3095—2012)中规定，铅(Pb)、苯并[*a*]芘(B*a*P)浓度数据有效性的最低要求是：铅(Pb)、苯并[*a*]芘(B*a*P)每年至少有分布均匀的 60 个日平均浓度值；铅(Pb)每季至少有分布均匀的 15 个日平均浓度值。( )

答案：正确

16.《环境空气质量标准》(GB 3095—2012)中季平均值指任何一季的月平均浓度的算术均值。( )

答案：错误

正确答案：《环境空气质量标准》（GB 3095—2012）中季平均值指一个日历季内各日平均浓度的算术均值。

17.《环境空气质量标准》（GB 3095—2012）中的 *B*a*P* 是指存在于 TSP 中的 *B*a*P*。（　　）

答案：错误

正确答案：《环境空气质量标准》（GB 3095—2012）中的 *B*a*P* 是指存在于 PM_{10} 中的 *B*a*P*。

18.《环境空气质量标准》（GB 3095—2012）中的氟化物是指以气态存在的无机氟化物。（　　）

答案：错误

正确答案：《环境空气质量标准》（GB 3095—2012）中的氟化物是指以气态和颗粒态存在的无机氟化物。

19.《火电厂大气污染物排放标准》（GB 13223—2011）规定，发电厂是指燃烧固体、液体、气体燃料的发电厂。（　　）

答案：正确

20.《火电厂大气污染物排放标准》（GB 13223—2011）中的排放标准，同样适用于以生活垃圾为燃料的火电厂排放的大气污染物。（　　）

答案：错误

正确答案：此标准不适用于以生活垃圾为燃料的火电厂排放的大气污染物。

21.《火电厂大气污染物排放标准》（GB 13223—2011）适用于使用单台出力 65 t/h 以上除层燃炉、抛煤机炉外的燃煤发电锅炉；各种容量的煤粉发电锅炉；单台出力 65 t/h 以上燃油、燃气发电锅炉；各种容量的燃气轮机组的火电厂；各种容量的以生活垃圾、危险废物为燃料的火电厂。（　　）

答案：错误

正确答案：不适用于各种容量的以生活垃圾、危险废物为燃料的火电厂。

22.《土壤环境质量　农用地土壤污染风险管控标准（试行）》（GB 15618—2018）适用于农田、果园、自然保护区等地的土壤环境质量评价。（　　）

答案：错误

正确答案：适用于耕地土壤污染风险筛查和分类。园地和牧草地可参照执行。

23.《土壤环境质量　建设用地土壤污染风险管控标准（试行）》（GB 36600—2018）中规定，通过详细调查确定建设用地土壤中污染物含量高于风险筛选值，对健康通常存在不可接受风险，应当采取风险管控或修复措施。（　　）

答案：错误

正确答案：通过详细调查确定建设用地土壤中污染物含量高于风险管制值，对人体健康通常存在不可接受风险，应当采取风险管控或修复措施。

24.《土壤环境质量　建设用地土壤污染风险管控标准（试行）》（GB 36600—2018）规定，初步调查阶段建设用地土壤污染风险筛选的必测项目 45 项，包括重金属和无机物、挥发性有机物、半挥发性有机物。具体地块土壤中污染物检测含量超过筛选值，但等于或低于土壤环境背景值水平的，纳入污染地块管理。（　　）

答案：错误

正确答案：具体地块土壤中污染物检测含量超过筛选值，但等于或低于土壤环境背景值水平的，不纳入污染地块管理。

25.《土壤环境质量　农用地土壤污染风险管控标准（试行）》（GB 15618—2018）中涉及 3 个其他项目：六六六、滴滴涕和多环芳烃。（　　）

答案：错误

正确答案：《土壤环境质量　农用地土壤污染风险管控标准（试行）》（GB 15618—2018）中涉及 3 个其他项目，六六六、滴滴涕和苯并[*a*]芘。

26.《污染地块土壤环境管理办法（试行）》（环境保护部令　第 42 号）也包括对放射性污染地块的环境保护监督管理。（　　）

答案：错误

正确答案：该办法不适用于放射性污染地块。

27.《污水综合排放标准》（GB 8978—1996）按监测期间污染物最高排放浓度进行评价。（　　）

答案：错误

正确答案：按监测期间污染物日均浓度进行评价。

28.《污水综合排放标准》（GB 8978—1996）中规定的排水量是指在生产过程中直接用于工艺生产的水的排放量，包括间接冷却水、厂区锅炉排水、电站排水。（　　）

答案：错误

正确答案：不包括间接冷却水、厂区锅炉排水、电站排水。

29．AQI 日报的评价指标包括 SO_2、NO_2、CO、PM_{10}、$PM_{2.5}$ 和 O_3 日均浓度 6 项指标。（　　）

答案：错误

正确答案：AQI 日报基于 SO_2、NO_2、CO、PM_{10}、$PM_{2.5}$ 日均浓度，以及 O_3 的日最大 1 h 平均浓度和 O_3 日最大 8 h 滑动平均浓度共 7 项评价指标。

30．按区域的使用功能特点和环境质量要求，声环境功能区分为 0 类、1 类、2 类、3 类和 4 类，其中居住、商业、工业混杂区为 2 类声功能区。（　　）

答案：正确

31．按照《地表水环境质量评价方法（试行）》，评价时段内，断面水质为“良好”时，不评价主要污染指标。（　　）

答案：正确

32．按照国家综合排放标准与国家行业排放标准不交叉执行的原则，造纸工业水污染排放执行《制浆造纸工业水污染物排放标准》（GB 3544—2008），不执行污水综合排放标准。（　　）

答案：正确

33．按照海域的不同使用功能和保护目标，第三类海水适用于一般工业用水区、滨海风景旅游区。（　　）

答案：正确

34.《环境空气质量指数（AQI）技术规定（试行）》（HJ 633—2012）规定，空气质量状况级别根据平均污染指数确定。（　　）

答案：错误

正确答案：空气质量状况级别根据首要污染物的分指数确定。

35.《地表水环境质量标准》（GB 3838—2002）Ⅱ类：主要适用于集中式生活饮用水地表水源地二级保护区、鱼虾类越冬场、洄游通道、水产养殖区等渔业水域及游泳区。（　　）

答案：错误

正确答案：Ⅲ类适用于以上地区。

36.《地表水环境质量标准》（GB 3838—2002）规定Ⅰ～Ⅳ类标准的水质 pH 为 5～6。（　　）

答案：错误

正确答案：pH 为 6～9。

37. 地表水可定性评价为优、良、轻度污染、中度污染和重度污染，其对应的水质类别为Ⅰ类、Ⅱ类、Ⅲ类、Ⅳ类、Ⅴ类。（　　）

答案：错误

正确答案：其对应的水质类别为Ⅰ～Ⅱ类、Ⅲ类、Ⅳ类、Ⅴ类、劣Ⅴ类。

38. 地下水质量单指标评价时，按指标值所在的限值范围确定地下水质量类别，指标限值相同时，从优不从劣。（　　）

答案：正确

39. 地下水质量评价以地下水水质调查分析资料或水质监测资料为基础，可分为单项组分评价和多项评价两种。（　　）

答案：错误

正确答案：地下水质量评价以地下水质量检测资料为基础，按单指标评价。

40. 根据《土壤环境质量　建设用地土壤污染风险管控标准（试行）》（GB 36600—2018），建设用地土壤中污染物含量等于或者低于风险筛选值的，建设用地土壤污染风险一般情况下可以忽略。（　　）

答案：正确

41. 根据《土壤环境质量　农用地土壤污染风险管控标准（试行）》（GB 15618—2018），当土壤中镉、汞、砷、铅、铬的含量高于表 1 规定的风险筛选值、等于或者低于表 3 的风险管制值时，可能存在农用地土壤污染风险，应加强土壤环境监测和农产品协同监测。（　　）

答案：错误

正确答案：当土壤中镉、汞、砷、铅、铬的含量高于表 1 规定的风险筛选值、等于或者低于表 3 的风险管制值时，可能存在食用农产品不符合质量安全标准等土壤污染风险，原则上应采取农艺调控、替代种植等安全利用措施。

42.《环境空气质量标准》（GB 3095—2012）中测定的铅是指存在于总悬浮颗粒物中的铅及其化合物。（　　）

答案：正确

43. 集中式生活饮用水地表水源地补充项目和特定项目适用于集中式生活饮用水地表水源地一级保护区和二级保护区。（　　）

答案：正确

44. 建设项目竣工环境保护验收期间的环境质量评价执行现行有效的环境质量标准。（　　）

答案：正确

45. 目前国家水污染排放标准包括《污水综合排放标准》（GB 8978—1996）和各种行业水污染物排放标准，在执行原则上，综合排放标准与行业排放标准可以交叉执行。（　　）

答案：错误

正确答案：在执行关系上，国家综合排放标准和国家行业排放标准不交叉执行，即有行业标准的污染源优先执行行业排放标准，其他污染源执行综合排放标准。

46.《土壤环境质量　农用地土壤污染风险管控标准（试行）》（GB 15618—2018）规定的农用地土壤污染风险筛选值镉、汞、砷、铅、铬、铜、锌、镍等常规项目为必测项目，六六六、滴滴涕、苯并[*a*]芘为选测项目。（　　）

答案：正确

47. 依据《环境空气质量标准》（GB 3095—2012），年平均是指一个日历年内各月平均浓度的算术平均值。（　　）

答案：错误

正确答案：指一个日历年内各日平均浓度的算术平均值。

48. 依据《环境空气质量标准》（GB 3095—2012）有关污染物浓度数据有效性的规定，对于二氧化硫（SO_2），每年至少有 324 个日平均浓度值，每月至少有 27 个日平均浓度值（2 月至少有 25 个日平均浓度值）。（　　）

答案：正确

49. 依据《环境空气质量标准》（GB 3095—2012）及修改单，氮氧化物的自动分析方法为紫外荧光法和差分吸收光谱分析法。（　　）

答案：错误

正确答案：氮氧化物的自动分析方法为化学发光法和差分吸收光谱分析法。

50. 依据《声环境质量标准》（GB 3096—2008），独立于村庄、集镇之外的工业、仓储集中区执行 2 类声环境功能区要求。（　　）

答案：错误

正确答案：独立于村庄、集镇之外的工业、仓储集中区确定执行 3 类声环境功能区要求。

51. 依据《声环境质量标准》（GB 3096—2008），各类声环境功能区夜间突发噪声，其最大声级超过环境噪声限值的幅度不得高于 10 dB（A）。（　　）

答案：错误

正确答案：各类声环境功能区夜间突发噪声，其最大声级超过环境噪声限值的幅度不得高于 15 dB（A）。

52. 依据《土壤环境质量　建设用地土壤污染风险管控标准（试行）》（GB 36600—2018），建设用地土壤中污染物含量等于或者低于风险管制值的，建设用地土壤污染风险一般情况下可以忽略。（　　）

答案：错误

正确答案：建设用地土壤中污染物含量等于或者低于建设用地土壤污染风险筛选值的，对人体健康的风险可以忽略。

53. 依据《土壤环境质量　建设用地土壤污染风险管控标准（试行）》（GB 36600—2018），建设用地中，城市建设用地根据保护对象暴露情况的不同，可划分为以下两类：第一类建设用地和第二类建设用地，《城市用地分类与规划建设用地标准》（GB 50137—2011）规定的城市建设用地中的工业用地属于第一类建设用地。（　　）

答案：错误

正确答案：《城市用地分类与规划建设用地标准》（GB 50137—2011）规定的城市建设用地中的工业用地属于第二类建设用地。

54. 依据《土壤环境质量　农用地土壤污染风险管控标准（试行）》（GB 15618—2018），土壤中铅和镉的测定均可采用石墨炉原子吸收分光光度法。（　　）

答案：正确

55. 依据《危险废物焚烧污染控制标准》（GB 18484—2020）的规定，当危险废物焚烧企业焚烧处理能力大于等于 2 500 kg/h 时，排气筒最低允许高度为 50 m。（　　）

答案：正确

56. 因新增、变更、撤销城市环境空气监测点位开展比对监测时，需要连续监测天数不少于 15 天。（　　）

答案：错误

正确答案：因新增、变更、撤销城市点位开展比对监测时，需要有效监测天数不少于 15 天。

57. 在《畜禽养殖业污染物排放标准》（GB 18596—2001）中，根据畜禽养殖业在不同季节的实际情况，分别设定了冬季和夏季的最高允许排水量和污染物最高允许日均排放浓度限值。（　　）

答案：错误

正确答案：水污染物最高允许日均排放浓度限值不分季节。

58. 在城镇污水厂排放标准中，一类重金属污染物不设分级控制限值。（　　）

答案：正确

59.《地表水环境质量标准》（GB 3838—2002）规定，适用于农业用水区及一般景观要求水域的为Ⅴ类标准。（　　）

答案：正确

60.《地表水环境质量标准》（GB 3838—2002）规定，地表水水质监测的采样布点、监测频率应符合国家地表水环境监测技术规范的要求。（　　）

答案：正确

61. 省、自治区、直辖市人民政府生态环境行政主管部门及相关部门根据职责分工，按《地表水环境质量标准》（GB 3838—2002）对地表水各类水域进行监督实施。（　　）

答案：错误

正确答案：由县级以上人民政府生态环境行政主管部门及相关部门按职责分工监督实施。

62.《地表水环境质量标准》（GB 3838—2002）中，依据地表水水域环境功能和保护目标，按功能高低依次划分为Ⅰ类、Ⅱ类、Ⅲ类、Ⅳ类、Ⅴ类和劣Ⅴ类。（　　）

答案：错误

正确答案：依据地表水水域环境功能和保护目标，按功能高低依次划分为Ⅰ类、Ⅱ类、Ⅲ类、

Ⅳ类、Ⅴ类。

63.《环境空气质量标准》（GB 3095—2012）及修改单规定，环境空气中空气动力学当量直径大于等于 10 μm 的颗粒物，称为可吸入颗粒物。（　　）

答案： 错误

正确答案： 直径小于等于 10 μm。

64.《环境空气质量标准》（GB 3095—2012）及修改单规定，苯并[*a*]芘是指存在于颗粒物（粒径小于等于 10 μm）中的苯并[*a*]芘。（　　）

答案： 正确

65.《环境空气质量标准》（GB 3095—2012）及修改单规定，将环境空气功能区分为三类。（　　）

答案： 错误

正确答案：《环境空气质量标准》（GB 3095—2012）及修改单规定，将环境空气功能区分为二类，分别为一类区和二类区。

66.《环境空气质量标准》（GB 3095—2012）及修改单规定，总悬浮颗粒物每年至少有分布均匀的 120 个日平均浓度值来统计年均值。（　　）

答案： 错误

正确答案：《环境空气质量标准》（GB 3095—2012）及修改单规定，总悬浮颗粒物每年至少有分布均匀的 60 个日平均浓度值来统计年均值。

67.《环境空气质量标准》（GB 3095—2012）及修改单规定，二氧化硫、二氧化氮、颗粒物（粒径小于等于 10 μm）、颗粒物（粒径小于等于 2.5 μm）、氮氧化物数据有效性的最低要求是每年至少有 360 个日平均浓度值。（　　）

答案： 错误

正确答案：《环境空气质量标准》（GB 3095—2012）及修改单规定，二氧化硫、二氧化氮、颗粒物（粒径小于等于 10 μm）、颗粒物（粒径小于等于 2.5 μm）、氮氧化物数据有效性最低要求是每年至少有 324 个日平均浓度值。

68.《声环境质量标准》（GB 3096—2008）规定，噪声测量时段一般分为昼间和夜间两个时段，昼间为 18 h，夜间为 6 h。（　　）

答案： 错误

正确答案： 昼间为 16 h，夜间为 8 h。

69.《声环境质量标准》（GB 3096—2008）规定，环境噪声测量时，传声器应水平放置，垂直指向最近的反射体。（　　）

答案： 错误

正确答案： 传声器应水平放置，尽量避开反射体。

70.《声环境质量标准》（GB 3096—2008）规定，测量前后均需对测量仪器进行校准，测量前后仪器对同一声校准器的示值偏差不得大于 0.5 dB。（　　）

答案： 正确

71.《声环境质量标准》（GB 3096—2008）规定，机场周围区域受飞机通过（起飞、降落、低空飞越）噪声的影响，不适用于《声环境质量标准》（GB 3096—2008）。（　　）

答案：正确

72.《声环境质量标准》(GB 3096—2008）规定，在4类声环境功能区内有噪声敏感建筑物时，监测点应设于4类区内第一排噪声敏感建筑物户外交通噪声空间垂直分布的可能最大值处。(　　)

答案：正确

73.《声环境质量标准》(GB 3096—2008）规定，0～3类声环境功能区普查监测，将全部网格中心测点测得的等效声级进行算数平均，所得到的平均值代表某一声环境功能区的总体环境噪声水平。(　　)

答案：正确

74.《声环境质量标准》(GB 3096—2008）规定，突发噪声指突然发生、持续时间较短、强度较高的噪声。如锅炉排气、工程爆破等产生的较高噪声。(　　)

答案：正确

75.《土壤环境质量　农用地土壤污染风险管控标准（试行)》(GB 15618—2018）适用于建设用地土壤污染风险筛查和风险管制。(　　)

答案：错误

正确答案：适用于耕地土壤污染风险筛查和分类。

76.《土壤环境质量　农用地土壤污染风险管控标准（试行)》(GB 15618—2018）规定了保护人体健康的建设用地土壤污染风险筛选值和管制值，以及监测、实施与监督要求。(　　)

答案：错误

正确答案：规定了农用地土壤污染风险筛选值和管制值，以及监测、实施和监督要求。

77.《土壤环境质量　农用地土壤污染风险管控标准（试行)》(GB 15618—2018）规定，农用地使用中，根据保护农产品质量安全和农作物生长情况的不同，可划分为二类用地。(　　)

答案：错误

正确答案：《土壤环境质量　农用地土壤污染风险管控标准（试行)》(GB 15618—2018）中没有分类划分。

78.《土壤环境质量　农用地土壤污染风险管控标准（试行)》(GB 15618—2018）规定，农用地土壤污染风险筛选值的基本项目的必测项目8项，其他选测项目3项。(　　)

答案：正确

79.《土壤环境质量　农用地土壤污染风险管控标准（试行)》(GB 15618—2018）规定，农用地土壤污染调查监测点位布设和样品采集执行《地下水环境监测技术规范》(HJ/T 164—2020）等相关技术规定要求。(　　)

答案：错误

正确答案：参照执行《土壤环境监测技术规范》(HJ/T 166—2004)。

80.《污水综合排放标准》(GB 8978—1996）中Ⅰ类水域、Ⅱ类水域和Ⅲ类水域中划定的保护区，《海水水质标准》(GB 3097—1997）中一类海域，可新建排污口。(　　)

答案：错误

正确答案：GB 3838—2002中Ⅰ类水域、Ⅱ类水域和Ⅲ类水域中划定的保护区，GB 3097—1997中一类海域，禁止新建排污口。

81. 含有放射性物质的污水的排放须符合《污水综合排放标准》（GB 8978—1996），同时还需符合《辐射防护规定》（GB 8703—1988）。（ ）

答案：正确

82.《污水综合排放标准》（GB 8978—1996）第一类污染物需根据受纳水体的功能、污水的排放方式设定采样口。（ ）

答案：错误

正确答案：第一类污染物，不分物业和污水排放方式，也不分受纳水体的功能类别，一律在车间或车间处理设施排放口采样。

83.《污水综合排放标准》（GB 8978—1996）中粪大肠菌群的测定适用于一切排污单位。（ ）

答案：错误

正确答案：粪大肠菌群的测定适用于医院、兽医院及医疗机构含病原体污水、传染病、结核病医院污水。

84.《污水综合排放标准》（GB 8978—1996）中规定在第一类、第二类污染物排污放口必须设置排污口标志。（ ）

答案：正确

85.《污水综合排放标准》（GB 8978—1996）中规定可向Ⅲ类水域中划定的保护区排放污水。（ ）

答案：错误

正确答案：Ⅲ类水域中划定的保护区禁止设置排污口。

86.《污水综合排放标准》（GB 8978—1996）规定排污单位不仅要执行一类、二类最高允许排放浓度的限值，同时部分行业还要执行最高允许排水量的规定。（ ）

答案：正确

87.《污水综合排放标准》（GB 8978—1996）规定排入设置二级污水处理厂的城镇排水系统的污水，执行二级标准。（ ）

答案：错误

正确答案：排入设置二级污水处理厂的城镇排水系统的污水，执行三级标准。

88.《污水综合排放标准》（GB 8978—1996）规定一类污染物有 13 种监测因子。（ ）

答案：正确

89.《污水综合排放标准》（GB 8978—1996）规定排入 GB3838—2002 Ⅲ类水域（划定的保护区和游泳区除外）和排入 GB 3097—1997 中二类海域的污水，执行一级标准。（ ）

答案：正确

90.《工业炉窑大气污染物排放标准》（GB 9078—1996）规定了“标态”是指温度为 273 K，压力为 100 Pa 时的状态。（ ）

答案：错误

正确答案：压力为 101 325 Pa 时的标态。

91.《工业炉窑大气污染物排放标准》（GB 9078—1996）中冲天炉掺风系数是指从加料口等处进入炉体的空气量与冲天炉工艺理论空气需要量之比值。（ ）

答案：正确

92.《工业炉窑大气污染物排放标准》（GB 9078—1996）中过量空气系数是指燃料燃烧时实际空气需要量与理论需氧量之比。（　　）

答案：正确

93.《工业炉窑大气污染物排放标准》（GB 9078—1996）中各种工业炉窑烟囱最低允许高度为20 m。（　　）

答案：错误

正确答案：各种工业炉窑烟囱最低允许高度为15 m。

94.《工业炉窑大气污染物排放标准》（GB 9078—1996）中烟囱高度200 m范围内有建筑物时，其烟尘或有害污染物最高允许排放浓度，应按相应区域排放标准值的30%执行。（　　）

答案：错误

正确答案：烟囱周围半径200 m范围内有建筑物时，烟囱高度不高于最高建筑物3 m以上，其烟尘或有害污染物最高允许排放浓度，应按相应区域排放标准值的50%执行。

95.《工业炉窑大气污染物排放标准》（GB 9078—1996）规定，实测的工业炉窑的烟（粉）尘、有害污染物排放浓度，应换算为规定的掺风系数或过量空气系数时的数值。（　　）

答案：正确

96.《工业炉窑大气污染物排放标准》（GB 9078—1996）按项目环境影响评价文件审批年限规定了工业炉窑烟尘、生产性粉尘、有害污染物的最高允许排放浓度、烟气黑度的排放限值。（　　）

答案：正确

97.《锅炉大气污染物排放标准》（GB 13271—2014）标准适用于以生活垃圾、危险废物为燃料的锅炉。（　　）

答案：错误

正确答案：不适用于以生活垃圾、危险废物为燃料的锅炉。

98.《锅炉大气污染物排放标准》（GB 13271—2014）规定了锅炉烟气中颗粒物、二氧化硫、氮氧化物、汞及其化合物的最高允许排放浓度限值和烟气黑度限值。（　　）

答案：正确

99.《锅炉大气污染物排放标准》（GB 13271—2014）规定排气筒中大气污染的监测采样按《锅炉烟尘测试方法》（GB 5467—91）、《固定污染源排气中颗粒物的测定与气态污染物采样方法》（GB/T 16157—1996）及修改单或《固定污染源废气监测技术规范》（HJ/T 397—2007）规定执行。（　　）

答案：正确

100.《土壤环境质量　农用地土壤污染风险管控标准（试行）》（GB 15618—2018）规定，当土壤中污染物含量高于基本项目和其他项目规定的筛选值时，可能存在农用地土壤污染风险，应加强土壤环境监测和农产品协同监测。（　　）

答案：正确

101. 根据城镇污水处理厂排入地表水域环境功能和保护目标，以及污水处理厂的处理工艺，将基本控制项目的常规污染物标准值分为一级标准、二级标准、三级标准。一类重金属污染物和选择控制项目也是分级的。（　　）

答案：错误

正确答案：城镇污水处理厂排水一类重金属污染物和选择控制项目不分级。

102．某监测站对某钢铁企业开展执法监测，在对其排放的废水进行评价时，发现有国家钢铁行业标准和地方钢铁行业标准，评价人员选择地方钢铁行业标准对其废水排放进行评价。（　　）

答案：正确

五、简答题

1．《大气污染物综合排放标准》（GB 16297—1996）适用于什么范围，为什么规定有组织排放必须同时遵守最高允许排放浓度和最高允许排放速率两项指标？

答案：《大气污染物综合排放标准》（GB 16297—1996）适用于现有污染源大气污染物排放管理，以及建设项目的环境影响评价、设计、环保设施竣工验收及其投产后的大气污染物排放管理。该标准要求：对于有组织排放，必须同时遵守最高允许排放浓度和最高允许排放速率两项指标，超过其中任何一项均为超标排放。否则可能出现排污单位为达标而稀释的现象，或通过加高排气筒而达标，因此，同时规定两项指标才能控制污染源。

2．《地表水环境质量标准》（GB 3838—2002）中水环境功能区划分为几类？各代表的水域环境功能是什么？

答案：我国《地表水环境质量标准》（GB 3838—2002）中水环境功能区划分为五类。

（1）Ⅰ类：源头水，国家自然保护区；

（2）Ⅱ类：集中式生活饮用水地表水源地一级保护区，珍稀水生生物栖息地，鱼虾类产卵场，仔稚幼鱼的索饵场等；

（3）Ⅲ类：集中式生活饮用水地表水源地二级保护区，鱼虾类越冬场，洄游通道，水产养殖区等渔业水域及游泳区；

（4）Ⅳ类：一般工业用水区及人体非直接接触的娱乐用水区；

（5）Ⅴ类：农业用水区及一般景观要求水域。

3．列出《污水综合排放标准》（GB 8978—1996）规定的第一类污染物（列举至少 5 种），并说明采样点位要求。

答案：第一类污染物包括总汞、烷基汞、总镉、总铬、六价铬、总砷、总铅、总镍、苯并[*a*]芘、总铍、总银、总 α 放射性、总 β 放射性。含第一类污染物的污水，不分行业和污水排放方式，一律在车间或车间处理设施排放口采样。

4．简述《地下水环境监测技术规范》（HJ 164—2020）监测点布设原则。

答案：

（1）监测点总体上能反映监测区域内的地下水环境质量状况；

（2）监测点不宜变动，尽可能保持地下水监测数据的连续性；

（3）综合考虑监测井成井方法、当前科技发展和监测技术水平等因素，考虑实际采样的可行性，使地下水监测点布设切实可行；

（4）定期（如每 5 年）对地下水质监测网的运行状况进行一次调查评价，根据最新情况对地下水质监测网进行优化调整。

5．依据《环境空气质量标准》（GB 3095—2012）的规定，将环境空气的功能区分为几类？分别是什么地区？

答案：环境空气功能区分为二类：一类区为自然保护区、风景名胜区和其他需要特殊保护的区域；二类区为居民区、商业交通居住混合区、文化区、工业区和农村地区。

6．《声环境质量标准》（GB 3096—2008）规定中，什么是累积百分声级？最常用的累积百分声级是指 L_{10}、L_{50} 和 L_{90}，分别简述其含义。

答案：用于评价测量时间段内噪声强度时间统计分布特征的指标，指占测量时间段一定比例的累积时间内 A 声级的最小值，用 L_N 表示，单位 dB（A）。

最常用的是 L_{10}、L_{50} 和 L_{90}，其含义分别如下：

L_{10}——在测量时间内有 10%的时间 A 声级超过的值，相当于噪声的平均峰值。

L_{50}——在测量时间内有 50%的时间 A 声级超过的值，相当于噪声的平均中值。

L_{90}——在测量时间内有 90%的时间 A 声级超过的值，相当于噪声的平均本底值。

7．简述农用地土壤污染风险筛选值的定义。

答案：农用地土壤中污染物含量等于或者低于该值的，对农产品质量安全、农作物生长或土壤生态环境的风险低，一般情况下可以忽略；超过该值的，对农产品质量安全、农作物生长或土壤生态环境可能存在风险，应当加强土壤环境监测和农产品协同监测，原则上应当采取安全利用措施。

8．《污水综合排放标准》（GB 8978—1996）中如何规定采样频率？

答案：工业污水按生产周期确定监测频率。生产周期在 8 h 以内，每 2 h 采样一次；生产周期大于 8 h 的，每 4 h 采样一次。其他污水采样，24 h 不少于两次。

六、计算题

1．已知二氧化硫 24 h 平均质量浓度为 140 μg/m^3，空气质量分指数与浓度关系见下表，求二氧化硫空气质量分指数。

空气质量分指数（IAQI）	二氧化硫 24 h 平均质量浓度/（μg/m^3）
0	0
50	50
100	150
150	475

答案：

IAQI=（100−50）/（150−50）×（140−50）+50=95

2．某一环境空气监测点位二氧化硫测定小时浓度值为 650 μg/m^3，根据《环境空气质量标准》（GB 3095—2012）计算该点位二氧化硫是否达到二级标准？如果超标，计算超标倍数为多少？

答案：根据《环境空气质量标准》（GB 3095—2012）二级小时浓度限值 500 μg/m^3 判定，该点位二氧化硫小时浓度未达到二级标准。超标倍数=（650−500）/500=0.3。

第六节　安全防护知识

一、填空题

1．污染物进入人体的途径分别为__________、__________、皮肤和黏膜。

答案：呼吸道，消化道

2．剧毒试剂应由__________人负责管理，加__________存放，共同称量，登记用量。

答案：两（2或双），双锁

3. 爆炸品和剧毒品必须按“五双制”管理，具体是指双人保管、__________、双本账、__________、双人使用。

答案：双人领用，双把锁

4．对含有剧毒或大量有毒、有害化合物的样品，特别是污染源样品，不得随意处置，应作__________处理或__________处理。

答案：无害化，送有资质的处理单位进行无害化

5．易燃易爆物品必须限量储存，使用时出入库按__________的原则，避免长期存放。

答案：先储先出

6．三致毒性是指__________、__________和__________。

答案：致突变性，致畸性，致癌性

7．如有汞液散落在地上，要立刻将__________撒在汞上面以减少汞的蒸发量。

答案：硫黄粉

8．__________等轻金属遇水会发生剧烈反应，因此不应与水接触或暴露在空气中，应浸没在__________中。

答案：钾/钠，煤油

9．环境监测实验室涉及的样品极为广泛，在工作中时时都要接触水、火、电、化学试剂等有毒、__________、__________等物品，所以实验室和分析人员的安全就是非常重要的问题。

答案：有害，易燃易爆

10．物质本身的__________、__________和燃烧的起点温度是物质起火的三个必备条件。

答案：可燃性，氧的供给

11．爆炸物品的爆炸威力大，其反应__________极快，爆炸能量在极短__________内释放。

答案：速度，时间

12．爆炸物品分为__________和__________两大类。

答案：无机物，有机物

13．强氧化剂的化学性质活泼，具有强烈的__________，有燃烧和__________的危险。

答案：氧化性，爆炸

14．按氧化剂的氧化性强度和化学组成分为__________级和__________级无机氧化剂和有机氧化剂。

答案：一，二

15. 自燃物品是指凡不需外界火源的作用，因受空气__________或环境__________和__________影响而发热达到自燃点引起燃烧的物品。

答案：氧化，温度，湿度

16. 自燃物品按其自燃的难易分为__________类。

答案：二

17. 氧气瓶严禁与__________接触，以防起火或爆炸。

答案：油脂

18. 严禁在火焰、电热器具或其他热源附近放置__________、__________等危险品。

答案：易燃，易爆

19. 分析人员必须充分了解实验__________和所用__________的特性。对有危险的实验室要准备应有的防护措施和发生事故时的处理方法。

答案：反应，化学试剂

20. 使用和操作易燃易爆物应在__________内进行，操作人员应佩戴__________用具。

答案：通风橱，安全防护

21. 遇水燃烧的物品贮存时应避开__________，注意防水、防潮，并不得与酸及氧化物、含__________物等共贮。

答案：水源，水

22. 高压气瓶应分类保管，远离__________，避免严寒冷冻，不得__________和强烈振动。

答案：热源，曝晒

23. 进行有毒物质实验时，要在__________内操作并保持室内有__________的通风。

答案：通风橱，良好

24. 现场急救处理非常重要。实验室人员应熟知常用__________毒物的毒性，实验室内应备有必要的__________药品和器材。

答案：化学，急救

25. 腐蚀性化学毒物是指能对人体__________器官、__________和黏膜等造成严重__________损伤的化学物质。

答案：呼吸，皮肤，腐蚀性

26. 易燃易爆物品必须__________储存、__________保管、__________运输。

答案：专库，专人，专车

27. 污染源现场监测人员须考虑相应的安全预防措施，监测人员应身体健康，适应工作需要，现场采样时至少__________人同时在场。现场监测过程中配备必要的防护设备、急救用品。现场采样时，若采样位置附近有__________、高温、有毒、__________、可燃性物质，须穿戴防护用具。现场监测人员要特别注意安全，避免滑倒落水，必要时应穿戴__________。

答案：两（2或双），腐蚀性，挥发性，救生衣

28. 地表水环境质量监测活动中，需要充分考虑监测断面的基本情况，采取相应的安全措施，确保采样人员和仪器安全。例如，采样船要坚固，在大面积和水较深的水体上采样时要使用救生圈

和__________。在冰层覆盖的水体采样之前，要仔细检查__________的位置和范围。

答案： 救生绳，薄冰层

29．实验室应建立实验室安全的__________参与机制。实验室人员可通过以下多种方式参与实验室的安全活动：应急演练；对外来人员进行__________、培训和指导等。实验室应确保工作人员清楚所从事的工作可能遇到的危险，包括：应采取的防护措施；__________。

答案： 全员，安全告知，紧急情况下的应急处理措施

30．实验室门口应有安全信息牌，至少应包括实验室危害类型、个体防护要求、气瓶种类与数量、安全责任人及__________方式等内容。实验室全部工作场所应有明显的危险源__________标识，包括剧毒品、放射性强磁、病原微生物、同位素等高危场所。

答案： 联系，警示

31．实验室应配备足够、有效且适用的个人防护装备。实验人员应按规定穿戴工作防护服、长裤、手套、护目镜、口罩等必要的__________用具，在有化学品沾染或转动部件卷入风险的情况下长发应________或戴帽，不得穿高跟鞋、拖鞋、凉鞋、短裤、短裙等裸露手腕、脚踝部位的衣服进入实验室。

答案： 防护，盘发

32. 在进行具有潜在__________实验操作时，避免单独一人在实验室操作，至少保证__________在实验室后，方可进行实验。

答案： 危险，两人（或2人）

33．在进行无人监督实验时，需充分考虑实验装置对于防火、防爆、防水灾的要求和潜在危害，保证实验室内灯光__________，并在__________的位置注明实验人员的联系信息和出现危险时联系人信息。

答案： 常亮，显眼

34．实验室的上下水道必须保持通畅。应让相关人员了解实验室水闸的位置，当发生水患时，立即关闭水闸；实验室要杜绝用水时__________的现象，定期检查上下水管路、化学冷却冷凝系统的橡胶管等，避免发生因管路老化等情况所造成的__________事故。冬季做好水管的保暖和放空工作，防止水管受冻爆裂。

答案： 无人监管，漏水

35．实验过程中使用挥发性有机溶剂、特定化学物质或其他毒性化学物质等化学药品时，必须穿戴防护用具，包括防护口罩、防护手套、防护眼镜等。在使用挥发性有机溶剂、强酸强碱性、高腐蚀性、有毒性药品时，严格在__________内进行操作，注意通风设备的正确使用，勿将__________气体泄漏至实验室内。

答案： 通风橱，有害

36．实验室中的高挥发性或易于氧化的化学药品必须存放于冰箱或冰柜中。有机溶剂，固体化学药品，酸、碱化合物均需__________存放，挥发性化学药品必须放置于具__________装置的药品柜中。

答案： 分开，抽气

37．取用化学品时，应__________，防止震动、撞击、倾倒和颠覆；用后应及时盖紧原瓶盖；

禁止用__________直接取用化学药品；禁止化学品入口或直接接近瓶口鉴别。

答案：轻拿轻放，手

38．过氧化物、高氯酸盐、高氯酸、叠氮铅、乙炔铜、三硝基甲苯等__________物质，受震或受热可能发生热__________，使用时应轻拿轻放，注意周边环境对其存放和使用的影响。

答案：易爆，爆炸

39．实验室采购危险化学品时，应索取安全技术__________和__________（简称一书一签），不得采购无“一书一签”的危险化学品。贮存化学品的房间应有危险化学品安全技术说明书，且便于查看和索取；操作人员应掌握危险化学品的基本特性和应急处理方法。

答案：说明书，安全标签

40．由于人体是__________，所以当人体接触带电部位而构成电流的__________时，就会有电流流过人体。电流对人体会造成不同程度的损害，归纳起来为两种伤害：一种是电伤；另一种是电击。

答案：导体，回路

41．实验室内禁止私自乱拉乱接电线，用电线路和配电盘、板、箱、柜等装置及线路系统的各种开关、插座等均应经常保持__________状态，熔断装置所用的熔丝必须与线路允许的容量相__________，严禁用其他导线替代。

答案：完好，匹配

42．实验室内的专业人员必须掌握本实验室内的仪器、设备的性能和操作方法，严格按__________操作。切勿在双手沾水或潮湿时接触电器用品或电器设备，严禁使用水槽旁的插座（防止漏电或感电）。请勿使用无接地设施的电器设备，以免产生感电或触电。实验室可能产生静电的部位、装置应进行明确标记和__________，对其可能造成的危害要有妥善的预防措施。

答案：操作规程，警示

43．实验室要配置__________的灭火剂，以防止灭火时触电。在出入拥挤的楼道及有险情的地方要安装__________。

答案：不导电，应急灯

44．气瓶是实验室的重要气源，气瓶的科学储存和安全运输是实验室安全的重要保障。气瓶应__________，严禁随意改装其他种类的气体；气瓶应存放在阴凉、干燥、远离__________（如阳光、暖气、炉火）的地方，易燃气体气瓶与明火距离不小于 5 m；气瓶搬运要轻要稳，放置要牢靠，搬运应确知护盖锁紧后才进行。

答案：专瓶专用，热源

45．气瓶是实验室的重要气源，气瓶的正确使用是实验室安全的重要保障。气瓶内气体不可__________，以防倒灌；不同的气瓶可能对气表的要求不同，不得__________各种气表。开启气瓶时应站在__________的一侧，严禁将头或身体对准气瓶总阀，防止阀门或气压表因压力过大脱离气瓶冲出伤人。

答案：用尽，混用，气压表

46．气瓶使用过程应经常对其使用环境和状态进行检查，以保证气瓶使用安全。例如，气瓶使用时应加__________，防止气瓶倾倒；容器外表应保持鲜明以容易__________。定期检查管路是否

__________，压力表是否__________。

答案：固定，辨认，漏气，正常

47．气瓶的使用具有一定的有效期，各种气瓶必须定期进行技术检查。充装一般气体的气瓶每__________年检验一次；如在使用中发现有严重腐蚀性或严重损伤的，应提前进行检验。气瓶瓶体有缺陷、安全附件不全或已损坏，不能保证安全使用的，切不可再送去充装气体，应送交有关单位检查__________后方可使用。

答案：三，合格

48．氢气、乙烯、乙炔、苯、乙醇、乙醚、丙酮、乙酸乙酯、一氧化碳、水煤气和氨气等可燃性气体与空气混合至__________，在有热源引发的情况下，极易发生支链爆炸，因此该类气体和试剂应当进行__________存储；进行实验使用时，应该在通风设备良好的通风橱内进行，并且做好相关的防护措施，确保实验装置的气密性。

答案：爆炸极限，隔离

49．化学实验室的辐射，主要是指__________射线辐射，人体长期暴露于这种射线照射，会导致疲倦，记忆力减退，头痛，白细胞减少等。针对辐射的来源、辐射的危害，我们应保护自己免受过量照射，在辐射防护中有三个主要因素：时间、距离、__________。

答案：X，屏蔽

50．实验室废液和废化学品应按照性质，用无破损且不会被废液腐蚀、溶解/溶胀的容器进行__________。瓶上应有废液__________，标明废液成分、组成、质量或体积、酸碱性、危害性、日期等信息。

答案：收集，标签

51．实验室废弃物处理的基本原则是危险废物的减量化、__________、__________。

答案：资源化，无害化

二、单选题

1．在采样过程中，距地面__________m 以上，工作地面没有平稳立脚的地方或有震动的地方，应视为高空作业。（　　）

A．1　　B．2　　C．5　　D．10

答案：B

2．易燃易爆压缩气瓶一定要分类储存，不同性质的易燃易爆压缩气瓶存放时要采取不同的措施，氧气瓶和乙炔气瓶存放时应保持__________m 以上的距离。（　　）

A．50　　B．20　　C．10　　D．5

答案：C

3．消防、灭火器材必须放在__________方便取用的地方。（　　）

A．大厅处　　B．一楼处　　C．明显处　　D．有标识处

答案：C

4．装贮腐蚀性气体的气瓶，每__________年检验一次。（　　）

A．1　　B．2　　C．3　　D．5

答案：B

5. 瓶装气瓶内气体不得用尽。液化气体气瓶应保留不少于________%规定充装的余气。（　）

A．0.5～0.8　B．0.5～1.0　C．0.5～1.2　D．0.5～1.5

答案：B

6. 汞及汞盐急性中毒急救方法是用饱和________洗胃，或立即给饮浓茶、牛奶、吃生蛋白等。（　）

A．氯化钠　B．碳酸氢钠　C．碳酸钠　D．葡萄糖

答案：B

7．苯及其同系物急性中毒急救方法是________，同时输氧，立即送医院。（　）

A．葡萄糖洗胃　B．喝牛奶　C．人工呼吸　D．用生理盐水洗胃

答案：C

8．氰化物的主要进入人体途径：________和皮肤。（　）

A．消化道　B．口腔　C．头发　D．呼吸道

答案：D

9．腐蚀性化学毒物按其化学组成及腐蚀性强度的大小，分为________类。（　）

A．6　B．7　C．8　D．9

答案：C

10．消毒用杀菌效果最强的酒精为________%乙醇溶液。（　）

A．65～70　B．70～75　C．75～80　D．60～80

答案：B

11．有机爆炸物主要包括________。（　）

A．苯系物　B．叠氮酸化合物　C．芳香族硝基化合物　D．硝酸盐化合物

答案：C

12．________不属于物质燃烧的三个必备条件。（　）

A．可燃物　B．助燃物　C．着火点　D．湿度

答案：D

13．爆炸物分为________及有机物两大类，共计 55 种。（　）

A．无机物　B．金属类　C．理化类　D．有机酸类

答案：A

14．大多数氧化剂遇________发生剧烈反应。（　）

A．碱　B．氢氧化钠　C．碳酸氢纳　D．酸

答案：D

15．遇日光照射即分解的氧化剂是________。（　）

A．氯化银　B．溴酸银　C．硝酸银　D．硫酸银

答案：B

16．在潮湿、高温的影响下，自燃物品常因分解________引起自燃。（　）

A．氧化　B．碰撞　C．发热　D．膨胀

答案：C

17. 自燃物的燃点较低，易氧化而生热，温度升高后__________速度加快，终至引起自燃。（ ）

A. 氧化　　B. 分解　　C. 聚合　　D. 撞击

答案：A

18. 干粉灭火器适用的情况是__________。（ ）

A. 电器起火　　B. 可燃气体起火　　C. 有机溶剂起火　　D. 以上都是

答案：D

19. 常见易燃固体按燃点高低、易燃性大小分为__________类共 87 种。（ ）

A. 二　　B. 三　　C. 四　　D. 五

答案：A

20. 二级易燃固体中易燃__________粉末，粉末飞扬时能与空气形成爆炸性混合物。（ ）

A. 颗粒物　　B. 粉尘　　C. 硫黄　　D. 金属

答案：D

21. 易燃液体指在常温下容易燃烧的液态物质。我国规定，凡闪点低于__________℃的液态物质都属易燃液体。（ ）

A. 28　　B. 30　　C. 45　　D. 60

答案：C

22. 易燃液体的热膨胀系数比__________大得多，受热极易膨胀，其蒸气压增大，能使密封容器造成“鼓桶”甚至爆炸。（ ）

A. 水　　B. 冰　　C. 固体　　D. 铝粉

答案：A

23. 使用微波炉消解样品时，为了安全须严格控制样品量，每个消化罐中有机样品量应限制在__________克以内。（ ）

A. 0.5　　B. 1.0　　C. 2.0　　D. 2.5

答案：C

24. 烘箱是利用电热丝（管）加热使物体干燥。它适用于比室温高__________℃范围的烘焙、干燥、热处理等。（ ）

A. 10～280　　B. 15～280　　C. 10～300　　D. 15～300

答案：C

25. 一旦遇到烘箱温度控制失灵的状况，特别是烘箱内冒烟时，就立即__________并报实验室安全管理人员。（ ）

A. 打开烘箱门　　B. 切断电源　　C. 打开门并冲水　　D. 立即报警

答案：B

26. 电动离心机转动速度快，使用时要注意安全。启动离心机前，必须将其放置在平稳、__________的地面或台面上。（ ）

A. 普通　　B. 柔软　　C. 坚固　　D. 粗糙

答案：C

27．在第一次使用或长期停用后再次使用马弗炉时，应先进行烘炉，温度在 200～600℃，时间约__________h。（　　）

A．1　　B．2　　C．3　　D．4

答案：D

28．实验室中经常使用各种玻璃器皿。若实验需在高温高压的条件下进行，应选择耐__________的玻璃器皿。（　　）

A．高温　　B．高压　　C．耐热　　D．高温高压

答案：D

29．使用有毒化学试剂时，要严格遵守操作规程避免发生意外。必须在__________中完成，并采取必要的防护措施。（　　）

A．专用房间　　B．通风橱　　C．一般实验室　　D．有机实验室

答案：B

30．取用腐蚀性或刺激性化学试剂，如__________，尽可能戴上橡胶手套和防护眼镜。（　　）

A．磷酸　　B．硫酸　　C．碳酸　　D．邻苯二甲酸

答案：B

31．环境监测活动可能进行高空作业，如固定源废气监测时，采样位置应避开对测试人员操作有危险的场所。必要时应设置采样平台，采样平台应有足够的工作面积使工作人员安全、方便地操作。平台面积应不小于__________m^2，并设有 1.1 m 高的护栏和不低于 10 cm 的脚部挡板，采样平台的承重应不小于__________kg/m^2，采样孔距平台面约为 1.2～1.3 m。（　　）

A．1.2，100　　B．1.2，200　　C．1.5，100　　D．1.5，200

答案：D

32．开展污水监测时，可能对污水排放口进行取样，现场采样人员需要对现场监测条件进行初步判断，根据《污水监测技术规范》，水面在地面以下超过__________m 的排放口，应配建取样台阶或梯架。监测平台面积不小于 1 m^2，平台应设置不低于__________m 的防护栏。（　　）

A．1，1.2　　B．1.5，1.2　　C．1，1.5　　D．1.5，1.5

答案：A

33．实验室往往会用到各种易燃液体，如甲醇、乙醇、三氯甲烷等，评价可燃液体是否易燃有三个因素，以下不属于这三个因素的是__________。（　　）

A．闪点　　B．燃点　　C．饱和蒸气压　　D．自燃点

答案：C

34．含有少量水分的实验器皿或物料，常利用烘箱烘烤出去水分，烘箱烘干完毕后，应使用对应的防护器具取出烘干的物品，以下可采用的防护器具是__________。（　　）

A．一次性防护手套　　B．隔热手套

C．医用防护手套　　D．丁腈手套

答案：B

35．在化学实验中，经常会用到高温或低温的实验条件和设备，如用电炉、烘箱、电热板、马弗炉、油浴或水浴等载体加热产生高温的过程；用冰、干冰、液氨、液氮等低温制冷过程，以及冰

箱、冰柜、冷冻机等低温制冷设备。使用高温设备装置时，容易发生烫伤、烤焦、着火、爆炸等事故。以下关于高温设备使用过程中错误的说法是__________。(　　)

A．注意高温对人体辐射的防护，必要时佩戴相应的防护器具，并与热源保持一定的距离

B．使用电器加热时，避免湿手操作引起触电事故

C．高温物体应禁止接触水或低沸点物质，否则水会急剧气化，发生水蒸气爆炸，低沸点物质会快速气化。高温物质落入水中时，同样会产生大量爆炸性的水蒸气而四处飞溅，将会发生严重的烫伤事故

D．可以将高温炉等高温装置放在耐火性差的试验台上进行实验

答案：D

36．灭火器是常用的灭火器材，针对实验室不同的火灾发生情况，需要选取不同的灭火器，以下灭火器的选取错误的是__________。(　　)

A．一般失火及油类着火可用泡沫灭火器

B．在狭小空间内和通风不良的实验室可用四氯化碳灭火器灭火

C．油类、电器设备、可燃性气体及遇水燃烧等物质可用干粉灭火器灭火

D．设备及有机物着火可用二氧化碳灭火器

答案：B

37．实验室中配有诸多电器设备，使用电器时，应谨防触电，以下属于不规范操作的是__________。(　　)

A．经常检测电器外壳是否带电。用测电笔检测时先要确认测电笔是好的，因为测电笔氖管损坏时，就会将有电误判为无电

B．电器设备应可靠的接地，以便电器设备发生碰壳接地时漏电保护器能迅速切除，同时是预防剩余电荷触电、感应电压触电、静电触电的好方法

C．实验完毕后要先洗手，洗完后未经擦干就可立切断电源，拔下电源插头，禁止使用拉导线的方法拔下电源插头

D．搬动或维修电器时一定要先拔掉电源插头后，方可进行

答案：C

38．在实验室中发生电气火灾，可能存在需要带电灭火的情况，带电灭火时对灭火器的选取很关键，选取错误的灭火器可能会加重火灾的进程，以下__________灭火器不宜用于带电灭火的情况。(　　)

A．干粉灭火器　　　　B．二氧化碳灭火器

C．1211 灭火器　　　　D．泡沫灭火器

答案：D

39．为了避免各种钢瓶使用时发生混淆，常将钢瓶上漆上不同颜色，写明钢瓶气体名称，我国常用高压气瓶颜色标志分类主要分为烃类、稀有气体类、氟氯烷类、剧毒类和其他气体。环境监测工作中经常用到稀有气体，其气瓶颜色一般为__________色。(　　)

A．Y05 棕　　B．B04 银灰　　C．铝白　　D．Y06 淡黄

答案：B

40．为了避免各种钢瓶使用时发生混淆，常将钢瓶上漆上不同颜色，写明钢瓶气体名称，乙炔作为环境监测活动中常见的气源，其气瓶颜色为__________色。（　　）

A．白　　B．黑　　C．淡绿　　D．铝白

答案：A

41．气瓶一般用来存放高压气体，了解气瓶中气体类型对实验室安全防护十分重要，常用的高压气体分为压缩气体、溶解气体、液化气体、低温液化气体。以下属于溶解气体的为__________。（　　）

A．氩气　　B．氦气　　C．氢气　　D．乙炔

答案：D

42．气瓶一般用来存放高压气体，了解气瓶中气体类型对实验室安全防护十分重要，部分气体有毒，需要格外注意，以下气体没有明显毒性的为__________。（　　）

A．氯气　　B．二硫化碳　　C．氨气　　D．氢气

答案：D

43．以下关于实验室化学品管理正确的是__________。（　　）

A．易燃气体与助燃气体、剧毒气体共存

B．氧气与油脂混合贮存

C．易燃液体、遇湿易燃物品、易燃固体与氧化剂混合贮存

D．氧化剂单独贮存

答案：D

44．化学实验室可能会用到易燃液体，以下关于易燃液体的储存和使用错误的是__________。（　　）

A．应储存在阴凉通风处，远离火种、热源、氧化剂及酸类物质

B．存放温度不得超过 30℃

C．轻拿轻放，严禁滚动、摩擦和碰撞

D．未用完的液体可以在通风橱长期存放

答案：D

45．化学实验室可能会用到黄磷等自燃物质，以下操作不正确的为__________。（　　）

A．存放在阴凉、通风、干燥处，远离火种、热源

B．不要与酸类物质、氧化剂、金属粉末和易燃易爆物品共同存放

C．打开窗户直射以保持存储室内干燥

D．要轻拿轻放，严禁滚动、摩擦和碰撞

答案：C

46．化学实验室可能会用到氧化剂和有机过氧化物，以下关于其存储和使用错误的是__________。（　　）

A．该类化学品应密封存放在阴凉、干燥处

B．可以与有机物放在一起

C．应与易燃物、硫、磷、还原剂、酸类物品分开存放

D．轻拿轻放，不要误触皮肤，一旦误触，立即用水冲洗

答案：B

47．化学实验室可能会用到有毒化学试剂，以下关于有毒化学试剂的存储和使用错误的说法是__________。（　　）

A．有毒化学试剂应放置在通风处，远离明火、热源

B．有毒化学试剂不得和其他种类的物品（包括非危险品）共同放置

C．环境监测实验室的有毒化学药品毒性都很小，实验过程中均佩戴了防护器具，做完实验后可不用清洗体表

D．实验时严禁饮食、吸烟

答案：C

48．使用易制毒、易制爆与剧毒化学品时，应有__________人以上方可进行，一人操作，一人监护。操作时应考虑危险化学品的特性并按照仪器/设备操作规程执行。（　　）

A．1　　　　B．2　　　　C．3　　　　D．4

答案：B

49．环境监测活动中，可能对生物指标展开监测，如细菌总数、粪大肠菌群、总大肠菌群等指标，因此，做好个人防护非常重要，以下关于生物实验室监测不正确的做法为__________。（　　）

A．在实验室工作时，任何时候都必须穿着连体衣、隔离服或工作服

B．在进行可能直接或意外接触到血液、体液以及其他具有潜在感染性的材料或感染性动物的操作时，应戴上合适的手套，手套用完后可直接摘除

C．在处理完感染性实验材料和动物后，以及在离开实验室工作区域前，都必须洗手

D．在实验室使用过的防护服不允许和日常服装放在同一个柜子里

答案：B

50．油浴是一种常见的加热设备，在土壤有机质的测定中可能会用到，一旦操作不当易造成危害，以下关于油浴操作不正确的是__________。（　　）

A．使用油浴加热时要特别小心，防止着火和倒翻

B．油浴加热时切忌有水和其他低沸点的物质掉入，以免飞溅伤害人体

C．当油浴受热冒烟时，属于正常现象，可继续加热

D．油浴的温度应低于油的沸点，放置时间较长的油浴应及时换油

答案：C

51．旋转蒸发仪是实验室中常用的仪器，主要用于溶剂的回收或溶液的浓缩，一旦使用不当容易造成溶剂的泄漏，污染实验室内环境。以下关于旋转蒸发仪操作不正确的说法是__________。（　　）

A．玻璃器件装接应轻拿轻放，装前清洗干净，并擦干或烘干

B．各磨口、密封面、密封圈及接头安装都要达到密封要求

C．旋转蒸发仪烧瓶中的物料体积可以装满

D．旋转蒸发仪必须以适当的速度旋转，速度以 50～160 r/min 为宜

答案：C

52．减压蒸馏是实验室分离和提纯有机物的重要方法。它特别适用于那些在常压蒸馏时未达到沸点即已受潮分解、氧化或聚合的物质。减压蒸馏有时用到的有机溶剂具有易挥发、有毒有害，存在一定的安全风险，需要严格按照操作流程处理。以下关于减压蒸馏操作错误的是__________。（　　）

A．一旦减压蒸馏开始，就应密切注意蒸馏情况，调整压力体系，记录压力和相应的沸点值，根据要求收集不同馏分

B．仔细检查冷凝水进口与出口连接处是否有冷凝液体流出，以防实验过程中因流速过快，使接口处裂开，影响实验

C．大多数情况下，减压蒸馏会使用其他有机相与水相混合冷凝剂（如不同比例下水和乙二醇的混合液）以达到更好的冷凝效果。因此，实验过程中，应确保冷凝液的使用安全

D．实验结束后，即可关闭油泵，按照与安装相反的程序拆除仪器

答案：D

53．在实验室进行化学实验，一定要按照操作规程和实验室基本操作规范进行操作，否则会面临难以预见的风险，以下常用化学仪器设备使用错误的是__________。（　　）

A．蒸发皿可直接加热，但不能骤冷。蒸发溶液时不可加得太满，液面至少应距离边缘 1 cm 处

B．坩埚可直接加热至高温，灼烧时放于泥三角上，应用坩埚钳夹取，避免骤冷

C．平底烧瓶可直接加热，当瓶内液体过少时，加热容易使之破裂

D．水银温度计测量温度不可超过其最大量程，不可当搅拌器使用，注意测量温度时水银球的位置

答案：C

54．玻璃器皿是实验室常用的工具，由于玻璃器皿容易发生破碎，所以要小心进行操作，防止割伤、化学试剂泄漏而引发感染、中毒、起火、爆炸等事故。以下关于玻璃器皿的说法，错误的是__________。（　　）

A．可以加热的玻璃器皿有烧杯、烧瓶、蒸馏烧瓶、锥形瓶

B．在使用时不能加热，但可以在不加热的条件下进行化学反应的玻璃器皿有启普发生器、集气瓶、表面皿、干燥管

C．在使用时不能加热，也不能在其中进行化学反应的玻璃器皿有胶头滴管、分液漏斗、肠镜漏斗、量筒、酸式滴定管、碱式滴定管、干燥器、试剂瓶、滴瓶、冷凝管

D．启用安瓿瓶时，可以直接用手等把它握紧，瓶口向前，再用砂轮或搓刀搓处凹痕，随即可把它掰开

答案：D

55．实验中用到的玻璃和塑料器皿需要干燥，以下干燥操作正确的是__________。（　　）

A．用烘箱或烘干机在 110～120℃干燥

B．用丙酮冲洗后吹干的方法来干燥

C．硝酸纤维素的塑料离心管放在烘箱中干燥

D．玻璃器皿未清洗干净就送到烘箱干燥

答案：A

56．实验室在正常运行过程中可能存在搬运重物的情况，在搬运重物时需要由受过充分训练的人员负责，否则发生危险的概率会增大。以下搬运重物的做法错误的是__________。（　　）

A．在所搬运的物品外表面张贴明显的标志，如防倒置、易碎、勿摔等，且要注明所盛放物品的具体名称

B．具有危险性的物品应放在高处，且物品的表面应有明显的标志，给予搬运者足够的警惕

C．沉重的物品放在离地面接近的地方，不宜放在不牢靠的支架等地方

D．在多数情况下，需要佩戴防护手套。在搬运重物过程有时需要用到拖车和滑车相关的搬运工具，在使用此类工具的时候一定要穿戴相关的装备，如手套和防护鞋，避免机械冲击造成的机械损伤或由于车轮等造成的轧伤和砸伤

答案：B

57．实验室每次产生的废弃物量较少，且废弃物种类不同、性质各异，一般是分类收集废弃物到一定量后再集中处理，或是交由具备相应处置资质的单位处理。因而，在废弃物处理前需要对不同废弃物进行分类收集、贮存，避免其扩撒、流失、渗漏或产生交叉污染。以下关于贮存实验室废弃物中错误的做法是__________。（　　）

A．贮存区域要远离热源，通风良好，对高温易爆或易腐败的废弃物还应在低温下贮存

B．在常温下易爆、易燃及排出有毒有害的危险废弃物必须进行预处理，使之稳定后贮存，否则，按易燃、易爆危险品贮存，并尽快处理

C．危险废弃物必须装到容器内，容器要完好无损，且容器材质和衬里不能与危险废弃物反应

D．不相容（相互反应）的废弃物可以存放在一起，以降低废弃物的危害

答案：D

58．实验室危险废弃物需分类保存在相应的容器中，经集中收集后交由有资质的单位处理，直接盛装危险废弃物的容器应满足相关的要求，否则容易造成泄漏等危险，以下说法错误的是__________。（　　）

A．容器的材质必须与危险废弃物相容（不互相反应）

B．容器要满足相应的强度和防护要求

C．容器必须完好无损，封口严紧，防止在搬动和运输过程中泄漏、遗散

D．为充分利用危险废弃物容器的容积和空间，应将整个容器装满后再用下一个容器盛装

答案：D

59．实验室往往存在许多已收集的实验室废液，在废液收集的过程中，一定要严格注意废液的分类收集，避免不同种类的废液混合而造成二次污染，以下说法不正确的是__________。（　　）

A．漂白粉和无机氧化剂的亚硝酸钠、亚氯酸盐、次氯酸钠盐不得与其他氧化剂混合存放

B．硝酸不得与硫酸、氯磺酸、发烟硫酸混合存放，无机氧化剂与硝酸、发烟硫酸、氯磺酸均不得混合存放

C．遇水易燃烧的物质不得与含水的液体物质混合存放

D．氰化物与酸性腐蚀物质可混合存放

答案：D

三、多选题

1．下列实验室事故的处理方法错误的是__________。（ ）

A．烫伤，立刻用冷水冲洗再处理，若皮肤未破，涂饱和碳酸氢钠于伤处，若皮肤已破，涂 1% 的高锰酸钾溶液

B．受酸腐蚀，立刻用大量水冲洗，再用肥皂水冲洗，最后用水冲洗

C．受碱腐蚀，立刻用大量水冲洗，再用 20% 醋酸溶液洗，最后用水洗

答案：AC

2．下列试剂失火时，不能用水灭火的是__________。（ ）

A．电石　　B．铝粉　　C．三氯化磷　　D．碳

答案：ABC

3．进行化学实验必须注意安全，下列说法中错误的是__________。（ ）

A．不慎将酸溅到眼中，应立即用水冲洗，边洗边眨眼睛

B．不慎将酸溅在皮肤上，应用氢氧化钠溶液去中和

C．实验时万一碰倒了酒精灯，洒出的酒精在桌面上燃烧起来，用水浇灭

D．稀释硫酸时，先在烧杯里倒入浓硫酸，再小心倒入水并不断搅拌

答案：BCD

4．下列说法正确的是__________。（ ）

A．金属钾保存在煤油中，白磷保存在水中

B．做完银镜反应的试管，不能留存，应立刻洗涤，因为久置会变成叠氮化银，易爆炸

C．高锰酸钾不能在研钵中研磨，否则会引起爆炸

D．酸性溶液不能倒入水槽，碱性废液可倒入水槽，并要用水冲洗

答案：AC

5．暴露是指接受化学物质的剂量（或自然媒介），或与一种危害接触，暴露的方式有__________。（ ）

A．吸入　　B．蓄积　　C．食入　　D．皮肤接触

答案：ACD

6．建设用地土壤中污染物迁移到达和暴露于人体的方式有__________。（ ）

A．经口摄入土壤

B．皮肤接触土壤

C．吸入室内空气中来自下层土壤的气态污染物

D．吸入室外空气中来自表层土壤的气态污染物

答案：ABCD

7．实验室的安全包括__________等方面。（ ）

A．防火防爆　　B．防止环境的污染

C．防毒　　D．保证压力容器和气瓶的安全、电气的安全

答案：ABCD

8．下列物质着火，不宜采用泡沫灭火器灭火的是__________。（　　）

A．可燃性金属着火　　B．汽油、柴油等液体着火

C．木材着火　　D．带电设备着火

答案：AD

9．各地生态环境监测机构应根据当地的具体情况，配备突发环境事件应急监测必要的现场监测人员安全防护设备，常用的有__________。（　　）

A．测爆仪、一氧化碳、硫化氢、氯化氢、氯气、氨等现场测定仪

B．防护服、防护手套、胶靴等防酸碱、防有机物渗透的各类防护用品

C．各类防毒面具、防毒呼吸器（戴氧气呼吸器）及常用的解毒药品

D．防爆应急灯、醒目安全帽、带明显标志的小背心（色彩鲜艳且有荧光反射物）、救生衣、防护安全带（绳）、呼救器等

答案：ABCD

10．急性中毒症状常有__________。（　　）

A．咽痛　　B．咳嗽　　C．胸闷　　D．气急乏力

答案：ABCD

11．化学中毒有__________。（　　）

A．急性中毒　　B．亚急性中毒　　C．慢性中毒

答案：ABC

12．实验室中毒常由__________等途径进入人体。（　　）

A．呼吸道　　B．消化道　　C．头发　　D．皮肤

答案：ABD

13．以中枢神经或周围神经系统为主要靶器官的毒物有__________。（　　）

A．四乙基铅　　B．一氧化碳　　C．氯化物　　D．甲醇

答案：ABD

14．扑救产生有毒蒸气__________的火情时，要特别注意防毒。（　　）

A．二氧化碳　　B．苯　　C．二硫化碳　　D．氯仿

答案：BCD

15．溶于水或微溶于水的易燃及可燃物质，有__________类物质。（　　）

A．醇　　B．醚　　C．酯　　D．酮

答案：ABCD

16．氧化剂贮存时，应将无机氧化剂与有机氧化剂分别保存，不应与__________混贮。（　　）

A．硝酸盐　　B．亚硝酸盐　　C．氯酸盐　　D．次氯酸盐

答案：BD

17．有机物爆炸物品主要包括__________。（　　）

A．芳香族化合物　　B．芳香族硝基化合物

C．有机重氮化合物　　D．脂肪类化合物

答案：BC

18．实验室常用的易燃易爆物品有__________等。（　　）

A．爆炸物品　　B．强氧化剂　　C．自燃物品　　D．遇水燃烧物品

答案：ABCD

19．下面哪些气体属剧毒气体__________。（　　）

A．氯气　　B．一氧化二氮　　C．光气　　D．二氧化硫

答案：AC

20．化学实验室电器众多，存在发生触电事故的风险。触电事故在极短暂的时间内，就会酿成严重的后果，所以发生触电事故，必须实施抢救。救治的方法主要包括脱离电源和现场救治，以下关于现场救治措施正确的有__________。（　　）

A．触电者脱离电源后，神志清醒，呼吸正常，皮肤也未灼伤，只需安排其到空气清新的地方休息，令其躺平，不要行走，防止突然惊厥狂奔，体力衰竭而亡

B．触电者脱离电源后，神志不清，呼吸困难或停止，必须立即把他移到附近空气清新的地方，及时进行人工呼吸，并请医务人员来抢救。如果心脏停止跳动，则需立即进行胸外挤压法抢救，并在送往医院途中不间断抢救

C．触电者脱离电源后，触电极严重，心跳呼吸全无，直接放弃治疗

D．触电者脱离电源后，用木板压，摇抖身体，掐人中、用水泼等方法，使触电者迅速恢复神志

答案：AB

21．根据《易制毒化学品管理条例》第十七条，购买第二类、第三类易制毒化学品的，应当在购买前将所需购买的品种、数量，向所在地的县级人民政府公安机关备案。个人自用购买少量高锰酸钾的，无须备案。下列属于第二类易制毒化学品的有__________。（　　）

A．三氯甲烷　　B．乙醚　　C．醋酸酐　　D．溴素

答案：ABCD

22．实验室可能会用到火焰原子吸收分光光度计，一般情况下，火焰原子吸收分光光度计需要乙炔作为燃气，乙炔属于易燃易爆气体，使用或存储不当极易造成危险，以下关于乙炔使用的说法正确的有__________。（　　）

A．乙炔是无色，无嗅气体（不纯净时，因混有 H_2S、PH_3 等杂质，具有大蒜臭）。比空气轻，易燃易爆，禁止接触火源，呼吸有麻痹作用

B．乙炔气瓶在使用、运输、贮存时，环境温度不得超过 40℃

C．乙炔气瓶在使用时必须装设专用减压器、回火防止器，工作前必须检查是否好用，否则禁止使用，开启时，操作者应站在阀门的侧后方，动作要轻缓

D．乙炔使用压力不超过 0.05 MPa；存放乙炔气瓶的地方，要求通风良好。使用时应装上回闪阻止器，还要注意气体回缩。如发现乙炔气瓶有发热现象，说明乙炔已发生分解，应立即关闭气阀，并用水冷却瓶体，同时最好将气瓶移动至远离人员的安全处加以妥善处理。发生乙炔燃烧时，绝对禁止用四氯化碳灭火

答案：ABCD

23．实验室中经常会用到各种钢瓶，钢瓶使用不当会造成严重的危害，钢瓶高压气体的主要危害包括__________。（　　）

A．燃烧　　B．爆炸　　C．中毒　　D．腐蚀

答案：ABCD

24．气瓶一般用来存放高压气体，了解气瓶中气体类型对实验室安全防护十分重要，常用的高压气体分为压缩气体、溶解气体、液化气体及低温液化气体。以下关于高压气体分类正确的有__________。（　　）

A．压缩气体：氧、氢、氮、氩、氦等

B．溶解气体：乙炔，溶于丙酮中，加有活性炭

C．液化气体：二氧化碳、一氧化碳、丙烷、石油气等

D．低温液化气体：液态氧、液态氮、液态氩等

答案：ABCD

25．化学实验室经常用到腐蚀性化学试剂，酸性的腐蚀性化学试剂如硝酸、盐酸、磷酸、甲酸、冰醋酸、氯磺酸、溴素等。碱性化学试剂如氢氧化钠、硫化钠、乙醇钠、二乙醇胺、二环己胺、水合肼等。以下关于腐蚀性化学试剂正确的说法有__________。（　　）

A．腐蚀性化学试剂的品种比较复杂，应根据其不同性质分开存放

B．易燃、易挥发物品，如甲酸等应放在阴凉、通风处

C．碱性腐蚀品应与酸性试剂分开存放

D．冰醋酸、甲醛等可放在冰箱低温保存

答案：ABC

26．实验室一旦发生了火灾切不可惊慌失措，应保持镇静。首先立即切断室内一切火源和电源，然后根据具体情况积极正确地进行抢救和灭火。以下常用的方法正确的有__________。（　　）

A．在可燃液体着火时，应立刻拿开着火区域内的一切可燃物质，关闭通风器，防止扩大燃烧。若着火面积小，可用石棉布、湿布、铁片、或沙土覆盖，隔绝空气使之熄灭。但覆盖时要轻，避免碰坏或打翻盛有易燃溶剂的玻璃容器，导致更多的溶剂流出而再着火

B．对于能溶于水或部分溶于水的甲醇、乙醇等醇类的易燃液体着火时，可以用雾状水或抗溶性泡沫、干粉等灭火剂进行施救

C．汽油、乙醚、甲苯等有机溶剂着火时，应用石棉布或土扑灭。绝不能用水，否则会扩大燃烧面积

D．导线着火时不能用水和二氧化碳灭火器，应切断电源或用四氯化碳灭火器

答案：ABCD

27．化学试剂和药品是实验室必备的物品，如果管理不当就会对人类健康造成威胁，妥善管理这些物品以规范实验室化学品的管理十分必要。以下关于化学试剂、药品的贮存正确的有__________。（　　）

A．化学药品贮存室应符合有关规定，有防火、防爆等安全措施，室内应干燥、通风良好、温度一般不超过28℃，照明应是防爆型

B．化学药品贮存室应由专人保管，并由严格的账目和管理制度

C．室内应备有消防器材；各存储柜应装有排气装置

D．化学药品应分类存放，特别是化学危险品按其特性单独存放

答案：ABCD

28．实验室在实验过程中会产生各种废弃物，有时需要及时地对相关废弃物进行处理，以降低实验室安全风险，以下处理措施正确的有__________。（　　）

A．温度计等含汞玻璃仪器不小心打碎致使汞撒漏：立即用滴管等收集起来用水覆盖，并在地面喷洒 20%三氯化铁水溶液或硫黄粉后清扫干净

B．氰化钠、氰化钾等氰化物撒漏：用硫代硫酸钠溶液浇在污染处，使其生成毒性较低的硫氰酸盐，然后再用热水冲洗，最后用冷水冲洗。也可以用硫酸亚铁、高锰酸钾、次氯酸钠代替硫代硫酸钠

C．废酸废碱液的处理：采取中和法，即调 pH 至中性左右

D．砷撒漏：用碱水和氢氧化铁解毒，再用水冲洗干净

答案：ABCD

29．实验室应配备必要的安全报警系统，下列属于安全报警系统的有__________。（　　）

A．火灾报警器　　B．可燃气体报警器　　C．有毒、有害气体报警器

答案：ABC

30．氰化钾、二氯化汞等属于剧毒化学品，剧毒化学品的领用要执行“五双”管理制度，以下属于“五双”管理的是__________。（　　）

A．双人保管、双人收发　　B．双人领料

C．双本账　　D．双锁

答案：ABCD

31．减压阀是气瓶使用的关键设备，以下关于减压阀使用正确的有__________。（　　）

A．开关减压器和开关阀时，动作必须缓慢

B．使用时应先旋动开关阀，后开减压器；用完，先关闭开关阀，放尽余气后，再关闭减压器。切不可只关减压器，不关开关阀

C．开瓶时阀门不要充分打开

D．乙炔瓶旋开不应超过 1.5 转，要防止丙酮流出

答案：ABCD

四、判断题

1．实验室检测人员在检测工作中应将安全放在首要位置，经常保持警惕，消灭各种不安全的因素和隐患。（　　）

答案：正确

2．任何可燃物的温度低于着火点时，如果供氧就会燃烧。（　　）

答案：错误

正确答案：任何可燃物的温度低于着火点时，即使供氧也不会燃烧。

3．控制可燃物的湿度是防止起火的主要条件。（　　）

答案：错误

正确答案：控制可燃物的温度是防止起火的主要条件。

4．爆炸物品爆炸时释放大量热能，并伴随产生大量气体。（　　）

答案：正确

5. 爆炸物品的爆炸威力大，其反应时间长，爆炸能量在短时间内释放。（ ）

答案：错误

正确答案：爆炸物品的爆炸威力大，其反应速度极快，爆炸能量在短时间内释放。

6. 爆炸物分为无机物及有机物和金属物三大类，共计 55 种。（ ）

答案：错误

正确答案：爆炸物分为无机物及有机物二大类，共计 55 种。

7. 无机爆炸物主要包括硝酸盐混合物，如硝酸钾、硝酸铵等物质。（ ）

答案：正确

8. 有机爆炸物主要包括芳香族硝基化合物，如苦味酸、硝酸酯类等物质。（ ）

答案：正确

9. 强氧化剂的化学性质活泼，具有强烈的氧化性，有燃烧和爆炸的危险。（ ）

答案：正确

10. 在易燃易爆场所不能穿带钉鞋。（ ）

答案：正确

11. 氯酸盐、硝酸盐及有机过氧化物经摩擦，撞击或震动易引起爆炸。（ ）

答案：正确

12. 强氧化剂遇有机物、易燃物和可燃物能发生激烈反应，甚至燃烧爆炸。（ ）

答案：正确

13. 大多数氧化剂遇碱能发生剧烈反应。（ ）

答案：错误

正确答案：大多数氧化剂遇酸能发生剧烈反应。

14. 自燃物品按其自燃的难易分两类，即一级自燃物品和二级自燃物品。（ ）

答案：正确

15. 遇水燃烧物品的特性是遇水或空气中的水分能发生剧烈反应，放出易燃气体和热量。（ ）

答案：正确

16. 遇水燃烧物品遇酸发生激烈反应可引起燃烧爆炸。（ ）

答案：正确

17. 易燃固体是指凡燃点较低，遇火、受热、撞击、摩擦或与某些物质（如氧化剂）接触能发生剧烈燃烧的固体物质。（ ）

答案：正确

18. 易燃固体参与氧化性酸发生剧烈反应而爆炸。如萘与发烟硝酸产生猛烈反应可发生爆炸。（ ）

答案：正确

19. 易燃固体除易燃外，多有较强的刺激性和毒性。（ ）

答案：正确

20. 易燃易爆物品必须放入库房、有人保管、专车运输。（ ）

答案：错误

正确答案：易燃易爆物品必须专库储存、专人保管、专车运输。

21．实验室内不宜存放过多的易燃品，严禁在火焰、电热器具或其他热源附近放置易燃易爆等危险品。（　　）

答案：正确

22．实验室可以用磨口塞的玻璃瓶贮存爆炸物品，但在开启时需注意因磨擦引起爆炸。（　　）

答案：错误

正确答案：实验室不能用磨口塞的玻璃瓶贮存爆炸物品，以免启闭玻塞时因磨擦引起爆炸。

23．实验室检测人员在进行蒸发、蒸馏或回流易燃易爆物品时，分析人员不得擅自离开，不得用明火直接加热，应按沸点高低分别使用水浴、砂浴或油浴加热，并应注意室内通风以免蒸汽浓度过高。（　　）

答案：正确

24．实验室使用和操作易燃易爆物应在实验室内进行，操作人员应佩戴安全防护用具。（　　）

答案：错误

正确答案：实验室使用和操作易燃易爆物应在通风橱内进行，操作人员应佩戴安全防护用具。

25．实验室对存放易燃易爆物品的库房需经常检查库温，物品包装完整性等，发现异常应立即处理。（　　）

答案：正确

26．实验室须不定期检查消防，灭火器材，并按规定更换药液，用后应彻底清洗、检查和更换损坏的零件。（　　）

答案：错误

正确答案：实验室应定期检查消防、灭火器材，并按规定更换药液，用后应彻底清洗、检查和更换损坏的零件。

27．实验过程中，可以戴隐形眼镜，主要防止化学药剂溅入眼睛而腐蚀眼睛。（　　）

答案：错误

正确答案：严禁戴隐形眼镜。

28．避免在实验室或附近区域饮食，使用化学药品或结束试验后，需彻底洗净双手方能进食。食物严格禁止储存于藏有化学药品的冰箱或储藏柜内。（　　）

答案：正确

29．实验产生的废弃物应统一集中收集、管理，并由有处理资质的单位进行处理。（　　）

答案：错误

正确答案：应分类集中统一收集、管理。

30．针对存放散布易燃、易爆气体或粉尘的实验室内，所用电器线路和用电装置均应按相关规定使用防爆电气线路和装置。（　　）

答案：正确

31．实验室中常用的电器如烘箱、恒温水箱、离心机、电炉等，使用时应严防触电，偶尔可用湿手或在眼镜旁视时开关电闸和电器开关。（　　）

答案：错误

正确答案：绝不可用湿手或在眼镜旁视时开关电闸和电器开关。

32. 金属钠、钾、铝粉、电石、黄磷等以及金属氢化物要注意使用和存放，使用时或使用结束后应严格按相关规定进行后续处理，不可直接当作实验废弃物处理，特别注意不能与水直接接触。（ ）

答案：正确

33. 实验室可能着火，牢记实验室着火类型，可根据不同的情况，选用水、沙、泡沫、二氧化碳或四氯化碳灭火器灭火，如乙炔着火可以用四氯化碳灭火器灭火。（ ）

答案：错误

正确答案：乙炔着火绝不可以用四氯化碳灭火器灭火。

34. 乙醚、乙醇、丙酮、二硫化碳、苯等有机溶剂易燃，实验室不宜过多存放，使用时或使用结束后，严禁倒入下水道，以免聚集引起火灾。（ ）

答案：正确

35. 对于防止支链爆炸，主要是防止可燃性气体或蒸气散失在实验室中。当大量使用可燃性气体时，只需保持室内通风良好即可。（ ）

答案：错误

正确答案：还应严禁使用明火和可能产生电火花的电器。

36. 除了高温以外，液氮、强酸、强碱、强氧化剂、溴、磷、钠、钾、苯酚、醋酸等物质都会灼伤皮肤；实验时穿实验服，佩戴防护眼镜、口罩、手套等相关防护设备，注意不要让皮肤与其接触。（ ）

答案：正确

37. 人们一般将 36 V 以下电压规定为安全电压，在安全电压下不会对人造成伤害。（ ）

答案：错误

正确答案：36 V 以下电压，对人体没有严重威胁。

38. 电风扇的底盘、风罩、冰箱的门拉手、仪器设备的外壳等，都是随时可能与人体接触的，为了消除这些不安全因素，应使用三孔带接地线的插座、插头。（ ）

答案：正确

39. 旋转蒸发仪等用电设备在使用中，应有人看守，以防所旋蒸的物料爆沸冲料；断电时防止水泵中的水倒吸。（ ）

答案：正确

40. 使用机械搅拌器和恒温磁力搅拌器时，关闭仪器时需将转速调至零后再关闭电源，防止下次操作时搅拌桨快速搅拌，使溶液溅出。（ ）

答案：正确

41. 油浴加热时，温度传感器一定要置于控温体系中，防止无限制的加热引起危险。（ ）

答案：正确

42. 在实验室一般使用气体钢瓶直接获得各种气体。气体钢瓶是储存压缩气体的特制的耐压钢瓶。使用时，通过减压阀（气压表）有控制地放出气体。由于钢瓶的内压很大（有的高达 15 MPa），

而且有些气体易燃或有毒，所以在使用钢瓶时要注意安全。（　　）

答案： 正确

43．使用钢瓶中气体时，要用减压阀（气压表）。减压阀中易燃气体一般是右旋开启，其他为左旋开启。各种气体的减压阀、导管不得混用，以防爆炸。（　　）

答案： 错误

正确答案： 减压阀中易燃气体一般是左旋开启，其他为右旋开启。

44．不得将钢瓶内的气体完全用完，一定要保留 0.05 MPa 以上的残留压力（减压阀表压）。可燃气体如乙炔应剩余 0.2～0.3 MPa（2～3 kg/cm^2 表压）。乙炔压力低于 0.5 MPa 时，就应更换，否则钢瓶中丙酮沿管路流进火焰，致使火焰不稳，噪声加大，并造成乙炔管路污染堵塞。H_2 应保留 2 MPa，以防重新充气时发生危险，不可用完用尽。（　　）

答案： 正确

45．易制毒、易制爆与剧毒化学品的领取，应由两人以当日实验的用量领取，如有剩余应在当日退回，并填写相关记录。（　　）

答案： 正确

46．当仪器设备保险丝老化或熔断更换时，可带电操作。（　　）

答案： 错误

正确答案： 应先切断电源，切勿带电操作。

47．实验室采购易制毒、易制爆和剧毒化学品时，可以直接采购。（　　）

答案： 错误

正确答案： 应严格按照《易制毒化学品管理条例》《易制爆危险化学品治安管理办法》《剧毒化学品购买和公路运输许可证件管理办法》等要求执行。

48．危险化学品入库后应定期检查，发现化学品容器未关紧、破损、渗漏、标签不完整时，应及时处理。（　　）

答案： 正确

49．气瓶应注明气体种类，并在气瓶柜或气瓶上设置“使用中”和“未使用”标识。（　　）

答案： 正确

50．气瓶应配有阀门扳手或活扳手，气体管路一般使用铜、不锈钢等金属管线，一般不会泄漏，不用定期进行检漏检查。（　　）

答案： 错误

正确答案： 应进行定期检查。

51．实验室的通风能力应与当前实验室运行情况相适应。实验室应定期对通排风系统进行功能性核查并保存核查记录。（　　）

答案： 正确

52．通风橱内可暂时存放当天实验所需危险化学品，禁止长时间存放危险化学品和杂物。（　　）

答案： 正确

53．使用危险化学品的实验室应配置紧急喷淋装置和洗眼器且应有使用说明书或图示。紧急喷淋装置水管总阀平时处于关闭状态，用时打开，喷淋头下方无障碍物，不能以普通淋浴装置代替

紧急喷淋装置。（　　）

答案：错误

正确答案：紧急喷淋装置水管总阀应处常开状态。

54. 实验室所在楼或楼层应通过消防单位或第三方消防机构的安全评估，合格后方可使用，并保存消防单位评估记录。实验室应配备充足有效的消防设施，定期检查有效期并及时更换。实验室消防指示信息应齐全，墙上高 1.5 m 以上与墙高 0.5 m 处均应有反光贴指示灭火器。（　　）

答案：正确

55. 高温电器如马弗炉/电热烘箱等不得放置在木质或合成材料桌面上，并在电器明显处应有“高温”“防烫”“触电危险”等标识牌。（　　）

答案：正确

56. 为了实验方便，可以在通风橱内设置或放置插座、插头、接线板。（　　）

答案：错误

正确答案：通风橱内不宜设置或放置插座、插头、接线板。

57. 使用玻璃器具时，应选择合适的个体防护设备。使用明火加热或电炉直接加热玻璃容器时，应有透明保护罩或戴防护罩。明火或电炉可以加热装有有机物的敞口玻璃容器。（　　）

答案：错误

正确答案：明火或电炉不能加热装有有机物的敞口玻璃容器。

58. 实验室应配备紧急医疗用品急救药箱，包括但不限于：创可贴、碘伏、棉签、绷带、止血带等临时医疗用品；如果经常使用氢氟酸（HF），还应配备葡萄糖酸钙凝胶（解毒剂），经医护人员培训指导后使用。（　　）

答案：正确

59. 实验室应制订相应的安全培训计划，包括但不限于个体防护装备的使用和维护培训、实验室仪器/设备相关培训、应急培训，培训完成后即可进入实验室。（　　）

答案：错误

正确答案：还应保留培训记录并对培训有效性进行评价，评价合格后方可进入实验室。

60. 贮存易燃易爆危险品的建筑，应安装避雷设施。（　　）

答案：正确

61. 有毒、有害物质应贮存在阴凉、通风、干燥的场所，不得露天存放，不得接近酸类物质；腐蚀性物品，包装应严密，严禁泄漏，严禁与液化气体和其他物品共存。（　　）

答案：正确

62. 气瓶应放置于阴凉处的气瓶储存区域，如放置在气瓶柜中，可以不用固定；气瓶不使用时应装上安全保护帽。（　　）

答案：错误

正确答案：气瓶应牢固固定。

五、简答题

1. 简述爆炸物品的定义。

答案：凡受摩擦、撞击、震动、高温或其他因素的激发能产生激烈化学变化，在极短时间内放出大量热与气，同时伴有光、声等生成物的物品。

2．简述遇水燃烧物品的特性。

答案：

（1）遇水或空气中的水分能发生剧烈反应，放出易燃气体和热量。即使当时不发生燃烧爆炸，但所生易燃气体可能在容器或室内形成爆炸性混合物而存在危险。

（2）遇酸发生激烈反应可引起燃烧爆炸。

3．根据压缩气体和液化气体的性质，实验室常用气瓶气体一般可分为哪四类？

答案：剧毒气体、易燃气体、助燃气体、不燃气体。

4．简述易燃易爆物品的“五双”保管制度。

答案：双人保管，双人收发，双人领料，双锁，双账。

5．简述防止火势蔓延的紧急措施。

答案：为防止火势扩散及蔓延，必须首先切断电源，熄灭各种加热设备，迅速移走周围的可燃物品，关闭一切通风装置，减少空气流通。

6．气体检漏方法主要有感官法、涂抹法、气球膨胀法、化学法、气体报警装置等方法，其中涂抹法是最常用的方法，请简述涂抹法的具体操作和判断过程。

答案：涂抹法：将肥皂水抹在气瓶检漏处，若有气泡产生，则能判定为漏气。此方法使用较普遍、准确，但注意对氧气瓶检漏时则严禁使用，以防肥皂水中的油脂与氧接触发生剧烈的氧化。

7．乙炔气体管道为何禁止用紫铜材料制作？

答案：乙炔和铜反应生成乙炔铜，它是一种引爆剂。

8．实验室应制定包括专项应急预案或现场处置方案，预案应包括哪些内容？

答案：包括但不限于以下情况发生时的专项应急预案或现场处置方案：火灾、爆炸、危险化学品泄漏、中毒、窒息、灼烫、冻伤、触电、电离辐射。

9．某有机化学实验室发生爆炸，原因是工作人员将实验用的石油醚放入冰箱内，泄漏出的易燃气体达到爆炸极限后，冰箱内的电器控制开关打火引起爆炸，这次事故使得实验室内的仪器设备只剩下碎片和焦炭。

事故概况经过：事故原因是白天工作人员在实验室内做化学实验，下午实验人员做完实验离开实验室时，把还剩有 20 mL 石油醚的小瓶没有加盖就放进电冰箱，因而引起爆炸。随着爆炸声响，室内升起浓烟烈火，房间的窗玻璃被震得粉碎。该实验室有多种有毒的危险物品，爆炸后容器损坏，毒气弥漫，有毒液体四溢，使救火人员难以接近，后来佩戴氧气面具的消防人员赶到，经过近 1 h 的奋战，才将大火扑灭。请根据以上信息分析事故原因。

答案：事故原因分析：石油醚在冰箱内会挥发出可燃气体，贮藏过程中会因泄漏形成浓度积累，与空气混合后形成爆炸性化合物，遇明火就会发生爆炸；机械温控冰箱是靠“温包”对温度感应产生热胀冷缩，带动电触点后才触发冰箱压缩机的开关，达到温控目的。由于触点带电动作，瞬间会产生火花，而两者结合具备了爆炸条件；由于冰箱是处于近密封状态的，减压条件差，因而一旦发生爆炸，它的威力比空间爆炸大得多，所以少量易燃液体挥发形成的爆炸混合气体爆炸，就能造成严重的破坏。

请结合以上情况综合分析，提出防止同类事故发生的措施。

防止同类事故发生的措施为：

①普通电冰箱内严禁存放易燃、易爆等危险物品；

②购置防爆冰箱存放易燃、易爆物品；

③如果一时买不到防爆型的电冰箱，也可以请专业人员将普通冰箱容易产生火花的器件移到冰箱外面。

10．定期或不定期的实验室安全自查，或是由各级安全管理部门进行检查，可对实验室安全提供更好保障，实验室安全检查的分类包括制度建设、安全责任体系、安全检查台账、卫生环境、消防安全、电气安全、防盗安全、化学试剂安全、剧毒品管理、“三废”排放、气瓶安全、生物安全、放射性安全、用水及机械安全等，请结合工作实际，谈谈气瓶应重点检查哪些内容（至少三条）。

答案：

①是否存放残余废气钢瓶；

②是否存在气体钢瓶未固定的现象；

③是否存在危险废气钢瓶混放（主要指可燃性气体与氧气等助燃气体混放）的现象；

④是否存在危险气体钢瓶存放点通风不够的现象；

⑤是否存在大量气体钢瓶堆放的现象；

⑥是否存在忘关安全阀现象；

⑦是否有相应的气体标识；

⑧存在独立气体钢瓶室的钢瓶连接是否规范；

⑨是否对气体连接管路进行检漏；

⑩独立的气体钢瓶室是否有专人管理。

11．化学品作业场所安全警示标志以文字和图形符号组合的型式，表示化学品在工作场所所具有的危险性和安全注意事项。标志要素包括化学品标识、理化特性、危险象形图、警示词、危险性说明、防范说明、防护用品说明、资料参阅提示语以及报警电话等。以下为化学品作业场所安全警示标志样例，根据样例提示，在该类物质存在环境下应穿戴哪四类个人防护用品？

答案：应穿戴防护眼镜、防毒面罩、手套及工作服。

第二章

水和废水

第一节　水和废水采样及现场测试

一、填空题

1．当水面宽＞100 m 时，在一个监测断面上设置的采样垂线数是__________条。饮用水水源地、省（自治区、直辖市）交界断面中需要重点控制的监测断面采样频次为__________。

答案：3，每月至少 1 次

2．河流采样时采样断面指__________断面、__________断面、__________断面、__________断面、入境断面、出境断面、交界断面等。

答案：背景，对照，控制，消减

3．水样的 pH 最好现场测定，或采集样品于采样瓶中，样品充满容器立即密封，__________h 内完成测定。

答案：2

4．引起水样水质变化的原因有__________、__________、__________作用。

答案：化学，生物，物理

5．玻璃器皿灭菌一般采用__________灭菌和__________灭菌。

答案：高压蒸汽，干热

6．采集水质样品时，在__________采样点上以流量、时间、体积或是以流量为基础，按照__________混合在一起的样品，称为混合水样。

答案：同一，已知比例

7．采集叶绿素 a 样品，现场需加入__________固定剂。

答案：碳酸镁

8．测定挥发性有机物的水样，应在__________条件下保存。

答案：酸性

9．测定（石）油类的水样，应在水面至水面下__________mm 采集柱状水样，并单独采样，全部用于测定。

答案：300

10．从不同采样点同时采集的瞬时水样混合为一个样品（时间应尽可能接近，以便得到所需要的信息），称作__________水样。

答案：综合

11．当河流断面宽度在 100～1 000 m 时，监测断面上应设__________、__________、__________共__________条采样垂线。

答案：左，中，右，3

12．地表水断面位置应避开死水区、回水区、__________处，尽量选择顺直河段、__________、__________、水面宽阔、无急流、无浅滩处。

答案： 排污口，河床稳定，水流平稳

13．对于酸碱度、生化需氧量、溶解氧、总有机碳等项目的样品在保存时要特别注意，应使水样__________并密封保存，以减少与空气中氧气、二氧化碳的反应干扰及样品运输途中的__________。

答案： 充满容器至溢流，振荡干扰

14．湖（库）监测垂线采样点的设置，要考虑湖（库）水分层现象，此处分层是指湖水__________分层状况。

答案： 温度

15．湖（库）区若无明显功能区别，可用__________法均匀设置监测垂线。

答案： 网格

16．湖泊、水库采样断面垂线的布设：可在湖（库）区的不同水域（如进水区、__________、__________、__________、湖心区和岸边区），按水体类别设置监测垂线。

答案： 出水区，深水区，浅水区

17．挥发酚废水样品的保存用磷酸酸化，加入硫酸铜可起到__________作用。

答案： 抑制微生物氧化

18．混合水样分为__________和__________混合水样。

答案： 等比例，等时

19．水流量的测量包括__________、__________和__________3 方面。

答案： 流向，流速，流量

20．水温测定时，当气温与水温相差较大时，应注意立即__________，避免受 __________影响。

答案： 读数，气温

21．水样采集后，对每一份样品都应附一张完整的__________。

答案： 水样标签

22．现场测定水透明度时，铅字法使用的仪器是__________，塞氏盘法使用的测量设备是透明度盘。

答案： 透明度计

23．选择盛装水样的容器材质必须注意：容器器壁__________待测组分、容器不能引起新的沾污、容器__________发生反应和选用深色玻璃降低光敏作用。

答案： 不应吸收或吸附，不得与待测组分

24．一般的玻璃容器吸附__________，聚乙烯等塑料吸附__________、磷酸盐和油类。

答案： 金属，有机物质

25．用船只采样时，采样船应位于__________方向，__________采样，避免搅动底部沉积物造成水样污染。采样人员应在船前部采样，尽量使采样器远离船体。

答案： 下游，逆流

26．用塞氏盘法测定水样的透明度，记录单位为__________。

答案： 厘米（cm）

27．在采样（水）断面同一条垂线上，水深 5～10 m 时，设 2 个采样点，即＿＿＿＿＿m 处和＿＿＿＿＿m 处；若水深≤ 5 m 时，采样点在水面＿＿＿＿＿m 处。

答案：水面下 0.5，河底上 0.5，下 0.5

28．在同一地表水采样点，同时进行细菌学监测项目与理化监测项目采样时，应先采集＿＿＿＿＿。

答案：细菌学检验样品

29．《污水综合排放标准》（GB 8978—1996）规定，生产周期大于 8 h 的企业，其外排工业废水采样频率为每＿＿＿＿＿h 一次。

答案：4

30．根据《固定污染源监测质量保证与质量控制技术规范（试行）》（HJ/T 373—2007），采集废水样品的采样点位设在排污单位外排口。原则上外排口应设置在厂界外，如果设置于厂界内，＿＿＿＿＿及事故口排水必须能够纳入采样点位排水中。

答案：溢流口

31．采集 VOCs 水样时，若无余氯，水样应加＿＿＿＿＿保存，使水样 pH 约为＿＿＿＿＿。

答案：（1+10）HCl，≤2

32．废水样品采集时，在某一时间段，在同一采样点按等时间间隔采等体积水样的混合水样，称为＿＿＿＿＿。此废水流量变化应小于平均流量的＿＿＿＿＿%。

答案：等时混合水样（或时间比例混合水样），20

33．工业废水的分析应特别重视水中＿＿＿＿＿对测定的影响，并保证分取测定水样的＿＿＿＿＿性和＿＿＿＿＿性。

答案：干扰物质，均匀，代表

34．控制断面用来反映某排污区（口）排放的污水对水质的影响。应设置在＿＿＿＿＿的下游，污水与河水基本混匀处。

答案：排污区（口）

35．水质采样时，通常分析有机物的样品使用＿＿＿＿＿（材质）采样瓶，分析无机物的样品使用＿＿＿＿＿（材质）采样瓶（桶）。自动采样容器应满足相应的污水采样器技术要求。

答案：硬质玻璃，聚乙烯塑料

36．污水排放管道或渠道监测断面应为矩形、＿＿＿＿＿、＿＿＿＿＿等规则形状。

答案：圆形，梯形

37．污水排放管道或渠道测流段水流应＿＿＿＿＿、＿＿＿＿＿、有一定水位高度。

答案：平直，稳定

38．污水采样时，采样器具可选用聚乙烯、不锈钢、＿＿＿＿＿等材质，样品容器可选用＿＿＿＿＿、聚乙烯等材质。

答案：聚四氟乙烯，硬质玻璃

39．现场采样需要准备所需的保存剂、样品箱、低温保存箱以及＿＿＿＿＿、＿＿＿＿＿、安全防护用品等辅助用品。

答案：记录表格，标签

40．污水现场监测采样、__________、__________、__________和实验室分析的原始记录应在记录表格上，按规定格式对各栏目认真填写，及时记录。

答案：样品保存，样品交接，样品处理

41．水样采样完成后应在每个样品容器上贴上标签，标签内容包括样品编号或__________、采样日期和__________、监测项目名称等，同步填写现场记录。

答案：名称，时间

42．同一采样点的样品应尽量装在同一样品箱内，运输前应仔细核对现场采样记录上所有的__________是否齐全，样品运输应有__________。

答案：样品，专人负责

43．现场采样时，若采样位置附近有腐蚀性、__________、__________、__________、可燃性物质，须穿戴防护用具。

答案：高温，有毒，挥发性

44．纸质原始记录应该使用__________或__________书写，应做到字迹端正、清晰。

答案：墨水笔，中性笔

45．样品运输前应将容器的外（内）盖盖紧。装箱时应用泡沫塑料等减震材料__________，以防破损。除防震、避免日光照射和低温运输外，还应防止__________。

答案：分隔固定，沾污

46．污水采样时，应用文字定性描述水的颜色、浑浊度、气味（嗅）等__________、水面有无油膜等__________，并均应做现场记录。

答案：样品状态，表观特征

47．根据《地表水环境质量监测技术规范》（HJ 91.2—2022），使用虹吸装置取上层不含沉降性固体的水样时，虹吸装置进水尖嘴应保持插至水样表层__________ mm 以下位置。

答案：50

48．地表水采样时，可现场测定的项目优先选用现场测定方法，并尽量__________。

答案：原位监测

49．水样在 2～5℃保存，能抑制__________的活动，减缓物理和化学反应速度。

答案：微生物

二、单选题

1．采集溶解氧水样应在现场固定，固定方法是__________。（　　）

A．加入 $MnSO_4$ 溶液　　B．加入碱性 KI 溶液

C．加入 $MnSO_4$ 和碱性 KI 溶液　　D．只要塞紧瓶塞

答案：C

2．在水质监测中，所测河段的对照断面一般设__________个。（　　）

A．1　　B．2

C．3　　D．4

答案：A

3．用分光光度法测定酚的水样，用 H_3PO_4 调至 pH≈4，加入__________，即可抑制苯酚分解菌的活动。（　　）

A．Na_2SO_4　　B．$NaNO_3$

C．$HgCl_2$　　D．$CuSO_4$

答案：D

4．测定氨氮、化学需氧量的水样中加入 $HgCl_2$ 的作用是__________。（　　）

A．控制水中的 pH　　B．防止生成沉淀

C．抑制苯酚菌的分解活动　　D．抑制生物的氧化还原作用

答案：D

5．COD 是指水体中__________的主要污染指标。（　　）

A．氧含量　　B．含营养物质量

C．含有机物及还原性无机物量　　D．无机物

答案：C

6．对于江河水系水样采样点位的确定，下列说法正确的是__________。（　　）

A．当水面宽小于等于 50 m 时，只设 1 条中弘垂线

B．当水面宽为 50～100 m 时，设 2 两条等距离垂线

C．当水面宽为 100～1 000 m 时，设 3 条等距离垂线

D．当水面宽大于 1 500 m 时，设 4 条等距离垂线

答案：A

7．采集测定悬浮物的水样时，在__________条件下采样最好。（　　）

A．层流　　B．湍流　　C．束流

答案：B

8．用十字法测定水的透明度，准确记录水柱高度是在__________时。（　　）

A．黑色十字和 4 个黑点刚好清晰见到

B．黑色十字模糊，而 4 个黑点刚好清晰见到

C．黑色十字刚好清晰见到，而 4 个黑点尚未见到

D．黑色十字和 4 个黑点刚好完全消失

答案：C

9．在地表水采样中，常会采取加酸处理保存，以下说法正确的是__________。（　　）

A．Cu、Zn、Pb、Cd 加 HCl，使 pH＜2

B．As、Se、Hg 加 HCl，每 500 mL 水样加 2.5 mL HCl

C．石油类加 HNO_3，使 pH＜2

D．总磷加 H_2SO_4，使 pH＜2

答案：B

10．采集河流和溪流的水样时，采样点不应选在__________。（　　）

A．汇流口　　B．溢流堰或只产生局部影响的小排出口

C．主要排放口或吸水处　　D．河床稳定处

答案：B

11．在地表水采样中，__________类项目应首先采集。（　　）

A．细菌　　B．有机　　C．无机　　D．油

答案：A

12．采集 VOCs 水样时，加入抗坏血酸的目的是__________。（　　）

A．调节水样 pH　　B．减少 VOCs 挥发　　C．去除余氯干扰　　D．作为内标

答案：C

13．在水样采集中，__________项目的采样容器必须为聚乙烯瓶。（　　）

A．有机物　　B．高锰酸盐指数　　C．油类　　D．氟化物

答案：D

14．等比例混合水样为__________。（　　）

A．在某一时段内，在同一采样点所采水样量随时间与流量成比例的混合水样

B．在某一时段内，在同一采样点按等时间间隔采等体积水样的混合水样

C．在某一时段内，在不同采样点等体积采集水样的混合水样

D．从水中不连续地随机（如时间、流量和地点）采集的样品

答案：A

15．对于流速和待测污染物浓度都有明显变化的流动水，精确的采样方法是__________。（　　）

A．在固定时间间隔下采集周期样品　　B．在固定排放量间隔下采集周期样品

C．在固定流速下采集连续样品　　D．在可变流速下采集的流量比例连续样品

答案：D

16．若水体受到工业废水、城市生活污水、农牧渔业废水污染，会导致水中溶解氧浓度__________。（　　）

A．下降　　B．无影响　　C．上升　　D．不变

答案：A

17．在一个大气压下、温度为 0℃的淡水中，溶解氧呈饱和状态时的含量高于__________，当溶解氧低于__________时，鱼类就难以生存。水被有机物污染后，由于好氧菌作用，使有机物被氧化，消耗水中的溶解氧。溶解氧越少，表明污染程度越严重。（　　）

A．6 mg/L，4 mg/L　　B．4 mg/L，10 mg/L　　C．10 mg/L，2 mg/L　　D．10 mg/L，4 mg/L

答案：D

18．塞氏盘法是一种现场测定透明度的方法。塞氏盘为直径__________mm 的白铁片圆板，板面从中心平分为 4 个部分，黑白相间，中心穿一带铅锤的铅丝，上面系一条用“cm”标记的细绳。（　　）

A．50　　B．100　　C．200　　D．300

答案：C

19．水库和湖泊采样时，如果水样中含沉降性固体，如泥沙等，应分离除去。分离方法为将所采水样摇匀后倒入筒形玻璃容器，静置后，将已不含沉降性固体但含悬浮性固体的水样移入采样容器并加入保存剂。测定__________的水样除外。（　　）

A. 高锰酸盐指数 B. 总磷和总氮 C. 总悬浮物和油类 D. 氨氮

答案：C

20. 用塞氏盘法在现场测定水的透明度时，正确方法是将盘在船的__________处平放入水中。（ ）

A. 直射光 B. 背光 C. 迎光 D. 反射光

答案：B

21. 用于测定农药或除草剂等项目的水样，一般使用__________作盛装水样的容器。（ ）

A. 无色玻璃瓶 B. 不锈钢容器 C. 棕色玻璃瓶 D. 聚乙烯瓶

答案：C

22. 采集氰化物的样品必须及时进行测定。如不能及时测定样品，应将样品在__________℃以下冷藏，并在采样后__________h 内分析样品。（ ）

A. 5，24 B. 4，24 C. 4，48 D. 5，48

答案：B

23. 水质监测采样时，必须在现场进行固定处理且水样充满容器、密塞保存的项目是__________。（ ）

A. 砷 B. 硫化物 C. 化学需氧量 D. 铜

答案：B

24. 测定表层水温时，将水温计投入水中至待测深度，感温 5 min 后，迅速上提并立即读数。从水温计离开水面至读数完毕应不超过__________s。（ ）

A. 5 B. 10 C. 15 D. 20

答案：D

25. 采集河流、湖库等地表水细菌学监测项目样品时，可握住瓶子下部直接将带塞采样瓶插入水中，距水面__________cm 处进行采样。（ ）

A. 15～20 B. 10～15 C. 20～25 D. 1～50

答案：B

26. 叶绿素 a 样品采集一般使用有机玻璃采水器或其他适当的采样器采集水面下__________m 处样品，如果水深不足__________m，在水深__________处采集样品，但不得混入水面漂浮物。（ ）

A. 0.5，0.5，1/2 B. 1.0，1.0，1/2 C. 0.5，0.5，1/3 D. 1.0，1.0，1/3

答案：A

27. 地表水取样前，不需要使用采样水荡洗采样容器的主要有__________指标。（ ）

A. 五日生化需氧量、有机物、粪大肠菌群 B. 五日生化需氧量、氰化物、有机物

C. 化学需氧量、挥发酚、粪大肠菌群 D. 挥发酚、硫化物、溶解氧

答案：A

28. 对于采集微生物和生物的采样容器，须经__________处理，并在 2 周内使用。（ ）

A. 150℃干灭菌 2 h B. 150℃湿灭菌 2 h C. 160℃干灭菌 2 h D. 160℃湿灭菌 2 h

答案：C

29. 二苯碳酰二肼分光光度法测定水中六价铬时，采集的水样应加入固定剂调节至 pH

__________。（ ）

A．<2　　B．约 8　　C．约 5　　D．>12

答案：B

30．在挥发性卤代烃监测中，水样保存加入的保存剂可以为__________。（ ）

A．氢氧化钠　　B．硼氢化钠　　C．硫酸锰　　D．抗坏血酸

答案：D

31．欲保存用于测定 COD 的水样，须加入__________使 pH__________。（ ）

A．HCl，≤2　　B．NaOH，≥7　　C．HNO_3，≤2　　D．H_2SO_4，<2

答案：D

32．抑制水样的细菌生长可采用加入__________和冷冻的方法。（ ）

A．醋酸　　B．三氯甲烷　　C．氢氧化钠　　D．盐酸

答案：B

33．根据监测断面采样垂线数的设置要求，水面宽为__________m 时，设置 2 条（近左、右岸有明显水流处）垂线。（ ）

A．>100　　B．100～200　　C．50～100　　D．>50

答案：C

34．用原子荧光测定汞的水样，现场采集后用__________作为保存剂。（ ）

A．盐酸　　B．硝酸　　C．硫酸　　D．氢氟酸

答案：A

35．测定水中挥发性有机物时，水样中的余氯对测定产生干扰，可用__________消除干扰。（ ）

A．氯化钠　　B．碳酸钠　　C．抗坏血酸　　D．硼酸钠

答案：C

36．根据《污水综合排放标准》（GB 8978—1996），废水中一类污染物采样点设置在__________。（ ）

A．车间或车间处理设施排放口　　B．排污单位的总排放口

C．车间处理设施入口

答案：A

37．测定水中铝或铅等金属时，采集样品后加酸酸化至 pH<2，但酸化时不能使用__________。（ ）

A．硫酸　　B．硝酸　　C．盐酸

答案：A

38．水质采样时，__________适合采集混合水样。（ ）

A．计算一定时间的平均污染物浓度　　B．为了评价出平均组分或总的负荷

C．几条废水渠道分别进入综合处理厂时

答案：A

39．根据《污水综合排放标准》（GB 8978—1996），__________全是第一类污染物。（ ）

A．总α放射性、总银、总汞、总铬　　B．挥发酚、总氰化物、总烷基、总铬

C．总铬、总铅、总铜、苯并[a]芘　　　　D．总铜、总铅、总汞、总银

答案：A

40．在测定医疗污水粪大肠菌群样品的采样瓶中加入硫代硫酸钠，目的是__________。（　　）

A．防止水样被氧化　　　　B．去除水样残余氯

C．防止水样被还原　　　　D．去除水样溶解氧

答案：B

41．根据《污水综合排放标准》(GB 8978—1996)，不属于第二类污染物的是__________。（　　）

A．硫化物　　B．总银　　C．氰化物　　D．总铜

答案：B

42．根据《污水综合排放标准》（GB 8978—1996），允许在排污单位排放口采样的污染物是__________。（　　）

A．总汞　　B．总锌　　C．总镍　　D．总银

答案：B

43．根据《陶瓷工业污染物排放标准》（GB 25464—2010），须在车间或生产设施废水排放口采样的是__________。（　　）

A．铜　　　　B．锌

C．钡　　　　D．可吸附有机卤化物（AOX）

答案：D

44．城镇污水处理厂出水排入地表水III类功能水域（划定的饮用水水源保护区和游泳区除外）、海水二类功能水域和湖（库）等封闭或半封闭水域时，执行《城镇污水处理厂污染物排放标准》（GB 18918—2002）的__________。（　　）

A．一级标准的 A 标准　　　　B．一级标准的 B 标准

C．二级标准　　　　D．三级标准

答案：B

45．在建设项目竣工环境保护验收监测中，对有污水处理设施并正常运转或建有调节池的建设项目，其污水为稳定排放的可采瞬时样，但不得少于__________次。（　　）

A．1　　B．2　　C．3　　D．4

答案：C

46．根据《固定污染源监测质量保证与质量控制技术规范（试行）》（HJ/T 373—2007）规定的采样断面及位置，水深大于 1 m 时，应在表层下__________深度处采样；水深小于等于 1 m 时，应在水深的__________处采样。（　　）

A．1/4，1/2　　B．1/2，1/4　　C．1/2，1/3　　D．1/3，1/4

答案：A

47．《污水监测技术规范》（HJ 91.1—2019）规定，当废水流量变化小于平均流量__________%，污染物浓度随时间变化较小时，采集等时混合水样。（　　）

A．20　　B．25　　C．30　　D．40

答案：A

48. 根据《污水综合排放标准》(GB 8978—1996)，测定__________的水样不能在单位总排放口采集。(　　)

A. 氰化物　　B. 总铜　　C. 苯并[*a*]芘　　D. 挥发酚

答案：C

49. 测定水中铁、锰、镍等金属时，采集样品后加__________酸化，1 L 水样中加浓酸__________mL。(　　)

A. 硫酸，10　　B. 硝酸，10　　C. 盐酸，10　　D. 磷酸，10

答案：B

50.《污水综合排放标准》(GB 8978—1996)中排入设置二级污水处理厂的城镇排水系统的污水，执行__________标准。(　　)

A. 二级　　B. 三级　　C. 一级　　D. 不确定

答案：B

51. 用__________测定污水流量，排污截面底部需硬质平滑，截面形状为规则几何形，排污口处有不少于 3～5 m 的平直过流水段，且水位高度不小于 0.1 m。(　　)

A. 流量计法　　B. 容量法　　C. 流速仪法　　D. 量水槽法

答案：C

52. 氰化物是__________行业废水的必测项目。(　　)

A. 烧碱　　B. 皮革　　C. 染料　　D. 电镀

答案：D

53. 测定金属离子的水样常用硝酸酸化至 pH__________，既可以防止重金属的水解沉淀，又可以防止金属在器壁表面上的吸附，同时还能抑制生物的活动。(　　)

A. 2～3　　B. 1～2　　C. 2～4　　D. 1～3

答案：B

54. 根据《水质　采样技术指导》(HJ 494—2009)，在分时间单元采集废水样品时，测定__________等项目的样品，不能混合，只能单独采样。(　　)

A. 硫酸盐、pH、溶解氧

B. 氰化物、化学需氧量、石油类

C. 粪大肠菌群、悬浮物、有机物

D. 重金属、氨氮、石油类

答案：C

55.《水污染物排放总量监测技术规范》(HJ/T 92—2002)规定污水现场采样时需采集不少于__________%的现场平行样。(　　)

A. 10　　B. 20　　C. 30　　D. 5

答案：A

56. __________不是《污水综合排放标准》(GB 8978—1996)中规定的一类污染物。(　　)

A. 总银　　B. 苯　　C. 总铍　　D. 总镍

答案：B

57. 现场测定 pH 时，用测量精度为__________的 pH 计测定。测定前应清洗和校正仪器。(　　)

A. 0.5　　B. 1　　C. 0.05　　D. 0.01

答案： D

58. 浊度的单位是__________。(　　)

A. mg/L　　B. NTU　　C. S/cm　　D. TB

答案： B

59. 污水面在地面以下超过 1 m 的排放口，应配建取样台阶或梯架。监测平台面积应不小于 1 m^2，平台应设置不低于__________m 的防护栏。(　　)

A. 0.8　　B. 1　　C. 1.2　　D. 1.5

答案： C

60. 排放口应满足现场采样和流量测定的要求，原则上设在厂界内，或厂界外不超过__________m 的范围内。(　　)

A. 10　　B. 15　　C. 20　　D. 25

答案： A

61. 测油类的水质样品应选用__________作容器。(　　)

A. 聚乙烯塑料瓶　　B. 塑料瓶　　C. 广口玻璃瓶　　D. 不锈钢瓶

答案： C

62. 聚乙烯塑料瓶具有透气性，因此在长期保存样品过程中，如果用聚乙烯塑料瓶可使样品__________。(　　)

A. 浓缩　　B. 膨胀　　C. 增加　　D. 体积增大

答案： A

63. 排放的污水浓度变化不超过__________%，则该污水可以视为稳定排放。(　　)

A. 5　　B. 10　　C. 15　　D. 20

答案： B

64. 根据《地表水环境质量监测技术规范》(HJ 91.2—2022)，采集总磷水样时，自然静置 30 min 后仍存在大量可沉降性固体的水样，应在现场重新采集水样，根据__________测定结果选择延长静置时间或离心方式处理。(　　)

A. pH　　B. 电导率　　C. 浊度　　D. 溶解氧

答案： C

65. 地表水采样时，水样采集后应自然沉降 30 min，取__________按规定方法进行分析。(　　)

A. 下层沉降部分　　B. 中间层　　C. 上层非沉降部分

答案： C

三、多选题

1. __________属于采样断面。(　　)

A. 控制断面　　B. 消减断面　　C. 对照断面　　D. 背景断面

答案：ABCD

2．地表水控制断面设置的数量、控制断面与排污区（口）的距离可根据__________因素决定。（　　）

A．主要污染区的数量及其间的距离

B．各污染源的实际情况

C．主要污染物的迁移转化规律和其他水文特征

D．对纳污量的控制程度

答案：ABCD

3．在地表水采样中，应注意的事项有__________。（　　）

A．采样时应注意去除水面的杂物及垃圾等漂浮物，不可搅动水底的沉积物

B．油类、五日生化需氧量、粪大肠菌群等项目应单独采样

C．所有项目采样前，均需用水样冲洗样品容器 3 次

D．采样断面应有明显的标志物，采样人员不得擅自改动采样位置

E．凡能做现场测定的项目，均应在现场测定

答案：ABDE

4．地表水断面（点位）类型主要包括__________等。（　　）

A．背景断面　　B．对照断面　　C．控制断面　　D．消减断面

答案：ABCD

5．控制湖（库）富营养化的特定项目是__________。（　　）

A．总磷　　B．总氮　　C．凯氏氮　　D．叶绿素 a

E．透明度

答案：ABDE

6．水流量的测量包括__________。（　　）

A．流向　　B．流速　　C．流量　　D．温度

E．透明度

答案：ABC

7．采集__________等项目时，水样采集必须注满容器，上部不留空间。（　　）

A．溶解氧　　B．BOD_5　　C．石油类　　D．挥发性有机污染物

E．氨氮

答案：ABD

8．采集__________水样，可用硫酸作保存剂。（　　）

A．氨氮　　B．化学需氧量　　C．硫酸盐　　D．六价铬

答案：AB

9．文字描述法适用于__________等水体中臭的检验。（　　）

A．天然水　　B．饮用水　　C．生活污水　　D．工业废水

答案：ABCD

10．__________项目不适用混合水样。（　　）

A．油类　　B．BOD_5　　C．挥发酚　　D．重金属

答案：ABC

11．水样的保存中可以加入__________进行样品保存。（　　）

A．酸控制溶液 pH　　B．抑制剂　　C．氧化剂　　D．还原剂

答案：ABCD

12．测定金属离子的水样常用硝酸酸化至 pH=1～2，可以起到__________作用。（　　）

A．防止重金属的水解沉淀

B．防止金属在器壁表面上的吸附

C．防止汞的挥发性损失

D．抑制生物的活动

答案：ABD

13．水质采样时或采样后，用滤器（滤纸、聚四氟乙烯滤器、玻璃滤器）等过滤样品或将样品离心分离，表述正确的是__________。（　　）

A．可以除去水样中的悬浮物、沉淀、藻类及其他微生物

B．滤器的选择要注意与分析方法相匹配，使用前清洗并避免吸附、吸收损失

C．测定有机项目时常用 0.45 μm 的滤膜过滤，而测定无机项目时通常选用砂芯漏斗和玻璃纤维漏斗

D．过滤或离心的目的是区分被分析物可溶与不可溶的部分

答案：ABD

14．对不同的监测项目，按选用分析方法的要求采集质量控制样品，必须包括不少于 10% 的现场平行样品，但__________项目不需要采集平行样品。（　　）

A．悬浮物　　B．BOD_5　　C．动植物油　　D．石油类

E．粪大肠菌群

答案：ACDE

15．需要单独采样的监测项目是__________。（　　）

A．悬浮物　　B．石油类　　C．化学需氧量　　D．硫化物

E．粪大肠菌群

答案：ABDE

16．属于《污水综合排放标准》（GB 8978—1996）中第一类污染物的是__________。（　　）

A．氰化物　　B．苯胺类　　C．六价铬　　D．总镉

答案：CD

17．《水污染物排放总量监测技术规范》（HJ/T 92—2002）要求，采样点处必须设置明显标志，标志内容主要包括__________等。（　　）

A．点位名称　　B．编号　　C．排污去向　　D．主要污染因子

答案：ABCD

18．《污水综合排放标准》（GB 8978—1996）规定，污水排入__________水域需执行一级标准。（　　）

A.《地表水环境质量标准》中Ⅰ类、Ⅱ类水域

B.《地表水环境质量标准》中Ⅲ类水域（除划定的保护区和游泳区）

C.《海水水质标准》中一类海域

D.《海水水质标准》中二类海域

答案：BD

19．水污染源监测过程中，分时间单元采集污水样品时，样品不能混合，只能单独采样的有________。（　　）

A．pH　　B．COD　　C．BOD_5　　D．油类

E．余氯　　F．金属　　G．氨氮

答案：ACDE

20．根据《污水综合排放标准》（GB 8978—1996），__________不属于第一类污染物。（　　）

A．总铜　　B．六价铬　　C．苯并[*a*]芘　　D．总氰化物

E．总银

答案：AD

21．下列关于水中悬浮物样品采集和贮存的描述中，正确的是__________。（　　）

A．样品采集可以用聚乙烯瓶或硬质玻璃瓶

B．采样瓶采样前应用洗涤剂洗净，再用自来水和蒸馏水冲洗干净

C．采集的样品应尽快测定，如需放置，则应低温贮存，并且最长不得超过 7 天

D．贮存水样时应加入保护剂

答案：ABC

22．用流速仪法测定污水流量时，对企业排放口的要求正确的是__________。（　　）

A．排污截面底部需硬质平滑

B．截面形状为规则的几何形

C．排污口处有不小于 2 m 的平直过流水段

D．水位高度不小于 0.1 m

答案：ABD

23．在污染水样的分析中，可以采用预蒸馏的方法将被测组分与干扰物质分离，__________污染物测定用此方法消除干扰。（　　）

A．挥发酚　　B．氨氮　　C．硝酸盐氮　　D．氰化物

答案：ABD

24．根据《污水综合排放标准》（GB 8978—1996），在车间排放口采样监测的项目有__________。（　　）

A．总汞　　B．总铬　　C．总铅　　D．硫化物

答案：ABC

25．样品交接记录内容包括交接样品的日期和时间、__________等。（　　）

A．样品数量和性状　　B．测定项目　　C．保存方式　　D．交样人、接样人

答案：ABCD

26. __________情况适用于瞬时采样。(　　)

A. 所测污染物性质不稳定，易受到混合过程的影响

B. 需要得到污染物最高值、最低值或变化情况的数据

C. 需要确定水体空间污染物变化特征，如污染物在水流的不同断面和（或）深度的变化

D. 需要考察可能存在的污染物，或特定时间的污染物浓度

答案：ABCD

27. 排污单位的污水监测项目应按照__________等明确要求的污染控制项目来确定。(　　)

A. 排污许可证　　B. 污染物排放（控制）标准

C. 环境影响评价文件及其审批意见　　D. 其他相关环境管理规定

答案：ABCD

28. 水质采样器具应有足够的强度，__________。(　　)

A. 使用灵活　　B. 方便可靠

C. 没有弯曲物干扰流速　　D. 尽可能减少旋塞和阀的数量

答案：ABCD

29. 地下水采样前，除__________监测项目外，应先用被采样水荡洗采样器和水样容器 2～3 次后再采集水样。(　　)

A. 五日生化需氧量　B. 硫化物　C. 有机物　D. 细菌类

答案：ACD

30. 对某电镀厂开展废水监测，__________项目应在车间排放口采样。(　　)

A. 总镍、总砷　　B. 六价铬、石油类

C. 总铍、总银　　D. 烷基汞、氰化物

答案：AC

四、判断题

1. 比例采样器是一种特殊的自动水质采样器，它所采集的水样量可随时间或流量成一定比例，即能用任一时段所采混合水样来反映该时段的平均浓度的水质采样器。(　　)

答案：正确

2. 对于有可能出现温度分层现象的湖泊、水库，应做水温、透明度的探索性试验后再定监测垂线的布设。(　　)

答案：错误

正确答案：应做水温、溶解氧的探索性试验后再定监测垂线的布设。

3. 石油类应进行单独采样，且使用干燥的样品瓶。采样前，用水样对样品瓶进行冲洗。(　　)

答案：错误

正确答案：石油类单独采样，且使用干燥的样品瓶。采样前，不对样品瓶进行冲洗。

4.《地表水环境质量监测技术规范》(HJ 91.2—2022) 中规定，测定油类、BOD_5、DO、硫化物、余氯、粪大肠菌群、悬浮物、放射性等项目要单独采样。(　　)

答案：正确

5．金属元素的标准储备溶液配制后均应在密封的玻璃瓶或聚乙烯瓶中保存。（　　）

答案：错误

正确答案：应在聚乙烯或聚丙烯瓶中保存。

6．《水质　采样方案设计技术规定》（HJ 495—2009）规定，有水工建筑物并受人工控制的河段，视情况分别在闸（坝、堰）上、下设置断面，如水质无明显差别，可只在闸（坝、堰）下设置监测断面。（　　）

答案：错误

正确答案：有水工建筑物并受人工控制的河段，视情况分别在闸（坝、堰）上、下设置断面，如水质无明显差别，可只在闸（坝、堰）上设置监测断面。

7．高锰酸盐指数并不是理论上的需氧量，也不是反映水体中总有机物的尺度。（　　）

答案：正确

8．《水质　样品的保存和管理技术规定》（HJ 493—2009）规定，测定水中微生物的样品瓶在灭菌前可向容器中加入亚硫酸钠，以除去余氯对细菌的抑制使用。（　　）

答案：错误

正确答案：测定水中微生物的样品瓶在灭菌前可向容器中加入硫代硫酸钠，以除去余氯对细菌的抑制作用。

9．用于测定 pH 的样品最好现场测定。否则，应在采样结束后把样品保持在 0～4℃，并在采样后 24 h 内进行测定。（　　）

答案：错误

正确答案：用于测定 pH 的样品最好现场测定，或采集样品于采样瓶中，样品充满容器立即密封，2 h 内完成测定。

10．按照《大气降水样品的采集与保存》（GB 13580.2—92），采样器放置的相对高度应在 1.0 m 以上，不得在降水前打开采样器的盖子。（　　）

答案：错误

正确答案：应在 1.2 m 以上。

11．把不同采样点同时采集的各个瞬时水样混合后所得到的样品称为混合水样。（　　）

答案：错误

正确答案：称为综合水样。

12．背景断面是指判断某一区域水环境污染程度时，位于该区域所有污染源上游处，能够提供这一区域水环境本底值的断面。（　　）

答案：错误

正确答案：背景断面是指为评价某一完整水系的污染程度，不受人类生活和生产活动影响，提供水环境背景值的断面。

13．玻璃纤维滤膜不能用于重金属测定的水样的前处理。（　　）

答案：正确

14．采集分析苯系物的水样应充满容器，不留空间，并加盖密封。（　　）

答案：正确

15．采集河流和溪流的水样时，在潮汐河段，涨潮和落潮时采样点的布设应该相同。（　　）

答案：错误

正确答案：采集河流和溪流的水样时，在潮汐河段，涨潮和落潮时采样点的布设应该不同。

16．采集湖泊和水库的水样时，采样点位的布设，应在较小范围内进行详尽的预调查，在获得足够信息的基础上，应用统计技术合理地确定。（　　）

答案：错误

正确答案：采集湖泊和水库的水样时，采样点位的布设，应在较大范围内进行详尽的预调查，在获得足够信息的基础上，应用统计技术合理地确定。

17．采集溶解氧水样应在现场固定，固定方法是加入硫酸锰溶液。（　　）

答案：错误

正确答案：固定方法是加入硫酸锰和碱性碘化钾溶液。

18．测定地表水中 COD、BOD、总磷、总氮等项目时应将沉降性固体分离去除。（　　）

答案：正确

19．测定氰化物的水样应贮存于玻璃瓶或塑料瓶中。（　　）

答案：错误

正确答案：测定氰化物的水样不能贮存于玻璃瓶中。

20．测定水中邻苯二甲酸酯类，采样瓶用塑料瓶。（　　）

答案：错误

正确答案：杜绝使用塑料器具。

21．测定水中六价铬时，采集水样时加入氢氧化钠，调节样品 pH 约为 8，并在 48 h 内测定。（　　）

答案：错误

正确答案：应在 24 h 内测定。

22．测定水中油类物质，萃取时为了防止漏液，所用分液漏斗的活塞应涂少量凡士林作为润滑剂。（　　）

答案：错误

正确答案：所用分液漏斗的活塞不能涂凡士林作为润滑剂。

23．测定水中重金属的采样容器通常用铬酸-硫酸洗液洗净，并浸泡 1～2 天，然后用蒸馏水或去离子水冲洗。（　　）

答案：错误

正确答案：测定水中重金属的采样容器通常用盐酸或硝酸洗液洗净，并浸泡 1～2 天，然后用蒸馏水或去离子水冲洗。

24．测定水中浊度时，为了获取有代表性的水样，取样前应轻轻搅拌水样，使其均匀，禁止振荡。（　　）

答案：正确

25．测定天然水样的外观和受污染水样的漂浮物，最好在现场进行。方法为：将 200 mL 均匀的水样倒入 500 mL 烧杯内，放在光线明亮的地方，从侧面观察水中的可见物，用适当文字描述。然后，再仔细查看液面是否存在漂浮物，并用适当文字叙述。（　　）

答案：正确

26．测溶解氧、生化需氧量、油类和有机污染物等项目时，水样必须注满容器，上部不留空间，并用水封口。（ ）

答案：错误

正确答案：测油类的水样不需注满容器，也不需用水封口。

27．当采集等时、等比例混合水样时，所有监测项目的水样都要混合。（ ）

答案：错误

正确答案：不是所有监测项目的水样都要混合，pH、油类项目不能混合。

28．对水库水质进行监测时，采集测定油类的水样应在水面以下 300 mm 处采集。（ ）

答案：错误

正确答案：测定油类的水样应在水面至水下 300 mm 处采集。

29．对于分析挥发性有机物的水质样品，如果采样后不能立即分析，应在−20℃进行冷冻储存，并尽快分析。（ ）

答案：错误

正确答案：样品采集后冷藏运输。运回实验室后应立即放入冰箱中，在 4℃以下保存，14 天内分析完毕。

30．对湖（库）污染的应急跟踪监测，应根据具体情况布点，但在出水口和饮用水取水口处必须设置采样点，由于湖（库）的水体较稳定，要考虑不同水层采样。采样频次每天 1 次。（ ）

答案：错误

正确答案：对湖（库）污染的应急跟踪监测，应根据具体情况布点，但在出水口和饮用水取水口处必须设置采样点。要考虑不同水层采样。采样频次每天不得少于 2 次。

31．分析艾氏剂的水样要用聚乙烯塑料瓶采集。（ ）

答案：错误

正确答案：分析艾氏剂的水样要用玻璃瓶采集。

32．分析水中挥发性有机物的采样瓶是棕色磨口瓶。（ ）

答案：错误

正确答案：分析水中挥发性有机物的采样瓶是一种带有 PTFE（聚四氟乙烯）垫片的棕色螺口玻璃瓶。

33．在测定水中挥发性有机物时，将在 4℃以下冰箱中保存的样品取出后，立即测定，以免待测组分挥发。（ ）

答案：错误

正确答案：应等样品恢复至室温后测定。

34．测定水中总氮时，对于悬浮物较多的水样，过硫酸钾氧化后可能出现沉淀，可以混匀后进行测定。（ ）

答案：错误

正确答案：测定水中总氮时，对于悬浮物较多的水样，过硫酸钾氧化后可能出现沉淀，可以取上清液进行测定。

35．河流干流网络的采样点应包括潮区界以内的各采样点、较大支流的汇入口和主要污水或者工业废水的排放口。（　　）

答案：正确

36．监测河流水质的对照断面应设于距本区第一个排污口下游 500～1 000 m 处。（　　）

答案：错误

正确答案：对照断面应设于本区第一个排污口上游 100～500 m 处。

37．控制断面用来反映某排污区（口）排放的污水对水质的影响，应设置在排污区（口）的上游、污水与河水混匀处、主要污染物浓度有明显降低的断面。（　　）

答案：错误

正确答案：控制断面用来反映某排污区（口）排污的污水对水质的影响，应设置在排污区（口）的下游、污水与河水基本混匀处。所控制的纳污量不应小于该河段总纳污量的 80%。

38．硫化物样品采样时，可以先在采样瓶中加入水样，再加入乙酸锌溶液进行固定。（　　）

答案：错误

正确答案：硫化物样品采样时，应先加入乙酸锌溶液，再加入水样。

39．评价某一完整水系的污染程度时，未受人类生活和生产活动影响，能够提供水环境背景值的断面，称为对照断面。（　　）

答案：错误

正确答案：评价某一完整水系的污染程度时，未受人类生活和生产活动影响，能够提供水环境背景值的断面，称为背景断面。

40．气相色谱法测定水中挥发性卤代烃时，在样品运输过程中，水样中的余氯会与水样中的有机物发生反应，使测定结果偏低。（　　）

答案：错误

正确答案：在样品运输过程中，水样中的余氯与水样中的有机物发生反应，生成挥发性氯代烃，使测定结果偏高。

41．若水样中含有大量硫化物干扰氰化物测定，可先加入 NaOH 固定剂，然后再加入碳酸镉或碳酸铅固体粉末。（　　）

答案：错误

正确答案：应先加入碳酸镉或碳酸铅固体粉末，形成硫化物沉淀后，再加入氢氧化钠固定。

42．湿沉降样品采集后，依次进行如下操作，先将样品过滤，然后测定其电导率和 pH，再将剩余样品保存于冰箱中以备分析离子成分。（　　）

答案：错误

正确答案：湿沉降样品采集后，取一部分样品测定其电导率和 pH，其余样品过滤后保存于冰箱中以备分析离子成分。

43．湿沉降自动采样器的防尘盖必须在降雨（雪）开始 1 min 内打开，在降雨（雪）结束后 5 min 内关闭。（　　）

答案：正确

44．受潮汐影响的地表水监测断面应采集涨平潮位和退平潮位的水样。（　　）

答案：正确

45．水温计和颠倒温度计用于湖（库）等深层水温的测量。（　　）

答案：错误

正确答案：水温计用于地表水、污水等浅层水温的测量。

46．水样可以通过加入抑制剂、氧化剂、还原剂和控制 pH 进行保存。（　　）

答案：正确

47．水样前处理的目的是使欲测组分达到测定方法和仪器要求的形态、浓度，消除共存组分的干扰，主要方法包括水样消解、蒸馏和分离三大类。（　　）

答案：错误

正确答案：主要方法包括水样消解、富集和分离三大类。

48．水样在贮存期内发生变化的程度完全取决于水的类型及水样的化学性质和生物学性质。（　　）

答案：错误

正确答案：水样在贮存期内发生变化的程度取决于水的类型及水样的化学性质和生物学性质，也取决于保存条件、容器材质、运输及气候变化等因素。

49．水样中的硒元素不易发生吸附现象，长期放置浓度损失不大。（　　）

答案：错误

正确答案：水样中的硒元素易发生吸附现象，长期放置浓度损失较大，应尽快分析。

50．水质采集现场平行样时，应等时间轮流分装成两份。注意不要装完一份样品再装另一份样品。（　　）

答案：错误

正确答案：水质采集现场平行样时，应等体积轮流分装成两份，并分别加入保存剂，禁止装完一份样品再装另一份样品。

51．水质采样垂线布设应避开污染带，要测污染带应另加垂线。（　　）

答案：正确

52．水质监测采样断面的布设规定：在大支流或特殊水质的支流汇合于主流时，应在靠近汇合点的主流上及汇合点的下游已经充分混合的地点设置采样断面。（　　）

答案：正确

53．水质监测的某些参数，如溶解气体的浓度，应尽可能在现场测定以便取得准确的结果。（　　）

答案：正确

54．水中苯胺类化合物易于降解，应储存于塑料瓶中，尽快分析。（　　）

答案：错误

正确答案：应贮存于棕色玻璃瓶中，尽快分析。

55．水中汞含量甚微且极不稳定，也极易被悬浮物吸附，因此地表水监测中，测定总汞的水样不应通过 0.45 μm 滤膜过滤。（　　）

答案：正确

56．瞬时采样和混合采样均适用于静态水体和流动水体。（　　）

答案： 正确

57. 为采集有代表性的样品，采集测定溶解气体、易挥发物质的水样时要把层流诱发成湍流。(　　)

答案： 错误

正确答案： 为采集有代表性的样品，采集测定溶解气体、易挥发物质的水样时不能把层流诱发成湍流。

58. 为化学分析而收集降水样品时，采样点应位于能避免外界物质污染的地方。(　　)

答案： 正确

59. 文字描述法测定臭的水样，应用玻璃瓶采集，用塑料容器盛水样。(　　)

答案： 错误

正确答案： 测定臭的水样不能用塑料容器盛装。

60. 现场密码平行样是指在同一采样点上同时采集双份平行样，按密码方式交付实验室分析。(　　)

答案： 正确

61. 消减断面主要反映河流对污染物的稀释净化情况，应设置在控制断面下游，主要污染物浓度有显著下降处。(　　)

答案： 正确

62. 亚甲基蓝分光光度法测定水中硫化物时，样品采集很关键，由于硫离子很容易被氧化，硫化氢易从水中逸出，因此水样采集装瓶后，尽快往水样中加入适量氢氧化钠溶液和乙酸锌溶液，使水样呈碱性并形成硫化锌沉淀。(　　)

答案： 错误

正确答案： 硫化物样品采样时，应先加入乙酸锌溶液，再加入水样。

63. 亚甲蓝分光光度法测定阴离子表面活性剂的水样，如保存期为 8 天，需加入水样体积 1%的甲醛饱和溶液。(　　)

答案： 错误

正确答案： 如保存期为 8 天，则需用氯仿饱和水样。

64. 依据《地表水环境质量监测技术规范》(HJ 91.2—2022)，地表水控制断面的数量、控制断面与排污区（口）的距离可根据以下因素决定：主要污染区的数量及其间的距离、各污染源的实际情况、主要污染物的迁移转化规律和其他水文特征等。(　　)

答案： 正确

65. 依据《地表水环境质量监测技术规范》(HJ 91.2—2022)，河流采样垂线上的采样点的设置，当水深≤5 m 时，只在上层设置一个采样点，水面下 0.5 m 处，当水深不足 0.5 m 时，在水深 1/2 处设置一个采样点。(　　)

答案： 正确

66. 易释放氰化物是指在 pH 为 8 的介质中，在硝酸锌存在下加热蒸馏，能形成氰化氢的氰化物。(　　)

答案： 错误

正确答案： pH=4 的介质中。

67．溢流堰法测定水流量使用的薄壁堰，根据堰口的形状，可分为三角堰、梯形堰和矩形堰 3 种，三角堰多用于测定较大的流量，梯形堰和矩形堰用于测定较小的流量。（　　）

答案： 错误

正确答案： 三角堰多用于测定较小的流量，梯形堰和矩形堰用于测定较大的流量。

68．用吹扫-捕集气相色谱法测定水中苯系物时，水样应加硫酸调节 pH＜2 保存。（　　）

答案： 错误

正确答案： 水样应加盐酸调节 pH＜2 保存。

69．用甲基橙指示剂滴定法测定水中侵蚀性二氧化碳时，若水样中含有机物较多，在放置 5 天过程中被好氧微生物分解，往往使结果偏低。（　　）

答案： 错误

正确答案： 有机物分解产生二氧化碳，应使结果偏高。

70．由于硫化氢易从水样中逸出，因此在采集硫化物水样时应防止曝气，并加入适量的氢氧化钠溶液使其呈碱性。（　　）

答案： 错误

正确答案： 加入一定量的乙酸锌溶液和适量的氢氧化钠溶液，使其呈碱性并生成硫化锌沉淀。

71．油类物质要单独采样，不允许在实验室内再分样。（　　）

答案： 正确

72．在封闭管道中采集水样，采样器探头或采样管应妥善地放在进水的上游，采样管不能靠近管壁。（　　）

答案： 错误

正确答案： 在封闭管道中采集水样，采样器探头或采样管应妥善地放在进水的下游，采样管不能靠近管壁。

73．自动采样器可进行时间比例采样和流量比例采样。当污水排放量较稳定时可采用流量比例采样，否则必须采用时间比例采样。（　　）

答案： 错误

正确答案： 自动采样器可进行时间比例采样和流量比例采样。当污水排放量较稳定时可采用时间比例采样，否则必须采用流量比例采样。

74．总磷的样品在消解的过程中如发现比色管盖子松动或者管口开裂，应弃去样品，重新取样消解再分析。（　　）

答案： 正确

75．《地表水环境质量监测技术规范》（HJ 91.2—2022）中规定，入境断面应设置在水系进入本区域且尚未受到本区域污染源影响处；控制断面应设置在排污区（口）的下游，污水与河水基本混匀处。（　　）

答案： 正确

76．水污染源监测中，采样时不应除去水面的杂物。（　　）

答案： 错误

正确答案：废水采样时应注意除去水面的杂物、垃圾等漂浮物。

77. 根据《污水综合排放标准》(GB 8978—1996)，第一类污染物采样点位一律设在车间或车间处理设施的排放口。第二类污染物在排污单位的排放口采样。(　　)

答案：正确

78. 按照《城镇污水处理厂污染物排放标准》(GB 18918—2002)的规定，城镇污水处理厂取样频率为至少每 2 h 一次，取 24 h 混合样，以日均值计。(　　)

答案：正确

79. 根据《污水综合排放标准》(GB 8978—1996)，测定 COD、氯化物、六价铬、铜、硫化物的水样在排污单位总排放口进行采集。(　　)

答案：错误

正确答案：六价铬属于第一类污染物，在车间或车间处理设施排放口采样。

80. 测定金属元素的样品采集后，1 L 样品应加入浓硝酸 10 mL 保存，最长保存 14 天。(　　)

答案：错误

正确答案：部分金属元素的样品采集后加入浓盐酸保存。

81. 测定某工业废水一个生产周期内 pH 的方法：按等时间间隔采样，将多次采集的水样混合均匀，然后测定该混合水样的 pH。(　　)

答案：错误

正确答案：测定某工业废水一个生产周期内 pH 的方法：必须单独测定每次采集水样的 pH。

82.《污水综合排放标准》(GB 8978—1996)规定，第一类污染物，不分行业和污水排放方式，也不分受纳水体的功能类别，一律在排污单位排放口监测采样，其最高允许排放浓度必须达到本标准要求(采矿行业的尾矿坝出水口不得视为车间排放口)。(　　)

答案：错误

正确答案：一律在车间或车间处理设施的排放口采样。

83. 对于污水采样，测定生化需氧量、油类、有机物、余氯、粪大肠菌群、悬浮物等项目的样品，可以取混合样。(　　)

答案：错误

正确答案：对于污水采样，测定生化需氧量、油类、有机物、余氯、粪大肠菌群、悬浮物等项目的样品，不可以取混合样。

84. 工业废水的采样中，用采样水荡洗采样器与所有水样容器 2～3 次，然后将水样采入容器中，并按要求立即加入相应的固定剂，贴好标签。(　　)

答案：错误

正确答案：用样品容器直接采样时，必须用水样冲洗 3 次后再行采样。但当水面有浮油时，采油的容器不能冲洗。

85. 根据《水污染物排放总量监测技术规范》(HJ/T 92—2002)，排污单位如有污水处理设施并能正常运转使污水能稳定排放，则污染物排放曲线比较平稳，瞬时样可用于监督性监测。(　　)

答案：正确

86. 企事业单位污水采样点处必须设置明显标志，确认后的采样点不得改动。(　　)

答案：错误

正确答案：企事业单位污水采样点处必须设置明显标志，如因生产工艺或其他原因需要变更时，应按有关规范的要求重新确认。

87．水深小于等于 1 m 时，污水采样位置应在水面下 0.5 m 处采样。（　　）

答案：错误

正确答案：依据《水质　采样技术指导》（HJ 494—2009），应在水深的 1/2 处采样。

88．污水流量测量应能满足污染物排放总量监测的需要，污水测流须与污染物浓度监测同步。（　　）

答案：正确

89．依据《污水监测技术规范》（HJ 91.1—2019），排污单位为了确认自行监测的采样频次，应在正常生产条件下的一个生产周期内进行加密监测：周期在 8 h 以内的，每小时采 1 次样；周期大于 8 h 的，每 2 h 采 1 次样，但每个生产周期采样次数不少于 3 次。（　　）

答案：正确

90．在建设项目竣工环境保护验收监测中，对有污水处理设施并正常运转或建有调节池的建设项目，其污水为稳定排放的可采瞬时样，但不得少于 3 次。（　　）

答案：正确

91．在污染源监测中，随污水流动的悬浮物或固体微粒，应看作污水样的一个组成部分，不应在分析前滤除。油、有机物和金属离子等，可能被悬浮物吸附，有的悬浮物中就含有被测定的物质，如选矿、冶炼废水中的重金属。所以，分析前必须摇匀取样。（　　）

答案：正确

92．采集悬浮物样品前，需将采样瓶用即将采集的水样清洗 3 次。（　　）

答案：正确

93．采集悬浮物的水样不能加入任何保护剂，以防止破坏物质在固、液间的分配平衡。（　　）

答案：正确

94．在污水监测时，产生有毒有害气体的监测场所应强制设置通风系统，并安装相应的气体浓度安全报警装置。（　　）

答案：正确

95．监测污水处理设施的整体处理效率时，在各污水进入污水处理设施的进水口和污水处理设施的出水口设置监测点位。（　　）

答案：正确

96．水质采样器材主要是采样器具和样品容器。（　　）

答案：正确

97．现场监测期间，监测人员应对排污单位进行现场监测调查，做好相应的记录，不需要排污单位人员确认。（　　）

答案：错误

正确答案：现场监测期间，监测人员应对排污单位进行现场监测调查，做好相应的记录，由排污单位人员确认。

98. 等比例混合水样一般采用与流量计相连的水质自动采样器采集，分为连续比例混合水样和间隔比例混合水样 2 种。（ ）

答案：正确

99. 未明确采样频次的，按照生产周期确定采样频次。（ ）

答案：正确

100. 采集全程序空白样品的目的是判断分析结果的准确性，以便掌握全过程操作步骤和环境条件对样品的影响。（ ）

答案：正确

101. 排污单位间歇排放或排放污水的流量、浓度、污染物种类有明显变化的，应在排放周期内增加采样频次。（ ）

答案：正确

102. 水质采样器具和样品容器质量应进行抽检，抽检合格方可使用。（ ）

答案：正确

103. 污水采样应按分析方法中的要求采集现场平行样品，当现场平行样品测定结果差异较大时，应对水样进行复核，检查采样和分析过程对结果的影响。（ ）

答案：正确

104. 污水采样位置应在污水混合均匀的位置，如计量堰跌水处、巴歇尔量水槽喉管处等。（ ）

答案：正确

105. 监测人员应身体健康，适应工作要求，现场采样时至少有两人同时在场。（ ）

答案：正确

106. 污水采样应按分析方法中的要求采集全程序空白样品，空白测定值应满足分析方法中的要求，一般应低于方法检出限。如分析方法中未明确，每批次水样均应采集全程序空白样品。（ ）

答案：正确

107. 测量污水流量时，已安装自动污水流量计的，必须通过计量部门检定，方可采用流量计的流量值。（ ）

答案：错误

正确答案：测量污水流量时，已安装自动污水流量计的，且通过计量部门检定或通过验收的，可采用流量计的流量值。

108. 水质采样前，保存剂应进行空白试验，其纯度和等级须达到分析的要求。（ ）

答案：正确

109. 原始记录不能在非监测场合随身携带，不能随意复制、外借。（ ）

答案：正确

110. 监测过程中需要配备必要的防护设备、急救用品。（ ）

答案：正确

111. 原始记录只可采用纸质方式，不能采用电子介质的方式。（ ）

答案：错误

正确答案：原始记录可采用纸质或电子介质的方式。

112．污水采样应该根据采样点的地理位置和监测项目保存期限，选用适当的运输方式。（　　）

答案：正确

113．原始记录一般应及时记录，特殊情况下可以以回忆方式填写或转誊。（　　）

答案：错误

正确答案：原始记录应及时记录，不得以回忆方式填写或转誊。

114．当排污单位的生产工艺过程连续且稳定，有污水处理设施并正常运行，其污水能稳定排放的，瞬时水样具有较好的代表性，可用瞬时水样的浓度代表采样时间段内的采样浓度。（　　）

答案：正确

115．按照《地表水环境质量监测技术规范》（HJ 91.2—2022），采集溶解态金属水样时，应现场使用孔径为 0.45 μm 的滤膜过滤后，分装入样品瓶，立即加入保存剂。（　　）

答案：正确

116．依据《污水监测技术规范》（HJ 91.1—2019），不同时间采集的水样可以混合测定，如色度、石油类。（　　）

答案：错误

正确答案：部分监测项目在不同时间采集的水样不能混合测定，如水温、pH、色度、动植物油类、石油类、生化需氧量、硫化物、挥发性有机物、氰化物、余氯、微生物、放射性等。

117．依据《地表水环境质量监测技术规范》（HJ 91.2—2022），河流采样垂线上的采样点的设置，当水深≤5 m 时，只在上层设置一个采样点，位于水面下 0.5 m 处；当水深不足 0.5 m 时，在水深 1/2 处设置一个采样点。（　　）

答案：正确

118．对某化工厂开展废水监测，总砷、苯并[*a*]芘、总铅、总镉应在车间或车间处理设施排放口采样，氰化物、挥发酚、氨氮应在废水总排放口采样。（　　）

答案：正确

119．煤炭工业废水采样点应设置在排污单位总排口，并按规定设置标志。（　　）

答案：错误

正确答案：煤炭工业废水采样点应设置在排污单位废水处理设施排放口（有毒污染物在车间或车间处理设施排放口采样），按规定设置标志。

五、简答题

1．地表水监测，水样采集前的准备有哪些？

答案：

（1）确定采样负责人：主要负责制订采样计划并组织实施。

（2）制订采样计划：采样负责人在制订计划前要充分了解该项目监测任务的目的和要求；应对要采样的监测断面周围情况了解清楚；熟悉采样方法、水样容器的洗涤、样品的保存技术。在有现场测定项目和任务时，还应了解有关现场测定技术。采样计划应包括确定的采样垂线和采样点位、测定项目和数量、采样质量保证措施，采样时间和路线、采样人员和分工、采样器材和交通工具以及需要进行的现场测定项目和安全保证等。

（3）采样器材与现场测定仪器的准备：采样器材主要是采样器和水样容器。如新启用容器，则应事先做更充分的清洗，容器应做到定点、定项。

2．采集水中挥发性有机物和汞样品时，采样容器应如何洗涤？

答案：采集水中挥发性有机物样品容器的洗涤方法：先用洗涤剂洗，再用自来水冲洗干净，最后用蒸馏水冲洗。

采集水中汞样品容器的洗涤方法：先用洗涤剂洗，再用自来水冲洗干净，然后用（1+3）HNO_3 荡洗，最后依次用自来水和去离子水冲洗。

3．水样有哪几种常用的保存方法？试举实例说明各种方法的作用。

答案：

（1）加入化学试剂保存法：

①加入生物抑制剂：如在测定氨氮、硝酸盐氮、化学需氧量的水样中加入 $HgCl_2$，可抑制生物的氧化还原作用；对测定酚的水样，用 H_3PO_4 调至 pH 为 4 时，加入适量 $CuSO_4$，即可抑制苯酚分解菌的活动。

②调节 pH：测定金属离子的水样常用 HNO_3 酸化至 pH 为 1～2，既可防止重金属离子水解沉淀，又可避免金属被器壁吸附；测定氰化物或挥发酚的水样加入 NaOH 调至 pH 为 12 时，使之生成稳定的盐类等。

③加入氧化剂或还原剂：如测定汞的水样需加入 HNO_3（至 pH<1）和 $K_2Cr_2O_7$（0.05%），使汞保持高价态；测定硫化物的水样需加入抗坏血酸，可以防止硫化物被氧化；测定溶解氧的水样则需加入少量硫酸锰和碘化钾固定溶解氧（还原）等。

（2）冷藏或冷冻法：抑制微生物活动，减缓物理挥发和化学反应速度，如酚类样品、微生物样品应低温（0～4℃）保存。

4．采集污水样品现场记录应包含哪些内容？

答案：现场记录应包含以下内容：监测目的、排污单位名称、气象条件、采样日期、采样时间、现场测试仪器型号与编号、采样点位、生产工况、污水处理设施处理工艺、污水处理设施运行情况、污水排放量/流量、现场测试项目和监测方法、水样感官指标的描述、采样项目、采样方式、样品编号、保存方法、采样人、复核人、排污单位人员及其他需要说明的有关事项等。

5．河流背景断面的具体位置，应按什么原则确定？

答案：

（1）远离工业区、城市、居民密集区和主要交通线；避开工业污染源、农业回流水和生活污水的影响。

（2）尽可能远离农药和化肥施用区。

（3）尽可能设在水文条件比较稳定和较平直的河段上。

（4）尽可能设在水土流失严重区的上游河段。

（5）对于区域地质异常的河段，应在该区域上、下游分别设置断面。

（6）既要避开主要交通线，又要考虑交通方便。为此，应在交通线上游不远处布设。

6．容器材质对于水样在贮存期间的稳定性影响很大。一般来说，容器材质与水样的相互作用有哪三方面？

答案：容器材质与水样的相互作用有以下三方面：①容器材质可溶入水样中，如从塑料容器溶解下来的有机质、填料以及从玻璃容器溶解下来的钠、硅和硼等；②容器材质可吸附水样中某些组分，如玻璃吸附痕量金属，塑料吸附有机质和痕量金属；③水样与容器直接发生化学反应，如水样中的氟化物与玻璃容器间的反应等。

7. 选择采集水样的容器应充分考虑哪几方面内容或因素？

答案：

（1）最大限度地防止容器及瓶塞对样品的污染。

（2）容器壁应易于清洗、处理，以减少重金属和放射性核素类的微量元素对容器的表面污染。

（3）容器和容器塞的化学或生物性质应该是惰性的，以防止容器与样品组分发生反应。

（4）防止容器吸收或吸附待测组分，引起待测组分浓度的变化。

（5）深色玻璃能降低光敏作用。

8. 硬质玻璃为什么不能保存碱性样品？

答案：硬质玻璃在保存碱性样品时，由于玻璃本身逐渐被腐蚀，容易污染样品。

9. 在地表水采样时如何避免水样污染？

答案：在采样期间必须避免样品受到污染。应考虑到所有可能的污染来源，必须采取适当的控制措施以避免污染。

（1）充分关注潜在的污染来源：

①在采样容器和采样设备中残留的前一次样品的污染；

②来自采样点位的污染；

③采样绳（或链）上残留水的污染；

④保存样品的容器污染；

⑤灰尘和水对采样瓶瓶盖及瓶口的污染；

⑥手、手套和采样操作的污染；

⑦采样设备内部燃烧排放的废气、船及汽车尾气的污染；

⑧固定剂中杂质的污染。

（2）控制采样污染的措施：

①尽可能使样品容器远离污染，以确保高质量的分析数据；

②避免采样点位的水体搅动；

③彻底清洗采样容器及设备；

④安全存放采样容器，避免瓶盖和瓶口的污染；

⑤采样后擦拭并晾干采样绳（或链），然后存放起来；

⑥避免用手和手套接触样品；

⑦确保从采样点到采样设备的方向是顺风向，远离船和汽车尾气，尽量在上游采样，防止废气污染采样点水体。

10. 对某化工厂开展废水监测，监测项目为COD、氨氮、总磷、总氮、总汞、烷基汞、总镉、石油类、悬浮物、氰化物、苯酚、苯、二甲苯、总银、总铍。监测点位应如何设置？

答案：总汞、烷基汞、总镉、总银、总铍为一类污染物，不分行业和污水排放方式，也不分受纳水体功能，一律在车间或车间处理设施排放口采样；COD、氨氮、总磷、总氮、石油类、悬浮物、氰化物、苯酚、苯、二甲苯为二类污染物，在排污单位排放口采样。

第二节　地下水采样及现场测试

一、填空题

1.《地下水环境监测技术规范》（HJ 164—2020）规定，地下水监测井每__________年对其进行一次透水灵敏度实验，当向井内注入灌水段 1 m 井管容积的水量，水位复原时间超过__________时，应进行洗井。

答案：2，15 min

2．地下水监测井建设完成后必须进行洗井，保证监测井出水水清砂净。常见的方法包括超量抽水、反冲、__________及__________等。

答案：汲取，气洗

3．地下水监测井要求，丰水期间需要有__________m 的滤水管位于水面以上；枯水期需要有__________m 的滤水管位于地下水面以下。

答案：1，1

4．地下水监测井建设包括监测井设计、施工、成井、__________等内容，施工中应采取__________，避免钻井过程污染地下水。

答案：抽水试验，安全保障措施

5．为保护地下水监测井，应该建设监测井井口保护装置，包括__________、井台或井盖等部分。监测井保护装置应坚固耐用、不易被破坏。

答案：井口保护筒

6．地下水监测中，当现场平行样测定结果差异较大，或全程序空白样测定结果大于方法检出限时，应仔细检查原因，以消除现场平行样差异较大、空白值偏高的因素，必要时__________。

答案：重新采样

7．地下水中挥发性有机物采样，应根据水文地质条件、井管尺寸、现场采样条件等，选择低速采样、__________采样或__________采样等方法进行。

答案：贝勒管，低渗透性含水层

8．地下水中挥发性有机物采样，一般情况下，应优先选择__________，采用地下水机械采样设备进行采样。

答案：低速采样方法

9．地下水包括地表以下__________的重力水。

答案：饱和含水层

10．地下水样品一般要采集清澈的水样。如水样浑浊时应进一步__________，保证监测井出水__________。

答案：洗井，水清砂净

11．监测工业污染源污染扩散区地下水，监测点至少布设__________个，垂直于地下水流向呈扇形布设不少于__________个，在集聚区两侧沿地下水流方向各布设__________个监测点。

答案：5，3，1

12．反映地下水质量基本状况的地下水常规指标包括感官性状及__________、__________、__________和放射性指标。

答案：一般化学指标，微生物指标，毒理学指标

13．反映地下水质量基本状况的非常规指标是指在常规指标上的拓展，根据地区和时间差异或特殊情况确定的地下水质量指标，包括比较少见的__________和__________指标。

答案：无机毒理学，有机毒理学

14．地下水质量定期监测规定__________水不少于每年 2 次（丰水期、枯水期），__________水宜每年 1 次。

答案：潜，承压

15．地下水质量调查与监测指标以__________为主，但还应补充钾、钙、镁、重碳酸根、碳酸根、游离二氧化碳指标。

答案：常规指标

16．地下水水位是指地下水静水位的埋藏深度，通常以__________为单位，保留至小数点后__________位。

答案：米，2

17．采取手工法测量地下水水位时，可采用__________、__________等测具测量。

答案：卷尺，测绳

18．采取手工法测量地下水水位时，需连续测量__________次。

答案：2

19．环境监测井井盖中心部分应采用__________材料，避免数据无线传输信号被屏蔽。

答案：高密度树脂

20．环境监测井验收与资料归档要求，监测井归档资料包括监测井设计、原始记录、成果资料、竣工报告、验收书的__________和__________文档。

答案：纸质，电子

21．根据不同监测对象的地下水采样频次要求，地下水饮用水水源取水井，常规指标采样宜不少于每__________1 次。

答案：月

22．地下水样品采集前需要对采样井进行__________和__________的测量，以便计算采样井内的滞水体积。

答案：水位，井深

23．当运送的地下水水样送达实验室后，应由样品管理员负责接收，并对样品进行__________。

答案：符合性检查

24．当样品有异常，或对样品是否适合测试有疑问时，样品管理员应及时向__________或

__________询问，并记录有关说明及处理意见，当明确样品有损坏或污染时须__________。

答案：送样人员，采样人员，重新采样

25．地下水采样前需对保存剂进行__________，其纯度和等级须达到分析的要求。

答案：空白试验

26．地下水监测井的滤水管顶部位置应位于多年平均最低水位面以下__________m。井内淤积不得超过设计监测层位的滤水管__________%以上，或通过__________后可以达到上述要求。

答案：1，30，洗井清淤

27．在地下水样品采集时，针对氯代有机污染物样品的洗井和采样，应避免使用__________或__________类共聚物材质的设备。

答案：氯乙烯，苯乙烯

28．在地下水采样过程中，应定期对水样容器清洗质量进行抽查，每批抽查__________%，检测其待测项目（不包括细菌类指标）能否检出，待测项目水样容器空白值应低于__________。否则应立即对实验条件、水样容器来源及清洗状况进行核查，查出原因并纠正。

答案：3，分析方法的检出限

29．在地下水样品采集时，采集 SVOCs 水样时出水口流速要控制在__________，其他监测项目样品采集时应控制出水口流速低于__________，如果样品在采集过程中水质易发生较大变化时，可适当__________采样流速。

答案：0.2～0.5 L/min，1 L/min，加大

30．在地下水采样时，每批次水样应选择部分监测项目根据分析方法的质控要求加采不少于__________的现场平行样和全程序空白样，样品数量较少时，每批次水样至少加采__________现场平行样和全程序空白样，与样品一起送实验室分析。

答案：10%，1 次

31．对污染源地下水属工业污染源类型中，加油站地下水监测点布设方法如下：①地下水流向清楚时，污染扩散监测点至少__________个，设置在地下水下游距离埋地油罐 5～30 m 处；②地下水流向不清楚时，布设__________个监测点，呈三角形分布，设置在距离埋地油罐 5～30 m 处。

答案：1，3

32．地下水洗井达到水质稳定后，测量并记录水位，若地下水水位变化小于__________cm，则可以立即采样；若地下水水位变化超过__________cm，应待水位再次稳定后采样。

答案：10，10

33．洗井时，在现场使用便携式水质测定仪对出水进行测定，浊度小于等于__________时或者当浊度连续 3 次测定的变化在±__________以内、电导率连续 3 次测定的变化在±__________以内、pH 连续 3 次测定的变化在±__________以内，可结束洗井。

答案：10 NTU，10%，10%，0.1

34．在地下水采样洗井时，水质指标达到稳定后，采样应在__________内完成，若监测井位于低渗透性地层，洗井后，待新鲜水回补，应尽快于井底采样。

答案：2 h

35．地下水饮用水水源地的监测点布设，以__________为监测重点；存在多个含水层时，应在

与目标含水层存在水力联系的含水层中布设监测点，并将与地下水存在水力联系的地表水纳入监测。

答案：开采层

36. 污染源位于地下水水源补给区布设监测点时，可根据实际情况__________地下水监测点。

答案：加密

37. 从输水管线的出口直接采集地下水挥发性有机物样品时，注意避免冲击产生__________。

答案：气泡

38. 在采集地下水挥发性有机物样品时，水样应在样品瓶中过量溢出，形成__________面，拧紧瓶盖，颠倒样品瓶，观察数秒，确保瓶内无气泡，如有气泡应__________。

答案：凸，重新采样

39. 地下水的孔隙水按照埋藏条件分为__________和__________。

答案：潜水，承压水

40. 在地下水采样时，除有特殊要求项目外，要先用采集的水样荡洗采样器与水样容器__________次。

答案：2～3

41. 采集地下水样品交接时，明确样品有损坏或污染时，须__________。

答案：重新采样

42. 样品管理员负责保持地下水样品贮存间清洁、通风、无腐蚀的环境，并对贮存环境条件加以__________和__________。

答案：维持，监控

43. 样品运输过程中应避免日光照射，并置于__________中保存，气温异常偏高或偏低时还应采取适当保温措施。

答案：4℃冷藏箱

44. 开展地下水监测时，分析方法应优先选用__________标准方法。

答案：国家或行业

二、单选题

1. 根据《地下水环境监测技术规范》（HJ 164—2020），每年应测量地下水监测井井深，当监测井内淤积物淤没滤水管或滤水管顶部位置位于多年平均最低水位面以下__________m 时，应及时清淤或换井。（　　）

A. 1　　B. 2　　C. 3　　D. 5

答案：A

2. 在某监测井取样分析时，地下水中氟化物浓度是 0.9 mg/L，按照《地下水质量标准》（GB/T 14848—2017）进行单指标评价，该地下水水质为__________类。（注：氟化物地下水水质标准，Ⅰ类≤1.0 mg/L、Ⅱ类≤1.0 mg/L、Ⅲ类≤1.0 mg/L、Ⅳ类≤2.0 mg/L）（　　）

A. Ⅰ　　B. Ⅱ　　C. Ⅲ　　D. Ⅳ

答案：A

3. 当污染源地下水为孔隙水和风化裂隙水时，按农业污染源的再生水农用区地下水监测点布设

要求，面积大于 100 km^2 时，监测点不少于__________个。（　　）

A．5　　B．10　　C．20　　D．30

答案：C

4．对于地下水饮用水水源为孔隙水和风化裂隙水时，在饮用水水源保护区和补给区面积小于 50 km^2 时，水质监测点不少于__________个。（　　）

A．3　　B．5　　C．7　　D．9

答案：C

5. 地下水监测井洗井后需进行至少 1 个落程的定流量抽水试验，抽水稳定时间达到__________h 以上，待水位恢复后才能采集水样。（　　）

A．12　　B．24　　C．36　　D．48

答案：B

6．地下水监测井建设完成后，至少稳定__________h 后开始成井洗井。（　　）

A．5　　B．8　　C．10　　D．12

答案：B

7. 对于地下水饮用水水源为孔隙水和风化裂隙水时，在饮用水水源保护区和补给区面积为 50～100 km^2 时，监测点不得少于__________个。（　　）

A．10　　B．20　　C．25　　D．30

答案：A

8．对于地下水饮用水水源为岩溶水时，地下水饮用水水源保护区和补给区岩溶主管道上水质监测点不少于__________个。（　　）

A．1　　B．2　　C．3　　D．4

答案：C

9．在采集地下水中挥发性有机物项目时，地下水监测井成井洗井要求至少洗出约__________倍井体积的水量。（　　）

A．1　　B．2　　C．3　　D．4

答案：C

10．在采集地下水中挥发性有机物项目时，洗井要求使用便携式水质测定仪对出水进行浊度测定，当浊度小于等于__________NTU 时，可结束洗井。（　　）

A．2　　B．5　　C．8　　D．10

答案：D

11．在采集地下水中挥发性有机物项目时，结束监测井洗井应同时满足浊度、电导率、pH 相关条件，其中条件之一为：浊度连续 3 次测定的变化在±__________以内。（　　）

A．5%　　B．10%　　C．15%　　D．20%

答案：B

12．在采集地下水中挥发性有机物项目时，结束监测井洗井应同时满足浊度、电导率、pH 相关条件，其中条件之一为：电导率连续 3 次测定的变化在±__________以内。（　　）

A．5%　　B．10%　　C．15%　　D．20%

答案：B

13．当污染源地下水为孔隙水和风化裂隙水时，工业集聚区内部地下水监测点布设监测点要求3～5 个/10 km^2，若面积大于 100 km^2 时，每增加 15 km^2 监测点至少增加__________个监测点。(　　)

A．1　　B．2　　C．3　　D．5

答案：A

14．当污染源地下水为孔隙水和风化裂隙水时，在矿山开采区布设地下水监测点要求：在尾矿库下游__________m 处布设 1 个监测点，以评价尾矿库对地下水的影响。(　　)

A．10～20　　B．20～40　　C．30～50　　D．40～60

答案：C

15．地下水监测井井管的内径要求不小于__________mm，以能够满足洗井和取水要求的口径为准。(　　)

A．20　　B．30　　C．40　　D．50

答案：D

16．当污染源地下水为岩溶水时，如果岩溶发育完善，地下河分布复杂的，应该根据现场情况增加__________个监测点。(　　)

A．2～3　　B．2～4　　C．3～4　　D．3～5

答案：B

17．在采集地下水中挥发性有机物项目时，样品采集前进行洗井后，需要在现场使用便携式水质测定仪每间隔至少__________min 后测定出水水质，直至至少 3 项检测指标连续 3 次测定的变化达到地下水采样洗井出水水质的稳定标准后方可采样。(　　)

A．1　　B．2　　C．3　　D．5

答案：D

18．地下水样品采集使用的Ⅰ～Ⅳ类采样容器洗涤方法中没有__________。(　　)

A．烘干　　B．蒸馏水　　C．甲醇　　D．无磷洗涤剂

答案：A

19．地下水样品采集时洗井完成后采集水样过程中地下水水位的变化应小于__________cm。(　　)

A．5　　B．10　　C．12　　D．15

答案：B

20．在地下水样品采集洗井过程中抽出的水量需要达到井内滞水体积的__________倍后可洗井结束。(　　)

A．1～2　　B．3～5　　C．3～4　　D．4～5

答案：B

21．在地下水样品采集过程中如遇地下水水位回补缓慢的井，则需要将水井里的滞水全部抽出，待水位回补达正常水位后__________h 内完成采样。(　　)

A．1　　B．2　　C．3　　D．4

答案：B

22．岩溶水是指贮存于可溶性________溶隙（穴）中的重力水。（ ）

A．岩层　　B．包气带　　C．隔水层　　D．土壤

答案：A

23．静水位是指________井孔中稳定的地下水水位。（ ）

A．抽水前　　B．抽水后　　C．回水前　　D．回水后

答案：A

24．在裂隙发育区布设的监测点位应尽量布设在________的裂隙网络上。（ ）

A．互不相通　　B．相互连通　　C．相对较远　　D．相互隔离

答案：B

25．监测井取水位置一般在目标含水层的________部。（ ）

A．上　　B．中　　C．下　　D．表层 0.5 m 处

答案：B

26．根据环境监测井井口保护装置要求，井口保护筒宜使用________材质。（ ）

A．生铁　　B．不锈钢　　C．聚乙烯　　D．玻璃

答案：B

27．根据现有地下水水井的筛选要求，现有地下水水井的出水量宜大于________。（ ）

A．0.3 L/s　　B．0.3 L/min　　C．3 L/s　　D．3 L/min

答案：A

28．在采集地下水半挥发性有机物（SVOCs）水样时，出水口的流速控制在________。（ ）

A．0.2 L/s　　B．0.3 L/min　　C．0.3 L/s　　D．0.6 L/min

答案：B

29．在进行地下水其他金属类样品采集时，现场监测水温计、气温计的最小分度值应不大于________℃，最大误差在±________℃以内。（ ）

A．0.1，0.2　　B．0.2，0.2　　C．0.3，0.2　　D．0.5，0.2

答案：B

30．依据地下水质量的动态变化，应定期开展________地下水质量调查评价。（ ）

A．污染地区　　B．区域性　　C．饮用水　　D．水源补给区

答案：B

31．地下水采样洗井时，应避免对井内水体产生气提、气曝等扰动，水泵下放位置一般应在滤水管________。（ ）

A．上部　　B．下部　　C．前部　　D．后部

答案：B

32．为避免对井内水体产生气提、气曝等扰动，地下水采样洗井时选用气囊泵或低流量潜水泵的，泵体进水口应置于水面下________左右。（ ）

A．0.25 m　　B．0.5 m　　C．1 m　　D．1.2 m

答案：C

33．地下水采样洗井时，若采用贝勒管进行洗井，贝勒管汲水位置应位于井管________，应

控制贝勒管尽量在井口中央缓慢下降和上升。(　　)

A. 前部　　B. 底部　　C. 头部　　D. 中部

答案：D

34. 在采集地下水重金属类监测样品时，在加入固定剂前应将水样通过__________的滤膜过滤。(　　)

A. 0.22 μm　　B. 0.45 μm　　C. 0.8 μm　　D. 1.0 μm

答案：B

35. 地下水质量调查与监测指标以常规指标为主，为便于水化学分析结果的审核，应补充__________指标监测。(　　)

A. 钾、钙、镁、重碳酸根、碳酸根、游离二氧化碳

B. 钾、钙、钠、镁、重碳酸根、碳酸根

C. 重碳酸根、碳酸根、游离二氧化碳、侵蚀二氧化碳

D. 氧化还原电位、钙、镁、重碳酸根、碳酸根

答案：A

36. 地下水采集挥发性有机物时，控制出水流速一般不超过__________，应当尽可能降低出水流速。(　　)

A. 10 mL/min　　B. 100 mL/min　　C. 500 mL/min　　D. 1 L/min

答案：B

37. 当采集地下水样品中含有金属类污染时，应先用__________冲洗采样设备或取样装置，然后用蒸馏水或去离子水冲洗。(　　)

A. 高压水　　B. 10%硝酸　　C. 不含磷洗涤剂　　D. 有机溶剂

答案：B

38. 地下水监测时，所选用分析方法的__________应低于规定的地下水标准限值。(　　)

A. 检出限　　B. 仪器检出限　　C. 测定下限　　D. 实验室空白

答案：C

39. 地下水的样品贮存间应有__________，以保证样品的安全性。(　　)

A. 冷藏、防水、防盗和视频监控

B. 防火、防水、防盗和门禁措施

C. 冷藏、防水、防盗和门禁措施

D. 冷藏、防水、防火、防盗

答案：C

40. 地下水采样时，下面__________项目不属于现场监测项目。(　　)

A. 悬浮物　　B. 浑浊度　　C. pH　　D. 电导率

答案：A

41. 地下水检测过程中，记录要求表格中无内容可填的空白栏，应用__________标记。(　　)

A. “/”　　B. “-”　　C. “X”　　D. 不做

答案：A

42．地下水检测过程中，记录测量数据时，根据计量器具的精度和仪器的刻度，__________可疑数字，测试数据的有效位数和误差表达方式应符合有关误差理论的规定。（　　）

A．只保留 2 位　　B．只保留 1 位　　C．不保留

答案：B

43．地下水监测中，使用多种计量仪器时，有效数字以__________的一种计量仪器的位数表示。（　　）

A．最少　　B．最多　　C．各有效位数的平均值

答案：A

44．地下水检测时，分析结果的有效数字所能达到的位数，不能超过__________有效位数。（　　）

A．仪器检出限　　B．方法检出限　　C．测定下限

答案：B

45．地下水监测结果运算过程中，可以多保留__________位小数，计算结果按数值修约规则处理。（　　）

A．0　　B .1　　C．2　　D．3

答案：B

46．深层/大口径监测井地下水采样时，以原洗井的抽水泵进行采样并维持（或稍微降低）__________，直接由采样管以样品瓶接取水样。（　　）

A．抽水深度　　B．抽水率　　C．抽水时间

答案：B

47．当测定结果高于分析方法检出限时，报实际测定结果值；当测定结果低于分析方法检出限时，测定结果报出为：__________。（　　）

A．使用方法的检出限值，并在其后加标志位“L”

B．使用方法的测定下限值，并在其后加标志位“L”

C．使用方法的检出限值，并在其后加标志位“/”

D．应用“/”标记

答案：A

48．地下水近似计算规则规定，求__________准确度接近的数值的平均值时，其有效位数可增加 1 位。（　　）

A．2 个或 2 个以上　B．3 个或 3 个以上　C．4 个或 4 个以上

答案：C

49．地下水监测原始记录和检测报告执行__________审核制。（　　）

A．两级　　B．三级　　C．交互

答案：B

50．地下水采用标准物质和样品同步测试的方法作为准确度控制手段，每批次样品带一个已知浓度的标准物质或__________样品。（　　）

A．质控　　B、平行　　C．空白

答案：A

51．已有管路监测井确认时，需要监测井套管和提水泵材料：__________、碳钢、低碳钢、镀锌钢材和不锈钢。（　　）

A．PTFE（聚四氟乙烯）　　B．玻璃　　C．聚乙烯

答案：A

52．地下水现场监测时，所用__________应附有温度补偿装置。（　　）

A．便携式 pH 计　　B．便携式溶解氧仪

C．便携式氧化还原点位仪　　D．便携式浊度测定仪

答案：A

53．地下水监测井井管内径能够满足洗井和取水要求的口径为准，一般为__________cm，特殊情况可根据实际需求适当放大。（　　）

A．10～20　　B．5～10　　C．20～50

答案：B

54．当采集含有有机污染物的地下水水样时，应用有机溶剂进行清洗，常用__________等有机溶剂清洗。（　　）

A．甲醇　　B．丙酮　　C．乙醇　　D．乙腈

答案：B

55．水位浅或内径小的监测井可选择__________采样方法，采用地下水人工采样设备进行采样。（　　）

A．惯性泵　　B．气囊泵　　C．贝勒管　　D．气囊泵

答案：C

56．采集地下水挥发性有机物时，含水层渗透性低，可采用__________方法。（　　）

A．低渗透性含水层采样　　B．低速采样

C．贝勒管采样

答案：A

57．使用低速采样方法采样，安装水泵时，缓慢地将地下水采样机械设备、输水管线、电缆等放入监测井内，尽量减少对水体的扰动，一般应放于筛管的__________位置。（　　）

A．中部或偏上位置　　B．中部或偏下位置

C．偏下位置

答案：A

58．使用低渗透性含水层采样方法采集挥发性有机物时，当地下水面位于筛管上端以上时，应将潜水泵置于筛管__________，缓慢抽出井内积水，当水位降至筛管__________时，尽快完成采样。（　　）

A．下端，上端　　B．中部，上端

C．下端，下端　　D．上端，上端

答案：A

59．低速采样法采集地下水样品时，洗井 4 h 后，水质未能达到稳定标准，可__________采样。（　　）

A．放弃该点位　　　B．直接开展　　　　C．采用贝勒管采样方法

答案：C

60．使用贝勒管采样方法采集地下水时，使用现场便携式水质测定仪，每间隔__________min后测定出水水质，直至水质稳定。（　　）

A．10～20　　　　B．5　　　　　　　C．5～15

答案：C

61．采集地下水样品正确的是__________。（　　）

A．样品采集一般按照微生物样品、挥发性有机物（VOCs）、半挥发性有机物（SVOCs）、稳定有机物及重金属和普通无机物的顺序采集

B．采集 VOCs 水样时出水口流速要控制在 0.1 L/min

C．采集 SVOCs 水样时出水口流速要控制在 0.2～0.5 L/min

D．其他监测项目样品采集时应控制出水口流速低于 1 L/min，如果样品在采集过程中水质易发生较大变化时，应降低采样流速

答案：C

62．《地下水环境监测技术规范》（HJ 164—2020）中监测井井管内径不宜小于__________m。（　　）

A．0.01　　　　B．0.025　　　　C．0.05　　　　D．0.08

答案：C

63．《地下水环境监测技术规范》（HJ 164—2020）规定加油站点位的布设方法，在地下水流向不清楚时，布设__________个监测点，呈三角形分布，设置在距离埋地油罐 5～30 m 处。（　　）

A．2　　　　B．3　　　　C．4　　　　D．5

答案：B

三、多选题

1．地下水监测井铭牌包含井编号、__________、建井日期、滤水管长度及深度、井顶高程、建井单位及联系电话、管理单位及联系电话等内容。（　　）

A．地下水水位　　B．经纬度　　C．监测项目　　D．井深

答案：ABD

2．地下水监测井的结构类型包括单管单层监测井、__________、连续多通道监测井。（　　）

A．单管多层监测井　B．巢式监测井　C．丛式监测井　D．多管单层监测井

答案：ABC

3．当地下水为岩溶水时，原则上主管道上不得少于 3 个监测点，根据地下河的分布及流向，在地下河的上、中、下游布设 3 个监测点，分别作为__________。（　　）

A．对照监测点　B．污染监测点　C．污染消失监测点　D．污染扩散监测点

答案：ABD

4．在采集地下水中挥发性有机物项目时，可采用__________判断地下水中是否存在非水相液体。（　　）

A．超量抽水　　B．双阀门贝勒管　　C．油水界面仪　　D．单阀门贝勒管

答案：CD

5．在采集地下水中挥发性有机物项目时，每批次地下水样品均应采集__________空白样品。（　　）

A．运输　　B．全程序　　C．试剂　　D．设备

答案：ABD

6．在采集地下水时，优先采集用于测定挥发性有机物的地下水样品；按照相关水质环境监测分析方法标准的规定，预先在地下水样品瓶中添加__________。（　　）

A．盐酸溶液　　B．抗坏血酸　　C．硫酸溶液　　D．EDTA-2Na

答案：AB

7．环境监测井建设应遵循__________。（　　）

A．一井一设计　　B．一井一编码　　C．一井一方案　　D．一井一图例

答案：AB

8．环境监测井设置的统一标识宜包含__________等部分。（　　）

A．图形标识　　B．监测井铭牌　　C．警示标和警示柱　　D．宣传牌

答案：ABCD

9．常用的地下水采样器具有__________等。（　　）

A．气囊泵　　B．小流量潜水泵　　C．惯性泵　　D．蠕动泵及贝勒管

答案：ABCD

10．根据不同监测对象的地下水采样频次要求，地下水饮用水水源保护区和补给区采样宜不少于每年2次，在__________各1次。（　　）

A．丰水期　　B．平水期　　C．枯水期　　D．汛期

答案：AC

11．地下水样品采集保存剂一般包括__________等类型。（　　）

A．加酸　　B．加碱　　C．加抗坏血酸　　D．冷藏

答案：ABC

12．对于__________，应按样品保存条件要求，保留适当的时间。（　　）

A．测试结果异常样品　　B．应急监测样品

C．仲裁监测样品　　D．监测后的样品

答案：ABC

13．地下水采样时的__________等监测项目为每次监测的现场必测项目。（　　）

A．气温、地下水水位　　B．电导率、氧化还原电位

C．水温、pH、溶解氧　　D．嗅和味、浑浊度、肉眼可见物

答案：ABCD

14．地下水监测指标主要选择地下水质量标准中的__________。（　　）

A．常规指标　　B．非常规指标　　C．特征指标　　D．其他指标

答案：AB

15. 地下水采样时，应当依据不同的__________选取合适的采样器具，保证能取到有代表性的地下水样品。（ ）

A. 监测目的 B. 监测项目 C. 实际井深 D. 采样深度

答案：ABCD

16. 地下水质监测网设计应遵循__________原则，重点突出污染源对地下水影响的监测。（ ）

A. 区域代表性 B. 空间代表性 C. 层位代表性 D. 时间代表性

答案：AC

17. 地下水样品采集时，测定__________等项目的水样应分别单独采样。

A. 硫化物 B. 石油类 C. 细菌类 D. 放射性

答案：ABCD

18. 地下水质调查时，在__________对生态系统影响等地区适度加大采样密度。

A. 土壤污染 B. 海（咸）水入侵 C. 土壤盐渍化 D. 地下水污染

答案：ABCD

19. 地下水监测点位布设时，应综合考虑__________等因素，考虑实际采样的可行性，使地下水监测点布设切实可行。（ ）

A. 监测井成井方法 B. 当前科技发展 C. 监测井深度 D. 监测技术水平

答案：ABD

20. 监测点布设要求对同一个水文地质单元，可根据地下水的__________条件布设控制性监测点。（ ）

A. 补给 B. 径流 C. 排泄 D. 含水层

答案：ABC

21. 尾矿库、危险废物处置场和垃圾填埋场等区域监测点布设时，应在地下水污染源__________分别布设监测点，以评估地下水的污染状况。（ ）

A. 上游 B. 中游 C. 两侧 D. 下游

答案：ACD

22. 地下水的价值为地下水水质和水量影响的__________等综合价值。（ ）

A. 经济价值 B. 开采利用价值 C. 生态环境价值 D. 地质基础价值

答案：BCD

23. 按照存储介质条件，地下水类型可分为__________。（ ）

A. 孔隙水 B. 裂隙水 C. 岩溶水 D. 承压水

答案：ABC

24. 地下水监测时，尚无国家或行业标准分析方法时，可选用行业统一分析方法或等效分析方法，但须按照 HJ 168 的要求进行方法确认和验证，__________应满足地下水环境监测要求。

A. 方法检出限 B. 测定下限 C. 准确度 D. 精密度

答案：ABCD

25.《地下水环境监测技术规范》（HJ 164—2020）不适用于__________。（ ）

A. 饮用水水源水 B. 景观用水 C. 卤水 D. 矿水

答案：BCD

26.《地下水环境监测技术规范》（HJ 164—2020）规定地下水采样记录表中必须要填写的内容是__________。（　　）

A．监测井编号　　B．经纬度　　C．采样日期和时间　　D．采样方法

答案：ABCD

27.《地下水环境监测技术规范》（HJ 164—2020）规定需单独采样的参数为__________。（　　）

A．硫化物　　B．石油类　　C．细菌类　　D．放射性

答案：ABCD

28.《地下水环境监测技术规范》（HJ 164—2020）中采样设备清洗要求，当采集的样品中含有金属类污染物时，应用10%硝酸冲洗，然后用__________冲洗。（　　）

A．蒸馏水　　B．去离子水　　C．矿泉水　　D．1%硝酸

答案：AB

29.《地下水环境监测技术规范》（HJ 164—2020）要求，现场监测项目包括水位、水温、__________等参数。（　　）

A．pH　　B．电导率　　C．浑浊度　　D．氧化还原电位

答案：ABCD

四、判断题

1．开展地下水监测时，如果满足地下水监测设计要求，则已有的民井、生产井均可作为监测井，不需要钻凿专用监测井。（　　）

答案：正确

2．为了解地下水体未受人为影响条件下的水质状况，需在研究区域的污染地段设置地下水背景值监测井（对照井）。（　　）

答案：错误

正确答案：为了解地下水体未受人为影响条件下的水质状况，需在研究区域的非污染地段设置地下水背景值监测井（对照井）。

3．地下水环境监测井警示标采用黄色底色。（　　）

答案：错误

正确答案：地下水环境监测井警示标采用蓝色底色。

4．地下水监测井建设深度应满足监测目标要求。监测目标层与其他含水层之间须做好止水，监测井滤水管不得越层，监测井不得穿透目标含水层下的隔水层的底板。（　　）

答案：正确

5．地下水监测井警示标内容采用告示牌的形式，上部为地下水环境监测井的图形标，下部书写“地下水环境监测井，禁止破坏，违者必究。监督电话：×××”，提示人群对其进行保护。（　　）

答案：正确

6．污水监测应配置专用采样器材，不能与地表水、地下水等环境样品的采样器材混用。（　　）

答案：正确

7．地下水监测井建设应遵循一井一设计，一井一编码，所有监测井统一编码的原则。（　　）

答案：正确

8．地下水监测井的井管各接头连接时可少量用粘合剂、涂料，但推荐采用螺纹式连接井管。（　　）

答案：错误

正确答案：地下水监测井的井管各接头连接时不能用任何粘合剂或涂料，推荐采用螺纹式连接井管。

9．地下水监测井所采用的构筑材料不应改变地下水的化学成分，即不能干扰监测过程中对地下水中化合物的分析。（　　）

答案：正确

10．地下水监测井取水位置一般在目标含水层的上部，但当水中含有重质非水相液体时，取水位置应在含水层底部和不透水层的顶部；水中含有轻质非水相液体时，取水位置应在含水层的顶部。（　　）

答案：错误

正确答案：监测井取水位置一般在目标含水层的中部，但当水中含有重质非水相液体时，取水位置应在含水层底部和不透水层的顶部；水中含有轻质非水相液体时，取水位置应在含水层的顶部。

11．在采集地下水中挥发性有机物项目时，水位浅或内径较小的监测井可选择贝勒管采样方法，采用地下水人工采样设备进行采样。（　　）

答案：正确

12．地下水样品采集当天不能送达实验室时，需用冷藏箱在4℃温度下避光保存，所以只要保存温度低于4℃就可以。（　　）

答案：错误

正确答案：样品保存温度须控制在0～4℃。

13．保存运输地下水样品时同一采样点的样品瓶尽量装在同一箱内。（　　）

答案：正确

14．对于地下水水质较稳定、污染程度较低的地区，可选用贝勒管采样方法。（　　）

答案：正确

15．采集地下水微生物水样时，出水口流速要控制在1 L/min以上。（　　）

答案：错误

正确答案：采集地下水微生物水样时，出水口流速要控制在1 L/min以下。

16．采集地下水样品时，应定期对水样容器清洗质量进行抽查，空白值应低于分析方法的实验室检出限。（　　）

答案：正确

17．地下水样品采集时水泵下放的位置一般应在滤水管下部。（　　）

答案：正确

18．地下水样品采集过程中，地下水水位的变化若超过10 cm，需等待地下水位回补并稳定后方可继续采样。（　　）

答案：正确

19．采取手工法测量地下水水位时需保证连续两次测量数值之差在±1 cm/10 m 内方为合格。（　　）

答案：正确

20．潜水是指地表以下、第一个稳定隔水层以上具有自由水面的地下水。（　　）

答案：正确

21．承压水是指充满于上下两个相对隔水层间的具有承压性质的水。（　　）

答案：正确

22．孔隙水是指存在于岩土体孔隙中的重力水。（　　）

答案：正确

23．裂隙水是指贮存于岩体裂隙中的重力水。（　　）

答案：正确

24．静水位是指抽水前井孔中稳定的地下水水位。（　　）

答案：正确

25．监测井建设深度应满足监测目标要求，监测井不得穿透目标含水层下的隔水层的底板。（　　）

答案：正确

26．根据不同监测对象的地下水采样频次要求，地下水饮用水水源取水井，非常规指标采样宜不少于每年 1 次。（　　）

答案：正确

27．在采集地下水除挥发性有机物（VOCs）及半挥发性有机物（SVOCs）以外的其他监测项目应控制出水口流速低于 1 L/min。（　　）

答案：正确

28．在地下水样品采集时，如果样品在采集过程中水质易发生较大变化，可适当加大采样流速。（　　）

答案：正确

29．在地下水样品采集过程中，洗井及设备清洗废水应使用固定容器进行收集，不应任意排放。（　　）

答案：正确

30．在地下水样品保存与运输过程中应避免日光照射，并置于 4℃冷藏箱中保存，气温异常偏高或偏低时还应采取适当保温措施。（　　）

答案：正确

31．在地下水水样装箱前应对装有水样的玻璃磨口瓶使用聚乙烯薄膜覆盖瓶口，并用细绳将瓶塞与瓶颈系紧。（　　）

答案：正确

32．地下水采样记录应使用墨水笔或签字笔填写，要求字迹端正、清晰。（　　）

答案：正确

33．按照地下水采样质量控制的相关要求，若样品数量较少时，每批次水样至少加采 1 次现场平行样和全程序空白样，与样品一起送实验室分析。（　　）

答案：正确

34．在进行地下水细菌监测项目采样时不能用水样冲洗采样容器，不能采混合水样，应单独采样后 2 h 内送实验室分析。（　　）

答案：正确

35．在采集地下水硫化物、石油类、细菌类及放射性等指标的水样时应分别单独采样。（　　）

答案：正确

36．在地下水监测采样时，监测用车辆一般可停放在监测点（井）下风向 30 m 以外。（　　）

答案：错误

正确答案：应停放在监测点（井）下风向 50 m 以外。

37．在进行地下水现场参数目视比浊法和目视比色法的测定时，所用的比色管应成套。（　　）

答案：正确

38．在地下水监测样品测定中，分析测试实验室确认的实验室检出限应小于方法检出限。（　　）

答案：正确

39．地下水样品变化快、时效性强，监测后的样品留样保存意义不大，监测后应及时处理倾倒。（　　）

答案：错误

正确答案：地下水样品变化快、时效性强，监测后的样品均留样保存意义不大，但对于测试结果异常样品、应急监测和仲裁监测样品，应按样品保存条件要求保留适当时间。留样样品应有留样标识。

40．地下水监测中不同的时空分布出现的异常值，应用统计检验方法来决定舍取。（　　）

答案：错误

正确答案：地下水监测中不同的时空分布出现的异常值，应从监测点周围当时的具体情况（地质水文因素变化、气象、附近污染源情况等）进行分析，不能简单地用统计检验方法来决定舍取。

41．地下水采样过程中，所有现场监测仪器使用前应进行校准，并定期维护。（　　）

答案：正确

42．地下水监测点布设时，原则上监测点总体上能反映监测区域内的地下水环境质量状况和水质变化趋势。（　　）

答案：错误

正确答案：监测点布设原则要求：监测点总体上能反映监测区域内的地下水环境质量状况。

43．地下水监测点不宜变动，尽可能保持地下水监测数据的连续性。（　　）

答案：正确

44．在地下水采样时，离心式抽水泵不适用于采集挥发性有机物样品。（　　）

答案：正确

45．定期（如每 2 年）对地下水质监测网的运行状况进行一次调查评价，根据最新情况对地下水质监测网进行优化调整。（　　）

答案：错误

正确答案：定期（如每 5 年）对地下水质监测网的运行状况进行一次调查评价，根据最新情况对地下水质监测网进行优化调整。

46．地下水采样时，洗井及设备清洗废水应排放到监测井 10 m 以外的地方。（ ）

答案：错误

正确答案：地下水采样时，洗井及设备清洗废水应使用固定容器进行收集，不应任意排放。

47．洗井后水质指标稳定，优先采集用于测定微生物的地下水样品。（ ）

答案：错误

正确答案：地下水样品采集应在 2 h 内完成，优先采集用于测定挥发性有机物的地下水样品。

48．通过地下水遭受污染的概率和污染后果的乘积来表达地下水遭受污染风险的大小。（ ）

答案：正确

49．已有监测井周围环境情况调查内容包括：监测井附近有无地表水体、水体类型与特征、对地下水质的影响，周边抽水井的分布、开采时间、开采量、开采层位等。（ ）

答案：正确

50．地下水监测井井管应选用无污染材料，所采用的构筑材料不应改变地下水的物理性状，即不能干扰监测过程中对地下水中化合物的分析。（ ）

答案：错误

正确答案：地下水监测井井管应选用无污染材料，所采用的构筑材料不应改变地下水的化学成分，即不能干扰监测过程中对地下水中化合物的分析。

51．在采集地下水样品时，注意防止采样过程中的交叉污染，在采集不同监测点（井）水样时需清洗采样设备。（ ）

答案：正确

52．同一监测点（井）应有 4 人以上进行采样，注意采样安全，采样过程要相互监护，防止意外事故的发生。（ ）

答案：错误

正确答案：应有 2 人以上进行采样。

53．地下水环境监测井标识图形颜色为浅绿色。（ ）

答案：错误

正确答案：地下水环境监测井标识图形颜色为浅蓝色。

54．地下水采样记录包括采样现场描述和现场测定项目记录两部分，可按要求格式设计统一的采样记录表。（ ）

答案：正确

55．每个采样人员应认真填写地下水采样记录，字迹应端正、清晰，各栏内填写齐全。（ ）

答案：正确

56．采集水样后，立即将水样容器瓶盖紧、密封，贴好标签，标签可根据具体情况进行设计，一般包括采样日期和时间、样品编号、监测项目等。（ ）

答案：正确

57. 采用潜水泵、贝勒管或惯性泵等设备成井洗井时，通过超量抽水、汲取、反冲或气洗等方式进行洗井。（　　）

答案： 错误

正确答案： 采用潜水泵、贝勒管或惯性泵等设备成井洗井时，通过超量抽水、汲取等方式进行洗井，不得采用反冲或气洗方式。

58. 采集水位浅或内径小的监测井时，双阀门贝勒管适用于采集表层地下水样品，单阀门贝勒管适用于采集指定深度的地下水样品。（　　）

答案： 错误

正确答案： 水位浅或内径小的监测井适用于贝勒管采样方法，采用地下水人工采样设备进行采样。单阀门贝勒管适用于采集表层地下水样品，双阀门贝勒管适用于采集指定深度的地下水样品。

59. 采集地下水挥发性有机物时，应根据水文地质条件、井管尺寸、现场采样条件等，选择低速采样、贝勒管采样或低渗透性含水层采样等方法采样。一般情况，优先选择低渗透性含水层采样方法。（　　）

答案： 错误

正确答案： 一般情况，优先选择低速采样方法，使用地下水机械设备进行采样。

60. 地下水水样容器和污染源水样容器应分架存放，不得混用。地下水水样容器应按监测井号和测定项目，分类编号、固定专用。（　　）

答案： 正确

61. 地下水采样时，同一采样点的样品瓶尽量装在同一箱内，与采样记录或样品交接单逐件核对，检查所采水样是否已全部装箱。装箱时应用泡沫塑料或波纹纸板垫底和间隔防震。（　　）

答案： 正确

62.《地下水环境监测技术规范》（HJ 164—2020）中监测点布设要求，污染源周边地下水监测以浅层地下水为主，如浅层地下水已被污染且下游存在地下水饮用水水源地，需增加主开采层地下水的监测点。（　　）

答案： 正确

63.《地下水环境监测技术规范》（HJ 164—2020）中环境监测井井口保护装置要求，为保护监测井，应建设监测井井口保护装置，包括井口保护筒、井台或井盖等部分。监测井保护装置应坚固耐用、不易被破坏。（　　）

答案： 正确

64.《地下水环境监测技术规范》（HJ 164—2020）中环境监测井宜设置统一标识，只需图形标、监测井铭牌、宣传牌等部分。（　　）

答案： 错误

正确答案： 环境监测井宜设置统一标识，包括图形标、监测井铭牌、警示标和警示柱、宣传牌等部分。

65.《地下水环境监测技术规范》（HJ 164—2020）中监测井归档资料要求包括监测井设计、原始记录、成果资料、竣工报告、验收书的纸质和电子文档。（　　）

答案： 正确

66.《地下水环境监测技术规范》（HJ 164—2020）中要求对水位、水温、pH、溶解氧、氧化还原电位可在现场测定，电导率、浑浊度、色、嗅和味等项目在保质期内，可在实验室进行监测。（　　）

答案：错误

正确答案：对水位、水温、pH、电导率、浑浊度、溶解氧、氧化还原电位、色、嗅和味等项目进行现场监测。

67.《地下水环境监测技术规范》（HJ 164—2020）中要求样品采集一般按照挥发性有机物（VOCs）、半挥发性有机物（SVOCs）、稳定有机物及微生物样品、重金属和普通无机物的顺序采集。（　　）

答案：正确

五、简答题

1．地下水环境监测点布设原则有哪些？

答案：地下水环境监测点布设原则：监测点总体上能反映监测区域内的地下水环境质量状况。监测点不宜变动，尽可能保持地下水监测数据的连续性。综合考虑监测井成井方法、当前科技发展和监测技术水平等因素，考虑实际采样的可行性，使地下水监测点布设切实可行。定期（如每5年）对地下水质监测网的运行状况进行一次调查评价，根据最新情况对地下水质监测网进行优化调整。

2．地下水采样洗井到什么程度可以采样？

答案：采样前需先洗井，在现场使用便携式水质测定仪对出水进行测定，浊度小于等于10 NTU时或者当浊度连续3次测定的变化在±10%以内、电导率连续3次测定的变化在±10%以内、pH连续3次测定的变化在±0.1以内；或洗井抽出水量在井内水体积的3～5倍时，可结束洗井。

3．请按顺序列出地下水水样采集时，各大类指标的采集顺序。

答案：样品采集一般按照挥发性有机物（VOCs）、半挥发性有机物（SVOCs）、稳定有机物及微生物样品、重金属和普通无机物的顺序采集。

4．请列出地下水采样过程中需要现场监测的参数名称。

答案：水位、水温、pH、电导率、浑浊度、溶解氧、氧化还原电位、色、嗅和味等。

5．在地下水采样时针对VOCs样品的洗井和采样，应优先考虑采用哪些设备？

答案：应优先考虑采用气囊泵、低流量潜水泵或具有低流量调节阀的贝勒管。

6．请简单列举两种常见洗井与采样设备的适用范围与优缺点。

答案：

（1）贝勒管

适用范围：适用于各种监测井，要求井口直径≥2 cm；

优点：价格低、设备轻便、操作简单易学，不受采样深度约束；

缺点：耗费人力，容易受现场环境及工作人员操作手法影响而导致曝气或增加井管内水样浑浊度。

（2）潜水泵

适用范围：适用于各种场地的成井洗井，要求井口直径≥5 cm；

优点：流量大、流速可调，采样深度可超过80 m；

缺点：叶轮及垫片易磨损；电机发热会影响采样水质稳定，增加设备的故障率；且结构紧密，现场不易维修。

（3）闭口定深采样器

适用范围：适用于严格的 VOCs 类水样品的采集；

优点：重量轻、易携带、下井方便；

缺点：动力不足，不适合水位埋深较大的监测井。

（4）气囊泵

适用范围：适用于各种类型的监测井，要求井口直径≥2 cm，采样深度≤65 m；

优点：设备振动较小、洗井及采样出水流量低、重量相对普通潜水泵重量较轻、易携带、下井方便；

缺点：动力不足，不适合水位埋深较大的监测井，洗井不彻底。

7. 简述国控地下水点位监测地下水样品采集、保存和流转过程对采样人员配备的要求。

答案：每个样品采集工作组应由组织管理人员及洗井采样操作人员组成，共计 5～7 人。

组织管理人员主要承担采样计划制订、现场的组织管理、协调调度和质量检查等工作任务，共 2 人，人员配备要求：1 人负责采样计划制订和现场协调管理，1 人负责本工作组采样质量现场审核把关和全流程拍照、记录，可兼职手持终端操作。

洗井采样操作人员：2～4 人，负责设备安装调试、洗井、现场检测、取装样和记录等。

样品管理人员：1 人，负责样品采集后的清点检查、保存条件核实确认、打包装箱、样品运送和分析测试实验室交接等工作，可由采样操作人员兼任。

正式开始采样工作前，每个采样工作组至少应有 1 名成员参加过当年度国家级技术培训，3 名及以上成员参加过流域级技术培训；其他成员均应参加并完成采样单位内部组织的技术培训；采样组长、质量检查员和样品采集核心技术人员应参加并通过国家组织的持证上岗考核。

8. 简述地下水样品采集设备的清洗方法和程序。

答案：常用的现场采样设备和取样装置清洗方法和程序如下：

（1）用刷子刷洗、空气鼓风、湿鼓风、高压水或低压水冲洗等方法去除黏附较多的污物；

（2）用肥皂水等不含磷洗涤剂洗掉可见颗粒物和残余的油类物质；

（3）用水流或高压水冲洗去除残余的洗涤剂；

（4）用蒸馏水或去离子水冲洗；

（5）当采集的样品中含有金属类污染物时，应用 10%硝酸冲洗，然后用蒸馏水或去离子水冲洗；

（6）当采集含有有机污染物水样时，应用有机溶剂进行清洗，常用的有机溶剂有丙酮、己烷等；

（7）用空气吹干后，用塑料薄膜或铝箔包好设备。

9. 简述地下水采样时水样容器的选择原则。

答案：水样容器不能受到沾污；容器壁不应吸收或吸附某些待测组分；容器不应与待测组分发生反应；能严密封口，且易于开启。

10. 制订地下水采样计划时应包含哪些内容？

答案：采样计划应包括采样目的、采样点位、采样项目、采样频次、采样时间、采样人员及分工、采样过程的质量保证和质量控制措施、采样设备和器具、现场记录、需要现场监测的项目、安全保障等。

11．在样品采集、流转和检测过程中出现何种问题时，应重新采集相关样品。

答案：

（1）未按规定方法保存样品，或送至分析测试实验室时样品保存条件已失效；

（2）未采取有效措施防止样品在保存或运输过程中被损坏或沾污；

（3）样品标签粘贴错误或混乱；

（4）当现场平行样测定结果差异较大，或全程序空白样测定结果大于方法检出限时，应仔细检查原因，以消除现场平行样差异较大、空白值偏高的因素，必要时重新采样；

（5）其他可能影响样品质量和检测结果的情形。

六、计算题

1．已知一地下水监测井水位面至井口深度的测量值为 2 m，井底至井口深度的测量值为 22.56 m，请计算该井的井水深度。

答案：井水深度=井底至井口深度−水位面至井口深度=22.56−2=20.56（m）

2．已知一地下水监测井的井水深度为 20.56 m，井口直径的测量值为 146 mm，请计算该井内水柱的体积（以 m^3 计）。

答案：井内水柱的体积=井水深度×π×（井口直径/2）^{2}=20.56×3.14×（0.146/2）^{2}= 0.344（m^3）

3．已知一地下水监测井的井内水柱体积为 0.344 m^3，根据地下水监测洗井要求选用气囊泵或低流量的潜水泵抽水，抽水速率不大于 0.3 L/min，请计算完成洗井最少需要多长时间？

答案：由于原则上洗井水体积应达到 3～5 倍滞水体积，因此完成洗井的最少时间=（0.344×3）/（0.3/1 000）=3 440（min）≈ 57.3（h）。

4．使用潜水泵进行抽水时，抽水速率稳定在 5 L/min 时，请计算两次现场监测指标测量之间至少抽出了多少井水？

答案：已知两次现场监测指标测量之间的间隔至少 5 min，根据现场抽水速率，两次现场监测指标测量之间至少抽出的水量=抽水速率×5=5×5=25（L）

5．依据总站技术文件《地下水环境监测样品采集、保存和流转技术规定（试行）》，请判断根据下表中的洗井过程记录是否可以结束洗井操作开始采样。

序号	检测时间	洗井汲水速率/（L/min）	水面距井口高度/m	洗井出水体积/L	水温/℃	pH（量纲一）	电导率/（μS/cm）	溶解氧/（mg/L）	氧化还原电位/mV	浊度/NTU	出水性状（色、味、杂质）
1	13:52:21	8.0	11.2	200	19.5	7.49	784	3.05	−25	1.01	无色、无味、无杂质
2	13:57:34	6.0	11.3	230	19.0	7.51	780	3.06	−26	1.03	无色、无味、无杂质
3	14:03:57	5.0	11.3	260	19.3	7.50	776	2.98	−27	1.05	无色、无味、无杂质

答案：根据地下水洗井采样相关规定的要求，当出水量稳定且水质澄清时（达到“水清砂净”），每隔 5 min（每个时间间隔段应尽量保持稳定、足够的抽水体积）现场检测一次相关参数，读取并记录 pH、温度（T）、电导率、溶解氧（DO）、氧化还原电位（ORP）和浑浊度，连续 3 次测定结果达到以下要求时可以结束洗井：

（1）pH 变化范围为±0.1；

（2）温度变化范围为±0.5℃；

（3）电导率大于 500 μS/cm 时，变化范围为±3%；电导率小于 500 μS/cm 时，适当放宽，变化范围为±5%；

（4）当 DO≥2.0 mg/L 时，其变化范围为±10%；当 DO＜2.0 mg/L 时，其变化范围为±0.2 mg/L；

（5）ORP 变化范围为±10 mV；

（6）10 NTU＜浊度＜50 NTU 时，其变化范围为±10%；浊度＜10 NTU 时，其变化范围为±1.0 NTU；若含水层处于粉土或黏土地层，或与岩溶通道存在水力联系且连续多次洗井后的浊度≥50 NTU 时，要求连续 3 次测量浊度变化值小于 5 NTU 的要求判断。

上表中：

（1）pH 变化范围为 0.02，满足±0.1 的要求；

（2）温度变化范围为 0.5℃，满足±0.5℃的要求；

（3）电导率的变化范围为 8 μS/cm（1.02%），满足电导率大于 500 μS/cm 时，变化范围为±3%的要求；

（4）溶解氧的变化范围为 0.08 mg/L（2.64%），满足当 DO≥2.0 mg/L 时，其变化范围为±10%的要求；

（5）ORP 变化范围为 2 mV，满足±10 mV 的要求；

（6）浊度变化范围为 0.04 NTU，满足浊度＜10 NTU 时，其变化范围为±1.0 NTU 的要求。

可以结束洗井操作，开始地下水样品采集。

第三节　海水和海洋沉积物采样及现场测试

一、填空题

1．海水水色的观测只在白天进行，观测地点应选在__________处。

答案：背阳光

2．海水中汞样品的采集应使用__________盛装水样，并__________进行固定。

答案：硬质玻璃瓶，加硫酸至 pH＜2

3．海上现场采样原始工作记录应使用__________书写，以避免被海水沾糊。

答案：硬质铅笔

4．海洋环境调查监测中，水样的保存方法通常有__________、__________和容器充满法、化学法 4 种。

答案：冷冻，冷藏

5．海水水质采样器的材质要__________、__________、__________。

答案：耐腐蚀，无沾污，无吸附

6．在测定海水样品时，加标回收率的加标量应控制在实际样品浓度水平的__________倍，加标后样品浓度应控制在校准曲线有效范围内，未检出样品一般情况下不应选为加标回收率实验样品。

答案：0.5～3

7．计算海水实用盐度有以下两种方法：__________和__________。

答案：计算机处理，查国际海洋学常用表

8．使用船载 ADCP 测定海流时，出海前要准确校准电罗经，设置 ADCP 的__________。

答案：罗经初始角

9．使用电化学探头法测定海水中的溶解氧时，分样方法应按照样品采集顺序首先分样，分样时注意将分水管插入样品瓶底部，慢速放出水样，不要产生__________。

答案：气泡

10．除现场测定项目外，海水样品采集后应按要求进行现场加__________，颠倒数次使其在样品中均匀分散。

答案：保存剂（或固定剂）

11．海水水质采样的质量控制样品数量应为水样总数的__________%以上，其固定剂的添加、运输保存、分析与样品同等处理。

答案：10

12．在特殊情况下需要用木塞或橡皮塞时，必须用稳定的金属箔包裹。有机物和某些细菌样品不得用__________塞。碱性的液体样品容器不能用__________塞。

答案：橡皮，玻璃

13．当测量的海水溶解氧质量浓度水平低于 1 mg/L（或 10%饱和度）时，又或者当更换溶解氧膜罩或内部的填充电解液时，需要进行__________和调整。若仪器具有零点补偿功能，则不必调整零点。

答案：零点检查

14．使用电化学探头法测定海水中的溶解氧，当探头的膜接触样品时，样品要保持一定的__________，防止与膜接触的瞬间将该部位样品中的溶解氧耗尽，使读数发生波动。

答案：流速

15．海水溶解氧测量仪进行零点调整时，将探头浸入__________中，待反应稳定后读数，调整仪器到零点。

答案：零点检查溶液

16．海水水色是指位于透明度值__________的深度处，白色透明盘上所呈现的海水颜色。

答案：二分之一（或 1/2）

17．现场或实验室需要对样品过滤时，通常按照分析项目采用__________或__________，滤膜不应吸附或污染待测项目。

答案：玻璃纤维，醋酸纤维滤膜

18．测量海水表层水温时，应在离船舷__________m 以外的地方 0～1 m 水层中。

答案：0.5

19．在测定海水 pH 时，应首先用__________标定。

答案：标准缓冲溶液

20．采样容器和采集后的样品，除现场测定样品外，应采取防止__________、__________措施，保持样品完整性。

答案：破碎，挤压

21．例行海水水质监测频次一般为每年进行__________次，采样时间安排在__________月、__________月和__________月，两次监测时间间隔原则上应为__________个月以上。

答案：3，3—5，7—8，9—11，2

22．海洋调查应做好充分的前期准备工作，需收集与分析调查海区已有的__________、地质地貌、生物和海水化学资料。

答案：水文气象

23．对沿岸、河口等受气候、水文和物质来源影响的海区，一般情况应每季度调查一次，且采样时间应充分考虑__________影响。

答案：潮汐

24．海岸开阔海区的采样站位呈__________状布设。

答案：纵横断面网格

25．用于分析海洋沉积物样品总磷、总氮前，按测定有机物样品的制备方法制备，干燥可选择在__________℃条件下烘干或将湿样置于冷冻干燥剂中冻干方式处理。

答案：40～60

26．海洋底质为__________和粗碎屑沉积物时，不宜进行柱状采样。

答案：基岩

27．海水样品容器的材质在化学活性和生物活性方面具有__________，使样品与容器之间的作用保持在最低水平。

答案：惰性

28．海水 pH 样品采集时应加 1 滴__________固定，盖好瓶盖，混合均匀，待测。

答案：氯化汞溶液

29．海水浑浊度、悬浮物样品采集时同时摇动采样器，防止悬浮物在采样器内__________。

答案：沉降

30．样品中的待测成分也可因吸附、沉降或__________而受到损失。

答案：挥发

31．海洋沉积物采样断面的设置应与水质断面__________，以便将沉积物的机械组成、理化性质和受污染状况与水质污染状况进行对比研究。

答案：一致

32．在排污口开展海洋沉积物样品采集时，应以污染源为中心，顺污染物__________按一定距离布设采样点。

答案：扩散带

33．对于溶解于海水中的各种离子或分子，通常根据其含量区分为__________和微量元素。

答案：常量元素

34．海洋表层沉积物采样器，一般选择__________或锥式采泥器等。

答案：抓斗式（掘式）采泥器

35．用于贮存海洋沉积物样品的容器应为__________、聚乙烯袋或聚苯乙烯袋。

答案：广口硼硅玻璃

36．海水盐度是海水中含盐量的一个标度，它与温度和压力等多种要素构成海水状态方程，其定义和测量方法经历过多重演变，目前盐度标度采用的是__________。

答案：实用盐度标度

37．根据污染物在较大面积海域分布的不均匀性和局部海域相对均匀性的时空特征，运用均质分析法、模糊集合聚类分析法等分类方法，将监测海域划分为__________区、__________区及__________区。

答案：污染，过渡，对照

38．海水采样的主要站点应合理地布设在__________发生明显变化或有重要功能用途的海域，如近岸河口区或重大污染源附近。在海域的初期污染调查过程中，可以进行__________式布点。

答案：环境质量，网格

39．船上采样时，采用__________采样，将来自船体的各种沾污控制在一个尽量低的水平上。当船体到达采样站位后，应该根据风向和__________，立即将采样船周围海面划分成船体沾污区、__________和__________3 部分，然后在采样区采样。

答案：向风逆流，流向，风成沾污区，采样区

40．海洋环境调查监测中，水质样品的固定通常采用冷冻和__________后低温冷藏两种方法。过滤样加酸酸化，一般使 pH__________，然后低温冷藏，未过滤样品不能酸化（汞的样品除外），未过滤样品应__________贮存。

答案：酸化，<2，冷冻

41．海水样品采集，在岸上采样时，如果水是流动的，采样人员站在岸边，应__________水流动方向操作。

答案：面对

42．海水透明度观测时应用透明度盘进行观测。透明度盘为直径__________cm，底部系有重锤，上部系有绳索的木质或金属质__________圆盘。绳索上有以米为单位的长度标记，绳索长度应根据海区透明度值大小而定，一般可取__________m。

答案：30，白色，30～50

43．表层水温表用于测量海洋、湖泊、河流、水库等的表层水温度，它由测量范围为__________，分度__________的玻璃水银温度表和铜制外壳组成。

答案：−5～40℃，0.2℃

44．海水五项营养盐样品采集时，过滤滤膜为孔径__________μm 的混合纤维素酯微孔滤膜。使

用前应用体积分数为 1%的__________浸泡__________h，然后用蒸馏水洗至中性，浸泡于蒸馏水中备用。

答案：0.45，盐酸，12

45．海水沉积物样品采集时，根据区域或监测目的不同，进行__________、__________、__________断面的布设，布设方法可以是单点、断面、多断面、网格式布点。

答案：对照，控制，消减性

46．海水沉积物样品采集的样品瓶及聚乙烯袋预先用__________浸泡__________，用去离子水淋洗干净，晾干装瓶。

答案：硝酸溶液（1+3），2～3 天

47．海洋沉积物样品分析过程中的标准溶液配制，所用的量瓶和移液管均应事先进行__________或__________。

答案：容量校正，检定

48．海水沉积物样品采集时，如海流速度大可加大采样器配重，保证在采样点准确位置上采样。应避免 __________和__________，特别是在浅海区。

答案：搅动水体，沉积物

49．为使沉积物样品具有代表性，在同一采样点周围应采样__________次，将各次采集的样品__________分装。

答案：2～3，混合均匀

50．表层沉积物样品采集时，用塑料刀或勺从采泥器耳盖中仔细取上部__________cm 和__________cm 的沉积物。

答案：0～1，1～2

51．一般装贮水样使用细口容器时，容器封口材料与容器材质一致，封口瓶塞不得混用；在特殊情况下需要用木塞或橡皮塞时，必须用稳定的金属箔包裹；有机物和细菌样品容器不得用__________；碱性的液体样品容器不能用__________；禁止使用纸团和 __________。

答案：橡皮塞，玻璃塞，金属材料塞

52．贮存石油类和有机物水样的玻璃瓶清洗：用自来水、__________、自来水和纯水清洗烘干后，用纯化过或合格的__________淋洗__________次，阴干后分装在包装箱内，避免污染。

答案：铬酸洗液，萃取液，3

二、单选题

1．海水水色根据水色计目测确定，水色计按一定比例配成__________支不同色级。（ ）

A．19　　B．20　　C．21　　D．22

答案：D

2．海洋环境调查监测中，对于样品容器的材质选择，常用的玻璃容器一般不适合于__________的贮存。（ ）

A．有机化合物样品　B．生物品种样品　C．痕量重金属样品　D．化学需氧量样品

答案：C

3．海洋环境调查监测中，采表层样系指在海面以下__________m 采集样品。（　　）

A．0.1～1　　B．0.5～1.5　　C．0～2　　D．0.1～0.5

答案：A

4．海水样品取样时，当取样点位深度为 20 m 深时，采集时须采集__________的样品。（　　）

A．表层　　B．表层、底层

C．表层、10 m、底层　　D．表层、5 m、10 m、底层

答案：B

5．海洋沉积物监测站位选择的监测海域应具有代表性，其沉积条件要稳定。因此，选择站位应考虑__________、沉积速率、沉积结构（地貌、粒径）等。（　　）

A．水动力状况　　B．沉积盆地结构　　C．生物扰动　　D．以上都是

答案：D

6．海洋沉积物表层样品的采集深度应不小于__________cm，否则应重新采样。（　　）

A．5　　B．10　　C．15　　D．20

答案：A

7．海洋沉积物采集完成，如要装入广口瓶中，则广口瓶最好用__________充满瓶中空间，放置阴冷处，并最好采用低温冷藏。（　　）

A．氩气　　B．氧气　　C．氮气　　D．空气

答案：C

8．采集海水挥发酚样品应使用__________盛装水样，加__________酸化至 pH＜4，并加 1 g $CuSO_4$。（　　）

A．聚乙烯塑料瓶，磷酸　　B．聚乙烯塑料瓶，盐酸

C．硬质塞玻璃瓶，磷酸　　D．硬质塞玻璃瓶，盐酸

答案：C

9．使用聚乙烯容器时，先用 1 mol/L 的__________溶液清洗，然后再用__________溶液（1+3）进行较长时间的浸泡。（　　）

A．盐酸，硝酸　　B．硝酸，盐酸　　C．盐酸，硫酸　　D．硝酸，硫酸

答案：A

10．采用原子荧光法进行测定时，分析中所用的玻璃器皿在使用前均需用__________溶液浸泡__________h。（　　）

A．1+1 硝酸，24　　B．浓硝酸，12　　C．5%硝酸，24　　D．浓盐酸，12

答案：A

11．海水样品处理过程中，下列项目必须现场测定的是__________。（　　）

A．水色，化学需氧量　　B．pH，溶解氧

C．油类，阴离子表面活性剂　　D．氨氮，活性磷酸盐

答案：B

12．采集溶解氧水样应在现场固定，固定方法是__________。（　　）

A．加入 $MnSO_4$ 溶液　　B．加入碱性 KI 溶液

C．加入 $MnSO_4$ 和碱性 KI 溶液　　D．只要塞紧瓶塞

答案：C

13．电化学探头法测定水中溶解氧时，仪器需要检验零点的时候，可将电极浸入__________的蒸馏水中进行校零。（　　）

A．每升蒸馏水加入 1 g 亚硫酸钠和 1 mg 钴盐

B．每升蒸馏水加入 2 g 亚硫酸钠和 1 g 钴盐

C．每升蒸馏水加入 10 g 亚硫酸钠和 1 mg 钴盐

D．每升蒸馏水加入 1 g 亚硫酸钠和 1 g 钴盐

答案：A

14．通过测定一系列不同浓度蒸馏水样品中溶解氧的浓度来检查溶解氧仪的线性。向 3～4 个 250 mL 完全充满蒸馏水的细口瓶中缓缓通入__________泡，去除水中氧气，用探头时刻测量剩余的溶解氧含量，直到获得所需溶解氧的近似质量浓度。（　　）

A．空气　　B．氩气　　C．氮气　　D．氦气

答案：C

15．若某一海域水深 75 m，采样层次一般分__________层。（　　）

A．1　　B．2　　C．3　　D．4

答案：D

16．保存海水中化学需氧量样品时，应在 0～4℃冷藏，加__________至 pH<2 或–20℃冷冻。（　　）

A．硫酸　　B．硝酸　　C．铬酸　　D．盐酸

答案：A

17．海水中氨氮样品采取在 0～4℃冷藏的保存方式时，需加入 0.2%的__________。（　　）

A．硫酸　　B．氢氧化钠　　C．氯仿　　D．硝酸

答案：C

18．采集海水的样品瓶空白检查时，需抽查__________%（不得少于 2 个）洗涤后的样品瓶进行空白测试。（　　）

A．5　　B．10　　C．15　　D．20

答案：B

19．在海水采样过程中，现场平行样应占样品总量的__________%以上，每批样品不少于 1 个。（　　）

A．5　　B．10　　C．15　　D．20

答案：B

20．海水水质项目的保存时间可长达 90 天的是__________。（　　）

A．活性硅酸盐　　B．重金属　　C．石油类　　D．总氮

答案：B

21．海洋沉积物中多氯联苯的样品瓶应选择__________容器。（　　）

A．聚乙烯　　B．聚苯乙烯　　C．广口玻璃瓶　　D．广口塑料瓶

答案：C

22. __________海洋沉积物项目采样后应立即测定。（　　）

A. 粒度　　B. 汞　　C. 硫化物　　D. 氧化还原电位

答案：D

23. 一般情况下，海洋沉积物重金属样品在−20℃条件下冷冻保存可长达__________天。（　　）

A. 80　　B. 120　　C. 160　　D. 180

答案：D

24. 海洋沉积物样品硫化物项目应选择__________贮存容器。（　　）

A. 聚乙烯　　B. 聚苯乙烯　　C. 棕色广口玻璃瓶　　D. 广口塑料瓶

答案：C

25. 常用的__________，适合于海水中硅酸盐、钠盐、总碱度、氯化物、电导率、pH 分析和测定的样品贮存。（　　）

A. 高密度聚乙烯　　B. 玻璃容器　　C. 棕色广口玻璃瓶　　D. 塑料容器

答案：A

26. 采集海水 pH 项目的样品瓶，初次使用的瓶子应洗净，需用__________浸泡 1 天。（　　）

A. 纯水　　B. 海水　　C. 硝酸　　D. 盐酸

答案：B

27. 海水营养盐采样器用前须用 1 mol/L__________溶液漂洗，依次用自来水、去离子水洗净，采样时须用海水漂洗，最好将采样器放在较深处，然后提到采样深度。（　　）

A. 盐酸　　B. 磷酸　　C. 硝酸　　D. 氢氧化钠

答案：A

28. 采集海水挥发性有机化合物样品时，样品在灌装时，应尽量避免产生气泡和搅动，并且要求水样充满瓶体，不留顶部空间，如有余氯可添加抗坏血酸除去，并用__________酸化至 pH＜2，然后用带聚四氟乙烯衬垫的螺旋盖封瓶，放入冷藏箱保存。（　　）

A. 盐酸　　B. 磷酸　　C. 硝酸　　D. 硫酸

答案：A

29. 采集海水活性磷酸盐和总磷的样品瓶在洗涤时必须使用__________清洗后，再经 50%的 2+1 浓盐酸和过氯酸浸泡 8 h，纯水洗净后，用铝箔盖住瓶口保存备用。（　　）

A. 铬酸洗液　　B. 硝酸　　C. 无磷洗涤剂　　D. 一般洗涤剂

答案：C

30. 关于海水 pH 的说法错误的是__________。（　　）

A. 同一个海水样品，不同温度条件下，pH 不同

B. 大洋海水 pH 一般在 8.5 左右，在 8.0～9.0 内变化

C. 海水 pH 的变化主要受控于海水碳酸盐体系

D. 海水的静水压力对海水 pH 有影响

答案：B

31. 随着深度的增加，光合作用逐渐减弱，呼吸作用加强，当到达补偿深度时，溶解氧的产生

量恰好等于消耗量。对补偿深度变化没有直接影响的是__________。（　　）

A．季节变化　　B．光照时间　　C．水文条件　　D．重金属含量

答案：D

32．海洋中溶解氧的消耗过程不包含__________。（　　）

A．呼吸作用　　B．有机物分解　　C．光合作用　　D．无机物氧化

答案：C

33．海水溶解氧样品应采用溢流操作进行采样，将玻璃管插到分样瓶底部，慢慢注入水样，待水样装满并溢出约为瓶子体积的__________时，将玻璃管慢慢抽出。（　　）

A．1 倍　　B．1/3　　C．1/2　　D．1/4

答案：C

34．当不便于现场监测时，海水 pH 样品可加入氯化汞溶液固定，保存时间为__________ h。（　　）

A．24　　B．12　　C．48　　D．6

答案：A

35．重金属样品过滤水样用酸酸化至 pH 小于__________，塞上塞子存放在洁净环境中待测。（　　）

A．6　　B．4　　C．2　　D．1

答案：C

36．现场测定的盐度为 28，正确的表述方式为__________。（　　）

A．28‰　　B．28　　C．2.8%　　D．28sal

答案：B

37．痕量金属采水器应为非金属结构，常以__________、聚乙烯及聚碳酸酯等为主体材料。（　　）

A．不锈钢　　B．金属钛　　C．陶瓷涂层　　D．聚四氟乙烯

答案：D

38．海水样品采上船甲板后，样品的分样顺序正确的为__________。（　　）

A．pH、溶解氧、浮游植物、营养盐、叶绿素 a

B．溶解氧、pH、营养盐、浮游植物、叶绿素 a

C．溶解氧、pH、营养盐、叶绿素 a、浮游植物

D．溶解氧、pH、浮游植物、营养盐、叶绿素 a

答案：C

39．海水营养盐样品采集后，可通过冷冻、冷藏或酸化方式保存，其目的是__________。（　　）

A．抑制微生物作用

B．减缓化合物或络合物的水解及氧化还原作用

C．减少组分的挥发和吸附损失

D．防污染

答案：A

40．加入固定剂的海水总氮水样，冷冻保存，有效保存时间为__________。（　　）

A．1 周　　B．1 个月　　C．3 个月　　D．1 年

答案：B

41．关于化学耗氧量（COD），说法错误的是__________。（　　）

A．COD 的值取决于氧化剂的种类、有机化合物的成分及实验条件、操作等

B．测定 COD 所采用的氧化剂一般有 $KMnO_4$、K_2CrO_7、KIO_3 等

C．$KMnO_4$ 和 K_2CrO_7 的氧化能力强于 KIO_3

D．高锰酸钾法不能完全测定出水体受有机物污染的程度

答案：C

42．应随机抽取部分沉积物样品作为检查样进行实验室他控，当沉积物样品个数为 20 个时，检查样抽取比例为__________%。（　　）

A．20～50　　B．10～20　　C．5～10　　D．<5

答案：B

43．海水样品的前处理和贮存方法不包括__________法。（　　）

A．冷冻　　B．酸化　　C．萃取　　D．高温

答案：D

44．海洋表层沉积物采集时，慢速开动绞车将采泥器放入水中。稳定后，常速下放至离海底一定距离__________m，再全速降至海底。（　　）

A．0～3　　B．3～5　　C．10～15　　D．15～20

答案：B

45．分装海洋沉积物的样品瓶和聚乙烯袋预先用硝酸溶液（1+2）泡__________天，用去离子水清洗，用盐酸（1+2）浸泡 2 天，用去离子水清洗干净、晾干。（　　）

A．1～2　　B．2～3　　C．3～5　　D．7

答案：B

46．由于海洋沉积物样品非均匀性，采样中的不确定度通常超过分析中的不确定度。样品非均匀性、样本大小及其贡献率、采样偏倚都会增大变异。为使沉积物样品具有代表性，在同一采样点周围应采样__________次，将各次采集的样品混合均匀分装。（　　）

A．2～3　　B．3～5　　C．5～10　　D．10～15

答案：A

47．海洋沉积物采集时使用的刀、勺等工具，材质一般为__________。（　　）

A．不锈钢　　B．陶瓷　　C．木头　　D．塑料

答案：D

48．采集海洋底质柱状样品时，柱状采样管长度一般不得少于__________cm。（　　）

A．10　　B．50　　C．150　　D．300

答案：C

49．海洋沉积物采取的样品应保证一定的数量，当沉积物重量不足__________g 时，该站列为空样。（　　）

A．10　　B．100　　C．1 000　　D．10 000

答案：C

50．进行海洋监测时，在潮流复杂区域，采样断面可与岸线__________设置。（　　）

A．垂直　　B．平行　　C．网格状

答案：A

51．海洋监测中，对水质采样器的技术要求描述错误的为__________。（　　）

A．具有良好的注充性和密闭性

B．材质要耐腐蚀、无沾污、无吸附

C．结构简单、轻便、易于冲洗、易于操作和维修

D．为确保采样器材质精良，不应选取廉价采样器

答案：D

52．__________样品采集时，需要进行溢流操作。（　　）

A．溶解氧　　B．总碱度　　C．营养盐　　D．重金属

答案：A

53．__________样品采集时，无须添加固定剂。（　　）

A．溶解氧　　B．pH　　C．重金属　　D．油类

答案：D

54．选择贮存样品容器时，不应考虑__________对样品瓶的影响。（　　）

A．温度变化　　B．抗破裂性能　　C．密封性　　D．价格

答案：D

55．海洋沉积物柱状样采集时，慢速开动绞车，将采泥器慢慢放入水中待取样管在水中稳定后，常速下至离海__________m 处，再全速降至海底，立即停车。（　　）

A．0～3　　B．5～10　　C．10～15　　D．15～20

答案：B

56．采集__________常用在直接入海排污口等特殊情况下，以揭示利用瞬时样品观察不到的变化。（　　）

A．混合样品　　B．连续样品　　C．综合水样

答案：B

57．考察一定范围的海域可能存在的污染或者调查监测其污染程度，特别是在较大范围采样，均应采集__________。（　　）

A．瞬时样品　　B．连续样品　　C．混合样品　　D．综合水样

答案：A

58．在海洋环境调查监测中，水深小于__________m 时采集表层样，表层样是指在海面以下__________m 采集样品。（　　）

A．5，0.1～1　　B．10，0.1～1　　C．5，0.5～1.5　　D．10，0.5～1.5

答案：B

59．在海洋环境调查监测中，水深范围在__________m 时采集表层、10 m、底层样，对河口及港湾海域最好取离海底__________m 的水层，深海或大风浪时可酌情增大与底层的距离。（　　）

A．20～50，3　　B．20～50，2　　C．25～50，3　　D．25～50，2

答案：D

60．用于贮存检验细菌水样的容器，按一般方法清洗后，将容器置于高压锅中于__________℃并保持__________min，或在__________℃烘箱内烘烤__________ h 予以灭菌。（　　）

A．110，20，150，1　　B．110，15，150，2

C．120，20，160，1　　D．120，15，160，2

答案：D

61．活性磷酸盐、总磷样品瓶的洗涤：必须使用无磷洗涤剂清洗后，再经__________浸泡__________h，纯水洗净后，用铝箔盖住瓶口保存备用。（　　）

A．（1+3）盐酸，24　　B．（1+3）盐酸，48

C．（1+3）硝酸，24　　D．（1+3）硝酸，48

答案：A

62．贮存计数和生化分析的水样瓶，首先用__________溶液长时间浸泡，然后用蒸馏水淋洗以除去任何可能存在的重金属和铬酸盐残留物，如果待测定的有机成分需经萃取后进行测定，也可以用萃取剂处理玻璃瓶。（　　）

A．盐酸　　B．硝酸　　C．磷酸　　D．铬酸洗液

答案：B

63．海水化学要素调查时，下列项目的样品分装顺序为__________。

（1）pH　（2）溶解氧　（3）总碱度和氯化物　（4）总磷和总氮　（5）五项营养盐（　　）

A．（1）（2）（3）（4）（5）　　B．（2）（1）（3）（4）（5）

C．（1）（2）（3）（5）（4）　　D．（2）（1）（3）（5）（4）

答案：D

64．海洋监测规范中规定，海洋沉积物分析结果的质量检查，当分析样品个数＜10 个，检查样抽取比例为 __________%，分析样品个数＞30 个，检查样抽取比例为__________%。（　　）

A．40，20　　B．50，30　　C．35，15　　D．40，15

答案：B

65．海洋沉积物分析结果的质量检查，当某测项双样检查结果超差率大于__________%，此批基本样中该测项应全部重新测定。（　　）

A．20　　B．25　　C．30　　D．35

答案：C

66．营养盐样品采集、灌装时，样品瓶和盖至少洗两次（每次约为瓶容量的 1/10）；灌装水样量应是瓶容量的 __________；过滤器要有__________cm 软塑料管连接，以防沾污。（　　）

A．2/3，10～15　　B．3/4，5～10　　C．3/4，10～15

答案：C

67．海水水色根据水色计目测确定，水色计是由蓝色、__________、__________3 种溶液按一定比例配成的 22 支不同色级，分别密封在 22 支内径 8 mm、长 100 mm 无色玻璃管内，置于敷有__________色衬里两开的盒中。（　　）

A．黄色，褐色，白色　　B．黄色，红色，黑色

C．褐色，绿色，白色

答案：A

68．海洋监测规范中规定，用于沉积物分析样品的烘干，未注明干燥温度及时间时，均指__________℃，干燥__________h。（　　）

A．105±1，2　　B．105±1，1　　C．110±1，2　　D．110±1，2

答案：A

69．采集海洋沉积物样品时，测定硫化物的样品用__________贮存。（　　）

A．聚乙烯袋　　B．棕色广口玻璃瓶　　C．聚四氟乙烯容器

答案：B

70. 柱状沉积物样品采取方法：样柱状上部__________cm 内按 5 cm 间隔，下部按__________cm 间隔（超过 1 m 时酌定），用塑料小刀切成小段，将柱表面刮去，沿纵向剖开三份（三份比例为 1∶1∶2）。（　　）

A．20，5　　B．30，5　　C．20，10　　D．30，10

答案：D

71．盐度与水温同时观测，连续观测站观测海水盐度时，观测频率为每__________h 观测一次。（　　）

A．1　　B．2　　C．3　　D．4

答案：A

72．实验室盐度计测量海水样品盐度时，被测海水样品的温度与标准海水的温度相近时方可进行测定。感应式盐度计要求两者相差在__________℃以内。（　　）

A．1　　B．2　　C．3　　D．4

答案：B

73．某海域开展水文调查，水深 92 m，用温盐深仪法测量盐度时，需要测量__________层，最低层为__________m 层。（　　）

A．7，75　　B．8，81　　C．9，85　　D．10，87

答案：D

74．海洋环境基本要素调查时，海洋水文观测的连续观测是指在调查海区有代表性的测点上，连续进行__________h 以上的海洋观测。（　　）

A．12　　B．24　　C．25　　D．48

答案：C

75．定点测流方式观测海流的流速和流向，当水深＞200 m，流速＜100 cm/s 时，流速的准确度为__________cm/s。（　　）

A．±1　　B．±3　　C．±5　　D．±5

答案：B

三、多选题

1．在海洋监测规范中，样品分层采集时，对于 25～50 m 的水深应分__________采集。（　　）

A．5 m　　B．表层　　C．10 m　　D．底层

答案：BCD

2．海水水质样品容器选择的一般要求：__________。（　　）

A．化学稳定性强　　B．便于清洗　　C．具有一定抗震性　　D．封口严密

答案：ABCD

3．海水样品采样装置的技术要求：__________。（　　）

A．具有良好的注充性和密闭性　　B．便于清洗，易维修

C．耐腐蚀、无沾污、无吸附　　D．能抵抗恶劣气候

E．价格合理

答案：ABCDE

4．海水采样前必须对被监测的海域水体的__________因素进行周密的考虑与设计，使采集到的样品经分析所得数据能够客观地反映和表征水体的真实情况。（　　）

A．采样断面　　B．采样点　　C．采样时间　　D．采样频率及样品数目

答案：ABCD

5．海洋沉积物采样器的种类__________。（　　）

A．掘式（抓式）采泥器　　B．管式采泥器

C．锥式（钻式）采泥器　　D．箱式采泥器

答案：ABCD

6．海洋沉积物样品的容器一般有__________。（　　）

A．广口硼硅玻璃瓶　　B．聚乙烯袋　　C．聚苯乙烯袋

答案：ABC

7．海水水样贮存的基本要求需根据保存目的和可能发生的变化确定，包括__________。（　　）

A．抑制微生物作用

B．减缓化合物或络合物的水解及氧化还原作用

C．减少组分的挥发和吸附损失

D．防污染

答案：ABCD

8．在海水样品采集过程中，采用__________方式进行样品采集、贮运过程中的质量控制。（　　）

A．现场空白样　　B．现场平行样　　C．现场加标样

答案：ABC

9．海洋沉积物样品需进行湿样测定的项目有__________。（　　）

A．硫化物　　B．汞　　C．粒度　　D．重金属

答案：ABC

10．__________是海水采样设备和材料防止沾污应采取的措施。（　　）

A．样器、样品瓶等均须按规定的洗涤方法洗净，按规定容器分装测样

B．现场作业前，应先进行保存实验和抽查器皿的洁净度

C．用于分装有机化合物的样品容器，洗涤后用 Teflon 或铝箔盖内衬，防止污染水样

D．采样人员手应保持清洁，采样时，不能用手、手套等接触样品瓶的内壁和瓶盖

答案：ABCD

11．采样计划一般应包括何地如何采样、设备及校验、样品容器、舍取、__________等类型。（　　）

A．样品预处理程序　　B．分样程序

C．样品记录，贮存与运输　　D．质量保证与质量控制措施

答案：ABCD

12．样品的监管，即__________。（　　）

A．样品采集到样品分析过程的完整性　　B．采样人资质可查询的

C．样品的采集、分析应是可追踪的　　D．质量保证与质量控制措施是明确的

答案：AC

13．为了从海洋环境中取得有代表性的样品，采样目的通常分为__________等类型。（　　）

A．环境质量控制　　B．环境质量表征　　C．环境状况溯源　　D．污染源鉴别

答案：ABD

14．在海水调查中，采样器一般有__________等类型。（　　）

A．瞬时样品采样器　　B．深度综合采样器

C．选定深度定点采水器　　D．泵吸系统采水器

答案：ABCD

15．当船体到达采样站位后，应该根据风向和流向，立即将采样船周围海面划分成__________区 3 部分。（　　）

A．船体沾污　　B．风成沾污　　C．采样　　D．顶层甲板

答案：ABC

16．海水沉积物样品采集站位布设时，可根据区域或监测目的不同，进行对照、控制、消减断面的综合性布设，布设方法可以是__________。（　　）

A．单点布点　　B．断面布点　　C．多断面布点　　D．网格式布点

答案：ABCD

17．海水沉积物样品采集的目的是研究海洋环境中__________，确定海区的纳污能力。（　　）

A．各种污染物的沉积规律　　B．各种污染物的迁移转化规律

C．水动力状况　　D．生物扰动范围

答案：AB

18．海洋沉积物现场描述完毕后应立即取样，在船上进行__________测定。（　　）

A．pH　　B．氧化还原电位　　C．Fe^{3+}/Fe^{2+}比值　　D．比重、容重

答案：ABCD

19．海洋沉积物中的生物现象的描述应包括__________。（　　）

A．贝壳含量及其破碎程度　　B．含生物的种类及数量

C．生物活动痕迹　　D．其他特征

答案：ABCD

20．海洋环境质量监测水质样品的类型有__________。（　　）

A．瞬时样品　　B．连续样品　　C．混合样品　　D．综合样品

答案：ABCD

21．在海洋环境质量基本要素调查中，无论是环境监测、资源监测，还是权益监测，都应遵守__________原则。（　　）

A．轻重缓急　　B．因地制宜　　C．整体设计　　D．分步实施

E．滚动发展

答案：ABCDE

22．样品采集的QA/QC是全程质控的一个重要环节，下列可作为海水样品采集时的质控措施的有__________。（　　）

A．采集现场空白样　B．现场平行样　　C．现场加标样　　D．运输空白样

E．设备材料空白

答案：ABCDE

23．在海洋环境质量监测中，对采样环节的质量保证有__________。（　　）

A．制定采样操作程序，防止采样沾污

B．严格防止船舶自身以及采样设备的沾污影响

C．根据监测项目，选用合适材料的采样器样品瓶

D．沉积物采样，被采样品应不受扰动。待测样品应冷藏贮存

E．减少界面富集影响，深层采样建议用闭—开—闭方式的采样器

答案：ABCE

24．海上监测的定位应满足以下要求__________。（　　）

A．海洋环境基本要素监测的导航定位设备一般为全球定位系统（GPS）或差分全球定位系统（DGPS）

B．定位设备应按规定定期进行校准和性能测试，标定其系统参数

C．在海上调查开始前，由导航定位人员将设计好的监测线和测点画在导航定位图上或输入导航定位系统

D．在河口及有陆标的近岸海域，水、沉积物及生物监测的站点的定位误差不应超过 50 m；其他海域站点定位误差不应超过 100 m

E．实际站位应尽量与标定站位相符，两者相差，近岸不应超过 200 m，近海不应超过 300 m

答案：ABCD

25．海洋环境要素监测包括__________。（　　）

A．海洋水文气象要素　　B．生物要素

C．化学要素　　D．地质要素

答案：ABCD

26．在 50～100 m 水深范围的海域，进行海洋环境质量监测采样的标准层次为＿＿＿＿＿。（　　）

A．表层　　B．10 m　　C．30 m　　D．50 m

E．底层

答案：ABDE

27．带有氯丁橡胶圈和油质润滑阀门的容器不适合＿＿＿＿＿的贮存。（　　）

A．微生物样品　　B．痕量元素　　C．有机物　　D．营养盐

答案：AC

28．考察一定范围的海域可能存在的污染或者调查监测其污染程度，特别是在较大范围采样，均应采集瞬时样品。＿＿＿＿＿项目应采集瞬时样品。（　　）

A．化学需氧量　　B．溶解氧　　C．营养盐　　D．硫化物

答案：BD

四、判断题

1．《海水水质标准》（GB 3097—1997）中无机氮是硝酸盐氮和氨氮的总和，以氮（N）计，单位采用 mg/L。（　　）

答案：错误

正确答案：无机氮是硝酸盐氮、亚硝酸盐氮和氨氮的总和。

2．测定海水中无机氮含量时，采集的水样不用过滤，可直接用于测定。（　　）

答案：错误

正确答案：采集的水样须经 0.45 μm 滤膜过滤后才能用于测定。

3．根据《海洋监测规范　第 4 部分：海水分析》（GB 17378.4—2007）测定海水中亚硝酸盐氮，亚硝酸盐标准使用液在 4℃以下，可以保存一周。（　　）

答案：错误

正确答案：亚硝酸盐标准使用液应在临用前配制。

4．海水重金属的样品瓶应保证专瓶专用，应使用铬酸洗涤液浸泡后再清洗。（　　）

答案：错误

正确答案：先用 1 mol/L 的盐酸溶液清洗，然后再用硝酸溶液（1+3）进行长时间浸泡。

5．海水重金属样品采集后，应立即用 0.45 μm 滤膜过滤处理，水样酸化至 pH 小于 2。（　　）

答案：错误

正确答案：海水重金属样品现场采集后应立即用 0.45 μm 滤膜过滤处理（汞元素的水样除外），过滤水样用酸酸化至 pH 小于 2，盖上瓶盖，然后低温冷藏保存。

6．在海洋环境调查监测中，从采水器中取出样品进行分装时，一般按易发生变化的先分装原则，先分装测定溶解气体的样品，如溶解氧、硫化物及 pH 等，再分装受生物活动影响大的样品，如营养盐类等，最后分装重金属样品。（　　）

答案：正确

7. 海洋环境调查监测中的综合水样，是指把从不同采样点同时采集的水样进行混合而得到的水样（时间不是完全相同，而是尽可能接近）。（　　）

答案：正确

8. 海水项目采样时，下列项目均需要现场处理：多氯联苯、悬浮物、硝酸盐、硫化物、阴离子表面活性剂。（　　）

答案：错误

正确答案：多氯联苯需现场萃取，悬浮物、硝酸盐需过滤，硫化物需加固定剂，阴离子表面活性剂不需要现场处理。

9. 在海洋环境监测采样过程中，用于海水重金属样品过滤的滤膜一般采用玻璃纤维滤膜。（　　）

答案：错误

正确答案：海洋环境监测采样过程中，用于海水重金属样品过滤的滤膜一般采用 0.45 μm 醋酸纤维滤膜。

10. 对于新安装的声学多普勒流速剖面仪（ADCP），应根据经验计算出声学多普勒流速剖面仪换能器的方向修正角，并输入设置文件。（　　）

答案：错误

正确答案：对于新安装的声学多普勒流速剖面仪，应根据底跟踪资料计算出声学多普勒流速剖面仪换能器的方向修正角，并输入设置文件。

11. 在海水营养盐样品采集和处理过程中，可以同时开展使用氨水和硝酸等实验和前处理。（　　）

答案：错误

正确答案：不能同时开展。

12. 溶解氧电化学探头新仪器投入使用前、更换电极或电解液以后，应检查仪器的线性。（　　）

答案：正确

13. 用电化学探头法测定海水溶解氧时，当将探头浸入样品中时，可以有少量空气泡截留在膜上。（　　）

答案：错误

正确答案：应保证没有空气泡截留在膜上。

14. 用便携式溶解氧仪法测定溶解氧时，当电极、薄膜或电解液发生变化时，一定要重新进行极化校准。（　　）

答案：正确

15. 观测海水水色时，水色计内的玻璃管应与观测者的视线平行。（　　）

答案：错误

正确答案：应与观测者的视线垂直。

16. 用透明圆盘法观测海水透明度时，观测工作应在透明度盘的垂直上方进行。（　　）

答案：正确

17. 测量海水 pH 时，电极必须浸入溶液，否则容易造成开路，损坏仪器。（　　）

答案：正确

18. 海水溶解氧样品采集时使用聚乙烯瓶保存。（　　）

答案：错误

正确答案：应使用玻璃容器。

19．海水五日生化需氧量样品采集时使用玻璃瓶保存。（　　）

答案：正确

20．海水样品汞、砷、硒保存时需要加入硫酸酸化至 pH＜2。（　　）

答案：错误

正确答案：硒加硝酸酸化保存。

21．在海水水质监测时，现场空白样的测定结果应高于该项目分析方法的最低检出限，并与实验室空白比较有显著差异。（　　）

答案：错误

正确答案：现场空白样的测定结果应低于该项目分析方法的最低检出限，并与实验室空白比较无显著差异。

22．海水水质样品交接过程中如发现编号错乱、盛样容器种类不符合要求或采样不符合要求，应立即查明原因补采或重采。在无法重新采样时，应在数据上报或报告结果时说明情况。（　　）

答案：正确

23．在大雨等特殊气象条件下，如果情况允许可继续进行海上采样工作。（　　）

答案：错误

正确答案：应停止海上采样工作。

24．遇有赤潮和溢油等情况，应按应急监测规定要求进行跟踪监测。（　　）

答案：正确

25．每航次海洋监测结束后，透明度盘应用盐水冲洗。绳索须用盐水浸洗，晾干后保存。（　　）

答案：错误

正确答案：应用淡水冲洗浸泡。

26．海水单层采水器采样时，当采水器到达预定深度后，打开瓶盖（塞），从水面观察不到冒气泡，样品瓶充满后迅速提出水面，盖上盖子，便获得所需样品。（　　）

答案：正确

27．出海前应检查透明度盘的绳索标记，新绳索使用前须经缩水处理（将绳索放在水中浸泡，手拉紧晾干），使用过程中无须增加校正次数。（　　）

答案：错误

正确答案：应增加校正次数。

28．海水水样移交实验室时，应填写样品交接记录，样品管理员在认真清点样品状态、数目及检查标签正确无误后，送样者与接收者双方在交接记录单上签字，并按测试流转状态区存放样品。（　　）

答案：正确

29．海水水样分装顺序的基本原则是：需要过滤的样品先分装，不需要过滤的样品后分装。（　　）

答案：错误

正确答案：不需要过滤的样品先分装，需要过滤的样品后分装。

30．海水 pH、水色、溶解氧、盐度等项目必须现场测定。（　　）

答案：错误

正确答案：盐度非必须现场测定。

31．在设计采样程序时，首先确定采样目的和原则，采样目的是决定采样地点、采样频率、采样时间、样品处理及分析技术要求的主要依据。（　　）

答案：正确

32．采样位置的确定及时空频率的选择，首先应在大量历史数据进行客观分析的基础上，对调查监测海域进行特征区划。（　　）

答案：正确

33．用于环境质量控制的采样频率一般应不高于环境质量表征所需的采样频率。（　　）

答案：错误

正确答案：用于环境质量控制的采样频率一般应高于环境质量表征所需的采样频率。污染源鉴别采样程序与环境质量控制、环境质量表征程序不同，影响确定采样时间和采样频率的因素很多，其采样频率要比污染物出现的频率高得多。

34．水文钢丝绳应以非金属材质涂敷或以塑料绳代替。使锤应以聚四氟乙烯、聚乙烯等材质喷涂。水文绞车应采取防沾污措施。（　　）

答案：正确

35．当水深超过 100 m 时，底层与相邻标准层的最小距离为 5 m。（　　）

答案：错误

正确答案：当水深超过 100 m 时，底层与相邻标准层的最小距离为 10 m。

36．测定水中油含量应用单层采水器固定样品瓶在水体中直接灌装，采样后立即提出水面，在现场萃取。（　　）

答案：正确

37．油类样品的容器不应预先用海水冲洗。（　　）

答案：正确

38．现场平行样是指在相同采样条件下，采集平行双样密码送实验室分析。测定结果可反映采样与实验室测定精密度。（　　）

答案：正确

39．现场加标样是取一组现场平行样，将实验室配制的一定浓度的被测物质的标准溶液，加入到其中一份已知体积的水样中，另一份不加标。（　　）

答案：正确

40．塑料容器适用于有机化合物和生物样品的贮存。（　　）

答案：错误

正确答案：玻璃质容器适用于有机化合物和生物样品的贮存。塑料容器适用于放射性核素和大部分痕量元素的水样贮存。

41．消毒过的瓶子应保持无菌状况直至样品采集。（　　）

答案：正确

42．海洋样品采集现场空白样所用的纯水，其制备方法及质量要求与室内空白样纯水相同。（　　）

答案：正确

43．现场加标样可掌握测定对象在采样、运输过程中变化状况，现场使用的标准溶液与实验室使用的为同一标准溶液。（　　）

答案：正确

44．常用的抓斗式采泥器通过水文绞车将其沉降到选定的采样点上，采集较大量的混合样品，能够比较准确地代表所选定的采样地点情况。（　　）

答案：正确

45．测痕量金属的海水沉积物样品应用广口硼硅玻璃瓶分装。（　　）

答案：错误

正确答案：测痕量金属的沉积物样品应用聚四氟乙烯容器。

46．采样器提升时，如发现沉积物流失过多或因泥质太软从采样器耳盖等处溢出，或采泥器因底质障碍物使斗壳锁合不稳、不紧密或壳口处夹有卵石和其他杂物时均应重采。（　　）

答案：正确

47．海水沉积物样品的接样盘由木质或塑料制成，一般呈正方形，面积和采泥器张口面积相等。（　　）

答案：错误

正确答案：接样盘面积为采泥器张口面积的 2～3 倍。

48．海洋沿岸的采样，可在沿海设置小断面，并在断面上设置多个采样点。（　　）

答案：错误

正确答案：海洋沿岸的采样，可在沿海设置大断面，并在断面上设置多个采样点。

49．海水监测断面的布设应遵循近岸较密、远岸较疏，重点区较密，对照区较疏的原则。（　　）

答案：正确

50．采集营养盐、重金属、油类、pH 等海水样品时应用少量海水水样荡洗样品瓶两次。（　　）

答案：错误

正确答案：油类样品不能荡洗样品瓶。

51．船上采样时，应防止船上各种污染源可能带来的影响，应逆风、逆流采样。（　　）

答案：正确

52．在海洋环境调查监测中，需要分析水样中可用酸萃取的金属时，采样后应在水样中加入适量浓硫酸。（　　）

答案：错误

正确答案：加入适量浓硝酸。

53．根据污染物在较大面积海域分布的不均匀性和局部海域的相对均匀性的时空特征，将监测海域划分为污染区、监控区和对照区。（　　）

答案：错误

正确答案：划分为污染区、过渡区和对照区。

54．海洋沉积物的采样频率依各采样点时空变异和其要求的精密度而定。（　　）

答案：正确

55．海水监测点位的布设应遵循近岸较密、远岸较疏，重点区较密、对照区较疏的原则，入海河口区的采样断面应沿径流扩散方向布设。（　　）

答案：错误

正确答案：入海河口区的采样断面应与径流扩散方向垂直布设。

56．沉积物采样点应与水质采样点在同一垂线上，如沉积物采样点有障碍物影响采样可适当偏移。（　　）

答案：正确

57．海水沉积物通常每年采样 1 次，与水质采样同步进行。（　　）

答案：正确

58．采集沉积物的样品瓶和聚乙烯袋预先用硝酸溶液（1+2）泡 2～3 天，用去离子水淋洗干净，晾干。（　　）

答案：正确

59．聚乙烯袋可用于湿样测定项目和硫化物等沉积物样品的储存。（　　）

答案：错误

正确答案：聚乙烯袋不可用于湿样测定项目和硫化物等沉积物样品的储存。

60．在海域的初期污染水质调查监测中，可以进行多断面布点。（　　）

答案：错误

正确答案：在海域的初期污染水质调查监测中，可以进行网格式布点。

61．海水水深 25～50 m 时，应分别在表层和底层采样。（　　）

答案：错误

正确答案：海水水深 25～50 m，应分别在表层、10 m 处和底层采样。

62．海水底层采样，对河口及港湾海域最好取离海底 2 m 的水层，深海或大风浪时可酌情增大离底层的距离。（　　）

答案：正确

63．用碘量法测定海水中溶解氧，水样需直接采集到样品瓶中。采样时，应注意不使水样曝气或残存气体。（　　）

答案：正确

64．海水采样仪器设备应在检定、校准证书有效期内使用，并至少在调查前进行 1 次校验。（　　）

答案：错误

正确答案：至少在调查前后各进行 1 次校验。

65．排污口沉积物监测应以污染源为中心，沿污染物扩散带按一定距离布设采样点。（　　）

答案：正确

66．当沉积物某测项双样检验结果超差率小于 20%时，超差的样品应重新称样进行测定，直至所测结果合格为止。报数据时，按平行双样结果的均值计算。（　　）

答案：错误

正确答案：当沉积物某测项双样检验结果超差率小于 30%时，超差的样品应重新称样进行测定，直至所测结果合格为止。

67．检验细菌水样的容器，按一般方法清洗后，将容器置于高压锅中于 120℃并保持 15 min，或在 160℃烘箱内烘烤 2 h。（　　）

答案：正确

68．海水汞样品的采集用硬质玻璃瓶装水样，要采取严格的防沾污措施，避免来自周围环境的污染。水样用硫酸酸化至 pH＜2。（　　）

答案：正确

69．海水六价铬水样采集经 0.45 μm 滤膜过滤后，应加 NaOH 或硫酸至 pH=9。（　　）

答案：错误

正确答案：应加 NaOH 或硫酸至 pH=8。

70．海水样品分装顺序的基本原则是不需要过滤的样品先分装，需要过滤的样品后分装，溶解氧样品需最先采集。（　　）

答案：正确

71．海水活性磷酸盐、总磷样品瓶的洗涤必须使用无磷洗涤剂清洗后，再经（1+3）硝酸浸泡 24 h，纯水洗净后，用铝箔盖住瓶口保存备用。（　　）

答案：错误

正确答案：再经（1+3）盐酸浸泡 24 h。

72．海水重金属样品采集时，需防止采样器内样品中所含污染物随悬浮物的下沉而降低含量，灌装样品时必须边摇动采水器边灌装。（　　）

答案：正确

五、简答题

1．简述海洋环境质量监测要素。

答案：

（1）海洋水文气象基本参数。

（2）水体中重要理化参数、营养盐类、有毒有害物质和放射性核素。

（3）沉积物中有关物理参数和有毒有害物质。

（4）生物体中有关生物学参数、生物残毒及生态。

（5）大气理化参数。

2．简述碘量法测定海水溶解氧样品的采集方法。

答案：将乳胶管的一端接上玻璃管，另一端套在采水器的出水口，放出少量水样荡洗水样瓶 2 次；将玻璃管插到分析瓶底部，慢慢注入水样，待水样装满并溢出约为瓶子体积的 1/2 时，将玻璃管慢慢抽出；立即用自动加液器（管尖靠近液面）依次注入氯化锰溶液和碱性碘化钾溶液；塞紧瓶塞并用手抓住瓶塞和瓶底，并把瓶缓慢地上下颠倒 20 次，使样品与固定液充分混匀。等样品瓶内沉积物降至瓶体 2/3 以下时方可进行分析。

3．海洋调查中，利用温盐深仪（CTD）法测定水温时，如何确定探头的下放速度？

答案：一般应控制在 1.0 m/s 左右。在深海温跃层以下下降速度可稍快些，但以不超过 1.5 m/s 为宜。在一次观测中，仪器下放速度应保持稳定。若船只摇摆剧烈，可适当增加下放速度，以避免在观测数据中出现较多的深度（或压强）逆变。

4．用电化学探头法测定海水中溶解氧时，可能会存在哪些干扰？

答案：海水中存在的一些气体和蒸汽，例如氯、硫化氢、溴和碘等物质，通过膜扩散影响被测电流而干扰测定。水样中的其他物质如溶剂、油类、硫化物、碳酸盐和藻类等物质可能堵塞薄膜、引起薄膜损坏和电极腐蚀，影响被测电流而干扰测定。

5．简述电化学探头法测定海水中溶解氧的方法原理。

答案：溶解氧电化学探头是一个用选择性薄膜封闭的小室，室内有两个金属电极并充有电解质。氧和一定数量的其他气体及亲液物质可透过这层薄膜，但海水和可溶性物质的离子几乎不能透过这层膜。将探头浸入海水中进行溶解氧的测定时，由于电池作用或外加电压在两个电极间产生电位差，使金属离子在阳极进入溶液，同时氧气通过薄膜扩散在阴极获得电子被还原，产生的电流与穿过薄膜和电解质层的氧的传递速度成正比，即在一定的温度下该电流与水中氧的分压（或浓度）成正比。

6．新采购的海水样品容器如何清洗？

答案：采用一般洗涤剂或无磷洗涤剂清洗时，先用软毛刷洗刷容器内外表面及盖子，用自来水冲洗干净，然后用符合监测项目分析要求的纯水冲洗 3 次。

7．简述在船上采样时应重点关注的防沾污要求。

答案：船上采样时，应防止船上各种污染源可能带来的影响，应逆风逆流采样（租用小船时，一般应在船头采样）；采痕量金属水样应尽量避免使用铁质或其他金属制成的容器。

8．简述海水 pH 样品采集的注意事项。

答案：用少量水样荡洗水样瓶 2 次，慢慢将其充满，立即盖紧瓶塞，置于室内，等水样温度接近室温时进行测定。如加 1 滴氯化汞溶液固定，盖好瓶盖，混合均匀，允许保存 24 h。

9．简述过滤海水样品时需注意的事项。

答案：为除去样品中的颗粒物质，水样须用 0.45 μm 滤膜过滤处理；过滤时，要防止人为（如手触及）的污染；过滤器不要用橡皮塞，过滤器注入水样后要盖上铝箔真空过滤。

10．简述海水重金属样品采集的注意事项。

答案：水样采集后，要防止现场大气降尘带来的沾污，应尽快放出样品、过滤并装入采样瓶保存；为防止采样器内样品中所含的重金属随悬浮物的下沉而降低含量，灌装样品时必须边摇动采水器边灌装；随后立即用 0.45 μm 滤膜过滤处理，过滤后水样用硝酸酸化至 pH＜2，塞上塞子存放在洁净环境中。

11．在编制海洋监测沉积物采样计划时，哪些是海洋沉积物站位选择时应考虑的因素？（至少答出 4 项）

答案：

（1）水动力状况（海流、水团垂直结构）；

（2）沉积盆地结构；

（3）生物扰动；

（4）沉积速率；

（5）沉积结构（地貌、粒径等）；

（6）历史数据和其他资料；

（7）沉积物的理化特性。

12. 海水样品采集计划是整个监测计划的重要部分，一般应包括哪些环节？

答案：何地如何进行采样；采样设备及其校验；样品容器，包括清洗、加固定剂；样品的舍取；样品预处理程序；分样程序；样品记录；样品贮存与运输；质量保证与质量控制措施。

13. 简述海水采样站位的布设原则。

答案：能够提供有代表性信息；站点周围的环境地理条件；动力场状况（潮流场和风场）；社会经济特征及区域性污染源的影响；站点周围的航行安全程度；经济效益分析；尽量考虑站点在地理分布上的均匀性，并尽量避开特征区划的系统边界；根据水文特征、水体功能、水环境自净能力等因素的差异性，来考虑监测站点的布设。同时，还要考虑到自然地理差异及特殊需要。

14. 简述海水样品采集采样器的技术要求。

答案：

（1）具有良好的注充性和密闭性。采样器的结构要严密，关闭系统可靠，且不易被堵塞，海水与采样瓶中水交换应充分迅速。零件应减少到最小数目。

（2）材质要耐腐蚀、无沾污、无吸附。痕量金属采水器应为非金属结构，常以聚四氟乙烯、聚乙烯及聚碳酸酯等为主体材料，如果采用金属材质，则在金属结构表面加以非金属材料涂层。

（3）结构简单、轻便、易于冲洗、易于操作和维修，采样前不残留样品，样品转移方便。

（4）能够抵抗恶劣气候的影响，适应在广泛的环境条件下操作。能在温度为 0～40℃，相对湿度不大于 90%的环境中工作。

（5）价格便宜，容易推广使用。

15. 简述海水溶解氧采样步骤。

答案：

（1）乳胶管的一端接上玻璃管，另一端套在采水器的出水口，放出少量水样荡洗水样瓶 2 次。

（2）将玻璃管插到分样瓶底部，慢慢注入水样，待水样装满并溢出约为瓶子体积的 1/2 时，将玻璃管慢慢抽出。

（3）立即用自动加液器（管尖靠近液面）依次注入氯化锰溶液和碱性碘化钾溶液。

（4）塞紧瓶塞并用手按住瓶塞和瓶底，将瓶缓慢地上下颠倒 20 次，使样品与固定液充分混匀。待样品瓶内沉淀物降至瓶体 2/3 以下时方可进行分析。

16. 简述海洋沉积物采样站位的布设原则。

答案：

（1）沉积物采样断面的设置应与水质断面一致，以便将沉积物的机械组成、理化性质和受污染状况与水质污染状况进行对比研究。

（2）沉积物采样点应与水质采样点在同一垂线上，如沉积物采样点有障碍物影响采样可适当偏移。

（3）站位在监测海域应具有代表性，其沉积条件要稳定。

17．简述海洋环境质量监测对水质样品固定与贮存基本要求。

答案：水质样品的固定通常采用冷冻和酸化后低温冷藏两种方法。水质过滤样加酸酸化，使 pH 小于 2，然后低温冷藏。未过滤的样品不能酸化（汞的样品除外），酸化可使颗粒物上的痕量金属解吸，未过滤的水样应冷冻贮存。

水样贮存基本要求根据保存目的和可能发生的变化确定，包括：

（1）抑制微生物作用。

（2）减缓化合物或络合物的水解及氧化还原作用。

（3）减少组分的挥发和吸附损失。

（4）防污染。

18．简述海洋沉积物样品重金属（铜、铅、镉、锌、铬、砷及硒）项目的样品制备步骤。

答案：样品的制备步骤如下：

（1）将聚乙烯袋中的湿样转到洗净并编号的瓷蒸发皿中，置于 80～100℃烘箱内，烘干过程中用玻璃棒经常翻动样品并把大块压碎，以加速干燥。

（2）将烘干的样品摊放在干净的聚乙烯板上，剔除砾石和颗粒较大的动植物残骸。将样品装入玛瑙钵中，每 500 mL 玛瑙钵中装入约 100 g 干样。

（3）放入玛瑙球，在球磨机上研磨至全部通过 160 目（96 μm）（事先经试验确定大小玛瑙球的个数及研磨时间等条件，研磨后不再过筛）。也可用玛瑙研钵手工粉碎，用 160 目尼龙筛，盖上塑料盖过筛，严防样品逸出。将研磨后的样品充分混匀。

（4）四分法缩分分取 10～20 g 制备好的样品，放入样品袋（此袋上已填写样品的站号、时间等相关信息），送各实验室进行分析测定。其余的样品盛入玻璃磨口广口瓶或有密封内盖的塑料广口瓶中，盖紧瓶盖，留作副样保存。

（5）操作人员应带口罩并在通风良好的条件下进行操作。碎样及取样等工具及器皿均要先净化处理，以避免样品被沾污。

19．简述海洋沉积物样品采集的质量保证与质量控制措施。

答案：

（1）采取有代表性的样品。为使沉积物样品具有代表性，在同一采样点周围应采样 2～3 次，将各次采集的样品混合均匀分装。现场采双样并制备接近现场样品特性的固体合成质控样。质控样应放相同的贮样容器中，与分析样品同样条件下贮存、运输直至分析。

（2）采样器材质应用强度高，耐磨性能好的材料制成，使用前用洗涤剂除去防锈油脂，冲洗干净。

（3）采样时，如海流速度大可加大采样器配重，保证在采样点准确位置上采样。应避免搅动水体和沉积物，特别是在浅海区。

（4）沉积物表层样品的采集深度不应小于 5 cm，否则应重新采样。如沉积物很硬，可在同一采样点周围采样 2～3 次。

（5）采样器提升时，如发现沉积物流失过多或因泥质太软从采样器耳盖等处溢出，或采泥器因底质障碍物使斗壳锁合不稳、不紧密或壳口处夹有卵石和其他杂物时均应重采。

（6）沉积物样品采集后，用白色塑料盘和小木勺接样，滤去水分，剔除砾石、木屑、杂草及贝壳等动植物残体，搅拌均匀后装入瓶或袋中。

（7）由采样器中取样应使用非金属器具，避免取已接触采样器内壁的沉积物。采样和分装样应防止采样装置带来的沾污和已采集样品间的交夹沾污。

（8）样品采集后应存放在清洁的样品箱内，有条件的应冷藏保存。

（9）采样完毕后，打开采泥器壳口，弃去残留沉积物，冲洗干净备用。

（10）应特别注意挥发性物质在采样和保存期间的损失，应制定专门的采样和管理程序。

20．海水中的油类测定有哪几种方法及适用范围？

答案：

（1）荧光分光光度法，适用于大洋、近海、河口等水体中油类的测定。该方法为仲裁方法。

（2）紫外分光光度法，适用于近海、河口水中油类的测定。

（3）重量法，适用于油污染较重海水中油类的测定。

21．请简述水色计目测法观察海水水色的注意事项。

答案：

（1）观测时水色计内的玻璃管应与观测者的视线垂直。

（2）水色计必须保存在阴暗干燥处，切忌日光照射，以免褪色。每次观测结束后，应将水色计擦净并装在里红外黑的布套里。

（3）使用的水色计在 6 个月内至少应与标准水色计校准一次，发现褪色现象，应及时更换。作为校准用的标准水色计（在同批出厂的水色计中，保留 1 盒），平时应始终装在里红外黑的布套里，并保存在阴暗干燥处。

六、计算题

1．某海域水深 46 m，现场采集 250 mL 样品，4 h 内送至实验室进行 pH 分析，现场测得水样温度为 24.36℃，实验室水样温度为 22.45℃时，测得 pH 为 8.16，由“pH 测定的温度校正值”表中查得温度校正系数为−0.02，试问此样品现场 pH 应为多少？

答案： $\mathrm{pH_w}=\mathrm{pH_m}+\alpha(t_\mathrm{m}-t_\mathrm{w})=8.16-0.02=8.14$

2．海水总铬采样需用硫酸调节 pH＜2，监测方法拟选择二苯碳酰二肼分光光度法，采样量为 1 000 mL，所用硫酸试剂浓度为 20%、密度为 1.14 g/mL，若要达到预处理要求，需至少加入硫酸试剂多少 mL，结果保留 1 位小数。

答案： pH＜2 即 H^+浓度大于 0.01 mol/L

设至少需要加入硫酸 V mL

列方程：$V\times1.14\times20\%\div98=0.01\times10^{-3}\div2\times(1\,000+V)$

解得：V=2.15（mL）

根据题目要求，应至少加入硫酸 2.2 mL。

3. 近岸海水重金属采样要求加入硝酸调至 pH＜2。现采样 500 mL，用 0.2 mol/L 的硝酸调节 pH，至少需加入硝酸多少 mL 才能达到控制要求，结果取整数。

答案： 设至少需要加入硝酸 V mL

0.2 mol/L 的硝酸所含 H^+浓度即 0.2 mol/L，pH＜2 即 H^+浓度大于 0.01 mol/L

列方程：$0.2\times10^{-3}\times V = 0.01\times10^{-3}\times(500+V)$

解得：V=26.3（mL）

根据题目要求，应至少加入硝酸 27 mL。

第三章

气和废气

第一节　环境空气采样及现场测试

一、填空题

1．《环境空气质量监测点位布设技术规范（试行）》（HJ 664—2013）中以监测区域范围空气质量状况和污染物区域传输及影响范围为目的而设置的监测点，参与区域环境空气质量评价。其代表范围一般为半径几十千米，可简称__________。

答案： 区域点

2．《环境空气质量手工监测技术规范》（HJ 194—2017）中滤膜采样法的采样流程为：正确连接好采样系统，核查滤膜编号，用镊子将采样滤膜平放在滤膜支撑网上并压紧，__________或编号标识面朝进气方向，将滤膜夹正确放入采样器中。

答案： 滤膜毛面

3．《环境空气质量手工监测技术规范》（HJ 194—2017）中为保证采样质量，遇到对监测影响较大的雨雪天气及风速大于__________m/s 的天气条件时，不宜进行手工采样监测。

答案： 8

4．《环境空气质量评价技术规范（试行）》（HJ 663—2013）中__________评价适用于对单点、城市和区域内不同评价时段各基本评价项目和其他评价项目的达标情况进行评价。

答案： 单项目

5．PM_{10}和$PM_{2.5}$分析恒温恒湿箱（室）要求：箱（室）内空气温度在__________℃可调，控温精度__________℃。

答案： 15～30，±1

6．PM_{10}和$PM_{2.5}$分析时将滤膜放在恒温恒湿箱（室）中平衡__________h，平衡时相对湿度应控制在__________，记录平衡温度与湿度。

答案： 24，45%～55%

7．总悬浮颗粒物（TSP）是指环境空气中空气动力学直径≤__________μm 的颗粒物。可吸入颗粒物（PM_{10}）是指环境空气中，空气动力学直径≤__________μm 的颗粒物。

答案： 100，10

8．气态污染物的直接采样法包括__________采样、__________采样和__________采样。

答案： 注射器，气袋，真空罐（瓶）

9．影响空气中污染物浓度分布和存在形态的气象参数主要有__________、__________、__________、湿度、压力、降水以及太阳辐射。

答案： 风速，风向，温度

10．首要污染物指 AQI 大于__________时 IAQI 最大的空气污染物。

答案： 50

11．依据《环境空气颗粒物（$PM_{2.5}$）手工监测方法（重量法）技术规范》（HJ 656—2013）及修改单，气体的标准状态是指温度为__________K，压力为__________hPa 时的状态。

答案：273.15，1 013.25

12．根据《环境空气臭氧前体有机物手工监测技术要求（试行）》的规定，臭氧前体有机物的采样方式有__________和__________两种，非甲烷碳氢化合物使用__________采集，醛酮类目标化合物使用__________采集。

答案：采样罐（或罐采样），采样管（或吸附管），采样罐，吸附管（或采样管）

13．用感量为 0.1 mg 或 0.01 mg 的分析天平称量 PM_{10} 和 $PM_{2.5}$ 颗粒物样品滤膜，两次重量之差分别小于__________ mg 或__________ mg 为满足恒重要求。

答案：0.4，0.04

14．环境空气中颗粒物的采样方法主要有__________法和__________法。

答案：滤料，自然沉降

15．在环境空气质量监测点__________m 范围内不应有污染源。

答案：50

16．监测环境空气中气态污染物时，要获得 1 h 的平均浓度，样品的采样时间应不少于__________min。采集二氧化氮样品，当采用酸性高锰酸钾氧化时，一氧化氮氧化为二氧化氮的氧化系数为__________。

答案：45，0.68

17．根据《环境空气质量评价技术规范（试行）》（HJ 663—2013），统计评价项目的城市尺度浓度时，所有有效监测的城市点必须全部参加统计和评价，且有效监测点位的数量不得低于城市点总数量的__________%，当总数量小于 4 个时，不低于__________%。

答案：75，50

18．清洁颗粒物采样头时，应完全拆开采样头和切割器，用蒸馏水或者__________清洁，完全晾干或用风机吹干后重新组装，组装时应检查__________情况。

答案：无水乙醇，密封圈的密封

19．在环境空气采样期间，应记录__________、__________、温度和压力等参数。

答案：流量，时间

20．空气质量指数表示颜色分别为__________、__________、橙色、__________、__________、褐红色。

答案：绿色，黄色，红色，紫色

21．用碱片-重量法测定环境空气中硫酸盐化速率时，将用__________浸渍过的玻璃纤维滤膜暴露于环境空气中，与空气中的__________、__________、__________等发生反应，生成硫酸盐。

答案：碳酸钾溶液，二氧化硫，硫酸雾，硫化氢

22．若准备对采集有机物样品的滤膜进行有机成分分析，为防止有机物的分解，不宜进行称重，应立即放入__________冷冻箱内保存至样品处理前。

答案：−20℃

23．已知颗粒物工况流量为 16.85 L/min，环境温度为 30℃，环境大气压力为 102.413 kPa，颗粒物在参比状态下的流量为__________ L/min。

答案：16.75

24．零气发生器所产生的零气不能含有__________、水分和其他对仪器分析产生干扰的物质。

答案：待测气体组分

25．颗粒物手工法比对时，采样前应对仪器进行__________检查和__________检查、校正。

答案：气密性，流量

26．当滤膜安放正确，采样系统无漏气时，采样后滤膜上颗粒物与四周白边之间界限应清晰。如出现界线模糊时，则表明有__________，应检查滤膜安装是否正确，或者更换滤膜密封垫和滤膜夹，该滤膜样品作废。

答案：漏气

27．根据《环境空气臭氧前体有机物手工监测技术要求（试行）》的规定，臭氧前体有机物指在光照条件下能与__________等发生光化学反应生成臭氧的挥发性有机物，包括烷烃、烯烃、芳香烃、炔烃等非甲烷碳氢化合物（Nonmethane Hydrocarbons，NMHCs）及醛、酮等含氧有机物（Oxygenated Volatile Organic Compounds，OVOCs）等。

答案：氮氧化物（或 NO_x）

28．根据《环境空气质量评价技术规范（试行）》（HJ 663—2013），基本评价项目的年评价中规定，对 CO 24 h 平均第__________百分位数进行评价，对 O_3 日最大 8 h 滑动平均值的第__________百分位数进行评价。

答案：95，90

29．空气采样器一般以__________计量流量。流量计的读数受__________和__________的影响，常以__________进行刻度校准。24 h 自动连续采样装置必须具备__________和__________装置，以便计算参比状态下的采样体积。

答案：转子流量计，温度，压力，皂膜流量计，恒温，定时

30．集尘缸放在采样点前，加入__________mL__________溶液，干旱、蒸发量大的地区可酌情增加加入量。

答案：120，乙二醇

31．环境空气非甲烷烃样品可以用__________采集样品，样品保存时间不超过__________ h，也可以用__________采集样品，样品保存时间不超过__________ h，如仅测甲烷，可保存 7 天。

答案：玻璃注射器，8，气袋，48

32．大气苯系物现场采样时，将活性炭采样管带到采样现场，敲开两端后立即密封，同已采集样品的活性炭采样管一同存放并带回实验室，这个样品一般称为__________。

答案：现场空白样品

33．以__________采样管采集环境空气和无组织排放废气中的硝基苯类化合物，用__________超声解吸，经气相色谱-质谱仪分离、检测。

答案：硅胶，二氯甲烷

34．溶液吸收法是采集大气中__________、__________及某些气溶胶态污染物质的常用方法。

答案：气态，蒸气态

35．计算 SO_2 和 NO_2 年平均浓度时，每年至少有__________个分布均匀的日均值。

答案：324

36．测定交通枢纽处 PM_{10} 和 $PM_{2.5}$，采样点应设在距人行道边缘外侧__________处。

答案：1 m

37．依据《环境空气质量指数（AQI）技术规定（试行）》（HJ 633—2012），超标污染物是指浓度超过国家环境空气质量__________级标准的污染物，即 IAQI 大于__________的污染物。

答案：二，100

38．空气质量指数＞300，空气质量指数级别为__________。

答案：六级

39．根据《环境空气质量评价技术规范（试行）》（HJ 663—2013），自然日内 O_3 日最大 8 h 平均的有效性规定为当日 8 时至 24 时至少有__________个有效 8 h 平均浓度值。

答案：14

40．《环境空气质量标准》（GB 3095—2012）修改单将“标准状态”修改为“参比状态”。“参比状态”指大气温度为__________K，大气压力为__________hPa 时的状态。

答案：298.15，1 013.25

41．在开展环境空气质量手工监测时，采样口距地面高度应在__________m。

答案：1.5～15

42．根据《环境空气质量评价技术规范（试行）》（HJ 663—2013），城市环境空气质量评价对地级及以上城市，评价采用国家环境空气质量监测网中环境空气质量评价城市点，简称__________。

答案：国控城市点

43．《有毒有害大气污染物名录（2018 年）》中公布的 5 种重金属及其化合物有镉、铬、汞、砷、__________。

答案：铅

44．根据《环境空气颗粒物（$PM_{2.5}$）手工监测方法（重量法）技术规范》（HJ 656—2013），滤膜采集后，如不能及时平衡称重，应在__________℃条件下密闭冷藏保存，最长不超过__________天。

答案：4，30

45．在空气和废气监测中，如果不能确定现场污染物浓度范围，采气量或采样时间应根据__________和__________来确定。

答案：标准规定的浓度，分析方法的测定下限

46．气态污染物的有动力采样法包括__________法、__________法和__________法。

答案：溶液吸收，填充柱采样，低温冷凝浓缩

47．酸沉降监测包括__________、__________、__________、植被和内陆水环境监测。

答案：湿沉降，干沉降，土壤

48．降水监测的采样器与雨量器水平距离应大于__________m。

答案：2

49．光化学烟雾形成不仅和排放到空气中的污染物的__________和__________有关，还和当时的__________有密切的关系。

答案：种类，数量，气象条件

50．空气质量指数是__________描述空气质量状况的__________指数。

答案：定量，无量纲

51．环境气体标准样品主要用于环境空气监测仪器的__________和分析方法的__________等。

答案：校准，标定

52．环境空气质量自动监测 PM_{10} 采样头至少每__________清洗一次。

答案：月（或 1 个月）

53．环境空气每次采样前，应对采样系统的__________进行检查，符合要求方可采样。

答案：气密性

54．环境空气采样时，由于加工工艺等问题，应对吸收管的吸收效率进行检查，选择吸收效率为__________%以上的吸收管，尤其是使用气泡吸收管和冲击式吸收管时。

答案：90

55．为了检查填充柱采样管的采样效率，可在一根管内分前后段填装滤料，如前段装 100 mg，后段装 50 mg，中间用玻璃棉相隔。但前段采样管的采样效率应在__________%以上。

答案：90

56．《环境空气质量标准》（GB 3095—2012）修改单中规定：二氧化硫、二氧化氮、一氧化碳、臭氧、氮氧化物等气态污染物浓度为__________下的浓度。颗粒物及其组分铅、苯并[*a*]芘等浓度为__________大气温度和压力下的浓度。

答案：参比状态，监测时

57．为降低采样器排气对 PM_{10} 和 $PM_{2.5}$ 测量的影响，向下排气的大、中流量采样器的排气应在__________方向上均匀分布。

答案：水平

58．当日某城市空气质量指数为 157，其空气质量指数级别为__________。

答案：四级

59．__________是重要的大气污染物之一，也是酸雨和城市光化学烟雾的重要构成因素。

答案：氮氧化物

60．使用气袋采集环境空气样品前，应使用现场空气清洗气袋__________次后再正式采样。

答案：3～5

61．使用气袋完成环境空气采样后，应迅速放入运输箱内，防止__________，并采取措施避免气袋破损。

答案：阳光直射

62．开展环境空气多点采样时，各采样点采样须同步进行，__________和__________均应相同。

答案：采样时间，采样频率（或采样频次）

63．使用吸附管进行环境空气采样时，空气相对湿度应小于__________%。

答案：90

64．使用气袋采集环境空气样品，进气管、接头、阀门等辅助装置需选用__________材质。

答案：惰性

65．采集环境空气中 PM_{10} 和 $PM_{2.5}$ 不宜在风速大于__________m/s 等天气条件下进行。

答案： 8

66．选择环境空气中 PM_{10} 和 $PM_{2.5}$ 的采样点位应避开__________及障碍物。

答案： 污染源

67．用吸收瓶正式采集烟气样品前，要让排气通过__________，采样__________min 后，将吸收瓶前管路内的空气置换干净。

答案： 旁路吸收瓶，5

68．用于平衡滤膜的恒温恒湿设备应能够将温度控制在__________℃，控温精度±1℃，相对湿度控制在__________%。

答案： 15～30，45～55（或 50±5）

69．环境空气采样使用的真空罐（瓶）应先清洗或加热清洗__________次后再抽真空。

答案： 3～5

70．使用注射器采集环境空气样品后，运送过程中应保持__________状态。

答案： 垂直

71．布置环境空气采样器时，应尽量将采样器的气体出口置于__________风向。

答案： 下

72．空气采样器主要由__________、流量计和采样动力组成。

答案： 收集器

73．溶液吸收法的吸收效率主要取决于__________和样气与吸收液的接触面积。

答案： 吸收速度

74．在环境空气颗粒物采样时，采样前应确认采样滤膜无__________和任何破损，滤膜的__________朝向进气方向；采样后应检查确定滤膜无破裂，滤膜上尘的边缘轮廓清晰，否则该样品膜作废，需要重新采样。

答案： 针孔，毛面

75．PM_{10} 和 $PM_{2.5}$ 分析过程中，每次称滤膜的同时，称量两张“标准滤膜”。若标准滤膜称出的重量在原始质量±__________mg（大流量）～±__________mg（中流量和小流量）范围内，则认为该批样品滤膜称量合格，数据可用。

答案： 5，0.5

76．用于现场采集环境空气苯系物的吸附/热脱附采样管在装入密封袋或保存管后，应存放在装有__________的盒子或干燥器中。

答案： 活性炭

77．滤膜采样法适用于__________、__________、__________等大气颗粒物的质量浓度监测及成分分析，以及颗粒物中重金属、苯并[*a*]芘、氟化物（小时和日均浓度）等污染物的样品采集。

答案： 总悬浮颗粒物，可吸入颗粒物，细颗粒物

78．在监测分析环境空气污染物铅时，监测期间大气压为 102.55 kPa，气温为 20℃，采样时间为 20 h，采样流量为 100 L/min，采样膜颗粒物增重 18 mg，滤膜铅含量 24 μg，则该处环境空气中铅的浓度为__________μg/m³。

答案： 0.2［计算过程　24/（20×60×0.1）= 0.2］

79. 环境空气中氮氧化物测定时方法检出限为 0.12 μg/10 mL 吸收液。当吸收液总体积为 10 mL，采样体积为 24 L 时，空气中氮氧化物的检出限为 0.005 mg/m^3。若吸收液总体积为 50 mL，采样体积为 288 L 时，则此次空气中氮氧化物的检出限为__________mg/m^3。

答案：0.003

80. 环境空气中挥发性有机物（VOCs）的吸附管老化和保存：新购的吸附管或采集高浓度样品后的吸附管需进行老化。老化温度__________℃，老化流量__________mL/min，老化时间__________min。

答案：350，40，10～15

81. 大气降水__________是酸雨调查最重要的项目。

答案：pH

82. 湿沉降采样器与较大障碍物之间的水平距离应至少为障碍物高度的__________，或从采样器仰望障碍物顶端，其仰角不大于__________。

答案：2 倍，30°

83. 酸沉降监测点位的选择应有__________，除考虑点位附近的土地使用情况基本不变外，还应考虑点位周围地形特征、土地使用特征及__________。

答案：代表性，气象状况

84. 湿沉降监测项目中，__________和 pH 为逢雨（雪）必测的项目，同时记录当次降雨（雪）的量。

答案：EC（或电导率）

85. 湿沉降监测中，降雨（雪）时每__________h 采样一次，若一天中有几次降雨（雪）过程，可合并为一个样品测定；若遇连续几天降雨（雪），则将当日上午__________至次日上午__________的降雨（雪）视为一个样品。

答案：24，9:00，9:00

86. 使用真空罐（瓶）采集环境空气挥发性有机物样品前，每批次应至少抽取__________个真空罐（瓶）进行__________，以检验其清洁度。

答案：1，空白测定

87. 使用气袋采集样品时，采样前应检查气袋是否密封良好，是否有破裂损坏等情况，并进行__________检查，确保采样系统不漏气。

答案：气密性

二、单选题

1. 用苏玛罐采集的环境空气中挥发性有机物样品，在常温保存下，样品应完成分析的时间规定是__________天。（　　）

A. 10　　B. 15　　C. 7　　D. 20

答案：D

2. 环境空气质量监测点周围__________m 范围内不应有污染源；采样口周围水平面应保证__________以上的捕集空间，如果采样口一边靠近建筑物，采样口周围水平面应有__________以上

的自由空间。（　　）

A．50，270°，180°　B．100，270°，180°　C．50，360°，270°　D．100，360°，270°

答案：A

3．颗粒物手工比对，用于采样前后滤膜温度、湿度平衡的恒温恒湿间（箱）内温度设置在__________℃，控温精度 ±1℃；相对湿度控制在（50±5）%。（　　）

A．25～35　B．15～30　C．45～55　D．95～105

答案：B

4．为便于了解大气污染物对不同区域的影响，应采用的布点方法是__________。（　　）

A．同心圆法　B．网格法　C．扇形法　D．功能区法

答案：D

5．大气采样点的周围应开阔，采样口水平线与周围建筑物高度的夹角应__________。（　　）

A．不大于 45°　B．等于 45°　C．不大于 30°　D．等于 30°

答案：C

6．注射器采样属于__________。（　　）

A．直接采样法　B．富集采样法　C．浓缩采样点　D．溶液吸收法

答案：A

7．TSP 采样法属于__________。（　　）

A．填充柱阻留法　B．直接采样法　C．滤料阻留法　D．自然积集法

答案：C

8．总悬浮颗粒物是指环境空气中动力学当量直径≤__________μm 的颗粒物。（　　）

A．50　B．100　C．150　D．200

答案：B

9．用气袋采集环境空气非甲烷总烃样品，样品保存时间不超过__________h。（　　）

A．8　B．12　C．24　D．48

答案：D

10．《环境空气　半挥发性有机物采样技术导则》（HJ 691—2014）中关于环境空气中半挥发性有机物采样，下列说法正确的是__________。（　　）

A．采样效率小于等于动态保留效率

B．采样器工作点流量在采样过程中时刻在变化

C．应定期使用标准流量计和累计流量计对采样器的流量和累计标况采样体积进行校准

D．累计校准流量计的温度和压力传感器应定期进行校准

答案：C

11．用气相色谱法测定环境空气中氯丁二烯，活性炭吸附采样管采集样品时，以__________L/min 流量采样。（　　）

A．0.2　B．0.5　C．1.0　D．大于 1.0

答案：B

12．环境空气质量监测点位布设要求，对于路边交通点，一般应在行车道的下风侧，根据车流

量的大小、车道两侧的地形、建筑物的分布情况等确定路边交通点的位置，采样口距道路边缘距离不得超过__________m。（　　）

A．20　　B．10　　C．30　　D．50

答案：A

13．根据《环境空气质量监测点位布设技术规范（试行）》（HJ 664—2013）规定，某城市建成区城市人口为 100 万～200 万人，建成区面积为 100～200 km^2，则该城市环境空气质量评价城市点最少需设置__________个。（　　）

A．5　　B．4　　C．6　　D．8

答案：C

14．根据《环境空气质量手工监测技术规范》（HJ 194—2017），关于小时浓度间断采样频率要求，获取环境空气污染物小时平均浓度时，如果污染物浓度过高，或者使用直接采样法采集瞬时样品，应在 1 h 内等时间间隔采集__________个样品。（　　）

A．1～4　　B．1～3　　C．2～5　　D．3～4

答案：D

15．根据《环境空气质量手工监测技术规范》（HJ 194—2017），通常硫酸盐化速率及氟化物（长期）采样时间为__________天。（　　）

A．5～28　　B．6～29　　C．7～30　　D．5～30

答案：C

16．根据《环境空气质量手工监测技术规范》（HJ 194—2017），正确连接采样系统，做好样品标识。注意吸附管的进气方向不可接反，分段填充的吸附管__________填充物段为进气端。（　　）

A．3/4　　B．2/3　　C．1/3　　D．1/4

答案：B

17．当环境空气质量进一步加剧易感人群症状，可能对健康人群心脏、呼吸系统有影响时，该空气质量指数类别为__________。（　　）

A．轻度污染　　B．中度污染　　C．重度污染　　D．严重污染

答案：B

18．可吸入颗粒物指环境空气中空气动力学当量直径小于等于__________μm 的颗粒物。（　　）

A．2.5　　B．10　　C．50　　D．100

答案：B

19．为增加便携式傅里叶红外仪样品采集和分析环境空气中挥发性有机物样品的代表性，每次分析至少连续采__________个样品，选择其中测定值最高的作为最终结果报出。（　　）

A．3　　B．4　　C．5　　D．6

答案：C

20．《恶臭污染环境监测技术规范》（HJ 905—2017）规定，环境臭气浓度测定时，若 M_1 第一次稀释倍数的平均正解率小于 1 且大于 0.58，而第二次稀释倍数的平均正解率 M_2 虽小于 M_1 但仍大于 0.58，则继续按__________倍梯度稀释配气，直到最终平均正解率小于 0.58，并以相邻的一次平均正解率为 M_1 计算臭气浓度结果。（　　）

A．5　　B．10　　C．50　　D．100

答案：B

21．环境空气总悬浮颗粒物样品采集，在每批次称量滤膜的过程中应至少称量 1 次“标准滤膜”，中流量的采样器称量结果应在原始重量的__________mg 之间。（　　）

A．±5　　B．±0.2　　C．±0.5　　D．±2

答案：B

22．环境空气质量功能区划中的一类功能区是指__________。（　　）

A．自然保护区、风景名胜区

B．城镇规划中确定的居住区、商业交通居民混合区、文化区、一般工业区和农村地区

C．特定工业区

D．一般地区

答案：A

23．颗粒物手工法比对时采样前应对仪器进行__________。（　　）

A．气密性检查，流量校准　　B．采样泵检查，流量校准

C．校准膜校准，流量校准　　D．气密性检查，校准膜检查

答案：A

24．测定空气中甲醛时，采集好的甲醛样品于__________℃贮存，__________天内分析完毕。（　　）

A．2～5，1　　B．2～5，2　　C．1～3，1　　D．1～3，2

答案：B

25．环境空气中二氧化硫、二氧化氮的日平均浓度评价，要求每日采样时间至少有__________h。（　　）

A．10　　B．12　　C．14　　D．20

答案：D

26．环境空气质量功能区划中的二类功能区是指__________。（　　）

A．自然保护区、风景名胜区

B．居住区、商业交通居民混合区、文化区、一般工业区和农村地区

C．特定工业区

D．一般地区

答案：B

27．采集环境空气中 VOCs 样品时，在采样前须抽取__________%的采样管进行空白检验。每次采集样品至少带一个__________空白。（　　）

A．10，现场　　B．10，全程　　C．20，现场　　D．20，全程

答案：C

28．根据《环境空气臭氧监测一级校准技术规范》（HJ 1099—2020），臭氧标准参考光度计运行期间，每__________运行 1 次或校准前后各运行 1 次性能核查，以确认臭氧标准参考光度计性能稳定。（　　）

A．周　　B．月　　C．季度　　D．年

答案：A

29．使用溶液吸收法采集氧化性和酸性气体应避免使用__________材质采样管。（　　）

A．聚乙烯　　B．玻璃　　C．聚四氟乙烯　　D．金属

答案：D

30．采样时长超过__________天，颗粒物切割器需定期清洗。（　　）

A．7　　B．15　　C．27　　D．30

答案：A

31．__________位于各城市的建成区内，并相对较均匀分布，覆盖全部建成区。（　　）

A．环境空气质量评价城市点　　B．环境空气质量评价区域点

C．环境空气质量背景点　　D．路边交通点

答案：A

32．当__________1 h 平均浓度值高于 800 μg/m^3 的，不再进行其空气质量分指数计算。（　　）

A．二氧化硫　　B．二氧化氮　　C．一氧化碳　　D．臭氧

答案：A

33．环境空气中铅季平均浓度有效性的最低要求为每季至少有分布均匀的__________个日平均浓度值。（　　）

A．5　　B．15　　C．27　　D．30

答案：B

34．环境空气质量评价区域点和背景点周边向外的大视野需__________开阔，__________km 方圆距离内应没有明显的视野阻断。（　　）

A．360°，1～10　　B．360°，2～5　　C．270°，1～10　　D．270°，2～5

答案：A

35．__________吸收管不适合于采集气溶胶态物质。（　　）

A．气泡吸收管　　B．冲击式吸收管　　C．多孔筛板吸收管　　D．玻璃筛板吸收瓶

答案：A

36．变更后的环境空气质量评价城市点与原城市点位平均浓度偏差应小于__________%。（　　）

A．5　　B．10　　C．15　　D．20

答案：C

37．湿沉降采样器宜设置在开阔、平坦、多草、周围__________m 内没有树木的地方。（　　）

A．30　　B．50　　C．100　　D．200

答案：C

38．__________会加剧平流层的臭氧消耗。（　　）

A．苯系物　　B．挥发性卤代烃　　C．氯苯类　　D．正构烷烃

答案：B

39．PM_{10}和 $PM_{2.5}$连续监测系统连续稳定试运行至少__________天。因系统故障等造成运行中断，恢复正常后，重新开始试运行。（　　）

A．1　　B．7　　C．30　　D．60

答案：D

40．__________采样法常用于空气中被测组分浓度较高或所用分析方法灵敏度较高的情况。（　　）

A．溶液吸收　　B．吸附管　　C．直接　　D．被动

答案：C

41．干沉降多层滤膜法的采样头是由__________个安有滤膜的滤膜夹组成。（　　）

A．2　　B．3　　C．4　　D．5

答案：C

42．__________和__________两种污染物生产设备不得有明显的无组织排放存在。（　　）

A．苯，甲醛　　B．光气，氰化氢　　C．沥青烟，石棉尘　　D．氯气，铬酸雾

答案：C

43．无组织排放监测中，风向变化的大小是用__________min 平均风向的标准差表示。（　　）

A．1　　B．5　　C．10　　D．20

答案：C

44．__________类气象条件适宜程度有利于污染物的扩散和稀释，较不适宜进行无组织排放监测。（　　）

A．a　　B．b　　C．c　　D．d

答案：C

45．无组织排放监测中，风向变化大小为 30°～45°时，其对应的风向适宜程度为__________类。（　　）

A．a　　B．b　　C．c　　D．d

答案：C

46．某天某地风向变化的适宜度为 a 类，平均风速的适宜度和大气稳定度的适宜度均为 c 类，则当天的无组织排放监测应__________。（　　）

A．进行

B．进行，但必须根据相关办法对结果进行修正

C．取消或另选时日进行

D．可以进行，但必须采取一定的特殊手段确保采样过程符合相关要求

答案：C

47．实行 24 h 连续采样不能使用的采样器有__________。（　　）

A．气泡式吸收瓶　　B．多孔玻板吸收瓶　　C．活性炭采样管　　D．注射器

答案：D

48．大气采样应观测并记录气温、气压等气象参数。对测量气温的温度计要求为__________℃，精度为±__________℃。（　　）

A．−40～45，0.1　　B．−40～55，0.5

C．−20～50，0.1　　D．−20～50，0.5

答案：B

49．颗粒物手工采样器采样口距地面不低于__________m，避开污染源及障碍物。采样口距离墙壁或站房实体围栏__________m 以上，采样口应高于围栏至少__________m 以上。（　　）

A．1.2，1.2，1.5　　B．1.5，1.0，0.5

C．1.5，0.8，0.5　　D．1.5，1.0，1.5

答案：B

50．测定交通枢纽处环境空气 PM_{10} 和 $PM_{2.5}$ 的采样点应布置在距__________处。（　　）

A．人行道边缘内侧 1 m　　B．人行道边缘外侧 1 m

C．绿化带边缘内侧 1 m　　D．绿化带边缘外侧 1 m

答案：B

51．采用间断采样方式测定环境空气 PM_{10} 和 $PM_{2.5}$ 日平均浓度时，采样次数不应少于__________，累计采样时间不应少于__________。（　　）

A．3 次，12 h　　B．4 次，18 h　　C．3 次，15 h　　D．4 次，16 h

答案：B

52．当使用多台采样器同时进行环境空气总悬浮颗粒物（TSP）采样时，中流量采样器相互之间的距离应为__________ m 左右。（　　）

A．0.5　　B．1　　C．1.5　　D．2

答案：B

53．当使用多台采样器同时进行环境空气总悬浮颗粒物（TSP）采样时，大流量采样器相互之间的距离应为__________m。（　　）

A．1～2　　B．1～3　　C．2～4　　D．3～5

答案：C

54．进行环境空气颗粒物采样前，应对采样器进行流量校准，其误差应在设定流量的__________%以内。（　　）

A．±2　　B．±3　　C．±5　　D．±10

答案：A

55．皂膜流量计使用的皂液由洗洁精与蒸馏水混合比例__________配制。（　　）

A．1∶6～1∶8　　B．1∶4～1∶6　　C．1∶2～1∶4　　D．1∶1～1∶2

答案：A

56．环境空气半挥发性有机物中流量采样的工作点流量为__________L/min。（　　）

A．150　　B．125　　C．100　　D．80

答案：C

57．使用多台采样器进行环境空气半挥发性有机物平行采样时，仪器间距应为__________。（　　）

A．0.5 m 以上　　B．1 m 以上　　C．1.5 m 以上　　D．2 m 以上

答案：D

58．使用注射器采集环境空气样品后，应将注射器__________放置在样品箱内。（　　）

A．进口朝下　　B．进口朝上　　C．横向对齐　　D．前后交错

答案：A

59．环境空气采样用注射器气密性检查要求，先吸入空气至最大刻度，用配套密封头封好进气口，垂直放置＿＿＿＿＿h，剩余空气应不少于 60%。（　　）

A．6　　B．12　　C．18　　D．24

答案：D

60．进行环境空气采样时，如果采样口一侧靠近建筑，采样口周围水平面应有＿＿＿＿＿以上的自由空间。（　　）

A．90°　　B．120°　　C．160°　　D．180°

答案：D

61．环境空气监测点的采样口到附近最高障碍物之间的水平距离，应为该障碍物与采样口高度差的＿＿＿＿＿以上。（　　）

A．一半　　B．一倍　　C．两倍　　D．五倍

答案：C

62．进行空气质量半挥发性有机物采样时，距离采样器＿＿＿＿＿m 内不应有污染排放源。（　　）

A．50　　B．40　　C．30　　D．20

答案：A

63．体积浓度为 1 ppb 的二氧化硫测定结果换算成质量浓度是＿＿＿＿＿mg/m^3。（　　）

A．0.001　　B．0.002　　C．0.003　　D．0.03

答案：C

64．非分散红外法测定环境空气中一氧化碳时，抽入＿＿＿＿＿进行仪器调零，通入＿＿＿＿＿进行仪器标定。（　　）

A．空气，一氧化碳标气　　B．氮气，一氧化碳标气

C．一氧化碳标气，空气　　D．一氧化碳标气，一氧化碳标气

答案：B

65．非分散红外法测定环境空气中一氧化碳进行仪器调零和仪器标定时，通入流量均设定为＿＿＿＿＿L/min。（　　）

A．0.1　　B．0.2　　C．0.5　　D．1.0

答案：C

66．大气采样时，多孔筛板吸收管气样入口应是＿＿＿＿＿。（　　）

A．球形上部的导管口　　B．球形旁边的长导管口

C．上述两个导管口都可以　　D．随便哪一个导管口

答案：B

67．进行环境空气半挥发性有机物采样时，采样器除使用前需要校准外，使用后也需要校准，且采样前后流量的波动应不大于＿＿＿＿＿%。（　　）

A．±2　　B．±3　　C．±5　　D．±10

答案：D

68. 环境空气恶臭污染监测，采集后的气袋或真空瓶样品应在__________条件下保存。（ ）

A. 4℃以下　B. 常温　C. 17～25℃　D. 25℃以上

答案：C

69. 对于环境空气敏感点恶臭的监测，根据现场踏勘、调查确定的时段采样，样品采集次数不少于__________次，取其最大测定值。（ ）

A. 2　B. 3　C. 4　D. 5

答案：B

70. 使用活性炭采样管采集环境空气中苯系物允许的采样流量范围为__________。（ ）

A. 0.2～0.6 L/min　B. 10～200 mL/min　C. 50～600 mL/min　D. 0.5～1.0 L/min

答案：A

71. 使用固体吸附/热脱附采样管采集环境空气中苯系物允许的采样流量范围为__________。（ ）

A. 0.2～0.6 L/min　B. 10～200 mL/min　C. 50～600 mL/min　D. 0.5～1.0 L/min

答案：B

72. 使用真空罐（苏玛罐）采集环境空气中挥发性有机物时，加装的过滤器孔径应≤__________μm。（ ）

A. 10　B. 20　C. 30　D. 50

答案：A

73. 使用真空罐（苏玛罐）采集环境空气中挥发性有机物时，如需采集 3 个现场空气样品，则应至少准备__________个清洗好的待用罐（注：不包含额外的备用罐）。（ ）

A. 2　B. 3　C. 4　D. 5

答案：D

74. 测定非甲烷总烃时，使用注射器采集样品，样品采集后放置时间不得超过__________。（ ）

A. 8 h　B. 16 h　C. 24 h　D. 48 h

答案：A

75. 靛蓝二磺酸钠光度法测定臭氧，采集样品时用内装 10 mL IDS 吸收液的多孔玻板吸收管，罩上黑色避光套，以__________流量采气__________。（ ）

A. 0.5 L/min，5～20 L　B. 0.5 L/min，5～30 L

C. 1.0 L/min，5～20 L　D. 1.0 L/min，5～30 L

答案：B

76. 靛蓝二磺酸钠光度法测定臭氧，每批样品至少带__________个现场空白样品。（ ）

A. 1　B. 2　C. 3　D. 4

答案：B

77. __________是环境空气中颗粒物质量浓度测量的参考标准方法，是验证其他方法是否准确，保证其测量结果溯源性的基础。

A. 重量法　B. 光散射法　C. 振荡天平法　D. β射线法

答案：A

三、多选题

1．光化学污染的表征是__________。（　　）

A．白色或淡棕色烟雾　　B．具有气味

C．大气能见度降低　　D．刺激眼睛和喉黏膜，使呼吸困难

答案：ABCD

2．六大温室气体包括__________、氢氟碳化物、全氟化碳、六氟化硫。（　　）

A．二氧化碳　　B．甲烷　　C．氧化亚氮　　D．一氧化碳

答案：ABC

3．在手工法监测 $PM_{2.5}$ 的实验室称量过程中，操作步骤正确的是__________。（　　）

A．称量时无须消除静电

B．称量前应打开天平屏蔽门，至少保持 1 min

C．分析天平即用即开

D．每次称量前需清洗用于取放标准砝码和滤膜的非金属镊子

E．采样前后的滤膜称量可以使用不同的分析天平

F．每批次称量采样滤膜的同时应称量至少一张标准滤膜

G．称量人员应穿戴洁净的实验服进入称量区域

答案：BDFG

4．关于《环境空气质量标准》（GB 3095—2012）中相关指标描述正确的是__________。（　　）

A．氟化物（以 F 计）是指气态及颗粒态形式存在的无机氟化物

B．铅（Pb）是指存在于颗粒物中的铅及其化合物

C．苯并[*a*]芘是指存在于 PM_{10} 中的苯并[*a*]芘

D．气态污染物浓度是按参考状态（20℃、1 个标准大气压）监测的结果

E．颗粒物及其组分按实况状态下监测结果表述

答案：ACE

5．下列污染物列入《环境空气质量标准》（GB 3095—2012）的是__________。（　　）

A．铅　　B．苯并[*a*]芘　　C．镍　　D．镉

答案：AB

6．用环境空气注射器法采样，以下说法正确的是__________。（　　）

A．注射器通常由玻璃或塑料等材质制成

B．使用前，注射器均应按监测方法标准要求进行洗涤、干燥等处理

C．采样前，所用注射器要通过气密性和空白检查，并保证内部无残留气体

D．采样后，注射器应密封后将注射器进口朝下、垂直放置

答案：ABCD

7．大气采样监测的常用布点方法有__________。（　　）

A．功能区布点法　　B．网格布点法　　C．同心圆布点法　　D．扇形布点法

答案：ABCD

8．在环境空气质量手工监测项目中，以下属于有动力采样的项目有__________。（　　）

A．总悬浮颗粒物　　B．苯并[a]芘　　C．硫酸盐化速率　　D．硫酸雾

答案：ABD

9．《环境空气质量标准》（GB 3095—2012）附录 A 中规定了 6 项污染物的参考浓度限值，__________污染物不在附录 A 中。（　　）

A．镉　　B．铅　　C．砷　　D．氟化物

E．锌

答案：BE

10．气态污染物的直接采样方法有__________。（　　）

A．填充柱采样　　B．塑料袋采样　　C．固定容器法采样　　D．注射器采样

E．溶液吸收法

答案：BCD

11．对雾状气溶胶，一般选用__________。（　　）

A．气泡吸收管　　B．多孔玻板吸收管　　C．多孔玻柱吸收管　　D．多孔玻板吸收瓶

E．冲击式吸收管

答案：BE

12．用于开展环境空气颗粒物来源解析的技术方法，主要包括__________。（　　）

A．源清单法　　B．源模型法　　C．专家打分法　　D．受体模型法

答案：ABD

13．依据《环境空气质量标准》（GB 3095—2012）的要求，监测数据应采取措施保证监测数据的__________，确保全面、客观地反映监测结果。（　　）

A．准确性　　B．完整性　　C．连续性　　D．可重复性

答案：ABC

14．关于无组织排放监控点的设置，以下正确的说法是__________。（　　）

A．为确定浓度的最高点，实际监控点最多可设置 4 个

B．监控点一般应设于周界外 10 m 范围内

C．若现场条件不允许，可将监控点移于周界内侧

D．若经估算测量，无组织排放的最大落地浓度区域超出 10 m 范围之外，仍应将监控点设置在 10 m 范围之内

答案：ABC

15．下列物质中，属于空气中二次污染物的有__________。（　　）

A．二氧化硫　　B．硝酸盐　　C．硫酸气溶胶　　D．甲醛

答案：BCD

16．空气中污染物质的状态大致可分为气态以及气溶胶两类，气溶胶粒子对人体健康的影响，主要与气溶胶的__________有关。（　　）

A．粒径大小　　B．浓度高低　　C．化学成分

答案：AC

17．环境空气的采样方法除溶液吸收采样法、滤膜采样法之外还有__________。（　　）

A．滤膜-吸附剂联用采样法　　B．吸附管采样法

C．被动采样法　　D．直接采样法

答案：ABCD

18．环境空气 PM_{10} 或 $PM_{2.5}$ 采样后的滤膜上颗粒物与周围白边界线不清晰的原因可能有__________。（　　）

A．采样系统漏气　　B．滤膜安放不正确

C．滤膜密封垫性能不佳　　D．采样点气温不合适

答案：ABC

19．采集环境空气半挥发性有机物使用的低流量采样管，其填充方式分为__________。（　　）

A．上下双层填充　　B．单层填充　　C．三层填充　　D．前后两段填充

答案：BCD

20．滤膜采样法适用于__________环境空气监测项目。（　　）

A．可吸入颗粒物　　B．颗粒物中的重金属

C．挥发性有机物　　D．汞及其化合物

答案：AB

21．关于使用气袋采集环境空气中非甲烷总烃样品，__________说法正确。（　　）

A．气袋应经现场空气清洗至少 3 次　　B．气袋中注入实验室空气作为运输空白

C．采集后的气袋应常温避光保存　　D．样品在气袋中的保存时间不应超过 3 天

答案：AC

22．使用真空罐（苏玛罐）采集环境空气中挥发性有机物的采样方式有__________。（　　）

A．移动采样　　B．瞬时采样　　C．恒定流量采样　　D．间歇采样

答案：BC

23．关于使用吸附管采集环境空气挥发性有机物样品，__________说法正确。（　　）

A．采样时环境温度应小于 40℃

B．每批样品应至少采集一根候补吸附管，候补吸附管应串联在样品采样管后，用于监视采样是否穿透

C．每批样品应至少采集一组平行样品，平行样品采集量个数为样品采集量总数的 20%～40%，采样体积相同

D．风速大于 5.6 m/s 时，采样时吸附管应与风向垂直放置，并在上风向放置掩体

答案：ABD

24．关于环境空气总悬浮颗粒物的采样，以下__________说法正确。（　　）

A．采样器的流量误差应在设定流量的±2%以内

B．采样前应使用清洁无绒干布擦去采样头内及滤膜夹的灰尘

C．采样前的滤膜如沾染浮尘，应小心吹扫干净后再使用

D．应合理确定采样时长，确保滤膜增重不小于分析天平实际分度值的 100 倍

答案：ABD

25. 测定环境空气中挥发性有机物，新购吸附管都应__________，并建立吸附管信息卡片，记录包括吸附管填装或购买日期、最高允许使用温度和使用次数等信息。（ ）

A. 标记唯一性代码　　B. 标示样品气流方向的箭头

C. 吸附剂比表面积　　D. 吸附管材质

答案：AB

26. 气袋真空负压法采样系统由__________部分组成。（ ）

A. 进气管、气袋　　B. 真空箱　　C. 双联球　　D. 阀门、抽气泵

答案：ABD

27. 被动采样法适用于__________污染物的样品采集。（ ）

A. 硫酸盐化速率　　B. 氟化物（长期）　　C. 降尘　　D. 非甲烷总烃

答案：ABC

四、判断题

1.《环境空气　半挥发性有机物采样技术导则》（HJ 691—2014）中规定，包括二噁英类、多环芳烃类和有机农药类等在环境空气中主要以气态形式存在的半挥发性有机物，采样不宜在雨天、雪天和风速大于 8 m/s 的天气下进行。（ ）

答案：错误

正确答案：在环境空气中主要以气态或气溶胶两种形态存在的半挥发性有机物。

2. 环境空气中二氧化硫 24 h 连续采样方法为：用内装 50 mL 吸收液的多孔玻板吸收瓶，以 0.5 L/min 的流量连续采样 24 h。（ ）

答案：错误

正确答案：以 0.2 L/min 的流量连续采样 24 h。

3. 傅里叶红外仪测定挥发性有机物的原理是根据样品的红外吸收光谱与标准物质的拟合程度定性，根据特征吸收峰的强度定量。（ ）

答案：错误

正确答案：根据特征吸收峰的强度半定量。

4. 采集环境空气中挥发性有机物时，当风速大于 5.6 m/s 时，采样时吸附管应与风向垂直放置，并在上风向放置掩体。（ ）

答案：正确

5.《环境空气颗粒物（$PM_{2.5}$）手工监测方法（重量法）技术规范》（HJ 656—2013）规定，测定 $PM_{2.5}$ 日平均浓度，每日采样时间应不少于 20 h，采样时间应保证滤膜上的颗粒物负载量不少于称量天平检定分度值的 100 倍。（ ）

答案：正确

6.《环境空气质量指数（AQI）技术规定（试行）》（HJ 633—2012）中，二氧化硫、二氧化氮和一氧化碳的 1 h 平均浓度限值仅用于实时报，在日报中需使用相应污染物的 24 h 平均浓度限值。（ ）

答案：正确

7．用高效液相色谱法测定空气中醛、酮类化合物时，由于臭氧对甲醛的氧化作用，为提高空气中甲醛的采样效率，可在采样小柱前串联一支臭氧去除柱。（ ）

答案：正确

8．PM_{10}“标准滤膜”的制作方法是：在恒温恒湿箱（室），按平衡条件平衡 24 h 后再称重。每张滤膜应连续称量 10 次以上，将每张滤膜的平均值作为该滤膜的原始质量。（ ）

答案：错误

正确答案：每张滤膜应非连续称量 10 次以上，将每张滤膜的平均值作为该滤膜的原始质量。

9．采集非甲烷总烃的玻璃注射器应小心轻放，保持水平状态放入样品箱内保存和运送。（ ）

答案：错误

正确答案：保持针头端向下状态放入样品保存箱内保存和运送。

10．采集环境空气中挥发性卤代烃样品时，每批样品至少采一个现场空白样品。将活性炭采样管运输到采样现场，不敲开采样管的两端，同已采集的样品一起存放并带回实验室分析。（ ）

答案：错误

正确答案：敲开采样管两端后立即密封，同已采集的样品一起存放并带回实验室分析。

11．五环以上的多环芳烃主要存在于颗粒物上，可用玻璃（或石英）纤维滤膜/滤筒采集。（ ）

答案：正确

12．在环境空气采样中，使用气袋采样时可不用现场气样来洗涤气袋，直接采样即可。（ ）

答案：错误

正确答案：使用气袋采样时，使用前气袋应用现场气样重复洗涤 3 次。

13．环境空气二噁英类采样之前对现场进行调查，原则上采样点应位于开阔地带，距可能扰动空气流的障碍物 2 m 以上，采样期间尽量避开大风或下雨天气。（ ）

答案：正确

14．环境空气质量监测中，用碱片-铬酸钡分光光度法测定硫酸盐化速率时，所用玻璃仪器要用铬酸洗液洗涤，以去除干扰测定的杂质。（ ）

答案：错误

正确答案：所用玻璃仪器不要用铬酸洗液洗涤，以免干扰测定。

15．环境温度和大气压传感器应安装在采样入口附近，不干扰颗粒物切割器正常工作。（ ）

答案：正确

16．获取环境空气污染物小时平均浓度时，如果污染物浓度过高，或者使用直接采样法采集瞬时样品，应在 1 h 内等时间间隔采集 3～4 个样品。（ ）

答案：正确

17．监测环境空气中气态污染物时，要获得 1 h 的平均浓度，样品的采样时间应不少于 30 min。（ ）

答案：错误

正确答案：监测环境空气中气态污染物时，要获得 1 h 的平均浓度，样品的采样时间应不少于 45 min。

18．空气中臭氧浓度超过 0.250 mg/m^3 时，会对氮氧化物的测定产生正干扰，采样时可在吸收瓶

入口端串接一段 15～20 cm 长的硅橡胶管，以排除干扰。（　　）

答案：错误

正确答案：空气中臭氧浓度超过 0.250 mg/m^3 时，会对氮氧化物的测定产生负干扰。

19．滤膜采集后，如不能立即称重，应常温密封保存。（　　）

答案：错误

正确答案：滤膜采集后，如不能立即称重，应在 4℃条件下冷藏（除分析有机物的滤膜外），−20℃冷冻箱内（分析有机成分）保存。

20．气态污染物的有动力采样法包括溶液吸收法、填充柱采样法和低温冷凝浓缩法。（　　）

答案：正确

21．依据《环境空气质量手工监测技术规范》（HJ 194—2017），多点采样时，需使用同一台采样器对各采样点依次进行采样，采样时间和采样频率均应相同。（　　）

答案：错误

正确答案：多点采样时，各采样点采样须同步进行，采样时间和采样频率均应相同。

22．影响空气中污染物浓度分布和存在形态的气象参数主要有风速、风向、湿度、温度、压力、降水以及太阳辐射等。（　　）

答案：正确

23．用超细玻璃纤维滤膜采集环境空气样品时，在测定 TSP 的质量浓度后，样品滤膜可用于测定无机盐、有机化合物和金属元素。（　　）

答案：错误

正确答案：测定金属元素的样品要用聚氯乙烯等有机滤膜采集。

24．用盐酸萘乙二胺分光光度法或 Saltzman 法测定环境空气中氮氧化物或二氧化氮时，吸收液贮于密闭的棕色瓶中，于冰箱或低温暗处 25℃以下可稳定 3 个月，若呈现淡红色，应弃之重配。（　　）

答案：错误

正确答案：显色液贮于密闭的棕色瓶中，在 25℃以下暗处存放可稳定 3 个月，若呈现淡红色，应弃之重配。

25．用注射器采集的环境空气样品的存放时间不宜太长，一般要在 2 天内分析完。（　　）

答案：错误

正确答案：采样后尽快分析，在监测方法标准规定的时限内测定完毕。

26．在环境空气颗粒物手工监测的滤膜称重分析中，以两次称量结果中最后一次的值作为滤膜称重值。（　　）

答案：错误

正确答案：以两次称量结果的平均值作为滤膜称重值。

27．用滤膜采集环境空气中的 TSP 时，应将滤膜的光面朝向进气方向。（　　）

答案：错误

正确答案：滤膜毛面应朝向进气方向。

28．三点比较式臭袋法中臭气浓度是指用无臭空气对臭气样品连续稀释至嗅辨员阈值时的稀释倍数。（　　）

答案：正确

29．地球表面上空的 12 km 范围叫对流层，有一层厚厚的臭氧（O_3）层，它吸收了太阳照射到地球上大部分紫外线，使地球上的众多动植物和人类免遭强烈紫外线的伤害。（ ）

答案：错误

正确答案：在地球上空 12 km 以上的空气层叫平流层，有一层厚厚的臭氧（O_3）层。

30．吸附管采样法适用于环境空气中汞、挥发性有机物等气溶胶污染物的样品采集。（ ）

答案：错误

正确答案：吸附管采样法适用于汞、挥发性有机物等气态污染物的样品采集。

31．颗粒物粒径不同其化学组成是不同的。（ ）

答案：正确

32．在进行无组织排放的实际监测时，为了捕捉到监控点最高浓度的时段，实际安排的采样时间可超过 1 h。（ ）

答案：正确

33．较粗的粒子，靠自身的重量即可缓慢沉降到地面上的颗粒物，叫降尘。（ ）

答案：错误

正确答案：在空气环境条件下，靠重力自然沉降在集尘缸中的颗粒物，叫降尘。

34．环境空气被动式采样器不用任何电源或抽气动力，所以又称无泵采样器。（ ）

答案：正确

35．空气中水蒸气或水雾太大会影响吸附管采样效率，采样时空气相对湿度应小于 90%。（ ）

答案：正确

36．空气质量监测点位日报时间周期为 24 h，时段为当日 8 点前 24 h。（ ）

答案：错误

正确答案：空气质量监测点位日报时间周期为 24 h，时段为当日零点前 24 h。

37．静态配气法最大的优点是所用设备简单、操作容易。（ ）

答案：正确

38．根据《环境空气质量手工监测技术规范》（HJ 194—2017），空白样品数量应按照项目监测方法标准规定执行，如方法标准中无规定则可不采集空白样。（ ）

答案：错误

正确答案：如方法标准中无规定，每个项目在同一批次内至少采集 1 个空白样品。

39．对 PM_{10} 采样器中的转子流量计，应定期使用已检定合格的皂膜流量计对其进行校准。校准时应依次校准转子流量计满量程的 50%和 100%处刻度或处在使用流量对应的刻度处。（ ）

答案：错误

正确答案：应依次校准转子流量计满量程的 40%、60%、80%、100%处刻度或处在使用流量对应的刻度处。

40．环境空气质量自动监测的中心计算机室使用面积一般不少于 15 m^2。（ ）

答案：正确

41．钢铁烧结、球团工业大气污染物无组织排放的采样点设在生产厂房门窗、屋顶、气楼等排

放口处，并选浓度最大值。（　　）

答案：正确

42．环境空气质量自动监测是指：在监测点位采用连续监测仪器对环境空气质量进行连续的样品采集、处理、分析的过程。（　　）

答案：正确

43．环境空气质量手工监测是指：在监测点位用采样装置采集一定时段的环境空气样品，将采集的样品在实验室用分析仪器分析、处理的过程。（　　）

答案：正确

44．二氧化硫、二氧化氮、颗粒物等的日均值的特定百分位数统计的有效性规定：每年至少有分布均匀的 324 个日均值、每月至少有分布均匀的 27 个日均值（2 月至少有 25 个）。（　　）

答案：正确

45．用真空罐采集环境空气可分为瞬时采样和恒流采样。瞬时采样直接采集空气，恒流采样则需安装限流阀。（　　）

答案：错误

正确答案：恒流采样则需安装限流阀和过滤器。

46．环境采样中，注射器采样系统通常由玻璃、塑料等材质制成，采用前根据方法要求选择。一般用 50 mL 或 100 mL 带有惰性密封头的注射器。（　　）

答案：正确

47．注射器采集环境空气时，移去注射器的密封头，抽吸现场空气 3～5 次，然后抽取一定体积的气样，密封后将注射器进口朝下，垂直放置，使注射器的内压等于大气压。（　　）

答案：错误

正确答案：使注射器的内压略大于大气压。

48．在环境空气 PM_{10} 和 $PM_{2.5}$ 的测定中，采样前后，滤膜称量应使用同一台分析天平。（　　）

答案：正确

49．动态配气是将已知浓度的原料气，以较小的流量恒定不变地送到气体混合器中。（　　）

答案：正确

50．在冰冻季节，集尘罐内要加入硫酸铜作为防冻剂。（　　）

答案：错误

正确答案：20%的乙醇或乙二醇。

51．大气采样口的高度一般以人的呼吸带 1.5 m 为准。（　　）

答案：正确

52．环境空气采样器配套使用的变色硅胶，一般有 2/3 变色即需要进行更换。（　　）

答案：错误

正确答案：环境空气采样器配套使用的变色硅胶，一般有 1/2 变色即需要进行更换。

53．使用气袋采集环境空气样品后，如果环境温差较大，应采取冷藏措施。（　　）

答案：错误

正确答案：使用气袋采集环境空气样品后，如果环境温差较大，应采取保温措施。

54．对溶液吸收法采样系统进行气密性检查时，采样仪器的流量计不应有流量显示，吸收管（瓶）内允许出现少量气泡。（　　）

答案：错误

正确答案：对溶液吸收法采样系统进行气密性检查时，采样仪器的流量计不应有流量显示，吸收管（瓶）内不应冒气泡。

55．使用吸附管采样法采集环境空气样品时，若现场空气中含有较多颗粒物，可在采样管前连接过滤装置。（　　）

答案：正确

56．在环境空气采样过程中，应及时观测并记录采样点环境条件。（　　）

答案：正确

57．测定环境空气 $PM_{2.5}$ 日平均浓度时，样品可采集在一张滤膜上。（　　）

答案：正确

58．采集环境空气 PM_{10} 和 $PM_{2.5}$ 的滤膜在采样结束后须将有尘面对折一次后再保存。（　　）

答案：错误

正确答案：采集环境空气 PM_{10} 和 $PM_{2.5}$ 的滤膜在采样结束后须将有尘面对折两次后再保存。

59．采集环境空气 PM_{10} 和 $PM_{2.5}$ 的滤膜在使用前均需进行检查，不得有针孔或任何缺陷。（　　）

答案：正确

60．采集环境空气 PM_{10} 颗粒物所使用的滤膜对于直径 0.3 μm 的标准粒子的捕集效率应不低于99%。（　　）

答案：正确

61．总悬浮颗粒物（TSP）是指环境空气中全部颗粒物的总和。（　　）

答案：错误

正确答案：总悬浮颗粒物（TSP）是指环境空气中空气动力学直径小于等于 100 μm 的颗粒物。

62．对环境空气颗粒物采样器进行流量校准时，应在采样器中安装干净的空白滤膜。（　　）

答案：正确

63．用低流量采样管采集半挥发性有机物时，选择吸附剂的填充形式主要取决于被测化合物的性质和吸附剂的特性，无论选择哪种填充形式，其采样效率应达到65%～125%。（　　）

答案：正确

64．用金膜富集-冷原子吸收分光光度法测定环境空气中汞含量时，金膜微粒富集管在常温下可富集空气中的微量汞，生成金汞齐，当富集管加热至 100℃通气时，即可排除苯、丙酮等有机蒸气的干扰。（　　）

答案：错误

正确答案：当富集管加热至300℃通气时，可排除苯、丙酮等有机蒸气的干扰。

65．经计量机构检定合格的皂膜流量计是采样器流量校准的标准，其使用的皂液在检定有效期内无须更换。（　　）

答案：错误

正确答案：皂膜流量计的皂液不宜长期连续使用，应定期更换。

66．非分散红外吸收法测定空气中一氧化碳受水蒸气干扰，不受颗粒物干扰。（　　）

答案：错误

正确答案：空气中的水蒸气和颗粒物均会干扰非分散红外吸收法一氧化碳的测定。

67．采集环境空气苯系物所使用的活性炭采样管内填装有两段特制活性炭，其中填装量少的一侧为气体入口。（　　）

答案：错误

正确答案：活性炭采样管内的两段特制活性炭，填装量多的为采样段，填装量少的为指示段，其中量多的一侧为气体入口。

68．环境空气采样应根据监测方法的要求选择合适类型和容积的吸收管（瓶）。（　　）

答案：正确

69．使用吸附管采集环境空气样品，吸附剂的类型、粒径、填装方式、填装量及吸附管规格需符合相关监测方法标准要求。（　　）

答案：正确

70．环境空气采样安装吸附管时应注意进气方向不可接反，分段填充的吸附管不区分进气和出气端。（　　）

答案：错误

正确答案：安装吸附管时应注意进气方向不可接反，分段填充的吸附管 2/3 填充物段为进气端。

71．气袋的采样方式分为真空负压法和正压注入法。（　　）

答案：正确

72．夏季、冬季采集环境空气样品过程中要采取适当的保护措施，防止因温度过高、过低而导致吸收液蒸干、结冰、吸收管（瓶）冻裂等情况的发生。（　　）

答案：正确

73．环境空气吸附管采样法的实际采样体积越大，吸附效率越高。（　　）

答案：错误

正确答案：吸附管采样法的实际采样体积应小于安全采样体积，避免穿透导致样品损失。

74．使用多孔玻板吸收管（瓶）采集环境空气样品时，若发现气泡不能均匀分散，应停止采样，更换吸收管（瓶）。（　　）

答案：正确

75．降尘是总悬浮颗粒物的一部分。（　　）

答案：错误

正确答案：降尘指大气中自然降落于地面上的颗粒物，其粒径多在 10 μm 以上。

76．用非分散红外法测定一氧化碳时，为确保仪器的灵敏度，应使气样品经硅胶干燥后再进入仪器。（　　）

答案：正确。

77．进行总悬浮颗粒物采样前，如采样器设定流量值为 100 L/min，流量校准器测量值为 103 L/min，采样器无须校准即可开始采样。（　　）

答案：错误

正确答案：总悬浮颗粒物采样器设定流量值为 100 L/min 时，流量检查测得的流量校准器测量值为 103 L/min，流量误差超过 2%，应校准至符合要求后再使用。

78．新购入的吸附/热脱附管应在拆开原封包装后立即投入使用。（　　）

答案：错误

正确答案：新购和采集高浓度样品后的吸附/热脱附管在使用前需进行老化处理。

79．用于采集挥发性有机物的吸附管应在 4℃下保存，若冰箱中同时存放有机试剂，应将吸附管置于密封性良好的干燥器后再放入。（　　）

答案：错误

正确答案：保存采集挥发性有机物吸附管的干燥器应放置在无有机试剂的冰箱中，4℃保存。

80．环境空气 PM_{10} 和 $PM_{2.5}$ 浓度的计算结果为滤膜增重除以换算成标准状态下的采样体积。（　　）

答案：错误

正确答案：环境空气 PM_{10} 和 $PM_{2.5}$ 浓度的计算结果为滤膜增重除以实际采样体积。

81．使用吸附管进行环境空气中苯系物采样时，在采样现场将一支采样管与空气采样装置相连，调整采样装置流量，此采样管仅作为调节流量用，不用作采样分析。（　　）

答案：正确。

82．使用采样罐清洗装置清洗采样罐，应清洗或加热清洗至少 3 个循环，再抽真空，真空度应符合相关监测方法标准的要求。（　　）

答案：正确

83．被动采样法采集硫酸盐化速率时，采样滤膜（碱片）的制备方法：将玻璃纤维滤膜剪成直径为 70 mm 的圆片，毛面向上，平放在 150 mL 的烧杯上，均匀滴加 30%碳酸钾溶液 1.0 mL 于每张滤膜上，使其扩散直径为 10 cm，将滤膜置于 60℃烘干，贮存于干燥器内备用。（　　）

答案：错误

正确答案：使其扩散直径为 5 cm。

84．选择降尘采样点时，应优先考虑集尘缸不易损坏的地方，还需考虑操作者易于更换集尘缸，采样点一般设在建筑物的屋顶，采样点周围应设置明显标识，防止误入。（　　）

答案：正确

五、简答题

1.《环境空气质量手工监测技术规范》（HJ 194—2017）修改单中所指气态污染物浓度为参比状态下浓度的有哪些污染物？哪些污染物浓度为监测时大气温度和压力下的浓度？（分别举 5 个例子）。

答案：二氧化硫、二氧化氮、一氧化碳、臭氧、氮氧化物等气态污染物浓度为参比状态下的浓度；颗粒物（粒径小于等于 10 μm）、颗粒物（粒径小于等于 2.5 μm）、总悬浮颗粒物及其组分铅、苯并[*a*]芘等浓度为监测时大气温度和压力下的浓度。

2．环境空气中颗粒物采样结束后，取滤膜时，发现滤膜上颗粒物的边缘轮廓不清晰，说明什么问题？应如何处理？各写出 3 种以上环境空气中气态污染物有动力采样和直接采样的方法。

答案：滤膜上颗粒物的边缘轮廓不清晰表示采样时漏气，本次采样作废，需重新采样。有动力采样包括吸收液采样（溶液吸收采样）、吸附柱采样（填充柱采样）、低温冷凝浓缩采样；直接采样包括气袋采样、注射器采样、固定容器采样（苏玛罐采样、真空瓶采样）。

3．请简述在《环境空气质量标准》（GB 3095—2012）及修改单中气体标准状态、参比状态下和实际状态的含义，并简述在生态环境监测中应如何应用。

答案：标准状态指温度为 273 K，压力为 101.325 kPa 时的状态。参比状态指大气温度为 298.15 K，大气压力为 1 013.25 hPa 时的状态。实际状态是指监测时大气温度和压力下的状态。

《环境空气质量标准》（GB 3095—2012）及修改单中的二氧化硫、二氧化氮、一氧化碳、臭氧、氮氧化物等气态污染物浓度为参比状态下的浓度；固定污染源气态污染物浓度为标准状态下浓度；环境空气和废气所有颗粒物及其组分浓度均为实际状态下浓度。

4．如何正确选择空气和废气的采样方法和仪器？

答案：应考虑污染物在大气中的存在状态、污染物浓度的高低、污染物的物理化学性质、分析方法的灵敏度以及气象参数对采样的影响，选择适当的吸收液、填充剂和各种滤料，确定适当的采气量和采样时间。

5．简述空气污染监测的发展趋势。

答案：从无机污染物向有机污染物发展；从化学分析向仪器分析发展；从手工采样—实验室分析向自动监测系统发展；从单一的监测分析技术向多种监测分析技术联用发展；从粗粒子监测向细颗粒物监测发展，并开展源解析研究；发展突发性污染事故的监测技术。

6．国家环境空气监测网的主要监测目的是什么？

答案：确定全国的环境空气质量变化趋势；确定空气污染物在全国范围内的水平；确定全国及各地方的环境空气质量是否满足环境空气质量标准的要求；为制定全国大气污染控制规划提供依据。

7．请写出空气质量指数范围以及分别对应的空气质量级别、类别和表示颜色。

答案：0～50，一级，优，绿色；

51～100，二级，良，黄色；

101～150，三级，轻度污染，橙色；

151～200，四级，中度污染，红色；

201～300，五级，重度污染，紫色；

＞300，六级，严重污染，褐红色。

8．常用的吸收瓶有哪些？并简述它们的特点和适用于采集大气中哪些污染物质？

答案：常用的吸收瓶有气泡吸收管、冲击式吸收管和多孔筛板吸收管（瓶）。

气泡吸收管可装 5～10 mL 吸收液，采样流量为 0.5～2.0 L/min，适用于采集气态和蒸气态物质。对于气溶胶态物质，因不能像气态分子那样快速扩散到气液界面上，故吸收效率差。

冲击式吸收管有小型（装 5～10 mL 吸收液，采样流量为 3.0 L/min）和大型（装 50～100 mL 吸收液，采样流量为 30 L/min）两种规格，适宜采集气溶胶态物质。因为该吸收管的进气管喷嘴孔径小，距瓶底又很近，当被采气样快速从喷嘴喷出冲向管底时，则气溶胶颗粒因惯性作用冲击到管底被分散，从而易被吸收液吸收。冲击式吸收管不适合采集气态和蒸气态物质，因为气体分子的惯性小，在快速抽气情况下，容易随空气一起跑掉。

多孔筛板吸收管（瓶）可装 5～10 mL 吸收液，采样流量为 0.1～1.0 L/min。吸收瓶有小型（装

10～30 mL 吸收液，采样流量为 0.5～2.0 L/min）和大型（装 50～100 mL 吸收液，采样流量 30 L/min）两种。气样通过吸收管（瓶）的筛板后，被分散成很小的气泡，且阻留时间长，大大增加了气液接触面积，从而提高了吸收效果。它们除适合采集气态和蒸气态物质外，也能采集气溶胶态物质。

9．简述恶臭样品的保存与运输注意事项。

答案：

（1）样品采集后应对样品进行密封，环境样品与污染源样品在运输和保存过程中应分隔放置，并防止异味污染。

（2）真空瓶存放的样品应有相应的包装箱，防止光照和碰撞，气袋样品应避光保存。

（3）所有的样品均应在 17～25℃条件下进行保存。

（4）进行臭气浓度分析的样品应在采样后 24 h 内测定。

10．对新购置的用于恶臭采样的真空瓶应如何检漏？

答案：对新购置的真空瓶或新配置的胶塞，应进行漏气检查。用带有真空表的胶塞塞紧真空瓶的大口端，抽气减压到绝对压力 1.33 kPa 以下，放置 1 h 后，如果瓶内绝对压力不超过 2.66 kPa，则视为不漏气。

11．用于环境空气中非甲烷总烃采样重复使用的气袋，均须在采样前进行检查，其检查方法是什么？

答案：采样容器采样前应使用除烃空气清洗，然后进行检查。每 20 个或每批次（少于 20 个）应至少取 1 个注入除烃空气，室温下放置不少于实际样品保存时间后，按样品测定步骤分析，总烃测定结果应低于方法检出限。

12．吸附管采集环境空气中挥发性有机物时，如何采集现场空白样品？

答案：将吸附管运输到采样现场，打开密封帽或从专用套管中取出，立即密封吸附管两端或放入专用的套管内，外面包裹一层铝箔纸。同已采集样品的吸附管同存放并带回实验室分析。每次采集样品，都应至少带 1 个现场空白样品。

六、计算题

1．采用重量法测定某采样点中的 TSP 时，用中流量采样器进行采样，采样温度 25℃，大气压 101.3 kPa，采样流量 0.12 m^3/min，采样时间 2 h，T_3、p_3 与采样器现场校准时的 T_2、p_2 相近，空白滤膜质量 282.6 mg，样品滤膜质量 282.9 mg，求大气中 TSP 的含量。

答案：《环境空气质量标准》（GB 3095—2012）修改单规定："颗粒物（粒径小于等于 10 μm）、颗粒物（粒径小于等于 2.5 μm）、总悬浮颗粒物及其组分铅、苯并[a]芘等浓度为监测时大气温度和压力下的浓度"，因此：

TSP=（282.9−282.6）/（0.12×2×60）=0.021（mg/m^3）

2．空气采样时，现场气温为 28℃，大气压力为 95.3 kPa，实际采样体积为 450 L。计算参比状态下的采样体积是多少？（在此不考虑采样器的阻力）

答案：$V_0=\dfrac{450\times(273+25)\times95.3}{(273+28)\times101.325}=419$（L）

3．某监测点用内装 10.00 mL 吸收液的多孔玻板吸收管以 0.5 L/min 流量采集空气中 SO_2 60 min。

用甲醛吸收-盐酸副玫瑰苯胺分光光度法测得样品溶液吸光度为 0.234，试剂空白溶液的吸光度为 0.045；校准曲线回归方程的斜率为 0.043，截距为 5.21×10^{-3}；环境温度和气压分别为 30℃和 101.4 kPa。请计算大气中 SO_2 的浓度。

答案：参比状态下的采样体积：$V_r = 0.5\times60\times\frac{273+25}{273+30}\times\frac{101.4}{101.325} = 29.5$（L）

$$C(SO_2) = \frac{(A-A_0-a)}{V_r\cdot b}\times\frac{V_t}{V_a} = \frac{(0.234-0.045-5.21\times10^{-3})}{29.5\times0.043} = 0.145\ (\text{mg/m}^3)$$

4．测定环境空气中的铅，已知实际样品的采样体积为 50 m^3，采样时气温为 20℃，大气压力为 101.5 kPa，滤膜直径为 9 cm（空白样和实际样相同），测定时取半张滤膜浸取消解，空白样和实际样经消解后定容至 50 mL，样品稀释 5 倍测定，空白样的铅浓度为 0.2 μg/mL，实际样的铅的浓度为 12.3 μg/mL，求由该样品测得的环境空气中的铅浓度（mg/m^3）。

答案：样品绝对铅含量 W=（12.3−0.2）×50×5×2=6 050 μg=6.05（mg）

环境空气中铅的浓度 $C=W/V_a$=6.05/50=0.121（mg/m^3）

由该样品测得的环境空气中铅浓度为 0.121 mg/m^3。

［注：这里的体积应按照《环境空气　铅的测定　火焰原子吸收分光光度法》（GB/T 15264—1994）修改单规定的实际体积计算，不可折算标态体积］

5．某采样点测定环境空气中的二氧化氮和 PM_{10}，用装有 10 mL 吸收液的筛板吸收管采集二氧化氮，采样流量为 0.5 L/min，PM_{10} 的采样流量为 100 L/min，采样时间均为 1 h，采样点温度为 15℃，大气压为 100 kPa。实验室分析结果表明，吸收液中二氧化氮的含量为 1.98 μg，滤膜增重为 0.000 65 g，请计算环境空气中二氧化氮和 PM_{10} 的浓度。

答案：二氧化氮参比体积为 $V_r = \frac{P\times V\times298.15}{(273+t)\times101.325} = \frac{100\times0.5\times60\times298.15}{(273+15)\times101.325} = 30.65$（L）

二氧化氮的浓度 $\rho = \frac{m}{V_r} = \frac{1.98}{30.65} = 0.065$（$mg/m^3$）

PM_{10} 的采样体积 $V = 100\times60 = 6\,000$（L）

PM_{10} 的浓度 $\rho = \frac{m\times10^6}{V} = \frac{0.000\,65\times10^6}{6\,000} = 0.108$（$mg/m^3$）

6．测定的环境空气中 SO_2 的标准曲线如下表所示：

管号	0	1	2	3	4	5	6	7
SO_2 标准溶液（2 μg/mL）/mL	0	0.60	1.00	1.40	1.60	1.80	2.20	2.70
四氯汞钾吸收溶液/mL	5.00	4.40	4.00	3.40	3.40	3.20	2.80	2.30
吸光度 A	0.008	0.153	0.251	0.358	0.398	0.446	0.528	0.666

用校正吸光度 A 校对二氧化硫含量（μg）绘制标准曲线的一元线性回归方程为

$A_{校}=0.120\,8\,m_{SO_2}+0.002$

式中：$A_{校}$ 为校正吸光度；m_{SO_2} 为 5.0 mL 标准溶液中二氧化硫的质量（μg）。

采样现场 T=15℃，p=1 010.20 hPa，采样体积为 15 L。采样管中加入 5 mL 四氯汞钾吸收液，采样结束后全部移入具塞比色管中，定容到 5 mL，按照标准曲线的绘制方法，加入各试剂，显色后测得待测溶液的吸光度 A=0.382，试剂空白溶液的吸光度 A_0=0.008。求该监测点 SO_2 的浓度。

答案：

（1）吸收液中二氧化硫的质量：

$$m=\frac{(0.382-0.008-0.002)}{0.1208}=3.08\ (\mu g)$$

（2）参比状态下（298.15 K,1 013.25 hPa）的采样体积：

$$V=15\times\frac{298.15}{273+15}\times\frac{1010.20}{1013.25}=15.48\ (L)$$

（3）该监测点 SO_2 的含量：

$$SO_2=\rho(SO_2)=\frac{3.08}{15.48}=0.199(\mu g/L)=199(\mu g/m^3)\ 或0.199(mg/m^3)$$

7. 测定环境空气中二硫化碳，某监测点的环境温度为 18℃，气压为 101.1 kPa，以 0.2 L/min 流量采集空气中二硫化碳 60 min。已知测定样品溶液的吸光度为 0.164，试剂空白吸光度为 0.004，校准曲线回归方程斜率为 0.016 3，截距为 -4.06×10^{-3}。试计算该监测点标准状态下（0℃，101.325 kPa）二硫化碳的浓度（mg/m^3）。

答案： V_t = 0.2×60=12.0（L）

V_0 =（V_t×273×P）/［（273+t）×101.325］

=（12.0×273×101.1）/［（273+18）×101.325］=11.2（L）

$C_{(CS_2)}$ =［（A–A_0）–a］/（b×V_0）

=［（0.164–0.004）–（-4.06×10^{-3}）］/（0.016 3×11.2）

= 0.899（mg/m^3）

8. 用大气采样器采集无组织排放硫化氢气体，采样流量为 1.0 L/min，避光采样 60 min，现场大气压为 100.2 kPa，采样温度为 5℃。采样后于实验室进行分析，测得该样品溶液中硫化氢含量为 4.5 μg，则该样品溶液中硫化氢浓度为多少？（标准大气压 101.325 kPa）

答案： V_{nd} =（V_t×273×p）/［（273+ t ）×101.325］

=（1.0×60×273×100.2）/［（273+5）×101.325］=58.3（L）

$C_{(H_2S)}$ =W/V_{nd}=4.5/58.3=0.077（mg/m^3）

9. 若某台环境空气定电位电解法二氧化硫分析仪的量程为 0～100 ppb，测定前通入零气将仪器零点校准至 0，通入 80 ppb 的氮中二氧化硫标准气体，仪器示值为 80 ppb，测定结束后向仪器通入相同的零气和二氧化硫标准气体，仪器读数分别稳定显示为 3 ppb 和 76 ppb，请计算该仪器使用前后的零点漂移和量程漂移，并判断是否符合要求。

答案： 零点漂移$=\frac{3-0}{100}\times100\%=3\%$

量程漂移$=\frac{76-80}{100}\times100\%=-4\%$

零点漂移和量程漂移均不符合要求。

10. 使用标准累积流量计对环境空气半挥发性有机物中流量采样器进行校准，采样器显示的标况体积为 2 811.9 L，累积流量计显示的工况体积为 3 000 L，测得的计前压力为 2.12 kPa，计前温度为 300 K，环境气压为 99.205 kPa，请计算该采样器的标况体积示值误差。

答案：累积流量计标况体积$=\dfrac{3\,000\times(99.205+2.12)\times 273}{101.325\times 300}=2\,730$（L）

标况体积误差$=\dfrac{2\,811.9-2\,730}{2\,730}\times 100\%=3\%$

11．在标准状态下 1 mol 二氧化硫所占的体积约为 22.4 L，相对分子质量 64。如使用定电位电解法分析仪测得某处环境空气中二氧化硫的体积浓度为 6 ppb，现测定结果要求报送质量浓度，单位为 $\mu g/m^3$，保留 3 位有效数字，请列出换算过程及结果。

答案：SO_2质量浓度$=\dfrac{64\times 6\times 10^{-9}}{22.4}\times\dfrac{1}{10^{-9}}=17.1$（$\mu g/m^3$）

12．在标准状态下 1 mol 二氧化氮所占的体积约为 22.4 L，相对分子质量 46。如使用定电位电解法分析仪测得某处环境空气中二氧化氮的质量浓度为 16.8 $\mu g/m^3$，现测定结果要求报送体积浓度，单位为 ppm，保留 3 位有效数字，请列出换算过程及结果。

答案：NO_2体积浓度$=\dfrac{22.4\times 16.8}{46\times 10^{-9}}\times 10^{-6}=8.18\times 10^{-3}$ ppm

第二节　废气采样及现场测试

一、填空题

1．采集烟尘的常用滤筒有__________滤筒和__________滤筒。

答案：玻璃纤维，刚玉

2．烟尘测试中的预测流速法，适用于工况__________的污染源。

答案：比较稳定

3．根据《大气污染物无组织排放监测技术导则》（HJ/T 55—2000），对无组织排放废气监测时，可实行连续 1 h 采样，或者实行在 1 h 内以等时间间隔采集__________个样品计平均值。

答案：4

4．用 U 形压力计可测定固定污染源排气中的__________压和__________压。

答案：全，静

5．为了从烟道中取得有代表性的烟尘样品，必须用等速采样方法。即气体进入采样嘴的速度应与采样点烟气速度相等，其相对误差应控制在±__________%以内。

答案：10

6．按等速采样原则测定锅炉烟尘浓度时，每个测定断面采样次数不得少于__________次，每个测点连续采样时间不得少于__________min，每台锅炉测定时所采集样品累计的总采气量应不少于 1 m^3，取 3 次采样的算术均值作为管道的烟尘浓度值。

答案：3，3

7．在测定固定污染源低浓度颗粒物时，测定浓度高于 50 mg/m^3 的情况通常表述为________mg/m^3。

答案：＞50

8．用定电位电解法测定固定污染源二氧化硫时，废气中氨、硫化氢、氯化氢、氟化氢、二氧化氮等对样品测定会产生干扰，可采用________、________、气体过滤器滤除等措施减少干扰。

答案：磷酸吸收，乙酸铅棉吸附

9．用林格曼黑度图法测定烟气黑度时，观察烟气的仰视角不应________，一般情况下不宜大于 45°，应尽量避免在过于________的角度下观测。

答案：太大，陡峭

10．依据《固定污染源排气中颗粒物测定与气态污染物采样方法》（GB/T 16157—1996），烟尘采样位置应优先选择在垂直管段，应避开弯头烟道和断面急剧变化的部位，距弯头、阀门、变径管下游方向不小于________倍直径，和距上述部件上游方向不小于________倍直径处。对于气态污染物，由于混合比较均匀，其采样位置可不受上述规定限制，但应避开涡流区。

答案：6，3

11．废气采样装置的流量计和监测气态污染物的________应定期进行校准。

答案：传感器

12．有一工厂的高架烟囱，在污染源所在地风向变化不大的情况下，确定主导风向后，欲监测其排放污染物的扩散情况，应采用________布点法。

答案：扇形

13．当进入采样嘴的气流速度与测点处的烟气流速________时，才能取得有代表性的烟尘样品。这也就是________采样。

答案：相等，等速

14．进行焚烧设施监测时，要求连续运行式焚烧设施采样前应至少稳定运行________h，间歇式焚烧设施采样前应至少稳定运行________h，生产负荷应达到设计的________%（含）以上，方可采样。

答案：4，1，75

15．用化学法监测污染源中废气时，常用的溶液吸收瓶类型有________、________和________等几种。

答案：气泡吸收管，多孔波板吸收管，冲击式吸收管，玻璃筛板吸收瓶（任写 3 种即可）

16．测定烟道排放的污染物时，采样点的位置和数目主要根据烟道断面的________、________和________确定。

答案：形状，尺寸大小，流速分布均匀情况

17．用定电位电解法测定固定污染源氮氧化物时，其浓度计算结果只保留________。当浓度计算结果较高时，保留________位有效数字。

答案：整数位，3

18．利用测烟望远镜法测定烟气黑度时，连续观测时间应不少于________min。

答案：30

19．定电位电解法测定环境空气和废气中二氧化氮、二氧化硫时，仪器对氮氧化物（以 NO_2 计）、二氧化硫测定的结果，应以标准状态下的质量浓度表示，若仪器显示测量结果单位为 ppm（10^{-6}）时，则二氧化氮、二氧化硫换算为标准状态下质量浓度的换算系数分别为__________、__________。

答案：2.05，2.86

20．用气袋法采集固定污染源挥发性有机物废气时，当气袋内采样体积达到最大容积的__________左右时应停止采样。

答案：80%

21．大气污染物无组织排放监控点一般设在无组织排放源下风向__________ m 的浓度最高点，高度范围为__________ m。

答案：2～50，1.5～15

22．用定电位电解法测定废气中二氧化硫时，读数完毕后，将采样枪取出置于环境空气中，清洗传感器至仪器读数在__________ mg/m^3 以下后，才能进行第二次测试。

答案：20

23．使用定电位电解法测定固定污染源二氧化硫时，采样管加热及保温的温度最低不得低于__________℃。

答案：120

24．固定污染源排气中颗粒物监测时，固定污染源烟气含湿量的测定方法有__________、__________和__________。

答案：干湿球法，重量法，冷凝法

25．用活性炭吸附/热裂解原子吸收分光光度法测定固定污染源气态汞时，当汞浓度≤ 1 $\mu g/m^3$ 时，吸附管的穿透率应__________。

答案：≤20%

26．固定污染源颗粒物采样时，采样嘴应先__________气流方向插入管道，采样时采样嘴必须__________气流方向，采样结束，应先将采样嘴__________气流，迅速抽离管道，防止__________将尘粒倒吸。

答案：背向，正对（或对准），背向，管道负压

27．根据《恶臭污染环境监测技术规范》（HJ 905—2017），周界指恶臭排放单位的法定边界，若无法定边界，则指__________。

答案：实际边界

28．用林格曼烟气黑度图鉴定烟气黑度，不仅取决于烟气本身的黑度，同时与天空的亮度、__________和__________，烟囱的大小结构及观察照射光线的角度有关。

答案：均匀性，风速

29．依据《大气污染物综合排放标准》（GB 16297—1996）和《大气污染物无组织排放监测技术导则》（HJ/T 55—2000），按上、下风向布设参照点和监控点，以监控点和参照点差值进行评价时，可根据现场情况将监测点布设在污染源上、下风向__________m，监控点最多可布设__________个。

答案：2～50，4

30．固定污染源烟气温度的测定中，常用水银玻璃温度计、电阻温度计和__________温度计。

答案：热电偶

31．固定污染物废气监测时，将烟道分成适当数量的等面积同心环，各测点选在各环等面积中心线与呈__________的两条直径线的交点上，其中一条直径线应在__________的平面内。

答案：垂直相交，预期浓度变化最大

32．在测定固定污染源低浓度颗粒物时，相应的烟气含湿量的测定方法有__________、__________和__________。

答案：重量法，冷凝法，仪器法

33．用 S 型皮托管法测量烟道内气体压力时，测量端有方向相反的两个开口，测定时，面向气流的开口测定测得的压力为__________，背向气流的开口测得的压力为__________。

答案：全压，小于静压

34．固定污染源低浓度颗粒物采样后，每个样品称量 2 次，每次称量间隔应大于__________h，2 次称量结果间偏差应在__________mg 以内。记录称量结果，以__________作为称量结果。

答案：1，0.20，2 次称量的平均值

35．《大气污染物综合排放标准》（GB 16297—1996）中规定，新建污染源排气筒一般不得低于__________m，若确实因某种原因低于该要求时，其排放速率标准值按__________执行。

答案：15，外推法计算结果再严格 50%

36．标准林格曼黑度图全黑代表林格曼黑度__________级。

答案：5

37．油烟气监测，一次监测需至少采集__________个样品才能确保监测数据的有效性。

答案：5

38．《大气污染物无组织排放监测技术导则》（HJ/T 55—2000）规定，进行大气无组织排放监测时，应考虑大气稳定度的气象因素。大气稳定度等级的划分一般分为__________、不稳定、弱不稳定、__________、较稳定和稳定 6 个级别。

答案：强不稳定，中性

39．固定污染源排气中颗粒物等速采样的原理是将烟尘采样管由采样孔插入烟道中，采样嘴__________气流，使采样嘴的吸气速度与测点处气流速度__________，并抽取一定量的含尘气体，根据采样管上捕集到的颗粒物量和同时抽取的气体量，计算排气中颗粒物浓度。

答案：正对，相等

40．用气袋法采集固定污染源挥发性有机物废气时，应使用聚氟乙烯（PVF）等氟聚合物薄膜气袋手工采集温度低于__________℃的固定污染源废气中挥发性有机物（VOCs）的方法。

答案：150

41．测定烟气流量和采集烟尘样品时，若测试现场空间位置有限、很难满足测试要求，应选择比较适宜的管段采样，但采样断面与弯头等的距离至少是烟道直径的__________倍，并应__________。

答案：1.5，适当增加测点的数量和采样频次

42．固定污染源废气采非甲烷总烃时，采样管温度应加热并保持在__________℃。

答案： 120±5

43．排污单位自行监测中重点排污单位的主要排放口，主要监测指标监测频次为__________，其他监测指标监测频次为__________；其他排放口的监测指标监测频次为__________。

答案： 月-季度，半年-年，半年-年

44．对于固定污染源矩形或方形烟道，采样点设置时将烟道断面分成适当数量的等面积小块，原则上监测断面的测点数量不超过__________个。

答案： 20

45．若有 3 个以上的近距离排气筒，且排放__________污染物时，应以__________的等效排气筒，依次以第三、第四根排气筒取__________。

答案： 同一种，前两根，等效值

46．废气流速测量时，将皮托管插入采样孔，使用 S 型皮托管时，应使开孔平面垂直于测量断面插入。如断面上无涡流，微压计读数应在__________左右。使用标准皮托管时，在插入烟道前，切断皮托管和微压计的通路，以避免微压计中的__________被吸入连接管中，使压力测量产生错误。

答案： 零点，酒精

47．动压平衡型组合采样管由滤筒采样管和与之平行放置的 S 型皮托管构成。采样管的滤筒夹后装有孔板，用于控制等速采样流量，S 型皮托管用于测量排气流速。标定时孔板上游应维持__________ kPa 的真空度，孔板的系数和 S 型皮托管的系数相差应不超过__________%。

答案： 3，2

48．静压平衡采样装置主要由静压平衡采样管、压力偏差指示计、流量计量箱和抽气泵等部分组成，静压平衡采样管标定时，至少各标定__________点，其等速误差应不大于±__________%。

答案： 3，5

49．使用真空瓶或注射器采样时，对真空瓶漏气检查，将真空瓶与真空压力表连接，抽气减压到绝对压力为__________kPa，放置 1 h 后，如果瓶内绝对压力不超过__________kPa，则视为不漏气。

答案： 1.33，2.66

50．对于长时间连续监测，废气采样仪器应放置在空气清洁的室内或专用箱中，要便于检查和维修，当仪器放置在气温低于__________℃的环境时，应有__________措施，防止出现冷凝水或结冰。

答案： 0，加热

51．转子流量计，可用经计量部门检定，作为校准用的转子流量计，湿式气体流量计或皂膜流量计校正，最好在气温为__________℃左右的实验室内进行，校正点应不少于__________个流量值。

答案： 20，5

52．固定源废气监测中，采样位置应优先选择在__________管段，避开烟道弯头和断面急剧变化的部位；采样断面的气流速度最好在__________m/s 以上。

答案： 垂直，5

53．定电位电解法烟气测定仪，应根据仪器 ＿＿＿＿＿＿，每 3 个月至半年校准 1 次。

答案：使用频率

54．当用刚玉滤筒采样时，滤筒在空白称重前，要用细砂纸将滤筒口磨平整，以保证滤筒安装后的＿＿＿＿＿＿。

答案：气密性

55．固定源废气监测中，在湿法除尘或脱硫器出口采样，采样孔位置应避开＿＿＿＿＿＿的管段。

答案：烟气含水（雾）滴

56．废气监测采样位置应尽可能选择＿＿＿＿＿＿的管段，采样断面最大流速与最小流速之比不宜过大，以防仪器的＿＿＿＿＿＿跟不上流速的变化，影响等速采样的＿＿＿＿＿＿。

答案：气流平稳，响应，精度

57．一般情况下，无组织排放源恶臭监测点位设立在周界主导风向的下风向轴线及风向变化标准偏差±S°范围内或在有臭气方位的边界线上；±S°的计算测量方法，＿＿＿＿＿＿测量一次风向角度，连续测定＿＿＿＿＿＿次，取其平均值并计算标准偏差范围值。

答案：每分钟，10

58．在进行无组织排放源恶臭监测采样时，被测周界无条件设置监测点位时，可在＿＿＿＿＿＿设置监测点位，原则上距离周界不超过＿＿＿＿＿＿m；当排放源紧靠围墙（单位周界），且风速小于＿＿＿＿＿＿m/s 时，在该处围墙外增设监测点。

答案：周界内，10，1.0

59．有组织排放源恶臭监测采用真空瓶采样系统时，如采集排放源是强酸或强碱气体时，应使用洗涤瓶。取 100 mL 的洗涤瓶，内装洗涤液，强酸性待测气体用 5 mol/L ＿＿＿＿＿＿溶液洗涤，强碱性待测气体用 3 mol/L＿＿＿＿＿＿溶液洗涤。

答案：氢氧化钠，硫酸

60．臭气浓度监测结果处理规则中，对数据计算中的中间参数修约至小数点后＿＿＿＿＿＿位，其余均不作中间过程修约，最终监测结果的小数位数＿＿＿＿＿＿，取整数。

答案：两，只舍不入

61．臭气浓度监测中，当有组织排放源样品浓度过高，需对样品进行预稀释，在采样前应对真空瓶进行定容，可采用＿＿＿＿＿＿对真空瓶定容，定容后的真空瓶应经＿＿＿＿＿＿处理后再抽气采样。

答案：注水计量法，除湿

62．若某排气筒的排放为间断性排放，排放时间小于 1 h，应在其排放时段内实行＿＿＿＿＿＿采样，或在排放时段内以＿＿＿＿＿＿间隔采集＿＿＿＿＿＿个样品，并计平均值。

答案：连续，等时间，2～4

63．固定污染源采样，应在选定的测定位置上开设采样孔，采样孔内径应不小于＿＿＿＿＿＿mm，采样孔管长应不大于＿＿＿＿＿＿mm，不使用时应用盖板、管堵或管帽封闭。当采样孔仅用于采集气态污染物时，其内径应不小于＿＿＿＿＿＿mm。当涉及低浓度颗粒物采样时，宜选用＿＿＿＿＿＿mm 的采样孔。

答案：80，50，40，90～120

64．固定污染源气态污染物采样中，化学法采样系统包括采样管、连接导管、__________、流量计量箱和__________等组成。

答案：吸收瓶或吸附管，抽气泵

65．固定污染源气态污染物的采样，由于气态污染物在采样断面内一般是混合均匀的，可取靠近烟道__________的一点作为采样点。

答案：中心

66．固定污染源气态污染物的采样，根据测试分析方法不同，分__________和__________法采样。

答案：化学法，仪器直接测试

67．过量空气系数是指燃料燃烧时__________与__________的比值。

答案：实际空气供给量，理论空气需要量

68．固定污染源气态污染物采样时，应保持流量恒定，波动应不大于__________。

答案：±10%

69．固定污染源气态污染物采样时，系统漏气试验中如果压力计压力在__________min 内下降不超过__________kPa，则视为不漏气。

答案：1，0.15

70．使用真空瓶或注射器采集固定污染源气态污染物时，真空瓶或者注射器与其他部件连接，应使用__________形或__________形接头连接。

答案：球，锥

71．通常情况下，固定污染源废气的采样以连续__________h 的采样获取平均值，或在 1 h 内，以等时间间隔采集__________个样品。并计算平均值。

答案：1，3～4

72．废气采样设备校准时用仪器量程中点值附近浓度的标准气校准，若仪器示值偏差不高于__________，则为合格。

答案：±5%

73．固定污染源采样时，采样位置应尽可能选择气流平稳的管段，采样断面最大流速与最小流速之比不宜大于__________倍，以防仪器的响应跟不上流速的变化，影响等速采样的精度。

答案：3

74．采集酸雾类样品时，由于__________极易黏附在采样嘴和弯管内壁，很难脱离，采样前应将采样嘴和弯管内壁清洗干净，采样后用少量乙醇冲洗采样嘴和弯管内壁，合并在__________中，尽量减少__________损失，保证采样的准确性。

答案：雾滴，样品，样品

75．用定电位电解法烟气分析仪进行烟气监测，仪器应一次开机直至测试完全结束，中途不能关机重新启动以免仪器__________变化，影响测试准确性。

答案：零点

76．低浓度颗粒物样品采集时应保证每个样品的增重不小于__________mg，或采样体积不小于__________m^3。

答案：1，1

77. 颗粒物采样结束后从烟道中取出采样管，用__________将滤筒取出放入专用的容器中保存；低浓度颗粒物采样结束后，取下采样头，用聚四氟乙烯材质堵套塞住__________，将采样头放入防静电的盒或__________内，再放入样品箱中。

答案：镊子，采样嘴，密封袋

78. 气袋法采集固定污染源中挥发性有机物时样品采集应优先使用__________。如需重复使用采样气袋，必须在采样前进行__________。

答案：新气袋，空白实验

79. 气袋法采集固定污染源中挥发性有机物时是使用__________、抽气泵等设备将经固定污染源排气筒排放的废气直接采集并保存到化学惰性优良的__________薄膜气袋中。

答案：真空箱，氟聚合物

80. 固定污染源现场监测仪器设备应备有专门的使用维护记录，记录内容要全面，应包含仪器设备名称、型号、编号、检定、校准、使用、__________等相关信息。

答案：维护

81. 某企业废气排气筒监测平台分别离地面、采样孔、排气筒出口距离分别为 13 m、1.2 m、25 m，则该排气筒高度为__________m。

答案：38

82. 固定污染源废气颗粒物监测时，采样人员错将 8 mm 采样嘴当作 10 mm 采样嘴使用，则颗粒物测量结果比真实值__________。

答案：偏小

83. 在烟气测试中，采样时间视待测污染物浓度而定，正式采样前令排气通过旁路吸收瓶，采样__________min，将吸收瓶前管路内的空气置换干净，每个样品采样时间一般不少于__________min。

答案：5，10

84. 烟羽是指在污染源的有组织排放中，从__________如烟囱或排气口排出的气流（通常是可见的）。

答案：特定出口

85. 林格曼望远镜法观测烟羽时，肉眼通过目镜看到的林格曼烟气黑度图呈__________。

答案：均匀灰度

86. 观测烟羽的部位应选择在__________烟气黑度__________的地方。

答案：烟囱出口，最大

87. __________是评价烟气黑度的一种数值，通过__________的烟气黑度与林格曼烟气黑度图对比得到。

答案：林格曼黑度级数，肉眼观测

88. 在固定污染源废气的监测时，使用林格曼望远镜观测烟气黑度，一般情况下每__________min观测__________次，每__________s 观测__________次。

答案：1，4，15，1

二、单选题

1．在测定固定污染源低浓度颗粒物时，采样过程中采样断面最大流速和最小流速比不应大于__________。（　　）

A．1∶1　　B．2∶1　　C．3∶1　　D．4∶1

答案：C

2．已知某固定污染源废气中 NO 的浓度为 76 ppm，NO_2 浓度为 6 ppm，则标准状况下的 NO_x 浓度为__________ mg/m^3。（　　）

A．122.3　　B．122　　C．168.1　　D．168

答案：D

3．有组织排放污染源的测定，采样位置应优先选择在__________管段。（　　）

A．变径　　B．弯曲　　C．垂直　　D．平直

答案：C

4．固定污染源低浓度颗粒物监测要求在每次测量系列过程中采集一个全程序空白样品，全程序空白样品的增重除以对应测量系列的平均体积，不应超过排放限值的__________%。（　　）

A．5　　B．10　　C．15　　D．20

答案：B

5．用定电位电解法测定固定污染源废气中 SO_2 时，规定至少取__________min 均值作为一次测量值。（　　）

A．1　　B．5　　C．10　　D．15

答案：B

6．开展污染源废气无组织排放监测时，参照点和监控点距离无组织排放源最近不能小于__________m。（　　）

A．1　　B．2　　C．10　　D．无特殊要求

答案：B

7．固定污染源颗粒物监测时，采样嘴的选取应在测定__________后进行。（　　）

A．含湿量　　B．烟温　　C．压力　　D．以上都对

答案：D

8．水泥厂向大气排出的主要污染物是__________。（　　）

A．烟尘　　B．烟尘、氧化镁等　　C．水泥尘　　D．水泥尘、烟尘

答案：D

9．采集烟道气中的尘粒时，若采气速度大于烟气速度，则测定结果__________。（　　）

A．偏高　　B．偏低　　C．不变

答案：B

10．《大气污染物综合排放标准》（GB 16297—1996）规定的最高允许排放浓度是指__________。（　　）

A．任何一次瞬时浓度　　B．任何 1 h 浓度平均值

C．8 h 浓度平均值　　　　　　D．24 h 浓度平均值

答案：B

11．污染源排气筒高度是指__________。（　　）

A．从海平面至排气筒出口处的高度

B．从排气筒底部至排气筒出口处的高度

C．排气筒高于附近建筑物的高度

D．排气筒所在的地平面至排气筒出口处的高度

答案：D

12．林格曼黑度 4 级的确定原则是 30 min 内出现 4 级及以上林格曼黑度的累计时间超过__________min 时，烟气的黑度按 4 级计。（　　）

A．1　　B．2　　C．3　　D．4

答案：B

13．用重量法测定固定污染源排气中沥青烟时，当沥青烟气温度大于等于__________℃时，应启用冷却装置，当沥青烟气温度低于该温度时不用冷却装置。调节冷却水流速度使沥青烟气进入滤筒夹时不低于 40℃。（　　）

A．150　　B．170　　C．190　　D．200

答案：A

14．三点比较式臭袋法测定恶臭过程中，在采样瓶真空处理时，需要用真空排气处理系统将采样瓶排气至瓶内压力接近负__________Pa。（　　）

A．0.5×10^5　　B．0.6×10^5　　C．0.8×10^5　　D．1.0×10^5

答案：D

15．废气颗粒物的采样常用玻璃纤维滤筒，但玻璃纤维滤筒在高温下易失重，因而其适用温度为__________℃以下。（　　）

A．500　　B．600　　C．700　　D．800

答案：A

16．用高效液相色谱法测定固定污染源气相和颗粒物中的多环芳烃时，__________环以上的多环芳烃主要存在于颗粒物上，可用玻璃（或石英）纤维滤膜/滤筒采集。（　　）

A．3　　B．4　　C．5　　D．6

答案：C

17．饮食业油烟监测时，5 次采样分析结果，其中任何一个数据与最大值比较，若该数据小于最大值的__________，则该数据为无效值，数据经过取舍后，最少有__________个数据参与平均值计算。（　　）

A．1/2，5　　B．1/3，4　　C．1/4，4　　D．1/4，3

答案：D

18．定电位电解法测定废气，进入定电位电解法传感器的废气温度不高于__________℃。（　　）

A．30　　B．40　　C．50　　D．45

答案：B

19．下列方法中，不是《固定源废气监测技术规范》（HJ/T 397—2007）规定的排气中水分含量测定方法的是__________。（ ）

A．干湿球法 B．化学法 C．冷凝法 D．重量法

答案：B

20．定电位电解法一氧化碳测定仪性能指标，示值误差要求不超过__________%，标准气体浓度值＜100 μmol/mol 时，不超过__________μmol/mol。（ ）

A．±3，±5 B．±5，±5 C．±10，±5 D．±5，±10

答案：B

21．定电位电解法测定废气，样品测定结果应处于仪器校准量程的__________%，否则应重新选择校准量程；若样品测定结果不大于测定下限，则无须重新选择校准量程。（ ）

A．10～90 B．20～80 C．10～100 D．20～100

答案：D

22．用测烟望远镜法测定烟气黑度时，一般测定值可分为__________级。（ ）

A．1～6 B．0～5 C．0～6 D．1～5

答案：B

23．某类混合污染物，在一定烟气温度下，有些以颗粒物，有些以气态污染物形式存在。采样前应根据污染物状态确定采样方法。若被测污染物系颗粒物，则按__________方法采样。（ ）

A．等速采样 B．不等速采样 C．气态污染物采样 D．任意

答案：A

24．根据《固定污染源监测质量保证与质量控制技术规范（试行）》（HJ/T 373—2007），烟气在线监测系统比对监测质量保证和质量控制技术要求，每次手工监测和在线监测比对监测数据，气态污染物不少于__________对，颗粒物、流速、烟温等样品不少于__________对。（ ）

A．5，3 B．5，4 C．3，5 D．6，3

答案：D

25．有组织排放源的采样点位，用真空瓶采集恶臭气体样品时，采样位置应选择在排气压力为__________的点位处。（ ）

A．负压 B．正压，高温高湿

C．正压或常压 D．以上全是

答案：C

26．《大气污染物综合排放标准》（GB 16297—1996）中规定的大气污染物排放限值不包括__________。（ ）

A．最高允许排放浓度 B．最高允许排放速率

C．最高允许排气量 D．无组织排放监控浓度

答案：C

27．使用吸收瓶或吸附管采集气态污染物时，吸收或吸附装置应尽可能靠近采样管出口，并采用多级吸收或吸附，当末级吸收或吸附检测结果大于吸收或吸附总量的__________%时，应重新设定采样参数进行监测。（ ）

A．5　　B．10　　C．15　　D．20

答案：B

28．根据《固定污染源监测质量保证与质量控制技术规范（试行）》（HJ/T 373—2007），当采用固定流量进行颗粒物采样时，如果采样前后流速变化超过__________%时，应重新采样。（　　）

A．±5　　B．±10　　C．±15　　D．±20

答案：D

29．根据《固定源废气监测技术规范》（HJ/T 397—2007）测定固定源废气中颗粒物进行滤筒处理和称重时，用铅笔将滤筒编号，在 105～110℃下烘烤__________h，取出放入干燥器中，在恒温恒湿的天平室中冷却至室温，用感量__________mg 天平称量，两次称量重量之差不超过__________mg。（　　）

A．0.5，0.1，1　　B．0.5，0.2，1　　C．1，0.1，0.3　　D．1，0.1，0.5

答案：D

30．用气相色谱法测定固定污染源总烃、甲烷和非甲烷总烃时，运输空白是指将注入__________的采样容器带至采样现场，与同批次采集的样品一起送回实验室分析。（　　）

A．总烃　　B．氮气　　C．甲烷　　D．除烃空气

答案：D

31．在测定固定污染源低浓度颗粒物时，将采样后的采样头运回实验室后，用蘸有__________的石英棉对采样头外表面进行擦拭清洗。（　　）

A．酒精　　B．丙酮　　C．纯水　　D．四氯化碳

答案：B

32．测定某化工厂无组织排放氯气，按规定在污染源单位周界外设 4 个监控点，4 个监控点监测结果分别为 0.5 mg/m^3、0.4 mg/m^3、0.4 mg/m^3、0.3 mg/m^3（上风向氯气浓度 0.1 mg/m^3），则无组织排放监控浓度值为__________。（　　）

A．0.3 mg/m^3　　B．0.4 mg/m^3　　C．0.5 mg/m^3　　D．无法计算

答案：C

33．固定污染源废气低浓度颗粒物的采样孔不得小于__________mm。（　　）

A．60　　B．80　　C．100　　D．120

答案：B

34．定电位电解法测定污染源废气二氧化硫，对于一次测量值，应获得不少于__________个有效二氧化硫浓度分钟数据。（　　）

A．3　　B．10　　C．6　　D．5

答案：D

35．在固定污染源废气监测中，当滤筒在 400℃以上高温排气中使用时，应预先在__________℃高温箱中烘烤__________h，然后放入干燥器中冷却至室温，用感量__________mg 天平称量，两次称量重量之差应不超过__________mg。（　　）

A．105～110，1，0.1，0.2　　B．105～110，1，0.01，0.5

C．400，1，0.01，0.2　　D．400，1，0.1，0.5

答案：D

36．根据《大气污染物无组织排放监测技术导则》（HJ/T 55—2000）的规定，一般情况下在单位周界外设置监控点，当围墙的通透性不好时，可紧靠围墙设监控点，但把采气口抬高至高出围墙__________cm处。（　　）

A．30　　B．20～30　　C．50　　D．30～50

答案：B

37．平均风速大于__________m/s时，很有利于污染物的稀释扩散，不适宜进行大气污染物无组织排放监测。（　　）

A．3　　B．4.5　　C．5　　D．8

答案：B

38．固定污染源排气中二氧化硫的碘量法测定中，为防止二氧化硫被冷凝水吸收，而使测定结果偏低，采样时采样管应加热至__________℃。（　　）

A．190　　B．150　　C．120　　D．100

答案：C

39．以下__________溶液中的沉淀不可用滤纸进行过滤。（　　）

A．中性　　B．弱酸性　　C．弱碱性　　D．强氧化性

答案：D

40．废气监测测量动压时，在各测点使皮托管的全压测孔正对着气流方向，其偏差不得超过__________°。（　　）

A．3　　B．5　　C．10　　D．15

答案：C

41．废气监测中，除硫干燥器由气体洗涤瓶（内装3%__________600～800 mL）和干燥器串联组成。（　　）

A．双氧水　　B．氢氧化钠　　C．碳酸氢钠　　D．碳酸氢钾

答案：A

42．对水分干扰测定的监测仪器，应采用冷冻液或其他型式冷却装置进行除湿，冷冻温度应使气样中水分不结冰，也可使用干燥剂或其他方式除湿；除湿装置的设计、选定应使除湿后气体中污染物的损失不大于__________%。（　　）

A．3　　B．5　　C．8　　D．10

答案：B

43．用于废气采样的多孔筛板吸收瓶，鼓泡要均匀，在流量为0.5 L/min时，其阻力应在__________kPa。（　　）

A．5±0.7　　B．4±0.7　　C．6±0.7　　D．3±0.7

答案：A

44．定电位电解法烟气测定仪，在使用频率较高的情况下，应增加校准次数，用仪器量程中点值附近浓度的标准气校准，若仪器示值误差不高于±__________%，则为合格。（　　）

A．3　　B．5　　C．10　　D．2

答案：B

45．在采集硫酸雾、铬酸雾等样品时，由于雾滴极易黏附在采样嘴和弯管内壁，且很难脱离，采样前应将采样嘴和弯管内壁清洗干净，采样后用少量__________冲洗，合并在样品中，尽量减少样品损失，保证采样的准确性。（　　）

A．四氯化碳　　B．四氯乙烯　　C．氢氧化钠　　D．乙醇

答案：D

46．当有组织排放源恶臭样品浓度过高时，可对样品进行预稀释。无论是真空瓶采集还是气袋采集的样品，在进行预稀释处理前都需要放入实验室静置__________达到温度平衡。（　　）

A．10 分钟　　B．半小时　　C．1 h　　D．2 h

答案：B

47．真空瓶存放的臭气浓度样品应有相应的包装箱，防止光照和碰撞，气袋样品需要避光保存，所有样品均应在__________℃条件下进行保存。（　　）

A．17～20　　B．20～25　　C．25～30　　D．17～25

答案：D

48．对于火葬场大气污染物排放管理，产生大气污染物的生产工艺和装置必须设立局部或整体气体收集系统和集中净化处理装置。对新建单位专用设备（含火化间）的排气筒高度不应低于__________m。（　　）

A．8　　B．10　　C．12　　D．15

答案：C

49．生活垃圾焚烧厂应设置焚烧炉运行工况在线监测装置，监测结果应采用电子显示板进行公示，并与当地生态环境行政主管部门和行业主管部门监控中心联网。焚烧炉运行工况在线监测指标应至少包括烟气中__________浓度和炉膛内焚烧温度。（　　）

A．一氧化碳　　B．二氧化碳　　C．二氧化硫　　D．氮氧化物

答案：A

50．在铅、锌工业污染物排放标准中，铅、锌冶炼炉窑规定过量空气系数为__________，实测的铅、锌冶炼炉窑的污染物排放浓度，应换算为基准过量空气系数排放浓度。（　　）

A．1.4　　B．1.1　　C．1.7　　D．1.9

答案：C

51．在石油化学工业污染物排放标准中，焚烧类有机废气排放口、工艺加热炉的实测大气污染物排放浓度，须换算成基准含氧量为__________%的大气污染物基准排放浓度，并与排放限值比较判定排放是否达标。（　　）

A．5　　B．8　　C．11　　D．3

答案：D

52．固定污染源监测中，采样人员应定期抽检采样瓶并记录，质控人员随机核查。每批已清洗的采样瓶抽取__________%，检测其待测项目（不包括溶解氧、生化需氧量、细菌等特殊项目）是否检出。（　　）

A．2　　B．3　　C．5　　D．8

答案：B

53．标准气体配制方法分为静态配气法和动态配气法，__________属于动态配气法。（　　）

A．注射器配气法　　B．高压钢瓶配气法　　C．毛细管扩散法　　D．塑料袋配气法

答案：C

54．环境测试场所应根据需要配备__________，并定期检查其有效性。现场测试或采样场所应有__________。（　　）

A．安全报警装备或设施，作业标识　　B．安全报警装备或设施，安全警示标识

C．安全防护装备或设施，作业标识　　D．安全防护装备或设施，安全警示标识

答案：D

55．依照法律规定实行排污许可管理的企业事业单位和排污单位，应当依照《排污许可管理条例》规定申请取得排污许可证。__________负责全国排污许可的统一监督管理。（　　）

A．设区的市级以上地方人民政府　　B．国家人民政府

C．国务院生态环境主管部门　　D．国家生态环境监测部门

答案：C

56．依照法律规定实行排污许可管理的企业事业单位和排污单位，应当依照《排污许可管理条例》规定申请取得排污许可证。排污许可证有效期为__________年。（　　）

A．2　　B．3　　C．5　　D．8

答案：C

57．排污单位取得排污许可证后，排污单位变更名称、住所、法定代表人或者主要负责人的，应当自变更之日起__________日内，向审批部门申请办理排污许可证变更手续。（　　）

A．15　　B．20　　C．25　　D．30

答案：D

58．排污单位应当按照排污许可证规定和有关标准规范，依法开展自行监测，并保存原始记录。原始监测记录保存期限不得少于__________年。（　　）

A．5　　B．15　　C．20　　D．25

答案：A

59．《排污许可管理条例》的施行日期是__________。（　　）

A．2021年1月1日　B．2021年3月1日　C．2022年1月1日　D．2021年12月31日

答案：B

60．排污单位有两个以上生产经营场所排放污染物的，应当按照生产经营场所__________取得排污许可证。（　　）

A．合并申请　　B．分别申请　　C．加和申请

答案：B

61．__________不属于吸收法净化气态污染物的主要设备。（　　）

A．表面吸收器　　B．鼓泡式吸收器　　C．喷淋式吸收器　　D．混合池

答案：D

62．按除尘器效率的高低进行划分，__________是低效除尘器。（　　）

A．电除尘器　B．袋式除尘器　C．文丘里除尘器　D．重力沉降室

答案：D

63．排气中颗粒物的测定，采样后的滤筒放入105℃烘箱中烤1 h，取出置于干燥器中，冷却至室温，用感量__________mg天平称量至恒重。采样前后滤筒重量之差，即采取的颗粒量。（　　）

A．0.01　B．0.05　C．0.1　D．0.5

答案：C

64．使用吸收瓶或吸附管采样系统进行气态污染物采样，视待测污染物浓度而定，但每个样品采样时间一般不少于__________ min。（　　）

A．3　B．5　C．8　D．10

答案：D

65．玻璃纤维滤筒由玻璃纤维制成，有直径32 mm和25 mm两种，适用温度为__________℃以下。（　　）

A．500　B．700　C．900　D．1 000

答案：A

66．用定电位电解法测定固定污染源二氧化硫时，需同时测定一氧化碳浓度，通常一氧化碳浓度不应超过__________μmol/mol。（　　）

A．50　B．60　C．70　D．80

答案：A

67．使用真空瓶或注射器采集固定污染源废气时，在采样前，需打开抽气泵通过旁路抽气约__________min，将吸收瓶前管路内空气置换干净。（　　）

A．1　B．2　C．3　D．5

答案：D

68．固定污染源监测，在矩形烟道内采集烟尘，若管道断面面积小于__________m^2或在圆形烟道内采集烟尘，若管道直径小于__________m，且流速分布比较均匀、对称并符合断面布设的技术要求时，均可取断面中心点作为测点。（　　）

A．0.1，0.3　B．1，0.3　C．0.1，1　D．1，0.3

答案：A

69．通常情况下，固定污染源采样断面的气流速度最好在__________m/s以上。（　　）

A．1　B．2　C．3　D．5

答案：D

70．用便携式烟气分析仪对烟气二氧化硫、氮氧化物等测试，应选择抗负压能力__________烟道负压的仪器，否则会使仪器采样流量减小，测试浓度值将偏低，甚至测不出来。（　　）

A．大于　B．小于　C．等于

答案：A

71．采用《固定污染源排气中颗粒物测定与气态污染物采样方法》（GB/T 16157—1996）及修改单测定颗粒物，当浓度小于等于20 mg/m^3时，测定结果应表述为__________。（　　）

A．<20 mg/m^3　B．≤20 mg/m^3　C．ND　D．未检出

答案：A

72．某污染源废气排气筒排放为间歇性排放，排放时间小于 1 h，应在排放时间段内实施连续采样，或在排放时间段内实施等间隔采集__________个样品，计算平均值。（　　）

A．2～3　　B．2～4　　C．3～5　　D．5

答案：B

73．颗粒物（包括低浓度颗粒物）监测中规定采样嘴入口角度应不大于__________。（　　）

A．45°　　B．60°　　C．75°　　D．90°

答案：A

74．当进行低浓度颗粒物的测定时，当烟气中水分将影响采样正常进行时，应开启采样管上采样头固定装置的加热功能。加热应保证采样顺利进行，温度不应超过__________℃。（　　）

A．110　　B．120　　C．130　　D．140

答案：A

75．采用气袋法采集固定源废气中挥发性有机物，采样容积至少__________L，根据分析方法所需的最少样品体积来选择采样气袋的容积规格。（　　）

A．1　　B．2　　C．3　　D．4

答案：A

76．采用气袋法采集固定源废气中挥发性有机物，样品的加热装置需能够将气袋样品加热达到__________。（　　）

A．45℃（±5℃）　　B．60℃（±5℃）　　C．90℃（±5℃）　　D．120℃（±5℃）

答案：D

77. 采用气袋法采集固定源挥发性有机物时，抽气泵流量的最低要求是__________L/min。（　　）

A．0.1～1　　B．1～10　　C．10～30　　D．30～50

答案：A

78. 采用气袋采样系统采集的挥发性有机物气袋样品须及时进行分析，一般在采样后__________h以内进行分析。（　　）

A．8　　B．12　　C．24　　D．72

答案：A

79．固定污染源废气中挥发性有机物，采用气袋采样系统采样，玻璃棉过滤头应加装在采样管__________，过滤排气中的颗粒物。（　　）

A．前端　　B．中间　　C．末端　　D．随意位置均可

答案：A

80．采集固定污染源废气挥发性有机物时，采样前，需将气袋清洗__________次，使样品气体老化气袋内表面，降低气袋内表面吸附导致的样品损失干扰。（　　）

A．1　　B．2　　C．3　　D．4

答案：C

81．测定烟气黑度时，雨雪天、雾天及风速大于__________m/s 时不应进行观察。（　　）

A．2　　B．2.5　　C．4　　D．4.5

答案：D

82．测定烟气黑度时，除在观测过程中出现 5 级林格曼黑度时，烟气黑度按 5 级计，不必继续观测外，其他情况都必须连续观测__________分钟。（　　）

A．10　　B．20　　C．30　　D．60

答案：C

83．大气无组织监测时，非甲烷总烃的监控点位应设置在单位周界外__________m 范围内的浓度最高点。（　　）

A．2～50　　B．10～50　　C．10　　D．50

答案：C

84．某危险废物处置企业有 4 台危险废物焚烧炉，其应设置烟气净化装置__________套。（　　）

A．1　　B．2　　C．3　　D．4

答案：D

85．废气污染物监测时，若排气筒 1 的氮氧化物排放速率为 18 kg/h，排气筒 2 的氮氧化物排放速率为 22 kg/h，其等效排气筒氮氧化物的排放速率为__________kg/h。（　　）

A．4　　B．20　　C．40　　D．396

答案：C

86．某企业原有一火力发电锅炉及燃气轮机组，生态环境行政主管部门批复烟尘的排放限制为 30 mg/m^3，后增加一火力发电锅炉及燃气轮机组，生态环境行政主管部门批复烟尘的排放限制为 20 mg/m^3，二套机组采用混合式排放烟气，该企业的烟尘应执行的排放限制为__________mg/m^3。（　　）

A．30　　B．20　　C．50　　D．10

答案：B

87．《锅炉大气污染源排放标准》（GB 13271—2014）规定了锅炉烟气中污染物最高允许排放的浓度限制，其污染物不包括__________。（　　）

A．颗粒物　　B．汞及其化合物　　C．氟化物　　D．烟气黑度

答案：C

88．危险废物处置企业的单套焚烧设施因启炉、停炉、故障及事故排放污染物的持续时间，每个自然年度累计不应超过__________h。（　　）

A．24　　B．48　　C．60　　D．72

答案：C

89．标准状态下，已知干废气中 NO 浓度为 118 mg/m^3，NO_2 浓度为 20 mg/m^3，计算以 NO_2 计的 NO_x 质量浓度结果是__________mg/m^3。（　　）

A．212　　B．201　　C．283　　D．262

答案：B

90．现有二氧化硫标准气体浓度值 100 μmol/mol，对应的质量浓度为__________。

A．100 ppb　　B．100 ppm　　C．286 mg/m^3　　D．286 $\mu g/m^3$

答案：C

91．对某采用燃气轮机组的火电厂开展汞及其化合物排放浓度监测时，基准氧含量应按__________执行。（　　）

A．3　　B．6　　C．9　　D．15

答案：D

92．对某餐饮企业进行饮食油烟排放监测，5 次采样分析结果分别为 2.0 mg/m^3、1.8 mg/m^3、0.5 mg/m^3、0.4 mg/m^3、1.3 mg/m^3，则该企业油烟排放监测结果为__________mg/m^3。（　　）

A．1.7　　B．1.2　　C．1.4　　D．无效

答案：C

93．现行固定污染源废气污染物排放浓度以__________表示。（　　）

A．实际状况下干排气量的质量体积比浓度　　B．标准状况下湿排气量的质量体积比浓度

C．标准状况下干排气量的质量体积比浓度　　D．实际状况下湿排气量的质量体积比浓度

答案：C

94．对某城镇污水处理厂开展厂界废气监测，甲烷监测点设于__________浓度最高点。（　　）

A．厂界　　B．防护带边缘　　C．厂界外 10 m 处　　D．厂区内

答案：D

95．用林格曼望远镜法观测烟羽时，观测中出现__________级林格曼黑度时，停止观测，烟气黑度直接按该级计。（　　）

A．1　　B．2　　C．3　　D．4　　E．5

答案：E

96．用林格曼望远镜法观测烟羽时，分别统计每一黑度级别出现的累计次数和时间，烟气黑度按 30 min 内出现累计超过__________的最大林格曼黑度级计。（　　）

A．2 次　　B．2 min　　C．3 次　　D．3 min

答案：B

97．用林格曼望远镜法观测烟羽时，观测者视线宜尽量与烟羽飘动的方向垂直，如在较强太阳光照射下观测，光线不应来自观测者前方，太阳位置宜在观测者后方__________角范围内。（　　）

A．90°　　B．120°　　C．140°　　D．160°

答案：C

98．用林格曼望远镜法观测烟羽时，观测者与烟囱的距离一般在__________m 为宜，应确保清晰观察到烟气的排放情况。（　　）

A．30～1 000　　B．50～1 000　　C．30～800　　D．50～800

答案：A

99．用林格曼望远镜法观测烟羽时，观测步骤错误的是__________。（　　）

A．选定适宜的观测位置，将林格曼望远镜的镜头，对准烟囱出口被测烟羽后方天空空白位置，调节目镜焦距，使分划板上的林格曼黑度图每个方块呈现均匀的灰度，观察到的烟羽在林格曼黑度图侧方清晰成像

B．将通过林格曼望远镜观察到的烟气与望远镜林格曼黑度图进行比较，确定烟气的林格曼黑度级数

C．如烟气黑度处于 2 个林格曼黑度级数之间，可估读 0.5 林格曼黑度级数

D．观测中出现 5 级林格曼黑度时，停止观测，做好记录

E．观测结果≥1 级林格曼黑度时，可采用拍照或录视频等手段记录观测过程

答案：A

三、多选题

1．企业向大气排放污染物的，其污染物排放浓度不得超过__________的排放标准。（　　）

A．国家　　B．排污申报　　C．地方规定

答案：AC

2．为了防止采集的气体在采样管路内冷凝，避免被测气体溶于水中产生误差，需将采样管进行加热，__________气体需要加热至 120℃以上。（　　）

A．一氧化碳　　B．二氧化硫　　C．硫化氢　　D．氯化氢

答案：BCD

3．根据《大气污染物综合排放标准》（GB 16297—1996），无组织排放监控点应设置在无组织排放源的下风向，下列关于点位布设的说法正确的是__________。（　　）

A．距排放源 2～10 m 的浓度最高点　　B．距排放源 2～50 m 的浓度最高点

C．监控点距无组织排放源最近不应小于 2 m　D．监控点最多可设 4 个

答案：BCD

4．列入《生活垃圾填埋场污染控制标准》（GB 16889—2008），生活垃圾填埋场大气污染控制的项目是__________。（　　）

A．颗粒物（TSP）　B．硫化氢　　C．臭气浓度　　D．二氧化硫

答案：ABC

5．对于现有污染源，在进行无组织排放监控时，__________需在上风向布设参照点。（　　）

A．二氧化硫　　B．硫酸雾　　C．颗粒物　　D．氯化氢

答案：AC

6．烟气黑度测定方法主要有__________。（　　）

A．林格曼黑度图法　B．测烟望远镜法　　C．目测法　　D．光电测烟仪法

答案：ABD

7．固定污染源废气监测中，需要测试的辅助参数包括__________等。（　　）

A．烟气温度　　B．氧量　　C．压力　　D．烟气流速

答案：ABCD

8．常用废气有组织排放颗粒物平衡型采样器有__________。（　　）

A．动压平衡型采样器　　B．常压平衡型采样器

C．静压平衡型采样器　　D．高压平衡型采样器

答案：AC

9．用定电位电解法测定废气中 SO_2 时，被测气体中对定电位电解传感器的定量测定有干扰的物质为__________。（　　）

A．CO　　B．HF　　C．H_2S　　D．NO_2

答案：ABCD

10．排污单位自行监测中，符合_________条件的废气污染源为排污单位自行监测需管控的主要污染源。（　　）

A．单台出力 14 MW 或 20 t/h 及以上的各种燃料的锅炉和燃气轮机组

B．重点行业的工业炉窑（如水泥窑、炼焦炉、熔炼炉、焚烧炉、熔化炉、铁矿烧结炉、加热炉、热处理炉、石灰窑等）

C．化工类生产工序的反应设备（如化学反应器/塔、蒸馏/蒸发/萃取设备等）

D．其他与上述所列相当的污染源

答案：ABCD

11．以下几种气态污染物采样时，加热温度不大于 120℃的是__________。（　　）

A．二氧化硫　　B．苯　　C．硫醇　　D．氯化氢

答案：BC

12．以下几种气态污染物采样时，采样管、连接管的材质不能使用不锈钢的是__________。（　　）

A．氟化物　　B．氯化氢　　C．二氧化硫　　D．二硫化碳

答案：BD

13．废气监测方法的选用应考虑__________因素。（　　）

A．相关排放标准的规定　　B．被测污染源排放特点

C．污染物排放浓度的高低　　D．所采用监测方法的检出限和干扰

答案：ABCD

14．当臭气浓度采样使用后的真空瓶污染较严重时，应采用__________方法处理。（　　）

A．蒸沸　　B．高锰酸钾溶液清洗

C．重铬酸钾洗液清洗　　D．碳酸氢钠溶液清洗

答案：AC

15．当废气监测开展工况核查时，__________项目在实测结果与测算结果相差大于±50%时，需立即查找原因，必要时立即现场复核、重新监测或增加抽测频次。（　　）

A．燃煤量　　B．二氧化硫　　C．氮氧化物　　D．烟（粉）尘

E．热工仪表

答案：BCD

16．生活垃圾焚烧厂烟气在线装置安装要求应按规定执行并定期进行校对，烟气在线监测指标应至少包括__________指标。（　　）

A．一氧化碳　　B．颗粒物　　C．氮氧化物　　D．二氧化硫

E．氯化氢

答案：ABCDE

17．下列关于排气筒监测采样时间与采样频次的说法，正确的是__________。（　　）

A．无组织排放监控点和参照点监测的采样，一般采用连续 1 h 采样计平均值

B．无组织排放监控点和参照点若分析方法灵敏度高，仅需用短时间采集样品时，应实行等时间

间隔采样，采集 4 个样品计平均值

C. 若某排气筒的排放为间断性排放，排放时间小于 1 h，则应在排放时段内以连续 1 h 采样获取平均值，或在 1 h 内以等时间间隔采集 4 个样品，并计平均值

D. 当进行污染事故排放监测时，应按需要设置采样时间和采样频次，不受《大气污染物综合排放标准》（GB 16297—1996）规定要求的限制

答案：ABD

18. 气态污染物的化学法采样，通过采样管将样品抽入装有吸收液的吸收瓶或装有固体吸附剂的__________中，样品溶液或气态样品经化学分析或仪器分析得出污染物含量。（ ）

A. 吸附管 B. 真空瓶 C. 注射器 D. 气袋

答案：ABCD

19. 固定污染源废气中颗粒物的采样方法分为__________。（ ）

A. 移动采样 B. 定点采样 C. 连续采样 D. 间断采样

答案：ABD

20. 固定污染源废气中颗粒物采样时，维持颗粒物等速采样的方法有__________。（ ）

A. 普通型采样管法 B. 皮托管平行测速采样法

C. 动压平衡型采样管法 D. 静压平衡型采样管法

答案：ABCD

21. 固定污染源气态污染物现场采样时，应详细记录采样时的__________。（ ）

A. 工况条件 B. 环境温度和大气压力

C. 样品采集数据 D. 风向和风速

答案：ABC

22. 气态污染物采样，选择采样管材质的基本原则是__________。（ ）

A. 不吸收待测污染物且不与待测污染物起化学反应

B. 易清洗

C. 不能被排气成分腐蚀

D. 能在排气温度和气流下保持足够的机械强度

答案：ACD

23. 固定污染源废气采样时，采样管道为负压时，可以使用__________采样器采样。（ ）

A. 孔板流量计 B. 转子流量计 C. 累计流量计 D. 皂膜流量计

答案：AC

24. 废气采样时，应对废气被测成分的__________进行综合考虑，来确定适宜的采样方法。（ ）

A. 存在特性 B. 存在状态 C. 挥发性 D. 可能造成误差的因素

答案：ABD

25.《危险废物焚烧污染控制标准》（GB 18484—2020）明确规定中 1 h 均值指的是任何 1 h 污染物浓度的算术平均值；或在 1 h 内，以等时间间隔采集__________个样品测试值。（ ）

A. 2 B. 3 C. 4 D. 5

答案：BC

26．锅炉负荷的测定应采用＿＿＿＿＿。（　　）

A．流量孔板法　　B．水表法　　C．水箱法　　D．耗煤量

答案：ABCD

27．采集废气中＿＿＿＿＿不能使用不锈钢材质的采样管。（　　）

A．氨　　B．氯气　　C．氯化氢　　D．硫化氢

答案：BC

28．林格曼望远镜法观测烟羽时对观测人员的要求有＿＿＿＿＿。（　　）

A．应经过培训，掌握林格曼望远镜法观测烟气黑度的基本知识

B．具有一定的观察力和判断能力

C．观测人员的视力、色觉正常，能准确分辨林格曼黑度各级图像

D．观测人员不能戴眼镜进行观测

答案：ABC

四、判断题

1. 用三点比较式臭袋法测定恶臭时，对于无组织排放源，监测点位必须设在企业厂界下风向侧。（　　）

答案：错误

正确答案：设置在工厂厂界的下风向侧，或有臭气方位的边界线上。

2.《大气污染物综合排放标准》（GB 16297—1996）中规定，新污染源的排气筒一般不应低于15 m。（　　）

答案：正确

3.《大气污染物综合排放标准》（GB 16297—1996）表 1 中二氧化硫无组织排放浓度限值是指监控点与参照点浓度差值。（　　）

答案：正确

4.《大气污染物综合排放标准》（GB 16297—1996）中规定，现有污染源要在二氧化硫、氮氧化物、颗粒物和氟化物的无组织排放源的下风向设监控点。同时在排放源的上风向设参照点，以监控点同参照点的浓度差值不超过规定限值来限制无组织排放。（　　）

答案：正确

5.《工业窑炉大气污染物排放标准》（GB/T 9078—1996）规定，过量空气系数是燃料燃烧时实际空气需要量与理论空气需要量之比值。（　　）

答案：正确

6. 固定污染源废气低浓度颗粒物采样时，要将采样嘴平面正对废气气流，使进气采样嘴的气流速度与测定点的废气流速相等。（　　）

答案：正确

7. 用定电位电解法测定固定污染源二氧化硫时启动抽气泵，以测定仪规定的采样流量取样测定，待测定仪稳定后，按分钟保存测定数据，取连续 5～10 min 测定数据的平均值，作为一次测量值。（　　）

答案：错误

正确答案：取连续 5～15 min 测定数据的平均值，作为一次测量值。

8．用定电位电解法测定固定污染源一氧化碳时，方法检出限 1.25 mg/m^3，测定下限 12 mg/m^3。（　　）

答案：错误

正确答案：方法检出限 3 mg/m^3，测定下限 12 mg/m^3。

9．在采集固定污染源的气体样品时，烟尘采样嘴的形态和尺寸不受限制。（　　）

答案：正确

10．《火电厂大气污染物排放标准》（GB 13223—2011）适用于垃圾焚烧类火电厂。（　　）

答案：错误

正确答案：不适用于各种容量的以生活垃圾、危险废物为燃料的火电厂。

11．《火力发电厂大气污染物排放标准》（GB 13223—2011）适用于单台出力在 60 t/h 以上除层燃炉和抛煤机炉以外的火电厂锅炉。（　　）

答案：错误

正确答案：适用于单台出力在 65 t/h 以上除层燃炉和抛煤机炉以外的火电厂锅炉。

12．S 型皮托管的测孔很小，当烟道内颗粒物浓度大时易被堵塞，所以它适用于测量较清洁的排气装置。（　　）

答案：错误

正确答案：标准型皮托管的测孔很小，当烟道内颗粒物浓度大时易被堵塞，所以它适用于测量较清洁的排气装置。

13．采用林格曼烟气黑度图法观测烟气黑度时，除在观测过程中出现 5 级林格曼黑度时，烟气黑度按 5 级计，不必继续观测外，其他情况都必须连续观测 30 min。（　　）

答案：正确

14．当水平烟道内积灰时，测定前应尽可能将积灰清除，原则上应将积灰部分的面积从断面面积内扣除，按有效断面布设采样点。（　　）

答案：正确

15．等速采样是指当烟气在管道中气流分布是等速时进行的采样。（　　）

答案：错误

正确答案：等速采样是指将烟尘采样管由采样孔插入烟道中，采样嘴正对气流，使采样嘴的吸气速度与测点处气流速度相等。

16．低矮排气筒的排放属有组织排放，但在一定条件下也可造成与无组织排放相同的后果。（　　）

答案：正确

17．低浓度颗粒物监测要求在每次测量过程中采集一个全程序空白样品，结果处理时要减去全程序空白的增重值或加上其失重值。（　　）

答案：错误

正确答案：全程序空白是一种质控措施，是衡量样品在测定过程中是否受到污染的一种手段。

任何低于全程序空白增重的样品均无效。

18．定电位电解法测定二氧化硫、氮氧化物和一氧化碳的浓度结果应保留整数位，最多保留 4 位有效数字。（ ）

答案：错误

正确答案：浓度结果应保留整数位，最多保留 3 位有效数字。

19．用定电位电解法测定废气中的氮氧化物时，被测气体中的尘和水分容易在渗透膜表面凝结，影响其透气性。（ ）

答案：正确

20．用定电位电解法测定环境空气和废气中二氧化硫时，被测气体中化学活性强的物质对定电位电解传感器的定量测定有干扰。（ ）

答案：正确

21．用定电位电解法测定烟道气中二氧化硫时，应选择抗负压能力大于烟道负压的仪器，否则会使仪器采样流量减小，测试浓度值将高于烟道气中二氧化硫实际浓度值。（ ）

答案：错误

正确答案：测试浓度值将低于烟道二氧化硫实际浓度值。

22．对于燃烧充分的燃气锅炉，定电位电解法测定二氧化硫可以不做一氧化碳干扰性实验，因为排出的烟气里一氧化碳浓度低，不影响二氧化硫测定。（ ）

答案：错误

正确答案：采用定电位电解法测定二氧化硫前必须测定一氧化碳。

23．废气中氟化物采样时，气态氟用盐酸溶液吸收，尘氟用氢氧化钠溶液吸收。（ ）

答案：错误

正确答案：气态氟用氢氧化钠溶液吸收，尘氟用盐酸溶液吸收。

24．钢铁烧结、球团工业大气污染物无组织排放的采样点设在生产厂房门窗、屋顶、气楼等排放口处，并选浓度最大值。（ ）

答案：正确

25．根据《大气污染物无组织排放监测技术导则》（HJ/T 55—2000）中的规定，现有污染源无组织排放监控点应设置在无组织排放源的下风向，距排放源 2～50 m 的浓度最高点。（ ）

答案：错误

正确答案：二氧化硫、氮氧化物、颗粒物和氟化物的监控点设在无组织排放源风向 2～50 m 的浓度最高点，相对应的参照点设在排放源上风向 2～50 m；其余物质的监控点设在单位周界外 10 m 的浓度最高点。

26．根据《大气污染物综合排放标准》（GB 16297—1996）中的规定，在无组织排放监测中，所测得的监控点的浓度值应扣除低矮排气筒所作的贡献值。（ ）

答案：错误

正确答案：不扣除低矮排气筒所作的贡献值。

27．根据《固定源废气监测技术规范》（HJ/T 397—2007），采样后废气颗粒物的玻璃纤维滤筒的恒重要求是在 105～110℃烘烤 1 h，取出放入干燥器中冷却至室温，用感量 0.1 mg 天平称量。（ ）

答案：错误

正确答案：采样后的滤筒放入105℃烘箱中烘烤1 h，取出放入干燥器中，在恒温恒湿的天平室中冷却至室温，用感量0.1 mg天平称量至恒重。

28．根据《固定源废气监测技术规范》（HJ/T 397—2007）测定固定源废气中颗粒物，采样完毕后，从烟道中小心地取出采样管，注意不要倒置。用手小心地将滤筒取出，放入专用的容器中保存。（　　）

答案：错误

正确答案：须使用镊子，不得直接用手接触，避免损坏和沾污。

29．根据《固定源废气监测技术规范》（HJ/T 397—2007）测定固定源废气中颗粒物进行滤筒采样前，均需要在105～110℃下烘烤1 h。（　　）

答案：错误

正确答案：在105～110℃下烘烤1 h。当滤筒在400℃以上高温排气中使用时，为了减少滤筒本身减重，应预先在400℃高温箱中烘烤1 h。

30．工业窑炉、炼焦炉和水泥厂的大气污染物无组织排放监测点的设置，应统一按《大气污染物无组织排放监测技术导则》（HJ/T 55—2000）中的要求进行。（　　）

答案：错误

正确答案：《工业炉窑大气污染物排放标准》（GB 9078—1996）、《炼焦化学工业污染物排放标准》（GB 16171—2012）、《水泥工业大气污染物排放标准》（GB 4915—2013）对无组织排放监测点位的布设有各自的要求。

31．固定污染源废气低浓度颗粒物测定时，采样头要在恒温恒湿设备（室）内称重。（　　）

答案：正确

32．固定污染源废气低浓度颗粒物测定时，称重所用的电子天平的分辨率为0.1 mg。（　　）

答案：错误

正确答案：分辨率为0.01 mg。

33．固定污染源废气中气态污染物监测采样时，为防止气体中的水分在采样管内冷凝，造成待测污染物溶于水而产生测定误差，采样管需加热。（　　）

答案：正确

34．在监测工业炉窑无组织排放烟（粉）尘时，监测点应设置在被监测企业的厂界外下风向处，并选浓度最大值。（　　）

答案：错误

正确答案：工业炉窑无组织排放烟尘及生产性粉尘监测点，设置在工业炉窑所在厂房门窗排放口处，选择浓度最大值。

35．进行无组织排放监测时，监测人员应选择尽可能高的生产负荷及不利污染物扩散稀释的条件下进行监测。（　　）

答案：正确

36．排气的流速与其动压成正比。（　　）

答案：错误

正确答案：排气的流速与其动压的平方根成正比。

37．气态或蒸汽态待测物质分子在烟道内分布一般是均匀的，故不需要多点采样，可在靠近烟道中心位置采样。（ ）

答案：正确

38．在设置无组织排放监控点时，应回避其他污染源的影响。（ ）

答案：错误

正确答案：不需要回避其他污染源的影响。

39. 无组织排放中有显著本底值的监测项目有二氧化硫、氮氧化物、颗粒物和氟化物 4 种。（ ）

答案：正确

40．新污染源的排气筒高度一般不应低于 15 m。若某新污染源的排气筒必须低于 15 m 时，其排放速率标准值按外推计算结果再严格 100% 执行。（ ）

答案：错误

正确答案：再严格 50% 执行。

41．烟气采样前应对采样系统进行漏气检查。对不适用于较高减压或增压的监测仪器，方法是先堵住进气口，再打开抽气泵抽气，当 1 min 内流量示值降至 0 时，可视为不漏气。（ ）

答案：错误

正确答案：当 2 min 内流量示值降至 0 时，可视为不漏气。

42．饮食业排放的油烟属于气体，可以不用等速采样法采样。（ ）

答案：错误

正确答案：必须用等速采样法采样抽取油烟排气筒内的气体。

43．由于气体或蒸汽状态物质其分子在烟道内做布朗运动，因此可视分子在烟道内的分布为均匀的，所以在采样位置的截面上采用任意点作为采样点，不需要等速采样。（ ）

答案：正确

44．雨、雪等恶劣天气不宜进行无组织排放监测。（ ）

答案：正确

45．在饮食业油烟采样时，采样次数至少为 3 次，每次 15 min。（ ）

答案：错误

正确答案：采样应在油烟排放单位正常作业期间，采样次数为连续采样 5 次，每次 10 min。

46．在执行“无组织排放监控浓度限值”指标时，因低矮排气筒的排放属于有组织排放，所以由低矮排气筒造成的监控点污染物浓度增加应予以扣除。（ ）

答案：错误

正确答案：低矮排气筒的排放属于有组织排放，但在一定条件下也可造成与无组织排放相同的后果，所以不扣除低矮排气筒所作的贡献值。

47．排污单位应按照最新的监测方案开展监测活动，可根据自身条件和能力，利用自有人员、场所和设备自行监测；不可委托其他有资质的检（监）测机构代其开展自行监测。（ ）

答案：错误

正确答案：排污单位应按照最新的监测方案开展监测活动，可根据自身条件和能力，利用自有人员、场所和设备自行监测；也可委托其他有资质的检（监）测机构代其开展自行监测。

48．在有组织排放监测中，管道中全压、动压和静压都是正值。（　　）

答案：错误

正确答案：动压恒为正值，全压和静压有正有负。

49．在固定污染源监测中，当用活性炭、高分子多孔微球作吸附剂时，如烟气中水分含量体积百分数＞3%，为了减少烟气中水分对吸附剂吸附性能的影响，应在吸附管前串一硅胶干燥管；硅胶吸附的被测污染物含量，不应计入样品中。（　　）

答案：错误

正确答案：硅胶吸附的被测污染物含量，应计入样品中。

50．在测量大气压力时，使用大气压力计直接测出，也可以根据当地气象站给出的数值，加或减因测点与气象站标高不同所需的修正值。即标高每增加 10 m，大气压力约减小 100 Pa。（　　）

答案：错误

正确答案：即标高每增加 10 m，大气压力约减小 110 Pa。

51．废气采样期间，当动压、温度等有较大变化时，需随时将有关参数输入计算器，重新计算等速采样流量，并调节流量计至所需值。另外，由于颗粒物在滤筒内壁逐渐聚集，使其阻力增加，也需及时调节控制阀以保持等速采样流量。（　　）

答案：正确

52．化学法采样的原理是通过采样管将样品抽入装有吸收液的吸收瓶或装有固体吸附剂的吸附管、真空瓶、注射器或气袋中，样品溶液或气态样品经化学分析或仪器分析得出污染物含量。（　　）

答案：正确

53．除湿时，如能使通过除湿器气样中的水气含量保持恒定，其对测量值的影响经测定得出后，可作为常数进行修正，以减少水气对测定值干扰所产生的误差。（　　）

答案：正确

54．静压平衡采样装置主要由静压平衡采样管、压力偏差指示计、流量计量箱和抽气泵等部分组成，静压平衡采样管应在风洞中对不同直径的采样嘴在高、中、低不同流速下进行标定。（　　）

答案：正确

55．在漏气试验中，关上采样管出口三通阀，打开抽气泵抽气，使真空压力表负压上升到 13 kPa，关闭抽气泵一侧阀门，如压力在 1 min 内下降不超过 0.25 kPa，则视为系统不漏气。（　　）

答案：错误

正确答案：如压力在 1 min 内下降不超过 0.15 kPa，则视为系统不漏气。

56．监测仪器属于国家强制检定目录内的工作计量器具，必须按期送计量部门检定，取得检定证书后方可用于监测工作；如检定合格，测试前可不进行校准，只需进行气密性检验。（　　）

答案：错误

正确答案：如检定合格，测试前还应进行校准和气密性检验，使其处于良好的工作状态。

57．在现场监测期间，通过对监测期间主要产品产量、主要原材料或燃料消耗量的计量和调查统计，以及与相应设计指标的比对，核算生产设备的实际运行负荷和负荷率。（　　）

答案：正确

58．在某些项目监测中，尚无方法标准的，可采用国际标准化组织（ISO）或其他国家的等效方

法标准，但应经过验证合格，其检出限、准确度和精密度应能达到质控要求。（　　）

答案：正确

59．定电位电解法烟气测定仪的电化学传感器性能明显下降或已失效，必须及时更换传感器，更换后必须送计量部门重新检定后方可使用。（　　）

答案：正确

60．在固定源废气监测中，应严格检查皮托管和采样嘴，发现变形或损坏者不能使用。（　　）

答案：正确

61．在固定源废气监测中，对湿法脱硫装置进行脱硫效率的测定，应在正常运行条件下进行，同时测定洗涤液的 pH，在报出脱硫效率测定结果时，应注明洗涤液的 pH。（　　）

答案：正确

62．用定电位电解法烟气分析仪进行烟气监测，仪器应一次开机直至测试完全结束，中途不能关机重新启动以免仪器零点变化，影响测试准确性。（　　）

答案：正确

63．在进行无组织排放源恶臭监测采样时，当两个或两个以上无组织排放源的单位相毗邻时，应选择被测无组织排放源处于下风向时进行臭气浓度监测。（　　）

答案：错误

正确答案：应选择被测无组织排放源处于上风向时进行臭气浓度监测。

64．有组织排放源恶臭监测采用真空瓶采样系统时，当管道内压力为负压时不能采用此系统采样，可将采样位置移至风机后的正压处。（　　）

答案：正确

65．现场—实验室质控是指按照固定程序，质控样品与实际样品同步采集、同步分析的过程。其质控结果可以用来判断监测结果误差是否产生于现场采样或实验室分析环节。（　　）

答案：正确

66．在任何情况下，锅炉使用单位均应遵守大气污染物排放控制要求，采取必要措施保证污染防治设施正常运行。各级环境部门在对锅炉使用单位进行监督性检查时，可以用现场即时采样或监测的结果，作为判断排污行为是否符合排放标准以及实施相关环境保护管理措施的依据。（　　）

答案：正确

67．对于锅炉大气污染物排放控制要求，对相关国家标准中已作规定的大气污染物项目，可以制定严于国标的地方污染物排放标准；环境影响评价文件要求严于国标或地方标准时，可以不按照批复的环境影响评价文件执行。（　　）

答案：错误

正确答案：环境影响评价文件要求严于国标或地方标准时，按照批复的环境影响评价文件执行。

68．不同时段建设的锅炉，若采用混合方式排放烟气，且选择的监控位置只能监测混合烟气中的大气污染物浓度，应执行各个时段限值中最严格的排放限值。（　　）

答案：正确

69．铅、锌工业污染物排放标准，同样适用于再生铅、锌及铅、锌材压延加工等工业，但不适用于附属于铅、锌工业企业的非特征生产工艺和装置。（　　）

答案：错误

正确答案：不适用于再生铅、锌及铅、锌材压延加工等工业，也不适用于附属于铅、锌工业企业的非特征生产工艺和装置。

70．在橡胶制品工业污染物排放标准中，若单位胶料实际排气量超过单位胶料基准排气量，须将实测大气污染物浓度换算为大气污染物基准气量排放浓度，并作为判定排放是否达标的依据。（　　）

答案：正确

71．砖瓦工业大气污染物排放标准适用于以黏土、页岩、煤矸石、粉煤灰为主要原料的砖瓦烧结制品生产过程和以砂石、粉煤灰、石灰及水泥为主要原料的砖瓦非烧结制品生产过程，也适用于利用污泥、垃圾、其他工业尾矿等为原料的砖瓦生产过程。（　　）

答案：错误

正确答案：不适用于利用污泥、垃圾、其他工业尾矿等为原料的砖瓦生产过程。

72．石油化学工业污染物排放标准中，非焚烧类有机废气排放口以实测浓度判定排放是否达标。（　　）

答案：正确

73．固定污染源排气中水分含量的测定应根据不同的测量对象选用冷凝法、干湿球法或重量法中的一种方法测定。（　　）

答案：正确

74．固定污染源排气中水分含量测定的冷凝法原理是由烟道中抽取一定体积的排气使之通过冷凝器，根据冷凝出来的水量，扣除从冷凝器排出的饱和气体含有的水蒸气量，计算排气中的水分含量。（　　）

答案：错误

正确答案：冷凝法原理是由烟道中抽取一定体积的排气使之通过冷凝器，根据冷凝出来的水量，加上从冷凝器排出的饱和气体含有的水蒸气量，计算排气中的水分含量。

75．标准型皮托管和 S 型皮托管二者的修正系数是一样的。（　　）

答案：错误

正确答案：标准型皮托管修正系数为 0.99±0.01，S 型皮托管修正系数为 0.84±0.01。

76．固定污染源气态污染物采样，不会有气体中的水分在采样管内冷凝，无须对采样管进行加热。（　　）

答案：错误

正确答案：固定污染源气态污染物采样中，会有气体中的水分在采样管内冷凝，需要对采样管进行加热。

77．使用吸收瓶或吸附管采样系统进行固定污染源气态污染物采样，采样后应再次进行漏气检查，如发现漏气，应重新取样。（　　）

答案：正确

78．定电位电解法传感器的使用寿命一般不超过 3 年，到期后应及时更换。（　　）

答案：错误

正确答案：使用寿命一般为 1～2 年。

79．两个排放相同污染物（不论其是否由同一生产工艺过程产生）的排气筒，若其距离小于其几何高度之和，应视为一根等效排气筒。（　　）

答案：正确

80．通常情况下，对污染源的日常监督性监测，采样期间的工况应达到设计生产能力的 75%以上。（　　）

答案：错误

正确答案：除相关标准另有规定外，对污染源的日常监督性监测，采样期间的工况应与平时的正常运行工况相同。

81．固定污染源采样中，等速采样时气体进入采样嘴的速度大于或者小于采样点的烟气速度都不会使采样的结果产生偏差。（　　）

答案：错误

正确答案：等速采样时，气体进入采样嘴的速度大于或者小于采样点的烟气速度都会使采样的结果产生偏差。

82．用吸收瓶进行固定污染源气态污染物采样时，无须置换管路内空气。（　　）

答案：错误

正确答案：用吸收瓶进行气态污染物采样时，需要置换管路内空气。

83．固定污染源采样，若某排气筒的排放为间断性排放，排放时间小于 1 h，应在排放时段内实行连续采样，或在排放时段内以等时间间隔采集 2～4 个样品，并计算平均值。（　　）

答案：正确

84．废气监测的分析方法中对相关排放标准未规定监测分析方法的污染物项目，应选用国家环境保护标准、环境保护行业标准规定的方法。（　　）

答案：正确

85．固定污染源采样中所使用的温度测量仪表、斜管微压计、空盒大气压力计、真空压力表（压力计）、转子流量计、干式累积流量计、采样管加热温度、分析天平、采样嘴、皮托管系数等至少半年自行校正一次。（　　）

答案：正确

86．定电位电解法烟气（SO_2、NO_x、CO）测定仪，应根据仪器使用频率，每 3 个月至半年校准一次，在使用频率较高的情况下，应增加校准次数。（　　）

答案：正确

87．定电位电解法烟气测定仪和测氧仪的电化学传感器寿命一般为 1～2 年，若发现传感器性能明显下降或已失效，必须及时更换传感器，无须送计量部门重新检定即可使用。（　　）

答案：错误

正确答案：定电位电解法烟气测定仪和测氧仪的电化学传感器寿命一般为 1～2 年，若发现传感器性能明显下降或已失效，必须及时更换传感器，需送计量部门重新检定后方可使用。

88．固定污染源中的颗粒物采样必须按照等速采样的原则进行，尽可能使用微电脑自动跟踪采样仪，以保证等速采样的精度，减少采样误差。（　　）

答案：正确

89. 固定污染源颗粒物采样时，手动采样仪采样过程中，要经常检查和调整流量，普通型采样管法采样前后应重复测定废气流速，当采样前后流速变化大于 10%时，样品作废，重新采样。(　　)

答案： 错误

正确答案： 固定污染源颗粒物采样时，手动采样仪采样过程中，要经常检查和调整流量，普通型采样管法采样前后应重复测定废气流速，当采样前后流速变化大于 20%时，样品作废，重新采样。

90.《固定污染源监测　质量保证与质量控制技术规范（试行）》(HJ/T 373—2007）规定测定污染物去除效率时，处理设施前后应同时采样。不能同时采样时，各运行参数及工况控制误差均不得大于±10%。(　　)

答案： 错误

正确答案：《固定污染源监测　质量保证与质量控制技术规范（试行）》(HJ/T 373—2007）规定测定污染物去除效率时，处理设施前后应同时采样。不能同时采样时，各运行参数及工况控制误差均不得大于±5%。

91. 大气无组织监测过程中对部分污染物的监测如二氧化硫、氟化物、氮氧化物等要设置参照点和监控点，参照点通常设置在污染源上风向 2～50 m，监控点设置在污染源下风向 2～50 m，参照点设 1 个，监控点最多设 4 个，监控点内如有低矮排气筒须进行固定源污染物监测，监控点的污染物浓度须扣除低矮排气筒产生污染物的浓度。(　　)

答案： 错误

正确答案： 大气无组织监测过程中对部分污染物的监测如二氧化硫、氟化物、氮氧化物等要设置参照点和监控点，参照点通常设置在污染源上风向 2～50 m，监控点设置在污染源下风向 2～50 m，参照点设 1 个，监控点最多设 4 个，监控点内如有低矮排气筒须进行固定源污染物监测，监控点的浓度值将不扣除低矮排气筒所作的贡献。

92. 低浓度颗粒物采样中的同步双样是在固定污染源颗粒物测量过程中，使用同一测量系列（使用同一采样孔采样时）或在同一时间使用两个对称的测量系列（使用不同的采样孔时）得到的两个样品。(　　)

答案： 正确

93. 低浓度颗物采样后的每个采样头在运输和存储过程中应单独存储，避免污染。(　　)

答案： 正确

94. 用定电位电解法测定固定污染源二氧化硫时，只要开展一氧化碳干扰试验，便可使用本标准测定样品。(　　)

答案： 错误

正确答案： 用定电位电解法测定固定污染源二氧化硫时，在干扰试验确定的二氧化硫浓度最高值和一氧化碳浓度最高值范围内可使用本标准测定样品。

95. 气袋法采集固定污染源中挥发性有机物，采样结束后气袋样品立即放入避光保温的容器内保存，直至样品分析前取出。(　　)

答案： 正确

96. 实测锅炉废气的颗粒物、二氧化硫、氮氧化物等污染物排放浓度，应按照 GB/T 16157—1996 要求折算为基准氧含量排放浓度，燃煤锅炉的基准氧含量为 9%，燃油、燃气锅炉的基准氧含量为

3%。（ ）

答案：错误

正确答案：《锅炉大气污染物排放标准》（GB 13271—2014）中规定，燃煤锅炉的基准氧含量为9%，燃油、燃气锅炉的基准氧含量为3.5%；《火电厂大气污染物排放标准》（13223—2011）燃煤锅炉的基准氧含量为6%，燃油、燃气锅炉的基准氧含量为3%。

97．一般情况下，在风机后管道中进行烟尘采样，管道中的静压和动压均为正。（ ）

答案：正确

98．某危险废物处置企业，其焚烧设施烟气的所有污染物监测取值时间均可以采用1 h均值。（ ）

答案：错误

正确答案：颗粒物、一氧化碳、氮氧化物、二氧化硫、氟化氢、氯化氢的取值时间可以采用1 h均值，重金属和二噁英等其他污染物的取值时间为其测定均值。

99．用定电位电解法测定固定污染源二氧化硫时，二氧化硫浓度结果应保留整数位。当高于100 mg/m^{3}时，保留3位有效数字。（ ）

答案：正确

100．《固定污染源监测 质量保证与质量控制技术规范（试行）》（HJ/T 373—2007）规定监测现场记录只要有一名监测人员签字确认即可，必要时还需被监测的企业人员一同签字确认。（ ）

答案：错误

正确答案：《固定污染源监测 质量保证与质量控制技术规范（试行）》（HJ/T 373—2007）规定监测现场记录应由两名或两名以上的监测人员签字确认，必要时还需被监测的企业人员一同签字确认。

101．2022年对一水泥厂的大气污染物无组织污染物进行监测，其排放监测点设置应按照《大气无组织排放监测技术导则》（HJ/T 55—2000）执行。（ ）

答案：正确

102．利用林格曼望远镜法在适当的位置观测烟羽，将通过望远镜目视观察到的烟羽黑度与内置望远镜林格曼黑度图相比，确定烟气黑度等级。（ ）

答案：正确

103．林格曼望远镜法测定烟气黑度，适用于固定污染源排放的任何颜色烟气的测定。（ ）

答案：错误

正确答案：只适用于灰色或黑色烟气在排放口处黑度的测定。

104．烟气黑度是人的视觉对烟羽黑色程度的感官反应指标，用林格曼黑度表示。（ ）

答案：错误

正确答案：用林格曼黑度级表示。

105．林格曼望远镜的支架应可伸缩，便于调整观测视角。（ ）

答案：正确

106．林格曼望远镜法观测烟气黑度，烟气的观测频次是固定不变的。（ ）

答案：错误

正确答案：一般情况下，每1 min观测4次，每15 s观测1次。对于烟气排放稳定的污染源，可减少观测频次，每1 min观测2次，每30 s观测1次。

五、简答题

1．简述《大气污染物无组织排放监测技术导则》（HJ/T 55—2000）中对气象因子于无组织排放监测的适宜程度分类方法。

答案：

a 类：不利于污染物的扩散和稀释，适用于进行无组织排放监测。

b 类：较不利于污染物的扩散和稀释，较适用于进行无组织排放监测。

c 类：有利于污染物的扩散和稀释，较不适用于进行无组织排放监测。

d 类：很有利于污染物的扩散和稀释，不适用于进行无组织排放监测。

2．简述什么是烟尘采样中的移动采样、定点采样和间断采样。

答案：

移动采样：是用一个滤筒在已确定的采样点上移动采样。各采样点采样时间相等，求出采样断面的平均浓度。

定点采样：是分别在每个测点上采一个样品，求出采样断面的平均浓度，并可了解烟道断面上颗粒物浓度变化状况。

间断采样：是对有周期性变化的排放源，根据工况变化及其延续时间，分段采样，求出其时间加权平均浓度。

3．在对某砖厂隧道窑尾气烟囱开展执法监测的过程中，颗粒物实测浓度低于 20 mg/m^3，但换算为基准过量空气系数后的折算浓度为 25 mg/m^3，在此种情况下适用于《固定污染源排气中颗粒物测定与气态污染物采样方法》（GB/T 16157—1996）和《固定污染源废气　低浓度颗粒物的测定　重量法》（HJ 836—2017）中的哪个标准？根据该例子简述上述两个标准针对颗粒物浓度的适用范围。

答案：

（1）适用《固定污染源废气低浓度颗粒物的测定重量法》（HJ 836—2017）。

（2）颗粒物浓度小于等于 20 mg/m^3 时，适用《固定污染源废气　低浓度颗粒物的测定　重量法》（HJ 836—2017）；颗粒物浓度大于等于 20 mg/m^3 且不超过 50 mg/m^3 时，《固定污染源排气中颗粒物测定与气态污染物采样方法》（GB/T 16157—1996）与《固定污染源废气　低浓度颗粒物的测定　重量法》（HJ 836—2017）同时适用；颗粒物浓度大于 50 mg/m^3 时，适用《固定污染源排气中颗粒物测定与气态污染物采样方法》（GB/T 16157—1996）。

4．烟尘采样中等速采样方法有哪几种？

答案：

（1）普通型采样管法即预测流速法；

（2）皮托管平行测速采样法；

（3）动压平衡型采样管法；

（4）静压平衡型采样管法。

5．简述无组织排放实行监测时设置监控点的位置和数目的原则及采样频次的要求。

答案：

（1）原则：根据《大气污染物综合排放标准》（GB 16297—1996）的规定，二氧化硫、氮氧化物、颗粒物和氟化物的监控点设在无组织排放源下风向 2～50 m 的浓度最高点，相对应的参照点设在排放源上风向 2～50 m；其余物质的监控点设在单位周界外 10 m 的浓度最高点。按规定监控点最多可设 4 个，参照点只设 1 个。

（2）采样频次的要求：按规定对无组织排放实行监测时，实行连续 1 h 采样，或者实行在 1 h 内以等时间间隔采集 4 个样品计平均值。在进行实际监测时，为了捕捉到监控点最高浓度的时段，实际安排的采样时间可超过 1 h。

6．在废气流速监测中，简述标准型皮托管和 S 型皮托管的构造和适用条件的区别。

答案：标准型皮托管是个弯成 90°的双层同心圆管，前端呈半圆形，正前方有一开孔，与内管相通，用来测定全压。在距前端 6 倍直径处外管壁上开有一圈孔径为 1 mm 的小孔，通至后端的侧出口，用于测定排气静压；按照上述尺寸制作的皮托管其修正系数为 0.99±0.01；标准型皮托管的测孔很小，当烟道内颗粒物浓度大时，易被堵塞。它适用于测量较清洁的排气。S 型皮托管是由两根相同的金属管并联组成，测量端有方向相反的两个开口，测定时面向气流的开口测得全压，背向气流的开口测得的压力小于静压；其修正系数为 0.84±0.01；S 型皮托管的测压孔开口较大，不易被颗粒物堵塞，且便于在厚壁烟道中使用。

7．在开展固定污染源监测时，检漏的方法主要有哪些？

答案：检漏主要有两种方法：

（1）在采样系统的抽气泵前串联一满量程为 1 L/min 的小量程转子流量计。检漏前，将装好滤筒的采样管进口（不包括采样嘴）堵严，打开抽气泵，调节泵进口处的调节阀，使系统中的压力表负压指示为 6.7 kPa，此时，小量程流量计的流量如果不大于 0.6 L/min 则视为不漏气。

（2）在采样系统的抽气泵前串联一满量程为 1 L/min 的小量程转子流量计。检漏时，堵严采样管滤筒夹处进口，打开抽气泵，调节泵进口处的调节阀，使系统中的压力表负压指示为 6.7 kPa，关闭连接抽气泵的橡皮管，在 0.5 min 内如果真空压力表的指示值下降不超过 0.2 kPa 则视为不漏气。

8．生活垃圾焚烧厂的选址有哪些要求？

答案：

（1）生活垃圾焚烧厂的选址应符合当地的城乡总体规划、环境保护规划和环境卫生专项规划，并符合当地的大气污染防治、水资源保护、自然生态保护等要求；

（2）应根据环境影响评价结论确定生活垃圾焚烧厂厂址的位置及其与周围人群的距离，经具有审批权的生态环境行政主管部门批准后，这一距离可作为规划控制的依据；

（3）在对生活垃圾焚烧厂厂址进行环境影响评价时，应重点考虑厂内各设施可能产生的有害物质泄漏、大气污染（包含恶臭物质）的产生与扩散以及可能的事故风险等因素，根据其所在地区的环境功能区类别，综合评价其对周围环境、居住人群的身体健康、日常生活和生产活动的影响，确定生活垃圾焚烧厂与常住居民居住场所、农用地、地表水体以及其他敏感对象之间合理的位置关系。

9．在烟气测试中为何要加热采样管？

答案：为了防止采样气体中的水分在管路内冷凝，避免被测气体溶于水产生误差，所以将采样管加热。

10．简述用定电位电解法烟气分析仪进行气态污染物监测时，如何进行量程校准。

答案：

（1）气袋法：先检查或用气体流量计校准测定仪的采样流量。用标准气体将洁净的集气袋充满后排空，反复3次，再充满后备用。按仪器使用说明书中规定的校准步骤进行校准。

（2）钢瓶法：先检查或用气体流量计校准测定仪的采样流量。将标准气体钢瓶与测定仪采样管连接，打开钢瓶气阀门，调节转子流量计，以测定仪规定的流量，将标准气体导入测定仪。按仪器使用说明书中规定的校准步骤进行校准。

11．简述使用注射器采集气态污染物的操作步骤。

答案：

（1）采样前，打开抽气泵以1 L/min流量抽气约5 min，置换采样系统的空气。

（2）打开注射器阀门，抽动活栓，将气样一次抽入预定刻度，关闭注射器进口阀门，取下注射器倒立存放。

（3）记下采样时的工况、环境温度和大气压力。

12．在进行低浓度颗粒物监测时，什么是全程序空白样品？采集全程序空白样品时，有哪些具体要求？

答案：

（1）全程序空白是指除采样过程中采样嘴背对气流不采集废气外，其他操作与实际样品操作完全相同获得的样品。

（2）全程序空白应在每次测量系列过程中进行一次，并保证至少一天一次。为防止在采集全程序空白过程中空气或废气进入采样系统，必须断开采样管与采样器主机的连接，密封采样管末端接口。

（3）低于全程序空白增重的样品均无效。全程序空白增重除以对应测量系列的平均体积不应超过排放限值的10%。颗粒物浓度低于方法检出限时，对应的全程序空白增重应不高于0.5 mg，失重应不多于0.5 mg。

13．某监测机构有便携式紫外吸收法、定电位电解法、非分散红外吸收法3套便携设备可对二氧化硫进行监测，前期对被检测企业调查时发现该企业排气筒颗粒物和一氧化碳浓度均较高，但室温下含水量较低，低于饱和湿度。请问，该监测机构现场监测时选择哪种方法便携式设备比较合理？说明理由。

答案：应选择非分散红外吸收法便携式设备。

原因：（1）待测气体中的颗粒物易在定电位电解法的传感器渗透膜表面凝结并造成传感器损坏，影响测定；并且一氧化碳对二氧化硫有干扰。

（2）待测气体中的颗粒物易污染紫外吸收法的吸收池，影响测定。

（3）非分散红外吸收法只有高含水量或水蒸气有干扰，但在室温下，样品含水量或水蒸气低于饱和湿度时对测定结果无干扰，因此选择非分散红外法的便携设备比较合理。

14．请简述用化学法采样（吸收瓶或吸附管为主）进行气态污染物采样的质量保证措施。

答案：

（1）废气采样时，应对被测成分的存在状态及特性、可能造成误差的各种因素进行综合考虑，来确定适宜的采样方法（包括采样管、滤料材质的选择、采样体积、采样管和导管加热保温措施等）。

（2）采集废气样品时，采样管进气口应靠近管道中心位置，连接采样管与吸收瓶的导管应尽可能短，必要时要用保温材料保温。

（3）采样前，在采样系统连接好以后，应对采样系统进行气密性检查，如发现漏气应分段检查，找出问题，及时解决。

（4）使用吸收瓶或吸附管系统采样时，吸收装置应尽可能靠近采样管出口，采样前使用排气通过旁路 5 min，将吸收瓶前管路内的空气彻底置换；采样期间保持流量恒定，波动不大于 10%；采样结束后，应先切断采样管至吸收瓶之间的气路，以防管道负压造成吸收液倒吸。

（5）采样结束后，立即封闭样品吸收瓶或吸附管两端，尽快送实验室进行分析，在样品运送和保存期间，应注意避光和控温。

15. 用林格曼望远镜法观测烟羽时，观测者现场填写观测记录，记录内容包括哪些？

答案：观测日期、污染源信息、林格曼望远镜仪器型号及编号、观测方法依据、观测位置、观测条件、观测时间和观测结果等。

16. 林格曼望远镜法测试烟气黑度的注意事项有哪些？

答案：

（1）利用林格曼望远镜法观测烟气黑度时，避免望远镜林格曼黑度图和烟羽重叠。

（2）观测混有冷凝水汽的烟气，当烟囱出口处的烟气中有可见的冷凝水汽存在时，可选择在离开烟囱口一段距离看不到水汽的部位或烟羽颜色最深的部位观测；当烟气在离开烟囱出口的一段距离后产生冷凝水汽，此时选择在烟囱口附近尚未形成冷凝水汽的部位观测。

（3）观测烟气黑度时，为避免视觉疲劳，观测人员每记录一个数据，需要将视线移出观测区，休息几秒后观测并记录下一个数据。

（4）林格曼望远镜属精密光学仪器，注意保护镜片表面不被沾污、擦伤，应定期维护保养，妥善保管。

六、计算题

1. 对某热电厂废气排放口进行监测，监测断面为矩形，长 4.0 m、宽 1.8 m，监测数据如下表所示。试计算标准状态下干废气排放量。

烟尘采样报表

地点：××××

开始时间：2019-09-26 10:39

01）跟踪率 1.00

02）滤筒（膜）号 000081

03）采样体积 669.9 L

04）标况体积 562.6 L

05）累计采时 16 min 00 s

06）含湿量 14.6%

07）标干流量 ×××× m^3/h

08）平均动压 43 kPa

09）平均静压 −0.01 kPa
10）平均全压 0.02 kPa
11）平均流速 7.3 m/s
12）平均烟温 51.6℃
13）大气压 101.20 kPa
14）采嘴真径 12 mm
15）皮托管系数 0.83

答案：第一步：计算湿废气排放量 Q_s；

Q_s=3 600×F×V_s=3 600×（4.0×1.8）×7.3=189 216（m^3/h）

第二步：计算标准状态下干废气排放量 Q_{sn}；

$$Q_{sn}=Q_s\times\frac{B_a+P_s}{101\,325}\times\frac{273}{273+t_s}\times\left(1-X_{sw}\right)$$

$$=189\,216\times\frac{101\,200+\left(-10\right)}{101\,325}\times\frac{273}{273+51.6}\times\left(1-14.6\%\right)=135\,722\,(\mathrm{m^3/h})$$

2. 测得某台锅炉除尘器入口烟尘标态浓度 C_j=2 875 mg/m³，除尘器入口标态风量 Q_j=9 874 m³/h，除尘器出口烟尘标态浓度 C_c=352 mg/m³，除尘器出口标态风量 Q_c=10 350 m³/h，试求该除尘器的除尘效率。

答案：η =［（C_j×Q_j）－（C_c×Q_c）］/（C_j×Q_j）×100%

=［（2 875×9 874）－（352×10 350）］/（2 875×9 874）×100%=87.2%

3. 实测某台燃煤锅炉标准状态下干采样体积 d=6 080 L，工况下湿排气流量 Q_s=9.16×10⁴ m³/h，静压 P_s=−0.85 kPa，烟气温度 t_s=80℃，含湿量 X_{sw}=6.5%；滤筒在采样前的重量 m_1 为 1.003 2 g，采样烘干后的滤筒重量 m_2 为 1.164 0 g，烟气中氧含量为 10.4%，试计算（1）采集样品时的标准状态下干排气流量；（2）该锅炉烟尘的排放浓度；（3）该锅炉烟尘的折算浓度；（4）该锅炉烟尘的排放量。（锅炉基准氧含量为 9%，监测期间大气压 B_a 为 100.98 kPa，结果保留 3 位有效数字）。

答案：

$$Q_{sn}=Q_s\times\frac{B_a+P_s}{101\ 325}\times\frac{273}{273+t_s}\times\left(1-X_{sw}\right)$$

$$=9.16\times10^4\times\frac{100\ 980+(-850)}{101\ 325}\times\frac{273}{273+80}\times\left(1-6.5\%\right)$$

$$=6.55\times10^4\,(\mathrm{m^3/h})$$

$$C=\frac{m_2-m_1}{V_{vd}}\times10^6=\frac{1.164\,0-1.003\,2}{6.080}\times10^3=26.4\ (\mathrm{mg/m^3})$$

$$C_{折}=C_{实}\times\frac{21-O_{2基}}{21-O_{2实}}=26.4\times\frac{21-9}{21-10.4}=29.9\ (\mathrm{mg/m^3})$$

$$G=C\cdot Q_{sn}\times10^{-6}=26.4\times6.55\times10^4\times10^{-6}=1.73\ (\mathrm{kg/h})$$

4. 有一套两级除尘系统，已知系统流量为 2.20 m³/s，工艺设备产生的粉尘量为 4.40 g/s，各级除尘效率分别为 80%（η_1）和 95%（η_2）。试计算该除尘系统的总除尘效率（η）、粉尘排放浓度（C）和排放量（Q）。

答案：总除尘效率 $\eta = 1-(1-\eta_1)(1-\eta_2) = 1-(1-80\%)(1-95\%) = 99\%$

已知 $C_{1N} = 4.40 \div 2.2 = 2\,(\mathrm{g/m^3}) = 2\,000\ (\mathrm{mg/m^3})$

代入公式：$\eta = \left(1-\dfrac{C_2}{C_{1N}}\right)\times 100\%$

排放浓度 $C_2 = 20\ (\mathrm{mg/m^3})$

排放量 $Q = 20\times 2.20 = 44\ (\mathrm{mg/s})$

5．已测得某台除尘器出口管道中的动压和静压分别是 0.427 kPa 和−1.659 kPa，进口管道中的动压和静压分别是 0.194 kPa 和−0.059 kPa，试计算这台除尘器的阻力。

答案：除尘器出口管道中的全压：$P_{出}$ = −1.659+0.427= −1.232（kPa）

除尘器进口管道中的全压：$P_{进}$ = −0.059+0.194=0.135（kPa）

除尘器的阻力：$\Delta P = P_{进} - P_{出}$ =0.135−（−1.232）=1.367（kPa）

6．某企业有两根排气筒，高度分别为 30 m、40 m，相距 65 m，同时排放氯化氢气体，排放速率分别为 1.2 kg/h、1.7 kg/h，浓度分别为 120 mg/m³、140 mg/m³，氯化氢排放标准如下表所示，问该企业氯化氢排放是否达标？为什么？

氯化氢排放标准

最大允许排放浓度/（mg/m³）	排气筒高度/m	最高允许排放速度/（kg/h）
150	20	0.51
	30	1.7
	40	3.0
	50	4.5
	60	6.4
	70	9.1

答案：

等效排气筒排放速率：1.2+1.7=2.9（kg/h）

等效排气筒高度：$h = \sqrt{\dfrac{1}{2}\left(h_1^2 + h_2^2\right)} = 35\ (\mathrm{m})$

等效排气筒排放标准：
$$Q = Q_a + (Q_{a+1} - Q_a)(h - h_a)/(h_{a+1} - h_a)$$
$$= 1.7 + (3.0 - 1.7)\times(35-30)/(40-30) = 2.35\,(\mathrm{kg/h})$$

2.9 kg/h＞2.35 kg/h，因此超标。

7．对某企业一台以轻质柴油为燃料的锅炉进行监测，现场测试结果：烟气氧含量为 4.2%，标干状态下烟气流量为 1 400 m³/h；标准干烟气状态下烟尘浓度为 24 mg/m³；二氧化硫测试浓度为 22 ppm。计算烟尘和二氧化硫折算后的排放浓度及排放速率（排放标准规定的过量空气系数α =1.2）。

答案：α'=21/（21−4.2）=1.25 α'/α=1.25/1.2=1.04

烟尘排放浓度：24×1.04=25.0（mg/m³）

二氧化硫排放浓度：22×2.86×1.04=65.4（mg/m³）

烟尘排放速率：24×1 400×10⁻⁶=0.034（kg/h）

二氧化硫排放速率：$22\times2.86\times1\,400\times10^{-6}=0.088$（kg/h）

8．用气相色谱法测定固定污染源氯苯类时，在 30.0℃、大气压为 101.0 kPa 条件下采集无组织排放气体样品，采样体积 10.0 L，用 3.00 mL 洗脱剂洗脱，进样量为 1.00 μL，测得采样管吸附剂及玻璃棉中氯苯的含量为 12.6 μg，采样管空白吸附剂和玻璃棉中氯苯未检出，试计算该气体中氯苯的浓度。

答案：采样标况体积 V=（10.0×101.0×273.15）/［101.3×（273.15+30）］=8.98（L）

空气中氯苯的浓度 C=12.6/8.98=1.40（mg/m^3）

9．某企业有两根排气筒：排气筒 1 和排气筒 2，并且排气筒 1 和排气筒 2 排放同一种污染物，两根排气筒相距 25 m，排气筒 1 高度为 16 m，排气筒 2 高度为 12 m，排气筒 1 的排放速率为 0.25 kg/h，排气筒 2 的排放速率为 0.52 kg/h，已知当排气筒高度为 15 m 时，该污染物的最高允许排放速率为 0.5 kg/h。试计算：（1）两根排气筒的等效排放速率；（2）两根排气筒的等效排放高度；（3）两根排气筒的污染物排放速率是否超标。

答案：

（1）两根排气筒高度之和 16+12=28（m）＞25（m）

由于其距离小于该两个排气筒的高度之和时，应以一个等效排气筒代表该两个排气筒。

因此两根排气筒的等效排气筒污染物排放速率：

$Q_{等效}=Q_1+Q_2=0.25+0.52=0.77$（kg/h）

（2）两根排气筒的等效排气筒高度：

$$h=\sqrt{\frac{1}{2}\left(h_1^2+h_2^2\right)}$$

$$h_{等效}=14.1(\text{m})$$

（3）当排气筒高度低于排气筒高度的最低值，用外推法计算其最高允许排放速率。

由于 $h_{等效}=14.1\text{ m}<15\text{ m}$

所以$Q_{允许}=Q_c(h_{等效}/h_c)^2=0.5\times(14/15)^2=0.44$（kg/h），由于0.77 kg/h＞0.44 kg/h，故超标。

两根排气筒的污染物排放速率超标。

10．依据《生活垃圾焚烧污染控制标准》（GB 18485—2016）中的规定，生活垃圾焚烧发电机组的基准氧含量为 11.0%。现某生活垃圾焚烧发电项目污染物排放检测指标如下：烟尘 5.8 mg/m^3，SO_2 12 μmol/mol、NO 45 μmol/mol、NO_2 3 μmol/mol，烟气氧含量 12.5%。如果该企业执行 SO_2 标准限值 50 mg/m^3，NO_x 标准限值 100 mg/m^3，请判定上述 SO_2 和 NO_x 是否超标？并写出计算过程。

答案：氮氧化物实测浓度：$r_{NO_x}=46(r_{NO}+r_{NO_2})/22.4=46(45+3)/22.4\approx98$（$mg/m^3$）

折算浓度=98×（21−11）/（21−12.5）≈115（mg/m^3）

二氧化硫实测浓度：$r_{SO_2}=64\times12/22.4\approx34$（$mg/m^3$）

折算浓度=34×（21−11）/（21−12.5）≈40（mg/m^3）

由于该企业执行 SO_2 标准限值 50 mg/m^3，NO_x 标准限值 100 mg/m^3，所以，该企业的 NO_x 未达标排放；SO_2 达标排放。

11．某建成项目有两根排气筒，高度都是 14 m，直线距离为 17 m。某次监测结果显示：二氧化硫实际排放速率分别为 1.0 kg/h 和 0.8 kg/h。试论述本次监测该项目排气筒二氧化硫排放速率是否达标。[执行《大气污染物综合排放标准》(GB 16297—1996)，其中 15 m 高排气筒二氧化硫执行最高允许排放速率为 3.0 kg/h]。

答案：

(1) 计算等效排气筒污染物排放速率：项目两根排气筒排放相同的污染物，其距离（17 m）小于其几何高度之和（28 m），应折算为等效排气筒计算；

等效排气筒污染物排放速率：$Q=Q_1+Q_2=1.0+0.8=1.8$（kg/h）

(2) 计算实际应执行的排放速率限值：

计算等效排气筒高度：$h=\sqrt{\frac{1}{2}\left(14^2+14^2\right)}=14$（m）

计算等效排气筒 14 m 高度应执行的排放速率限值（外推法）

$Q=Q_b(h/h_b)^2=3\times(14/15)^2=2.6$（kg/h）

等效排气筒 14 m，未达到 15 m 高度的最低要求，其排放速率应严格 50%执行，即 2.6×0.5=1.3（kg/h）

(3) 等效排气筒 14 m 的排放速率为 1.8 kg/h，大于排放速率限值 1.3 kg/h，故该项目排气筒的排放速率不达标。

12．对某工厂锅炉排放的二氧化硫进行测定，测得锅炉在标准状态下干采气体积为 9.5 L，排气流量为 3.95×10^4 m³/h；分析二氧化硫时所用碘溶液的浓度为 $C(1/2I_2)=0.0050$ mol/L，样品溶液和空白溶液消耗碘溶液的体积分别为 15.80 mL、0.02 mL，试计算该锅炉排放二氧化硫的浓度和排放量。

答案：

(1) 计算二氧化硫排放浓度：$C_{SO_2}=(V-V_0)\times C(1/2I_2)\times32/V_{nd}\times10^3$

$=(15.80-0.02)\times0.0050\times32/9.5\times10^3=266$（mg/m³）

(2) 二氧化硫排放量：$G=C\times Q_{sn}\times10^{-6}=266\times3.95\times10^4\times10^{-6}=10.5$（kg/h）

13．对某酒店饮食业油烟进行监测的结果见下表，根据《饮食业油烟排放标准》(GB 18483—2001)，请计算该排气筒油烟排放浓度。

样品编号	样品油烟含量/μg	标况采样体积/L	风量/（Nm³/h）
1	72.2	29.7	14 400
2	81.0	30.4	13 600
3	65.4	31.0	13 200
4	17.6	31.4	14 700
5	50.2	30.6	15 000
备注：排气筒对应集气罩面积 S 为 8.8 m²			

答案：

(1) 根据每个基准灶头对应排气罩灶面投影面积为 1.1 m²，本次测量 S=8.8 m²，则 n=8.8/1.1=8，样品 1 的排放浓度为 $C_1=(72.2/29.7)\times14400/(8\times2000)=2.19$（mg/m³）

同理得出 C_2=2.26 mg/m³，C_3=1.74 mg/m³，C_4=0.515 mg/m³，C_5=1.54 mg/m³

(2) 由于最大值为 2.26 mg/m³，而 4 号样品为 0.515 mg/m³，小于其 1/4，故应舍去；

(3) $C_{排}=(C_1+C_2+C_3+C_5)/4=(2.19+2.26+1.74+1.54)/4=1.93$（mg/m³）

14．位于执行《大气污染物综合排放标准》(GB 16297—1996) 二级标准地区的某新建工厂有两个二氧化硫工艺排放口 A 和 B，A 排气筒 10 m，B 排气筒 18 m，试计算 A 和 B 排气筒的二氧化硫最高允许排放速率。[根据《大气污染物综合排放标准》（GB 16297—1996），该地区 15 m 排气筒二氧化硫最高允许排放速率二级标准为 2.6 kg/h，该地区 20 m 排气筒二氧化硫最高允许排放速率二级标准为 4.3 kg/h]

答案：由于 A 排放口是新建污染源，排放口高度低于 15 m，故排放速率利用外推法再严格 50% 执行。

$$Q_{A,\ SO_2}=50\%\times Q_{15m,\ SO_2}\times\left(\frac{h}{15}\right)^2=50\%\times 2.6\times\left(\frac{10}{15}\right)^2=0.57\text{（kg/h）}$$

B 排放口高度位于 15 ~ 20 m，故用内插法计算最高排放速率。

$$Q_{B,\ SO_2}=Q_{15m,\ SO_2}+\frac{Q_{20m,\ SO_2}-Q_{15m,\ SO_2}(18-15)}{(20-15)}=2.6+\frac{(4.3-2.6)(18-15)}{(20-15)}=3.6\text{（kg/h）}$$

15．已知通风管道断面面积为 3 m^2，某工况下测定断面的湿排气平均流速为 5 m/s，求通风管道中湿排气状况下的空气流量。

答案：Q=3 600×F×V=3 600×3×5=5.4×10^4（m^3/h）

16．某企业蒸汽锅炉以煤为燃料，煤燃烧过程中氮氧化物排放的参考系数为 10.1 kg/t，每小时用煤约 2 t，排气量为 9×10^4 m^3/h，监测仪器显示结果为氮氧化物 600 mg/m^3，请通过计算分析监测数据是否异常。

答案：氮氧化物排放量估算=2×10.1=20.2（kg）

氮氧化物浓度估算=20.2/（9×10^4）×10^6=224（mg/m^3）

监测结果 600 mg/m^3 已超过估算浓度 224 mg/m^3 的 50%，故该数据为异常数据。

17．已知某水泥厂水泥窑窑尾废气监测点的截面积为 9.6 m^2，3 次测得 SO_2 浓度分别为 151 mg/m^3、159 mg/m^3 和 155 mg/m^3，3 次测得含氧量分别为 9.7%、9.7%和 9.9%，3 次排气量平均值为 5.6×10^5 m^3/h，求 SO_2 排放速率。（水泥窑及窑尾余热利用系统排气的基准含氧量百分率为 10）

答案：

（151+159+155）÷3×5.6×10^5×10^{-6}=87（kg/h）

18．测得某一火电厂燃煤锅炉的实测 SO_2 浓度为 45 mg/m^3，实测的氧含量为 9%，试判断该企业二氧化硫是否达标。（燃煤锅炉限值 50 mg/m^3）

答案：二氧化硫浓度：C = 45×（21−6）/（21−9） = 56.2（mg/m^3）

56.2 mg/m^3＞50 mg/m^3

该企业二氧化硫超标排放。

19．对某水泥企业的监测报告进行审核，采样原始记录中显示该企业水泥窑排气筒中氟化物采样时的标况体积为 9.4 L，采样流量 0.5 L/min，累计采时 20 min；实测含氧量为 9.5，样品交接记录中 500 mL 聚四氟乙烯样品瓶 1+1 个，分析原始记录中样品含量 6.5 μg，全程序空白 0.1 μg；试计算该企业水泥窑窑尾排放口氟化物的排放浓度。（水泥窑及窑尾余热利用系统排气为含氧量为 10）

答案：$C_{实测}=m/V_{nd}$=6.5 μg÷9.4 L=0.69（mg/m^3）

$C_{基}=C_{实测}$×（21−$O_{基}$）/（21−$O_{实}$）=0.69×（21−10）/（21−9.5）=0.66（mg/m^3）

20．若某无组织排放监测点和某环境空气质量监测点的总悬浮颗粒物及二氧化硫样品实况采样体积均为 6 000 L 及 30 L，已知采样时大气压和环境温度分别为 102.0 kPa 和 14.2℃，请列出 4 种样品在计算质量浓度时所使用的体积。

答案：

（1）无组织排放监测点样品计算质量浓度使用标况体积

总悬浮颗粒物标况体积：V_1=6 000×（102.0/101.325）×［273/（273+14.2）］=5741.3（L）

二氧化硫标况体积：V_2=30×102.0/101.325×［273/（273+14.2）］=28.7（L）

（2）环境空气质量监测总悬浮颗粒物及二氧化硫样品计算质量浓度分别使用实况体积及参比体积

总悬浮颗粒物实况体积：V_3=6 000 L

二氧化硫参比体积：V_4=30×102.0/101.325×［298.15/（273+14.2）］=31.4（L）

第三节　室内空气采样及现场测试

一、填空题

1. 室内空气物理指标的测量，除了温度、相对湿度和风速，还有__________的检测。

答案：新风量

2. 依据《室内空气质量标准》（GB/T 18883—2022）中室内空气监测采样点数量要求，单间小于 25 m^2 的房间应设__________个点，25～50 m^2（不含）应设__________个点，50～100 m^2（不含）应设__________个点，100 m^2 及以上应至少设 5 个点。

答案：1，2～3，3～5

3. 室内空气质量指标是指室内空气中与人体健康有关的__________、__________、__________和放射性参数。

答案：物理性，化学性，生物性

4. 可吸入颗粒物是指悬浮在空气中，空气动力学当量直径小于等于__________的颗粒物。

答案：10 μm

5. 标准状态指温度为__________，压力为__________时的干物质状态。

答案：273 K，101.325 kPa

6. 室内空气多点采样时应按__________或__________均匀布点，应避开通风口和热源。

答案：对角线，梅花式

7. 室内空气检测应在对外门窗关闭__________h 后进行。

答案：12

8. 室内空气监测采用瞬时采样法时，一般采样间隔时间为__________min，每个点位应至少采集__________次样品，每次的采样量大致相同，其监测结果的平均值作为该点位的__________。

答案：10～15，3，小时均值

9. 室内空气监测每批采样中平行样数量不得低于__________%，每次平行采样，测定值之差与平均值比较的相对偏差不得超过________%。

答案：10，20

10．室内空气监测样品标签应标明________、________、________等。

答案：点位编号，采样日期和时间，测定项目

11．人群比较密集的室内环境应监测________、________和________。

答案：细菌总数，新风量，二氧化碳

12．室内空气应________、________、________嗅味。

答案：无毒，无害，无异常

13．室内空气监测采样点的高度，原则上与成人的________高度一致，一般相对高度在________m。也可根据房间的使用功能来选择采样高度。

答案：呼吸带，0.5～1.5

14．由于玻璃热后效应，室内空气相对温度测定时使用的玻璃液体温度计的零点位置，应经常用________校正。

答案：标准温度计

15．公共场所空气湿度测定时，电动通风干湿表温度刻度的最小分值不大于________℃。

答案：0.2

16．测定室内新风量时，示踪气体是一种无________、无________、使用浓度无________、安全、环境本底低、易采样、易分析的气体。

答案：色，味，毒

17．用示踪气体法测定室内新风量，根据示踪气体浓度衰减情况，测量从开始至________时间段示踪气体浓度，在此时间段内测量次数不少于________次。

答案：30～60 min，5

18．容量滴定法测定室内空气中二氧化碳时，采样前后用一级皂膜流量计在采样负载条件下校准采样器的流量，误差不得大于________。

答案：5%

19．容量滴定法测定室内空气中二氧化碳时，实验用水均为经煮沸除去________的去离子水。

答案：二氧化碳

20．用光散射法测定室内空气中可吸入颗粒物的原理：当光照射在空气中悬浮颗粒物上时，产生散射光。在颗粒物性质一定的条件下，颗粒物的________与其________成正比。通过测量散射光强度，应用质量浓度转换系数K值，求得颗粒物质量浓度。

答案：散射光强度，质量浓度

21．热解吸-气相色谱法测定室内空气中总挥发性有机物的原理：选择装有合适吸附剂的采样管采集一定体积的空气样品，空气流中的挥发性有机物被保留在吸附管中，将吸附管________，________挥发性有机物，待测样品随________进入气相色谱仪。

答案：加热，解吸，惰性载气

22．热解吸-气相色谱法测定室内空气中总挥发性有机物时，采样管是内壁抛光的________（材质）管，它的采样入口一端有标记，可以装填一种或多种吸附剂，并应使吸附层处于解吸仪的

__________区。

答案： 不锈钢或玻璃，加热

23．室内空气中氡测量的目的是__________、__________和剂量估算。

答案： 普查，追踪

24．《室内环境空气质量监测技术规范》（HJ/T 167—2004）规定，在室内进行氡测量时，测量仪应放置在离地面至少__________m，并不得高于__________m，并且距离其他物体__________cm以上位置。

答案： 0.5，1.5，10

25．室内空气采样时，采样系统流量要能保持__________，采样前后用__________校准采样器的流量。

答案： 恒定，一级皂膜流量计

26．采集室内空气样品时，一批样品应至少留__________个采样管不采样，并按其他样品管一样对待，作为采样过程中的现场空白。

答案： 两

27．当用活性炭管采集室内空气中苯系物时，若空气中水蒸气或水雾量过大，以致在炭管中凝结时，严重影响活性炭的__________和__________。

答案： 穿透容量，采样效率

28．当用活性炭管采集室内空气中苯系物时，活性炭管与空气采样器入气口__________连接。

答案： 垂直

29．用填充 Tenax-GC 的采集管采集室内空气中苯系物时，每次采样前需对采样管进行特殊处理，处理后的采样管在采样前后总计存放时间不应超过__________天并__________保存。

答案： 2，避光

30．室内空气中的苯并[*a*]芘是指存在于__________中的苯并[*a*]芘。

答案： 可吸入颗粒物

31．由于玻璃的__________，玻璃液体温度计零点位置应经常用__________校正，如零点有位移时，应把__________加到读数上。

答案： 热后效应，标准温度计，位移值

32．湿度是指空气中水分的含量，有两种表示方法：__________和__________。

答案： 绝对湿度，相对湿度

33．在使用空气采样袋直接采集现场空气时，袋内应该保持干燥，且现场空气充、放__________次后再正式采样。

答案： 3

34．用空气采样器采集样品时，为防止吸收瓶内的吸收液__________影响流量计流量，应在吸收瓶和流量计之间放置__________和__________。

答案： 倒吸，缓冲瓶，干燥剂

35．用玻璃注射器采集室内空气后，样品在运送和保存时要__________放置，且应在__________h内进行分析。

答案：垂直，12

36．根据污染物在室内空气中__________，选择合适的__________，用于室内的采样器的噪声应小于__________。

答案：存在状态，仪器设备，50 dB（A）

37．采集室内空气样品时，若使用带金属衬里的采样袋可以延长样品的保存时间，如聚氯乙烯袋采集的一氧化碳样品可保存__________h，而使用铝膜衬里的聚酯袋可保存__________h。

答案：10～15，100

38．微孔滤膜是由醋酸纤维素或醋酸-硝酸混合纤维素制成的多孔性有机薄膜，用于空气采样的孔径有__________μm、__________μm、__________μm 等几种。

答案：0.3，0.45，0.8

39．《室内环境空气质量监测技术规范》（HJ/T 167—2004）中两步测量法测定氡中，第一步筛选测量点位选择时，应选在氡浓度估计__________和__________的房间区域内进行。

答案：最高，最稳定

40．《室内环境空气质量监测技术规范》（HJ/T 167—2004）中两步测量法测定氡时，第一步筛选测量，第二步 __________。

答案：跟踪测量

41．使用电化学传感器法测定室内空气甲醛时，调零和跨度校准步骤重复__________次。

答案：2

42．使用电化学传感器法测定室内空气甲醛时，零点校准是将__________安装在仪器进气口，开启抽气泵，稳定后通过零点调节器将指示值调至__________。

答案：活性炭过滤器，零

43．使用电化学传感器法测定室内空气甲醛时，对所有配制的甲醛标准气重复__________次以上，仪器测定的相对标准差小于__________，分析仪测定值和标准值的相对误差小于__________。

答案：6，5%，2%

44．测定室内化学污染物时，一个区域若设置多个监测点，其测定结果以该区域内各采样点浓度的__________给出。

答案：算术平均值

45．在室内空气细菌总数的测定中，菌落数以__________为单位报告结果。

答案：CFU/m^3

46．室外空气空白样品的采集宜选在室外__________，并与室内样品同步采集。

答案：上风向处

47．在室内空气采样检测中，指标要求采用年平均和 8 h 平均的指标，在测定方法允许的情况下，可先进行__________，若检验结果符合指标要求，可直接评价；若不符合，应按__________检验结果评价。

答案：筛选法采样、累积法采样

48．对室内空气进行筛选法采样时，应关闭门窗，一般至少采样__________min。

答案：45

49．在室内空气采样检测中，有动力采样器在采样前应对采样系统__________进行检查，不得漏气。

答案：气密性

50．住宅一层、地下室、其他地下设施以及采用花岗岩、彩釉地砖等天然放射性含量较高材料新装修的室内环境都应监测__________。

答案：氡（^{222}Rn）

51．用空气流量校准器校准流量时，二氧化硫、甲醛、氨等采样器流量记录至小数点后__________，单位：L/min，菌落总数采样泵流量记录到__________，单位：L/min。

答案：2 位、整数

52．采用撞击法测定室内空气中菌落总数时，所用到的撞击式空气微生物采样器对空气中细菌捕获率应达到__________。

答案：95%

53．为评价室内氡水平，分两步测量：第一步__________测量，用以快速判定建筑物是否对其居住者将产生高辐射的潜在危险；第二步__________测量，用以估计居住者的健康危险度以及对治理措施作出评价。

答案：筛选，跟踪

54．采用固体吸附/热脱附-气相色谱法对室内空气中苯系物测定时，新填装的采样管应用热脱附仪进行__________处理，处理后的采样管两端立即用聚四氟乙烯帽密封，放在密封袋或保护管中保存。

答案：老化

55．进行公共场所中空气温度测定时，室内面积 50～200 m^2 的设置__________个测点，200 m^2 以上的设置__________个测点。

答案：2，3～5

56．进行室内空气相对湿度测定时，室内 2 个采样点的设置在室内__________上，3 个测点的设置在室内对角线四等分的 3 个等分点上，5 个测点的按__________布点，其他按均匀布点原则布置。

答案：对称点，梅花

57．使用氯化锂露点湿度计进行室内空气相对湿度测定时，氯化锂测头连续工作一定时间后应__________，湿敏元件不要随意拆动，并不得在腐蚀性气体（如二氧化硫、氨气、酸、碱蒸气）浓度高的环境中使用。

答案：清洗

58．使用数显式热电风速计测定室内风速时，一个区域的测定结果以该区域内各测点测量值的__________给出。

答案：算术平均值

59．测定公共场所室内风速所用的热电式电风速计由测杆探头和测量仪表组成，测杆探头的加热圈（丝）暴露在一定大小的风速下，引起探头加热电流或电压的变化，由于探头温度升高的程度与风速呈__________，可由指针或数字显示风速值。

答案：负相关

60．采用示踪气体法测定室内新风量时，在待测室内通入适量示踪气体，由于室内、室外空气交换，示踪气体的浓度呈__________衰减，根据浓度随着时间的变化值，计算出室内的新风量。

答案：指数

61．采用示踪气体法测定室内新风量时，计算室内空气体积，要用__________减去室内物品（如桌、沙发、柜、床、箱等）总体积。

答案：室内容积

62．室内温度是指室内环境空气的温度，可以使用玻璃温度计、数字式（包括热电偶、热电阻、半导体式）温度计测定室内温度，也可以使用__________、数字式湿度计和风速计所附的温度计。

答案：干湿球湿度计

63．相对湿度是指空气中实际水气压与同一温度条件下__________之比值，单位用__________表示。

答案：饱和水气压，%

二、单选题

1．室内空气多点采样时应按对角线或梅花式均匀布点，采样点应避开通风口，离墙壁距离应大于__________m，离门窗距离应大于__________m。（　　）

A．0.5，0.5　　B．0.5，1.0

C．1.0，0.5　　D．1.0，1.0

答案：B

2．《室内空气质量标准》（GB/T 18883—2022）规定，新风量的标准为__________m^3/（h·人）。（　　）

A．≥20　　B．≥30　　C．≥40　　D．≥50

答案：B

3．室内空气筛选法采样时关闭门窗，一般至少采样__________min。（　　）

A．15　　B．30　　C．45　　D．60

答案：C

4．室内空气采样前和采样后要用经检定合格的高一级的流量计在采样负载条件下校准采样系统的采样流量，取__________次校准的平均值作为采样流量的实际值。（　　）

A．2　　B．3　　C．4

答案：A

5．在使用空气采样袋直接采集现场空气时，袋内应该保持干燥，且现场空气充、放__________次后再正式采样。（　　）

A．2　　B．3　　C．4

答案：B

6．U 型多孔玻板吸收管适用于采集__________的污染物。（　　）

A．气态　　B．气溶胶

C．气态与气溶胶共存　　D．气态或气态与气溶胶共存

答案：D

7．不锈钢采样罐可用于室内空气中__________的采样。（　　）

A．挥发性有机物　　B．半挥发性有机物　　C．总挥发性有机物

答案：C

8．住宅一层、地下室、其他地下设施以及采用花岗岩、彩釉地砖等天然放射性__________含量较高材料新装修的室内环境都应监测。（　　）

A．氨　　B．氡（^{222}Rn）

C．甲醛　　D．总挥发性有机物

答案：B

9．室内空气监测时，北方冬季施工的建筑物应测定__________。（　　）

A．氨　　B．氡（^{222}Rn）

C．甲醛　　D．总挥发性有机物

答案：A

10．用空气流量校准器校准流量时，二氧化硫、甲醛、氨等采样器流量记录至小数点后__________位，单位：L/min。（　　）

A．1　　B．2　　C．3　　D．4

答案：B

11．室内空气监测 PM_{10}（重量法）称重记录至小数点后__________位，单位：g。（　　）

A．1　　B．2　　C．3　　D．4

答案：D

12．室内温度测定时，要求温度计的测量范围为__________℃，准确度为±0.3℃。（　　）

A．−30～100　　B．−40～100　　C．−30～90　　D．−10～50

答案：D

13．室内空气相对湿度测定时，要求湿度计的测量范围为__________RH。（　　）

A．5%～100%　　B．12%～99%

C．5%～90%　　D．10%～90%

答案：B

14．风速是指单位时间内空气在__________上移动的距离，单位为 m/s 或 km/h。（　　）

A．垂直方向　　B．水平方向　　C．风向

答案：B

15．室内空气流速可用热球式电风速计和热线式电风速计测量，要求风速计测试范围应在__________m/s，准确度为±5%。（　　）

A．0.01～20　　B．0.7～5

C．0.7～30　　D．0.05～10

答案：A

16．用示踪气体浓度衰减法测定室内新风量时，可以用作示踪气体的是__________。（　　）

A．二氧化碳　　B．氮气

C．氨气　　D．硫化氢

答案：A

17．测定室内新风量时，用回归方程法计算空气交换率，当浓度均匀时，在 30 min 内按一定的时间间隔测定示踪气体浓度，测定频次不少于__________次。（　　）

A．2　　B．3　　C．4　　D．5

答案：D

18．用示踪气体浓度衰减法测定室内新风量时，在室内通入适量示踪气体后，一般用摇摆扇搅动空气__________min，使示踪气体分布均匀后再采样。（　　）

A．0～1　　B．1～2　　C．2～3　　D．3～5

答案：D

19．公共场所空气温度测定时，数显式温度计的测量范围为__________℃，测量精度±0.5℃。（　　）

A．−30～100　　B．−40～100

C．−30～90　　D．−40～90

答案：D

20．公共场所空气湿度测定时，电动通风干湿表的测量范围为__________RH。（　　）

A．5%～100%　　B．10%～100%

C．5%～90%　　D．10%～90%

答案：B

21．室内空气中氡浓度的普查测量最好在__________进行。（　　）

A．春季　　B．夏季　　C．秋季　　D．冬季

答案：D

22．可吸入颗粒物是指悬浮在空气中，空气动力学当量直径__________μm 的颗粒物。（　　）

A．≥2.5　　B．≤2.5　　C．≥10　　D．≤10

答案：D

23．室内空气采样时，采样点应避开通风口，离墙壁距离应大于__________m。（　　）

A．0.2　　B．0.5　　C．1.0　　D．1.5

答案：B

24．室内空气监测时，日平均浓度至少采样__________h。（　　）

A．12　　B．16　　C．18　　D．20

答案：C

25．室内空气采样时，采样前后流量校准误差不得大于__________%。（　　）

A．2　　B．5　　C．10　　D．15

答案：B

26．室内空气采集的平行样品，其测定值之差与平均值比较的相对偏差不得大于__________%。（　　）

A．5　　B．10　　C．15　　D．20

答案：D

27．测定室内空气中氡时，如果筛选测量结果在__________Bq/m^3 以上，则应进行跟踪测量。（　　）

A．100　　B．200　　C．300　　D．400

答案：D

28．室内空气检测应在对外门窗关闭__________h 后进行。（　　）

A．6　　B．12　　C．18　　D．24

答案：B

29．室内空气监测采样点的高度，原则上与成人的__________高度一致，一般相对高度在__________m。也可根据房间的使用功能来选择采样高度。（　　）

A．呼吸带，0.2～1.0　　B．身体，0.2～1.0

C．呼吸带，0.5～1.5　　D．身体，0.5～1.5

答案：C

30．如果房间面积为 120 m^2，检测其室内空气污染物时，检测点数不少于__________个。（　　）

A．2　　B．3　　C．4　　D．5

答案：D

31．下列装饰装修材料中不属于室内环境污染物苯的主要来源的是__________。（　　）

A．木器涂料　　B．天然砂

C．胶粘剂　　D．有机稀释剂

答案：B

32．室内空气监测使用固体吸附管采样时，固体吸附剂用量视__________而定。（　　）

A．污染物种类　　B．吸附管内径　　C．吸附管长度

答案：A

33．公共场所空气湿度测定时，使用通风干湿表法校正通风器作用时间，校正时要求其通风器的全部作用时间不得少于__________min。（　　）

A．4　　B．6　　C．8

答案：B

34．测量室内空气中可吸入颗粒物时，需采用合格的超细玻璃纤维滤膜。采样前在干燥器内放置 24 h，用感量优于 0.1 mg 的分析天平称重，放回干燥器__________h 后再称重，两次重量之差不大于__________mg 即为恒重。（　　）

A．1，0.2　　B．2，0.2　　C．1，0.4

答案：C

35．用热电式电风速计测定室内风速时，由于其探头温度升高的程度与风速呈__________相关，故可由指针或数字显示风速值。（　　）

A．正　　B．负　　C．线性　　D．正态

答案：B

36.《室内环境空气质量监测技术规范》（HJ/T 167—2004）中，仪器使用前要进行零点校准及跨度校准，一般__________个月要进行一次多点校准。（　　）

A．1　　B．3　　C．6　　D．12

答案：C

37.《室内环境空气质量监测技术规范》（HJ/T 167—2004）中，每次室内空气检测时，必须在现场加采一定数量的密码平行样，与样品同时测定，平行测定合格率≥__________%方为合格。（　　）

A．85　　B．90　　C．95　　D．100

答案：C

38．在采集室内空气中二氧化硫时，采用内装 10 mL 吸收液的多孔玻板吸收管，一般以__________L/min 的流量采样。（　　）

A．0.2　　B．0.4　　C．0.5　　D．1.0

答案：C

39．室内空气二氧化硫采集后，一般要放置一段时间可使__________自动分解。（　　）

A．氮氧化物　　B．臭氧

C．重金属元素　　D．二氧化碳

答案：B

40．室内空气多点采样时应按对角线或__________均匀布点，应避开通风口，离墙壁距离应大于 0.5 m，离门窗距离应大于 1 m。（　　）

A．梅花式　　B．棋盘式　　C．蛇形法

答案：A

41．经装修的室内环境，采样应在装修完成__________天以后进行。（　　）

A．3　　B．5　　C．7　　D．10

答案：C

42．室内空气现场采样时，每批采样中平行样数量不得低于__________%。（　　）

A．2　　B．3　　C．5　　D．10

答案：D

43．室内空气现场采样所用到的 100 mL 玻璃注射器，使用前要对其气密性进行检验：将注射器吸入 100 mL 空气，内芯于外筒间滑动自如，用细橡胶管或眼药瓶的小胶帽封好进气口，垂直放置 24 h，剩余空气应不少于__________mL。（　　）

A．60　　B．70　　C．80　　D．90

答案：A

44．关于室内空气现场采样所用到的气泡吸收管，说法错误的是__________。（　　）

A．适用于采集气态或气态与气溶胶共存的污染物

B．采样时吸收管要垂直放置，不能有泡沫溢出

C．使用前应检查吸收管玻璃磨口的气密性，保证严密不漏气

答案：A

45．关于室内空气现场采样所用到的U型多孔玻板吸收管，说法错误的是__________。（　　）

A．适用于采集气态或气态与气溶胶共存的污染物

B．采样时吸收管要垂直放置，不能有泡沫溢出

C．使用前应检查玻璃砂芯的质量，保证气泡均匀，无特大气泡

D．使用后用蒸馏水可将砂芯板内残留的污染物冲洗干净

答案：D

46．在室内空气现场采样记录中，气温、气压记录到__________。（　　）

A．整数位　　B．小数点后1位　　C．小数点后2位

答案：B

47．采用甲醛吸收-副玫瑰苯胺分光光度法对室内空气中二氧化硫测定时，采样时吸收液温度的最佳范围在__________℃。（　　）

A．10～15　　B．16～22　　C．23～29　　D．30～33

答案：C

48．采用靛蓝二磺酸钠分光光度法对室内空气中臭氧测定时，当吸收液褪色约__________%时（与现场空白样品比较），应立即停止采样。（　　）

A．20　　B．40　　C．60　　D．80

答案：C

49．室内空气中细菌总数的采样测定方法为__________。（　　）

A．撞击法　　B．平板计数法　　C．直接显微镜检查法

答案：A

50．采用热解吸/毛细管-气相色谱法对室内空气中总挥发性有机物测定，如果总样品量超过__________ mg，采样体积应相对减少。（　　）

A．0.5　　B．1　　C．2　　D．3

答案：B

51．对室内空气中的氡进行测定时，测量点不应选择在__________。（　　）

A．卧室　　B．书房　　C．娱乐室　　D．厨房

答案：D

52．对室内空气中的氡进行测定，短期跟踪测量结果在400～800 Bq/m^3时，推荐采取的措施是__________。（　　）

A．出具达标的监测报告；不必采取措施

B．出具不达标的监测报告；采取措施，将氡水平降到400 Bq/m^3或更低水平

C．长期跟踪测量；建议采取措施，将氡水平降至400 Bq/m^3或更低水平

答案：C

53．进行公共场所室内空气温度测定时，使用玻璃液体温度计测量步骤，经__________min后读数，读数时先读小数再读整数。（　　）

A．2～5　　B．5～10　　C．10～20　　D．1～3

答案：B

54．进行公共场所室内空气温度测定时，对于数显式温度计的描述错误的是__________。（ ）

A．数显式温度计最小分辨率为 0.2℃

B．数显式温度计测量精度为±0.5℃

C．按要求对数显式温度计进行期间核查和使用前校准

D．待数显式温度计显示的读数稳定后，即可读出温度值

答案：A

55．进行公共场所室内空气相对湿度测定时，机械通风干湿表的温度刻度最小分值不大于__________，测量精度__________。（ ）

A．0.2℃，±2%　　B．0.1℃，±3%

C．0.2℃，±3%　　D．0.1℃，±2%

答案：C

56．进行公共场所室内空气相对湿度测定时，电动通风干湿表的温度刻度最小分值不大于__________，测量精度__________。（ ）

A．0.2℃，±2%　　B．0.1℃，±3%

C．0.2℃，±3%　　D．0.1℃，±2%

答案：C

57．使用氯化锂露点湿度计进行公共场所室内空气相对湿度测定时，通电__________ min 后再读值，按要求对仪器进行期间核查和使用前校准。（ ）

A．5　　B．6

C．8　　D．10

答案：D

58．测定公共场所室内风速时，指针式热电风速计或数显式热电风速计的最低检测值不大于__________m/s。（ ）

A．0.05　　B．0.06

C．0.03　　D．0.08

答案：A

59．使用热电式电风速计测定公共场所室内风速时，下面测量步骤不正确的是__________。（ ）

A．使用指针式热电风速计时按要求调整仪表的零点和满度

B．使用数显式热电风速计时无须自检、预热，通电后立刻读数

C．按要求对仪器进行期间核查和使用前校准

D．轻轻将测杆测头拉出，测头上的红点对准来风方向，读出风速值

答案：B

60．示踪气体法测定室内新风量，不正确的测量步骤是__________。（ ）

A．用气瓶在室内通入适量的示踪气体后将气瓶移至室外

B．同时用电风扇搅动空气 3～5 min，使示踪气体分布均匀

C．测定时打开门窗

D．示踪气体的初始浓度应达到至少经过 30 min 衰减后仍高于仪器最低检出限

答案：C

61. 示踪气体法测定公共场所室内新风量，下面关于测量步骤错误描述的是__________。（　　）

A．打开测量仪器电源，在室内中心点记录示踪气体浓度

B．根据示踪气体浓度衰减情况，测量从开始至 30～60 min 时间段示踪气体浓度，在此时间段内测量次数不少于 3 次

C．按要求对仪器进行期间核查和使用前校准

D．调查检测区域内设计人流量和实际最大人流量

答案：B

62．示踪气体法测定公共场所室内新风量计算公式如下：

$$Q=\frac{A\times V}{P}$$

对式中各物理量含义描述不正确的是__________。（　　）

A．Q 含义为新风量，单位时间内每人平均占有室外进入室内的空气量

B．Q 单位为 m^3/h

C．A 含义为换气次数

D．V 含义为室内空气体积，单位为 m^3

答案：C

63．关于风管法测定公共场所室内新风量的描述，不正确的是__________。（　　）

A．机械通风系统处于正常运行或规定的工况条件下

B．测量新风管某一断面的面积及该断面的风速最大值，计算出该断面的新风量

C．如果一套系统有多个新风管，每个新风管均要测定风量，全部新风量之和即该套系统的总新风量

D．调查机械通风服务区域内设计人流量和实际最大人流量

答案：B

64．室内空气物理性指标的测定，新风量要求__________标准值。（　　）

A．≥　　B．＞　　C．≤　　D．＜

答案：A

三、多选题

1．进行公共场所室内空气温度测定时，关于现场检测布点中对测点距离的描述正确的是__________。（　　）

A．测点距地面高度 1～1.5 m　　B．距墙壁不小于 0.5 m

C．距离热源不小于 0.5 m　　D．距离门窗应小于 1 m

答案：ABC

2．室内空气物理性指标测定包括__________等指标，还包括新风量的检测。（　　）

A．气压　　B．温度

C．相对湿度　　D．风速

答案：BCD

3．室内空气监测的采样记录包括__________内容。（　　）

A．现场情况

B．采样日期、时间、地点、数量、布点方式

C．大气压力、气温、相对湿度、风速

D．采样人员

答案：ABCD

4．在进行室内空气监测时，流量校准应__________。（　　）

A．采样系统流量要能保持恒定

B．采样前和采样后要用一级皂膜计校准采样系统进气流量

C．流量误差不超过 5%

答案：ABC

5．室内空气质量参数是指室内空气中与人体健康有关的__________参数。（　　）

A．物理　　B．化学

C．生物　　D．放射性

答案：ABCD

6．室内空气监测项目的确定，说法正确的是__________。（　　）

A．选择室内空气质量标准中要求控制的监测项目

B．选择室内装饰装修材料有害物质限量标准中要求控制的监测项目

C．选择室内人们日常活动可能产生的污染物

D．依据室内装饰装修情况选择可能产生的污染物

E．所选监测项目应有国家或行业标准分析方法、行业推荐的分析方法

答案：ABCDE

7. 依据室内环境空气质量监测技术规范，对于项目分析方法的选择，说法正确的是__________。（　　）

A．首先选用评价标准（如《室内空气质量标准》）中指定的分析方法

B．在没有指定方法时，应选择国家标准分析方法、行业标准方法，也可采用行业推荐方法

C．在某些项目的监测中，可采用 ISO、美国 EPA 和日本 JIS 方法体系等其他等效分析方法

D．由权威的技术机构制定的方法，但应经过验证合格，其检出限、准确度和精密度应能达到质控要求

答案：ABCD

8．用筛选测量室内空气氡选择采样点位时，说法正确的是__________。（　　）

A．测量应当在最靠近房屋底层的经常使用的房间，包括家庭住房、起居室、娱乐室等

B．测量可选择在厨房和洗澡间

C．测量不用避开采暖、通风、空调系统的通风口、火炉以及门、窗等能引起空气流通的地方

D．测量应避开阳光直晒和高潮湿的地方

答案：AD

9．室内空气多点采样时应按__________均匀布点，应避开通风口。（　　）

A．对角线　　B．梅花形　　C．棋盘式　　D．蛇形

答案：AB

10．室内空气监测在现场采样记录中，需记录气温、气压、湿度、风速 4 个项目，其中需记录到小数点后 1 位的项目有__________。（　　）

A．气温　　B．气压　　C．湿度　　D．风速

答案：ABD

11．适合于采集室内空气的装置有__________。（　　）

A．玻璃注射器　　B．空气采样袋

C．气泡吸收管　　D．不锈钢采样罐

E．滤膜

答案：ABCDE

12．室内新风量一般采用示踪气体法测定，示踪气体法具有__________特性。（　　）

A．无色、无味　　B．使用浓度无毒、安全

C．环境本底低　　D．易采样、易分析

答案：ABCD

13．室内温度是指室内环境空气的温度，可以使用__________测定室内温度。（　　）

A．玻璃温度计　　B．数显式温度计

C．干湿球湿度计所附的温度计　　D．风速计所附的温度计

答案：ABCD

14．室内环境是指人们工作、生活、社交及其他活动所处的相对封闭的空间，包括__________。（　　）

A．住宅、办公室　　B．学校教室、医院

C．候车（机）室　　D．交通工具及体育、娱乐等室内活动场所

答案：ABCD

15．室内空气检测应在对外门窗关闭__________后进行。对于采用集中空调的室内环境，空调应__________。（　　）

A．6 h　　B．12 h　　C．24 h　　D．正常运转　　E．关闭

答案：BD

16．关于室内空气现场采样所用到的固体吸附管，说法正确的是__________。（　　）

A．固体吸附管的采样入口一端有标记

B．固体吸附管内装 20～60 目的硅胶或活性炭、GDX 担体、Tenax、Porapak 等固体吸附剂颗粒，管的两端用不锈钢网或玻璃纤维堵住

C．固体吸附剂用量视污染物种类而定

D．吸附剂的颗粒应均匀，在装管前应进行烘干等预处理，以去除其所带的污染物

答案：ABCD

17．关于室内空气样品的运输与保存，说法正确的是__________。（　　）

A．样品由专人运送，按采样记录清点样品，防止错漏，为防止运输中采样管震动破损，装箱时可用泡沫塑料等分隔

B．样品因物理、化学等因素的影响，使组分和含量可能发生变化，应根据不同项目要求，进行有效处理和防护

C．贮存和运输过程中要避开高温、强光

D．样品运抵后要与接收人员交接并登记

答案：ABCD

18．进行公共场所室内空气相对湿度测定时，测量步骤不正确的是__________。（　　）

A．机械通风干湿表通风器作用时间校正，其通风器的全部作用时间不得少于 5 min

B．用吸管吸取蒸馏水送入湿球温度计套管内，湿润温度计头部纱条

C．机械通风干湿表上满发条，电动通风干湿表则应接通电源，使通风器转动

D．通风 6 min 后，读取干湿温度表所示温度

答案：AD

19．公共场所室内新风量测定一般采用示踪气体法即示踪气体浓度衰减法，常用的示踪气体有__________。（　　）

A．氮气　　B．二氧化碳　　C．六氟化硫　　D．氨气

答案：BC

20．示踪气体法测定公共场所室内新风量，测量范围为__________的公共场所。（　　）

A．非机械通风且换气次数小于 5 次/h　　B．无集中空调系统

C．有集中空调系统　　D．机械通风且换气次数大于 5 次/h

答案：AB

21．对室内空气中的氡进行测定时，可选择的仪器设备有__________。（　　）

A．活性炭盒　　B．径迹蚀刻探测器　　C．连续氡测量仪　　D．双滤膜法测氡仪

E．闪烁瓶法测氡仪

答案：ABCDE

22．测定公共场所室内风速时，__________等可引起空气流动，对测定产生影响。（　　）

A．室外内温差、压差　　B．室内热源

C．人工通风　　D．空调

答案：ABCD

四、判断题

1．年平均浓度是指任何一年的月平均浓度的算术均值。（　　）

答案：错误

正确答案：年平均浓度是指任何一年的日平均浓度的算术均值。

2．新风量是指在门窗开启的状态下，单位时间内由空调系统通道、房间的缝隙进入室内的空气

总量，单位：m^3/h。（　　）

答案：错误

正确答案：新风量是指在门窗关闭的状态下，单位时间内由空调系统通道、房间的缝隙进入室内的空气总量，单位：m^3/h

3．总挥发性有机化合物指利用 Tenax GC 或 Tenax TA 采样，非极性色谱柱（极性指数小于 10）进行分析，保留时间在正己烷和正十六烷之间的挥发性和半挥发性有机化合物。（　　）

答案：错误

正确答案：总挥发性有机化合物指使用 Tenax TA 或等效填料吸附管采样，非极性或弱极性毛细管色谱柱（极性指数小于 10）进行分析，保留时间在正己烷和正十六烷之间的挥发性有机化合物。

4．经装修的室内环境，室内空气采样应在装修完成 10 天以后进行。（　　）

答案：错误

正确答案：经装修的室内环境，室内空气采样应在装修完成 7 天以后进行。

5．室内空气采样时采样仪器（包括采样管）不能被阳光直接照射。（　　）

答案：正确

6．气泡吸收管在室内空气监测时适用于采集气态污染物，采样时，吸收管要水平放置，不能有泡沫溢出。（　　）

答案：错误

正确答案：气泡吸收管在室内空气监测时适用于采集气态污染物，采样时，吸收管要垂直放置，不能有泡沫溢出。

7．滤膜适用于采集挥发性低的气溶胶，如可吸入颗粒物等。（　　）

答案：正确

8．室内空气监测的各项原始记录均使用墨水笔或档案用圆珠笔书写，且需要现场填写，若现场未完成填写工作，可事后补写。（　　）

答案：错误

正确答案：室内空气监测的各项原始记录均使用墨水笔或档案用圆珠笔书写，且必须现场填写，不得事后补写。

9．室内空气监测在现场采样记录中，气温、气压、湿度、风速 4 个项目记录到小数点后 1 位，单位分别是℃、kPa、%、m/s。（　　）

答案：错误

正确答案：室内空气监测在现场采样记录中，气温、气压、风速记录到小数点后 1 位，湿度记录到整数，单位分别是℃、kPa、m/s、%。

10．民用建筑工程室内环境中甲醛、苯、氨和总挥发性有机物浓度检测时，对采用集中空调的民用建筑工程，检测应在关闭空调的条件下进行；对采用自然通风的民用建筑工程，检测应在对外门窗关闭 24 h 后进行。（　　）

答案：错误

正确答案：应在空调正常运转的条件下进行；对采用自然通风的民用建筑工程，检测应在对外门窗关闭 1 h 后进行。

11．室内空气质量检测采用有动力采样器时，在采样前应对采样系统气密性进行检查，不得漏气。（　　）

答案：正确

12．公共场所空气温度测定时使用的玻璃液体温度计，其玻璃细管上设有充满液体的部分空间，充有足够气压的一般性惰性气体。（　　）

答案：错误

正确答案：充有足够气压的干燥惰性气体。

13．公共场所空气温度测定时，水银温度计按凹月面的最低点读数。（　　）

答案：错误

正确答案：公共场所空气温度测定时，水银温度计按凸月面的最高点读数。

14．在公共场所空气温度测定中，酒精温度计按凹月面的最低点读数。（　　）

答案：正确

15．在公共场所空气温度测定中，数显式温度计的最小分辨率应该为 0.2℃。（　　）

答案：错误

正确答案：应该为 0.1℃。

16．在公共场所空气温度测定中，校正数显式温度计时，应在校正零点后，经 5～10 min 后记录读数。（　　）

答案：正确

17．进行公共场所空气湿度测定时，使用通风干湿表测试时，需通风 5 min 后读干、湿温度表所示温度。（　　）

答案：正确

18．进行公共场所空气湿度测定时，氯化锂湿度计在测量前需进行补偿，用旋钮调满度，将补偿开关测量位置，即可读数。（　　）

答案：正确

19．进行公共场所空气湿度测定时，氯化锂湿度计的湿敏元件不要随意拆动，但可在腐蚀性气体（如二氧化硫、氨气等）浓度高的环境中使用。（　　）

答案：错误

正确答案：不得在腐蚀性气体（如二氧化硫、氨气、酸、碱蒸气）浓度高的环境中使用。

20．进行公共场所空气流速测定时，打开数显式热球电风速计电源开关，需调整后才显示出风速。（　　）

答案：错误

正确答案：不需调整，直接显示出风速。

21．进行公共场所空气流速测定时，数字风速表在测试时需将开关拨到平均档，2 min 后显示的第一次风速即所测的平均风速。（　　）

答案：错误

正确答案：第一次风速不读，再过 2 min 后显示的风速即所测的平均风速。

22．进行公共场所空气流速测定时，将数字风速表的传感器垂直拿在手中置于被测环境中，再

将电源开关打开，即可读得瞬时风速。（ ）

答案：正确

23．用示踪气体浓度衰减法测定室内新风量时，室内空气总量等于室内容积减去室内物品总体积。（ ）

答案：正确

24．用示踪气体浓度衰减法测定室内新风量时，示踪气体的浓度与时间呈线性衰减。（ ）

答案：错误

正确答案：示踪气体的浓度与时间呈指数衰减。

25．用示踪气体浓度衰减法测定室内新风量时，其采样与测定工作是在关闭门窗的情况下进行的。（ ）

答案：正确

26．测定居住区大气中甲醛时，大气中共存的二氧化氮和二氧化硫对测定无干扰；乙醛、丙醛、丙烯醛、正丁醇、异丁醇和乙酸乙酯对测定有影响。（ ）

答案：错误

正确答案：乙醛、丙醛、丙烯醛、正丁醇、异丁醇和乙酸乙酯对测定无影响。

27．用热解吸-气相色谱法测定室内空气中总挥发性有机物时，采样后将吸附管取下，应该密封管的两端或将其放入可密封的金属或玻璃管中。（ ）

答案：正确

28．测定室内空气中总挥发性有机化合物时，可选择固定相为二甲基硅氧烷的石英毛细管柱分离总挥发性有机物。（ ）

答案：正确

29．用双滤膜法测量氡浓度时，每半年要用标准氡室对测量装置刻度一次。（ ）

答案：错误

正确答案：每年要用标准氡室对测量装置刻度一次。

30．用玻璃液体温度计测定公共场所空气温度时，应在校正零点后，经 5～10 min 后读数，读数时先读整数后再读小数。（ ）

答案：错误

正确答案：读数时先读小数后再读整数。

31．用空盒气压表测定室内大气压时，打开气压表盒盖后，先读附温，准确到 0.1℃，轻敲盒面，待指针摆动静止后读数。读数时视线需垂直刻度面，读数指针尖端所示的数值应准确到 0.1 hPa。（ ）

答案：正确

32．测定室内温度时，按要求对仪器进行期间核查和使用后校准。（ ）

答案：错误

正确答案：按要求对仪器进行期间核查和使用前校准。

33．湿度一般用绝对湿度表示，单位用%表示。（ ）

答案：错误

正确答案：湿度一般用相对湿度表示，单位用%表示。

34．用跟踪测量法测定室内空气氡时，跟踪测量的位置应根据需要来定，不应跟筛选测量的位置相同。（　　）

答案：错误

正确答案：跟踪测量应当在筛选测量相同的位置上进行。

35．室内空气采样时，采样时间不应涵盖通风最差的时间段。（　　）

答案：错误

正确答案：采样时间应涵盖通风最差的时间段。

36．用滤膜采集室内空气中污染物时，微孔滤膜适于重量法分析，消解后适于作元素分析。（　　）

答案：错误

正确答案：微孔滤膜不适于重量法分析，消解后适于作元素分析。

37．在填写原始记录时，可以在错误数据的原始记录上直接涂改，无须签名。（　　）

答案：错误

正确答案：将错误的数据画两道横线，在其上方写上正确的数据，并在右下方签名，不得在原始记录上涂改。

38．室内环境是指人们工作、生活、社交及其他活动所处的相对封闭空间。（　　）

答案：正确

39．用活性炭管采集室内空气中苯系物时，当空气湿度在 90%以下，活性炭管的采样效率不作要求。（　　）

答案：错误

正确答案：在气温 35℃，相对湿度 90%以下的环境条件下，穿透容量不低于 2 mg 被测物，活性炭管的苯、甲苯和二甲苯本底值应低于方法检出限。

40．用活性炭管采集室内空气中苯系物时，采样后将管的两端套上塑料帽，并记录采样时的温度和大气压力。样品可保存 7 天。（　　）

答案：错误

正确答案：样品可保存 5 天。

41．新购置的 PM_{10} 采样器，可以直接使用。（　　）

答案：错误

正确答案：使用前应该先进行流量校准。

42．用填充 Tenax-GC 的采样管采集室内空气中苯系物时，每次采样前只需经色谱检验无成分残留杂质即可使用。（　　）

答案：错误

正确答案：每次采样前需对采样管加热通氮气处理。

43．用吸附管采集室内空气中有机物时，采样后吸附管的两端无须密封，可直接带回实验室。（　　）

答案：错误

正确答案：采样后吸附管的两端需密封。

44．在计算室内空气中的气态待测组分浓度时，采样体积用室温下的实测体积。（　　）

答案： 错误

正确答案： 采样体积为参比状态下的采样体积。

45．进行公共场所空气湿度测定时，电动通风干湿表温度刻度的最小分值不大于0.2℃，测量精度±3%。（　　）

答案： 正确

46．示踪气体法即示踪气体浓度衰减法，在待测室内通入适量示踪气体，由于室内外空气交换，示踪气体的浓度呈指数衰减，根据浓度随着时间变化的值，计算出室内的新风量和换气次数。（　　）

答案： 正确

47．使用滤膜采集室内空气中污染物前，无须在灯光下检查有无针孔、褶皱，可直接使用。（　　）

答案： 错误

正确答案： 滤膜使用前应在灯光下检查有无针孔、褶皱。

48．审核室内空气的原始记录时，要严格执行三级审核制度。（　　）

答案： 正确

49．进行公共场所空气湿度测定时，氯化锂露点湿度计的测量范围为15%～100%RH。（　　）

答案： 错误

正确答案： 公共场所空气湿度测定时，氯化锂露点湿度计的测量范围为12%～100%RH。

50．室内空气质量参数的标准状态是指温度为 298 K、压力为 101.325 kPa 时的干物质状态。（　　）

答案： 错误

正确答案： 室内空气质量参数的标准状态是指温度为273 K、压力为101.325 kPa 时的干物质状态。

51．室内空气质量参数中的新风量是指在门窗关闭的状态下，单位时间内由房间的缝隙进入室内的空气的总量。（　　）

答案： 错误

正确答案： 新风量是指在门窗关闭的状态下，单位时间内由空调系统通道、房间的缝隙进入室内的空气的总量。

52．室内空气质量参数中的总挥发性有机化合物是指利用 Tenax GC 或 Tenax TA 采样，非极性色谱柱（极性指数小于10）进行分析，保留时间在正己烷和正十六烷之间的挥发性有机化合物。（　　）

答案： 正确

53．室内空气采样点的数量根据室内面积大小和现场情况而确定，要能正确反映室内空气污染物的污染程度。原则上小于 50 m^2 的房间应设 1～3 个点；50～100 m^2 设 3～4 个点，100 m^2 以上至少设 4 个点。（　　）

答案： 错误

正确答案： 原则上小于 50 m^2 的房间应设 1～3 个点；50～100 m^2 设 3～5 个点，100 m^2 以上至少设 5 个点。

54．在室内空气采样检测中，年平均浓度至少连续或间隔采样 6 个月，日平均浓度至少连续或间隔采样 18 h，8 h 平均浓度至少连续或间隔采样 6 h，1 h 平均浓度至少连续或间隔采样 45 min。（　　）

答案：错误

正确答案：年平均浓度至少连续或间隔采样 3 个月。

55．在室内空气采样检测中，有动力采样器采样前和采样后要用检定合格的高一级的流量计在采样空载条件下校准采样系统的采样流量。（　　）

答案：错误

正确答案：在室内空气采样检测中，有动力采样器采样前和采样后要用检定合格的高一级的流量计在采样负载条件下校准采样系统的采样流量。

56．使用 100 mL 玻璃注射器直接采集室内空气样品后，样品运送和保存时要水平放置，且应在 12 h 内进行分析。（　　）

答案：错误

正确答案：样品运送和保存时要垂直放置。

57．空气采样袋可直接用于采集室内现场空气，取样后将进气口密封，袋内空气样品的压力以略呈正压为宜。（　　）

答案：正确

58．室内空气现场采样所用到的滤膜适用于采集挥发性低的气态污染物。（　　）

答案：错误

正确答案：滤膜适用于采集挥发性低的气溶胶，如可吸入颗粒物等。

59．在室内空气质量明显超标时，进行室内空气采样检测应采用适当的防护措施，并应备有预防中暑、治疗擦伤的药物。（　　）

答案：正确

60．采用改进的 Saltzman 法对室内空气中二氧化氮测定时，采样期间吸收管应避免阳光照射。样品溶液呈粉红色，表明已吸收了二氧化氮。采样期间，可根据吸收液颜色程度，确定是否终止采样。（　　）

答案：正确

61．采用固体吸附/热脱附-气相色谱法对室内空气中苯系物测定时，采样前应对采样器进行流量校准。在采样现场，将一支采样管与空气采样装置相连，调整采样装置流量，此采样管可用于实验分析。（　　）

答案：错误

正确答案：此采样管仅作为调节流量用，不用作采样分析。

62．采用热解吸/毛细管-气相色谱法对室内空气中总挥发性有机物测定，个体采样时，采样管水平安装在呼吸带；固体位置采样时，选择合适的采样位置。（　　）

答案：错误

正确答案：个体采样时，采样管垂直安装在呼吸带。

63．采用热解吸/毛细管-气相色谱法对室内空气中总挥发性有机物测定采样时，将吸附管与采样泵用塑料或硅橡胶管连接。（　　）

答案：正确

64．对室内空气中的氡进行测定，筛选测量结果小于等于 400 Bq/m^3 时，不需要跟踪测量，可出具监测达标的监测报告。（　　）

答案：正确

65．进行公共场所室内空气温度测定时，室内面积不足 50 m^2 的设置 2 个测点。（　　）

答案：错误

正确答案：进行公共场所室内空气温度测定时，室内面积不足 50 m^2 的设置 1 个测点。

66．进行公共场所室内空气温度测定时，所用玻璃液体温度计的刻度最小分值不大于 0.2℃，测量精度±0.5℃。（　　）

答案：正确

67．采用干湿球法测定公共场所室内空气相对湿度时，在−10～45℃条件下，相对湿度的测量范围为 10%～100%。（　　）

答案：正确

68．进行公共场所室内空气相对湿度测定时，氯化锂露点湿度计的测量范围为−15～60℃。（　　）

答案：错误

正确答案：−45～60℃。

69．采用电阻式或电容式湿敏元件的各种湿度计对公共场所室内空气相对湿度测定时，待仪器示值稳定后直接读出相对湿度值。（　　）

答案：正确

70．进行公共场所室内空气相对湿度测定时，在 0～60℃条件下，电阻式湿度计的相对湿度测量范围为 5%～95%，电容式湿度计的相对湿度测量范围为 0%～90%。（　　）

答案：错误

正确答案：在 0～60℃条件下，电阻式湿度计的相对湿度测量范围为 10%～90%，电容式湿度计的相对湿度测量范围为 0%～100%。

71．测定公共场所室内风速时，数显式热电风速计测量范围为 0.1～10 m/s，在 0.1～2 m/s，其测量误差不大于±5%。（　　）

答案：错误

正确答案：在 0.1～2 m/s，其测量误差不大于±10%。

72．采用示踪气体法测定公共场所室内新风量时，示踪气体二氧化碳、一氧化氮环境本底水平最高浓度分别为 600 mg/m^3、0.125 mg/m^3。（　　）

答案：错误

正确答案：一氧化氮环境本底水平最高浓度为 0.4 mg/m^3。

73．采用示踪气体法测定公共场所室内新风量时，如果选择的示踪气体是环境中存在的（如 CO_2），应首先测量本底浓度。（　　）

答案：正确

74．采用示踪气体法测定公共场所室内新风量时，换气次数计算公式如下：

$$A=\frac{\ln(c_1-c_0)-\ln(c_t-c_0)}{t}$$

式中，c_0物理量的含义为示踪气体的环境本底浓度，单位为 mg/m^{2}或%。（ ）

答案：错误

正确答案：c_0物理量的含义为示踪气体的环境本底浓度，单位为 mg/m^{3}或%。

75．示踪气体法测定公共场所室内新风量，计算公式如下：

$$Q=\frac{A\times V}{P}$$

式中，P物理量取设计人流量和实际最大人流量两个数中的高值，单位为人。（ ）

答案：正确

76．幼儿园、学校教室、学生宿舍、老年人照料房屋设施室内装饰装修验收时，室内空气中氡、甲醛、氨、苯、甲苯、二甲苯、TVOC 的抽检量不得少于房间总数的 5%。（ ）

答案：错误

正确答案：抽检量不得少于房间总数的 50%。

五、简答题

1．简述室内空气监测时对采样时间及频次的要求。

答案：经装修的室内环境，采样应在装修完成 7 天以后进行。一般建议在使用前采样监测。年平均浓度至少连续或间隔采样 3 个月，日平均浓度至少连续或间隔采样 18 h；8 h 平均浓度至少连续或间隔采样 6 h；1 h 平均浓度至少连续或间隔采样 45 min。

2．室内空气监测的采样记录包括哪些内容？

答案：采样时要使用墨水笔或档案用圆珠笔对现场情况、采样日期、时间、地点、数量、布点方式、大气压力、气温、相对湿度、风速以及采样人员等作出详细现场记录。

3．简述室内空气样品运输与保存的注意事项。

答案：样品由专人运送，按采样记录清点样品，防止错漏，为防止运输中采样管震动破损，装箱时可用泡沫塑料等分隔。样品因物理、化学等因素的影响，使组分和含量可能发生变化，应根据不同项目要求，进行有效处理和防护。贮存和运输过程中要避开高温、强光。样品运抵后要与接样人员交接并登记。各样品要标注保质期，样品要在保质期前检测。样品要注明保存期限，超过保存期限的样品，要按照相关规定及时处理。

4．简述室内空气监测项目的确定原则。

答案：

（1）选择室内空气质量标准中要求控制的监测项目；

（2）选择室内装饰装修材料有害物质限量标准中要求控制的监测项目；

（3）选择室内人们日常活动可能产生的污染物；

（4）依据室内装饰装修情况选择可能产生的污染物；

（5）所选监测项目应有国家或行业标准分析方法、行业推荐的分析方法。

5．简述室内环境空气质量监测技术规范中选择室内空气监测分析方法的原则。

答案：

（1）首先选用评价标准（如 GB/T 18883《室内空气质量标准》）中指定的分析方法；

（2）在没有指定方法时，应选择国家标准分析方法、行业标准方法，也可采用行业推荐方法；

（3）在某些项目的监测中，可采用 ISO、美国 EPA 和日本 JIS 方法体系等其他等效分析方法，或由权威的技术机构制定的方法，但应经过验证合格，其检出限、准确度和精密度应能达到质控要求。

6．在用于剂量估算目的的氡测量时，对采样条件有哪些总的要求？

答案：

（1）良好的时间代表性。测量结果能代表一年中的平均值，并反映出不同季节氡及其子体浓度的变化；

（2）良好的空间代表性。测量结果能代表住房内的实际水平。

7．环境空气中氡的测量，对进行以普查为目的的氡测量，在选择采样点时有哪些要求？

答案：

（1）在近于地基土壤的居住房间（如底层）内采样；

（2）仪器布置在室内通风率最低的地方，如内室；

（3）不设在走廊、厨房、浴室和厕所等用水的地点。

8．用玻璃注射器采集室内空气样品前，如何检查其气密性？

答案：将注射器吸入 100 mL 空气，内芯与外筒间滑动自如，用细橡胶管或眼药瓶的小胶帽封好进气口，垂直放置 24 h，剩余空气应不少于 60 mL，则其气密性良好，若剩余空气少于 60 mL，则气密性差，不能用于采样。

9．分别叙述室内空气质量监测使用的筛选法采样和累积法采样。

答案：筛选法采样：采样前关闭门窗 12 h，采样时关闭门窗，至少采样 45 min；

累积法采样：当采用筛选法采样达不到标准要求时，必须采用累积法（按年平均、日平均、8 h 平均值）的要求采样。

10．在进行室内空气监测时，流量校准怎么做？

答案：采样前和采样后要用经检定合格的高一级的流量计（如一级皂膜流量计）在采样负载条件下校准采样系统的采样流量，取两次校准的平均值作为采样流量的实际值。校准时的大气压与温度应和采样时相近。两次校准的误差不得超过 5%。

11．在室内空气采样中，有哪些质量保证措施？（至少写出 3 个）

答案：

（1）仪器使用前，应按仪器说明书对仪器进行检验和标定；

（2）气密性检查：有动力采样器在采样前应对采样系统气密性进行检查，不得漏气；

（3）流量校准：采样系统流量要能保持恒定，采样前和采样后均要在负载条件下用检定合格的流量计进行校准，前后两次校准的相对偏差不得超过 5%；

（4）现场空白检验：在一批现场采样中，应留有两个采样管不采样，并按其他样品管一样对待，作为采样过程中空白检验，若空白检验超过控制范围，则这批样品作废；

（5）平行样检验：每批采样中平行样数量不得低于 10%，每次平行采样，测定值之差与平均值比较的相对偏差不超过 20%。

12．简述室内空气质量参数的含义，并举例说明。

答案：室内空气质量参数是指室内空气中与人体健康有关的物理、化学、生物和放射性参数。物理性参数包括温度、相对湿度、空气流速和新风量，化学性参数包括二氧化硫、二氧化氮、一氧化碳、二氧化碳、氨、臭氧、甲醛、苯、甲苯、二甲苯、苯并[*a*]芘、可吸入颗粒物和总挥发性有机物，生物性参数包括菌落总数，放射性参数包括氡 ^{222}Rn。（化学性参数示举 4 例即可）

13．新装饰、装修过的室内环境应测定哪些参数，请列举至少 5 项；人群比较密集的室内环境应测哪些参数，请列举至少 3 项。

答案：新装饰装修过的室内环境应测定甲醛、苯、甲苯、二甲苯、总挥发性有机物（TVOC）等。人群比较密集的室内环境应测菌落总数、新风量及二氧化碳。

14．简述风管法测定公共场所室内新风量，检测点所在的断面应如何选择？

答案：风管法测定室内新风量，检测点所在的断面应选在气流平稳的直管段，避开弯头和断面急剧变化的部位。

15．测定公共场所室内新风量使用的示踪气体有什么特点？

答案：无色、无味、使用浓度无毒、安全、环境本底低、易采样、易分析的气体。

六、计算题

1．在公共场所空气温度测定中，一支玻璃液体温度计在校正时温度计所示零点为 0.1℃，而标准温度计的零点位置在 0℃，现用该温度计测量室内温度，其读数为 29.6℃，试求该室内的实际温度。

答案：该温度计的零点位移值 $d=0-0.1=-0.1$（℃）

实际温度：29.6+（−0.1）=29.5（℃）

2．进行公共场所空气流速测定时，一数字风速表在其被校正时的风速计读数为 3.5 m/s，通过计算得出其风速为 3.4 m/s，在相同风速条件下，测得空气风速为 20.3 m/s，试问该条件下空气的实际风速。

答案：该条件下风速表的校正系数为 $a=V_s/V_t=3.4/3.5=0.97$

则该条件下空气的实际风速为 $V_f=a\times V_t=0.97\times 20.3=19.7$（m/s）

3．用气相色谱法测定公共场所空气中一氧化碳时，某一氧化碳样品用纯氮气稀释 20 倍后，进入气相色谱仪检测器，得到峰高 16.8 pA，而浓度为 30.5 mg/m^3 的一氧化碳标准气体峰高为 27.4 pA，试计算该样品一氧化碳浓度。

答案：16.8×30.5×20/27.4=374（mg/m^3）

4．用气相色谱法测定公共场所空气中二氧化碳时，某二氧化碳样品用纯氮气稀释 20 倍后，进入气相色谱仪热导检测器，得到峰高 34.5 pA，而浓度为 0.250%的二氧化碳标准气体峰高为 46.8 pA，试计算该样品二氧化碳浓度。

答案：（34.5×0.250%×20）/46.8=3.69%

5．若某气体在现场的采样体积 10 L，温度 12℃，压力 103.8 kPa，请将现场的采样体积换算到标准状态下的采样体积。（精确到小数点后 2 位有效数字）

答案： $V_0=V\dfrac{T_0}{T}\dfrac{p}{p_0}=10\times\dfrac{273}{12+273}\times\dfrac{103.8}{101.3}=9.815\,3=9.82$（L）

6．测定室内空气温度时，一支玻璃液体温度计在校正时温度计所示零点为−0.2℃，而标准温度计的零点位置在 0℃，现用该温度计测量室内温度，其读数为 24.5℃，试求该室内的实际温度。

答案：该温度计的零点位移值 d=0–（–0.2）=0.2（℃）

实际温度：24.5+0.2=24.7（℃）

7．已知室内空气氨的实验室分析中，如果 A=0.236，A_0=0.044，计算因子为 12.09 μg/吸光度，参比状态下采样体积 10 L，那么空气中氨浓度为多少？（精确到小数点后 2 位有效数字）

答案：由题可知：标准曲线斜率 B_s 为 12.09 μg/吸光度，A=0.236，A_0=0.044，V_0=10 L

氨浓度公式：C=（A–A_0）× B_s/V_0=（0.236–0.044）× 12.09/10=0.23（μg/L）=0.23（mg/m^3）

8．在进行室内空气中苯的检测时，以 0.5 L/min 的流速，采气 40 min，记录到现场的温度为 19.3℃，气压为 100.9 kPa，请计算苯的标准采样体积。

答案：采气体积 V = 0.5×40 = 20.0（L）

$$
\begin{aligned}
\text{参比采样体积} V_0 &= V \times \frac{T_0}{T} \times \frac{P}{P_0} \\
&= 20.0 \times \frac{(273+25)}{(273+19.3)} \times \frac{100.9}{101.3} \\
&= 20.3(\text{L})
\end{aligned}
$$

9．用通风干湿表在风速＞3 m/s 的条件下对一家商场室内空气相对湿度进行监测，测得结果如下：干球温度为 26℃，湿球温度为 21℃，检测时大气压为 101.3 kPa，温度计系数 A=0.000 677℃$^{-1}$，查表得出 21℃时的饱和水气压 P_{Bt} 为 2.488 kPa，试计算该条件下空气的水气压。

答案：$P_e = P_{Bt} - AP(t - t')$ = 2.488 – 0.000 677 × 101.3 ×（26 – 21）= 2.145（kPa）

10．某办公室室内容积为 78 m^3，室内物品总体积为 7.7 m^3，换气次数为 1.80 h^{-1}，计算该办公室新风量。（设计人流量为 10 人，实际最大人流量为 12 人）

答案：$Q = A \times V/P$ = 1.80 ×（78 – 7.7）/12 = 10.5［m^3/（人·h）］

11．用通风干湿表在风速＞2.5 m/s 的条件下对一家超市室内空气相对湿度进行监测，测得干球温度为 23℃，湿球温度为 18℃，该条件下空气中的水气压为 1.798 kPa，查表得出 23℃时的饱和水气压为 2.810 kPa，试计算该条件下空气相对湿度。

答案：F =（P_e/P_E）× 100% =（1.798/2.810）× 100% = 64%

12．以 CO_2 为示踪气体，测定宾馆房间的新风量，房间室内容积为 79 m^3，测量开始时 CO_2 浓度为 4 720 mg/m^3，30 min 后 CO_2 浓度为 2 027 mg/m^3，计算该段时间房间的换气次数。（CO_2 环境本底浓度为 600 mg/m^3）

答案：A = [ln（4 720 – 600）– ln（2 027 – 600）]/0.5 = 2.12（h^{-1}）

第四章

土壤和沉积物、固体废物

第一节　土壤、沉积物采样

一、填空题

1．由于底质（沉淀物）比较稳定，一般每年在＿＿＿＿＿期采样 1 次。

答案： 枯水

2．根据《建设用地土壤污染风险管控和修复监测技术导则》（HJ 25.2—2019），场地监测的基本原则是＿＿＿＿＿原则、＿＿＿＿＿原则、＿＿＿＿＿原则。

答案： 针对性，规范性，可行性

3．《土壤环境监测技术规范》（HJ/T 166—2004）中，区域环境背景土壤样品野外采样点选在被采土壤类型特征明显的地方，地形相对＿＿＿＿＿、稳定、植被良好的地方。

答案： 平坦

4．《土壤环境监测技术规范》（HJ/T 166—2004）中，测定土壤样品时，每批样品每个项目分析时均须做＿＿＿＿＿% 平行样品；当 5 个样品以下时，平行样不少于 1 个。

答案： 20

5．《土壤环境监测技术规范》（HJ/T 166—2004）中，土壤采样一般监测采集＿＿＿＿＿土，采样深度 0～20 cm，特殊要求的监测必要时选择部分采样点采集剖面样品。

答案： 表层

6．《土壤环境监测技术规范》（HJ/T 166—2004）中，污染事故土壤设定 2～3 个背景对照点，各点（层）取＿＿＿＿＿kg 土样装入样品袋。

答案： 1

7．用于农药或土壤有机质、土壤全氮量等项目分析的样品，应全部过＿＿＿＿＿孔径筛。

答案： 0.25 mm（60 目）

8．《土壤环境监测技术规范》（HJ/T 166—2004）中，区域环境背景土壤采样，采样点离铁路、公路至少＿＿＿＿＿ m 以上。

答案： 300

9．在进行土壤样品保存时，分析取用后的剩余样品一般保留＿＿＿＿＿年。

答案： 半

10．在对草甸土区域进行土壤环境背景调查采样时，若需采集剖面样，则一般在 A 层 5～20 cm、C_1 层（或 B 层）＿＿＿＿＿cm、C_2 层 100～120 cm 处采样。

答案： 50

11．土壤预处理室分设＿＿＿＿＿室和＿＿＿＿＿室。

答案： 风干，研磨（或磨样）

12．土壤剖面样品的采样次序为＿＿＿＿＿。

答案： 自下而上

13．土壤监测布点方法主要有 3 种：__________、__________、系统随机。

答案：简单随机，分块随机

14．污染事故监测土壤采样时，如果是固体污染物抛撒污染型，等打扫后采集表层__________cm 土壤，采样点数不少于 3 个；如果是爆炸污染型，以__________方式布点，采样点位不少于 5 个，爆炸中心采__________样，周围采表层__________cm 土壤。

答案：5，放射性同心圆，分层，0～20

15．土壤混合样的采集方法主要有 4 种方法，分别是__________、__________、__________和__________。

答案：对角线法，梅花点法，棋盘式法，蛇形法

16．测定有机污染物的土壤样品，采集的样品应置于__________容器中，瓶口不要沾污，及时放入样品冷藏箱，__________避光保存。

答案：带聚四氟乙烯衬垫的棕色玻璃瓶，4℃以下

17．土壤样品组分复杂，污染组分含量低，并且处于固体状态。测定前往往需要处理成液体状态和将待测组分转变为适合测定方法要求的形态、__________，并消除__________。

答案：浓度，共存组分的干扰

18．城市土壤环境质量对城市生态系统影响极大，由于其复杂性一般分两层采样监测，上层__________cm 可能是回填土或受人为影响大的部分，下层__________cm 为受人为影响相对较小的部分。

答案：0～30，30～60

19．决定土壤样品具有同等代表性的重要条件是“__________”和“__________”。

答案：随机，等量

20．对土壤环境进行监测时，在正式采样前，一般需要进__________，采集一定数量的样品分析测定，为制订监测方案提供依据；正式采样测试后，发现布设的样点没有满足总体设计需要的，则要进行__________。

答案：前期采样，补充采样

21．供测定有机污染物的土壤或者底质样品，应该用__________（材质）器具采样，采集的样品置于棕色__________（材质、容器）中，瓶口不要沾污，以保证磨口塞能塞紧。

答案：金属或聚四氟乙烯，玻璃瓶

22．对发生污染事故的土壤监测采样时，如果是液体倾翻污染型，污染物向低洼处流动的同时向__________并向两侧横向方向扩散，每个点__________，事故发生点样品点较密，采样深度较深，离事故发生点相对远处样品点较疏，采样深度较浅。采样点不少于__________个。

答案：深度方向渗透，分层采样，5

23．区域环境背景土壤采样时，一般采集表层土，采样深度__________cm，特殊要求的监测（土壤背景、环评、污染事故等）必要时选择部分采样点采集剖面样品，一般每个剖面采集 A、B、C 三层土样，对__________层发育不完整（不发育）的山地土壤，只采__________和__________两层。

答案：0～20，B，A，C

24．土壤环境监测的误差由__________、__________和__________三部分组成，通常情况下，

__________最小。

答案：采样误差，制样误差，分析误差，分析误差

25. 土壤样品在研磨过程中的分样，采用以下方法：将采集的土壤样品（一般不少于__________g）混匀后用__________法缩分至约__________g。

答案：500，四分，100

26. 土壤试样的“全分解”方法就是把土壤的__________彻底破坏，使土壤中的全部__________进入试样溶液中。

答案：矿物晶格，待测元素

27. 沉积物采样点位通常为水质采样垂线的__________，沉积物采样点应避开河床冲刷、沉积物沉积不稳定及水草茂盛、__________易受扰动之处。

答案：正下方，表层沉积物

28. 在农田耕作层采集若干点的等量耕作层土壤并经混合均匀后的土壤样品，组成混合样的分点数不少于__________个。

答案：5

29. 事故土壤监测要设定__________个背景对照点，各点（层）取 1 kg 土样装入样品袋，有腐蚀性或要测定挥发性化合物，改用__________装样。

答案：2～3，广口瓶

30. 土壤样品在运输过程中要严防样品的__________、__________和__________。对光敏感的样品应有 __________。

答案：损失，混淆，沾污，避光外包装

31. 土壤湿度的野外估测，一般可分为五级：__________，__________，潮，重潮，极潮。

答案：干，湿

32. 土壤制样误差来自__________、__________和贮存等制样过程中的误差。

答案：研磨，筛分

33. 建设用地土壤中污染物含量超过风险筛选值时，对人体健康可能存在风险，应当开展进一步的详细调查和风险评估，确定具体__________和__________。

答案：污染范围，风险水平

34. 地质和水文地质调查的调查方式有__________、现状调查及钻探、物探和试验。

答案：资料收集

35. 大气和地表水污染造成土壤和地下水污染的，布点时应同时考虑__________和__________。

答案：风向，地表水流方向

36. 进行土壤中非挥发性有机物分析时，推荐使用由玻璃、__________制成的容器，或是由__________制成的、配备聚四氟乙烯材质或聚四氟乙烯内衬杯子的容器。分析前宜在__________保存。

答案：聚四氟乙烯，不锈钢，暗处冷藏

37. 土壤质量评价是指一定的原则、方法和标准，对土壤质量进行总体的__________和__________的评定。

答案：定性，定量

38. 土壤交叉污染是指在土壤样品采集、运输、前处理及分析过程中，由__________、__________、__________等引起土壤样品的污染。

答案：采样工具，样品容器，化学试剂

39. 土壤退化是指在__________、__________和__________方面的性能变劣，导致土壤生产力降低的过程。

答案：物理，化学，生物学

40. 当土壤中污染物含量高于规定的农用地土壤污染风险筛选值时，可能存在农用地土壤污染风险，应加强土壤环境监测和__________协同监测。

答案：农产品

41. 采集土壤样品时，对于调查土壤及地面状况，需要采集两类样本：__________ 和__________。

答案：扰动样本，非扰动样本

42. 土壤颜色可采用__________比色，也可按土壤颜色__________进行描述。

答案：门塞尔比色卡，三角表

43. 描述土壤样品时，植物根系含量的估计可分为五级：无根系、少量、中量、多量、__________。

答案：根密集

44. 综合污染型农田土壤监测单元布点采用__________、均匀、__________布点法。

答案：综合放射状，带状

45. 当农用地土壤中镉、汞、砷、铅、铬的含量高于规定的风险筛选值、等于或者低于规定的风险管制值时，可能存在食用农产品不符合质量安全标准等土壤污染风险，原则上应当采取__________、__________等安全利用措施。

答案：农艺调控，替代种植

46. 绿地与广场用地中的__________或__________不属于建设用地的第二类用地。

答案：社区公园，儿童公园用地

47. 土壤背景值是指基于土壤环境背景含量的__________。

答案：统计值

48. 抓式采泥器适用于采集近岸海域__________的表层沉积物样品。

答案：较大面积

49. 建设项目土壤环境评价监测采样中，采集机械干扰土时，确定采样深度的方法有__________、__________和__________。

答案：随机深度采样，分层随机深度采样，规定深度采样

50. 农田土壤环境监测单元按土壤主要接纳污染物途径可划分为__________土壤监测单元、灌溉水污染监测单元、__________土壤监测单元、__________土壤监测单元、农用化学物质污染型土壤监测单元和综合污染型土壤监测单元。

答案：大气污染型，固体废物堆污染型，农用固体废物污染型

51. 土壤剖面是指按土壤特征，将表土竖直向下的土壤平面划分成的不同层面的取样区域，在各层中部位__________，__________。

答案：多点取样，等量混匀

52．在底泥堆积分布状况未知的情况下，采泥地点要__________。

答案：均衡设置

53．土壤采样颜色描述可采用双名法，__________在前，__________在后。

答案：副色，主色

54．土壤钻探取土应结合地块所在地区的地层条件、钻探的作业条件和勘察的方案要求来选择经济有效的钻探方法，防止土壤__________、__________，减少挥发性有机物的挥发损失。

答案：扰动，发热

55．地块土壤污染特征不明确或地块原始状况严重破坏，可采用__________布点法进行监测点位布设。

答案：系统

56．在场地环境质量监测中，土壤对照监测点位可选取在地块外部区域的四个垂直轴向上，每个方向上__________布设 3 个采样点，分别进行采样分析。

答案：等间距

57．建设项目机械干扰土规定深度采样适合预采样和挥发性有机物的监测采样，表层应__________，中下层应__________。

答案：多采，等间距采样

58．城市建设用地根据保护对象暴露情况的不同，可划分为__________用地和__________用地。对建设用地规划用途不明确的，适用__________用地的筛选值和管控值。

答案：第一类，第二类，第一类

59．土壤样品采集时，每个点的__________和__________应均匀一致，土层__________与__________的比例要相同。

答案：取土深度，采样量，上层，下层

60．土壤样品采集时，取样器应__________于地面入土，__________相同，用取土铲取样应先铲出一个耕层断面，再__________于断面下铲取土。

答案：垂直，深度，平行

61．有机氯农药是土壤环境污染最主要的农药类型之一，其特点是化学性质稳定，在环境中残留时间长，短期内不易分解，易溶于脂肪中，并在脂肪中蓄积，最主要的有机氯农药品种是__________和__________。

答案：六六六，滴滴涕

62．土壤监测点位布点原则必须遵循__________、__________、客观性、可行性、连续性原则。

答案：全面性，代表性

63．土壤样品运输和交接过程中，最根本的工作原则是保持样品待测组分的特性，保证样品__________、__________。

答案：不发生混淆，不被污染

64．污染企业及周边地区土壤监测点位的布设，废气企业在主导风向的下风向，按照__________状布点法；废水企业沿企业废水排放方向，利用__________状布点法。

答案：放射，带

65. 饮用水水源地周边地区土壤监测布点时，土地利用类型首选__________，其次选择林草地，不允许在客土（如绿化带、沿湖公园绿地和护岸带等）上布点。

答案：耕地

66. 按照土壤污染类型和监测项目，土壤样品种类分为__________、__________、__________和__________4 种类型。

答案：单独样，混合样，剖面样，分层样

67. 省域交界处跨越两个或多个省的网格区域，土壤环境质量监测点位布设一般选在所占面积__________的省域内布点。

答案：较大

68. 采集某园地土壤样品时，取小块土壤加水潮润、揉搓，能搓成完整的细条，但弯曲时容易断裂，则该园地土壤的质地为__________。

答案：中壤土

二、单选题

1. 采集金属污染的土壤样品，其采样工具应为__________。（　　）

A. 铁制　　B. 铅制　　C. 不锈钢制　　D. 塑料制

答案：D

2. 底质中含有大量水分，必须用适当的方法除去，下列方法中不可行的是__________。（　　）

A. 在阴凉、通风处自然风干　　B. 离心分离

C. 真空冷冻干燥　　D. 高温烘干

答案：D

3. 每个土壤监测单元一般要求最少设__________个点。（　　）

A. 2　　B. 3　　C. 4　　D. 5

答案：B

4. 建设项目土壤环境影响评价监测采样中，非机械干扰土样的柱状样采样深度一般为__________cm。（　　）

A. 20　　B. 60　　C. 100　　D. 120

答案：C

5. __________采样方法更适于中等面积、地势平坦、地形完整开阔但土壤不够均匀地块的土壤样品采集。（　　）

A. 对角线法　　B. 梅花点法　　C. 蛇形法　　D. 棋盘式法

答案：D

6. __________不包含周边土壤监测内容。（　　）

A.《排污单位自行监测技术指南　水泥工业》（HJ 848—2017）

B.《排污单位自行监测技术指南　提取类制药工业》（HJ 881—2017）

C.《排污单位自行监测技术指南　造纸工业》（HJ 821—2017）

D.《排污单位自行监测技术指南　制革及毛皮加工工业》(HJ 946—2017)

答案：C

7. 农田土壤表层土的采样深度一般为__________cm。(　　)

A. 0～10　　B. 0～20　　C. 0～30　　D. 0～50

答案：B

8. 土壤背景等特定调查研究监测需了解污染物在土壤中的垂直分布时采集土壤剖面样品。剖面的规格一般为__________，挖掘土壤剖面要使观察面向阳。(　　)

A. 长 1.0 m、宽 0.8 m、深 1.2 m　　B. 长 1.2 m、宽 0.8 m、深 1.0 m

C. 长 1.5 m、宽 0.8 m、深 1.0 m　　D. 长 1.5 m、宽 0.8 m、深 1.2 m

答案：D

9. 蛇形法布点适宜于面积较大、土壤不够均匀且地势不平坦的地块，设分点 15 个左右，多用于__________土壤。(　　)

A. 农业污染型　　B. 工业污染型　　C. 生活污染型　　D. 建筑污染型

答案：A

10. 根据《土壤环境监测技术规范》(HJ/T 166—2004)，土壤常规项目监测频次原则上为每__________年监测 1 次。(　　)

A. 1　　B. 2　　C. 3　　D. 5

答案：C

11. 农田土壤采样时，对于面积较小、地势平坦、土壤组成和受污染程度相对比较均匀的地块，合适的混合样采集方法为__________。(　　)

A. 对角线法　　B. 梅花点法　　C. 蛇形法　　D. 棋盘式法

答案：B

12. 根据《土壤环境监测技术规范》(HJ/T 166—2004)，区域环境背景土壤采样适宜的野外点是__________。(　　)

A. 坡脚、洼地等具有从属景观特征地点　　B. 地形相对平坦、稳定、植被良好地点

C. 城镇、住宅、道路及沟渠附近　　D. 水土流失严重地

答案：B

13. 土壤中有效态金属是指__________。(　　)

A. 能被植物生长利用的部分　　B. 有机质部分

C. 无机质部分　　D. 残渣部分

答案：A

14. 土壤有机质是土壤中__________的总称。(　　)

A. 动植物残体　　B. 土壤微生物　　C. 含碳有机化合物　　D. 残渣部分

答案：C

15. 土壤监测误差可分为采样误差(SE)、制样误差(PE)和分析误差(AE)3 类，通常情况下__________。(　　)

A. SE＞PE＜AE　　B. SE＜PE＞AE　　C. SE＞PE＞AE　　D. 都不是

答案：C

16．根据《土壤环境监测技术规范》（HJ/T 166—2004），测试项目需要新鲜土壤样品时，采集后用可密封的聚乙烯或玻璃瓶容器盛装，并且__________保存。（　　）

A．室温避光　　B．在 20℃以下　　C．在 4℃以下　　D．常温

答案：C

17．若需了解农田土壤中污染物的垂直分布情况，较为合理的采样方法是__________采样。（　　）

A．剖面　　B．表层　　C．深层　　D．表层与深层

答案：A

18．制备土壤样品时，将土壤研磨到全部过孔径 0.15 mm（100 目）筛，用于__________分析。（　　）

A．土壤元素全量　　B．元素有效态含量　　C．pH　　D．阳离子交换量

答案：A

19．农田土壤采样布点时，__________污染型土壤监测单元可采用均匀布点法。（　　）

A．农用固体废物　　B．大气　　C．固体废物堆　　D．液体倾翻

答案：A

20．采用梅花点法采集土壤样品时，设分点__________个左右。（　　）

A．3　　B．5　　C．7　　D．10

答案：B

21．采集土壤混合样时，一般混合样量往往较大，需要用__________弃取，最后留下 1～2 kg，装入样品袋。（　　）

A．二分法　　B．三分法　　C．四分法　　D．随意抓取

答案：C

22．在进行农田土壤环境监测时，灌溉水污染监测单元采用按水流方向带状布点，采样点自纳污口起布设__________。（　　）

A．由密渐疏　　B．均匀　　C．由疏渐密　　D．随机布点

答案：A

23．以下说法正确的是__________。（　　）

A．掘式（抓式）采泥器适用于采集较少的沉积物样品

B．锥式（钻式）采泥器适用于采集大面积、一定深度沉积物样品的采集

C．管式采泥器适用于采集柱状样品

D．箱式采泥器适用于较大面积的表层样品

答案：C

24．以下关于沉积物样品容器选择与处理说法错误的是__________。（　　）

A．聚乙烯和聚苯乙烯容器适用于痕量金属样品的贮存

B．用于有机物分析的沉积物样品应置于棕色玻璃瓶中，瓶盖应衬垫洁净铝箔或聚四氟乙烯薄膜

C．棕色广口玻璃瓶作容器可用于湿样测定项目样品的贮存

D．硫化物样品贮存可采用聚乙烯袋

答案：D

25．表层沉积物的分析样品一般取上部＿＿＿＿＿cm 的沉积物。（　　）

A．0～2　　B．0～5　　C．0～10　　D．0～20

答案：A

26．采集非机械干扰土壤的柱状土样时，每个柱状样取样深度 100 cm，分取三个土样，中层样的采样深度为＿＿＿＿＿cm。（　　）

A．0～20　　B．20～40　　C．20～60　　D．20～80

答案：C

27．沉积物采样器一般要求用强度高、耐磨性能较好的＿＿＿＿＿制成，使用前应除去油脂并润洗干净。（　　）

A．铝材　　B．钢材　　C．铁器　　D．铜器

答案：B

28. 农用地土壤污染风险筛选值的基本项目为必测项目，包括铜、锌、铅、镉、铬、镍、＿＿＿＿＿、砷。（　　）

A．硒　　B．汞　　C．铊　　D．锑

答案：B

29．＿＿＿＿＿不属于土壤常规项目中的重点项目。（　　）

A．铬　　B．硒　　C．六六六　　D．滴滴涕

答案：B

30．＿＿＿＿＿是一种不带主观限制条件的布点方法。（　　）

A．简单随机布点法　　B．分块随机布点法

C．系统随机布点法　　D．网格布点法

答案：A

31．区域土壤环境调查按调查的精度不同可从＿＿＿＿＿中选择网距网格布点，区域内的网格结点数即为土壤采样点数量。（　　）

A．1 km、2 km、5 km、10 km、20 km　　B．1 km、3 km、5 km、7 km、10 km

C．2.5 km、5 km、10 km、20 km、40 km　　D．5 km、10 km、20 km、25 km、50 km

答案：C

32. 测量金属的样品尽量用＿＿＿＿＿去除与金属采样器接触的部分土壤，再用其取样。（　　）

A．竹制品　　B．不锈钢刀　　C．塑料制品　　D．铝制品

答案：A

33．区域环境背景土壤剖面采样时，若是干旱地区剖面发育不完善的土壤，应在表层＿＿＿＿＿cm、心土层＿＿＿＿＿cm、底土层＿＿＿＿＿cm 左右采样。（　　）

A．0～20，50，120　　B．5～20，50，100　　C．0～10，40，80　　D．5～20，40，60

答案：B

34. 在进行耕地土壤污染风险筛查时，对于水旱轮作地，应采用＿＿＿＿＿的风险筛选值。（　　）

A．水田　　B．旱地　　C．其中较严格　　D．其中较宽松

答案：C

35．确定的重要河口海湾和重点区域例行监测时沉积物监测频次为__________。（　　）

A．每半年 1 次　　B．每年 1 次　　C．每 2 年 1 次　　D．每 5 年 1 次

答案：B

36．农用地土壤污染风险筛选值及管控值根据土壤 pH 进行划分，其划分区间为__________。（　　）

A．pH≤5，5<pH≤6，6<pH≤7，pH>7

B．pH≤4.5，4.5<pH≤6.5，6.5<pH≤8.5，pH>8.5

C．pH≤4，4<pH≤6，6<pH≤8，pH>8

D．pH≤5.5，5.5<pH≤6.5，6.5<pH≤7.5，pH>7.5

答案：D

37．沉积物采样时湿样测定项目和硫化物等样品的贮存容器一般采用__________。（　　）

A．聚乙烯袋　　B．聚苯乙烯袋　　C．棕色广口玻璃瓶　　D．棕色窄口玻璃瓶

答案：C

38．对污染分布不均匀，并获得污染分布情况的地块进行采样时，最合适的布点方法是__________。（　　）

A．系统随机布点法　　B．专业判断布点法　　C．分区布点法　　D．系统布点法

答案：C

39．环境监测中用以进行质量控制的标准土样或对照土样保存时间为__________。（　　）

A．3 个月　　B．半年　　C．1 年　　D．长期保存

答案：D

40．苗圃、种子园、树木园土壤样品采集时，采样深度一般为__________。（　　）

A．0～20 cm　　B．0～60 cm

C．主要根系分布层之上的土壤　　D．主要根系分布层的土壤

答案：C

41．采集污灌农田土壤时，应采用__________采集混合样品。（　　）

A．梅花点法　　B．对角线法　　C．蛇形法　　D．棋盘式法

答案：B

42．土壤样品采集完成后，在流转过程中做法错误的是__________。（　　）

A．运输过程中严防样品的损失、混淆和沾污

B．采样现场逐件核对无机化合物及有机污染物样品并统一装箱

C．对光敏感的样品应有避光外包装

D．送样者和接样者双方同时清点核实样品

答案：B

43．农用固体废物污染型土壤监测单元应采用__________方法。（　　）

A．均匀布点　　B．放射性布点　　C．带状布点　　D．分区布点

答案：A

44．建设项目土壤环境评价监测采样中，特大性建设项目或对土壤环境影响敏感的建设项目不少于＿＿＿＿＿个柱状样采样点。（　　）

A．1　　B．3　　C．5　　D．10

答案：C

45．采集苗圃、种子园和树木园土壤样品时，应采用＿＿＿＿＿采样。（　　）

A．对角线法　　B．梅花点法　　C．蛇形法　　D．棋盘式法

答案：C

46．采集土壤中挥发性有机物样品时，为了尽量减少采样对土壤样品的污染与扰动，可选择＿＿＿＿＿采样。（　　）

A．空气钻探法　　B．冲击钻探法　　C．回转钻探法　　D．汽油动力钻探法

答案：B

47．用于贮存沉积物样品的容器使用前应＿＿＿＿＿。（　　）

A．用（1+2）硝酸浸泡 2～3 天，用去离子水清洗，用（1+2）盐酸浸泡 2 天，用去离子水清洗干净、晾干

B．用自来水清洗，再用去离子水清洗，晾干

C．用（1+10）硫酸浸泡 12 h，用去离子水清洗，晾干

D．用（1+10）盐酸浸泡 1～2 天，用去离子水清洗，晾干

答案：A

48．下列沉积物采样器适用于采集柱状样品的是＿＿＿＿＿。（　　）

A．掘式采泥器　　B．锥式采泥器　　C．管式采泥器　　D．箱式采泥器

答案：C

49．下列关于四分法说法正确的是＿＿＿＿＿。（　　）

A．将采集的土样弄碎混合并平铺成四方形，平均划分为四份，取其中一份

B．四分法适用于所有土壤样品采集

C．使用四分法取样后若所得样品仍然很多，应再次使用四分法处理，直到所需数量

D．砂土不适用四分法取样

答案：C

50．在测定土壤＿＿＿＿＿时，需要采集土壤新鲜样品，新鲜土壤必须单独采集样品。（　　）

A．pH　　B．挥发性、半挥发性有机物

C．砷　　D．汞

答案：B

51．下列关于土壤样品保存说法错误的是＿＿＿＿＿。（　　）

A．对于易分解或易挥发等不稳定组分的样品要采取低温保存的运输方法

B．测试项目需要新鲜样品的土样，采集后用可密封的聚乙烯或玻璃容器在 4℃以下避光保存

C．测定有机污染物用的土壤样品要选用玻璃容器保存

D．测定半挥发性有机物的样品可不充满容器，在 4℃以下避光保存

答案：D

52．使用聚乙烯袋贮存沉积物样品时，应注意__________。（　　）

A．使用新袋，不得印有任何标志和字迹

B．使用氧化锌胶布密封样品

C．不能用于痕量金属样品的贮存

答案：A

53．进行土壤样品采集时，下列做法错误的是__________。（　　）

A．按照 VOCs、SVOCs、金属元素的样品采集顺序进行采样

B．采样过程中不得剔除土壤中的根系、砾石

C．测定重金属的样品用竹片直接取样

D．测定挥发性有机物不采集混合样品

答案：B

54．简单随机法是一种常用的土壤采样布点方法，下列说法正确的是__________。（　　）

A．这是一种完全不带主观限制条件的布点方法

B．简单随机布点比分块布点的代表性更好

C．如果区域内土壤污染物含量变化较大，简单随机布点比系统随机布点所采样品的代表性要好

D．如果监测区域内的土壤有明显的几种类型，优先选择使用简单随机布点法

答案：A

55．适宜面积较大、土壤不够均匀且地势不平坦的地块，多用于农业污染型土壤样品采集的是__________。（　　）

A．对角线布点法　　B．梅花布点法　　C．蛇形布点法　　D．棋盘式布点法

答案：C

56．土壤现场采样不需低温暗处冷藏保持的监测项目是__________。（　　）

A．半挥发性有机污染物　　B．难挥发性有机污染物

C．持久性有机污染物　　D．有机质

答案：D

57．野外估测土壤质地时，取小块土壤，加水潮润，然后揉搓，能搓成完整的细条，弯成直径为 2.5～3 cm 的土环时容易断裂，可确定质地为__________。（　　）

A．砂土　　B．轻壤土　　C．重壤土　　D．黏土

答案：C

58．野外估测土壤质地时，取小块土壤，加水潮润，然后揉搓，能搓成完整的细条，并弯成直径为 2.5～3 cm 的土环，可确定质地为__________。（　　）

A．砂土　　B．轻壤土　　C．重壤土　　D．黏土

答案：D

59．野外估测土壤湿度时，取土块放在手中，手捏土块时，在土团上塑有手印，可确定湿度为__________。（　　）

A．潮　　B．湿　　C．重潮　　D．极潮

答案：B

60．野外估测土壤植物根系含量时，在该土层每 50 cm^2 内有 5 根根系，可确定根系含量为__________。（　　）

A．无根系　　B．少量　　C．中量　　D．多量

答案：C

三、多选题

1．底质采样点应避开__________。（　　）

A．河床冲刷之处　　B．底质沉积不稳定之处

C．水草茂盛之处　　D．表层底质易受搅动之处

答案：ABCD

2．测定半挥发性有机物的新鲜土壤或沉积物样品一般采用__________方法干燥。（　　）

A．冷冻　　B．离心　　C．干燥剂　　D．风干

答案：AC

3．制备后的土壤样品不立即测定 pH 时，应密封保存，以免受大气中__________的影响。（　　）

A．O_3　　B．氨　　C．酸性气体　　D．CO

答案：BC

4．对于农田土壤监测单元的点位布设情况，下列说法不正确的是__________。（　　）

A．大气污染型土壤监测单元采用均匀布点

B．固体废物堆污染型土壤监测单元以污染源为中心放射状布点

C．农用化学物质污染型土壤监测单元以污染源为中心放射状布点

D．综合污染型土壤监测单元布点采用综合放射状、均匀、带状布点法

答案：AC

5．《土壤环境监测技术规范》（HJ/T 166—2004）规定，新鲜土样在＜4℃的储存环境条件下保存一周后还能用于__________项目的分析。（　　）

A．汞　　B．砷　　C．六价铬　　D．氰化物

答案：AB

6．对于土壤样品风干室，需满足__________要求。（　　）

A．方向朝南，确保阳光照射土壤　　B．通风良好

C．无易挥发性化学物质　　D．整洁无尘污染

答案：BCD

7．对土壤和沉积物中多环芳烃进行测定时，可采用__________对样品脱水。（　　）

A．在样品中加入适量无水硫酸钠脱水　　B．添加粒状硅藻土脱水

C．采用冷冻干燥的方式脱水　　D．使用烘箱对样品烘干脱水

答案：ABC

8．根据生态环境部《农用地土壤样品采集流转制备和保存技术规定》，在农用地土壤环境监测中，__________附近不宜设置土壤采样点。（　　）

A．陡坡地、低洼积水地　　B．住宅

C．道路　　D．沟渠、粪坑

答案：ABCD

9．一般农田土壤环境监测采集耕作层土样，采样深度说法正确的是＿＿＿＿＿。（　　）

A．种植一般农作物采 0～20 cm　　B．种植果林类农作物采 0～20 cm

C．种植一般农作物采 0～60 cm　　D．种植果林类农作物采 0～60 cm

答案：AD

10．关于城市土壤的监测采样，说法正确的是＿＿＿＿＿。（　　）

A．分两层采样　　B．分三层采样

C．监测点以网距 2 000 m 的网格布设为主　　D．各层单独取样监测

答案：ACD

11．土壤采样点简单随机数的获得可利用＿＿＿＿＿方法获得。（　　）

A．掷骰子　　B．抽签

C．查随机数表　　D．各层单独取样监测

答案：ABC

12．土壤的蛇形采样法适用于＿＿＿＿＿的田块。（　　）

A．地势平坦　　B．面积较大

C．土壤不够均匀　　D．地势不太平坦

答案：BCD

13．土壤的梅花点采样法适用于＿＿＿＿＿的田块。（　　）

A．面积较小　　B．地势平坦

C．土壤组成不均匀　　D．土壤污染程度较均匀

答案：ABD

14．＿＿＿＿＿是初步调查阶段建设用地土壤污染风险筛选的必测项目。（　　）

A．铬　　B．铬（六价）

C．汞　　D．六六六

答案：BC

15．分析土壤中＿＿＿＿＿项目时，无须风干制样，用新鲜样按特定的方法进行样品前处理。（　　）

A．挥发性有机物　　B．汞

C．砷　　D．可萃取有机物

答案：AD

16．根据《土壤环境监测技术规范》（HJ/T 166—2004），＿＿＿＿＿可以直接采样。（　　）

A．面积较小的土壤污染调查　　B．面积较大的土壤污染调查

C．突发性土壤污染事故调查　　D．持续性土壤污染事故调查

答案：AC

17．土壤风干时，可用＿＿＿＿＿装。（　　）

A．不锈钢盘　　B．白色搪瓷盘　　C．木盘　　D．塑料盘

答案：BC

18．根据《土壤环境监测技术规范》（HJ/T 166—2004），在进行土壤环境监测调查时，样品标签应注明__________。（　　）

A、采样日期　　B．采样地点　　C．监测项目　　D．采样深度

答案：ABCD

19．在进行土壤环境质量监测时，对于土壤质地、湿度判断正确的是__________。（　　）

A．取小块土壤，加水潮润，能搓成完整的细条，弯曲时容易断裂，属轻壤土

B．取小块土壤，加水潮润，能搓成完整的细条，弯曲成圆圈时容易断裂，属重壤土

C．土块放在手中，有潮润感觉，判断为湿

D．手捏土块时，有水流出，判断为极潮

答案：BD

20．在进行土壤剖面样品采集时，下列说法正确的是__________。（　　）

A．地下水位较高时，剖面挖至地下水出露时为止

B．山地丘陵土层较薄时，剖面挖至风化层

C．挖掘土壤剖面要使观察面朝阳

D．表土和底土应分两侧放置

E．每层剖面采集等量样品，混合均匀后用四分法取 1 kg 左右，装入样品袋，剖面采样次序自下而上，先采剖面的底层样品，再采中层样品，最后采上层样品

答案：ABCDE

21．下列土壤利用类型属于农用地的有__________。（　　）

A．耕地　　B．园地　　C．林地　　D．草地

答案：ABD

22．当农用地土壤中重金属含量高于风险管制值时，应当采取的措施是__________。（　　）

A．农艺调控　　B．替代种植

C．禁止种植使用农产品　　D．退耕还林

答案：CD

23．建设用地土壤污染风险筛查和风险管制适用于__________。（　　）

A．城乡住宅和公共设施用地　　B．工矿用地

C．交通水利设施用地　　D．旅游用地

E．军事设施用地

答案：ABCDE

24．海洋沉积物采样站位综合性布设可使用的布设方法有__________。（　　）

A．单点式　　B．断面式　　C．多断面式　　D．网格式

答案：ABCD

25．沉积物采样需在现场描述样品特性，包括__________。（　　）

A．颜色和嗅　　B．沉积物类型　　C．生物现象　　D．沉积物厚度

答案：ABCD

26．土壤物理性质测定样品采集时，正确做法是__________。（　　）

A．测定土壤容重和孔隙度的样品须采原状土样

B．测定土壤容重和孔隙度的样品直接用环刀在各土层中采取

C．土样采集后要小心装入聚乙烯袋

D．采取土壤结构性的样品须注意土壤湿度

答案：ABD

27．土壤样品采集新鲜样品时，可以使用聚乙烯容器保存的监测项目有__________。（　　）

A．六价铬　　B．氰化物　　C．汞　　D．挥发性有机物

答案：AB

28．污染事故监测土壤采样时，下列做法正确是__________。（　　）

A．事故土壤监测要设定背景对照点

B．固体污染物抛撒污染型，打扫后采集表层 5 cm 土样

C．爆炸污染型以放射性同心圆方式布点

D．各点位采样深度保持一致

答案：ABC

29．采集土壤样品时，用于分析__________项目的土壤样品须在＜4℃的条件下保存并将采样瓶装满装实并密封。（　　）

A．六价铬　　B．砷　　C．挥发性有机物　　D．半挥发性有机物

答案：CD

四、判断题

1．《地块土壤和地下水中挥发性有机物采样技术导则》（HJ 1019—2019）规定，在土壤样品采集过程中，在采集混合样时，禁止对样品进行均质化处理。（　　）

答案：错误

正确答案：在土壤样品采集过程中应尽量减少对样品的扰动，禁止对样品进行均质化处理，不得采集混合样。

2．《土壤环境监测技术规范》（HJ/T 166—2004）规定，由于土壤组成的不均匀性造成土壤的基础误差，该误差不能消除，但可通过研磨成小颗粒和混合均匀而减小。（　　）

答案：正确

3．《土壤环境监测技术规范》（HJ/T 166—2004）规定，每批土壤样品每个项目分析时均须做 20% 平行样品；当 5 个样品以下时，平行样可不做。（　　）

答案：错误

正确答案：每批样品每个项目分析时均须做 20% 平行样品；当 5 个样品以下时，平行样不少于 1 个。

4．《土壤环境监测技术规范》（HJ/T 166—2004）规定，特殊要求的监测（如土壤背景）可采用剖面采样。剖面的规格一般为 1.5 m（长）×0.8 m（宽）×1.2 m（深）。（　　）

答案：正确

5．采集农田土壤混合样时，棋盘式法适用于面积较小、地势平坦、土壤组成和受污染程度相对比较均匀的地块。（　　）

答案：错误

正确答案：棋盘式法适宜中等面积，地势平坦、土壤不够均匀的地块，设分点 10 个左右；受污泥、垃圾等固体废弃物污染的土壤，分点应在 20 个以上。

6．采集水中底质样品时，船体或采泥器冲击搅动底质不影响继续采样。（　　）

答案：错误

正确答案：若船体或采泥器冲击搅动了底质，应另选采样点位。

7．采集土壤沉积物二噁英样品的采样器在采样前只用水清洗，避免采集的样品间交叉污染。（　　）

答案：错误

正确答案：采样工具应保持清洁，采样前应使用水和有机溶剂清洗，避免采集的样品间交叉污染。

8．采集土壤剖面样品时，采样顺序应该自上而下，先采集剖面的上层样品，再采集中层样品，最后采集底层样品。（　　）

答案：错误

正确答案：采集土壤剖面样品时，采样顺序应该自下而上，先采集剖面的底层样品，最后采集上层样品。

9．采集土壤剖面样品时要在各层范围内随机多点取样，等量混匀。（　　）

答案：错误

正确答案：每层单独采样。

10．采集土壤样品时均应填写 2 个标签，一个放在袋（或瓶）内，一个放在袋（或瓶）外或贴在袋（或瓶）外表面上。（　　）

答案：正确

11．采集有机污染土壤样品时，采用棕色螺口玻璃瓶装样品，装至瓶高的 1/2 高度处。（　　）

答案：错误

正确答案：采集有机污染土壤样品时，采用棕色螺口玻璃瓶装样品，且尽量装满瓶。

12．测定沉积物样品中的多环芳烃，由于部分小分子种类容易挥发，采完样后一定要立即分析。（　　）

答案：错误

正确答案：若不能及时分析，应于 4℃以下冷藏、密封、避光保存。

13．沉积物采样点应与水质采样点在同一垂线上，不能偏移。（　　）

答案：错误

正确答案：沉积物采样点应与水质采样点在同一垂线上，如沉积物采样点有障碍物影响，采样点可适当偏移。

14．大气污染型土壤监测单元一般以污染源为中心放射状布点，而灌溉水污染和农用固体废物

污染型土壤监测单元则均匀布点。（　　）

答案：正确

15. 大气中氨和酸性气体不会对已制备好的土壤样品的 pH 测定造成影响。（　　）

答案：错误

正确答案：大气中氨和酸性气体对已制备好的土壤样品的 pH 测定有影响。

16. 底质采样量通常为 1～2 kg，在较深水域一般常用掘式采泥器采样；在浅水区或干涸河段用塑料勺或金属铲等即可采样。（　　）

答案：正确

17. 分析土壤中挥发性和半挥发性有机污染物时，采集的样品应储存在棕色玻璃瓶中，且样品不能装满样品瓶。（　　）

答案：错误

正确答案：且样品装满样品瓶。

18. 根据《建设用地土壤污染风险管控和修复监测技术导则》（HJ 25.2—2019），表层土壤样品的采集一般采用挖掘方式进行，一般采用锹、铲及竹片等简单工具，也可进行钻孔取样。（　　）

答案：正确

19. 建设项目土壤环境影响评价监测采样中，非机械干扰土样的柱状样采样深度一般为 60 cm。（　　）

答案：错误

正确答案：建设项目土壤环境影响评价监测采样中，非机械干扰土样的柱状样采样深度一般为 100 cm。

20. 建设用地如果具体地块土壤中污染物检测含量超过建设用地土壤污染风险筛选值，但等于或者低于土壤环境背景值水平的，不纳入污染地块管理。（　　）

答案：正确

21. 进行土壤环境背景值监测土壤剖面采样时，为避免各层样品间的交叉污染，取样时应自上而下依次取样。（　　）

答案：错误

正确答案：自下而上。

22. 进行土壤环境背景值监测土壤剖面采样时，在每层中部多点取样、等量混合，所以在表土被破坏的地方也可设置采样点进行采样。（　　）

答案：错误

正确答案：采样点以剖面发育完整、层次较清楚、无侵入体为准，不在水土流失严重或表土破坏处设置采样点。

23. 进行污染事故土壤监测时，如果是固体污染物抛撒型，打扫后采集表层 0～5 cm 土壤，样品数不少于 5 个。（　　）

答案：错误

正确答案：进行污染事故土壤监测时，如果是固体污染物抛撒型，打扫后采集表层 0～5 cm 土壤，样品数不少于 3 个。

24．面积较小、地势平坦、土壤组成和受污染程度相对比较均匀的地块，在采集土壤混合样时应采用对角线法。（ ）

答案： 错误

正确答案： 应采用梅花点法。

25．通过详细调查确定建设用地土壤中污染物含量高于风险管制值的，对人体健康通常存在不可接受风险，应采取风险管控或修复措施。（ ）

答案： 正确

26．土壤采样的布点方法要遵循“随机”和“等量”的原则。（ ）

答案： 正确

27．土壤采样的布点方法有简单随机法、分块随机法和系统随机法 3 种。（ ）

答案： 正确

28．土壤样品的风干操作为：在风干室内，将土样放置于风干盘中，摊成 2～3 cm 的薄层，适时地压碎、翻动，拣出碎石、沙砾和植物残体。（ ）

答案： 正确

29．土壤样品的全消解法，是将土壤样品用酸或碱，在高温下将其晶格破坏的方法。（ ）

答案： 正确

30．土壤样品加工过程中，不用挑除草根和石块等非土部分，以使分析结果更符合实际组成。（ ）

答案： 错误

正确答案： 土壤样品加工过程中，应挑除非土部分，使分析结果更能代表土壤本身的组成。

31．土壤样品制备过程中，缩分后的土样经风干后，除去其中的石子和动植物残体等异物，只能使用玛瑙棒研磨，直至全部通过 4 mm 尼龙筛。（ ）

答案： 错误

正确答案： 可用木棒或玛瑙棒研压，通过 2 mm 尼龙筛。

32．一般农田土壤环境监测采集耕作层土样，种植果林类农作物采 0～50 cm 土样。（ ）

答案： 错误

正确答案： 一般农田土壤环境监测采集耕作层土样，种植一般农作物采 0～20 cm，种植果林类农作物采 0～60 cm。

33．河道清淤底泥可以作为农肥在农用田里堆放和使用。（ ）

答案： 错误

正确答案：《农用地土壤环境管理办法（试行）》第十二条规定，禁止在农用地排放、倾倒、使用污泥、清淤底泥、尾矿（渣）等可能对土壤造成污染的固体废物。

34．农田土壤采样布点时，固体废物堆污染型土壤监测单元以污染源为中心均匀布点。（ ）

答案： 错误

正确答案： 农田土壤采样时，固体废物堆污染型土壤监测单元以污染源为中心放射状布点。

35．对于城市土壤，一般分三层采样：表层（0～20 cm），中层（20～60 cm），深层（60～100 cm）。（ ）

答案：错误

正确答案：对于城市土壤，一般分两层采样：上层（0～30 cm），另一层（30～60 cm）。

36．建设用地土壤污染风险筛选值和管制值的基本项目为初步调查阶段建设用地土壤污染风险筛选的必测项目。（　　）

答案：正确

37．建设用地指建造建筑物、构筑物的土地，包括城乡住宅和公共设施用地、工矿用地、交通水利设施用地、旅游用地、军事设施用地等。（　　）

答案：正确

38．《土壤环境质量　农用地土壤污染风险管控标准（试行）》仅适用于耕地土壤污染风险筛查和分类。园地和牧草地不可参照执行。（　　）

答案：错误

正确答案：适用于耕地土壤污染风险筛查和分类。园地和牧草地可参照执行。

39．农用地是指 GB/T 21010 中的 01 耕地（0101 水田、0102 水浇地、0103 旱地）、02 园地（0201 果园、0202 茶园）和 04 草地（0401 天然牧草地、0403 人工牧草地）。（　　）

答案：正确

40．农用地土壤污染风险筛选值的其他项目是由国家生态环境主管部门根据土壤污染特点和环境管理需求进行选择。（　　）

答案：错误

正确答案：农用地土壤污染风险筛选值的其他项目是由地方生态环境主管部门根据本地区土壤污染特点和环境管理需求进行选择。

41．进行土壤和地下水环境质量现场调查时，当污染源为酸性和碱性物质时，应将 pH 列为评估指标。（　　）

答案：正确

42．冷冻不会改变土壤的持水量。（　　）

答案：错误

正确答案：冷冻可能改变土壤的持水量。

43．土壤样品库应保持干燥、通风、无阳光直射、无污染；要定期清理样品，防止霉变、鼠害及标签脱落。（　　）

答案：正确

44．对于非污染土壤的采样，不可采用聚乙烯容器。（　　）

答案：错误

正确答案：对于非污染土壤的采样，可采用聚乙烯容器（如桶、广口瓶、结实的口袋等）。

45．建设项目土壤环境影响评价监测采集机械干扰土时，规定深度采样适合预采样和挥发性有机物的监测采样，表层少采，中下层等间距采样。（　　）

答案：错误

正确答案：规定深度采样适合预采样和挥发性有机物的监测采样，表层多采，中下层等间距采样。

46．土壤制样工作室需分设风干室和磨样室。（　　）

答案：正确

47．分析取用后的剩余土壤样品一般保留半年，预留样品一般保留 2 年。特殊、珍稀、仲裁、有争议样品一般要保留 5 年。（　　）

答案：错误

正确答案：特殊、珍稀、仲裁、有争议样品一般要永久保存。

48．在底泥堆积分布状况未知的情况，采泥地点可随机设置。（　　）

答案：错误

正确答案：在底泥堆积分布状况未知的情况，采泥地点要均衡设置。

49．沉积物混合样品可由采泥器或者抓斗采集。需要了解分层作用时，可采用钻探装置。（　　）

答案：正确

50．采集沉积物时，混合样品比单独样品数据更有用。（　　）

答案：错误

正确答案：采集单独样品，不仅能得到沉积物变化情况，还可以绘制组分分布图，因此，单独样品比混合样品的数据更有用。

51．沉积物样品的采样容器，一般使用细口容器。（　　）

答案：错误

正确答案：沉积物样品的采样容器，一般使用广口容器。

52．底质样品采集量一般为 1～2 kg，一次的采样量不够时，可在周围采集几次，几次样品分别保存。（　　）

答案：错误

正确答案：可在周围采集几次，并将样品混匀。

53．湖（库）底质采样点一般应设在远离主要河流及污染源排放口与湖（库）水混合的地方。（　　）

答案：错误

正确答案：湖（库）底质采样点一般应设在主要河流即污染源排放口与湖（库）水混合均匀处。

54．底质样品在采集后要尽快用塑料袋包装或用玻璃瓶盛装；供测定有机物的样品，用金属器具采样，置于棕色磨口玻璃瓶中。瓶口不要沾污，以保证磨口塞能塞紧。（　　）

答案：错误

正确答案：底质样品在采集后要尽量沥干水分再装样。

55．棋盘式法采集农田土壤混合样时设分点 5 个左右。受污染、垃圾污染的土壤分点应在 10 个以上。（　　）

答案：错误

正确答案：棋盘式法采集农田土壤混合样时设分点 10 个左右。受污染、垃圾污染的土壤分点应在 20 个以上。

56．考虑船上现场称量的准确度难以保证，需将现场采集的沉积物湿样密封冷冻保存，送回实验室后再进行测定含水率。（　　）

答案：正确

57．一般采用棕色旋盖大口玻璃瓶采集土壤中有机物，并要求瓶盖具有聚四氟乙烯内垫。（　　）

答案：正确

58．农田土壤采样时，土壤混合样是指在农田耕作层采集若干点的等量耕作层土壤并经混合均匀后的土壤样品，组成混合样的分点数根据实际情况确定。（　　）

答案：正确

59．采集区域环境背景土壤样品时，一般采集 0～30 cm 的表层土。（　　）

答案：错误

正确答案：一般采集 0～20 cm 的表层土。

60．某市一污染地块主要污染物为四氯化碳，开展土壤监测样品采集时可用铁铲直接采样。（　　）

答案：错误

正确答案：四氯化碳为挥发性有机物，对于挥发性有机污染物土壤的采样应采用无扰动式的采样方法和工具。

61．对角线法适宜采集面积较小、地势平坦，组成和受污染程度相对比较均匀的农田土壤混合样。（　　）

答案：错误

正确答案：梅花点法适宜采集面积较小、地势平坦，土壤组成和受污染程度相对比较均匀的农田土壤混合样。

62．当采集用于测定不同类型污染物的土壤样品时，应优先采集用于测定挥发性有机物的土壤样品。（　　）

答案：正确

63．在土壤挥发性有机物样品采集过程中应尽量减少对样品的扰动，禁止对样品进行均质化处理，不得采集混合样。（　　）

答案：正确

64．土壤监测常规项目原则上每 3 年监测一次，其中农田土壤应在作物收割前采样。（　　）

答案：错误

正确答案：农田在夏收或秋收后采样。

65．湖（库）底质采样点一般应设在主要河流出入口及饮用水取水点处。（　　）

答案：错误

正确答案：湖（库）底质采样点一般应设在主要河流及污染源排放口与湖（库）水混合均匀处。

66．农用地土壤污染风险筛选值中重金属和类金属砷均按元素总量计。（　　）

答案：正确

67．土壤混合样指各点位各层土壤经混合均匀后的土壤样品，组成混合样的采样点数应为 5～20 个。（　　）

答案：错误

正确答案：指同层土壤经混合均匀后的土壤样品。

68. 底质采样量通常为 1～2 kg，一次的采样量不够时，可在周围采集几次，并将样品混匀。（ ）

答案：正确

69. 进行沉积物采样时，若点位在河口部分，由于沉积物堆积分布容易变化，应适当增设采样点。（ ）

答案：正确

70. 采泥地点除在主要污染源附近、河口部位外，应选择由于地形及潮汐原因造成堆积以及底泥恶化的地点。另外也可选择在沉积层较厚的地点。（ ）

答案：错误

正确答案：另外也可选择在沉积层较薄的地点。

71. 采集底泥时，样品中的砾石、贝壳、动植物残体等杂物属于底泥的组成部分，不应剔除。（ ）

答案：错误

正确答案：样品中的砾石、贝壳、动植物残体等杂物应予剔除。

72. 挥发性有机物浓度较高的土壤样品装瓶后应密封在塑料袋中，避免交叉污染，应通过运输空白样来控制运输和保存过程中交叉污染情况。（ ）

答案：正确

73. 使用非扰动采样器采集土壤样品时，为加快采样速度，减少 VOCs 挥发逃逸，可以用同一非扰动采样器采集同一点位不同深度的土壤样品。（ ）

答案：错误

正确答案：不应使用同一非扰动采样器采集不同土壤样品。

74. 使用直压式取土器采集土壤样品时，可不刮除取土器中土芯表面的土壤。（ ）

答案：错误

正确答案：如果测定重金属，金属接触面必须刮除。

75. 采集水稻土或湖沼土等烂泥土样时，四分法难以应用，可将所采集到样品放入塑料盆中，用塑料棍将各样点的烂泥搅拌均匀后再取出所需数量的样品。（ ）

答案：正确

76. 使用便携式有机物快速测定仪对土壤样品进行筛查时，一般应选择读数相对较低的土壤样品送实验室检测分析。（ ）

答案：错误

正确答案：一般应选择读数相对较高的土壤样品送实验室检测分析。

77. 土壤剖面采样结束后将底土和表土按原层回填到采样坑中，方可离开现场，并在采样示意图上标出采样地点，避免下次在相同处采集剖面样。（ ）

答案：正确

78. 土壤机械钻探设备钻探过程中套管的作用主要为保护孔壁、隔离与封闭油、气、水层及漏失层。（ ）

答案：正确

79. 土壤剖面样品采集时，为确保样品的典型性和代表性，应确保各个发生层整层采样。(　　)

答案：错误

正确答案：只在各发生层中部采样，可克服层次间的过渡现象。

80. 重金属不能被土壤微生物分解，移动性小，容易在土壤耕层中积累，并能被生物富集。(　　)

答案：正确

81. 一般土壤样品需保存半年至 1 年，以备必要时查核之用。(　　)

答案：正确

82. 采集土壤整段剖面标本时，为了显露土壤类型的自然结构，整段标本的厚度最少需要 2～3 cm。(　　)

答案：正确

83. 土壤采样时，有植物生长的点位要避免破坏植物及其根系，在周边寻找合适点位进行采样。(　　)

答案：错误

正确答案：有植物生长的点位要首先除去植物及其根系。

84. 储存土壤样品应尽量避免日光、潮湿、高温和酸碱气体等的影响。(　　)

答案：正确

85. 有腐蚀性的土壤样品应用聚乙烯袋密封保存。(　　)

答案：错误

正确答案：有腐蚀性的样品应用广口玻璃瓶采样。

86. 土壤污染从污染物的属性一般可分为有机物污染、无机物污染、生物污染和放射性物质污染。(　　)

答案：正确

87. 土壤环境监测点位一经设定，如无特殊情况，应保持其稳定性，长期不要变动。(　　)

答案：正确

88. 土壤监测点位布设时不同土壤类型都要布点，污染较重的地区布点要密些。(　　)

答案：正确

89. 土壤区域环境背景监测采样单元以土类和成土母质母岩类型为主。(　　)

答案：正确

五、简答题

1. 根据《土壤环境监测技术规范》(HJ/T 166—2004)，环境土壤监测的常规项目有哪些？

答案：常规项目包括基本项目和重点项目。基本项目有 pH 和阳离子交换量；重点项目有镉、铬、汞、砷、铅、铜、锌、镍、六六六和滴滴涕。

2. 简述液体倾翻污染型事故中，土壤监测现场采样的要点。

答案：

(1) 污染物向低洼处流动的同时向深度方向渗透，并向两侧横向方向扩散，采样点不少于 5 个。

（2）每个点分层采样，事故发生点周围样品点较密，采样深度较深，离事故发生点相对远处样点较疏，采样深度较浅。

（3）要设定 2～3 个背景对照点。

（4）各点（层）取 1 kg 土样装入样品袋，有腐蚀性或要测定挥发性化合物时，改用广口瓶装样。含易分解有机物的待测定样品，采集后置于低温（冰箱）中，直至运送、移交到分析室。

3．简述土壤混合样的采集方法和相应的适用范围。

答案：

（1）对角线法：适用于污灌农田土壤，对角线分 5 等份，以等分点为采样分点；

（2）梅花点法：适用于面积较小，地势平坦，土壤组成和受污染程度相对均匀的地块，设分点 5 个左右；

（3）棋盘式法：适宜中等面积、地势平坦、土壤不够均匀的地块，设分点 10 个左右，受污泥、垃圾等固体废物污染的土壤，分点应在 20 个以上；

（4）蛇形法：适宜面积较大、土壤不够均匀且地势不平坦的地块，设分点 15 个左右，多用于农业污染型土壤。

4．现场需要对多个土壤样品进行缩分，请简述四分法的操作过程。

答案：

（1）在平整、没有污染的平地，铺上厚牛皮纸或聚氯乙烯薄膜，将数个样品堆积成圆锥形。

（2）反复转堆至少 3 次，使充分混匀。

（3）平摊圆饼、十字分 4 等份。

（4）取对角 2 份，重复进行直到所需样品量。

5．土壤采集后，新鲜样品该如何保存？

答案：对于易分解或易挥发等不稳定组分的样品要采取低温保存的运输方法，并尽快送到实验室分析测试。测试项目需要新鲜样品的土样，采集后用可密封的聚乙烯或玻璃容器在 4℃以下避光保存，样品要充满容器。避免用含有待测组分或对测试有干扰的材料制成的容器盛装保存样品，测定有机污染物用的土壤样品要选用玻璃容器保存。

6．土壤样品在制样过程中应注意哪些事项？

答案：制样过程中采样时的土壤标签与土壤始终放在一起，严禁混错，样品名称和编码始终不变；制样工具每处理一份样后擦抹（洗）干净，严防交叉污染；分析挥发性、半挥发性有机物或可萃取有机物可用新鲜样按特定的方法进行样品前处理，无需上述制样。

7．土壤环境监测单元按土壤主要接纳污染物途径可划分为哪些监测单元？

答案：

（1）大气污染型土壤监测单元；

（2）灌溉水污染监测单元；

（3）固体废物堆污染型土壤监测单元；

（4）农用固体废物污染型土壤监测单元；

（5）农用化学物质污染型土壤监测单元；

（6）综合污染型土壤监测单元（污染物主要来自上述两种以上途径）。

8．根据土壤监测目的，土壤环境监测包括哪些主要类型？

答案：

（1）农田土壤环境质量监测；

（2）区域土壤环境背景监测；

（3）建设项目土壤环境评价监测；

（4）土壤污染事故监测。

9．简述土壤现场采样时如何判断植物根系含量。

答案：

（1）无根系：在该土层中无任何根系；

（2）少量：在该土层每 50 cm^2 内少于 5 根；

（3）中量：在该土层每 50 cm^2 内有 5～15 根；

（4）多量：该土层每 50 cm^2 内多于 15 根；

（5）根密集：在该土层中根系密集交织。

10．采集土壤剖面样品时，采样次序如何确定？测量重金属的样品如何采集？

答案：采样次序自下而上，先采剖面的底层样品，再采中层样品，最后采上层样品。测量重金属的样品尽量用竹片或竹刀去除与金属采样器接触的部分土壤，再用其取样。

11．简述农田土壤监测单元划分的原则。

答案：监测单元划分要参考土壤类型、农作物种类、耕作制度、商品生产基地、保护区类型、行政区划等要素的差异，同一单元的差别应尽可能地缩小。

12．简述采用便携式有机物快速测定仪对土壤样品进行筛查时的操作流程。

答案：

（1）按照设备说明书和设计要求校准仪器；

（2）将土壤样品装入自封袋中 1/3～1/2 体积，封闭袋口；

（3）适度揉碎样品，对已冻结的样品，应置于室温下解冻后揉碎；

（4）样品置于自封袋中约 10 min 后，摇晃或振动自封袋约 30 s，之后静置约 2 min；

（5）将便携式有机物快速测定仪探头伸至自封袋约 1/2 顶空处，紧闭自封袋；

（6）在便携式有机物快速测定仪探头伸入自封袋后的数秒内，记录仪器的最高读数。

13．简述土壤样品标签的主要内容及注意事项。

答案：标签内容有样品编号、采样地点及经纬度、采样层次、采样时间、监测项目、采样深度、采样人。标签应一式两份，一份放入袋（瓶）中，另一份系在袋（瓶）口。

六、计算题

1．对某一剖面土壤总深为 1.8 m 的建设项目机械干扰土进行随机深度采样时，某点位通过随机数骰子确定的随机数为 4，计算该点位的采样深度。（已知：RN=随机数/10）

答案：根据题意，采样深度=剖面土壤总深×RN，而当骰子出现的数为 4 时，RN=随机数/10=4/10＝0.4。所以，采样深度=剖面土壤总深×RN=1.8×0.4=0.72（m）

2．某地拟进行区域环境背景土壤采样，划定的采样面积为 1 600 km^2，计划设置 100 个采样点位，网格间距应设置为多少？

答案： 网格间距 $L=(1\,600/100)^{1/2}=4$（km）

3．某地对一建设项目用地机械干扰土进行分层随机采样，土壤深度为 4.5 m，平均分为三层，上、中、下层分别使用骰子掷出的随机数为 2、8、0，则各层的采样深度是多少？

答案：

每层土壤深=4.5/3=1.5（m）

上层采样深度 $H_1=1.5\times(2/10)=0.3$（m）

中层采样深度 $H_2=1.5\times(8/10)+1.5=2.7$（m）

下层采样深度 $H_3=1.5\times1+3=4.5$（m）

第二节　固体废物采样

一、填空题

1．《工业固体废物采样制样技术规范》（HJ/T 20—1998）中，__________采样法是指一批废物，当对其了解很少，且采取的份样分散也不影响分析结果时，对这一批废物不作任何处理，不进行分类也不进行排队，而是按照其原来的状况从批废物中随机采取份样。

答案： 简单随机

2．《工业固体废物采样制样技术规范》（HJ/T 20—1998）规定，工业固体废物采样时份样量的确定取决于废物的粒度上限，废物的粒度越大，均匀性越__________，份样量就应越__________。

答案： 差，多

3．用于浸取固废样品中挥发性物质的专用装置是__________。

答案： 零顶空提取器

4．工业固体废物采样法包括__________采样法、__________采样法、__________采样法、分层采样法和两段采样法等。

答案： 简单随机，系统，权威

5．《危险废物鉴别技术规范》（HJ 298—2019）规定，在进行毒性物质含量的检测时，当同一种毒性成分在一种以上毒性物质中存在时，以__________的毒性物质进行计算和结果判断。

答案： 分子量最高

6．在固体废物监测中，当样品含水率大于等于__________时，则将样品直接过滤，收集其全部滤出液，供分析用。

答案： 91%

7．《生活垃圾焚烧污染控制标准》（GB 18485—2014）中规定的各项污染物浓度的排放限值，均指在标准状态下以__________%（体积分数）O_2（干烟气）作为换算基准换算后的基准含氧量排放浓度。

答案： 11

8．根据《危险废物鉴别技术规范》（HJ 298—2019），在某企业的固废监测工作中，共采集了一个批次 20 个样品进行危险废物鉴别检测，如有__________及以上样品超标，则可判断该批次固体废物属于危险废物。

答案：6 个

9．危险废物采样应当依据《危险废物鉴别技术规范》（HJ 298—2019）进行，需要确定最小__________、最小__________和采样方法。

答案：份样数，份样量

10．当一批废物由许多车、桶、箱、袋等容器盛装时，由于各容器件比较分散，此时应采用__________采样法。

答案：两段

11．对容器内的工业固体废物采样，可按总体积的__________深处采上部样品、总体积的__________深处采中部样品、总体积的__________深处采下部样品。

答案：1/6，1/2，5/6

12．根据《工业固体废物采样制样技术规范》（HJ/T 20—1998）规定，固体废物每份样品保存量至少应为试验和分析需用量的__________倍。

答案：3

13．采集工业固体废物时，采样单元多少取决于物料的__________程度，物料越__________，采样单元应越多。

答案：均匀，不均匀

14．工业固体废物固态废物的制样过程包括粉碎、筛分、__________、__________。

答案：混合，缩分

15．固体废物筛余量约为 5%时的筛孔尺寸，称为__________。

答案：最大粒度

16．装工业固体废物的容器材质应不与__________起反应，应没有__________，使用前应洗净并__________。

答案：样品物质，渗透性，干燥

17．在进行污染场地采样时，场地内土地使用功能不同及污染特征明显差异的场地，可采用__________法进行监测点位的布设。

答案：分区布点

18．固体废物按其危害程度可分为__________和__________。

答案：一般固体废物，危险废物

19．危险废物是指列入__________或者根据国家规定的危险废物鉴别技术标准和鉴别方法判定的具有危险特征的废物。

答案：国家危险废物名录

20．固体废物是指在生产、生活和其他活动中产生的丧失原有利用价值或者虽未丧失利用价值但被抛弃或者放弃的__________、__________和__________的物品、物质以及法律、行政法规规定纳入__________的物品、物质。

答案：固态，半固态，置于容器中的气态，固体废物管理

21．根据 2021 年 7 月 1 日开始实施的《一般工业固体废物贮存和填埋污染控制标准》（GB 18599—2020），第__________类一般工业固体废物是指按照 HJ 557—2010 规定方法获得的浸出液中__________特征污染物浓度均未超过 GB 8978—2008__________（第二类污染物最高允许排放浓度按照一级标准执行），且 pH 在__________范围之内的一般工业固体废物。

答案：Ⅰ，任何一种，最高允许排放浓度，6～9

22．需开展危险废物鉴别的建筑废物，应尽可能在拆除、清理之前或过程中，根据建筑物的__________和__________进行分类，分别采样。

答案：组成，污染特性

23．根据《危险废物鉴别技术规范》（HJ 298—2019），在采样过程中应采取措施防止危害成分的__________、__________和__________。

答案：损失，交叉污染，二次污染

24．根据《危险废物鉴别技术规范》（HJ 298—2019），固体废物来源于连续生产工艺，且设施长期运行稳定、原辅材料类别和来源固定，可适当减少采样份样数，份样数不少于__________个。

答案：5

25．一般情况下，__________和__________不得进入一般工业固体废物贮存场及填埋场。

答案：危险废物，生活垃圾

26．根据固体废物的产生源进行分类采样时，__________将不同产生源的固体废物混合。

答案：禁止

27．固体废物样品制样时，应保证过筛样品质量大于样品总质量的__________%。

答案：95

28．对于堆存、运输中的固态工业固体废物和大池（坑、塘）中的液体工业固体废物，可按对角线型、__________、__________、蛇形等点分布确定采样点（采样位置）。

答案：梅花形，棋盘形

29．在工业固体废物制样过程中，对于组成随温度变化的工业固体废物，应在其__________的温度下制样。

答案：正常组成所要求

30．在工业固体废物制样过程中要防止待测工业固体废物受到__________、__________和样品损失。

答案：交叉污染，发生变质

31．根据《工业固体废物采样制样技术规范》（HJ/T 20—1998），工业固体废物采样份样数的确定方法有__________、__________。

答案：查表法，公式法

32．根据《工业固体废物采样制样技术规范》（HJ/T 20—1998），固态废物样品的缩分方法有份样缩分法、__________、__________。

答案：二分器缩分法，圆锥四分法

33．根据《工业固体废物采样制样技术规范》（HJ/T 20—1998），在一批废物以运送带、管道等

形式连续排出的移动过程中按一定的质量间隔采份样，如果批量Q为1.5 t，查表得最少份样数n为10，则采样质量间隔为__________。

答案：0.15 t

34．为保证在允许误差范围内获得工业固体废物具有代表性的样品，应在采样和制样的__________进行质量控制。

答案：全过程

35．为计算固态固体废物含水率，称取适量样品置于具盖容器中，于__________℃下烘干至恒重。

答案：105

36. 根据《中华人民共和国固体废物污染环境防治法》(2020版)，固体废物应划分为__________、__________、__________、农业固体废物、危险废物等。

答案：工业固体废物，生活垃圾，建筑垃圾

37．固体废物污染环境防治坚持__________化、__________化和__________化的原则。

答案：减量，资源，无害

38．固体废物污染环境防治坚持__________的原则。

答案：污染担责

39．工业固体废物采样的基本目的是从一批工业固体废物中采集具有__________的样品。

答案：代表性

40．《工业固体废物采样制样技术规范》（HJ/T 20—1998）不适用于__________指标监测的采样制样。

答案：放射性

41．一批质量小于1 t的工业固体废物，最小采样份样数为__________份。

答案：5

42．连续产生的固体废物的样品采集应分次在1个月（或一个产生时段）内__________完成；每次采样在设备稳定运行的8 h（或一个生产班次）内完成。

答案：等时间间隔

43．危险废物一般也称__________，是固体废物管理的重点。

答案：有害固体废物

44．采样工具、设备所用材质不能和待采工业固体废物有任何反应，不能使待采工业固体废物污染、__________和损失。

答案：分层

45．半固态废物采样按固态废物和__________采样规定进行。

答案：液态废物

46．固体废物具有显著的时间和空间特性，同时具有“废物”和“__________”的二重性。

答案：资源

47．工业固体废物采样前，应首先进行采样方案（采样计划）设计。方案内容包括采样目的和要求、背景调查和现场踏勘、采样程序、安全措施、__________、采样记录和报告等。

答案：质量控制

48．对于堆积高度大于 0.5 m 的散状堆积固态、半固态废物，应分层采取样品，采样层数应不少于__________层。

答案：2

49．固体废物按来源可分为矿业固体废物、工业固体废物、城市垃圾、__________、医疗固体废物等。

答案：农业固体废物

50．半固态废物制样时，对于有固体悬浮物的样品，要充分搅拌，__________后，再按需要制成试样。

答案：摇动混匀

51．固体废物按照化学性质可分为__________和__________。

答案：有机废物，无机废物

二、单选题

1．采集桶装、袋装或其他容器装固体废物时，下列做法中不正确的是__________。（　　）

A．将各容器编号，用随机数据表法随机抽取 N/3 个容器作为采样单元采取样品

B．分别在容器的上部（1/6 处）、中部（1/2 处）和下部（5/6 处）取样，每层采取等份样数

C．根据固体废物的性状，分别使用长铲式采样器、套筒式采样器或探针进行采样

D．只有一个容器时，分 3 层取样，每层采取 2 个样品

答案：A

2．危险废物与放射性废物混合，混合后的废物应按__________管理。（　　）

A．危险废物　　B．放射废物　　C．固体废物　　D．有毒废物

答案：B

3．根据《危险废物鉴别技术规范》（HJ 298—2019）规定，对贮存池中固态、半固态废物采样时，在网格的中心处用土壤采样器或长铲式采样器垂直插入废物底部，旋转__________后抽出，每采取一次，作为一个份样。（　　）

A．90°　　B．120°　　C．180°　　D．360°

答案：A

4．《工业固体废物采样制样技术规范》（HJ/T 20—1998）规定，工业固体废物样品每份样品保存量至少应为试验和分析需用量的__________倍。（　　）

A．1　　B．2　　C．3　　D．5

答案：C

5．根据《危险废物鉴别技术规范 》（HJ 298—2019），原始颗粒最大粒径（以 *d* 表示）$d \leqslant 0.50$ cm 固态废物的一个份样所需采取的最小份样量为__________g。（　　）

A．100　　B．300　　C．500　　D．1 000

答案：C

6．下列关于工业固体废物样品容器的说法错误的是__________。（　　）

A．盛样容器材质与样品物质不起作用

B．盛样容器应具有符合要求的盖、塞或阀门

C．盛样容器应没有渗透性，使用前应洗净、干燥

D．光敏工业固体废物样品盛样时无须采用不透光容器

答案：D

7．用于加压流体萃取的固废有机物样品采集后，应放入清洁、无干扰__________中，密封保存。（　　）

A．棕色玻璃瓶　　B．透明玻璃瓶

C．塑料瓶　　D．牛皮纸袋

答案：A

8．固体废物监测中，当含水率大于等于__________时，则将样品直接过滤，收集其全部滤出液，供分析用。（　　）

A．80%　　B．91%　　C．90%　　D．95%

答案：B

9．在固废采样中，当对其性质了解很少，且采样的样份比较分散也不影响分析结果时，对这批废物不做任何处理，不进行分类和排队，采取的采样方法是__________。（　　）

A．简单随机采样法　　B．系统采样法

C．分层采样法　　D．两段采样法

答案：A

10．固体废物份样量取决于废物粒度的__________，废物的粒度越大，均匀性越差，份样量就应越多。（　　）

A．上限　　B．下限　　C．平均值　　D．中位值

答案：A

11．工业固体废物样品保存期一般为__________，易变质的不受此限制。（　　）

A．1 年　　B．半年　　C．1 个月　　D．半个月

答案：C

12．固体废物有机磷样品采集后，应密封储存于预先洗净烘干的__________玻璃瓶中，尽快分析。（　　）

A．棕色　　B．无色或棕色　　C．无色

答案：A

13．危废代码是危险废物的唯一代码，为 8 位数字，如 261-007-11，其中最后两位数字代表__________。（　　）

A．行业代码　　B．顺序代码

C．类别代码　　D．企业代码

答案：C

14．在生活垃圾调查周期内，地理位置发生变化的采样点数不宜大于总数的__________。（　　）

A．10%　　B．20%　　C．30%　　D．40%

答案：C

15．工业固体废物采样时，应由__________人以上在场进行操作；制样时，应由__________人以上在场进行操作。（　　）

A．1，1　　B．2，1　　C．1，2　　D．2，2

答案：D

16. 进行工业固体废物采样时，对于多相液体不易混匀时，按__________采样法进行采样。（　　）

A．简单随机　　B．系统　　C．分层　　D．两段

答案：C

17．进行危险废物鉴别采样时，如固态废物原始颗粒最大粒径大于 1.0 cm 时，一个份样所需采集的最小份样量应不少于__________g。（　　）

A．500　　B．1 000　　C．2 000　　D．3 000

答案：C

18．进行危险废物鉴别采样时，由卸料口排出的固体废物，每接取__________次固体废物，作为 1 个份样。（　　）

A．1　　B．2　　C．3　　D．4

答案：A

19．下列物质中不属于固体废物的有__________。（　　）

A．绿化和园林管理中清理产生的植物枝叶

B．超过质量保证期而不能在市场出售、流通或者不能按照原用途使用的物质

C．堆肥生产过程中产生的残余物质

D．不经过贮存或堆积过程，而在现场直接返回到原生产过程或返回其产生过程的物质

答案：D

20．根据《工业固体废物采样制样技术规范》（HJ/T 20—1998），对于液态批废物的份样量以不小于__________mL 的采样瓶（或采样器）所盛量为准。（　　）

A．50　　B．100　　C．500　　D．1 000

答案：B

21．根据《危险废物鉴别技术规范》（HJ 298—2019）贮存池的固态、半固态废物样品采样时，池内废物厚度大于等于 2 m 时，应分为上部（__________）、中部（1/2 深度处）、下部（5/6 深度处）三层分别采取样品。（　　）

A．1/6 深度处　　B．0.2 m 深度处　　C．0.3 m 深度处　　D．0.5 m 深度处

答案：C

22．根据《工业固体废物采样制样技术规范》（HJ/T 20—1998），下列采样工具不适用于液态废物采样的有__________。（　　）

A．采样勺　　B．采样管　　C．采样瓶、罐　　D．采样钻

答案：D

23．下列采样方法不属于生活垃圾采样方法的是__________。（　　）

A．二分法　　B．剖面法　　C．周边法　　D．网格法

答案：A

24. 下列关于工业固体废物制样质量控制的说法错误的是__________。（　　）

A. 为保证在允许误差范围内获得工业固体废物的具有代表性的样品，应在制样的关键过程进行质量控制

B. 在工业固体废物制样前，应设计详细的制样方案（制样计划）；在制样过程中，应认真按制样方案进行操作

C. 对制样人员应进行培训，制样人员应熟悉工业固体废物的性状、掌握制样技术、懂得安全操作的有关知识和处理方法。制样时，应由两人以上在场进行操作

D. 制样工具、设备所用材质不能和待测工业固体废物有任何反应、不破坏样品代表性、不改变样品组成；制样工具应干燥、清洁，便于使用、清洁、保养、检查和维修

答案：A

25. 根据《危险废物鉴别技术规范》（HJ 298—2019），固体废物量≤5 t 时需采集的固体废物最少份样数为__________。（　　）

A. 3　　B. 5　　C. 10　　D. 20

答案：B

26. 在一次固体废物采样时，共采集了 8 个样品进行危险废物鉴别实验，请问最少有__________个样品超标，可判断该批固体废物属于危险废物。（　　）

A. 2　　B. 3　　C. 4　　D. 5

答案：B

27. 工业固体废物的最大粒度是指筛余量约为__________时的筛孔尺寸。（　　）

A. 3%　　B. 5%　　C. 10%　　D. 15%

答案：B

28. 用导管采集污泥样品时，为了减少堵塞的可能性，采样管的内径不应小于__________mm。（　　）

A. 20　　B. 50　　C. 100　　D. 120

答案：B

29. 当固体废物只有一个容器时，将容器按规定方法分为三层后，每层采取__________个样品。（　　）

A. 1　　B. 2　　C. 3　　D. 4

答案：B

30. 生活垃圾渗滤液中几乎不含的物质为__________。（　　）

A. 氰化物　　B. 总磷　　C. 氨氮　　D. 总砷

答案：A

31. __________年我国首次制定了《国家危险废物名录》，经过 2008 年、2016 年、2020 年三次修订，其成为危险废物管理的重要依据和基础。（　　）

A. 1995　　B. 1996　　C. 1997　　D. 1998

答案：D

32．针对工业源的固体废物，依据__________进行工业固体废物采样方案设计、采样技术、制样技术、样品保存和质量控制。（　　）

A.《危险废物鉴别技术规范》　　B.《工业固体废物采样制样技术规范》

C.《生活垃圾采样和物理分析方法》　　D.《危险废物鉴别标准通则》

答案：B

33. 对于粉末状、小颗粒的工业固体废物，可按__________、一定深度的部位确定采样点。（　　）

A．水平方向　　B．垂直方向　　C．竖直方向　　D．以上均可

答案：B

34．根据《工业固体废物采样制样技术规范》（HJ/T 20—1998）简单随机采样、系统采样、分层采样都属于__________。（　　）

A．单阶段采样　　B．多阶段采样　　C．权威采样　　D．以上都不是

答案：A

35．对黏稠的液体废物，因其难以混匀，所以份样数建议取必要份样数的__________倍。（　　）

A．4/3　　B．2/3　　C．1/3　　D．3/2

答案：A

36．在固体废物采样中，制样的目的是从采取的小样或大样中获取最佳量、具有__________，能满足试验或分析要求的样品。（　　）

A．典型性　　B．真实性　　C．代表性　　D．快速性

答案：C

37．固体废物为连续产生时，应以确定的工艺环节__________个月内的固体废物产生量为依据来确定需采集的最小份样数。（　　）

A．1　　B．2　　C．3　　D．4

答案：A

38. 固体废物样品制样时，粒度大于筛孔尺寸、不能筛过的样品应该不多于总量的__________%。（　　）

A．5　　B．10　　C．15　　D．20

答案：A

39．对于液态废物的样品采集，应根据容器的大小采用玻璃采样管或__________进行采样。（　　）

A．重瓶采样器　　B．金属钢瓶　　C．急流采水器　　D．双层采样器

答案：A

40．假设固态废物的原始粒径为 1.0 cm，那么所需采取的最小份样量应是__________g。（　　）

A．500　　B．1 000　　C．1 500　　D．2 000

答案：B

41．对于堆积高度小于等于 0.5 m 的数个散状堆积固体废物，选择__________的废物堆，按照散状堆积固体废物的采样方法进行采取。（　　）

A．堆积时间最近　　B．堆积时间最远　　C．堆积范围最大　　D．堆积范围最小

答案：A

42．对于堆积高度大于 0.5 m 的散状堆积固态、半固态废物，应__________采取样品。（　　）

A．随机　　B．分段　　C．分层　　D．等距

答案：C

43．依据《危险废物鉴别技术规范》（HJ 298—2019），假设一批堆存状态的固体废物，总量为 75 t，那么需要采集的最小份样数应为__________。（　　）

A．20　　B．50　　C．80　　D．100

答案：A

44．对黏稠的液体废物，有流动又不易流动，最好在产生现场按__________采样。（　　）

A．分层采样法　　B．快速采样法　　C．系统采样法　　D．简单随机采样法

答案：C

三、多选题

1．《危险废物鉴别技术规范》（HJ 298—2019）适用于__________。（　　）

A．固体废物　　B．半固体废物

C．液体废物　　D．排入水体的废水

答案：ABC

2．下列固体废物中列入《国家危险废物名录》的有__________。（　　）

A．医疗废物　　B．废弃钻井液处理产生的污泥

C．拆船过程中产生的废油　　D．放射性废物

答案：ABC

3．危险废物具有危险特性，“危险特性”是指__________和感染性。（　　）

A．腐蚀性　　B．毒性　　C．易燃性　　D．反应性

答案：ABCD

4．生活垃圾填埋场周围环境敏感点指生活垃圾填埋场周围可能受污染物影响的__________等地点。（　　）

A．住宅　　B．学校　　C．医院　　D．行政办公区

E．商业区　　F．公共场所

答案：ABCDEF

5．废物代码，是指危险废物的唯一代码，为 8 位数字，都有__________。（　　）

A．行业代码　　B．顺序代码　　C．类别代码　　D．企业代码

答案：ABC

6．工业固体废物采样时，下列关于份样量的说法正确的是__________。（　　）

A．在某一限度范围内，份样量越大，其代表性越好

B．份样量取决于废物的粒度上限，废物的粒度越大，均匀性越差

C．份样量大致与废物的最大粒度直径某次方成反比，与废物不均匀性成正比

D．缩分系数 K 代表废物的不均匀程度，废物越不均匀，K 值越大，其可用统计误差法由实验

测定

答案：ABD

7．下列关于工业固体废物采样质量控制的说法正确的是__________。（　　）

A．采样小组应由受过专门培训、有经验的人员承担。采样时，应由 2 人以上在场进行操作

B．任何采样装置在正式采样前均应做可行性试验

C．对于与水、酸、碱有反应的工业固体废物，如反应十分缓慢，在采样精度允许的条件下，可以通过快速采样消除这一影响

D．对于样品组成随温度变化的工业固体废物，在采样精度允许的条件下，可以通过快速采样的方式消除这一影响

答案：ABC

8．下列关于工业固体废物样品容器的说法正确的是__________。（　　）

A．盛样器材质与样品物质不起作用

B．盛样器应具有符合要求的盖、塞或阀门

C．盛样器应没有渗透性，使用前应洗净、干燥

D．光敏工业固体废物样品盛样时无须采用不透光容器

答案：ABC

9．从事__________危险废物经营活动的单位，应当按照国家有关规定申请取得许可证。（　　）

A．收集　　B．贮存　　C．利用　　D．运输

E．处置

答案：ABCE

10．《工业固体废物采样制样技术规范》（HJ/T 20—1998）规定了工业固体废物采样制样__________和质量控制。（　　）

A．方案设计　　B．采样技术　　C．制样技术　　D．样品保存

答案：ABCD

11．根据《工业固体废物采样制样技术规范》（HJ/T 20—1998），__________是一次就直接从批废物中采取份样，称为单阶段采样。（　　）

A．简单随机采样　　B．系统采样　　C．分层采样　　D．权威采样

答案：ABC

12．《危险废物鉴别技术规范》（HJ 298—2019）适用于__________的危险特性鉴别。（　　）

A．生产活动产生的固体废物　　B．生活活动产生的固体废物

C．固体废物利用过程中产生的固体废物　　D．放射性废物

答案：AB

13．固态废物样品制备包括粉碎、__________。（　　）

A．筛分　　B．混合　　C．缩分　　D．保存

答案：ABC

14．固体废物按照__________利用或处置时，仍然作为固体废物管理。（　　）

A．地块修复直接施用于土地的物质　　B．焚烧处置

C. 填埋处置　　D. 修复后作为土壤用途使用的污染土壤

答案：ABC

15. 下列物质属于固体废物的有__________。(　　)

A. 丧失原有使用价值的物质

B. 供实验室化验分析用或科学研究用的固体废物样品

C. 生产过程中产生的副产物

D. 环境治理和污染控制过程中产生的物质

答案：ACD

16. 工业固体废物采样的目的和要求，包括__________。(　　)

A. 特性鉴别和分类　　B. 环境污染监测

C. 污染环境事故调查分析和应急监测　　D. 科学研究

答案：ABCD

17. 列入国家危险废物名录或者国家规定的危险废物鉴别标准和鉴别方法认定的危险废物，具有以下一种或一种以上特性：__________。(　　)

A. 腐蚀性　　B. 毒性　　C. 易燃性　　D. 反应性

E. 危害性

答案：ABCD

18. 固体废物污染控制的主要原则是__________。(　　)

A. 减量化　　B. 资源化　　C. 无害化　　D. 安全处置

答案：ABCD

19. 工业固体废物的单阶段采样，一般包括__________。(　　)

A. 简单随机采样法　　B. 系统采样法

C. 分层采样法　　D. 两段采样法

E. 权威采样法

答案：ABC

20. 采集固体废物样品，样品盛入容器后，在容器壁上贴上标签，标签内容包括__________。(　　)

A. 样品名称及编号　　B. 工业固体废物批及批量

C. 产生单位　　D. 采样日期、采样人等

答案：ABCD

21. 工业固体废物的采样类型，包括__________。(　　)

A. 固态废物采样　　B. 气态废物采样

C. 液态废物采样　　D. 半固态废物采样

答案：ACD

22. 工业固体废物采样前进行现场踏勘时，应着重了解工业固体废物的__________。(　　)

A. 产生单位、产生时间、产生形式（间断还是连续）、贮存（处置）方式

B. 种类、形态、数量和特性（含物理性质和化学性质）

C．试验及分析的允许误差和要求

D．污染环境、监测分析的历史资料

E．产生或堆存或处置或综合利用等情况，了解现场及周围环境

答案：ABCDE

23．固体废物具有__________特点。（　　）

A．无主性　　B．分散性　　C．危害性　　D．主观性

E．错位性

答案：ABCE

24．对于液态废物的采样，一般可用到的工具有__________。（　　）

A．采样勺　　B．采样管　　C．采样瓶、罐　　D．搅拌器

答案：ABCD

25．采集危险废物样品所用到的容器，应预先用__________洗涤，塑料和玻璃容器均可使用。（　　）

A．洗涤剂　　B．酸　　C．试剂水　　D．碱

答案：ABC

四、判断题

1．《工业固体废物采样制样技术规范》（HJ/T 20—1998）也适用于对固体废物放射性指标监测的采样制样。（　　）

答案：错误

正确答案：不适用于对固体废物放射性指标监测的采样制样。

2．《危险废物鉴别标准腐蚀性鉴别》（GB 5085.1—2007）规定，当 pH≥11 或 pH≤2.0 时，则该废物是具有腐蚀性的危险废物。（　　）

答案：错误

正确答案：当 pH≥12.5 或 pH≤2.0 时，则该废物是具有腐蚀性的危险废物。

3．采集固体废物样品时，应采集一个生产周期以上的样品，每个周期混合成一个样品，总量不少于 500 g，装于玻璃瓶中。（　　）

答案：错误

正确答案：总量不少于 1 kg。

4．测定固体废物腐蚀性的固体试样，风干、磨碎后应能通过 2 mm 的筛孔。（　　）

答案：错误

正确答案：测定固体废物腐蚀性的固体试样，风干、磨碎后应能通过 5 mm 的筛孔。

5．对于堆存、运输中的固体废物和大池（坑、塘）中的液体工业废物，可按对角线型、梅花型、棋盘型和蛇型等确定采样位置。（　　）

答案：正确

6．对于粉末状、小颗粒的工业固体废物，可按水平方向、一定深度的部位确定采样点。（　　）

答案：错误

正确答案：可按垂直方向、一定深度的部位确定采样点。

7. 根据《工业固体废物采样制样技术规范》（HJ/T 20—1998），工业固体废物样品采集时，小样指的是由一批中的全部份样或将其逐个进行粉碎和缩分后组成的样品。（　　）

答案：错误

正确答案：小样指的是由一批中的两个或两个以上的份样或逐个进行粉碎和缩分后组成的样品。

8.《固体废物　挥发性有机物的测定　顶空气相色谱-质谱法》（HJ 643—2013）中规定的运输空白是指采样前实验室将基体改性剂和石英砂放入顶空瓶中密封，将其带到采样现场，采样时开封，之后随样品运回实验室，按与样品相同的分析步骤进行实验，用于检查样品运输过程中是否受到污染。（　　）

答案：错误

正确答案：采样时不开封。

9. 根据《国家危险废物名录》规定，医疗废物属于危险废物，医疗废物分类应按照《医疗废物分类目录》执行。（　　）

答案：正确

10. 工业废物的采样过程中要防止样品受到污染和发生变质。（　　）

答案：正确

11. 工业固体废物分层采样法：根据对一批废物已有的认识，将其按照标志分若干层，然后在每层中随机采取份样。（　　）

答案：正确

12. 工业固体废物样品采集的份样量与废物的均匀性有关，废物的粒度越大，份样量应该多些才有代表性。（　　）

答案：正确

13. 工业固体废物样品缩分时，将样品混匀后，采用二分法，每次减量一半，直至试验分析用量的 10 倍为止。（　　）

答案：正确

14. 固体废物和土壤同为固体，其监测结果计量单位均以 mg/kg 表示。（　　）

答案：错误

正确答案：固体废物浸出法的监测结果计量单位为 mg/L。

15. 固废样品保存时，对于易挥发的废物，应采取无顶空存样，并用冷冻保存。（　　）

答案：正确

16. 固体废物是指在生产、生活和其他活动中产生的丧失原有利用价值或者虽未丧失利用价值但被抛弃或者放弃的固态、半固态和置于容器中的气态的物品、物质以及法律、行政法规规定纳入固体废物管理的物品、物质。（　　）

答案：正确

17. 具有腐蚀性的危险废物，其清运、贮存或处置容器或反应器应特别注意其锈蚀、溢（泄）漏问题，含氰化物和硫化物的废弃物可以与酸性废物混合贮存或处置。（　　）

答案：错误

正确答案：含氰化物和硫化物的废弃物不可以与酸性废物混合贮存或处置。

18．每份工业固体废物样品的保存量至少应为试验和分析需用量的 2 倍。（　　）

答案：错误

正确答案：每份工业固体废物样品的保存量至少应为试验和分析需用量的 3 倍。

19．有容器包装的液态废物不属于固体废物。（　　）

答案：错误

正确答案：有容器包装的液态废物也属于固体废物。

20．在一批废物以运送带形式连续排出的移动过程中，按一定的质量或时间间隔采样，采第一个份样时，必须在第一间隔的起点开始。（　　）

答案：错误

正确答案：采第一个份样时，不可在第一间隔的起点开始，可在第一间隔内随机确定。

21．工业固体废物的权威采样法是基于对被采样工业固体废物非常熟悉的个人来采取样品，有时能获得有效的数据，所以该方法是一种常用的工业固体废物采样方法。（　　）

答案：错误

正确答案：权威采样法有效性完全取决于采样者的知识。尽管权威采样法有时能获得有效的数据，但对大多数采样情况，建议不采用这种采样方法。

22．在进行工业固体废物采样时，份样量越大，样品的代表性越好，所以采样时份样量越多越能显著提高采样的准确度。（　　）

答案：错误

正确答案：一般地说，样品量多一些，才有代表性。因此，份样量不能少于某一限度；但份样量达到一定限度之后，再增加重量也不能显著提高采样的准确度。

23．当需要用待采物料去清洗样品容器，而该物料又存在危险时，应准备适当的设施仪器处理那些清洗用过的物料。（　　）

答案：正确

24．对于一种工业固体废物，若没有确切的资料说明它的危险性，所有新的待采物质都应认为是无害的。（　　）

答案：错误

正确答案：对于一种工业固体废物，当没有确切的资料说明它是无害时，所有新的待采物质都应认为是危险的。

25．当对经压滤机压滤脱水后的废物取样时，针对随机数表法抽取的 N 个板框，压滤脱水后需取下板框，刮下废物，每个板框采取的样品混合后作为一个份样。（　　）

答案：正确

26．对于很细的能飞扬到空气中形成粉尘的粉末工业固体废物，采样时的安全措施应按照呼吸中毒的毒物处理。（　　）

答案：正确

27．对于堆积高度小于等于 0.5 m 的散状堆积固态、半固态废物，采样时需将废物堆平铺为厚度为 10～15 cm 的矩形，划分为 5N（N 为份样数）个面积相等的网格，顺序编号后，用 HJ/T 20—1998

中的随机数表法抽取N个网格作为采样单元，在网格中心位置处用采样铲或锹采取随机厚度的废物。每个网格采取的废物作为一个份样。（ ）

答案：错误

正确答案：对于堆积高度小于等于0.5 m的散状堆积固态、半固态废物，采样时需将废物堆平铺为厚度为10～15 cm的矩形，划分为5N（N为份样数）个面积相等的网格，顺序编号后，用HJ/T 20—1998中的随机数表法抽取N个网格作为采样单元，在网格中心位置处用采样铲或锹垂直采取全层厚度的废物。每个网格采取的废物作为一个份样。

28．对于堆积高度大于0.5 m的散状堆积固态、半固态废物，应分层采取样品；采样层数应不小于2层。（ ）

答案：正确

29．在进行工业固体废物采样时，由一批中2个或2个以上的份样或逐个经过粉碎和缩分后组成的样品称为大样。（ ）

答案：错误

正确答案：进行工业固体废物采样时，由一批中2个或2个以上的份样或逐个经过粉碎和缩分后组成的样品称为小样。

30．固体废物非法转移、倾倒、贮存、利用、处置等环境事件涉及固体废物的危险特性鉴别，因环境事件处理或应急处置要求，可适当减少采样份样数，每类固体废物的采样份样数不少于5个。（ ）

答案：正确

31．根据《危险废物鉴别技术规范》（HJ 298—2019），原始颗粒最大粒径（以d表示）$0.5<d\leqslant1.0$ cm固态废物的一个份样所需采取的最小份样量为500 g。（ ）

答案：错误

正确答案：最小份样量为1 000 g。

32．对液态废物样品进行缩分时，样品混匀后，采用四分法，每次减量一半，直至试验分析用量的10倍为止。（ ）

答案：错误

正确答案：采用二分法。

33．海关发现进口货物疑似固体废物的，可以委托专业机构开展属性鉴别，并根据鉴别结论依法管理。（ ）

答案：正确

34．工业固体废物也可投放于生活垃圾收集设施。（ ）

答案：错误

正确答案：禁止向生活垃圾收集设施中投放工业固体废物。

35．危险废物与其他物质混合后的固体废物，仍应作为危险废物进行处置。（ ）

答案：错误

正确答案：危险废物与与其他物质混合后的固体物质，以及危险废物利用处置后的固体物质的属性判定，按照国家规定的危险废物鉴别标准执行。

36．液态废物的污染防治，适用《中华人民共和国固体废物污染环境防治法》；但是排入水体的

废水的污染防治适用有关法律，不适用此法。（　　）

答案：正确

37．根据《危险废物鉴别技术规范》（HJ 298—2019），小型可移动袋、桶或其他容器中的固体废物，当容器最大边长或高度大于 0.5 m 时，应分层采取样品，采样层数应不小于 2 层。各层样品独立作为 1 个份样。（　　）

答案：错误

正确答案：各层样品混合作为 1 个份样。

38．用于测定固体废物含水量的容器，容器材料没有要求。（　　）

答案：错误

正确答案：容器的材料必须与废物不发生反应。

39．《危险废物鉴别标准　腐蚀性鉴别》（GB 5085.1—2007）适用于任何生产、生活和其他活动中产生的固体废物的腐蚀性鉴别。（　　）

答案：正确

40．鉴别一份重量为 100 t 的废水处理污泥（废水处理设施的废水的来源、类别、排放量、污染物含量稳定）是否为危险废物，可以采取 5 个份样数用于分析。（　　）

答案：正确

41．根据《危险废物鉴别技术规范》（HJ 298—2019），板框压滤机中的固态、半固态废物样品，采样时，在压滤脱水后取下板框，刮下固体废物，每个板框采取的样品，作为 1 个单独份样。（　　）

答案：错误

正确答案：板框压滤机中的固态、半固态废物样品，将压滤机各板框顺序编号，用随机数表法抽取 N 个板框作为采样单元采取样品。采样时，在压滤脱水后取下板框，刮下固体废物，每个板框内采取的固体废物作为 1 个份样。

42．根据《危险废物鉴别技术规范》（HJ 298—2019），固体废物为间歇产生时，如果固体废物产生的时间间隔大于 1 个月，以每次产生的固体废物总量为依据，确定需要采集的最小份样数。（　　）

答案：正确

43．根据《工业固体废物采样制样技术规范》（HJ/T 20—1998），采用两段采样法时推荐第二阶段的采样数 $n_2 \geqslant 2$，即 n_1 件容器中的每个容器均随机采上、下最少 2 个份样。（　　）

答案：错误

正确答案：两段采样法采用时推荐第二阶段的采样数 $n_2 \geqslant 3$，即 n_1 件容器中的每个容器均随机采上、中、下最少 3 个份样。

44．根据《工业固体废物采样制样技术规范》（HJ/T 20—1998），随机数字表法只宜在采份样的点不多时使用。（　　）

答案：错误

正确答案：抽签法只宜在采份样的点不多时使用。

45．根据《危险废物鉴别技术规范》（HJ 298—2019），对于正在产生的固体废物，应在确定的工艺环节采取样品。（　　）

答案：正确

46. 建筑垃圾不属于固体废物。（ ）

答案：错误

正确答案：根据《中华人民共和国固体废物污染环境防治法》，建筑垃圾属于固体废物。

47. 固体废物不包括液态废物。（ ）

答案：错误

正确答案：固体废物是指在生产、生活和其他活动中产生的丧失原有利用价值或者虽未丧失利用价值但被抛弃或者放弃的固态、半固态和置于容器中的气态的物品、物质以及法律、行政法规规定纳入固体废物管理的物品、物质，包括液态废物（排入水体的废水除外）。

48. 在工业固体废物的实际采样中，权威采样法被广泛采用。（ ）

答案：错误

正确答案：权威采样法是由对被采批工业固体废物非常熟悉的个人来采取样品而置随机性于不顾。这种采样法，其有效性完全取决于采样者的知识。尽管权威采样有时也能获得有效的数据，但对大多数采样情况，建议不采用这种方法。

49. 一批质量为 1 t 的工业固体废物，最小采样份样数应为 10 份。（ ）

答案：正确

50. 一批废物以运送带、管道等形式连续排出的移动过程中，在运送带上或落口处采份样，须截取废物流的全截面。（ ）

答案：正确

51. 工业固体废物的分层采样法是对一批已有认识的废物，按有关标志分若干层，然后在每层中的指定位置取份样。（ ）

答案：错误

正确答案：分层采样法是根据对一批废物已有的认识，将其按照有关标志分若干层，然后在每层中随机采取份样。

52. 对于固态的工业固体废物，可按垂直方向、一定深度的部位确定采样点。（ ）

答案：错误

正确答案：对于粉末状、小颗粒的工业固体废物，可按垂直方向、一定深度的部位确定采样点（采样位置）。

53. 对于从事工业固体废物采样的人员，应进行培训，且采样工作必须由 2 人以上在场进行操作。（ ）

答案：正确

54. 从事工业固体废物的任何采样装置（包括自动采样器），在正式使用前均应做可行性试验。（ ）

答案：正确

55. 在生活垃圾渗滤液中不易检出金属铬和汞。（ ）

答案：正确

56. 在生活垃圾渗滤液中含有油类物质。（ ）

答案：错误

正确答案：因生活垃圾具有吸收和保持油类的能力，因此在渗滤液中几乎不含油类。

57．生活垃圾中存在的物质在垃圾渗滤液中一定存在。（　　）

答案：错误

正确答案：生活垃圾中存在的物质在垃圾渗滤液中不一定存在。

58．对在常温下为固体，当受热时易变成流动的液体而不改变其化学性质的废物，最好在产生现场或加热使其全部溶化后按液态废物采取液态样品；也可劈开包装按固态废物采取固态样品。（　　）

答案：正确

59．采集工业固体废物时，采样准确度要求越高，采样单元就应越多。（　　）

答案：正确

60．固体废物按危害状况可分为有害废物和一般废物。（　　）

答案：正确

61．针对危险固体废物，采样过程中应采取措施防止危害成分的损失、交叉污染和变质。（　　）

答案：错误

正确答案：针对危险固体废物，采样过程中应采取措施防止危害成分的损失、交叉污染和二次污染。

62．危险废物鉴别时，假设一批固体废物量为 500 t，那么应采集的最小份样数为 80 个。（　　）

答案：错误

正确答案：根据危险废物鉴别技术规范（HJ 298—2019）4.2.1 表 1 固体废物采集最小份样数 150 $<q$（固体废物量，t）$\leqslant$500 最小份样数为 50 个。

63．固体废物为历史堆放状态时，应以堆放的固体废物总量为依据来确定需采集的最小份样数。（　　）

答案：正确

64．固体废物为间歇产生时，应以确定的工艺环节 10 天内的固体废物产生量为依据来确定需采集的最小份样数。（　　）

答案：错误

正确答案：固体废物为间歇产生时，应以确定的工艺环节 1 个月内的固体废物最大产生量为依据，按照固体废物采集最小份样数表确定需要采集的最小份样数。如果固体废物产生时间间隔大于 1 个月，以每次产生的固体废物总量为依据，按照固体废物采集最小份样数表确定需要采集的最小份样数。

65．贮存于封闭式贮存池、不可移动大型容器或槽罐车中的固体废物，应尽可能在卸除固体废物过程中采样。（　　）

答案：正确

66．对于连续产生的固态、半固态样品的采集，在设备稳定运行的 10 h（或一个生产班次）内等时间间隔采集。（　　）

答案：错误

正确答案：对于连续产生的固态、半固态废物样品的采集，在设备稳定运行的 8 h（或一个生产班次）内等时间间隔采集，每采集一次作为一个份样。

67．半固态废物采样按固态废物和气态废物采样规定进行。（　　）

答案：错误

正确答案：半固态废物采样按固态废物和液态废物采样规定进行。

68．为保证在允许误差范围内获得工业固体废物的具有代表性的样品，应在采样的全过程进行质量控制。（　　）

答案：正确

69．装有样品的容器，应使用适当的运载工具来运输。此运载工具的设计和制造应便于操作并尽量减少样品容器的破损及由此引起的危险性。（　　）

答案：正确

70．与水、酸、碱有反应的工业固体废物，应在隔绝水、酸、碱的条件下采样（如反应十分缓慢，在采样精确度允许条件下，可以通过快速采样消除这一影响）。（　　）

答案：正确

71．采样过程中要防止待采工业固体废物受到污染和发生变质。（　　）

答案：正确

72．对于贮存池内的固态、半固态废物采样，应在选取好的网格中心处用土壤采样器或长铲式采样器垂直插入废物底部，旋转180°后抽出，作为一个份样。（　　）

答案：错误

正确答案：对于贮存池内的固态、半固态废物，采样时，在网格的中心处用土壤采样器或长铲式采样器垂直插入废物底部，旋转90°后抽出，作为一个份样。

五、简答题

1．什么是危险废物？

答案：危险废物是指列入《国家危险废物名录》的废物，或者根据国家规定的危险废物鉴别标准和鉴别方法认定的具有腐蚀性、毒性、易燃性、反应性和感染性等一种或一种以上危险特性，以及不排除具有以上危险特性的固体废物。

2．简述工业固体废物采样方案包括哪些内容。

答案：

（1）采样目的和要求。

（2）背景调查和现场踏勘。

（3）采样程序。

（4）安全措施。

（5）质量控制。

（6）采样记录和报告等。

3．简述工业半固态废物采样的相关要求。

答案：

（1）原则上按固态废物或液态废物采样规定进行;

（2）对于常温下为固体，当受热时易变成流动的液体而不改变其化学性质的废物，最好在产生现场或加热使全部溶化后按液体废物采样；也可劈开包装按固态废物采样；

（3）对于黏稠的液体废物，有流动而又不易流动，所以最好在产生现场按系统采样法采样；

（4）当必须从最终容器中采样时，要选择合适的采样器按液态废物件装采样相关要求采样；由于此种废物难以混匀，所以份样数建议取实际计算所得份样数的4/3倍。

4．进行工业固体废物采样时，采样者需要了解和受哪些方面的训练？

答案：采样者需了解工业固体废物的性状；对采样者需进行采样技术培训，持证上岗；进行安全培训，掌握安全操作的有关知识和处理方法等。

5．对于容器内的工业固体废物，采样点如何确定？

答案：可按上部（表面下相当于总体积1/6深处）、中部（表面下相当于总体积1/2深处）和下部（表面下相当于总体积5/6深处）确定采样点。

6．固体废物样品经制备盛入容器后，标签内容包括哪些内容？

答案：样品名称及编号；工业固体废物批及批量；产生单位；送样日期；送样人；制样日期；制样人；样品保存期。

7．工业固体废物采样方案设计应包含哪些内容？

答案：在工业固体废物采样前，应首先进行采样方案（采样计划）设计。方案内容包括采样目的和要求、背景调查和现场踏勘、采样程序、安全措施、质量控制采样记录和报告等。

（1）采样目的

采样的基本目的是从一批工业固体废物中采集具有代表性的样品，通过试验和分析，获得在允许误差范围内的数据。在设计采样方案时，应首先明确以下具体目的和要求：特性鉴别和分类；环境污染监测；综合利用或处置；污染环境事故调查分析和应急监测；科学研究；环境影评价；法律调查、法律责任、仲裁等。

（2）背景调查和现场踏勘

采样目的明确后，要调查以下影响采样方案制订的因素，并进行现场踏勘：工业固体废物的产生（处置）单位、产生时间、产生形式（间断还是连续）处置方式，工业固体废物的种类、形态、数量特性（含物性和化性）；工业固体废物试验及分析的允许误差和要求；工业固体废物污染环境、监测分析的历史资料；工业固体废物产生或堆存或处置或综合利用现场踏勘，了解现场及周围环境。

（3）采样程序

采样按以下步骤进行：确定批废物；选派采样人员；明确采样目的和要求；进行背景调查和现场踏勘；确定采样法；确定份样量；确定份样数；确定采样点；选择采样工具；制定安全措施；制定质量控制措施；采样；组成小样（或）大样。

（4）采样记录和报告

采样时应记录工业固体废物的名称、来源、数量、性状、包装、贮存、处置、环境、编号、份样量、份样数、采样点、采样法、采样日期、采样人等。必要时，根据记录填写采样报告。

8．简述什么是第Ⅰ类一般工业固体废物。

答案：按照HJ 557—2010规定方法获得的浸出液中任何一种特征污染物浓度均未超过GB 8978—1996最高允许排放浓度（第二类污染物最高允许排放浓度按照一级标准执行），且pH为6～9的一般工业固体废物。

9．简述什么是固体废物处置。

答案：固体废物处置是指将固体废物焚烧和用其他改变固体废物的物理、化学、生物特性的方法，达到减少已产生的固体废物数量、缩小固体废物体积、减少或者消除其危险成分的活动，或者将固体废物最终置于符合环境保护规定要求的填埋场的活动。

10．请举例说明我们日常生活中常见的危险废物种类有哪些（不少于 5 种）？

答案：

（1）废农药瓶：含有毒有机化合物如有机磷、有机氯等；

（2）废电池：含有毒重金属元素如铅、镉等；

（3）废电容器、变压器：含多氯联苯、多溴联苯等难降解有害有机物；

（4）废酸液：如硫酸、硝酸、盐酸等；

（5）废碱液：如氢氧化物、氢氧化钙等；

（6）废药品、废药物：各种有害的有机、无机化合物；

（7）手术、包扎残余物：含各种有毒病菌；

（8）废日光灯管：含危害较大的汞元素。

11．危险废物鉴别采样对象为《固体废物鉴别标准　通则》（GB 34330—2017）所规定的丧失原有使用价值的物质时，每类物质作为一类固体废物，分别采样鉴别。采样应满足什么要求？

答案：

（1）如危险特性全部来源于该物质本身，且在使用过程中危险特性不变或降低，应采集该物质未使用前的样品。

（2）如危险特性全部或部分来源于使用过程，应在该物质不能继续按照原有设计用途时采样。

12．什么是工业固体废物？

答案：工业固体废物是指在工业、交通等生产活动中产生的固体废物。

13．工业固体废物采样时，份样、小样、大样是如何界定的？它们之间是什么关系？

答案：根据《工业固体废物采样制样技术规范》（HJ/T 20—1998），份样是指用采样器一次操作从一批的一个点或一个部位按规定质量所采取的工业固体废物；小样是指由一批中的两个或两个以上的份样或逐个粉碎和缩分后组成的样品；大样是由一批的全部份样或全部小样或将其逐个进行粉碎和缩分后组成的样品。从组成上讲，小样由一批的部分份样组成；大样由一批的全部份样组成。

14．工业固体废物的采样步骤是什么？

答案：工业固体废物采样应按以下步骤进行：确定批废物；选派采样人员；明确采样目的和要求；进行背景调查和现场踏勘；确定采样法；确定份样量；确定份量数；确定采样点；选择采样工具；制定安全措施；制定质量控制措施；采样；组成小样（或）大样。

15．固态废物样品采集的份样量应满足哪些要求？

答案：

（1）满足分析操作的需要；

（2）依据固态废物的原始颗粒最大粒径，原始颗粒最大粒径≤0.50 cm，最小份样量 500 g，0.50 cm＜原始颗粒最大粒径≤1.0 cm，最小份样量 1 000 g，原始颗粒最大粒径＞1.0 cm，最小份样量 2 000 g。

16．固体废物采样常用到的工具有哪几种？

答案：

（1）尖头钢锹；

（2）钢锤；

（3）采样探子；

（4）采样钻；

（5）钢尖镐（腰斧）；

（6）采样铲；

（7）取样铲；

（8）具盖采样桶或内衬塑料的采样袋等。

17．某运输车拉运一车工业固体废物，若采集该运输车上的工业固体废物，请按要求在下图分别标注运输车上部、中部和下部的采样点。

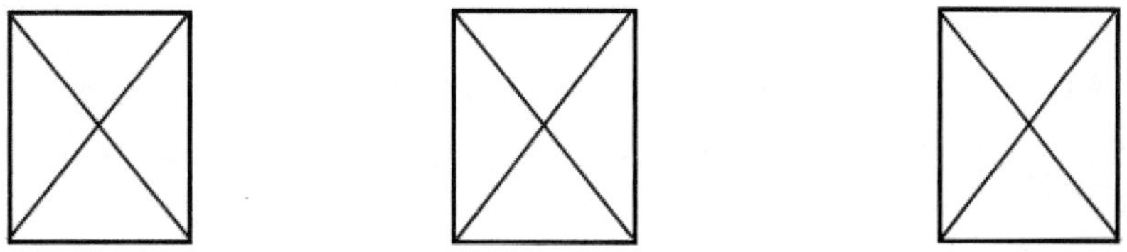

答案：对于运输车及容器内的工业固体废物，可按上部（表面下相当于总体积的 1/6 深度处）、中部（表面下相当于总体积的 1/2 深度处）、下部（表面下相当于总体积的 5/6 深度处）确定采样点。在车中，采样点应均匀分布在车厢的对角线上，端点距车角大于 0.5 m，表层去掉 30 cm。采样点分布图如下：

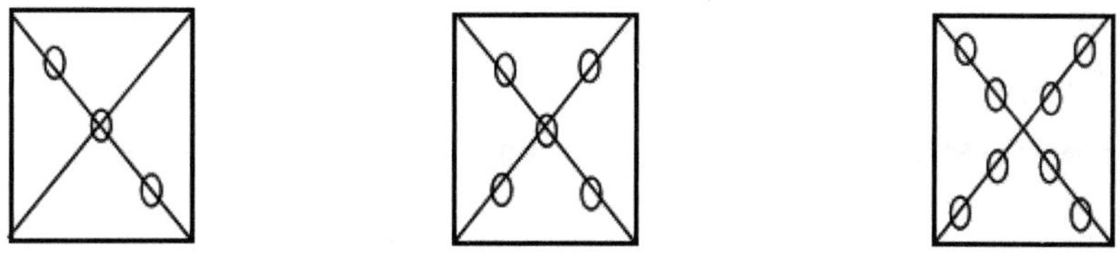

18．对于废渣堆废物采样，应如何布置采样点？下图为梯型废渣堆，请标出采样点，并说明布点理由。

答案：对于废渣堆采样，在废渣堆侧面距堆底 0.5 m 画一条横线，然后每隔 0.5 m 划一条横线；再在横线上每隔 2 m 画一条垂线，其交点作为采样点。按表确定的份样数确定采样点数。在每点上从 0.5～1 m 深度处各随机采样一份。

六、计算题

1．一堆总质量约为 1.5 t 的桶装液态工业废物，一共 30 桶，各桶内所装废物基本相同，请计算其适宜采样份样数及取样量。

答案：当一批废物由许多车、桶、箱、袋等容器盛装时，由于各容器件比较分散，所以采用分段采样法进行采样。第一阶段，首先确定应从 30 桶废物中应抽取采样的桶数 n_1 的数量：

根据公式：$n_1 \geqslant 3\cdot\sqrt[3]{n_0}$，计算出最小采样桶数：$n_1 = 3\cdot\sqrt[3]{30} = 9.32$，

取整数，n_1=10 桶。

第二阶段，确定采样数，一般确定每个容器均随机采上、中、下最少 3 个份样。

因此，这堆废物的最少份样数 n：$n=3\times10=30$

对于液态批废物的份样量，每份不少于 100 mL 采样瓶或采样器，即采集 30 个不少于 100 mL 采样器的采样量。

2．在一批废物以运送带、管道等形式连续排出的移动过程中，按一定的质量或时间间隔采样。现假设这批废物的批量大小为 30 t，当每小时排出量约 5 t 时，采样的质量间隔及采样时间间隔分别应为多少？

答案：计算公式为 $T\leqslant Q/n$，$T'\leqslant 60Q/G\cdot n$

式中：T——采样质量间隔，t；

Q——批量，t；

n——份样数，根据 HJ/T 20—1998 中表 1 所示，当批量大小≥30 时，最少份样数应为 20；

G——每小时排出量，t/h；

T'——采样时间间隔，min。

综上得出，采样质量间隔应小于等于 1.5 t；采样时间间隔应小于等于 18 min。

第五章

生物及生态遥感

第一节 水生生物采样

一、填空题

1．根据浮游生物采样点布设要求，当水深小于__________m、水体混合均匀、透光可达到水底层时，在水面下 0.5 m 处布设一个采样点。

答案：2

2．生物定性标本采集时，根据浮游生物的大小选用不同型号的浮游生物网。小型浮游生物用__________号浮游生物网，大型浮游生物用__________号浮游生物网。

答案：25，13

3．对着生生物的采样目前广泛使用的两种采样方式，即__________采样和__________采样。

答案：人工基质，天然基质

4. 供鉴定用的水生维管束植物标本，最好能找到同时具备__________、__________、__________和生殖结构的植株。

答案：根，茎，叶

5．__________指在大部分生活周期中植株沉水生活，根生于底质中的植物。

答案：沉水植物

6．在进行浮游植物采样前，选择采样点的原则是采样点的分布要具有__________。

答案：代表性

7．进行初级生产力测定时，通常可采用黑白瓶测氧法或采集__________样品进行测定。

答案：叶绿素 a

8．淡水底栖大型无脊椎动物调查中，某种动物在全部样方中出现的百分比称为__________。

答案：频度

9. 单位面积或体积中所存在生物体的数量或质量称为__________，一般以个/L 或者 mg/L 表示。

答案：现存量

10．甲壳动物一般个体较大，在水体中密度也较低，通常用__________浮游生物网过滤浓缩水样。

答案：25 号（或 $25^{\#}$）

11．浮游植物现场采样阶段包括样品__________、样品__________、样品运输和保存。

答案：采集，固定

12．固定藻类标本最常用的固定剂是__________或__________。

答案：甲醛溶液（或福尔马林），鲁哥氏碘液（或鲁哥氏液）

13．根据淡水大型底栖无脊椎动物监测目的，结合水体__________和__________特点布设有代表性的监测点位。

答案：自然条件，人类干扰

14．采集河流大型底栖无脊椎动物时，根据水流方向，按照__________采样原则，__________开展样品采集。

答案：逆流，自下而上

15．《水生态监测技术要求　淡水浮游动物》（试行）（总站水字〔2022〕47 号）的规定，采集定量样品时，轮虫采集量一般为__________L，枝角类和桡足类浮游动物一般采集__________L。

答案：1，20

16．采集浮游植物定量样品的工具有__________采水器和__________采水器。

答案：有机玻璃，颠倒式

17．《水生态监测技术要求　淡水着生藻类》（试行）（总站水字〔2022〕33 号）的规定，采样基质应在水中浸没足够长的时间，以确保着生藻类群落发育至与其环境保持平衡。建议采样基质浸没时间至少__________天，但具体时间取决于基质表面生物膜生长情况。

答案：15

18．《水生态监测技术要求　淡水着生藻类》（试行）（总站水字〔2022〕33 号）的规定，着生藻类每年至少监测__________次，建议__________或__________开展监测。

答案：1，枯水期，平水期

19．《水生态监测技术要求　淡水着生藻类》（试行）（总站水字〔2022〕33 号）的规定，着生藻类采样建议采用__________，即每个采样点位尽量选择采集同一基质类型的样品，保证各点位监测间监测结果可比性。

答案：单一生境法

20．当鱼类体长超过__________cm 时，要打开体腔，使固定剂浸入内脏器官。在鱼体僵硬前，注意摆正鱼体各部及__________的形状，最好用__________包裹后浸入固定液中保存。

答案：7.5，鳍条，纱布

21．底栖动物定量采样可以客观地反映__________、__________、__________等水体底部底栖动物在不同部位的种类组成和现存量。

答案：河流，湖泊，水库

22．底栖动物定量采样以__________为单位进行现存量的统计和计算。

答案：每平方米

23．采用天然基质法进行着生生物采样时，需测量__________，做好记录。

答案：采样面积

24．__________浮游生物网网孔为 0.064 mm，可用于采集藻类、__________和__________。

答案：25 号（或 25#），原生动物，轮虫

25．采集浮游生物时，若要测定藻类、__________和__________等，则需另外采样。

答案：叶绿素，干重

26．采集浮游生物定性样品时，在表层至__________水深处以 20～30 cm/s 的速度作__________形循回缓慢拖动约 1～3 min。

答案：0.5 m，∞

27．结合当年生态监测计划，水生生物监测采样前准备工作包括编制年度质控实施方案、

__________和__________。

答案：采样前培训，现场采样设备材料检查

28．采样人员到达监测点位，在采样前应先对采样地点的生境状况进行__________和__________。

答案：拍照，摄像记录

29．采样人员应合理安排现场监测与样品采集顺序，一般顺序为水样采集、__________、底栖动物采集、__________，尽量避免生物类群在采集前受到较大扰动。

答案：生境调查记录，着生藻类采集

30．浮游植物指在水中营浮游生活的微小藻类植物，通常浮游植物就是浮游藻类，通常包括__________、__________、__________、金藻门、甲藻门、隐藻门、裸藻门。

答案：蓝藻门，绿藻门，硅藻门

31．浮游动物主要包括__________、__________、__________和桡足类。

答案：原生动物，轮虫，枝角类

32．淡水中常见大型底栖无脊椎动物主要包括水生的__________、__________、__________、软体动物、节肢动物等。

答案：扁形动物，线形动物，环节动物

33．水生生物监测点位（断面）的布设要有__________，能反应整个水体水生生物的基本情况。

答案：代表性

34．根据《水质　浮游植物的测定　0.1 mL 计数框-显微镜计数法》（HJ 1216—2021）规定，浮游植物定量采集__________L 水至定量采样瓶。

答案：1～2

35．轮虫定量样品采集量一般为__________L。

答案：1

36．底栖动物的采样顺序依次为__________、__________和__________。

答案：定量采集，半定量采集，定性采集

37．《水生态监测技术要求　淡水浮游动物》（试行）（总站水字〔2022〕47 号）规定，枝角类和桡足类定性及定量样品按每 100 mL 水样加入__________mL 鲁哥氏液固定。

答案：3～5

38．《水生态监测技术要求　淡水浮游植物》（试行）（总站水字〔2022〕41 号）规定，浮游植物样品前处理中，需室温静置__________h，然后用虹吸装置吸取上清液。

答案：24～48

39．枝角类和桡足类定性样品通常用__________号浮游生物网。

答案：13

40．《水生态监测技术要求　淡水浮游植物》（试行）（总站水字〔2022〕41 号）规定，浮游植物定量样品采集后应立刻加入__________水样体积的鲁哥氏液。

答案：1.0%～1.5%

41．《水生态监测技术要求　淡水着生藻类》（试行）（总站水字〔2022〕33 号）规定，根据基

质的不同，着生藻类可分为__________、__________、__________、__________和附动藻类等。

答案：附石藻类，附植藻类，附砂藻类，附泥藻类

42.《水生态监测技术要求　淡水着生藻类》（试行）（总站水字〔2022〕33 号）规定，着生藻类在采集过程中，要至少采集__________块卵石，如果没有卵石，那么应该采集__________块岩块或__________块砾石，取样面积至少达到 100 cm^2。

答案：5，5，10

43.《水生态监测技术要求　淡水着生藻类》（试行）（总站水字〔2022〕33 号）规定，用人工基质采集着生藻类时，人工基质的投放应避开溪流中的__________和__________，可与河中固定物相连，通过调节绳子的长短保证基质浸没水中，浸没深度约__________cm。

答案：急流，漩涡，20～30

44.《水生态监测技术要求　淡水大型底栖无脊椎动物》（试行）（总站水字〔2021〕629 号）规定，可涉水河流的底栖动物定量采集工具包括__________、__________或__________。

答案：索伯网，篮式采样器，十字采样器

45.《水生态监测技术要求　淡水大型底栖无脊椎动物》（试行）（总站水字〔2021〕629 号）规定，不可涉水河流底栖动物半定量采集工具包括__________或 __________。

答案：手抄网，三角拖网

46.《水生态监测技术要求　淡水着生藻类》（试行）（总站水字〔2022〕33 号）规定，在着生藻类的固定中，如需分析全部门类的藻类，按__________比例加入鲁哥氏液；如仅需分析硅藻群落结构，按__________体积比加入甲醛溶液；样品如需长期保存按__________体积比加入甲醛溶液，实际体积根据样品情况调整。

答案：10%～15%，1%～4%，1%～4%

47. 浮游植物样品长期保存，应加入__________，用量为水样体积的__________。

答案：甲醛溶液，4%

48. 鱼类采集工作量大，一般在__________、__________各采集一次即可。

答案：枯水期，丰水期

49. 适合鱼类调查的主要网具有__________、__________、刺网类、张网和撒网 5 种。

答案：拖网类，围网类

50. 水生维管植物通常分为__________、__________、__________。

答案：挺水植物，沉水植物，浮水植物

51. 根据浮水植被的不同类型、水体环境特点以及干扰程度等，将湖泊、河流、水库等大型水体划分为__________区、__________区、__________区，亚沿岸带、沿岸带，或污染区和相对清洁区等不同区域，在这些区域内分别设置若干具有代表性的横断面。

答案：入口，深水（或湖心），出口

52. 野外采集到鱼样后，若当天不分析，则需加入__________ g 硼砂和__________ mL 10%的福尔马林固定。

答案：3，50

53. 一般情况下，湖体水面大于 2 km^2 时鱼类监测样点不少于__________个。对于通江湖泊，

应确保主要入湖支流、主湖区以及通江水道必须设置采样点。主要入湖支流的样点数不得少于__________个。

答案：3，2

54．产漂流性卵鱼类早期资源调查，采样点选择在河岸相对平直，水流平顺、流速为__________m/s、流态稳定的位置，距离河岸__________m。

答案：0.3～1.0，20～100

55．在湖泊浅水区、河流沿岸带、高山溪流、洞穴水体等区域进行自行采集，以__________、__________、__________、__________等采样方法，收集鱼类样本。

答案：抄网，撒网，地笼，饵钓

56．根据挺水植被的__________、__________、__________等设置样线。

答案：不同类型，水体状况，干扰程度

57．底栖动物定量采集常用的采样工具是__________、__________。

答案：彼得逊采泥器，人工基质采样器（篮式采样器或十字采样器或索伯网）

58．现场采样组有明确的分工，采样组人员数量满足开展不同生物类群水生生物监测工作需要，采样人员需__________或在__________监督指导下采样。

答案：持证上岗，持证人员

二、单选题

1．用于浮游生物采样的生物网通常有浅水Ⅰ型、浅水Ⅱ型、浅水Ⅲ型，以下说法正确的是__________。（　　）

A．浅水Ⅰ型可用于采集浮游植物　　B．浅水Ⅱ型可用于采集浮游动物

C．浅水Ⅲ型可用于采集浮游动植物　　D．3 种类型均可用于鱼卵采样

答案：B

2．《水生态监测技术要求　淡水浮游植物》（试行）（总站水字〔2022〕41 号）规定，在湖泊或水库采集浮游植物水样时，如水深在 5 m 以内，可__________采样。（　　）

A．在水面下 0.5 m、1 m、2 m、3 m、4 m 处

B．在水面下 0.5 m 处采样

C．在水面下 0.5 m 处、水底以上 0.5 m 处

D．采集表层水

答案：B

3．鱼类资源实地调查可采用的方法有__________。（　　）

A．钓钩　　B．网捕

C．样方调查　　D．计数粪便

答案：B

4．在浮游生物采样中，通常需要对样品加固定剂保存，以下说法错误的是__________。（　　）

A．常用的有福尔马林溶液（含甲醛 37%～40%）、鲁哥氏液

B．浮游植物水样用鲁哥氏液固定，固定剂量为水样的 1%，也可再加少许甲醛溶液

C．采集轮虫水样的固定剂添加方式与浮游植物水样相同

D．采集枝角类、桡足类定量标本时，每升水样添加 4 mL 甲醛溶液

答案：D

5．对采集的底栖动物进行固定工作中，以下说法错误的是__________。（　　）

A．固定水蚯蚓：先进行麻醉，加少量水并滴 1～2 滴 75%的乙醇，每隔 5～10 min 再加 1～2 滴，直至虫体完全麻醉，然后移入 7%甲醛液中，24 h 后再移入 75%～80%乙醇中

B．固定软体动物：先在 50℃热水中将螺蚌闷死，在蚌壳张口处（或螺厣、壳口间）插入一块小木片，然后向内脏注射 7%的甲醛液，再在 7%甲醛液中固定 24 h，然后移入 75%乙醇中保存

C．在分拣的样品瓶中，加入 75%～80%的乙醇保存，需长期保存的样品可在样品中加上样品总体积量 1%左右的甲醛溶液

D．固定水生昆虫：用 7%甲醛溶液固定，24 h 后移入 75%～80%的乙醇中保存

答案：C

6．用标准显微镜载玻片最适宜进行的，是__________工作。（　　）

A．浮游植物定量分析　　　B．细菌菌落计数分析

C．大肠杆菌鉴定采集　　　D．着生生物定量采集

答案：D

7．水生生物监测方法中的“生物群落法”要求监测频次每年不少于 2 次。该方法不适宜__________水体环境的监测。（　　）

A．河流　　B．海洋　　C．湖泊　　D．水库

答案：B

8．水生生物样品采集中，不可采集混合样的是__________。（　　）

A．浮游植物样　　B．浮游动物样　　C．着生生物样　　D．底栖动物样

答案：C

9．以下说法错误的是__________。（　　）

A．地表水中浮游生物密度高时可少采集水量，密度低时可多采集水量

B．河流中采集浮游生物样品时，要用颠倒式采水器或其他采水器

C．人工基质上的群落可以完全代表自然基质

D．浮游生物样品采集中一般需要定量采集与定性采集相结合

答案：C

10．在地表水水生生物监测工作中，进行采样断面布设的原则不包括__________。（　　）

A．断面布设的经济性　　　B．与水质断面布设的一致性

C．断面布设的连续性　　　D．断面布设的独特性

答案：D

11．以下说法正确的是__________。（　　）

A．水质监测采样要记录采样位置的经纬度、浮游生物采样不用记录

B．在同一点位生物采集样品时，应先采集浮游生物样品，再采集底栖生物样品

C．水样采集中，应先采集水质样品，然后采集生物样品

D．浮游生物样品采集中，应在未受干扰区采集对照样品

答案：B

12. 在常规水生生物采样中需要记录必要的采样信息，__________是非必须记录的内容。（　　）

A．发生水华时的物种　　B．水体颜色

C．水体透明度　　D．水体周边环境

答案：A

13. 当开展湖库水生态调查时，采样现场发现发生水华现象，则可__________。（　　）

A．按照原定计划进行采样　　B．进行加密监测采样

C．开展水华专项监测采样　　D．重点进行水华监测采样

答案：D

14. 国内用于捕捞的渔具和方法多种多样，刺网类网具适用于捕捞__________的鱼类，不受水文条件的限制，操作简便灵活。（　　）

A．底层　　B．上层　　C．中层　　D．洄游性

答案：D

15. 利用__________目分样筛，将大型底栖无脊椎动物样品挑拣出并固定。（　　）

A．14　　B．40　　C．60　　D．80

答案：B

16. 使用彼得逊采泥器时，将采泥器打开，挂好提钩，将采泥器缓慢地放至底部，然后抖脱提钩，轻轻上提__________cm，估计两页闭合后，拉出水面。（　　）

A．100　　B．80　　C．50　　D．20

答案：D

17. 在湖泊、水库和池塘等水体中，可用__________采集浮游生物。（　　）

A．有机玻璃采水器　　B．手抄网　　C．采泥器　　D．水桶

答案：A

18. 采集小型浮游生物定性样本用__________浮游生物网。（　　）

A．25 号　　B．13 号　　C．12 号　　D．14 号

答案：A

19. 每年开展第一期水生生物采样前，按照各水生生物类群水生态监测技术要求，对参与实际工作的现场采样人员和预备人员进行__________，宣讲相关质控要求。（　　）

A．上岗考核　　B．内部培训　　C．宣讲　　D．理论培训

答案：B

20. 生境调查至少应由__________人同时完成记录和评价。（　　）

A．1　　B．2　　C．3　　D．4

答案：B

21. 同一点位采样区域内一般选择__________个样点，每个样点采集__________次。（　　）

A．3～5，2～3　　B．3～5，1～3　　C．2～3，3～5　　D．1～3，3～5

答案：A

22．对于地区特定浮游动物种类有特殊繁殖时间段的，采样需在__________时间段内进行。（　　）

A．繁殖　　B．摄食　　C．阶段性　　D．变态

答案：A

23．《水生态监测技术要求　淡水浮游动物》（试行）（总站水字〔2022〕47 号）规定，轮虫定量样品前处理第一步需要将样品摇匀倒入浓缩装置中，室温静置__________。（　　）

A．24 h　　B．48 h　　C．24～48 h　　D．48 h 以上

答案：C

24．一般情况下，采集的样品中生物个体需全部挑拣。但当样品中某些种类生物数量极大时，可对该样品在混合均匀的情况下，采用__________进行分样。（　　）

A．随机　　B．混匀　　C．二分法　　D．网格法

答案：D

25．D 型网使用方法是将网直边紧贴水体底部，__________移动一定距离，使生物从底质上分离，从而采集到样品。（　　）

A．逆水流方向　　B．随机　　C．顺水流方向　　D．往返

答案：A

26．利用人工基质采样器采样时，采样器要设置在点位附近最具有代表性生境的位置，每个采样点至少放置__________个采样器。（　　）

A．2　　B．3　　C．4　　D．5

答案：A

27．植物样品采集时应注意所采集样品的代表性、典型性和__________。（　　）

A．适时性　　B．分层性　　C．区域性　　D．群集性

答案：A

28．河流湖库中采集浮游动物时，需按照浮游动物类群进行分别采集。浮游动物类群主要有桡足类、枝角类、轮虫和__________组成。（　　）

A．线虫　　B．钟虫　　C．原生动物　　D．后生动物

答案：C

29．关于水生生物采样质量控制要求，以下说法错误的是__________。（　　）

A．应对采样人员进行培训与考核，考核通过后方可开展采样工作

B．应按照样品量的 10%进行样品的一致性比对，比对人由有 5 年相关类群鉴定经验的人担任

C．应在采样现场完成采样记录的相关表格填写与复核

D．应组织采样人员在现场进行采样环节质量自评估

答案：B

30．用于原生动物和轮虫定量样品前处理的器材是__________。（　　）

A．25 号浮游生物网　　B．13 号浮游生物网

C．硅胶虹吸管　　D．GPS 点位仪

答案：C

31．一般情况下，浮游植物定量采集时，需采集的水量是__________。（　　）

A．50 L　　B．20 L　　C．10 L　　D．1 L

答案：D

32．底栖动物样品采集后若无法及时挑拣，冷藏保存一般不宜超过__________h。（　　）

A．5　　B．10　　C．24　　D．48

答案：C

33．底栖动物样品采集后若无法及时挑拣，常温保存一般不宜超过__________h。（　　）

A．5　　B．10　　C．24　　D．48

答案：A

34．《水生态监测技术要求　淡水着生藻类》（试行）（总站水字〔2022〕33 号）规定，当调查河段无任何满足采集着生藻类条件的基质时，可选择投放人工基质，放置至少__________天，以确保基质表面着生藻类群落发育稳定。（　　）

A．7　　B．15　　C．10　　D．30

答案：B

35．底栖动物挑拣时，当单个样品量很大且杂质很多时，先对整个样品进行初步查看，将形态、大小、颜色等有明显特征差异的较特别动物个体挑出，再将样品进行均等分样，直至分样中的动物个体数约__________头，停止分样，所得的分样称为最小分样单元。（　　）

A．10　　B．20　　C．40　　D．50

答案：A

36．下列关于浮游动物采样的描述错误的是__________。（　　）

A．水深小于 5 m，不用分层采样

B．枝角类和桡足类采 10～50 L 的水样

C．13 号浮游生物网用于枝角类和桡足类定性样品采集

D．原生动物和轮虫定量样品通过现场过滤 25 号浮游生物网采集

答案：D

37．轮虫若不进行分层定量样品采样，则将 1 L 的采水器放置水面下__________m 处，待采水器注满后，提出水面。（　　）

A．0.5　　B．1　　C．2　　D．3

答案：A

38．水深为__________m 时，浮游植物分别在水面下 0.5 m、1/2 透光层处及透光层底部各布设 1 个采样点，进行分层采样或取混合样。（　　）

A．3～5　　B．5～10　　C．0～3　　D．>10

答案：D

39．枝角类和桡足类定量样品采集后，存放在__________mL 聚乙烯样品瓶。（　　）

A．5 000　　B．1 000　　C．100　　D．10

答案：C

40．《水生态监测技术要求　淡水浮游植物》（试行）（总站水字〔2022〕41 号）规定，若浮游

植物定量需要长期保存，则需要添加__________%水样体积的甲醛溶液。（　　）

A．1　　B．4　　C．10　　D．20

答案：B

41．底栖动物在固定时，固定液应完全浸没动物样本，加入固定液后的__________天检查固定液是否澄清，出现浑浊则需更换一次固定液。（　　）

A．2～3　　B．3～5　　C．5～7　　D．7～9

答案：A

42．对底栖动物单个样品多人累计挑拣时间达__________h，仍无法完成的，宜停止挑拣。记录样品的挑拣比例。（　　）

A．2　　B．4　　C．6　　D．8

答案：D

43．以下__________不属于着生藻类的采样工具。（　　）

A．硬质毛刷　　B．镊子　　C．手抄网　　D．刮刀

答案：C

44．以下__________不属于浮游植物的采样工具。（　　）

A．25 号浮游生物网　　B．篮式采样器

C．采水器　　D．1 L 广口聚乙烯瓶

答案：B

45．以下__________不属于浮游动物定性采集的工具。（　　）

A．25 号浮游生物网　　B．13 号浮游生物网

C．十字采样器　　D．100 mL 聚乙烯瓶

答案：C

46．若样品中的底栖动物样本无法及时挑拣，则在样品袋或样品瓶中加入适量的__________或甲醛溶液进行固定。（　　）

A．无水乙醇　　B．75%乙醇　　C．鲁哥试剂　　D．冰醋酸

答案：A

47．对于不可涉水河流开展底栖动物监测时，当河宽为 200 m 及以上时，以监测点位经纬度坐标为中心，上下游各__________m 范围的河段为采样区域。（　　）

A．100　　B．200　　C．300　　D．400

答案：B

48．通常在湖库底栖动物采样中，每一个不同生境至少选择一个样方，样带必须覆盖采样区域的主要生境，单个采样区域中设置不少于__________个定量采集的样方和 1 个半定量采集的样带。（　　）

A．4　　B．3　　C．2　　D．1

答案：A

49．以下对于着生藻类采样描述错误的是__________。（　　）

A．对可涉水河段，尽量靠近河道中泓采样，以避免收集到临时排污物

B．对不可涉水的河段及湖（库），可在可涉水的河岸带或湖（库）滨带采样

C．应尽量避免在主河道采集，尽量避免在静水区或流速缓慢区域采样

D．采样位置应尽量远离河流汇入口或入湖河流和明显人为干扰区域

答案：C

50．一般情况下，湖泊和水库底栖动物总采样量不低于__________m^2或2个人工基质采样器。（　　）

A．1　　　　B．1.5　　　　C．2　　　　D．2.5

答案：B

51．一般情况下，河流底栖动物总采样量不低于__________m^2或2个人工基质采样器。（　　）

A．1.36　　　　B．1.5　　　　C．2　　　　D．3

答案：A

52．在着生藻类采样过程中，用刮刀反复多次刮擦人造稳定基质表面以获取着生藻类，取样面积至少__________cm^2。（　　）

A．50　　　　B．100　　　　C．150　　　　D．200

答案：B

53．在采集水生植物载体上的着生藻类时，采集至少__________株沉水植物或截取挺水植物水下茎部分，在水中轻轻晃动以清除松散附着的表面污染物后放入密封袋或容器中，加入蒸馏水或无藻水后通过剧烈振荡、搅拌或揉拭来获取附着其表面的着生藻类，从袋中取出大型植物，将袋中的液体装入样品瓶中。（　　）

A．1　　　　B．2　　　　C．3　　　　D．5

答案：D

54．湖泊水库面积在50～500 km^2，一般设置__________个底栖动物采样点位。（　　）

A．5～10　　　　B．10～15　　　　C．15～20　　　　D．20～25

答案：B

55．下列__________不属于浮游动物采样准备的仪器和设备。（　　）

A．5 L采水器　　　　B．带刻度的绳索　　　　C．GPS点位仪　　　　D．索伯网

答案：D

56．《水生态监测技术要求　淡水着生藻类》（试行）（总站水字〔2022〕33号）规定，采样基质应在水中浸没足够长的时间，以确保着生藻类群落发育至与其环境保持平衡。建议浸没时间至少__________天，但具体时间取决于基质表面生物膜生长情况。（　　）

A．7　　　　B．10　　　　C．15　　　　D．21

答案：C

57．大型底栖无脊椎动物多样性随污染程度总体呈现出__________趋势。（　　）

A．升高　　　　B．降低　　　　C．不变　　　　D．无

答案：B

58．对于挺水植物群落（或生境）类型较为复杂的水体，可适当增加样线的数量，一般为__________条，同时缩短样线的长度。（　　）

A．5～7　　B．7～9　　C．9～11　　D．11～13

答案：A

59．产漂流性卵鱼类早期资源调查定点定量采集时，将__________（网目 0.50～0.80 mm）或者圆锥网（网目 0.50～0.80 mm）固定在船舶或者近岸的支点，每日采集 2 次，采集时间为 6：00—7：00 和 18：00—19：00。（　　）

A．撒网　　B．弶网　　C．抄网　　D．刺网

答案：B

60．在鱼类声呐水声学走航式调查观测鱼类数量与分布中，将声呐探测设备的数字换能器（探头）固定在船体的一侧，确保探头发射声波面垂直向下，探测方式可采用平行式走航探测，如“Z”字形和“弓”字形路线，也可采用__________走航探测。（　　）

A．直线式　　B．“S”字形　　C．“回”字形　　D．“T”字形

答案：A

61．以下__________不是渔获物调查所需的仪器设备。（　　）

A．解剖剪　　B．透明度盘　　C．电子秤　　D．组织管

答案：B

62．以下__________不是水生维管植物种类及其数量特征观测内容与指标。（　　）

A．频度　　B．生物量　　C．优势种　　D．地理位置

答案：D

63．一般情况下，浮游动物监测频次以年为周期，每年至少监测__________次。（　　）

A．1　　B．2　　C．3　　D．4

答案：B

64．不可涉水河流中，河宽大于 200 m 的河流，底栖动物监测点位按长度≤__________km 对河流进行分段，每段布设 2～5 个监测点位。（　　）

A．30　　B．50　　C．100　　D．200

答案：C

65．水深为__________m 时，分别在水面下 0.5 m 处和透光层（深度以 3 倍透明度计）底部采集浮游植物分层样品或者混合样。（　　）

A．3～5　　B．5～10　　C．0～3　　D．＞10

答案：B

三、多选题

1．《水生态监测技术要求　淡水浮游动物》（试行）（总站水字〔2022〕47 号）规定，当在水深大于 10 m 的湖库采集浮游生物样品时，在透光层或温跃层以上的水层，需在__________处布设采样点。（　　）

A．水面下 0.5 m　　B．1/2 水深处　　C．1/2 透光层　　D．透光层底部

答案：ACD

2．在进行浮游生物或者底栖生物采样时，一般需要采集__________样品以获得尽可能多的生物

信息。（　　）

A．典型　　B．定性　　C．水质　　D．定量

答案：BD

3．在进行底栖动物样品采集中，为了便于长期保存样品，可将样品带回实验室后，采用__________进行固定。（　　）

A．70%酒精　　B．5%福尔马林　　C．40%异丙醇　　D．脱水封片

答案：AB

4．鱼类现状调查的方法一般有__________。（　　）

A．网捕法　　B．生产力分析法　　C．市场调查法　　D．遥感法

答案：AC

5．在通过“黑白瓶测氧法”测定初级生产力采样中，每组实验需要用到的样品瓶有__________。（　　）

A．黑瓶　　B．白瓶　　C．黑白瓶　　D．初始瓶

E．空白瓶

答案：ABD

6. 在淡水底栖大型无脊椎动物调查观测中，需要遵循必要的观测原则主要有__________。（　　）

A．科学性原则　　B．系统性原则　　C．适用性原则　　D．持续性原则

E．保护性原则

答案：ACDE

7．水生生态调查初级生产力测定方法有__________。（　　）

A．氧气测定法　　B．原子吸收光谱测定法

C．CO_2测定法　　D．叶绿素测定法

E．放射性标记物测定法

答案：ACDE

8．通常情况下，湖泊和水库可在__________、湾区、草型区、藻型区等区域布设大型底栖无脊椎动物监测点位，深水区应仅设少量具代表性的监测点位。（　　）

A．沿岸带　　B．敞水区　　C．河口区　　D．入湖口

答案：ABC

9．鱼类的采集工作量较大。一般来说，每年在__________各采一次即可。可视评价工作所要求的精度和人力物力而定。（　　）

A．平水期　　B．枯水期　　C．丰水期　　D．每季度采一次

答案：BC

10．目前常用的底栖动物定量样品采样设备主要有__________。（　　）

A．三角拖网　　B．彼得逊采集器

C．人工基质篮氏采样器　　D．索伯网

答案：BC

11．浮游生物常用采样工具有__________。（　　）

A．有机玻璃采水器　　B．浮游生物网

C．人工基质篮氏采样器　　D．手抄网

答案：AB

12．13 号浮游生物网网孔为 0.112 mm，可用于采集__________。（　　）

A．枝角类　　B．桡足类　　C．原生动物　　D．轮虫

答案：AB

13．现场样品采集、保存和流转所使用的__________应符合各水生生物样品采集监测的技术要求，并能满足采样计划的需要。（　　）

A．设备　　B．工具　　C．试剂　　D．材料

答案：ABCD

14．水生生物监测点位设置原则有__________。（　　）

A．连续性　　B．一致性　　C．代表性　　D．可行性

答案：ABCD

15．淡水浮游动物点位布设按照相关规定执行外，还需兼顾不同__________的湖区等需要重点关注的区域，适当增加点位。（　　）

A．生态功能　　B．生态类型　　C．污染水平　　D．富营养化程度

答案：ABCD

16．淡水浮游动物定性样品和定量样品标签应包含__________。（　　）

A．采集项目　　B．样品编号　　C．采样日期　　D．采样点位

E．采样体积

答案：ABCD

17．根据实验室分析指标要求，浮游植物样品采集中会要求采集__________。（　　）

A．混合样品　　B．定性样品　　C．瞬时样品　　D．定量样品

E．分层样品

答案：BD

18．按照水生生物监测质量保证和质量控制要求，以下说法正确的有__________。（　　）

A．到达监测点位开展采样前，应设置独立于采样工作外的现场采样质量监督员

B．在采样结束后，采样负责人组织采样人员现场进行采样环境质量自评估，对存在问题且影响数据质量的，需进行重新采样

C．采样负责人需对现场采样记录表单、样品挑拣及固定记录表、样本保存记录表等现场记录进行检查和复核

D．监测任务承担单位可根据需要对样品采集、样品保存和流转、样品前处理等影响监测数据质量的关键环节进行拍照或摄像留存

E．开展一项重点流域水生态状况调查监测工作中，由经验丰富的老王带领新进人员小明按要求完成了采样工作，质量负责人很满意

答案：CD

19．下列__________种类的定量样品采集需要现场滤网过滤浓缩。（　　）

A．原生动物　　B．轮虫　　C．枝角类　　D．桡足类

答案：CD

20．浮游植物定量样品标签应包含__________内容。（　　）

A．采集项目　　B．样品编号　　C．采样日期　　D．采样体积

答案：ABCD

21．下列__________水生生物样品采集会用到 25 号浮游生物网。（　　）

A．浮游植物定量样品　　B．浮游植物定性样品

C．轮虫定性样品　　D．枝角类和桡足类定量样品

答案：BCD

22．底栖动物采样过程中，若样品中的动物样本无法及时挑拣，则在样品袋或样品瓶中加入适量的__________进行固定。（　　）

A．无水乙醇　　B．甲醛溶液　　C．鲁哥试剂　　D．冰醋酸

答案：AB

23．以下__________是不可涉水河流的底栖动物定量采集工具。（　　）

A．采泥器　　B．三角拖网　　C．十字采样器　　D．篮式采样器

答案：ACD

24．《水生态监测技术要求　淡水大型底栖无脊椎动物》（试行）（总站水字〔2021〕629 号）规定，底栖动物半定量采集工具有__________。（　　）

A．采泥器　　B．三角拖网　　C．地笼　　D．手抄网

答案：BD

25．《水生态监测技术要求　淡水着生藻类》（试行）（总站水字〔2022〕33 号）规定，可以采集着生藻类的原位基质有__________。（　　）

A．卵石　　B．硅藻计　　C．沉水植物　　D．基岩

答案：ACD

26．以下描述正确的是__________。（　　）

A．采集浮游动物时，当水深大于 10 m 时，分别在水面下 0.5 m、1/2 透光层处及透光层底部各布设 1 个采样点，进行分层采样或取混合样

B．底栖动物样品采集频次可以年为周期，每年至少监测 2 次，可分别在春、秋季开展监测

C．淡水大型底栖无脊椎动物与生境、水质或其他生物类群样品同步采样时，一般情况下最后采集淡水大型底栖无脊椎动物样品

D．如无法在现场完成从可移动基质上采集着生藻类，可将基质放入适当的洁净容器中，并加入固定剂后带回实验室作进一步处理

答案：ABCD

27．以下描述错误的是__________。（　　）

A．在底栖动物采集过程中，当样品中含有较多沙粒、砂石和石块时，可将样品放入塑料盆内冲水进行浮洗分离，将上层泥水等混合物倒入筛网，如此重复 3～5 次

B．在采集水体中浮游动物样品时，须遵循先采定性样品，后采定量样品的原则

C. 浮游植物样品在保存过程中，应每周检查鲁哥氏液的氧化程度，如果样品颜色变浅，应向样品中补加适量的鲁哥氏液，直至样品颜色恢复为黄褐色

D. 着生藻类每年至少监测一次，建议丰水期开展监测

答案：BD

28. __________定量样品及浮游动物定性样品无须进行前处理，可以直接用于鉴定。（　　）

A. 枝角类　　B. 桡足类　　C. 原生动物　　D. 轮虫

答案：AB

29.《水生态监测技术要求　淡水着生藻类》（试行）（总站水字〔2022〕33 号）规定，着生藻类采集用到的原位基质包括__________及其它基质。（　　）

A. 天然坚硬基质　　B. 人造稳定基质　　C. 水生植物载体　　D. 沉积物

答案：ABC

30. 调查浮水植被时，设置横断面是根据调查的__________情况而定。（　　）

A. 详细程度　　B. 优势种的多少　　C. 水流的速度　　D. 水体的水质

答案：ABCD

31.《生物多样性观测技术导则　内陆水域鱼类》（HJ 710.7—2014）规定，根据观测水体的形态、大小、流量等环境条件，选择相应的鱼类观测方法。产漂流性卵鱼类早期资源调查方法、__________可用于大型湖泊、河流鱼类观测。（　　）

A. 渔获物调查方法　　B. 声呐水声学调查方法

C. 标记重捕方法　　D. 鱼类自主采样方法

答案：ABC

32. 鱼类物种多样性调查方法包括__________。（　　）

A. 渔获物统计法　　B. 走访并调查法

C. 自行采集法　　D. 标记重捕法

答案：ABC

33. 可以通过设置__________采集鱼卵。（　　）

A. 地笼　　B. 底层网　　C. 人工鱼巢　　D. 刺网

答案：BC

34. 水生维管植物生境特征包括__________。（　　）

A. 地理位置　　B. 生境类型　　C. 土壤资料　　D. 人为干扰活动强

答案：ABCD

35.《水生态监测技术要求　淡水大型底栖无脊椎动物》（试行）（总站水字〔2021〕629 号）规定，采集可涉水河流大型底栖无脊椎动物定量样品时，选择__________采样工具。（　　）

A. 采泥器　　B. 手抄网　　C. 索伯网　　D. 篮氏采样器

答案：CD

四、判断题

1. 在浮游生物采样中，一般要求采样点要有代表性。若湖泊或水库是狭长的水域，则至少应设

置三个互相平行，间隔均匀的断面。（　　）

答案：正确

2. 浮游生物在水体中水平分布没有差异，垂直分布有所不同。因此，在采样中要采取不同的取样层次。（　　）

答案：错误

正确答案：浮游生物在水体中水平、垂直分布都有差异，因此在采样中要采取不同的取样层次。

3. 采样量要根据浮游生物密度和研究的需要量而定。一般原则是浮游生物密度低采水量多，密度高采水量则要少。（　　）

答案：正确

4. 水体受到污染后，生物的种类和数量发生变化，而底栖动物因为耐污能力强，对这种污染变化反应比较滞后。（　　）

答案：错误

正确答案：底栖动物可以稳定地反应这种污染变化。

5. 在进行底栖动物采样时，若调查水体是较大的河流，则应在断面上设置左、中、右 3 个采样点。（　　）

答案：正确

6. 在进行鱼类采样时，采样点设置应接近水质监测的采样点，以便于结果的相关分析。采样时，应兼顾表层鱼、中层鱼和底层鱼。（　　）

答案：正确

7. 在环境监测中，可将叶绿素 a 含量作为湖泊富营养化的指标之一。（　　）

答案：正确

8. 在野外采集浮游生物样品时，必须遵循先采定性样品，后采定量样品的原则。（　　）

答案：错误

正确答案：在野外采集浮游生物样品时，必须遵循先采定量样品，后采定性样品的原则。

9. 在湖泊、水库等水域调查中，采集水生植物标本时，应从湖岸处开始直至湖心，特别在水深 3 m 以上的湖湾区，应仔细采集。（　　）

答案：错误

正确答案：特别在水深 3 m 以内的湖湾区，应仔细采集。

10. 底栖动物调查的生物量是指在某一调查点位上某种（类）底栖动物的总重量。（　　）

答案：错误

正确答案：底栖动物调查的生物量指单位面积上某种（类）动物的总重量。

11. 在浮游生物调查采样前，需要进行科学的布点，选择的采样点要有代表性，采样断面或采样点之间要有相等距离间隔。（　　）

答案：错误

正确答案：断面间隔不等，同一断面每隔一定距离设置一个采样点。

12. 在用黑白瓶法测定水生生物初级生产量的方法中，每组瓶要用同次采集的水样注满瓶，灌瓶完毕后立即固定初始瓶的溶解氧，将黑瓶和白瓶悬挂在原采水的深度处放置培养 48 h。（　　）

答案：错误

正确答案：将黑瓶和白瓶悬挂在原采水的深度处放置培养 24 h。

13．浮游动物类群落较多，采集浮游动物样品时需要用不同的采样工具进行采集。（　　）

答案：正确

14．为便于所得结果相互比较，浮游生物的采样点设置应与水质监测的采样点相一致。（　　）

答案：错误

正确答案：采样点的设置要有代表性，浮游生物要能真正代表一个水体或区域的实际状况，尽可能与水质监测点相一致。

15．叶绿素 a 样品宜现场抽滤，现场无法完成抽滤时可采集后储于棕色玻璃瓶或深色塑料瓶中，并在每升水样中加入 1%碳酸镁悬浊液 1 mL。（　　）

答案：正确

16．淡水藻类种类繁多，各种藻类对环境条件的要求也各不相同。有的藻类季节性很强，如金藻、硅藻等常在温度较高的季节出现。（　　）

答案：错误

正确答案：淡水藻类种类繁多，各种藻类对环境条件的要求也各不相同。有的藻类季节性很强，如金藻、硅藻等常在温度较低的季节出现，蓝藻门的许多种类则常在温度较高的季节出现。

17．着生藻类的采样点位应尽量与底栖动物及常规理化监测采样点位保持一致，以保持监测数据的可获得性和监测结果的可比性。（　　）

答案：正确

18．根据着生藻类监测目的，采用多生境法，即从调查河段内所有可达的生境和基质中采集着生藻类，获得一个能够代表该河段内现存着生藻类群落的单一样品。（　　）

答案：错误

正确答案：根据着生藻类监测目的，采用多生境法，即从调查河段内所有可达的生境和基质中采集着生藻类，获得一个能够代表该河段内现存着生藻类群落的混合样品。

19．底栖动物不同于浮游生物，它们具有相对稳定的生活环境，本身移动能力差。（　　）

答案：正确

20．采集底栖动物样品时要记录采集点位周围环境，测量水深、水温和流速，测定透明度、溶解氧、水色及底质性质，做好结果分析的原始依据。（　　）

答案：正确

21．底栖动物样品采集后，为防止加入酒精后脱色，加固定液前要记录好样品色泽。（　　）

答案：正确

22．底栖动物定性样品采集可用三角拖网、手抄网、捡拾等方法，可辅助定量采样，有助于了解水体部分的底栖动物的群落结构特征和种类的组成情况。（　　）

答案：正确

23．浮游生物由于漂浮在水中，群落分布和结构随环境的变更而变化较大，采样频率一般全年应不少于两次，条件允许时，最好是每月一次。（　　）

答案：错误

正确答案：浮游生物由于漂浮在水中，群落分布和结构随环境的变更而变化较大，采样频率一般全年应不少于四次（每季度一次），条件允许时，最好是每月一次。

24．在河流中采集浮游生物时，要用颠倒式采水器或其他型号采水器。（　　）

答案：正确

25．变温层以下的水层，由于缺少光线，浮游植物数量不多，浮游动物数量也很少，可适当少采样。（　　）

答案：正确

26．采集浮游生物定性样本时，可在水中沿表层拖滤 1.0～5.0 m^3 水体积。（　　）

答案：错误

正确答案：采集浮游生物定性样本时，可在水中沿表层拖滤 1.5～5.0 m^3 水体积。

27．底栖藻类中较大型的丝状或团块状标本可以在采集现场从水中石块上或其他附着物上刮取。（　　）

答案：正确

28．河流生态调查中，调查的水生生物要素主要有浮游生物、着生藻类、大型底栖动物，鱼类和大型水生植物可根据需要开展。（　　）

答案：正确

29．在野外进行鱼类、大型水生植物的调查工作中，需尽量在调查现场进行物种鉴定，难以鉴定的种类应拍照后回实验室查阅资料鉴定。（　　）

答案：错误

正确答案：难以鉴定的物种选取典型特征的标本带回实验室鉴定。

30．因浮游植物受光照影响明显，在湖库采集浮游植物样品时，需要采集表层、中层与底层样品。（　　）

答案：错误

正确答案：根据水深来进行分层采样。

31．对于可涉水河流，底栖动物的采集范围以监测点位经纬度坐标为中心，上、下游各 50 m 范围的河段为采样区域。（　　）

答案：正确

32．当水深为大于 10 m 时，采集浮游植物样品时，是分别在水面下 0.5 m 处和透光层底部各布设一个采样点（透光层深度以 3 倍透明度计），进行分层采样或取混合样。（　　）

答案：错误

正确答案：当水深大于 10 m 时，采集浮游植物样品时，是分别在水面下 0.5 m 处和 1/2 透光层和透光层底部各布设一个采样点（透光层深度以 3 倍透明度计），进行分层采样或取混合样。

33．浮游动物定量采集方法是利用 13 号浮游生物网在水体表层至 0.5 m 水深处以 20～30 cm/s 的速度做"∞"形往复、缓慢拖动约 1～3 min，将浮游生物网提出水面，随后样品被收集至 100 mL 样品瓶中。（　　）

答案：错误

正确答案：浮游动物定性采集方法是利用 13 号浮游生物网在水体表层至 0.5 m 水深处以 20～

30 cm/s 的速度做“∞”形往复、缓慢拖动约 1～3 min，将浮游生物网提出水面，随后样品被收集至 100 mL 样品瓶中。

34．通常情况下，湖泊和水库可在沿岸带、湾区、敞水区、河口区、草型区、藻型区等区域布设底栖动物监测点位，深水区应仅设少量具代表性的监测点位。（　　）

答案：正确

35．在开展河流底栖动物样品采集时，应根据水流方向，按照逆流采样原则，自下而上开展样品采集。（　　）

答案：正确

36．着生藻类采样过程中，对不可涉水河段，尽量靠近河道中泓采样，以避免收集到临时排污物；对可涉水的河段及湖（库），可在可涉水的河岸带或湖（库）滨带采样。（　　）

答案：错误

正确答案：对可涉水河段，尽量靠近河道中泓采样，以避免收集到临时排污物；对不可涉水的河段及湖（库），可在可涉水的河岸带或湖（库）滨带采样。

37．着生藻类采集时，采样位置应尽量远离河流汇入口或入湖河流和明显人为干扰区域。（　　）

答案：正确

38．只监测轮虫时，定性样品的采集使用 25 号浮游生物网。（　　）

答案：正确

39．同一个点位的轮虫的定量样品可与浮游植物定量样品为同一个样品。（　　）

答案：正确

40．浮游植物定性采集网具为 13 号浮游生物网。（　　）

答案：错误

正确答案：浮游植物定性采集网具为 25 号浮游生物网。

41．鲁哥氏液的配置为：称取 60 g 碘化钾溶解在 100 mL 蒸馏水中，加入 40 g 碘，充分搅拌使其完全溶解，加水定容至 1 000 mL，转移至棕色磨口玻璃瓶，并在室温避光条件下保存。（　　）

答案：正确

42．《水生态监测技术要求　淡水浮游植物》（试行）（总站水字〔2022〕41 号）规定，一般情况下，浮游植物监测频次按照季节、水期（丰水期、平水期、枯水期）或月份确定。（　　）

答案：正确

43．可利用手抄网或三角拖网在不可涉水河流开展底栖动物的定量采集。（　　）

答案：错误

正确答案：可利用采泥器或篮式采样器或十字采样器在不可涉水河流开展底栖动物的定量采集。

44．可利用索伯网或篮式采样器或十字采样器在可涉水河流开展底栖动物的定量采集。（　　）

答案：正确

45．在底栖动物采集过程中，某监测点位的样品采集完成后，彻底冲洗并仔细检查采样器具，冲洗水过筛网，避免有动物个体残留造成交叉干扰。（　　）

答案：正确

46．浮游植物定性样品和定量样品标签应包含采集项目样品编号、采样日期、采样点位和采样

体积。(　　)

答案：正确

47. 监测轮虫、枝角类和桡足类时，可仅用 13 号浮游生物网进行定性样品采集。(　　)

答案：错误

正确答案：监测轮虫、枝角类和桡足类时，可仅用 25 号浮游生物网进行定性样品采集。

48. 枝角类和桡足类定量样品及浮游动物定性样品需沉淀 24～48 h 后，然后进行虹吸浓缩。(　　)

答案：错误

正确答案：枝角类和桡足类定量样品及浮游动物定性样品为现场直接用 25 号网过滤，不需要沉淀处理。

49.《水生态监测技术要求　淡水着生藻类》(试行)(总站水字〔2022〕33 号)规定，在着生藻类采集过程中，在缺少天然坚硬基质的情况下，可利用人造稳定基质(如桥墩、板柱、码头、堤坝处)进行采样，考虑水位波动和波浪的影响，建议取样水深约为 30 cm。(　　)

答案：正确

50. 底栖动物采集后，当样品中含有较多沙粒、砂石和石块时，可将样品放入塑料盆内冲水进行浮洗分离，将上层泥水等混合物倒入筛网，如此重复 3～5 次。肉眼检查塑料盆内剩余残渣，将遗留的动物个体挑拣放入筛内，确认无遗留后丢弃残渣。(　　)

答案：正确

51. 如需了解湖泊和水库的大型底栖无脊椎动物整体状况，则必须采集滨岸带的大型底栖无脊椎动物。(　　)

答案：正确

52.《水生态监测技术要求　淡水浮游植物》(试行)(总站水字〔2022〕41 号)规定，浮游植物定量采集方法为：使用采水器定量采集 20 L 水至定量采样瓶中，记录定量样品体积。(　　)

答案：错误

正确答案：浮游植物定量采集方法为：使用采水器定量采集 1～2 L 水至定量采样瓶中，记录定量样品体积。

53. 对于河床中不可移动的天然基质(如基岩、巨石)，可采用连接了橡胶导管的注射器对其进行着生藻类取样。(　　)

答案：正确

54. 着生藻类样品应从天然基质或人工基质与水体接触的上表面收集，如需计算密度或生物量等指标时记录基质表面采集面积。(　　)

答案：正确

55.《水生态监测技术要求　淡水大型底栖无脊椎动物》(试行)(总站水字〔2021〕629 号)规定，对于不可涉水河流，当河宽不超过 200 m 时，以监测点位经纬度坐标为中心，上、下游各 200 m 范围的河段为采样区域。(　　)

答案：错误

正确答案：对于不可涉水河流，当河宽不超过 200 m 时，以监测点位经纬度坐标为中心，上、下游各 100 m 范围的河段为采样区域。

56．可涉水河流的底栖动物半定量采集工具为手抄网或踢网等。（　　）

答案：正确

57.《水生态监测技术要求　淡水浮游植物》（试行）（总站水字〔2022〕41 号）规定，浮游植物活体样品应保存在 4～10℃环境条件下，保存时间不超过 48 h。（　　）

答案：错误

正确答案：浮游植物活体样品应保存在 4～10℃环境条件下，保存时间不超过 36 h。

58．当采集到的着生藻类样品中含有大量泥沙时，可剧烈摇匀后短暂静置 30 s 使泥沙迅速沉淀至样品瓶底，吸取液体中下部的样品进行下一步处理。（　　）

答案：正确

59.《生物多样性观测技术导则　水生维管植物》（HJ 710.12—2016）规定，在挺水植物采集中，样线长度视水体面积、生境异质化程度而定，一般为 800～1 000 m。（　　）

答案：正确

60．调查浮水植被时，设置的横断面之间的间隔一般不小于 250 m，也可根据实际情况作一定调整。（　　）

答案：正确

61．沉水植被野外调查时，在每个断横面上设置样线，在每个样线上每隔一定的距离设置样方，将每个样方（通常面积为 4 m×4 m，也可根据沉水植被的实际情况适当调整）平均划分为 4 个小样方，每个小样方的面积为 2 m×2 m。（　　）

答案：错误

正确答案：沉水植被野外调查时，在每个断横面上设置样线，在每个样线上每隔一定的距离设置样方，将每个样方（通常面积为 2 m×2 m，也可根据沉水植被的实际情况适当调整）平均划分为 4 个小样方，每个小样方的面积为 1 m×1 m。

62．对以水草为产卵基质的鱼类种类，可将水草取出，挑取黏附在水草上的黏性卵；对以浅水砾石为产卵基质的鱼类种类，可直接在砾石上进行采样。（　　）

答案：正确

63．样方内记录的植物包括自然生长的沉水植物和随水流漂流的沉水植物。（　　）

答案：错误

正确答案：样方内记录的植物应是自然生长的沉水植物，而不是随水流漂流的沉水植物。

64．着生藻类样品固定保存剂中可加入 5%冰醋酸，以防止藻类收缩变形。（　　）

答案：正确

五、简答题

1．简述水生维管束植物定量采集的方法。

答案：

（1）大型水生植物的分布极不均匀，首先测量或者估算沿岸各类植物带区的面积，然后在各带区中选择密集区、一般区、稀疏区进行定点采样。

（2）统计沉水植物、浮叶植物和漂浮植物的生物量，采用面积为 0.25 m^2 的水草定量夹进行，每个采样点采 2 次。每次把样方内的全部植物采集后装袋并编码，带回实验室内进行处理。称量测算的数值代表该种植物在 0.5 m^2 面积内的质量。每个采样点都经过以上定量后，可算出每种水生植物在全部采样点上的平均值（没有采到该种水草的采样点也需要参加平均值）。将平均值乘以 2，即为每平方米面积上这种水草的质量。

（3）统计挺水植物的生物量，将每平方米面积的全部植物割断，分别种类，称其质量。

2．简述浮游植物叶绿素 a 的样品采集中的注意事项。

答案：

（1）叶绿素 a 的采集需要单独采样，且使用干燥的样品瓶。

（2）采样前不需要用水样对样品瓶进行冲洗。

（3）样品的采集一般使用有机玻璃采水器或其他适当的采样器采集水面下 0.5 m 样品，湖泊、水库根据需要可进行分层采样或混合采样，采样体积为 1 L 或 500 mL。

（4）若水样中含有沉降性固体，用铝箔避光沉降 30 min，取水面下 5 cm 水样转移至棕色硬质玻璃瓶中。

（5）若不能现场抽滤，则在每升样品中加入 1 mL 碳酸镁悬浊液，以防止酸化引起色素溶解。

（6）如果水深不足 0.5 m，在水深 1/2 处采集样品，但不得混入水面漂浮物。

3．简述湖泊、水库底栖动物定量样品采集的过程。

答案：

（1）泥样采集

使用底泥采泥器采集泥样。采样时每个采样点累计采样面积 1/8～1/3 m^2。即使用 1/16 m^2 的彼得生采泥器或改良的彼得生采泥器（1/12 m^2），采泥 2～4 次，采样厚度一般为 10～15 cm。若为疏松的湖底底质，则需要穿透 20 cm 底质。在湖泊、水库深水区域使用采泥器采样时需借助机械绞盘，严格按照安全操作规程进行操作。在靠近湖泊、水库沿岸的可涉水区，若有螺、蚌等较大型无脊椎动物时，可使用带网夹泥器（开口面积 1/6 m^2）采样 1～2 次。

（2）泥样筛洗

将采获的泥样倒入一个塑料采样箱中，使用长柄 D 型抄网将捞取的泥样在湖泊、水库水中摇荡筛洗，初步洗去泥样中的污泥。洗涤过程中保持网口朝上，防止网内物体溅出。然后，将塑料箱里剩余泥水全部倒入抄网筛洗。

使用带网夹泥器采得样品后，连网一同在水中摇汤筛洗，洗去污泥（操作过程中保持网口紧闭），将夹泥器提出水面后打开，拣出全部样品。

样品封装。将每个样点采集、筛洗后的样品连同杂物全部装入同一个塑料自封袋或塑料广口瓶中，贴上标签（写明采集地点、样点编号、日期和采集人），必要时可在样品袋内或样品瓶中放入写有相同内容的标签。缚紧袋口或盖紧瓶口后带回实验室处理。若气温较高（高于 33～35℃）或路途中放置的时间较长（超过 5 h），则需在样品袋或样品瓶中加入适量的乙醇溶液（至终浓度 70%左右）或乙醇-甲醛溶液（由 90%乙醇和 40%甲醛按 9∶1 混合配制），以防止样品腐烂。

（3）样品筛选和分拣

将待筛选样品置于 40 目网筛中，然后将筛底置于水盆的清水中轻轻摇荡，洗去样品中剩余的污泥，筛洗后挑出其中的杂物和植物枝条、叶片等（仔细检查并拣出掺杂在其中的动物），将筛上肉眼能看得见的全部样品倒入白瓷盘中进行分拣。若观测水域已有颤蚓科（Tubificidae）和仙女虫科（Naididae）等类群分布的记录，则需使用40目和60目网筛进行套筛。

如采样时来不及分拣，可将初步筛洗后的样品连同所余杂物全部装入一个新的样品袋中，贴上与采样相同内容的标签，缚紧袋口后带回室内再做进一步筛选和分拣。

4. 浮游动物分层采样应满足哪些要求？

答案：

（1）当水深小于5 m或者混合均匀的水体，在水面下0.5 m处布设一个采样点；

（2）当水深为5～10 m时，分别在水面下0.5 m处和透光层底部各布设一个采样点，进行分层采样或取混合样；

（3）当水深大于10 m时，分别在水面下0.5 m、1/2透光层处及透光层底部各布设1个采样点，进行分层采样或取混合样。

5. 简述鱼类样品采集方法。

答案：

（1）结合渔业生产捕捞鱼类标本；

（2）从鱼市收购站购买标本，但一定要了解其捕捞水域基本情况；

（3）对非渔业区域可根据监测工作需要进行专门捕捞采集。

6. 如何开展浮游植物定性采集？

答案：浮游植物定性采集：使用25号浮游生物网在水体表层至0.5 m水深处以20～30 cm/s的速度做“∞”形往复、缓慢拖动约1～3 min，将浮游生物网提出水面，定性样品被收集在网底部容器中，将底端出口伸入定性采样瓶，打开底端活塞开关收集定性样品。需获取不同水层定性样品时，直接用25号浮游生物网过滤该水层水样即可。定性样品采集完成后应及时清洗25号浮游生物网。定性样品标签应包含采集项目（浮游植物定量或浮游植物定性）、样品编号、采样日期、采样点位和采样体积。

7.《水生态监测技术要求　淡水浮游动物》（试行）（总站水字〔2022〕47号）规定，如何开展浮游动物定量采集？

答案：用采水器采集原生动物轮虫定量样品采集量1 L，直接注入样品瓶中。用采水器采取枝角类和桡足类浮游动物采集20 L，蓝藻水华爆发期间采集10 L，水体初级生产力比较低点位采集30～50 L，并通过25号浮游生物网过滤浓缩，装入100 mL具塞聚乙烯瓶中。

8. 如何在河宽超过200 m的不可涉水河流开展底栖动物定量采集？

答案：根据水流方向，按照逆流采样原则，自下而上开展样品采集。对于不可涉水河流，当河宽为200 m及以上时，以监测点位经纬度坐标为中心，上、下游各200 m范围的河段为采样区域。根据采样区域内的不同生境选定样方或样带，每一个不同生境至少选择一个样方，样带必须覆盖采样区域的主要生境，单个采样区域中设置不少于4个定量采集的样方和1个半定量采集的样带，单个样方不少于0.062 5 m^2，单个样带不少于0.9 m^2，或单个采样区域放置不少于2个人工基质采样器（篮式采样器或十字采样器）。定量样方的采集用1/16的采泥器，样带用三角拖网采集，其中拖网需要逆着河流操作。

9．如何利用天然坚硬基质采集着生藻类样品？

答案：

（1）一般来说，卵石是取样的首选基质，也可以使用砾石和岩块。在采集过程中，要至少采集 5 块卵石，如果没有卵石，那么应该采集 5 块岩块或 10 块砾石，取样面积至少达到 100 cm^2。

（2）将采集获得的基质在水中轻轻晃动，以清除松散附着的表面污染物（如泥沙、有机碎屑和死亡生物个体），将基质从水中取出并置于洁净搪瓷盘中，用装有蒸馏水或无藻水的洗瓶轻微冲洗基质表面以清除基质表面松散泥沙，使用干净的硬质毛刷或者硬毛牙刷用力刮刷基质表面 30 s 以上，至基质表面无肉眼可见的生物着生印迹。

（3）刮刷过程中用洗瓶冲洗基质表面，将刷取获得的着生藻类生物膜收集于搪瓷盘中。

（4）最终将盘中褐色混浊液完全收集入样品瓶中，并用少量蒸馏水或无藻水冲洗搪瓷盘并收集于样品瓶中。

（5）在样品瓶上贴上与样品相关的详细标签。

10．如何进行浮游植物样品前处理？

答案：将浮游植物全部定量样品摇匀倒入浓缩装置中，室温静置 24～48 h。用虹吸装置吸取上清液，直至浮游植物沉淀物处于 50 mL 标记线左右。旋开浓缩装置底部活塞，将浮游植物沉淀物收集在 100 mL 量筒中，再用少许上清液冲洗浓缩装置 1～3 次，将冲洗水一并收集在量筒中，读取量筒中样品体积，即为浓缩体积，将浓缩液转入离心管中。静置初期，应适时轻敲浓缩装置器壁减少吸附。虹吸过程中，吸液口与浮游植物沉淀物间距离应大于 3 cm。样品也可在原定量采样瓶中直接浓缩，具体操作步骤与浓缩装置同。

11．淡水浮游动物监测有哪些基本流程？

答案：监测目的确定，监测方案制定，监测安排和准备，样品采集，样品固定，样品保存和运输，样品前处理，样品分析，结果计算和数据分析。

12．如何开展沉水植物群落数据采集？

答案：对于沉水植物群落，记录各小样方中沉水植物的种类、盖度和多盖度等级等。样方内记录的植物应是自然生长的沉水植物，而不是随水流漂流的沉水植物。但极少数无根或依靠带叶的断枝进行繁殖或扩散的沉水植物除外。在运用目测法估计样方中每种植物的多盖度等级时，应尽可能前后保持一致。如果条件允许，可以考虑采用水声探测技术（hydroacoustic survey），并运用 SCUBA（水下呼吸器）或 snorkel（通气管）等设备潜水，记录沉水植物的分布和种群密度等方面的内容。

六、计算题

1．现采集浮游动物定量样品，其中湖泊水深 12 m，透明度 1 m，将如何进行分层采样？

答案：透光层为 3 倍透明度，即 3×1=3（m）。

根据相关要求，当水深大于 10 m 时，分别在水面下 0.5 m、1/2 透光层处及透光层底部各布设 1 个采样点，进行分层采样或取混合样。

则分别在 0.5 m、1.5 m 及 3 m 处各设置 1 个采样点，进行分层采样或者采混合样。

2．浮游植物定性和定量样品采集后应该立刻加入鲁哥氏液固定，用量为水样体积的 1.0%～1.5%。假设每个定性样品 30 mL，每个定量样品 1 L，请问采集 50 个浮游植物定性和定量样品需要至少准备多少鲁哥氏液？

答案：（30×1%+1 000×1%）×50 = 515（mL）。需要至少准备 515 mL 鲁哥氏液。

第二节　细菌学测定

一、填空题

1．在测定细菌总数中，作平皿菌落计数时，在结果判读时若平皿上有较大片状菌落且超过平皿的一半，该平皿__________计数。

答案：不参加

2．根据测定粪大肠菌群的地表水样品的保存要求，采样后应在 2 h 内测定，否则应在 10℃以下冷藏但不得超过 6 h。实验室接样后，不能立即开展检测，须将样品于 4℃以下冷藏并在__________h 内测定。

答案：2

3．在用滤膜法测定地表水、地下水、生活污水和工业废水中粪大肠菌群的浓度时，其原理为样品通过孔径为 0.45 μm 的滤膜过滤，细菌被截留在滤膜上，然后将滤膜置于 MFC 选择性培养基上，在特定的温度（__________℃）下培养__________h，胆盐三号可抑制__________的生长，粪大肠菌群能生长并发酵乳糖产酸使指示剂变色，通过颜色判断是否产酸，并通过呈蓝色或蓝绿色菌落计数测定样品中粪大肠菌群浓度。

答案：44.5，24，革兰氏阳性菌

4．生物样品采集中应特别注意防止__________和样品的__________。

答案：沾污，代表性

5. 用平皿计数法测定水中细菌总数，在计算结果时，若有两个稀释倍数平均菌落数在 30～300，计算二者的比值(二者分别乘以其稀释倍数后，较大值与较小值之比)。若其比值小于 2，以__________为细菌总数测定值；若大于等于 2，则以__________为细菌总数测定值。

答案：两者的平均数，稀释倍数较小的菌落总数

6．地表水、地下水、生活污水和工业废水等水体在细菌学指标测定时，根据细菌学样品的干扰和消除的规定，活性氯具有氧化性，能破坏微生物细胞内的酶活性，导致细胞死亡，可在样品采集时加入__________溶液消除干扰；重金属离子具有细胞毒性，能破坏微生物细胞内的酶活性，导致细胞死亡，可在样品采集时加入__________溶液消除干扰。

答案：硫代硫酸钠，乙二胺四乙酸二钠

7．测定水中细菌学指标的采样瓶口用牛皮纸等防潮纸包扎后，置于干燥箱中，于__________℃干热灭菌 2 h，或用高压蒸汽灭菌器于__________℃灭菌 15 min；不能用加热方法来灭菌的塑料瓶应浸泡在 0.5%过氧乙酸 10 min 或置于环氧乙烷气体中进行低温灭菌；聚丙烯耐热塑料瓶可用__________℃高压蒸汽灭菌器灭菌 15 min。

答案：160～170，121，121

8．灭菌的采样瓶必须在__________使用，否则应重新灭菌。

答案：两周内

9．在用多管发酵法测定地表水、地下水、生活污水和工业废水中粪大肠菌群的浓度时，粪大肠菌群初发酵试验时的温度为__________，复发酵试验时的温度为__________。

答案：37℃±0.5℃，44.5℃±0.5℃

10．微生物是指一大群个体体积微小（一般直径小于 1 mm），结构简单，大多是__________，少数是__________，还有些没有细胞结构的低等生物。

答案：单细胞，多细胞

11．细菌在固体培养基上生长繁殖时形成的肉眼可见的群体称为__________。

答案：菌落

12．细菌的菌落形态包括__________、形状、边缘、隆起、光泽、质地、__________ 等。

答案：大小，颜色

13．可被微生物吸收和利用的物质，称为微生物的__________。

答案：营养物质

14. 由__________供给微生物生长繁殖或积累代谢产物所用的营养基质，叫作培养基（medium）。

答案：人工配制

15．配制培养基的基本原则：适合微生物的营养特点；调配好培养基中各种营养成分的__________；控制__________条件。

答案：比例，培养

16．按照培养基的用途，可以分为基本培养基、__________培养基、鉴别培养基。

答案：富集

17．按照培养基的物理性状，可以分为固体培养基、__________培养基、半固体培养基。

答案：液体

18．杀灭物体上的病原微生物的方法称为__________。

答案：消毒

19．杀灭物体上全部微生物的方法称为__________。

答案：灭菌

20．防止或抑制微生物生长的方法称为__________。

答案：防腐

21．所有细菌，逐级归并为各种等级类群。__________是分类的基本单位。

答案：种

22．细菌分类，除__________特征外，主要依据生理生化特性、血清学反应和遗传特性等。

答案：形态

23．菌种保藏的目的是避免菌种的__________和防止菌种优良遗传性的丧失。

答案：死亡

24．革兰氏染色是细菌__________中重要的染色方法。

答案：鉴定

25．用于微生物分析项目的水样采集设备与样品保存容器__________用水样冲洗。

答案：不能

26．用于保存分析粪大肠菌群项目的水样应该装于__________玻璃瓶中。

答案：灭菌

27．对每批培养基，要做__________和__________对照培养检查试验。

答案：阳性，阴性

28．配制每批培养基均要做好记录，登记配制日期、批次、培养基名称、成分、__________、灭菌条件、配制方法及配制人等。

答案：pH

29．在水中的细菌学测定每次试验时，要以__________为水样，检查培养基、滤膜、稀释水、冲洗用水、玻璃器皿和其他器具的无菌性。

答案：无菌水

30．在水中进行细菌学测定时，如无菌性检验检查结果表明有杂菌污染，则应__________水样试验结果，__________水样检验。

答案：弃去，重取

31．在微生物学中，在人为规定条件下培养、繁殖得到的微生物群体称为__________，而只有一种微生物的培养物称为__________。

答案：培养物，纯培养物

32．__________是微生物生存的物质基础，而__________是微生物维持和延续其生命形式的一种生理过程。

答案：营养物质，营养

33．微生物需要从外界获得营养物质，根据营养物质在机体中生理功能的不同，可将它们分为__________、__________、__________、__________和__________五大类。

答案：碳源，氮源，无机盐，生长因子，水

34．各种水体在细菌学指标测定时，特别是__________、__________和__________水样，易受物理、化学或生物的作用，从采水至检验的时间间隔内会很快发生变化。

答案：地表水，污水，废水

35. 生活饮用水卫生标准中规定，1 mL 生活饮用水中的细菌菌落总数在__________以下，100 mL 生活饮用水中的总大肠菌群数__________。

答案：100 CFU，不得检出

36．细菌接种方法中平板划线接种法有__________、__________和__________3 种形式。

答案：连续划线接种法，分区划线接种法，棋盘格划线接种法

37. 制好的培养基应冷藏且不宜放置太久，开启后不宜再用或反复加热溶化，最好以__________溶化。

答案：微波炉

38. 培养基制备时应注意：培养基不应有________；培养基的分装量应不超过容器的________。

答案：沉淀，2/3

39. 从样品稀释、加注平皿、倾注培养基的整个操作过程应在＿＿＿＿＿h 内完成，以免时间过长而导致细菌繁殖或死亡。

答案：1

40. 革兰氏染色结果中，革兰氏阳性菌应为＿＿＿＿＿色。

答案：紫

41. 来源于一个细胞、在固体平板培养基上形成的群体称＿＿＿＿＿。

答案：菌落

42. 快速测定水中总大肠菌群、粪大肠菌群采样时，用采水器或其他灭菌器采集水样 500 mL 放入灭菌瓶内，如果是经加氯处理的废水，需加＿＿＿＿＿除去余氯。

答案：1.5%硫代硫酸钠 5 mL

43. 配置好的培养基不宜保存过久，存放室应避免＿＿＿＿＿，并且要避免＿＿＿＿＿和液体蒸发。

答案：阳光直射，杂菌侵入

44. 作平皿菌落计数时，可用＿＿＿＿＿或＿＿＿＿＿检查，以防遗漏；在记下各平皿的菌落数后，应求出同稀释度的平均菌落数。

答案：菌落计数器，放大镜

45. 细菌总数是以每个平皿菌落的＿＿＿＿＿或＿＿＿＿＿乘以稀释倍数而得来的。

答案：总数，平均数

46. 总大肠菌群的检验方法主要有＿＿＿＿＿、＿＿＿＿＿和＿＿＿＿＿。

答案：多管发酵法，滤膜法，酶底物法

47. 微生物最终能在平板培养基上形成菌落与培养基类型、潜在微生物类型、分散程度、＿＿＿＿＿、＿＿＿＿＿和＿＿＿＿＿有关系。

答案：稀释倍数，培养温度及时间，接种方式

48. CFU 是通过平板培养基上肉眼可见的菌落数来反推样品中微生物数量的一种方式，这期间发生了＿＿＿＿＿、＿＿＿＿＿和＿＿＿＿＿等过程。

答案：分散，稀释，培养

49. 定量菌种的菌种数量如果标示的是“CFU”，就代表这种定量菌种也是用＿＿＿＿＿法来计数的。

答案：培养基

50. 微生物实验室废弃物的管理目的是将操作、收集、＿＿＿＿＿、＿＿＿＿＿及＿＿＿＿＿废弃物的危险减至为零，将其对环境的危害降为零。

答案：运输，处理，处置

51. 无菌实验室应安装自动联锁装置，确保实验室内不出现正压和确保其他排风设备气流＿＿＿＿＿。

答案：不倒流

52. 无菌实验室的外部排风应经高效过滤后由＿＿＿＿＿向＿＿＿＿＿排放。

答案：排风机，空中

53．无菌实验室外部排风口应远离__________，并设置在主导风的__________风向处。

答案：送风口，下

54．无菌实验室的外部排风，在送风和排风总管处应安装__________，必要时可完全关闭以进行室内或风管化学熏蒸或循环消毒灭菌。

答案：气密性密封阀（或气密性密闭阀）

55．平板划线分离法其原理是将微生物样品在固体培养基表面多次作“__________”稀释而达到分离目的的。

答案：由点到线

56．用发酵法测定粪大肠菌群时，乳糖蛋白胨的高压灭菌条件为__________℃下灭菌 20 min。

答案：115

57．倒置显微镜于平稳的实验台上，镜座距实验台边沿约为一寸左右。镜检者姿势要端正，一般用__________眼观察，__________眼便于绘图或记录，两眼必须同时睁开，以减少疲劳，也可练习左右眼均能观察。

答案：左，右

二、单选题

1．滤膜法测定水中粪大肠菌群时，应在__________℃下进行培养。（　　）

A．35±0.5　　B．37±0.5　　C．40±0.5　　D．44.5±0.5

答案：D

2．测定水中细菌学指标所使用的三角瓶、移液管等玻璃器皿及采样器具试验前应于________℃高压蒸汽灭菌__________min，然后烘干备用。（　　）

A．120，20　　B．120，30　　C．121，20　　D．121，30

答案：C

3．微生物实验中通常使用__________作为实验空白。（　　）

A．矿泉水　　B．无菌水　　C．生理盐水　　D．自来水

答案：B

4．粪大肠菌群是__________下培养 24 h、能在 MFC 选择性培养基中生长，发酵乳糖产酸，并形成蓝色或蓝绿色菌落的肠杆菌科细菌。（　　）

A．44.5℃　　B．37℃　　C．20℃　　D．35℃

答案：A

5．用于测定细菌学指标的培养基，灭菌后可在 4～10℃保存__________。（　　）

A．10 天　　B．1 个月　　C．2 个月　　D．3 个月

答案：B

6．采用固定酶底物技术酶底物法测定总大肠菌群和大肠埃希氏菌时需要取 100 mL 水样，在__________℃下培养 24 h。（　　）

A．35±1　　B．36±1　　C．37±1　　D．38±1

答案：C

7．在细菌总数监测中，若所有稀释度的平均菌落数均大于 300，则细菌总数菌落计数应报告__________。（　　）

A．按稀释倍数最大的平均菌落数乘以稀释倍数

B．按稀释倍数最小的平均菌落数乘以稀释倍数

C．任选一个稀释倍数的平均菌落数乘以稀释倍数

答案：A

8．在用多管发酵法测定地表水、地下水、生活污水和工业废水中粪大肠菌群的浓度时，在复发酵试验中转接到 EC 培养基的试管必须在__________min 内放进恒温培养箱或水浴锅中进行培养。（　　）

A．30　　B．35　　C．40　　D．45

答案：A

9．对受污染严重的水体，可选择用__________测定总大肠菌群数。（　　）

A．滤膜法　　B．多管发酵法　　C．延迟培养法　　D．渗透膜法

答案：B

10．活性氯具有氧化性，能破坏微生物细胞内的酶活性，导致细胞死亡，可在细菌样品采集时加入__________溶液消除干扰。（　　）

A．亚硫酸钠　　B．硫代硫酸钠　　C．硫酸亚铁　　D．亚硫酸氢钠

答案：B

11．测定地表水和废水细菌学指标时，根据细菌学样品采集的要求，在同一采样点进行分层采样时，应__________采集，以免不同层次的搅扰。（　　）

A．自上而下　　B．自下而上　　C．致癌　　D．免疫学

答案：A

12．粪链球菌进入水体后，在水中__________自行繁殖，因此可以作为水体中粪便污染的指示菌。（　　）

A．不再　　B．可以　　C．一般会

答案：A

13．水中细菌总数的测定，实际上是指 1 mL 水样在营养琼脂培养基中，于 36℃培养__________h 后，所生长细菌菌落的总数。（　　）

A．12　　B．24　　C．48　　D．72

答案：C

14．细菌的基本形状：有球形、__________和螺旋形 3 种基本形状。（　　）

A．多边形　　B．椭圆形　　C．杆形　　D．棱形

答案：C

15．我国目前以 1 L 为报告单位，MPN 值再乘__________，即为 1 L 水样中的总大肠菌群。（　　）

A．10　　B．100　　C．20　　D．200

答案：A

16．进行水中的细菌学测定时，灭菌后的采样瓶若在__________周内未使用，须重新灭菌。（　　）

A．1　　B．2　　C．3　　D．4

答案：B

17．进行水中的细菌学测定时，采样瓶也可以采用高压蒸汽灭菌器，在________℃下保持15 min进行灭菌。（　　）

A．105　　B．103　　C．115　　D．121

答案：D

18．采集微生物监测水样，采样时不需用水样冲洗采样瓶。采样后在瓶内要留出足够的空间，一般采样量为采样瓶容量的________左右，以便在实验室检查时，能充分振摇混合样品，获得具有代表性的样品。（　　）

A．95%　　B．90%　　C．80%　　D．50%

答案：C

19．进行水中的细菌学测定，从自来水龙头采集样品时，不要选用漏水的龙头，采水前可先将水龙头打开至最大，放水________min；然后将水龙头关闭，用酒精灯火焰灼烧约3 min灭菌或用70%～75%的酒精溶液消毒水龙头及采样瓶口；再打开水龙头，开足，放水1 min。（　　）

A．1～3　　B．3～5　　C．5～7　　D．5～10

答案：B

20．进行水中的细菌学测定时，每批培养基在使用前需经无菌检验。可将培养基置于37℃恒温箱内培养________h后，证明无菌，同时再用已知菌种检查在此培养基上生长繁殖情况，符合要求后方可使用。（　　）

A．6　　B．12　　C．24　　D．48

答案：C

21．进行水中的细菌学测定，用恒温干燥箱进行干热灭菌时，需要使温度上升至160～170℃维持________h，即可达到灭菌目的。（　　）

A．3　　B．2　　C．1.5　　D．1

答案：B

22．进行水中的细菌学测定时，对于新购置的玻璃器皿，因含游离碱，应先在________盐酸中浸泡数小时，用自来水冲洗干净，再用蒸馏水冲洗1～2次并沥干。（　　）

A．1%　　B．2%　　C．3%　　D．5%

答案：B

23．进行水中的细菌学测定时，用于培养细菌的玻璃器皿应先经高压蒸汽________，趁热倒出培养基，用热肥皂水或洗涤剂刷洗残渍，再用清水冲洗干净，最后用蒸馏水冲洗1～2次，沥干。（　　）

A．消毒　　B．处理　　C．灭菌　　D．培养

答案：C

24．进行水中的细菌学测定时，加热配制培养基后，需要在________h内进行灭菌处理。（　　）

A．1　　B．2　　C．6　　D．12

答案：B

25．微生物学实验的所有操作均应在无菌条件下进行，其要点是__________。（　　）

A．在煤气灯（或酒精灯）火焰附近进行熟练的无菌操作

B．在无菌操作箱（如生物安全超净柜）进行操作

C．在无菌操作室内进行操作

D．以上都是

答案：D

26．分散的微生物在适用的固体培养基表面或内部生长、繁殖到一定程度可以形成肉眼可见的、有一定形态结构的子细胞生长群，称为__________。当固体培养基表面众多菌落连成一片时，便称为__________。（　　）

A．细菌，菌群　　B．菌落，菌台　　C．菌落，菌苔　　D．细菌，菌群

答案：C

27．生长是微生物同__________相互作用的结果，培养过程中，__________的变化会对微生物生长产生很大的影响，影响微生物生长的主要因素有营养物质、水活度、温度、pH 和氧等。（　　）

A．水，水温　　B．营养物质，浓度

C．环境，环境　　D．pH，酸碱度

答案：C

28．高压蒸汽灭菌的温度越高，微生物死亡越快，衡量灭菌效果的指标有__________。（　　）

A．5 倍减少时间和热致死时间　　B．10 倍减少时间和热致死时间

C．10 倍减少时间和超高温死时间　　D．5 倍减少时间和超高温死时间

答案：B

29．对绝大多数微生物而言，__________是最理想的凝固剂，固体培养基中含量一般为 1.5%～2%，由藻类（海产石花菜）中提取的一种高度分支的复杂多糖。（　　）

A．硅胶　　B．琼脂　　C．明胶　　D．橡胶

答案：B

30．在配制培养基过程中，__________的存在对灭菌处理极不利，这是由于该物质中的空气形成隔热层，使其中的微生物难以被杀死。（　　）

A．泡沫　　B．水汽　　C．固体　　D．杂质

答案：A

31．采集微生物样品时，样品采集量可根据水体实际情况而定，一般不少于__________mL。（　　）

A．250　　B．300　　C．200　　D．150

答案：A

32．测定粪大肠菌群的样品，采样后应在__________h 内测定，否则，应 10℃以下冷藏但不得超过__________h。实验室接样后，不能立即开展检测的，将样品在 4℃以下冷藏并在__________h 内测定。（　　）

A．4，4，2　　B．2，6，2　　C．4，6，2　　D．2，4，4

答案：B

33．属于细菌细胞基本结构的为__________。（　　）

A．荚膜　　B．细胞壁　　C．芽孢　　D．鞭毛

答案：B

34．在富营养水体中形成水华的微生物是__________。（　　）

A．细菌、放线菌、纤毛虫　　B．微囊藻、鱼腥藻

C．小球藻、绿藻、裸藻　　D．酵母菌、霉菌、甲藻

答案：B

35．实验室培养细菌常用的培养基是__________。（　　）

A．牛肉膏蛋白胨培养基　　B．马铃薯培养基

C．高氏一号培养基　　D．查氏培养基

答案：A

36．快速测定水中总大肠菌群、粪大肠菌群时，纸片上出现__________菌落且周围有黄圈者为阳性，或出现片状红晕且周围为黄色者为强阳性。（　　）

A．紫色　　B．蓝色　　C．红斑或红晕　　D．黄色

答案：C

37．无菌实验室内排风系统应采用__________送__________排的方式使污染区和半污染区的气流死角和涡流降至最小程度。（　　）

A．前，后　　B．上，下　　C．内，外　　D．下，上

答案：B

38．无菌实验室的外部排风应至少高于所在建筑屋面__________m 以上。（　　）

A．0.5　　B．10　　C．5　　D．2

答案：D

39．为方便划线，一般培养基不宜太薄，每皿约倾倒__________mL 培养基，培养基应厚薄均匀，平板表面光滑。（　　）

A．50　　B．10　　C．5　　D．20

答案：D

40．除特定要求外，微生物实验室用水的电导率在 25℃下应不高于__________μS/cm（相当于电阻率≥0.4 MΩ·cm）。（　　）

A．50　　B．10　　C．25　　D．20

答案：C

41．除特殊说明外，培养基灭菌后冷却至 25℃时，要求 pH 的变化不超过__________个 pH 单位。（　　）

A．1　　B．0.2　　C．0.5　　D．2

答案：B

42．培养基的灭菌通常采用湿热灭菌，湿热灭菌在高压锅或培养基制备器中进行，一般采用 121℃高压蒸汽灭菌__________min。如果培养基的体积超过 1 000 mL，要对灭菌条件进行适当的调整。（　　）

A．10　　　　B．15　　　　C．20　　　　D．30

答案：C

43．倾注融化后的培养基到平皿中，使之在平皿中形成一个至少__________mm 厚度的琼脂层（直径 90 mm 的平皿通常要加入 18～20 mL 琼脂培养基），或根据相关标准要求制备平皿。（　　）

A．10　　　　B．5　　　　C．2　　　　D．3

答案：D

44．粪大肠菌群是总大肠菌群的一个亚种，直接来自__________。（　　）

A．唾液　　　　B．腐败动物尸体　　　　C．粪便　　　　D．空气

答案：C

45．粪大肠菌群在__________℃的温度条件下仍可生长繁殖并将氨基酸代谢成吲哚，其特性均与总大肠菌群相同。（　　）

A．37～37.5　　　　B．44～44.5　　　　C．36～36.5　　　　D．45～46

答案：B

46．粪大肠菌群在下列__________温度条件下培养可产酸和产气。（　　）

A．24℃　　　　B．37℃　　　　C．40℃　　　　D．44.5℃

答案：D

47．凡乳糖管产气，革兰氏染色为_________的无芽胞杆菌，即可报告为总大肠菌群_________。（　　）

A．+，–　　　　B．–，+　　　　C．–，–　　　　D．+，+

答案：B

48．大肠埃希氏菌属__________。（　　）

A．不发酵乳糖　　　　B．不发酵葡萄糖　　　　C．革兰氏染色阴性　　　　D．不发酵蔗糖

答案：C

49．关于大肠菌群的特点的描述中，不正确的是__________。（　　）

A．发酵乳糖　　　　B．产酸产气

C．需氧和兼性厌氧　　　　D．革兰氏阳性无芽孢杆菌

答案：D

50．44.5℃时能生长繁殖发酵乳糖而产酸、产气的菌群是__________。（　　）

A．细菌总数　　　　B．总大肠菌群　　　　C．粪大肠菌群　　　　D．粪链球菌群

答案：C

51．大肠菌群阳性的判别标准中：发酵液变为__________，证明产酸。（　　）

A．红色　　　　B．黄色　　　　C．蓝色　　　　D．深紫色

答案：B

52．在细菌检测实验中通常使用__________稀释水样。（　　）

A．纯净水　　　　B．无菌水　　　　C．生理盐水　　　　D．矿泉水

答案：B

53．采集细菌类水样样品瓶灭菌前，要在容器内加入__________，其可以除去余氯对细菌的

抑制作用。（　　）

A．硫代硫酸钠　　B．亚硫酸钠　　C．硫酸钠　　D．柠檬酸钠

答案：A

54．采集细菌类水样样品容器是__________，样品瓶材质为塑料或玻璃。（　　）

A．广口瓶　　B．细口瓶　　C．磨口瓶　　D．螺纹口瓶

答案：A

55．采集细菌类水样样品后，在瓶内要留__________左右的空间，以便检验时充分混匀样品。（　　）

A．10%　　B．30%　　C．20%　　D．25%

答案：C

56．用平皿计数法测定污水中细菌总数时，配置营养琼脂培养基时，需经 121℃高压蒸汽灭菌__________min，贮存于暗处使用。（　　）

A．15　　B．30　　C．20　　D．25

答案：C

57．细菌检测实验中稀释水样要选择适宜，以期在平皿上的菌落总数介于__________。（　　）

A．30～300　　B．20～150　　C．40～300　　D．15～200

答案：A

58．水中细菌总数测定时，如果认为直接水样的标准平皿计数可高达 3 000，就应该将水样稀释到__________后再进行平皿计算。（　　）

A．1∶100　　B．1∶1 000　　C．1∶500　　D．1∶10

答案：A

59．总大肠菌群系一群在 37℃生长时能使乳糖发酵并在 24 h 内产酸产气的需氧及兼性厌氧的是__________。（　　）

A．革兰氏阳性芽孢杆菌　　B．革兰氏阴性芽孢杆菌

C．革兰氏阳性无芽孢杆菌　　D．革兰氏阴性无芽孢杆菌

答案：D

三、多选题

1．细菌学监测实验室应做好__________供应品的质量控制。（　　）

A．玻璃器皿　　B．水　　C．培养基　　D．试剂

答案：ABCD

2．微生物检测中所用器皿的物理消毒方法有__________。（　　）

A．火焰法　　B．高压蒸汽法　　C．紫外线法　　D．煮沸法

答案：ABCD

3．在同一采样点，同时进行细菌学监测项目与理化监测项目采样时，不正确的操作是__________。（　　）

A．先采集细菌学检验样品　　B．后采集细菌学检验样品

C．同时采集细菌学检验样品　　　　　　　D．采集先后顺序无要求

答案：BCD

4．细菌学监测实验室的基本要求有__________。（　　）

A．通风良好，要避免尘埃、过堂风和温度剧变

B．室内墙壁要刷漆覆盖，地板要使用光滑和防透水材料，便于刷洗和消毒

C．工作台要宽敞，光滑防透水、抗腐蚀

D．有专供培养基制备、各类器具消毒灭菌的准备室和供应室

答案：ABCD

5．在显微镜下不同细菌的形态可以说是千差万别，丰富多彩，但就单个有机体而言，其基本形态可分为__________。（　　）

A．球状　　　B．杆状　　　C．螺旋状　　　D．环状

答案：ABC

6．细菌的形态明显地受环境条件的影响，__________与浓度等的变化，均能引起细菌形态的改变。（　　）

A．培养时间　　　　　　B．培养面积

C．培养基的组成　　　　D．培养温度

答案：ACD

7．营养物质进入细胞主要有以下__________方式。（　　）

A．扩散　　　　　　B．膜泡运输

C．主动运输　　　　D．促进扩散

答案：ABCD

8．细菌的生长一般指群体生长，群体生长是细胞__________或细胞__________的增加。（　　）

A．体积　　　B．种类　　　C．物质量　　　D．数量

答案：CD

9．通过及时补充 __________、取出__________和减少代谢产物，可使对数期或稳定期相应延长达到连续培养的目的。（　　）

A．营养物质　　　　B．培养物

C．无机物质　　　　D．有机物质

答案：AD

10．培养基在配置时要注意__________。（　　）

A．含有可被迅速利用的碳源、氮源、无机盐类以及其他成分

B．含有适量的水分

C．调至适合微生物生长的 pH

D．具有合适的物理性能

答案：ABCD

11．配置一般培养基的主要程序可分为__________。（　　）

A．调配溶化　　　　B．调整 pH

C．澄清过滤　　D．分装灭菌

答案：ABCD

12．细菌总数测定是测定水中__________密度的方法。（　　）

A．细菌　　B．需氧菌　　C．兼性厌氧菌　　D．异养菌

答案：BCD

13．细菌能以__________形式存在。（　　）

A．独立个体　　B．成双成对　　C．链状　　D．成簇

答案：ABCD

14．总大肠菌群包括下列__________菌。（　　）

A．埃希氏菌属　　B．柠檬酸杆菌属

C．肠杆菌属　　D．克雷伯氏菌

答案：ABCD

15．微生物废液处理方法有__________。（　　）

A．化学药剂法　　B．酸碱中和法

C．热力消毒灭菌法　　D．稀释法

答案：AC

16．无菌实验室的外部排风应有__________设计，但不能影响气体直接向上空排放。（　　）

A．防雨　　B．耐酸碱

C．防鼠　　D．防虫

答案：ACD

17．平板划线分离法划线方法主要有__________。（　　）

A．垂直划线法　　B．分区划线法

C．连续划线法　　D．平涂划线法

答案：BC

18．根据制备蛋白胨的原料来源，可分为__________源蛋白胨。（　　）

A．动物　　B．植物　　C．微生物　　D．藻类

答案：ABC

19．新开封的培养基可通过粉末的__________等判断培养基质量的变化。（　　）

A．流动性　　B．均匀性　　C．结块情况　　D．色泽变化

答案：ABCD

20．影响染色结果准确性的关键因素有试剂影响和__________。（　　）

A．染色菌的选择　　B．涂菌的状态　　C．媒染时间　　D．酒精脱色

答案：ABCD

四、判断题

1．测定地下水细菌学指标时，要求微生物采样瓶经121℃高压蒸汽灭菌后，在30 min内使用，如不立即使用，应于60℃下条件下将瓶内的冷凝水烘干，两周内使用。（　　）

答案：错误

正确答案：经 121℃高压蒸汽灭菌 20 min 的采样容器，如不立即使用，应于 60℃将瓶内冷凝水烘干，两周内使用。

2. 用平皿计数法测定水中的细菌总数时，细菌总数是指在 36℃下培养 24 h，样品在营养琼脂上所生长的需氧菌和兼性厌氧菌菌落总数。（　　）

答案：错误

正确答案：细菌总数是指在 36℃下培养 48 h，样品在营养琼脂上所生长的需氧菌和兼性厌氧菌总数。

3. 测定水中细菌学指标所使用的玻璃皿及采样器具试验前要按无菌操作要求包扎，121℃高压蒸汽灭菌 20 min，烘干备用。（　　）

答案：正确

4. 采集微生物的设备本身不可引入新的微生物，但采集水样时，采样设备与容器可用水样冲洗。（　　）

答案：错误

正确答案：采样设备与容器不能用水样冲洗。

5. 采集细菌类水样的容器在采样前应灭菌，灭菌前在容器内加入硫代硫酸钠的作用是为了更快地杀灭细菌，提高灭菌效率。（　　）

答案：错误

正确答案：灭菌前在容器内加入硫代硫酸钠的作用是除去余氯对细菌的抑制作用。

6. 采集细菌学检测所需的水样时，不需用水清洗已灭菌的采样瓶，同时采至满瓶。（　　）

答案：错误

正确答案：一般采样量为采样瓶容量的 80%左右，以便接种时充分混匀样品。

7. 采用多管发酵法分析某水样中的粪大肠菌群，测试结果为 39 MPN/L，这表示每升水中有 39 个属于粪大肠菌群的细菌。（　　）

答案：错误

正确答案：MPN/L 表示每升水样中能检出最大粪大肠菌群的数量。

8. 测定水样中细菌学指标时，从取样到检验不宜超过 2 h，否则应使用 10℃以下的冷藏设备保存样品，但不得超过 6 h。（　　）

答案：正确

9. 测定水中微生物的样品瓶在灭菌前可向容器中加入亚硫酸钠，以除去余氯对细菌的抑制。（　　）

答案：错误

正确答案：测定水中微生物的样品瓶在灭菌前可向容器中加入硫代硫酸钠，以除去余氯对细菌的抑制。

10. 对受细菌污染严重的水体样品，如果在复发酵试验中未发现产气，则应将其继续培养到 48 h，然后再进一步证实有无大肠菌类细菌。（　　）

答案：错误

正确答案：对受细菌污染严重的水体样品，如果在初发酵试验中未发现产气，则应将其继续培养到 48 h，然后再进一步证实有无大肠菌类细菌。

11．若粪大肠菌群测定的接种体积为 10 mL，则试管内应装有 3 倍乳糖蛋白胨培养液 10 mL；如接种量为 1 mL，则接种于普通浓度的乳糖蛋白胨培养液 10 mL 中。（　　）

答案：错误

正确答案：若粪大肠菌群测定的接种体积为 10 mL，则试管内应装有 3 倍乳糖蛋白胨培养液 5 mL；如接种量为 1 mL 或少于 1 mL，则可接种于普通浓度的乳糖蛋白胨培养液 10 mL 中。

12．粪大肠菌群多管发酵法的复发酵试验是将培养物转接到 EC 培养液中，在 37℃下培养 24 h。（　　）

答案：错误

正确答案：在 44.5℃±0.5℃下培养 24 h±2 h。

13．测定水中的细菌学指标时，每次试验都要以无菌水为样品，对培养基、滤膜、稀释水、玻璃器皿和冲洗用水做无菌性检验。（　　）

答案：正确

14．水的细菌学检验所用的样品容器是细口瓶，瓶的材质为塑料或玻璃。（　　）

答案：错误

正确答案：广口瓶。

15．细菌监测项目可采混合水样。（　　）

答案：错误

正确答案：不能采混合水样。

16．细菌学样品采样时不需要用水样清洗采样瓶，采样后在瓶内要留 20%左右的空间，以便测定时充分混匀样品。（　　）

答案：正确

17．在细菌总数监测中，若所有稀释度的平均菌落数均大于 300，细菌总数菌落计数应按稀释倍数最大的平均菌落数乘以稀释倍数报告结果。（　　）

答案：正确

18．用滤膜法测定海水样品中的粪大肠菌群，在滤膜培养时，滤膜截留细菌面向下与培养基面紧贴。（　　）

答案：错误

正确答案：截留细菌面向上，滤膜应与培养基面紧贴。

19．用于测定细菌总数指标的营养琼脂培养基，配制好以后不宜保存过久，已灭菌的培养基可在 4～10℃下保存 3 个月。（　　）

答案：错误

正确答案：已灭菌的培养基可在 5℃±3℃下保存 1 个月。

20．总大肠菌群指一群在 37℃下培养 24 h、能发酵乳糖、产酸产气、需氧和兼性厌氧的革兰氏阴性无芽孢杆菌。（　　）

答案：正确

21．芽孢（*spore*）是由芽孢杆菌属（*Bacillus*）、梭菌属（*Clost ridium*）、芽孢八叠球菌属（*Sporos arcina*）等细菌在一定生活周期产生的内生孢子。（　　）

答案：正确

22．一般来说，芽孢不起繁殖作用，只起度过不良环境的作用。（　　）

答案：正确

23．测定微生物群体生长的方法主要有测定微生物的数量和重量两类方法。（　　）

答案：正确

24．细菌命名系统中，属名用拉丁文或拉丁化的名词，放在前面，词首字母大写。种名大多用拉丁文或拉丁化的形容词，放在属名之后，一律小写。为避免上下文混乱，印刷时学名整个词组用斜体字。（　　）

答案：正确

25．金黄色葡萄球菌的学名 *Staphylococcus aureus*，前边是属名葡萄球菌属，后边是种名金黄色的。（　　）

答案：正确

26．细菌总数测定是测定水中需氧菌、兼性厌氧菌和异养菌密度的方法。（　　）

答案：正确

27．因为细菌能以单独个体、成双成对、链状、成簇等形式存在，而且没有任何单独一种培养基能满足一个水样中所有细菌的生理要求。所以，由细菌总数测定法所得的菌落可能要低于真正存在的活细菌的总数。（　　）

答案：正确

28．总大肠菌群主要包括有埃希氏菌属、柠檬酸杆菌属、肠杆菌属、克雷伯氏菌属等菌属的细菌。（　　）

答案：正确

29．总大肠菌群的检验方法中，多管发酵法适用于各种水样（包括底泥），但操作较繁，需要时间较长。（　　）

答案：正确

30．总大肠菌群的检验方法中，滤膜法主要适用于杂质较少的水样，操作简单快速。（　　）

答案：正确

31．粪大肠菌群是总大肠菌群中的一部分，主要来自粪便。在 44.5℃温度下能生长并发酵乳糖产酸产气的大肠菌群称为粪大肠菌群。（　　）

答案：正确

32．沙门氏菌属（*Salmonella*）是污水中最常见最重要的病原微生物之一。（　　）

答案：正确

33．多管发酵法是根据大肠菌群细菌能发酵乳糖、产酸产气以及具备革兰氏染色阴性、无芽孢、呈杆状等有关特性，通过三个步骤进行检验，以求得水样中的总大肠菌群数。（　　）

答案：正确

34．多管发酵法是以最大可能数（Most Probable Number，MPN），来表示试验结果的。（　　）

答案：正确

35．用于水中细菌学测定的水样，现场不仅要记录采样日期，还要记录采集时间为几时几分。（　　）

答案：正确

36.在同一采样点，应该先采集用于细菌学检验的样品，后采集用于理化监测项目的样品。（　　）

答案：正确

37．用于水中细菌学测定的样品，其采集量为采样瓶容量的100%。（　　）

答案：错误

正确答案：用于水中细菌学测定的样品，其采集量为采样瓶容量的80%左右。

38．每批培养基在使用前，均需经无菌检验。（　　）

答案：正确

39．进行水中的细菌学测定时，琼脂平板是将灭菌后的培养基冷却至50℃左右，在无菌条件下倾入灭菌平皿内。倾注培养基时，切勿将皿盖全部启开，以免空气中尘埃及细菌落入。（　　）

答案：正确

40．进行水中的细菌学测定时，琼脂斜面分装量为试管容量的1/5，灭菌后须趁热放置成斜面，斜面长度约为试管长度的2/3。（　　）

答案：正确

41．进行水中的细菌学测定时，新制成的平板，表面水分较多，不利于细菌的分离，通常应将平皿倒扣置于50℃培养箱内约30 min，待平板干燥后使用。（　　）

答案：错误

正确答案：进行水中的细菌学测定时，新制成的平板，表面水分较多，不利于细菌的分离，通常应将平皿倒扣置于37℃培养箱内约30 min，待平板干燥后使用。

42．进行水中的细菌学测定时，凡存放在低温中的发酵试管，使用前应先予以培养过夜，弃去有气泡的管子。（　　）

答案：正确

43．总大肠菌群检验方法中使用滤膜法时，滤器灭菌也可用点燃的酒精棉球火焰灭菌。（　　）

答案：正确

44．在培养基中加入亚硫酸铋可以抑制革兰氏阴性菌和绝大多数革兰氏阳性菌的生长，而革兰氏阳性的伤寒沙门氏菌可以在这种培养基上生长。（　　）

答案：错误

正确答案：在培养基中加入亚硫酸铋可以抑制革兰氏阳性菌和绝大多数革兰氏阴性菌的生长，而革兰氏阴性的伤寒沙门氏菌可以在这种培养基上生长。

45．要获得微生物纯培养，必须避免杂菌污染，因此要对所用器材及工作场所进行消毒与灭菌。（　　）

答案：正确

46．水体中污染指示菌总大肠菌群和粪大肠菌群密度同COD负荷呈高度负相关。总大肠菌群指标是综合评价城市污水，尤其是生活污水污染不可缺少的重要参数。（　　）

答案：错误

正确答案：水体中污染指示菌总大肠菌群和粪大肠菌群密度同 BOD_5 负荷呈高度正相关。粪大肠菌群指标是综合评价城市污水，尤其是生活污水污染不可缺少的重要参数。

47．间接计数法是将稀释的样品滴在计数板上，盖上盖玻片，然后在显微镜下计算 4～5 个中格的细菌数，并求出每个小格所含细菌的平均数，再按公式求出每毫升样品所含的细菌数。（　　）

答案：错误

正确答案：直接计数法是将稀释的样品滴在计数板上，盖上盖玻片，然后在显微镜下计算 4～5 个中格的细菌数，并求出每个小格所含细菌的平均数，再按公式求出每毫升样品所含的细菌数。

48．平板涂布法是指取 0.2 mL 菌液加到已制备好的平板上，然后用涂棒将菌液涂布整个平板表面，放入适宜温度下培养，计算菌落数，再按公式计算出每毫升原菌液所含的活菌总数。（　　）

答案：错误

正确答案：平板涂布法是指在样品 10 倍稀释后，取 0.2 mL 稀释的菌液加到已制备好的平板上，然后用无菌涂棒将菌液涂布整个平板表面，放入适宜温度下培养，计算菌落数，再按公式计算出每毫升原菌液所含的活菌总数。

49．最常用的灭菌方法是高温干热灭菌，它可以杀灭所有的微生物，包括最耐热的某些微生物的休眠体，但不能保持培养基的营养成分不被破坏。（　　）

答案：错误

正确答案：最常用的灭菌方法是高压蒸汽灭菌，它可以杀灭所有微生物，包括最耐热的某些微生物的休眠体，同时可以基本保持培养基的营养成分不被破坏。

50．活性氯具有氧化性，能破坏微生物细胞内的酶活性，导致细胞死亡。（　　）

答案：正确

51．MFC 培养基上呈灰色、淡黄色或无色的菌落为粪大肠菌群菌落，予以计数。（　　）

答案：错误

正确答案：MFC 培养基上呈蓝色或蓝绿色的菌落为粪大肠菌群菌落，予以计数。

52．细菌总数是指水样在营养琼脂上，在有氧条件下 36℃培养 48 h 后，所得 1 mL 水样所含菌落的总数。（　　）

答案：正确

53．新购置的玻璃器皿，因含游离碱，应先在 1%盐酸中浸泡数小时，用自来水冲洗干净，再用蒸馏水冲洗 1～2 次并沥干。（　　）

答案：错误

正确答案：在 2%盐酸中浸泡。

54．微生物样品采集时，可用水样涮洗已灭菌的采样瓶，并避免手指和其他物品对瓶口和其他物品对瓶口的沾污。（　　）

答案：错误

正确答案：不得用水样涮洗已灭菌的采样瓶。

55．将培养基倾注于平皿时，培养基应在溶解后冷至（37±1）℃使用，使用前用水浴保温较好。

（ ）

答案：错误

正确答案：培养基应在溶解后冷至（45±1）℃使用。

56．液态培养基在室温下存放如超过一周，可能有水分蒸发，如果蒸发超过管内液体 10%，应弃去不用。（ ）

答案：正确

57．菌落计数时，那些紧密接触而外观相异的菌落，不予以计数。（ ）

答案：错误

正确答案：那些紧密接触而外观相异的菌落，也应该一一予以计数。

58．CFU 是指在微生物学中用于表示样品中活的细菌或者真菌数量的单位。（ ）

答案：错误

正确答案：用于估算样品中活的细菌或者真菌数量的单位。

59．细菌类实验室废弃物处理可使用所有技术和方法，废弃物的排放应符合国家规定和标准的要求。（ ）

答案：错误

正确答案：只可使用被承认的技术和方法，废弃物的排放应符合国家或地方规定和标准的要求。

60．无菌实验室的送排风系统要控制实验室的气流方向和压力梯度，使通过初效、中效、高效三级过滤器后的气体由清洁区流向污染区。（ ）

答案：正确

61．平板划线分离法是指把混杂在一起的微生物或同一微生物群体中的不同细胞用接种环在平板培养基表面通过分区划线稀释而得到较多独立分布的单个细胞，经培养后生长繁殖成单菌落。通常把这种单菌落当作待分离微生物的纯种。（ ）

答案：正确

62．接种时左手持试管，右手将烧灼过的接种环伸入菌种管，立即取菌液一环，并立即移入培养基管中，在接近液面的管壁上轻轻研磨，然后将试管稍倾斜，沾取少许液体调和，使菌液混合于培养基中。（ ）

答案：错误

正确答案：接种环冷却后取菌液。

63．蛋白胨是富含蛋白质的原料经过蛋白酶分解后形成的富含多肽和氨基酸的混合物，能为微生物提供氮源、碳源、维生素、生长因子等营养物质。（ ）

答案：正确

64．新购买的培养基一般为脱水的粉状或膏状，保存在密闭的容器中。（ ）

答案：错误

正确答案：粉状或颗粒状

65．对于新开封的培养基，应对其质量进行检查。若发现培养基受潮或物理形状发生明显改变，则应废弃。（ ）

答案：正确

66．通常使用浓度约为 40 g/L（约 1 mol/L）的氢氧化钠溶液或浓度约为 36.5 g/L（约 1 mol/L）的盐酸溶液调节培养基 pH。如果灭菌后调节 pH，溶液需灭菌。（　　）

答案：正确

67．琼脂培养基经过高压灭菌后冷却凝固，可反复煮沸后使用。（　　）

答案：错误

正确答案：尽量减少重新加热的时间，避免过度加热。

68．如果配制的培养基量很大需加热溶化，可先用温水加热并随时搅动，防止焦化，如有焦化现象，可取上层没焦化部分继续使用。（　　）

答案：错误

正确答案：如有焦化现象，配制的培养基就不能使用，要重新配制。

69．观察标本须先用高倍镜观察，因为高倍镜视野较大，易发现目标和确定检查的位置。（　　）

答案：错误

正确答案：须先用低倍镜观察，因为低倍镜视野较大。

70．显微镜高倍镜观察时，将高倍镜转正至正下方，在转换接物镜时，需用眼睛在侧面观察，避免镜头与玻片相撞。（　　）

答案：正确

71．观察完一个标本后，如果想要再观察另一标本时，可在高倍物镜（或油镜）下按放片的方法换上新片，即可观察。（　　）

答案：错误

正确答案：需先将高倍物镜（或油镜）转回到低倍物镜，取出标本，按放片的方法换上新片，即可观察。千万不可在高倍物镜（或油镜）下换片，以防损坏镜头。

72．油镜使用完毕，先用擦镜纸擦去镜头上的油，再取另一张擦镜纸，滴上少量的二甲苯擦拭即可。（　　）

答案：错误

正确答案：滴上少量的二甲苯擦拭，然后再取另一张新擦镜纸将镜头上残留的二甲苯擦净。否则粘固透镜的胶质会被二甲苯溶解，日久镜片易移位脱落。

73．配制好的培养基需趁热分装于三角瓶或试管内，以免琼脂冷却，分装量不宜超过容器的 1/2。（　　）

答案：错误

正确答案：分装量不宜超过容器的 2/3。

74．测定水中细菌总数时，稀释水样要将水样用力振摇 20～25 次，使可能存在的细菌凝团成絮状。（　　）

答案：错误

正确答案：使可能存在的细菌凝团成分散状。

75．在某些水质条件下，大肠菌群细菌在水中能自行繁殖。（　　）

答案：正确

76．滤膜法测定总大肠菌群具有高度的再现性，可用于检验体积较小的水样，能比多管发酵法

技术更快地获得肯定的结果。（　　）

答案：错误

正确答案：滤膜法可用于检验体积较大的水样。

77．一个理想的水样体积可以产生大约 50 个大肠菌群细菌菌落，而全部类别的菌落数则不超过 200 个。（　　）

答案：正确

78．发光细菌是一类非致病的革兰氏兼性厌氧微生物，在适当条件下能发射出肉眼可见的黄绿色光，且发光强度与其接触的毒物浓度在一定的浓度范围内有对应关系。（　　）

答案：错误

正确答案：发光细菌是一类非致病的革兰氏兼性厌氧微生物，在适当条件下能发射出肉眼可见的蓝绿色光，且发光强度与其接触的毒物浓度在一定的浓度范围内有对应关系。

五、简答题

1．环境监测中常见的可用作指示细菌的有哪些？

答案：环境监测中常见的可用作指示细菌的有总大肠菌群（*Total coliform*）、粪大肠菌群（*Fecal coliform*）、粪链球菌（*Fecal strepto coccus*）、沙门氏菌属（*Salmonella*）。

2．请简述进行水中的细菌学测定时，培养基的保存要求。

答案：

（1）配制好的培养基，不宜保存过久，以少量勤配制为宜。

（2）每批应注明制作日期。已灭菌的培养基可在（5±3）℃存放，存放时间为相应标准方法规定的时间。

（3）存放时应避免阳光直射，并且要避免杂菌侵入和液体蒸发。

3．请简述环境监测工作中细菌学检验中的质量控制方式。

答案：

（1）无菌性检验。

（2）精密度检验。

（3）稀释试验的质量控制。

（4）滤膜试验的质量控制。

（5）标准菌株检验。（至少答出其中的 3 种）

4．进行水中的细菌学测定时，为了分离和培养微生物，必须有适用于不同微生物的培养基。简述所有的培养基在配制时有哪些注意事项。

答案：所有的培养基在配制时要注意以下几点：

（1）含有可被迅速利用的碳源、氮源、无机盐类以及其他成分。

（2）含有适量的水分。

（3）调至适合微生物生长的 pH。

（4）具有合适的物理性能（透明度、固化性等）。

5．培养基是满足微生物营养需求的营养物质基础，配制培养基应遵循哪些原则？

答案：选择适宜的营养物质，调整营养物质的浓度及配比，控制氧化还原电位和pH，利用廉价且容易获得的原料，并灭菌处理。

6．水体的粪便污染指示菌，一般希望能符合哪些条件？

答案：

（1）此种指示菌应大量存在于人的粪便内，其数量要比病原微生物多得多。

（2）如水中有病原微生物存在时，此种指示菌也必然存在。

（3）此指示菌在水中的数量与水体受粪便污染的程度呈正相关。

（4）此种指示菌在水中存活的时间略长于病原微生物，对消毒剂及水中不良因素的抵抗力也应比病原微生物略强些。

（5）此种指示菌在水环境中不会自行繁殖增长。

（6）此种指示菌在污染的水环境中分布较均匀，生物性状也较稳定。

（7）此种指示菌应能在较简单的培养基上生长，检出、鉴定、计数的方法也较简易、快速、准确。

（8）此种指示菌应可适用于各种水体。

7．如何洗涤细菌采样瓶？

答案：采样瓶的洗涤，一般可用加入洗涤剂的热水洗刷采样瓶，用清水冲洗干净，最后用蒸馏水冲洗1～2次。新的采样瓶必须彻底清洗，先用水和洗涤剂清洁尘埃和包装物质，再用铬酸和硫酸洗涤液洗涤，然后用稀硝酸溶液冲洗，以除去任何重金属或铬酸盐的残留物，最后用自来水冲洗干净，再用蒸馏水淋洗。对于聚乙烯容器，可先用约2%盐酸溶液浸泡，再依次用稀硝酸溶液浸泡，最后用蒸馏水冲洗干净。

8．监测饮用水的质量时，为什么把大肠杆菌数作为重要测量指标？我国卫生部门对自来水中的细菌总数和大肠杆菌有何规定？

答案：

（1）大肠杆菌是主要的肠道杆菌，在自然界中，大肠杆菌与肠道病原菌的存活时间大致相同。

（2）微生物总量100个/mL；大肠杆菌总量3个/L。

9．样品的正确处理对于检验质量非常重要，测定细菌学指标的样品处理中应注意哪些问题？

答案：

（1）及时处理：时间的延长对某些样品可使其pH变化，长菌、混浊、细菌死亡等，影响结果。

（2）严格无菌操作：细菌在接种、分离培养、转种和分纯等各项操作中必须严格无菌操作。

（3）严防交叉感染和污染。

（4）编号查对原始样品、送样单及操作管、报告单等都应分类编号，反复查对、核实无误，严防张冠李戴，杜绝事故发生。

10．微生物实验室应符合哪些处理废弃物的要求？

答案：

（1）实验室应有措施和能力安全处理和处置实验室危险废物。

（2）应有对危险废物处理和处置的政策和程序，包括对排放标准及监测的规定。

（3）应评估和避免危险废物处理和处置方法本身的风险。

（4）应根据危险废物的性质和危险性按相关标准分类处理和处置废物。

（5）危险废物应弃置于专门设计的、专用的和有标识的用于处置危险废物的容器内，装量不能超过建议的装载容器。

（6）锐器（包括针头、小刀、金属和玻璃等）应直接弃置于耐扎的容器内。

（7）应由经过培训的人员处理危险废物，并应穿戴适当的个体防护装备。

（8）不应积存垃圾和实验室废物；在消毒灭菌被或最终处置之前，应存放在指定的安全地方。

（9）不应从实验室取走或排放不符合相关运输或排放要求的实验室废物；应在实验室内消毒灭菌含活性高致病生物因子的废物。

（10）如果法规许可，只要包装和运输方式符合危险废物的运输要求，可以运送未处理的危险废物到指定机构处理。

11．革兰氏阳性菌（G+）与革兰氏阴性菌（G–）的区别？

答案：细菌先经碱性染料结晶紫染色，而后经碘液进行媒染，之后用酒精脱色，在一定条件下有的细菌媒染后的颜色不被脱去，有的可被脱去，因此可把细菌分为两大类，前者叫作革兰氏阳性菌（G+），后者为革兰氏阴性菌（G–）。

12．革兰氏染色法一般步骤是什么？

答案：

（1）涂片固定。

（2）染色。

（3）水洗。

（4）媒染。

（5）水洗。

（6）脱色。

（7）复染。

（8）干燥。

第三节　水生生物测定

一、填空题

1．具有相对稳定的生活环境、本身移动能力差、在未受到干扰的情况下种群和群落结构是比较稳定的水生生物，是指__________。

答案：底栖动物

2．在使用显微镜观察浮游动物样品前，旋转载物台下方的物镜镜头架，首先使__________镜对准计数框。

答案：低倍

3．在使用显微镜观察浮游动物样品时，先调节焦距调节钮的__________，至视野较清晰，然后调节__________至视野完全清晰。

答案：粗调，细调

4．藻类植物__________真正的根、茎、叶的分化。

答案：没有

5．低等植物无根、茎、叶的分化，主要包括细菌、__________、粘菌、真菌、地衣等。

答案：藻类

6．淡水藻类藻体形态多种多样，有__________、群体、多细胞体。

答案：单细胞体

7．单细胞体种藻类的生殖机能很强，通常为无性繁殖，主要有__________、植物体分割和形成孢子等 3 种繁殖方式。

答案：细胞分裂

8．轮虫是一群很小的__________细胞动物，体长一般从 100～500 μm，最大的也只有 2 mm。

答案：多

9．蛭钢 *Hirudinea* 身体通常背腹扁平，有固定数量的真正环节，每一环节上还有几个环纹，无疣足与刚毛，体前后端有__________。

答案：吸盘

10．软体动物由于身体柔软，且多行动迟缓，故大多数种类具有__________，所以通常又称为“贝类”。

答案：贝壳

11．软体动物身体通常分头、__________、内脏囊三部分。

答案：足

12．环境温度对原生动物的__________影响十分显著。

答案：数量

13．在中度污染有机质较丰富的水中，原生动物种类__________。

答案：最多

14．水体中原生动物的__________可以指示水体受污染程度和废水生物处理的效果。

答案：种类

15．许多浮游生物对环境变化反应很敏感，可作为水质的__________生物，所以在水污染调查中，浮游生物也常被列为主要的研究对象之一。

答案：指示

16．浮游生物可划分为__________和浮游动物两大类。

答案：浮游植物

17．原生动物是浮游__________的主要组成之一。

答案：动物

18．软体动物绝大多数栖息于__________，为底栖动物的重要组成部分，有些种类营固着生活。

答案：水底

19．浮游生物测定的采样量要根据浮游生物的密度和研究的需要量而定。一般的原则是，浮游生物密度__________，采水量可少；浮游生物密度__________，采水量则要多。

答案：高，低

20．测定浮游生物的__________标本用浮游生物网采集。浮游生物网的本身用筛绢制成，根据筛绢__________不同划分网的型号。

答案：定性，孔径

21．在湖泊、水库和池塘等水体中，测定水中浮游生物的样品可用__________采样。

答案：有机玻璃采水器

22．浮游生物计数时，要将样品充分摇匀，将样品置入__________内，在显微镜或解剖镜下进行计数。

答案：计数框

23．藻类是低等植物，分布广，绝大多数生活在__________中，小的肉眼看不见，从小到__________ μm，大到 300 m。

答案：水，1

24．藻类是无胚而具有叶绿素的自养__________植物。

答案：叶状体孢子

25．浮游动物是指在水中营__________生活的动物。在水体中种类复杂，从__________动物的原生动物到高等多细胞动物的脊索动物。

答案：浮游，单细胞

26. 原生动物是__________或由单细胞构成的__________，形态各异，个体微小，最小 1～4 μm，一般为 10～200 μm。

答案：单细胞，群体

27．在水体中，原生动物的分布、种类、数量与盐度、__________、__________、__________等有关。

答案：温度，pH，溶解氧

28．一般将不能通过__________μm 孔径筛网的底栖动物称为大型底栖动物；能通过__________μm 孔径筛网的底栖动物称为小型底栖动物；能通过__________μm 孔径筛网的底栖动物称为微型底栖动物。

答案：500，500，42

29．浮游动物枝角类通称__________或溞，俗称红虫或鱼虫。

答案：水蚤

30．桡足类有__________对附肢，腹部无附肢。

答案：11

31．软体动物腹足类大多具有一个螺旋形的__________，其形状随种类而异，变化很大，它是鉴别种类的重要特征。

答案：贝壳

32．底栖动物是水域生态系统中的一个重要组成部分，对了解生态系统的__________和__________具有重要的意义。

答案：结构，功能

33．双壳纲的身体左右扁平，两侧对称，具有从两侧合抱身体的两个__________和两个__________，故名双壳类。

答案：外套膜，贝壳

34．绝大多数昆虫为陆生，有少数种类为水栖或半水栖生活，通常将这些昆虫按生活环境称为__________。

答案：水生昆虫

35．毛翅目孵出的幼虫大都藏栖于自筑的__________内。

答案：巢桶

36．双翅目幼虫无足或蛆型，长形或锥形。头部分__________型、__________型或__________型，口器多退化，部分幼虫是水质污染的指示生物。

答案：全头，半头，无头

37．牡蛎在一定的盐度、温度、光照等条件下，总与一定组成的其他动物物种（鱼类、甲壳类、棘皮动物）生长在一起，形成比较稳定的有机整体，这一有机整体称为“__________”。

答案：生物群落

38．生物群落是多种生物群落的集合体，而且它们所要求的生境不同，由此导致了生活型的差异和群落形态的分化，构成了群落机构可描述的各种__________。

答案：结构特征

39．浮游植物主要包括蓝藻门、硅藻门、裸藻门、__________、__________、__________、__________及__________八个门类。

答案：绿藻门，金藻门，甲藻门，黄藻门，隐藻门

40．适宜测定的浮游植物密度为__________～__________cells/L。

答案：10^7，10^8

41．浮游植物样品浓缩时，将全部定量样品摇匀倒入__________装置中，避免阳光直射的环境下，静置__________。

答案：浓缩，48 h

42．浮游植物进行装片时，可根据需要，用滴管吸取少许__________均匀涂抹盖玻片四周，以防止计数框水分蒸发形成气泡。

答案：丙三醇

43．浮游植物的密度测定时，选用__________、__________、__________及随机视野计数方式。

答案：全片计数，行格计数，对角线计数

44．浮游动物主要包括原生动物、__________、__________、__________等类群。

答案：轮虫，枝角类，桡足类

45．浮游动物残体以__________或__________计数，__________的残体只能按其中一种方法计数，以数量较多者为准。

答案：头部，尾部，同一种类（或同一态）

46．使用生物显微镜对__________、__________等类群中的一些较小个体样本进行制片观察时，滴加 1～2 滴__________，增加透光性，辅助观察分类特征。

答案：摇蚊幼虫，寡毛类，丙三醇

47. 底栖动物样品应鉴定到尽可能低的分类单元，其中昆虫纲（摇蚊除外）、甲壳纲、__________、多毛纲等应尽可能鉴定到科，__________、__________应尽可能鉴定到属。

答案：蛭纲，寡毛纲，摇蚊幼虫

48. 鱼类的早期生活史包括__________、__________、__________。

答案：胚胎期，仔鱼期，稚鱼期

49. 鱼类生长的一般测定方法，当前大多仍以长度和重量为单位，可以分为__________、__________和__________类。

答案：直接法，年龄鉴定统计法，退算法

50. 鱼类固定试剂包括5%～10%的__________和70%～75%的__________。

答案：甲醛溶液，乙醇溶液

51. 鱼类以生物完整性指数评估生态系统的健康状况，分为__________、一般、较差、__________和__________5个等级。

答案：健康，极差，无鱼

52. 大型水生植物一般包括湖岸带向水域范围内的4种水生植物类型，分别为沉水植物、__________、__________、__________。

答案：浮叶植物，漂浮植物，挺水植物

53. 水生植物覆盖度指湖泊水域范围内所有水生植物中__________的总覆盖度。

答案：非外来入侵物种

54. 硅藻的细胞壁是由__________、__________组成的。

答案：硅质，果胶质

55. 在野外可以利用__________观察水生植物的形态特征，进行鉴定。

答案：手持放大镜

56. 鱼类早期资源调查内容包括__________、__________、__________等。

答案：鱼类种类组成，鱼类繁殖时间，环境条件

二、单选题

1. 在淡水中，浮游植物主要是__________，它们以单细胞、群体或丝状体的形式出现。（　　）

A. 草履虫　　B. 藻类　　C. 蛭类　　D. 枝角类

答案：B

2. 浮游生物在显微镜下计数时，常用计数框容量有0.1 mL、1 mL、__________mL和8 mL 4种。（　　）

A. 2　　B. 3　　C. 4　　D. 5

答案：D

3. 底栖动物的定量采样可以客观地反映河流、湖泊、水库等水体底部底栖动物的不同部位的种类组成和现存量，并以每平方__________为单位进行统计和计算。（　　）

A. 厘米　　B. 分米　　C. 米　　D. 千米

答案：C

4．底栖动物样品带回实验室后需要长期保存时，要用__________%酒精或 5%福尔马林液固定或采用混合固定液固定。（　　）

A．10　　B．30　　C．70　　D．75

答案：C

5．进行鱼类的生物调查时，全部鱼类个体都要鉴定到__________，并统计数量。（　　）

A．科　　B．亚种属　　C．种　　D．亚种

答案：C

6．腹足类动物大多具有一个螺旋形的__________，其形状随种类而异，变化很大，它是鉴别种类的重要特征。（　　）

A．斑纹　　B．体环　　C．贝壳　　D．附肢

答案：C

7．端足目 *Ampipoda* 动物头部很小，与第一胸节愈合。胸部各节发达，分节__________。身体多侧扁，一般弯曲呈钩状，所以叫钩虾。（　　）

A．不明显　　B．12 节　　C．明显　　D．21 节

答案：C

8．摇蚊科幼虫在浮游时，幼虫具__________性，可随水流而离开不适宜之处和寻找适居的场所，这有助于种类的分布。（　　）

A．背光　　B．趋光　　C．摇动　　D．粘附

答案：B

9．昆虫类受精卵孵化成幼虫，经历一系列复杂的生长和形态变化的胚后发育期，发育成成虫。这一过程称为 __________。（　　）

A．不全变态　　B．蜕变　　C．变态　　D．不全蜕变

答案：C

10．藻体细胞结构都可分化为细胞壁和原生质体两部分，后者包括__________和__________。（　　）

A．细胞质，细胞核　　B．细胞核，蛋白核

C．细胞壁，细胞核　　D．细胞壁，蛋白核

答案：A

11．淡水浮游藻类中种类最多的是__________、__________、__________。（　　）

A．甲藻门，隐藻门，裸藻门　　B．蓝藻门，硅藻门，绿藻门

C．褐藻门，金藻门，轮藻门　　D．硅藻门，甲藻门，褐藻门

答案：B

12．原生动物细胞是由__________、__________、__________及其他各种胞器所构成。（　　）

A．细胞壁，细胞质，细胞核　　B．细胞壁，细胞膜，细胞液

C．细胞膜，细胞腔，细胞液　　D．细胞膜，细胞质，细胞核

答案：D

13．硅藻门植物细胞壁富含__________，__________壁上具有排列规则的花纹，外层为硅质，内层未果胶质，细胞壁无色、透明。（　　）

A．硅质，硅质　　B．硅质，细胞　　C．细胞液，硅质　　D．细胞膜，细胞

答案：A

14．环节动物分布在海洋、淡水、土壤中，身体细长分节，多呈__________。（　　）

A．球形或扁平状　　B．圆锥形和卵形

C．圆柱形或背腹扁平　　D．不固定形状

答案：C

15．寡毛纲动物水栖、陆栖都有，水栖寡毛纲俗称__________，大多为世界性分布，是淡水底栖动物的主要组成部分。（　　）

A．水老虎　　B．水蛭　　C．水蚯蚓　　D．摇蚊幼虫

答案：C

16．轮虫的主要特征是具有__________、咀嚼囊和原肾管。（　　）

A．纤毛　　B．腹足　　C．触手　　D．头冠

答案：D

17．以下__________环境条件中，枝角类种类会大量繁殖。（　　）

A．池塘　　B．河流　　C．泥沙水　　D．有毒污水

答案：A

18．桡足类是一类小型、低等的甲壳动物，体狭长，分节明显，一般由16～17个体节组成，但偶遇愈合原因，一般不超过__________节。（　　）

A．15　　B．11　　C．10　　D．17

答案：B

19．以下关于腹足类的形态特征的说法错误的是__________。（　　）

A．身体明显的分头、足、内脏囊在发生期间经过旋转使两侧发育平衡，成为左右对称

B．外套膜分泌形成螺旋形贝壳一枚，故名单壳类，又称螺类

C．足面（足底）广阔，因足常位于身体的腹侧，故又称腹足类

D．头部发达，具1～2对触角

答案：A

20．双壳类动物身体由躯干、足和外套膜三部分组成，头部退化，故又称__________；其足位于体躯腹侧，通常侧扁，呈斧状，伸出与两壳之间，故又称__________；其在体躯与外套膜之间，左右均有外套腔，内有瓣状鳃，故又称__________。（　　）

A．光头类，腹足类，鳃瓣类　　B．光头类，斧足类，鳃瓣类

C．无头类，腹足类，瓣鳃类　　D．无头类，斧足类，瓣鳃类

答案：D

21．以下不属于甲壳类的动物有__________。（　　）

A．枝角类　　B．桡足类　　C．端足类　　D．瓣鳃类

答案：D

22．以下选项属于端足类中典型的淡水科属的是__________。（　　）

A．钩虾　　B．蜾蠃蜚　　C．麦秆虫　　D．磷虾

答案：A

23．昆虫体躯分为头、胸、腹三部分，头部有触角一对，胸部有三对足、一或两对翅，体被几丁质外骨，发育中__________，在生长过程中，有多次蜕皮现象发生。（　　）

A．不完全变态　　B．发生变态　　C．发生变育　　D．不完全变育

答案：B

24．在不完全变态类昆虫中，如__________、__________的种类，他们幼虫期与成虫期在体形、触角、眼、口器、足和栖息、生活习性等方面都很像，翅在蜕皮中逐渐发育。（　　）

A．直翅目，半翅目　　B．毛翅目，半翅目　　C．直翅目，蜻蜓目　　D．毛翅目，蜻蜓目

答案：A

25．在水生昆虫如__________、__________的种类，其幼虫和成虫在形态和生活习性上皆不同，幼虫为水生，成虫为陆生，这类变态叫半变态，其幼虫称为“稚虫”。（　　）

A．襀翅目，半翅目　　B．毛翅目，半翅目　　C．蜻蜓目，襀翅目　　D．毛翅目，蜻蜓目

答案：C

26．__________俗称石蝇，稚虫以水中腐败有机物、藻类或小型昆虫为食，可净化水质，对污染特敏感，多用以监测水的污染状况。（　　）

A．蜻蜓目　　B．半翅目　　C．襀翅目　　D．毛翅目

答案：C

27．以下说法错误的是__________。（　　）

A．四节浮科多栖息于池沼、河流水草中

B．蜉蝣科分布广，常栖息于污水或污泥中

C．小蜉科稚虫多栖息于含腐殖质较多的污泥中

D．细蜉科稚虫一般栖息于泥或沙性底质的环境

答案：C

28．__________幼虫多呈蠕虫状，头部发达、较坚硬，其成虫、幼虫和蛹的阶段均在水中度过，成虫后足发达，呈桨状，适于游泳。（　　）

A．蜻蜓目　　B．鞘翅目　　C．襀翅目　　D．毛翅目

答案：B

29．__________是区别不同群落的首要特征，群落是种群的集合体，物种的多少及每一物种的个体的数量决定了物种的生物多样性。（　　）

A．物种组成　　B．内部结构　　C．群落环境　　D．边界特征

答案：A

30．水生群落的外貌主要取决于水体的__________特征。（　　）

A．颜色和污染程度　　B．盐度和 pH　　C．温度和光照　　D．深度和水流速度

答案：D

31．水体污染对水生生物群落结构的影响，以下说法正确的是__________。（　　）

A．耐污物种比例增加和生物群落结构改变 B．生物寿命缩短和食物链缩短

C．优势种增加，生物多样性降低 D．以上都是

答案：D

32．对绝大多数微生物而言，__________是最理想的凝固剂，固体培养基中含量一般为 1.5%～2%，由藻类（海产石花菜）中提取的一种高度分支的复杂多糖。（ ）

A．硅胶 B．琼脂 C．明胶 D．橡胶

答案：B

33．在配制培养基过程中，__________ 的存在对灭菌处理极其不利，这是由于该物质中的空气形成隔热层，使其中的微生物难以被杀死。（ ）

A．泡沫 B．水汽 C．固体 D．杂质

答案：A

34．浮游植物水样浓缩后的水量多寡要视浮游植物浓度大小而定，通常可用透明度作参考，浓缩的标准是以每个视野里有__________藻类为宜。（ ）

A．一百个 B．八十几个 C．十几个 D．五十几个

答案：C

35．水体中不同藻类对于同一种污染物的反应存在种间差异，以下说法正确的是__________。（ ）

A．有些抗性较强，难以在短期内反映出水质的变化

B．有些则对各种污染很敏感，某些物质的微小变化都能对这些藻类产生显著的影响

C．有些藻类只能生活在污水中或成为某些污染物的指示藻类

D．以上都正确

答案：D

36．__________可作为长期效应和广域生境状态的指示生物。（ ）

A．鱼类 B．底栖动物 C．藻类 D．浮游动物

答案：A

37．浮游植物样品的定量样品鉴定时，取__________mL 样品注入定量计数框中。（ ）

A．1 B．0.5 C．0.3 D．0.1

答案：D

38．浮游植物的鲁哥氏液固定的样品在 1～5℃条件下避光保存不得超过__________个月。（ ）

A．1 B．3 C．6 D．12

答案：D

39．《水生态监测技术要求 淡水浮游植物》（试行）（总站水字〔2022〕41 号）规定，保存浮游植物的鲁哥氏液固定的样品时，__________周检查固定剂（定量样品可以观察鲁哥氏液颜色是否变淡），必要时进行添加，直至完成样品分析。（ ）

A．1 B．2 C．3 D．4

答案：A

40．使用行格计数法时，观察计数框中第 2、第 5 和第 8 行共__________个小方格内的所有浮

游植物，记录分类鉴定和计数结果。（　　）

A．10　　B．20　　C．30　　D．50

答案：C

41．浮游植物的鉴定和计数时，根据浮游植物的密度、形态大小，选用适当的计数方法，使单片计数量不低于__________个。（　　）

A．100　　B．400　　C．800　　D．1 600

答案：C

42．将浮游植物样品置于计数框后，将计数框在显微镜的载物台上静置约__________min 后开始镜检。（　　）

A．1～2　　B．2～3　　C．3～4　　D．4～5

答案：B

43．原生动物、轮虫和无节幼体样品按每 1 L 水样加入__________mL 鲁哥氏液固定。（　　）

A．1～2　　B．2～5　　C．5～10　　D．10～15

答案：D

44．在生物显微镜下全片计数浮游动物，定性样品至少重复抽样__________次。（　　）

A．2　　B．3　　C．4　　D．5

答案：D

45．枝角类和桡足类样品按每 100 mL 水样加入__________mL 福尔马林固定。（　　）

A．1～1.5　　B．1.5～2.0　　C．2.0～3.0　　D．4～5

答案：D

46．对于现场已添加固定液的底栖动物样品，应在水中浸泡__________min，洗脱固定剂并使动物样本充分吸水。（　　）

A．15　　B．30　　C．5　　D．60

答案：A

47．摇蚊科幼虫进行鉴定时，主要根据__________的特征进行分类鉴定。（　　）

A．体长　　B．口器　　C．腹部　　D．后原足

答案：B

48．颤蚓科除尾鳃蚓外，主要根据__________的构造和位置进行分类鉴定。（　　）

A．口前叶　　B．围口节　　C．生殖器官　　D．刚毛

答案：C

49．底栖动物单位面积的个数和生物量单位为__________。（　　）

A．$cell/m^2$ 和 g/m^2　　B．ind/m^2 和 g/m^2　　C．kg/m^2 和 g/m^2　　D．ind/m^2 和 kg/m^2

答案：B

50．对于需进一步观察研究和尚有异议的底栖动物物种，应用__________对典型分类特征部位进行封片。（　　）

A．甘油　　B．无水乙醇　　C．丙三醇　　D．加拿大树胶

答案：D

51．每个采样点所采得底栖动物的物种应按不同种类统计个体数，在标本损坏的情况下，一般只统计__________。（　　）

A．头部　　B．腹部　　C．附肢　　D．尾部

答案：A

52．使用正置显微镜观察物种玻璃制片时，可在制作玻片时滴加1～2滴__________，便于增加透光性，辅助观察底栖动物分类特征。（　　）

A．甲醛　　B．无水乙醇　　C．丙三醇　　D．加拿大树胶

答案：C

53．下列__________在我国属于外来入侵种。（　　）

A．河蚬　　B．环棱螺　　C．福寿螺　　D．淡水壳菜

答案：C

54．下列__________是水利工程中的常见污损生物。（　　）

A．河蚬　　B．环棱螺　　C．福寿螺　　D．淡水壳菜

答案：D

55．下列__________是血吸虫的主要中间寄主。（　　）

A．田螺　　B．环棱螺　　C．福寿螺　　D．钉螺

答案：D

56．鱼从吻端至尾鳍末端的直线长度称为__________。（　　）

A．体长　　B．标准长　　C．头长　　D．全长

答案：D

57．__________是指1尾鱼在年中的长度或重量增长量除以前1年时的长度或重量的百分数。（　　）

A．绝对增长量　　B．相对增长率　　C．生长常数　　D．瞬时增长率

答案：B

58．__________又称营养系数，也是衡量鱼类食饵营养价值的指标。（　　）

A．饵料系数　　B．鱼体增长量　　C．饵料相对重量　　D．饵料营养级

答案：A

59．鱼类由于一年四季生长速率不均衡性，鳞片形成__________，可用于判断鱼类年龄。（　　）

A．耳石　　B．侧线鳞　　C．年轮　　D．骨鳞

答案：C

60．鱼类性腺成熟度共分为__________期。（　　）

A．Ⅴ　　B．Ⅵ　　C．Ⅳ　　D．Ⅱ

答案：B

61．凤眼莲（水葫芦）属于下列__________水生植物。（　　）

A．挺水植物　　B．浮水植物　　C．漂浮植物　　D．沉水植物

答案：C

62．下列__________水生植物是沉水植物。（　　）

A．金鱼藻　　B．慈姑　　C．菱角　　D．梭鱼草

答案：A

63．下列__________水生植物是湿生植物。（　　）

A．水车前　　B．水烛　　C．穿叶眼子菜　　D．水生鸢尾

答案：D

64．下列__________水生植物是浮叶植物。（　　）

A．荇菜　　B．凤眼莲　　C．大薸　　D．穿叶眼子菜

答案：A

65．对藻类密度较低的样品，定量计数时应计录计数框的__________。（　　）

A．第 1、4、7 三行　　B．第 2、5、8 三行

C．第 3、6、9 三行　　D．全片

答案：D

66．细胞壁由上壳和下壳套合而成的是__________门的种类。（　　）

A．绿藻　　B．甲藻　　C．金藻　　D．硅藻

答案：D

67．将采获的底栖动物样品放入__________%乙醇溶液中固定。（　　）

A．65　　B．75　　C．85　　D．95

答案：B

68．水生维管植物群落特征 α 多样性指数不包括__________。（　　）

A．科迪指数　　B．香农-维纳指数

C．辛普森多样性指数　　D．皮洛均匀度指数

答案：A

三、多选题

1．水生生物监测的“生物群落法”项目适用于__________等水体环境的监测，监测频次每年不少于两次。（　　）

A．河流　　B．海洋　　C．湖泊　　D．水库

答案：ACD

2．生物多样性分为__________几个层次。（　　）

A．遗传多样性　　B．物种多样性

C．生态系统与景观多样性　　D．环境多样性

答案：ABC

3．在地表水生生物监测中，断面的布设的原则有__________。（　　）

A．代表性　　B．与水质化学监测断面布设的一致性

C．考虑水体环境的整体性　　D．连续性、经济性

答案：ABCD

4．具有相对稳定的生活环境，本身移动能力差，在未受到干扰的情况下，种群和群落结构较不

稳定的水生生物是__________。(　　)

A. 底栖动物　　B. 原生动物　　C. 浮游动物　　D. 浮游植物

答案：BCD

5. 藻类生活史有以下__________类型。(　　)

A. 营养生殖型　　B. 无性生殖型　　C. 有性生殖型

D. 有性生殖和无性生殖混合型

答案：ABCD

6. 原生动物主要依靠__________作为其运动胞器，因此，其运动方式与各类原生动物所具有的运动胞器有密切的关系。(　　)

A. 伪足　　B. 足毛　　C. 鞭毛　　D. 纤毛

答案：ACD

7. 硅藻类的繁殖有__________方式。(　　)

A. 营养繁殖　　B. 复大孢子　　C. 小孢子　　D. 休眠孢子

答案：ABCD

8. 用原生动物作为污染指示生物，主要在种群水平上和群落水平上进行，__________原生动物在中污性带水体中常被发现。(　　)

A. 施氏肾形虫　　B. 钩斜管虫　　C. 鞭毛虫　　D. 卵形隐滴虫

答案：BCD

9. 轮虫浮游种类常具有各种棘突和附肢，身体一般由__________组成。(　　)

A. 头　　B. 躯干　　C. 足　　D. 触手

答案：ABC

10. 桡足类的体形多样，以下说法正确的是__________。(　　)

A. 浮游种类的躯体多呈圆筒形，附肢刚毛较发达

B. 底栖种类的躯体多呈偏平、狭长，适于爬行

C. 陆生种类的体形多呈圆形，附肢足较发达，适于陆生爬行

D. 寄生种类的体形反常，常有吸盘，附肢退化

答案：ABD

11. 沟渠、池塘、水稻田底质肥沃，水生植物生长茂盛，适合以下__________的生存。(　　)

A. 田螺科　　B. 螺科　　C. 椎实螺科　　D. 扁卷螺科

答案：ABCD

12. 以下选项中属于在变态发育过程中经过四个不同虫期的昆虫有__________。(　　)

A. 双翅目　　B. 毛翅目　　C. 鞘翅目　　D. 脉翅目

答案：ABCD

13. 半翅目水生蝽类成虫、幼虫（若虫）一般生活在以下__________环境中。(　　)

A. 池塘　　B. 稻田　　C. 溪流　　D. 海水

答案：ABCD

14. 最有成效的群落生态学研究，是以下__________生物群落的有机结合。(　　)

A. 社会　　B. 动物　　C. 植物　　D. 微生

答案：BCD

15. 种群能够组合在一起构成群落，主要取决于__________条件。（　　）

A. 必须共同适应它们所处的无机环境

B. 它们内部的相互关系在不断适应的过程中取得协调和相对平衡

C. 不同群落所处的环境，如光照、温度、湿度和土壤结构等不一致

D. 不同群落的生境和分布范围不同，具有明显的边界

答案：AB

16. 影响浮游动物垂直分布的原因主要是__________，多数浮游动物一般是趋向弱光的，它们白天多分布在较深的水层，而在夜间则上升到表层活动。（　　）

A. 阳光　　B. 温度　　C. 食物　　D. 含氧量

答案：ABCD

17. 浮游植物样品采集的主要工具和试剂有__________。（　　）

A. 采水器　　B. 计数框　　C. 生物网　　D. 鲁哥氏液

答案：ACD

18. 采集水体中的浮游动物的方法有__________。（　　）

A. 用采水器采水后沉淀分离　　B. 用网过滤

C. 用抓斗抓取　　D. 以上都可以

答案：AB

19. 浮游动物主要包括__________，它们多数个体小，对环境变化敏感，是水体监测指示生物选择的重要对象。（　　）

A. 原生动物　　B. 轮虫　　C. 枝角类　　D. 桡足类

答案：ABCD

20. 下列选项中属于浮游植物样品前处理的措施为__________。（　　）

A. 超声波处理　　B. 加入固定剂　　C. 浓缩　　D. 沉淀

答案：ACD

21. 下列选项中属于硅藻门的是__________。（　　）

A. 小球藻属　　B. 直链藻属　　C. 根管藻属　　D. 空球藻属

答案：BC

22. 下列__________类群属于原生动物类群。（　　）

A. 毛口虫　　B. 变形虫　　C. 团藻　　D. 草履虫

答案：ABD

23. 根据底栖动物摄食对象和方法的差异，可将底栖动物分为__________。（　　）

A. 撕食者　　B. 收集者　　C. 刮食者　　D. 捕食者

答案：ABCD

24. 水生昆虫种类较多，__________均是常见种类。（　　）

A. 蜉蝣目　　B. 双翅目　　C. 毛翅目　　D. 叶须虫目

答案：ABC

25．以相对优势度指数评估各调查鱼类物种在群落中的地位与作用，相对优势度指数由__________参数组成。（　　）

A．相对生物量　　B．相对显著度　　C．相对密度　　D．相对频度

答案：BCD

26．鱼类年轮标志的类别包括__________。（　　）

A．疏密型　　B．疏密切割型　　C．闭合切割型　　D．切割型

答案：ABCD

27．下列__________鱼类在我国是外来入侵物种。（　　）

A．绿太阳鱼　　B．麦穗鱼　　C．清道夫　　D．鲤

答案：ABC

28．下列__________水生植物在我国是外来入侵物种。（　　）

A．凤眼莲　　B．海菜花　　C．空心莲子草　　D．睡莲

答案：AC

29．下列__________水生植物是挺水植物。（　　）

A．水烛　　B．慈姑　　C．菱角　　D．竹叶眼子菜

答案：AB

30．水生生物的生活方式有__________。（　　）

A．漂浮　　B．浮游　　C．游泳　　D．固着

答案：ABCD

31．以下属于浮游动物的是__________。（　　）

A．侠盗虫　　B．摇蚊幼虫　　C．华哲水蚤　　D．萼花臂尾轮虫

答案：ACD

32．底栖动物物种及其数量特征包括__________。（　　）

A．物种组成　　B．物种丰富度　　C．密度　　D．生物量

答案：ABCD

33．取过组织材料的鱼体可以放入__________%福尔马林溶液中保存。剪取的组织材料一般放入装有__________%以上纯度乙醇的密封容器内保存。（　　）

A．10　　B．50　　C．75　　D．95

答案：AD

四、判断题

1．利用浮游植物反映水体受污染情况时，如果绿藻和蓝藻数量少，甲藻、黄藻和金藻数量多，往往是污染的象征。（　　）

答案：错误

正确答案：如果绿藻和蓝藻数量多，甲藻、黄藻和金藻数量少，往往是污染的象征。

2．采集用于分析叶绿素 a 的水样时，需在每升样品中加入 1 mL 碳酸镁悬浊液，以防止酸化引

起藻类死亡。(　　)

答案：错误

正确答案：每升水样加 1%碳酸镁悬浊液 1 mL，以防止酸化引起色素溶解。

3．对底栖大型无脊椎动物幼体或近缘种样品的物种鉴别，可借助 DNA 条形码技术进行辅助分类鉴别。(　　)

答案：正确

4．浮游生物定性标本用浮游生物网采集，25 号浮游生物网用于采集枝角类和桡足类，13 号浮游生物网用于采集藻类、原生动物和轮虫。(　　)

答案：错误

正确答案：浮游生物定性标本用浮游生物网采集，13 号浮游生物网用于采集枝角类和桡足类，25 号浮游生物网用于采集藻类、原生动物和轮虫。

5．浮游植物浓缩计数时，静置后的水样可以用吸管直接吸去上清液。(　　)

答案：错误

正确答案：浮游植物浓缩计数时，静置后的水样，可用虹吸管小心抽掉上清液。

6．海洋生物中浮游生物包括浮游动物和浮游植物两大类，其中某些浮游单细胞生物兼有植物和动物的基本特征。(　　)

答案：正确

7．测定叶绿素 a 时，需要分别对水样和丙酮提取液进行过滤，滤膜使用玻璃纤维滤膜。(　　)

答案：错误

正确答案：丙酮提取液应离心，而不是过滤。

8．叶绿素 a 在水中含量的结果表达单位为 mg/m^3。(　　)

答案：错误

正确答案：根据《水质　叶绿素 a 的测定　分光光度法》(HJ 897—2017)，单位为 μg/L。

9．正常情况下，比较清洁的水体中分布的底栖动物种类多、个体数量相对少，污染水体（严重污染除外）中分布的底栖动物种类少、个体数量相对多。(　　)

答案：正确

10．因为底栖动物可以客观地反映环境的变化，并且与对照点相比显示出种类数量和多样性的差异，因此可以应用底栖动物对污染水体进行监测和评价。(　　)

答案：正确

11．有机污染和重金属等无机有毒物质的污染，都能造成水体中底栖动物结构组成的变化。水体受到严重的有机污染时，水中溶解氧含量大幅降低，不适应缺氧的底栖动物种类会逐渐减少和消失，仅会保留耐污染的种类。这些种类的密度增加，成为优势种。(　　)

答案：正确

12．在地表水中的浮游生物密度低时采水量可多，密度高时采水量则要少。(　　)

答案：正确

13．在进行叶绿素分析时，所用器皿需用酸浸泡或洗涤以去除干扰，同时实验过程中要注意避光。(　　)

答案：错误

正确答案：叶绿素对酸性物质敏感，所用器皿不能用酸浸泡或洗涤。

14．淡水藻类藻体常为球形、椭圆形、圆柱形、纺锤形、纤维形、新月形等。（　　）

答案：正确

15．淡水藻类群体类型的种类常呈球状、片状、丝状、树枝状或不规则团块状。（　　）

答案：正确

16．原生动物大多数具有一定的形状。形状变化很大，一般为圆形、卵形、长形等，且多数为扁平状。（　　）

答案：正确

17．原生动物运动时在前方的一端为前端，反之为后端。（　　）

答案：正确

18．原生动物有口的一面为腹面，反之为背面。（　　）

答案：正确

19．几乎任何有水的地方就有原生动物存在，同时少数种类的分布是世界性的。（　　）

答案：错误

正确答案：同时大多数种类的分布是世界性的。

20．水中有机物质的含量，对原生动物的分布的影响不大。（　　）

答案：错误

正确答案：水中有机物质的含量，对原生动物的分布有很大的影响。

21．大多数原生动物不能忍受天然水体 pH 的大幅变化。（　　）

答案：错误

正确答案：大多数原生动物能忍受天然水体 pH 的大幅变化。

22．淡水中常见的环节动物有蚂蟥、水蚯蚓以及少见的沙蚕等。（　　）

答案：正确

23．蛭类生物在身体的前端有眼点，其数目、位置和形状，均因种类而别。（　　）

答案：正确

24．一般来说，蛭类生物对生活环境有特别要求。（　　）

答案：错误

正确答案：一般来说，蛭类对生活环境并无特别要求。

25．在湖泊中，浮游动物有明显的垂直分层现象。（　　）

答案：正确

26．生物群落是一定地段或生境中各种生物群体所构成的集合。（　　）

答案：错误

正确答案：生物群落是一定地段或生境中各种生物种群所构成的集合。

27．生物群落就像一个生物个体一样，表现出动态的特征。其运动形式包括季节动态、年际动态、演替与演化。（　　）

答案：正确

28．很多环境因素明显受时间节律（如昼夜节律、季节节律）的影响，群落结构表现出随时间而有明显变化的特征，称为群落的时间格局。（ ）

答案：正确

29．由于群落中生物的相互作用，群落绝不是其组成物种的简单相加，而是一定地段上生物与环境相互作用的一个整体。（ ）

答案：正确

30．生物群落的环境不是均匀一致的，空间异质性的程度越低，意味着有更多样的小生境、小气候、躲避捕食的隐蔽所，所以就能允许更多的物种共存。（ ）

答案：错误

正确答案：群落的环境不是均匀一致的，空间异质性的程度越高，意味着有更多样的小生境、小气候、躲避捕食的隐蔽所，所以就能允许更多的物种共存。

31．底栖动物样品采集后，为防止加入酒精后脱色，加固定液前要记录好样品色泽。（ ）

答案：正确

32．蓝藻门植物细胞形态比较简单，有鞭毛，常见的有球形、椭圆形、卵形、柱形、筒形、棒形、镰刀形和纤维形等。（ ）

答案：错误

正确答案：蓝藻门植物细胞形态比较简单，无鞭毛，常见的有球形、椭圆形、卵形、柱形、筒形、棒形、镰刀形和纤维形等。

33．原生动物的形态多种多样，这与其生活环境有很重要的关系，如浮游生活的种类多呈球形。（ ）

答案：正确

34．蓝藻结构简单，有细胞核，可以进行光合作用并放出氧气，这是蓝藻同其他低等植物的重要区别。（ ）

答案：错误

正确答案：蓝藻结构简单，无典型的细胞核，可以进行光合作用并放出氧气，这是蓝藻同其他低等植物的重要区别。

35．寡毛纲动物身体由多节组成，成圆柱形，无附肢，每一体节上生有刚毛，刚毛与寡毛纲动物支持运动有关。（ ）

答案：正确

36．一般情况下，水蚯蚓喜欢生活在较清洁的水域中，如颤蚓科的一些种类，其种群数量随污染程度的增加而减少。（ ）

答案：错误

正确答案：一般情况下，水蚯蚓喜欢生活在腐殖质多、有机污染严重的水域中，如颤蚓科的一些种类在污染水体中普遍存在，而且在一定范围内，其种群数量随污染程度的增加而增加。

37．软体动物栖息的范围很广，海洋、淡水及陆地上均有分布。就数量而言，绝大多数种类生活于淡水中，海水种类较少，仅有掘足纲和瓣鳃纲中的一些种类。（ ）

答案：错误

正确答案：软体动物栖息的范围很广，海洋、淡水及陆地上均有分布。就数量而言，绝大多数种类生活于海水中，淡水种类较少，仅有腹足纲和瓣鳃纲中的一些种类。

38．无论是池塘还是湖泊，在水平分布方向上，轮虫都以沿岸带的种类和数量为最少，然后向中心逐渐增加，湖泊的湖汊或港湾远较敞水带为多。（　　）

答案：错误

正确答案：无论是池塘或湖泊，在水平分布方向上，轮虫都以沿岸带的种类和数量为最多，然后向中心逐渐减少，湖泊的湖汊或港湾远较敞水带为多。

39．枝角类与其他甲壳动物不同的特征是，躯体未包被于壳瓣中，体不分节（薄皮溞例外），头部具有 1 个复眼。第一触角与第二触角发达为双肢型，为主要的游泳器官。（　　）

答案：错误

正确答案：枝角类与其他甲壳动物不同的特征是，躯体包被于两壳瓣中，体不分节（薄皮溞例外），头部具有 1 个复眼。第一触角小，第二触角发达为双肢型，为主要的游泳器官。

40．河流等流水水域桡足类的数量十分丰富，一般数量在 10～100 个/L，有时高达 1 000 个/L 以上；在湖泊、池塘等静水水域，特别是富营养型水体桡足类的数量十分贫乏。（　　）

答案：错误

正确答案：河流等流水水域桡足类的数量十分贫乏；在湖泊、池塘等静水水域，特别是富营养型水体桡足类的数量十分丰富，一般数量在 10～100 个/L，有时高达 1 000 个/L 以上。

41．软甲纲十足目种类繁多，包括虾、蟹类等高等甲壳类，由于其体形大，经济价值高，在水产经济中占有很重要的地位。（　　）

答案：正确

42．水生昆虫主要指幼虫生活在水中、成虫生活在陆地的一类昆虫。（　　）

答案：错误

正确答案：水生昆虫主要包括两类，一类是成虫和幼虫均生活在水中，另一类仅幼虫生活在水中。

43．蜻蜓目的稚虫常可在水底爬行或游泳生活。稚虫身体分头、胸、腹三部分，体色一般为黑色或稍带绿色。（　　）

答案：错误

正确答案：蜻蜓目的稚虫常在水底爬行生活，不能游泳。稚虫身体分头、胸、腹三部分，体色一般为褐色或稍带绿色。

44．蜻蜓目中的束翅亚目成虫通称蜻蜓，稚虫体细长；差翅亚目成虫通称豆娘，稚虫俗称“水老虎”。（　　）

答案：错误

正确答案：蜻蜓目中的束翅亚目成虫通称豆娘，稚虫体细长；差翅亚目成虫通称蜻蜓，稚虫俗称“水老虎”。

45．广翅目一般称为鱼蛉和泥蛉，幼虫出现于湖泊、池塘、溪流。（　　）

答案：正确

46．毛翅目成虫通称石蛾，幼虫称为石蚕，生态学忍耐性相对较窄，是水流无污染程度较好的指示昆虫。（　　）

答案：正确

47. 不同群落的生境和分布范围具有相似性，特定的群落分布在特定的地理区域或特定生境上。就全球而言，不同生物群落随机分布，并不具有规律性。(　　)

答案：错误

正确答案：不同群落的生境和分布范围不同，特定的群落分布在特定的地理区域或特定生境上。就全球而言，不同生物群落的分布具有一定的规律性。

48. 应根据水生生物的生命周期、生活史特征（如羽化期或繁殖期)、季节变化特征、监测目的等因素确定监测时间。(　　)

答案：正确

49. 浮游植物在计数过程中，常碰到某些个体一部分在视野中，另一部分在视野外，这时可规定出在视野上半圈者计数，出现在下半圈者不计数，数量最好用细胞表示。(　　)

答案：正确

50. 藻类分布十分广泛，各种水域中均有，有些种类在小水体和浅水湖泊中常大量繁殖且分泌毒素，这一现象称为水华。(　　)

答案：错误

正确答案：藻类分布十分广泛，各种水域中均有，有些种类在小水体和浅水湖泊中常大量繁殖，使水体呈现色彩，这一现象称为水华。

51. 河流水体中，许多着生藻类，尤其是硅藻，具有繁殖率快、生活周期短的特点，可以反映水环境的短期效应和瞬时变化，故被用于河流生态系统的监测与评价。(　　)

答案：正确

52. 由于富营养化可导致低溶解氧，所以低溶解氧的指示生物同时是贫营养化的指示生物。(　　)

答案：错误

正确答案：由于富营养化可导致低溶解氧，所以低溶解氧的指示生物同时是富营养化的指示生物。

53. 虽然存在于水体中的各类水生生物与水环境间存在紧密联系，当水体受到污染或因其他改变而使水环境发生变化时，水生生物无法作出迅速的反应。(　　)

答案：错误

正确答案：存在于水体中的各类水生生物与水环境间存在紧密联系，当水体受到污染或因其他改变而使水环境发生变化时，水生生物都能作出迅速的反应。

54. 浮游植物样品如果需要活体观察，需要常温条件下避光保存，并尽快镜检。(　　)

答案：错误

正确答案：需要4～10℃条件下避光保存。

55. 浮游植物鉴定时，用微量移液器取1 mL混匀样品，注入1 mL浮游植物计数框中，用盖玻片将计数框完全盖住，静置片刻，无气泡可观察样品。(　　)

答案：错误

正确答案：用微量移液器取0.1 mL混匀样品，注入0.1 mL浮游植物计数框中。

56．如要保存稀释后的浮游植物样品，应注意补充鲁哥氏碘液，使稀释后的样品中的鲁哥氏碘液浓度与稀释前一致。（ ）

答案：正确

57．用超声波发生装置处理浮游植物样品时，在显微镜下观察，如仍存在大量未分散的细胞团，则应延长超声波处理时间，直至能够准确计数。超声波分散处理过程中应注意水温，防止过热造成水分蒸发和浮游植物细胞结构被破坏。（ ）

答案：正确

58．浮游植物计数时，每一样品装片需计数 3 次。（ ）

答案：错误

正确答案：浮游植物计数时，每一样品装片需计数 2 次。

59．浮游植物细胞总计数量结果相对偏差应在±30%以内，否则应增加计数一次，直至某两次计数结果符合这一要求为止。测定结果为相对偏差在±30%以内的两次计数结果的平均值。（ ）

答案：错误

正确答案：相对偏差应在±15%以内。

60．浮游动物无节幼虫计数时，如样品中数量较少，则全部计数；如数量较多，可将过滤样品稀释，充分混匀后重复抽样 3～5 次计数。（ ）

答案：正确

61．原生动物样品计数时，准确吸取 0.1 mL 样品置于 0.1 mL 浮游生物计数框内，在生物显微镜下全片计数。定性样品至少重复抽样 5 次，定量样品至少重复抽样 2 次。（ ）

答案：正确

62．轮虫样品计数时，准确吸取 0.1 mL 样品置于 0.1 mL 浮游生物计数框内，在生物显微镜下全片计数。（ ）

答案：错误

正确答案：准确吸取 1 mL 样品置于 1 mL 浮游生物计数框内。

63．甲壳动物样品计数时，准确吸取 1 mL 样品置于 1 mL 浮游生物计数框内，在生物显微镜下全片计数，不需重复抽样。（ ）

答案：错误

正确答案：定量样品至少重复抽样 2 次。

64．底栖动物固定液应完全浸没动物样本，加入固定液后的 2～3 天检查固定液是否澄清，出现浑浊则需更换一次固定液。（ ）

答案：正确

65．底栖动物称重时，应将软体动物直接放置于扭力天平上称重。（ ）

答案：错误

正确答案：底栖动物称重前，应先吸去表面水分，软体动物应放置于架盘（托盘）天平上称重。

66．软体动物身体分节，通常分头、足、外套膜和贝壳四部分。（ ）

答案：错误

正确答案：软体动物身体不分节，通常分头、足、内脏团、外套膜和贝壳五部分。

67．底栖动物样品鉴定时腹足纲和双壳纲应尽可能鉴定到种。（ ）

答案：正确

68．螯虾科一般身体有宽大的甲壳及一对螯样附肢，而等足目和端足目的身体均无宽大的甲壳。（ ）

答案：正确

69．在底栖动物分样过程中，不应进行活体挑样。（ ）

答案：错误

正确答案：活体挑样，动物的运动有助于挑拣工作进行。

70．底栖动物鉴定时，至少选择5%已完成分析的样品，开展实验室内人员比对或实验室间比对或与分类鉴定质控专家比对。（ ）

答案：错误

正确答案：至少选择10%已完成分析的样品。

71．对于底栖动物个体较小且无法直接称量获得生物量数据的物种，其生物量以天平的最小分度值（0.000 1 g）计。（ ）

答案：正确

72．根据鱼类食物组成中各种类别的食物生物的个体大小、所占实际比重以及营养价值，通常把鱼类的食物分为主要食物、次要食物和偶然性食物。（ ）

答案：正确

73．一般来说，性成熟早的鱼类，生命周期短，反之则相反。（ ）

答案：正确

74．在干扰强度中等的生境中，鱼类难以栖息繁衍。（ ）

答案：错误

正确答案：在干扰强度中等的生境中，鱼类栖息繁衍受到一定程度影响，但仍可栖息繁衍。

75．现存鱼类可以分为以下几种食性类型：草食性鱼类、肉食性鱼类、杂食性鱼类。（ ）

答案：正确

76．鱼类调查与评估报告分工作报告和技术报告。（ ）

答案：正确

77．鱼类的鱼卵仔鱼资源量估算方法是一致的。（ ）

答案：错误

正确答案：鱼卵包括天然漂流性和沉黏性，其鱼卵仔鱼资源量估算方式不同。

78．在使用水草夹采集水生植物样品时，倒出网内植物，冲洗去淤泥，但不需要去除枯死的枝、叶及杂质，直接装入样品袋中，带回实验室内进行处理。（ ）

答案：错误

正确答案：冲洗去淤泥，去除枯死的枝、叶及杂质，洗净装入样品袋中，带回实验室内进行处理。

79．在水生植物调查过程中，如果有新发现或种类不识别的大型植物，则需要进行现场拍照，并带回实验室开展进一步鉴别；如果种类中有外来入侵物种，在记录中需要备注标明。（ ）

答案：正确

80. 各断面上采样点都经过定量处理后，列表计算出每种植物在全部采样点上的平均值，没有采到该种水生植物的采样点不参加平均。（　　）

答案：错误

正确答案：没有采到该种水生植物的采样点也需加平均。

81. 大型水生植物在实验室内鉴别需要参考专业的分类资料进行，一般要鉴定到属即可。（　　）

答案：错误

正确答案：一般鉴定到种。

82. 水生植物称重时，在条件许可下，可选择部分点位做干重处理，干燥后的植株还可为污染物残留分析样品。（　　）

答案：正确

83. 一年中，水生植物必需在春、夏、秋、冬季各观测一次。（　　）

答案：错误

正确答案：一年中，水生植物一般在春、夏、秋季各观测一次，也可每季节观测一次，条件允许也可逐月观测一次。

84. 轮虫绝大多数分布于各类淡水水体中，营浮游生活，此外也有营固着生活和寄生生活，在海洋的种类稀少。（　　）

答案：正确

85. 显微镜使用后，应该用擦镜纸清洁光学玻璃部分和载物台，并罩好套子。（　　）

答案：正确

86. 在实验室利用光学显微镜、解剖镜、解剖器材以及植物志、植物图鉴等工具书，利用形态学分类方法，对采集的水生植物标本进行鉴定。（　　）

答案：正确

87. 底栖动物样品原则上应鉴定到属，若确实无法鉴定到属，可提升至上一级分类单元（如科）。（　　）

答案：错误

正确答案：原则上应鉴定到种，若确实无法鉴定到种，可提升至上一级分类单元（如属）。

五、简答题

1. 简述生物多样性的定义及其层次。

答案：生物多样性是指生命有机体及其赖以生存的生态综合体的多样性和变异性，有三个层次，即遗传多样性、物种多样性、生态系统与景观多样性。

2. 请简述影响生物群落结构的因素。

答案：影响群落结构的因素有：

（1）生物因素；

（2）干扰对群落结构的影响；

（3）空间异质性与群落结构；

（4）岛屿效应。

3．请简述生物群落的空间结构所包括的三种主要结构。

答案：生物群落的空间结构所包括的主要结构有：

（1）群落的水平结构；

（2）群落的垂直结构；

（3）群落的时间结构。

4．请简述为什么在腐殖质多的水体中水蚯蚓常从泥底伸出大部身体，不断摆动。

答案：因为腐殖质多的水体中，有机污染常常较为严重，氧气往往缺少，水蚯蚓在缺氧的环境里，则会从泥底伸出大部身体，不断摆动，很有节奏，一遇惊扰，则一齐缩入泥内，这种不断摆动会造成水流，以便其获得尽量多的氧。

5．为什么水中叶绿素 a 的含量可用来反映浮游植物的丰盛度？

答案：各种藻类虽具有不同的色素组成，但都含有叶绿素 a，叶绿素 a 不仅含量高，而且很重要，它是整个光合过程中的能量传递中心。因此，水中叶绿素 a 的含量可用来反映浮游植物的丰盛度。

6．简述浮游植物水样的浓缩过程与方法。

答案：将从野外采集并经过定容的水样摇匀后倒入 1 000 mL 圆柱形沉淀器中沉淀 24 h，用虹吸管小心抽出上面不含藻类的上清液，剩下 20～25 mL 沉淀物摇动后转入 30 mL 的定量瓶中，再用少许上述虹吸出来的上清液冲洗三次沉淀器，冲洗液转入定量瓶中。

7．简述藻类在水生态环境保护方面的应用。

答案：

（1）藻类对有机质和其他污染物敏感性不同，因而可以用藻类群落组成来判断水质状况。

（2）由于藻类进行光合作用，能放出氧气，过程中会利用水中的 N、P 等营养盐，因此，可用作氧化塘法进行污水处理。

（3）藻类、细菌和原生动物等组成的生物膜，对水体有机物的分解、水体净化和判断水质好坏均具有一定的作用。

8．简述生物群落的基本特征。

答案：生物群落具有 6 个方面的特征：

（1）具有一定的物种组成；

（2）具有一定的内部结构；

（3）形成群落环境；

（4）具有一定的动态特征；

（5）具有一定的分布范围；

（6）具有边界特征。

9．浮游植物的密度、形态大小适当的计数方法包括哪几种方法？请简要描述每种方法。

答案：全片计数法、行格计数法、对角线计数法、随机视野法。

（1）全片计数方式：在 40×物镜下，逐一观察浮游植物计数框中全部 100 个小方格，分类计数每个小方格内所有浮游植物细胞，并记录每行的分类计数结果。若浮游植物细胞体积较大时，可降低物镜倍数。

（2）行格计数方式：在 40×物镜下，逐一观察浮游植物计数框中第 2、5、8 行，共 30 个小方格，分类计数每个小方格内所有浮游植物细胞，并记录每个小格的分类计数结果。若浮游植物细胞体积较大时，可降低物镜倍数。

（3）对角线计数方式：在 40×物镜下，逐一观察位于浮游植物计数框对角线位置上的 10 个小方格，分类计数每个小方格内所有浮游植物细胞，并记录每个小格的分类计数结果。若浮游植物细胞体积较大时，可降低物镜倍数。

（4）随机视野方式：在 40×物镜下，随机抽取一定数量的视野，分类计数每个视野内所有浮游植物细胞，并记录每个视野的分类计数结果。若浮游植物细胞体积较大时，可降低物镜倍数。计数前应测量或计算显微镜视野面积。

10．请简述浮游动物实验室测定时的注意事项。

答案：

（1）样品交接时，应办理正式交接手续，由接收样品的工作人员记录其状态，检查是否异常或是否与相应检验方法中描述的标准状态有所偏离；实验室应建立送检样品的唯一识别系统，以保证任何时候的样品识别不会发生混淆。

（2）种类鉴定、计数时，新种、新记录种必须留出典型、完好的样品制作标本，永久保存；样品鉴定完毕后，随机抽取 10%样品，将优势种类拍照共享并由专业分类学专家检查，确保分类的准确性；实验室应当保存并更新相关的分类学文献；无节幼体数量较多时建议用 1 L 的沉淀样品同轮虫一起计数；两次浮游动物计数结果相对偏差小于±15%。

（3）数据记录时，记录实验室分析过程中所取得的相应数据，分析测试项目还应记录下测试条件、测试方法，并描述如何从原始数据到最终结果报告的过程、数据转换步骤。数据记录表须有记录人、校对人签字。记录在表内的样品信息务必填写完整，包括采样日期、点位、浓缩或稀释倍数。

11．请简答底栖动物物种分类差异百分比和计数差异百分比的计算公式。

答案：

（1）物种分类差异百分比计算公式

$$\text{PTD}=\left(1-\frac{\text{comp}_{\text{pos}}}{M}\right)\times 100\%$$

式中：PTD——物种分类差异百分比，%；

comp_{pos}——比对分类结果中，物种分类一致的数量，个（ind.）；

M——比对分类结果中，物种分类单元较多一方数量，个（ind.）。

（2）计数差异百分比计算公式

$$\text{PDE}=\frac{|n_1-n_2|}{n_1+n_2}\times 100\%$$

式中：PDE——计数差异百分比，%；

n_1——比对计数结果 1，个（ind.）；

n_2——比对计数结果 2，个（ind.）。

12. 简述我国四大家鱼及其习性。

答案：四大家鱼指的是青鱼、草鱼、鲢鱼、鳙鱼。它们都属于鲤科，但习性有所不同。

（1）青鱼，青鱼属，鲤科，这种鱼一般生活在水体的中下层，生性不活泼，主要的食物为螺蛳、蚌蚬、蛤等，也能吃虾和昆虫的幼虫。

（2）草鱼，草鱼属，鲤科，是一种草食性鱼类，喜栖居于江河、湖泊等水域中下层和近岸处，水草比较多的地方。它的性情比较活泼，游动的速度也很快，幼鱼时期主要吃幼虫和藻类，长大后则以水生植物为食，但也会吃昆虫，是非常重要的养殖鱼类。

（3）鲢鱼，鲢属，鲤科，这种鱼主要栖息在江河、湖泊及其附属水体中肥育，喜生活于水上层，性情活泼，喜欢跳跃，终生以浮游生物为食。由于它具有洄游的特性，刚孵出的仔鱼会随水漂流，幼鱼则主动到河湾觅食，在 4 月则会洄游到产卵地区，鲢鱼喜肥水。

（4）鳙鱼，鳙类，鲤科，同样生活在江河干流以及平缓的河湾、湖泊、水库、池塘里。作为温水性鱼类，对温度的适应范围比较广，本身的性情很温顺，而且行动比较迟缓，多分布在淡水区域的中上层，滤食性，主要吃轮虫、枝角类、桡足类等浮游动物。

13. 简述水生植物的鉴定方法。

答案：在野外可以利用手持放大镜观察水生植物的形态特征，进行鉴定。由于有的水生植物在其生长地极少甚至不开花结果，可以采集后将其带回实验室，在实验室利用光学显微镜/解剖镜/解剖器材以及植物志/植物图鉴等工具书，利用形态学分类方法，对采集的水生植物标本进行鉴定。

14. 试述浮游植物的主要门类和分门依据。

答案：浮游藻类主要包括蓝藻门、绿藻门、裸藻门、金藻门、硅藻门、甲藻门、黄藻门和隐藻门等八个门。分门依据：

（1）浮游藻类的细胞内有细胞核、原生质、色素体和同化产物等。

（2）浮游藻类主要的色素有青绿色的叶绿素、黄褐色的胡萝卜素、金黄色或黄绿色的叶黄素、蓝色的藻蓝素、红色的藻红素或血红素。各门藻类所含色素的成分各异而有不同颜色。

（3）同化产物有淀粉颗粒、副淀粉颗粒、油滴等，各门藻类同化产物不同。

（4）各门藻类色素体、细胞器等的形状差别。

15. 鱼类栖息地调查的主要内容和指标包括哪些？

答案：调查的主要内容包括水体（包括产卵场）的长、宽、深、底质类型、流（容）量、水位、流速、水温、透明度、pH、溶解氧、电导率等理化因子，调查的指标包括污染状况（污染源、污染物及污染程度）及水利工程建设、渔业等人类活动状况。

16. 请至少列出 2 种耐污指数计算方式。

答案：

（1）BI 生物指数

BI 生物指数结果按照式（1）计算：

$$\mathrm{BI}=\sum_{i=1}^{s}\frac{N_i}{N}\times t_i \tag{1}$$

式中：t_i——种 i 的耐污值；

N_i——种 i 的个体数；

N——生物总体个数；

S——物种数。

（2）BMWP 指数

BMWP 指数结果按照式（2）计算：

$$\mathrm{BMWP}=\sum F_i \tag{2}$$

式中：F_i——科 i 的敏感值。

（3）硅藻指数（IDP）

IDP 硅藻指数结果按照式（3）计算：

$$\mathrm{IDP}=\sum_{i=1}^{n}I_{idp}A_i \Big/ \sum_{i=1}^{n}A_i \tag{3}$$

式中：I_{idp}——第 i 个分类单元的特定值（0～4）；

A_i——第 i 个分类单元的相对丰度。

六、计算题

1. 已知计数框面积为 400 mm^2，计数面积为 120 mm^2，1 L 原水样沉淀浓缩后的体积为 30 mL，计数框的体积为 0.1 mL，当计数所得浮游植物的总数目为 1 000 个，求每升原水样中的浮游植物密度（个/L）。

答案：每升原水样中的浮游植物密度$=\dfrac{400}{120}\times\dfrac{30}{0.1}\times 1\,000=1\,000\,000$（个/L）

2. 已知底栖动物的单次采样面积为 1/16 m^2，某监测点底栖动物采集 4 次，每次挑拣按亚分样法取 1/2 进行挑拣，当计数所得监测点颤蚓科个数为 500，求其单位面积的底栖动物密度是多少？（ind./m^2）

答案：单位面积的底栖动物密度=（500×2）/（4/16）=4 000（ind./m^2）

3. 已知枝角类桡足类采样体积为 20 L，计数所得监测点大型溞的个数为 50，剑水蚤的个数为 20（全部过镜）。原生动物和轮虫采样体积为 1 L，将样品浓缩至 30 mL，计数所得螺形龟甲轮虫 64 个，急游虫 15 个（轮虫过镜 1 mL，原生动物过镜 0.1 mL）。求该样点单位体积的浮游动物密度是多少？（ind./L）

答案：枝角类大型溞密度：50/20=2.5（ind./L）

桡足类剑水蚤密度：20/20=1（ind./L）

轮虫螺形龟甲轮虫密度：64/1×30=1 920（ind./L）

原生动物急游虫密度：15/0.1×30=4 500（ind./L）

浮游动物密度：2.5+1+1 920+4 500=6 423.5（ind./L）

第四节　生物毒性测定

一、填空题

1．微囊藻毒素（MCs）具有__________和__________，加热煮沸都不能将毒素破坏。MCs 的 80 多种异构体中，__________是最为常见的种类。

答案：水溶性，耐热性，MC-LR

2．在藻类生长抑制试验中，将不同浓度的受试物加到处于__________期的藻培养物中，在规定条件下进行培养，每隔 24 h 测定藻类浓度或__________。

答案：对数生长，生物量（重量）

3．《水质生物发光细菌的急性毒性费氏弧菌冻干法操作规程》规定，发光菌毒性测定应在采样后__________h 内进行，无法在规定时间内完成的，则应在__________℃下避光保存样品，但不得超过__________h，报告中应写明水样采集时间和测定时间。

答案：6，2～5，24

4．《水质生物发光细菌的急性毒性费氏弧菌冻干法操作规程》规定，冻干粉的稀释液是__________氯化钠溶液、渗透压调节液是__________氯化钠溶液；使用__________、__________作为参照毒物。

答案：4.2%，22%，苯酚，硫酸锌

5．《水质生物发光细菌的急性毒性费氏弧菌冻干法操作规程》规定，进行 EC_{50} 试验时，选择合适的稀释浓度，保证__________个不同稀释浓度，且发光抑制率数值均匀落在__________ 上下时才可以进行回归计算。

答案：5.5～7，50%

6．《水质生物发光细菌的急性毒性费氏弧菌冻干法操作规程》规定，每批次样品应加__________或__________做质控样，控制实验的空白发光抑制率在__________。

答案：空白，毒性参照物，−10%～10%

7．在一定实验条件下发光细菌发光强度恒定，任何毒性物质抑制其正常代谢，都会导致发光强度的减弱，毒性越强，发光被抑制得越厉害，EC_{50} 值__________。

答案：越小

8．通常发光菌毒性测定的结果表达方式有三种，分别为__________、__________和__________。

答案：发光抑制率，EC_{50} 值，当量浓度（参照毒物苯酚或硫酸锌）

9．生物监测是环境监测的重要组成部分之一。与理化监测分析手段相比，生物监测具有__________、__________、__________、__________的特点。

答案：直观，宏观，综合，历史可溯源性

10. 生物暴露于不同剂量或浓度的受试物下将有不同的反应(效应)，如__________、__________，严重时导致死亡。

答案：抑制生长，活性下降

11．测定发光细菌法适用于__________、__________和实验室条件下可溶性化学物质的水质的急性毒性监测。

答案：工业废水，纳污水体

12．发光菌急性毒性试验中，若需排除 pH 影响，应先将水样和氯化钠溶液的 pH 进行调整，具体为：含铜水样的 pH 调整为__________，含其他金属水样的 pH 调整为__________，含有机化合物水样的 pH 调整为__________。

答案：4.5，5.4，7.0

13．发光菌急性毒性试验中，毒性测定应在采样后__________内进行，否则应在 2～5℃下保存样品，但不得超过__________。

答案：6 h，24 h

14.《水和废水监测分析方法（第四版）》规定，用青海弧菌 Q67 进行发光菌急性毒性测定时，环境温度在__________℃均可进行，但在测试过程中要求温度波动在±__________℃内。

答案：18～30，1

15．藻类是水体中的初级生产者，也是水生食物链的基础环节。在光的作用下，它们吸收水中的__________和__________，制造有机物。它们的存在无论是对水体生产力和水体污染的自净作用均具有十分重要的意义。

答案：无机营养盐类，二氧化碳

16.《水和废水监测分析方法(第四版)》规定，藻类生长抑制试验，试验时长不少于__________。

答案：96 h

17．在藻类生长抑制试验中，配制好的营养盐类贮备液经__________μm 滤膜过滤或高压灭菌（120℃，15 min）后__________℃避光冷藏保存。

答案：0.2，4

18．在藻类生长抑制试验中，当保存藻种需要使用固体培养基时，可在灭菌前加入__________（重量/体积比）的琼脂到培养基中。

答案：1.5%～2.0%

19．在进行藻类生长抑制试验中，每个测试浓度至少要设置__________个平行样，每一系列设__________个对照样。

答案：3，2

20．溞类是__________的通称，在分类上属节肢动物门、__________纲、鳃足亚纲、双足目、枝角亚目。

答案：枝角类，甲壳动物

21．溞类毒性试验前的培养温度要求与试验温度基本一致，一般在__________℃±__________℃或__________℃±__________℃下进行。

答案：20，1，25，1

22. 溞类毒性试验在自然光照或相当于自然光照下进行（避免阳光直射），每天光照__________h左右。

答案：10

23. 大型溞在试验前应与试验条件一致的环境中驯养__________天。

答案：7～10

24. 标准稀释水应容许溞类在其中生存至少__________h，并尽可能检查稀释水中不含有任何已知对溞类有毒的物质。

答案：48

25. 采用淡水鱼（斑马鱼）测定急性毒性试验时，供试鱼用于试验之前应在与试验时相同的环境条件下，在连续曝气的水中至少驯养__________周。

答案：2

26. 供试鱼类驯养期间死亡率不得超过__________，如果超过__________，则该批鱼不得用作试验。

答案：10%，10%

27. 为避免对试验鱼不必要的扰动，试验液中溶解氧不少于__________mg/L。

答案：4.0

28. 鱼类急性毒性试验前__________h 停止给试验鱼喂食，整个试验期间亦不喂食。

答案：24

29. 鱼类急性毒性试验中，试验用水硬度应在__________mg/L 之间为宜。

答案：10～250

30. 使用换水式试验时，__________或更短的时间更新一次试验液，更新完后立即将试验鱼转移到其中。

答案：8～24 h

31. __________为我国特有种，其对重金属、农药等化学品非常敏感，是进行化学品毒性测试和环境水样毒性试验的理想材料。

答案：稀有鮈鲫

32. 在藻类生长抑制试验中，藻类生长的测定方法包括__________、__________、__________。

答案：细胞计数，光密度，叶绿素

33. 紫露草微核试验的受试生物为_________，主要观察_________（组织），_________（指标）。

答案：美国沼泽紫露草 3 号，花粉母细胞，四分体中的微核

34. 微核试验中，当平均值__________平均值差的标准误差__________倍时，表示处理组与对照组平均微核率差异显著，说明处理组已受到__________污染。

答案：大于等于，2，诱变剂

35. 蚕豆根尖微核试验的步骤包括__________、受试样品液处理根尖、__________、__________、孚尔根染色、制片、镜检。

答案：蚕豆浸种催芽，根尖细胞恢复培养，固定根尖细胞

36. 蚕豆根尖微核试验的结果评价方法包括__________判别和__________判别。凡数值在上下

限值时，定为________污染。

答案：MCN‰，污染指数，上一级

37．镜检蚕豆根尖微核时，将制片置于显微镜________下，找到________区细胞分散均匀、膨大、分裂项较多的部位，再转到________下进行观察。

答案：低倍镜，分生组织，高倍镜（物镜40×）

38．发光细菌法表示水质毒性时，测试结果有________和________两种方法表达样品毒性。

答案：氯化汞浓度，EC_{50}

39．用于溞类急性毒性试验的溞为实验室条件下培养________代以上，溞龄________的幼溞。

答案：3，6～24 h

40．溞类急性毒性试验用________mL 烧杯，装________mL 试验液，投放幼溞________只。

答案：100，40～50，10

41．水质急性毒性的测定斑马鱼卵法标准适用于________、________、________和________的急性毒性测定。

答案：地表水，地下水，生活污水，工业废水

42．水质急性毒性的测定斑马鱼卵试验中，质量控制要求为：①阴性对照培养 48 h 后，阴性对照组鱼卵存活率________；②阳性对照培养 48 h 后，阳性对照组鱼卵死亡率________。

答案：≥90%，＞10%

43．水质物质对淡水鱼（斑马鱼）急性毒性测定方法，使用________作为参考毒物，并满足 24 h LC_{50} 值应在________。

答案：重铬酸钾，200～400 mg/L

44．水质物质对淡水鱼（斑马鱼）急性毒性测定方法规定了在确定的试验条件下测定水溶性物质引起斑马鱼急性致死毒性大致范围的方法为________、________和________。

答案：静水法，换水法，流水法

45．水质物质对淡水鱼（斑马鱼）急性毒性测定方法中要求试验鱼体长________mm，体重________g，选自同一驯养池中规格大小一致的幼鱼。

答案：30±5，0.3±0.1

46．工业废水的鱼类急性毒性试验，主要是通过鱼类________评估废水的鱼类________。

答案：半数致死浓度 LC_{50}，急性毒性

47．工业废水鱼类急性毒性试验实验中，试验用鱼应该满足以下条件：________、________和________等。

答案：大小统一，健康，易于获得

48．工业废水鱼类急性毒性试验中，试验应使用健康的鱼，在试验前________内，如果死亡和生病的鱼量超过了________，则该批次的鱼不得使用。

答案：4 天，10%

49．《水和废水监测分析方法（第四版）》中规定，化学品鱼类急性毒性试验中，试验鱼在试验之前，应在实验室至少暂养________天。试验前，应在符合特定条件的环境中至少驯养

__________天。

答案： 12，7

50.《水和废水监测分析方法（第四版）》中规定，通过稀释贮备液配制试验溶液。低水溶性物质的贮备液可以通过超声分散或其他适合的物理方法配制，必要时可使用对鱼毒性低的__________、__________或__________来助溶。

答案： 有机溶剂，乳化剂，分散剂

51．外源化合物的联合作用类型有__________、__________、__________。

答案： 相加作用，协同作用，拮抗作用

52．毒理学一般将动物实验按染毒期限逐级分为__________、__________、__________、__________。

答案： 急性，亚急性，亚慢性，慢性

53．外源化学物在体内的生物转运与生物转化 ADME 分别对应于__________、__________、__________、__________。

答案： 吸收，分布，代谢，排泄

54．剂量-反应曲线常见类型有__________、__________、__________。

答案： S 形曲线，直线，抛物线

55．毒物代谢主要在__________器官进行。

答案： 肝脏

56．藻类是水体中的__________，也是水生食物链的基础环节，在光的作用下它们吸收水中的无机营养盐类和__________，制造有机物。

答案： 初级生产者，二氧化碳

二、单选题

1．混合污染物各组分对机体的毒害作用超过个别毒害作用的总和时，称为__________。(　　)

A．单独作用　　B．相加作用

C．相乘作用　　D．拮抗作用

答案： C

2．进行鱼类急性毒性试验时，对试验缸中溶解氧的要求是__________。(　　)

A．6 mg/L 以上　　B．4 mg/L 以上

C．5 mg/L 以上　　D．3 mg/L 以上

答案： B

3．在下列方法中，被定为急性生物毒性测定及评价 A 类方法的是__________。(　　)

A．藻类生长抑制试验　　B．明亮发光杆菌 T3 法

C．鱼类急性毒性试验　　D．青海弧菌 Q67 法

答案： B

4．微囊藻毒素是最常见的__________。(　　)

A．蓝藻毒素　　B．红藻毒素　　C．黑藻毒素

答案：A

5．Ames 实验是检测__________的指标之一。（　　）

A．致突变　　B．致畸

C．致癌　　D．免疫学

答案：A

6．在藻类生长抑制试验中，配制藻类培养基时，__________不能在培养基中出现。（　　）

A．氯化铵　　B．氯化汞

C．硫酸镁　　D．磷酸二氢钾

答案：B

7．Ames 试验中，对于不溶于水的化学污染物一般用__________来溶解。（　　）

A．丙酮　　B．乙醇

C．四氯化碳　　D．二甲基亚砜

答案：D

8．LD_{50}值与毒性评价的关系是__________。（　　）

A．LD_{50}值与毒性大小成正比　　B．LD_{50}值与急性阈剂量成反比

C．LD_{50}值与毒性大小成反比　　D．LD_{50}值与染毒剂量成正比

答案：C

9．常作为急性毒性试验中选择剂量范围依据的是__________。（　　）

A．LD_0和LD_{50}　　B．LD_0和LD_{100}

C．LD_{01}和LD_{50}　　D．LD_{01}和LD_{100}

答案：B

10．化学毒物的一般性试验，如无特殊要求，则动物性别选择为__________。（　　）

A．雌雄多少都可以　　B．雌雄各半

C．全部为雄性　　D．全部为雌性

答案：B

11．进行发光菌急性毒性试验时，毒性测定应在采样后 6 h 内进行，否则应在 2～5℃下保存样品，但不得超过__________h。（　　）

A．12　　B．24　　C．36　　D．48

答案：B

12．发光菌冻干粉在 2～5℃冰箱内可有效保存__________个月而不致失活。（　　）

A．2　　B．4　　C．6　　D．8

答案：C

13．进行发光菌急性毒性试验时，同一批样品在测定过程中要求温度波动不超过±__________℃。（　　）

A．1　　B．3　　C．5　　D．7

答案：A

14．在制作氯化汞标准曲线时，当氯化汞标准溶液为 0.10 mg/L 时，发光菌的相对发光度为 50%，

其误差不超过±__________%。（　　）

A．5　　B．10　　C．15　　D．20

答案：B

15．制作发光菌急性毒性试验的苯酚标准曲线时，其回归方程应符合统计学检验要求（P＜0.90），并且 EC_{50} 值应在__________mg/L。（　　）

A．50～150　　B．10～100　　C．150～250　　D．100～200

答案：D

16．青海弧菌 Q67 冻干粉剂，封存于安瓿瓶中，在−18℃以下可有效保存__________个月而不致失活。（　　）

A．2　　B．4　　C．6　　D．8

答案：C

17．藻类生长抑制试验中，建议使用生长快速的绿藻品种，以便于培养和试验，但__________除外。（　　）

A．羊角月芽藻　　B．斜生栅藻

C．铜绿微囊藻　　D．普通小球藻

答案：C

18．在藻类生长抑制试验中，建议选择__________为试验容器，并根据需要选择试验容器的容量，同一批试验的容器应规格一致。（　　）

A．试管　　B．三角瓶　　C．烧杯　　D．容量瓶

答案：B

19．根据藻类生长抑制毒性评价的分级标准，以下叙述正确的是__________。（　　）

A．1＜96 h-EC_{50}＜10，高毒　　B．48 h-EC_{50}＜1，极高毒

C．10～48 h-EC_{50}＜100，中毒　　D．10～96 h-EC_{50}＜100，低毒

答案：A

20．在藻类生长抑制试验中，不会使用到__________。（　　）

A．照度计　　B．解剖镜

C．机械振荡器　　D．显微镜

答案：B

21．溞类急性毒性测定方法中，作为参比物的重铬酸钾的 24 h-EC_{50} 应在__________ppm（20℃条件下）。（　　）

A．0.1～0.5　　B．0.5～1.2　　C．1.2～2.0

答案：B

22．鱼类急性毒性试验预试验持续时间为__________h。（　　）

A．12　　B．24　　C．48　　D．96

答案：D

23．鱼类急性毒性试验的光照条件为每天__________h。（　　）

A．0～4　　B．4～8　　C．8～12　　D．12～16

答案：D

24．鱼类急性毒性测定时，试验液中的溶解氧应不少于__________mg/L。（ ）

A．4 B．6 C．8

答案：A

25．鱼类急性毒性预备试验用于确定试验浓度的大致范围，这一范围一般可以以__________为公比作间隔。（ ）

A．1 B．5 C．10 D．100

答案：C

26．从预备试验中杀死全部鱼的最低浓度与未毒死鱼的最高浓度之间，以几何级数作间距，至少选择__________个浓度为正式实验的浓度。（ ）

A．2 B．3 C．4 D．5

答案：D

27．在进行鱼类急性毒性测定时，可进行浓度为__________mg/L 的极限试验。（ ）

A．1 B．10 C．100 D．1 000

答案：C

28．流水式试验时，启动流水装置，更新溶液的速率至少为__________L/d。（ ）

A．5 B．10 C．20 D．25

答案：D

29．鱼类急性毒性测定时，试验开始后__________h 内要特别注意观察。（ ）

A．1～3 B．3～6 C．6～9

答案：B

30．鱼类急性毒性测定时，对照组鱼类的死亡率不得超过 10%，对照组试验期间鱼的外表及行为不正常或病态鱼也不得超过__________%，否则要重新进行试验。（ ）

A．5 B．10 C．15 D．20

答案：B

31．《水和废水监测分析方法（第四版）》规定，藻类急性毒性测定时，使用细胞计数法测定藻类生长时，每一样品至少计数两次，若两次计数结果相差大于__________%，应该重新计数。（ ）

A．5 B．10 C．15 D．20

答案：C

32．《水和废水监测分析方法（第四版）》规定，藻类急性毒性试验开始后，观察藻类生长状况需每隔__________h 从每个瓶中取样进行生长测定。（ ）

A．12 B．24 C．36 D．48

答案：B

33．《水和废水监测分析方法（第四版）》规定，如果经常进行藻类急性毒性试验，在三角瓶中加入培养基，接种藻类，__________天转接一次，以保持有足够数量的藻类可用于试验。（ ）

A．3～5 B．5～7 C．7～10 D．10～12

答案：C

34.《水和废水监测分析方法（第四版）》规定，溞类急性毒性试验结束时，试验溶液中的溶解氧浓度应高于空气饱和值的__________。（　　）

A．20%　　B．40%　　C．60%　　D．80%

答案：C

35.《水和废水监测分析方法（第四版）》规定，溞类急性毒性试验结束时，对照组中活动受抑制溞数应少于__________。（　　）

A．10%　　B．20%　　C．30%　　D．40%

答案：A

36．根据《水质　物质对蚤类（大型蚤）急性毒性测定方法》（GB/T 13266—91），溞类急性毒性试验所用溞类，应选择在实验室条件下培养__________代以上的、出生 6～24 h 的幼溞。（　　）

A．1　　B．2　　C．3　　D．5

答案：C

37.《水和废水监测分析方法（第四版）》规定，鱼类急性毒性试验中，试验用水 pH 应在__________。（　　）

A．5.0～6.0　　B．6.0～8.5　　C．8.5～9.5　　D．9.5～10.0

答案：B

38．若鱼类急性毒性试验的结果为 96 h-LC_{50} 为 75 mg/L 时，应评定为__________毒性等级。（　　）

A．低毒　　B．中毒　　C．高毒　　D．极高毒

答案：B

39.《水和废水监测分析方法（第四版）》规定，大型溞急性毒性试验中，每个实验浓度放置大型溞__________个。（　　）

A．3　　B．5　　C．7　　D．9

答案：B

40．稀有鮈鲫急性毒性试验暴露时间为__________h。（　　）

A．48　　B．72　　C．96　　D．108

答案：C

41．目前世界上用于毒性试验的溞类种类很多，使用最广的一种是__________。（　　）

A．大型溞　　B．蚤状溞　　C．隆线溞　　D．多刺裸腹溞

答案：A

42．发光细菌的急性毒性试验所用的仪器设备不包括__________。（　　）

A．生物发光光度计　　B．注射器

C．涡旋混合器　　D．旋转蒸发仪

答案：D

43.《水和废水监测分析方法（第四版）》规定，藻类培养基采用高压灭菌时，灭菌温度和时间为__________，__________。（　　）

A．120℃，20 min　　B．121℃，15 min

C．120℃，15 min　　D．121℃，20 min

答案：C

44.《水和废水监测分析方法（第四版）》规定，藻类生长抑制试验的预试验浓度可按__________间距排布。（　　）

A．指数　　B．对数　　C．等比　　D．几何级数

答案：B

45.《水和废水监测分析方法（第四版）》规定，藻类生长抑制试验的藻试验液接种浓度为__________个/mL。（　　）

A．2×10^4　　B．5×10^3　　C．10^4　　D．5×10^4

答案：C

46.《水和废水监测分析方法（第四版）》规定，下列紫露草微核试验的步骤，正确的顺序为__________。（　　）

①选择花序　②水样处理　③固定及保存　④压片及微核观察　⑤恢复培养

A．①②③④⑤　　B．②①③⑤④　　C．①②⑤③④　　D．②①⑤③④

答案：C

47．改进寇式法要求__________。（　　）

A．设 5～7 个剂量组　　B．每个剂量组受试生物不可少于 100 只

C．组距为几何级数　　D．以上都是

答案：D

48.《水和废水监测分析方法（第四版）》规定，关于紫露草微核试验的质量控制，下列说法正确的是__________。（　　）

A．供试紫露草花序应生长良好，本底微核率应大于 10%

B．采集的水样应及时检测，否则应将水样置于 4℃左右的冰箱中保存

C．供作阴性对照和稀释用的充氧自来水与蒸馏水微核率应无显著性差异，否则采用蒸馏水做阴性对照

D．严格选择处于晚期四分体时期的花蕾压片是试验成功的关键

答案：B

49.《水和废水监测分析方法（第四版）》规定，蚕豆根尖微核试验中，每一处理观察__________个根尖，每个根尖计数__________个细胞中的微核数。（　　）

A．3，500　　B．3，1 000　　C．3，100　　D．3，200

答案：B

50.《水和废水监测分析方法（第四版）》规定，蚕豆根尖微核试验中，PI 为 2 时，可以判断样品的污染情况为__________。（　　）

A．没有污染　　B．轻污染　　C．中污染　　D．重污染

答案：C

51.《水和废水监测分析方法（第四版）》规定，蚕豆根尖微核试验中，MCN‰为 20‰时，可以判断样品的污染情况为__________。（　　）

A．没有污染　　B．轻污染　　C．中污染　　D．重污染

答案：C

52.《水和废水监测分析方法（第四版）》规定，发光细菌法试验中，样品的稀释用__________。（　　）

A．蒸馏水　　B．自来水　　C．氯化钠溶液　　D．人工海水

答案：A

53.《水和废水监测分析方法（第四版）》规定，发光细菌法试验中，同时配测的氯化汞溶液浓度为__________。（　　）

A．0.10 mg/L　　B．0.10 mg/mL　　C．0.20 mg/L　　D．1 mg/L

答案：A

54.《水质　物质对蚤类（大型蚤）急性毒性测定方法》（GB/T 13266—91）规定，溞类急性毒性试验的正式试验时，浓度系列中能出现一个__________%和__________%左右大型溞运动受抑制或死亡的浓度最为理想。（　　）

A．60，40　　B．20，80　　C．30，70　　D．10，90

答案：A

55.《水质　物质对蚤类（大型蚤）急性毒性测定方法》（GB/T 13266—91）规定，溞类急性毒性试验用的大型溞母溞，在试验前应在与试验条件一致的环境中驯养__________天。（　　）

A．3　　B．7　　C．7～10　　D．10

答案：C

56.《水质　急性毒性的测定　斑马鱼卵法》（HJ 1069—2019）规定，水质急性毒性测定斑马鱼卵试验中，测试中不产生测试效应的最低稀释倍数，指不少于 90%鱼卵存活时水样的最低稀释倍数，用__________表示。（　　）

A．EC_{50}　　B．LC_{50}　　C．LID　　D．D

答案：C

57.《水质　急性毒性的测定　斑马鱼卵法》（HJ 1069—2019）规定，使用健壮、无疾病、无畸形、产卵量及受精率高的野生型斑马鱼作为种鱼用于产卵，成鱼体长__________左右。（　　）

A．1.5　　B．2.5　　C．3.5　　D．4.5

答案：C

58.《水质　急性毒性的测定　斑马鱼卵法》（HJ 1069—2019）规定，水质急性毒性测定斑马鱼卵试验中，确保用于暴露试验步骤中的每个稀释水样中初始溶解氧浓度不低于__________mg/L。（　　）

A．1　　B．2　　C．3　　D．4

答案：D

59.《水质　物质对淡水鱼（斑马鱼）急性毒性测定方法》（GB/T 13267—91）规定，水质物质对淡水鱼（斑马鱼）急性毒性测定方法中，试验前该鱼群应在与试验时相同的环境条件下，在连续曝气的水中至少驯养__________周。（　　）

A．1　　B．2　　C．3　　D．4

答案：B

60.《水质　物质对淡水鱼（斑马鱼）急性毒性测定方法》（GB/T 13267—91）规定，水质物质对淡水鱼（斑马鱼）急性毒性测定方法中，驯养期间斑马鱼死亡率不得超过__________%，如果超过__________%，则该批鱼不得用作试验。（　　）

A．10，10　　B．20，20　　C．30，30　　D．40，40

答案：A

61．水溶液中含有易被细菌分解的有机物时，保存温度应控制在__________℃，且不能结冰，并尽早试验。（　　）

A．0～2　　B．0～4　　C．0～8　　D．0～10

答案：B

62.《水质　物质对淡水鱼（斑马鱼）急性毒性测定方法》（GB/T 13267—91）规定，试验中，应尽早把__________从水槽中移除。（　　）

A．畸形的鱼　　B．死亡的鱼　　C．翻滚的鱼　　D．呆滞的鱼

答案：B

63.《化学品　鱼类延长毒性 14 天试验》（GB/T 21808—2008）规定，化学品鱼类急性毒性试验中，斑马鱼驯养开始 7 天内死亡率在__________%，继续驯养 7 天。（　　）

A．1～5　　B．5～10　　C．10～15　　D．15～20

答案：B

64.《化学品　鱼类延长毒性 14 天试验》（GB/T 21808—2008）规定，化学品鱼类急性毒性试验中的质量控制，应保证试验期间，试验溶液的溶解氧浓度不小于__________%空气饱和值。（　　）

A．40　　B．50　　C．60　　D．70

答案：C

65．急性毒性是__________。（　　）

A．机体连续多次接触化学物所引起的中毒效应

B．机体一次大剂量接触化学物后引起快速而猛烈的中毒效应

C．机体一次大剂量或 24 h 内多次接触外源化学物后所引起的中毒效应，甚至是死亡效应

D．瞬间给予动物一定量化学物后快速出现的中毒效应

答案：C

66．毒物兴奋效应是毒理学用来描述毒性因子（刺激）的双相剂量效应的一个术语，是指__________。（　　）

A．低剂量时不表现刺激性，在高剂量下表现出强烈的刺激作用

B．低剂量时表现适当的刺激性，在高剂量下表现出强烈的刺激作用

C．低剂量时表现出适当刺激性，在高剂量下表现为抑制作用

D．低剂量时表现为抑制作用，在高剂量下表现为刺激作用

答案：C

67．化学物质的哪些物理性质影响毒效应__________。（　　）

A．电离度　　B．熔点　　C．挥发度　　D．以上都是

答案：D

68．研究化学结构与毒性效应之间关系的目的是__________。（　　）

A．寻找毒作用的规律，有助于通过比较，预测新化合物的生物活性

B．预测毒性的大小

C．推测毒作用机理

D．以上都是

答案：D

69．两种或两种以上化学毒物作用于机体表现出独立作用，主要是由于__________。（　　）

A．化学毒物各自作用的受体、靶不同，因而各自出现不同的毒效应

B．化学毒物在化学结构上为同系物

C．化学毒物毒作用的靶器官相同

D．化学毒物在对机体毒作用方面存在竞争作用

答案：A

70.《水质　急性毒性的测定　斑马鱼卵法》（HJ 1069—2019）规定，急性毒性试验斑马鱼卵法中，确保试验鱼卵受精率__________，处于__________细胞期。（　　）

A．≥70%，4～128　　B．≥80%，4～128

C．≥70%，10～100　　D．≥80%，10～100

答案：A

三、多选题

1．急性毒性试验选择动物的原则是__________。（　　）

A．对化合物毒性反应与人接近的动物　　B．易于饲养管理

C．易于获得、品系纯化　　D．价格低廉

答案：ABCD

2．接触化合物的途径不同，其毒性大小的顺序是__________。（　　）

A．静脉注射＞经呼吸道　　B．静脉注射＞腹腔注射

C．腹腔注射＞经口　　D．经口＞经皮

答案：ABCD

3．改进寇氏法是计算药物或毒素等对生物毒性的半数致死量 LD_{50} 的一种概率统计方法，使用该方法要求__________。（　　）

A．设 5～7 个剂量组　　B．每个剂量组小鼠不可少于 100 只

C．组距为几何级数

答案：ABC

4．毒性的上限指标指引起实验动物急性中毒死亡的剂量（或浓度），是评价药物毒性和危险性的一类重要参数，其包括__________。（　　）

A．绝对致死量　　B．最大耐受量　　C．半数致死量

答案：ABC

5．在毒物对实验生物的毒性实验中，以下对 LD_{50} 描述正确的是__________。(　　)

A．指毒物引起一半受试对象死亡所需要的剂量

B．是评价毒物急性毒性大小最重要的参数

C．是对不同毒物进行急性毒性分级的基础标准

答案：ABC

6．进行发光菌急性毒性试验时，影响发光强度大小除样品的毒性外，还与__________有关。(　　)

A．温度　　B．样品　　C．发光菌的作用时间

答案：ABC

7.《水和废水监测分析方法（第四版）》规定，藻类培养基的必要成分有哪些限制__________。(　　)

A．P≤0.7 mg/L　　B．N≤10 mg/L

C．螯合剂≤10^{-3} mmol/L　　D．硬度（Ca+Mg）≤0.6 mmol/L

答案：ABCD

8.《水和废水监测分析方法（第四版）》规定，在藻类生长抑制试验中，常用的藻类生长测定方法包括__________。(　　)

A．细胞计数　　B．光密度　　C．叶绿素

答案：ABC

9.《水和废水监测分析方法（第四版）》规定，目前世界上常用于毒性试验的溞类种类有__________。(　　)

A．大型溞　　B．蚤状溞　　C．隆线溞

答案：ABC

10．鱼类急性毒性试验包括__________。(　　)

A．静水式试验　　B．换水式试验　　C．流水式试验

答案：ABC

11.《水和废水监测分析方法(第四版)》规定，溞类急性毒性试验，选择溞类的标准有__________。(　　)

A．溞龄应不超过 24 h　　B．表观健康

C．实验室繁殖　　D．有明确来历

答案：ABCD

12.《水和废水监测分析方法(第四版)》规定，藻类生长抑制试验结果的评价标准有__________。(　　)

A．极高毒，96 h EC_{50}<1 mg/L　　B．高毒，96 h EC_{50} 1～10 mg/L

C．中毒，96 h EC_{50} 10～100 mg/L　　D．低毒，96 h EC_{50}>100 mg/L

答案：ABCD

13.《水和废水监测分析方法（第四版）》规定，发光菌急性毒性试验需要用到的仪器设备有__________。(　　)

A．生物发光光度计 B．测试样品管 C．注射器 D．容量瓶

答案：ABCD

14.《水和废水监测分析方法（第四版）》规定，鱼类急性毒性试验标准稀释水的配制，需要__________溶液。（ ）

A．氯化钙溶液 B．硫酸镁溶液 C．碳酸氢钠溶液 D．氯化钾溶液

答案：ABCD

15.《水和废水监测分析方法（第四版）》规定，鱼类急性毒性试验开始后，__________行为属于试验鱼的异常行为。（ ）

A．鱼体侧翻 B．失去平衡

C．游泳能力和呼吸功能减弱 D．色素沉积

答案：ABCD

16.《水和废水监测分析方法（第四版）》规定，藻类生长抑制试验采用藻类包括__________。（ ）

A．羊角月牙藻 B．小球藻 C．斜生栅列藻 D．微囊藻

答案：ABC

17．稀有鮈鲫隶属于鲤形目鲤科，是我国特有的一种小型鱼类，室养条件下稀有鮈鲫具有__________等特点。（ ）

A．周年繁殖 B．性成熟快 C．产卵批次多 D．胚胎发育可人为控制

答案：ABCD

18.《水和废水监测分析方法（第四版）》规定，测定藻类生长的主要方法有__________。（ ）

A．细胞计数法 B．光密度法 C．黑白瓶法 D．叶绿素法

答案：ABD

19.《水和废水监测分析方法（第四版）》规定，鱼类急性毒性分级包括__________。（ ）

A．极高毒 B．高毒 C．中毒 D．低毒

E．无毒

答案：ABCD

20.《水和废水监测分析方法（第四版）》规定，在紫露草微核试验中，不应统计的微核包括__________。（ ）

A．四分体以外的微核

B．由于分裂延缓所造成的特别大的四分体中的微核

C．死亡四分体中的微核

D．雄蕊毛、花药壁及花丝细胞中的微核

答案：ABCD

21.《水和废水监测分析方法（第四版）》规定，在蚕豆根尖微核试验中，需要使用的试剂包括__________。（ ）

A．盐酸 B．卡诺氏液 C．席夫氏试剂 D．SO_2洗涤液

答案：ABCD

22.《水和废水监测分析方法（第四版）》规定，在发光细菌法试验中，下列说法正确的是__________。(　　)

A. 同一批样品测定过程中的温度波动不超过±1℃

B. CK 样品放置 4 h 后，发光量为 300 mV，该冻干粉可以使用

C. 氯化汞溶液放置时间＞24 h，无明显沉淀的，可以继续使用

D. 样品 3 次重复测定结果的相对偏差应不大于 15%

答案：AD

23.《化学品　大型溞繁殖试验》(GB/T 21828—2008）规定，已知某样品不含重金属，可用于该样品的溞类急性毒性试验的试验用水包括__________。(　　)

A. M7 培养基　　B. 标准稀释水　　C. 自来水　　D. 蒸馏水

答案：AB

24.《水质　急性毒性的测定　斑马鱼卵法》(HJ 1069—2019）规定，急性毒性试验斑马鱼卵法中，以__________及无心跳为测试终点。(　　)

A. 鳃不动　　B. 卵凝结　　C. 体节未形成　　D. 尾部未分离

答案：BCD

25.《水质　物质对淡水鱼（斑马鱼）急性毒性测定方法》(GB/T 13267—91）规定，水质物质对淡水鱼（斑马鱼）急性毒性测定方法中，标准稀释水的配制应使用__________。(　　)

A. M7 培养基　　B. 去离子水　　C. 自来水　　D. 蒸馏水

答案：BD

26.《水质　物质对淡水鱼（斑马鱼）急性毒性测定方法》(GB/T 13267—91）规定，试验容器用__________制成，应不明显吸附试验物质。(　　)

A. 培养皿　　B. 玻璃　　C. 化学惰性材料　　D. 烧杯

答案：BC

27.《工业废水的试验方法　鱼类急性毒性试验》(GB/T 21814—2008）规定，对鲤鱼、鲫鱼、青鳉和花鳉等温水鱼，温度应控制在__________某一恒定温度；对虹鲑、马苏大马哈鱼等冷水鱼温度应控制在__________某一恒定温度。(　　)

A. 20～28℃　　B. 24～32℃　　C. 12～18℃　　D. 8～14℃

答案：AC

四、判断题

1. EC_{50}是指在规定时间内引起试验动物死亡一半的毒物浓度。(　　)

答案：错误

正确答案：EC_{50} 是半数有效浓度，指在规定时间内引起试验生物有一半发生中毒反应的毒物浓度。

2. 采用蚕豆根尖微核实验法测定水样的致突变时，微核率能有效反映环境遗传毒性综合效应。(　　)

答案：正确

3．采用发光细菌法测定水样的急性毒性时，EC_{50}值越小，表示水样的毒性也越小。（ ）

答案：错误

正确答案：EC_{50}值越小，表示受试物的毒性越大。

4．发光细菌法测定水样的急性毒性过程中，用发光菌测定样品的毒性非常简便，冻干粉经复苏后即可用于样品的测定。（ ）

答案：错误

正确答案：冻干粉经复苏后，需经质量检验后方可用于样品的测定。

5．生物监测是环境监测的一部分，生物监测包括生态学监测和毒理学监测。（ ）

答案：正确

6．鱼类急性毒性测定时，试验鱼在驯养期间死亡率不得超过 50%。（ ）

答案：错误

正确答案：不得超过 10%。

7．毒性试验采用幼虫、幼体做试验，同一系列的试验材料应来自不同亲体，且生长发育正常者。（ ）

答案：错误

正确答案：毒性试验采用幼虫、幼体做试验，同一系列的试验材料应来自同一亲体，且生长发育正常者。

8．生物毒性检验，按照从高浓度至低浓度的顺序移入受试生物。（ ）

答案：错误

正确答案：生物毒性检验，按照从低浓度至高浓度的顺序移入受试生物。

9．鱼类急性毒性检验的受试生物需经暂养才能用于试验，若暂养期间内有 10%以上个体死亡，则该批生物不应用于试验，应全部弃去，并检查分析死亡原因。（ ）

答案：正确

10．发光细菌发光是菌体生理代谢正常的一种表现，当环境条件不良或有毒物质存在时，发光能力受到影响而减弱，其减弱程度与毒物的毒性大小和浓度成一定的比例关系。（ ）

答案：正确

11．《水和废水监测分析方法（第四版）》规定，在进行发光菌急性毒性试验时，若需测定包括 pH 影响在内的急性毒性，不应调节水样 pH。（ ）

答案：正确

12．《水和废水监测分析方法（第四版）》规定，在进行发光菌急性毒性试验中，采样瓶使用带有聚四氟乙烯衬垫的玻璃瓶，采集水样时，瓶内应充满水样不留空气。（ ）

答案：正确

13．在进行发光菌急性毒性试验中，对含有固体悬浮物的样品须进行离心或过滤去除，以免干扰测定。（ ）

答案：正确

14．发光菌急性毒性试验中，氯化汞母液可在 2～5℃冰箱里保存 6 个月，而氯化汞工作液在 2～5℃冰箱里只能保存 24 h。（ ）

答案：正确

15.《水和废水监测分析方法（第四版）》规定，发光菌急性毒性试验中，在测定有色样品时，先要进行颜色干扰的校正，计算出由颜色引起的发光量校正值。（ ）

答案：正确

16．进行发光菌急性毒性试验时，苯酚溶液的保存和氯化汞溶液相同。（ ）

答案：错误

正确答案：苯酚溶液的保存和氯化汞溶液不同，苯酚母液可在 2～5℃冰箱里保存 2 天，而工作液只能现做现配。

17．进行发光菌急性毒性试验时，当水样原液的相对强度在 50%以上时，可用发光抑制率（%）、EC_{50}值和参比毒物苯酚浓度来表示样品的毒性大小。（ ）

答案：错误

正确答案：可用发光抑制率（%）和参比毒物苯酚浓度来表示样品的毒性大小，而不能用 EC_{50}值来表示样品的毒性大小。

18．藻类生长抑制试验可以在较短时间内得到受试物对藻类许多世代及在种群水平上的影响，所得结果可以反映受试物对水体中次级生产者营养级的影响。（ ）

答案：错误

正确答案：所得结果可以反映受试物对水体中初级生产者营养级的影响。

19．藻类生长抑制试验方法只适用于海水绿藻。（ ）

答案：错误

正确答案：藻类生长抑制试验方法适用于淡水绿藻。

20.《水和废水监测分析方法（第四版）》规定，藻类生长抑制试验中，当受试物为废水或环境水样时，水样必须密封、0～4℃低温存放。（ ）

答案：正确

21．每次试验中的藻试验液必须来自同一个贮备培养物。（ ）

答案：正确

22．藻类生长抑制预试验的浓度可按对数间距排布，最低浓度为受试物的检测下限，最高浓度为饱和浓度，无须设平行样。（ ）

答案：正确

23．用于同次急性毒性测定的大型溞应选用同一母体的后代。（ ）

答案：正确

24．试验操作及试验过程中溞类能离开水。（ ）

答案：错误

正确答案：试验操作及试验过程中溞类不能离开水，转移时要用玻璃滴管。

25.《化学品 溞类急性活动抑制试验》（GB/T 21830—2008）规定，判断大型溞运动受抑制的标准是反复转动试验容器，在 15 s 内失去活动能力的被认为是运动受抑制。（ ）

答案：正确

26．为了防止玻璃容器对溞类急性毒性试验物质的吸附，试验前可以用低浓度的试验溶液浸泡

1 天。（　　）

答案：正确

27.《水和废水监测分析方法（第四版）》规定，溞类急性试验的正式试验中，浓度按几何级数间距设置浓度系列。（　　）

答案：正确

28. 在溞类活动抑制试验正式试验中，需要给溞类喂食。（　　）

答案：错误

正确答案：在溞类活动抑制试验正式试验中，不需要给溞类喂食。

29.《水和废水监测分析方法（第四版）》规定，溞类活动抑制试验中，在稀释水加入受试物中之前需要曝气。（　　）

答案：正确

30.《水和废水监测分析方法（第四版）》规定，溞敏感度符合要求的条件是参比物重铬酸钾（分析纯）的 24 h EC_{50} 值小于等于 2.0 mg/L。（　　）

答案：正确

31.《水和废水监测分析方法（第四版）》规定，溞类活动抑制试验中，试验期间要经常观察溞类的活动与生存情况，及时取出死溞。（　　）

答案：正确

32. 鱼类急性毒性试验，除可用斑马鱼（*Brachydanio rerio*）作为试验用鱼外，在不改变试验条件的情况下，青鳉鱼（*Oryzias latipes*）也可供使用。（　　）

答案：正确

33. 鱼类急性毒性试验溶液的配备与储存、鱼的管理及全部操作和试验都应在空气污染物未达到有害浓度的大气中进行。（　　）

答案：正确

34. 鱼类测定废水样品之前，不需要测定废水样品的溶解氧含量并了解废水的大致性质。（　　）

答案：错误

正确答案：测定废水样品时，应当首先测定废水样品的溶解氧含量并了解废水的大致性质。只有废水含有适量的溶解氧时，才能不经稀释进行毒性试验。

35. 鱼类急性毒性静水式试验期间不需要更换试验液，限于研究那些化学性质不稳定的物质。（　　）

答案：错误

正确答案：限于研究那些化学性质比较稳定的物质。

36. 鱼类急性毒性流水式试验，试验液需连续更新，可用于大多数物质，包括水中不稳定的物质。（　　）

答案：正确

37. 鱼类急性毒性测定时，可使用重铬酸钾为参考毒物。（　　）

答案：正确

38. 从驯养鱼群中随机选取鱼放入试验容器中，动作要迅速，所有的鱼需在 45 min 内转移完毕。

（ ）

答案：错误

正确答案：所有的鱼需在 30 min 内转移完毕。

39．大型溞急性毒性试验对照组大型溞的受抑制率不能超过 20%。（ ）

答案：错误

正确答案：不能超过 10%。

40．藻类生长抑制实验中用血球计数板计数时，同一样品至少计数两次，如果计数结果相差大于 15%，重复计数。（ ）

答案：正确

41．通过鱼类急性毒性试验可以评价受试物对水生生物可能产生的影响，以长期暴露效应表明受试物的毒害性。（ ）

答案：错误

正确答案：以短期暴露效应表明受试物的毒害性。

42．溞类是水体中的初级生产者。（ ）

答案：错误

正确答案：溞类是水体中初级生产者和消费者之间的中间环节，能滤食水中碎屑和菌类，对水体自净起着重要作用。

43．藻类生长抑制试验的结果，E_bC 和 E_rC 的数据在数值上可以比较。（ ）

答案：错误

正确答案：E_bC 和 E_rC 的数据在数值上不能比较。

44．藻类生长抑制试验中，使用分光光度计测定细胞浓度时，应至少使用 4 cm 的吸收池。（ ）

答案：正确

45．藻类生长抑制试验中，同一试验不同处理所用的藻种可以来自不同的贮备培养物。（ ）

答案：错误

正确答案：同一试验应使用相同的贮备培养物。

46．《水和废水监测分析方法（第四版）》规定，用于紫露草微核试验的水样污染物浓度较高时，可用自来水适当稀释。（ ）

答案：正确

47．《水和废水监测分析方法（第四版）》规定，非水溶性的诱变剂不能开展紫露草微核试验。（ ）

答案：错误

正确答案：非水溶性的诱变剂可用二甲基亚砜溶解后开展试验。

48．《水和废水监测分析方法（第四版）》规定，紫露草微核试验中，同一试验组的平行试验，平均微核率相差 2%以上，应重做试验。（ ）

答案：正确

49．污染严重的水样可能造成蚕豆根尖死亡，应稀释后再做测试。（ ）

答案：正确

50.《水和废水监测分析方法（第四版）》规定，蚕豆根尖微核试验中，室温超过35℃时，微核率本底可能有升高现象，可以采用污染指数法评价，不会影响监测结果。（　　）

答案：正确

51．主要含有机物的水样开展发光细菌法试验时，若需测定排除 pH 影响在内的急性毒性，需在测定前将待测样品和 CK（氯化钠 3 g/100 mL）pH 调至下值：将主要含有机化合物的水样调至 7.0，若需测定包括 pH 影响在内的急性毒性，则不应调节待测样品 pH。（　　）

答案：正确

52．发光细菌法可以测定不包含溶解氧影响在内的急性毒性。（　　）

答案：错误

正确答案：发光细菌法只能测定包含溶解氧影响在内的急性毒性。

53．相对发光度在 1%以上，特别是 50%以上但低于 100%的样品毒性可以用 EC_{50} 表示。（　　）

答案：错误

正确答案：用氯化汞浓度表达样品毒性。

54．溞类急性毒性测试中，触角活动但不能自主运动的溞不视为活动受抑制。（　　）

答案：错误

正确答案：触角活动但不能自主运动的溞应视为活动受抑制。

55．不稳定工业废水的溞类急性毒性测试，24 h 之内，每隔 6 h 瞬时采样一次，分别测定每个样品，以各样品的平均值表示结果。（　　）

答案：错误

正确答案：应分别测定每个样品，以求得最大毒性。

56．静水式试验：试验期间不需更换试验液，限于研究那些化学性质比较稳定的物质或所含污染物浓度稳定的水样。（　　）

答案：正确

57．大部分毒物的吸收方式是被动转运。（　　）

答案：正确

58．水质急性毒性测定斑马鱼卵试验中，将斑马鱼受精卵置于不同稀释倍数的水样中，在 30℃±1℃的条件下培养 48 h，根据鱼卵存活与死亡的统计数据计算。（　　）

答案：错误

正确答案：26℃±1℃。

59．慢性毒性试验最主要目的是探讨阈剂量及最大无作用剂量。（　　）

答案：正确

60．换水式试验：每 24 h 或更短的时间内更新一次试验液。可用于在更换试验液的时间内浓度相对稳定（波动在初始值的 30%之内）的物质或水样。（　　）

答案：错误

正确答案：20%之内。

61．LC_{50} 值与毒性大小呈正相关。（　　）

答案：错误

正确答案：呈负相关。

62.《工业废水的试验方法　鱼类急性毒性试验》（GB/T 21814—2008）规定，工业废水的鱼类急性毒性试验中，同一试验使用的鱼大小应大致相同，最大鱼体的全长不得超过最小鱼体全长的 2 倍。（　　）

答案：错误

正确答案：1.5 倍。

63.《工业废水的试验方法　鱼类急性毒性试验》（GB/T 21814—2008）规定，工业废水的鱼类急性毒性试验中，同一试验使用的鱼，应在同一条件下喂养。试验用鱼在开始试验之前应在试验室至少暂养 1 周。（　　）

答案：正确

64. 化学物质蓄积可能引起慢性中毒的急性发作。（　　）

答案：正确

65.《工业废水的试验方法　鱼类急性毒性试验》（GB/T 21814—2008）规定，工业废水的鱼类急性毒性试验中，在对排放水域进行研究时，排放地点的上游水即为所需的稀释水。（　　）

答案：正确

66.《工业废水的试验方法　鱼类急性毒性试验》（GB/T 21814—2008）规定，工业废水的鱼类急性毒性试验中，使用恒温设备将试验温度控制在预定温度下，误差控制在±5℃范围内。（　　）

答案：错误

正确答案：2℃。

67. 化学毒物在器官和组织中的分布最主要受血流量影响。（　　）

答案：错误

正确答案：化学毒物与器官的亲和力。

68.《工业废水的试验方法　鱼类急性毒性试验》（GB/T 21814—2008）规定，工业废水的鱼类急性毒性试验中，饲养水槽的容积应满足饲养试验用鱼的要求（100～200 L 的水槽数个），饲养过程中还应根据需要调节温度及送气。（　　）

答案：正确

69. 化学品鱼类急性毒性试验中，斑马鱼驯养开始 7 天内死亡率小于 10%，可用于试验。（　　）

答案：错误

正确答案：5%。

70. 化学毒物在消化道吸收的主要部位是胃。（　　）

答案：错误

正确答案：小肠。

71. 化学品鱼类急性毒性试验中，设计溶剂对照组时，对照组助溶剂浓度应为试验组使用助溶剂的最高浓度，并且不得超过 100 mg/L。（　　）

答案：正确

五、简答题

1．提取生物样品中有机污染物的常用方法有哪些？脂肪提取器提取法有何优点？

答案：

（1）常用的提取方法有：振荡浸取法、组织捣碎提取法、脂肪提取器提取法、直接球磨提取法。

（2）脂肪提取器提取法优点为：因为样品总是与纯溶剂接触，所以提取效率高，溶剂用量小，提取液中被提取物的浓度大，有利于下一步分析测定。

2．急性毒性试验，正式试验致毒试液应如何配制？

答案：正式实验可根据预实验所提供的浓度范围（引起少数生物死亡的浓度为下限，引起 90%以上死亡的为上限），按相等的浓度对数（或浓度梯度）间隔安排 5 个以上的试验浓度组。

3．生物毒性试验如何进行质量控制？

答案：

（1）每批次试验必须同时进行标准毒物的生物毒性试验，评价实验生物质量的稳定性；

（2）保证试验过程试验环境因子的稳定性，即试验期间的环境温度、水温、pH、溶解氧饱和度等变化范围。

4．分别简述急性毒性试验和慢性毒性试验的目的。

答案：急性毒性试验的目的：一次接触或在 24 h 内多次接触化学物后在短期（最长 14 天）内发生的毒性效应，目的是：①求出受试物对一种或几种实验动物的致死剂量，通常以半数致死量（$>LD_{50}$）为主要参数。②阐明受试化合物急性毒性的剂量-反应关系与中毒特征。③利用急性毒性试验方法研究化合物在机体内的生物转运与生物转化过程及其动力学变化。

慢性毒性试验的目的：慢性毒性试验就是检测在较长时间内，以小剂量反复染毒后所引起损害作用的试验。其主要目的就是评价化学物在长期小剂量作用的条件下对机体产生的损害及其特点，确定其慢性毒作用阈剂量与最大无作用剂量，为制定环境中有害物质的最高容许浓度提供实验论据。

5．根据《水和废水监测分析方法（第四版）》规定，简述进行发光菌急性毒性试验时，如何设置样品试验浓度组。

答案：

（1）预试验：先按对数系列将样品液稀释成 5 个浓度：100%、10%、1%、0.1%、0.01%，探测 1%～100%相对发光度落在哪一个浓度范围内。

（2）正式试验：在 1%～100%所落在的浓度范围内再增配 6～9 个浓度，增配的浓度应倍比稀释，也可通过查对数表，按等对数间距原则自行确定。

6．发光菌急性毒性试验结果 EC_{50} 的含义是什么？如果某一样品发光急性毒性试验得出 EC_{50} 为 2.53 mg/L，试解释该结果。

答案：

（1）EC_{50} 也叫半数有效浓度。在发光菌急性毒性试验中是指能引起 50%发光抑制反应的有效浓度或剂量。

（2）EC_{50} 为 2.53 mg/L 表示该样品引起 50%发光抑制的浓度为 2.53 mg/L。

7．根据《水和废水监测分析方法（第四版）》规定，青海弧菌 Q67 法的发光细菌急性毒性试验测定报告包括哪些主要内容？

答案：

（1）实验室温度（℃）;

（2）采样地点、日期、时间;

（3）测试日期、时间;

（4）样品的 EC_{50} 值，或 100%浓度的样品的抑光率及其对应的苯酚浓度，注明作用时间（min）。

8．根据《水和废水监测分析方法（第四版）》规定，在藻类生长抑制试验中，当受试物为有限水溶性化学物质时，试验应如何操作？

答案：如果受试物的水溶性低于 1 000 mg/L，试验操作应该作如下修改:

（1）受试物试验液：用适当的溶剂制备受试物的贮备液，其浓度应该是测试时所需最高浓度的 10^4 倍。溶剂应对藻类生长无影响，并且在试验溶液中的含量最高不得超过 100 mg/L。要设置助溶剂对照，其浓度应与试验液中助溶剂的最高浓度一致。

（2）藻试验液：用培养基将经过预培养的藻类培养物配制藻试验液，使细胞浓度为 10^4 个/mL。

（3）测试液：每个三角瓶中加入 100 mL 藻种液，再添加 10 μL 助溶剂。其他步骤与易水溶性化学品试验操作相同。

9．根据《水和废水监测分析方法（第四版）》规定，在藻类生长抑制试验中，当受试物为废水或环境水样时，应该如何开展正式试验？

答案：

（1）当受试物为废水或环境水样时，水样必须密封、0～4℃低温存放。

（2）样品瓶中应该充满水样不留空气，尽量使样品毒性变化较小，而且在试验前的保存时间越短越好。

（3）测试废水样品或环境水样之前要预先振荡均匀。

（4）可直接用水样作为毒物试验液；如果水样毒性过大，也可以使用稀释水配成适当浓度的试验液，对于含有难溶性毒物的水样，同样可以使用助溶剂或乳化剂。

（5）如果水样所含毒物在一段时间内不稳定，则必须定期分析。

10．表示藻类生长抑制试验结果 96 h-EC_{50} 的含义是什么？如果某一物质 96 h 藻类生长抑制试验结果 EC_{50} 为 5.60 mg/L，试解释该结果的含义。

答案：

（1）96 h-EC_{50} 表示 96 h 半数有效浓度。

（2）96 h-EC_{50} 为 5.60 mg/L 表示该物质 96 h 引起受试藻类 50%生长受抑制的有效浓度为 5.60 mg/L。

11．溞类急性毒性结果中 EC_{50} 和 LC_{50} 分别代表什么含义？

答案：

（1）EC_{50} 即半数抑制浓度，指相应时间内 50%的受试溞运动受到抑制时被测物的浓度。

（2）LC_{50} 即半数致死浓度，指相应时间内 50%的受试溞死亡时被测物的浓度。

12．根据《化学品　大型溞繁殖试验》（GB/T 21828—2008），如何判断受试溞死亡？

答案：溞体不动，即不能游动，或轻晃试验容器，15 s 内溞的附肢或后腹部也未见活动。

13. 根据《水质　物质对蚤类（大型蚤）急性毒性测定方法》（GB/T 13266—91），判断溞类急性毒性试验结果有效的标准有哪些？

答案：

（1）对照组试验未出现不活动的大型溞。

（2）重铬酸钾的 24 h-EC_{50} 在 20℃时为 0.5～1.2 ppm 内。

（3）试验结束时的溶解氧浓度必须大于等于 2 mg/L。

（4）必须经检验证明被测定的试验物质浓度保持于试验全过程（至少应为计划配制浓度的 80%），如果浓度偏差＞20%，应以测试浓度结果为准。

14. 进行溞类急性毒性试验时，如果用于测定的工业废水属于生产流程用水等不稳定工业废水，应如何测定及报送结果？

答案：应该在 24 h 内每隔 6 h 瞬时采样一次，分别测定每个样品，求出最大毒性，然后报告。

15. 根据《水和废水监测分析方法（第四版）》规定，简述溞类活动抑制试验中，对工业固体废物如何进行样品的前处理。

答案：首先将固体废物磨碎，按固液 1∶10 比例加入去离子水，摇匀后浸泡 24 h，用滤纸过滤。其溶解部分为被测工业固体废物的浸出原液（100%），再用稀释水按百分数配制成各浓度。

16. 根据《水和废水监测分析方法（第四版）》规定，简述溞类活动抑制试验的组别设置。

答案：

（1）在预试验中按较大范围的浓度系列（如 1 mg/L、10 mg/L、100 mg/L）设置 3～4 个试验组和 1 个空白对照组，不设平行组。

（2）在正式试验中，根据预试验结果，在包括使溞全部产生活动抑制的最低浓度和未产生活动抑制的最高浓度之间以几何级数设置浓度系列。至少设 5 个浓度组，同时设定空白对照组。若使用助溶剂，还要增设助溶剂对照组，其助溶剂用量同最高浓度组，以上每个组别均要设置平行组。

17. 根据《水和废水监测分析方法（第四版）》规定，如何进行溞类活动抑制试验预实验？

答案：在正式试验之前，先进行较大范围浓度系列（如 1 mg/L、10 mg/L、100 mg/L）的初步试验，为正式试验设置受试物浓度提供依据。预实验中每个浓度放 5 只幼溞，持续时间 24 h（或 48 h）。用静态方式进行，不设平行组。

18. 根据《水和废水监测分析方法（第四版）》规定，简述溞类急性毒性试验结果评价的分级标准。

答案：按 48 h 的 EC_{50} 进行毒性分级，共分四个级别：≤1 mg/L 时为极高毒，1～10 mg/L 时为高毒，10～100 mg/L 时为中毒，≥100 mg/L 时为低毒。

19. 鱼类急性毒性试验的原理是什么？

答案：在确定的试验条件下用鱼类为试验生物，测定毒物在 48 h 或 96 h 后引起受试鱼群体中 50%鱼致死的浓度，这个浓度以 24 h、48 h、72 h 或 96 h 的 LC_{50} 表示。

20. 根据《水质　物质对淡水鱼（斑马鱼）急性毒性测定方法》（GB/T 13267—91），鱼类急性毒性试验前，试验鱼类如何选择？

答案：选自同一驯养池中规格大小一致的幼鱼，无明显的疾病和肉眼可见的畸形，试验前两周内不应对其做疾病处理。试验前该鱼群应在与试验时相同的环境条件下，在连续曝气的水中至少驯养两周。试验前 24 h 停止喂饲，每天清除粪便及食物残渣。驯养期间死亡率不得超过 10%，如果超过 10%，则该批鱼不得用作试验。

21．鱼类急性毒性试验的正式试验中，试验浓度组应如何设置？

答案：根据预试验得出的结果，在包括使鱼全部死亡的最低浓度和 96 h 鱼类全部存活的最高浓度之间至少设置 5 个浓度组并以几何级数排布，浓度间隔系数应＜2.2。

22．根据《水和废水监测分析方法（第四版）》规定，简述试验鱼转移入试验容器的过程及原则。

答案：用尼龙或其他软惰性材料编织的小孔抄网从驯养鱼群中随机选取鱼放入试验容器中，在鱼转移过程中因操作不慎掉下的鱼或其他操作不善的鱼弃去不用，同一试验所有的鱼需在 30 min 内转移完毕。

23．根据《水和废水监测分析方法（第四版）》规定，简述试验过程中需对试验鱼做哪些记录观察。

答案：在试验过程中，应对试验鱼做如下观察记录：在 24 h、48 h、72 h 和 96 h 后检查受试鱼的状况，如果没有任何肉眼可见的运动，如扇动、碰触尾柄后无反应等，即可判断该鱼已死亡。观察并记录死鱼数目后，记录死鱼从容器中取出的数目。应在试验开始后 3 h 或 6 h 观察各处理组鱼的状况，并记录试验鱼的异常行为（如鱼体侧翻、失去平衡、游泳能力和呼吸功能减弱、色素沉积等）。记录试验期间每天测定的 pH、溶解氧和温度。记录试验开始和结束时，容器中试验液的受试物浓度，还应记录所观察到的亚致死效应。

24．慢性毒性试验与急性毒性试验存在哪些区别？

答案：急性毒性是指机体（实验动物）一次（或 24 h 内多次）暴露外来化合物之后所引起的中毒效应，甚至引起死亡。其主要用来评价某一物质的毒性强度。慢性毒性是指以低剂量外来化合物长期给予实验动物接触，观察其对实验动物所产生的毒性效应。慢性毒性试验目的是确定外来化合物的毒性下限，即长期接触该化合物可以引起机体危害的阈剂量和无作用剂量。

25．根据《水和废水监测分析方法（第四版）》规定，蚕豆根尖微核试验中，微核识别的标准包括哪些？

答案：

（1）大小为主核的 1/3 以下，且与主核分离；

（2）着色与主核相当或稍浅；

（3）形态可为圆形、椭圆形、不规则形。

26．根据《水质　急性毒性的测定　斑马鱼卵法》（HJ 1069—2019）规定，水样急性毒性斑马鱼卵试验中，水样保存有哪些要求？

答案：

（1）水样采集后，立即于 2～8℃避光运输和保存，并尽快进行试验，保存时间最长不超过 48 h。

（2）水样若需长期保存，尽快送回实验室冷冻（≤−18℃）保存，保存前将水样充分混匀后按每 1 000 mL 容器盛装 500～700 mL 水样的量分装，保存期不超过 2 个月。

27．根据《工业废水的试验方法　鱼类急性毒性试验》（GB/T 21814—2008）规定，工业废水的试验方法，鱼类急性毒性试验中，一般适合作为试验用鱼的种类有哪些？

答案：

（1）大马哈鱼属；

（2）鲤类；

（3）鲹类；

（4）花鲹科。

28．根据《水和废水监测分析方法（第四版）》规定，试验鱼用于试验之前，应在实验室至少暂养12天。试验前，至少驯养7天，驯养环境需满足哪些要求？

答案：

（1）水：蒸馏水或去离子水；

（2）光照：每天12～16 h光照；

（3）温度：与试验鱼种相适宜；

（4）溶解氧浓度：不小于80%空气饱和值；

（5）喂养：每周3次或每天投食至试验开始前24 h为止。

六、计算题

1．某藻类测试样品以容积为0.1 mL的计数框显微镜计数，已知20个视野藻细胞总数为50，计数框面积为400 mm^2，视野面积为0.16 mm^2，求试样的藻细胞浓度。

答案：

$$\text{藻细胞浓度}=\frac{\text{计数框面积}}{\text{视野面积}\times\text{视野数}}\times\text{视野累积藻细胞数}\times10=\frac{400}{0.16\times20}\times50\times10=62\,500\text{（个/mL）}$$

2．某紫露草微核试验中，5张片子共统计了480个四分体，微核总数120个，求平均微核率。

答案：$$\text{平均微核率}=\frac{\text{微核总数}}{\text{四分体总数}}=\frac{120}{480}=25\%$$

3．某有色样品的发光细菌法试验中，因颜色引起的发光量校正值为200 mV，样品管测得发光量为1 800 mV，CK管测得发光量为3 000 mV，求相对发光度。（结果保留3位有效数字）

答案：$$\text{相对发光度}=\frac{\text{样品管发光量}-\text{发光量校正值}}{\text{CK管发光量}-\text{发光量校正值}}\times100\%=\frac{1\,800-200}{3\,000-200}\times100\%=57.1\%$$

4．水质急性毒性试验中，取250 mL水样稀释至1 000 mL（体积分数为25%），则稀释倍数D等于多少？

答案：$$\text{稀释倍数}=1/\frac{\text{原水样体积}}{\text{稀释水样体积}}=\frac{1\,000}{250}=4$$

5．某溶液受试物初始浓度为2.5 mg/L，24 h后测定浓度为2.0 mg/L，求浓度变化率。

答案：$$\text{浓度变化率}=\frac{\text{初始浓度}-\text{测定浓度}}{\text{初始浓度}}=\frac{2.5-2.0}{2.5}=20\%$$

第五节 海洋生物采样

一、填空题

1．浅水Ⅲ型浮游生物网网长__________cm，网口面积__________m^2，适用于__________m 以浅垂直或分段采集小型浮游生物。

答案：140，0.1，30

2．微型和小型浮游生物网具的网口流量计使用前必须经过__________，每航次__________一次。

答案：标定，标定

3．微型和小型浮游生物网具的沉锤，根据水流速度和风浪大小，使用质量为__________～__________kg 的铅制沉锤。

答案：10，40

4．浮游植物采集的表层水样指海面下__________m 以浅的水层。

答案：0.5

5．水深大于 200 m 的海区，浮游植物样品采集，每次采水量不少于__________mL。

答案：1 000

6．水深小于 200 m 的海区，浮游植物样品采集，每次采水量不少于__________mL。

答案：500

7．发生富营养化或赤潮的海区视具体情况而定，一般每次采水量不少于__________mL。

答案：100

8．浅水Ⅰ型浮游生物网主要用于采集__________型浮游动物及__________、__________等。

答案：大，鱼卵，仔稚鱼

9．浅水Ⅱ型浮游生物网主要用于采集__________型浮游动物和__________。

答案：中、小，夜光藻

10．浅水Ⅰ型浮游生物网的网口部内径为__________cm，网口面积为__________m^2，过滤部筛绢规格一般为__________或__________。

答案：50，0.2，CQ14，JP12

11．浅水Ⅱ型浮游生物网的网口部内径为__________cm，网口面积为__________m^2，过滤部筛绢规格一般为__________或__________。

答案：31.6，0.08，CB36，JP36

12．水深大于 200 m 的海区拖网深度为__________垂直拖网，水深不足 200 m 的海区拖网深度为__________。

答案：200 m，由海底至表面

13．浮游动物生物量的测定一般以__________或__________浮游生物网的样品为准。特殊研究对象或特殊海区可视具体情况而定。

答案：大型，浅水Ⅰ型

14．浮游动物湿重生物量测定精密度一般为±__________mg。

答案：1

15．使用垂直拖网进行浮游动物采样时，若遇钢丝绳倾角__________时，该样品不可作为定量样品，应__________重新采样。

答案：大于 45°，加重沉锤

16．浮游动物样品一般用中性甲醛溶液固定，加入量为样品体积的__________%。

答案：5

17．浮游动物样品若需进行电镜观察，则样品需要用__________固定，加入量为样品体积的__________%～__________%。

答案：戊二醛，2，5

18．在进行大型底栖生物调查之前，应对调查水域的基本状况有所了解，包括陆上和__________污染源的位置分布、海区的沉积物类型、海流、泥沙运动和底栖生物的基本特点等。

答案：海上

19．进行大型底栖生物拖网取样时应注意网具的选择，根据调查海区各站深度与沉积物状况选择适宜网具，较硬的沉积物用__________或__________。

答案：阿拖网，三角形拖网

20．箱式采泥器一般应用于__________和__________。

答案：深海取样，取分层泥样

21．大型底栖生物每站采样面积不少于__________m^2。

答案：0.2

22．潮间带生物样品采集可分为定量取样和__________采集。

答案：定性

23．潮间带硬底质底栖生物采集法，可分为翻取法、凿取法、__________和手扣法。

答案：铲取法

24．潮间带底质可分为硬底质和__________。

答案：软底质

25．沉降计数法用于__________样品浮游生物计数。

答案：采水

26．浮游植物垂直拖网主要采集水柱中个体为__________的绝大部分小型浮游植物。

答案：20～200 μm

27．浮游植物监测要素包括浮游植物的种类组成、优势种和__________。

答案：数量分布

28．沉降计数法用于__________生物的水采样品计数。

答案：浮游

29．采集海洋动物时，垂直拖网水深小于 200 m 的海区，拖网深度为__________。

答案：从底至表

30．对于浮游动物的采样，30 m 以深海域应采用__________作垂直或分段取样，如有特殊要求，可选择其他网具。

答案：大型或中型浮游生物网

二、单选题

1. 浮游植物丰度的测定方法：沉降计数法，用于水样小型浮游植物计数；__________，用于网采或水样小型浮游植物计数。（　　）

A. 浓缩计数法　　B. 全部计数法　　C. 部分计数法　　D. 个体计数法

答案：A

2. __________是形成海洋赤潮灾害的主要门类。（　　）

A. 硅藻　　B. 甲藻　　C. 蓝藻　　D. 绿藻

答案：A

3. 浮游植物监测要素包括浮游植物的种类组成、__________和数量分布（时间、空间）。（　　）

A. 关键种　　B. 多样性　　C. 优势种　　D. 稀有种

答案：C

4. 缓冲甲醛溶液：取一定量的商用甲醛（40%）加入同等量的蒸馏水配制成__________%的甲醛溶液。（　　）

A. 10　　B. 20　　C. 30　　D. 40

答案：B

5. 网底管为浮游生物网末端收集标本的装置，其外径为__________cm，所用筛绢套与浮游生物网网衣的筛绢规格一致。（　　）

A. 8　　B. 9　　C. 10　　D. 11

答案：B

6. 网口流量计使用前应进行标定。标定方法是将网口流量计按实际使用时的位置，安装在__________上，并按照实际采样时的拖网速度从一定深度（10 m 或 30 m）垂直至表层，记录其转数。（　　）

A. 绳子　　B. 网圈中间　　C. 网圈　　D. 不带网衣的网圈

答案：D

7. 海洋浮游植物由于缺乏运动器官，浮游植物的分布受__________影响，因此有些种类的分布可作为海流、水团的指示生物。（　　）

A. 海水温度　　B. 海洋动物　　C. 海水运动　　D. 光照

答案：C

8. 网口流量计为测量浮游生物网滤水量的装置。使用时安装于__________，通过水流驱动其叶轮转动，记录器记录转数，经必要的换算，可求出流经网具的实际水量。（　　）

A. 网口直径的中点　　B. 网圈任意一点

C. 网口半径的 1/3 点　　D. 网口半径的中点

答案：D

9. 采用垂直拖网采集浮游植物样品时，网具到达海底后立即起网，起网速度为__________m/s。

（　　）

A．0.5～0.8　　B．0.2～0.5　　C．0.8～1　　D．0.6～0.9

答案：A

10．采用箱式采样器、多管采样器或弹簧采泥器采集__________等孢囊样品。（　　）

A．硅藻　　B．甲藻　　C．蓝藻　　D．绿藻

答案：B

11．一般来说，对大、中型浮游动物进行垂直分段采样时，若测站水深为35 m，则采样水层需要设置__________个。（　　）

A．2　　B．3　　C．4　　D．5

答案：C

12．适用于30 m以深垂直或分段采集中、小型浮游动物和夜光藻的网具网口面积为__________m^2。（　　）

A．0.08　　B．0.2　　C．0.16　　D．0.25

答案：B

13．一般来说，在绘制平面分布图时，浮游动物总个体密度（个/m^3）等值线的取值标准为__________，以上取值标准可视具体情况酌情增减。（　　）

A．5，10，25，50，100，250，500，1 000，5 000

B．5，10，30，50，100，300，500，1 000，5 000

C．5，10，25，50，100，250，500，1 000，2 500，5 000

D．5，15，25，50，100，250，500，1 000，5 000

答案：A

14．在进行夜光藻的计数时，应以__________为准，但在其个体较小（<200 μm）的季节（如南方的秋、冬季）应参考小型网或浅水III型网的采集结果。（　　）

A．中型或浅水II型浮游生物网　　B．WP2型浮游生物网

C．大型或浅水I型浮游生物网　　D．大型浮游生物网

答案：A

15．WP3型浮游生物网的筛绢规格为__________。（　　）

A．JP5　　B．JP6　　C．JP7　　D．JP8

答案：C

16．大型浮游生物网的网口面积为__________m^2。（　　）

A．0.2　　B．0.3　　C．0.4　　D．0.5

答案：D

17．中型浮游生物网的网口面积为__________m^2。（　　）

A．0.2　　B．0.3　　C．0.4　　D．0.5

答案：A

18．浮游动物湿重生物量以__________表示。（　　）

A．mg/m^3　　B．cells/m^3　　C．mL/m^3　　D．L/m^3

答案：A

19．浮游动物采样用过的网具、闭锁器和流量计等需用__________冲洗，晾干后收藏。（ ）

A．海水 B．淡水 C．热水 D．冰水

答案：B

20．对于浮游动物样品鉴定，在填表或计算时，应注意样品的体积、__________、样品稀释倍数及滤水量等的换算。（ ）

A．取样质量 B．取样计数量 C．取样次数 D．取样密度

答案：B

21．依据潮带划分，各潮区（带）均应布有取样站位，通常高潮区（带）布设__________站、中潮区（带）布设 3 站、低潮区（带）布设 1～2 站。（ ）

A．1 B．2 C．3 D．4

答案：B

22．漩涡分选装置：用于潮间带滩涂调查的生物样品淘洗时，应配备有__________的简易汽油抽水泵作动力。（ ）

A．1～3 kW B．3～5 kW C．5～7 kW D．7～9 kW

答案：B

23．潮间带采样器：泥、沙等软相沉积物的生物取样，用滩涂定量采样器。其结构包括框架和挡板两部分，均用 1.5～2.0 mm 厚的不锈钢板弯制而成。规格为 25 cm×25 cm×__________ cm。（ ）

A．10 B．20 C．30 D．40

答案：C

24．在进行大型底栖生物拖网取样结束后，如发现网袋内泥沙，则移入__________套筛冲洗，并将挂夹在网目上的生物挑拣干净。（ ）

A．1 mm B．2 mm C．3 mm D．4 mm

答案：B

25．拖网的航速控制在 2 kn 左右，船速大于__________kn 时，可采取间歇开车，利用船体的滑行速度拖网。（ ）

A．1 B．2 C．3 D．4

答案：D

26．滩涂取样用定量采集样品，样方数每站通常取__________个（合计 0.5 m^2）。若滩面沉积物、类型较一致、生物分布较均匀，可考虑取 4 个样方。（ ）

A．1 B．2 C．4 D．8

答案：D

27．岩石岸取样一般用 25 cm×25 cm 的定量框，每站取__________个样方。（ ）

A．1 B．2 C．4 D．8

答案：B

28．岩沼和滩涂水洼地是一种特殊生境，在污染调查中具有重要意义，应__________取样。（ ）

A．另布站 B．做平行 C．分两次 D．分早晚

答案：A

29. 网具、采泥器、漩涡分选器及其他用具（套筛、铁盘、搪瓷盘、剪刀、镊子等）均用＿＿＿＿＿。（　　）

A．酒精消毒　B．淡水冲洗　C．海水浸泡　D．海水冲洗

答案：B

30. 在 100 m 水深拖网取样工作时，因钢丝绳重量大，绳长不宜超过水深的＿＿＿＿＿倍。（　　）

A．1　B．2　C．3　D．4

答案：B

31．水深大于 200 m 的海区，浮游植物样品采集，每次采水量不少于＿＿＿＿＿mL。（　　）

A．500　B．1 000　C．1 500　D．2 000

答案：B

32．浅水III型浮游生物网网长 140 cm，网口面积 0.1 m^2，适用于＿＿＿＿＿m 以浅，垂直或分段采集小型浮游生物。（　　）

A．10　B．20　C．30　D．50

答案：C

33．浮游植物样品采集，根据监测海区情况和采样对象可选择的网具类型有小型浮游生物网、浅水III型浮游生物网和＿＿＿＿＿。（　　）

A．浅水 I 型浮游生物网　B．浅水 II 型浮游生物网

C．手拖定性浮游植物网　D．大型浮游生物网

答案：C

34．浮游动物样品一般用中性甲醛溶液固定，加入量为样品体积的＿＿＿＿＿%。（　　）

A．1　B．3　C．5　D．7

答案：C

35．所有浮游动物的残损个体都应按＿＿＿＿＿计数。（　　）

A．尾部　B．头部　C．躯干　D．触角

答案：B

36．浮游动物样品若需进行电镜观察，则样品需要用＿＿＿＿＿固定，加入量为样品体积的＿＿＿＿＿%～＿＿＿＿＿%。（　　）

A．酒精，1，3　B．酒精，2，5　C．戊二醛，1，3　D．戊二醛，2，5

答案：D

三、多选题

1．海洋浮游植物调查方法主要有＿＿＿＿＿。（　　）

A．水样采集　B．垂直拖网　C．垂直分段　D．样品分类

答案：ABC

2. 小型浮游生物垂直分段拖网，当测站水深为 20～30 m 时，采样水层应分为＿＿＿＿＿。（　　）

A．10～0 m　B．20～10 m　C．20～0 m　D．底层～20 m

答案：ABD

3．浮游植物水样采集层次，当测站水深范围为小于 15 m 时，标准层次应分为__________。（　　）

A．表层　　B．5 m　　C．10 m　　D．底层

答案：ABCD

4．浮游植物样品采集，根据监测海区情况和采样对象可选择的网具类型有__________。（　　）

A．小型浮游生物网　　B．浅水III型浮游生物网

C．手拖定性浮游植物网　　D．浅水Ⅱ型浮游生物网

答案：ABC

5．在进行浮游动物个体计数时，所用到的仪器设备一般包括__________等。（　　）

A．体视显微镜、普通显微镜　　B．计数框、取样管

C．计数器、镊子　　D．解剖针

答案：ABCD

6．30 m 以浅海域应采用__________采集浮游动物。（　　）

A．浅水Ⅰ型浮游生物网　　B．大型浮游生物网

C．浅水Ⅱ型浮游生物网　　D．中型浮游生物网

答案：AC

7．下列网具中，__________适用于采集大、中型浮游动物。（　　）

A．浅水Ⅰ型浮游生物网　　B．大型浮游生物网

C．北太平洋浮游生物标准网　　D．深水浮游生物网

答案：ABCD

8．在进行浮游动物采样时，所用到的设备一般包括__________等。（　　）

A．沉锤　　B．绞车及钢丝绳　　C．冲水设备　　D．量角器

答案：ABCD

9．对某些栖息密度很低的底栖生物（如海星、海胆、海仙人掌等）或营穴居、跑动快的种类（沙蟹、招潮蟹、弹涂鱼等），可采用的大面积计数（个数或洞穴数），并采集其中__________的部分个体，求平均个体重，再换算成单位面积（m^2）的数和量。（　　）

A．10 m^2　　B．25 m^2　　C．30 m^2　　D．100 m^2

答案：BCD

10．在港湾中使用小型拖网进行大型底栖生物取样时，网口宽可为__________。（　　）

A．0.5 m　　B．0.8 m　　C．1 m　　D．1.3 m

答案：BC

11．大型底栖生物采样常用采泥器类型为__________。（　　）

A．抓斗式采泥器　　B．弹簧采泥器　　C．柱状采泥器　　D．“大洋-50”型采泥器

答案：ABD

12．半日潮类型按以下方法划分：__________。（　　）

A．高潮区（带）：最高高潮线至小潮高潮线之间的地带

B．中潮区（带）：小潮高潮线至小潮低潮线之间的地带

C．低潮区（带）：小潮低潮线至最低低潮线之间的地带

答案：ABC

13．浮游植物监测要素包括浮游植物的__________。（　　）

A．种类组成　　B．优势种　　C．数量分布　　D．多样性

答案：ABC

14．浮游植物采样前物品准备需根据__________计算采样数量。（　　）

A．监测要素　　B．站数　　C．层次　　D．监测方式

答案：ABC

15．浮游动物生物量的测定一般以__________浮游生物网的样品为准。特殊研究对象或特殊海区可视具体情况而定。（　　）

A．大型　　B．小型　　C．浅水Ⅰ型　　D．浅水Ⅱ型

答案：AC

16．对于浮游动物样品鉴定，在填表或计算时，应注意__________等的换算。（　　）

A．样品体积　　B．取样计数量　　C．样品稀释倍数　　D．滤水量

答案：ABCD

四、判断题

1．微型和小型浮游生物网具网底管套的筛绢必须与网衣筛绢的规格相同。（　　）

答案：正确

2．如果需要对小型浮游生物样品作电镜观察分析，则选用缓冲甲醛溶液固定。（　　）

答案：错误

正确答案：需选用戊二醛固定样品。

3．沉降计数法用于微型和小型浮游生物的网采样品计数。（　　）

答案：错误

正确答案：沉降计数法用于采水样品浮游生物计数。

4．手托定性浮游植物网用于小型和微型浮游植物的种类组成分析以及藻种的分离。（　　）

答案：正确

5．水样浮游植物细胞丰度以“个/m^3”表示，网采浮游植物细胞丰度以“个/mL”或“个/L”表示。（　　）

答案：错误

正确答案：水样浮游植物细胞丰度以“个/mL”或“个/L”表示，网采浮游植物细胞丰度以“个/m^3”表示。

6．鲁哥氏液：100 g 碘溶于 1 L 蒸馏水，加入 50 g 碘化钾使其溶解，再加入 100 mL 冰醋酸。（　　）

答案：错误

正确答案：100 g 碘化钾溶于 1 L 蒸馏水，加入 50 g 碘使其溶解，再加入 100 mL 冰醋酸。

7．浮游植物垂直拖网主要采集水柱中个体为 20～200 μm 的绝大部分小型浮游植物。（　　）

答案：正确

8．海洋生物调查现场采样时，应避开调查船的排污口。（ ）

答案：正确

9．对于浮游动物的采样，30 m 以深海域应采用大型或中型浮游生物网作垂直或分段取样，如有特殊要求，可选择其他网具。（ ）

答案：正确

10．WP3 型浮游生物网适用于采集活动能力较弱的浮游动物。（ ）

答案：错误

正确答案：WP3 型浮游生物网适用于采集活动能力较强的浮游动物和大型水母等。

11．若标本数量较大，应直接稀释成适当体积，再用浮游动物取样管取样计数。（ ）

答案：错误

正确答案：若标本数量较大，应先将个体大的标本（如水母、虾类、箭虫等）全部拣出分别计数，其余样品稀释成适当体积，再用浮游动物取样管取样计数。

12．长期保存样品的标本瓶应密封性能好，必要时可封蜡保存。（ ）

答案：正确

13．所有浮游动物的残损个体都应该逐一计数。（ ）

答案：错误

正确答案：所有浮游动物的残损个体，按有头部的计数。

14．浮游动物生物量测定时，遇有含水量多的、较大型的浮游动物（如水母、海樽等），应在所填表格相应的备注栏里注明，以备查用。（ ）

答案：正确

15．浮游动物计数时一般以种为单位分别计数；优势种、常见种应力求鉴定到种。（ ）

答案：正确

16．采样时遇到网口刮船底或海底时，直接冲洗网具收集样品即可。（ ）

答案：错误

正确答案：遇到网口刮船底或海底时，应重新采样。

17．大型底栖生物沉积物采样时，如发现沉积物流失过多或因泥质太软从采样器耳盖等处溢出，或采泥器因底质障碍物使斗壳锁合不稳、不紧密或壳口处夹有卵石和其他杂物时均应重采。（ ）

答案：正确

18．在沿岸浅水和底质较复杂的海区进行大型底栖生物拖网采样时，适合使用双刃拖网。（ ）

答案：错误

正确答案：大型底栖生物拖网采样，在沿岸浅水和底质较复杂的海区，使用三角形拖网。

19．日潮类型按以下方法划分：

——高潮区（带）：回归潮高潮线至分点潮高潮线之间的地带；

——中潮区（带）：分点潮高潮线至分点潮低潮线之间的地带；

——低潮区（带）：分点潮低潮线至回归潮低潮线之间的地带。（ ）

答案：正确

20．潮间带采样受潮汐限制，为获得低潮区（带）样品，须在大潮期间进行。若断面或站数较多而工作量较大时，可安排大潮期间调查各断面的低潮区（带），小潮期间再进行高、中潮区（带）的调查。（ ）

答案：正确

21．调查地点选定后，应依据当地的潮汐水位参数或岸滩生物的垂直分布，将潮间带划分为若干区（带）、层（亚带），划分类型为半日潮、混合潮。（ ）

答案：正确

22．岩石岸布站应密切结合生物带的垂直分布，软相滩涂除考虑生物的垂直分布外，应特别注意潮区（带）的交替、沉积物类型的变化和镶嵌。（ ）

答案：正确

23．潮间带断面布设时，断面位置应有陆上标志，走向应与海岸垂直。（ ）

答案：正确

24．潮间带底栖生物采集方法有拖网采集、潜水采集、采泥采集和鱼市场与水产公司采集。（ ）

答案：正确

25．调查区内可能有岩岸、沙滩、泥沙滩、泥滩等多种海岸类型，选点应包括不同类型，若有困难，为保证资料的可比性，所选点的沉积物类型应力求一致。（ ）

答案：正确

26．生物收集器为一复合套筛和木架组成，套筛分三层，上层网目为 3 mm，中层为 1 mm，底层为 0.5 mm。（ ）

答案：错误

正确答案：生物收集器为一复合套筛和木架组成，套筛分三层，上层网目为 2 mm，中层为 1 mm，底层为 0.5 mm。

27．浮游植物采集的表层水样指海面下 0.5 m 以浅的水层。（ ）

答案：正确

28．微型和小型浮游生物网具的网口流量计使用前必须经过标定，每航次标定 2 次。（ ）

答案：错误

正确答案：每航次标定 1 次。

29．海洋浮游植物由于缺乏运动器官，其分布受海水运动影响，因此有些种类的分布可作为海流、水团的指示生物。（ ）

答案：正确

30．浮游动物湿重生物量测定精密度一般为±1 mg。（ ）

答案：正确

31．浅水Ⅰ型浮游生物网主要用于采集大、中型浮游动物及夜光藻。（ ）

答案：错误

正确答案：主要用于采集大、中型浮游动物及鱼卵、仔稚鱼。

32．浅水Ⅰ型浮游生物网过滤部筛绢规格一般为 CQ14 或 JP12。（ ）

答案：正确

五、简答题

1．海洋浮游植物监测主要依据标准有哪些？

答案：《海洋监测规范》（GB 17378—2007）、《海洋调查规范》（GB/T 12763—2007）、《海洋监测技术规程》（HY/T 147.5—2013）和《近岸海域环境监测技术规范》（HJ 442—2020）。

2．海洋浮游植物监测要素主要包括哪些？

答案：包括浮游植物的种类组成、优势种和数量分布（时间、空间）。

3．常用的浮游植物网具有哪些及其适用对象？

答案：小型浮游生物网，适用于30 m以深垂直或分段采集小型浮游植物；浅水Ⅲ型浮游生物网，适用于30 m以浅垂直或分段采集小型浮游植物；手持定性浮游植物网，适用于采集小型和微型浮游植物。

4．测定浮游动物生物量时，主要包括哪3种？

答案：体积生物量、湿重生物量、干重生物量。

5．浅水Ⅱ型浮游生物网包括哪四部分？

答案：网口部、头锥部、过滤部、网底部。

6．简述大型底栖生物调查类型和次数。

答案：

（1）基线（背景）调查：按生物季节（春季3—5月，夏季6—8月，秋季9—11月，冬季12—2月）一年调查4次或根据需要适当增减调查次数。

（2）监测性调查：根据各地实情和需要，选择若干固定月份和若干站点定期取样分析。所选时间和站位应与基线调查时的时间和站位相应。

（3）应急调查：若遇突发污染事故，倾废、赤潮等，应跟踪监测，并于事故后进行若干次危害评价调查。

7．简述潮间带生物的生物调查内容。

答案：

（1）不同生境动、植物的种类、数量（栖息密度、生物量或现存量）及其水平和垂直分布的调查；

（2）污染生态效应调查，如污染指示生物的出现或消失；主要种类的增减、异常、死亡；种群动态；丰度、多样性、生长率、生殖力的改变；各生物类群比例关系的变化以及群落结构的演替等；

（3）主要种类体内污染物质的测定。

8．简述大型底栖生物的采样站位布设。

答案：站位的布设应根据污染源的位置和分布，结合海区的水文、水质、沉积物等环境资料综合考虑。特别应注意水深、沉积类型和底栖动物区系异同。调查站位与沉积物污染调查一致。同时还应选择生态类型相同的非污染点或断面作为参照，以便进行资料对比和评价。

9．请简述浮游植物样品水样采集步骤和样品保存。

答案：用颠倒采水器或卡盖式采水器，其使用方法及操作步骤与水质项目采样相同；采水层次视调查需要、计划规定和海区各站实际水深而定；水样采集务必与叶绿素a和水质项目采水同步进行；所需水量一般为500 mL；采样后，应及时按每升水样加6～8 mL碘液固定。

10．简述浮游动物海上采集工具及注意事项。

答案：

（1）网具和网底管：30 m 以浅海域应采用浅水Ⅰ型或Ⅱ型浮游生物网；30 m 以深海域应采用大型或中型浮游生物网作垂直或分段取样；如有特殊要求，可选择其他网具。网底管的筛绢必须与网衣筛绢的规格相同。

（2）网口流量计和量角器：流量计使用前必须经过标定，每航次标定一次；垂直采样过程中钢丝绳倾角大于 45°时只能作为定性样品，同时应重采一次。

（3）绞车、吊杆、钢丝绳、沉锤和冲水设备：落网速度为 0.5 m/s，起网速度为 0.5～0.8 m/s；根据水流速度和风浪大小，使用质量为 10～40 kg 的铅制沉锤：冲水时应避免海水从网口进入。

六、计算题

1. 若无流量计，可根据绳长计算滤水量，已知在某个站位使用浅水Ⅰ型浮游生物网进行采样时，采样时放出的绳长为 5 m，那么滤水量为多少？

答案： $V=SD=5\times0.2=1$（m^3）（浅水Ⅰ型浮游生物网网口面积为 0.2 m^2）

2．在进行浮游动物湿重生物量测定时，已知测得筛绢湿重 300 mg，某站位样品湿重总重量 1 800 mg，滤水量为 1 m^3，那么，该站位浮游动物湿重生物量是多少？

答案： $P=m/v=$（1 800–300）/1=1 500（mg/m^3）

第六节　海洋生物细菌学测定

一、填空题

1．生物样品采集中，应特别注意防止__________和样品的__________。

答案： 沾污，代表性

2．微生物是指一大群个体体积微小（一般直径小于 1 mm），结构简单，大多数是__________，少数是__________，还有些没有细胞结构的低等生物。

答案： 单细胞，多细胞

3．根据海洋微生物的种类和实验目的不同，培养基又可以分成不同的类型。按培养基的物理性质不同，可分成__________、__________和__________。

答案： 固体培养基，半固体培养基，液体培养基

4．大肠菌群为一群在__________或__________生长时能使乳糖发酵，在 24 h 内产酸产气的需氧及兼性厌氧的革兰氏阴性无芽孢杆菌。

答案： 37℃，44℃

5．发酵法系通过__________及__________两个步骤，以证实海水水样中是否存在粪大肠菌群并测定其数目。

答案： 初发酵，复发酵

6．平板计数法是根据单一的细菌在平板培养基上，经若干时间培养，形成一个肉眼可见的__________，通过计算__________而得知细菌数的。

答案：子细胞群（菌落），菌落数

7．测定海水粪大肠菌群时，恒温培养箱须每天检查__________，记录培养架上使用区的温度是否准确和稳定，温度变化不可超过__________。

答案：二次，0.5℃

8．海洋细菌的附着性尤为显著，可以附着在生物体表，形成互生关系，若互生关系达到相互依赖、密不可分的程度，则可称为__________。

答案：共生现象/共生关系

9．海水中粪大肠菌群常见检测方法有__________、__________和__________。

答案：发酵法/多管发酵法，滤膜法，测试片法/纸片法

10．进行菌落计数时，若平皿上出现较大片菌苔，则__________。

答案：不应计数

11．在大肠菌群测试片上，经 44.5℃±0.5℃培养 24 h±2 h 后计数周围__________的菌落被确认为粪大肠菌群。

答案：红色有气泡

12．海洋细菌多具有黏附性，菌体容易产生聚集现象。故使用稀释涂布平板法时，也需在稀释菌液中添加__________并进行充分振荡，以防分散的菌体重新聚集。

答案：表面活性剂

13．测试片法可用于海洋鱼、虾、蟹、贝、藻类等__________中细菌的快速检验。

答案：生物样品

14．使用滤膜法检测海水中粪大肠菌群时，培养完成后可以观察到，在__________培养基上，粪大肠菌群菌落呈__________。

答案：M-TEC，黄色

15．海洋沙门氏菌微孔板试剂盒法检测，使用比色卡判读时，应将微孔置于__________上判读颜色。

答案：白色背景

16．在海洋细菌学研究工作中，不仅需要了解确定某种细菌的存在与否，还经常需要计算其在单位体积海水内的数量，通常称为海洋细菌__________。

答案：生物量

17．使用测试片法检测海洋金黄色葡萄球菌时，培养 24 h 后金黄色葡萄球菌在测试片上形成__________色菌落，当测试片上出现其他颜色菌落时，则应使用__________。

答案：紫红，确认反应片

18．使用发酵法测定海水中粪大肠菌群时，初发酵试验所用培养基为__________，复发酵试验所用培养基为__________。

答案：乳糖蛋白胨培养基/液，EC 培养基/液

19．使用发酵法检测海水中粪大肠菌群时，初发酵试验中对于一个样品，需将__________支试

管充分混匀后，置于__________℃恒温箱中培养__________h。

答案：15，44±0.5，24±2

20．绝大多数分离自海洋环境的细菌是__________菌，它们一般在__________氧条件下比在__________氧条件下生长好，这是由于两种产能方式存在差异。

答案：兼性厌氧，有，厌

21．使用平板计数法测定海水中细菌总数时，培养时平皿应置于_________℃恒温箱中培养_________天。

答案：25，7

22．__________是细菌域最大的类群，其可进一步分为六个纲，其中__________和__________在海洋浮游细菌中尤为重要。

答案：变形菌门，α-变形菌纲，γ-变形菌纲

23．荧光显微镜直接计数法测定海水中细菌总数时，样品中细菌将被截留在孔径__________μm的滤膜上，在荧光显微镜下观察，可见细菌发__________（颜色）。

答案：0.2，荧光绿

24．使用微孔板试剂盒法测定海洋沙门氏菌过程中，增菌培养的三个步骤分别为__________、__________、__________。

答案：前增菌，选择性增菌，后增菌

25．PCR法检验海水中致病微生物的方法原理为，通过提取细菌的__________，使用特异引物进行PCR扩增，获得__________或检测基因表达，达到检测致病细菌的目的。

答案：总基因组DNA，目的基因

26．在已知能感染人类并引起疾病的病原性海洋弧菌中，以__________、__________和__________三者最为重要，对人类危害较大。

答案：霍乱弧菌，副溶血弧菌，创伤弧菌

27．使用PCR法检验海水中致病微生物时，其反应条件一般包括预变性、__________、__________、__________、多个循环、__________。

答案：变性，复性，延伸，再延伸

28．使用平板计数法对细菌总数菌落计数时，应选取菌落数在__________的平板作为菌落数总数测定的标准。

答案：30～300

29．用于细菌检查的采样瓶，应用可耐灭菌处理的__________或__________。

答案：广口玻璃瓶，无毒的塑料瓶

30．用于海洋细菌检测的水样或泥样应__________送检，时间不超过__________，否则应将样品置于__________中，但不得超过__________，否则影响检验结果。

答案：立即，2 h，冰瓶或冰箱，24 h

31．硫酸盐还原菌检测计数时，试管中产生黑色沉淀，伴有__________臭味表示有硫酸盐还原菌存在。

答案：硫化氢

32．总大肠菌群为一群在__________生长时能使__________并在__________内产酸产气的需氧及兼性厌氧的__________。

答案：37℃，乳糖发酵，24 h，革兰氏阴性无芽孢杆菌

33．进行海洋微生物水样采集时，应事先将玻璃采样瓶经过__________、__________ 高压灭菌。对于蒸汽灭菌容易变形的塑料瓶，可以采用低温的氯化乙烯气体灭菌。

答案：121℃，15 min

34．用滤膜法检测海水中肠球菌时，应该使用孔径为__________μm 的膜过滤水样。

答案：0.45

35．用滤膜法进行肠球菌培养之后，典型的菌落中心或整个菌落颜色都应呈__________、__________或__________。

答案：红色，栗色，粉红色

36．常用的水样固定剂有__________、__________，用于固定海水中病毒颗粒和细菌总数。

答案：戊二醛，甲醛

37．沙门氏菌微孔板试剂盒快速检验法是一种以__________为基础检测沙门氏菌的__________学检验方法。

答案：ELISA，免疫

38．采用 PCR 方法检测海水中的副溶血弧菌、创伤弧菌、河流弧菌等弧菌时，取__________海水，经__________和__________醋酸纤维滤膜两级过滤后，将滤膜剪碎提取核酸。

答案：1～5 L，0.80 μm，0.22 μm

二、单选题

1．用发酵法测定海水样品中的粪大肠菌群，用于复发酵的 EC 培养基在灭菌后的 pH 应为__________。（　　）

A．5.5　　B．6.9　　C．7.4　　D．8.6

答案：B

2．用发酵法测定海水样品中的粪大肠菌群，用于初发酵的乳糖蛋白胨培养液应调节 pH 为__________。（　　）

A．5.5～5.7　　B．7.2～7.4　　C．8.4～8.6　　D．11.2～11.4

答案：B

3．荧光显微镜直接计数法测定海水样品中的细菌总数时，至少随机计算 20 个视野的细菌数，每视野的细菌数一般以__________为宜。（　　）

A．80～100 个　　B．50～70 个　　C．30～50 个　　D．10～30 个

答案：C

4．按照粒径大小对海洋微生物进行分类，则海洋细菌属于__________型海洋微生物。（　　）

A．极微型（0.02～0.2 μm）　　B．微微型（0.2～2 μm）

C．微型（2～20 μm）　　D．小型（20～200 μm）

答案：B

5．若要对海水中细菌进行检测，则采集的水样和泥样应立即送检，时间不超过__________，否则应将样品置于冰瓶或冰箱中，但不得超过__________，否则影响检验结果。（　　）

A．2 h，12 h　　B．4 h，12 h

C．2 h，24 h　　D．4 h，24 h

答案：C

6．若海水水样浑浊，此时不宜采用的细菌检测方法是__________。（　　）

A．发酵法　　B．滤膜法　　C．测试片法　　D．平板计数法

答案：B

7．下列海洋细菌中，大多不具有鞭毛构造的细菌是__________。（　　）

A．海洋弧菌　　B．海洋螺菌　　C．海洋蓝细菌　　D．海洋杆菌

答案：C

8．使用平板计数法测定海水中细菌总数，所用培养基为__________。（　　）

A．2216E 培养基　　B．M-TEC 培养基　　C．TCBS 培养基　　D．EC 培养基

答案：A

9．测试片法检测海洋李斯特菌的过程中，测试片上一般不可能出现__________。（　　）

A．黄绿色　　B．灰色　　C．紫红色　　D．淡粉红色

答案：A

10．使用滤膜法检测海水中粪大肠菌群时，滤膜上所生的菌数一般以不超过__________个为宜。（　　）

A．80　　B．70　　C．60　　D．50

答案：D

11．目前分离和培养海洋异养细菌时，采用的培养基大多是__________。（　　）

A．R2A 培养基　　B．TCBS 培养基　　C．2216E 培养基　　D．TTB 培养基

答案：C

12．弧菌在培养基上生长，最可能会呈现__________。（　　）

A．粉红色　　B．黄绿色　　C．蓝色　　D．紫色

答案：B

13．海洋硝化细菌的合适生长温度为 10～38℃，在温度__________时硝化细菌的活性较高，但超过 38℃其硝化作用将会消失。（　　）

A．低于 15℃　　B．低于 20℃　　C．高于 20℃　　D．高于 35℃

答案：C

14．关于海洋大肠杆菌，下列说法错误的是__________。（　　）

A．属于土著的海洋种类　　B．大多为发酵型兼性厌氧菌

C．通常以周生鞭毛运动　　D．可用作海洋环境中粪便污染的指示菌

答案：A

15．使用 PCR 法检验海水中的细菌时，若目标片段大小为 387 bp，则进行电泳检测时，通常所使用的凝胶是__________。（　　）

A．聚丙烯酰胺凝胶　B．琼脂糖凝胶　C．硅胶　D．淀粉胶

答案：B

16．对海洋发光细菌进行分离纯化时，不应使用__________进行盐度调节。（　　）

A．NaCl　B．$CaCl_2$　C．KNO_3　D．$MgSO_4$

答案：C

17．革兰氏阴性菌是原核生物中种类最多的一大类细菌，下列不属于革兰氏阴性菌的是__________。（　　）

A．葡萄球菌属　B．埃希氏菌属　C．沙门氏菌属　D．弧菌属

答案：A

18．使用测试片法检测海洋金黄色葡萄球菌时，堆叠片数不应超过 20 片，在__________℃条件下培养__________h。（　　）

A．37±1，18±2　B．37±1，24±2　C．36±1，18±2　D．36±1，24±2

答案：D

19．若采用 PCR 法检验海水中致病细菌，则采集样品时需取 1～5 L 海水，再经__________μm 醋酸纤维滤膜两级过滤。（　　）

A．0.45 和 0.20　B．0.45 和 0.22　C．0.80 和 0.20　D．0.80 和 0.22

答案：D

20．使用平板计数法检测海水中细菌总数时，根据水样量，按 100 mL 水样加__________mL 吐温溶液，充分摇匀。（　　）

A．0.5　B．1　C．2　D．5

答案：B

21．在使用平板计数法检测海水中弧菌数量（国家标准）过程中，不需要用到的培养基为__________。（　　）

A．BTB　B．TCBS　C．PAC　D．2216E

答案：D

22．一般而言，海水样品中的细菌量在__________个/mL 时，用荧光显微镜直接计数法进行检测效果较好，准确度较高。（　　）

A．10^2～10^6　B．10^2～10^8　C．10^3～10^6　D．10^3～10^8

答案：D

23．海洋细菌的一个基本特征即需在海水环境中才能生长，多数海洋细菌在添加必需有机物__________盐度的海水培养基中生长良好。（　　）

A．30‰　B．40‰　C．50‰　D．60‰

答案：A

24．下列染色剂中，目前最常用于海洋细菌的荧光显微镜计数的是__________。（　　）

A．4,6-二酰胺-2-苯基吲哚　B．吖啶橙

C．Yo-Pro-1　D．SYBR Green Ⅰ

答案：B

25．海洋弧菌的选择性培养基为__________平板，可计数绝大多数弧菌的总数。（　　）

A．2216E　　B．M-TEC　　C．TCBS　　D．TTB

答案：C

26．下列菌属中不属于革兰氏阳性菌的是__________。（　　）

A．芽孢杆菌属　　B．梭菌属　　C．李斯特氏菌属　　D．变形杆菌属

答案：D

27．用微孔板试剂盒法检测海洋沙门氏菌时，每个微孔中应加入__________后增菌样品。（　　）

A．100 μL　　B．150 μL　　C．200 μL　　D．250 μL

答案：C

28．以下不属于海洋细菌生长周期的是__________。（　　）

A．延滞期　　B．分裂期　　C．对数期　　D．稳定期

答案：B

29．使用 PCR 法可检验海水中霍乱弧菌时，经电泳检测后得到大小为__________的特异性条带即为阳性。（　　）

A．588 bp　　B．387 bp　　C．273 bp　　D．200 bp

答案：A

30．对于大部分海洋蓝细菌，下列说法错误的是__________。（　　）

A．形态多样　　B．可分泌多糖黏液

C．只有滑行运动方式　　D．有鞭毛运动方式

答案：D

31．发酵法检测海水中粪大肠菌群时，在初发酵试验结束后，应将__________的发酵管转接并继续培养。（　　）

A．产酸或产气　　B．只产酸

C．产酸、产气及只产酸　　D．只产气

答案：C

32．使用微孔板试剂盒法测定海洋沙门氏菌，微孔板检测出阳性结果后，应将冷藏保存的后增菌液划线于__________培养基平板上，再进行后续生化和血清学鉴定。（　　）

A．SC 和 TTB　　B．BS 和 XLD　　C．BS 和 BPW　　D．SC 和 TSB

答案：B

33．一般情况下，红螺菌科的细菌不会呈现__________。（　　）

A．红色　　B．黄色　　C．紫色　　D．蓝色

答案：D

34．测试片法分析真菌时，其培养条件为__________℃__________天。（　　）

A．23±2，3～5　　B．36±2，5　　C．29±1，7　　D．37±2，3

答案：A

35．使用滤膜法检测肠球菌的第一步培养条件为__________℃培养 44±4 h。（　　）

A．44±0.5　　B．29±1　　C．36±2　　D．37±1

答案：C

36．检测水样中的弧菌总数时，应按照__________mL 加入 1 mL 吐温溶液，充分摇匀，使样品中的弧菌细胞分散成单一细胞。（　　）

A．10　　B．50　　C．5　　D．100

答案：D

37．用平板计数法检测金黄色葡萄球菌的培养条件为__________，培养 24～48 h。（　　）

A．（36±1）℃　　B．（37±2）℃　　C．（44±1）℃　　D．（29±1）℃

答案：A

38．细菌总数培养后，应立即进行细菌总数平皿菌落计数，如果计数必须暂缓进行，应将平皿存放于__________℃冰箱内，且不超过__________h。（　　）

A．4，12　　B．5～10，24　　C．−4，24　　D．5～10，2

答案：B

39．用多管发酵法进行铁细菌培养时，培养条件为__________。（　　）

A．（36±2）℃，7 天　　B．（44±0.5）℃，2 天

C．（29±1）℃，14 天　　D．（37±1）℃，5 天

答案：C

40．用发酵法测定粪大肠菌群时，乳糖蛋白胨的高压灭菌条件为__________℃灭菌 20 min。（　　）

A．115　　B．120　　C．121　　D．110

答案：A

41．虾类桃拉病毒是__________病毒。（　　）

A．DNA　　B．RNA　　C．蛋白质　　D．朊病毒

答案：B

42．使用滤膜法进行肠球菌检测时，如果有典型菌群，应用消毒的镊子将膜和菌群移到已预加热至 44℃的胆盐-七叶苷-叠氮化合物的平板上，于（44±0.5）℃下培育__________h。（　　）

A．2　　B．5　　C．12　　D．6

答案：A

43．使用测试片法进行金黄色葡萄球菌检测时的培养条件是（36±1）℃，培养__________。（　　）

A．（48±2）h　　B．（36±1）h　　C．（24±2）h　　D．（12±4）h

答案：C

44．细菌总数测定在使用平板计数法时，应无菌操作，吸取__________mL 稀释水样，滴入制好的平皿上，用灭菌玻璃棒将菌液涂抹均匀，平放于超净工作台上__________min，使菌液渗入培养基。（　　）

A．0.1，20～30　　B．0.2，20～30　　C．0.1，10～15　　D．0.2，10～15

答案：A

三、多选题

1．平板计数法检测海水样品中的弧菌数量时，所选用的培养基有__________。（　　）

A．计数培养基 BTB　　B．平板分离培养基 TCBS

C．PAC 斜面培养基　　D．2216E 培养基

答案：ABC

2．在高灵敏度大肠菌群测试片上，当培养区域出现以下＿＿＿＿＿情况时，表明粪大肠菌群浓度较高，需要进一步稀释样品。（　　）

A．培养区呈暗红色　　B．菌落周围产生粉红色菌晕

C．大量不明显小菌落　　D．大量气泡

答案：ACD

3．下列关于海洋细菌的说法中正确的是＿＿＿＿＿。（　　）

A．对于同一种光合细菌，培养条件不同，其颜色可能有所变化

B．海洋细菌可以产出海洋生物活性物质

C．在海洋中，当宿主和细菌间存在真正的共生关系时，可能很难对细菌进行分离培养

D．弧菌属的海洋细菌可以产生河豚毒素

答案：ABCD

4．使用测试片法检测海洋金黄色葡萄球菌时，培养完成后，测试片上出现以下＿＿＿＿＿情况，则需要做进一步确认。（　　）

A．无菌落生长　　B．有黑色菌落

C．有蓝绿色菌落　　D．不明显的紫红色菌落

答案：BCD

5．下列关于海洋细菌直接镜检计数法的说法中正确的是＿＿＿＿＿。（　　）

A．可测定所有细菌的生物量　　B．能区分细菌种类或代谢类型

C．能区分死菌和活菌　　D．不能区分死菌和活菌

答案：AD

6．下列属于化能自养型的海洋细菌有＿＿＿＿＿。（　　）

A．紫硫细菌　　B．蓝细菌　　C．硝化细菌　　D．硫细菌

答案：CD

7．在使用荧光显微镜直接计数法检测海水中细菌总数的过程中，可能会用到的试剂有＿＿＿＿＿。（　　）

A．吖啶橙染色液　　B．伊拉克黑染色液　　C．甲醛溶液　　D．吐温溶液

答案：ABC

8．下列关于海洋弧菌在培养基上的菌落形态描述正确的有＿＿＿＿＿。（　　）

A．表面凸起、光滑　　B．边缘整齐

C．只会呈现乳白色　　D．容易被乳化

答案：AB

9．使用 PCR 法可检验海水中的若干种致病细菌，其中以下＿＿＿＿＿细菌的 PCR 反应条件预变性时间为 4 min。（　　）

A．溶藻弧菌　　B．河流弧菌　　C．创伤弧菌　　D．霍乱弧菌

答案：BC

10．关于 PCR 技术应用于微生物检测的优点有__________。（ ）

A．快速检测，节约时间　B．灵敏度高

C．特异性强　D．检测成本低，容易自动化

答案：ABCD

11．若采用平板计数法测定海水弧菌总数（行业标准），则可选择采集的样品包括__________。（ ）

A．水样　B．泥样　C．藻样　D．贝样

答案：ABD

12．多管发酵法测定铁细菌时，需要用到__________仪器设备。（ ）

A．振荡器　B．烧杯　C．无菌试管　D．天平

答案：ABCD

13．使用滤膜法检测肠球菌的第一步培养的温度和时间条件为__________。（ ）

A．(36±2)℃　B．(44±4)h　C．(29±1)℃　D．(24±1)h

答案：AB

四、判断题

1．在海洋微生物的转接过程中，一般在火焰旁进行，并用火焰直接灼烧接种环（针、铲），以达到灭菌的目的。（ ）

答案：正确

2．用发酵法测定海水样品中的粪大肠菌群，在对乳糖蛋白胨培养液灭菌时，应用 121℃高压蒸汽灭菌 20 min。（ ）

答案：错误

正确答案：应用 115℃高压蒸汽灭菌 20 min。

3．用发酵法测定海水样品中的粪大肠菌群时，EC 培养基在用前不宜置冰箱，以防检测时出现假阳性。（ ）

答案：正确

4．测定海水样品中的粪大肠菌群时，对于水量较多且浑浊的样品，应采用“滤膜法”为宜。（ ）

答案：错误

正确答案：应采用“发酵法”为宜。

5．与陆生细菌相比，海洋细菌在基础培养基上通常生长缓慢，在平板上形成的菌落也相对较小。（ ）

答案：正确

6．EC 培养基与 M-TEC 培养基在配制完成后均需进行灭菌，使用前可贮于冰箱中备用。（ ）

答案：错误

正确答案：EC 培养基与 M-TEC 培养基在配制完成后均需进行灭菌，M-TEC 培养基使用前可贮于冰箱中备用，但 EC 培养基用前不宜置冰箱，以防检测时出现假阳性。

7．在平板计数法中，若平板制作完成后有水分留存，则会对检测结果产生影响。（　　）

答案：正确

8．分离大洋中的细菌，由于其多生活在寡营养环境中，长期处于半饥饿状态，若突然将其接种到营养丰富的培养基上，这些细菌往往会出现不适应而使生长受到抑制。（　　）

答案：正确

9．使用测试片法检测海水中粪大肠菌群时，培养完成后，应选择菌落数在30～300个的测试片来计数菌落数。（　　）

答案：错误

正确答案：使用测试片法检测海水中粪大肠菌群时，培养完成后，应选择菌落数在15～150个的测试片来计数菌落数。

10．大多数海洋细菌具有活跃的运动性，主要是由于海洋中具有鞭毛的细菌种类较多。（　　）

答案：正确

11．根据大肠菌群MPN值，可计算出每升样品中大肠菌群的实际数量。（　　）

答案：错误

正确答案：大肠菌群MPN值表示水样中能检出大肠菌群近似值或最大可能值。

12．海洋细菌多为革兰氏染色阴性，其中海底沉积物中的革兰氏阴性菌比例高于海水。（　　）

答案：错误

正确答案：海洋细菌多为革兰氏染色阴性，其中海底沉积物中的革兰氏阴性菌比例低于海水。

13．使用滤膜法检测海水中粪大肠菌群时，滤器灭菌可以选择用点燃的酒精棉球火焰灭菌，也可用121℃高压蒸汽灭菌20 min。（　　）

答案：正确

14．把细菌按能量来源方式可分为化能营养型和光能营养型。化能营养型可进一步分为化能自养型和化能异养型。（　　）

答案：正确

15．在平板计数法中，计数的关键是必须尽可能将样品中的细菌分散成单个细胞，并制成均匀的不同浓度稀释液，将一定量的稀释液均匀地接种到盛有固体培养基的培养皿上。（　　）

答案：正确

16．大多数海洋细菌与陆生细菌的最适生长温度一样，一般为30～37℃。（　　）

答案：错误

正确答案：大多数海洋细菌具有热敏感性，不适于在30℃以上的环境下生长。

17．海洋透光层水域中半数以上的是产色素细菌，而在深层海水中很少发现产色素的细菌。（　　）

答案：正确

18．在4℃条件下保存海洋细菌是一种错误的做法，因为海洋细菌在4℃条件下会立即停止生长代谢而自然死亡。（　　）

答案：错误

正确答案：在4℃条件下保存海洋细菌是一种错误的做法，主要原因可能有：有些海洋细菌在4℃

条件下还会继续进行生长代谢，但最后会进入消亡期而自然死亡；产抑菌物质的细菌会因抑菌物质累积量增大而形成对自身的抑制；产酸菌会因酸量超标而无法生存等。

19. 使用荧光显微镜对海水中细菌观察计数时，至少随机计算 20 个视野的细菌数，每视野的细菌数一般以 30～50 个为宜。（　　）

答案：正确

20. 使用测试片法检测海水中粪大肠菌群时，直接计数法与 MPN 计数法所获结果发生矛盾时，以直接计数法为仲裁方法。（　　）

答案：正确

21. 海洋沙门氏菌微孔板试剂盒法检测中，使用酶标仪判读时，若阳性对照酶标仪读数为 1.2，阴性对照读数为 0.3，则此时检测结果有效。（　　）

答案：错误

正确答案：酶标仪判读时，检测结果有效条件为阳性对照酶标仪读数至少达到 1.0，且阴性对照读数小于 0.2。

22. 使用测试片法检测海洋金黄色葡萄球菌时，培养完成后，如测试片上菌落全部是紫红色，则无须进行确认。（　　）

答案：正确

23. 在已被鉴定且承认的弧菌种类中，大多数为致病性的弧菌。（　　）

答案：错误

正确答案：在已被鉴定且承认的弧菌种类中，真正的致病性弧菌仅占少数，大部分是有益的或无害的。

24. 使用平板计数法测定海水中细菌总数时，以每平皿菌落数在 30～300 个为宜，每种稀释度需有 3 个平行样。（　　）

答案：正确

25. 沙门氏菌微孔板试剂盒快速检验法是一种以 ELISA 为基础检测沙门氏菌的免疫学检验方法。（　　）

答案：正确

26. 在已被鉴定且承认的弧菌种类中，真正的致病性弧菌仅占少数，大部分是有益的或无害的。（　　）

答案：正确

27. 测试片法测定海洋金黄色葡萄球菌的报告单位为“CFU/mL”。（　　）

答案：错误

正确答案：测试片法测定海洋金黄色葡萄球菌的报告单位以“CFU/g”表示。

28. 传统的海洋细菌定量检测方法主要有直接镜检计数法、培养计数法及细菌活性物质的生物化学测定法等。（　　）

答案：正确

29. 使用发酵法检测近岸海域沉积物中粪大肠菌群时，需进行样品预处理，即先称取定量的沉积物样品制备成 10^{-1} 稀释样，再以 10^{-1} 稀释样分别直接稀释制备成 10^{-2}、10^{-3}、10^{-4} 稀释样。（　　）

答案：错误

正确答案：使用发酵法检测近岸海域沉积物中粪大肠菌群时，应采用连续稀释法进行样品预处理，即先称取定量的沉积物样品制备成 10^{-1} 稀释水样，再将 10^{-1} 稀释样连续稀释，制备成 10^{-2}、10^{-3}、10^{-4} 稀释样。

30．使用平板计数法检测海水样品时，出现稀释度大的平板的菌落数反比稀释度小的平板菌落数高的情况，说明工作有差错，不能作为报告的依据。（ ）

答案：正确

31．使用荧光显微镜直接计数法测定海水中细菌总数时，镜检观察时需要在载玻片上滴加香柏油，再加盖玻片。（ ）

答案：错误

正确答案：使用荧光显微镜直接计数法测定海水中细菌时，镜检观察时需要在载玻片上滴加无自发荧光的显微镜油，不能使用普通香柏油，否则在视野中会激起自发荧光，无法观察。

32．使用 PCR 法检验海水中溶藻弧菌时，经电泳检测后得到大小为 150 bp 的特异性条带即为阳性。（ ）

答案：正确

33．目前常用的染色反应是革兰氏染色，此外抗酸性染色、苏丹黑染色和印度墨水染色也常应用于某些特定细菌的鉴定中。（ ）

答案：正确

34．弧菌检测使用的培养基为硫代硫酸盐柠檬酸盐胆盐蔗糖琼脂（TCBS）培养基。（ ）

答案：正确

35．细菌总数测定平板计数法的方法原理主要是根据单一的细菌在平板培养基上，经过若干时间培养，形成一个肉眼可见的子细胞群（菌落），通过计算菌落数而得知细菌数。（ ）

答案：正确

36．细菌总数计数的关键是要制成不同浓度的稀释液，将稀释液接种到盛有固体培养基的培养皿上。（ ）

答案：错误

正确答案：细菌总数计数的关键是必须尽可能将样品中细菌分散成单个细胞，并制成均匀的不同浓度稀释液，将一定量的稀释液均匀地接种到盛有固体培养基的培养皿上。

37．铁细菌培养一般采用滤膜法。（ ）

答案：错误

正确答案：铁细菌培养一般采用多管发酵法。

38．在进行铁细菌检测时，若采集的水样中有余氯，或在不能判断水样中是否有余氯的情况下，应在采样前，在无菌操作下，于灭菌采样瓶中加入硫代硫酸钠，加入量为每升水样约 0.1 g。若确定水样不含余氯，则无须加入硫代硫酸钠。（ ）

答案：正确

39．粪大肠菌群测试片是一种预先制备好的培养基，含有紫罗兰红胆汁（VRB）培养基、冷水可溶性凝胶和氯化三苯四氮唑（TTC）指示剂等，可增强大肠菌群菌落的计数效果。同时该培养基

系统表面覆盖的胶膜可截留发酵乳糖而产生的气体，因此红色菌落周围有气泡形成。（ ）

答案：正确

40．硫酸盐还原菌检测计数时，试管中产生红色沉淀，伴有硫化氢臭味表示有硫酸盐还原菌存在。（ ）

答案：错误

正确答案：硫酸盐还原菌检测计数时，试管中产生黑色沉淀，伴有硫化氢臭味表示有硫酸盐还原菌存在。

41．使用测试片法进行粪大肠菌群和总大肠菌群测定进行样品采集时，根据需要使用击开式采水器和无菌采水瓶采取表层或其他水层海水样品 100～200 mL 并立即冷藏保存 2 h 内送回实验室进行检验分析。（ ）

答案：错误

正确答案：使用测试片法进行粪大肠菌群和总大肠菌群测定进行样品采集时，根据需要使用击开式采水器和无菌采水瓶采取表层或其他水层海水样品 100～200 mL 并立即冷藏保存 24 h 内送回实验室进行检验分析。

五、简答题

1．海洋环境监测中常见的指示细菌有哪些？

答案：海洋环境监测中常见的指示细菌有：总大肠菌群（*Total coliform*）、粪大肠菌群（*Fecal coliform*）。

2．培养基配好后，为什么必须立即灭菌？

答案：由于配制培养基的各类营养物质和容器等含有各种微生物，因此，已配制好的培养基必须立即灭菌，如果来不及灭菌，应暂存冰箱内，以防止其中的微生物生长繁殖而消耗养分和改变培养基的酸碱度所带来的不利影响。

3．海洋细菌形态特征是其最原始的分类鉴定指标，那么其中包含的菌落形态描述主要包括哪些方面？

答案：菌落形态描述主要包括菌落的形态、大小、颜色、表面和边缘状况、隆起、透明程度、黏稠度、涌动扩散或迁徙行为等。

4．测试片法检验海洋中金黄色葡萄球菌的方法原理是怎样的？

答案：该方法所使用的测试片中含有具有显色功能并经改良的 Baird-Parker 培养基，对金黄色葡萄球菌具有很强的选择性，培养 24 h 后金黄色葡萄球菌在测试片上会形成紫红色菌落。当测试片上出现除紫红色外其他任何颜色菌落时，则应使用确认反应片。确认反应片中含有显色剂和 DNA，金黄色葡萄球菌会和其中显色剂形成粉红色晕圈。

5．目前常见的海洋细菌检测方法与技术有哪些？

答案：显微镜直接计数法、培养计数法、流式细胞术、免疫学检测法、PCR 技术检测等。

6．测试片法测定海洋李斯特菌的判读方法是什么？

答案：紫红色菌落均判定为李斯特菌。如在 26～29 h，有灰色或淡粉红色菌落存在，应继续培养。在培养时间内，由灰色或淡粉红色加深为紫红色的菌落应判定为李斯特菌。在最大培养时间

（30 h）仍保持灰色或淡粉红色的菌落不应判定为李斯特菌。

7．简述微孔板试剂盒法检测海洋沙门氏菌过程中，选择性增菌的操作和培养流程。

答案：移取经过培养的前增菌培养液 1 mL 到 9 mL 选择性增菌液（TTB）中，放入培养箱，36℃±1℃条件下培养 6～8 h; 同时要移取经过培养的前增菌培养液 1 mL 到 9 mL 选择性增菌液（SC）中，放入培养箱，36℃±1℃条件下培养 6～8 h。

8．使用测试片法检验海洋生物样品中的海洋细菌，其预处理程序是怎样的（需体现连续稀释步骤）？

答案：无菌剖取生物样品 5 g，并剪碎至无菌玻璃研钵中，无菌研磨成肉糜后加入 45 mL 无菌生理盐水，充分稀释，制备成 10^{-1} 稀释样品；再无菌移取 10^{-1} 稀释样 5 mL 至装有 45 mL 无菌生理盐水的无菌锥形瓶中，充分稀释，制备成 10^{-2} 稀释样；依此类推，可制备 10^{-3}、10^{-4} 稀释样品。

9．简述采用滤膜法测定海水中粪大肠菌群时，过滤水样的操作步骤。

答案：

（1）用无菌镊子夹取灭菌滤膜边缘（粗糙面向上），贴放在已灭菌的滤器上，固定好滤器，连接抽气系统；

（2）滤器内预先加入约 10 mL 已灭菌的清洁海水，再用已灭菌吸量管吸取一定量的充分混匀的待检水样，加入滤器中；

（3）在负压 50 kPa 下进行抽滤，快滤完前应再加入灭菌清洁海水少许以冲洗滤器内壁，使水样内细菌全部集聚于滤膜上；

（4）水样滤完后，再抽滤约 5 s 即停止抽气，取下滤器，用镊子将滤膜移放在 M-TEC 培养基上，滤膜截留细菌面向上，滤膜应与培养基面完全紧贴，两者间不留气泡，然后将平板倒置，放入 37℃恒温箱内培养 0.5 h，再移至 44℃恒温箱内培养 18～24 h。

10．在进行海洋生物监测时，细菌总数平板计数法的计数原则是什么？

答案：

（1）当平皿上出现较大片菌苔时，则不应计数。

（2）选择菌落数在 30～300 个的平皿，以平均菌落数乘以其稀释倍数，即为该水样的细菌数。

（3）若有两种稀释度的平均菌落数均在 30～300 个，则应按照两者菌落数之比决定，比值小于 2，取两者的平均数，若大于 2，取其较少的菌落数。

（4）若所有稀释度中各不同稀释度的平均菌落数均大于 300，则以稀释度最高的平均菌落数乘以其稀释倍数。

（5）若所有稀释度中各不同稀释度的平均菌落数均小于 30，则以稀释度最低的平均菌落数乘以其稀释倍数。

（6）若所有稀释度都没有长出菌落，同时也没检出抑制物，则报告小于 1 乘其最低稀释倍数。

11．简述铁细菌的定义。

答案：一类能将溶于水中的棕色亚铁离子转变为不溶于水的褐色或黑色三氧化二铁水合物的细菌。

12．简述细菌学指标检测时海洋沉积物样品的采集步骤。

答案：

（1）用采泥器将沉积物样品采集上来后，用无菌刀先刮去采泥器采取的表层沉积物表面。

（2）再用无菌勺根据需要挖取100～200 g沉积物样品并装入无菌塑料袋中，挤出袋内空气，将袋口扎好，做好标签，再将此袋和做好的标签一起放入另一个无菌袋中。

（3）将外层袋内空气挤出袋口扎好，冷藏保存，24 h内送回实验室进行检验分析。

13．海洋生物监测时，粪大肠菌群和总粪大肠菌群在使用发酵法检测时有什么不同？

答案：粪大肠菌群和总粪大肠菌群在使用发酵法检测时其操作步骤均相同，但培养温度不同，一般在37℃下培养生长的称总大肠菌群，在44℃下培养的称粪大肠菌群。

14．简述在海洋生物监测时，使用高灵敏度大肠菌群测试片法检测粪大肠菌群的操作步骤。

答案：根据所采集样品性质和检测目的需要，选取1～2个稀释度的样品稀释液每个稀释液平行接种3张测试片。将高灵敏度大肠菌群测试片置于超净工作台上，揭开上层膜，用移液器吸取样品稀释液5 mL垂直滴加在测试片的中央处，将上层膜缓慢盖下，避免气泡产生把压板放置在上层膜中央处轻轻地压下，使样液均匀覆盖于圆形的培养面上（不应扭转压板），拿起压板静置2～5 min使培养基凝固。将测试片的透明面朝上置于培养箱内，堆叠片数不应超过10片，（44±0.5）℃培养（24±2）h。

第七节　海洋生物群落的测定

一、填空题

1．分光光度法测定海水叶绿素a，样品的离心速度为__________，时间为__________。

答案：（3 000～4 000）r/min，10 min

2．海水叶绿素a样品采集用现场平行双样进行质量控制，平行样应占样品总量的__________%以上；当样品总数小于或等于10个时，可只采集__________个现场平行样。

答案：10，1

3．在测定海水叶绿素a时，在波长__________测定丙酮溶液的空白值，当1 cm测定池光程的吸光度值超过__________时，提取液应__________。

答案：750 nm，0.005，重新离心

4．海水叶绿素a的测定方法有__________和__________。

答案：分光光度法，荧光分光光度法

5．按海洋浮游生活阶段在生活史中所占时期长短分，浮游动物可为__________、__________、__________。

答案：终生浮游动物，阶段性浮游动物，暂时性浮游动物

6．海洋海樽是一类__________动物，其身体具有透明的__________，呈酒桶状，两端是进、出水孔，生活史有__________现象。

答案：浮游被囊，胶质囊，世代交替

7．__________类和__________类是终生营浮游生活的海洋软体动物，其外壳__________或缺失以适应浮游生活，多生活在海洋__________。

答案：翼足，异足，退化，表层

8．海洋浮游动物是一类__________的浮游生物，也就是不能自己合成有机物，而必须依赖已有的有机物作为营养来源。

答案：异养型

9．海洋浮游动物的监测内容是，查清监测海区浮游动物的__________、__________和__________。

答案：种类组成，数量分布，变化规律

10．海洋浮游植物是一个__________概念，这是一类__________的浮游生物。

答案：生态学，自养型

11．__________是水域生态系统中的主要生产者（属于初级生产力）。由于需要吸收日光能，它们主要分布于海洋的__________。

答案：浮游植物，上层

12．海洋浮游植物具有__________或__________，能吸收__________和__________进行__________，从而自己制造__________。

答案：叶绿素，其他色素体，光能，二氧化碳，光合作用，有机物

13．计算海洋物种的优势度Y，当__________时，确定该物种为优势种。

答案：Y≥0.02

14．当有必要进行海洋浮游植物昼夜连续观测时，可每隔__________或__________采样一次。

答案：2 h，3 h

15．__________是指附着在船舶、码头、网箱、管道等海洋工程设施上，破坏人类海事活动和生产建设的动、植物和微生物的总称。

答案：海洋污损生物

16．下面各海洋浮游动物的类别名称是__________。

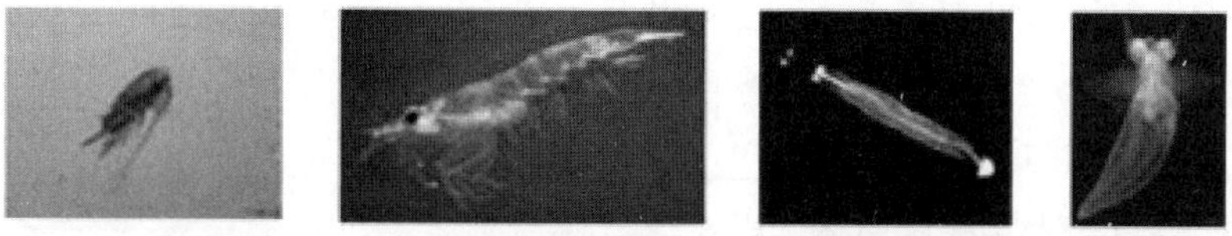

（　）　（　）　（　）　（　）

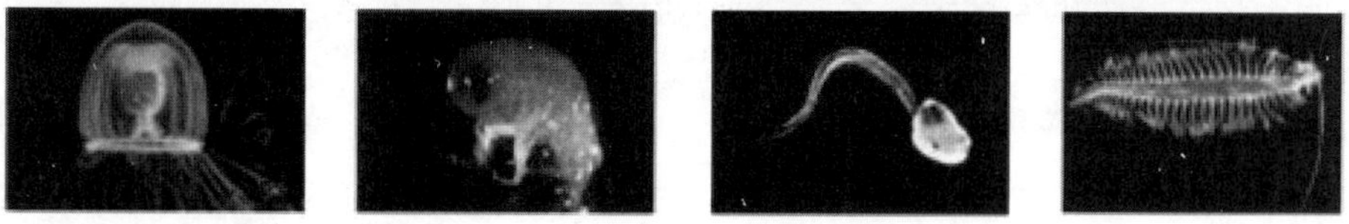

（　）　（　）　（　）　（　）

答案：桡足类，磷虾，毛颚动物，翼足类，水母（水螅水母）类，端足类，有尾类，多毛类

17．海洋浮游植物：浮游植物多为__________植物，具有__________或其他色素体，能吸收光能（太阳辐射能）和__________进行光合作用，自行制造有机物（主要是碳水化合物），亦称自养型浮游生物。

答案：单细胞，叶绿素，CO_2

18．赤潮是海洋中某些微小的浮游藻类、原生动物或细菌，在一定的环境条件下爆发性繁殖（增殖）或聚集引起_________的一种有害的_________现象。

答案：水体变色，生态异常

19．生物多样性通常包括_________、_________和_________三个层次。

答案：遗传多样性，物种多样性，生态系统多样性

20．硅藻的_________都具有规则排列的花纹。中心硅藻纲_________的花纹基本上是_________形。

答案：细胞壁，细胞壁，六角

21．纵沟或称_________，是羽纹硅藻纲_________的一个重要构造。

答案：壳缝，细胞壁

22．按营养方式，浮游生物可分为_________和_________两大类，其中浮游动物是一类_________的浮游生物，不能自己制造有机物。

答案：自养型，异养型，异养型

23．肥胖三角溞体呈_________，壳瓣顶端钝圆、无刺。连接第二触角基部的 2 条粗细不同的提肌左右分开，但近触角基部，又相互靠近，而呈_________。

答案：卵圆形，“V”形

24．有尾类的身体一般可分为_________和_________两部分。

答案：躯体，尾部

25．_________的拉丁名是 *Calanus sinicus*。

答案：中华哲水蚤

26．毛颚动物的纤毛冠是种类鉴定的主要根据，可分为三种类型，分别是_________、_________、_________。

答案：甲型，乙型，丙型

27．一般来说，桡足类胸足位于_________，共有_________对。

答案：腹面，5

28．一般来说，腔肠动物的浮游幼虫有_________、_________和_________。

答案：浮浪幼虫，辐射幼虫，碟状幼体

29．按照生物季节划分夏季为_________月至_________月。

答案：6，8

30．潮间带分离的标本经初步鉴定，以_________为单位分装，并及时加入固定液。

答案：种

31．潮间带生物除海绵、苔藓虫等含钙质动物用_________中性甲醛溶液固定外，其余仍用_________酒精保存。

答案：5%，75%

32．大型底栖生物鉴定称重时采用感量为_________的天平。称重前或后还需计算各种生物的个体数（岩岸采集的易碎生物个体数由野外记录查得）。

答案：0.01 g

33．大型底栖生物鉴定需测定栖息密度和__________，分析其相对丰度和群落多样性。

答案：生物量

34．大型底栖生物在进行标本鉴定时，对优势生物应尽可能鉴定到__________。

答案：种

35．对典型意义的大型底栖生物指示种，有条件时可用__________扫描测量生长线、计算生长率。

答案：电镜

36．__________是海洋中的初级生产者，是海洋动物直接或间接的饵料，在海洋渔业方面有着重要的意义。

答案：海洋浮游植物

37．根据壳面花纹排列的情况，硅藻门分为 2 个纲：壳面花纹辐射对称的为__________，壳面花纹左右对称的为__________。

答案：中心硅藻纲，羽纹硅藻纲

38．硅藻的繁殖有多种方式，包括__________、__________、__________。

答案：无性繁殖，有性繁殖，休眠孢子

39．浮游动物生物量测定时，遇有含水量多的、较大型的浮游动物（如水母、__________等），应在所填表格相应的备注栏里注明，以备查用。

答案：海樽

40．桡足类的摄食方式包括三种类型为__________、__________、__________。

答案：滤食性，捕食性，混食性

41．磷虾的鳃位于胸肢基部外侧，呈指状突起，露出体外营呼吸作用，成为__________。

答案：足鳃

42．瓣鳃类壳高指__________的距离，壳长指__________的距离，壳宽指__________的距离。

答案：由壳顶到腹缘，前后两端之间，左右两壳膨胀的最大

43．海洋底栖植物包括__________、__________、__________。

答案：单细胞植物，海藻，维管植物

44．常见大型底栖动物类群：__________门、__________门、__________门和__________门。

答案：环节动物，软体动物，节肢动物，棘皮动物

45．环节动物特征：__________、具分节现象、裂生真体腔、多具闭管式的循环系统、链式神经系统、多为螺旋式定型卵裂、海生者多经担轮幼虫期。

答案：两侧对称

二、单选题

1．通常情况下，叶绿素 a 表层样品的采集应在水面下__________m 处进行。（　　）

A．0.2　　B．0.5　　C．0.3　　D．0.6

答案：B

2．浮游生物在显微镜下计数时，常用计数框容量有 0.1 mL、1 mL、__________mL 和 8 mL 四

种。(　　)

A. 2　　B. 3　　C. 4　　D. 5

答案：D

3. 底栖动物的定量采样可以客观地反映海洋底栖动物的不同部位的种类组成和现存量，并以每平方__________为单位进行统计和计算。(　　)

A. 厘米　　B. 分米　　C. 米　　D. 千米

答案：C

4. 底栖动物样品带回实验室后需要长期保存时，要用__________%酒精或 5%福尔马林液固定或采用混合固定液固定。(　　)

A. 10　　B. 30　　C. 70　　D. 75

答案：D

5. 进行鱼类的生物调查时，全部鱼类个体都要鉴定到__________，并统计数量。(　　)

A. 科　　B. 亚种属　　C. 种　　D. 亚种

答案：C

6. 腹足类动物大多具有一个螺旋形的__________，其形状随种类而异，变化很大，它是鉴别种类的重要特征。(　　)

A. 斑纹　　B. 体环　　C. 贝壳　　D. 附肢

答案：C

7. 端足目 *Ampipoda* 动物头部很小，与第一胸节愈合。胸部各节发达，分节__________。身体多侧扁，一般弯曲呈钩状，所以叫钩虾。(　　)

A. 不明显　　B. 12 节　　C. 明显　　D. 21 节

答案：C

8. 用分光光度法测定海水叶绿素 a 时，样品的提取方法为将过滤了样品的滤膜放入具塞离心管中，加入 10 mL__________的丙酮溶液，摇荡，放置冰箱冷藏 14～24 h，提取叶绿素 a。(　　)

A. 80%　　B. 85%　　C. 90%　　D. 95%

答案：C

9. 过滤海水叶绿素 a 水样时，过滤负压不应超过__________ kPa。(　　)

A. 40　　B. 50　　C. 60　　D. 70

答案：B

10. 用分光光度法测定海水叶绿素 a 时，应以丙酮溶液作参比，分别测定四个波长处的吸光值，其中__________nm 处的测定，用以校正提取液的浊度。(　　)

A. 750　　B. 664　　C. 647　　D. 630

答案：A

11. 海水叶绿素 a 冷冻情况下最长可以保存__________天。(　　)

A. 15　　B. 20　　C. 25　　D. 30

答案：C

12. 海水叶绿素 a 样品过滤时，使用孔径为__________μm 的纤维素酯微孔滤膜。(　　)

A．0.30　　B．0.35　　C．0.40　　D．0.45

答案：D

13．外形类似小虾，但具有指状足鳃和发光器，胸肢完全相似，没有分化为颚足，符合以上形态特征的种类为__________。（　　）

A．中国毛虾　　B．中华假磷虾　　C．长额刺糠虾　　D．正型莹虾

答案：B

14．浅水III型浮游生物网的网口面积为__________m^2。（　　）

A．0.08　　B．0.1　　C．0.15　　D．0.2

答案：B

15．以下各种海洋生态系统中净初级生产力最高的是__________。（　　）

A．珊瑚礁　　B．河口海湾　　C．大陆架　　D．大洋

答案：A

16．通常按生活方式及在沉积物中的位置将底栖生物划分为地上动物、底内动物和游泳底栖生物。以下属于底内动物的是__________。（　　）

A．海绵　　B．贻贝　　C．多毛类　　D．海胆

答案：C

17．不属于我国沿海主要污损生物的是__________。（　　）

A．藤壶　　B．牡蛎　　C．贻贝　　D．蛇尾

答案：D

18．以下不属于海洋软体动物的是__________。（　　）

A．石鳖　　B．乌贼　　C．章鱼　　D．藤壶

答案：D

19．下图中的种类为__________。（　　）

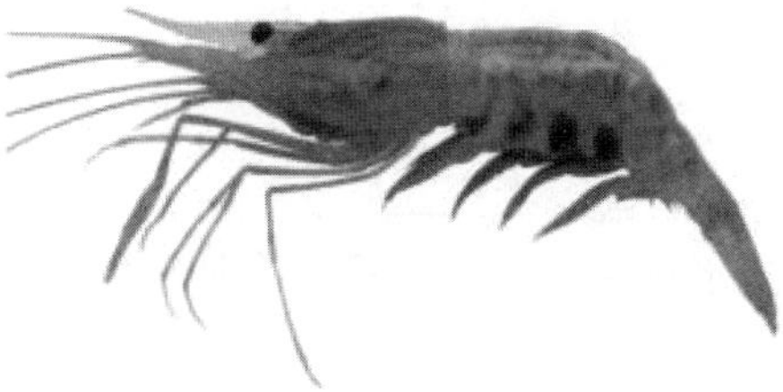

A．中华管鞭虾　　B．细巧仿对虾　　C．葛氏长臂虾　　D．脊尾白虾

答案：C

20．下图中的种类为__________。（　　）

A．三疣梭子蟹　　B．日本蟳　　C．细点圆趾蟹　　D．锯缘青蟹

答案：B

21．使用沉降计数法：将混合水样均匀吸取 3 个分样装满 3 个等容量的沉降器，盖上拨片，静置__________h，经沉降后分别置于倒置显微镜下鉴定计数。（　　）

A．6　　B．12　　C．24　　D．48

答案：C

22．角毛藻属根据角毛内有无__________及其形态和数目，可分为 3 个亚属。（　　）

A．叶绿素　　B．色素体　　C．间隙　　D．间插带

答案：B

23．活动的甲藻均有__________条鞭毛。（　　）

A．1　　B．2　　C．3　　D．4

答案：B

24．中肋骨条藻分布很广，以沿岸水域最多，属于__________种类。（　　）

A．广温　　B．广盐　　C．广温广盐　　D．常见

答案：C

25．布纹藻属细胞狭而扁，壳面呈“__________”形。（　　）

A．r　　B．S　　C．V　　D．U

答案：B

26．__________，体呈钝锥形，横切面（通过口道）略呈球形。高 7～12 mm，宽 5～10 mm。8 条栉毛带的栉毛板数目相同，通常 15～30 块。触手 2 根，每根触手两侧生出十几条同一类型的分枝。触手基部小而圆，与胃处于等高位置。触手鞘很小，开口在栉毛带的背口端附近。（　　）

A．碟水母　　B．球形侧腕水母　　C．海月水母　　D．灯塔水母

答案：B

27．下列浮游幼体中，__________不属于棘皮动物的幼体形态。（　　）

A．羽腕幼虫　　B．长腕幼虫　　C．樽形幼虫　　D．阿利玛幼虫

答案：D

28．下列桡足类属于完全浮游的类群为__________。（　　）

A．哲水蚤目　　B．剑水蚤目　　C．猛水蚤目　　D．怪水蚤目

答案：A

29．前体部呈长筒形，头部与第一胸节分开，第三、四胸节也分开，第三胸节后侧角可达生殖节基部（雄性短些）。雄性第二触角第二基节外缘具细齿，第四胸足内肢有 2 根刺毛。本种在我国沿岸水域有广泛分布，尤以渤海、黄海的数量较大。属于以上描述的浮游动物为__________。（　　）

A．近缘大眼剑水蚤　　B．挪威小星猛水蚤　　C．特氏歪水蚤　　D．中华异水蚤

答案：A

30．身体较小（一般，♀ 2.7～3.0 mm；♂ 2.6～2.9 mm）。前额略呈三角形突出，第五胸足基节内缘齿较少（♀ 18～22 mm；♂ 17～21 mm）。不过，齿数的变化是大的，不但随个体大小和地区而异，而且有季节变化，甚至不同世代个体的齿数也不相同。雄性左足内肢很短，仅达或不达其外肢第一节的末端。此种为暖温带种，广泛分布于我国渤海、黄海和东海沿岸区，为这些水域的优势种。

属于以上描述的浮游动物为__________。(　　)

A. 普通波水蚤　　B. 中华哲水蚤　　C. 特氏歪水蚤　　D. 驼背隆哲水蚤

答案：B

31. __________的发育过程要经过两个浮游幼虫时期，即无节幼虫和腺介虫，又称介形幼虫(*cypris larva*)。前者是我国沿岸水域的主要浮游幼虫之一，除冬季外，常大量出现于浮游生物中。腺介幼虫也较常见，但数量很少，因为到了这个发育阶段，幼虫已开始脱离浮游生活，而改营底栖生活。(　　)

A. 桡足类　　B. 蔓足类　　C. 鳃足类　　D. 磷虾类

答案：B

32. 软体动物的浮游幼虫，比较常见的有腹足类和瓣鳃类的__________、面盘幼虫和后期幼虫。(　　)

A. 帽状幼虫　　B. 牟勒幼虫　　C. 舌贝幼虫　　D. 担轮幼虫

答案：D

33. 潮间带定量标本须固定__________以上方可称重。(　　)

A. 1天　　B. 3天　　C. 5天　　D. 7天

答案：B

34. 供分析测定体内污染物质的生物样品应__________处理？(　　)

A. 冷冻　　B. 5%甲醛浸泡　　C. 75%乙醇浸泡　　D. 无须特殊处理

答案：A

35. 大型底栖生物中多毛纲分为两个目：隐居目和__________。(　　)

A. 游走目　　B. 奇蹄目　　C. 头楯目　　D. 十足目

答案：A

36. 大型底栖生物鉴定时若再发现一瓶中有__________以上生物，应将其分出另编新号，注明标本原出处，并及时更改标签和表格中的相关数据。(　　)

A. 1种　　B. 2种　　C. 3种　　D. 4种

答案：B

37. 若要称量大型底栖生物干重时，应将标本用淡水或蒸馏水冲洗，吸去表面水分，置于70～100℃烘箱中至恒重，用感量__________g的天平称量。(　　)

A. 0.1　　B. 0.01　　C. 0.001　　D. 0.000 1

答案：D

38. 在进行大型底栖生物生物量测定精密度时，湿重生物量±__________g。(　　)

A. 0.1　　B. 0.01　　C. 0.001　　D. 0.000 1

答案：B

39. 大型底栖生物分析测试后剩余样品至少保留__________个月。(　　)

A. 1　　B. 2　　C. 3　　D. 4

答案：D

40. 优势度与均匀度是相对应的指数，指数值为__________。(　　)

A．0～1　　B．1～2　　C．2～3　　D．3～4

答案：A

41．抗污能力不同，可根据其在群落组成中比例关系的改变，反映环境污染状况。一般认为：污染环境，多毛类种类比率趋于__________，而棘皮动物、甲壳动物的比率趋向__________。（　　）

A．增加，增加　　B．增加，减少　　C．减少，减少　　D．减少，增加

答案：B

42．一般而言，健康的环境种类丰度__________，污染环境种类丰度__________。（　　）

A．高，高　　B．高，低　　C．低，低　　D．低，高

答案：B

43．针对某赤潮海域的应急监测中，A站位采得水样500 mL，摇匀后取三个分样各0.25 mL分别计数，计数结果分别为125个、150个、350个，该站位的藻类密度为__________$\times10^3$个/L。（　　）

A．125　　B．150　　C．833.33　　D．391.67

答案：C

44．生物多样性通常包括物种多样性、生态系统多样性和__________三个层次。（　　）

A．遗传多样性　　B．生境多样性　　C．群落多样性　　D．环境多样性

答案：A

45．浮游植物是海洋生态系统中的主要生产者，属于__________。（　　）

A．消费者　　B．初级生产者　　C．次级消费者　　D．分解者

答案：B

46．大、中型浮游生物样品用中性甲醛溶液固定，加入量为样品体积的5%。需进行电镜观察的样品，用戊二醛固定，加入量为样品体积的__________。（　　）

A．1%～3%　　B．2%～5%　　C．5%～8%　　D．8%～10%

答案：B

47．大、中型浮游生物湿重生物量测定精密度要求为±__________mg。（　　）

A．1　　B．0.2　　C．0.3　　D．0.5

答案：A

48．躯体小而胖，背部近平直。口位于前端，斜向背面，口腺小。尾部肌肉很窄，具有2个纺锤形的亚脊索细胞。尾部与躯体的长度比为4∶1，雌雄异体。它在我国沿岸水域广为分布。属于以上描述的浮游动物是__________。（　　）

A．长尾住囊虫　　B．透明褶海鞘　　C．异体住囊虫　　D．小齿海樽

答案：C

49．比较常见的腹足类和瓣鳃类的担轮幼虫、面盘幼虫和后期幼虫属于__________。（　　）

A．多毛类　　B．软体动物　　C．扁虫类　　D．纽虫类

答案：B

50．棘皮动物门最显著的特征是__________。（　　）

A．五放辐射对称　　B．有水管系　　C．有血系　　D．有口面

答案：A

51．环节动物的吻可以分为__________个区。（　　）

A．4　　B．6　　C．8　　D．10

答案：C

52．钩虾亚目属于__________。（　　）

A．等足目　　B．十足目　　C．磷虾目　　D．端足目

答案：D

三、多选题

1．浮游幼虫也是海洋浮游动物的重要组成，浮游幼虫分布特征，以下说法正确的是__________。（　　）

A．近海多，外海少　　B．热带海多，两极海少

C．常有密集现象　　D．春夏秋多，冬季少

答案：ABCD

2．下列属于海洋浮游甲壳动物的有__________。（　　）

A．枝角类　　B．桡足类　　C．端足类　　D．介形类

答案：ABCD

3．海洋刺胞动物的体型分为__________。（　　）

A．伞型　　B．球型　　C．水螅型　　D．水母型

答案：CD

4．水母类在海洋中分布很广，以下种类可作为暖流指示种的有__________。（　　）

A．半口壮丽水母　　B．贝氏拟线水母　　C．北极霞水母　　D．宽膜棍手水母

答案：AD

5．下列关于海洋浮游植物调查说法正确的是__________。（　　）

A．浮游植物调查，一般只需采水样

B．浮游植物采集水样时，测站水深在 15 m 以内的浅海，采表、底两层

C．浮游植物采集水样时，测站水深大于 15 m 的采表、中、底三层

D．若需详细了解浮游植物垂直分布，可按 0 m、3 m、5 m、10 m、15 m 和底层等层次采样

答案：ABCD

6．海洋浮游生物生态调查的调查类型包括__________。（　　）

A．现状调查（或称基础调查）　　B．监测性调查

C．应急跟踪调查　　D．环境调查

答案：ABC

7．红树林的特征包括__________。（　　）

A．耐盐性，分布只限于有潮汐的沼泽地

B．具有气生和浅表性根系

C．有特殊的生理适应，以防止盐分进入体内，或使其自身分泌多余的盐分

D．许多是胎生的，产生的种子在树上萌发

答案：ABCD

8．以下属于海洋底栖生物的是__________。（　　）

A．索沙蚕　B．石莼　C．水螅　D．藤壶

答案：ABCD

9．以下属于棘皮动物的是__________。（　　）

A．多棘海盘车　B．马氏刺蛇尾　C．马粪海胆　D．刺参

答案：ABCD

10．以下属于岩岸潮间带常见种的是__________。（　　）

A．滨螺　B．藤壶　C．海蟑螂　D．弹涂鱼

答案：ABC

11．以下属于海洋哺乳动物的是__________。（　　）

A．海牛　B．海豹　C．海豚　D．儒艮

答案：ABCD

12．现场采集海水叶绿素 a 过程中，水深在 25～50 m 时，采样标准层次为__________。（　　）

A．表层　B．10 m　C．50 m　D．底层

答案：ABD

13．蓝藻门是一类广泛分布的浮游植物，特别是在温暖水域中数量较多。蓝藻没有真正的__________。（　　）

A．细胞核　B．细胞壁　C．色素体　D．叶绿素

答案：AC

14．依据浮游生活阶段在生活史中所占时期的长短，可将浮游生物划分为以下三种类型，分别是__________。（　　）

A．永久性浮游生物　B．阶段性浮游生物

C．暂时性浮游生物　D．沿岸性浮游生物

答案：ABC

15．依据浮游生物水平分布特点，浮游生物可以划分为__________。（　　）

A．沿岸性（近海）浮游生物　B．远洋性（外海）浮游生物

C．泛栖性浮游生物　D．暂时性浮游生物

答案：ABC

16．桡足类的幼虫包括__________。（　　）

A．无节幼虫　B．腺介幼虫　C．桡足幼体　D．溞状幼虫

答案：AC

17．属于浮游软体动物的是__________。（　　）

A．翼足类　B．异足类　C．海蜗牛　D．腹翼螺

答案：ABCD

18．大型底栖生物采样常用采泥器，其类型为__________。（　　）

A．抓斗式采泥器　B．弹簧采泥器　C．柱状采泥器　D．“大洋-50”型采泥器

答案：ABD

19．潮间带生态环境调查内容包括__________。(　　)

A．环境基本特征　B．水文气象要素　C．化学要素　D．沉积物要素

答案：ABCD

20．调查结果中应绘制无脊椎动物重要门类包括__________的密度和生物量分布图。(　　)

A．环节动物　B．软体动物　C．甲壳动物　D．棘皮动物

答案：ABCD

21．属于浮游甲壳动物的是__________。(　　)

A．枝角类　B．端足类　C．轮虫类　D．多毛类

答案：AB

22．浮游植物样品的固定液包括__________。(　　)

A．鲁哥氏液　B．缓冲甲醛溶液　C．多聚甲醛溶液　D．酒精

答案：ABC

23．有毒赤潮种类引起麻痹性贝毒的种类有__________。(　　)

A．链状亚历山大藻　B．塔玛亚历山大藻　C．微小亚历山大藻　D．链状裸甲藻

答案：ABCD

24．不同类别的甲壳类的发育方式有__________类。(　　)

A．增节变态　B．不完全变态　C．变态

答案：ABC

25．下列浮游动物属于永久性（终生）浮游生物的是__________。(　　)

A．管水母类　B．磷虾类　C．箭虫类　D．浮游被囊类

答案：ABCD

26．属于桡足类滤食性的有__________。(　　)

A．拟哲水蚤属　B．胸刺水蚤属　C．纺锤水蚤属　D．长腹剑水蚤属

答案：ACD

27．节肢动物门分类包括__________。(　　)

A．鳃足纲　B．甲壳纲　C．颚足纲　D．肢口纲

E．海蜘蛛纲

答案：ABCDE

28．下列属于棘皮动物门的是__________。(　　)

A．仿刺参　B．三疣梭子蟹　C．马粪海胆　D．海燕

答案：ACD

四、判断题

1．若滤得样品不能及时提取海水叶绿素 a，应将该滤膜抽干对折，再套上一张滤纸，置于装有硅胶的干燥器内，常温保存即可。(　　)

答案：错误

正确答案：应贮存在低于1℃的冰箱中。

2．荧光法测定海水叶绿素a时，样品采集后要立即过滤，然后用铝箔将滤膜包裹起来，在−20℃条件下干燥保存待测。（　　）

答案：正确

3．海水叶绿素a样品瓶洗涤依次用自来水和蒸馏水洗净。（　　）

答案：正确

4．现场空白是指在采样现场以纯水作样品，按照测定项目的采样方法和要求，与样品相同条件下装瓶、保存、运输，直至送交实验室分析。（　　）

答案：正确

5．原生动物是一类最小的、具有重要生态学意义的单细胞浮游动物，包括鞭毛类、有孔虫和纤毛类原生动物。（　　）

答案：正确

6．夜光虫（*Noctiluca scintillans*）是常见的大型浮游动物种类，常在近岸高度密集甚至形成赤潮。夜光虫只摄食硅藻和其他浮游植物。（　　）

答案：错误

正确答案：夜光虫（*Noctiluca scintillans*）是常见的大型浮游动物种类，常在近岸高度密集甚至形成赤潮。夜光虫摄食小型浮游动物（包括鱼卵），也摄食硅藻和其他浮游植物。

7．栉水母类身体是柔软透明的，有刺细胞和世代交替，并且同时具有栉板和黏胞。（　　）

答案：错误

正确答案：栉水母类身体是柔软透明的，但没有刺细胞和世代交替，具有栉板和黏胞。

8．沿岸性浮游动物生活于沿岸盐度较低水域，不包括河口浮游动物。（　　）

答案：错误

正确答案：沿岸性浮游动物生活于沿岸盐度较低水域，也包括河口浮游动物。

9．群落中有的种类对决定其他大多数种类在群落中持续生存的能力具有关键性的作用，此种类称为优势种。（　　）

答案：错误

正确答案：群落中有的种类对决定其他大多数种类在群落中持续生存的能力具有关键性的作用，此种类称为关键种。

10．栉水母门是一类辐射对称，具有刺胞以及世代交替的水母。（　　）

答案：错误

正确答案：栉水母门是一类两幅对称，没有刺胞（刺胞栉水母除外），也没有世代交替的水母。

11．硅藻细胞表面有向外伸展的多种多样的突出物，它们有增加浮力和相互连接的作用。（　　）

答案：正确

12．中肋骨条藻为世界广布种，在我国沿海普遍存在，在长江口为一种常见的赤潮种。（　　）

答案：正确

13．太阳双尾藻为暖水浮游性种，广泛出现于热带及亚热带近海。在中国主要出现在南海，冬季随黄海暖流的加强，在黄海也曾采到，可作为黄海暖流的良好指示种。（　　）

答案：正确

14．底栖生物是在底部生活的一切生物，包括定着生物、爬行生物和穴居生物。底栖生物也有游泳的种类，但游泳能力极弱，只能做短距离的移动。这类生物分布在整个海洋的底部，从高潮线起，一直到海底为止。（ ）

答案：正确

15．海洋大型底栖动物是指能被 0.05 mm 网筛截留的底栖动物，其大部分活动能力较弱或营固着生活，生活范围有限。（ ）

答案：错误

正确答案：大型底栖动物是指能被 0.5 mm 网筛截留的底栖动物。

16．海洋大型藻类广泛分布在温带的岩石基底上，大型海藻生长速度极快，形成大片的水下森林。（ ）

答案：正确

17．海草是生活于热带和温带沿岸浅水中的双子叶植物，常在沿岸潮下带浅水形成海草场。（ ）

答案：错误

正确答案：海草是生活于热带和温带沿岸浅水中的单子叶植物。

18．能建造珊瑚礁的珊瑚称作造礁珊瑚，每一个造礁珊瑚水螅体内都含有大量的可进行光合作用的甲藻，称作虫黄藻。（ ）

答案：正确

19．潮间带指落潮时定期暴露于空气中而涨潮时又淹没于水中的沿岸区。（ ）

答案：正确

20．在河口区，从海洋来的高盐水比重大，因而处在由江河流入的淡水层之下，当两种水体混合较差或形成分层时，底层的氧无法从大气层中获得补充，由此许多底栖种类能耐受低氧的条件。（ ）

答案：正确

21．与海洋水层以浮游植物光合作用开头的植物食物链不同，河口水域含有大量的有机碎屑，此碎屑食物链是河口生态系统结构中最重要的能流和物流通道。（ ）

答案：正确

22．浮游植物是海洋生态系统中的主要生产者，属于初级生产者。（ ）

答案：正确

23．硅藻中心纲内物种的基本特征：细胞壳面上的花纹都是从壳面中心向四周放射状排列，呈中心对称。（ ）

答案：错误

正确答案：中心纲内物种呈辐射状对称。

24．硅藻羽纹纲物种的基本特征：细胞壳面上的花纹都是两侧对称，呈羽状排列。（ ）

答案：正确

25．角藻属为单细胞或连接呈链状，顶角细长，底角 2 个或 3 个，有些种类只有一个发达的底角，另一个短小或完全退化。（ ）

答案：正确

26．具槽直链藻细胞呈圆盘状，壳面平或隆起。壳缘生粗细相间的长刺。（　　）

答案：错误

正确答案：具槽直链藻细胞呈短圆柱状，壳面平，紧连成直链。

27．硅藻壳面的形状（环带的横断面）均为圆形。（　　）

答案：错误

正确答案：硅藻壳面的形状（环带的横断面）通常为圆形、椭圆形或多角形。

28．在菱形藻属和双菱藻属中的纵沟呈管状，称为管纵沟。（　　）

答案：正确

29．海洋原甲藻细胞侧扁，呈瓜子形，长度约为 50 μm。（　　）

答案：正确

30．角毛藻的毛：为较细长的突出物，长度常为细胞直径的数倍，均为无色素体。（　　）

答案：错误

正确答案：角毛藻的毛为较细长的突出物，长度常为细胞直径的数倍，有的种类在粗毛里还有色素体。

31．虹彩圆筛藻：细胞呈圆盘状，中央略凸出，直径为 100～300 μm。（　　）

答案：错误

正确答案：虹彩圆筛藻：细胞呈圆盘状，中央略凹，直径为 100～300 μm。

32．除终生浮游的种类之外，大多数水母具有两种基本体型，即水螅型（*polyp*）和水母型（*medusa*），而这两种体型又往往出现在同一种的生活史中，成为两个不同世代——水螅型世代（有性世代）和水母型世代（无性世代）。（　　）

答案：错误

正确答案：两个不同世代——水螅型世代（无性世代）和水母型世代（有性世代）。

33．水母的体壁由外、内胚层和中胶层组成。（　　）

答案：正确

34．栉水母没有特殊的呼吸器官，主要是通过细胞与环境之间的简单气体交换。其耗氧量较低。（　　）

答案：正确

35．海洋浮游桡足类是小型（一般体长 1～4 mm，最大可达 13 mm）、低等甲壳动物，隶属甲壳亚门、桡足亚纲（*Cepepoda*）。它们不但种类多、数量大、分布广，在海洋浮游生物中占有很重要的位置，而且它们是海洋食物网中的一个重要环节。（　　）

答案：正确

36．桡足类的身体分节明显，由 10～11 个体节组成，但由于愈合的结果，一般不超过 10 节。（　　）

答案：错误

正确答案：桡足类的身体分节明显，由 16～17 个体节组成，但由于愈合的结果，一般不超过 11 节。

37. 桡足类第五胸足常有不同程度的改变。在哲水蚤目有显著雌雄之分，它是鉴定种类的最主要根据。雄性的第五胸足因种类的不同而有相当大的差异，基本上可分为 3 类，即双肢型、单肢型或完全消失。雌性第五胸足比雄性更为发达，结构也更复杂多变，基本上包括双肢型和单肢型两类。(　　)

答案：错误

正确答案：雌性的第五胸足因种类的不同而有相当大的差异，基本上可分为 3 类，即双肢型、单肢型或完全消失。雄性第五胸足比雌性更为发达，结构也更复杂多变，基本上包括双肢型和单肢型两类。

38. 无节幼虫经 5 次蜕皮后成为桡足幼体。这个幼体也分 5 期，到了第 5 期成为性成熟的个体。(　　)

答案：错误

正确答案：无节幼虫经 6 次蜕皮后成为桡足幼体。这个幼体也分 6 期，到了第 6 期成为性成熟的个体。

39. 浮游端足类隶属甲壳纲、软甲亚纲、正虾部、端足目的绒亚目（*Hyperiidea*）。它是一类两侧扁平、分节明显、有背甲的甲壳动物，也是海洋浮游动物的重要组成之一。(　　)

答案：错误

正确答案：它是一类两侧扁平、分节明显、没有背甲的甲壳动物。

40. 软体动物的浮游幼虫，比较常见的有腹足类和瓣鳃类的担轮幼虫、面盘幼虫和后期幼虫。(　　)

答案：正确

41. 一般将泥沙滩分为绿螂-沙蚕-招潮蟹滩（或南方的盐碱植物带）、蟹类-螺类滩和蛤类滩。(　　)

答案：正确

42. 称重时，软体和甲壳动物保留其外壳，大型管栖多毛类保留栖息管子，而寄居蟹的栖息外壳以及其他生物体上的伪装物、附着物，称重时应予以剔除。(　　)

答案：错误

正确答案：称重时，标本应先置吸水纸上吸干体表固定液。称重软体和甲壳动物时保留其外壳（必要时，对某些经济种或优势种可分别称其壳和肉重）。大型管栖多毛类的栖息管子、寄居蟹的栖息外壳以及其他生物体上的伪装物、附着物，称重时应予剔除。

43. 大型底栖生物鉴定易断的纽虫、环节动物时按头部计数。(　　)

答案：正确

44. 优势种和主要类群的种类应力求鉴定到种，疑难者可请有关专家鉴定或先进行必要的特征描述，暂以 SP1，SP2、SP3……表示，然后再行分析、鉴定。(　　)

答案：正确

45. 已经固定的大型底栖生物样品，超过 3 个月未能进行分离鉴定的，应更换一次固定液。(　　)

答案：错误

正确答案：已经固定的大型底栖生物样品，超过 2 个月未能进行分离鉴定的，应更换一次固定液。

46. 大型底栖生物密度分布图一般以等值线或不同大小的圆圈表示，密度（ind/m^2）的取值标准：＜5，10，25，50，100，250，500，1 000，＞1 000。（　　）

答案：正确

47. 种类鉴定结果若与原标签初定种名不符，应立即更换标签和更改表中的有误种名。（　　）

答案：正确

48. 生物密度和生物量的换算。将所有站位的实测生物个体数和生物量数据按其采样面积换算成个/m^2和 g/m^2，分别表示生物密度和生物量。（　　）

答案：正确

49. 在进行鉴定前需进行标本整理核对时，应按调查地点、断面、站序，将定量和定性标本分开。（　　）

答案：正确

50. 将每次采得的所有种类按分类系统依次列出，在各种名后标明种名（或俗名）、采集时间、地点、断面、站号及分布潮区（带）。（　　）

答案：正确

51. 在使用显微镜观察浮游动物样品前，旋转载物台下方的物镜镜头架，首先使低倍镜对准计数框。（　　）

答案：正确

52. 活动的甲藻均有 2 条鞭毛。（　　）

答案：正确

53. 海洋浮游植物是一个生态学概念，这是一类自养型的浮游生物。（　　）

答案：正确

54. 刺胞是腔肠动物所特有的。刺胞是由间细胞形成的，分布于外胚层，尤其在触手和外伞表面较多，有些种类在内胚层也有。栉水母有刺胞而无粘胞。（　　）

答案：错误

正确答案：刺胞是腔肠动物所特有的。刺胞是由间细胞形成的，分布于外胚层，尤其在触手和外伞表面较多，有些种类在内胚层也有。栉水母无刺胞而有粘胞。

55. 浮游动物生物量的测定以大型或浅水Ⅰ型浮游生物网的样品为准。特殊研究对象或特殊海区可视具体情况而定。（　　）

答案：正确

56. 浮游动物样品计数时一般以种为单位分别计数；优势种、常见种应力求鉴定到种。（　　）

答案：正确

57. 浮游动物湿重生物量（单位为 mg/m^3）取值为 5，10，30，50，100，300，500，1 000，5 000。（　　）

答案：错误

正确答案：取值为 5，10，25，50，100，250，500，1 000，5 000。

58. 口前叶是口前的一个体节，在自由主动觉食的种类中，口前叶较发达，在固着滤食的类群中，口前叶多退化或与围口节和前几体节愈合，附肢也大都特化为滤食和呼吸的鳃冠（触手冠）。口

前叶具有附肢、触手、触角、眼。（ ）

答案：正确

59．软体动物分为 7 纲，分别为无板纲、双壳纲、头足纲、腹足纲、单板纲、多板纲、无足纲。（ ）

答案：错误

正确答案：软体动物分为 7 纲，分别为无板纲、双壳纲、头足纲、腹足纲、单板纲、多板纲、掘足纲。

60．软体动物神经系统有四对神经节。（ ）

答案：正确

五、简答题

1．请简述影响生物群落结构的因素。

答案：影响群落结构的因素有：

（1）生物因素。

（2）干扰对群落结构的影响。

（3）空间异质性与群落结构。

（4）岛屿效应。

2．请简述生物群落的空间结构所包括的三种主要结构。

答案：生物群落的空间结构所包括的主要结构有：

（1）群落的水平结构。

（2）群落的垂直结构。

（3）群落的时间结构。

3．简述用分光光度法测定海水叶绿素 a 的步骤。

答案：以丙酮溶液提取浮游植物色素，分别在 664 nm、647 nm、630 nm、750 nm 波长下测定吸光度，计算得出测定叶绿素 a 的含量。

4．海洋浮游动物具有哪些适应浮游生活的结构和能力，请列举说明。

答案：浮游动物具有多种多样适应浮游生活的结构，主要有以下两种类型。

（1）扩大个体表面或结成群体以增加浮力。

①缩小体积可增大相对表面积，从而增加抵抗下沉的阻力，因此大多数浮游动物是微小的。②具有刺毛、凸起或连结成群体，这是浮游动物常见的抵抗下沉的机制。如桡足类有细长、多毛的第一触角和尾叉刚毛。

（2）减轻比重增加浮力。

①产生气体、油等比重轻的物质，如管水母类僧帽水母群体顶端有一个充满气体的大气囊，哲水蚤体内有一个狭长的油囊。②分泌胶质。如浮游海樽类有发达的胶质囊。③增加水分。浮游动物的含水量一般高于底栖动物，水母类的含水量高达 96%以上。④外壳和骨骼退化或消失。如浮游腹足类软体动物的贝壳都比底栖种类的轻薄，有孔虫的外壳上遍布小孔。此外，浮游动物可依靠纤毛或者鞭毛的摆动，或者依靠肌肉的收缩运动产生微弱的“主动性运动”，不但可以使生物体向前移动，

而且可以使生物保持悬浮状态。

5．海洋浮游动物在海洋生态系统的能流、物流中有何重要地位和作用？

答案：

（1）浮游动物虽然个体小，但是在海洋生态系统中占有非常重要的地位。它们的数量多、分布广，是海洋生态系统能量流动和物质循环的最主要环节。

（2）浮游植物生产的产物基本上要通过浮游动物这个环节才能为其他动物所利用。

（3）浮游动物通过摄食影响或控制初级生产力，同时其种群动态变化又可能影响许多鱼类和其他动物资源群体的生物量。

（4）有些浮游动物（如毛虾、海蜇）本身就是渔业对象。

（5）有的浮游生物可以作为判别水团、海流的指示种，有助于了解海流和水团的移动、判断不同海流的交汇锋面，对探索一个海流余脉的分布有重要的作用。

（6）一些浮游生物尸骸沉积在海底，这些沉积物对海洋地质及海洋环境的研究有一定帮助。

6．海洋桡足类的主要分类依据是什么？

答案：桡足类的主要分类依据有：①体型；②末胸节后侧角的形态；③生殖节（雌性）的大小和形态（是否对称，有无刺、毛、突起等），生殖节突起的构造；④尾叉大小、形状，左右两叉是否对称，尾叉刚毛的长短比例及其分布；⑤第一触角的节数和体长的比例，刺、毛的分布情况，雄体执握触角弯曲部分的构造；⑥第二触角、大颚、小颚和颚足的形态；⑦胸足的外肢和内肢节数、长短比例，刺、毛的数目和分布情况，特别是第五胸足，尤其是雄性第五胸足的形态和构造。

7．简述海洋生物采样器上的流量计标定方法。

答案：未经检定的流量计，使用前应先检定或在平静海区现场标定后再使用。标定方法是将流量计按实际使用时的位置安装在不带网衣的网圈上，并按实际采样时的拖网速度从一定深度（10 m或 30 m）垂直拖至表层，记录其转数。如此反复 5～10 次后取得平均值，再计算每转的流量，则为流量计标定值。此值至少需保留 3 位有效数字。

8．什么是洄游？

答案：洄游是指某些鱼类等水生生物在生活过程中，由于环境影响或生理习性，在一定时期内从栖息地游到另一个水域中生活，经过一段时间后又沿原路线游回到原栖息地生活，这种集体的定期定向有规律的移动称为洄游。

9．简述大型海洋底栖生物的主要类别。

答案：刺胞动物、扁形动物、纽形动物、环节动物、星虫、软体动物、腕足动物、节肢动物、棘皮动物、尾索动物、头索动物等。

10．简述什么是生物多样性。

答案：生物多样性是一个包括物种、基因和生态系统的概括性的术语，可简单表述为“生物之间的多样化和变异性及物种生境的生态复杂性”。也就是说，生物多样性是所有生物种类、种内遗传变异和它们的生存环境的总称，包括所有不同种类的动物、植物和微生物，以及它们所拥有的基因，它们与生存环境所组成的系统。

11．全球海洋内的主要生物群落有哪些？

答案：近海生物群落、大洋生物群落、热泉生物群落、河口生物群落、红树林生物群落和珊瑚礁生物群落。

12．海洋生物多样性面临的威胁主要有哪些？

答案：过度利用、自然条件改变的危害、来自海洋污染的威胁、外来物种的入侵和全球气候变化对海洋生物多样性的威胁。

13．根据海洋生物的生活习性、运动能力及所处海洋水层环境和底层环境的不同，主要可分为哪些类群？

答案：浮游生物、游泳生物和底栖生物三大类群。

14．海洋浮游植物主要包括哪些类群？

答案：浮游植物主要包括蓝藻、硅藻、甲藻、绿藻、金藻、黄藻、隐藻和裸藻等。

15．浮游幼虫一般可分为哪两类？

答案：一类是终生营浮游生活的各类动物的幼体；另一类是成体营底栖生活而幼体是浮游的，这类幼虫属于阶段性浮游生物。

16．甲壳动物是一类非常重要的浮游动物，与浮游甲壳类的发育方式不同，大致可分为哪三种类型？

答案：

（1）增节变态。直接发育，或虽有幼体期但各期并无显著变化，如介形类。

（2）不完全变态。幼体在育室或育卵囊中发育，孵化时已是后期幼体，如枝角类、糠虾类、涟虫类、等足类、端足类等。

（3）变态。间接发育，即幼体发育经过若干不同形态和习性的幼体阶段，如桡足类、磷虾类、十足类等。

17．定性拖网所获得的样品数量过大时应如何处理？

答案：数量过大时，可取总质量的一小部分称重，计算每个种的个体数，再经换算得到总个体数。对于数量大且定名准确的种类，可保留一定数量供生物学等方式的测定，其余则在计数和称重后可倾弃。

18．大型底栖生物主要调查内容是什么？

答案：

（1）鉴定生物种类，测定栖息密度和生物量，分析其相对丰度和群落的多样性。

（2）确定群落中的主要种，并尽可能测量其个体大小、年龄结构、性别比例等。有条件的可做干湿比和灰重、生长率、生殖率的测定。

（3）主要种类体内污染物质的测定。

19．采集供分析生物体内污染物质累积情况的生物种类，选择的基本原则是什么？

答案：

（1）固定生活在一定区域、个体大小和数量适于分析测定的经济种和优势种；

（2）力求在各断面、全年均能采到的种类；

（3）对污染物质有较强忍受能力和较高富集能力的种类；

（4）为保护水产养殖业和人体健康，对附近养殖品种也可采样分析。

20．请简述赤潮的定义。

答案：赤潮是海洋中某些微小的浮游藻类、原生动物或细菌，在一定的环境条件下暴发性繁殖或聚集而引起水体变色的一种有害的生态异常现象。迄今为止，人们所发现的能形成赤潮的浮游生物绝大多数是浮游甲藻和硅藻，少数为原生动物和细菌。赤潮引起的海水变色可因形成赤潮的生物种的不同而不同。

21．简述桡足类的主要特征。

答案：

（1）身体呈圆筒形，分节明显；

（2）第一触角，单肢型；

（3）雄性第一触角具有较多的感觉毛或棒，并常特化为执握器；

（4）雌性腹部两侧或腹面常带卵；

（5）发育经多次变态。

22．试述哲水蚤目、剑水蚤目和猛水蚤目的主要区别。

答案：哲水蚤：第一触角超过胸部和体长；头胸部与腹部是陡然分开的，没有一个缓慢过程；雌体腹面一个卵囊；雄体一般右边第一触角呈胳臂状弯曲成执握器。

剑水蚤：第一触角长度仅达体长的一半；头胸部与腹部是慢慢小下来的，而不是陡然分开的；雌体腹部左右两个卵囊；雄体第一触角左右都变成执握器。

猛水蚤：第一触角很短小，很少超过 8 节，左右都变成执握器；头胸腹一样大的圆筒形；雌体腹部一个卵囊。

23．简述环节动物门的围口节特征。

答案：围口节位于口前叶后面的一个环节，腹面具口，两侧多具围口节触须（特化的疣足背、腹须或须状时）。

六、计算题

1．某次海洋浮游生物监测中，A 站位采得水样 1 000 mL，摇匀后分别注满三个 5 mL 的沉降管，静置 24 h 后计数，各沉降管计数结果分别为 112 个、150 个、250 个，计算该站位的藻类密度。

答案：（112+150+250）/（5×3）= 34.13（个/mL）

2．针对某赤潮海域的应急监测中，A 站位采得水样 500 mL，摇匀后取三个分样各 0.25 mL 分别计数，计数结果分别为 125 个、150 个、350 个，计算该站位的藻类密度。

答案：（125+150+350）/（0.25×3）= 833.33（个/mL）

3．某次海洋监测设置了 10 个站位，最后经过现场采样和实验室分析，该海域的调查结果显示，10 个站位均采集到中华哲水蚤，中华哲水蚤的单一种类密度为 2.4×10^4，该海域浮游动物的密度总量为 7.8×10^5，请通过计算判断，中华哲水蚤是否为该次调查该海域的优势种？

答案：根据优势度计算公式 Y=fini/N=（$1\times2.4\times10^4$）/（7.8×10^5）≈0.03＞0.02，一般认为当优势度 $Y\geq0.02$ 时，确定该物种为该次调查该海域的优势种。

答：中华哲水蚤为该次调查该海域的优势种。

第八节　海洋生物毒性测定

一、填空题

1．根据中毒后所产生的症状，贝类毒素主要分为__________、__________、__________、__________。

答案：麻痹性贝类毒素，腹泻性贝类毒素，神经性贝类毒素，记忆缺失性贝类毒素

2．__________是分布最广、毒性最强、危害最大的一类贝类毒素。

答案：麻痹性贝类毒素

3．麻痹性贝类毒素分析方法通常包括__________、__________、__________、__________。

答案：小鼠生物法，酶联免疫吸附法，液相色谱法，液相色谱-串联质谱法

4．小鼠生物法检测麻痹性贝类毒素中，以__________作为标准，将鼠单位换算成毒素的微克数，计算每__________贝肉中的PSP微克数。测定结果代表存在于贝肉内各种化学结构的PSP毒素总量。

答案：石房蛤毒素，100 g

5．用液相色谱-串联质谱法检测腹泻性贝类毒素，质谱扫描模式为__________。

答案：负离子扫描

6．用液相色谱-串联质谱法检测失忆性贝类毒素，试样经__________提取，强阴离子固相萃取柱净化后检测，外标法定量。

答案：甲醇溶液（50%）

7．记忆缺失性贝类毒素ASP的主要毒素成分为__________。

答案：软骨藻酸DA

8．小鼠生物法检测神经性贝类毒素中，贝类式样的提取液为__________。

答案：乙醚

9．麻痹性贝类毒素酶联免疫吸附法定量限为__________，腹泻性贝类毒素酶联免疫吸附法定量限为__________。

答案：50 μg/kg，10 μg/kg

10．失忆性贝类毒素酶联免疫吸附法定量限为__________。

答案：1 μg/g

11．两种或两种以上环境污染物同时作用于机体，所产生生物学作用的强度远远超过各污染物单独作用强度的总和，这种作用称为__________。

答案：协同作用

12．无可见影响浓度（NOEC）为实验生物暴露在一组不同浓度的试验溶液在一定时间后，通过观察实验生物的不良影响并比较试验组与对照组统计分析结果，判定出对实验生物__________。

答案：无显著影响的最大浓度

13．半数致死浓度（LC_{50}）为在一定观察期内，造成50%的受试生物__________的毒物浓度。

答案：死亡

14. 毒性试验是将生物体置于试验条件下，施加污染物的影响，然后观察、测定生物异常或死亡效应，包括__________、__________、__________毒性试验。

答案：急性，亚急性，慢性

15. 疏浚物是为保障港口、码头、航道、锚地通行使用顺畅，满足港口设施及其他涉海工程建设需要从水下挖掘出的__________。

答案：沉积物

16. 疏浚物生物学检验通过将实验生物直接暴露于水相和固相疏浚物的方法来确定疏浚物中污染物质的__________。

答案：生物效应

17. 拟倾倒的疏浚物在进行海洋倾倒前应进行理化检验，按照疏浚物分类方法，将疏浚物分为三类：__________、__________、__________。

答案：清洁疏浚物，沾污疏浚物，污染疏浚物

18. 疏浚物处置有四种方式：__________、__________、经过特殊处置后的有限制倾倒、陆上或其他特殊处置。

答案：直接倾倒，有限制的倾倒

19. 在试验条件下对生物体施加污染物以判定污染物对生物体所产生的毒性影响的检验方法为__________。

答案：生物毒性检验

20. 对某种污染物质有很强的忍受能力或对某种污染物敏感的生物种类称为__________。

答案：指标生物

21. 毒性试验是指将生物体置于试验条件下，施加污染物的影响，然后观察、测定生物__________或__________效应。

答案：异常，死亡

22. 用作毒性试验的生物叫作__________。

答案：受试生物

23. 生物毒性试验供水系统由__________、输水管道、__________、贮水池等构成。

答案：潜水泵，砂滤设备

24. 生物毒性试验选用的海胆应为__________期和__________期。

答案：胚胎，幼体

25. 活动性强的种类（如鱼、虾）和浮游桡足类，需用__________、__________采集，谨防弄伤。

答案：曳网，浮游生物网

26. 受试生物须经__________以上驯养才能用于实验，若驯养期间有__________以上个体死亡，则该批生物不能用于试验。

答案：一周，10%

27. 生物毒性试验水样采集时，应记录采样__________、__________、现场测量的水温，并观察记录污染的__________。

答案：时间，采样地点，表观现象

28．生物毒性试验期间每隔__________h 更换一次试液，注意勿改变各组试液浓度。换新试液时微小个体和受精卵可用孔径__________受试个体的__________滤出，再放回相应的新试液中。

答案：24，小于，筛绢

29．滤食率测定的致毒实验中，致毒时间可为__________h、__________h、__________h 或更长的时间，每隔__________h 更换一次新试液。

答案：24，48，96，24

30．赤潮毒素-麻痹性贝毒检测中，贝类样品采样量应足以提供制取__________g 以上的组织匀浆量。此外，另采集 10 个个体，用__________酒精溶液或 5%的__________溶液固定，以供分析胃内含物。

答案：100，70%，甲醛

31. 赤潮毒素-麻痹性贝毒检测中，小白鼠的死亡时间力求控制在__________min 至__________min。

答案：4，8

32．化学物质对生物体的毒性大小，通常是以__________或__________方式试验受试生物死亡半数的浓度，即__________浓度（LC_{50}）。

答案：动态，半静态，半致死

33．在消油剂对海洋生物的毒性检测中，受试鱼各个体间最大体长不应超过最小体长的__________倍，按随机法分组，各浓度组平行样中受试鱼数为__________条。

答案：0.5，10

34．测定消油剂对海洋生物的毒性在正式测试前，要通过__________实验确定测试浓度的大致范围，可根据有关资料初步预估 3～4 个浓度，按规定条件配制好测试液，每个浓度用 10 条鱼，观察 24 h、48 h 后，求出 24 h__________与 24 h__________的浓度范围。

答案：预备性，100%死亡，100%存活

35．在消油剂对海洋生物的毒性检测中，若空白对照组鱼的死亡率大于__________，则此次实验作废。

答案：10%

36．消油剂对海洋的毒性检测结果计算应根据受试鱼在各消油剂的不同浓度、不同时间下的死亡率，以__________法作图求得__________、__________、__________h 的 LC_{50} 值。

答案：直线内插，24，72，96

37. 在消油剂对海洋生物的毒性测试前，需对测试液的各常规要素 pH、__________、__________等进行测定。

答案：溶解氧，盐度

38．消油剂对海洋生物的毒性测试正式试验开始后的__________h 内应进行连续观察，记录鱼的__________及__________。

答案：8，中毒症状，行为表现

39．在消油剂对海洋生物的毒性测试正式实验前，从驯养槽中挑选出__________、鱼鳍完整、舒展、__________的个体待用。外观不正常、__________的鱼禁用。

答案：大小相近，逆水性好，运动迟缓

40．在海洋石油勘探开发污染物生物毒性试验中，在配制受试溶液时会用到稀释水，宜使用清洁无污染海区水质稳定的海水作为稀释用水，若条件不许可，可使用__________，配制成与纳污水体相同的盐度后使用。

答案：人工配制海水

41．在海洋石油勘探开发污染物生物毒性试验中，固定液用于以生长做观测指标的生物毒性试验中生物个体的组织固定，固定液可采用__________或__________。

答案：中性甲醛固定液，鲁哥氏液

42．以__________为观测指标的预实验应尽量确定出全部死亡和无死亡的浓度范围，以__________为观测指标的预实验应确定出能引起 50%以上（低于 100%）作用效果和 50%以下（高于 0）作用效果的浓度范围。

答案：死亡率，生长

43．在海洋石油勘探开发污染物生物毒性试验中，为保证试验过程中试验环境因子的稳定性，即试验期间水温变化不超过__________。

答案：2℃

二、单选题

1．以下属于腹泻性贝类毒素的是__________。（　）

A．OA　B．GTX1　C．STX　D．dcSTX

答案：A

2．腹泻性贝类毒素液相色谱-串联质谱法检测定量限为__________μg/kg。（　）

A．10　B．20　C．30　D．40

答案：C

3．腹泻性贝类毒素中 OA 的毒性因子为__________。（　）

A．1　B．2　C．3　D．4

答案：A

4．短裸甲藻毒素属于__________。（　）

A．麻痹性贝类毒素　B．腹泻性贝类毒素

C．神经性贝类毒素　D．记忆缺失性贝类毒素

答案：C

5．麻痹性贝类毒素 STX 的毒性因子为__________。（　）

A．0.99　B．1　C．0.65　D．0.73

答案：B

6．商业化试剂盒评价中的回收率为__________。（　）

A．80%～90%　B．85%～90%　C．70%～85%　D．90%～95%

答案：B

7．腹泻性贝类毒素液相色谱-串联质谱法检测，将试样溶液注入液相色谱-串联质谱仪中，得到

峰面积，根据基质标准曲线得到试样溶液中腹泻性贝类毒素的__________。（　　）

A．体积浓度　　B．质量浓度　　C．摩尔浓度

答案：B

8．腹泻性贝类毒素液相色谱-串联质谱法检测，在毒素提取过程中，将试样剪碎并均质，准确称取 2 g 精确至__________g。（　　）

A．1　　B．0.1　　C．0.01　　D．0.001

答案：C

9．腹泻性贝类毒素液相色谱-串联质谱法检测，毒素提取过程中使用的提取试剂是__________。（　　）

A．丙酮　　B．乙醇　　C．乙腈　　D．甲醇

答案：D

10．用液相色谱法检测麻痹性贝类毒素/河豚毒素，在重复性条件下获得的两次独立测定结果的绝对差值不得超过算术平均值的__________。（　　）

A．10%　　B．15%　　C．20%　　D．25%

答案：B

11．联合国国际卫生组织规定可食用贝类的麻痹性贝类毒素限量标准为__________。（　　）

A．800 μg STXeq/kg　　B．400 μg STXeq/kg

C．200 μg STXeq/kg　　D．100 μg STXeq/kg

答案：A

12．用小鼠生物法检测腹泻性贝类毒素，试样提取时，称取 200 g 剪碎的贝肉置于均质杯中，按体积比加__________倍量丙酮后均质。（　　）

A．1　　B．2　　C．3　　D．4

答案：C

13．用液相色谱-串联质谱法检测水产品中微囊藻毒素，当取样量为__________g 时，MC-YR 的检测限为 0.17 μg/kg、定量限为 0.5 μg/kg。（　　）

A．3　　B．4　　C．5　　D．6

答案：C

14．适用于河豚鱼、织纹螺、虾、牡蛎、花蛤和鱿鱼中河豚毒素测定的方法是__________。（　　）

A．小鼠生物法　　B．液相色谱-串联质谱法

C．液相色谱-荧光检测法　　D．酶联免疫吸附法

答案：C

15．河豚毒素液相色谱-串联质谱法检测定量限为__________μg/kg。（　　）

A．1　　B．2　　C．3　　D．4

答案：C

16．乙酰胆碱酯酶可以灵敏指示__________的污染程度。（　　）

A．重金属　　B．有机磷农药　　C．石油类　　D．放射性

答案：B

17．海洋石油勘探发污染物应按照规定的倾倒海区的等级执行分级标准，我国海区等级共划分为__________级。（　　）

A．1　　B．2　　C．3　　D．4

答案：B

18．在一定观察期内，引起 50%受试生物产生某一特定效应，或者是实验生物的某效应指标被抑制一半时的毒物浓度，表示为__________。（　　）

A．EC_{25}　　B．EC_{50}　　C．LD_{25}　　D．LD_{50}

答案：B

19．确定为沾污疏浚物和污染疏浚物的疏浚物应进行的所有生物学检验为__________。（　　）

A．水相疏浚物生物毒性检验　　B．固相疏浚物生物毒性检验

C．疏浚物中化学组分的生物累积检验　　D．以上都是

答案：D

20．一种环境污染物本身对机体并无毒性，但能使与其同时进入机体的另一种环境污染物的毒性增强，这种作用称为__________。（　　）

A．相加作用　　B．协同作用　　C．增强作用　　D．拮抗作用

答案：C

21．固相疏浚物生物毒性检验主要是确定倾倒后沉积的疏浚物对倾倒区及其周围的__________的潜在影响。（　　）

A．浮游植物　　B．浮游动物　　C．底栖生物　　D．游泳动物

答案：C

22．开展海洋棘皮类生物毒性检验，受试生物可选择__________生物。（　　）

A．黑褐新糠虾　　B．光棘球海胆　　C．三角褐指藻　　D．双齿围沙蚕

答案：B

23．回避率计算公式为：$P=\dfrac{E-A}{T}\times 100$，式中：$E$ 为清洁海水区鱼的尾数，A 为污水试液区鱼的尾数，T 为两区内鱼的总尾数。上式表明，当鱼全部集中在混合区时，回避率为__________。（　　）

A．50%　　B．–50%　　C．25%　　D．–25%

E．0

答案：E

24．生物毒性检验试验的浓度范围确定一般需做预试验，预试验应该按如下__________污水体积比配制污水稀释液。（　　）

A．10%，20%，40%，60%，80%　　B．1.0%，5%，10%，20%，40%

C．0.1%，0.5%，1.0%，5%，10%　　D．0.01%，0.1%，1.0%，10%，100%

答案：D

25．生物毒性检验试验过程中必须保证试验环境因子的稳定性，试验期间的溶解氧饱和度应大于__________。（　　）

A．70%　　B．60%　　C．50%　　D．40%

答案：B

26. 固相疏浚物毒性生物学检验判定实验失败的重要条件是__________。（　　）

A. 对照组或参考组的平行样中生物死亡超过 5%

B. 对照组或参考组的平行样中生物死亡超过 10%

C. 对照组或参考组的平行样中生物死亡超过 15%

D. 对照组或参考组的平行样中生物死亡超过 20%

答案：D

27. 用以评估或控制沉积物毒性的手段不包括__________。（　　）

A. 化学分析　B. 生态学研究　C. 沉积物生物检测　D. 生物放大

答案：D

28. 海洋石油勘探开发污染物生物毒性推荐的实验生物包括__________。（　　）

A. 斑节对虾、卤虫、大型蚤、斑马鱼　B. 贻贝、卤虫、中华哲水蚤、青鳉

C. 牡蛎、卤虫、大型蚤、裸项栉虾虎鱼　D. 仔虾、卤虫、蒙古裸腹溞、裸项栉虾虎鱼

答案：D

29. LD_{100}指__________。（　　）

A. 绝对致死剂量　B. 最小致死剂量　C. 最大耐受剂量　D. 半数致死剂量

答案：A

30. 评价环境污染物生态效应的商法是用估计的环境浓度除以毒理学终点浓度，当商值小于 1 时说明__________。（　　）

A. 风险极高　B. 风险高　C. 风险低

答案：A

31. 用液相色谱-串联质谱法测定水产品中微囊藻毒素，在重复性条件下获得的两次独立测定结果的绝对差值不得超过算术平均值的__________。（　　）

A. 10%　B. 15%　C. 20%　D. 25%

答案：A

32. 以下可优先选作受试生物的是__________。（　　）

A. 中国对虾无节幼体　B. 太平洋牡蛎成体

C. 长矛对虾成体　D. 缢蛏受精卵

答案：A

33. 若要试验某特定污染物的毒性效应，可人工配制该种污染物的__________。（　　）

A. 淋洗液　B. 加标培养液　C. 储备液　D. 浓缩液

答案：C

34. 生物毒性试验中，成体试验容器按每克体重__________的用水量选用玻璃缸或水槽。（　　）

A. 1 L　B. 2 L　C. 3 L　D. 0.5 L

答案：A

35. 生物毒性试验中，受精卵和幼体试验容器用__________的烧杯。（　　）

A. 1～2 L　B. 1～1.5 L　C. 1.5～2 L　D. 0.5～1 L

答案：D

36．生物毒性试验中，受试生物移入试液前，需经必要检查，受精卵、幼小个体应在__________下观察，除去死亡和异常个体。（　　）

A．多棱镜　　B．放大镜　　C．解剖镜　　D．内窥镜

答案：C

37．生物毒性试验中，每一试验应有两个平行试验，重复试验__________次以上。（　　）

A．1　　B．2　　C．3　　D．4

答案：B

38．生物毒性试验计算 LC_{50} 时，在直线上查出概率单位为__________（死亡率 50%）的点所对应的浓度对数值（lg LC_{50}），其反对数即为 LC_{50}。（　　）

A．0.5　　B．2.5　　C．5　　D．50

答案：C

39．鱼类回避反应试验选用 2 只体积大于__________L 具阀门的容器，分别用于盛放待测试液和清洁海水。（　　）

A．50　　B．100　　C．150　　D．200

答案：A

40．鱼类回避反应受试生物应在实验之前__________h 停止投饵，以免影响实验结果。（　　）

A．6　　B．12　　C．18　　D．24

答案：D

41．滤食率测定一般选用__________滤食性动物。（　　）

A．单壳类　　B．双壳类　　C．节肢类　　D．无壳类

答案：B

42．用于滤食实验的饵料单细胞藻应选择__________、能在海水中悬浮均匀分布的种类。（　　）

A．群体性　　B．非群体性　　C．聚集性　　D．定向性

答案：B

43．赤潮毒素-麻痹性贝毒检测试剂氢氧化钠溶液浓度为__________g/L。（　　）

A．4　　B．8　　C．0.4　　D．0.8

答案：A

44．麻痹性贝类毒素的测定试验中，1 个鼠单位（MU）的定义是__________min 杀死一只 20 g 重的小白鼠的腹腔注射剂量。（　　）

A．10　　B．15　　C．20　　D．30

答案：B

45．鱼类回避反应受试生物一般采用幼鱼或鱼苗，也可选用__________等游动性动物。（　　）

A．虾类　　B．贝类　　C．蟹类　　D．海胆

答案：A

46．把受试后的鱼移入清洁海水中暂养__________h，观察其活动和存活情况，以确定是否发生死亡或其他迟发性中毒症状。（　　）

A．12　　B．24　　C．36　　D．48

答案：B

47．消油剂对海洋生物的毒性，一般通过鱼类__________测试结果加以检验。（　　）

A．急性中毒　　B．慢性中毒　　C．滤食率　　D．回避反应

答案：A

48．测量消油剂对海洋生物的毒性将受试生物阿匍鰕虎鱼放入盛海水的塑料桶（10 L）中，每桶盛鱼数量为__________条左右。（　　）

A．200　　B．150　　C．100　　D．50

答案：C

49．消油剂对海洋生物的毒性检测根据预备试验测试结果，在100%死亡浓度与100%存活浓度之间依对数间距设__________个浓度梯度组（二者也包括在内），另加空白对照组。（　　）

A．1～3　　B．3～5　　C．5～9　　D．10～15

答案：C

50．除鱼类死亡半数的浓度 LC_{50} 外，消油剂对海洋生物的毒性还可以用__________进行评价。（　　）

A．不同水温条件下受试鱼死亡半数的浓度　　B．固定水温条件下受试鱼100%死亡浓度

C．固定浓度下受试鱼出现死亡的时间　　D．固定浓度下受试鱼死亡半数的时间

答案：D

51．消油剂对海洋生物的毒性检测配制的测试液体积为__________mL。（　　）

A．1 000　　B．2 000　　C．3 000　　D．4 000

答案：D

52．在消油剂对海洋生物的毒性检测中，根据 24 h、48 h、96 h 各浓度组的死亡个数求出平均死亡百分数。若空白对照组鱼的死亡率大于__________，则此次实验作废。（　　）

A．20%　　B．15%　　C．10%　　D．5%

答案：C

53．鱼类浮游生物在__________m 以内的浅海域时应采用浅水型浮游生物网垂直取样。（　　）

A．30　　B．60　　C．100　　D．200

答案：A

54．鱼类浮游生物定量采样落网速度为__________m/s，起网速度为 0.5～0.8 m/s。（　　）

A．0.3　　B．0.5　　C．0.8　　D．1.0

答案：B

55．大型浮游生物网适用于 30 m 以深，__________m 以浅的海域垂直采集鱼卵和仔、稚鱼。（　　）

A．60　　B．100　　C．150　　D．200

答案：D

56．鱼类浮游生物样品定性采样一般在海水表层（0～3 m）或其他水层进行水平拖网__________min。（　　）

A．5～10　　B．10～15　　C．15～20　　D．20～30

答案：B

57．海洋石油勘探开发污染物生物毒性试验中，为保证毒性试验结果的有效性，试验溶液的溶解氧饱和度应达到__________以上，以卤虫为试验生物的试验，对照组的死亡率不超过__________，以仔虾及仔鱼作为实验生物的试验，对照组的死亡率不超过__________。（　　）

A．50%，15%，20%　　B．60%，15%，20%

C．60%，10%，20%　　D．50%，10%，20%

答案：C

58．实验生物应健康正常，驯养阶段的死亡率应小于__________。（　　）

A．30%　　B．20%　　C．15%　　D．10%

答案：D

59．应进行标准毒物对实验生物的 24 h 急性毒性试验，建立各批次试验生物的__________范围。（　　）

A．24 h EC_{50}　　B．24 h LC_{50}　　C．24 h PC_{50}　　D．24 h GC_{50}

答案：B

60．按照贮存和运输样品的相关规定，受检样品应在__________h 内送达生物毒性实验室。（　　）

A．24　　B．48　　C．72　　D．96

答案：B

61．以卤虫或者蒙古裸腹溞为实验生物的毒性试验，判定其死亡依据是沉到容器底部在__________s 内仍不能游动者。（　　）

A．5　　B．15　　C．30　　D．60

答案：B

62．在海洋石油勘探开发污染物生物毒性试验中，为保证试验过程试验环境因子的稳定性，即试验期间盐度变化不宜超过__________，pH 变化范围不应超过__________，溶解氧饱和度应大于__________。（　　）

A．2，0.4，60%　　B．1，0.3，50%　　C．3，0.2，40%　　D．4，0.5，30%

答案：A

三、多选题

1．用液相色谱-串联质谱法测定下列毒素，质谱扫描模式为负离子扫描的毒素有__________。（　　）

A．OA　　B．DTX1　　C．DTX2　　D．STX

答案：ABC

2．海洋赤潮藻能产生的毒素有__________。（　　）

A．麻痹性贝毒 PSP　　B．腹泻性贝毒 DSP

C．神经性贝毒 NSP　　D．西加鱼毒素 CFP

答案：ABCD

3．属于麻痹性贝类毒素 PSP 的组分有__________。（ ）

A．GTX1&4　　B．STX　　C．C1　　D．dcSTX

答案：ABCD

4．水产品中微囊藻毒素的测定方法包括__________。（ ）

A．小鼠生物法　　B．液相色谱-串联质谱法

C．液相色谱法　　D．间接竞争酶联免疫吸附法

答案：BD

5．用液相色谱串联质谱法测定下列毒素，质谱扫描模式为正离子扫描的毒素有__________。（ ）

A．OA　　B．DA　　C．MC-LR　　D．STX

答案：BCD

6．水产品试样中的微囊藻毒素组分__________经甲醇溶液提取，液相色谱分离，在线经柱后衍生荧光检测，用外标法定量。（ ）

A．MC-LR　　B．MC-YR　　C．MC-RR　　D．MC-AR

答案：ABC

7．剂量-效应关系曲线类型包括__________类型。（ ）

A．直线型　　B．抛物线型　　C．S 型　　D．双曲线型

答案：ABC

8．污染物联合作用的类型有__________。（ ）

A．相加作用　　B．协同作用　　C．增强作用　　D．拮抗作用

E．独立作用

答案：ABCDE

9．以下__________法可以用来计算 LC_{50}。（ ）

A．概率单位　　B．Sperman-Karber　　C．Tukey　　D．寇氏

答案：ABD

10．开展甲壳类的生物毒性检验，受试生物可选择__________生物。（ ）

A．十足类　　B．枝角类　　C．桡足类　　D．糠虾类

E．端足类

答案：ABCDE

11．污染物对机体毒性作用的性质和强度受多种因素影响，包括__________。（ ）

A．污染物的结构与性质　　B．机体状况

C．接触时间　　D．环境因素

答案：ABCD

12．菲律宾蛤仔作为受试生物应优先选用__________。（ ）

A．胚胎期　　B．幼虫期　　C．稚贝期　　D．成虫期

答案：ABC

13．长毛对虾作为受试生物应优先选用__________。（　　）

A．成虫期　　B．胚胎期　　C．受精卵　　D．无节幼体

答案：CD

14．赤潮毒素-麻痹性贝毒检测贝类样品的采集应遵循的原则有__________。（　　）

A．样品应采集于赤潮发生区的水域或滩涂

B．采样量应足以提供制取 50 g 以上的组织匀浆量

C．依采集地点和品种，分别将样品置于冰柜中，投入注明采集地点、时间和品种的标签

D．采得的样品应尽快带回实验室及时处理，否则应放入冰箱保存

答案：ACD

15．消油剂对海洋生物的毒性检测使用的仪器与设备有__________。（　　）

A．生物驯养水槽　　B．恒温水浴槽

C．往复振荡器，频率 200 次/min　　D．盐度计和 pH 计

答案：ABCD

16．受试生物的选择应遵循__________原则。（　　）

A．对污染反应较敏感的种类

B．栖息于非污染区、生长良好、健康无病的个体

C．选用受试生物的早期发育阶段（受精卵、幼虫或幼体）

D．受试生物来源于同一地点、同一种群，力求个体大小基本一致

答案：ABCD

17．半致死浓度（LC_{50}）的计算有__________法。（　　）

A．概率单位　　B．公式计算　　C．平均致死量　　D．百分之百换算

答案：AC

18．选择甲壳类作为受试生物时，应优先选择__________发育时期的甲壳类。（　　）

A．受精卵　　B．无节幼体　　C．成体　　D．胚胎期

答案：AB

19．选择太平洋牡蛎作为受试生物时，应优先选择__________发育时期的牡蛎。（　　）

A．受精卵　　B．幼虫期　　C．成体　　D．胚胎期

答案：BD

20．在配制受试溶液时用到的稀释水，应满足__________要求。（　　）

A．清洁　　B．无毒　　C．水质稳定　　D．对试验生物适宜

答案：ABCD

四、判断题

1．腹泻性贝类毒素属于脂溶性毒素，麻痹性贝类毒素属于水溶性毒素。（　　）

答案：正确

2．液相色谱-串联质谱法，液相色谱主要作用是分离，串联的质谱则为检测器。（　　）

答案：正确

3. 液相色谱-串联质谱法检测腹泻性贝类毒素，使用的标准品主要有 OA、DTX1、DTX2。（　　）

答案：正确

4. 我国检测使用的西加毒素标准品为 C-CTX。（　　）

答案：错误

正确答案：我国检测使用的西加毒素标准品为 P-CTX-1、P-CTX-2、P-CTX-3。

5. 软骨藻酸标准液是将其标准品用乙腈溶液溶解配制而成。（　　）

答案：正确

6. 用液相色谱-串联质谱法检测水产品中微囊藻毒素，扫描方式为正离子扫描。（　　）

答案：正确

7. 用小鼠生物法检测腹泻性贝类毒素，观察时限 24 h 内，在溶剂对照组小鼠正常情况下，若实验组无小鼠死亡或仅有 1 只小鼠死亡，则报告样品中 DSP 毒力为＜0.05 MU/100 g。（　　）

答案：错误

正确答案：报告样品中 DSP 毒力为＜0.05 MU/g。

8. 河豚毒素（Tetrodotoxin，TTX）是一种剧毒的神经毒素。（　　）

答案：正确

9. 在液相色谱法检测麻痹性贝类毒素中，称取试样-加入盐酸-离心后，上清液净化后进行检测。（　　）

答案：错误

正确答案：液相色谱法检测麻痹性贝类毒素中，称取试样-加入盐酸-100℃煮沸-冷却-离心后，上清液净化后进行检测。

10. 受麻痹性贝类毒素污染的贻贝加热后食用对人体无毒。（　　）

答案：错误

正确答案：麻痹性贝类毒素遇热稳定，不易被人体消化酶破坏，因此麻痹性贝类毒素污染的贻贝加热后食用依然有毒。

11. 待检测海洋生物毒素的水产品试样可以冷冻保存。（　　）

答案：正确

12. 西加毒素毒力的计算，观察从注射开始至 400 min 小鼠的毒效应体征和存活情况，计算出一组 3 只小鼠中死亡 2 只以上的中位数死亡时间。（　　）

答案：正确

13. 小鼠生物法检测麻痹性贝类毒素，试样提取时，取 100 g 试样于烧杯中，加盐酸溶液（0.1 mol/L）100 mL 充分搅拌。（　　）

答案：错误

正确答案：盐酸溶液（0.18 mol/L）。

14. 失忆性贝类毒素含量大于 20 μg/g 样品即被认为是有害的，人类食用不安全。（　　）

答案：正确

15. 1 mol/L 氢氧化钠溶液浸泡 1 h 以上可以使河豚毒素分解。（　　）

答案：正确

16．生态毒理学是研究有害因素对生态环境中非人类生物的损害作用及其机制的科学。（　　）

答案：正确

17．LD_{50}数值越小，表示外源化学物的毒性越弱。（　　）

答案：错误

正确答案：LD_{50}数值越小，表示外源化学物的毒性越强。

18．剂量-效应关系曲线 S-曲线的特点是曲线开始陡峭，中间平缓，最后陡峭。（　　）

答案：错误

正确答案：剂量-效应关系曲线 S-曲线的特点是曲线开始平缓，中间陡峭，最后平缓。

19．富集系数又称生物浓缩因子（BCF），BCF=生物体内化学物浓度/环境中该化学物浓度。（　　）

答案：正确

20．微藻类试验被广泛用来评价污染物对海洋初级生产者的影响。（　　）

答案：正确

21．毒性检验的受试生物需经暂养才能用于试验，若暂养期间内有 10%以上个体死亡，则该批生物不应用于试验，应全部弃去，并检查分析死亡原因。（　　）

答案：正确

22．毒性试验采用幼虫、幼体做试验，同一系列的试验材料应来自不同亲体，且生长发育正常者。（　　）

答案：错误

正确答案：毒性试验采用幼虫、幼体做试验，同一系列的试验材料应来自同一亲体且生长发育正常者。

23．对于清洁疏浚物，可在指定区域直接倾倒。（　　）

答案：正确

24．采用微藻为受试生物开展海洋污染物生物毒性检验时，试验期间需每天更换培养液。（　　）

答案：错误

正确答案：采用微藻为受试生物开展海洋污染物生物毒性检验时，试验期间一般不更换培养液，如必要，可添加营养盐。

25．受试生物双壳类死亡时最明显特征为贝壳张开，斧足收缩于贝壳内。（　　）

答案：正确

26．为提高毒性试验的敏感度，可选用受试生物的早期发育阶段（幼虫和幼体）。（　　）

答案：正确

27．生物毒性检验所用受试生物应该选择对污染反应不敏感的种类。（　　）

答案：错误

正确答案：生物毒性检验所用受试生物应该选择对污染反应敏感的种类。

28．受试鱼类的异常反应包括回避、摄食率和呼吸率改变、平衡丧失等。（　　）

答案：正确

29．生物放大的结果使食物链高营养级生物机体中该化学物的浓度大大超过该化学物在环境中的浓度。（　　）

答案：正确

30．金属硫蛋白被认为是指示重金属暴露的标志物。（　　）

答案：正确

31．受试验时间是指受试生物直接接触试液的起止时间范围。（　　）

答案：正确

32．半数效应浓度是指在一定观察期内，引起 50%受试生物出现某种异常反应（如回避、摄食率和呼吸率改变、平衡丧失等）的毒物浓度。（　　）

答案：正确

33．选择中国对虾作为受试生物一般优先选用成年体。（　　）

答案：错误

正确答案：中国对虾应选用受精卵或无节幼体。

34．定居性或活动能力很小的种类，需用曳网、浮游生物网采集，谨防弄伤。（　　）

答案：错误

正确答案：定居性或活动能力很小的种类，可直接用铲、耙采集，选取无损伤、大小相近的个体。

35．放入受试生物后，贮水池（或水箱）应清洗干净，进行消毒灭菌，然后由供水系统提供无污染的海水。（　　）

答案：错误

正确答案：贮水池（或水箱）应事先清洗干净，进行消毒灭菌，然后由供水系统提供无污染的海水。

36．采回的水样最好立即用于试验，若需放置，应常温避光保存。（　　）

答案：错误

正确答案：采回的水样最好立即用于试验，若需放置，应低温保存。

37．毒性试验浓度范围的确定一般应做预实验。（　　）

答案：正确

38．预实验可用较高浓度间隔按等差级数配置污水稀释液。（　　）

答案：错误

正确答案：预实验可用较高浓度间隔按等比级数配置污水稀释液。

39．正式试验可根据预实验提供的浓度范围（引起少数生物的浓度为下限，引起 80%以上死亡的为上限），按相等的对数浓度间隔安排 5 个以上的试验浓度组。（　　）

答案：错误

正确答案：正式试验可根据预实验提供的浓度范围（引起少数生物的浓度为下限，引起 90%以上死亡的为上限），按相等的对数浓度间隔安排 5 个以上的试验浓度组。

40．配制不同浓度的致毒试液时，应先将污水轻轻摇匀，再按需要量取一定体积的试液用清洁海水稀释。（　　）

答案：正确

41．配制不同浓度的致毒试液时，注意用海盐或自来水调节其盐度，使与受试生物的适盐范围

（或驯养时的盐度）基本一致。（ ）

答案：错误

正确答案：配制不同浓度的致毒试液时，注意用海盐或除氯自来水调节其盐度，使与受试生物的适盐范围（或驯养时的盐度）基本一致。

42．生物毒性试验中，为统计各组个体差异，试验前应及时测量各组个体大小。（ ）

答案：错误

正确答案：试验结束，为统计各组个体差异，应及时测量各组个体大小（不宜试验前测量，以免损伤）。

43．生物毒性试验中，若受试生物是成体，每组放入 10 个以上；若为贝类幼虫，密度 10 000～15 000 个/L；甲胄类无节幼体 200～500 只/L。（ ）

答案：正确

44．生物毒性试验中，发现死亡个体，应及时拣出，统计记录 12 h、36 h、60 h、84 h 各时间内的死亡或异常的总个体数。（ ）

答案：错误

正确答案：发现死亡个体，应及时拣出，统计记录 24 h、48 h、72 h、96 h 各时间内的死亡或异常的总个体数。

45．鱼类回避反应实验中，回避槽结构应能使清水和污水进入槽内形成清水区、污水区和混合区。（ ）

答案：正确

46．鱼类回避反应实验中，受试生物一般采用幼鱼或育苗，也可采用虾类等游动性动物。（ ）

答案：正确

47．鱼类回避反应实验中，洗净回避槽，注入清洁海水，使槽内水位高度刚好限制受试鱼活动，放入 10 尾受试鱼，驯养 0.5～1 h。（ ）

答案：错误

正确答案：洗净回避槽，注入清洁海水，使槽内水位高度能够使受试鱼自由活动，放入 10 尾受试鱼，驯养 0.5～1 h。

48．在赤潮毒素-麻痹性贝毒检测空白试验中，取 2～3 只小白鼠，在其腹腔中分别注入 1 mL 预先配制盐酸溶液，若 2 h 内无死亡，即可进行毒性试验。（ ）

答案：错误

正确答案：赤潮毒素-麻痹性贝毒检测空白试验中，取 2～3 只小白鼠，在其腹腔中分别注入 1 mL 预先配制盐酸溶液，若 1 h 内无死亡，即可进行毒性试验。

49．消油剂对海洋生物的毒性检测受试鱼驯养期间每天全量换水一次，并按体重的 5%～10%分 2～3 次投饵。（ ）

答案：正确

50．消油剂对海洋生物的毒性检测受试鱼应为当年成长的，体长在 2.5～3.5 cm 的幼鱼，各个体间的最大体长不应超过最小体长的 2.5 倍。（ ）

答案：错误

正确答案： 消油剂对海洋生物的毒性检测受试鱼应为当年成长的体长在 2.5～3.5 cm 的幼鱼，各个体间的最大体长不应超过最小体长的 0.5 倍。

51．消油剂对海洋生物的毒性测试液 pH 应为 7.80～8.20，盐度为 31～33，溶解氧不得低于 2 mg/L，黄海和渤海海域的水温应控制在 20℃±1℃，东海和南海海域的水温应控制在 24℃±1℃。（　　）

答案： 错误

正确答案： 消油剂对海洋生物的毒性测试液 pH 应为 7.80～8.20，盐度为 31～33，溶解氧不得低于 5 mg/L，黄海和渤海海域的水温应控制在 20℃±1℃，东海和南海海域的水温应控制在 24℃±1℃。

52．鱼类死亡的判断是在解剖镜下检查鱼停止呼吸后，用小镊子或玻璃棒轻轻触及鱼尾柄部，无任何反应的即判为死亡。（　　）

答案： 正确

53．浮游生物是指缺乏发达的运动器官，没有或仅有微弱的运动能力，悬浮在水中，常随水流移动的生物。（　　）

答案： 正确

54．游泳动物是指具有发达的运动器官，在水层中能克服水流阻力自由游动的动物。（　　）

答案： 正确

55．鱼类浮游生物样品定量采样一般在海水表层（0～3 m）或其他水层进行水平拖网，定性采样是由海底至海面垂直或倾斜拖网。（　　）

答案： 错误

正确答案： 鱼类浮游生物样品定性采样一般在海水表层（0～3 m）或其他水层进行水平拖网，定量采样是由海底至海面垂直或倾斜拖网。

56．鱼类浮游生物样品用中性甲醛溶液固定，加入量为样品体积的 5%。（　　）

答案： 正确

57．游泳动物调查中分析渔获物的组成和生物学测定样品一定要按照随机取样的原则进行。（　　）

答案： 正确

58．试验期间内更换试验溶液，进行观察、测定生物异常或死亡效应的试验称为静水式生物毒性试验。（　　）

答案： 错误

正确答案： 试验期间内不更换试验溶液，进行观察、测定生物异常或死亡效应的试验称为静水式生物毒性试验。

59．实验生物暴露在一组不同浓度的试验溶液一定时间后，通过观察实验生物的不良影响，并比较试验组与对照组统计分析结果，判定出对实验生物无显著影响的最小浓度，此浓度即是无可见影响浓度。（　　）

答案： 错误

正确答案： 实验生物暴露在一组不同浓度的试验溶液一定时间后，通过观察实验生物的不良影响，并比较试验组与对照组统计分析结果，判定出对实验生物无显著影响的最大浓度，此浓度即是无可见影响浓度。

60．在生物毒性试验中，在大于等于生物毒性容许值的试验浓度组未出现实验生物死亡时，直接判定为小于生物毒性容许值。（ ）

答案：错误

正确答案：在大于等于生物毒性容许值的试验浓度组未出现实验生物死亡时，直接判定为大于生物毒性容许值。

61．每一生物毒性试验应有3个平行试验，需按相同步骤和条件，重复试验2次以上。（ ）

答案：错误

正确答案：每一生物毒性试验应有2个平行试验，需按相同步骤和条件，重复试验2次以上。

62．在生物毒性试验中，若发现对照组受试生物的死亡率大于最低浓度试验组，该批实验数据应舍弃。（ ）

答案：正确

63．在生物毒性试验中，受试生物移入试液前需经必要检查，受精卵、幼小个体应在解剖镜下观察，除去死亡和异常个体。（ ）

答案：正确

五、简答题

1．比较麻痹性贝类毒素四种检测方法的优缺点。

答案：

（1）小鼠生物法。小鼠生物法是检测麻痹性贝类毒素最早的方法，也是普及性最广的方法。缺点是特异性差，且不能确认毒素的组分。

（2）酶联吸附法。检测方便、快速、灵敏性高，适合大量样品的检测。缺点是只针对某一种或某一组毒素，且不同毒素组分之间有交叉反应。

（3）液相色谱法。可以定性、定量检测所有毒素组分，准确性高。缺点是仪器昂贵，使用标准品量较多、检测时间长。

（4）液相色谱-串联质谱法。可以定性检测所有毒素组分，使用标准品量少，检测速度快，适合大量样品的检测。缺点是仪器昂贵，检测定量限高于液相方法。

2．简述液相色谱法检测麻痹性贝类毒素试样提取过程。

答案：称取5 g（精确至0.01）试样于具塞离心管中，加入10 mL盐酸溶液（0.1 mol/L），振荡均匀。将离心管置于100℃的沸水浴中，加热5 min，冷却后离心，上清液待净化。

3．简述以MU计的PSP毒力的判断与结果表述。

答案：在空对照组小鼠正常的情况下进行如下判断与表述：

若实验组中位数死亡时间小于5 min，则应对样品提取液进行稀释，再选取3只小鼠进行实验，直至得到中位数死亡时间为5～7 min为止，根据最后的稀释液实验结果计算样品的鼠单位毒力，报告该样品的鼠单位毒力为×××MU/100 g。

若实验组中位数死亡时间大于7 min，则直接计算确定样品鼠单位毒力，报告该样品的鼠单位毒力为×××MU/100 g。

若实验组中所有小鼠在观察15 min内均不死亡，可报告该样品的鼠单位毒力小于400 MU/100 g。

4．简述生物毒性试验受试生物选择应遵循的原则。

答案：

（1）栖息于非污染区、生长良好、健康无病的个体；

（2）对污染反应较敏感的种类；

（3）地理分布较广、数量较大，全年在某一实际海区容易采集到的并对其生活习性清楚，易在实验室条件下培养的种类；

（4）受试生物来源于同一地点、同一种群，力求个体大小基本一致；

（5）选用受试生物的早期发育阶段（受精卵、幼虫或幼体）。

5．简述受试生物的采集方法。

答案：

（1）定居性或活动能力很小的种类，可直接用铲、耙采集，选取无损伤、大小相近的个体。

（2）活动性强的种类（如鱼、虾）和浮游桡足类，需用曳网、浮游生物网采捕，谨防弄伤。

（3）若试验材料选用受精卵、幼虫或幼体而需进行室内人工催产培养的，亲体应选体壮、性腺成熟者。

（4）采集的受试生物在运输过程中，应保证其存活条件（如温度、供氧等），避免碰撞致伤，尽快带回实验室。

6．对于沾污疏浚物和污染疏浚物，应开展的生物学检验有哪几种？每种生物学检验的目的是什么？

答案：对于沾污疏浚物和污染疏浚物样品应同时做3种生物学检验：水相疏浚物生物毒性检验，固相疏浚物生物毒性检验，疏浚物中化学组分的生物累积检验。

（1）水相疏浚物生物毒性检验：确定在疏浚物海上倾倒初始混合时，溶解和悬浮污染物对水体中生物的潜在影响；

（2）固相疏浚物生物毒性检验：确定倾倒后沉积的疏浚物对倾倒区及其周围底栖生物的潜在影响；

（3）疏浚物中化学组分的生物累积检验：评估底栖生物从拟倾倒的疏浚物中累积相关污染物的潜力。

7．使用平均致死量法（又称寇氏法）计算LC_{50}应具备的条件包括什么？

答案：各试验组的受试生物个数一样；各试验组的浓度应按等比级数分组（相邻两组的浓度对数值之差相等）；试验浓度组不得少于5组；最低试验浓度和最高试验浓度的死亡率应分别等于（或接近）0和100%。

8．简述在急性毒性试验中，正式试验的致毒试液的配制过程。

答案：正式实验可根据预实验所提供的浓度范围（引起少数生物死亡的浓度为下限，引起90%以上死亡的为上限），按相等的浓度对数间隔安排5个以上的试验浓度组。

9．在生物毒性试验中，通常选择哪些生长阶段的缢蛏作为受试生物？

答案：胚胎期、幼虫期和稚贝期。

10．在生物毒性试验中，半致死浓度LC_{50}主要有哪2种计算方法？

答案：概率单位法和平均致死量法（又称寇氏法）。

11．简述赤潮毒素-麻痹性贝毒检测中空白试验方法。

答案：取 2～3 只小白鼠，在其腹腔处分别注入 1 mL 预先配制的盐酸溶液，若 1 h 内无死亡，即可进行毒性试验。

12．在消油剂对海洋生物的毒性检测中，如何判断鱼类死亡？

答案：在解剖镜下观察到鱼停止呼吸后，用小镊子或玻璃棒轻轻触及鱼尾柄部，无任何反应的即判为死亡。

13．在消油剂对海洋生物的毒性检测中，在不将鱼移入其他试验缸条件下，如何更换测试液？此方法注意事项是什么？

答案：将试验容器内的溶液吸出，然后加入新配制的同浓度的测试溶液，采用此法应注意不要将鱼吸出。

14．生物毒性试验，在正式试验时，试验浓度是如何设置的？

答案：用贮备液和稀释水配制试验溶液，参考预试验结果设定 5 个等比浓度组和 1 个空白对照组，等比系数不宜大于 2.0，每个试验组应设定 4 个重复，每个容器应放 10 个实验生物个体。如果样品毒性较低，则应保证试验死亡数据至少能满足计算 LC_{50} 或 EC_{50} 的最低要求。

15．简述鲁哥氏液的配制方法。

答案：取 6 g 碘化钾溶于 20 mL 蒸馏水中，搅拌到完全溶解后，加入 4 g 碘，等碘充分溶解后再加入 80 mL 蒸馏水，贮存在棕色试剂瓶内。

六、计算题

1．依据液相色谱-串联质谱法对菲律宾蛤仔中的麻痹性贝类毒素的含量进行定量，已知由基质标准工作曲线测得的试样中毒素质量浓度为 20 ng/mL，该超滤试样的溶液体积为 10 mL，与滤试样溶液相当的样品质量为 2 g，换算因子为 1 000。在不考虑空白结果的情况下，计算该样品中麻痹性贝类毒素的含量，计算结果保留相应的有效数字。

答案：样品中麻痹性贝类毒素的含量：

$$X_i=\frac{\rho_i\times v\times 1\,000}{m\times 1\,000}=\frac{20\times 10\times 1\,000}{2\times 1\,000}=100.00\ (\mu g/kg)$$

2．鱼类回避反应的一组试验结束后，1 尾受试鱼进入污水试液区，7 尾受试鱼进入清洁海水区，其余 2 尾受试鱼进入混合区，求本组试验的回避率 P，以百分数表示。

答案：回避率 $P=(7-1)/(7+1)\times 100\%=75\%$

3．在赤潮毒素-麻痹性贝毒检测中，试剂盐酸溶液配制方法为量取 42 mL 盐酸溶液（ρ =1.18 g/mL，质量浓度 37%）缓慢加入 58 mL 水中，混匀后取 10 mL 上述盐酸溶液用水稀释至 500 mL，求该试剂盐酸溶液摩尔浓度 C（单位 mol/L，HCl 分子量以 36.5 计）。

答案：$C=[42\times 1.18\times 37\%\times 10/(42+58)/36.5]\times 1\,000/500=0.10$（mol/L）

4．在赤潮毒素-麻痹性贝毒检测中，待测样品为 100 g 贝类样品毒素含量，按标准方法制取毒素提取液。体重为 21 g 的一组小白鼠注入稀释 4 倍的毒素提取液后死亡时间为 5.5 min，对应鼠单位为 1.74 Mu。21 g 体重鼠单位校正系数为 1.03，求该待测样品毒素含量 ρ（以鼠单位 Mu 计，结果取整数）。

答案：ρ =200ABD=200×1.74×1.03×4=1 434（Mu）

5．在滤食率测定中，实验海水体积为 30 L，受试生物 25 只，滤食时间 2 h，实验藻类初始浓度为 3×10^7 个/L，滤食 2 h 后浓度为 2.4×10^7 个/L，实验期间藻类增殖情况忽略不计，ln1.25 = 0.223，计算每个生物每小时滤过的海水体积（滤食率 FR，单位 L/h）。

答案：$\text{FR}=\dfrac{30\times[\ln(3\times10^7)-\ln(2.4\times10^7)]}{25\times2}=\dfrac{30\times\ln1.25}{50}=0.134$（L/h）

6．在完成生物毒性试验，进行数据处理时，其中一组的实验生物数为 50 ind，死亡数为 15 ind，对照组的实验生物数为 50 ind，死亡数为 5 ind。计算经校正后的该组的死亡率（X），以百分数表示。

答案：X =（15/50 − 5/50）/（1 − 5/50）= 22%

第九节　生态遥感监测与评价

一、填空题

1．遥感解译标志可分为＿＿＿＿＿解译标志和＿＿＿＿＿解译标志。

答案：直接，间接

2．自然保护区通常可分为＿＿＿＿＿、缓冲区和实验区三个区。

答案：核心区

3．TM 数据计算归一化植被指数（NDVI）时，使用的波段是＿＿＿＿＿和＿＿＿＿＿。

答案：4，3

4．在全国生态监测与评价使用的土地利用/覆盖分类系统中，灌木林地是指灌木覆盖度大于＿＿＿＿＿的矮林地和灌丛林地。

答案：0.3

5．“3S”是生态环境监测的技术手段之一，指的是 GIS（地理信息系统）、＿＿＿＿＿和＿＿＿＿＿。

答案：RS（遥感技术），GPS（全球定位系统）

6．图像校正包括辐射校正和＿＿＿＿＿。

答案：几何校正

7．生物多样性分为遗传多样性、＿＿＿＿＿和生态系统与景观多样性三个层次。

答案：物种多样性

8．遥感影像有＿＿＿＿＿、＿＿＿＿＿、＿＿＿＿＿、阴影、纹理等主要判读特征。

答案：形状，大小，色调

9．根据生态环境状况指数（EI）将生态环境分为＿＿＿＿＿级，当 EI≥＿＿＿＿＿时，生态环境状况级别为优。

答案：五，75

10．生态环境状况评价的指标体系包括生物丰度指数、植被覆盖指数、＿＿＿＿＿、＿＿＿＿＿、

__________五个分指数和一个环境限制指数。

答案：水网密度指数，土地胁迫指数，污染负荷指数

11. 遥感影像具有__________、__________、光谱分辨率和辐射分辨率四个特征。

答案：空间分辨率，时间分辨率

12. 主要温室气体时空分布及其变化在地气系统的__________和__________中起着决定性作用。

答案：辐射收支，能量平衡

13. 标准假彩色合成（如TM4、3、2合成）的卫星影像上大多数植被的颜色是__________。

答案：红色

14.《区域生态质量评价办法（试行）》（环监测〔2021〕99 号）中所称的指标体系包括生态格局、生态功能、__________、生态胁迫4个方面。

答案：生物多样性

15.《区域生态质量评价办法（试行）》（环监测〔2021〕99 号）中，生态功能分为水土保持、__________、防风固沙、生态宜居及生态活力5个类型。

答案：水源涵养

16. 在《全国生态环境监测与评价技术方案》（总站生字〔2015〕163 号）的生态遥感监测野外核查技术方案中规定，核查的内容主要 包括类型核查、__________、边界核查、生态灾害核查、草地植被覆盖度核查及其他典型生态问题核查。

答案：动态地物核查

17. 生态因子是指环境中对生物生长、发育、生殖、行为和分布有直接或间接影响的环境因素。生态因子作用的一般特征有综合作用、__________、直接作用和间接作用、阶段性作用、不可替代性和补偿作用。

答案：主导因子作用

18. 植物群落主要分类单位为植被型、__________、群丛。

答案：群系

19.《关于深化生态保护补偿制度改革的意见》（中办发〔2021〕50 号）中要求，运用法律手段规范生态保护补偿行为，清晰界定各方权利义务，实现受益与补偿相对应、享受补偿权利与__________相匹配。

答案：履行保护义务

20.《关于建立以国家公园为主体的自然保护地体系的指导意见》（中办发〔2019〕42 号）中规定，自然保护地按生态价值和保护强度高低分为国家公园、__________和自然公园。

答案：自然保护区

21. 根据传感器接收电磁波的方式，遥感可分为__________和被动遥感。

答案：主动遥感

22. 国家公园和自然保护区实行分区管控，原则上核心保护区内__________人为活动，一般控制区内__________人为活动。自然公园原则上按一般控制区管理，__________人为活动。

答案：禁止，限制，限制

23．按照环境的性质，可将环境分为__________、半自然环境和社会环境。

答案：自然环境

24．生物的生存和繁殖依赖于各种生态因子的综合作用，其中限制生物生存和繁殖的关键性因子称为__________。

答案：限制因子

25．生物控制体内环境使其保持相对稳定的机制，能减少生物对外界条件的依赖性，从而大大提高生物对外界环境的适应能力，该机制称为__________。

答案：内稳态

26．逻辑斯蒂曲线常划分为5个时期，分别为开始期、加速期、转折期、减速期和__________。

答案：饱和期

27．《关于建立以国家公园为主体的自然保护地体系的指导意见》（中办发〔2019〕42号）中要求，制定自然保护地分类划定标准，对现有的各类自然保护地开展综合评价，按照保护区域的自然属性、生态价值和管理目标进行梳理调整和归类，逐步形成以__________为主体、__________为基础、各类__________为补充的自然保护地分类体系。

答案：国家公园，自然保护区，自然公园

28．开始于原生裸地或原生芜原的群落演替称为__________。

答案：原生演替

29．通过一系列取食和被食的关系在生态系统中传递，各种生物按其食物关系排列的链状顺序称为__________。

答案：食物链

30．解译标志是指遥感图像上能具体反映和判别地物或现象的影像特征。解译标志可分为__________和间接解译标志。

答案：直接解译标志

31．《关于建立以国家公园为主体的自然保护地体系的指导意见》（中办发〔2019〕42号）中，整合交叉重叠的自然保护地遵从__________、保护强度不降低、保护性质不改变的总体要求。

答案：保护面积不减少

32．大气遥感探测是通过探测器接收来自被测__________目标发出的辐射信息，并对其处理、分类和识别的一种技术。

答案：大气

33．大气遥感按探测器的工作方式可分为主动式大气遥感探测和__________大气遥感探测两种。

答案：被动式

34．主动式大气遥感探测是探测器本身发射某一波长的__________然后再接收目标物反射回来的电磁辐射强度的__________来推测被测物体的特性和气象要素的分布。

答案：电磁辐射，变化

35．使用卫星遥感监测的过程中，被动式大气遥感是利用大气本身__________的辐射或其他自然辐射源发射的辐射同__________相互作用的物理效应，进行大气探测的方法和技术。

答案：发射，大气

36．主动式大气遥感探测的主要手段是通过激光__________。

答案：雷达

37．雷达的工作原理为雷达定向发射的电磁波在大气中近似以__________传播，当它碰到目标物时，就有一部分电磁波能量被散射返回，回来的信号（回波）被雷达接收机接收，并用显示器（或计算机系统）显示出来，从而确定大气目标物的位置和特性。

答案：光速

38．被动式大气遥感探测是利用大气或地面对__________的吸收、反射及自身发射的能量进行大气遥感的一种方法，该方法不需要人工辐射源，而是利用__________中已有的各种辐射能量，被动地接收自然界本身的信息。

答案：太阳光，自然界

39．根据遥感接收机所接收的电磁波的波长不同，被动式大气遥感探测一般可分为紫外探测、可见光探测、__________辐射探测和微波探测等。

答案：红外

40．常用火点监测算法中，需将中红外和热红外波段的辐射亮度转化为__________，然后根据其阈值判定火点。

答案：亮度温度

41．卫星遥感监测大气气溶胶的主要指标是__________。

答案：气溶胶光学厚度

42．大气卫星遥感观测手段，作为大气观测的重要手段，与常规地面站点监测显著不同的特点是可以获取__________的大气分布信息。

答案：大范围

43．大气卫星遥感观测波段范围覆盖紫外、可见光、近红外、__________、热红外、微波等。

答案：中红外

44．卫星平台上搭载的高光谱或超光谱分辨率光谱仪光谱分辨率一般在__________nm 以下。

答案：10

45．大气遥感中 CCD 相机的覆盖波段一般包括蓝波段、__________、红波段，近红外波段，与红外波段配合，可用于气溶胶、云、水汽等信息的监测。

答案：绿波段

46．大气遥感中红外相机一般包括近红外波段、__________波段、热红外波段，可用于秸秆焚烧等热异常监测。

答案：中红外

47．日本的__________卫星是世界上首颗用短波红外波段进行温室气体观测的卫星。

答案：GOSAT

48．维管植物指具有维管组织的植物，包括蕨类植物、__________、__________和极少部分的苔藓植物。

答案：裸子植物，被子植物

49．绿色植物在单位时间内单位面积上通过__________产生的有机物质总量，被称作

__________。这部分有机物质扣除本身呼吸消耗，剩余的部分被称作__________。

答案：光合作用，总初级生产力，净初级生产力

50．影响物种多样性的因素主要包括时间、空间异质性、气候稳定性、生产力、__________和__________等。

答案：竞争，捕食

51．蓝碳生态系统主要包括__________、__________和__________等。

答案：红树林，海草床，盐沼（或滨海盐沼）

52．生态系统碳汇是指森林、草原、湿地、海洋等生态系统从大气中清除__________的过程、活动或机制。

答案：二氧化碳

53．《自然保护地人类活动遥感监测技术规范》（HJ 1156—2021）规定，人类活动类型面积计量单位为__________，长度计量单位为__________。

答案：hm^2（公顷），m（米）

54．《自然保护地人类活动遥感监测技术规范》（HJ 1156—2021）规定，人类活动变化信息提取，提交数据格式为__________格式。

答案：矢量

二、单选题

1．按照《生态环境状况评价技术规范》（HJ 192—2015）的规定，某区域发生特大或重大环境事件，该区域生态环境质量状况不能评价为“优”和“良”，且生态环境质量级别降__________级。（　　）

A．1　　B．2　　C．3　　D．4

答案：A

2．地理信息系统由计算机硬件系统、软件系统、地理数据（或空间数据）以及__________四个部分构成。（　　）

A．系统管理操作人员　　B．全球定位系统

C．遥感影像　　D．存储系统

答案：A

3．生物群落监测的评价方法包括__________。（　　）

A．指示生物评价法、指示群落评价法、多样性指数法

B．指示生物评价法、指示群落评价法、指数分析法

C．指示生物评价法、指示群落评价法、生物完整性指数法

D．指示生物评价法、指示群落评价法、生物指数法

答案：B

4．下列对各类生态系统特征的描述，正确的是__________。（　　）

A．森林生态系统植物种类繁多，但其调节能力差

B．草原上生活着多种动物，其中主要是两栖类动物

C．自然生态系统中的能量可以循环流动

D．任何自然生态系统中，分解者都是必不可少的

答案：D

5．解译人员要对自己作业区内的耕地、林地、牧草地、地理单元及其坡度情况有宏观了解。必要时应进行__________，利用影像和地形图在实地进行对照分析。（　　）

A．影像比对　　B．野外调查　　C．重新解译　　D．查阅资料

答案：B

6．遥感解译标志可分为__________解译标志和__________解译标志。（　　）

A．色调，形状　　B．直接，间接　　C．大小，形状　　D．熟悉，陌生

答案：B

7．自然保护区通常可分为核心区、缓冲区和__________三个部分。（　　）

A．实验区　　B．生活区　　C．开发区　　D．限制区

答案：A

8．在全国生态监测与评价使用的土地利用/覆盖分类系统中，林地包括__________、疏林地、灌木林地和其他林地四类。（　　）

A．未成林造林地　　B．有林地　　C．盐碱地　　D．裸地

答案：B

9．在影像的重采样过程中采样像元的大小一般与其空间分辨率保持一致，Landsat TM 影像的像元大小为__________。（　　）

A．15 m×15 m　　B．20 m×20 m　　C．30 m×30 m　　D．15 m×30 m

答案：C

10．在全国生态监测与评价工作中，按照覆盖度可把天然草地划分为高覆盖度、中覆盖度和低覆盖度三类，其划分的阈值为__________、__________和__________。（　　）

A．大于 60%，30%～60%，10%～30%

B．大于 55%，25%～55%，15%～25%

C．大于 50%，30%～50%，10%～30%

D．大于 50%，20%～50%，5%～20%

答案：D

11．自然保护区包括自然生态系统自然保护区、野生生物类自然保护区和__________三类。（　　）

A．湿地类自然保护区　　B．文化名人故居类自然保护区

C．自然遗迹类自然保护区　　D．水源地类自然保护区

答案：C

12．自然保护区管理评估每__________年开展一次。（　　）

A．1～3　　B．3～5　　C．5～10　　D．10

答案：C

13．根据生态环境状况指数（EI）将生态环境分为 5 级，当 EI≥__________时，生态环境状况

级别为优。（　　）

A．60　　B．65　　C．70　　D．75

答案：D

14.《区域生物多样性评价标准》（HJ 623—2011）中生物多样性评价对象是__________。（　　）

①生态系统 ②野生动物 ③野生植物 ④微生物

A．①②③　　B．②③④　　C．②③　　D．②④

答案：A

15．图像校正包括辐射校正和__________。（　　）

A．大气校正　　B．光谱校正　　C．几何校正　　D．传感器校正

答案：C

16．种群的年龄结构是指不同年龄组的个体在种群内的比例和配置情况。种群的年龄结构通常用年龄椎体图表示，种群的死亡率大于出生率的年龄椎体为__________。（　　）

A．增长型种群　　B．稳定型种群　　C．下降型种群　　D．金字塔型种群

答案：C

17．生态系统中的能量流动开始于绿色植物通过光合作用对太阳能的固定，植物所固定的太阳能或所制造的有机物质称为__________。（　　）

A．初级生产量　　B．生物量

C．陆地净初级生产总量　　D．初级生产力

答案：A

18．建成区公园绿地可达指数是指地级及以上城市建成区公园绿地周边 10 min 步行可达（按照一般成年人每小时步行 4.8 km 核算为__________ m）范围覆盖的面积占建成区面积的比例。（　　）

A．300　　B．500　　C．800　　D．1 000

答案：C

19．根据生态质量指数（EQI）值，将生态质量类型分为五类。某县域生态质量指数为 55，其生态质量类型为__________。（　　）

A．一类　　B．二类　　C．三类　　D．四类

答案：B

20．__________不属于遥感探测所使用的电磁波波段。（　　）

A．紫外线　　B．可见光　　C．微波　　D．γ 射线

答案：D

21．通常把太阳光透过大气层时透过率较高的光谱段称为__________。（　　）

A．大气屏障　　B．大气窗口　　C．光学厚度　　D．辐射功率

答案：B

22．可见光遥感探测的波段在__________μm。（　　）

A．0.30～0.38　　B．0.38～0.76　　C．0.76～0.85　　D．0.85～0.95

答案：B

23.《中共中央 国务院关于完整准确全面贯彻新发展理念做好碳达峰碳中和工作的意见》（中发〔2021〕36 号）中，不属于加快推进低碳交通运输体系建设的是__________。（ ）

A. 优化交通运输结构　　B. 推广节能低碳型运输工具

C. 严格控制化石能源消费　　D. 积极引导低碳出行

答案：C

24. 下列表述正确的是__________。（ ）

A. 生态学是研究生物形态的一门科学

B. 生态学是研究人与环境相互关系的一门科学

C. 生态学是研究自然环境因素相互相关的一门科学

D. 生态学是研究生物及环境间相互关系的科学

答案：D

25. 红树林生态系统主要分布于__________。（ ）

A. 热带或亚热带　　B. 温带　　C. 寒温带　　D. 极地

答案：A

26. __________指在潮湿环境中生长，不能忍受较长时间的水分不足，抗旱能力最弱的陆生植物。（ ）

A. 水生植物　　B. 湿生植物　　C. 中生植物　　D. 旱生植物

答案：B

27. 逻辑斯蒂曲线常划分为 5 个时期，当个体数达到饱和密度一半（K/2 时），密度增长最快，该时期称为__________。（ ）

A. 加速期　　B. 转折期　　C. 减速期　　D. 饱和期

答案：B

28. 下列不属于种群的空间格局类型的是__________。（ ）

A. 均匀型　　B. 随机型　　C. 成群型　　D. 点阵型

答案：D

29. 叶面积指数（LAI）是群落结构的一个重要指标，与群落的功能有直接关系。热带雨林的 LAI 一般在__________。（ ）

A. 1～2　　B. 3～5　　C. 5～8　　D. 10～11

答案：D

30. 作物快成熟时，其叶绿素吸收边向长波方向移动，称为__________。（ ）

A. 蓝移　　B. 红移　　C. 绿移　　D. 黄移

答案：B

31. 对于某种作物，当土壤中的氮可维持 250 kg 产量，钾可维持 350 kg 产量，磷可维持 500 kg 产量，则实际产量一般会在__________。（ ）

A. 250 kg 左右　　B. 350 kg 左右　　C. 500 kg 左右　　D. 大于 500 kg

答案：A

32. 我国北方某县生态质量指数较上一年降低了 0.85，生态质量变化幅度分级为__________。

（　　）

A．轻微变差　　B．一般变差　　C．基本稳定　　D．轻微变好

答案：C

33．下列生态系统中，开放程度最大的是＿＿＿＿＿。（　　）

A．湖泊　　B．热带雨林　　C．农田　　D．水库

答案：C

34．＿＿＿＿＿是生态学的一种主要影响力，是扩散和领域现象的原因，是种群通过密度制约过程进行调节的重要原因。（　　）

A．种间竞争　　B．种内竞争　　C．个体竞争　　D．竞争

答案：B

35．一般来说，某种生物的耐性限度达到最适时的温度、湿度条件组合状况为＿＿＿＿＿。（　　）

A．高温、高湿　　B．中温、高湿　　C．中温、中湿　　D．高温、中湿

答案：C

36．下列类型的农业生产模式不属于生态农业范畴的是＿＿＿＿＿。（　　）

A．养鱼塘的分层养殖　　B．农田的间作套种

C．海洋的网箱养殖　　D．稻田养鱼或养鸭

答案：C

37．＿＿＿＿＿不属于中国发射的卫星。（　　）

A．GF 系列　　B．ZY 系列　　C．LANDSAT 系列　　D．FY 系列

答案：C

38．在真彩色的波段组合条件下，城镇用地的影像特征一般为＿＿＿＿＿。（　　）

A．几何特征明显、形状多样、边界清晰；颜色呈现灰、灰白及白色

B．几何特征不明显、不规则；颜色呈鲜红、淡红及黑灰色

C．几何特征明显但边界线不规则；颜色呈灰白色

D．几何特征明显呈自然形态；颜色呈深蓝色、蓝色及浅蓝色

答案：A

39．卫星影像数据的预处理不包括＿＿＿＿＿。（　　）

A．影像筛选　　B．辐射定标　　C．几何校正　　D．大气校正

答案：A

40．净初级生产力（NPP）指绿色植物在单位时间、单位面积上由光合作用所产生的有机物质总量中扣去自养呼吸后剩余的部分。遥感估算 NPP 一般常用植被指数是＿＿＿＿＿。（　　）

A．TVDI　　B．RVI　　C．NDVI　　D．DVI

答案：C

41．生态环境地面监测内容包括＿＿＿＿＿和环境要素监测两大类。（　　）

A．空间要素　　B．生物要素　　C．地里要素　　D．生态要素

答案：B

42．在植物群落调查中，确定多度最常用的方法有两种，一是直接点数，二是目测估计。一般

情况下，__________常用目测估计法测量。(　　)

A．草本　B．高大灌木　C．高大乔木　D．低矮乔木

答案：A

43．无人机等近地面遥感可获取生态系统——景观尺度的高时空分辨率遥感信息，为地面观测、航空遥感和卫星遥感之间搭建起信息推绎的可靠桥梁，为实现生态系统“天—空—地”的全面观测提供遥感平台的补充和支撑。以下哪些资料或数据不能通过无人机航拍分析获取__________。(　　)

A．群落结构空间分布　B．生态功能区划

C．生态系统结构变化　D．外来入侵物种

答案：B

44．在区域生态质量评价中，地级及以上城市建成区林地、草地等各类绿地的面积获取方式一般是__________。(　　)

A．地面测量　B．卫星遥感　C．问卷调查　D．土地利用规划统计

答案：B

45．云、雾对红外线散射属于__________。(　　)

A．瑞利散射　B．米氏散射　C．非选择性散射　D．不确定

答案：B

46．太阳光从宇宙空间到达地球表面须穿过地球的大气层。太阳光在穿过大气层时，会受到大气层对太阳光的__________影响，因而使透过大气层的太阳光能量受到衰减。(　　)

A．吸收　B．散射　C．吸收和散射　D．折射

答案：C

47．火点遥感监测的原理是__________。(　　)

A．维恩位移定律　B．大气辐射传输　C．基尔霍夫定律　D．玻尔兹曼定律

答案：A

48．卫星遥感反演痕量气体主要是利用__________手段。(　　)

A．多光谱　B．雷达　C．偏振　D．高光谱

答案：D

49．火点监测中，利用__________可把物体的辐射亮度转化为亮度温度。(　　)

A．牛顿力学定律　B．维恩位移定律　C．普朗克方程　D．辐射传输方程

答案：C

50．__________观测网络是国际上的气溶胶监测网。(　　)

A．AERONET　B．TCCON　C．MODIS　D．CBERS

答案：A

51．__________观测网络是国际上的温室气体监测网。(　　)

A．AERONET　B．MODIS　C．TCCON　D．CBERS

答案：C

52．下列不属于气溶胶卫星反演方法的是__________。(　　)

A．暗目标法　B．差分吸收光谱法　C．多角度偏振　D．结构函数法

答案：B

53．为分析秸秆焚烧火点对空气质量的影响，需要统计位于高速公路 5 km 内的火点数，采用__________分析方法。（　　）

A．叠加分析　　B．距离分析　　C．缓冲区分析　　D．邻域分析

答案：C

54．绝对黑体对于任何波长的电磁辐射都能__________。（　　）

A．全部吸收　　B．部分吸收　　C．全部反射　　D．部分反射

答案：A

55．2015 年 12 月我国发射的高分四号卫星，是中国高分系列第__________颗地球同步轨道高分辨率遥感卫星。配置一台可见光 50 m/中波红外 400 m 分辨率的面阵相机，兼具可见光和红外线全天候成像能力可用于林火、秸秆焚烧等监测。（　　）

A．一　　B．二　　C．三　　D．四

答案：A

56．依据《区域生态质量评价办法（试行）》（环监测〔2021〕99 号），全国生态遥感监测土地利用/覆盖分类体系中，城乡、工矿、居民用地的二级分类不包括__________。（　　）

A．城镇用地　　B．农村居民点　　C．其他建设用地　　D．采矿用地

答案：D

57．根据生态质量指数值，将生态质量类型分为五类。以下属于生态质量类型的是__________。（　　）

A．优　　B．良好　　C．二类　　D．极重要

答案：C

58．以下不属于区域生态质量评价一级指标的是__________。（　　）

A．生态格局　　B．生态功能　　C．生态修复　　D．生态胁迫

答案：C

59．生态灾害不包括__________。（　　）

A．林地更新　　B．水土流失　　C．土地沙化　　D．河道采砂

答案：A

60．不属于高分 1 号影像波段的是__________。（　　）

A．蓝波段　　B．绿波段　　C．红波段　　D．红边波段

答案：D

61．全国生态质量监测技术要求遥感影像几何纠正精度不正确的是__________。（　　）

A．平原区≤1 个像元　　B．影像镶嵌精度平原区≤2 个像元

C．山区≤3 个像元　　D．影像镶嵌精度平原区≤4 个像元

答案：D

62．不属于自然岸线类型的是__________。（　　）

A．基岩岸线　　B．砂质岸线　　C．生物岸线　　D．生态恢复岸线

答案：D

63．根据《区域生态质量评价办法（试行）》（环监测〔2021〕99 号），若生态质量指数（EQI）为 42，则生态质量分类类别为__________。（　　）

A．一类　　B．二类　　C．三类　　D．四类

答案：C

64．《区域生态质量评价办法（试行）》（环监测〔2021〕99 号）生态功能指数计算中，将全国县域分为__________类进行评价。（　　）

A．3　　B．4　　C．5　　D．6

答案：C

65．《区域生态质量评价办法（试行）》植被覆盖指数计算中，使用评价年__________像元 NDVI 月最大值的均值进行指标计算。（　　）

A．3—7 月　　B．5—9 月　　C．6—10 月　　D．7—12 月

答案：B

66．组成生物群落的基本单位是__________。（　　）

A．种群　　B．物种　　C．生物有机体　　D．种类

答案：A

67．农业生态系统是__________。（　　）

A．封闭性系统，净生产力低　　B．封闭性系统，净生产力高

C．开放性系统，净生产力低　　D．开放性系统，净生产力高

答案：D

68．根据环境范围的大小分类，环境可分为（从大至小排列）__________。（　　）

A．宇宙环境、区域环境、地球环境、微环境、生境、体内环境

B．生态环境、生境、区域环境、微环境、体内环境

C．宇宙环境、地球环境、区域环境、生境、微环境、体内环境

D．生态环境、区域环境、生境、体内环境、微环境

答案：C

69．绿色植物进行光合作用的能量来源是__________。（　　）

A．光　　B．空气　　C．温度　　D．水分

答案：A

70．谚语“大鱼吃小鱼，小鱼吃虾米，虾米吃滋泥”指的是__________。（　　）

A．营养级　　B．群落　　C．食物链　　D．食物网

答案：C

71．每个生物种群都处于一定的营养级，以下处于第一营养级的是__________。（　　）

A．牛　　B．牧草　　C．狼　　D．兔

答案：B

72．遥感技术是利用地物具有完全不同的电磁波__________或__________辐射特征来判断地物目标和自然现象。（　　）

A．反射，发射　　B．干涉，衍射　　C．反射，干涉　　D．反射，衍射

答案：A

73．下列可获取立体影像的遥感卫星是__________。（　　）

A．Landsat-7　　B．SPOT-5　　C．IKONOS-2　　D．MODIS

答案：B

74．遥感影像景物的时间特征在图像上以__________表现出来。（　　）

A．波谱反射特性曲线　　B．空间几何形态

C．光谱特征及空间特征的变化　　D．偏振特性

答案：C

75．下列不会引起遥感图像的几何变形或辐射误差的是__________。（　　）

A．太阳高度角　　B．地形　　C．大气　　D．地物面积

答案：D

76．遥感数据的存储通用格式不包括__________。（　　）

A．BSQ　　B．BIL　　C．BIP　　D．BIQ

答案：D

77．属于遥感平台类型的是__________。（　　）

A．航天平台　　B．航空平台　　C．地面平台　　D．以上全是

答案：D

78．高分 1 号卫星全色波段的空间分辨率为__________。（　　）

A．0.8 m　　B．1 m　　C．2 m　　D．8 m

答案：C

79．以下不属于生态遥感监测野外核查工作中准备的材料和设备的是__________。（　　）

A．胸径尺　　B．手持 GPS　　C．空间数据　　D．相机或手机

答案：A

80．以下不属于提高生态质量的措施是__________。（　　）

A．提高城市建成区内城市绿化率

B．提高耕地种植的集约化水平

C．加快工业化、城镇化的开发建设

D．加强海岸线周边限养区、禁养区养殖塘的清退工作

答案：C

81．一般将像元空间分辨率小于 10 m 的遥感卫星作为高分辨率卫星。下列不属于高分辨率卫星的是__________。（　　）

A．MODIS　　B．高分 1 号　　C．资源 3 号　　D．IKONOS

答案：A

82．《自然保护地人类活动遥感监测技术规范》（HJ 1156—2021）规定，影像正射校正要求配准精度平原地区在__________个像元以内、丘陵地区在__________个像元以内、部分山区在__________个像元以内。（　　）

A．1，3，3　　B．1，2，4　　C．2，2，4　　D．1，2，3

答案：B

三、多选题

1.《区域生物多样性评价标准》（HJ 623—2011）中生物多样性评价对象是__________。（　　）

A．生态系统　　B．野生动物　　C．野生植物　　D．微生物

答案：ABC

2．下列属于生物多样性的层次是__________。（　　）

A．遗传多样性　　B．物种多样性　　C．生态系统多样性　　D．种群多样性

答案：ABC

3．__________是遥感影像主要判读特征。（　　）

A．阴影　　B．形状　　C．大小　　D．色调

答案：ABCD

4．生物在自然界长期发育与进化的过程中，出现了以食物、资源和空间关系为主的种内与种间关系。生物的种间关系多种多样，其基本类型有__________。（　　）

A．偏利作用、偏害作用　　B．原始合作、中性作用

C．竞争、互利共生　　D．寄生作用、捕食作用

答案：ABCD

5．自然保护地人类活动是指在自然保护地内发生的、影响自然保护地保护对象和生态环境状况的各类开发建设及生产、生活活动。以下属于人类活动的是__________。（　　）

A．观光栈道　　B．园地　　C．农村居民点　　D．养殖水面

答案：ABCD

6．生态系统的主要组成有__________。（　　）

A．生产者　　B．消费者　　C．分解者　　D．非生物环境

答案：ABCD

7．生态系统中的两个基本过程为__________。（　　）

A．分解过程　　B．能量流动　　C．同化过程　　D．物质循环

答案：BD

8．《关于进一步加强生物多样性保护的意见》（中办发〔2021〕53 号）规定，构建完备的生物多样性保护监测体系包括__________。（　　）

A．持续推进生物多样性调查监测　　B．完善生物多样性保护与监测信息云平台

C．依法加强生物技术环境安全监测管理　　D．完善生物多样性评估体系

答案：ABD

9．国家公园是指以保护具有国家代表性的自然生态系统为主要目的，实现自然资源科学保护和合理利用的特定陆域或海域，是我国__________的部分，保护范围大，生态过程完整，具有全球价值、国家特征，国民认同度高。（　　）

A．自然生态系统中最重要　　B．自然景观最独特

C．自然遗产最精华　　D．生物多样性最富集

答案：ABCD

10．大气窗口的光谱段主要有__________。（　　）

A．微波波段　　B．热红外波段　　C．中红外波段　　D．近红外波段

答案：ABCD

11．植被指数模型计算一般使用的波段为__________。（　　）

A．红波段　　B．绿波段　　C．蓝波段　　D．近红外波段

答案：AD

12．遥感提供的植被信息及其变化可以用来提取与反演__________等各种植被参数，监测植被的变化过程与规律，研究植被与生态环境其他因子间的相互作用和整体效应等。（　　）

A．叶面积指数　　B．植被覆盖度

C．植被净初级生产力　　D．冠层高度

答案：ABCD

13．可用于秸秆焚烧火点监测的卫星数据包括__________。（　　）

A．MODIS　　B．AVHRR　　C．HJ-IRS　　D．VIIRS

答案：ABCD

14．下列选项中哪些内容是影响生态系统碳汇的主要环境因子__________。（　　）

A．土壤温度　　B．气温　　C．降水　　D．叶面积指数

答案：ABC

15．下列选项中哪些物种被列入《重点管理外来入侵物种名录》__________。（　　）

A．紫茎泽兰　　B．亚洲鲤鱼　　C．薇甘菊　　D．美国白蛾

答案：ACD

16．eDNA 技术的主要操作流程包括__________。（　　）

A．样品采集　　B．DNA 提取　　C．PCR 扩增及测序　　D．生物信息学分析

答案：ABCD

17．《生物多样性观测技术导则　两栖动物》（HJ 710.6—2014）规定，使用样线法估算种群相对密度时，需要记录下列哪些监测数据__________。（　　）

A．样线的长度　　B．样线的宽度

C．样线内物种的个体数　　D．样线内物种生物量

答案：ABC

18．《区域生态质量评价办法（试行）》（环监测〔2021〕99 号）规定，开展生物多样性综合评价，需要获取下列哪些指标__________。（　　）

A．辛普森多样性指数　　B．重点保护生物指数

C．指示生物类群生命力指数　　D．原生功能群种占比指数

答案：BCD

四、判断题

1．热红外遥感具有很强的穿透能力，不仅能穿破云雾，而且能穿透一定厚度的植被、土壤、

冰雪等。（ ）

答案：错误

正确答案：微波遥感能穿透云雾不受天气影响，可进行全天候全天时的遥感探测；对植被、冰雪、土壤等表层覆盖物有一定的穿透能力。

2.《生态环境状况评价技术规范》（HJ 192—2015）根据生态环境状况指数，将生态环境状况分为 5 级，即优、良、一般、较差和差，55≤EI＜70 时，级别为良。（ ）

答案：错误

正确答案：55≤EI＜75 时，级别为良。

3.《卫星遥感秸秆焚烧监测技术规范》（HJ 1008—2018）规定，如果一天有两种或两种以上传感器均监测到同一位置火点，不累积计数，对于特定行政区域内火点数目的统计是当日发生在该行政区域内火点的取值之和。（ ）

答案：正确

4．环境卫星遥感监测可以实现大范围、多时相的同步连续监测，也能得到瞬时成像的实时环境信息，但无法获取特征化的定量数据。（ ）

答案：错误

正确答案：卫星遥感监测可以获取特征化定量数据。

5．任何自然生态系统中，分解者都是必不可少的。（ ）

答案：正确

6．生态交错区或过渡区是指两个或多个群落之间（或生态地带之间）的过渡区域。（ ）

答案：正确

7．生态系统按组成要素分为生产者、消费者、分解者及非生物环境四个部分。（ ）

答案：正确

8．生态系统的基本功能包括能量流动、物质循环和信息传递。（ ）

答案：正确

9．自然保护区包括自然生态系统自然保护区、野生生物类自然保护区和自然遗迹类自然保护区三类。（ ）

答案：正确

10．生态因子是指环境中对生物生长、发育、生殖、行为和分布有直接影响的环境要素。（ ）

答案：错误

正确答案：生态因子是指环境中对生物生长、发育、生殖、行为和分布有直接或间接影响的环境要素。

11．生物群落是在特定空间或特定生境下，具有一定的生物种类组成及其环境之间彼此影响、相互作用，具有一定的外貌及结构，包括形态结构与营养结构，并具有特定的功能的生物集合体。（ ）

答案：正确

12．生态系统是指在一定空间中共同栖居着的所有生物与其环境之间由于不断地进行物质循环和能量流动过程而形成的统一整体。（ ）

答案：正确

13．生产者所固定的能量和物质，通过一系列取食和被食的关系在生态系统中传递，各种生物按其食物关系排列的链状顺序成为食物链。由于能流在通过各营养级时会急剧地减少，生态系统中的营养级一般不超过六级。（ ）

答案：正确

14．在生物生长过程中个体越来越大，在种群持续增长过程中，种群数量不断上升，属于负反馈。（ ）

答案：错误

正确答案：在生物生长过程中个体越来越大，在种群持续增长过程中，种群数量不断上升，属于正反馈。

15．生态系统从大气、水体和土壤等环境中获得营养物质，通过绿色植物吸收，进入生态系统，被其他生物重复利用，最后归还于环境中，此过程为能量流动。（ ）

答案：错误

正确答案：生态系统从大气、水体和土壤等环境中获得营养物质，通过绿色植物吸收，进入生态系统，被其他生物重复利用，最后归还于环境中，此过程为物质循环。

16．自然保护区是指保护典型的自然生态系统、珍稀濒危野生动植物种的天然集中分布区、有特殊意义的自然遗迹的区域。（ ）

答案：正确

17．叶面积指数（LAI）是指单位地表面积上植物单面叶面积之和，是表征植被生长状况的关键物理量。实验表明，叶面积指数的变化与叶的光学性质变化相关，可利用植被指数来估算叶面积指数，并监测植被长势。（ ）

答案：正确

18．生态保护红线是指在生态空间范围内具有特殊重要生态功能、必须强制性严格保护的区域，是保障和维护国家生态安全的底线和生命线。（ ）

答案：正确

19．生态监测是以生态学原理为理论基础，运用可比的和较成熟的方法，对不同尺度的生态环境质量状况及其变化趋势进行连续观测和评价的综合技术。（ ）

答案：正确

20．合理界定生态环境权利，按照政府主导付费原则，通过市场化、多元化方式，促进生态保护者利益得到有效补偿，激发全社会参与生态保护的积极性。（ ）

答案：错误

正确答案：合理界定生态环境权利，按照受益者付费原则，通过市场化、多元化方式，促进生态保护者利益得到有效补偿，激发全社会参与生态保护的积极性。

21．环境是指某一特定生物体或生物群体以外的空间，以及直接影响该生物体或生物群体生存的一切事物的总和。（ ）

答案：错误

正确答案：环境是指某一特定生物体或生物群体以外的空间，以及直接或间接影响该生物体或生物群体生存的一切事物的总和。

22．由于人类有意识或无意识地把某种生物带入适宜其栖息和繁衍的地区，种群不断扩大，分布区逐步稳定地扩展，这种过程称为生态入侵。（　　）

答案：正确

23．在自然生态系统中一个种群在时间、空间上的位置及其与相关种群之间的功能关系称为生态位。（　　）

答案：正确

24．同一种地物由于地理区位不同、环境影响因素不同等，在影像上表现出形式不一的现象称为异物同谱。（　　）

答案：错误

正确答案：同一种地物由于地理区位不同、环境影响因素不同等，在影像上表现出形式不一的现象称为同物异谱。

25．生态空间是指具有自然属性，以提供生态服务或生态产品为主体功能的国土空间。（　　）

答案：正确

26．生态用地面积比指数表示评价区内所有地类的面积占比情况。（　　）

答案：错误

正确答案：生态用地面积比指数是指评价区具有生态属性的用地面积占比情况。

27．《区域生态质量评价办法（试行）》（环监测〔2021〕99 号）中，生态功能将全国分为 5 类县域进行评价，分别为水土保持、水源涵养、防风固沙、生态宜居及生态活力。（　　）

答案：正确

28．对于任何波长的电磁辐射都全部吸收的物体称为绝对黑体。（　　）

答案：正确

29．生态风险是指在一定区域内具有不确定性的事故或灾害对生态系统及其组分可能产生的作用，这些作用的结果可能导致生态系统结构和功能的损伤，从而危及生态系统的安全和健康。（　　）

答案：正确

30．地面上的任何物体（目标物），如土地、水体、植被和人工构筑物等，在任何条件下都具有反射、吸收、透射及辐射电磁波的特性。（　　）

答案：错误

正确答案：地面上的任何物体（目标物），如土地、水体、植被和人工构筑物等，在温度高于绝对零度（–273.15℃）下都具有反射、吸收、透射及辐射电磁波的特性。

31．原生功能群种占比指数是指评价区内监测样地地带性原生生态系统群落主要物种生物量或者生物个数占样地生物量或生物个数的比例。（　　）

答案：错误

正确答案：原生功能群种占比指数是指评价区内监测样地地带性原生生态系统群落建群种生物量或者生物个数占样地生物量或生物个数的比例。

32．生态环境监测中的质量保证是针对保证监测质量的管理手段。（　　）

答案：正确

33.《中共中央　国务院关于完整准确全面贯彻新发展理念做好碳达峰碳中和工作的意见》（中发〔2021〕36号）中，推进经济社会发展全面绿色转型包括要强化绿色低碳发展规划引领、优化绿色低碳发展区域布局及加快形成绿色生产生活方式。（　　）

答案：正确

34.《中共中央　国务院关于完整准确全面贯彻新发展理念做好碳达峰碳中和工作的意见》（中发〔2021〕36号）中主要目标要求到2025年，绿色低碳循环发展的经济体系初步形成，重点行业能源利用效率大幅提升。（　　）

答案：正确

35．我国1956年建立的第一个自然保护区是广东鼎湖山。（　　）

答案：正确

36．种群的绝对密度是指单位面积内或空间内的实有个体数。（　　）

答案：正确

37．种群的主要特征包括数量特征、空间特征和遗传特征。（　　）

答案：正确

38.《关于进一步加强生物多样性保护的意见》（中办发〔2021〕53号）中总目标要求到2035年，生物多样性保护政策、法规、制度、标准和监测体系全面完善，形成统一有序的全国生物多样性保护空间格局。（　　）

答案：正确

39．物种特有性是指区域内特有的野生哺乳类、鸟类、爬行类、两栖类、淡水鱼类、蝶类和维管束植物的种数的相对数量，用于表征物种的特殊价值。（　　）

答案：正确

40．瑞利散射是指当大气中的粒子直径和波长相近的时候所发生的大气散射现象。（　　）

答案：错误

正确答案：瑞利散射是指当大气中的粒子直径比波长小得多的时候所发生的大气散射现象。

41．大气层对太阳光的吸收和散射影响随太阳光的波长而变化。（　　）

答案：正确

42．生活型是生物对外界环境适应的外部表现形式，同一生活型的生物，不但体态相似，而且在适应特点上也是相似的。（　　）

答案：正确

43．森林生态系统中，常用多度表示乔木层的盖度。（　　）

答案：错误

正确答案：森林生态系统中，常用郁闭度表示乔木层的盖度。

44.《生物多样性观测技术导则　鸟类》（HJ 710.4—2014）规定，繁殖期鸟类观测，应至少开展2次，繁殖前期和繁殖中期各开展1次。（　　）

答案：错误

正确答案：繁殖期鸟类观测，应至少开展2次，繁殖前期和繁殖后期各开展1次。

45．枝干离地面1.5 m处为乔木胸径测量的标准位置。（　　）

答案：错误

正确答案：枝干离地面 1.3 m 处为乔木胸径测量的标准位置。

46．物种多样性指群落或生态系统中生物种类的丰富程度，包括物种的数量和物种的均匀程度两个方面。（　　）

答案：正确

47．一般来说，食物网越简单，生态系统抵抗外力干扰的能力就越强。（　　）

答案：错误

正确答案：一般来说，食物网越复杂，生态系统抵抗外力干扰的能力就越强。

48．香农-维纳指数（Shannon-Wiener Index）是综合衡量群落物种丰富度和均匀度的指标。（　　）

答案：正确

49．陆地生态系统的碳吸收量大于排放量时，该系统就成为大气二氧化碳的源；反之则为碳汇。（　　）

答案：错误

正确答案：陆地生态系统的碳吸收量大于排放量时，该系统就成为大气二氧化碳的汇；反之则为碳源。

50．大量研究表明，某一物种释放的 eDNA 浓度和其生物量呈正相关。（　　）

答案：正确

51．植物生物量是单位面积植物活体积累的干物质数量。（　　）

答案：正确

52．《自然保护地人类活动遥感监测技术规范》（HJ 1156—2021）规定，影像空间分辨率必须优于 2 m。（　　）

答案：错误

正确答案：影像空间分辨率必须优于或等于 2 m。

五、简答题

1．简述在地表水水生生物监测中，监测断面的布设原则。

答案：

（1）代表性。

（2）与水质化学监测断面布设的一致性。

（3）考虑水体环境的整体性。

（4）断面布设的连续性。

（5）断面布设的经济性。

2．“3S”技术在环境监测领域的应用越来越广泛，请简述“3S”集成的概念和 3 个 S 的作用。

答案：

（1）“3S”技术指遥感（RS）、地理信息系统（GIS）、全球定位系统（GPS）3 种技术集成的总称。

（2）GPS 主要用于实时、快速地提供目标的空间位置。

（3）RS 用于实时、快速地提供大面积地表物体及其环境的几何与物理信息及各种变化。

（4）GIS 则是对多种来源时空数据进行综合处理分析和应用的平台。

3．简述遥感影像的特征。

答案：遥感影像具有空间分辨率、时间分辨率、光谱分辨率和辐射分辨率。空间分辨率指可以识别的最小地面距离或最小目标物的大小。光谱分辨率指遥感器接受目标辐射时能分辨的最小波长间隔。辐射分辨率指探测器的灵敏度，是遥感器感测元件在接收光谱信号时能分辨的最小辐射度差。时间分辨率是指遥感探测器按一定的时间周期重复采集数据的遥感影像间隔时间。

4．简述《区域生态质量评价办法（试行）》（环监测〔2021〕99 号）中生态质量评价的适用范围及指标体系。

答案：生态质量评价适用于县级行政区及以上区域生态质量现状和趋势的综合评价。指标体系包括生态格局、生态功能、生物多样性及生态胁迫 4 个方面，共 11 个二级指标、18 个三级指标。

5．简述植物的光谱反射特征。

答案：健康绿色植物的波谱特征主要取决于它的叶子。在可见光谱段内，植物的光谱特征主要受叶的各种色素的支配，其中叶绿素起着最重要的作用。由于色素的强烈吸收，叶的反射和透射很低，在以 0.45 μm 为中心的蓝波段及以 0.67 μm 为中心的红波段叶绿素强烈吸收辐射能而呈吸收谷，在这两个吸收谷之间（0.54 μm 附近）吸收较少，形成绿色反射峰而呈现绿色植物。

6．生物的生存对策有哪些？

答案：生物的生存对策分为 r 对策和 k 对策。

r 对策种群是指生活在条件严酷和不可预测环境中的种群，其死亡率通常与种群密度无关，种群内的个体常把较多的能量用于生殖，而把较少的能量用于生长、代谢和增强自身的竞争能力。

k 对策种群是指生活在条件优越和可预测环境汇总的种群，其死亡率大多由与密度相关的因素引起的，生物之间存在激烈的竞争，种群内的个体常把更多的能量用于除生殖以外的其他各种活动。

7．简述生物多样性保护措施。

答案：加强对生物多样性保护优先区域的保护监管；优化建设动植物园（保护中心、救护中心、保育救助站等）；对于栖息地环境遭到严重破坏的重点物种，加强其替代生境研究和示范建设；推进特殊物种人工繁育和野外放归工作等。

8．以 MODIS 卫星数据为例，简述其秸秆焚烧火点遥感监测的主要思路。

答案：秸秆焚烧卫星遥感监测主要是探测秸秆焚烧引起的地面热异常火点，其原理是基于维恩位移定律，即一个物体温度越高，其辐射谱的波长越短。热异常火点的一个显著特征就是中红外波段的辐射能量高于常温地物。秸秆火点遥感探测就是利用内部含有火焰的高温像元与背景常温像元在中红外以及中红外与热红外波段辐射能量二差值的差异来识别地面火点的。MODIS 传感器具有 4 μm 附近的中红外波段、11 μm 附近的热红外波段，可以用于热异常点的提取，在此基础上结合高分辨率土地利用情况，可进一步识别出位于农田里的秸秆焚烧火点。

9．开展森林样地调查时，如何确定群落优势种？

答案：根据植物的数量特征及其在群落中所起的作用来确定群落优势种。通常对群落各植物的重要值从大到小排序，重要值之和超过群落所有植物种重要值总和的 50%时，所有前排植物种定为优势种。其中乔木的重要值=相对多度+相对显著度+相对高度，灌木和草本的重要值=相对多度+相对盖度+相对高度。

10．开展植物群落调查时，丰富度、多度、盖度和密度的含义是什么？

答案：丰富度：群落中植物物种的数量。

多度：某一植物物种在群落中的个体数量。

盖度：植物枝叶所覆盖土地的垂直投影面积。

密度：单位面积上某种植物的全部个体数目。

11．简述外来物种和外来入侵物种的定义。

答案：外来物种：出现在其过去或现在的自然分布范围及潜在扩散范围以外的种、亚种或以下的分类单元，包括该物种所有可能存活繁殖的部分、配子或繁殖体。

外来入侵物种：在当地的自然或半自然生态系统中形成了自我再生能力、可能或已经对生态环境、生产或生活造成明显损害或不利影响的外来物种。

12．根据自然保护地人类活动遥感监测技术要求，人类活动变化图斑提取时，不同类型人类活动变化图斑提取的原则是什么？

答案：

（1）新增图斑提取：按照后期影像中新增人类活动纹理边缘提取；

（2）扩大图斑提取：基于上一期人类活动数据图斑，沿面积扩大或强度增强的影像纹理边缘提取；

（3）减少图斑提取：基于上一期人类活动数据图斑，沿面积减小或强度减弱的影像纹理边缘提取。

第六章

噪声和振动

第一节　噪声

一、填空题

1．测量工业企业厂界环境噪声时，测点应选在厂界外__________m，若厂界有实体围墙且周围有受影响的噪声敏感建筑物时，测点应__________围墙 0.5 m 以上。

答案：1，高于

2．当在噪声敏感建筑物室内监测工业企业厂界环境噪声时，应在受噪声影响方向的门窗__________状况下进行测量，并采用该噪声敏感建筑物所在声环境功能区对应环境噪声限值低__________dB（A）的值作为评价依据。

答案：全打开，10

3．测量工业企业厂界环境噪声时，测点（传声器位置）应选在厂界________，高度________处。

答案：外 1 m，1.2 m 以上

4．测量背景噪声与测量噪声源时声环境尽量__________。

答案：保持一致

5．如果某工业企业厂界噪声测量值为 65.8 dB（A），被测声源不工作时背景噪声为 61.3 dB（A），则背景修正后的厂界噪声值为__________dB（A）。

答案：64

6．测量背景噪声时，若被测噪声源短时间内不能够停止排放，且噪声源停止前后的时间段内周围声环境已发生变化，则应另行选择与测量噪声源时__________的时间测量背景噪声，测点位置应与噪声源测点位置相同。

答案：声环境一致

7．环境噪声测量时，噪声敏感建筑物室内测点距离墙面和其他反射面至少__________m，距窗约__________m 处，距地面__________m 高。

答案：1，1.5，1.2～1.5

8．某企业的厂界环境噪声测量值为 67.2 dB（A），背景噪声测量值为 64.0 dB（A），则该企业的厂界环境噪声排放值为__________。

答案：64 dB（A）

9．厂界噪声每次测量前、后必须在测量现场进行声学校准，前、后校准示值偏差不得大于__________，否则测量结果无效。

答案：0.5 dB

10．城市道路交通噪声监测时，每个测点应测量__________min 等效声级，同时分类记录__________。

答案：20，车流量

11．村庄原则上执行__________类声环境功能区要求，工业活动较多的村庄及有交通干线经过

的村庄（指执行 4 类声环境功能区要求以外的区域）可局部或全部执行__________类声环境功能区要求。

答案：1，2

12．集镇执行__________类声环境功能区要求，独立于村庄、集镇之外的工业、仓储集中区执行__________类声环境功能区要求。

答案：2，3

13．开展城市声环境常规监测时，区域声环境昼间监测每年监测__________次，道路交通声环境昼间监测每年监测__________次，功能区声环境每年监测__________次。

答案：1，1，4

14．开展城市声环境常规监测时，区域声环境夜间监测每__________年监测 1 次。

答案：5

15．厂界与噪声敏感建筑物距离小于__________时，厂界环境噪声应在噪声敏感建筑物的室内监测，并将相应标准限值减__________作为评价依据。

答案：1 m，10 dB

16．在__________内，被测声源的声级起伏不大于__________的噪声被视为稳态噪声。

答案：测量时间，3 dB（A）

17．社会生活噪声监测时，测点应布设在距离社会生活噪声排放源边界外__________m，高度 1.2 m 以上的位置。

答案：1

18．城市区域环境噪声总体水平等级“一级”至“五级”可分别对应评价为“好”、__________、“一般”、“较差”和“差”。

答案：“较好”

19．声波在空气中传播速度的影响因素包括__________、__________、__________。

答案：大气压（大气静压强），空气密度，温度

20．所有声音都来源于物体的__________。

答案：振动

21．声波的类型有__________和__________。

答案：纵波，横波

22．声音频率越高，声调越__________；声音频率越低，声调越__________。

答案：高，低

23．声波的波长是由频率决定的，频率越高，波长越__________；频率越低，波长越__________。

答案：短，长

24．__________是指有声波时媒质中的压强与无声传播时媒质中静压强的差值，单位为__________。

答案：声压，帕（Pa）

25．__________的定义为声压与基准声压之比的以 10 为底的对数乘以 20，单位为__________。

答案：声压级，分贝（dB）

26．__________是指在单位时间内垂直于传播方向的单位面积上通过的声波能量，单位为__________。

答案：声强（声强度），瓦每平方米（W/m^2）

27．__________是声强与基准声强之比的以 10 为底的对数乘以 10。

答案：声强级

28．__________是指单位时间内通过某一面积的声能，单位为 __________。

答案：声功率，瓦（W）

29．噪声按照时间特性分为__________、__________、__________。

答案：稳态噪声，非稳态噪声，脉冲噪声

30．噪声敏感建筑物是指__________、__________、__________、__________、__________等需要保持安静的建筑物。

答案：医院，学校，机关，科研单位，住宅

31．经测量，噪声测量值与背景噪声值相差小于 3 dB，且噪声测量值与被测量声源排放限值的差值 ΔL_2 大于等于__________时，无法对其达标情况进行评价，应创造条件重新测量。

答案：5 dB

32．相邻区域为 1 类声环境功能区，在交通干线外__________m 的区域为 4a 类声环境功能区。

答案：50±5

33．__________是指噪声源向周围生活环境辐射噪声。

答案：噪声排放

34．__________是指超过噪声排放标准或者未依法采取防控措施产生噪声，并干扰他人正常生活、工作和学习的现象。

答案：噪声污染

35．声级计通常由__________、__________、__________、适当的计权网络和具有规定的动态特性的指示仪表组成，用以测量声级。

答案：传声器，放大器，衰减器

36．__________是一种当耦合到规定型号和结构的传声器上时，能产生规定声压级和规定频率的正弦声压的装置。

答案：声校准器

37．在一般户外进行环境噪声的测量时，如使用监测车辆测量，传声器应固定在车顶部__________高度处。

答案：1.2 m

38．某次社会生活环境噪声测量值为 71.0 dB（A），背景噪声测量值为 68.0 dB（A），则噪声源排放值为__________dB（A）。

答案：68

39．工业企业厂界环境噪声排放标准规定，夜间频发噪声的最大声级不得超过标准限值__________dB（A）；夜间偶发噪声的最大声级不得超过标准限值 __________dB（A）。

答案：10，15

40．当固定设备排放的噪声通过建筑物结构传播至噪声敏感建筑物室内时，噪声敏感建筑物室内等效声级必须同时满足__________和__________限值才能评价为达标。

答案：等效声级，倍频带声压级

41．工业企业厂界环境噪声监测时，固定设备结构传声至噪声敏感建筑物室内，在噪声敏感建筑物室内测量时，应在窗户__________状态下测量。

答案：关闭

42．声屏障的插入损失主要取决于声源发出的声波沿__________、__________、__________三条路径传播的声能分配。

答案：绕射，透射，反射

43．城市声环境常规监测也称例行监测，是指为掌握城市声环境质量状况，环境保护部门所开展的区域声环境监测、__________和功能区声环境监测。

答案：道路交通声环境监测

44．铁路噪声是指铁路机车车辆__________中所产生的噪声。

答案：运行

45．在铁路沿线边界测点的布设中，每个典型区段和典型位置至少应设__________个边界测点。在不同典型区段之间或典型区段接近典型位置处应适当增加测点。

答案：1

46．城市轨道交通（地下段）结构噪声监测的测试条件为：列车通过时，特征频率下的最大声压级应超过列车非通过时段声压级__________以上。

答案：10 dB

47．进行城市轨道交通（地下段）结构噪声监测时，传声器应置于靠近但不在被测房间室内中央处，以避免房间驻波对测量产生影响。传声器应距离地面高度 1.2 m，距离墙面或其他反射面__________以上，距外窗__________以上，指向靠近城市轨道交通铁轨一侧墙壁。

答案：0.5 m，1 m

48．在进行声屏障插入损失的测量时，为保证测量结果的重复性，在受声点和参考点应进行多次测量。在等效情况下，建议至少在各测点测量__________次。

答案：3

49．以道路车流量作为声源测量声屏障的插入损失时，当离声屏障最近的车道中心线与声屏障之间的距离大于 15 m 时，参考点应位于声屏障平面内上方__________处。

答案：1.5 m

50．环境噪声监测点位编码由三部分组成。分别为__________代码、__________代码和__________代码。

答案：行政区划，监测点位类别，监测点位顺序

51．结构传播固定设备室内噪声指固定设备排放的噪声通过__________传播至噪声敏感建筑物室内激发的室内噪声。

答案：建筑物结构

52．在进行声屏障插入损失的测量时，如果声屏障安装前后的测量中其风向保持不变，并且从

声源到受声点的平均风速矢量变化不超过__________时，可认为前后测量的风条件等效。测量时风速超过 5 m/s，测量无效。

答案：2 m/s

53．进行城市轨道交通车站站台噪声测量时，列车出站的测量时间间隔是指__________。

答案：列车起动到列车尾部离站的时间

54．划分声环境功能区时，尽量避免 3 类、4 类声环境功能区紧邻__________环境功能区。

答案：0 类

55．城市轨道交通沿线建筑物室内二次辐射噪声不是由建筑物内的振源或噪声源直接产生，而是从建筑物的外部通过建筑基础传入振动激励的结果。建筑物室内二次辐射噪声是一种__________噪声，__________以下的室内二次辐射噪声对居民的睡眠没有影响。

答案：低频，35 dB（A）

56．测量轨道交通沿线建筑物室内的二次辐射噪声，应分别计算昼间和夜间的等效 A 声压级。计算公式：

$$L_{\mathrm{Aeq}}=10\lg\left(\frac{1}{n}\sum_{i=1}^{n}10^{0.1L_{\mathrm{AE},i}}\right)$$

式中：$L_{\mathrm{AE},i}$物理量的正确含义为__________。

答案：昼间或夜间第 i 列列车通过测点的二次辐射噪声 A 声压级

57．测量机场周围飞机噪声时，简易测量的信号分析处理中用声级计读出并记录一次飞行噪声的__________声级或__________声级的最大值。

答案：A，D

二、单选题

1．某企业厂界环境噪声排放限值是 60 dB，某次工业企业厂界环境噪声监测结果为噪声测量值：65.8 dB，背景噪声测量值：63.6 dB。降低背景噪声后重新测量，噪声测量值：64.5 dB，背景噪声：62.1 dB，该企业厂界噪声测量结果和达标情况是__________。（　　）

A．62 dB，超标　　B．64 dB，超标　　C．65 dB，超标　　D．＜60 dB，达标

E．64 dB，达标　　F．无法评价

答案：D

2．道路交通噪声夜间监测每五年 1 次，在每个五年规划的第__________年监测，监测从夜间起始时间开始。（　　）

A．一　　B．二　　C．三　　D．四

答案：C

3．功能区噪声监测点位数量：巨大、特大城市≥__________个，大城市≥__________个，中等城市≥__________个，小城市≥__________个。（　　）

A．15，10，8，5　　B．20，15，10，7

C．25，20，15，10　　D．30，25，20，15

答案：B

4．下列不属于噪声敏感建筑的是__________。（　　）

A．学校　　B．医院　　C．住宅　　D．商场

答案：D

5．__________是 1 类声环境功能的主要功能。（　　）

A．康复疗养　　B．商业住宅　　C．文化教育　　D．集市贸易

答案：C

6．区域声环境监测的测量时间为__________。（　　）

A．10 min　　B．20 min　　C．1 h　　D．24 h

答案：A

7．功能区声环境监测的测量时间为__________。（　　）

A．10 min　　B．20 min　　C．1 h　　D．24 h

答案：D

8. 测量的飞机噪声级最大值至少超过环境背景噪声__________，测量结果才被认为可靠。（　　）

A．5 dB　　B．10 dB　　C．15 dB　　D．20 dB

答案：D

9．工业企业厂界环境噪声排放标准中倍频带声压级的中心频率为__________。（　　）

A．16.7 Hz、31.5 Hz、63 Hz、125 Hz、250 Hz

B．31.5 Hz、63 Hz、125 Hz、250 Hz、500 Hz

C．63 Hz、125 Hz、250 Hz、500 Hz、1 000 Hz

D．125 Hz、250 Hz、500 Hz、1 000 Hz、2 000 Hz

答案：B

10．在社会生活噪声排放源边界处无法进行噪声测量或测量的结果不能如实反映其对噪声敏感建筑物的影响程度的情况下，噪声测量应在可能受影响的敏感建筑物__________进行。（　　）

A．楼顶　　B．户外 3 m 处　　C．户外 1 m 处　　D．室内

答案：C

11．建筑施工场界噪声监测应在施工期间测量连续 20 min 的等效声级，在夜间同时测量最大声级，夜间噪声最大声级超过限值的幅度不得高于__________dB。（　　）

A．20　　B．15　　C．10　　D．5

答案：B

12．机场周围飞机噪声环境标准的评价量为一昼夜的计权等效连续感觉噪声级__________。（　　）

A．L_{WECPN}　　B．L_{EPN}　　C．L_{EPN}　　D．L_{TPN}

答案：A

13．城市道路交通噪声测量时，测点应位于人行道上距路面（含慢车道）__________cm 处，测点高度距地面为 1.2～6.0 m。（　　）

A．10　　B．15　　C．20　　D．25

答案：C

14．功能区噪声昼夜等效声级的计算中，昼间和夜间的时间分别为__________。（　　）

A．18 h 和 6 h　　B．14 h 和 10 h　　C．16 h 和 8 h　　D．15 h 和 9 h

答案：C

15．根据《中华人民共和国环境噪声污染防治法》，“昼间”是指__________至 22：00 的时段。（　　）

A．6：00　　B．7：00　　C．8：00　　D．10：00

答案：A

16．__________相当于噪声的平均本底值。（　　）

A．L_{90}　　B．L_{10}　　C．L_{50}　　D．L_{eq}

答案：A

17．下列有关噪声的叙述中，错误的是__________。（　　）

A．当某噪声级与背景噪声级之差很小时，则感觉很嘈杂

B．噪声影响居民的主要因素与噪声级、噪声的频谱、时间特性和变化情况有关

C．由于各人的身心状态不同，对同一噪声级的噪声反映有相当大的不同

D．为保证睡眠不受影响，室内噪声级的理想值为 30 dB

答案：A

18．环境噪声监测时，噪声测量值与背景噪声值的差值（ΔL_1）大于__________dB 时，噪声测量值不作修正。（　　）

A．8　　B．9　　C．10　　D．11

答案：C

19．环境噪声监测时，噪声测量值与背景噪声值相差小于__________dB 时，应采取措施降低背景噪声后重新测量，使得噪声测量值与背景噪声值相差__________dB 以上。（　　）

A．2，2　　B．3，3　　C．4，4　　D．5，5

答案：B

20．《声环境质量标准》（GB 3096—2008）中功能区环境噪声标准限值的评价量是__________。（　　）

A．最大声级　　B．声压级　　C．A 声级　　D．等效连续 A 声级

答案：D

21．结构噪声的测量值 L_{Aeq} 为 47.1 dB（A），背景值为 43.9 dB（A），则修正后的 L_{Aeq} 为__________dB（A）。（　　）

A．44　　B．45　　C．46　　D．47

答案：A

22．测量噪声时，应选择时间计权特性为__________档。（　　）

A．F　　B．S　　C．T　　D．A

答案：A

23．下列描述正确的是__________。（　　）

A．噪声测量时段一般分为昼间和夜间两个时段，昼间为 18 h，夜间为 6 h

B．环境噪声测量时，传声器应水平放置，垂直指向最近的反射体

C．城市交通噪声监测统计中，道路交通等效声级是各路段等效均值的算术平均值

D．风罩用于减少风致噪声的影响和保护传声器，故户外测量时传声器应加戴风罩

答案：D

24．在下列有关建筑施工噪声的叙述中，错误的是__________。（　　）

A．因建筑施工噪声而引起的烦恼，相当一部分是施工机械和施工作业的冲击振动产生的固体声引起的

B．在工厂用地内，因建筑施工而引起的噪声必须与工厂噪声规定值相同

C．在施工机械和施工作业中，使用打桩机或破碎机产生冲击性噪声

D．建筑施工场界噪声监测要求，在施工期间测量连续 20 min 的等效声级

答案：B

25．道路声屏障吸声结构的降噪系数 NRC 应大于__________。（　　）

A．0.5　　B．1　　C．0.2　　D．0.8

答案：A

26．城市道路交通噪声平均值采用__________进行计算。（　　）

A．路长加权算术平均　　B．路宽加权算术平均

C．算术平均　　D．几何平均

答案：A

27．下列描述正确的是__________。（　　）

A．建筑施工场界噪声监测要求，昼间连续 16 h，夜间连续 8 h

B．建筑施工场界噪声监测要求，昼间连续 1 h，夜间连续 8 h

C．建筑施工场界噪声监测要求，昼间连续 20 min，夜间连续 30 min

D．建筑施工场界噪声监测要求，昼间、夜间均测量 20 min

答案：D

28．噪声测量仪器校准的注意事项包括__________。（　　）

①活塞发声器只能校准有线性档的仪器；

②仪器校准标定完毕，测量仪器的“输入灵敏度”电位器不得再改变位置；

③必须使用与传声器外径相同尺寸的校准器校准（活塞发声器或声级校准器有两种口径的适配器）；

④测量后的校准为检验性校准，只记录仪器显示的校准值，不实际调整仪器灵敏度和不进行自动校准操作；

⑤活塞发生器的标称频率为 250 Hz，所以只应用于低频噪声的监测。

A．①②③④　　B．②③④⑤　　C．①③④⑤　　D．①②③④⑤

答案：A

29．当厂界有围墙且周围有受影响的噪声敏感建筑物时，测点应选择在厂界外 1 m，高于围墙__________m 以上的位置。（　　）

A．0.2　　B．0.5　　C．0.8　　D．1.0

答案：B

30．根据《声环境质量标准》（GB 3096—2008），各类声环境功能区环境噪声限制规定夜间突发噪声最大声级超过环境噪声限值的幅度不得高于__________dB（A）。（　　）

A．5　　B．10　　C．15　　D．20

答案：C

31．某测点噪声等效声级测量值与背景值差值为 5 dB（A），则修正值应为__________dB（A）。（　　）

A．–3　　B．–2　　C．–1　　D．0

答案：B

32．声级计使用的是__________传声器。（　　）

A．电动　　B．压电　　C．电容

答案：C

33．铁路边界噪声测量方法中的背景噪声指__________，通过测点的环境噪声。（　　）

A．任一车辆　　B．无任何车辆　　C．有机车车辆　　D．无机车车辆

答案：D

34．铁路边界噪声测量时，测点原则上选在铁路边界高于地面__________m，距离反射物不小于 1 m 处。（　　）

A．0.5　　B．1.0　　C．1.2　　D．1.5

答案：C

35．铁路边界噪声测量时，应选在无雨雪的天气中测量，仪器应加风罩，__________级风以上停止测量。（　　）

A．四　　B．三　　C．二　　D．一

答案：A

36．一般户外的环境噪声测量，距离任何反射物（地面除外），至少__________m 外，距离地面高度__________m 以上。（　　）

A．3.5，1.2　　B．3.0，1.2　　C．3.5，1.0　　D．3.0，1.0

答案：A

37．对于只需要判断噪声源排放是否达标的情况，若噪声测量值低于__________，可以不进行背景噪声的测量及修正，注明后直接评价为达标。（　　）

A．相应噪声源排放标准的限值　　B．相应噪声背景值

C．声环境质量标准的限值　　D．60 dB

答案：A

38. 根据声环境质量标准，2 类声环境功能区内夜间突发噪声最大声级不得超过________dB(A)。（　　）

A．10　　B．60　　C．65　　D．15

答案：C

39．学校锅炉房噪声排放应执行的标准是__________。（　　）

A.《声环境质量标准》　　B.《建筑施工场界噪声限值》

C.《社会生活环境噪声排放标准》　　D.《工业企业厂界环境噪声排放标准》

答案：D

40．某教学楼位于 2 类声环境功能区，楼外 2 m 处为道路施工场地边界。在道路施工期间，教学楼外 1 m 处测得等效声级为昼间 65 dB（A）、夜间 56 dB（A），昼间、夜间背景噪声均为 40 dB（A）。下列关于环境噪声评价结果的说法，正确的是__________。（　　）

A．教学楼室外环境噪声昼间等效声级达标

B．教学楼室外环境噪声夜间等效声级达标

C．临教学楼侧道路施工场界噪声昼间等效声级达标

D．临教学楼侧道路施工场界噪声夜间等效声级达标

答案：C

41．某新建高速公路位于 2 类声环境功能区，经计算距高速公路中心线 150 m 和 360 m 处夜间噪声贡献值分别为 55 dB（A）和 50 dB（A），该项目声环境影响评价范围应为高速公路中心线两侧__________m 范围内。（　　）

A．150　　B．200　　C．360　　D．400

答案：C

42．测量噪声源时宜在背景噪声__________时测量，尽可能避开其他噪声源干扰。（　　）

A．较低、较稳定　　B．较高、较稳定

C．较低、较不稳定　　D．较高、较不稳定

答案：A

43．工业企业厂界环境噪声监测时，噪声测量值与背景噪声的差值（ΔL_1）为 6 dB 时，修正值为__________dB。（　　）

A．−3　　B．−2　　C．−1　　D．0

答案：C

44．尺度与所辐射声波的波长可以相比的具有一定形状表面的声源是__________。（　　）

A．点声源　　B．线声源　　C．面声源

答案：C

45．__________不属于《社会生活环境噪声排放标准》（GB 22337—2018）中的 A 类房间。（　　）

A．学校教室　　B．住宅卧室　　C．医院病房　　D．宾馆客房

答案：A

46．用于评价测量时间段内噪声强度时间统计分布特征的指标为__________，指占测量时间段一定比例的累积时间内 A 声级的最小值，用 L_N 表示，单位为 dB（A）。（　　）

A．最大声级　　B．累计百分声级　　C．等效声级

答案：B

47．《建筑施工场界环境噪声排放标准》（GB 12523—2011）中所称建筑施工是工程建设实施阶段的生产活动，不包括__________。（　　）

A．主体结构施工　　B．装饰工程施工

C．基础工程施工　　　　　　　　　　D．已竣工交付使用的住宅楼装修

答案：D

48．对工业企业厂界环境噪声测量结果评价，说法正确的是__________。（　　）

A．各个测点的测量结果应单独评价

B．同一测点每天的测量结果计算昼夜等效声级进行评价

C．最大声级和最小声级直接评价

D．测量结果值无须修正直接评价

答案：A

49．工业企业厂界环境噪声排放标准的监督实施是由__________级以上人民政府生态环境行政主管部门负责。（　　）

A．省　　B．市　　C．县　　D．乡镇

答案：C

50．声屏障声学性能的测量使用的声级计应为__________型声级计。（　　）

A．0　　B．1　　C．2　　D．3

答案：B

51．位于1类声环境功能区的A类房间结构传播固定设备室内昼间噪声排放限值（等效声级）不得超过__________dB（A）。（　　）

A．40　　B．45　　C．50　　D．55

答案：A

52．关于结构传播固定设备室内噪声监测，说法错误的是__________。（　　）

A．关闭被测房间里电视机、空调机等发声的设施

B．被测房间里面的人不要走动

C．被测房间里面的人不要说话

D．打开被测房间正对声源的门、窗

答案：D

53．结构传播固定设备室内噪声监测项目包括等效A声级、各倍频带声压级、背景噪声。夜间有非稳态噪声影响时同时测量__________。（　　）

A．最大声级　　　　　　　　B．最大A声级

C．最大C声级　　　　　　　　D．最大Z声级

答案：B

54．结构传播固定设备室内噪声监测，多个测点的测量结果进行__________评价。（　　）

A．取最大值　　　　　　　　B．取算术平均值

C．取最小值　　　　　　　　D．单独

答案：D

55．对于稳态的厂界环境噪声监测，采样时间间隔不大于1 s，每个测点至少采集__________个数据。（　　）

A．60　　B．120　　C．240　　D．480

答案：A

56. 某城市区域环境噪声白天平均等效声级为 56.0 dB(A)，则其噪声评价为__________。（　　）

A. 好　　B. 较好　　C. 一般　　D. 差

答案：C

57. 区域声环境监测的点位设置，要求整个城市建成区有效网格总数应多于__________个。（　　）

A. 50　　B. 100　　C. 150　　D. 200

答案：B

58. 区域声环境监测昼间监测每年__________次，监测工作应在昼间正常工作时段内进行，并应覆盖整个工作时段。夜间监测每五年 1 次，在每个五年规划的第__________年监测，监测从夜间起始时间开始。（　　）

A. 1，一　　B. 2，一　　C. 1，三　　D. 2，三

答案：C

59. 噪声监测时，经重新测量后，噪声测量值与背景噪声值相差仍小于 3 dB 时，且噪声测量值与被测噪声源排放限值的差值大于等于__________dB 时，无法对其达标情况进行评价，应创造条件重新测量。（　　）

A. 3　　B. 4　　C. 5　　D. 6

答案：C

60. 噪声监测时，若被测噪声源不能够停止排放，且存在背景噪声对照点，背景噪声可选择在背景噪声对照点测量。此方法仅用在背景噪声与噪声测量值相差__________dB 以上时。（　　）

A. 2.0　　B. 3.0　　C. 4.0　　D. 5.0

答案：C

61. 测量铁路边界噪声时，用积分声级计读取__________的等效声级。（　　）

A. 10 min　　B. 20 min　　C. 1 h　　D. 24 h

答案：C

62. 测量铁路边界噪声时，测量仪器应符合 GB 3785 中规定的__________以上的积分声级计或其他相同精度的测量仪器。（　　）

A. Ⅰ型或Ⅰ型　　B. Ⅱ型或Ⅱ型

C. Ⅲ型或Ⅲ型　　D. Ⅳ型或Ⅳ型

答案：B

63. 进行铁路沿线环境噪声测量时，以列车运行噪声为主的测点，代表性时段内车流密度应不小于相应昼间或夜间的平均车流密度。测量时段内通过的列车一般不应小于__________列车。必要时应延长测量时间。（　　）

A. 3　　B. 4　　C. 5　　D. 6

答案：D

64. 进行城市轨道交通（地下段）结构噪声监测时，在特征频率下以每次列车通过时最大声压级减__________dB 作为依据进行监测数据的截取，结果记为一次噪声事件。（　　）

A．5　　B．10　　C．15　　D．20

答案：B

65．进行城市轨道交通（地下段）结构噪声监测时，测量应分昼间、夜间在各测点连续测量不低于平均运行密度的__________结构噪声，测量期间应包含至少 6 次噪声事件。（　　）

A．10 min　　B．20 min　　C．1 h　　D．2 h

答案：B

66．进行城市轨道交通（地下段）结构噪声监测时，对于各噪声事件，其持续时间最短应不小于__________s，持续时间小于__________s 的噪声事件应视为无效事件。（　　）

A．2，2　　B．3，3　　C．5，5　　D．10，10

答案：B

67. 在进行声屏障插入损失的测量时，测量用声级计应符合国家标准 GB 3785 规定的__________声级计的要求。如果测量等效连续声级，使用的积分声级计应符合国家标准 GB/T 17181—1997 规定的__________的要求。采用其他测量仪器时，其性能应满足上述标准规定的要求。（　　）

A．Ⅰ型，Ⅰ型　　B．Ⅱ型，Ⅱ型

C．Ⅲ型，Ⅲ型　　D．Ⅳ型，Ⅳ型

答案：A

68．在进行声屏障插入损失的测量时，声屏障安装前后两次测量的平均温度变化不应超过__________。（　　）

A．3℃　　B．5℃　　C．8℃　　D．10℃

答案：D

69．以道路车流量作为声源测量声屏障的插入损失时，当离声屏障最近的车道中心线与声屏障之间的距离小于 15 m 时，参考点的位置应在声屏障的平面内上方，并保证离声屏障最近的车道中心线与参考位置、声屏障顶端的联线夹角为__________。（　　）

A．5°　　B．6°　　C．8°　　D．10°

答案：D

70.《中华人民共和国噪声污染防治法》中“夜间”含义，是指 22：00 至次日 06：00，__________可以另行规定本行政区域夜间的起止时间，夜间的时段长度为八小时。（　　）

A．设区的市级以上人民政府　　B．乡镇级以上人民政府

C．县级以上人民政府　　D．地方人民政府生态环境主管部门

答案：A

71．如果预测列车运行速度对沿线建筑物室内二次辐射噪声水平影响较大，应延长测量时间，其测量结果应反映列车运行速度的影响，以同一运行速度（±3 km/h）通过的列车数量不应少于__________列。（　　）

A．3　　B．5　　C．6　　D．10

答案：B

72．进行结构传播固定设备室内噪声监测，在可疑声源能够识别时，关于监测时段的描述，错误的是__________。（　　）

A．被测声源是稳态噪声，测量 1 min 等效 A 声级和各倍频带声压级

B．分别在昼间、夜间两个时段监测

C．被测声源是非稳态噪声，仅测量代表性时段的等效 A 声级

D．测量时段应覆盖被测声源的最大排放状态

答案：C

73．结构传播固定设备室内噪声监测项目不包括__________。（　　）

A．等效 A 声级　　B．各倍频带声压级

C．D 声级　　D．背景噪声

答案：C

74．进行结构传播固定设备室内噪声监测时，测量仪器性能应符合 GB 3785.1—2023 对__________声级计的要求，声校准器应符合 GB/T 15173—2010 对__________声校准器的要求。（　　）

A．1 型，1 型　　B．2 型，2 型　　C．1 型，2 型　　D．2 型，1 型

答案：A

75．地铁和轻轨车站站台上 500 Hz 倍频程中心频率混响时间的最大容许限值为__________s。

A．1.5　　B．2.0　　C．2.5　　D．3.0

答案：A

76．根据城市规模和用地变化情况，噪声区划可适时调整，原则上不超过__________年调整一次。（　　）

A．2　　B．3　　C．4　　D．5

答案：D

77．划分声环境功能区时，如果相邻区域为 2 类声环境功能区，将交通干线边界线外__________的区域划分为 4a 类声环境功能区。（　　）

A．50 m±5 m　　B．35 m±5 m　　C．20 m±5 m　　D．25 m±5 m

答案：B

78．轨道交通沿线建筑物室内二次辐射噪声的频率为__________。（　　）

A．22～707 Hz　　B．31.5～500 Hz　　C．16～200 Hz　　D．63～250 Hz

答案：C

79．机场周围飞机噪声测量时，相对湿度不超过__________，不小于__________。（　　）

A．90%，30%　　B．95%，20%　　C．80%，30%　　D．85%，20%

答案：A

80．测量机场周围飞机噪声时，对于精密测量注意事项描述不正确的是__________。（　　）

A．录音时，根据飞机噪声级的高低适当调整声级计衰减器的位置（并在记录本上记下其位置），使录音信号不至于过载或太小

B．当飞机飞过测量点时，通过声级计线性输出录下飞机信号的全过程

C．录音时要使起始和终了的录音信号声级小于最大噪声级 20 dB 以上

D．测量前应进行从传声器到录音机系统的校准和标定

答案：C

81．测量机场周围飞机噪声时，关于测量方法的叙述中不正确的是＿＿＿＿＿＿。（　　）

A．简易测量指只需经频率计权的测量

B．精密测量指需要作为时间函数的频谱分析的测量

C．简易测量需用声级计接声级记录器，或用声级计和测量录音机。读 A 声级或 Z 声级最大值，记录飞行时间、状态、机型等测量条件

D．简易测量中要求当用声级计输出与声级记录器连接时，记录器的笔速对应于声级计上的慢响应为 16 mm/s

答案：C

82．进行工业企业厂界环境噪声监测时，关于测量时段的描述错误的是＿＿＿＿＿＿。（　　）

A．分别在昼间、夜间两个时段测量

B．夜间有频发、偶发噪声影响时同时测量最大声级

C．被测声源是稳态噪声，采用 1 min 的等效声级

D．被测声源是非稳态噪声，测量被测声源有代表性时段的等效声级，必要时测量被测声源整个正常工作时段的最大声级

答案：D

三、多选题

1．区域声环境监测，每个监测点位测量 10 min 的等效连续 A 声级 L_{eq}（等效声级），记录累积百分声级＿＿＿＿＿＿、L_{max}、L_{min}和标准偏差（SD）。（　　）

A．L_5　　B．L_{10}　　C．L_{50}　　D．L_{90}

E．L_{95}

答案：BCD

2．＿＿＿＿＿＿可以称为噪声敏感建筑物集中区域。（　　）

A．商业区　　B．机关或者居民住宅为主的区域

C．文教科研区　　D．医疗区

答案：BCD

3．环境噪声的测量条件是＿＿＿＿＿＿。（　　）

A．小雨　　B．无雨雪

C．无雷电　　D．风速 5.5 m/s 以下

E．风速 5 m/s 以下

答案：BCE

4．累积百分声级用于评价测量时间段内噪声强度时间统计分布特征的指标，用 L_N 表示。关于 L_{10} 的含义，下列描述正确的是＿＿＿＿＿＿。（　　）

A．相当于噪声的平均值　　B．相当于噪声的平均峰值

C．表示 10%的时间超过的噪声级　　D．表示 10%的时间不超过的噪声级

答案：BC

5．评价噪声敏感建筑物户外（或室内）环境噪声水平的依据是__________。（　　）

A．昼间环境噪声源正常工作时段的等效声级

B．环境噪声源正常工作时段的昼夜等效声级

C．夜间环境噪声源正常工作时段的等效声级

D．夜间突发噪声的最大声级

答案：ACD

6．在进行机场周围飞机噪声测量时需记录__________。（　　）

A．飞行时间　　　　B．飞机型号

C．飞行状态　　　　D．最大噪声级和持续时间

答案：ABCD

7．噪声测量仪器校准的注意事项包括__________。（　　）

A．活塞发声器只能校准有线性挡的仪器

B．仪器校准标定完毕，测量仪器的“输入灵敏度”电位器不得再改变位置

C．必须使用与传声器外径相同尺寸的校准器校准（活塞发声器或声级校准器有两种口径的适配器）

D．测量后的校准为检验性校准，只记录仪器显示的校准值，不实际调整仪器灵敏度和不进行自动校准操作

E．风速 5 m/s 以下

答案：ABCD

8．__________属于频发噪声。（　　）

A．排气噪声　　B．工程爆破噪声　　C．货物装卸噪声　　D．短促鸣笛声

答案：AC

9．关于背景噪声，下列说法正确的是__________。（　　）

A．不受被测声源影响，且其他声环境与测量被测声源时保持一致

B．若被测噪声源有多个测点，需在测量值最低的测点监测背景噪声

C．被测量噪声源以外的声源发出的环境噪声的总和

D．与被测声源测量的时间长度相同

答案：AC

10．评价噪声敏感建筑物环境噪声水平的指标有__________。（　　）

A．昼间等效声级　　B．夜间最大声级　　C．夜间等效声级　　D．昼夜等效声级

答案：ABC

11．__________等属于噪声敏感建筑物。（　　）

A．民居　　B．商业街　　C．县政府　　D．医院

答案：ACD

12．位于 2 类声环境功能区的某高层建筑，1～3 层为大型超市，3 层以上为办公楼，关于超市大型货梯排放的噪声，下列说法正确的是__________。（　　）

A．在超市边界处空调外机排放的噪声不得超过《社会生活环境噪声排放标准》中 2 类声环境功能区限值

B．通过建筑结构传播至楼上办公室内的备用发电机房噪声不得超过《工业企业厂界环境噪声排放标准》中 2 类声环境功能区 A 类房间限值

C．通过建筑结构传播至楼上办公室内的备用发电机房噪声不得超过《社会生活环境噪声排放标准》中 2 类声环境功能区 B 类房间限值

D．在超市边界处空调外机排放的噪声不得超过《工业企业厂界环境噪声排放标准》中 2 类声环境功能区限值

答案：AC

13．进行环境噪声监测时，背景噪声对照点的__________等信息应详细记录，并与被测噪声源处相应信息进行比较。（　　）

A．周边声源情况　　B．声屏障

C．地形　　D．测点布设

答案：ABCD

14．__________是 2 类声环境功能区的主要功能。（　　）

A．居民住宅　　B．文化教育

C．集市贸易　　D．商业金融

答案：CD

15．__________执行 4a 类声环境功能区要求。（　　）

A．高速公路两侧区域　　B．城市次干路两侧区域

C．城市快速路两侧区域　　D．城市主干路两侧区域

答案：ABCD

16．关于 0～3 类声环境功能区普查监测要求，下列说法正确的是__________。（　　）

A．划分的网格要完全覆盖住被普查的区域

B．将要普查监测的某一声环境功能区划分成多个等大的正方格

C．测点应设在每一个网格的中心

D．有效网格总数应多于 200 个

答案：ABC

17．以下噪声监测时不需要测背景噪声的有__________。（　　）

A．区域声环境监测　　B．社会生活环境噪声监测

C．功能区声环境监测　　D．道路交通声环境监测

答案：ACD

18．乡村声环境功能区的确定，下列说法正确的是__________。（　　）

A．位于乡村的康复疗养区执行 0 类声环境功能区要求

B．独立于村庄、集镇之外的工业、仓储集中区执行 3 类声环境功能区要求

C．村庄原则上执行 2 类声环境功能区要求

D．集镇执行 1 类声环境功能区要求

答案：AB

19．__________等噪声投诉监测依据《工业企业厂界环境噪声排放标准》（GB 12348—2008）。

（ ）

A．某学校教学楼风机噪声　　B．某商业大楼内的水泵

C．某钢铁厂生产车间噪声　　D．某人民医院中央冷却塔噪声

答案：ACD

20．关于社会生活噪声源边界噪声排放限值的说法，正确的有__________。（ ）

A．位于 1 类声环境功能区的，昼间等效声级执行 55 dB（A）限值

B．位于 4 类声环境功能区的，夜间等效声级执行 55 dB（A）限值

C．位于 3 类声环境功能区的，昼间等效声级执行 60 dB（A）限值

D．位于 2 类声环境功能区的，夜间等效声级执行 50 dB（A）限值

答案：ABD

21．某企业北侧、东侧无噪声敏感建筑物，南侧厂界 15 m 处有一村庄，企业厂界处建有 2.5 m 高围墙，西侧厂界处设有 6 m 高声屏障，该侧厂界外 15 m 处有一居民住宅。关于厂界噪声测点布设的说法，正确的是__________。（ ）

A．北侧厂界测点选在厂界外 1 m、高度 1.2 m 以上距任一反射面距离不小于 1 m 的位置

B．西侧厂界测点选在厂界外 1 m、高度在 0.5 m 以上的位置，同时在该住宅外 1 m 处另设测点

C．南侧厂界测点选在厂界外 1 m、高于围墙 0.5 m 以上的位置

D．东侧厂界测点选在厂界外 1 m、高度 1.2 m 以上距任一反射面距离不小于 1 m 的位置

答案：ACD

22．测试机场周围飞机噪声时气象条件应符合__________。（ ）

A．无雨、无雪　　B．相对湿度不应小于 30%

C．相对湿度不应超过 80%　　D．地面高 10 m 处的风速不大于 5 m/s

答案：ABD

23．以下关于标准中最大声级评价标准限值的说法，正确的有__________。（ ）

A．《声环境质量标准》规定各类声环境功能区夜间突发噪声最大声级不得超过标准限值 15 dB（A）

B．《建筑施工场界噪声排放标准》规定夜间噪声最大声级不得超过标准限值 15 dB（A）

C．《社会生活环境噪声排放标准》规定在噪声测量期间发生非稳态噪声的情况时所测最大声级不得超过标准限值 10 dB（A）

D．《工业企业厂界环境噪声排放标准》规定其夜间频发噪声的最大声级不得超过标准限值 10 dB（A）

答案：ABCD

24．城市轨道交通噪声源主要包括__________。（ ）

A．车辆的轮轨噪声　　B．车辆的牵引噪声

C．车辆的气动噪声

答案：ABC

25．测量铁路边界噪声时，测量仪器测量时用__________，采样间隔不大于__________。（ ）

A．“慢档”　　B．“快档”

C. 1 s　　D. 2 s

答案：BC

26. 测量铁路边界噪声时，测量报告包括__________内容。（　　）

A. 测量仪器　　B. 测量环境

C. 车流密度　　D. 背景噪声声级

E. 1 h 的等效声级

答案：ABCDE

27. 城市轨道交通（地下段）结构噪声监测中，关于房间的选择，下面说法正确的是__________。（　　）

A. 应选择在无其他结构传播固定设备室内噪声影响的房间进行测量

B. 被测房间不受其他振动激发声源的影响（如货架、墙壁悬挂物等）

C. 被测房间在测量过程中应能够关闭所有门窗

D. 被测房间能够关闭所有可能干扰噪声测量的全部声源（如电视机、空调机、风扇、镇流器等）

答案：ABCD

28. 进行结构传播固定设备室内噪声监测，在可疑声源能够识别时，关于监测布点的说法，正确的是__________。（　　）

A. 在受影响房间内布设 1～3 个监测点，其中包括房间中间点及可能受噪声影响最大的点

B. 测量位置离墙面或其他反射面 0.5 m 以上，离地面 0.5～1.2 m

C. 测量过程中，关闭被测室内的所有可能干扰噪声测量的声源（如电视机、空调机、电扇、镇流器等发声的设施），关闭被测房间的门、窗

D. 排除被测房间及周边环境中其他人为噪声、振动干扰，如走动、说话、家务劳动等

答案：ABCD

29. 社会生活环境噪声排放标准采用的室内噪声频谱分析倍频带中心频率为__________ Hz。（　　）

A. 31.5　　B. 63

C. 125　　D. 250

E. 500

答案：ABCDE

30. 进行轨道交通沿线建筑物室内二次辐射噪声测量时，测点受到外界其他噪声源的偶然干扰，应在测量记录中说明__________。（　　）

A. 干扰的声级　　B. 类型

C. 持续时间　　D. 与噪声源变化有关的因素

答案：ABC

31. 机场周围飞机噪声测量时，对传声器的位置，描述正确的是__________。（　　）

A. 测量传声器应安装在开阔平坦的地方，高于此地面 1.2 m，离其他反射壁面 1 m 以上

B. 注意避开高压电线和大型变压器

C．所有测量都应使传声器膜片基本位于飞机标称飞行航线和测点所确定的平面内

D．在机场的近处应当使用声压型传声器，其频率响应的平直部分要达到 10 Hz

答案：ABC

32．测量机场周围飞机噪声时，测量条件记录包括__________。（ ）

A．测量日期　　B．测量点位置

C．气温　　D．10 m 高处风向和风速

答案：ABCD

33．下列属于 4a 类声环境功能区的是__________。（ ）

A．二级公路两侧区域　　B．铁路干线两侧区域

C．工业生产区域　　D．内河航道两侧区域

答案：AD

四、判断题

1．测量 35 dB 以下的噪声应使用 1 型声级计，且测量范围应满足所测量噪声的需要。（ ）

答案：正确

2．《声环境质量标准》（GB 3096—2008）可以适用于机场周围区域受飞机通过（起飞、降落、低空飞越）噪声的影响评价与管理。（ ）

答案：错误

正确答案：《声环境质量标准》（GB 3096—2008）不适用于机场周围区域受飞机通过（起飞、降落、低空飞越）噪声的影响评价与管理。

3．不得不在噪声敏感建筑物室内进行监测时，监测点处的噪声限值应比噪声敏感建筑物所在功能区噪声限值低 5 dB（A）。（ ）

答案：错误

正确答案：监测点处噪声限值应比噪声敏感建筑物所在功能区噪声限值低 10 dB（A）。

4．测量工业企业厂界环境噪声时，当厂界无法测量到声源的实际排放状况（如声源位于高空、厂界设有声屏障等），应按标准要求设置测点，同时在受影响的噪声敏感建筑物户外 0.5 m 处设置测点。（ ）

答案：错误

正确答案：在受影响的噪声敏感建筑物户外 1 m 处设置测点。

5．厂界环境噪声监测时，噪声测量值和背景噪声值分别为 56.3 dB（A）、49.1 dB（A），由于测定值和背景值相差在 6～10 dB（A）时，噪声测量值与背景噪声值的差值取整后，应按照《工业企业厂界环境噪声排放标准》（GB 12348—2008）表 4 中的内容进行修正，修正后噪声测定值为 54 dB（A）。（ ）

答案：错误

正确答案：厂界环境噪声监测时，噪声测量值和背景噪声值分别为 56.3 dB（A）、49.1 dB（A）由于测定值和背景值相差在 6～10 dB（A）时，噪声测量值与背景噪声值的差值取整后，应按照《工业企业厂界环境噪声排放标准》（GB 12348—2008）表 4 中的内容进行修正，修正后噪声测定值为

55 dB（A）。

6．城市区域环境噪声的监测中每个监测点位需测量 20 min 的等效连续 A 声级 L_{eq}。（　　）

答案：错误

正确答案：10 min。

7. 城市区域环境噪声和道路交通噪声评价值分别为全部网格测点和各路段交通噪声测点测得的等效声级的算术平均值。（　　）

答案：错误

正确答案：道路交通噪声按路段长度加权进行算术平均。

8．对机场周围飞机噪声进行评价时，测试内容是测试单个飞行事件引起的噪声。（　　）

答案：错误

正确答案：测试整个飞行周期飞机引起的噪声，即不仅测试单个飞行事件引起的噪声，还应测量相继一系列飞行事件引起的噪声，以及在一段监测时间内测量飞行事件引起的噪声。

9．测量背景噪声时，若被测噪声源能够停止排放，则应在测量噪声源之前或之后，尽快停止噪声源并测量背景噪声。（　　）

答案：正确

10．根据《中华人民共和国环境噪声污染防治法》，“昼间”是指 7：00 至 21：00 的时段，“夜间”是指 21：00 至次日 7：00 的时段。（　　）

答案：错误

正确答案：“昼间”是指 6：00 至 22：00 的时段；“夜间”是指 22：00 至次日 6：00 的时段。

11. 如厂界外无噪声敏感建筑物，工业企业厂界环境噪声监测点位应选在厂界外 1 m，高度 1.2 m 以上，距任一反射面距离不小于 1 m 的位置。（　　）

答案：正确

12．机场周边区域为 4b 类声环境功能区。（　　）

答案：错误

正确答案：铁路干线两侧区域为 4b 类声环境功能区；机场周围区域受飞机通过（起飞、降落、低空飞行）噪声的影响不适用于声环境功能区划分规定，应按机场周围飞机噪声环境相应标准执行。

13．机场周围飞机噪声测量时，测点应选在机场场界外 1 m。（　　）

答案：错误

正确答案：测点应选在户外平坦开阔的地方。

14. 进行机场周围飞机噪声测量时，当测量的飞机噪声级最大值至少超过环境背景噪声级 15 dB 时，其测量结果才被认为可靠。（　　）

答案：错误

正确答案：当测量的飞机噪声级最大值至少超过环境背景噪声级 20 dB，其测量结果才被认为可靠。

15．可以用 1 级声校准器校准 2 级声级计。（　　）

答案：正确

16．声环境功能区分类中，4 类声环境功能区指交通干线两侧一定距离之内，需要防止交通噪

声对周围环境产生严重影响的区域，包括 4a 类和 4b 类两种类型。（　　）

答案：正确

17．环境噪声测量应在无雨雪、无雷电天气，风速在 5.5 m/s 以下时进行。（　　）

答案：错误

正确答案：环境噪声测量应在无雨雪、无雷电天气，风速在 5 m/s 以下时进行。

18．在进行噪声测量时，传声器加不加风罩均可以。（　　）

答案：错误

正确答案：在进行噪声测量时，传声器应加风罩。

19．在噪声测量时所说的稳态噪声是指环境中始终存在的噪声。（　　）

答案：错误

正确答案：是指在测量时间内，被测声源的声级起伏不大于 3 dB 的噪声。

20．两个以上独立声源作用于某点，便产生噪声叠加。声能量可以直接代数相加，如声功率和声强都可以直接相加。（　　）

答案：正确

21．声压是由于声波的存在而引起的压力增值。声波在空气中传播时形成压缩和稀疏交替变化，所以压力增值是正负交替的。但通常讲的声压是取均方根值，叫作有效声压，故实际上总是正值。（　　）

答案：正确

22．两个频率相同、声压级相等的声波到达同一点时，该点的声压级为各单个声波的两倍。（　　）

答案：错误

正确答案：根据两个声波到达时的相位来判断，若相位相同（均处波峰或波谷），则两倍叠加；若相位正好相反（一个处波峰，另一个处波谷），则抵消。

23．多声源叠加时，逐次两两叠加，与次序无关。（　　）

答案：正确

24．声环境功能区划分为 1 类声环境功能区，符合条件之一是Ⅰ类用地占地率大于 70%的混合用地区域。（　　）

答案：错误

正确答案：声环境功能区划分为 1 类声环境功能区，符合条件之一是Ⅰ类用地占地率大于 70%（含 70%）的混合用地区域。

25．分贝是一种级的单位，指两个相同的物理量（如 A_1 和 A_0）之比取以 10 为底的对数并乘以 10（或 20），单位为 dB。其中，A_0 是基准量（或参考值）；A_1 是被量度量。在声学中有声压级、声强级、声功率级等，分别是将声压、声强、声功率与各自的参考值相比再取对数。（　　）

答案：正确

26．声环境质量监测时，不用测量背景噪声和修正。（　　）

答案：正确

27．声级计应定期检定，检定周期不应超过 1 年。（　　）

答案：正确

28．噪声测量需使用延伸电缆时，测量仪器可以不与延伸电缆一起进行校准。（　　）

答案：错误

正确答案：噪声测量需使用延伸电缆时，应将测量仪器与延伸电缆一起进行校准。

29. 工业企业环境噪声监测仪器为性能满足 GB 3785 和 GB/T 17181 规定的 2 型声级计。（ ）

答案：错误

正确答案：测量 35 dB 以下的应使用 1 型声级计。

30. 建筑施工场界环境噪声测量时间为 20 min，如需测量背景噪声测量时间仍为 20 min。（ ）

答案：错误

正确答案：建筑施工场界背景噪声测量时，稳态噪声测量 1 min，非稳态噪声测量 20 min。

31. 工业企业厂界环境噪声测量时间长度和背景噪声测量时间长度是相同的。（ ）

答案：正确

32. 铁路边界噪声监测时，铁路边界是指距铁路外侧轨道中心线 30 m 处。（ ）

答案：正确

33. 声屏障插入损失的测量所用声级计应符合国家标准 GB 3785 和 GB/T 17181—1997 规定的 2 型及以上声级计的要求。（ ）

答案：错误

正确答案：测量用声级计必须是 1 型。

34. 声环境质量标准中的突发噪声是指频繁发生，持续时间较短、强度较高的噪声。（ ）

答案：错误

正确答案：声环境质量标准中的突发噪声是指突然发生，持续时间较短、强度较高的噪声。

35. 声环境功能区划分中规定临街建筑是交通干线边界外划定 4a 类声功能区域范围内，面向道路的第一排建筑。（ ）

答案：正确

36. 声环境功能区分为 4 类，其中城市支路两侧一定距离之内应属于 4a 类声环境功能区。（ ）

答案：错误

正确答案：声环境功能区分为 5 类，其中城市支路两侧一定距离之内不属于 4a 类声环境功能区。

37. 声环境功能区定点监测应避开节假日和非正常工作日；每次至少进行一昼夜 24 h 的监测，得出昼间、夜间的等效声级 L_d、L_n 和最大声级 L_{max}。（ ）

答案：错误

正确答案：声环境功能区监测应避开节假日和非正常工作日；每次至少进行一昼夜 24 h 的连续监测，得出每小时、昼间、夜间的等效声级 L_{eq}、L_d、L_n 和最大声级 L_{max}。

38. 声环境功能区监测应在正常的工作日进行监测。（ ）

答案：正确

39. 在进行噪声监测时，声级计的传声器应指向被测声源。（ ）

答案：正确

40. 当采用声屏障来控制的噪声源的声信号不存在时，背景噪声应在参考点位置或受声点位置测量。（ ）

答案：正确

41．建筑施工场界环境噪声监测时段，非稳态噪声测量 10 min 的等效声级。（　　）

答案：错误

正确答案：建筑施工场界环境噪声监测时段，非稳态噪声测量 20 min 的等效声级。

42．建筑施工场界环境噪声排放标准中各个测点的测量结果应统一评价。（　　）

答案：错误

正确答案：建筑施工场界环境噪声排放标准中各个测点的测量结果应单独评价。

43．铁路货场边界噪声控制应执行的标准是《铁路边界噪声限值及测量方法》。（　　）

答案：错误

正确答案：铁路货场属于工业企业，因此执行《工业企业厂界环境噪声排放标准》。

44．机场周围区域受飞机通过（起飞、降落、低空飞越）噪声环境影响的评价量为有效感觉噪声级（L_{EPN}），单位为 dB。（　　）

答案：错误

正确答案：机场周围区域受飞机通过（起飞、降落、低空飞越）噪声环境影响的评价量为昼夜的计权等效连续感觉噪声级（L_{WECPN}）作为评价量，单位为 dB。

45．测量环境噪声时，不得不在噪声敏感建筑物室内监测时，应在门窗关闭状况下进行室内噪声监测。（　　）

答案：错误

正确答案：监测点一般设于噪声敏感建筑物户外。不得不在噪声敏感建筑物室内监测时，应在门窗全打开状况下进行室内噪声测量，并采用较该噪声敏感建筑物所在声环境功能区对应环境噪声限值低 10 dB（A）的值作为评价依据。

46．在噪声敏感建筑物集中区域，禁止新建排放噪声的工业企业，改建、扩建工业企业的，应当采取有效措施防止工业噪声污染。（　　）

答案：正确

47．如果企业厂界处的栅栏围墙不影响噪声排放，地面 1.2 m 以上即能够测到实际排放情况，可布点监测。（　　）

答案：正确

48．饭店油烟净化设施噪声可用《社会生活环境噪声排放标准》（GB 22337—2008）进行评价。（　　）

答案：正确

49．结构传播固定设备室内噪声监测方法分为两种情况：可疑声源设备能够识别时和可疑声源设备不能够识别时。（　　）

答案：正确

50．结构传播固定设备室内噪声监测布点：在受影响房间内布设 1 个监测点，其中包括房间中间点及可能受噪声影响最大的点。（　　）

答案：错误

正确答案：结构传播固定设备室内噪声监测布点：在受影响房间内布设 1～3 个监测点，其中包括房间中间点及可能受噪声影响最大的点。

51．结构传播固定设备室内噪声测量，由于技术原因及其他原因无法识别可疑声源时，可以进行监测并出具监测报告，并对监测数据进行评判。（ ）

答案：错误

正确答案：结构传播固定设备室内噪声测量，由于技术原因及其他原因无法识别可疑声源时，可以进行监测并出具监测报告，须在报告中注明不能识别的可疑声源设备，不判断监测数据达标情况。

52．结构传播固定设备室内噪声测量，等效 A 声级需要进行背景噪声修正，各倍频带声压级不需要进行背景噪声修正。（ ）

答案：错误

正确答案：结构传播固定设备室内噪声测量，等效 A 声级和各倍频带声压级都需要进行背景噪声修正。

53．固定设备结构传声至噪声敏感建筑物室内，在噪声敏感建筑物室内测量时，窗户开启状态下测量；关闭被测室内的其他可能干扰测量的声源（如电视机、空调机、风扇等发声的设施）。（ ）

答案：错误

正确答案：固定设备结构传声至噪声敏感建筑物室内，在噪声敏感建筑物室内测量时，窗户关闭状态下测量；关闭被测室内的其他可能干扰测量的声源（如电视机、空调机、风扇等发声的设施）。

54．城市声环境常规监测时，市区常驻人口为 50 万～100 万人的城市道路交通噪声监测点位应大于等于 50 个。（ ）

答案：正确

55．区域声环境监测的点位设置，要求在每一个网格的中心布设 1 个监测点位。若网格中心点不宜测量（如水面、禁区、马路行车道等），应将监测点位移动到距离中心点最近的可测量位置进行测量。监测点位高度距地面为 1.2～4.0 m。（ ）

答案：正确

56．城市声环境常规监测时，道路交通声环境监测点位选在路段两路口之间，距任一路口的距离大于 50 m，路段不足 200 m 的选路段中点。（ ）

答案：错误

正确答案：路段不足 100 m 的选路段中点。

57．道路交通声环境监测时，每个测点测量 10 min 等效声级 L_{eq}，记录累积百分声级 L_{10}、L_{50}、L_{90}、L_{max}、L_{min} 和标准偏差（SD），分类（大型车、中小型车）记录车流量。（ ）

答案：错误

正确答案：道路交通声环境监测时，每个测点测量 20 min 等效声级 L_{eq}。

58．城市声环境常规监测点位原则上每五年调整 1 次。城市建成区面积扩大，需调整点位时，应在尽量保留原监测点位的前提下外延加设点位。当城市建成区面积扩大超过 50%时，可重新布设监测点位。（ ）

答案：正确

59．测量噪声源时宜在背景噪声较低、较稳定时测量，尽可能避开其他噪声源干扰。测量背景噪声与测量噪声源时声环境尽量保持一致。（ ）

答案：正确

60．铁路边界噪声测量中，铁路边界系指距铁路外侧轨道以外 30 m 处。（　　）

答案：错误

正确答案：铁路边界系指距铁路外侧轨道中心线 30 m 处。

61．测量铁路边界噪声时，当背景噪声与铁路噪声声压级值相差 10 dB（A）时，修正值为 −1 dB（A）。（　　）

答案：错误

正确答案：测量铁路边界噪声时，当背景噪声与铁路噪声声压级值相差 10 dB（A）时，无须修正。

62．进行铁路沿线环境噪声测量时，监测点位分为 2 类：边界测点和敏感测点。（　　）

答案：错误

正确答案：进行铁路沿线环境噪声测量时，监测点位分为 3 类：边界测点、声环境保护目标测点和补充测点。

63．城市轨道交通（地下段）结构噪声，是指由列车运行振动所引起的沿线敏感建筑物房屋结构再次辐射的可听声，包含列车运行时产生的空气直达声。（　　）

答案：错误

正确答案：结构噪声，是指由列车运行振动所引起的沿线敏感建筑物房屋结构再次辐射的可听声，不包含列车运行时产生的空气直达声。

64．进行城市轨道交通（地下段）结构噪声监测时，结构噪声测量点位应布设在城市轨道交通（地下段）沿线噪声敏感建筑物室内。对于高层建筑物，应优先选择在底层房间布设测点。（　　）

答案：正确

65．进行城市轨道交通（地下段）结构噪声监测时，如监测在夜间进行或列车平均运行密度较低，未能在测量中包含 6 次以上噪声事件，则应适当延长测量时间；若延长测量时长至 1 h 后仍不能满足通行车次要求时，则以实际测量车次为准。（　　）

答案：正确

66．声屏障是降低地面运输噪声的有效措施之一。一般 3～6 m 高的声屏障，其声影区内降噪效果在 5～12 dB。（　　）

答案：正确

67．进行结构传播固定设备室内噪声监测，当可疑声源设备无法关停时，背景测量可选在不受可疑声源设备影响，且背景声环境与测试室内相近的邻近房间测量。（　　）

答案：正确

68．在城市轨道交通车站站台噪声测量中，混响时间是指，声音已达到稳定后停止声源，平均声能密度自原始值衰变到其百万分之一（60 dB）所需要的时间。（　　）

答案：正确

69．当区域声环境监测点位、道路交通声环境监测点位或功能区声环境监测点位撤销或变更时，原有监测点位编码不予保留。（　　）

答案：错误

正确答案：当区域声环境监测点位、道路交通声环境监测点位或功能区声环境监测点位撤销或变更时，原有监测点位编码保留，不能被重新使用。

70. 在举行学校招生考试等特殊活动期间，地方人民政府或者其指定的部门可以对可能产生噪声影响的活动，作出时间和区域的限制性规定，并提前向社会公告。（ ）

答案：错误

正确答案：在举行中等学校招生考试、高等学校招生统一考试等特殊活动期间，地方人民政府或者其指定的部门可以对可能产生噪声影响的活动，作出时间和区域的限制性规定，并提前向社会公告。

71. 进行结构传播固定设备室内噪声监测，在可疑声源能够识别时，根据设备运行状态，划分为稳态和非稳态两种状态。（ ）

答案：错误

正确答案：根据设备运行状态，划分为关停和不可关停两种状态。

72. 1 类声环境功能区是指以康复疗养区、居民住宅、医疗卫生、文化教育、科研设计、行政办公为主要功能，特别需要安静的区域。（ ）

答案：错误

正确答案：1 类声环境功能区是指以居民住宅、医疗卫生、文化教育、科研设计、行政办公为主要功能，需要保持安静的区域。

73. 大型工业区中的生活小区，根据其与生产现场的距离和环境噪声现状水平，可从工业区中划出，定为 2 类或 1 类声环境功能区。（ ）

答案：正确

74. 划分声环境功能区时，当临街建筑高于三层楼房以上（不含三层），将临街建筑面向交通干线一侧至交通干线边界线的区域定为 4a 类声环境功能区。（ ）

答案：错误

正确答案：当临街建筑高于三层楼房以上（含三层），将临街建筑面向交通干线一侧至交通干线边界线的区域定为 4a 类声环境功能区。

75. 轨道交通沿线建筑物室内的二次辐射噪声测量值应大于室内背景噪声 5 dB（A）以上，并对二次辐射噪声测量值进行修正。（ ）

答案：错误

正确答案：轨道交通沿线建筑物室内的二次辐射噪声测量值应大于室内背景噪声 3 dB（A）以上，并对二次辐射噪声测量值进行修正。

76. 测量机场周围飞机噪声时，简易测量中要求，当声级计与声级记录器连用并作绝对测量时两者必须一起校准和标定。（ ）

答案：正确

77. 测量机场周围飞机噪声时，精密测量按 1.0 s 的时间间隔采样，进行 1/3 倍频程频谱分析。（ ）

答案：错误

正确答案：测量机场周围飞机噪声时，精密测量按 0.5 s 的时间间隔采样，进行 1/3 倍频程频谱分析。

78．按 5 dB 间隔划等噪声级线绘制机场周围飞机噪声等值线图。（　　）

答案：正确

79．绘制机场周围飞机噪声等值线图，最低等值线的噪声级应小于等于 80 dB。（　　）

答案：错误

正确答案：最低等值线的噪声级应小于等于 70 dB。

80．在社会生活噪声排放源边界处无法进行噪声测量或测量的结果不能如实反映其对噪声敏感建筑物的影响程度的情况下，噪声测量应在可能受影响的敏感建筑物窗外 0.5 m 处进行。（　　）

答案：错误

正确答案：噪声测量应在可能受影响的敏感建筑物窗外 1 m 处进行。

81．民用建筑物内部的电梯噪声测量方法，测量从运行过程开始时起到运行结束时止这个时段的等效（连续 A 计权）声级，每个测点测量 5 个向上运行过程和 5 个向下的运行过程，并将各测点的所有测量值进行能量平均，计算结果修约到个数位。（　　）

答案：正确

82．室外测量噪声时，为避免风噪对测量结果的影响，在传声器上放置一个防风罩。通常可降低风噪 10～12 dB。风速超过 20 km/h，采用风罩，对不太高的声压级的测量结果仍有影响。所测噪声声压级越高，风速影响越小。（　　）

答案：正确

83．噪声测量仪器在每次测量前应在现场用声校准器进行声校准，其校准示值偏差若不大于 0.5 dB，此次测量有效。测量需使用延伸电缆时，应将测量仪器与延伸电缆一起进行校准。（　　）

答案：错误

正确答案：噪声测量仪器在每次测量前后应在现场用声校准器进行声校准，其前、后校准示值偏差不应大于 0.5 dB，否则测量无效。测量需使用延伸电缆时，应将测量仪器与延伸电缆一起进行校准。

五、简答题

1．什么是等效声级？

答案：是等效连续 A 声级的简称，指在规定测量时间 T 内 A 声级的能量平均值，用 $L_{\mathrm{Aeq},T}$ 表示，（简写为 L_{eq}），单位为 dB（A）。

2．简述功能区噪声监测的频次、时间及测量量。

答案：

（1）每年每季度监测一次，各城市每次监测日期应相对固定。

（2）每个监测点位每次连续监测 24 h，记录小时等效声级 L_{eq}、小时累计百分声级 L_{10}、L_{50}、L_{90}、$L_{\max}$、$L_{\min}$ 和标准偏差（SD）。

（3）监测应避开节假日和非正常工作日。

3．简述使用《声环境质量标准》（GB 3096—2008）测量环境噪声监测时的测点条件有哪几种。

答案：《声环境质量标准》（GB 3096—2008）规定：根据监测对象和目的，可选择以下 3 种测点条件（指传声器所置位置）进行环境噪声的测量：

（1）一般户外：距离任何反射物（地面除外）至少 3.5 m 外测量，距地面高度 1.2 m 以上。必要时可置于高层建筑上，以扩大监测受声范围。使用监测车辆测量，传声器应固定在车顶部 1.2 m 高度处。

（2）噪声敏感建筑物户外：在噪声敏感建筑物外，距墙壁或窗户 1 m 处，距地面高度 1.2 m 以上。

（3）噪声敏感建筑物室内：距离墙面和其他反射面至少 1 m，距窗约 1.5 m 处，距地面 1.2～1.5 m。

4. 什么是背景噪声？

答案：被测量噪声源以外的声源发出的环境噪声的总和。

5. 声环境功能区分类中 4b 类为什么区域？

答案：4b 类为铁路干线两侧区域。

6. 对于改建、扩建机场工程的现状调查噪声监测，应如何布点？

答案：对于改建、扩建机场工程的现状调查噪声监测，测点一般布设在距机场跑道不同距离的主要敏感目标处，可以在跑道侧面和起、降航线的正下方和两侧布点，设置的测点应能监测到飞机起飞和降落时的噪声。测点数量可根据机场飞行量及周围敏感目标情况确定，现有单条跑道、二条跑道或三条跑道的机场可分别布设 3～9 个、9～14 个或 12～18 个飞机噪声测点，跑道增多可进一步增加测点。

7. 简述《工业企业厂界环境噪声排放标准》（GB 12348—2008）的适用范围。

答案：

（1）标准规定了工业企业和固定设备厂界环境噪声排放限值及其测量方法。

（2）标准适用于工业企业噪声排放的管理、评价及控制。机关、事业单位、团体等对外环境排放噪声的单位也按本标准执行。

8. 噪声测量值与背景噪声值相差小于 3 dB 时，应该采取措施降低背景噪声后重新测量，使噪声测量值与背景噪声值相差 3 dB 以上，对于无法满足噪声测量值与背景噪声的差值（ΔL_1）大于等于 3 dB 要求的，应如何评价？

答案：

（1）计算噪声测量值与被测噪声源排放限值的差值（ΔL_2=噪声测量值−排放限值），修约到个位数。

（2）噪声测量值与被测噪声源排放限值的差值 ΔL_2 小于等于 4 dB 时，评价为达标。

（3）ΔL_2 大于等于 5 dB 时，无法对其达标情况进行评价，应创造条件重新测量。

9. 对于城市道路与轨道交通等工程设置声屏障声学性能测量时，测量采样时间如何确定？

答案：决定于声源的时间特性和声源的声级起伏变化：

（1）稳态噪声测量时间为 2 min;

（2）通常对于大流量的高速公路交通噪声或无红绿灯控制的城市快速道路交通噪声，起伏＜10 dB，非稳态噪声测量时间为 10 min;

（3）对于有红绿灯控制的道路交通噪声，起伏在 10～30 dB，非稳态噪声测量时间为 20 min;

（4）而城市轨道和铁路噪声，则在有车和无车通过时的起伏＞30 dB，非稳态噪声测量时间为 30 min。

10．为什么采取等效声级来反映噪声能量大小？

答案：对于评价一个起伏的或不连续的噪声直接叠加数据是不科学，因此采取在一段时间内噪声能量平均值计算评价。

11．写出昼夜等效声级计算公式。

答案：$L_{dn}=10\cdot\lg\left\{\frac{1}{24}\left[10^{0.1L_d}\times16+10^{0.1(L_n+10)}\times8\right]\right\}$

12．噪声监测结果原始记录中标准偏差（SD）代表的意义是什么？

答案：标准偏差（SD）反映测量过程中噪声起伏程度。

13．简述工业企业厂界噪声排放标准中的厂界和设备厂界的含义。

答案：工业企业厂界是指由法律文书（如土地使用证、房产证、租赁合同等）中确定的业主所拥有使用权（或所有权）的场所或建筑物边界。设备厂界是指各种产生噪声的固定设备实际占地的边界。

14．《社会生活环境噪声排放标准》（GB 22337—2018）室内噪声频谱分析频率范围为多少？采用的分析倍频带中心频率分别为多少？

答案：室内噪声频谱分析为22～707 Hz，倍频带中心频率分别为31.5 Hz、63 Hz、125 Hz、250 Hz、500 Hz。

15．简述背景噪声可选择在背景噪声对照点测量的条件及使用要求。

答案：若被测噪声源不能够停止排放，且存在背景噪声对照点，背景噪声可选择在背景噪声对照点测量。应详细记录背景噪声对照点的周边声源情况、测点布设及其他影响因素（如绿化带、地形、声屏障等），并与被测噪声源处相应信息进行比较。此方法仅用在背景噪声与噪声测量值相差4.0 dB以上时，相差4.0 dB以内时不得采用。

16．进行铁路沿线环境噪声测量时，测点的选择应具有代表性，能够使测量结果正确反映铁路沿线受影响区域范围内的噪声状况。一般应考虑哪几个方面？

答案：

（1）与噪声源变化有关的主要因素，如列车类型、运行速度、轨道类型（有砟/无砟）、有缝/无缝线路、线路类型（桥梁/路基）、车站咽喉区、平交道口、弯道及鸣笛位置等；

（2）降噪措施实施情况，主要是声屏障形式、高度、长度等方面；

（3）列车编组、车流密度等影响昼夜间列车运行总时长的因素；

（4）沿线两侧地面及建筑物状况，以及声环境保护目标分布与所处声功能区划情况。

17．简述进行城市轨道交通车站站台噪声测量的环境条件有哪些。

答案：

（1）露天站台噪声测量时，应选择在无雨、无雪、风速小于5 m/s的气象条件下测量；

（2）测点周围2 m以内不应有声反射物；

（3）测量时避开会车；

（4）测量时站台的背景噪声应低于被测噪声10 dB以上，否则应进行修正。差值小于5 dB时应重新测量；

（5）测量时应避免受到广播等非列车运行噪声的干扰。如受到影响，应在测量报告中说明。

18．进行轨道交通沿线建筑物室内的二次辐射噪声测量，简述测点布设应符合哪些要求。

答案：

（1）每个敏感点所设的测点不应少于 1 个；

（2）多个测点的布设，应根据建筑物的楼层、房间平面分布以及受城市轨道交通的影响程度确定；

（3）敏感区的测点布设应选择邻近线路的建筑物或受轨道交通影响较大的建筑物。

六、计算题

1．晚上 9：00，某第三方检测机构对位于 3 类声环境功能区内某企业厂界环境噪声进行监测，测量值为 72.8 dB，背景值为 70.5 dB，请问该企业在该监测点位噪声排放是否达标？

答案：无法评价。

被测噪声源排放限值为 65 dB，噪声测量值与背景噪声值的差值

ΔL_1=72.8−70.5=2.3（dB）

修约到个位数：ΔL_1=2 dB＜3 dB

噪声测量值与被测噪声源排放限值的差值：ΔL_2=72.8−65=7.9（dB）

修约到个位数：ΔL_2=8 dB＞5 dB

所以无法评价。

2．某交通干线长 2 100 m，交通噪声监测结果见下表：

监测点代码	监测结果/dB（A）	监测路段长度/m	20 min 车流量/辆
1	昼间 72.5/夜间 63.8	500	昼间：重型车 50、轻型车 112 夜间：重型车 10、轻型车 58
2	昼间 71.0/夜间 62.8	400	昼间：重型车 48、轻型车 108 夜间：重型车 8、轻型车 56
3	昼间 72.5/夜间 61.2	300	昼间：重型车 50、轻型车 114 夜间：重型车 7、轻型车 52
4	昼间 74.5/夜间 65.0	400	昼间：重型车 56、轻型车 121 夜间：重型车 10、轻型车 58
5	昼间 72.3/夜间 63.8	500	昼间：重型车 52、轻型车 118 夜间：重型车 12、轻型车 60

请对该交通干线两侧区域的噪声监测结果进行评价。

道路交通噪声强度等级划分 单位：dB（A）

	一级	二级	三级	四级	五级
昼间平均等效声级	≤68.0	68.1～70.0	70.1～72.0	72.1～74.0	＞74.0
夜间平均等效声级	≤58.0	58.1～60.0	60.1～62.0	62.1～64.0	＞64.0

答案：根据城市道路交通噪声平均值计算公式：

$$L=\frac{1}{l}\sum_{i=1}^{n}(l_i \times L_i)$$

该条交通干线的昼间噪声平均值：

$$L_d = \frac{1}{2\,100}(500\times72.5+400\times71.0+300\times72.5+400\times74.5+500\times72.3)=72.5\ [\text{dB（A）}]$$

该条交通干线的夜间噪声平均值：

$$L_n = \frac{1}{2\,100}(500\times63.8+400\times62.8+300\times61.2+400\times65.0+500\times63.8)=63.5\ \text{dB}\ [\text{dB（A）}]$$

根据道路交通噪声强度等级划分规定，该条交通干线昼间噪声强度为四级，评价为较差。交通干线夜间噪声强度也为四级，评价也为较差。

3．某大楼一居民敏感点楼下开设有两家娱乐场所，在该居民家中一测点分别测得两家娱乐场所贡献的噪声值为 47.5 dB 和 42.1 dB，试计算两家娱乐场所同时经营时对该测点贡献的噪声综合值（假设工况相同）。

答案： $L_A = 10\lg\sum_{i=1}^{n}10^{0.1L_i} = 10\lg\left(10^{0.1\times47.5}+10^{0.1\times42.1}\right)=48.6$（dB）

4．已知某噪声源的声压为 2×10 Pa，基准声压为 2×10^{-5} Pa，求其声压级 L_p。

答案： $L_p = 20\lg\frac{2\times10}{2\times10^{-5}}=120$（dB）

5．某工业企业处在 3 类声环境功能区，其东厂界夜间噪声等效声级测量值为 59 dB（A），背景噪声值为 55 dB（A），计算东厂界夜间等效声级排放值。

答案： 夜间噪声等效声级测量值与背景值相差 4 dB（A）时，修正值为 2 dB（A），东厂界夜间等效声级排放值=59−2= 57［dB（A）］。

6．某工厂位于 2 类声环境功能区，东面冷却塔厂界夜间 3：00 噪声测量值为 51.6 dB（A），背景噪声值为 49.3 dB（A），请判定厂界是否达标，并提出对策建议。

答案：

（1）ΔL_1=测量值−背景值

ΔL_1=51.6−49.3=2.3［dB（A）］

2.3 dB（A）修约后为 2 dB（A）

2 dB（A）＜3 dB（A）

需采取措施降低背景噪声后重新测量，使得噪声测量值与背景噪声值相差在 3 dB（A）背景噪声。

（2）当重新测量噪声后，若 ΔL_1 仍小于 3 dB（A），对噪声测量值进行判断。

ΔL_2=噪声测量值−排放限值［2 类区夜间噪声排放限值为 50 dB（A）］

ΔL_2=51.6−50=1.6［dB（A）］

1.6 dB（A）修约后 2 dB（A）

ΔL_2≤4 dB（A），定性判断噪声达标。

7．某项目施工场地一侧紧临居民住宅区（距离小于 1 m），项目施工时该住宅（受施工噪声影响方向窗户开启时）室内测得昼间等效声级为 63.3 dB（A），背景噪声值为 58.2 dB（A）；夜间货物装卸最大声级为 58.1 dB（A），背景噪声值为 47.2 dB（A）；分析该居民住宅处施工场界噪声排放昼夜达标情况。

答案： 昼间等效声级超标，夜间最大声级达标。

（1）建筑施工场界环境噪声排放标准限值（GB 12523—2011）：昼间 70 dB（A），夜间 55 dB（A）；

（2）夜间噪声最大声级超过限值的幅度不得高于 15 dB（A）

夜间最大噪声限值=55+15=70［dB（A）］

（3）当场界距噪声敏感建筑物较近，其室外不满足测量条件时，可在噪声敏感建筑物室内测量，并将相应的限值减 10 dB（A）作为评价依据，

昼间噪声限值：70−10=60［dB（A）］

夜间最大噪声限值：70−10=60［dB（A）］

（4）昼间排放值

ΔL_1=测量值−背景值

ΔL_1=63.3−58.2=5.1［dB（A）］

5.1 dB（A）修约后为 5 dB（A）

5.0 dB（A）修正值−2 dB（A）

昼间排放值=测量值+修正值=63.3−2=61.3 修约为 61 dB（A）＞60 dB（A）；

（5）夜间噪声最大声级

ΔL_1=测量值−背景值

ΔL_1=58.2−47.2=11.0 dB（A）＞10 dB（A）；噪声测量值不作修正

夜间最大噪声排放值为 58.1 dB（A）修约为 58 dB（A）＜60 dB（A）；

故昼间等效声级超标，夜间最大声级达标。

8．在铁路旁测得：货车通过时，在 2.5 min 内的平均声压级为 72 dB；客车通过时，在 1.5 min 内的平均声压级为 68 dB；无车通过时的环境噪声为 60 dB；该处白天 12 h 内共有 65 列火车通过，其中货车 45 列，客车 20 列，试计算该地点白天的等效连续 A 声级。

答案：

货车通过时间：2.5×45/60=1.875（h）

客车通过时间：1.5×20/60=0.5（h）

无车通过时间：12−0.5−1.875=9.625（h）

则等效连续 A 声级为：

$$L_{\mathrm{eq}}=10\lg\left(\frac{1}{T}\sum_{i=1}^{n}10^{0.1L_{\mathrm{AE},i}}\right)$$

$$=10\lg\left[\frac{1}{12}\times(1.875\times10^{0.1\times72}+0.5\times10^{0.1\times68}+9.625\times10^{0.1\times60})\right]$$

$$=64[\mathrm{dB（A）}]$$

因此，该地点白天的等效连续声级为 64 dB。

9．两个不同的声源作用于某一点的声压级分别为 106 dB 和 100 dB，求两个声源的总声压级。（已知两种不同声源相差 6 dB 时，ΔL_{P}=1 dB）

答案：总声压级用 $L_{\mathrm{P总}}$表示，

$L_{\mathrm{P1}}-L_{\mathrm{P2}}$=106−100=6（dB），$\Delta L_{\mathrm{P}}$=1 dB，

$L_{\mathrm{P总}}=L_{\mathrm{P1}}+\Delta L_{\mathrm{P}}$

$L_{\mathrm{P总}}$=106+1=107（dB）。

10．声压增大为原来的 2 倍时，声压级提高多少分贝？

答案：L_P=20lg（$2p/p_0$）−20lg（p/p_0）=20lg2≈6（dB）

11．某人一天工作 8 h，其中在 90 dB（A）下工作 2 h，在 88 dB（A）下工作 1 h，在 84 dB（A）下工作 3 h，其余时间在 78 dB（A）下工作，计算等效连续 A 声级。

答案：$L_{eq} = 10\lg[1/(2+1+3+2)\times(10^{90/10}\times2+10^{88/10}\times1+10^{84/10}\times3+10^{78/10}\times2)]=86.4$［dB（A）］

12．某条道路长 1 600 m，交通噪声监测结果见下表：

监测点位	监测路段长度/m	昼间监测结果/dB（A）	夜间监测结果/dB（A）
1	300	69.3	60.5
2	400	71.2	61.7
3	500	70.3	61.2
4	400	69.5	59.6

请计算该条交通干线的昼间、夜间噪声平均值。

答案：该条交通干线的昼间噪声平均值:

$L_d = (300\times69.3+400\times71.2+500\times70.3+400\times69.5)\div1\,600 = 70.1$［dB（A）］

该条交通干线的夜间噪声平均值:

$L_n = (300\times60.5+400\times61.7+500\times61.2+400\times59.6)\div1\,600 = 60.8$［dB（A）］

13．某功能区夜间 8 h 测得的等效声级数据分别为：52.3 dB（A）、51.7 dB（A）、52.6 dB（A）、50.7 dB（A）、51.5 dB（A）、52.7 dB（A）、51.3 dB（A）、50.2 dB（A），请计算该监测点位夜间等效声级。

答案：$L_n=10\lg[(10^{0.1\times52.3}+10^{0.1\times51.7}+10^{0.1\times52.6}+10^{0.1\times50.7}+10^{0.1\times51.5}+10^{0.1\times52.7}+10^{0.1\times51.3}+10^{0.1\times50.2})\div8]=51.7$［dB（A）］

14．对某个点位进行噪声监测时，噪声测量值为 54.7 dB，背景噪声值为 50.2 dB，请计算该点位噪声排放值。

答案：噪声测量值−背景噪声值 = 54.7−50.2 = 4.5（dB）

噪声测量值与背景噪声值的差值修约到个位数为 4 dB

噪声排放值 = 54.7 − 2 = 52.7（dB）

噪声排放值修约后为 53 dB。

15．已知距离噪声源 1 m 处的噪声级为 80 dB，计算距离该点多远处噪声级达到 60 dB？

答案：$L_2 = L_1-20\lg(r_2/r_1)$

$20\lg(r_2/1) = 80-60$

$r_2 = 10$（m）

16．某一工厂车间内 2 台机器声压级分别为 93.2 dB、85.7 dB，求叠加后的总声压级。

答案：$L_P = 10\lg(10^{0.1\times93.2}+10^{0.1\times85.7})=93.9$（dB）

17．某一功能区昼间等效声级为 56.3 dB（A），夜间等效声级为 47.9 dB（A），请计算该功能区昼夜等效声级是多少？（注：昼间时间为 6：00—22：00，夜间时间为 22：00—次日 6：00）

答案：$L_{dn} = 10\lg\{[16\times10^{0.1\times56.3}+8\times10^{0.1\times(47.9+10)}]\div24\} = 56.9$［dB（A）］

第二节　振动

一、填空题

1. 环境振动监测时，拾振器的灵敏度主轴方向应保持__________方向，测试过程中不得产生__________和附加振动。

答案：铅垂，倾斜

2. 城市区域环境振动的测量为__________。

答案：铅垂向 Z 振级

3. 人能感觉到的振动按频率范围划分，低于__________Hz 为低频振动；__________ Hz 为中频振动；__________为高频振动。对人体最有害的振动是振动频率与人体某些器官的固有频率__________的振动。

答案：30，30～100，100 Hz 以上，相近

4. 城市区域环境振动测量时，测点应选在各类区域建筑物__________振动敏感处；必要时，测点置于建筑物室内__________。

答案：外 0.5 m 以内，地面中央

5. 在规定的测量时间 T 内，有 N%时间的 Z 振级超过某一 VL_z 值，这个 VL_z 值叫作__________，记为__________，单位为__________。

答案：累计百分 Z 振级，VL_{zn}，分贝（dB）

6. 矿山爆破产生的振动属于冲击振动，应测试振动__________作为评价量。

答案：最大值

7. 人共振频率在直立时为__________ Hz，俯卧时为__________ Hz。

答案：4～10，3～5

8. 观测时间内振级变化不大的环境振动称为__________。

答案：稳态振动

9. 振动测量仪器是__________、__________和显示器的组合。可以是测量人体振动响应相关参数的任何一种__________仪器或者仪器的__________。

答案：振动传感器，信号处理，单个，组合

10. 振动测量仪器的测量下限应不高于__________dB，测量上限不低于__________dB。

答案：50，100

11. 环境振动测点应置于被测建筑物受振源影响__________的位置，可通过现场咨询或间隔一定距离布设__________试验点确定。

答案：相对较大，多个

12. 环境振动监测时，当拾振器不能与地面紧密接触时，应采用磁座吸附、快干粉粘结等__________方式将拾振器固定在地面上，禁止采用橡皮泥等__________方式固定拾振器。

答案：刚性连接，软连接

13. 环境振动测量时段应选择昼间和夜间能反映建筑物受环境振动__________的时段进行测量。

答案：影响最大

14. 城市轨道交通与铁路振动测量量取每次列车通过时段的__________。

答案：最大 Z 振级 VL_{zmax}

15. 承担环境振动监测工作的人员应经过专业培训。每次现场监测至少__________人。

答案：2

16. 铁路环境振动测量，测点的选择应具有__________，能够使测量结果正确反映所__________区段的铁路振动状况。

答案：代表性，代表

17. 铁路环境振动测量敏感测点布设时，每个敏感点或敏感区至少应在距铁路最近的建筑物室外设__________个敏感点。敏感区内每个测量断面上布设__________个敏感测点。距离铁路最远的测点位置不宜大于 100 m。

答案：1，2～3

18. 铁路环境振动监测测量背景振动时，每个测点测量时间不少于__________ s。为避免铁路振动的影响，允许采用间断测量的方法，但累计测量时间应不少于 __________ s。

答案：1 000，1 000

19. 城市区域环境振动标准适用地带，“商业中心区”是指__________的繁华地区。

答案：商业集中

20. 城市区域环境振动标准适用地带，“混合区”是指一般商业与__________混合区；工业、商业、__________与居民混合区。

答案：居民，少量交通

21. 城市区域环境振动标准适用地带，“居民、文教区”是指纯居民区和文教、__________。

答案：机关区

22. 城市区域环境振动标准适用地带，“工业集中区”是指一个__________或__________内规划明确确定的工业区。

答案：城市，区域

23. 城市区域环境振动标准适用地带，“铁路干线两侧”是指距每日车流量不小于__________列的铁道外轨 __________m 外两侧的住宅区。

答案：20，30

24. Z 振级 VL_Z 是指按照 ISO 2631.1—1985 规定的全身振动__________计权因子修正后得到的振动加速度级，记 VL_Z，单位为分贝，dB。

答案：Z

25. 环境振动测量时，采样频率指每秒从连续信号中提取并组成__________的采样个数，用 fs 表示，单位为赫兹，Hz。

答案：离散信号

26. 环境振动监测应采用符合 GB/T 23716—2009 性能要求的__________或其他满足相同功能的振动测量仪器。

答案：环境振动计

27．振动测量时，测量仪器拾振器的三个接触点或__________全部接触地面。

答案：底部

28．进行环境振动监测，使用计算软件通过信号处理的方式计算振级时，应加窗函数。对于随机信号处理宜选择__________，对于冲击信号的处理宜选择__________。

答案：汉宁窗，矩形窗

29．在环境振动监测中，等效连续 Z 振级表示为

$$VL_{Zeq}=10\lg\left(\frac{1}{T}\int_0^T 10^{0.1VL_Z}dt\right)$$

式中，VL_Z 物理量的含义是__________

答案：t 时刻的瞬时 Z 振级，单位为分贝（dB）

30．用于环境振动监测的测量仪器（含拾振器）应经国家认可的计量单位检定合格，__________至少检定一次，并在有效期内使用。

答案：每年

31．在环境振动监测中，等效连续 Z 振级指在规定测量时段内 Z 振级的能量__________，记为 VL_{Zeq}，单位为分贝（dB）。

答案：平均值

32．进行环境振动监测时，拾振器应平稳地安放在__________、__________的地面上，不得直接置于松软的地面上。

答案：平坦，坚实

33．城市区域环境振动测量时，对于__________振动，每个测点测量一次，取 5 s 内的平均示数作为评价量。

答案：稳态

34．城市区域环境振动测量时，对于重复出现的冲击振动，以__________次读数的算术平均值为评价量。

答案：10

35．进行铁路环境振动测量时，敏感区内应在相应的距铁路外轨中心线__________m 测点位置设置垂直于铁路走向的测量断面。

答案：30

二、单选题

1．测量城市区域环境振动时，对于稳态振动在每个测点测量一次，取__________作为评价量。（　）

A．5 s 内的平均示数　B．最大示数　C．瞬时示数　D．VL_{Z10} 值

答案：A

2．冲击振动测量取每次冲击过程中的最大示数为评价量。对于重复出现的冲击振动，以__________次读数的算术平均值为评价量。（　）

A．6　　B．5　　C．10　　D．2

答案：C

3. 铁路振动测量，读取每次列车通过过程中的最大示数，每个测点连续测量__________次列车。（　　）

A．10　　B．20　　C．5　　D．15

答案：B

4．区域环境振动测量时，测点应选在各类区域建筑物外__________振动敏感处。（　　）

A．0.5 m 以内　　B．1 m 以内　　C．0.5 m 以外　　D．1 m 以外

答案：A

5．《城市区域环境振动标准》（GB 10070—1988）中，交通干线道路两侧是指车流量每小时__________辆以上的道路两侧地带。（　　）

A．50　　B．100　　C．200　　D．500

答案：B

6．等效连续 Z 振级是指在规定测量时段内 Z 振级的__________。（　　）

A．能量平均值　　B．算术平均值　　C．时间加权平均值　　D．几何平均值

答案：A

7．城市轨道交通引起的建筑物振动的测量位置及拾整器安装应符合：在室内测量时应至少布置__________个测点；当需要在建筑物室外测量时，在建筑物靠近轨道一侧的基础上至少应布置__________个测点。（　　）

A．1，3　　B．4，1　　C．3，1　　D．1，4

答案：C

8．环境振动监测中，测量量取等效连续 Z 振级 VL_{Zeq} 评价的是__________。（　　）

A．稳态振动　　B．无规振动

C．冲击振动　　D．城市轨道交通与铁路振动

答案：A

9．环境振动监测中，测量量取累计百分 Z 振级 VL_{Z10} 评价的是__________。（　　）

A．稳态振动　　B．无规振动

C．冲击振动　　D．城市轨道交通与铁路振动

答案：B

10．在城市区域环境振动测定中，居民、文教区的铅垂向 Z 振级标准值是__________。（　　）

A．昼间 65 dB、夜间 65 dB　　B．昼间 70 dB、夜间 67 dB

C．昼间 75 dB、夜间 72 dB　　D．昼间 80 dB、夜间 80 dB

答案：B

11．根据《城市区域环境振动标准》（GB 10070—88）规定，若每日发生几次的冲击振动，其最大值昼间不允许超过标准值__________dB，夜间不超过__________dB。（　　）

A．5，2　　B．12，5　　C．10，3　　D．15，3

答案：C

12．根据《城市区域环境振动标准》（GB 10070—88）规定，若文教区昼间和夜间每日发生几次的冲击振动，其铅垂向 Z 振级最大值分别不得超过__________dB。（　　）

A．80、68　　B．80、70　　C．75、70　　D．85、75

答案：B

13．测量环境振动时，拾振器的灵敏度__________方向应与测量方向一致。（　　）

A．主轴　　B．副轴　　C．垂直

答案：A

14．铁路振动读取每次列车通过过程中的__________。（　　）

A．最大示数　　B．瞬时示数　　C．最小示数　　D．平均示数

答案：A

15．无规振动采样间隔__________。（　　）

A．不大于 5 s　　B．不小于 5 s　　C．等于 5 s

答案：A

16．无规振动连续测量时间__________。（　　）

A．不少于 1 000 s　　B．不少于 500 s　　C．不大于 1 000 s　　D．不大于 500 s

答案：A

17．冲击振动取每次冲击过程的__________为评价量。（　　）

A．最大示数　　B．瞬时示数　　C．最小示数　　D．平均示数

答案：A

18．隔振技术典型应用中，为解决城市轨道交通的环境噪声和环境振动污染，应对轨道或道床系统采取合理有效的隔振措施。隔振措施主要根据__________、工程费用等要素确定。（　　）

A．减振降噪需求　　B．噪声限制值　　C．振动限制值　　D．监测方式

答案：A

19．隔振技术典型应用中，为解决城市轨道交通的环境噪声和环境振动污染，应对轨道或道床系统采取合理有效的隔振措施。对于隔振效果需要 20 dB 以上的，则需要采样特殊设计的__________。（　　）

A．特殊减振措施　　B．中等减振措施　　C．较高减振措施　　D．复合式减振措施

答案：D

20．城市轨道交通敏感建筑物室内二次辐射噪声主要由__________振动经大地传播至建筑物内激发结构振动而产生。（　　）

A．轮轨及附属设备设施　　B．制动及刹车装置

C．冷却及桥梁高架结构　　D．气动及风亭设施

答案：A

21．城市轨道交通环境振动与噪声控制工程的目标，应结合环境振动和噪声__________及轨道交通线路周边环境振动与噪声背景情况确定。（　　）

A．超标量　　B．污染源分布　　C．污染源类型　　D．监测技术能力

答案：A

22．被激励产生振动的建筑构件，其固体表面振动向周围空气介质辐射的声压波称为__________。（　　）

A．噪声　　B．振动　　C．二次辐射噪声

答案：C

23．振动源强通常用参考点__________方向的 Z 振级表示。（　　）

A．垂直于地面　　B．水平于地面　　C．垂直于振动平面

答案：A

24．使用计算软件通过信号处理的方式计算振级时，加窗函数是为了减少或消除__________及栅栏效应。（　　）

A．测量仪器差异　　B．频谱能量泄漏　　C．拾振器差异

答案：B

25．振动监测中，对拾振器电压灵敏度要求应大于__________mV/g。（　　）

A．300　　B．400　　C．500

答案：B

26．下面对环境振动监测时的测量条件描述不正确的是__________。（　　）

A．测量过程中，振源应处于正常工作状态

B．测量应在无雨雪、无雷电、无强风的天气环境下进行

C．测量过程中，应当避免足以影响测量值其他环境因素干扰

D．测量过程中，对于走动等引起的干扰可以忽略不计

答案：D

27．进行环境振动监测，用数采仪进行振动信号测试时，采样频率应满足奈奎斯特采样定理的要求，采样频率与被测振源最高频率的比值宜取__________。（　　）

A．1　　B．2　　C．4　　D．6

答案：D

28．城市区域环境振动测量时，具有突发性振级变化的环境振动为__________。（　　）

A．稳态振动　　B．冲击振动　　C．无规振动　　D．轨道振动

答案：B

29．在进行城市轨道交通引起的建筑物振动测量时，每个测点在同时进行测量的持续时间内应有不少于上下行各__________列车按该区段设计的最高速度或实际的运营速度通过，测量应分昼间和夜间进行。（　　）

A．3　　B．5　　C．10　　D．20

答案：B

30．在城市区域环境振动测量中，基准加速度 a_0=__________m/s^2。（　　）

A．10^{-6}　　B．10^{-5}　　C．10^{-3}　　D．10^{-2}

答案：A

31．城市区域环境振动测量采用的测量仪器时间计权常数为__________。（　　）

A．0.5 s　　B．1 s　　C．2 s　　D．3 s

答案：B

32．城市区域环境振动测量中，振动级指按 ISO 2631-1：1997 规定的全身振动不同频率计权因子修正后得到的振动加速度级，记为__________，单位为分贝，dB。（　　）

A．VL_{zn}　　B．VL_Z　　C．VL_n　　D．VL

答案：D

33．城市轨道交通沿线建筑物，根据其功能进行振动噪声影响区域分类，划分的 3 类区为__________。（　　）

A．特殊住宅区　　B．居住文教区　　C．工业集中区　　D．交通干线两侧

答案：C

34．城市轨道交通沿线建筑物，按照振动噪声影响区域分类，划分的 2 类区建筑物室内振动限值为昼间__________dB，夜间__________dB。（　　）

A．65，62　　B．67，65　　C．70，67　　D．75，72

答案：C

35．在进行城市轨道交通引起的建筑物振动测量时，振动测量仪器和数据处理方法应满足振动测量的频率为__________Hz。（　　）

A．4～200　　B．4～100　　C．2～200　　D．2～100

答案：A

36．住宅建筑室内振动单值评价量应为 Z 振级，分频振动测量评价量应为 1/3 倍频程铅垂向振动加速度级，频率应为__________。（　　）

A．1～10 Hz　　B．1～20 Hz　　C．1～60 Hz　　D．1～80 Hz

答案：D

37．在进行住宅建筑室内振动测量时，应根据振动类型采用不同的评价量测量与评价中心频率为__________的 1/3 倍频程铅垂向振动加速度级（$VAL_{z,f}$）。（　　）

A．1～100 Hz　　B．2～80 Hz　　C．1～80 Hz　　D．4～200 Hz

答案：C

38．在进行住宅建筑室内振动测量时，对于面积不大于 20 m^2 的房间，应至少选取__________个测点。（　　）

A．1　　B．2　　C．3　　D．4

答案：A

39．在进行住宅建筑室内振动测量时，测量前应使用振动校准器对振动测量仪器校准，测量结束后再检查一次，两次示值相差不应大于__________dB。（　　）

A．0.1　　B．0.3　　C．0.5　　D．1

答案：C

40．对住宅建筑室内铅垂向振动加速度级等效值（$VAL_{Zeq,f}$）测量，测量总时长不应少于__________min。（　　）

A．0.5　　B．1　　C．1.5　　D．2

答案：B

41．对住宅建筑室内铅垂向振动加速度级最大值（$VAL_{Zmax,f}$）测量，应将测振仪置于频谱分析功能，指数平均时间常数应设为__________s。（ ）

A．0.1　　B．1　　C．0.5　　D．2

答案：B

42．在进行住宅建筑室内振动测量时，对以等效值为测量评价量的振动测量，可仅测量一次时长不小于__________min 的等效值。（ ）

A．0.5　　B．1　　C．2　　D．3

答案：B

43．在进行住宅建筑室内振动测量时，对于每日发生几次的冲击振动，其昼间测量结果修正值为__________dB。（ ）

A．1　　B．5　　C．−5　　D．−10

答案：D

44．进行铁路环境振动测量时，测量应采用精密等级不低于__________型的环境振动计或其他相当的振动仪器。（ ）

A．1　　B．2　　C．3　　D．0

答案：B

45．住宅建筑室内振动测量时，对于以振动最大值为测量评价量的振动测量，轨道交通引起的振动，应至少测量__________次振动事件。（ ）

A．2　　B．3　　C．5　　D．10

答案：C

46．进行铁路振动测量时，测点应设在距铁路外轨中心线 30 m 处。每个典型位置和典型区段至少应设__________个测点。（ ）

A．1　　B．2　　C．3　　D．4

答案：A

47．进行铁路环境振动测量时，对于车流密度较低的线路，可以测量昼间不小于__________h、夜间不小于__________h 内通过的列车。（ ）

A．2，2　　B．1，2　　C．2，4　　D．4，2

答案：D

48．进行铁路环境振动测量时，铁路振动与背景振动的差值小于__________dB 时，测量结果应进行修正。（ ）

A．5　　B．10　　C．15　　D．20

答案：B

49．进行铁路环境振动测量时，铁路振动与背景振动的差值等于 5 dB 时，试验读数的修正值为__________dB。（ ）

A．0　　B．−1　　C．−2　　D．−3

答案：C

50．铁路环境振动测量采用仪器自动采样方法，采样间隔应不大于__________s。（ ）

A．1　　B．0.1　　C．0.5　　D．2

答案：A

三、多选题

1．城市区域环境振动适用于连续发生的__________。（　　）

A．非稳态振动　　B．稳态振动　　C．冲击振动　　D．无规振动

答案：BCD

2．拾振器可以平稳地放在下面__________地面上。（　　）

A．坚硬的土　　B．混凝土　　C．沥青铺面　　D．木地板

答案：ABC

3．振动监测中敏感建筑物指医院、学校、__________等具有较高振动与声环境保护要求的建筑物。（　　）

A．机关　　B．科研单位　　C．住宅　　D．商户

答案：ABC

4．振动监测中，测量量应包含__________。（　　）

A．等效连续 Z 振级　　B．最大 Z 振级

C．累计百分 Z 振级　　D．平均 Z 振级

答案：ABC

5．环境振动监测中，测量量取最大 Z 振级 VL_{Zmax} 评价的是__________。（　　）

A．稳态振动　　B．无规振动

C．冲击振动　　D．城市轨道交通与铁路振动

答案：CD

6．环境振动监测中，必要时可以将测点置于建筑物室内地面中央。根据实际情况，被测建筑物内房间的__________等属性不同时应分别布设测点，其中包括受影响最大的位置。（　　）

A．使用功能　　B．房间大小　　C．楼板厚度

答案：ABC

7．振动源强即振动污染源的强度，反映振动源强度的__________等特征指标。（　　）

A．加速度　　B．速度　　C．位移　　D．幅度

答案：ABC

8．环境振动监测，指为了掌握__________中产生的振动对周围环境影响所展开的监测。（　　）

A．工业生产　　B．交通运输　　C．建筑施工　　D．社会生活

答案：AB

9．隔振技术典型应用中，为解决城市轨道交通的环境噪声和环境振动污染，应对轨道或道床系统采取合理有效的隔振措施。隔振措施 Z 振级减振量的选择宜参照下列要求。（　　）

A．对于减振效果需要 3 dB 以下的，可采用“一般减振措施”

B．对于减振效果需要 3～8 dB 的，可采用“中等减振措施”

C．对于减振效果需要 8～15 dB 的，可采用“较高减振措施”

答案：ABC

10．进行环境振动测量时，冲击振动、无规振动、稳态振动测量量描述正确的是＿＿＿＿＿。（　　）

A．冲击振动测量量取最大 Z 振级 VL_{Zmax}

B．无规振动测量量取累积百分 Z 振级 VL_{Z10}

C．稳态振动测量量取等效连续 Z 振级 VL_{Zeq}

D．稳态振动测量量取最大 Z 振级 VL_{Zmax}

答案：ABC

11．环境振动监测室外测量过程中，测点下方有＿＿＿＿＿等情况时应尽量避开。（　　）

A．地下室　　B．铺装路面　　C．地窖　　D．防空洞

答案：ACD

12．进行环境振动监测时，测量地点如为＿＿＿＿＿等松软的地面，需使用辅助测量装置，并在监测记录里说明。（　　）

A．草地　　B．砂地　　C．雪地　　D．地毯

答案：ABCD

13．环境振动测量时，下列＿＿＿＿＿环境因素会影响环境振动测量值，应尽量避免。（　　）

A．剧烈的温度梯度变化　　B．强电磁场

C．强风　　D．地震

答案：ABCD

14．住宅建筑室内振动测量时，对于以振动最大值为测量评价量的振动测量，下列说法正确的是＿＿＿＿＿。（　　）

A．每小时冲击次数不超过 2 次的冲击振动，应至少测量 1 次振动事件

B．每小时冲击次数不超过 2 次的冲击振动，应至少测量 2 次振动事件

C．每小时冲击次数超过 2 次的冲击振动，应至少测量 3 次振动事件

D．每小时冲击次数超过 2 次的冲击振动，应至少测量 5 次振动事件

答案：BD

15．铁路环境振动敏感点包含＿＿＿＿＿。（　　）

A．住宅　　B．学校　　C．建筑工地　　D．医院

答案：ABD

16．铁路环境振动监测划定典型区段和典型位置时，应考虑与振动源变化有关的因素有＿＿＿＿＿。（　　）

A．列车运行速度　　B．轨道类型　　C．桥梁　　D．地质条件

答案：ABCD

17．铁路环境振动测点布设时，对于振动源有显著变化的位置，如＿＿＿＿＿等，可以划定为一个典型位置。（　　）

A．铁路桥梁　　B．线路交汇处　　C．岔道群　　D．弯道

答案：ABCD

四、判断题

1．环境振动监测测量过程中，振源应处于正常工作状态。测量应在无雨雪、无雷电、无强风的天气下进行。（　　）

答案：正确

2．城市轨道交通环境振动主要由列车运行时轮轨间的相互动力作用产生。（　　）

答案：正确

3．环境振动的测点必要时可以放置于最底层地下室中。（　　）

答案：错误

正确答案：振动测量的测点必要时可布置于建筑物室内地面中央，严禁放置于最底层地下室中。

4．环境振动监测中，使用计算软件通过信号处理的方式计算振级时，应加窗函数。对于冲击信号的处理宜选择汉宁窗。（　　）

答案：错误

正确答案：冲击信号处理宜选择矩形窗。

5．环境振动监测中规定的采样频率，也称为采样速度或采样率，指每秒从连续信号中提取并组成离散信号的采样个数，单位为等效声级，dB。（　　）

答案：错误

正确答案：环境振动监测中规定的采样频率，也称为采样速度或采样率，指每秒从连续信号中提取并组成离散信号的采样个数，用 fs 表示，单位为赫兹，Hz。

6．振动测量仪器时间计权常数取 1 s，振动信号采样间隔不大于 0.5 s。（　　）

答案：错误

正确答案：振动测量仪器时间计权常数取 1 s，振动信号采样间隔不大于 0.1 s。

7．用数采仪进行振动信号测试时，采样频率应满足奈奎斯特采样定理的要求，采样频率与被测振源最高频率的比值宜取 5。（　　）

答案：错误

正确答案：用数采仪进行振动信号测试时，采样频率应满足奈奎斯特采样定理的要求，采样频率与被测振源最高频率的比值宜取 6。

8．城市轨道交通引起建筑物振动测量期间，当轨道交通之外的其他振源对振动测量结果产生干扰时，可扣除背景，修正后报测定结果。（　　）

答案：错误

正确答案：城市轨道交通引起建筑物振动测量期间，当轨道交通之外的其他振源对振动测量结果产生干扰时，本次测量应视为无效。

9．振动是噪声产生的主要原因，机械设备产生的噪声因传播介质不同，称为空气声和固体声。（　　）

答案：正确

10．城市区域环境振动测量方法中测量量为 Z 振级。（　　）

答案：错误

正确答案：城市区域环境振动测量方法中测量量为铅垂向Z振级。

11．在进行环境振动数据分析时，使用计算软件通过信号处理的方式计算振级时，应加窗函数。对于随机信号的处理宜选择矩形窗。（　　）

答案：错误

正确答案：随机信号处理宜选择汉宁窗。

12．稳态振动一般包括旋转机械类（通风机、发电机、电动机、水泵等）和往复运动机械类（柴油机、空压机、纺织机等）等所引起的环境振动。（　　）

答案：正确

13．无规振动一般包括锻压机械类（锻锤、冲床等）和建筑施工机械类（打桩机等）及爆破等所引起的环境振动。（　　）

答案：错误

正确答案：无规振动一般包括道路交通、工业企业、建筑施工、社会生活中产生的振动（冲击振动除外）。

14．环境振动测量过程中，应当避免其他干扰因素，如高噪声、走动等引起的干扰。（　　）

答案：正确

15．环境振动测量点位布设可根据实际需求，不同属性建筑物（建筑物使用功能、建筑物高度等）可分别布设测点。（　　）

答案：正确

16．环境振动测量点位布设时，当建筑物前地面不具备测量条件或受其他因素干扰时，可将测点布设在环境振动条件与该处相对一致的位置。（　　）

答案：正确

17．环境振动监测中，应采取措施将连接拾振器的数据线与地面固定，防止由于连接线晃动引起测量误差。（　　）

答案：正确

18．环境振动测量过程中，应当避免足以影响测量值的其他环境因素，如剧烈的温度梯度变化、强电磁场等引起的干扰。但不能遮挡（如加防护罩等）。（　　）

答案：错误

正确答案：测量过程中，应当避免足以影响测量值的其他环境因素，如剧烈的温度梯度变化、强电磁场等引起的干扰。必要时可考虑适当的遮挡（如加防护罩等）。

19．城市轨道交通沿线建筑物室内振动限值对应的测点宜布置在建筑物一楼的室内，也可布置在建筑物的基础外墙 0.5 m 的范围内。（　　）

答案：正确

20．城市轨道交通引起建筑物振动监测，当布设多个测点时，应取各个测点评价量的最大值作为评价依据。（　　）

答案：错误

正确答案：城市轨道交通引起建筑物振动监测，当布设多个测点时，应取各个测点评价量的平均值作为评价依据。

21．城市轨道交通与铁路振动应选择靠近被测建筑物的轨道运行方向的列车进行监测。（　　）

答案：错误

正确答案：城市轨道交通与铁路振动应选择对被测建筑物影响较大的轨道运行方向的列车进行监测。

22．进行环境振动监测时，振动测量时段只能选择在昼间反映建筑物受环境振动影响最大的时段进行测量。（　　）

答案：错误

正确答案：在昼间和夜间分别选择能反映建筑物受环境振动影响最大的时段进行测量。

23．振级加速度级是指加速度与基准加速度之比的以 10 为底的对数乘以 20，记为 VAL。单位为 m/s^2。（　　）

答案：错误

正确答案：振级加速度级是指加速度与基准加速度之比的以 10 为底的对数乘以 20，记为 VAL，单位为分贝，dB。

24．环境振动指相关环境中振源产生的所有振动的综合影响。（　　）

答案：错误

正确答案：环境振动指相关环境中因人为振源产生的所有振动的综合影响。

25．振动控制工程应遵循以人为本、源强控制、综合治理、达标排放的原则，应在主体工程投产后进行针对性的设计和施工。（　　）

答案：错误

正确答案：振动控制工程应遵循以人为本、源强控制、综合治理、达标排放的原则和“三同时”制度。

26．城市轨道交通环境振动和噪声控制应按“敏感建筑物—传播途径—源—规划”的顺序选择控制措施。（　　）

答案：错误

正确答案：规划—源—传播途径—敏感建筑物。

27．进行环境振动测量时，稳态振动一般包括旋转机械类和往复运动机械类等所引起的环境振动，测量量取最大 Z 振级 VL_{Zmax}。（　　）

答案：错误

正确答案：测量量取等效连续 Z 振级 VL_{Zeq}。

28．城市区域环境振动测量时，无规振动指未来任何时间不能预先确定振级的环境振动。（　　）

答案：正确

29．在进行铁路环境振动测量时，振动测量仪器的量程应满足 50～100 dB。（　　）

答案：错误

正确答案：在进行铁路环境振动测量时，振动测量仪器的量程应满足 50～110 dB。

30．在进行城市轨道交通引起的建筑物振动测量时，应记录每次列车在正常运营条件下振动测点的 VL_{Zeq} 值。（　　）

答案：错误

正确答案：应记录每次列车在正常运营条件下振动测点的 VL_{max} 值。

31．铁路环境振动测量中，敏感区指对振动环境要求较高的区域，如居民区、文教区或由当地政府划定的其他敏感区域。（　　）

答案：正确

32．铁路环境振动测量中，Z 计权振动加速度级指按照 GB/T 13441 规定的 Z 向计权因子修正过后的振动加速度级。（　　）

答案：正确

33．铁路环境振动测量中，等效连续计权振级指在规定时间内计权振级的能量平均值。（　　）

答案：正确

34．在规定的测量时间 *T* 内，有 *n*%时间的 Z 振级低于某一 VL_Z 值，这个 VL_Z 值叫作对应 *n* 的累积百分 Z 振级。（　　）

答案：错误

正确答案：在规定的测量时间 *T* 内，有 *n*%时间的 Z 振级超过某一 VL_Z 值，这个 VL_Z 值叫作对应 *n* 的累积百分 Z 振级。

35．进行铁路环境振动测量时，振动测点的选择应具有代表性，能够使测量结果正确反映所代表区域的铁路振动状况。（　　）

答案：正确

36．进行铁路环境振动测量时，对于仅用于评价敏感点或敏感区域的测量，可不布设距铁路外轨中心线 30 m 处测点。（　　）

答案：正确

37．进行铁路环境振动测量时，每个敏感点或敏感区至少应在距铁路最近的建筑物室外设 2～3 个敏感测点。（　　）

答案：错误

正确答案：每个敏感点或敏感区至少应在距铁路最近的建筑物室外设 1 个敏感测点。

38．进行铁路环境振动测量时，测点布设宜远离公路、工厂、施工现场等非铁路振动源。（　　）

答案：正确

39．进行铁路环境振动测量时，振动传感器的灵敏度主轴方向应与测量方向垂直。（　　）

答案：错误

正确答案：振动传感器的灵敏度主轴方向应与测量方向一致。

40．铁路振动测量每次列车车头至车尾通过测点时的 $VL_{Z,max}$ 和 $VL_{Z,eq}$。（　　）

答案：正确

41．进行铁路环境振动测量时，每个测点分别连续测量昼、夜间 20 次列车；对于车流密度较低的线路，可以测量昼间不小于 2 h、夜间不小于 3 h 内通过的列车。（　　）

答案：错误

正确答案：铁路振动每个测点分别连续测量昼间、夜间 20 次列车；对于车流密度较低的线路，可以测量昼间不小于 4 h、夜间不小于 2 h 内通过的列车。

42．铁路振动测量结果以昼间、夜间所测数据的加权平均值表示。（　　）

答案：错误

正确答案：铁路测量结果以昼间、夜间所测数据的算术平均值表示。

43. 进行铁路环境振动测量时，测量结果应按照 GB/T 8170—2008 的规则修约到小数点后二位。（ ）

答案：错误

正确答案：应按照 GB/T 8170 的规则修约到整分贝数。

44. 进行铁路环境振动测量时，测量数据包含铁路振动的 $VL_{Z,max}$、背景振动中 $VL_{Z,10}$ 即可。（ ）

答案：错误

正确答案：测量数据包含测量时间、铁路振动的 $VL_{Z,max}$、背景振动中 $VL_{Z,10}$、列车通过数量。

五、简答题

1. 简述测量城市区域环境振动时拾振器的安装要求。

答案：《城市区域环境振动测量方法》规定：拾振器平稳地安放在平坦、坚实的地面上。避免置于如地毯、草地、砂地或雪地等松软的地面上，且拾振器的灵敏度主轴方向应与测量方向一致。

2. 根据《环境振动监测技术规范》（HJ 918—2017），振动的测量条件有哪些？

答案：

（1）测量过程中，振源应处于正常工作状态。

（2）测量应在无雨雪、无雷电、无强风的天气下进行。

（3）测量过程中，应当避免足以影响测量值的其他环境因素，如剧烈的温度梯度变化、强电磁场等引起的干扰。必要时可考虑适当的遮挡（如加防护罩等）。

（4）测量过程中，应当避免其他干扰因素，如高噪声、走动等引起的干扰。

3. 铁路环境振动测量测点布设分为哪两类？

答案：距铁路外轨中心线 30 m 处测点——反映铁路两侧 30 m 处的振动状况；敏感测点——布设在敏感点或敏感区内的测点，反映敏感点或敏感区的铁路振动状况。

4. 环境振动测量记录中，应记录哪些关于测量仪器的内容？

答案：环境振动测量记录中测量仪器记录内容包括仪器名称、型号、编号、准确度等级、检定日期等。

5. 环境振动监测质量保证和质量控制中，对测量仪器有哪些要求？

答案：测量仪器（含拾振器）应经国家认可的计量单位检定合格，每年至少检定一次，并在有效期内使用。应根据环境温度和湿度选择测量仪器，环境温度和湿度超过仪器的允许使用温度和湿度范围时，测量结果无效。

6. 噪声与振动控制方案设计的原则是什么？

答案：噪声与振动控制的基本原则是优先源强控制；其次应尽可能靠近污染源采取传输途径的控制技术措施，必要时再考虑敏感点防护措施。

7. 隔振效果如何评价？

答案：隔振效果的评价，应采用隔振与非隔振状态下相同基础参考点或类比参考点之间的差值；具体检测方法，应是比较未采取隔振措施前与采取隔振措施后的相同基础参考点（或类比参考点）

之间的振动差值，而不应比较采取隔振措施后的振源设备基点至基础参考点之间（隔振装置两端）的振动差值。

8．简述城市区域环境振动测量时，无规振动的测量量及读数方法。

答案：无规振动的测量量为铅垂向 Z 振级。每个测点等间隔地读取瞬时示数，采样间隔不大于 5 s，连续测量时间不少于 1 000 s。

9．在进行城市轨道交通引起的建筑物振动测量时，振动测点位置应符合哪些规定？

答案：

（1）在敏感点或敏感区布设测点时，应设在建筑物一楼室内；当室内布设条件不允许时，可设在建筑物的基础距外墙 0.5 m 范围内的振动敏感处；

（2）在室内测量时，至少布设 3 个测点；当需要在建筑物室外测量时，在建筑物靠近轨道一侧的基础上至少布设 1 个测点。

10．简述住宅建筑室内振动监测对 Z 振级最大值（VL_{max}）测量的具体方法。

答案：按测量要求选择测点并布置拾振器，将测振仪设置为 W_k 频率计权，指数平均时间常数设为 1 s。测量时长应覆盖一个完整振动周期，直接读取 Z 振级最大值（VL_{max}）。

11．简述铁路环境振动测量时，测量内容有哪些？

答案：

（1）各测点每次列车通过时段的 $VL_{Z,max}$；

（2）各测点每次列车通过时段的 $VL_{Z,eq}$，不采用等效 Z 振级作为评价量和参考量时，可不作此项测量；

（3）各测点背景振动的 $VL_{Z,10}$。

12．城市轨道交通沿线建筑物，根据其功能进行振动噪声影响区域分类，简述各类区域的适用范围。

答案：0 类：特殊住宅区；1 类：居住、文教区；2 类：居住、商业混合区，商业中心区；3 类：工业集中区；4 类：交通干线两侧。

六、计算题

1. 铁路环境振动测量中，A 点测量值 71 dB，背景振动 58 dB；B 点测量值 67 dB，背景振动 58 dB，则 A 点、B 点的测量结果是多少？

答案：A 点：铁路环境振动与背景振动的差值为 71−58=13（dB），试验读数的修正值为 0 dB 测量结果为 71 dB；

B 点：铁路环境振动与背景振动的差值为 67−58=9（dB），试验读数的修正值为−1 dB，测量结果为 67−1=66（dB）

2．对某车流密度较低的路线进行铁路环境振动测量，夜间 2 h 通过列车 4 次，4 次列车 VL_{Zmax} 分别为 67 dB、68 dB、69 dB、70 dB，该路线夜间铁路环境振动测量结果是多少？

答案：测量结果为夜间所测数据的算术平均值表示：

（67+68+69+70）÷ 4=68（dB）

3．环境振动监测中发现，环境振动由企业机械加工过程中使用的冲床所引起，10 次冲床冲击

过程的监测结果 VL_{Zmax}，VL_{Zeq} 分别为：70 dB，55 dB；70 dB，57 dB；72 dB，55 dB；72 dB，55 dB；72 dB，55 dB；74 dB，55 dB；74 dB，55 dB；74 dB，55 dB；72 dB，55 dB；70 dB，55 dB。此次监测的评价量是多少？

答案：冲床引起的环境振动为冲击振动，测量量取最大 Z 振级 VL_{zmax}，重复出现的冲击振动，以 10 次读数的算术平均值为评价量。

评价量为（70+70+72+72+72+74+74+74+72+70）÷10=72（dB）

4．对处于城市区划内的某工业集中区水泵房进行环境振动监测，昼间测得 VL_{Zmax}，VL_{Zeq} 为 77 dB、76 dB，夜间测得 VL_{Zmax}，VL_{Zeq} 为 75 dB、74 dB。该水泵房所引起的环境振动超过标准限值多少 dB？

答案：工业集中区铅垂向 Z 振级标准值为昼间 75 dB、夜间 72 dB，水泵所引起的环境振动为稳态振动，测量量取等效连续 Z 振级 VL_{Zeq} 进行评价。

昼间超标值：76−75=1（dB）

夜间超标值：74−72=2（dB）

5．对处于混合区的某建筑施工工地进行环境振动监测，建筑工程处于主体结构施工阶段，夜间不施工，昼间测量时间为 20 min，测得 VL_{Zmax}、VL_{Zeq}、VL_{Z10} 分别为 77 dB、70 dB、72 dB。该工地昼间引起的环境振动评价量为多少 dB，是否超过标准限值？

答案：混合区铅垂向 Z 振级标准值为昼间 75 dB，建筑施工所引起的环境振动一般为无规振动，测量量取累积百分 Z 振级 VL_{Z10}。

昼间超标值为：72−75=−3（dB），未超过该区域环境振动标准值。

6．打桩机作业引起的环境振动属于冲击振动。在某次打桩机连续作业过程中，对其进行 10 次环境振动测量，每次冲击过程中最大示数统计如下。请计算该过程的环境振动测量结果。

序号	1	2	3	4	5	6	7	8	9	10
VL_{Zmax}/dB	67.7	62.1	61.5	60.5	65.6	62.3	72.5	73.7	71.0	70.5

答案：

（67.7+ 62.1+ 61.5+ 60.5+ 65.6+ 62.3+ 72.5+ 73.7+ 71.0+ 70.5）/10≈67（dB）

7．在某次铁路环境振动测量中，监测点测量结果为 75 dB，背景振动测量结果为 70 dB 时，计算修正后的该点位测量结果。

答案：75 − 70=5（dB）

当铁路环境振动与背景振动差值为 5 dB 时，修正值为−2。

75 − 2=73（dB）

第七章

自动监测

第一节 环境空气自动监测

一、填空题

1. 根据《环境空气质量监测点位布设技术规范》（HJ 664—2013），从环境空气监测仪器采样口或者监测光束到最近的最高障碍物之间的水平距离，至少是该障碍物高出采样口或者监测光束距离的__________倍以上。

答案：2

2. 依据《环境空气质量监测点位布设技术规范（试行）》（HJ 664—2013）要求，对自动监测，其采样口或监测光束离地面高度应在__________～__________m。

答案：3，20

3. 根据《环境空气颗粒物（PM_{10}和$PM_{2.5}$）连续自动监测系统安装和验收技术规范》（HJ 655—2013），$PM_{2.5}$连续自动监测系统的调试检测项目中，参比方法比对调试的相关系数为__________。

答案：≥0.93

4. 根据《环境空气气态污染物（SO_2、NO_2、O_3、CO）连续自动监测系统技术要求及检测方法》（HJ 654—2013），点式连续监测系统在测试流量稳定性时，待测分析仪应连续稳定运行__________天。

答案：7

5. 根据《环境空气颗粒物（PM_{10}和$PM_{2.5}$）连续自动监测系统运行和质控技术规范》（HJ 817—2017），使用标准流量计对β射线法颗粒物监测仪进行流量检查时，实测流量应在设计流量的__________%以内，且示值流量与实测流量的误差应在__________%范围以内。

答案：±5，±2

6. 颗粒物自动监测仪的切割器根据__________设计，用于分离__________颗粒物（PM_{10}和$PM_{2.5}$）。

答案：空气动力学原理，不同粒径的

7.《环境空气气态污染物（SO_2、NO_2、O_3、CO）连续自动监测系统技术要求及检测方法》（HJ 654—2013）规定，点式环境空气气态污染物（NO_2）连续自动监测分析仪器中NO_2-NO转化器的转换效率应__________。

答案：≥96%

8. 环境空气自动监测系统试运行结束后，计算监测数据获取率应__________。

答案：≥90%

9. 环境空气气态污染物（SO_2、NO_2、O_3、CO）点式连续自动监测系统SO_2、NO_2、O_3分析仪长期零点漂移应在±__________以内；CO分析仪器长期零点漂移应在±__________以内。

答案：10 ppb，2 ppm

10. PM_{10}和$PM_{2.5}$连续监测系统所配置监测仪器的测量方法为__________或__________。

答案：β 射线吸收法，微量振荡天平法

11．PM_{10} 和 $PM_{2.5}$ 连续自动监测系统调试检测项目温度测量示值误差为≤__________℃，大气压测量示值误差为≤__________kPa。

答案：±2，±1

12．环境空气质量自动监测系统中，通常情况下，连接气态污染物监测仪器与采样总管的管路材质为__________。

答案：聚四氟乙烯

13．进行臭氧监测仪的量值溯源时，目前国际或国家最高级别的臭氧标准设备是__________。

答案：臭氧标准参考光度计（SRP）

14．环境空气气态污染物（SO_2、NO_2、O_3、CO）点式连续监测系统中，校准设备主要由__________、动态校准仪、O_3 校准仪、标准钢瓶气等组成。

答案：零气发生器

15．环境空气自动监测仪器的采样总管每年至少清洁 1 次，每次清洁后，应进行__________。

答案：检漏测试

16．空气质量自动监测采样口周围水平面应该有__________以上的捕集空间；如果采样口一边靠近建筑物，采样口周围水平面应有__________以上的自由空间；对于环境空气质量评价城市点采样口周围至少__________范围内无明显污染源。

答案：270°，180°，50 m

17．自动监测仪器每天零点校准时间应避开当地污染物浓度的__________时间，最好在__________进行。

答案：高峰，午夜

18．零气发生器所产生的零气不能含有__________、水分和其他对仪器分析产生干扰的物质。

答案：待测气体组分

19．根据《环境空气颗粒物（PM_{10} 和 $PM_{2.5}$）连续自动监测系统安装和验收技术规范》（HJ 655—2013），颗粒物自动监测仪采样管长度不超过__________。

答案：5 m

20．对污染物浓度数据有效性的最低要求中规定，SO_2、NO_2、CO、PM_{10} 和 $PM_{2.5}$ 的 24 h 平均值须符合每日至少有__________h 平均浓度值或采样时间。

答案：20

21．自动监测仪器在联网验收时，要求单台数据采集传输仪每日掉线次数在__________次以内。

答案：5

22．对于不能在现场完成故障检修的仪器，应送至__________进行检查和维修，并及时采用__________开展监测。

答案：系统支持实验室，备用仪器

23．O_3 监测仪器的零点、跨度检查（或校准）操作应避免在每日__________～__________臭氧浓度较高时段内进行，若必须在该时段进行，检查（或校准）时间不应超过 1 h。

答案：12：00，18：00

24．根据《环境空气颗粒物（PM_{10}和$PM_{2.5}$）连续自动监测系统运行和质控技术规范》（HJ 817—2018），低浓度环境条件下颗粒物监测仪器技术性能范围内的零值或负值为有效数据，应采用修正后的值__________μg/m³参加统计。

答案：2

25．根据《环境空气颗粒物（PM_{10}和$PM_{2.5}$）连续自动监测系统运行和质控技术规范》（HJ 817—2018），颗粒物准确度审核时，将自动监测数据与手工监测数据的日均值进行比较分析，以__________作为评价依据，每日自动监测数据与手工监测数据的相对偏差均应达到数据质量目标。

答案：数据质量目标

26．环境空气自动监测系统安装验收技术规范中要求，站房需设置接地设备、避雷装置，配有空调设备、除湿设备、防尘措施等，一般温度控制在__________为宜，相对湿度控制在__________以下。

答案：15～35℃，85%

27．根据《环境空气气态污染物（SO_2、NO_2、O_3、CO）连续自动监测系统技术要求及检测方法》（HJ 654—2013），在进行示值误差测试时，应通入浓度约__________量程的标准气体。

答案：50%

28．环境空气气态污染物（SO_2、NO_2、O_3、CO）点式连续监测系统中，具备__________功能的监测系统，每天进行一次零点检查和校准；不具备该功能的监测系统，至少__________进行一次零点检查和校准。

答案：自动校准，每周

29．根据《环境空气气态污染物（SO_2、NO_2、O_3、CO）连续自动监测系统技术要求及检测方法》（HJ 654—2013），在进行仪器干扰成分影响测试时，每种干扰气体应重复测试__________次。

答案：3

30．采用环境空气质量自动监测系统对各监测项目进行监测时，其数据采集频率和时间应按以下要求进行：每日气态污染物有不少于__________个有效小时平均值；O_3每 8 h 至少有__________h 平均浓度值；可吸入颗粒物有不少于 20 个有效小时平均值的算术平均值为有效日均值，日均值的统计时间段应为当日零点前 24 h。

答案：20，6

31．β射线法测定颗粒物浓度的基本原理：利用__________测试采样期间增加的颗粒物质量。

答案：β射线衰减量

32．臭氧标准参考光度计开机后预热稳定应不少于__________h。

答案：48

33．__________是指被生态环境监测主管部门认定的臭氧标准参考光度计，为全国生态环境系统的最高计量器具。

答案：臭氧一级标准

二、单选题

1．臭氧比对核查时，设置臭氧核查标准产生浓度为__________的臭氧，依次通入臭氧分析仪 30 min，仪器自动记录分钟数据。（　　）

A．50 nmol/mol、75 nmol/mol、125 nmol/mol、仪器日常校准点浓度

B．50 nmol/mol、75 nmol/mol、125 nmol/mol、仪器 50% 满量程点浓度

C．45 nmol/mol、75 nmol/mol、125 nmol/mol、仪器日常校准点浓度

D．45 nmol/mol、75 nmol/mol、125 nmol/mol、仪器 50% 满量程点浓度

答案：C

2．校准膜重现性测量中，待仪器预热稳定后，按照操作规程插入校准膜片，待读数稳定后记录显示值，需重复上述操作__________次，然后计算标准膜的平均值。（　　）

A．1　　B．2　　C．3　　D．4

答案：B

3．在对化学发光法的氮氧化物分析仪进行跨度检查时，发现跨度响应较慢，以下不是引起跨度响应偏慢的原因的有__________。（　　）

A．样品管路沾污　　B．样品传输管路太长

C．选用不恰当的管材　　D．零气不纯

答案：D

4．在紫外荧光法测定二氧化硫过程中，样气中存在碳氢化合物会使测定结果__________，样气中存在水汽会使测定结果__________。（　　）

A．偏低，偏高　　B．偏高，偏高　　C．偏低，偏低　　D．偏高，偏低

答案：D

5．对于采用化学发光法的 NO_2 监测仪器，至少每__________个月检查一次二氧化氮转换炉的转换效率，转换效率应≥__________%，否则应进行维修或更换。（　　）

A．2，96　　B．2，98　　C．3，98　　D．6，96

答案：D

6．根据《环境空气气态污染物（SO_2、NO_2、O_3、CO）连续自动监测系统技术要求及监测方法》（HJ 654—2013），采样气体在采样管线内的滞留时间应小于__________。（　　）

A．10 s　　B．15 s　　C．20 s　　D．25 s

答案：C

7．采用 β 射线法测定 PM_{10} 和 $PM_{2.5}$，仪器采样流量与设计流量之间误差应在工作点流量__________L/min 的__________% 范围内。（　　）

A．16.67，±2　　B．16.67，±8　　C．16.67，±5　　D．16.67，±10

答案：C

8．根据《环境空气气态污染物（SO_2、NO_2、O_3、CO）连续自动监测系统技术要求及检测方法》（HJ 654—2013），在进行仪器响应上升时间测试时，当待测分析仪器显示值上升至标准气体浓度标称值的__________时，停止计时。（　　）

A．80%　　B．85%　　C．90%　　D．95%

答案： C

9．根据《环境空气颗粒物（PM_{10} 和 $PM_{2.5}$）连续自动监测系统安装和验收技术规范》（HJ 655—2013），颗粒物在线监测仪的采样口与其他仪器采样口之间水平距离应大于＿＿＿＿＿m。（　　）

A．0.5　　B．0.8　　C．1　　D．1.2

答案： C

10．环境空气气态污染物（SO_2、NO_2、O_3、CO）点式连续自动监测系统多气体动态校准仪流量线性误差不大于＿＿＿＿＿；臭氧发生浓度误差不大于＿＿＿＿＿。（　　）

A．1%，2%　　B．1%，5%　　C．2%，5%　　D．5%，2%

答案： A

11．环境空气气态污染物（SO_2、NO_2、O_3、CO）连续自动监测系统 SO_2、NO_2、O_3 分析仪器长期（≥7 天）量程漂移应低于＿＿＿＿＿ppb。（　　）

A．±5　　B．±10　　C．±15　　D．±20

答案： D

12．对环境空气质量自动监测污染物浓度数据有效性的最低要求里，每月至少要有＿＿＿＿个日平均浓度值（二月至少有 25 个日平均浓度值），每年至少要有＿＿＿＿＿个日平均浓度值。（　　）

A．26，324　　B．27，324　　C．26，320　　D．27，320

答案： B

13．根据《环境空气气态污染物（SO_2、NO_2、O_3、CO）连续自动监测系统运行和质控技术规范》（HJ 818—2018），对于监测仪器的采样流量，至少每月进行 1 次检查，当流量误差超过＿＿＿＿＿%时，应及时进行校准。（　　）

A．±2　　B．±5　　C．±10　　D．±15

答案： C

14．环境空气气态污染物（SO_2、NO_2、O_3、CO）连续自动监测系统各子站应根据环境空气中颗粒物浓度和采样体积定期更换采样滤膜，滤膜最长使用时间不得超过 16 天，当发现在 5～15 min 内臭氧含量递减＿＿＿＿＿时，应立即更换滤膜。（　　）

A．1%～5%　　B．5%～10%　　C．7%～11%　　D．10%～15%

答案： B

15．《环境空气颗粒物（PM_{10} 和 $PM_{2.5}$）连续自动监测系统安装和验收技术规范》（HJ 655—2013）要求，PM_{10} 和 $PM_{2.5}$ 连续监测系统试运行至少＿＿＿＿＿天。因系统故障等造成运行中断，恢复正常后，重新开始试运行。（　　）

A．1　　B．7　　C．30　　D．60

答案： D

16．颗粒物连续自动监测仪器采样管应＿＿＿＿＿安装。（　　）

A．平直　　B．竖直　　C．水平　　D．倾斜

答案： B

17.《环境空气质量标准》（GB 3095—2012）规定，气态污染物有效小时均值是指整点 1 h 内不少于__________min 的有效数据的算术平均值。（　　）

A．30　　B．45　　C．50　　D．60

答案：B

18．根据《环境空气气态污染物（SO_2、NO_2、O_3、CO）连续自动监测系统运行和质控技术规范》（HJ 818—2018），用作传递标准的臭氧校准仪至少__________送至有资质的标准传递单位进行 1 次量值溯源。（　　）

A．每 3 个月　　B．每半年　　C．每年　　D．每 2 年

答案：C

19．环境空气自动监测颗粒物仪器采样口距离地面的高度应为__________。（　　）

A．40 m 以上　　B．25～35 m　　C．3～15 m　　D．1.5 m

答案：C

20．β 射线法颗粒物监测仪环境温度与压力传感器检查至少每__________个月检测 1 次。（　　）

A．1　　B．2　　C．3　　D．6

答案：C

21．《环境空气颗粒物（PM_{10}和 $PM_{2.5}$）连续自动监测系统技术要求及检测方法》（HJ 653—2021）中，$PM_{2.5}$连续自动监测系统使用参比方法比对测试，测试结果进行线性回归分析，符合以下要求：斜率__________；截距当 $k\geqslant1$ 时，$-5\ \mu g/m^3\leqslant b\leqslant(55-50\times k)\ \mu g/m^3$；当 $k\leqslant1$ 时，$(45-50\times k)\ \mu g/m^3\leqslant b\leqslant5\ \mu g/m^3$；相关系数≥__________。（　　）

A．1±0.10，0.90　　B．1±0.15，0.90　　C．1±0.10，0.95　　D．1±0.15，0.95

答案：C

22．在使用多台点式仪器的监测子站中，除__________监测仪器单独采样外，其他多台仪器可共用一套多支路集中采样装置进行样品采集。（　　）

A．SO_2　　B．PM_{10}　　C．臭氧　　D．一氧化碳

答案：B

23．发布《环境空气自动监测臭氧标准传递工作实施方案》的目的是保证臭氧标准的溯源性和监测数据的__________、__________。（　　）

A．准确性，可比性　　B．准确性，精密性

C．精密性，可比性　　D．准确性，代表性

答案：A

24．在气态污染物 24 h 连续采样时，为防止气样中的湿气在采样总管凝结，可对采样总管采取加热保温措施，加热温度一般在__________℃左右。（　　）

A．30　　B．40　　C．60　　D．100

答案：B

25．PM_{10}连续自动监测系统三套仪器平行性范围__________%。（　　）

A．≤5　　B．≥5　　C．≤10　　D．≥10

答案：C

26．自动监测仪器性能审核是指对自动监测仪器进行__________和__________的审核过程。（　　）

A．精密度，可靠度　　B．可靠度，准确度

C．精密度，准确度　　D．精准度，可靠度

答案：C

27．环境空气采样仪器应至少每月清洗 1 次采样管路，至少__________对仪器进行 1 次流量检查校准。长时间进行连续采样时，至少__________对采样系统进行 1 次流量检查校准。（　　）

A．每月，每周　　B．每季度，每月　　C．每月，每天　　D．每周，每天

答案：A

三、多选题

1．根据《环境空气质量评价技术规范（试行）》（HJ 663—2013），单点环境空气质量评价是指针对某监测点位所代表空间范围的环境空气质量评价。监测点位包括__________。（　　）

A．城市点　　B．区域点　　C．污染监测点　　D．路边交通点

E．背景点

答案：ABCDE

2．PM_{10}和$PM_{2.5}$连续监测系统包括__________以及其他辅助设备。（　　）

A．样品采集系统　　B．样品测量单元

C．采样泵　　D．数据采集和传输单元

答案：ABD

3．环境空气连续自动监测系统质量保证实验室的主要功能是__________。（　　）

A．对监测仪器和设备进行量值传递、校准和性能审核

B．对检修后的监测仪器和设备进行校准和性能测试

C．对监测子站的监测仪器进行远程诊断和校准

D．对检修后的仪器设备进行校验

答案：AB

4．环境空气质量连续自动监测系统气态分析仪的性能指标验收检测项目包括__________。（　　）

A．量程精密度　　B．示值误差

C．24 h 零点漂移　　D．24 h 80%量程漂移

答案：BCD

5．采用差分吸收光谱法（DOAS 法）的监测仪器分析项目主要有__________。（　　）

A．NO_2　　B．SO_2　　C．O_3　　D．CO

答案：ABC

6．环境空气连续自动监测系统用于标准传递的精密天平应放置在独立的天平间，天平间应具备的条件是__________。（　　）

A．恒温　　B．恒压　　C．恒湿　　D．防震

答案：ACD

7．环境空气质量监测点位布设原则包括__________。（　　）

A．代表性　　B．可比性　　C．整体性　　D．前瞻性

E．稳定性　　F．经济性

答案：ABCDE

8．子站数据无法在信息平台上查到，可能的原因是__________。（　　）

A．数采仪故障　　B．系统数据上传软件未开启

C．网络平台有问题　　D．工控机故障

答案：ABCD

9．根据《环境空气颗粒物（PM_{10}和$PM_{2.5}$）连续自动监测系统运行和质控技术规范》（HJ 817—2018）规定，下列说法正确的有__________。（　　）

A．监测仪器主要技术参数应与仪器说明书要求和系统安装验收时的设置值保持一致

B．如需对主要技术参数进行调整，应开展参数调整试验和仪器性能测试

C．主要技术参数调整必须报当地环境主管部门批准

D．监测设备应全年连续运行，停运超过 2 天以上，须报相关主管部门备案

答案：AB

四、判断题

1. β 射线法测定颗粒物设备采样时，在仪器中滤纸带的两侧分别设置β射线源和β射线检测器，随着样品采集的进行，在滤纸带上收集的颗粒物越来越多，尘斑的质量也随之增加，此时 β 射线检测器检测到的β射线强度会相应的增强。（　　）

答案：错误

正确答案：在仪器中滤纸带的两侧分别设置β射线源和β射线检测器。随着样品采集的进行，在滤纸带上收集的颗粒物越来越多，尘斑的质量也随之增加，此时β射线检测器检测到的β射线强度会相应的减弱，由于β射线检测器的输出信号能直接反映颗粒物的质量变化，仪器通过分析射线检测器（如$PM_{2.5}$）的质量数值，结合相同时段内采集的样品体积，可最终得出采样时段的颗粒物质量浓度。

2．β 射线法颗粒物监测仪环境温度与压力传感器校准周期为每 3 个月 1 次。（　　）

答案：正确

3. 测定臭氧的气路管线需采用硅硼玻璃、聚四氟乙烯等不与臭氧起化学反应的惰性材料。（　　）

答案：正确

4．当判断仪器故障 72 h 不能修复时，应立即更换备机。（　　）

答案：错误

正确答案：当判断仪器故障 48 h 不能修复时，应立即更换备机。

5．道路交通污染监控点，其采样口离地面的高度应在 3～5 m。（　　）

答案：错误

正确答案：道路交通污染监控点，其采样口离地面的高度应在 2～5 m。

6. 对泵膜、散热风扇、气路接头或接插件等普通易损件维修后，应进行零/跨校准。（　　）

答案： 正确

7. 对环境空气气态污染物（SO_2、NO_2、O_3、CO）连续自动监测系统在精密度审核前须对仪器进行零点和跨度点校准。（　　）

答案： 错误

正确答案： 精密度审核前不对仪器进行零点和跨度校准。

8. 对仪器进行检查、校准、维护保养或仪器出现故障等非正常监测期间的数据为无效数据；仪器启动至仪器预热完成时段内的数据也无效。（　　）

答案： 正确

9. 对于化学发光氮氧化物分析仪来说，反应室沾污造成的高背景不会造成仪器产生负浓度输出。（　　）

答案： 错误

正确答案： 对于化学发光氮氧化物分析仪来说，反应室沾污造成的高背景会造成仪器产生负浓度输出。

10. 空气自动监测中的气态污染物监测仪器中不具有自动校零/校跨的系统，一般每 5～7 天进行 1 次零/跨漂检查。（　　）

答案： 正确

11. 对于每天进行自动检查/校准的仪器，当发现仪器零点漂移或跨度漂移超出漂移控制限时，从发现超出控制限的时刻算起，到仪器恢复至控制限以下时段内的监测数据为无效数据。（　　）

答案： 正确

12. 各地市环境空气质量评价城市点的最少监测点位数量应符合相关要求，按建成区城市人口和建成区面积确定的最少监测点位数不同时，取两者中的较小值。（　　）

答案： 错误

正确答案： 取两者中的较大值。

13. 根据《环境空气气态污染物（SO_2、NO_2、O_3、CO）连续自动监测系统技术要求及检测方法》（HJ 654—2013），大气自动监测系统小时数据应至少记录该时间段内气态污染物的质量浓度、体积浓度的平均值。（　　）

答案： 正确

14. 红外线气体分析测定仪在选择安放地点时，应避免高温、高湿及阳光直射环境，允许使用的最高环境温度为 45℃。（　　）

答案： 正确

15. 环境空气颗粒物（PM_{10} 和 $PM_{2.5}$）连续自动监测系统每年对管路至少进行一次清洗。（　　）

答案： 正确

16. 环境空气颗粒物（PM_{10} 和 $PM_{2.5}$）连续自动监测系统每季度清洗一次采样头。（　　）

答案： 错误

正确答案： 环境空气颗粒物（PM_{10} 和 $PM_{2.5}$）连续自动监测系统每月至少清洗一次采样头。

17. 环境空气气态污染物（SO_2、NO_2、O_3、CO）点式连续监测系统零气源的空气压缩机在非

校准期间或小流量校准期间频繁启动，表明校准系统有可能漏气。（　　）

答案：正确

18．环境空气气态污染物（SO_2、NO_2、O_3、CO）点式连续自动监测系统，SO_2、NO_2、O_3、CO分析仪器长期（≥7天）零点漂移为±10 ppb。（　　）

答案：错误

正确答案：SO_2、NO_2、O_3 分析仪器长期（≥7 天）零点漂移为 ±10 ppb；CO 分析仪器长期（≥7 天）零点漂移为 ±2 ppm。

19．环境空气气态污染物连续自动监测系统 CO 分析仪器要求 24 h 零点漂移为 ±1 ppm 以内，长期（≥7 天）零点漂移为 ±2 ppm 以内。（　　）

答案：正确

20．环境空气质量自动监测中，作为工作标准的钢瓶标准气在有效期内可以不做标准传递。若超过有效期，在 6 个月内必须至少进行 1 次标准传递或再鉴定（包括存储未用的钢瓶标准气）。（　　）

答案：正确

21．环境空气自动监测 PM_{10} 采样器使用参比方法比对测试的测试结果，进行线性回归分析时相关系数应≥0.92。（　　）

答案：错误

正确答案：相关系数应≥0.95。

22．环境空气自动监测站房内温度为 14℃，相对湿度 86%，符合标准。（　　）

答案：错误

正确答案：根据《环境空气气态污染物（SO_2、NO_2、O_3、CO）连续自动监测系统运行和质控技术规范》（HJ 818—2018），环境空气自动监测站房内温度为 20～30℃，相对湿度需控制在 80%以下。

23．环境空气连续自动监测系统的监测仪器应具备 1 个月以上数据的存储能力。（　　）

答案：错误

正确答案：监测仪器具备 3 个月以上数据的存储能力。

24．零点/跨度是应用于不需要检查或检定分析仪线性时使用的一种简单的两点校准检查方法。（　　）

答案：正确

25．为了防止因室内外空气温度的差异而致使采样总管内壁结露对监测污染物的吸附，环境空气自动监测系统的采样总管应加装保温套或加热器，加热温度一般控制在 60～80℃。（　　）

答案：错误

正确答案：为了防止因室内外空气温度的差异而致使采样总管内壁结露对监测污染物的吸附，采样总管应加装保温套或加热器，加热温度一般控制在 30～50℃。

26．在对发生型臭氧传递标准进行校准时，校准有效期为 6 个月，校准完成 6 个月之后，需进行再次校准。（　　）

答案：错误

正确答案：在对发生型臭氧传递标准进行校准时，校准有效期为 3 个月，校准完成 3 个月之后，需进行再次校准。

27. 在划定环境空气质量功能区的地区，每类功能区至少应有 1 个监测点。（　　）

答案：正确

28.《环境空气　挥发性有机物气相色谱连续监测系统技术要求及检测方法》（HJ 1010—2018）中规定，监测系统测定组分应至少包括标准附录中的 57 种挥发性有机物，且各组分浓度最高量程不低于 50 nmol/mol。（　　）

答案：正确

29. 臭氧监测一级校准复校时间间隔一般不超过一年。（　　）

答案：正确

30. 环境空气质量自动监测每年对采样管路至少进行一次清洁。（　　）

答案：正确

31. 开放光程监测仪器发射端到接收端之间的监测光束仰角不应超过 20°。（　　）

答案：错误

正确答案：不应超过 15°。

五、简答题

1. PM_{10} 和 $PM_{2.5}$ 连续监测系统性能检测项目包含哪些？

答案：按 HJ 653—2021：表 3，PM_{10} 和 $PM_{2.5}$ 自动监测系统性能指标为：检出限、校准膜示值误差、温度测量示值误差、大气压测量示值误差、湿度测量示值误差、流量测试、断电影响测试、电压影响测试、大气压影响测试、平行性、参比方法比对测试、有效数据率。

2. 请简述什么情况下需要对环境空气气态污染物（SO_2、NO_2、O_3、CO）连续自动监测系统分析仪器进行单点校准。

答案：

（1）在仪器维修或更换任何部件后。

（2）零点和标点漂移超出规定的调节控制限时。

（3）停机一段时间重新开机后。

（4）仪器到货开箱调试及验收时。

3. 什么是臭氧传递标准？

答案：指依据相关操作规程，能够准确再现或者准确分析、可以溯源到更高级别或者更高权威标准臭氧浓度的可运输仪器设备。臭氧传递标准用于传递臭氧一级标准的权威性或者用于校准监测站点的臭氧分析仪器。

4. 按照《环境空气颗粒物（PM_{10} 和 $PM_{2.5}$）连续自动监测系统运行和质控技术规范》（HJ 817—2018）对颗粒物监测数据有效性是如何判断的？

答案：

（1）监测系统正常运行时的所有监测数据均为有效数据，应全部参与统计。

（2）对仪器进行检查、校准、维护保养或仪器出现故障等非正常监测期间的数据为无效数据；仪器启动至仪器预热完成时段内的数据为无效数据。

（3）低浓度环境条件下监测仪器技术性能范围内的零值或负值为有效数据，应采用修正后的值 2 μg/m^3 参加统计。在仪器故障、运行不稳定或其他监测质量不受控情况下出现的零值或负值为无效数据，不参加统计。

（4）对于缺失和判断为无效的数据均应注明原因，并保留原始记录。

六、计算题

对环境空气气态污染物（SO_2、NO_2、O_3、CO）连续自动监测系统 O_3 分析仪性能进行准确度审核检查，该臭氧分析仪满量程为 500 ppb，审核时分别通入满量程 10%、20%、40%、60%、80% 浓度的臭氧气体，臭氧分析仪的响应分别为 51 ppb、105 ppb、210 ppb、320 ppb、430 ppb，计算该 O_3 分析仪各审核浓度点准确度的平均百分比误差。

答案：$d_i=\left[Y_i(\text{分析仪响应值})-X_i(\text{已知标气浓度})\right]/X_i\times100\%$

10%浓度点，百分比误差为（51–50）/50=2%

20%浓度点，百分比误差为（105–100）/100=5%

40%浓度点，百分比误差为（210–200）/200=5%

60%浓度点，百分比误差为（320–300）/300=6.7%

80%浓度点，百分比误差为（430–400）/400=7.5%

平均百分比误差为 5.24%。

第二节　地表水自动监测

一、填空题

1.《地表水自动监测技术规范（试行）》（HJ 915—2017）规定，地表水水质监测中的五项常规项目为水温、pH、溶解氧、电导率和__________。

答案：浊度

2.《地表水自动监测技术规范（试行）》（HJ 915—2017）规定，河流地表水自动监测站选址地点应距河流入水口或排污口__________km 以上。

答案：1

3. 根据《地表水自动监测技术规范（试行）》（HJ 915—2017）系统验收进行实际水样比对，实际水样比对合格率应不小于__________。

答案：85%

4. 水站运行维护的例行维护包括站房环境检查、__________、__________、耗材更换、试剂更换、管路清洗等工作。

答案：仪器与系统检查，易损件更换

5. 地表水水质自动站运行时，试剂更换周期一般不超过__________，试剂更换后应进行一次自动监测仪器的__________。

答案：30 天，校准（或核查）

6．国家地表水水质自动站运行时，常规五参数、叶绿素 a、藻密度应以__________为周期进行采样分析，其他监测项目以__________为周期进行监测，必要时可加密监测。

答案：1 h，4 h

7．地表水水质自动站故障超过__________h 无法恢复正常，应开展人工补测数据，后续每周人工补测__________次直至故障排除。

答案：48，2

8．国家地表水水质自动站出现故障时运维单位需在__________h（工作时间）内响应，并在__________h 内解决所有故障。

答案：8，24

9．地表水水质自动站氨氮、高锰酸盐指数、总磷和总氮多点线性核查要求相关系数≥________，可选用零点、跨度核查结果参与线性拟合。

答案：0.98

10．根据《地表水自动监测技术规范（试行）》（HJ 915—2017），位于河流断面的地表水水质自动站必测项目包括常规五参数、__________、氨氮、总氮、总磷。

答案：高锰酸盐指数

11．地表水自动监测技术规范规定了地表水（__________除外）水质自动监测系统建设、验收、运行、管理等方面的技术要求。

答案：海水

12．地表水水质自动监测包括对地表水样品进行自动__________、__________、__________及数据传输的整个过程。

答案：采集，处理，分析

13．《地表水自动监测技术规范（试行）》（HJ 915—2017）规定，河流监测断面一般选择在水质分布均匀、流速稳定的平直河段，距上游入河口或排污口的距离大于__________km，原则上与原有的常规监测断面__________，以保证监测数据的__________。

答案：1，一致或者相近，连续性

14．水站验收前应要求至少连续运行__________天。

答案：30

15．运行维护单位定期对水站进行巡检，巡检频次不得低于__________一次，并记录巡检情况。

答案：每周

16．__________是指对出现故障的仪器设备进行针对性检查和维修。

答案：故障检修

17．准确度一般按规定浓度样品测定结果的__________进行检查。

答案：相对误差

18．标准曲线检查以__________为检查指标。

答案：相关系数

19．地表水水质自动监测氨氮、总氮、高锰酸盐指数和总磷数据采集频率一般为__________

一次，出现应急特殊情况应根据实际情况进行调整。

答案：4 h

20．采水点距站房距离一般不超过__________m，枯水期时不超过__________m，且有利于铺设管线及保温设施。

答案：300，350

21．断面常年有水，河道摆幅应小于__________ m，采水点水深不小于__________ m，保证能采集到水样，采水点最大流速一般应低于__________ m/s，有利于采水设施的建设和运行维护，保证安全。

答案：30，1，3

22．站房、仪器、电气系统等的专用接地装置，接地电阻不大于__________Ω 并进行等电位连接。

答案：4

23．根据仪器对水样的要求，水样进入配水单元后，一部分水样按照__________原则不经过任何预处理，直接送入常规五参数测量池中，五参数测量仪器的安装遵循与水体__________的原则，池内保证水流__________，水位__________。

答案：最短采水距离，距离最近，稳定持续，恒定

24．在不违背标准分析方法的情况下，根据不同仪器采取__________、__________、__________等预处理方式。

答案：沉淀，过滤，匀化

25．国控水站监测点位的设置由__________确认，未经批准任何单位或个人不得擅自变更、撤销。

答案：生态环境部

26．非运维人员确因工作需要进入水站，须由__________陪同，并做好登记备案。

答案：运维人员

27．根据《国家地表水水质自动监测站运行维护管理实施细则（试行）》第二十三条的规定，留样单元应按设置阈值进行超标留样或按监测频次（4 h/次）进行同步留样，留样保存时间不少于__________h。

答案：48

二、单选题

1．国家地表水水质自动站无论水位如何变化，采水浮筒均保证采水深度始终为水面下__________。（　　）

A．0.5 m　　B．0.5～1 m　　C．1～1.5 m　　D．不作要求

答案：B

2．国家水质自动站仪器质控措施与频次要求__________需进行一次在线多点线性核查自动测试。（　　）

A．一个月　　B．两个月　　C．一季度　　D．半年

答案：A

3．国家地表水水质自动监测仪的高锰酸盐指数零点核查（水质类别为Ⅰ～Ⅲ类水体）的要求是绝对误差≤__________mg/L。（ ）

A．±0.5 B．±0.3 C．±1.0 D．±0.1

答案：C

4．地表水水质自动站长期Ⅰ、Ⅱ类水质参数至少每__________进行一次实际水样比对，自动监测结果与实验室分析结果两者均优于Ⅱ类水即视为合格。（ ）

A．年 B．月 C．季度 D．半年

答案：D

5．国家地表水水质自动监测仪 pH 标准溶液核查允许误差范围为≤ ±0.15，实际水样比对允许误差范围是≤__________。（ ）

A．±0.1 B．±0.3 C．±0.5 D．±1.0

答案：C

6.国家地表水水质自动监测仪氨氮零点核查(Ⅰ～Ⅲ类水体)的要求是绝对误差≤_______mg/L。（ ）

A．±0.5 B．±0.3 C．±0.1 D．±0.2

答案：D

7.国家地表水水质自动监测仪总氮零点核查(Ⅰ～Ⅲ类水体)的要求是绝对误差≤_______mg/L。（ ）

A．±0.5 B．±0.3 C．±0.1 D．±0.2

答案：B

8．地表水水质自动监测的仪器分析数据有效率计算，即有效数据量占除去停站后应上传数据量的百分比，要求数据有效率应大于__________。（ ）

A．95% B．90% C．85% D．80%

答案：B

9．当远程查看水质自动监测站数据时，发现某一时间点数据全部打上标识“F”，含义是__________。（ ）

A．仪器通信故障 B．手工输入数据 C．仪器故障 D．维护

答案：A

10．《地表水自动监测技术规范（试行）》（HJ 915—2017）规定，地表水水质自动监测系统仪器性能核查时，当仪器测定的高锰酸盐指数浓度大于《地表水环境质量标准》（GB 3838—2002）规定的Ⅱ类标准限值且小于等于Ⅳ类标准限值时，实际水样比对实验的相对误差要求在__________以内。（ ）

A．10% B．20% C．30% D．40%

答案：C

11．地表水水质自动站远程查看数据时，发现 4 点数据全部打上标识“S”，含义是__________。（ ）

A．仪器通信故障　B．手工输入数据　C．仪器故障　D．维护调试数据

答案：B

12．水站检查仪器准确度时，pH、溶解氧、温度按照__________进行检查。（　）

A．绝对误差　B．相对误差　C．百分比　D．精密度

答案：A

13．绝对误差检查方法：测定 6 次各量值的样品，计算单次测定值与参照值的绝对误差，以__________绝对误差与标准规定的相关指标进行比较。（　）

A．最大单次　B．最小单次　C．平均　D．第一次

答案：A

14．精密度检查是对量程 50%浓度测定结果的检查（pH、溶解氧、温度除外），以__________判定。（　）

A．相对标准偏差　B．相对误差　C．绝对误差　D．标准偏差

答案：A

15．留样单元设置为超标留样时，所设阈值应为__________。（　）

A．Ⅲ类目标值　B．所在断面水质目标限值

C．Ⅱ类目标值　D．Ⅰ类目标值

答案：B

16．当自动分析仪器监测结果连续__________次出现异常数据时，运维人员应在第一时间到达水站，核实仪器运行状态。（　）

A．2　B．3　C．5　D．6

答案：B

17．未取得培训合格证的运维人员，须在持证人员指导下工作，并在__________个月内取得培训合格证。（　）

A．2　B．3　C．5　D．6

答案：D

18．国控水站使用的标准溶液的试剂纯度应在__________以上。（　）

A．90%　B．化学纯（CP）　C．分析纯（AR）　D．优级纯（GR）

答案：D

19．每__________台在用仪器配置不少于 1 台备机。（　）

A．2　B．5　C．8　D．10

答案：D

20．国控水站满足停运申请条件时，运维人员须在__________h 内向平台提交停运申请，经运维单位确认，并上传相关佐证材料。（　）

A．2　B．8　C．12　D．24

答案：D

21．国控水站停运申请时长最长不超过__________个自然月。（　）

A．1　B．2　C．3　D．6

答案：A

22．国控水站自动监测数据实行__________级审核制度。（　　）

A．1　　B．2　　C．3　　D．4

答案：C

23．国控水站自动监测数据审核过程在__________记录留痕。（　　）

A．平台　　B．站房记录本　　C．分析仪器　　D．运维单位

答案：A

24．站房的总排水必须排入水站采水点的下游，排水点与采水点间的距离应不小于__________m。（　　）

A．2　　B．10　　C．20　　D．50

答案：C

25．氨氮、高锰酸盐指数、总磷、总氮及其他仪器取样管至取样杯之间的管路长度不应超过__________m。（　　）

A．2　　B．4　　C．5　　D．10

答案：A

26．联网调试完成后系统进入试运行，试运行应连续运行__________天。（　　）

A．10　　B．15　　C．20　　D．30

答案：D

27．集成干预检查是在__________ 人工采集水样。（　　）

A．采水口处　　B．水箱　　C．手工断面

答案：A

28．集成干预检查人工采集的水样，经预处理后取上清液摇匀__________测试，与系统自动监测的结果进行比对。（　　）

A．直接经监测仪器　　B．送有资质单位　　C．使用实验室方法

答案：A

29．多点线性核查时，水质自动分析仪依次测试均匀覆盖跨度范围内的__________个浓度的标准溶液，根据测试结果进行线性拟合，用以判断仪器可靠性的措施。（　　）

A．2　　B．3　　C．4　　D．6

答案：C

30．《地表水水质自动监测站运行维护技术要求（试行）》要求每周进行的质控措施，与前一次间隔时间不得小于__________天。（　　）

A．2　　B．3　　C．4　　D．6

答案：C

31．《地表水水质自动监测站运行维护技术要求（试行）》要求监测仪器__________屏蔽负值。（　　）

A．不允许　　B．应当　　C．可以

答案：A

32．电导率和浊度每月应采用与监测断面水质监测项目浓度相接近的标准溶液及其__________倍左右浓度标准溶液进行核查。（　　）

A．2　　B．3　　C．5　　D．10

答案：A

33．当零点核查、24 h 零点漂移、跨度核查、24 h 跨度漂移__________不满足要求时，则前 24 h 数据无效。（　　）

A．任意一项　　B．全部　　C．至少 2 项　　D．至少 3 项

答案：A

34．《地表水水质自动监测站运行维护技术要求（试行）》要求相关系数修约后保留__________位小数位数。（　　）

A．1　　B．2　　C．3　　D．4

答案：C

35．以下情况不可确认为数据异常的是__________。（　　）

A．监测中断的数据　　B．监测数据长时间不变或短时间突变

C．监测仪器设备故障的监测数据　　D．监测仪器设备状态参数正常，数据超标

答案：D

36．国控水站使用的试剂纯度应在__________以上。（　　）

A．90%　　B．化学纯（CP）　　C．分析纯（AR）　　D．优级纯（GR）

答案：C

三、多选题

1．叶绿素、蓝绿藻密度多点线性核查应满足__________。（　　）

A．零点绝对误差应为≤3 倍检出限　　B．其他点相对误差应≤±5%

C．其他点相对误差应≤±10%　　D．线性相关系数应≥0.993

答案：ABD

2．地表水水质自动站采水单元一般包括__________。（　　）

A．采水构筑物　　B．采水泵　　C．防堵塞装置和采水管道

D．保温配套装置　　E．清洗配套装置　　F．沉沙池

答案：ABCDE

3．地表水水质自动站根据不同采水方式的结构特点可分为__________。（　　）

A．栈桥式采水　　B．浮筒/船/浮标式采水

C．浮桥式采水　　D．拉索式采水　　E．悬臂式采水

答案：ABCDE

4．地表水水质自动站运维人员对站房进行例行周巡检时，应该对__________部分进行检查。（　　）

A．采水点　　B．采样设备　　C．采样装置　　D．系统供电

E．排水设施　　F．水样误差

答案：ABCDE

5．地表水水质自动站每周制订下周运维计划，内容包括__________。（ ）

A．维护时间　B．维护人员　C．维护内容　D．水站参数配置

答案：ABC

6．地表水质自动监测的现场部分，一般由__________等全部或者数个单元组成，简称水站。（ ）

A．站房　B．采配水系　C．控制系统　D．检测系统

E．数据传输统计与应用系统

答案：ABCDE

7．下列属于水站巡检内容的是__________。（ ）

A．查看系统各部分的安全完好情况

B．查看系统运行状态和主要技术参数，判断运行是否正常

C．检查控制系统与通信系统是否正常

D．检查采样分析系统是否正常，清洗管路和采样杯内的沉积物

E．定期检查和更换试剂、清洗剂

F．定期对电极进行维护

答案：ABCDEF

8．地表水自动监测系统中配置常规仪器设备的项目有__________。（ ）

A．pH　B．溶解氧　C．氨氮　D．高锰酸盐指数

答案：ABCD

9．组成水站的单元一般包括__________。（ ）

A．采配水单元　B．控制单元　C．检测单元　D．数据采集和传输单元

答案：ABCD

10．水站站址选择的原则包括__________。（ ）

A．建站可行性　B．水质代表性

C．监测长期性　D．系统安全性和运行经济性

答案：ABCD

11．水站监测断面要避免设置在__________。（ ）

A．回水区　B．死水区　C．容易淤积　D．水草生长处

答案：ABCD

12．采配水单元包括__________。（ ）

A．采水单元　B．预处理单元　C．配水单元　D．检测单元

答案：ABC

13．地表水水质自动监测系统的验收包括__________。（ ）

A．站房验收　B．仪器设备验收　C．数据传输验收　D．数据平台验收

答案：ABCD

14．水站巡检包括__________工作。（ ）

A．定期清洗常规五参数、叶绿素及蓝绿藻电极

B．检查试剂状况，定期添加、更换试剂

C．完成废液收集并按相关规定要求做好处理处置工作

D．定期清洗采配水系统

答案：ABCD

15．水站故障检修中的普通易损件维修包括__________。（　　）

A．更换泵管　　B．散热风扇　　C．液路接头　　D．接插件

答案：ABCD

16．水站故障检修中的于关键部件维修包括__________。（　　）

A．运动的机械部件　　B．光学部件　　C．检测部件　　D．信号处理部件

答案：ABCD

17．当分析仪需要停机 24 h 或更长时间时，应该__________操作。（　　）

A．关闭分析仪器和进样阀，关闭电源

B．用纯水清洗分析仪器的蠕动泵以及试剂管路，清洗测量室并排空

C．再次运行时仪器须重新校准

D．务必取下测量电极并将电极头浸入保护液中存放

答案：ABCD

18．水站仪器性能核查内容包括__________。（　　）

A．标准曲线　　B．零点漂移　　C．加标回收率　　D．量程漂移检查

答案：ABCD

四、判断题

1. 地表水水质自动站采样装置的吸水口应设在水下 0.5～2 m，并能够随水位变化适时调整位置，同时与水体底部保持足够的距离，防止底质淤泥对采样水质的影响。（　　）

答案：错误

正确答案：采样装置的吸水口应设在水下 0.5～1 m，并能够随水位变化适时调整位置，同时与水体底部保持足够的距离，防止底质淤泥对采样水质的影响。

2．当地表水水质自动站监测项目前一个月 15 天以上为Ⅰ～Ⅱ类时，质控措施按照Ⅰ～Ⅱ类水体的质控要求进行，否则质控措施按照Ⅲ～劣Ⅴ类水体的质控要求进行。（　　）

答案：错误

正确答案：当监测项目上一个月 20 天以上为Ⅰ～Ⅱ类时，质控措施应按照Ⅰ～Ⅱ类水体的质控要求进行；否则质控措施应按照Ⅲ～劣Ⅴ类水体的质控要求进行。

3．当地表水水质自动站水质监测数据异常或水质下降至水质类别发生变化时应启动一次留样（浮船站除外），留样后应按照应急维护要求执行。（　　）

答案：正确

4．当水质自动分析仪器关键部件更换后，无须进行多点线性核查，必要时应开展实际水样比对。（　　）

答案：错误

正确答案：当水质自动分析仪器关键部件更换后，应进行多点线性核查，必要时应开展实际水样比对。

5．当水质自动分析仪长时间停机恢复运行时，应进行多点线性核查和集成干预。（　　）

答案：正确

6．国家地表水水质自动监测数据五参数采集频率一般为 2 h 一次，出现应急特殊情况应根据实际情况进行调整。（　　）

答案：错误

正确答案：一般为 1 h 一次。

7．地表水水质自动监测系统由水站和数据平台组成。水站指完成地表水水质自动监测的现场部分。数据平台指对水站进行远程监控、数据传输统计与应用的系统。（　　）

答案：正确

8．地表水水质自动站短时间停机（停机时间小于 24 h）需要排空管路内试剂，再次运行时仪器须重新校准。（　　）

答案：错误

正确答案：短时间停机，停机时间小于 24 h，一般关机即可，再次运行时仪器需初始化并重新校准。

9．根据《地表水自动监测技术规范（试行）》（HJ 915—2017），地表水水质自动监测系统站址选择要求为：河流监测断面一般选择在水质分布均匀、流速稳定的平直河流，距上游入河口或排污口的距离大于 1 km，原则上与原有的常规断面一致或者相近，以保证监测数据的连续性。（　　）

答案：正确

10．根据《地表水水质自动监测站运行维护技术要求（试行）》，水站每月监测项目数据有效率均应不小于 90%。（　　）

答案：正确

11．地表水水质自动监测仪器零点漂移定义为在未进行维修、保养或调节的前提下，仪器按规定的时间运行后，仪器的读数与零输入之间的偏差。（　　）

答案：正确

12．地表水水质自动站溶解氧传感器在测量时前端膜头内有少量气泡不会影响测量。（　　）

答案：错误

正确答案：溶解氧传感器在测量时前端膜头内有少量气泡会影响测量。

13．水站供电电源使用 220 V 交流电、三相四线制、频率 50 Hz，电源容量要按照站房全部用电设备实际用量的 1.5 倍计算。（　　）

答案：错误

正确答案：水站供电电源使用 380 V 交流电、三相四线制、频率 50 Hz，电源容量要按照站房全部用电设备实际用量的 1.5 倍计算。

14．水站仪器设备维护期间及不满足质控要求的区间均属于失控状态，失控状态的数据均为无效数据。（　　）

答案：正确

15．国控水质自动监测站现阶段数据审核为三级审核，其中各市级监测单位为一审，各省级监测单位为二审，国家监测总站为三审。（　　）

答案：错误

正确答案：其中一级审核由运维公司完成，二级审核由各省级环境监测站完成，三级审核由中国环境监测总站组织完成。

16．因水站故障无法开展监测，或水站监测数据难以满足质量管理要求时，运营商应及时委托有资质的环境监测机构开展人工监测，每周监测不少于 1 次。（　　）

答案：错误

正确答案：根据《国家地表水水质自动监测站补充监测技术规定（试行）》，水站运行但全月可参与评价的自动监测数据不足 6 个时，采用自动监测仪器补测至 6 个（每周不多于 2 次）：采用移动监测车（实验室仪器）和 CMA 实验室补测的全月不得少于 1 次。水站运行但全月自动监测数据无法参与评价时，采用自动监测仪器补测的全月不得少于 6 次，每周不多于 2 次；采用移动监测车（实验室仪器）和 CMA 实验室补测的全月不得少于 1 次。停运期间补测频次为每周 2 次。

17．在地表水自动监测中，如果仪器连续出现异常值，应及时采集水样送到实验室分析，此时可以用实验室分析结果代替仪器值参与均值计算。（　　）

答案：正确

18．水质自动分析仪进行零点核查时不允许屏蔽负值。（　　）

答案：正确

19．水站监测断面一般选择在水质分布均匀、流速稳定的平直河段。（　　）

答案：正确

20．湖库监测断面要避开水力交换条件较好的区域，以反映湖库水质的真实状况。（　　）

答案：错误

正确答案：湖库断面要有较好的水力交换。

21．水站可以根据实际情况采用固定站房、水上固定平台、水上浮标等方式进行系统建设。（　　）

答案：正确

22．水站站房要配套设计废液处理和生活污水收集设施。（　　）

答案：正确

23．简易式站房适用于面积有限、有移址需求的水站建设。（　　）

答案：正确

24．根据《地表水自动监测技术规范（试行）》（HJ 915—2017），水站各单元建设中不同监测项目的预处理单元是相同的。（　　）

答案：错误

正确答案：预处理单元为不同监测项目配备预处理装置。

25．根据《地表水自动监测技术规范（试行）》（HJ 915—2017），例行维护工作中每次更换主要试剂后应按相应操作规程或仪器说明重新校准仪器。（　　）

答案：正确

26．水站所用纯水和试剂须达到相关技术要求，更换周期不得超过操作规程或仪器说明规定的试剂保质期，室内温度较高时应缩短更换周期。（ ）

答案：正确

27．保持水站站房及各仪器干净整洁，及时关闭门窗，避免日光直射各类分析仪器。（ ）

答案：正确

28．水质自动站进行预防故障发生的检修，在有备用仪器作为保障时，应用备用仪器将水站中正在运行的监测分析仪器设备替换下来，送往实验室进行保养检修。（ ）

答案：正确

29．水质自动站进行预防故障发生的检修，如没有备用仪器保障时，可在现场进行保养检修。（ ）

答案：正确

30．水站的监测仪器设备每年至少进行 1 次保养检修。（ ）

答案：正确

31．根据《地表水自动监测技术规范（试行）》（HJ 915—2017），按照保养检修要求，在每次全面保养检修完成后，或更换了仪器中的光源、电极、蠕动泵、传感器等关键零部件后，必须对仪器重新进行校准和检查，并记录检修校准情况。（ ）

答案：正确

32．根据《地表水自动监测技术规范（试行）》（HJ 915—2017），按照故障检修要求，在每次故障检修完成后，根据检修内容和更换部件情况，对仪器进行校准。（ ）

答案：正确

33．根据《地表水自动监测技术规范（试行）》（HJ 915—2017），按照仪器性能核查要求，仪器性能核查的数据采集频次可以调整到小于日常监测数据采集频次，同时保证样品测定不受前一个样品的影响。（ ）

答案：正确

34．根据《地表水自动监测技术规范（试行）》（HJ 915—2017），按照仪器性能核查要求，至少每半年进行一次零点漂移和量程漂移检查。（ ）

答案：正确

35．根据《地表水自动监测技术规范（试行）》（HJ 915—2017），按照仪器性能核查要求，至少每半年进行一次准确度、精密度、检出限、标准曲线和加标回收率的检查。（ ）

答案：正确

36．准确度一般按规定浓度样品测定结果的相对误差进行检查，以相对误差检查准确度时，样品浓度为量程的 50%。（ ）

答案：正确

37．准确度一般按规定浓度样品测定结果的相对误差进行检查，相对误差的检查方法：测定 6 次检验浓度的样品，计算其均值与真值的相对误差。（ ）

答案：正确

38．根据仪器性能核查方法，准确度核查时，pH 准确度检查按照 pH=4.01、6.86 和 9.18（在

25℃下）的样品进行检查。（　　）

答案：正确

39．根据仪器性能核查方法，准确度核查时，溶解氧准确度按照饱和浓度下测定结果进行检查。（　　）

答案：正确

40．根据仪器性能核查方法，准确度核查时，温度准确度采用 2 个不同水平的实际或者模拟样品，采用比对方法进行检查。（　　）

答案：正确

41．根据仪器性能核查方法，检出限核查时，仪器的检出限采用实际测试方法获得。测试方法：按照仪器方法 3 倍检出限浓度配制标准溶液或者空白样品，测定 8 次。（　　）

答案：正确

42．根据仪器性能核查方法，标准曲线检查以标准曲线相关系数作为检查指标，标准曲线检查时，按照仪器设定的量程，按 0、10%、20%、40%、60%和 80%共 6 个浓度的标准溶液按样品方式测试，计算标准曲线相关系数。（　　）

答案：正确

43．根据仪器性能核查方法，加标回收率检查的项目包括氨氮、总磷、总氮等，以加标回收率作为检查指标，加标回收率检查时，相同的样品取 2 份，其中一份加入定量的待测成分标准物质（加标物体积不得超过原始试样体积的 1%），加标样品结果与未加标样品结果的差值与加入标准物质的理论值之比即为加标回收率（P）。（　　）

答案：正确

44．水质自动站有效数据是指经过仪器标样测试、手工分析、在线质控等方式确认符合要求的数据。（　　）

答案：正确

45．水质自动站无效数据是指经确认仪器故障、在线或非在线质控手段等方式产生的数据。（　　）

答案：正确

46．当自动监测数据和实验室分析结果双方都未检出，或有一方未检出且另一方的测定值低于 GB 3838 Ⅰ类标准限值时，均认定对比实验结果合格。（　　）

答案：正确

五、简答题

1．地表水水质自动监测站通常由哪几个部分（单元）组成？

答案：

（1）站房

（2）采配水单元;

（3）控制单元;

（4）检测单元;

（5）数据采集和传输单元。

2．定期需对水质自动站仪器进行哪些性能核查？

答案：定期对仪器进行准确度、精密度、检出限、标准曲线、加标回收率、零点漂移、量程漂移检查及每次仪器维护前后的校准工作。

3．国考地表水水质自动站中，常说的监测 9 指标，指的是哪 9 个项目？

答案：9 个项目：水温、pH、浊度、溶解氧、电导率、氨氮、高锰酸盐指数、总氮、总磷。

4．正常运行的水质自动站中，每日 6：00、7：00 水站系统自动进行零点核查与跨度核查。请写出零点核查与跨度核查的定义。

答案：零点核查是指采用水质自动分析仪测试跨度值 0～20% 的标准溶液的示值误差，判断仪器可靠性的措施。跨度核查是指采用水质自动分析仪测试跨度值在 20%～80%的标准溶液的示值误差，判断仪器可靠性的措施。

5．简述水质自动站多点线性核查未通过，后续正确处理流程。

答案：当多点线性核查不合格时，应该查找原因，维护仪器，进行一次零点和跨度核查与漂移，第二天还需对核查情况进行复核，跨度漂移合格的情况下，重新进行多点线性核查，核查结果合格 7 日（当月不足 7 日可免做）后，再进行一次多点线性核查并合格，当月重做的数据才能视为有效。

6．为适应水质监测从手工向自动转变，某地持续开展自动监测能力建设，新建了一批水站，如果由你负责水站建设之后的验收工作，请问开展水站验收一般包括哪些程序？

答案：

（1）进行仪器性能测试和实验室比对，委托有资质单位对站房供电、防雷等基础设施进行检定，并按规定时间进行试运行；

（2）编制验收报告，提出验收申请；

（3）检查现场完成情况，组织召开验收会，形成验收意见；

（4）整理验收资料并存档。

7．新建水站配置了一批分析仪器，为了确保仪器符合自动监测系统的性能要求，请列出仪器设备性能验收的主要内容？

答案：验收的主要内容包括但不限于以下内容：仪器安装、通电、预热测试，仪器初始化测试，仪器基本功能核查，检出限、准确度、精密度、标准曲线检查，零点漂移、量程漂移和响应时间检查，重复性或重复性误差检查，实际水样比对，记录结果并汇总。

8．请简要列出地表水水质自动监测系统运行维护的内容。

答案：定期开展水站例行维护、保养检修、故障检修、停机维护与数据平台日常管理与记录等。

9．在水站运维服务招标中，假设由你组织编写服务需求，请问在水站数据平台日常管理工作，运维单位至少应该完成哪些职责？

答案：

（1）检查各水站数据传输、仪器及相关系统参数数据情况，发现问题，及时处理；

（2）发现数据有持续异常值出现时，立即安排技术人员前往现场进行调查，必要时采集实际水样进行人工分析；

（3）调取并分析水站监测数据；

（4）上报监测结果；

（5）确保在用和备份计算机系统的硬、软件正常运行；定时对系统软件、水质监测软件、查杀毒软件进行升级更新；每季度备份一次系统监测数据；

（6）做好数据平台日常管理工作记录。

10．地表水自动监测系统中标准的量值传递要求有哪些？

答案：

（1）用于校准监测仪器的标准样品，采用有证标准样品或者标准物质进行配制；

（2）用于量值传递的分析天平、台秤、温度计、标准万用表、移液管、容量瓶等量器，按照相关规定，定期送有关部门进行检定。

第三节　噪声自动监测

一、填空题

根据《环境噪声自动监测系统技术要求》（HJ 907—2017），噪声监测子站是环境噪声自动监测系统的户外采集部分，一般分为__________和__________两种类型。

答案：移动式，固定式

二、单选题

1．功能区声环境质量自动监测中应每日定时远程自检，若偏差大于__________dB 则应进行现场声校准，及时查明原因。（　　）

A．0.5　　B．0.3　　C．1　　D．3

答案：A

2．功能区声环境质量自动监测因仪器故障、断电等原因造成部分数据缺失时，小时等效声级 $L_{eq,h}$ 监测时间低于__________min（可间隔）则数据无效。（　　）

A．45　　B．48　　C．50　　D．55

答案：A

3．噪声监测子站中传声器风罩防风能力，在风速为 10 m/s 时，传声器风罩防风能力应至少衰减__________dB。（　　）

A．5　　B．10　　C．20　　D．30

答案：D

4．噪声监测子站噪声采集分析单元测量下限不高于__________dB，测量上限不低于__________dB。（　　）

A．10，110　　B．20，120　　C．30，130　　D．40，120

答案：C

5．噪声自动监测子站监测数据及录音监测数据储存时间应大于__________天，并支持通过通用

通信接口下载数据。(　　)

A. 30　　B. 60　　C. 90　　D. 100

答案：B

6.《功能区声环境质量自动监测技术规范》(HJ 906—2017)规定，因仪器故障、断电等原因造成部分数据缺失时，每日内昼间等效声级 L_d 的监测时间低于__________h（可间隔）则数据无效，每日内夜间等效声级 L_n 的监测时间低于__________h（可间隔）则数据无效。(　　)

A. 10，6　　B. 11，6　　C. 12，7　　D. 13，7

答案：D

三、多选题

噪声监测子站包括__________以及机箱等配套安全防护单元。(　　)

A. 全天候户外传声器　　B. 电源控制单元

C. 通信单元　　D. 噪声采集分析单元

答案：ABCD

四、判断题

1. 功能区声环境监测质量自动监测中数据有效性中规定，每日内昼间等效声级的监测时间低于 16 h（可间隔）则数据无效。(　　)

答案：错误

正确答案：功能区声环境监测质量自动监测中数据有效性中规定，每日内昼间等效声级的监测时间低于 13 h（可间隔）则数据无效。

2. 功能区声环境质量自动监测监测点位距地面高度 1.5 m 以上。(　　)

答案：错误

正确答案：噪声自动监测监测点位距地面高度 1.2 m 以上。

3. 功能区声环境质量自动监测系统应定期（至少每月一次）进行现场声校准。(　　)

答案：正确

4. 功能区声环境质量自动监测应保证噪声自动监测站点每月正常工作时间达到 85%以上。(　　)

答案：错误

正确答案：功能区声环境质量自动监测应保证噪声自动监测站点每月正常工作时间达到 80%以上。

第八章

应急监测

一、填空题

1．我国《国家突发环境事件应急预案》规定，突发环境事件责任单位在发现突发环境事件后向所在地人民政府报告的时限是__________小时内。

答案：1

2．当应急组织指挥机构终止应急响应或批准__________建议时，方可终止应急监测。

答案：应急监测终止

3．一般突发环境事件监测报告上报当地生态环境主管部门及任务下达单位；重大和特大突发环境事件除上报当地生态环境主管部门及任务下达单位外，还应报__________环境监测部门。

答案：上一级

4．突发环境事件发生后，涉事企事业单位或其他生产经营者必须采取应对措施，并立即向当地__________和相关部门报告，同时通报可能受到污染危害的__________和__________。

答案：生态环境主管部门，单位，居民

5．对湖（库）突发环境事件应急监测采样点的布设应以事故发生地为中心，按水流方向按一定间隔地__________布点。

答案：扇形或圆形

6．应急监测是指突发环境事件发生后，对__________、__________和__________进行的监测。

答案：污染物，污染物浓度，污染范围及其动态变化

7．污染事故监测土壤采样时，如果是固体污染物抛洒污染型，等打扫后采集表层__________cm 土壤，采样点数不少于 3 个；如果是爆炸污染型，以__________方式布点，采样点位不少于 5 个，爆炸中心采__________样，周围采表层__________cm 土壤。

答案：5，放射性同心圆，分层，0～20

8．在污染事故责任不清的情况下，可采用__________和__________的方法，追查确定污染来源和事故责任者。

答案：逆向跟踪监测，确定特征污染物

9．如果是液体倾翻污染型，污染物向低洼处流动的同时向__________并向两侧横向方向扩散，每个点__________，事故发生点样品点较密，采样深度较深，离事故发生点相对远处样品点较疏，采样深度较浅。采样点不少于__________个。

答案：深度方向渗透，分层采样，5

10．突发性水环境污染事故的应急监测一般分为事故现场和__________监测两部分。

答案：跟踪

11．根据《环境监测报告制度》，污染事故发生后应在__________内报出第一期环境监测快报，并在污染事故影响期间连续编制各期快报。

答案：24 h

12．应急监测通常采集__________，采样量根据分析项目及分析方法确定，采样量还应满足__________要求。

答案：瞬时样品，留样

13．对土壤的应急监测以事故地点为中心，按一定间隔的__________布点采样，并根据污染物的特性在不同__________采样，同时采集对照样品，必要时在事故地附近采集作物样品。

答案：圆形，深度

14．重特大突发水环境事件应急监测应坚持国家指导、__________、__________、__________的原则。

答案：区域协同，省级统筹，属地管理

15．对于污染带较长的河流型突发水环境事件，结合应急处置工程措施、饮用水水源地等敏感点分布情况，一般每__________km 布设一个控制断面。若污染带超过__________km，可适当增加断面间距。

答案：10～20，100

16．根据《重特大突发水环境事件应急监测工作规程》，应急监测采样时，采样人员应拍照记录采样断面__________、__________和__________等。

答案：经纬度位置，采样时间，周边情况

17．便携式傅里叶红外仪进行监测时，在保证仪器相关参数稳定的同时，需确认环境的__________、__________以及__________等条件是否符合要求。

答案：温度，湿度，含尘量

18．污染态势初步判别指突发环境事件应急监测的第一阶段，突发环境事件发生后，确定__________、__________及大致污染范围和污染程度的过程。

答案：污染物种类，监测项目

19．应急监测启动及工作原则应遵循__________、__________、__________。

答案：及时性，可行性，代表性

20．电化学传感器法监测空气中的有毒有害气体时，是利用目标物的__________，将其__________，在一定范围内，产生与目标物浓度成正比的电信号，从而得到目标物的浓度。

答案：电化学活性，氧化或还原

21．用于环境空气污染事故中挥发性有机物测定的便携式傅里叶红外监测仪，其样品采集和传输单元应具备加热功能，且加热温度一般不低于__________℃，且高于采样压力条件下气体样品的水露点值或烃露点值（以最大值为准）__________℃以上，实际温度值应能够在仪器中显示。

答案：120，20

22．使用便携式气相色谱-质谱法应急监测水中挥发性有机物，采集样品时，应使水样__________采样瓶且不留液上空间，防止产生大量气泡。样品采集后，现场宜尽快进行分析，__________h 内完成测定。

答案：充满，24

23．使用便携式顶空/气相色谱-质谱法应急监测环境空气中挥发性有机物，采样结束后，气袋样品应在__________、__________条件下运输和保存，宜尽快分析。

答案：避光，常温

24．重特大突发水环境事件发生后，应第一时间调集本行政区域生态环境监测部门的监测人员开展监测，人员不足时可以协调社会环境监测机构进行补充。每个监测断面配备__________组采样

人员，每组至少__________人，每组至少配备__________样品运输车。

答案：2～4，2，一辆

25．应急监测工作结束后，应编写应急监测总结报告，主要包含__________、__________、__________、__________4个部分的内容。

答案：事件基本情况，应急监测工作开展情况，经验和不足，报告附件

26．初步判断为__________、__________的突发环境事件，原则上由事件涉及地市行政区域内的环境监测机构主要负责监测，省级监测机构负责指导协调，组织行政区域内各方力量提供支援，国家环境监测机构根据生态环境部的指示或地方请求给予相关技术支持。

答案：重大，特大

27．在开展重特大突发水环境事件应急监测工作时，实验室按照监测项目配备分析人员，每个监测项目配备 __________组人员，24 h 轮流值班。对于前处理复杂的样品，每组配备__________人；对于前处理简单的样品，每组配备__________人。由省级生态环境监测部门委派__________，在每个实验室定点监督，对数据质量进行审核。

答案：2～3，4，2，质量监督员

28．重特大突发水环境事件应急监测断面的布设以__________为核心，以__________为目标，根据事件特点和应急处置措施实施情况，建立监测断面__________机制。

答案：准确掌握污染团移动情况，实时监控污染物浓度变化，动态调整

29．重特大突发水环境事件特征污染物一般是指事件中__________较大或__________较高，对__________有较大影响，可以表征事态发展的污染物。

答案：排放量，超标倍数，水生态环境

30．重特大突发水环境事件应急监测报告结论应包括__________、__________、__________等。根据实际情况评估应急处置工程效果，预测污染扩散趋势和对敏感目标的影响。

答案：污染带前锋，污染团长度和范围，污染团浓度峰值

31．《重特大突发环境事件空气应急监测工作规程》适用于因__________、__________、__________、运输、使用和处置危险化学品、危险废物等，以及意外因素或不可抗拒的自然灾害等原因引发的重特大火灾、爆炸、泄漏等突发环境事件的空气应急监测。

答案：生产，经营，储存

32．应急监测包括__________和__________两个阶段。

答案：污染态势初步判别，跟踪监测

33．采样断面（点）应当设置编号。因应急监测方案调整变更采样断面（点）的，在原断面（点）之间的新设断面（点）应依序以__________形式插号。

答案：下级编号

34．在突发环境事件应急监测中，可作为补充监测手段的有__________、__________。

答案：环境质量自动监测系统，污染源在线监测系统

35．突发环境事件应急监测按照相关__________、__________、__________或其他相关标准进行评价。若所监测项目尚无评价标准，可参考国内外及国际组织的相关评价标准或要求，并在方案和报告中注明。

答案：生态环境质量标准，生态环境风险管控标准，污染物排放标准

36．按照事件严重程度，突发环境事件分为__________、__________、__________、一般四级。

答案：特别重大，重大，较大

37．对可以预警的突发环境事件，按照事件发生的可能性大小、紧急程度和可能造成的危害程度，将预警分为四级，由低到高依次用__________、__________、__________和红色表示。

答案：蓝色，黄色，橙色

38．应急监测报告的结论信息应__________、__________、__________，快速报送。

答案：真实，准确，及时

39．在污染事故监测土壤采样中，可以根据污染物的颜色、印渍和气味以及结合考虑__________、__________等因素初步界定污染事故对土壤的污染范围。

答案：地势，风向

40．地下水现场监测项目包括__________、__________、__________、色、嗅和味、肉眼可见物等指标，同时还应测定气温、描述天气状况和收集近期降水情况。

答案：水位，水温，pH，电导率，浑浊度，氧化还原电位（回答其中 3 个即可）

41．在突发环境事件信息报告工作中__________、__________、__________、漏报有关突发环境事件信息的，给予通报批评；造成后果的，对直接负责的主管人员和其他直接责任人员依法依纪给予处分；构成犯罪的，移送司法机关依法追究刑事责任。

答案：迟报，谎报，瞒报

二、单选题

1．__________是指发生突发性环境污染事故后，对地表水、地下水、大气和土壤样品进行采集的整个剖面（点）。（　　）

A．采样断面（点）　B．对照断面（点）　C．控制断面（点）　D．削减断面（点）

答案：A

2．__________是指突发性环境污染事故发生后，为了解地表水、地下水、大气和土壤环境受污染程度及其变化情况而设置的断面（点）。（　　）

A．采样断面（点）　B．对照断面（点）　C．控制断面（点）　D．削减断面（点）

答案：C

3．__________是指突发性环境污染事故发生后，污染物在水体内流经一定距离而达到最大程度混合，因稀释、扩散和降解作用，其主要污染物浓度有明显降低的断面。（　　）

A．采样断面　B．对照断面　C．控制断面　D．削减断面

答案：D

4．进入突发性环境污染事故现场进行应急监测采样，至少__________人同行。（　　）

A．1　B．2　C．3　D．4

答案：B

5．一般突发性环境污染事故需报__________。（　　）

（a）当地生态环境行政主管部门及任务下达单位；

（b）上一级环境监测站；

（c）中国环境监测总站。

A.（a）　B.（a）（b）　C.（b）（c）　D.（a）（b）（c）

答案：A

6. 为快速监测突发性环境污染事故的污染物，首先可采用的快速监测方法是__________。（　　）

（a）检测试纸、快速检测管和便携式监测仪器等的监测方法；

（b）现有的空气自动监测站、水质自动监测站和污染源在线监测系统等在用的监测方法；

（c）实验室快速分析方法。

A.（a）　B.（b）　C.（a）（c）　D.（a）（b）（c）

答案：D

7. 用于应急监测、有效期为一年的检测试纸、快速检测管，至少在__________内应用标准物质进行一次使用性能检查。（　　）

A. 1个月　B. 3个月　C. 半年　D. 9个月

答案：C

8. 应急事故发生后，在不明气体污染的情况下，优先选用__________仪器。（　　）

A. 便携式气相色谱仪　B. 便携式红外光谱仪

C. 便携式质谱仪　D. VOCs气体检测仪

答案：C

9. 应急监测时，对地下水的监测应以__________为中心进行布点采样。（　　）

A. 事故发生地　B. 集中式饮用水水井

C. 对照井　D. 有可能受污染的井

答案：A

10. 污染事故土壤采样，对爆炸污染型土壤采样点应不少于__________个，爆炸中心采分层样，周围采集表层__________cm的土样。（　　）

A. 5，0～20　B. 10，0～10　C. 15，10～20　D. 20，0～20

答案：A

11. 事故土壤监测，__________。（　　）

A. 可以与公布的背景值资料比较，确定其影响

B. 要设定2～3个背景对照点

C. 根据现场状况，当场确定其影响

D. 根据分析手段确定监测项目

答案：B

12.《突发环境事件应急监测技术规范》（HJ 589—2021）适用于__________。（　　）

A. 辐射事故　B. 生物及微生物污染事件

C. 涉及军事设施污染事件　D. 大气和土壤污染事件

答案：D

13. 突发性环境污染事故应急监测一般采用__________的检测仪器装置进行监测。（　　）

①小型；②便携；③简易；④快速；⑤准确度高。

A. ①③④⑤　　B. ②③④⑤　　C. ①③④⑤　　D. ①②③④

答案：D

14. 按照突发事件严重性、紧急程度和可能波及的范围，突发环境事件橙色预警由__________负责发布。（　　）

A. 县级人民政府　　B. 市（地）级人民政府

C. 省级人民政府　　D. 发生地省级人民政府根据国务院授权

答案：C

15. 我国《国家突发环境事件应急预案》规定，突发环境事件责任单位在发现突发环境事件后向所在地人民政府报告的时限是__________。（　　）

A. 0.5 h 内　　B. 1 h 内　　C. 2 h 内　　D. 3 h 内

答案：B

16. 根据《国家突发环境事件应急预案》，发生突发环境事件的后期工作不包括__________。（　　）

A. 损害评估　　B. 事件调查　　C. 善后处置　　D. 应急演练

答案：D

17. 按照突发环境事件分级的规定，__________属于重大突发环境事件。（　　）

A. 因环境污染直接导致 30 人以上死亡或 100 人以上中毒或重伤的

B. 因环境污染直接导致 10 人以上 30 人以下死亡或 50 人以上 100 人以下中毒或重伤的

C. 因环境污染直接导致 3 人以上 10 人以下死亡或 10 人以上 50 人以下中毒或重伤的

D. 因环境污染直接导致 3 人以下死亡或 10 人以下中毒或重伤的

答案：B

18. 下列__________属于重大突发环境事件。（　　）

A. 因环境污染直接导致 3 人以下死亡或 10 人以上 50 人以下中毒的

B. 因环境污染需疏散、转移群众 5 万人以上的

C. 因环境污染造成直接经济损失 500 万元以上 2 000 万元以下的

D. 因环境污染造成县级城市集中式饮用水水源地取水中断的

答案：D

19. 在满足环境应急处置需要的前提下，优先选择__________标准规定的监测方法，同一应急阶段尽量统一监测方法。（　　）

A. 国家　　B. 行业　　C. 国家或行业　　D. 地方

答案：C

20. 用于环境空气及环境空气污染事故应急监测的便携式非甲烷总烃测定仪，其性能指标加标回收率应在__________。（　　）

A. 70%～130%　　B. 85%～115%　　C. 80%～120%　　D. 75%～120%

答案：C

21. 用于环境空气污染事故中挥发性有机物测定的便携式傅里叶红外监测仪，其方法性能指标

苯和甲苯的加标回收率应在__________。（ ）

A．70%～130% B．85%～115% C．80%～120% D．75%～120%

答案：A

22．突发环境事件应急监测报告按__________要求的形式进行报送。（ ）

A．当地突发环境事件应急监测预案或应急监测方案

B．国家环境应急监测有关

C．省级环境应急监测有关

D．相对固定格式

答案：A

23．使用便携式气相色谱-质谱法应急监测环境空气中挥发性有机物时，校准曲线核查和样品测试时，内标与校准曲线中间点内标的保留时间变化不超过__________s，定量离子峰面积变化在60%～140%。（ ）

A．5 B．2 C．8 D．10

答案：D

24．使用比长式检测管法测定有毒有害气体时，应注意颜色变化情况，颜色变化应清晰，指示粉变色部分与未变色部分之间的界面沿管壁纵向最长端与最短端长度之差不超过两者平均值的__________。（ ）

A．10% B．15% C．20% D．25%

答案：C

25．现场快速监测分光光度法测定水中氨氮时，当样品含有肉眼可见的固体或悬浮物时，测试前应采用__________μm 滤网/滤膜过滤。（ ）

A．0.25 B．0.45 C．0.63 D．0.90

答案：B

26．突发环境事件应急监测按照相关生态环境质量标准、生态环境风险管控标准、污染物排放标准或其他相关标准进行评价。若所监测项目尚无评价标准，可参考__________的相关评价标准或要求，并在方案和报告中注明。（ ）

A．国内外及国际组织 B．地方管理要求 C．地方行政要求

答案：A

27．现场快速监测分光光度法测定水中挥发酚时，样品滴于淀粉-碘化钾试纸上出现蓝色，说明存在氧化剂，可加入过量的__________去除。（ ）

A．硫酸亚铁 B．亚硫酸钠 C．硫代硫酸钠 D．抗坏血酸

答案：A

28．现场快速监测分光光度法测定水中锰时，样品上机测试前，样品的 pH 应在__________。（ ）

A．1～9 B．5～9 C．6～8 D．1～7

答案：A

29．现场快速监测分光光度法测定水中砷时，样品采集在聚乙烯瓶或玻璃瓶中，尽快在现场直

接测定，自动完成单个样品分析所需时间为 40 min。如需保存，1 L 水样中加 10 mL 硝酸，常温下可保存__________天。（　　）

A．7　　B．30　　C．60　　D．14

答案：D

30．现场快速监测车载电感耦合等离子体质谱法测定 22 种元素时，每批样品应至少做一个全程序空白及实验室空白。下面不属于对空白值要求的情形为__________。（　　）

A．空白值应低于方法检出限　　B．低于标准限值的 10%

C．低于每一批样品最低测定值的 10%　　D．空白值应低于方法检出下限

答案：D

31．便携式冷原子吸收分光光度法测定环境空气中气态汞时，环境空气中的颗粒物、水蒸气、酸碱性气体及挥发性有机物会干扰测定，安装防尘过滤器可去除颗粒物的干扰，通过__________技术可去除水蒸气、酸碱性气体及挥发性有机物等的干扰。（　　）

A．塞曼背景校正　　B．氘灯背景校正

C．自吸背景校正　　D．连续光源背景校正

答案：A

32．用于测定环境空气中氮氧化物的便携式化学发光仪，每年应至少进行一次转化器转化效率的测试，当转化效率＜__________时，应立即更换转化器或催化剂。（　　）

A．96%　　B．90%　　C．95%　　D．98%

答案：A

33．使用车载式双通道质谱仪法测定环境空气中挥发性有机物时，在突发环境污染事件应急监测情况下，可采用标准系列中间浓度点或次高浓度点进行验证，偏差不超过__________，否则采用验证点单点校准。（　　）

A．30%　　B．25%　　C．20%　　D．40%

答案：A

34．使用车载式单光子电离—飞行时间质谱法测定环境空气中挥发性有机物时，车载行驶速度根据监测路段的实际情况可适当调整，最大不应超过__________km/h，在工业园区等企业相对密集的区域，行驶速度一般应为 20～30 km/h。（　　）

A．35　　B．40　　C．45　　D．50

答案：D

35．使用现场快速监测分光光度法测定水中化学需氧量时，每 20 个样品或每批次（少于 20 个样品）应分析一个平行样，水样测定结果等于或低于 30 mg/L 时，绝对误差应在__________；水样测定结果大于 30 mg/L 时，相对偏差应在__________以内。（　　）

A．±4 mg/L，±30%　　B．±5 mg/L，±30%

C．±5 mg/L，±25%　　D．±5 mg/L，±30%

答案：B

36．用于测定水中锰的现场快速监测分光光度法，其原理是二价锰在碱性溶液中被溶解氧氧化为四价锰，并与甲醛肟反应生成__________化合物，在 550 nm 波长处测量吸光度。在一定浓度范围

内，显色反应与锰浓度成正比。（　　）

A．黄棕色　　B．砖红色　　C．黄色　　D．橙红色

答案：D

37．省级应急监测演练以__________为主，重点检验和提升省级生态环境监测机构对各方监测力量的__________。（　　）

A．综合性演练，统筹调度能力　　B．综合性演练，实战能力

C．单项演练，实战能力　　D．单项演练，统筹调度能力

答案：A

38．省级以下应急监测演练以__________为主，重点检验和提升应急监测队伍“招之即来、来之能战、战之能胜”的__________。（　　）

A．综合性演练，统筹调度能力　　B．综合性演练，实战能力

C．单项演练，实战能力　　D．单项演练，统筹调度能力

答案：C

39．污染事故土壤监测要设定 2～3 个__________对照点，各点取 1 kg 土样装入样品袋。（　　）

A．背景　　B．控制　　C．消减

答案：A

40．针对某些单价较高且使用频率低的应急监测设备，购买设备使用效率低，可采用__________，保证应急监测工作的需要。（　　）

A．购买设备　　B．租用设备　　C．购买服务　　D．部门合作

答案：B

41．多家单位开展联合应急监测时，应注意监测数据的__________。（　　）

A．可比性　　B．代表性　　C．准确性　　D．唯一性

答案：A

42．突发环境污染事故应急监测时，石油类应使用专用采样器在水面至__________mm 采集柱状水样，重金属一般情况下应分析__________含量，样品浑浊时应离心或过滤。每次采样过程应留有一定量的备用样品，用于质控和复测。（　　）

A．200，溶解态　　B．300，全部形态　　C．300，溶解态　　D．200，全部形态

答案：C

43．生态环境风险高、应急监测任务重、应急监测能力不足的地区，可通过__________提供应急监测服务，补充应急监测能力。（　　）

A．购买设备　　B．租用设备　　C．购买服务　　D．部门合作

答案：C

44．自动监测车、自动监测站等运维复杂的大型设备优先选择__________方式进行维护管理。（　　）

A．自动维护　　B．社会服务　　C．原厂维保　　D．购买服务

答案：C

45．现场快速监测分光光度法测定水中总氮时，浊度对测定有干扰，但样品浊度不大于

__________NTU，对总氮的测定无影响。（　　）

A．200　　B．150　　C．100　　D．300

答案：A

46．某地发生重特大突发环境事件，监测人员开展环境空气应急监测，下述描述中，错误的是__________。（　　）

A．点位布设以掌握污染物对环境空气质量的影响及扩散趋势为重点，研判污染物对环境的影响

B．事故初期，为摸清污染物最大落地浓度和削减规律，以事故点为中心，在厂界或事故点周边主导风向的下风向布设点位，原则上按照 500 m、1 000 m、2 000 m、3 000 m、5 000 m 间隔的扇形布设点位

C．无明显主导风向，以敏感点所在方向为重点按圆形布设点位

D．有敏感点时，在敏感点内部按 500～1 000 m 间隔增设监测点位

答案：A

47．某单位监测人员在开展应急监测时，下列描述错误的是__________。（　　）

A．样品应以一定的方法进行分类，并在样品标签和现场采样记录单上记录相应的唯一性标识

B．样品标识至少应包含样品编号、采样点位、监测项目、采样时间、采样人等信息

C．有毒有害、易燃易爆样品应用特别标识（如图案、文字）加以注明

D．污染源样品为保证分析的客观性，不能特别注明

答案：D

48．关于突发环境事件应急监测结果表示，错误的是__________。（　　）

A．突发环境事件应急监测结果可用定性、半定量或定量的监测结果来表示

B．定性监测结果可用“检出”或“未检出”来表示

C．半定量监测结果可给出测定结果或测定结果范围

D．定量监测结果应给出测定结果，可以不作出相应评价

答案：D

49．根据突发环境事件的严重程度和发展态势，将应急响应设定为四个等级。以下说法正确的是__________。（　　）

A．特别重大突发环境事件，启动Ⅰ级应急响应，由事发地省级人民政府负责应对工作

B．重大突发环境事件，启动Ⅱ级应急响应，由事发地省级生态环境主管部门负责应对工作

C．较大突发环境事件，启动Ⅲ级应急响应，由事发地设区的市级生态环境主管部门负责应对工作

D．一般突发环境事件，启动Ⅳ级应急响应，由事发地县级生态环境主管部门负责应对工作

答案：A

50．突发环境事件应急监测报告编制原则不包括__________。（　　）

A．内容准确，重点突出　　B．结论严谨，建议合理

C．要素全面，格式规范　　D．及时快速，直接报出

答案：D

51．在应急监测中，便携式傅里叶红外仪测定的无机有害气体不包括__________。（　　）

A．一氧化碳、二氧化碳　　B．一氧化氮、二氧化氮

C．二氧化硫　　D．臭氧

答案：D

52．在土壤监测中，金属的不同形态，其生理活性和毒性均有差异，相应地，对样品的处理方式也不同，以下说法不正确的是__________。（　　）

A．有效态的活性、毒性最大　　B．残留态的活性、毒性最小

C．交换态的活性、毒性最小　　D．其他结合态的活性、毒性居中

答案：C

53．应急事故中，由__________部门来决定突发性环境污染事件级别。（　　）

A．应急指挥部　　B．生态环境应急管理单位

C．生态环境监测单位　　D．事发地人民政府

答案：A

54．在对地下水进行监测前应洗井，洗井合格的判断依据错误的是__________。（　　）

A．先洗井，浊度满足小于等于 10 NTU 后采样监测

B．先洗井，浊度满足连续三次测定的变化在±10%后采样监测

C．先洗井，电导率满足连续三次测定的变化在±10%以内后采样监测

D．可不用洗井，直接采样监测

答案：D

55．在开展应急监测中，下面描述正确的是__________。（　　）

A．在应急监测初期布点，不需考虑对照点布设

B．在应急监测初期布点，应考虑事发地周边环境状况

C．在应急监测初判阶段，重点要保障数据准确性

D．在应急监测时，可直接采用移动式在线监测系统实时数据

答案：B

56．《国家突发环境事件应急预案》中规定的突发环境事件不包括__________。（　　）

A．危险化学品爆炸引起的大气污染事件

B．尾矿库泄漏引起的土壤污染事件

C．海上溢油引起的海洋污染事件

D．境外因素导致我境内的地下水重金属污染事件

答案：C

57．《国家突发环境事件应急预案》中规定：突发环境事件发生后，各有关地方、部门和单位根据工作需要，组织采取响应措施。以下关于现场污染处置措施的描述不准确的是__________。（　　）

A．涉事企业事业单位或其他生产经营者要立即采取关闭、停产、封堵、围挡、喷淋、转移等措施，切断和控制污染源，防止污染蔓延扩散

B．涉事企业事业单位或其他生产经营者做好有毒有害物质和消防废水、废液等的收集、清理和安全处置工作

C．当涉事企业事业单位或其他生产经营者不明时，由事发地人民政府组织对污染来源开展调查

D．事发地人民政府应组织制订综合治污方案

答案：C

58.《国家突发环境事件应急预案》中明确的现场污染处置综合治污方案不包括__________。（　　）

A．采取拦截、导流、疏浚等形式防止水体污染扩大

B．采取隔离、吸附、打捞、氧化还原、中和、沉淀、消毒、去污洗消、临时收贮、微生物消解、调水稀释、转移异地处置、临时改造污染处置工艺或临时建设污染处置工程等方法处置污染物

C．采用监测和模拟等手段追踪污染气体扩散途径和范围

D．立即采取其他排污单位停产、限产、限排等措施

答案：D

59．一般情况下，应急监测响应措施不包括__________。（　　）

A．加强大气、水体、土壤等应急监测工作

B．根据突发环境事件的污染物种类、性质以及当地自然、社会环境状况等，明确相应的应急监测方案及监测方法，确定监测的布点和频次

C．调配应急监测设备、车辆，及时准确监测

D．为突发环境事件作出应急决策

答案：D

60.《辐射事故应急监测技术规范》（HJ 1155—2020）不适用于__________设施或活动等原因引发的辐射事故的应急监测。（　　）

A．核技术利用　　B．放射性物品运输

C．放射性废物处理、贮存和处置　　D．境外核与辐射事故

答案：D

61．在初期应急监测方案制订时，下面描述不准确的是__________。（　　）

A．方案应有详细的布点内容　　B．方案无须描述后勤保障内容

C．方案内应有事发地监测点位示意图　　D．方案内无须明确样品采集技术要求

答案：B

62．在开展应急监测工作过程中，下面描述错误的是__________。（　　）

A．应根据事故的影响程度，决定是否采取临时实验室设立

B．临时实验室内应尽量采用检定或校准的仪器设备

C．在发生气型应急监测时，应提前在背景点处调试好便携式监测仪器

D．进入事故现场监测，按规定佩戴好防护设备，即可开展现场监测

答案：D

63．下列描述采样原始记录，错误的是__________。（　　）

A．采样原始记录必须如实记录，并在现场完成

B．应记录事故发生的时间、地点及影响范围

C．应描绘现场监测示意图

D．可不记录水文参数

答案：D

64．下列描述应急监测现场质量控制错误的是__________。（　　）

A．现场采样人员必须全部持证上岗，切实掌握现场监测采样技术

B．应急监测仪器、设备使用前应进行检定、校准或核查，并在有效期内使用

C．对快速检测管应在有效期内使用

D．水样现场采集时，应采集全程序空白样品

答案：A

65．针对应急监测质量保证，下列描述错误的是__________。（　　）

A．应急监测仪器在使用前应进行检查测试，做好防沾污措施

B．每批样品应采集 10%的平行样

C．应急监测使用的分析仪器均须检定

D．监测报告信息要完整，并实行三级审核

答案：C

66．下面对应急监测报告描述不正确的是__________。（　　）

A．应急监测报告可分为应急监测快报、应急监测综合分析报告

B．应急监测快报包含监测时间、监测点位、监测项目、监测结果等内容

C．应急监测综合分析报告应描述优先污染物浓度时空变化趋势内容

D．根据每期监测结果来编制对应期数的应急监测综合分析报告

答案：D

67．在编制应急监测方案时，下面描述不正确的是__________。（　　）

A．应急监测方案应根据污染物变化情况实施动态调整

B．应急监测方案应根据应急指挥部需求，实施动态调整

C．应急监测方案应根据环境管理部门需求，实施动态调整

D．水型应急监测方案应根据事发地水文条件、水利设施情况，实施动态调整

答案：C

68．突发环境事件水样监测采样的注意事项描述不当的是__________。（　　）

A．部分监测项目采样前不能荡洗采样器具和样品容器，如动植物油类、石油类、挥发性有机物、微生物等

B．部分监测项目保存方式不同，须单独采集储存，如动植物油类、石油类、硫化物、挥发酚、氰化物、余氯、微生物等

C．部分监测项目采集时须注满容器，不留顶上空间，如生化需氧量、挥发性有机物等

D．在采集污水样品时，应尽量不搅动水底部沉积物；当水样浑浊时应静置 30 min 后取上层清液作为样品

答案：D

69．下列描述应急终止条件，错误的是__________。（　　）

A．事件现场得到控制，事件条件已经消除

B．污染源的泄漏或释放已降至规定限值以内

C．事件所造成的危害已经被彻底消除，无继发可能

D．采取了必要的防护措施，保护公众免受危害

答案：C

三、多选题

1．突发环境事件现场应急监测是一种特定目的的监测，是应急监测人员在事故现场，用小型便携、快速监测仪器设备，在尽可能短的时间内，根据事故所发地的特点，作出定性、半定量或定量分析，从而确定出__________。（　　）

A．污染物质的种类　　B．各污染物的浓度

C．污染范围及其可能的危害　　D．污染造成的经济损失

答案：ABC

2．应急监测报告的主要内容有__________。（　　）

A．标题名称

B．监测单位名称和地址，进行测试的地点

C．监测报告的唯一性编号和每一页与总页数的标志

D．所用方法的标志（名称和编号）

E．样品采样日期、接收日期、检测日期，样品的描述

F．检测结果，审核人、授权签字人签字

答案：ABCDEF

3．按照突发环境事件严重性和紧急程度，凡符合下列__________情形之一的，为特别重大环境事件。（　　）

A．因环境污染直接导致 30 人以上死亡或 100 人以上中毒或重伤的

B．因环境污染疏散、转移人员 1 万人以上 5 万人以下的

C．因环境污染造成县级城市集中式饮用水水源地取水中断的

D．因环境污染造成区域生态功能丧失或该区域国家重点保护物种灭绝的

答案：AD

4．对于突发环境污染事件，可以采用的监测方法有__________。（　　）

A．检测试纸、快速检测管和便携式监测仪器等的监测方法

B．现有的空气、水质自动监测站和污染源在线监测系统等在用的监测方法

C．现行的实验室分析方法

D．当上述方法不能满足要求时，可根据实际选用其他适宜的方法如：ISO、美国 EPA、日本 JIS 等国外的方法

答案：ABCD

5．发生突发环境事件采样时应注意__________。（　　）

A．根据污染物特性（密度、挥发性、溶解度等），决定是否进行分层采样

B．根据污染物特性（有机物、无机物等），选用不同材质的容器存放样品

C．采水样时搅动水底沉积物，如有需要，同时采集事故发生地的底质样品

D．采气样时不可超过所用吸附管或吸收液的吸收限度

答案：ABD

6．应急监测报告的质量保证有__________。（ ）

A．信息要完整 B．实行三级审核 C．实行两级审核 D．尽快报送

答案：AB

7．突发环境事件的应急监测结果可用__________的监测结果来表示。（ ）

A．感观描述 B．定性 C．半定量 D．定量

答案：BCD

8．环境应急监测在环境应急响应中应发挥__________作用。（ ）

A．对突发环境事件作出初步分析

B．为环境应急指挥和决策提供必要的信息

C．为实验室的监测分析提供第一手资料

D．通过现场检测为事故的处理提供必要的监测数据

E．为事故的评估提供必要的资料

答案：ABCDE

9．《突发环境事件应急监测技术规范》（HJ 589—2021）不适用于__________。（ ）

A．核污染事件

B．危险废物使用导致的突发土壤污染事件

C．涉及军事设施污染事件

D．生物污染事件

E．海洋污染事件

答案：ACDE

10．为快速监测突发性水环境污染事故的污染物，首先可采用的快速监测方法是__________。（ ）

A．检测试纸、快速检测管等监测方法

B．便携式监测仪器法

C．现有的水质自动监测站和污染源在线监测系统等在用的监测方法

D．实验室快速分析方法

答案：ABCD

11．突发性环境污染事故应急监测一般采用__________的检测仪器装置进行监测。（ ）

A．小型 B．便携 C．简易 D．快速

E．准确度高

答案：ABCD

12．未知污染物的突发环境事件监测项可以通过__________确定主要污染物和监测项目。（ ）

A．通过污染事故现场的一些特征，如气味、挥发性、遇水的反应特性、颜色及对周围环境、作物的影响等

B．如发生人员或动物中毒事故，可根据中毒反应的特殊症状

C．通过事故现场周围可能产生污染的排放源的生产、环保、安全记录

D．利用空气自动监测站、水质自动监测站和污染源在线监测系统等现有的仪器设备的监测

E．通过现场采样分析，包括采集有代表性的污染源样品，利用试纸、快速检测管和便携式监测仪器等现场快速分析手段

F．通过采集样品，包括采集有代表性的污染源样品，送实验室分析

答案：ABCDEF

13．突发环境事件发生后，污染物在水体内流经一定距离而达到最大程度混合，因__________作用，其主要污染物浓度有明显降低的断面叫作消减断面。（　　）

A．稀释　　　B．扩散　　　C．降解

答案：ABC

14．对被突发环境事件所污染的__________应设置对照断面（点）、控制断面（点）。（　　）

A．地表水　　　B．地下水　　　C．大气　　　D．土壤

答案：ABCD

15．应急监测实验室应优先采用__________。（　　）

A．国家环境保护标准　　　B．行业标准　　　C．ISO

D．美国 EPA　　　E．日本 JIS

答案：AB

16．为提高应急监测预案的科学性及可操作性，各级环境监测站应尽可能按__________编制应急监测技术支持系统，并给予不断的完善。（　　）

A．国家相应法律、规范支持系统　　　B．环境监测技术规范支持系统

C．当地危险源调查数据库支持系统　　　D．各类化学品基本特性数据库支持系统

E．常见突发环境事件处置技术支持系统　　　F．专家支持系统

答案：ABCDEF

17．应急监测的组织机构应包括__________。（　　）

A．应急监测领导机构　　　B．应急监测技术机构

C．应急监测专家咨询机构　　　D．应急监测联络机构

E．应急监测后勤保障机构　　　F．专家支持系统

答案：ABCDE

18．应急监测主要设备有__________。（　　）

A．检测试纸　　　B．快速检测管　　　C．便携式监测仪器　　　D．实验室仪器

答案：ABCD

19．应根据突发环境事件应急监测预案初步制订有关采样计划，包括__________。（　　）

A．布点原则

B．监测频次

C．采样方法、监测项目、采样人员及分工

D．采样器材、安全防护设备、必要的简易快速检测器材等

答案：ABCD

20．应急监测中，对大气的监测布点应__________。（　　）

A．应以事故地点为中心，在下风向按一定间隔的扇形或圆形布点

B. 根据污染物的特性在不同高度采样

C. 同时在事故点的上风向适当位置布设对照点

D. 在可能受污染影响的居民住宅区或人群活动区等敏感点必须设置采样点

E. 采样过程中应注意风向变化，及时调整采样点位置

答案：ABCDE

21. 应急监测中，对地下水的监测布点应＿＿＿＿＿＿。（　　）

A. 以事故地点为中心，根据本地区地下水流向采用网格法或辐射法布设监测井采样

B. 同时视地下水主要补给来源，在垂直于地下水流的上方向，设置对照监测井采样

C. 在以地下水为饮用水水源的取水处必须设置采样点

D. 在可能受污染影响的居民住宅区或人群活动区等敏感点必须设置采样点

E. 采样过程中应注意风向变化，及时调整采样点位置

答案：ABC

22. 按照突发事件严重性和紧急程度，突发环境事件分为＿＿＿＿＿＿。（　　）

A. 特别重大环境事件（Ⅰ级）　　B. 重大环境事件（Ⅱ级）

C. 较大环境事件（Ⅲ级）　　D. 一般环境事件（Ⅳ级）

答案：ABCD

23. 下列情形中，属于特别重大突发环境事件的是＿＿＿＿＿＿。（　　）

A. 因环境污染直接导致 30 人以上死亡或 100 人以上中毒或重伤的

B. 因环境污染疏散、转移人员 5 万人以上的

C. 因环境污染造成直接经济损失 1 亿元以上的

D. 因环境污染造成设区的市级以上城市集中式饮用水水源地取水中断的

答案：ABCD

24. 下列情形中，属于重大突发环境事件的是 ＿＿＿＿＿＿。（　　）

A. 因环境污染直接导致 10 人以上 30 人以下死亡或 50 人以上 100 人以下中毒或重伤的

B. 因环境污染疏散、转移人员 1 万人以上 5 万人以下的

C. 因环境污染造成直接经济损失 2 000 万元以上 1 亿元以下的

D. 因环境污染造成县级城市集中式饮用水水源地取水中断的

答案：ABCD

25. 现场应急监测仪器设备的选用宜以＿＿＿＿＿＿的现场监测仪器为主，要求能够通过定性半定量的监测结果，对污染物进行快速鉴别、筛查及监测。（　　）

A. 便携式　　B. 直读式　　C. 多参数

答案：ABC

26. 下面几种情形，符合可向应急组织指挥机构提出应急监测终止建议的是＿＿＿＿＿＿。（　　）

A. 对于突发水环境事件，最近一次应急监测方案中，全部监测点位特征污染物的 48 h 连续监测结果均达到评价标准或要求；对于其他突发环境事件，最近一次应急监测方案中全部监测断面（点位）特征污染物的连续 3 次以上监测结果均达到评价标准或要求

B. 对于突发水环境事件，最近一次应急监测方案中，全部监测点位特征污染物的 48 h 连续监

测结果均恢复到本底值或背景点位水平；对于其他突发环境事件，最近一次应急监测方案中全部监测断面（点位）特征污染物的连续 3 次以上监测结果均恢复到本底值或背景点位水平

C．应急专家组认为可以终止的情形

D．事故处理完毕，现场完全恢复原状态

答案：ABC

27．下面所列突发环境事件信息，属于有关部门应当立即向国务院报告的是__________。（　　）

A．初判为特别重大或重大突发环境事件

B．可能或已引发大规模群体性事件的突发环境事件

C．可能造成国际影响的境内突发环境事件

D．省级人民政府和环境保护部认为有必要报告的其他突发环境事件

答案：ABCD

28．突发环境应急事件中，污染物和监测项目的确定原则，包括__________。（　　）

A．优先选择特征污染物和主要污染因子作为监测项目

B．根据污染事件的性质和环境污染状况确认在环境中积累较多、对环境危害较大、影响范围广、毒性较强的污染物

C．污染事件对环境造成严重不良影响的特定项目，并根据污染物性质（自然性、扩散性或活性、毒性、可持续性、生物可降解性或积累性、潜在毒性）及污染趋势，按可行性原则（尽量有监测方法、评价标准或要求）进行确定

D．污染事件对环境造成一般影响的项目

答案：ABC

29．生态环境应急监测仪器原则上每年至少核查 1 次，出现下列情形之一，需及时核查的是__________。（　　）

A．监测标准、技术规范或仪器使用说明有明确要求，如每次使用前、后核查

B．用于非常重要的场合，如突发环境事件应急监测前核查

C．发生可能影响主要功能和关键技术指标的异常或意外情况，如错误操作、仪器过载、剧烈碰撞、电压冲击等

D．性能稳定，不易发生偏离的仪器设备

答案：ABC

30．按照同时应对两起突发环境事件的要求，省级生态环境监测机构的应急监测能力总体上应达到标准为__________。（　　）

A．应急监测能力覆盖行政区域内环境风险目标污染物

B．能有效应对重大以上突发环境事件

C．能按照应急监测预案有序统筹组织多方监测力量

D．具备指导市、县级开展应急监测的能力，组织对外支援的能力

答案：ABCD

31．应急监测报告的结论信息应__________，快速报送。（　　）

A．真实　　　　B．准确　　　　C．全面　　　　D．及时

答案：ABD

32.《重特大突发水环境事件应急监测工作规程》规定可以结合__________条件确定水环境事件应急监测特征污染物。（　　）

A．事件类型　　B．事件发生地沿线河流的水质本底值情况

C．应急监测初筛结果　　D．污染源特征、生产工艺

答案：ABCD

33．以下关于特大突发水环境事件监测频次的说法，__________是正确的。（　　）

A．应急初期，控制断面原则上每 1～2 h 开展一次监测

B．各控制断面采样时间应相同

C．用于发布信息的断面原则上每天监测次数不少于 1 次

D．根据处置情况和污染物浓度变化态势进行动态调整

答案：ABCD

34．重特大突发水环境事件应急监测设备应结合现场条件，优先选用便携式或车载监测设备。以下关于监测设备的说法，__________是正确的。（　　）

A．常规项目优先采用现场便携或车载设备监测

B．重金属项目优先采用车载式电感耦合等离子体光谱仪（ICP）监测

C．挥发性有机物项目优先采用便携式气相色谱-质谱联用仪监测污染物种类和浓度

D．生物毒性项目优先采用便携式生物毒性分析仪

答案：ABCD

35．以下关于重特大突发水环境事件应急监测方法的选择，__________是不正确的。（　　）

A．为确保快速、及时、准确，可采用现场快速监测、在线监测、实验室手工监测方法相结合的方式开展应急监测

B. 便携式监测仪器、在线监测设备和实验室手工监测测定结果偏差过大或变化趋势不一致时，应对应急监测仪器设备进行检查，确因应急监测仪器问题导致数据偏差过大时，应以便携式监测仪器测定

C．对多个环境监测队伍协同参与的突发水环境事件，各监测方应选用统一的应急监测方法

D．为确保快速开展应急监测，掌握污染物浓度，开展突发水环境事件现场应急监测工作时，仪器设备可不进行校准

答案：BCD

36．以下关于重特大突发环境事件空气应急监测频次的说法正确的是__________。（　　）

A．原则上，事故初期每 1～2 h 监测 1 次

B．确定特征污染物扩散趋势后，重点围绕敏感点每 1～2 h 监测 1 次

C．事故现场无明火、浓烟、异味，受影响人员无明显不良反应等情况时，每 1～3 h 监测 1 次，或根据应急组织指挥机构部署确定监测频次

D．各点位应同步开展监测

答案：ABD

37．在重特大突发环境事件空气应急监测中，关于污染物筛查的要求是__________。（　　）

A．无机污染物筛查，可结合现场刺激性气味、颜色等特点综合研判，利用电化学传感器、检测管等筛查

B．有机污染物筛查，可监测非甲烷总烃或总挥发性有机物，再利用便携式气质联用仪等筛查挥发性有机物成分

C．化工企业等火灾、爆炸时，可结合行业、工艺特点和主要产品、中间产品、原辅材料、环评报告等研判可能出现的特征污染物

D．发生已知气体泄漏时，具体泄漏物质为特征污染物

答案：ABC

38．污染物和监测项目的确定原则包括__________。（　　）

A．优先选择特征污染物和主要污染因子作为监测项目

B．根据污染事件的性质和环境污染状况确认在环境中积累较多、对环境危害较大、影响范围广、毒性较强的污染物

C．污染事件对环境造成严重不良影响的特定项目

D．根据污染物性质及污染趋势，按可行性原则进行确定

答案：ABCD

39．应急监测方案至少包含以下__________内容。（　　）

A．突发环境事件概况

B．监测布点及距事发地距离、监测断面（点位）经纬度及示意图

C．监测频次、监测项目、监测方法、评价标准或要求、质量保证和质量控制、数据报送要求

D．人员分工及联系方式、安全防护等

答案：ABCD

40．突发环境事件布点原则有__________。（　　）

A．一般以突发环境事件发生地及可能受影响的环境区域为主，同时应注重人群和生活环境、事件发生地周围重要生态环境保护目标及环境敏感点

B．重点关注对饮用水水源地、人群活动区域的空气、农田土壤、自然保护区、风景名胜区及其他需要特殊保护的区域的影响

C．尽可能多地设置监测断面（点），判断污染团（带）位置、反映污染变化趋势、了解应急处置效果

D．应根据突发环境事件应急处置情况动态及时更新调整布设点位

答案：ABD

41．以下关于突发环境事件组织指挥机构的表述，正确的是__________。（　　）

A．县级以上地方人民政府负责本行政区域内的突发环境事件应对工作，明确相应组织指挥机构

B．跨行政区域的突发环境事件应对工作，由各有关行政区域人民政府共同负责，或由有关行政区域共同的上一级地方人民政府负责

C．对需要国家层面协调处置的跨省级行政区域突发环境事件，由有关省级人民政府向国务院提出请求，或由有关省级生态环境主管部门向生态环境部提出请求

D．地方有关部门按照职责分工，密切配合，共同做好突发环境事件应对工作

答案：ABCD

42．以下关于应急监测现场仪器装备的说法，正确的是__________。（ ）

A．现场监测仪器设备的选用宜以便携式、直读式、多参数的现场监测仪器为主，要求能够通过定性半定量的监测结果，对污染物进行快速鉴别、筛查及监测

B．可根据本地实际和全国环境监测站建设标准要求，配置常用的现场监测仪器设备，如检测试纸、快速检测管和便携式监测仪器等快速检测仪器设备

C．需要时，配置便携式气相色谱仪、便携式红外光谱仪、便携式气相色谱-质谱分析仪等应急监测仪器

D．有条件的可使用整合便携式/车载式监测仪器设备的水质和大气应急监测车等装备

答案：ABCD

四、判断题

1．对固定源引发的突发环境事件，通过对有关人员（如货主、驾驶员、押运员等）的询问以及运送危险化学品或危险废物的外包装、准运证、押运证、上岗证、驾驶证、车号（或船号）等信息，调查运输危险化学品的名称、数量、来源、生产或使用单位，同时采集有代表性的污染源样品，鉴定和确认主要污染物和监测项目。（ ）

答案：错误

正确答案：对流动源引发的突发环境事件，通过对有关人员（如货主、驾驶员、押运员等）的询问以及运送危险化学品或危险废物的外包装、准运证、押运证、上岗证、驾驶证、车号（或船号）等信息，调查运输危险化学品的名称、数量、来源、生产或使用单位，同时采集有代表性的污染源样品，鉴定和确认主要污染物和监测项目。

2．对于环境化学污染事故，在已知污染源及污染物的情况下可直接测定该污染源或排放口所排污染物在空气、水环境中的浓度，调查受污染的范围和程度。（ ）

答案：正确

3．根据《国家突发环境事件应急预案》，突发环境事件分为重大环境事件（Ⅰ级）、较大环境事件（Ⅱ级）、一般环境事件（Ⅲ级）。（ ）

答案：错误

正确答案：按照事件严重程度，突发环境事件分为特别重大、重大、较大和一般四级。

4．国家要求各地要根据行政区域环境风险特征，定期开展应急监测演练，省级至少3年开展1次综合性应急监测实战演练，地市级每年至少开展1次单项或综合性应急监测实战演练。（ ）

答案：正确

5．进行污染事故土壤监测时，如果是固体污染物抛洒型，打扫后采集表层0～5 cm土壤，样品数不少于5个。（ ）

答案：错误

正确答案：如果是固体污染物抛洒污染型，等打扫后采集表层5 cm土样，采样点数不少于3个。

6．进入突发环境事故现场的应急监测人员，在做好自身安全防护的情况下，可直接进入事故现

场进行采样监测。(　　)

答案：错误

正确答案：未经现场指挥/警戒人员许可，不可直接进入。

7. 进入易燃易爆事故现场的应急监测车辆应有防火、防爆安全装置，应使用防爆的现场应急监测仪器设备（包括附件如电源等）进行现场监测，或在确认安全的情况下使用现场应急监测仪器设备进行现场监测。(　　)

答案：正确

8. 某化工厂因生产事故对周边水域造成了较大环境污染事件，现场监测人员对工厂的排放口实施了监测，监测结果表明污染物浓度均达到国家排放标准，建议有关部门解除应急状态。(　　)

答案：错误

正确答案：还应对化工厂周边水域、敏感点实施监测。

9. 特别重大环境事件预警信息经核实后，应及时上报省政府。(　　)

答案：错误

正确答案：特别重大环境事件预警信息经核实后，及时上报国务院。

10. 突发环境事故发生后，污染物在水体中流经一定距离后达到最大混合程度，因稀释、扩散和降解作用，其主要污染物浓度有明显降低的断面称为控制断面。(　　)

答案：错误

正确答案：突发环境事故发生后，污染物在水体中流经一定距离后达到最大混合程度，因稀释、扩散和降解作用，其主要污染物浓度有明显降低的断面称为消减断面。

11. 突发环境事件应急采水样时搅动水底沉积物，如有需要，同时采集事故发生地的底质样品。(　　)

答案：错误

正确答案：采水样时不可搅动水底沉积物，如有需要，同时采集事故发生地的底质样品。

12. 突发环境事件应急监测的结果可用定性、半定量或定量的监测结果表示。(　　)

答案：正确

13. 突发环境事件应急监测报告以及时、快速报送为原则，可采用监测快报、简报等形式报送监测结果等简要信息，但不能以电话、传真、电子邮件的形式报送。(　　)

答案：错误

正确答案：可采用电话、传真、电子邮件、监测快报、简报等形式报送监测结果等简要信息。

14. 突发环境事件应急监测采样频次主要根据现场污染状况确定。事故刚发生时，采样频次可适当增加，待摸清污染物变化规律后，可减少采样频次。(　　)

答案：正确

15. 突发环境事件包括重点流域、敏感水域水环境污染事件；重点城市光化学烟雾污染事件；危险化学品、废弃化学品污染事件；海上石油勘探开发溢油事件；突发船舶污染事件等。(　　)

答案：正确

16. 突发性水环境污染事故现场监测对湖（库）的采样点布设以事故发生地点为中心，按水流方向在一定间隔的扇形或圆形布点采样，同时采集对照样品。(　　)

答案：正确

17．在突发环境事件应急监测工作中，如遇特殊紧急情况，可由持证人员一人单独进行现场采样监测。（ ）

答案：错误

正确答案：应急监测，至少两人同行。

18．因环境污染造成区域生态功能部分丧失或国家重点保护野生动植物种群大批死亡的属于重大突发环境事件。（ ）

答案：正确

19．应根据突发环境事件应急监测预案初步制订有关采样计划，包括布点原则、监测频次、采样方法、监测项目、采样人员及分工、采样器材、安全防护设备、必要的简易快速检测器材等。（ ）

答案：正确

20．在应急监测中，对江河的监测应在事故发生地布点采样，同时在事故发生地上游一定距离布设对照点。（ ）

答案：错误

正确答案：在应急监测中，对江河的监测应在事故地点及其下游布点采样，同时要在事故发生地点上游采对照样。

21．应急监测时，现场监测仪器设备应能快速鉴定、鉴别污染物，并能给出定量的检测结果。（ ）

答案：错误

正确答案：现场监测仪器设备应能快速鉴定、鉴别污染物，并能给出定性、半定量或定量的检测结果。

22．应急监测中对未通过计量认证/实验室认可的监测项目，可按当地生态环境主管部门或任务下达单位的要求进行报送。（ ）

答案：正确

23．用于应急监测的便携式监测仪器，应定期进行检定/校准或核查，并进行日常维护、保养，确保仪器设备始终保持良好的技术状态，仪器使用前需进行检查。（ ）

答案：正确

24．在开展应急监测时，对固定污染源和流动污染源的监测布点，应根据现场的具体情况、产生污染物的不同工况（部位）或不同容器分别布设采样点。（ ）

答案：正确

25．在突发环境事件应急监测中，如果现行监测分析标准方法不能满足要求时，可选用 ISO、美国 EPA、日本 JIS 等国际或国外分析方法（ ）

答案：正确

26．在突发环境事件的应急监测中，监测结果可用定性或半定量的形式报出，所谓定性，是指给出污染物的类别或名称，半定量是用“检出”或“未检出”来表示，并注明监测项目的检出限。（ ）

答案：错误

正确答案：半定量是用定量结果的范围值表示。

27. 在污染事故责任不清的情况下，可采用逆向跟踪监测和确定特征污染物的方法，追查确定污染来源或事故责任者。（　　）

答案：正确

28. 在应急监测中，对江河的采样只在事故地点及其下游布点采样。（　　）

答案：错误

正确答案：在应急监测中，对江河的采样应在事故地点及其下游布点采样，同时要在事故发生地点上游采对照样。

29. 在应急监测中，如果某种污染物目前尚无评价标准，可根据当地生态环境主管部门或应急任务下达单位或事故涉及方认可或推荐的方法和标准进行评价。（　　）

答案：正确

30. 对于跨省突发水环境事件，受事件影响的上下游地区应共同商定应急监测方法，确保地区之间监测数据互通互认。对多个环境监测队伍协同参与的突发水环境事件，各监测方应选用应急指挥部确定的统一的应急监测方法。（　　）

答案：正确

31. 使用便携式傅里叶红外仪对无机有害气体进行应急监测时，当空气相对湿度大于 75%时，不适宜使用便携式傅里叶红外仪进行监测。（　　）

答案：错误

正确答案：当空气相对湿度大于 85%时，不适宜监测。

32. 使用便携式傅里叶红外仪对无机有害气体进行应急监测时，采样分析前必须使用氮气进行空白实验，空白样的谱图中待测物不得检出。（　　）

答案：正确

33. 瞬时样品指从地表水、地下水、大气和土壤中连续地随机采集的单一样品，一般在一定的时间和地点随机采取。（　　）

答案：错误

正确答案：瞬时样品指从地表水、地下水、大气和土壤中不连续地随机采集的单一样品，一般在一定的时间和地点随机采取。

34. 采样断面指突发环境事件发生后，对地表水、大气、土壤和地下水等样品进行采集的整个剖面（点）。（　　）

答案：正确

35. 应急监测终止是指当突发环境事件条件已经排除、污染物质已降至规定限值以内、所造成的危害基本消除时，由启动响应的应急组织指挥机构终止应急响应，同时终止应急监测。（　　）

答案：正确

36. 便携式傅里叶红外仪法测定挥发性有机物时，混合样品中某一组分浓度相对其他组分过高，该组分过宽的吸收峰基部会对其他组分的分析产生干扰。（　　）

答案：正确

37. 便携式傅里叶红外仪法测定挥发性有机物时，当混合样品中两种或多种组分的红外光谱吸

收峰出现相互重合时，不会对分析结果产生干扰。（　　）

答案：错误

正确答案：会对分析结果产生干扰。

38. 使用便携式顶空/气相色谱-质谱法应急监测水中挥发性有机物时，采用校准曲线法或平均相对响应因子法进行定量计算，当样品中目标化合物的定量离子有干扰时，不可使用辅助离子定量。（　　）

答案：错误

正确答案：可使用辅助离子定量。

39. 使用便携式顶空/气相色谱-质谱法应急监测水中挥发性有机物时，当分析 1 个高含量样品后，应至少分析 1 个空白样品检查系统残留。如发生系统残留，应采取烘烤仪器管线等相应措施，确认不存在系统残留后再继续进行测试。（　　）

答案：正确

40. 对突发环境事件固定污染源和移动污染源的应急监测，应根据现场的具体情况布设采样断面（点）。（　　）

答案：正确

41. 应急监测频次主要根据现场污染状况确定，事件刚发生时，监测频次可适当增加，待摸清污染变化规律后，可适当减少监测频次。依据不同的环境区域功能和现场具体污染状况，力求以最合理的监测频次，取得具有足够时空代表性的监测结果，做到既有代表性、能满足应急工作要求，又切实可行。（　　）

答案：正确

42. 应急监测通常采集瞬时样品，对多个监测断面（点）可在不同时间采样。采样量根据分析项目及分析方法确定，采样量还应满足留样要求。（　　）

答案：错误

正确答案：应急监测通常采集瞬时样品，对多个监测断面（点）应在同一时间采样。采样量根据分析项目及分析方法确定，采样量还应满足留样要求。

43. 突发环境事件应急监测结果可用定性、半定量或定量的监测结果来表示。定性监测结果可用“检出”或“未检出”来表示；半定量监测结果可给出测定结果或测定结果范围；定量监测结果应给出测定结果并注明其检出限，超出相应评价标准或要求的，还应明确超标倍数。（　　）

答案：正确

44.《重特大突发水环境事件应急监测工作规程》适用于海洋突发环境事件应急监测。（　　）

答案：错误

正确答案：《重特大突发水环境事件应急监测工作规程》不适用于海洋突发环境事件应急监测。

45.《突发环境事件应急监测技术规范》规定了突发环境事件应急监测启动及工作原则、污染态势初步判别、应急监测方案、跟踪监测、应急监测报告、质量保证和质量控制、应急监测终止等技术要求。（　　）

答案：正确

46. 使用便携式气相色谱-质谱法应急监测环境空气中挥发性有机物时，以目标化合物的浓度为横坐标，以目标化合物定量离子响应值与内标化合物定量离子响应值的比值和内标化合物浓度的乘积为纵坐标，建立校准曲线。（　　）

答案：正确

47．现场快速监测分光光度法测定水中硫化物时，采用加热吹脱自动前处理方式，水样中浊度、色度对测定会产生一定干扰。（　　）

答案：错误

正确答案：水样中浊度、色度对测定不会产生干扰。

48．现场快速监测电化学法测定水质中二氧化氯时，用于测定的样品对浊度和色度没有特殊要求，采集的地表水和污水样品，在进行检测前无须进行过滤或稀释处理，可直接检测。（　　）

答案：正确

49．使用便携式顶空/气相色谱-质谱法测定土壤和沉积物中挥发性有机物时，每批样品需分析一个现场空白样品，空白样品中目标化合物浓度应小于方法检出限或样品分析结果的 5%。（　　）

答案：正确

50．人员配备方面要建立应急监测人员 A、B 岗制度，确保同时应对两起突发生态环境事件应急监测能力，保证应急监测工作顺利开展。（　　）

答案：正确

51．《突发环境事件应急监测技术规范》适用于因生产、经营、储存、运输、使用和处置危险化学品或危险废物以及意外因素或不可抗拒的自然灾害等原因而引发的突发环境事件的应急监测，包括重污染天气、大气、地表水、地下水和土壤环境等的应急监测。（　　）

答案：错误

正确答案：重污染天气应对工作按照国务院《大气污染防治行动计划》有关规定执行。

52．应急监测终止后进行的后续监测也适用《突发环境事件应急监测技术规范》。（　　）

答案：错误

正确答案：应急监测终止后进行的后续监测不适用《突发环境事件应急监测技术规范》。

53．使用便携式傅里叶红外仪法开展无机有害气体应急监测，当样品中含尘量较大时，会污染仪器管路和分析单元，对分析结果产生干扰，须在采样管前安装防尘滤芯。（　　）

答案：正确

54．应急监测中应当在采样断面（点）设置编号。如应急监测方案调整变更采样断面（点）的，在原断面（点）之间的新设断面（点）可重新编号。（　　）

答案：错误

正确答案：在原断面（点）之间的新设断面（点）应依序以下级编号形式插号。

55．为能快速提交数据，应急监测过程中编写的应急报告可以不通过审核。（　　）

答案：错误

正确答案：应急监测过程中编写的应急报告原则应通过三级审核，但过程可以根据情况进行调整。

56．现场快速监测气相分子吸收光谱法测定水中硫化物，现场采样时，先加乙酸锌-乙酸钠固定剂，再加水样近满瓶，然后加氢氧化钠溶液调至 pH 为 10～12，加盖后留一定液上空间。（　　）

答案：错误

正确答案：现场快速监测气相分子吸收光谱法测定水中硫化物，现场采样时，先加乙酸锌-乙酸钠固定剂，再加水样近满瓶，然后加氢氧化钠溶液调至 pH 为 10～12，加盖不留液上空间。

57．某地海岸浴场发生突发水环境事件，应急指挥部初判为重特大突发水环境事件，当地监测部门立即按《重特大突发水环境事件应急监测工作规程》开展应急监测。（　　）

答案：错误

正确答案：《重特大突发水环境事件应急监测工作规程》不适用于海洋突发环境事件应急监测。

58．某地发生污染带较长的河流型突发水环境事件，100 km 以内，监测部门直接按每 10～20 km 布设一个控制断面。（　　）

答案：错误

正确答案：对于污染带较长的河流型突发水环境事件，结合应急处置工程措施、饮用水水源地等敏感点分布情况，一般每 10～20 km 布设一个控制断面。若污染带超过 100 km，可适当增加断面间距。

59．某地河流初判为重特大突发水环境事件，当地生态环境部门在第一时间内调集本行政区域生态环境监测部门的监测人员及社会环境监测机构监测人员开展监测。（　　）

答案：错误

正确答案：初判为重特大突发水环境事件发生后，应第一时间调集本行政区域生态环境监测部门的监测人员开展监测，人员不足时可以协调社会环境监测机构进行补充。

60．为应对突发水环境事件，某监测部门按照“平战结合”要求，按照 10 个监测断面，每 2 h 监测一次，准备 2 天的常规试剂包，同时建立起应急监测试剂保障名录。（　　）

答案：正确

61．为确保数据报出的时效性，监测部门分析测试人员可将测试结果直接报至应急指挥部。（　　）

答案：错误

正确答案：报告、数据应经过三级审核。

62．某医院 CT 室突发火灾事故，监测部门按照《重特大突发环境事件空气应急监测工作规程》开展辐射应急监测。（　　）

答案：错误

正确答案：《重特大突发环境事件空气应急监测工作规程》不适用于涉及军事设施、核设施等火灾、爆炸、泄漏等事故。

63．某化工企业发生废气排放突发环境事件，监测部门确定特征污染物扩散趋势后，重点围绕敏感点布设点位，开展定点监测。（　　）

答案：错误

正确答案：确定特征污染物扩散趋势后，重点围绕敏感点布设点位，并根据风向变化及时调整。

64．某监测部门接到应急监测指令后，立即赶往现场，按照污染态势初步判别要求，现场确定了污染物浓度、监测项目后，向应急指挥部报告。（　　）

答案：错误

正确答案：污染态势初步判别是突发环境事件应急监测的第一阶段，突发环境事件发生后，确定污染物种类、监测项目及大致污染范围和污染程度的过程。

65．在污染追踪阶段时，监测部门采用现场快速测定方法进行测定，测定的结果在报告中直接使用。（　　）

答案：错误

正确答案：采用现场快速测定方法测定的结果可直接使用，并应在监测报告中注明。

66．某监测机构在开展应急现场采样时，由于采样光线条件不足，条件恶劣，现场记录回单位后填写。（　　）

答案：错误

正确答案：现场采样记录应如实记录并在现场完成，内容全面，可充分利用常规例行监测表格进行规范记录。

67．应急监测通常采集瞬时样品，对多个监测断面（点）应在同一时间采样。采样量根据分析项目及分析方法确定，采样量还应满足留样要求。（　　）

答案：正确

68．某监测机构在开展应急监测中，样品量较大，为了赶时间将样品送回实验室，监测人员没有添加保存剂。（　　）

答案：错误

正确答案：样品管理的目的是保证样品的采集、保存、运输、接收、分析、处置工作有序进行，确保样品在传递过程中始终处于受控状态。

69．实验室分析人员在应急样品分析完毕之后，立即统一处置剩余样品。（　　）

答案：错误

正确答案：样品应在保存期内留存。对含有剧毒或大量有毒、有害化合物的样品，特别是污染源样品，应按相关要求妥善处置。

70．某化学品仓库发生爆炸事故后对周边大气造成了较大影响，应急监测人员携带便携式傅里叶红外仪法定量测定受影响区域环境空气无机有害气体的浓度。（　　）

答案：错误

正确答案：在应急监测中，使用便携式傅里叶红外仪法可定性半定量测定无机有害气体的浓度。

71．在应急监测中，大气污染物无组织排放监测可只设监控点，不设对照点。（　　）

答案：错误

正确答案：根据《突发环境事件应急监测技术规范》（HJ 589—2021），对被突发环境事件所污染的地表水、大气、土壤和地下水应设置对照断面（点）、控制断面（点），对地表水和地下水还应设置削减断面（点）。

72．在某次土壤应急事故中，监测人员在事故土壤背景对照处设置 1 个监测点，取 1 kg 土样带回。（　　）

答案：错误

正确答案：事故土壤监测要设定 2～3 个背景对照点，各点（层）取 1 kg 土样。

73．在一次粗苯罐车翻车泄漏事故中，应急监测人员在事故点及周边采集土壤样品，土壤样品

直接装入样品袋运回实验室完成分析。（　　）

答案：错误

正确答案：事故土壤样品采集后，装入样品袋中，对于有腐蚀性或要测定挥发性化合物的，应用广口瓶装样。含易分解有机物的待测定样品，采集后置于低温（冰箱）中，直至运送、移交到分析室。

74．土壤监测误差可分为采样误差（SE）、制样误差（PE）和分析误差（AE）三类，通常情况下PE＞SE＞AE。（　　）

答案：错误

正确答案：SE＞PE＞AE。

五、简答题

1．简述突发环境事件应急监测布点原则。

答案：采样断面（点）的设置一般以突发环境事件发生地及其附近区域为主，同时必须注重人群和生活环境，重点关注对饮用水水源地、人群活动区域的空气、农田土壤等区域的影响，并合理设置监测断面（点），以掌握污染发生地状况、反映事故发生区域环境的污染程度和范围。

对被突发环境事件所污染的地表水、地下水、大气和土壤应设置对照断面（点）、控制断面（点），对地表水和地下水还应设置消减断面，尽可能以最少的断面（点）获取足够的有代表性的所需信息，同时须考虑采样的可行性和方便性。

2．简述突发环境监测结果表示的方式有哪些。

答案：

（1）定性、半定量或定量的监测结果表示。

（2）定性监测结果可用“检出”或“未检出”来表示，并尽可能注明监测项目的检出限。

（3）半定量监测结果可给出所测污染物的测定结果或测定结果范围。

（4）定量监测结果应给出所测污染物的测定结果。

3．目前水污染事件现场常用的应急监测方法有哪几种（至少列出3种）？它们分别通过什么仪器来实现的？

答案：发光细菌法，快速气相色谱-质谱联用法，快速气相色谱法，快速分光光度法，阳极溶出伏安法。它们分别通过生物综合毒性分析仪、便携式色谱-质谱联用仪、便携式气相色谱仪、多参数水质分析仪、便携式重金属测定仪来实现对污染物监测。

4．应急监测中采样和现场监测有哪些安全事项？

答案：

（1）应急监测，至少两人同行;

（2）进入事故现场进行采样监测，应经现场指挥/警戒人员许可，在确认安全的情况下，按规定佩戴必须的防护设备（如防护服、防毒呼吸器等）;

（3）进入易燃易爆事故现场的应急监测车辆应有防火、防爆安全装置，应使用防爆的现场应急监测仪器设备（包括附件如电源等）进行现场监测，或在确认安全的情况下使用现场应急监测仪器设备进行现场监测;

（4）进入水体或登高采样，应穿戴救生衣或佩戴防护安全带（绳）。

5．突发环境事件现场应急监测方法应满足的基本要求是什么？

答案：

（1）快速。所使用仪器设备集成度、智能化较高，操作简便、易于携带，有较强的抗干扰能力，耗材试剂用量小，对样品的前处理要求低或自带样品快速前处理装置，能直接读取数据。

（2）准确。能对目标污染物定量或半定量，监测精度满足工作需求，具备一定的质量保证和质量控制措施。所用仪器设备应定期核查，确保主要技术指标和功能满足工作要求。

（3）规范。尽可能选择国家标准、行业标准及行业认可的应急监测方法，若应急监测仪器设备采用国外标准、等效方法、文献方法、自研方法等其他方法，应制定作业指导书。

6．生态环境应急监测评价敏感点空气质量时，如何选用环境质量标准？

答案：优先执行地方环境质量标准，无地方环境质量标准的，选用《环境空气质量标准》（GB 3095—2012）。前述标准未涵盖的项目，可参考《环境影响评价技术导则　大气环境》（HJ 2.2—2018）附录 D、苏联《居民区大气中有害物质的最大允许浓度》等。其他项目参考上风向或背景点进行评价。

7．生态环境应急监测仪器核查检查规程主要包括哪几部分？

答案：核查规程主要包括编制目的、适用范围、编制依据、仪器概述、核查条件、核查项目和核查方法、核查结果评价、核查周期、核查报告 9 部分。

8．在应急监测测定有毒有害气体时，所使用的比长式检测管法的方法原理是什么？

答案：有毒有害气体进入检测管后，其中的目标物与检测管中的化学试剂（通常称为指示粉）反应产生颜色变化，在一定浓度范围内，变色长度与目标物浓度成正比。

9．简述什么是“突发环境事件”。

答案：指由于污染物排放或自然灾害、生产安全事故等因素，导致污染物或放射性物质等有毒有害物质进入大气、水体、土壤等环境介质，突然造成或可能造成环境质量下降，危及公众身体健康和财产安全，或者造成生态环境破坏，或者造成重大社会影响，需要采取紧急措施予以应对的事件。

10．开展突发环境事件应急监测的原则是什么？

答案：属地管理、统一指挥、分级负责、快速反应、协调联动。

11．在重特大突发水环境事件应急监测中，样品采集的注意事项主要有哪些？

答案：水质采样过程中应注意兼顾安全和代表性，尽量选择混合均匀、便于采样的河段采集样品，可根据现场实际情况适当调整距离并做好记录。石油类应使用专用采样器在水面至 300 mm 采集柱状水样，重金属应分析溶解态含量，样品浑浊时应离心或过滤。每次采样过程应留有一定量的备用样品，用于质控和复测。应急监测采样时，采样人员应拍照记录采样断面经纬度位置、采样时间和周边情况等。

12．简述什么是污染带、污染团、污染带前锋、污染带尾部。

答案：

污染带：特征污染物浓度明显超出本底值的河段。

污染团：污染带中特征污染物浓度超标的河段。

污染带前锋：污染物浓度首次明显超过本底值的断面。

污染带尾部：污染物浓度首次恢复至本底值的断面。

13．简述决定应急监测终止的条件和程序。

答案：凡符合下列情形之一的，可向应急组织指挥机构提出应急监测终止建议：

（1）对于突发水环境事件，最近一次应急监测方案中，全部监测点位特征污染物的 48 h 连续监测结果均达到评价标准或要求；对于其他突发环境事件，最近一次应急监测方案中全部监测断面（点位）特征污染物的连续 3 次以上监测结果均达到评价标准或要求。

（2）对于突发水环境事件，最近一次应急监测方案中，全部监测点位特征污染物的 48 h 连续监测结果均恢复到本底值或背景点位水平；对于其他突发环境事件，最近一次应急监测方案中全部监测断面（点位）特征污染物的连续 3 次以上监测结果均恢复到本底值或背景点位水平。

（3）应急专家组认为可以终止的情形。

程序：当应急组织指挥机构终止应急响应或批准应急监测终止建议时，方可终止应急监测。

14．绘制重特大突发环境事件空气应急监测点位布设示意图。（至少 3 种情形）

答案：

（见下图）

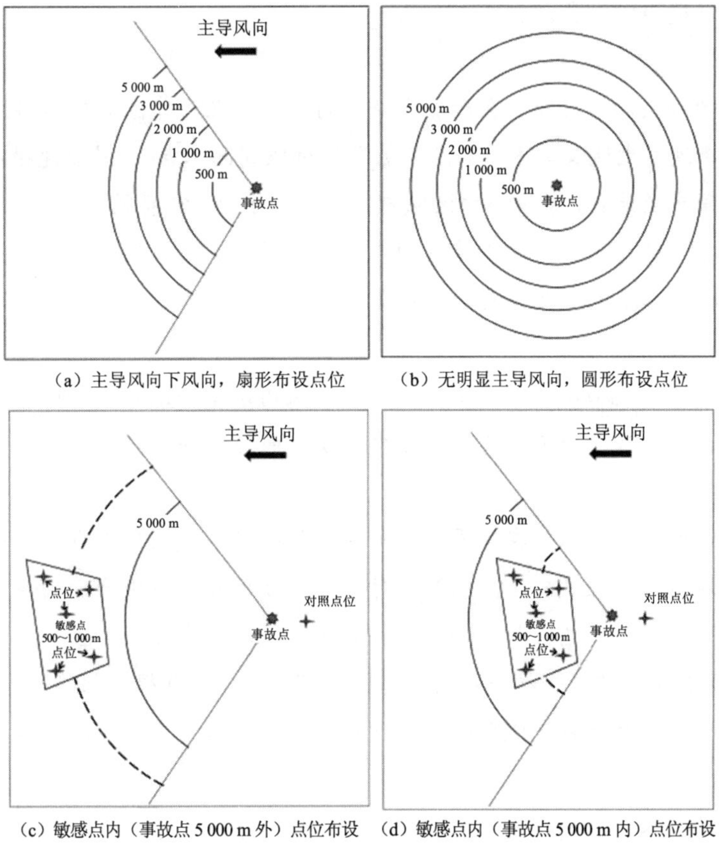

（a）主导风向下风向，扇形布设点位　（b）无明显主导风向，圆形布设点位

（c）敏感点内（事故点 5 000 m 外）点位布设　（d）敏感点内（事故点 5 000 m 内）点位布设

15．突发环境事件应急监测现场监测记录主要包括哪些内容？

答案：主要包括监测时间、监测断面（点位）、监测断面（点位）示意图、必要的环境条件、样品类型、监测项目、监测分析方法、仪器名称、仪器型号、仪器编号、仪器校准或核查、监测结果、监测人员及校核人员的签名等，同时记录必要的水文气象及地质等参数。

16. 在突发环境事件应急监测中，对未知污染物监测项目的确定方法有哪些？（至少列出 3 种）

答案：

（1）可根据现场调查结果，结合突发环境事件现场的一些特征及感官判断，如气味、颜色、挥发性、遇水的反应特性、人员或动植物的中毒反应症状及对周围生态环境的影响，初步判定特征污染物和监测项目。

（2）可通过事件现场周围可能产生污染的排放源的生产、运输、安全及环保记录，初步判定特征污染物和监测项目。

（3）可利用相关区域或流域的环境自动监测站和污染源在线监测系统等现有仪器设备的监测结果，初步判定特征污染物和监测项目。

（4）可通过现场采样分析，包括采集有代表性的污染源样品，利用检测试纸、快速检测管、便携式监测仪器、流动式监测平台等现场快速监测手段，初步判定特征污染物和监测项目。若现场快速监测方法的定性结果未检出，需进一步采用不同原理的其他方法进行确认。

（5）可现场采集样品（包括有代表性的污染源样品）送实验室分析，确定特征污染物和监测项目。

17. 简述突发环境事件应急监测布点方法。

答案：

（1）固定污染源和流动污染源：在产生污染物的不同工况（部位）或不同容器分别布点。

（2）江河：在事故发生地及其下游布点，上游设对照断面（点）；若流速很小或基本静止，可依污染物的特性在不同水层采样，事故影响区城内饮用水取水口、农灌区取水口必须设采样断面（点）。

（3）湖库：以事发地为中心，按水流方向在一定间隔的扇形或圆形布点，并根据污染物特性在不同水层采样，同时在水流流向上游适当距离设对照断面（点）；必要时，在湖库出水口和饮用水取水口设采样断面（点）。

（4）地下水：以事发地为中心，根据地下水流向采用网格法或辐射法设监测井采样，同时视地下水主要补给来源，在垂直于地下水流的上方向，设对照监测井采样；在以地下水为饮用水水源的取水处必须设置采样点。

（5）大气：以事发地为中心，在下风向按一定间隔的扇形或圆形布点，并根据污染物特性在不同高度采样，同时在事故点上风向适当位置设对照点；在可能受污染影响的住宅区或人群活动区等敏感点必须设置采样点，采样过程中应注意风向变化，及时调整采样点位置。

（6）土壤：以事发地为中心，按一定间隔的圆形布点采样，并根据污染物特性在不同深度采样，同时采集对照样品，必要时在事故地附近采集作物样品（根据污染原因以及其他具体条件有针对性地设定监测点位）。

（7）根据污染物在水中的溶解度、密度等特性，对易于沉积于水底的污染物，必要时布设底质采样断面（点）。

六、计算题

1. 用便携式顶空/气相色谱-质谱法测定水中挥发性有机物时，采用内标法定量，平均相对响应因子法计算样品中苯的含量时，已知稀释 3 倍后的样品中苯的定量离子响应值为 15 250，与苯对应的内标物 10 μg/L 的氟苯的定量离子响应值为 11 520，加入相同浓度内标物的校准曲线中苯的平均相对响应因子为 1.21，求样品中苯的质量浓度是多少？

答案：样品中苯的浓度=（15 250×10×3）÷（11 520×1.21）=32.8（μg/L）

2．空气采样时，现场气温为 20℃，大气压力为 92.3 kPa，实际采样体积为 500 mL，计算参比状态下的采样体积是多少？

答案：V_c=500×298.15×92.3÷（273+20）÷101.325 =463（mL）

3．使用便携式傅里叶红外监测仪测得 CO 的浓度为 30 ppm，换算成标准状态下 mg/m^3 是多少？

答案：C_{co}=（28×30）÷22.4=37.5（mg/m^3）

4．使用便携式冷原子吸收分光光度法测定土壤中的汞含量，称取土壤样品 0.402 5 g 置于样品舟，测得总汞的含量为 19.8 ng，计算土壤中总汞的含量是多少？

答案：总汞的含量为 19.8÷0.402 5=49.2（μg/kg）

七、论述题

2020 年 5 月 12 日 11 时 11 分，生态环境部门接到报告：一油罐车行驶在国道 D 上，在行经甲镇时为避让客车发生侧翻，油罐内原油泄漏到国道南侧路基上。甲镇 5 月遭遇连续降雨，事发当天天气状况为小到中雨，气温 17～23℃，东北风 1 级。事故发生后，泄漏原油被雨水冲刷往事故点西侧 500 m 支流 C 流去。支流 C 流经 3 km 到达入库河流 B，B 流经 25.4 km 进入乙市集中饮用水水源地水库 A，A 水库服务人口约 30 万。当天水文数据显示，支流 C 水流速度为 0.7 m/s、入库河流 B 水流速度为 1.0 m/s。接到报告时，C 支流水面已经泛起油渍。请针对该污染事故，回答以下问题：

（1）确认该事故的主要污染物及可能发生的污染途径。

（2）5 月 12 日 11 时 20 分乙市生态环境监测部门接到指令，11 时 50 分赶到现场开展应急监测，在不考虑降雨影响河流流速的前提下，计算污染前锋带将在应急监测人员到达现场后约几小时进入水库 A？同时用表格方式列出地表水监测断面设置情况，标明断面大致位置及断面类别。

（3）分析事故应该采取哪些防治措施？

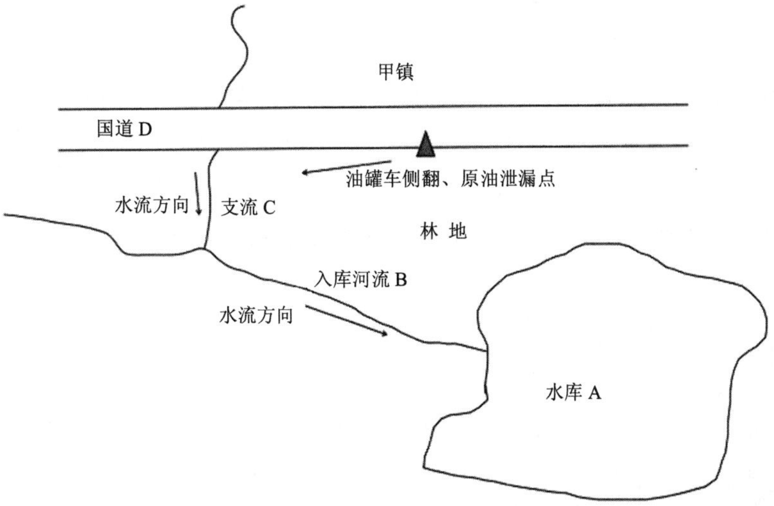

答案：

（1）主要污染物：石油类、挥发性有机物。

可能污染途径：地表水（地表径流雨水冲刷入河）、土壤（侧翻泄漏处及随地表径流流向）、空气（挥发）。

（2）应急监测人员到达现场时，事故已发生时间：50−11=39（min）

这段时间污染前锋带流动距离：39 × 0.7 × 60 ÷ 1 000=1.638（km）

距离入库河流 B 距离：3−1.638=1.362（km）

预计到达时间：1.362 × 1 000 ÷ 0.7 ÷ 60=32（mim）≈ 0.5（h）

从入库河流 B 到达水库 A 预计时间：25.4 × 1 000 ÷ 1 ÷ 60 ÷ 60 ≈ 7.1（h）

总计 0.5+7.1=7.6（h）。即污染前锋带将在应急监测人员到达现场后约 7.6 小时进入水库 A。

序号	监测断面	断面类别
1	事故点原油入 C 支流上游 x 公里	对照断面
2	事故点原油入 C 支流处	控制断面
3	事故点原油入 C 支流口下游 x 公里	控制断面
4	C 支流与 B 河交汇处上游 x 公里（B 河上布设断面）	对照断面
5	C 支流与 B 河交汇处下游 x 公里	控制断面
6	B 河汇入 A 水库前 x 公里	控制断面
7	B 河汇入 A 水库入口	控制断面
8	A 水库取水口	控制断面

备注：控制断面一般按每 10 公里布设一个监测断面。

（3）防治措施：

1）立即切断污染源，防止原油继续泄漏至支流 C，并及时将泄漏的原油收集后，运输至有资质的单位进行处置；

2）在支流 C、寻找附近闸坝、坑塘等空间，充当临时应急池，以空间换时间，再从上游引入活水进入河流 B 进行稀释，在河流 B 设置多道拦截坝，并采取吸油沾或活性炭及时将地表水表面的原油进行吸附，防止原油进行饮用水水源地 A 库；

3）密切关注饮用水水源地 A 库水质变化情况，适时对水库开展专项加密监测；

4）做好应急水源储备，一旦 A 库水质受到污染，应及时启动应急水源，保障周边居民生活饮用水安全；

5）现场，应对事发地周边土壤和应急池存入的被污染水体进行处置和风险评估，并做好土壤修复工作。

八、分析题

A 城在进行老旧小区旧房改造的施工过程中，不慎将一废弃掩埋在地底的氯气罐挖破，造成氯气泄漏事故，对周边环境空气造成污染，并威胁到附近居民空气质量安全。事故发生后，生态环境监测部门工作人员携带便携式仪器迅速赶往现场开展监测，应急监测人员在事故现场使用便携式仪器测得事故点中心氯气浓度约为 2.2 ppm。请根据事故描述，分析以下问题：

（1）拟采用甲基橙分光光度法测定事故现场环境中的氯气，当吸收液体积为 10 mL、样品采样体积为 30 L 时，方法的检出限为 0.03 mg/m^3，该方法定量测定的浓度为 0.087～3.3 mg/m^3，该方法是否能满足应急监测需要？若不满足，可以采取何种措施？

（2）如果应急监测人员用装有 10 mL 吸收液的吸收瓶采集氯气样品，采样流量设定为 0.6 L/min，至少需要多长时间才能满足定量监测的要求？

（3）如果你是现场质控人员，请简述氯气现场采样过程中的质量控制措施。

答案：

（1）现场便携式仪测定氯气的预测浓度为 2.2×71/22.4=6.97 mg/m^3，已超出甲基橙分光光度法定量测定上限，如需采用该方法，可以通过降低实际采样体积的方式，减少吸收液中氯气含量，以满足监测需要。在实际监测过程中，通过观察吸收液颜色的变化来判断采样终点。当甲基橙吸收液颜色明显减退时，即可停止采样。

（2）根据该方法定量测定浓度 0.087～3.3 mg/m^3 可知，当吸收瓶中氯气含量达到 0.087×30=2.61 μg/20 mL 才能准确定量。则最低采样时间为 2.61/（0.6×6.97）=0.62 min。

（3）现场质控措施

人员：

1）参与应急监测人员需具备相关项目监测经验；每组至少 2～3 人；并应配置现场质控人员。

2）采样与现场监测人员进入危险区域开展采样及现场监测，应经相关部门同意，在保证安全的前提下方可开展工作。

3）参与现场监测的人员，尤其是进入事故点高浓度区的监测人员应穿防护服、佩戴相应的防毒面罩及人体安全剂量报警装置，防止皮肤及黏膜暴露在氯气中，并在危险情况下快速撤离。

采样和现场监测仪器设备：

1）仪器设备包括便携式快速测试仪和常规采样仪器设备。应对仪器设备进行日常的维护、保养，确保状态正常，仪器设备离开实验室前和仪器使用过程中应进行必要的检查，包括但不限于气密性检查、流量校准、标气标定、干燥剂。

2）应急监测时，允许使用便携式仪器和非标准监测分析方法，但应对其得出的结果或结论予以明确表达，并在报告中注明。

3）因氯气具有较强的氧化性，仪器各处的连接管应使用聚四氟乙烯软管或内衬聚四氟乙烯薄膜的硅橡胶管。

现场采样：

1）吸收瓶使用多孔玻板吸收瓶，每次采样应串联使用。

2）在实际监测过程中，通过观察吸收液颜色的变化来判断采样终点。当甲基橙吸收液颜色明显减退时，即可停止采样，如不退色，采样时间选择 60 min。

3）根据应急监测方案要求，采集平行样和空白样。当现场气象条件发生明显变化时，应根据实际风向调整监测点位，并及时报告应急指挥组。

4）现场记录完备，包括但不限于采样原始记录、仪器设备使用记录、样品运输记录等。温度、气压、湿度、风向、风速等气象数据应记录在采样原始记录中。

样品保存及运输：

样品采集完成之后，密封进气口、及时贴好样品标识，确保样品标识的唯一性。样品清点无误后，填写样品运输单，并将现场采样记录单装入防震防破损样品箱由送样专人妥善运输。高、低浓度样品应分区存放运输。